国家自然科学基金资助项目（编号：81860758）

菊科植物的化学多样性

杨勇勋　著

西南交通大学出版社
·成　都·

图书在版编目（CIP）数据

菊科植物的化学多样性 / 杨勇勋著. —成都：西
南交通大学出版社，2022.9
ISBN 978-7-5643-8924-6

Ⅰ. ①菊⋯ Ⅱ. ①杨⋯ Ⅲ. ①菊科－植物生物化学－
生物多样性 Ⅳ. ①Q949.783.5

中国版本图书馆 CIP 数据核字（2022）第 170227 号

Juke Zhiwu de Huaxue Duoyangxing

菊科植物的化学多样性

杨勇勋　著

责任编辑	牛　君
封面设计	GT 工作室

出版发行	西南交通大学出版社
	（四川省成都市金牛区二环路北一段 111 号 西南交通大学创新大厦 21 楼）
邮政编码	610031
发行部电话	028-87600564　　　028-87600533
网址	http://www.xnjdcbs.com
印刷	四川煤田地质制图印刷厂

成品尺寸	185 mm × 260 mm
印张	30
插页	4
字数	831 千
版次	2022 年 9 月第 1 版
印次	2022 年 9 月第 1 次
书号	ISBN 978-7-5643-8924-6
定价	120.00 元

前　言

菊科 Compositae/Asteraceae 植物是兼有医药、食品与观赏等多种经济用途与文化价值的一个大科植物。本科植物约占世界有花植物的 1/10，约有 1600 多属，25 000~33 000 种，广布全世界。其中，我国有 230 余属 2300 多种，广布全国各地。

菊科植物中含有丰富的、结构多样的、生物活性谱广的倍半萜内酯、单萜、二萜、三萜、香豆素、木脂素、黄酮、咖啡酰基奎宁酸、聚炔、生物碱、inulin 型菊糖和环肽等成分，而且在新的分离与鉴定技术的快速发展下，新型的菊科植物化学成分还在不断地被发现，这些都为新药研究开发提供了新的化学模板与生物活性筛选实体。同时，许多菊科植物不仅在我国传统中药、民族药中有着广泛的应用，而且在世界各国的传统药物中，也有较为广泛的应用传统与历史，这些宝贵的应用经验也为新药研究提供了借鉴思路。当然，从中取得的最大成功实例就是在中医药传统应用的指导下从黄花蒿 *Artemisia annua* 植物中发现抗疟药青蒿素。

菊科植物被认为是进化最高等、最年轻的植物，但在其起源、扩散、演化、进化与分类等问题上一直争议不断，是研究的难题与热点。近年来，随着分子生物学的发展，对菊科的起源、扩散、分类与进化等问题的研究取得了跨越式的进展，如通过分子分类法确认了菊科与萼角花科 Calyceraceae、草海桐科 Goodeniaceae 等几个科的亲缘关系很近；以及将帚菊木族中的刺菊木属 Barnadesia 提升至亚科的级别等。但通过现代基因测序而得出的分子分类系统不仅非常复杂，而且往往会因测序基因片段的不同而得出不同的甚至是矛盾的结果，因此，本书也拟在借鉴现代分子分类结果的基础上，用直观的化学成分来对复杂的、有趣的菊科植物的起源、分类与进化等问题进行一些探讨。

现代植物化学分类学（chemotaxonomy）诞生于 20 世纪 60 年代，是一门从分子水平上研究各植物类群及其亲缘关系的新兴边缘学科。随后，植物化学分类学为植物的进化与分类、寻找新药源、开发新药等提供了宝贵的信息，并取得丰硕的成果。更为重要的是，最早成书于我国东汉时期的《神农本草经》，以及随后在该书基础上发展而来的历代本草所记载的药物的药性、药效却也是植物化学分类学的雏形与萌芽，因为这些药物的性效都是先辈们口尝亲受而得来的宝贵经验，是植物化学成分在人（动物）体内药效的外在体现，因此，为促进中医药的创新发展，更需要利用植物化学分类学的信息来对菊科中药的药性、药效进行现代阐释与创新发展。

作者前期对菊科旋覆花族天名精属 *Carpesium*、帚菊木族大丁草属 *Gerbera*、菜蓟族川木香属 *Dolomiaea*、泽兰族泽兰属 *Eupatorium* 等植物进行过化学成分研究，以及对四川省西昌市昭觉县的菊科植物资源进行过全面调查，即在对菊科已有了一定的了解，也取得了一些研究成果后才有了菊科化学成分多样性的写作冲动，并开始动笔，但情况确实比预想的更复杂与困难，因为菊科是一个全世界分布的植物大科，种类繁多；再加之，菊科分类复杂且涉及的研究文献量相当巨大，要想将菊科植物中的化学成分类型一一详举则是一个几乎不可能完成的任务，因此，本书致力于研究比较菊科各族、各属、重点种（常用中药）中的典型、特征化合物，尤其是研究比较年轻的、进化的、骨架多变的倍半萜内酯结构与原始的、古老的、保守的酚酸类成分结构在植物中的变化情况，来直观地阐明菊科植物的进化、分类及他们的性效、药效物质基础。所以，此特点使本书能以较短小的篇幅来描述庞杂的菊科植物多样的化学特性，以及传统菊科药物的药效与性效物质。另外，本书仅对我国有分布的菊科 230 余属植物的化学成分特征进行了分属论述，未能对整个菊科 1600 余属，尤其是在我国未有分布的非洲菊族 Arctoinalis 植物的特征化学成分进行论述，影响了菊科特征化学成分的完整性。但是，通过对我国这些菊科植物的特征化学成分进行论述，则较清晰地从整体上大致勾画出了菊科的化学成分特征、分类、进化，以及它们初步的药效与性效物质基础。

1. 菊科植物的起源、扩散与进化的化学观点

（1）菊科地理起源于南美洲的南部，而生物起源于南美洲小科植物萼角花科 Calyceraceae 植物，即从环烯醚萜（单萜）类成分进化到不含环烯醚萜类成分的菊科——最原始的菊科刺菊木亚科植物（含三萜苷元、香豆素、黄酮等成分）。

（2）在菊科的起源地（南美洲南部），菊科植物从最原始的刺菊木亚科植物分化出具有新化学类型的、提高了植物竞争力的原始帚菊木族 Mutisieae 植物，就开始走出起源地，向全世界扩散。如进化出二萜类成分的栌菊木属栌菊木 Nouelia 植物；进化出乙酸-丙二酸途径的 5-甲基-4-羟基香豆素聚酮化合物的大丁草属 Gerbera 植物。

（3）原始的帚菊木族 Mutisieae 植物在全世界扩散及繁衍的过程中，又进行了多次大的分化与衍化，其路径有二：

其一，在族内分化出具有倍半萜成分的较进化的新属，如分化出以愈创木烷型倍半萜类成分为主的兔儿风属 Ainsliaea、以吉马烷 pertilide 亚型倍半萜为主的帚菊属 Pertya、以三环倍半萜为主的无舌黄菀属 isocoma（我国无此属）。从这些新属中又可能分化出一些小的新族植物，如分化出保有三环倍半萜类成分的蓝刺头族 Echinopsideae 植物。

其二，进化出了具有较原始化学成分、但还未进化出倍半萜成分的原始的新族植物，如：斑鸠菊族 Vernonieae（如都丽菊属 Ethulia，继承了乙酸-丙二酸途径的 5-甲基-4-羟基香豆素聚酮化合物；斑鸠菊属 Vernonia，进化出甾体皂苷）、菜蓟族 Cynareae（进化出具倍半木脂素、异喹啉生物碱、醌式黄酮、植物蜕皮激素等化学成分类群的植物属）、菊苣族 Lactuceae（进化出二苯乙烯型衍生物等）、紫菀族 Astereae（进化出三萜皂苷）等。这些新族又再继续进化与分化，如分化出原始的金盏花族 Calenduleae、春黄菊族 Anthemideae、泽兰族 Eupatorieae、千里光族 Senecioneae、旋覆花族 Inuleae、向日葵族 Heliantheae 等。

（4）分化出的各个族的原始植物（包括帚菊木族 Mutisieae）在繁衍过程中，又不断

进化与分化，即分化出以原始倍半萜类成分为主的进化植物属，如：在帚菊木族植物中进化、分化出以倍半萜成分为主的新属 —— 兔儿风属 *Ainsliaea*；在菜蓟族 Cynareae 中进化、分化出以倍半萜为主的新属 —— 川木香属 *Dolomiaea*；在斑鸠菊族 Vernonieae 中进化出含吉马烷倍半萜的斑鸠菊属 *Vernonia*；蓝刺头族 Echinopsideae 中进化出含三环类倍半萜的蓝刺头属 *Echinops* 等。

（5）进而，在各个族中又进化、分化出最进化的植物属，其化学特征是骨架进化的倍半萜或倍半萜内酯，如：在南、北美洲从向日葵族 Heliantheae 中分化出最进化的向日葵属 *Helianthus*；在欧亚大陆的旋覆花族 Inuleae 中分化出最进化的旋覆花属 *Inula* 与天名精属 *Carpesium*；在欧亚大陆的千里光族 Senecioneae 中分化出最进化的千里光属 *Senecio* 等。

2. 倍半萜骨架及其氧化、聚合化等现象体现出了菊科植物的进化性

（1）菊科植物中的特征性成分很多，如倍半萜、二萜、三萜、聚炔、黄酮、咖啡酰基奎宁酸衍生物、香豆素、不规则单萜、百里香酚衍生物、吡咯里西啶生物碱、环肽等类成分都在菊科广泛或狭窄分布，都具有一定的分类学意义，而且也有相当多的相关文献综述。但是，这些特征化学成分的分类学意义有点类似于现代分子分类法的基因片段，即采用不同类型的化学成分就会得出不同的分类结果，甚至是矛盾的结果。因此，必须找到一个最专属、最典型的成分类型，才能为菊科分类及进化等问题做出正确的判断与解释。

（2）菊科各族、族下各属、属下各种，以及不同产地的同属（同种）植物之间都有或多或少不相同的化学成分特征，显示出了它们进化的不等性、不稳定性与年轻性。

（3）对菊科各族、属、种的进化比较，可从菊科最基部的刺菊木亚科植物到各族属的化学成分比较中得出，即菊科植物是从仅含简单的单萜（如环烯醚萜）、三萜的萼角花科及菊科基部族地位的刺菊木亚科植物进化到出现倍半萜、二萜等萜类成分的菊科植物。因此，倍半萜、二萜、不规则单萜等成分，尤其是在菊科分布广、骨架变化大的倍半萜成分是菊科的特征成分，它们的出现及结构骨架的衍化显示出了菊科植物的进化高级性与年轻性；而酚酸类（如香豆素、黄酮等）、三萜类成分虽在菊科分布广，但其为原始成分，它们的出现显示出了菊科植物的原始性与古老性。

（4）单萜、倍半萜、二萜、三萜、四萜的生源合成途径各不相同，因此，简单地认为"倍半萜比单萜、二萜比倍半萜、三萜比倍半萜进化"等进化观点是错误的。

（5）从倍半萜及倍半萜内酯的生源合成途径可看出，倍半萜骨架的合成有多条途径，如吉马烷 A、杜松烷、石竹烷（三环）衍生途径，因此，对倍半萜的骨架进化比较就可从它们的合成途径，以及处于合成途径的位置来判断。例如，虽合成途径路线不同，但若都是处于合成途径链端的倍半萜骨架就是原始的倍半萜骨架，如吉马烷、愈创木烷、

桉烷、没药烷、双环吉马烷、蛇麻烷等骨架，因此，主含这些骨架的倍半萜植物就较为原始，如帚菊木族植物中的兔儿风属中的倍半萜的骨架类型就是原始的吉马烷、桉烷、愈创木烷骨架类型，显示出植物的原始性。

在进化出倍半萜骨架后，又最终形成并在进化中胜出、具α-亚甲基-γ-内酯为结构特征的倍半萜内酯化合物，因其化学活泼性强、生物活性（如拒食作用）显著，成为植物进化高级性的标志，而其他结构，如三环类、双环吉马烷、蛇麻烷等不具α-亚甲基-γ-内酯结构的倍半萜在竞争中处于劣势，未能进一步在竞争中取得突破，为进化较原始的倍半萜类型。

（6）倍半萜内酯化合物在菊科植物中分布广泛，为菊科典型的特征成分，除倍半萜化合物的骨架之外，它们的内酯骈合位置、氧化取代位置、寡聚与杂聚的聚合化等不同的亚型结构特征也反映出了菊科的进化性，如处于菊科基部位置植物中的倍半萜内酯大多为 12(6)-反式稠合，而处于菊科进化顶端的植物，如向日葵属植物中的倍半萜内酯则为 8β-氧代-12(6)-反式稠合或 12(8)-顺式稠合类型；另如菊苣族中大多属中存在的 lactucin-type 愈创木烷、斑鸠菊族斑鸠菊属 Vernonia 中的 hirsutinolide 型的吉马烷倍半萜也是它们相应族属的分类特征化合物。

（7）其他一些特征的化学成分类群，如不规则单萜、吡咯里西啶生物碱、5-甲基-4-羟基香豆素等类型的化合物则是原始菊科帚菊木族植物从起源地扩散分布到全世界的过程中，以及扩散至全球后，再新分化出来的族属植物中的特征成分，如春黄菊族植物中的不规则单萜、千里光族植物中的吡咯里西啶生物碱、帚菊木族中的大丁草属植物中的5-甲基-4-羟基香豆素聚酮衍生物等。

3. 菊科的性效物质基础

（1）中药的药性、药效物质基础其实质就是药物的化学成分。这些化学成分是由植物基因编码翻译的酶催化反应而得的次生或初生代谢产物，直接反映了植物的进化与分类关系，也直接地反映出了植物在适应环境，与人、动物相互协同进化的关系，其性效分类与分子分类法是统一的、科学的。

如《神农本草经》三品分类中将青蒿与旋覆花列为下品，此与现代化学与分子分类结果，即认为它们俩有较近的亲缘关系（旋覆花族植物由春黄菊族植物进化而来），或它们俩有较为丰富的倍半萜内酯化合物的特征相一致；而在药性分类上，将管状花亚科植物、具挥发油的药物归为辛、苦味，而将只有树脂道，而无腺体的舌状花亚科植物列为只有苦味，而无辛味。

（2）菊科中种类多样、骨架多变、结构丰富的化学成分就对应了它们潜在的针对各自不同的靶点的多靶点作用机制与多种功效，如倍半萜内酯的环外亚甲基的亲电活性，显示出了它们与如蛋白质、酶、核酸中的富电基，如巯基、羟基的加成反应活性，从而显示出有效的抗炎、抗肿瘤活性（或寒、凉药性）；而不具有环外亚甲基的倍半萜烯类成分的白术、苍术具有甘、温、补气利湿功效；以及不含倍半萜，而含黄酮、三萜皂苷、聚炔类成分的墨旱莲具有滋阴补肾的功效。其他，还有如含植物蜕皮激素的漏芦、含醌式查耳酮的红花、含二萜类成分的豨莶与苍耳子、含吡咯里西啶生物碱的千里光等都揭示出了这些中药的药效、毒效、性效物质基础。

本书对菊科各个族属的介绍基本是根据《中国植物志》来拟定。除此之外，本书将除《中国植物志》之外的参考文献在文末一一列出，供读者查阅参考。同时，为保证本书内容的精练与深度，则将植物化学（天然药物化学）中基本的、常识性的内容略去，而着重介绍我国菊科中各类典型化合物的结构、分类特点及生源合成途径，各族属植物的化学成分类型与特点，以及作者本人的研究成果与见解。另外，为避免族属名与化合物名在中英文名称翻译上出现歧义，本书基本上依原文（英文）照写，而且即使有少量的化合物写出了中文译名，但也尽可能地将英文名一同列出。

本书根据《中国植物志》的分类系统来对菊科各族属植物的化学成分进行总结，但因菊科的分类系统较多，尤其是在近期发展起来的分子分类系统中，增加、调整了许多新的亚科、族、属名，因此，全书出现了一些不统一的分类系统及其相应的族属名，请读者加以区别并根据参考文献查阅，在此特别说明。

本书由 15 章组成，共分 2 个主题来加以阐述。

（1）第 1、2 章总论，即菊科植物起源、分类系统、化学分类学及其药性分类的基本介绍；菊科植物中各主要化学成分类型、结构特点、分类及其生源合成途径等的介绍，其中代表性化合物的名称及结构骨架类型见附录检索表。

（2）第 3～15 章为各论，即分别按族、属对我国菊科各个属（共 230 属）的主要化学成分类型、分类与进化，以及药效与传统应用进行介绍，其中代表性化合物的名称及骨架类型见附录检索表。

最后，限于作者狭窄的专业学术方向，以及理论水平、研究经验与编写水平的不足，再加之海量的菊科植物研究文献不可能在本书一一兼顾，所以书中难免存在许多问题与不足，恳请读者在使用过程中批评指正，待本书再版时改正。

作　者
2022 年 2 月

目 录

上篇 总 论

下篇　各　论

上篇 **总 论**

1　菊科植物的基础知识

1.1　菊科植物

菊科 Compositae/Asteraceae 是世界上最年轻、进化最高等、分布最广、种类最复杂、次生代谢产物最为多样的有花植物科，也是在医药、食品、化工、园艺、文化等方面有着广泛应用的植物科。

菊科植物约占世界有花植物总数的 1/10，全世界有 1600 ~ 1700 属，25 000 ~ 33 000 种。在数量上，与单子叶植物兰科 Orchidaceae（orchids）和双子叶植物豆科 Fabaceae（legumes）植物基本相当。但在植物起源时间上，菊科植物比兰科与豆科年轻，即菊科植物是当今世界上最年轻的有花植物霸主。

我国的菊科植物有 230 余属，2300 余种，而且我国一半左右的属，即有 112 属之多，属于大洲或洲际间共同分布或间断分布。从另一角度看，中国特有属也多，有 29 属，占我国菊科野生属总数的 13.43%，其中"横断山脉—喜马拉雅山脉（东）"地区分布的菊科特有属有13 属之多，几乎占我国特有属的一半，如栌菊木属 Nouelia、川木香属 Vladimiria 等[1]。

菊科植物除南极洲之外，全世界分布，而且南美洲是目前菊科属、种数最多的地区，其次为亚洲，最少的为大洋洲。其中，处于菊科基部地位的帚菊木族 Mutisieae 植物分布尤以南美洲最为集中与多样，为该族植物的"分布中心"及"分布密集中心"。更为有趣的是，刺菊木亚科 Barnadesioideae（根据现代分子分类学的观点，帚菊木族 Mutisieae 刺菊木属 Barnadesia 植物被提升为亚科水平[2]）植物只分布于现代研究认为的菊科起源地南美洲，而其他各族植物则均不同程度地走出了菊科的起源地南美洲，在全世界分布。这种菊科刺菊木亚科 Barnadesioideae、绝大部分帚菊木族 Mutisieae 植物限定于菊科起源地，而其他各族植物全世界分布的现象与植物的次生代谢产物类型及进化程度相关，即刺菊木亚科 Barnadesioideae 植物不含具有拒草食动物采食的苦味质的倍半萜内酯等次生代谢产物[3, 4]，而其他族植物，尤其是较为进化的菊科植物，如向日葵族、旋覆花族、春黄菊族、千里光族、菊苣族植物中因含有大量的、骨架多变的苦味质成分倍半萜内酯[5, 6]，所以它们较为进化，适应能力强、分布广。当然，也缘于此，有些植物成为世界性的恶性杂草，严重威胁到了当地的生态系统安全，如在我国泛滥成灾的紫茎泽兰 Ageratina adenophora、一枝黄花 Solidago decurrens 等植物。

从菊科植物最早的化石发现于南美洲、非洲及大洋洲，南美洲为当前菊科植物最多样、最丰富的地区的生物地理信息以及基因测序数据等证据，均较为统一地认为菊科为一个起源最年轻的科，而且比在数量上相似的兰科、豆科还年轻，即起源于早第三纪的古新世—始新世时期（Paleocene-Eocene，约 6500 万年前）或更早（约 8300 万年前）的南美洲的南部，但在如何向全世界扩散，以及如何演化、进化等问题上则有争论。

从化学成分的进化角度来看，可认为菊科的分布、进化与扩散能力与菊科植物化学成分的进化有关，即起源于南美洲南部的、原始的、古老的帚菊木族植物（主含原始的酚酸类、如香豆素类成分）因化学成分较为原始，所以其植物竞争力不强，导致大多数的帚菊木族植物未能走出它们的起源地，而能走出它们的起源地并在当地生存、分化与进化延续下来的菊科植物，则是因它们的化学成分的进化性，从而使植物的竞争力增加，如进化出了的富含二萜类成分的帚菊木族白菊木属 *Gochnatia* 与栌菊木属 *Nouelia* 植物从南美洲起源地扩散至我国的西南并在当地生存下来，不断分化与进化。

在菊科植物传统分类上，由 Bentham 和 Hooker 于 1873 年创立的 Bentham 系统，即菊科植物由管状花亚科 Carduoideae 与舌状花亚科 Cichorioideae 两亚科组成，再下分为 13 个族的分类法，一直是世界各国植物志主流的分类标准。但随着生物科学技术的发展，采用保守的植物基因来进行植物分类的分子分类法则打破了传统的形态分类依据，而且其分类结果也逐渐被分类学家接受。其中，最重要的一个进展就是依据"在除帚菊木族中的刺菊木亚族 Barnadesiinae 之外的菊科植物均存在一段叶绿体倒位 DNA 基因，而在其他被子植物科中都没有这段基因"的基因研究证据，将帚菊木族中的刺菊木亚族 Barnadesiinae 植物提升为亚科级别的地位，即刺菊木亚科 Barnadesioideae，此分类结果将传统的菊科分为两个亚科的分类局面打破，成为三个亚科。随后，多个研究组采用不同基因片段特征又创立了它们各自的分子分类系统，如 Chase 系统（1993 年）、K. J. Kim（1995 年）及 APG Ⅳ 系统（2016 年）等，这些分子分类系统最大的特征就是打破了传统的采用形态特征来进行分类的植物形态外观界限。

诞生于 20 世纪 60 年代的植物化学分类学（Chemotaxonomy），是一门从分子水平上研究各植物类群及其亲缘关系的新兴边缘科学。更为重要的是，最早成书于我国东汉时期的《神农本草经》，以及随后在该书基础上发展而来的历代本草也是植物化学分类学的雏形与萌芽，因为这些药物的分类、功效、药性都是古代先民们口尝亲受而得来的经验，是植物药物化学成分在人（动物）体内的药效作用的外在体现。因此，《神农本草经》的三品分类法与按药物药性（四气、五味、毒性、归经、升降浮沉）来分类的分类方法的科学内涵与依据也是植物的化学成分，其分类原理及结果与现代的分子分类法是一致的，也就是说，它们的分类依据是按与植物基因密切相关的酶——作为催化剂催化合成的次生代谢产物——在人（动物）体上的生物效应与感观的不同表现，其结果打破了植物外观形态的束缚，与现代分子分类法的原理是一致的。

据研究统计，菊科植物中含有的化学成分类型很多，但由于每类成分下还可细分为不同的多种亚型，因此，采有不同分类观点就会得出不同的结果。但是，无论如何分类都可以说，菊科植物中的化学成分类型不仅几乎涵盖了自然界所有的化学成分类型，而且还包含了一些特征的分布广的成分类群，如菊糖、倍半萜内酯、二萜、三萜、黄酮、香豆素、聚炔等，以及狭窄分布于某（几）个族属的特有成分，如分布于千里光族的吡咯里西啶生物碱，春黄菊族植物中的不规则单萜类成分、漏芦属中的植物蜕皮激素等，这些成分均显示出广泛的生物活性，以及化学分类学与植物进化的意义。但是，如同分子分类法一样，采用不同的基因片段就会得出不同的分类结果，即若采用不同的化学成分类型也是一样会得出不一样的化学分类结果。但通过从菊科最基部的刺菊木亚科的化学成分类型到菊科其他族属的化学成分类群的比较，可认为菊科植物中分布广、数量众多的原因是该科植物取得了结构骨架多样、生物活性谱广的倍半萜（内酯）化合物的化学突破的结果。因此，本类成分就成为整个菊科最具有分类学意义的标志物。而其他新化学类型的出现，则是菊科植物在不同演化历史过程中新分化出来的各自族（属）的特征化学成分，如 5-甲基-4-羟基香豆素聚酮衍生物是帚菊木族大丁草属，不规则单萜是春黄菊族，吡咯里西啶生物碱是千里光族，倍半木脂素和植物蜕皮激素则又分别是菜蓟族牛蒡属及麻花头属中的特征成分，因此，它们成为这些新族属的特征与分类学意义成分。

1.2 菊科植物的地理起源与分布

基于菊科植物化石、生物地理信息及基因分析数据，揭示菊科植物的起源地为现在的南美洲南部。随后，菊科植物从起源地向全世界扩散、分化，形成了当今全世界分布的、巨大数量种群的菊科植物多样性格局。但除现在的研究均较为统一地认为菊科的地理起源地为南美洲的南部之外，其他的，如在菊科植物如何从起源地扩散至全球，如何再分化成多个不同的族、属，并在全球分布不均等问题上则有争论。

1.2.1 地理起源为南美洲的南部[7]

1.2.1.1 化石证据

菊科植物最早起源于早第三纪的古新世时期（Paleogene times，距今 6500 万年前）的岗瓦纳（Gondwanan）大陆，即未解离的岗瓦纳大陆的南部（即今天的南美洲—南极洲—澳大利亚的南部，South America-Antarctica-Australia）。在渐新世（Oligocene，距今 3400 万～2300 万年前）时期的温暖、湿润气候使菊科植物爆炸性地、辐射性地向全球分布、扩散。然而，接下来，发生在中新世和上新世时期（Miocene and Pliocene times，2300 万～258.8 万年前）的全球寒冷、干燥气候转变，以及安第斯山脉隆升等的地理变化，导致了菊科植物的消亡与分化，从而形成了当前的菊科植物类型与分布现况[7]。其支持的化石证据如下：

（1）现在发现的被认为可能是最古老的菊科化石是发现于非洲南部的古新世—始新世时期（Paleocene-Eocene）的鳞苞菊属 Dicoma 植物（飞廉亚科 Carduoideae）化石[该化石先被鉴定为菊科帚菊木族 Mutisieae 中的 Mutisiapollis viteauensis 植物化石]。

（2）现在发现的，而且是确定无疑的、最古老的菊科化石则是发现于澳大利亚、南美洲南部的渐新世（Oligocene）时期的菊科帚菊木族 Mutisieae 的植物化石。

（3）在南美洲的南部还发现：萼角花科 Calyceraceae（现代分子生物学研究认为菊科是由萼角花科 Calyceraceae 分化出来的），以及处于菊科最基部位置的刺菊木亚科 Barnadesioideae、风毛菊族 Nassauvieae 的花粉化石，其化石历史是中新世的早期时期（Early Miocene）。而且通过对这些化石的观察，已能观察到在此时期的菊科植物已有明显的分化。

（4）从中新世晚期（Late Miocene）的菊科化石还能看出，菊科植物，尤其是紫菀族 Astereae 植物，又有了更为明显的分化，而且这些分化可能是源于中新世时期（Miocene）的气候与地理变化，即此时的气候已由渐新世（Oligocene）时期的温暖、湿润气候变化到中新世时期（Miocene）的寒冷、干燥气候，而地理变化则是安第斯山脉的隆升。

1.2.1.2 生物地理证据

（1）当前，中南美洲是菊科植物生物多样性最为丰富、复杂的地区，即有 508 属，5758

种[8]（或 6316 种[9]）。

（2）处于菊科最基部地位的刺菊木亚科 Barnadesioideae 的 92 种植物全部分布于南美洲[9]。

（3）处于菊科基部位置的 Famatinanthoideae、Mutisioideae、Stifftiodeae、Wunderlichiodeae、Gochnatioideae 亚科中的绝大多数植物也仅分布于南美洲[9]，这也说明了这些菊科植物处于菊科较为原始的地位，即由于它们较为原始，竞争力不强，因此，未能走出它们的起源地。

（4）菊科单种属与寡种属植物在南美洲也分布最多，分别为 156 属与 89 属[8]。

（5）萼角花科 Calyceraceae（现代分子分类系统认为的其与菊科植物的亲缘关系最近，菊科由其进化而来）为一小科（全世界仅 54 种），全部分布于南美洲。同样地，与菊科亲缘关系密切的草海桐科 Goodeniaceae 植物主产于大洋洲。

1.2.2 菊科植物的扩散与分化

基于菊科植物的基因分析数据及生物地理信息的研究认为：菊科起源时间稍早，即起源于白垩纪晚期（late Cretaceous，约 8300 万年前）的南美洲的南部。最先形成的、最原始的植物是形态上明显区别于菊科其他植物的刺菊木亚科 Barnadesieae 植物。随后，在生物大灭绝时期（全球气温变冷，其间又有几次温暖时期的间隔期），使全球有约六分之五的植物消亡。再紧随其后，菊科植物又发生了几次大的扩散、分化及再扩散，才形成了当前的菊科植物在全世界分布的复杂状况，即：

在古新世至始新世的更替时期（Paleocene-Eocene transition，约 5500 万年前），菊科帚菊木族 Mutisieae 植物在南美洲最早从刺菊木亚科 Barnadesieae 植物中分化出。随后，菊科植物向全世界扩散。

菊科的扩散路线有三个假说：① 北美—亚洲路线（North American-Asian route），即从南美洲迁移到北美洲，再到亚洲，最后到达非洲。到达非洲后又再发生了多个世界范围内的扩散事件；② 直接的南美—非洲路线（direct dispersal from South America to Africa），即从南美洲直接迁移到非洲，然后再扩散到全世界；③ 太平洋—亚洲路线（Pacific-Asian route）。

从在我国分布有与南美洲产白菊木属植物的远亲植物白菊木 Gochnatia decora 植物及与之有姊妹关系的单种属栌菊木 Nouelia insignis 植物，以及分子数据揭示亚洲产的帚菊族 Pertyeae 植物是从南美产的 Hecastocleideae 植物分化而来等的证据，则支持菊科的扩散路线是北美—亚洲路线。但又有分子数据揭示亚洲产的帚菊族 Pertyeae 植物是从非洲产的飞廉亚科 Carduoideae 植物分化而来的不同观点，此又矛盾地揭示菊科植物可能是通过直接的南美—非洲路线扩散。

但不论采取哪条扩散路线或可能是多条线路共存，在始新世中期（mid-Eocene，约 4200 万年前），菊科植物抵达非洲后出现快速分化现象，即分化出多个新的菊科族，如菜蓟族 Cardueae (core thistles)、菊苣族 Cichorieae (chicory, dandelions, and lettuce)、金盏花族 Calenduleae (pot marigold)、千里光族 Senecioneae (ragwort)、春黄菊族 Anthemideae (chrysanthemums)、紫菀族 Astereae (asters)、鼠曲草族 Gnaphalieae (strawflowers) 和向日葵族及其邻近族共同的最近祖先 Helianthеae alliance (sunflowers and coneflowers)。

随后的另外一次大的分化发生于始新世末期（end of the Eocene，约 3600 万年前），导致非洲起源的、当前超过 10,000 种的千里光族 Senecioneae、春黄菊族 Anthemideae、紫菀族

Astereae 和鼠曲草族 Gnaphalieae 的分化与扩散。

最后，大约在 2300 万年前，向日葵族及其邻近族的共同的最近原始祖先 Heliantheae alliance 从它的祖先中分化出后向全世界扩散，并抵达北美洲。随后，在约 2100 万年前，向日葵族及其邻近族 Heliantheae alliance 又再分化出不同的、各自独立的族[10]。

1.2.3 菊科的世界分布状况

菊科植物在南美洲的数量最多（6316 种），其次依次为亚洲（6016 种）、北美洲（5404种）、非洲（4631 种）、欧洲（2283 种）、大洋洲（1444 种）及太平洋岛（174 种）。其中，属于向日葵超族 Helianthodae 植物主产北美洲与南美洲，但在北美洲最为丰富（3159 种），其次为南美洲（2535 种）；而不同于向日葵超族 Helianthodae 的是紫菀超族 Asterodae 与千里光超族 Senecionodae，为大陆洲际间分布，其中紫菀超族 Asterodae 与千里光超族 Senecionodae 又分别在非洲（1900 种）与南美洲（1214 种）分布最广；在大洋洲，显示出以紫菀超族 Asterodae 植物为主的菊科植物多样性（占全部菊科植物的 78%）；菊苣亚科 Cichorioideae 植物主要分布于南美洲、非洲、亚洲和欧洲；飞廉亚科 Carduoideae 则主要分布于亚洲[9]等。

1.2.4 我国的菊科植物分布特点

我国的菊科植物有 230 余属，2300 余种。而且我国一半左右的属，即有 112 属之多，属于大洲或洲际间共同分布或间断分布。中国特有属也多，有 29 属（本书统计有 24 属，见下），占我国菊科野生属总数的 13.43%，其中"横断山脉—喜马拉雅山脉（东）"地区分布的菊科特有属有 13 属之多[1]。

1.2.4.1 我国的特有属

（1）帚菊木族：栌菊木属 Nouelia、蚂蚱腿子属 Myripnois。

（2）菜蓟族：黄缨菊属 Xanthopappus、重羽菊属 Diplazoptilon、川木香属 Vladimiria、球菊属 Bolocephalus。

（3）菊苣族：花佩属 Faberia、厚喙菊属 Dubyaea、毛鳞菊属 Chaetoseris、紫菊属 Notoseris、细莴苣属 Stenoseris、雀苣属 Scariola、合头菊属 Syncalathium、厚肋苦荬菜属 Chorisis。

（4）紫菀族：翠菊属 Callistephus、异裂菊属 Heteroplexis、虾须草属 Sheareria。

（5）春黄菊族：复芒菊属 Formania、太行菊属 Opisthopappus、画笔菊属 Ajaniopsis。

（6）千里光族：歧笔菊属 Dicercoclados、华蟹甲属 Sinacalia、假橐吾属 Ligulariopsis。

（7）旋覆花族：莛菊属 Cavea。

（8）向日葵族：虾须草属 Sheareria（现代的分子分类与化学分类都支持将本属调整至紫菀族）。

1.2.4.2 "横断山脉—喜马拉雅山脉（东）"地区的菊科多样性

"横断山脉—喜马拉雅山脉（东）"地区是第三纪冰期时期菊科植物的避难所，以及冰后期菊科次生的新类群的"次生起源中心"、次生种的"分化中心"及现代菊科植物的"分布区密集中心"之一[8]，如分布于该区域的有：

（1）原始的帚菊木族之中，分布有单种、特有属栌菊木 Nouelia（其化学特征是原始的对映贝壳杉烷为主的二萜）及新分化出来的兔耳风属 Ainsliaea（其化学特征是含丰富的倍半萜内酯）和帚菊属 Pertya（其化学特征是含丰富的倍半萜内酯）。

（2）在菜蓟族之中，分布有新分化出来的特有属川木香属 Vladimiria（其化学特征是含丰富的倍半萜内酯）。

（3）在春黄菊族之中，密集分布蒿属 Artemisia 植物，即蒿属全国有 187 种、46 变种，分布于该地区或在该地区分化出的有 116 种、21 变种之多。

（4）其他密集分布的属还有多个，如紫菀属全国分布 92 种、39 变种，在该地区分化出与分布于该地区的种类有 70 种之多；橐吾属全国分布有 111 种、6 变种，而在该地区分布的有 86 种；垂头菊属我国有 64 种、5 变种均分布在该地区[1]。

1.3 菊科植物的生物起源与进化

由于菊科植物种类多、形态多样、次生代谢产物复杂等因素，致使在菊科的起源与进化上有多种不同的观点。近年来，由于分子生物学的发展，以及初生、次生代谢产物及其生源合成途径的不断被揭示，此问题得到了深入地研究，并取得了跨越式的研究进展。

1.3.1 传统观点

在传统的种子植物分类系统中，菊科的进化观点主要是：菊科起源于桔梗科、伞形科、茜草科等观点[8, 11]。出现这些不统一的现象，可能是因菊科的形态各异、种类繁多，若采用不同的表型特征，如形态、花粉、化学成分等，往往会得出不同的结论。

（1）哈钦松(J. Hutchinson)首先于 1925 年提出菊目起源于伞形科 Umbelliferae，随后又于 1959、1973 年修正为桔梗科 Campanulaceae。

（2）塔赫他间(A. Takhtajan)也存类似的观点，即菊目与桔梗目有共同祖先。

（3）克朗奎斯特(A. Cronquist)认为菊目起源于茜草目 Rubiales，而且与桔梗目距离较远。另外，他还认为向日葵族 Heliantheae 下的堆心菊亚族是菊科最原始的类群，以及尽管萼角花科 Calyceraceae 和川续断科 Dipsacaceae 在外形与胚胎学等特征与菊科有近似之处，但菊科胚珠基生，不同于这两科的胚珠顶生，因此，菊科与这两科只可能共同起源于茜草目，且并行发展，不存在有直接的亲缘关系。

（4）我国学者胡先骕于 1951 年提出菊科起源于茜草科或桔梗科的观点。

1.3.2 学者的其他观点

除传统的主要的分类系统之外，还有许多学者对菊科的起源与进化提出了相当多的不同见解，主要的见解如下[8, 12, 13]：

（1）最早提出菊科与南美洲萼角花科 Calyceraceae 有着最紧密关系的是迈尔斯（Miers，1869），而且此观点得到近代许多学者及分子生物学的支持。

（2）边沁（Bentham）于 1873 年认为菊科与萼角花科 Calyceraceae 和半边莲科 Lobeliaceae 关系最紧密，但于 1877 年又强烈地反对菊科起源于半边莲科 Lobeliaceae 的看法。

（3）荷兰植物化学家 Hegnauer 根据菊科与伞形科植物的化学成分相似性，认为 "菊科很可能起源于伞形科 Apiaceae"。

1.3.3　现代分子分类观点

随着科学技术的发展，尤其是生物技术的发展，使基于基因测序技术的分子系统分类法在 20 世纪 90 年代形成并成熟起来，逐渐解明了菊科是单系发展的，因此有共同的祖先；菊科与萼角花科 Calyceraceae 的亲缘关系最近，以及帚菊木族为菊科最原始的族，处于菊科最基部的位置，而且其中的刺菊木亚属植物为最原始的菊科植物，从而将刺菊木亚属植物提升为亚科地位等一系列的新颖的菊科分类与进化观点。这些开创性的观点现也已逐渐被植物学家所接受，而且在此基础之上，科学家们还在不断地深入研究，因此，菊科分类与进化问题研究还将不断地被解明。其中几个主要的研究进展如下：

（1）1987 年，Jansen 和 Palmer 研究叶绿体 DNA（cp-DNA）序列后指出，帚菊木族，尤其是其中的刺菊木亚族 Barnadesiina 为菊科最原始的分类群。这是因为帚菊木族中的刺菊木亚族 Barnadesiinae 植物及其他被子植物科中都不存在一段叶绿体倒位 DNA 基因，而在菊科其他植物中均有存在。因此，将刺菊木亚族 Barnadesiinae 提升为亚科水平，传统的二亚科（管状花亚科与舌状花亚科）分类系统被打破[2]。

（2）1987 年，布雷默（K. Bremer）基于化学、形态和分子数据，提出菊科谱系统树（Cladogram），并认为半边莲科 Lobeliaceae 与菊科亲缘关系密切，而且帚菊木族下的刺菊木亚族 Barnadesiinae 与该族其他亚族及菊科多数族关系也密切。此后不久，他又提出一个基于形态的分类标准的分类系统，即菊科分为四个亚科：① 管状花亚科 Asteroideae（包括：Inuleae、Plucheeae、Gnaphalieae、Calenduleae、Astereae、Anthemideae、Senecioneae、Helenieae、Heliantheae、Eupatorieae）；② 舌状花亚科 Cichorioideae（Lactuceae、Vernonieae、Liabeae、Arctoteae）；③ 飞廉亚科 Carduoideae（Cardueae）；④ 刺菊木亚科 Barnadesioideae（Barnadesieae 和 Mutisieae）[14]。

（3）1995 年，K. J. Kim[15]通过比较测定菊科各主要组（clade）的叶绿体 ndhF 基因，揭示了菊科的起源及内部各族属的进化路线，主要的五个观点如下：

① 萼角花科 Calyceraceae 是菊科的姊妹科。

② 刺菊木亚科 Barnadesioideae 是单系发展的（monophyletic），而且它是菊科其他组的姊妹组。

③ 舌状花亚科 Cichorioideae 共由 6 个族组成，其中两个基部族是：帚菊木族 Mutisieae 与飞廉族 Cardueae，且它们是并系发展的（paraphyletic）。

④ 舌状花亚科 Cichorioideae 的另外四个族是：菊苣族 Lactuceae、非洲菊族 Arctoteae、黄安菊族 Liabeae、斑鸠菊族 Vernonieae 形成一个单系发展组，而且它们是管状花亚科 Asteroideae

的姊妹组。

⑤ 管状花亚科 Asteroideae 是单系发展的，它包括以下三个组。

Ⅰ组：千里光族 Senecioneae；

Ⅱ组：鼠曲草族 Gnaphalieae（由鼠曲草族 Gnaphalieae、金盏花族 Calenduleae、春黄菊族 Anthemideae 和紫菀族 Astereae 组成）；

Ⅲ组：由旋覆花族 Inuleae、黑果菊族 Athroisma group 和广义的向日葵族 Heliantheae sensu lato（包括堆心菊族 Helenieae、金鸡菊族 Coreopsideae、泽兰族 Eupatorieae 和万寿菊族 Tageteae）组成。

（4）2002 年，Panero 和 Funk[16]分析了最多种类的基因标志片段，如 *ndh*F、*trn*L、*trn*F、*mat*K、*ndh*D、*rbc*L、*rpo*B 等的基因序列，和最多的植物样本量，提出了一个包含 35 个族、11 个亚科的菊科分子分类系统，阐释了菊科各亚科、族的亲缘与进化关系。除了菊科基部位置的帚菊木族是非单系发展的、且其有两个分支之外，其他亚科都是单系发展的，并且为阐明该分类系统，还新命名了多个新的亚科、族及亚族名，如新的亚科：Corymbiodeae、Gochnatioideae、Gymnarrhenoideae、Hecastocleoideae、Pertyoideae，新的族 Athroismeae、Corymbieae、Dicomeae、Gochnatieae、Gymnarrheneae、Hecastocleideae、Polymnieae，以及新的亚族 Rojasianthinae。

（5）其他的分子分类系统研究还集中于菊科内部的问题族和处于菊科基部位置的帚菊木族的内部分类上，并取得相当多的研究成果[5]。

1.4　菊科植物的分类系统

传统的菊科分类系统是根据花冠的形式（头状花序中小花的构造）和是否含乳汁，将其分为两个亚科 13 族（Bentham 系统）。此两亚科，即管状花亚科 Carduoideae 与舌状花亚科 Cichorioideae 的分类方法，在长时间内一直未有疑问，但在现代分子系统分类法（Molecular phylogeny）的研究之下，出现了三亚科，甚至更多亚科的分类法，此为在近代菊科分类上取得的一大进展，此分类方法与结果也已逐渐被分类学家所接受。

1.4.1　传统形态分类系统

在菊科分类历史上，有两个分类系统最为有名。

1.4.1.1　Cassini 系统（1816 年）

最早由 Cassini 建立的，共由 19 个族组成。

1.4.1.2　Bentham 系统（1873 年）

是 Bentham 和 Hooker 在 Cassini 系统基础之上建立的，此系统由 13 个族组成。该分类系统虽然在随后又有许多植物学家对其进行修订，但基本体系没有发生大的变动。而且，在现代分子系统分类法出现之前，Bentham 系统被世界大多数国家的植物志采用，具体的族见下[17]。

1. 管状花亚科 Carduoideae

（1）斑鸠菊族 Vernonieae，（2）泽兰族 Eupatorieae，（3）紫菀族 Astereae，（4）旋覆花族 Inuleae，（5）向日葵族 Heliantheae，（6）堆心菊族 Helenieae，（7）春黄菊族 Anthemideae，（8）千里光族 Senecioneae，（9）金盏花族 Calenduleae，（10）非洲菊族 Arctoinalis（中国无此族植物的分布），（11）菜蓟族 Cynareae，（12）帚菊木族 Mutisieae，（13）蓝刺头族 Echinopsideae（《中国植物志》另立的一个新族）。

2. 舌状花亚科 Cichorioideae

（14）菊苣族 Lactuceae。

1.4.2　菊科的分子分类系统

随着分子生物学发展，用分子系统学（Molecular Phylogenetics）手段来得到更自然的菊科科内系统演化关系已成为当前研究的主流，且也取得了长足的进步。

（1）传统菊科二个亚科的分类系统得到改变，成为三个亚科。

1987 年，Jansen 和 Palmer 发现，除帚菊木族中的刺菊木亚族 Barnadesiinae 之外的菊科植物均存在一段叶绿体倒位 DNA 基因，而在其他被子植物科中都没有，因此，确认了以刺菊木属 Barnadesia 为代表的刺菊木亚族 Barnadesiinae 是其他菊科植物的姊妹类群，随之该亚族被提升为亚科级别的地位，即刺菊木亚科 Barnadesioideae（仅包含有一个族 Barnadesieae），菊科两个亚科的局面被打破，成为三个亚科。而且，现代研究揭示，刺菊木亚科 Barnadesioideae 及帚菊木族 Mutisieae 植物是菊科最原始的类型，在进化上处于菊科最基部的位置，因此，对刺菊木亚科、帚菊木族的研究在揭示菊科植物的分类与进化方面具有重要的意义，而且这也是成为当前植物学家研究的热点的原因。

（2）1993 年，Chase[18]根据 DNA 的 *rbc*L 基因系列而提出了一个全新的分类系统。该系统认为：菊科与莕菜科 Menyanthaceae 和草海桐科 Goodeniaceae 的亲缘关系最近。

（3）1995 年，K. J. Kim[15]通过比较测定菊科各主要组（clade）的叶绿体 *ndh*F 基因，认为菊科与萼角花科 Calyceraceae 的亲缘关系最近。

（4）针对被子植物最有名的分子分类系统是 APG 系统，即系统发育组（Angiosperm Phylogeny Group，APG）于 1998 年提出的一个基于 DNA 证据的被子植物在目、科分类阶元上的分类系统，简称 APG 系统。陌后，随着分子数据的增加，该分类系统经历三次修订，最新版为 2016 年的 APG Ⅳ 系统[19]。

APG Ⅳ 系统认为菊目 Asterales 包含菊科 Asteraceae、桔梗科 Campanulaceae、草海桐科 Goodeniaceae 等 11 个科。其中菊科与萼角花科 Calyceraceae 的亲缘关系最近。

（5）2009 年，《菊科的分类、进化与生物地理》（*Systematics, Evolution and Biogeography of the Compositae*）专著出版。该书基于最新的基因测序分子数据，提出了最新的菊科植物分类系统，即包含了 900/1700 个属的进化树，但该系统的某些地方仍未解明，影响了对菊科进化路线的理解。

1.5　菊科植物化学分类学

1.5.1　萌芽阶段[20, 21]

从远古到近代漫长的时间里，人们对自然的认识是从"五观，即口尝、鼻嗅、手摸、眼观、耳听"的感受开始的，而这些五观感受及人体（包括动物）的药效与毒性反应都与植物的化学成分直接相关，因此，通过对植物（药物、食物）的感性认识，再经过归纳总结，再实践的反复认识过程，逐渐形成了植物化学分类学的萌芽思想。

植物化学分类学的萌芽思想最早可追溯至我国现存最早的成书于东汉时期的药学专著《神农本草经》，而且该分类思想对后世影响巨大，即后世的药学专著均接受其思想并在此基础上不断发展。该书按药物的毒性有无及药性的不同，将药物分为三类，即上、中、下三品。其中记载的多个菊科植物被分别归在不同的类别之中，如菊花、木香、天名精等被列为上品，紫菀、款冬花等被列为中品，而旋覆花、青蒿被列为下品。另外，在历代的药用过程中，菊科药用品种还被总结归纳为多种类别的、多种性味的中药品种应用，显示出菊科化学成分的复杂性与多样性，如菊花，辛、甘、苦、微寒，辛凉解表；漏芦，苦、寒，用治乳痈；青蒿，苦、辛、寒，退虚热；苍术，温性，燥湿健脾；苍耳子，温性且有小毒，用治鼻渊；以及诸花皆升，唯旋覆独降等药性理论。

明代李时珍（1596年）编著的《本草纲目》按药物的自然属性特性加以分类，如草部之四，湿草类的53种药物中，有21种属于菊科，并把8种蒿属植物排列在一起。李时珍的这种分类法，可以说是植物化学分类学的雏形。他的思想比英国Grew（1673年）的观点还要早近77年。

英国学者Grew（1641—1712）第一次提出了化学分类学的思想，因为他在预言分类学特性的评论中，首次选择了化学的例子。如他在《植物学历史概念的建议》（1673年）一书中提出两个观点：①"正如每个植物都可能有它自己的多少不同的个性一样，它有凭肉眼可以看到的与其他植物相同的地方。同样，它也有与这些植物相同的性质。例如，野生的和栽培的黄瓜属植物即有其相异处，一种有强烈的致泻作用，一种则完全没有；但在利尿作用上则完全一致。②我们知道伞形科植物的性质是各种各样的，但有一点很可能完全相同，即驱风作用"[21]。

1.5.2　形成阶段[13, 20, 22]

以英国学者Grew第一次提出植物化学分类学的思想之后到近代将化学学科知识应用到植物研究之中为止的长约250年时间内，还有很多学者通过观察，提出了许多朴素的植物化学分类学思想。如1699年，英国的Petiver在论文《植物药用特性》中提出："每一个形态群（如十字花科和唇形科）的每一种群内的各个种都具有相似或相同的治疗特性"。1804年，Candolle在《植物的药性、外部形态和自然分类的比较实验》一书中明确提出了植物化学分类学的思想。1854年，Rochleder在他所编著的《植物化学》一书中做了这样一个总结"看来，植物的系统位置与其化学物质之间存在着一定的关系"。

随着化学学科的发展，利用化学方法从植物中分离化学成分，一方面促进了化学学科的发展，同时也促进了植物化学分类学的发展。最早开展植物化学调查的是英国学者 Greshoff（1909 年），他对许多植物进行了化学调查，并证明生氰化合物（指氰苷，因其水解能生成氢氰酸）在大风子科 Flacourtiaceae 中的分布，主要限于 Pangieae 亚科（大风子科下的一个亚科），因此，他把 Pangieae 改为 Hydrocyaniferae。另外，他在"比较植物化学（Comparative Phytochemistry）"的评论中说，"很明显化学与植物学应该共同合作来研究植物世界""植物学家要准确地描述一个新属或一个新种时，应该同时提供一个植物的化学描述"。

在 1916—1945 年期间，McNair 发表了 26 篇一系列的植物化学论文，其中大多数论文均涉及了植物分类的内容。在此期间，他调查的植物化学成分有脂肪、蜡、鞣质、生物碱、氰苷、皂苷及含硫化合物等，并且他还研究了这些成分之间，以及成分与植物、成分与其他植物、成分与环境之间的关系。

Bate-Smith 于 1962 年出版了自己的实验研究成果《植物酚类成分和它的分类学意义》，而且他还将酸水解法、纸色谱法应用于植物化学成分研究之中，这些都有力地促进了天然产物化学的快速发展。

经过漫长的学科积累，终于在 20 世纪 60 年代，植物化学分类学学科正式形成，其标志事件是"植物化学分类学"名称的出现及《化学分类学》专著的出版。

1962 年，荷兰植物化学家 Hegnauer 出版了具有标志本学科形成的代表性意义的《化学分类学》（Chemotaxonomie der Pflanzen）第 1 卷，而且从 1962 年到现在，该书还一直在更新其观点[13]。最新出版的是第 11 卷（2011 年）。

《化学分类学》（*Chemotaxonomie der Pflanzen*）（Hegnauer）综述了植物次生代谢产物及一些初生代谢产物在植物界的分布，从而给出了每个科与其他科的亲缘关系的见解。其中，Hegnauer 提出了"菊科很可能起源于伞形科 Apiaceae"的观点：Hegnauer 认为菊科和伞形科在化学成分上有较大的相似性，如共存聚炔、倍半萜内酯及缺乏环烯醚萜苷类成分，因而认为"菊科很可能起源于伞形科 Apiaceae"。这些新颖的观点在该书第一次出版时即遭到许多分类学家的强烈反对，如著名的分类学家 Cronquist（1980）完全不同意该观点，而且 Cronquist 认为"不论菊科与伞形科在化学成分上有多么相似，但由于二者之间存在如此多的不同的外部特征，因此，菊科不可能起源于伞形科"。然而，后来的分子生物学及一些其他证据证实了 Hegnauer 的观点，而且这些观点也被一些分类学家所接受，如 Dahlgren（1975，1981）和 Thorne（1981）分类系统[13]。

1.5.3 成熟阶段

近 50 年来，随着化学分离、结构鉴定及生物活性筛选方法的不断进步，如色谱技术、光谱技术、细胞培养、PCR、高通量筛选、计算化学等技术在植物化学学科上的应用，使植物中的化学成分及其生物活性不断被阐明。同时，一些现代的统计计算方法也引入菊科的化学分类学之中，如神经网络[也叫自组织映射神经网络，Self Organizing Maps (SOMs)]和统计模型，为菊科植物的亲缘关系等的研究做出了巨大的贡献，因此，菊科植物化学分类学迈入了成熟阶段。其成熟性体现在以下方面：

1. 菊科植物化学的快速发展

随着色谱分离技术与波谱鉴定技术的不断深入发展与进步，使分离和鉴定的菊科植物化学成分呈几何级数地增加。再加之，这些化合物的生物合成途径的不断解明，都使菊科植物化学分类学快速发展，同时，也发表、出版了相当多的论文与专著，其中不仅包括了菊科普遍含有的倍半萜内酯、菊糖、黄酮、香豆素、聚炔、咖啡酸衍生物、挥发油等成分，而且还涉及了狭窄分布的，以及微量的成分，如吡咯里西啶生物碱、不规则单萜、倍半萜内酯寡聚体、香豆素-单萜二聚体等类型的化学成分。

2. 菊科植物化学研究

研究结果揭示了"菊科与伞形科 Apiaceae/五加科 Araliaceae 的亲缘关系很近"，其化学分类学与分子分类学的研究结果是统一的。

植物次生代谢产物（化学成分）明显在植物适应环境、提高生存与繁殖能力方面扮演了十分重要作用，即它可作为与食草动物、微生物、病毒和其他植物竞争的防御物质，以及可作为吸引昆虫和动物以利于自身传播花粉和种子，提高繁殖力的信号物质。由于它们是植物在进化过程中适应环境、自然选择而产生的物质，因此，它们可作为植物的分类标志物。同时，它们的产生明显地反映了植物基因在某种自然环境条件下而采取是否合成该次生代谢产物的"适者生存"的策略，因此，它们的化学表型特征与植物的 DNA（基因）表型特征是一致的[13, 23]。

1999 年，Grayer[13]根据化学成分对 Chase（1993）[18]提出 "菊科与莕菜科 Menyanthaceae 和草海桐科 Goodeniaceae 的亲缘关系最近"的菊科分子分类观点进行了论述，并与 Hegnauer 的观点进行比较。经过对比研究否认了 Chase 的观点，而认同了 Hegnauer 的意见，即认同了"菊科与伞形科 Apiaceae/五加科 Araliaceae 的亲缘关系很近"的观点。而且，研究还显示 Hegnauer 的意见与现代菊科分子分类观点比较接近，显示出两种分类法的一致性。

Hegnauer 于 1964 年曾支持 A.Takhtajan（1959）的观点，即支持"菊目起源于桔梗目，而桔梗目又起源于五加目 Araliales"的观点，因为聚炔类成分在这三个目的植物中均普遍存在。另外，菊科与伞形科 Apiaceae、大多数的五加科 Araliaceae 植物有类似的化学成分组成，如含挥发油、咖啡酸衍生物、多酚和倍半萜内酯，而缺乏环烯醚萜类成分。因此，在各种分子分类系统中，尽管菊科与桔梗科 Campanulaceae/半边莲科 Lobeliaceae、伞形科 Apiaceae/五加科 Araliaceae 的亲缘关系与 Takhtajan 和 Hegnauer 的观点有一些微小的差异，但是，无论如何，在这些分类系统中，都显示出这些科之间存有一定的亲缘关系，说明了植物化学分类学与分子分类学的一致性、统一性与正确性。

3. 菊科与萼角花科 Calyceraceae 中非共有环烯醚萜苷类成分的解释

直到现在，一般都认为菊科植物中不含有环烯醚萜类成分。然而，近期，一个裂环环烯醚萜苷类成分从菊科耳叶紫菀 Aster auriculatus[24]中分离得到。如果这个化合物不是从其他植物中污染带入的，则说明菊科植物也是一个含环烯醚萜类成分的科，也就说明了菊科与草海桐科 Goodeniaceae 和莕菜科 Menyanthaceae 也有很近的亲缘关系的分子分类结果。对此，其合理的解释是：植物与植物的次生代谢产物在外界自然条件的影响下是协同进化的，如环烯醚萜类化合物具有抗菌、杀虫等活性，它在植物中起到保护作用。然而，因某种原因或因环境的改变，在菊科的祖先种中的环烯醚萜类成分的代谢途径发生了变化，使之不再合成环烯醚萜类成分，而改为合成不规则单萜、倍半萜、二萜等类型的萜类化合物。但这并不意味着菊科不能再产生环烯醚萜类成分，而是这个基因沉默了，不再表达该类化合物了。而当外部条件改变后，该基因又可被激活，又可表达合成该类化合物，这正如菊科中的环烯醚萜类成分的产生。

4. 引入的现代技术与方法

除了传统的化学分类方法之外，人工神经网络及统计模型等现代技术与方法还引入菊科的分类学研究之中[14]。

根据化学成分结构类型，以及根据形态、花粉、化学成分、分子数据等的族分析方法是传统的分类方法，具有代表性的有：Seaman（1982）根据倍半萜内酯的结构类型对菊科进行的分类研究；Bremer（1987）基于化学成分、形态和分子数据提出的一个菊科族分类系统（cladogram）等。但因菊科化学成分不仅类型多、而且每类化合物的修饰变化较大，因此，比较化学成分结构差异的传统方法不能适应庞杂的菊科植物分类要求。

现代菊科分类法引入的数学统计、人工神经网络等的技术与方法还有：

（1）2006 年，Emerenciano 提出了一种新的分类方法，此方法应用偏最小二乘法的线性回归方法[Partial Least Squares (PLS) Regression]来评价化合物的氧化程度，并以此来进行植物分类。研究结果显示，化合物的氧化程度与植物的族、亚族是相关的。

（2）应用神经网络，如使用自组织神经网络方法[Self-organized Maps (SOMs)]来进行菊科分类。如 Da Costa 等使用 144 个倍半萜内酯的 3D 结构阐明了菊科泽兰族 Eupatorieae、向日葵族 Heliantheae 和斑鸠菊族 Vernonieae 三个族内的七个亚族的亲缘关系。

（3）Scotti 等还使用 SOM 方法说明了来自 15 个族、63 个亚族、161 个属的 1111 个倍半萜内酯的亲缘关系，并由此证明了向日葵族 Heliantheae，堆心菊族 Helenieae 和泽兰族 Eupatorieae 之间，以及春黄菊族 Anthemideae 和旋覆花族 Inuleae 之间的化学相似性，而且此结果符合 Bremer (1996)提出的分类系统观点。

5. 菊科植物次生代谢产物的生物合成途径的不断解明

现代对菊科植物中特征的不规则单萜、不规则倍半萜、倍半萜及其内酯、吡咯里西啶生物碱、基因编码的环肽生物碱等的生物合成途径的解明，为菊科的进化与分类奠定了基础，更直接地支持了现代分子分类学的结果，如：

（1）帚菊木族大丁草属、斑鸠菊族都丽菊属中的 5-甲基-4-羟基香豆素是起源于乙酸-丙二酸途径的聚酮化合物，因而，也揭示了此二属的亲缘关系。

（2）生源合成途径揭示了吉马烷、愈创木烷与桉烷是菊科倍半萜的原始骨架类型：用合成萜类化合物的前体物质焦磷酸异戊烯酯 IPP 首先通过 MEP 途径与/或 MVA 途径合成，IPP 再在酶的作用下生成 10 元大环的倍半萜吉马烷 A 骨架，再进一步通过环合以降低环张力，形成愈创木烷与桉烷倍半萜骨架。同时，生源合成途径研究也揭示了二萜、三萜及四萜化合物的生源合成途径与倍半萜的合成途径各不相同。

（3）具内酯结构的倍半萜内酯的合成前体是吉马烷酸 A，其在酶的作用下，形成α或β构型的 6-或 8-位羟基，再进一步环合而成不同骈合方式的内酯环，因此，内酯环的骈合方式与环合位置也展示出了植物的分类特征与进化性。

（4）起源于 Diels-Alder[4+2]环加成反应的倍半萜二聚体也是在酶的催化下形成的，因此，倍半萜内酯的二聚化及寡聚化也是植物进化的标志。

（5）还有通过基因编码的菊科植物环肽（环蛋白）来判断菊科植物进化性的方法，它们直观地体现出了菊科植物的基因（遗传特性）与进化性。

1.6　菊科中药的性效分类

《神农本草经》是我国现存最早的药学本草著作，该书记载了 365 味药物及其药性（如四气、五味、毒性）、功效、配伍、制剂等药学内容，因此，《神农本草经》是中药学药性理论形成与中药学学科形成的标志。

从《神农本草经》开始到金元时期，形成并逐渐完善的药性理论（四气、五味、归经、升降浮沉及毒性等）是植物化学分类（分子分类）的雏形，因为它们的分类依据是植物化学成分在人体（动物）上的药效作用的外在体现。由于植物化学成分是在植物基因编码、翻译合成的酶的催化作用下合成的，其药效及其药效物质化学结构反映了植物的基因的特性，因此，其分类结果与现代分子分类结果是类同的，即都是打破了植物形态分类的束缚。

1.6.1　常用菊科中药品种的药性统计

对《中药学》（凌一揆主编，上海科学技术出版社，1984 年版），重复统计。

1. 四　气

寒凉性的品种有 10 种：牛蒡子、菊花、蒲公英、漏芦、青蒿、豨莶、茵陈蒿、大蓟、小蓟、墨旱莲。

温热性的品种有 11 种：苍耳子、苍术、木香、艾叶、红花、泽兰、刘寄奴、旋复花、紫菀、款冬花、白术。

平性的品种有 2 种：佩兰、鹤虱。

2. 五　味

辛味的药物有 13 种：苍耳子、牛蒡子、菊花、青蒿、苍术、佩兰、木香、鹤虱、艾叶、红花、泽兰、旋复花、款冬花。

甘味的药物有 8 种：牛蒡子、菊花、蒲公英、大蓟、小蓟、紫菀、白术、墨旱莲。

酸味的药物有 1 种：墨旱莲。

苦味的药物有 18 种：苍耳子、牛蒡子、菊花、蒲公英、漏芦、青蒿、豨莶、苍术、茵陈蒿、木香、鹤虱、大蓟、艾叶、泽兰、刘寄奴、旋复花、紫菀、白术。

咸味的药物有 1 种：旋复花。

3. 归　经

归肝经的品种有 11 种：菊花、蒲公英、青蒿、豨莶、茵陈蒿、大蓟、小蓟、艾叶、红花、泽兰、墨旱莲。

归肺经的品种有 6 种：苍耳子、牛蒡子、菊花、旋复花、紫菀、款冬花。

归肾经的品种有 4 种：青蒿、豨莶、艾叶、墨旱莲。

归脾经的品种有 9 种：苍术、佩兰、茵陈蒿、木香、鹤虱、艾叶、泽兰、刘寄奴、旋复花。

归心经的品种有 4 种：大蓟、小蓟、红花、刘寄奴。

归胃经的品种有 9 种：牛蒡子、蒲公英、漏芦、苍术、佩兰、茵陈蒿、木香、鹤虱、旋复花。

归胆经的品种有 3 种：青蒿、茵陈蒿、木香。

归大肠经的品种有 2 种：木香、旋复花。

4. 毒性

有低毒性的品种有 2 种：苍耳子、鹤虱。

1.6.2　常用药用菊科中药的性效物质基础分析

在常用菊科药物之中，寒性与温性的品种数量基本相等，平性最少；辛苦味的药物最多、甘味其次，最少的为酸与咸味。在归经理论上（既有按五脏理论，又有按经络理论分类的方式），以归肝经药物最多，其后依次为归脾胃经、肺经、肾经、心经、胆经、大肠经；在升降浮沉上有"诸花皆升，唯旋覆独降"的药性（降气止呕，代表方旋复代赭汤）。另外，毒性药物少，仅有 2 味。

（1）舌状花亚科菊苣族的蒲公英与管状花亚科的多种植物中含有相似的倍半萜内酯苦味物质，因此，它们具有相同的"苦味"药性。但蒲公英无挥发油，所以无"辛味"，而管状花亚科植物具挥发油，因此，它们大多均具"辛味"。而且，由于春黄菊族及旋覆花族下的一些属（如火绒草属、艾纳香属、六棱菊属）植物有较重的芳香气味，含丰富的挥发油，即具有"辛味"，因此，揭示了它们之间所具有的亲缘关系。

（2）菊科倍半萜内酯具有化学活泼性的 α-亚甲基-γ-内酯结构，因其缺电的环外亚甲基能与作用靶点（基因、酶、蛋白质）上的富电性基团如巯基发生迈克尔加成，使酶失活，产生抗炎、抗肿瘤的活性，因此，其代表了菊科植物的寒凉药性的物质基础。

但菊科药物中也仍有较多的富含倍半萜内酯化合物而被归为温热性药物，如木香、艾叶、苍耳子、苍术、白术等。因此，它们的温热性或也与其富含的倍半萜的结构有关，如苍术、白术中虽富含倍半萜内酯，但其结构大多为无 α-亚甲基-γ-内酯结构（无环外亚甲基结构）的倍半萜烯类成分。

（3）从国内外的传统应用上看，许多菊科中药，如大蓟、小蓟、红花、艾叶、贵州天名精等，都具有止血和促进伤口愈合的作用，此与中医五脏理论中的肝藏血、归肝经的理论相契合。另外，从贵州天名精 Carpesium faberi 中分得的多个倍半萜内酯及其倍半萜内酯二聚体化合物，如 carpedilactones A-D 均显示出对白血病 CCRF-CEM 细胞系的选择性细胞毒作用 [25]。此证据及其他类似证据也在一定程度上揭示了菊科中的倍半萜内酯及其二聚体为其归肝经的性效物质基础。

（4）现代研究揭示苍耳子的毒性成分是其中的对映贝壳杉烷型二萜类成分：atractyloside 和 carboxyatractyloside，而且通过炮制（炒）可将其高毒性的物质 carboxyatractyloside 的结构转化为低毒性的成分 atractyloside，从而达到解毒的目的。

1.6.3　传统性效分类的科学内涵还有待深入研究

当前，采用现代植物化学成分，无论是对药物的三品分类、还是性效分类都不能给予非常清晰明了的解释。但不可否认的是，传统的三品分类与性效分类都是植物化学成分在人体（或动物体）上的感观与药效的外在体现，是有充分借鉴价值的，是科学的，因此，在现代研究中药的性效物质基础时，应注意中医药的临床使用特点与现代植物化学研究之不同而造成的差异。

（1）现代的植物化学成分研究大多都是采用溶剂提取，不仅要经过回收溶剂等的加热浓缩，而且操作步骤冗长，因此，可能出现分离鉴定的化学成分并不是植物本身存在的分子的情况，这就会影响性效、药效的研究。典型事例如青蒿素分子中的过氧键在高温下就会断裂分解。

（2）由于菊科植物种类多、分布广泛，再加之不仅属内不同种，甚至不同地域的同种植物的化学成分也有差异等，因此，其用药品种的不同、采集地不同、药用部位不同，就会有不同的性效与药效。

（3）众所周知，不同的给药途径也会有不同的药效，如口服与皮肤给药就会有有无肝脏首过效应的不同，因此，给药情况的不同也会造成不同的性效与药效。

（4）传统中药还有特殊的炮制处理，因此，对药物的传统性效分类研究也要了解药物的炮制处理方法。例如，木香采用煨制的炮制方法，可能是因减少了挥发油（倍半萜内酯含量减少）的含量、或可能是因倍半萜内酯间或与其他化学成分间发生化学反应形成新物质，从而减少了具环外亚甲基结构的倍半萜的含量等原因，从而使其成为温性药物。

（5）当前，由于分离化合物大多为毫克级别，所以对这些分离化合物的药效或生物活性研究大多采用的是小鼠或动物细胞等模型，而这些模型与人体的真正代谢情况还是有较大的不同，因此，如何改变当前这种与人体不一致的药效评价体系也应考虑。

2 菊科植物的化学成分类型

数量众多、形态各异、全世界分布的菊科植物是一个巨大的天然产物宝库，蕴藏着许多典型的、特征的、结构骨架多变的化合物，如菊糖、聚炔、倍半萜（内酯）及其寡聚体、不规则单萜、二萜、三萜、甾体、挥发油、百里香酚单萜衍生物、香豆素、5-甲基-4-羟基香豆素、吡咯里西啶类生物碱、黄酮等，即菊科是一个化学多样性极其丰富与复杂的科，也显示出了菊科的进化不稳定性、高级性与年轻性。

菊科是一个进化最高级的植物科，但在各族属的化学成分上显示出相当大的不同，即又显示出它们的进化不等性，如倍半萜（内酯）与酚酸类成分（如香豆素、黄酮）在菊科不同族、属植物中呈现出主次、化学结构类型，以及数量、氧化程度等的变化规律，如菊科植物中普遍存在的倍半萜内酯类化合物在菊科刺菊木亚科 Barnadesioideae、帚菊木族大丁草属 Gerbera 等族属植物中就很缺乏。因此，可认为它们是菊科中较原始的族属，而在向日葵族中的向日葵属、苍耳属；旋覆花族中的旋覆花属、天名精属、帚菊木族中的兔儿风属中都富含倍半萜内酯及其寡聚体，因此，可认为它们应是菊科中较进化的族属，而且向日葵属因富含骨架进化的倍半萜（内酯）化合物，是进化最高级的植物，因此，菊科植物中倍半萜（内酯）具有最明显、最重要的分类学意义与进化特征。

菊科植物普遍具有菊糖、聚炔、黄酮、咖啡酰基奎宁酸、香豆素、吡咯里西啶生物碱及倍半萜内酯等成分，它们在植物适应环境、提高生存与繁殖能力方面扮演了十分重要作用。同时，它们也在与人类、动物协同进化，成为最"类药"的天然产物，成为新药开发最重要的先导化合物的来源之一，是一个巨大的宝库。

2.1 挥发油

挥发油 volatile oils，也称为精油 essential oil，一般是指能随水蒸气蒸馏，且与水不相混溶、有芳香性的挥发性油状成分。它是由多种化学成分类群组成的混合物，主要是由脂肪烃、芳香烃及单萜、倍半萜及其他们的含氧衍生物组成。但随着提取技术与提取方法的不同与改进，其提取出的"挥发油"的组成又有较大的变化。如采用低极性溶剂如石油醚、正己烷提取、超临界 CO_2 流体提取出来的挥发油就可能还含有不能随水蒸气蒸馏的成分，如脂肪酸（酯）、二萜及三萜苷元等低极性成分。

菊科的管状花亚科植物因具树脂道、腺毛，故大多有芳香气味，尤其是春黄菊族及旋覆花族下的一些属（如火绒草属、艾纳香属）植物有较重的芳香气味，故含有丰富的挥发油成分。而舌状花亚科因无树脂道，只含乳汁管，故无芳香气味，但仍含有低极性成分，因此，如果采用水蒸气蒸馏或低极性溶剂提取，仍能得到"挥发油"。

当前，对挥发油的成分鉴定大多采用 GC-MS 法，但鉴定出的成分变异大，即挥发油成分随植物的不同部位、采收时间、采集地点、提取方法等而有较大的变化，但影响植物成分合成的主要因素还是植物内在因素，即植物的基因，因此，挥发油成分在植物鉴定方面的仍具有较大的意义。现举例如下：

对采集于塞尔维亚、黑山和利比亚的 5 种野生蒿属植物（*Artemisia arborescens*、*A. campestris*、*A. lobelii*、*A. annua* 和 *A. absinthium*）（盛花期）的地上部分，采用水蒸气蒸馏制备得挥发油。再采用 GC-MS 分析成分组成及对数据进行统计分析。分析结果是：总共从 5 种植物挥发油中检测出 126 个化合物，并鉴定出其中的 120 个化合物。每种植物鉴定的成分在 25～50 个，显示出种间成分的多样性。同时，根据植物种及植物采集地的不同，植物挥发油的主要成分有单萜和倍半萜成分的不同变化，但它们的主要的成分均有 β-pinene、chamazulene、germacrene D、camphor、pinocarvone 和 thuja-2,4(10)-diene。以上研究结果显示，虽然植物挥发油的组成会依植物部位和环境因素的不同而异，但它们成分最大的决定因素还是遗传物质——基因因素和进化趋势，因此，蒿属植物挥发油化学成分可作为植物化学分类标志物[26]。

2.2 萜 类

菊科植物中含有丰富的半萜、单萜、倍半萜、二萜、三萜、四萜（类胡萝卜素）及橡胶（多萜）等萜类 terpenes 成分。其中，菊科又尤以倍半萜（内酯）最为丰富与典型，所以普遍认为倍半萜（内酯）是菊科的特征分类标志物。

当前的生物合成途径研究揭示，单萜、二萜、倍半萜、三萜、甾体等的生源合成途径并不完全相同，而且单萜之中的规则单萜与不规则单萜也有不同的生源合成途径，因此对菊科植物进化的研究应从生源角度来进行考虑与比较，不能简单地认为三萜比二萜、二萜比倍半萜、倍半萜又比单萜进化。

值得注意的是，一般认为，菊科植物中不含环烯醚萜单萜类成分，但近年来，有从紫菀属植物中分得环烯醚萜类成分的报道，这印证了富含环烯醚萜类成分的萼角花科 Calyceraceae 植物[27]与菊科有很大亲缘关系的现代分子分类结果。同时，可做出"菊科植物中的萜类成分是从环烯醚萜苷单萜类成分进化到不规则单萜、倍半萜、二萜等类型的突变结果"的论断。

再比较处于菊科基部位置的刺菊木亚科植物化学成分，又可做出"菊科从不含倍半萜与二萜的成分类群进化到以含倍半萜（内酯）为主的化学成分类群""倍半萜骨架的进化性及内酯环的骈合与倍半萜内酯的聚合化等情况体现出了菊科植物的进化性"的论断。

植物挥发油成分中一般含有丰富的单萜及倍半萜类成分，因此，含挥发油的管状花亚科植物与不含挥发油成分的舌状花亚科植物具有明显的分类学意义，此也支持传统的二亚科的分类法。但是，不论是管状花亚科、还是舌状花亚科植物都含丰富的倍半萜、二萜、三萜等类成分，因此，从这些成分的共有性来看，打破传统形态分类法的现代的分子分类法有其科学的内涵与合理性。

2.2.1 生源合成途径

当前的研究认为，单萜与二萜（mono-and diterpenoids）的生源合成途径在质粒中，通过甲基赤藓糖醇磷酸途径methylerythritol phosphate pathway (2-C-methyl-D-erythritol-4-phosphate, MEP 途径)生成的焦磷酸异戊烯酯（isopentenyl diphosphate，IDP，也称为 IPP）；而倍半萜的合成是在细胞质中，通过甲戊二羟酸途径（mevalonate，MVA 途径）和/或 MEP 的复合途径生成IDP；进一步，再在连接酶的催化下，合成链状的规则与不规则萜类；再在 I 型、II 型环化酶的作用下环化形成多种骨架类型与立体构型的萜类；反应再进一步，即在氧化酶的作用下，形成各种氧化模式，以及内酯化、醚化等形式的萜类亚型化合物；其中，有些化合物还在各种酶的作用下，形成萜类寡聚与杂聚体、萜类生物碱等类型的化合物。具体的合成途径如下：

2.2.1.1 萜类化合物的合成前体

生源异戊二烯 IDP（IPP）是萜类化合物的合成前体，其合成途径 ——MVA 与 MEP 途径，如下所示[28]。

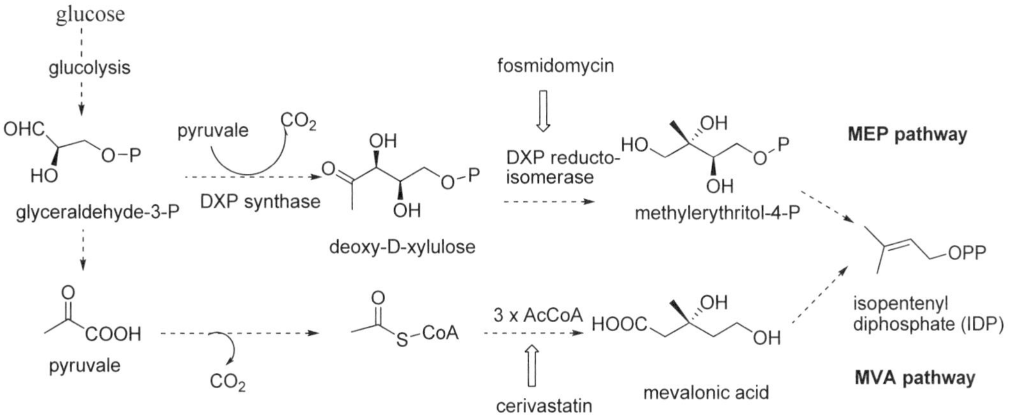

2.2.1.2 异戊烯基转移酶 Prenyltransferase（规则与不规则的异戊烯基连接酶）[29]

异戊烯基转移酶 prenyltransferase 催化 C_5 异戊烯基单元（IPP，DMAPP）1′-4 (头-尾，head-to-tail)连接，生成链状的单萜。此链状单萜再在萜类环化酶的作用下，生成骨架多样的萜类化合物。

本类酶有两类，即规则的异戊烯基连接酶 Regular Isoprenoid Coupling Enzymes 与不规则的异戊烯基连接酶 Irregular Isoprenoid Coupling Enzymes。

1. 规则的异戊烯基连接酶

焦磷酸金合欢酯合成酶 Farnesyl diphosphate synthase（FPPase）是一个典型的规则连接酶，也为 I 型萜类合成酶(合成酶的具体内容见后)，它催化 1 分子 DMAPP 和 2 分子 IPP 生成焦磷酸金合欢酯（FPP，C_{15} 单元）。

通过 FPPase 的酶学与机制研究，揭示它的催化反应是通过一系列的离子化-缩合-消除反应来完成，如该酶在金属离子的参与下，催化一分子的 DMAPP 离子化，该离子的 C_1 再与 IPP

的 C$_3$-C$_4$ 双键烷基化形成一个季碳阳离子中间体，前手性 pro-*R* 的 C$_2$ 再进行氢离子消除，从而形成链增长的 GPP（C$_{10}$），其催化反应如下。

规则单萜的链增长

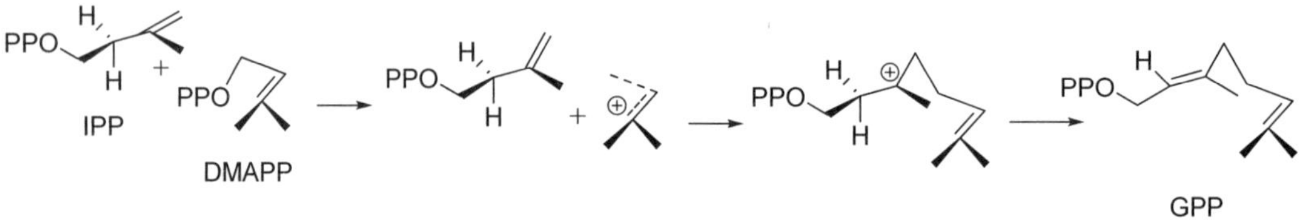

2. 不规则的异戊烯基连接酶

不规则连接反应，也就是非正常的连接方式，即头-中连接方式（head-middle），它包括了 c1′-1-2 和 c1′-2-3 的环丙烷环化反应、c1′-2-3-2′环丁烷环化反应和 1′-2 的支链反应。研究揭示以上的不规则支链、环丙烷及环丁烷单萜合成反应都是在金属依赖的 I 型萜类合成酶的催化下生成的，如菊烷二磷酸酯合成酶 chrysanthemyl diphosphate synthase 催化合成 CPP、薰衣草烷二磷酸酯合成酶 lavandulyl Diphosphate Synthase 催化合成 LPP，如下所示。

不规则单萜的链增长(环丙烷化及支链化)

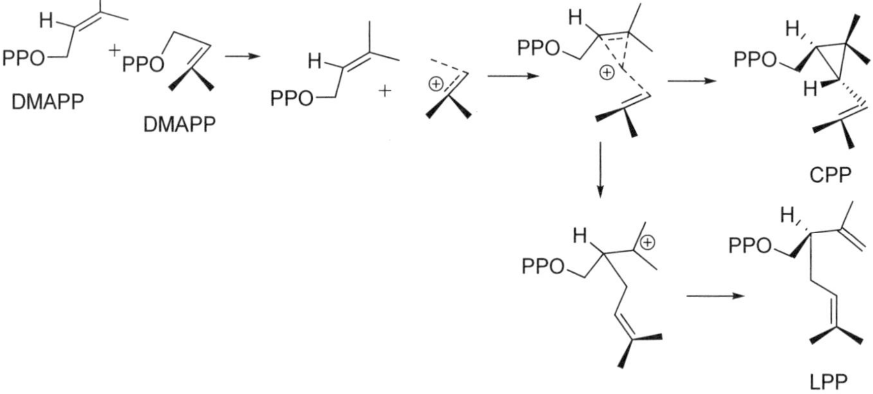

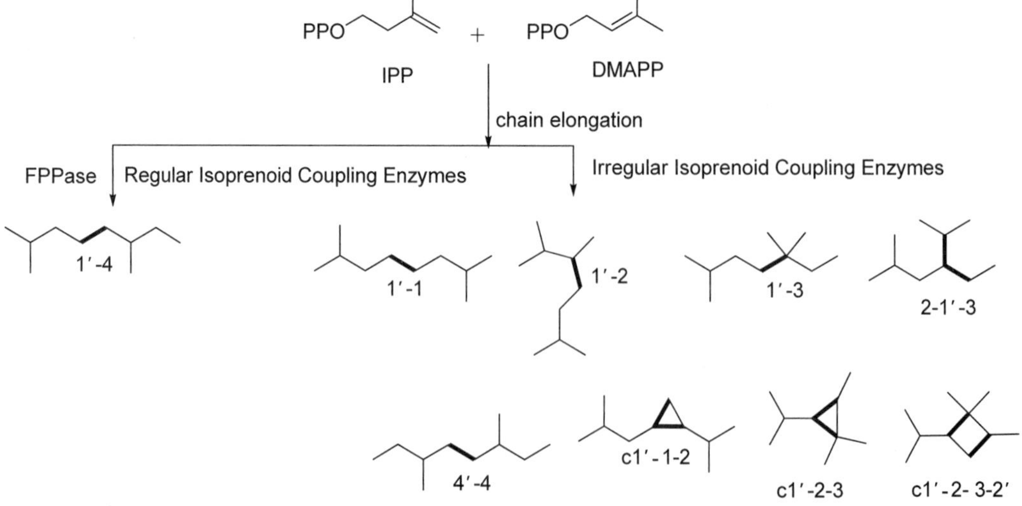

2.2.1.3 萜类环化反应合成酶（环化酶）

萜类是首先由焦磷酸异戊烯酯（C_5单元，isopentenyl diphosphate，IDP）通过聚异戊烯转移酶（polyprenyl transferases）装配合成链状的萜类化合物，如 geranyl diphosphate（焦磷酸香叶酯，GPP，C_{10}）、farnesyl diphosphate（焦磷酸金合欢酯，FPP，C_{15}）、geranylgeranyl diphosphate（焦磷酸香叶基香叶酯，GGPP，C_{20}）和 squalene（角鲨烯，C_{30}），然后再在萜类环化酶（terpenoid synthases，TPSs）的作用下，形成骨架结构多样的环状萜类化合物。

根据催化底物的碳原子数量，可将 TPSs 分成半萜环化酶（C_5）、单萜环化酶（C_{10}）、倍半萜环化酶（C_{15}）、二萜环化酶（C_{20}）及三萜环化酶（C_{30}）等。其中大多数的环化酶均是具有两个明显不同蛋白折叠结构的蛋白质，一种是α-折叠型，称为 I 型合成酶；另一种是β, γ-折叠型，称为 II 型合成酶。

（1）I 型萜类环化酶，如单萜柠檬烯合成酶。该酶催化反应时需 Mg^{2+} 的参与，来消除二磷酸基；

（2）II 型萜类环化酶，如角鲨烯-藿烯环化酶 squalene-hopene cyclase。它的催化需要一个酸性基团的参与，如精氨酸对底物的双键发起离子化或环氧化。

以上两种酶催化烯型双键形成阳碳离子，随即发生环化反应与重排反应成环。随后，再在此基础上进行去质子或羟基化以淬灭阳碳离子[30]。如以上两种酶催化单萜柠檬烯及三萜藿烯 hopene 的合成如下：

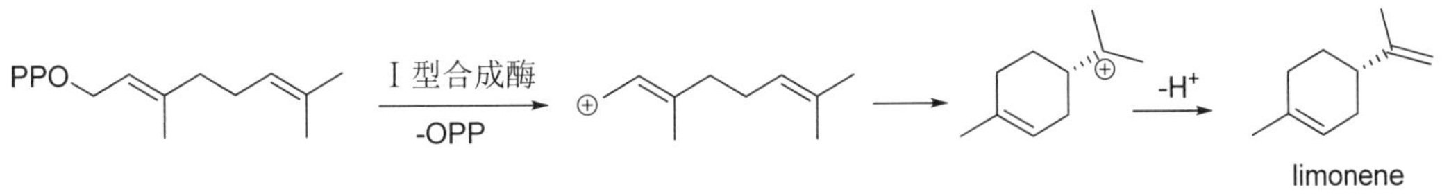

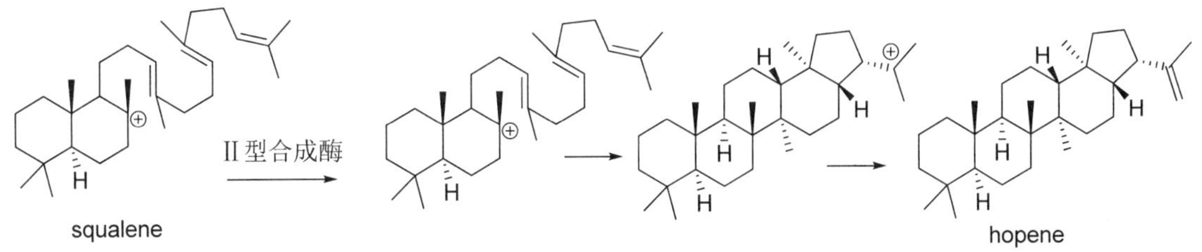

现代研究发现，从链状单萜环化形成环状单萜、倍半萜、二萜、三萜及四萜所涉及的环化酶均有所不同，但均可分为两类，即 I 型和 II 型环化酶，并且单萜与倍半萜的环化酶为 I 型环化酶，三萜与四萜（类胡萝卜素）的环化酶为 II 型环化酶，而二萜的环化需 I 与 II 型环化酶的共同作用，即先通过 II 型环化酶形成 A/B 双环结构后，再通过 I 型环化酶继续环合，最终合成三环、四环或五环二萜。

1. I 型环化酶

1）单萜环化酶

单萜环化酶催化 GPP， C-1/C-6 环化形成α-萜烯基阳碳离子是中间体α-terpinyl carbocation，随后的一系列反应形成了多种骨架及立体结构的环状萜类化合物，如下所示。

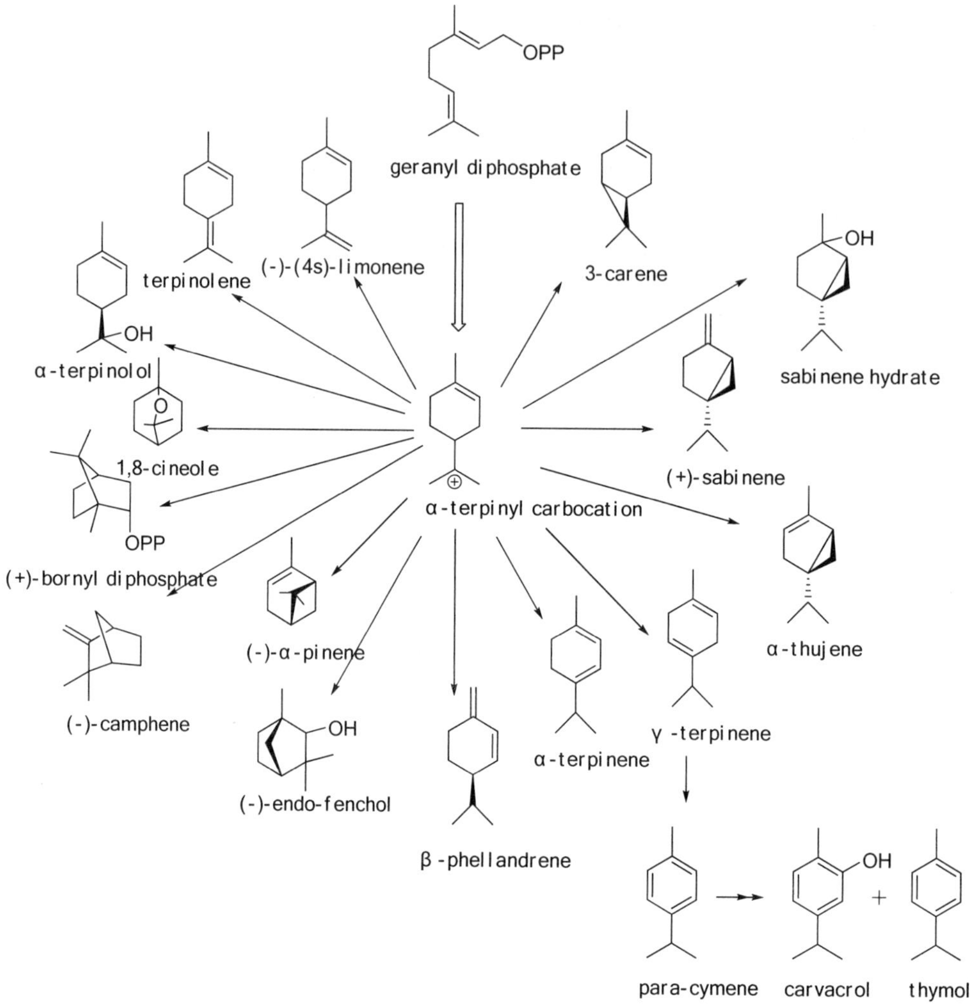
OPP
geranyl diphosphate
terpinolene
(-)-(4s)-limonene
3-carene
OH
sabinene hydrate
OH
α-terpinolol
1,8-cineole
(+)-sabinene
α-terpinyl carbocation
OPP
(+)-bornyl diphosphate
α-thujene
(-)-α-pinene
(-)-camphene
OH
(-)-endo-fenchol
α-terpinene
γ-terpinene
β-phellandrene
OH
para-cymene
carvacrol
thymol

2）倍半萜环化酶

与单萜在 C-1/C-6 环化不同的是，链状倍半萜 FPP 的环化可发生在 C-1/C-6、C-1/C-7、C-1/C-10 和 C-1/C-11，形成的阳碳离子又可再进行环化、质子转移、甲基迁移等反应，最终形成骨架结构多样的倍半萜，具体合成见下及 2.2.3 小节所示。

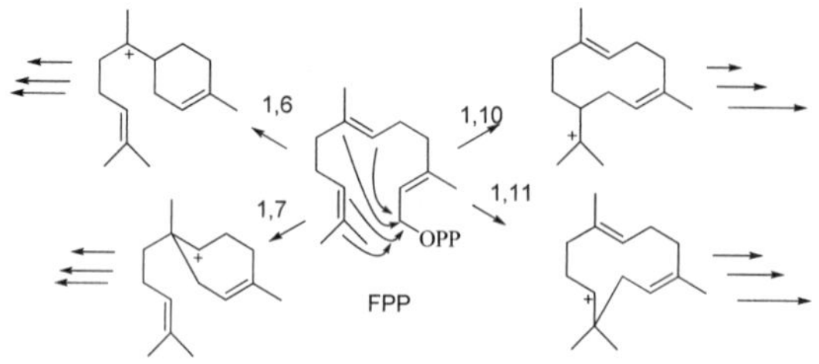
1,6
1,10
1,7
1,11
OPP
FPP

3）二萜环化酶

链状二萜 GGPP，在二萜环化酶的作用下，可通过 C_1-C_6、C_1-C_7、C_1-C_{10}、C_1-C_{11}、C_1-C_{14} 和 C_1-C_{15}形成环状阳碳离子，以及随后的环化、质子转移、甲基迁移反应，形成骨架多样的二萜化合物。

二萜的多环结构的环合涉及Ⅰ型和Ⅱ型环化酶，即先通过二萜Ⅱ型环化酶形成 A/B 环的双环二萜，再通过Ⅰ型环化酶，在 C_3-C_8 间形成一个环。至今，仅有四个Ⅰ型二萜环化酶被分离鉴定，它们是 C_1-C_{11}（cyclooctatenol synthase）、C_3-C_8（对映贝壳杉烷二萜合成酶，ent-kaurene synthase）、C_1-C_{14}（taxadiene synthase）和一个至今公认的半日花烷二萜合成酶（labdane-related diterpene cyclase，LrdC）。

（1）Cyclooctatenol Synthase (CotB2)

通过 cyclooctatenol Synthase 合成的二萜化合物 cyclooctatin 是一个具有 5/8/5-三环结构，其环化反应如下，但此类结构化合物在菊科中还未发现。

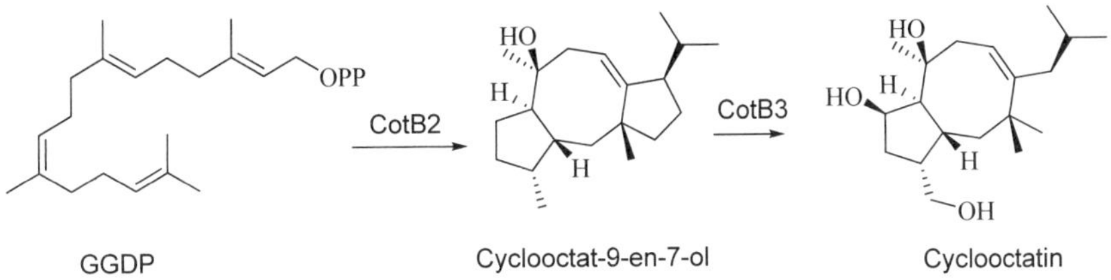

GGDP　　CotB2　　Cyclooctat-9-en-7-ol　　CotB3　　Cyclooctatin

（2）对映贝壳杉烷环化酶 ent-Kaurene Synthase

对映贝壳杉烷四环二萜的合成需要Ⅰ和Ⅱ型环化酶的参与。首先，Ⅱ型环化酶催化链型 GGPP 生成 ent-copalyl diphosphate（ent-CPP），生成 A/B 环。然后，再在Ⅰ型环化酶，即如在对映贝壳杉烷环化酶 ent-Kaurene Synthase 的催化下，ent-CPP 形成阳碳离子后，再经过多个环化反应，最终形成四环对映贝壳杉烷型二萜骨架，合成路线见下。

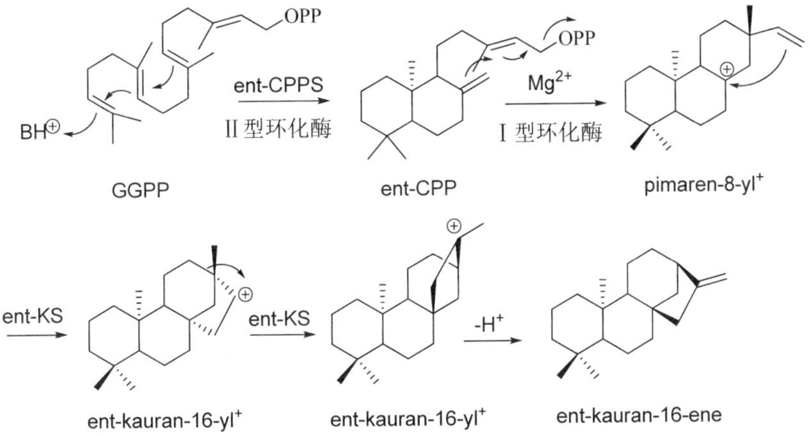

GGPP　　ent-CPPS Ⅱ型环化酶　　ent-CPP　　Mg^{2+} Ⅰ型环化酶　　pimaren-8-yl+

ent-KS　　ent-kauran-16-yl+　　ent-KS　　ent-kauran-16-yl+　　-H+　　ent-kauran-16-ene

（3）Taxadiene Synthase（紫杉醇 taxol 的合成前体紫杉二烯 Taxadiene 的合成酶，略）
（4）半日花烷等二萜合成酶 Labdane-Related Diterpene Cyclase (LrdC)（见下述）

2. Ⅱ型环化酶

1）二萜环化酶 Diterpene Cyclases

二萜Ⅱ型环化酶首先发起对 GGPP 的离子化催化，形成 C_{10}-C_{15} 和 C_6-C_{11} 单键成双环季碳阳离子，随后，再在Ⅰ型萜类环化酶的作用下，继续环化、或质子转移、甲基迁移等反应，最后消除质子，形成多种骨架类型的二萜化合物。至今，仅分离鉴定出两个Ⅱ型萜类环化酶，它们均是 ent-copalyl diphosphate synthases：一种是植物酶，另一种是细菌酶，而且这两种酶在催化 GGPP 时的化学催化作用是等同的。

Ⅱ型二萜环化酶催化 GGPP 形成 ent-copalyl diphosphate，再在半日花烷等二萜合成酶的催化下，形成双环二萜，半日花烷（labdane）型、克罗烷（clerodane）型和 halimane 型。再在随后的Ⅰ型二萜环化酶的作用下，形成三环二萜：海松烷 pimaranes 和松香烷 abietanes；四环二萜：贝壳杉烷 kauranes 与五环二萜映绰奇烷 trachylobanes 等[30, 31]，合成途径见下。

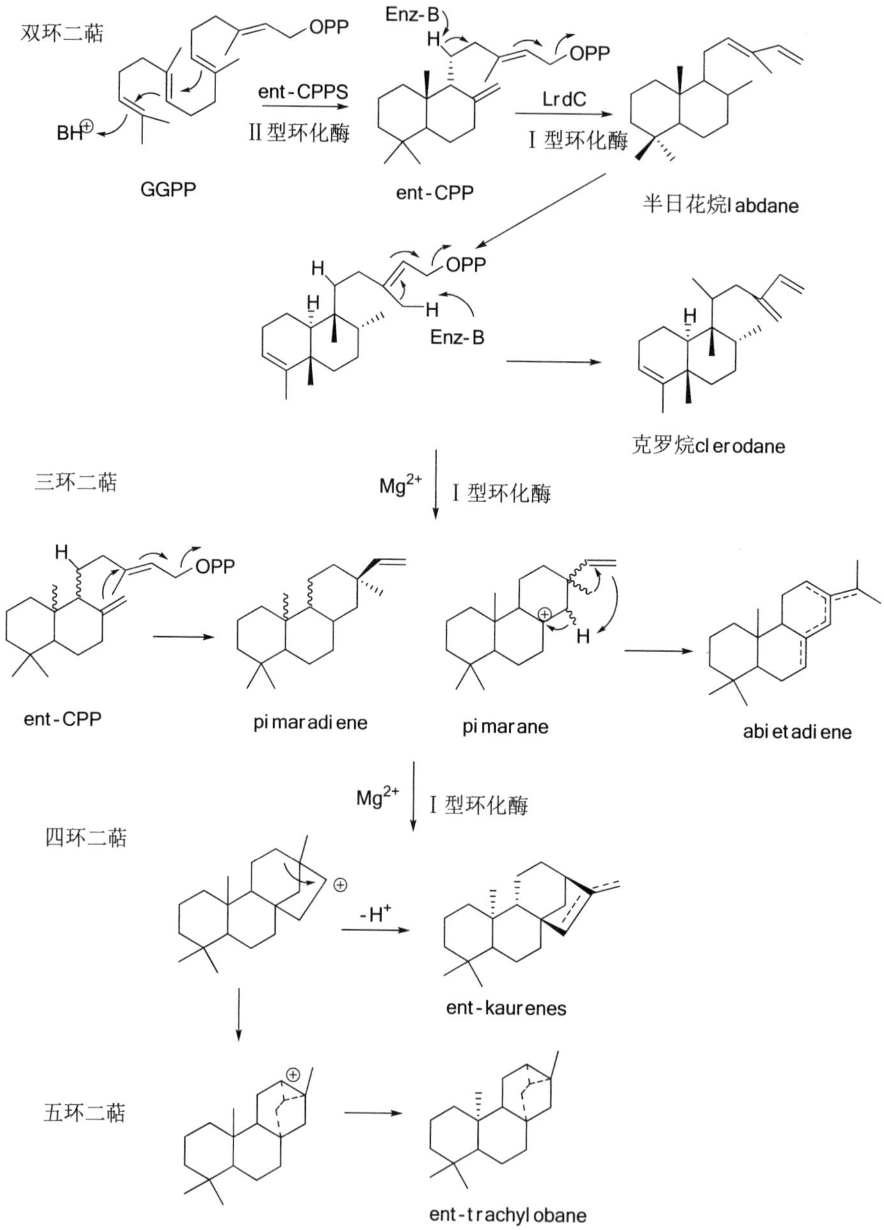

2）三萜环化酶 Triterpene Cyclases

Ⅱ型三萜环化酶发起对角鲨烯 squalene 或角鲨烯末端环氧化产物 squalene oxide 的环化反应，再通过一系列的连串环化反应，形成骨架多样的三萜化合物，故Ⅱ型三萜环化酶有两类，即角鲨烯-藿烯环化酶 squalene-hopene cyclase（细菌或海参）和氧化角鲨烯环化酶 oxidosqualene cyclase（植物）。

3）角鲨烯-藿烯环化酶 squalene-hopene cyclase

五环三萜 6-6-6-6-5 藿烯阳碳离子 hopenyl cation 是通过角鲨烯-藿烷环化酶 squalene-hopene cyclase 催化线型三萜前体角鲨烯发生一系列的环化串联反应而形成，随后在碱的催化下，发生质子消除，生成藿烯 hopene；另外一种途径是，hopenyl cation 被水分子加成淬灭，生成一个小量的副产物 diplopterol，合成途径见下。

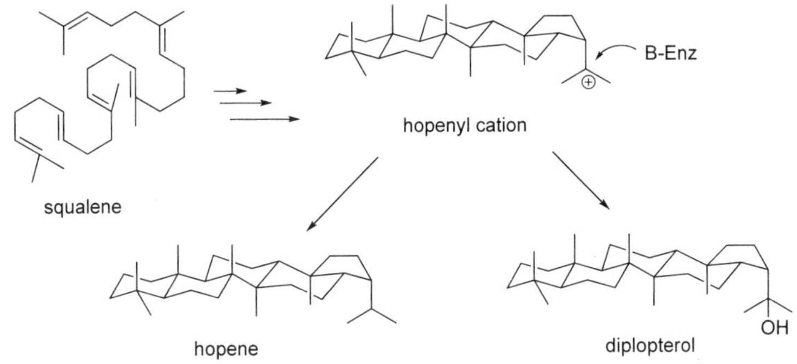

4）氧化角鲨烯环化酶 oxidosqualene cyclase

氧化角鲨烯在氧化角鲨烯环化酶（羊毛甾醇环化酶 lanosterol synthase）的作用下，通过 D455（BH）的质子化下进行环化反应。通过一系列的关环反应，即合成：

（1）甾体 sterols 的合成：椅-船-椅（chair-boat-chair，CBC）构象形成 A-C 环。最后，通过 D-环关环、C-9 位的去质子化及 1,2-质子和 1,2-甲基迁移的原甾烷阳碳离子的重排反应生成四环三萜羊毛甾醇 lanosterol；

（2）三萜 tritepenes 的合成，即以椅-椅-椅（chair-chair-chair conformation，CCC）式构象环合形成，见下[32]。

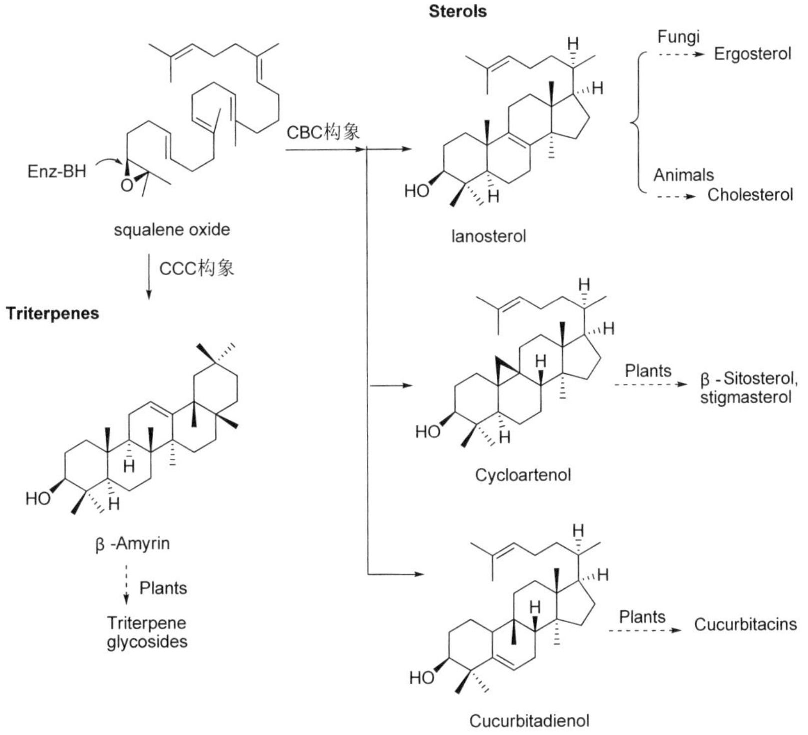

2.2.2 单 萜

菊科单萜 monoterpenes 一般存在于挥发油中，而且它们由于分子量差别小、极性差距小等因素，往往很难单独分离，因此，至今从菊科植物中分离得到的该类化合物的种类不算多。但氧化度高的单萜或单萜成苷后，极性增加，就不存在于挥发油中，而且也能较易地通过色谱方法被分离得到。

根据分子的成环情况，一般将它们分为无环单萜（直链单萜）、单环单萜与双环单萜等，再进一步还可再根据分子的骨架，将它们进一步细分。另外，根据结构是否符合"生源的异戊二烯"规则，还可将菊科单萜分为规则单萜与不规则单萜，而且其中的不规则单萜为菊科一些属的特征成分，具有很重要的分类学意义与生物活性。

本小节主要介绍几个菊科常见的有典型意义的单萜类成分，即不规则单萜、规则类单萜（百里香酚衍生物、冰片、樟脑和环烯醚萜苷等），其他一些特殊的单萜请参见后文各具体族属及单萜合成途径介绍。

2.2.2.1 不规则单萜

不规则单萜 irregular monoterpenes 是指一类不符合普通的"生源的异戊二烯"合成规则，即异戊二烯不是"头-头"或"头-尾"连接，而是"头-中"连接的结构。此类单萜在自然界比较少见，主要存在于菊科春黄菊族 Anthemideae 中的蒿属、蓍属、母菊属和菊蒿属等植物之中。另外，近期还从多鳞菊属植物 *Calea clematidea*（旋覆花族）中分离得到蒿烷型不规则单萜[33]。除此之外，薰衣草烷型不规则单萜还存在于唇形科 Labiatae、豆科 Fabaceae、伞形科 Umbelliferae 等少数几个科之中[34-39]，因此，不规则单萜在菊科的分类上具有较高的分类学意义。

不规则单萜的骨架类型有菊烷型 chrysanthemane、蒿烷型 artemisane、薰衣草烷型 lavandulane 和香棉菊烷型 santolinane，其中在蒿属植物中分布最广的成分是具蒿烷型骨架的化合物蒿酮 artemisia ketone（1），骨架类型见下。

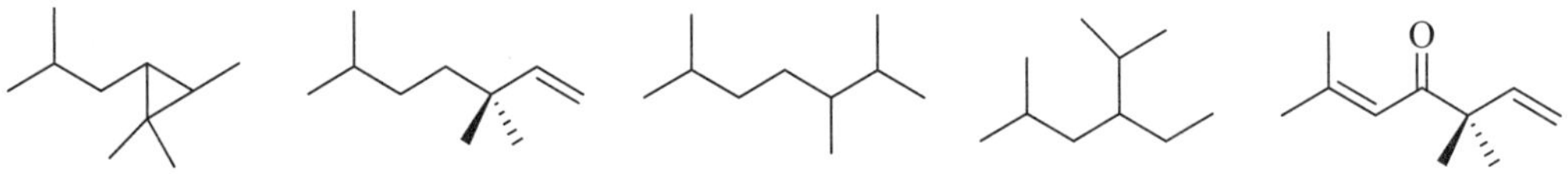

| 菊烷型 chrysanthemane | 蒿烷型 artemisane | 薰衣草烷型 lavandulane | 香棉菊烷型 santolinane | 1 |

菊烷型不规则单萜除虫菊素（酯）pyrethrins 是有名的杀虫剂，其主要分布于除虫菊 *Chrysanthemum cinerariaefolium*、红花除虫菊 *C. coccineum*、罗马除虫菊 *Anacyclus pyrethrum* 等植物之中。除虫菊素 pyrethrins 包括除虫菊素 I（pyrethrin I）、除虫菊素 II（pyrethrin II）、瓜叶菊素 I（cinerin I）、瓜叶菊素 II（cinerin II）、茉酮菊素 I（jasmolin I）、茉酮菊素 II（jasmolin II）[40]，它们的结构见下。

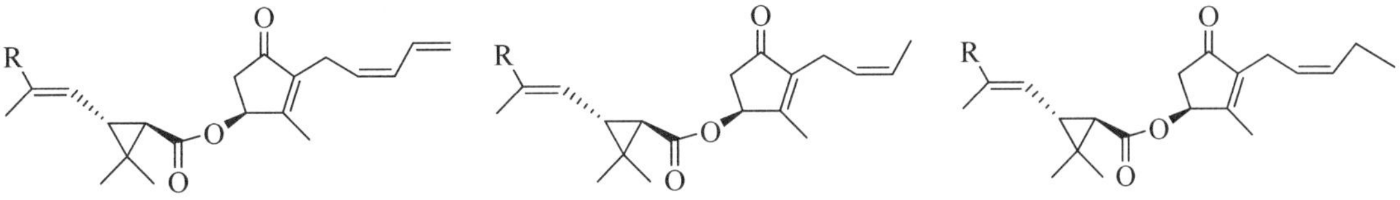

pyrethrin I R=Me
pyrethrin II R=COOMe

cinerin I R=Me
cinerin II R=COOMe

jasmolin I R=Me
jasmolin II R=COOMe

近年来，此类不规则单萜的合成酶及其基因不断地被揭示，如分离、鉴定了薰衣草烷型单萜二磷酸合成酶 lavandulyl Diphosphate Synthase（LPPs）及其基因[36, 41]；从菊属除虫菊 *Chrysanthemum cinerariaefolium* 植物中分离鉴定了一个不规则单萜合成酶，菊烷二磷酸酶（chrysanthemyl diphosphate synthase，CPPs）[42]，因此，逐渐解明了本类成分的合成途径，如薰衣草烷型不规则单萜是由两个 DMAPP（C$_5$ 单元）在薰衣草烷二磷酸酶（lavandulyl diphosphate synthase，LPPS）的作用下，"头-中"缩合形成（C$_{10}$）单萜 lavandulyl diphosphate（LPP），此为不规则单萜成分(*R*)-lavandulol 和(*R*)-lavandulyl acetate 的前体成分[43]；而菊烷型及 pyrethrins 不规则单萜则是在菊烷二磷酸酶（chrysanthemyl diphosphate synthase，CPPs）的作用下，由两个 DMAPP（C$_5$ 单元）环丙烷化形成菊烷型不规则单萜(CPP)，再进一步衍化形成 pyrethrins 不规则单萜[36]，合成途径见下。

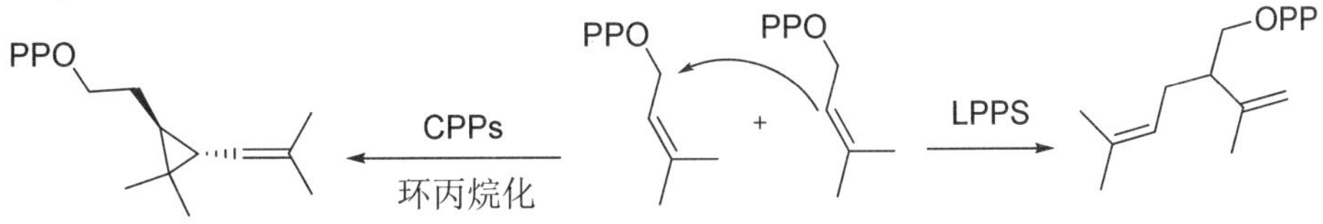

2.2.2.2 规则单萜

1. 薄荷烷型单环单萜

菊科植物中主要含有两类薄荷烷型单萜，第一种是薄荷烷型单萜，如在菊科分布广泛的柠檬烯 limonene，其也为苍耳属 *Xanthium cavanillesii* 植物挥发油中的主成分[38, 44]；还有较为特征的香芹酮（单萜）衍生物 carvotacetones，其分布于戴星草属 *Sphaeranthus* 等属之中。第二种类型是芳香化的薄荷烷型单萜，也称作百里香酚 thymol 及其衍生物。因百里香酚衍生物在菊科一些属，如旋覆花属与天名精等属有较为广泛的分布与生物活性，因此有较高的分类学意义与药用前景。

从菊科分离得到的百里香酚衍生物是百里香酚 thymol 化合物的氧化、环氧化、氯化衍生物，如从旋覆花族 *Vieraea laevigata* 中分离的 9-acetoxy-7-isobutyryloxy-8, 10-dihydro-8, 10-epoxythymol-angelate（2）和从旋覆花属 *Inula crithmoides* 中分离得到氯化的百里香酚衍生物 Z-3-Chloro-2-(2-hydroxy-4-methyl-5-methoxyphenyl)- prop-2-en-1-yl- acetate（3）[45]。另外，从结构上看，芳香化的薄荷烷型百里香酚衍生物应该比未结构修饰的百里香酚 thymol 及未芳香化的薄荷烷型化合物更加进化。

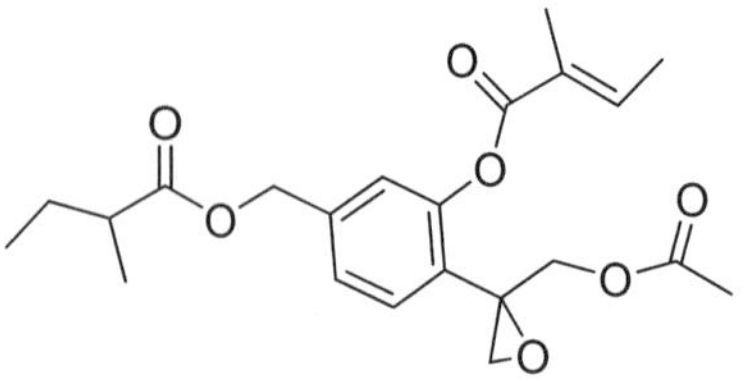

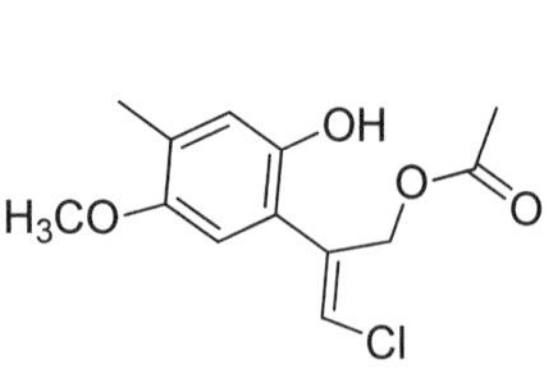

2   3

除以上常见的百里香酚化合物之外，现还发现有氯化的百里香酚衍生物、异百里香酚及百里香酚骨架重排衍生物 eupafortin 存在于菊科植物之中，但分布较为狭窄。如一般存在于海洋天然产物之中，陆生植物中并不多见的氯化百里香酚衍生物存在于族覆花族的旋覆花属[45]与天名精属植物[46]之中。异百里香酚化合物 2-acetyl-7-tigloyloxy-isothymol（4）在泽兰属佩兰 *Eupatorium fortunei* 植物中发现[47]。另外，百里香酚单萜骨架重排的新骨架衍生物，两对对映异构体 eupafortins A 和 B（5 和 6）也从佩兰 *Eupatorium fortunei* 植物中发现[47]。

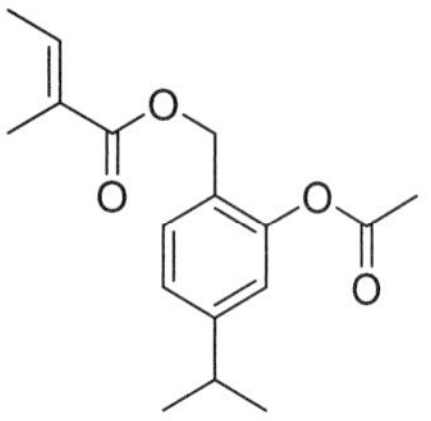

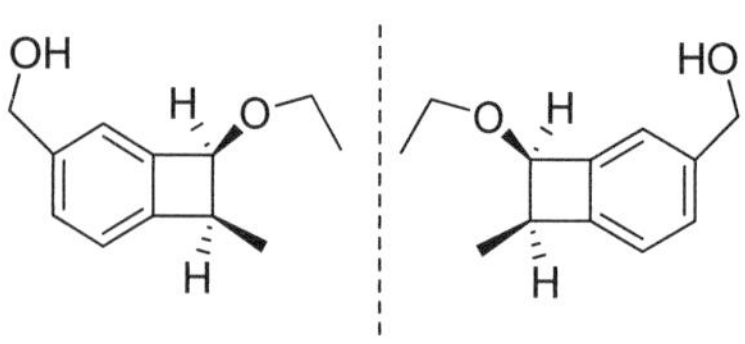

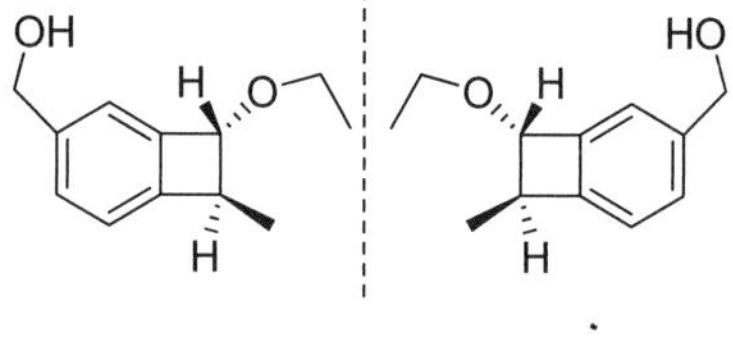

4   (+)-和(−)-eupafortin A (5)   (+)-和(−)-eupafortin B (6)

从它们在自然界分布来看，也可说明此类化合物的分类学意义。菊科的百里香酚及其衍生物存在于春黄菊族[48]、泽兰族[49]、旋覆花族[50]、千里光族[51]等植物之中，而且现有文献未发现本类成分存在于帚菊木族、斑鸠菊族及菜蓟族之中，因此，可认为帚菊木族、斑鸠菊族及菜蓟族较春黄菊族、泽兰族、旋覆花族及千里光族原始，此与现代的分子分类结果一致。

在其他科植物中，百里香酚烷型（thymol）单萜类化合物百里香酚 thymol 也有分布，如主要存在于唇形科百里香属 *Thymus hyemalis*、薄荷茶属 *Monarda fistulosa*、伞形科植物 *Trachyspermum ammi* 等植物之中[52, 53]，因此，菊科与唇形科、伞形科有较近的亲缘关系的说法似乎可得到此化学分类学证据的支持。

2. 莰烷型单萜

本类成分的代表即是冰片及其氧化产物樟脑 camphor（7），如在蒿属 *Artemisia nilagirica*、蓍属 *Achillea santolinoides*、银香菊属 *santolina chaemaecyparissus* 植物的挥发油中发现的主要成分樟脑[38]。另外，冰片[左旋体龙脑，L-(−)-borneol]（8）主要存在于艾纳香 *Blumea balsamifera* 等多种菊科植物中。

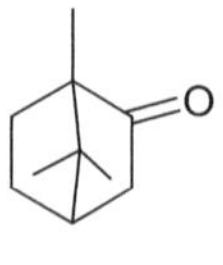

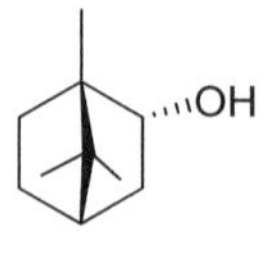

7   8

因冰片在医药上有较广泛的应用，所以其在植物中的分布引人注目。从现有文献报道可看出，冰片只存在于管状花亚科植物之中，而在舌状花亚科植物不含此成分。另外，并不是所有的管状花亚科植物中都含此成分，因现在的文献报道就发现与艾纳香同族的六棱菊属 *Laggera* 植物（含丰富的挥发油）就不含此成分。

从冰片的双环结构来分析，其结构较为进化，因为其结构与含此成分的植物的进化程度相匹配，即在进化程度较高的旋覆花族艾纳香植物，以及在进化程度最高的向日葵族苍耳属[54]植物中发现此成分，而在如较原始的帚菊木族植物中未发现有本成分。

3. 环烯醚萜单萜苷

现仅有 2 篇文献报道，从菊科植物中分离得到 2 个环烯醚萜苷类成分，如其中的一个化合物为裂环环烯醚萜苷化合物龙胆苦苷 gentiopicroside（9）[24]，它是从紫菀族紫菀属耳叶紫菀 *Aster auriculatus* 中分离得到的。此成分的分离，从化学分类学的角度说明了菊科与萼角花科存有的亲缘关系，证明了分子分类法的正确性。但该类成分的发现数量还太少，是否是植物分离过程中的污染物、是否能因此而推断紫菀族（属）就是菊科较原始的族（属）等问题还有待后续的深入研究。

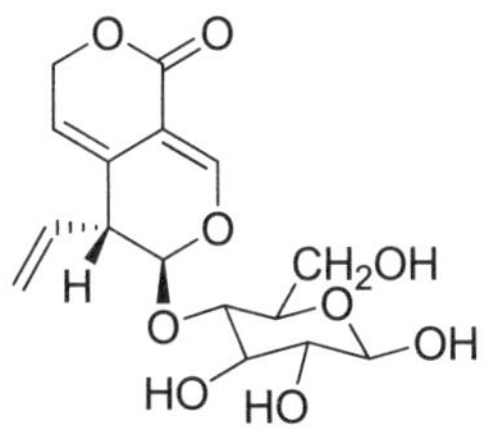

gentiopicroside (**9**)

4. 吡喃单萜

在春黄菊族植物中，还存在一类分布较广的吡喃单萜化合物，如从亚菊属 *Ajania fastigiata* 植物的挥发油中还分离得到吡喃结构的单萜化合物，即 3-hydroxy-2,2,6-trimethyl-6-vinyl-tetrahydropyran（10），以及它的酰化（11）及氧化衍生物（12）[55]等。

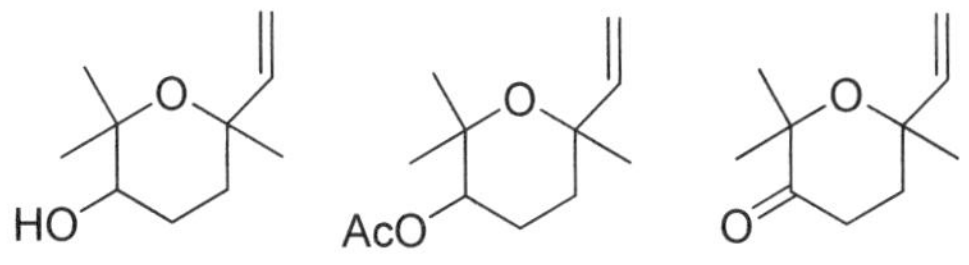

10　　　**11**　　　**12**

2.2.3　倍半萜

倍半萜 sesquiterpenes 是指由三个异戊烯基"头-尾"或"头-头"正常连接，或不正常"头-中"连接而成的 C_{15} 化合物。虽该类化合物在天然界分布较广，但倍半萜内酯（具有 α-亚甲基-γ-内酯结构）化合物在菊科植物中则分布最广，是菊科植物中最典型的、也是最具有分类学意义的化学成分。

除菊科之外，倍半萜内酯在植物界中，还分布于爵床科 Acanthaceae，漆树科 Anacardiaceae、伞形科 Apiaceae、大戟科 Euphorbiaceae、樟科 Lauraceae、木兰科 Magnoliaceae、

防己科 Menispermaceae、芸香科 Rutaceae、林仙科 Winteraceae 和 Hepatideae 等科[56]。

一般地，倍半萜内酯类化合物是在倍半萜结构之上，再具一个 12(6)或 12(8)-内酯环的结构，而且大多的内酯结构为具环外亚甲基的内酯结构，即 α-亚甲基-γ-内酯结构。至今，菊科中的倍半萜内酯化合物分离的数量超 3000 个[56]，涉及的骨架类型至少有 38 种[3, 57]。从结构上分析，菊科倍半萜内酯还显示出内酯的连接位置与构型变化、骨架变化，以及羟基化、环氧化、醚化、酯化、过氧化、氯代等结构修饰的变化，这些结构成为菊科分类的重要根据。

至今的研究发现，并不是菊科所有的植物中都含倍半萜内酯化合物，如在菊科最基部的刺菊木亚科 Barnadesioideae 及部分帚菊木族植物，如大丁草属 Gerbera 植物中就不含或稀含倍半萜内酯化合物。再加之，虽然刺菊木亚科 Barnadesioideae 植物中不含倍半萜内酯化合物。但研究显示，本亚科植物中含有合成倍半萜内酯的前体吉马烷 A 酸（GAA）的合成酶，即吉马烷 A 合成酶[germacrene A synthase (GAS)]及进一步合成吉马烷 A 羟基化物的合成酶[germacrene A oxidase (GAO)]，此研究结果说明了合成倍半萜内酯的合成酶的产生优先于菊科倍半萜内酯化合物的产生[58]。以上情况就揭示了倍半萜内酯在菊科植物中的分类学意义及进化性，如不含（稀含）倍半萜（内酯）成分的菊科植物就较原始，而含此类成分的植物就比较进化。

一般来讲，倍半萜及倍半萜内酯化合物根据成环的有无，及成环的多少，可分为倍半萜内酯、倍半萜烯，以及链状、单环、双环或三环倍半萜等。另外，根据是否符合"生源异戊二烯规则"而将其分又可分为规则与不规则倍半萜。但最广泛的分类方法还是根据分子骨架的特征来进行分类，如吉马烷、愈创木烷、卡拉布烷型倍半萜等。进一步，还可再根据分子内的双键有无、双键位置及构型、氧化取代及成醚、成内酯情况等又可再细分为多种亚型。

2.2.3.1　不规则倍半萜的生源合成途径

线型（直链型）的不规则倍半萜内酯为蓍属、母菊属及春黄菊属等植物特征的倍半萜内酯类型，而且被认为是一类不符合"生源异戊二烯"规则的倍半萜结构骨架。从结构上看，也可认为本类成分是开环的吉马烷、开环的愈创木烷骨架，因此，其生源合成途径就常被认为是通过以下两种途径。

途径 A 是正常的倍半萜合成途径，即由焦磷酸异戊烯酯 IPP（Δ^3-isopentenyl pyrophosphate）与焦磷酸香叶酯 GPP（geranyl pyrophosphate）正常的"头-尾"连接而成 FPP，再环合形成吉马烷倍半萜，最后再开环形成；

途径 B 是由焦磷酸香叶酯 GPP 与焦磷酸-γ,γ-二甲基烯丙酯 DMAPP（γ,γ-dimethylallyl pyrophosphate）不正常"头-中"连接而成，其推测路线及代表的化合物如下[59-61]。

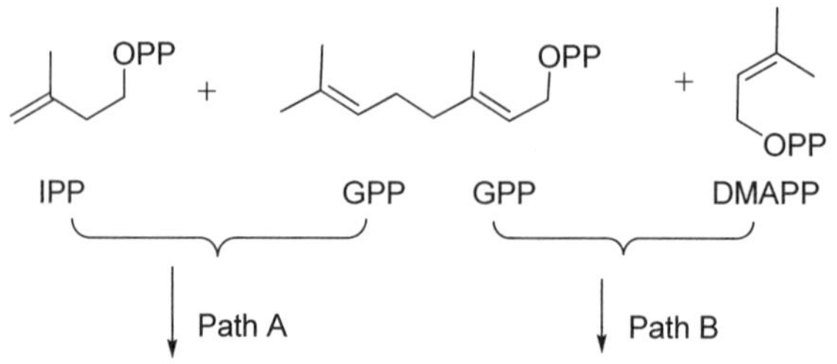

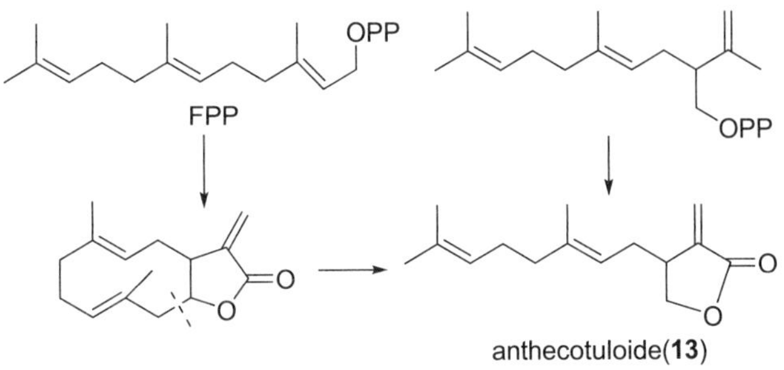

anthecotuloide(**13**)

通过同位素标记的生源合成途径研究，证实了不规则倍半萜化合物 anthecotuloide（13）的合成路线是非正常的 FPP 途径，即路线 B（path B）[61]。

2.2.3.2 倍半萜内酯的生源合成途径

1. 倍半萜合成前体 IDP 的合成途径（MEP 及 MVA 途径）

用同位素标记法研究不规则倍半萜 anthecotuloide 的生物合成途径时发现，合成不规则倍半萜 anthecotuloide 的合成单体片段焦磷酸异戊烯酯（isopentenyl diphosphate，IDP）的合成途径是 MEP 途径，而非 MVA 途径[61]。而且，研究也发现菊科正常的倍半萜，如 *Solidago canadensis* 中的 germacrene D 的合成是完全通过起源于 MEP 途径的异戊烯酯途径；而母菊倍半萜 chamomile sesquiterpenes 的合成途径则是通过 MEP 与 MVA 的复合途径，以上说明在菊科植物中含有一套独特的倍半萜合成酶，倍半萜可通过 MVA 途径、MEP 途径，或 MVA 与 MEP 的复合途径[28, 61]生成。

2. 倍半萜骨架的生源合成途径

1982 年，Seaman 对菊科倍半萜内酯骨架进行了综述，共分 34 类[3]。随后，1998 年，Emerenciano 又总结出菊科的倍半萜内酯骨架共有 38 种[62]。但在他们的综述之后，又有许多新骨架类型及新亚型化合物被分离报道，以及倍半萜合成酶的分离与鉴定，从而为倍半萜及倍半萜内酯的生物合成途径做出了更加清晰的阐明。

Seaman[3]总结的 34 种菊科骨架类型及推测它们的衍化途径有三条，此虽可为它们的生源关系理解奠定一定的基础，但在当前倍半萜生源合成途径不断解明的基础上，可认为 Seaman 总结的倍半萜衍生途径不够具体、全面与科学。三条衍生途径及倍半萜名称如下：

途径 A：倍半萜骨架由吉马烷 Germacrane 衍生。

途径 B：骨架由艾里莫酚烷 Eremophilan 衍生。

途径 C：骨架由异雪松烷 Isocedrene 与杜松烷 Cadinane 衍生。

它们的具体名称为：① 吉马内酯（Germacrolide），②桉烷内酯 Eudesmanolide，③愈创木烷内酯 Guaianolide，④ 豚草烷内酯（伪愈创木烷）Ambrosanolide，⑤ 堆心菊烷内酯 Helenanolide，⑥ 艾里莫酚烷内酯 Eremophilanolide，⑦ 榄烷内酯 Elemanolide，⑧裂环吉马烷内酯 Secogemacranolide，⑨ 裂环桉烷内酯 Secoeudesmanolide，⑩ 苍耳烷内酯 Xanthanolide，⑪ 裂环豚草烷内酯 Secoambrosanolide，⑫ 裂环堆心菊烷内酯 Secohelenanolide，⑬ Norsilotropin，⑭ 蜂斗菜螺内酯 Bakkenolide，⑮ 伪愈创木烷内酯 Pseudoguaianolide，⑯ 裂环伪愈创木烷内酯 Secopseudoguaianolide，⑰ 桉烷酸 Eudesmane acids，⑱ 呋喃艾里莫酚烷

Furanoeremophilane，⑲ 芳香化的呋喃艾里莫酚烷 Aromatic furanoeremophilane，⑳ Trixikingolide （Isocedrene-derivative），㉑ 降堆心菊烷内酯 Nor-helenanolide，㉒ 菊烷内酯 Chrymoranolide，㉓ 杜松烷内酯 Cadinanolide，㉔ 毛丹参内酯 Trichosalviolide，㉕ Disyhamifolide，㉖ 青蒿素 "Quing Hau Sau"，㉗ 裂环艾里莫酚烷 Secofuranoeremophilane，㉘ B 环重排的 C_5-C_4-C_5 三环伪愈创木烷内酯，㉙ C-15 甲基迁移至 C-2 位的愈创木烷内酯，㉚ anthecotuloide 型不规则倍半萜内酯，㉛ C-8/C-9 位裂环的艾莫里酚烷内酯，㉜ 重排的呋喃艾里莫酚烷 Rearranged furanoeremophilane，㉝ 呋喃桉烷 Furanoeudesmane，㉞ 芳香化的艾里莫酚烷内酯 Aromatic eremophilanolide。结构及衍生途径见下（以上所有化合物均只画出 6,12-内酯结构）。

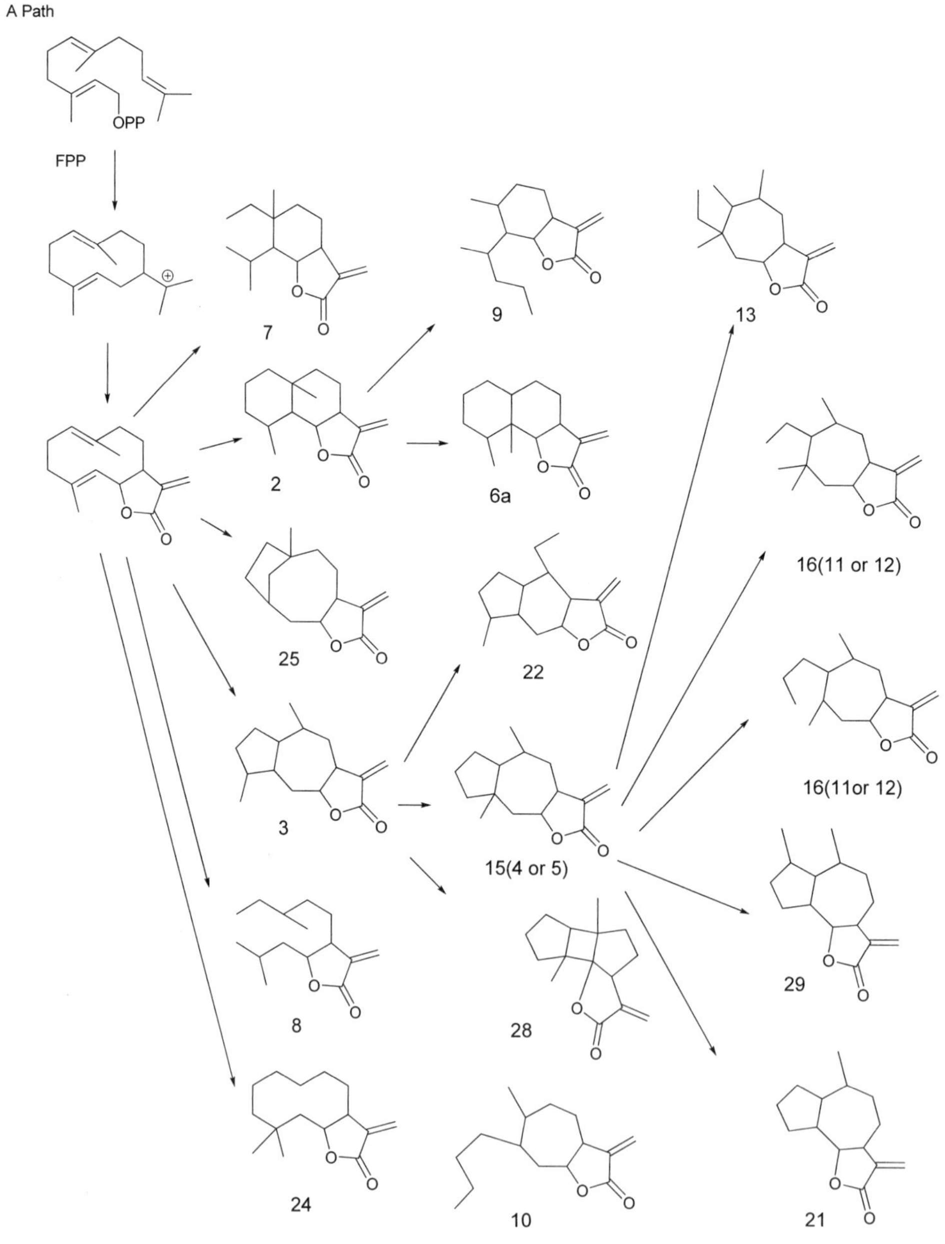

B Path

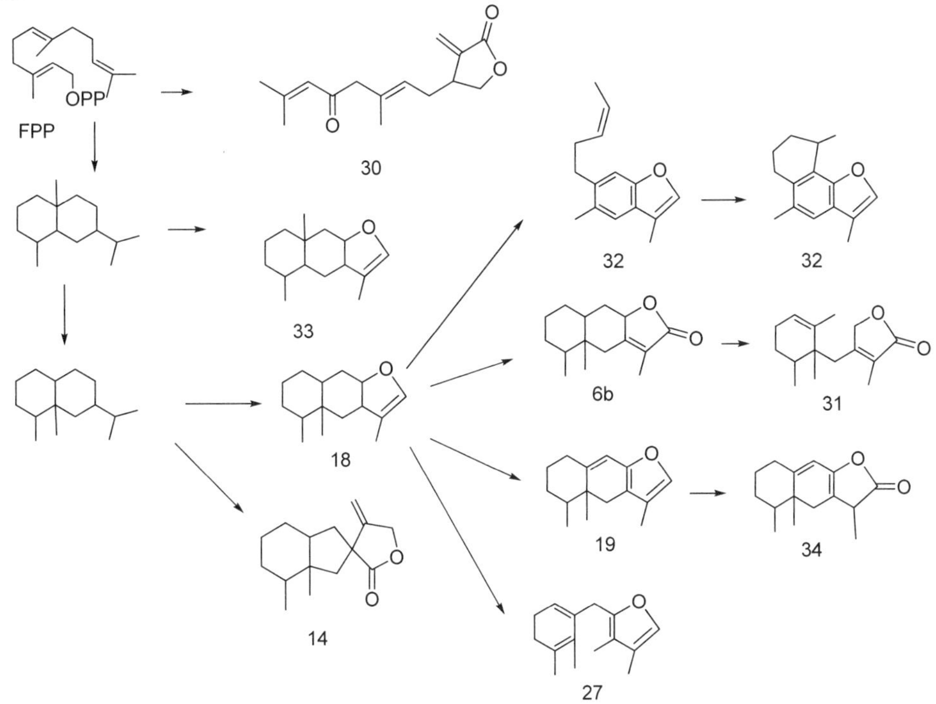

C Path

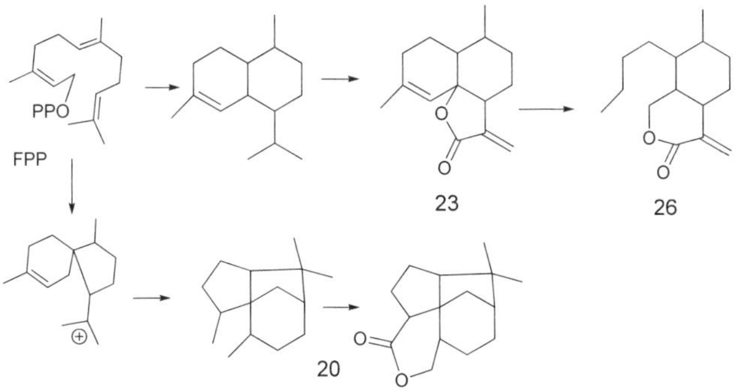

现代研究，尤其是倍半萜及倍半萜内酯关键合成酶的分离与鉴定，在相当大的程度上阐明了倍半萜及倍半萜内酯化合物的合成关键中间体是吉马烷 A 与吉马烷酸 A，其他的骨架类型则是在它们的基础上通过环合、重排而来[63]，具体为：焦磷酸金合欢酯（farnesyl diphosphate，C$_{15}$，FPP）在酶的催化下脱除二磷酸基团，形成金合欢烯阳碳离子。该 C-1 阳碳离子进攻 C$_{10}$—C$_{11}$ 双键，可形成两个环化的阳碳离子化合物，即 1,10-环化形成(E,E)-germacradienyl cation（B）和 1,11-环化形成(E,E)-humulyl cation （C）。而二磷酸选择性进攻 C-3 则会生成橙花叔醇焦磷酸酯（nerolidyl diphosphate，NPP），再通过 C$_2$-C$_3$ 单键的旋转及构象重排，从而分别发生 1,10-、1,11-、1,6 和 1,7-的环化反应，生成中间体(E,Z)-germacradienyl cation（D）、(E,Z)-humulyl cation（E）、bisabolyl cation（F）和 cation G。如其中离子 B 的去质子化就导致了吉马烷 A（germacrene A）的形成。接下来，为降低吉马烷 10 元大环的张力，大环吉马烷 A 就进一步通过环的环合，形成环张力小的 5/7 元双环愈创木烷与 6/6 元双环桉烷倍半萜。再通过进一步的结构重排，又会形成骨架类型多样的倍半萜。最后，又在这些骨

架上进行氧化、脱水成烯、醚化、酯化等结构修饰就形成了多种多样的倍半萜结构亚型。合成途径路线见下。

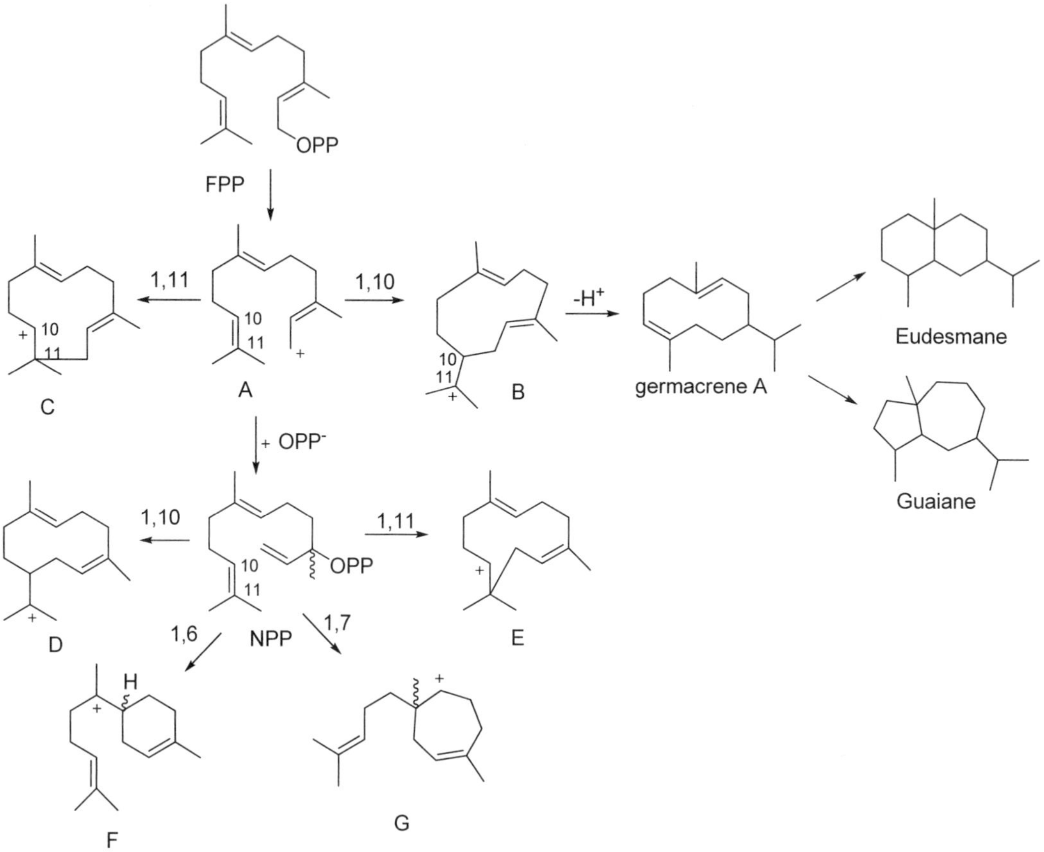

FPP

1,11　C
A
1,10　B
-H+　germacrene A
Eudesmane
Guaiane

+ OPP⁻

1,10　D
NPP
1,11　E
1,6
1,7

F
G

3. 菊科倍半萜（内酯）的生源合成 B-G 途径（6 个途径）及其骨架类型

骨架类型多样的倍半萜在菊科普遍存在，如大多数的植物中就含有吉马烷及进一步衍化出的愈创木烷与桉烷化合物，但是在一些植物中却出现一些不符合此规律的现象，如在帚菊木族大丁草属植物中具有三环类倍半萜，却不具有单环的吉马烷、双环的愈创木烷或桉烷倍半萜；帚菊木族栌菊木属栌菊木植物直接跳过吉马烷、愈创木烷与桉烷倍半萜，而出现乌药烷型倍半萜；旋覆花族中的火绒草属中也是同样现象，即含有没药烷、石竹烷、三环类倍半萜，却不含吉马烷、愈创木烷与桉烷，这些现象证实了现代研究提出的倍半萜化合物的多条合成途径，即先通过 MEP 或/和 MVA 途径合成 IDP，再在细胞质中合成倍半萜吉马烷 A，再通过 B-G 的多条合成途径合成骨架类型不同的倍半萜。也就是说，要比较倍半萜骨架的进化性，应从它们处在合成途径的哪个合成阶段来比较，这就是，为何在大多数菊科植物挥发油中能见到吉马烷 D、石竹烯与蛇麻烯 humulene 化合物的原因，即它们都是处于倍半萜合成途径的最初阶段的骨架类型，即都是原始骨架类型。

（1）吉马烷、愈创木烷与桉烷及其衍生结构[(E,E)- germacradienyl cation，B 途径]

吉马烷为具一个 10 元大环的倍半萜结构，因其分子内具有两个双键，因此，理论上就有 4 个顺/反式的立体异构体，再加上，拥有不同连接位置的环内氧桥醚环结构，以及环外不同的氧化位置、内酯环的稠合位置等而又可分为多种不同的亚型。部分亚型结构见下（注意：吉马烷从顺/逆时针两种方向的编号系统而造成的环醚编号的不同现象）。

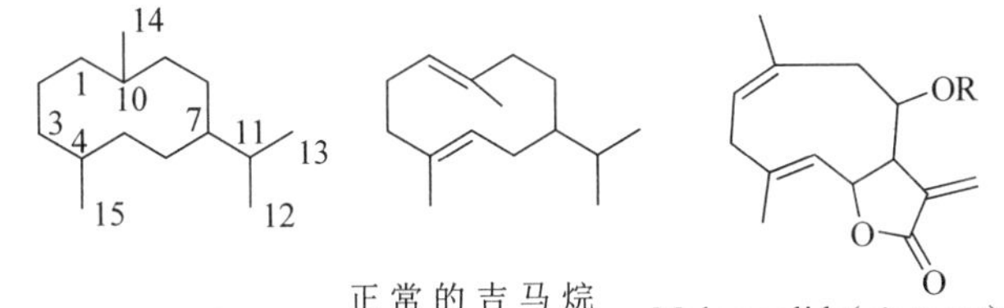

吉马烷骨架　　　正常的吉马烷（反，反式）　　Melampolide(*cis,trans*)　　germacra-1(10)-*cis*-4-*cis*-dienolides

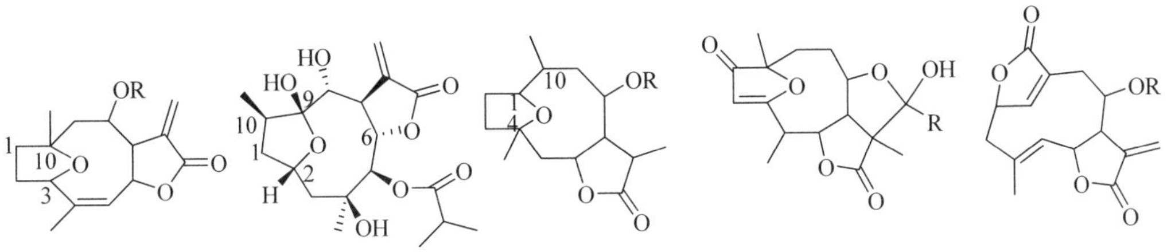

heliangolide　　cernuumolide E　　hirsutolide　　eremantholide　　elephantopus-type

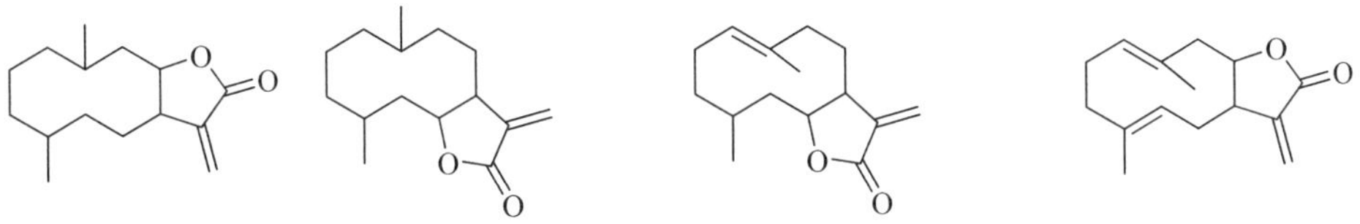

12(8)-内酯型　　12(6)-内酯型　　costunolide type 12(6)-内酯　　costunolide type 12(8)-内酯

　　从生源合成途径来看，吉马烷骨架应是最原始的倍半萜骨架类型，这也说明了为何大多数的菊科植物中均含有吉马烷型倍半萜化合物。但从不同族属中发现具有不同的内酯骈合位置、氧化程度与位置、环内双键、成醚环、成内酯环等的吉马烷倍半萜内酯情况，又说明了倍半萜的氧化程度也是反映菊科植物进化的因素之一，如在天名精属中发现高氧化度的 2,9-环氧-8-氧代-6(12)-内酯的吉马烷倍半萜化合物 cernuumolide E[64]。

　　由于吉马烷为一个 10 元大环化合物，环张力较大，因此，植物有降低环张力的内生动力，即形成能量较低的 5/7 元双环愈创木烷和 6/6 元双环桉烷倍半萜，这就是为何在菊科植物中普遍存在愈创木烷与桉烷倍半萜的原因。如再进一步根据环内双键、顺/反式、内酯稠合方式等细分，又还可分为一些族属所具有的特征骨架亚型。愈创木烷与桉烷主要的亚型如下。

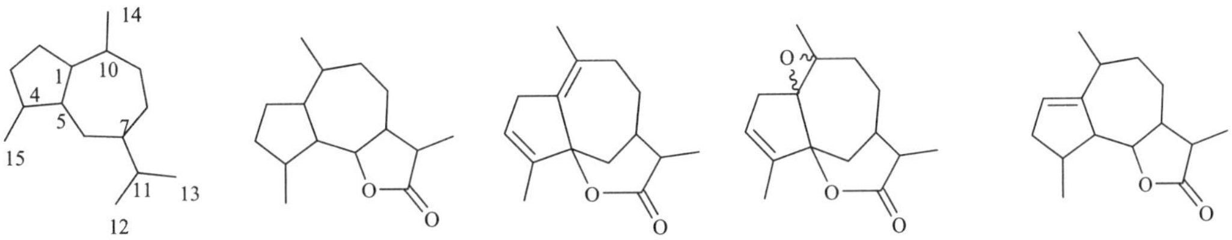

愈创木烷　　Costus lactone type　　hypocretenolides　　hypochaerin type

hieracin type　　Lactucin type　　cichotyboside type

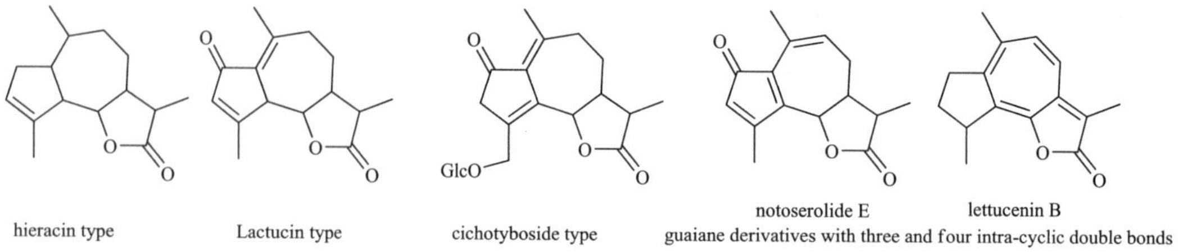

notoserolide E　lettucenin B
guaiane derivatives with three and four intra-cyclic double bonds

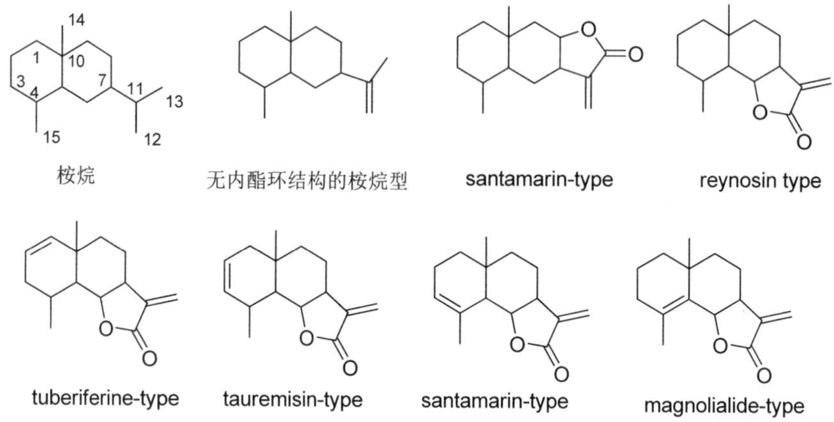

桉烷　　无内酯环结构的桉烷型　　santamarin-type　　reynosin type

tuberiferine-type　　tauremisin-type　　santamarin-type　　magnolialide-type

桉烷、愈创木烷又进一步结构衍化、重排，形成更加多样的结构类型[63]。如千里光属中的艾里莫酚烷 eremophilane、furanoeremophilane、eremophilenolide 和 cacalol，见下。

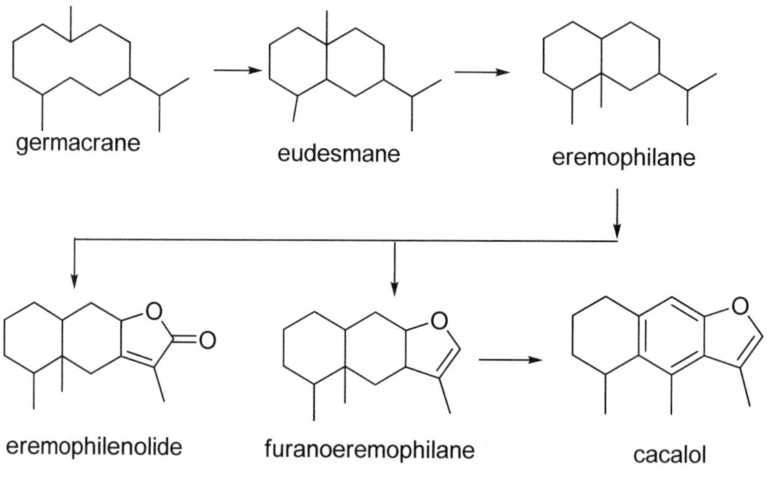

germacrane　　eudesmane　　eremophilane

eremophilenolide　　furanoeremophilane　　cacalol

（2）石竹烷、三环类倍半萜 [1,11-环化形成(E,E)-humulyl cation，C 途径]

在菊科一些属,如蓝刺头 Echinops、火绒草属 Leontopodium、大丁草属 Gerbera、Silphium、Eriophyllum、Isocoma、Berkheya、Espeletiopsis 和蒿属 Artemisia 等属中还含一类不属于吉马烷 A（B 途径）的倍半萜化合物，即石竹烷、三环类倍半萜等。

现代推测石竹烷及三环类倍半萜的生源合成途径是通过 1,11-环化形成的(E,E)-humulyl cation[(E,E)-蛇麻烷离子，C 途径]途径，再进一步结构进行重排，形成结构多样的石竹烷与三环倍半萜，这可能也是为何在菊科大多数植物挥发油中均能见到石竹烯 caryophyllene 的原因，即该结构较为原始的原因。具体的生源合成途径及骨架类型见下。

另外，由于本类化合物不具有菊科普遍的倍半萜内酯化合物的 α-亚甲基-γ-内酯结构，且分布较为狭窄，因此，可认为本类成分是一类较为原始的成分，且也说明了它们之间的亲缘与进化关系。即本类成分在菊科帚菊木族中的部分植物分化出来后，在进一步衍化出的植物中得到保留与衍化，如蓝刺头族蓝刺头属 *Echinops*、春黄菊族蒿属 *Artemisia*、旋覆花族的火绒草属 *Leontopodium*、向日葵族金光菊属 *Rudbeckia*（如从 *R. laciniata* 中分得 prezizaene 型三环化合物 prelacinan-7-ol 和它的结构重排产物 lacinan-8-ol）。

Farnesol

humulyl cation

caryophyllene cation

presilphiperfolane cation

caryolane型

clovanediol型

α-isocomene   β-isocomene

silphiperfolene

modhephene   prelacinan-7-ol   lacinan-8-ol

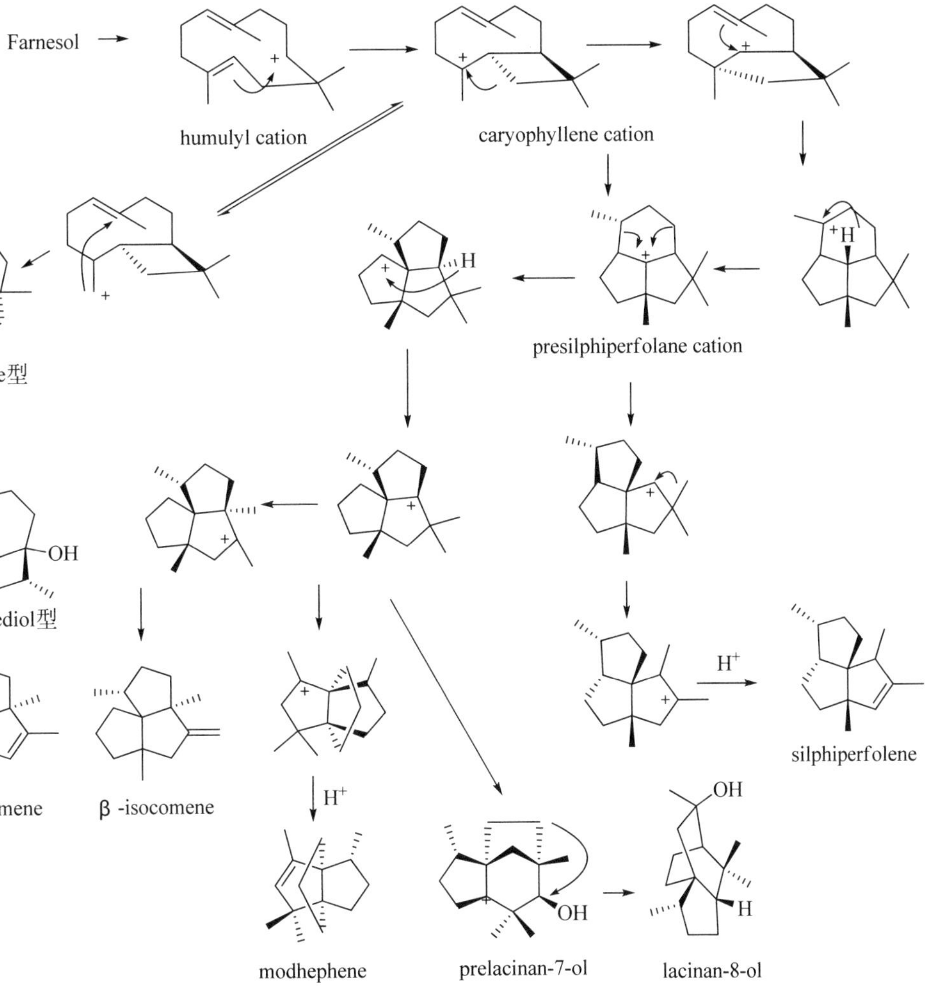

（3）杜松烷[(*E,Z*)-germacradienyl cation，D 途径]

通过(*E,Z*)-germacradienyl cation（D 途径）生成杜松烷，这也印证了杜松烯 cadinene 在菊科植物的挥发油中广泛分布的原因，即杜松烷骨架的原始性。合成途径见下。

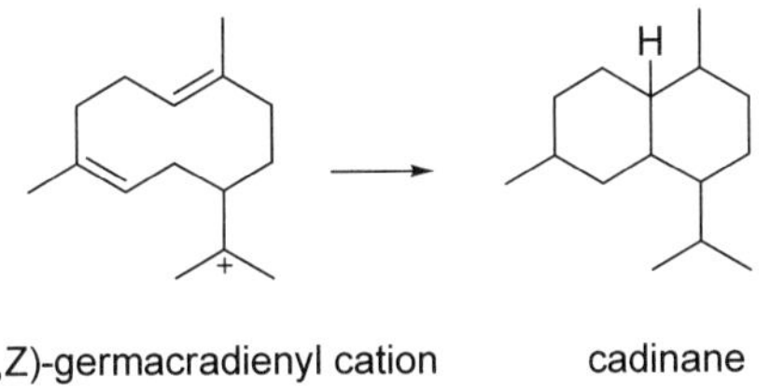

(E,Z)-germacradienyl cation   cadinane

（4）蛇麻烯 Humulene、香木兰烷型[(*E,Z*)-humulyl cation，E 途径]

　　主要存在于挥发油中的蛇麻烯 humulene，以及为降低环张力而从它衍生出的双环吉马烷，以及再进一步衍化出的香木兰烷倍半萜是从(E,Z)-humulyl cation（E 途径）衍生而得，见下。

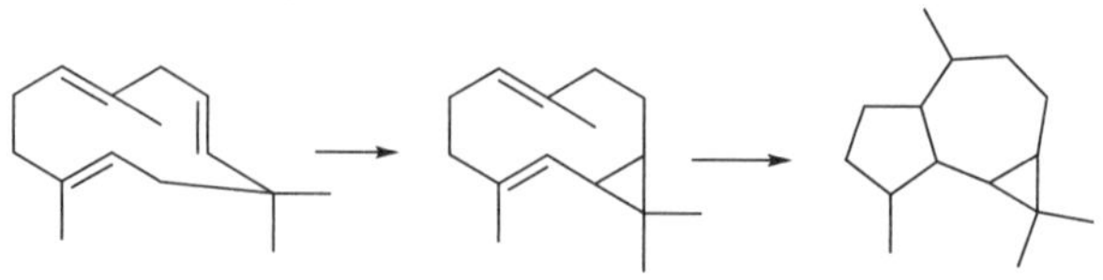

Humulene　　　　双环吉马烷　　　　香木兰烷

（5）没药烷、向日葵属 *heliannuols* 型[bisabolyl cation，F 途径]

　　没药烷倍半萜衍生自 bisabolyl cation（F 途径），而且推测向日葵属 heliannuols 型倍半萜也衍生自本途径，即推测的途径如下：

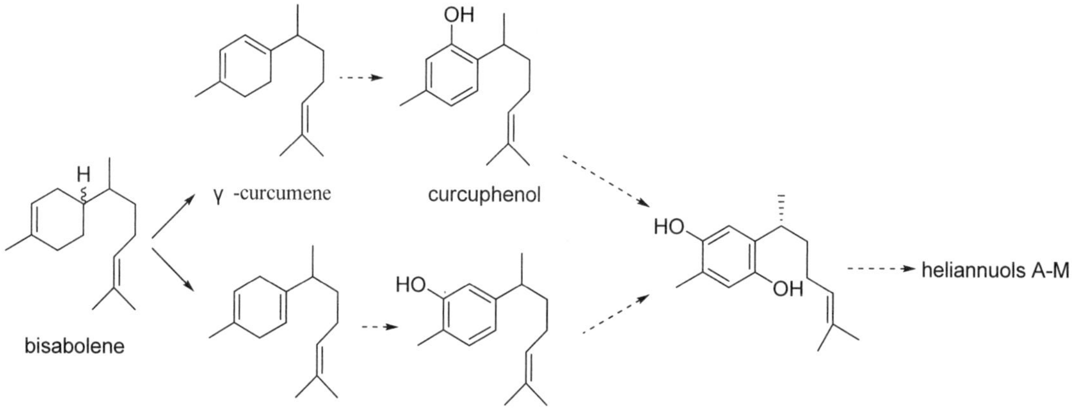

γ-curcumene　　curcuphenol

bisabolene

β-curcumene　　curcuphenol　　curcuhydroquinone

heliannuols A-M

（6）倍半萜内酯的内酯环的生源合成途径

　　比较菊科倍半萜内酯的内酯环稠合位置与顺反式的稠合方式，发现处于菊科进化基部的帚菊木族兔儿风属植物中的倍半萜内酯环主要为 6(12)-反式稠合，而在进化较高级的旋覆花族植物中的倍半萜内酯为 8(12)-顺/反式稠合内酯，在向日葵族植物中的倍半萜内酯环为 8(12)-顺式（inunolide 型）或 8β-羟基-6(12)-反式[eupatolide (8β-hydroxy-costunolide)型]均有的稠合方式，即倍半萜内酯环的稠合方式、氧化位置与植物的进化有一定的关系，而且现代研究对此也做出了解释。

　　倍半萜内酯的生源合成起源于焦磷酸金合欢酯（farnesyl diphosphate，FPP），进一步头尾连接环化，形成吉马烷型倍半萜 A（germacrene A），因此，为形成倍半萜内酯化合物，其生源合成就从 germacrene A 出发，进一步氧化形成吉马烷型倍半萜 A 酸（germacrene A acid，GAA）。GAA 在特异性酶的催化下，进行 C-6 或 C-8 位立体特异性的羟基化，并进一步发生内酯化，生成 6(12)-、8(12)-及顺/反式稠合的倍半萜内酯。具体途径为[65]：GAA 分别通过两种细胞色素 P450 酶，莴苣木香烃内酯合成酶[*Lactuca sativa* costunolide synthase，CYP71BL2 (LsCOS)]和向日葵 GAA-8β-羟基合成酶[*Helianthus annuus* GAA-8β-hydroxylase CYP71BL1 (HaG8H)]立体特异性地催化羟基化，即形成 6α-羟基-GAA（木香烃内酯 costunolide）和 8β-羟基-GAA。6α-羟基-GAA 会自发地环合形成 6(12)-反式稠合内酯（路线 1），但 8β-羟基-GAA

并不自发形成内酯环，而又有酶的作用下通过路线 2 与 3 形成内酯结构。

路线 1：6α-羟基-GAA 分子内酯化，形成 6,7-*trans* 构型的木香烃内酯 costunolide 型化合物。

路线 2：以 8β-羟基-GAA 为底物，在 CYP71BL1 基因编码酶的催化下，生成 7,8-*cis*-倍半萜内酯化合物（旋覆花内酯 inunolide 型）；而在 CYP71DD6 基因编码酶的催化下，以 8β-hydroxy-GAA 为底物，生成 6,7-*trans*-8β-羟基-倍半萜内酯化合物（泽兰内酯 eupatolide 型）。

路线 3：来自旋覆花属 *Inula hupehensis* 植物基因 Ih8H (CYP71BL6)编码的酶可非立体特异性发生 C8-羟基化酶催化反应，即生成 8α- 或 8β-OH-GAA，再进一步内酯化，形成顺式或反式的 7,8-顺式或反式稠合的倍半萜内酯化合物（旋覆花内酯 inunolide 型）。以上所述的合成路线如下。

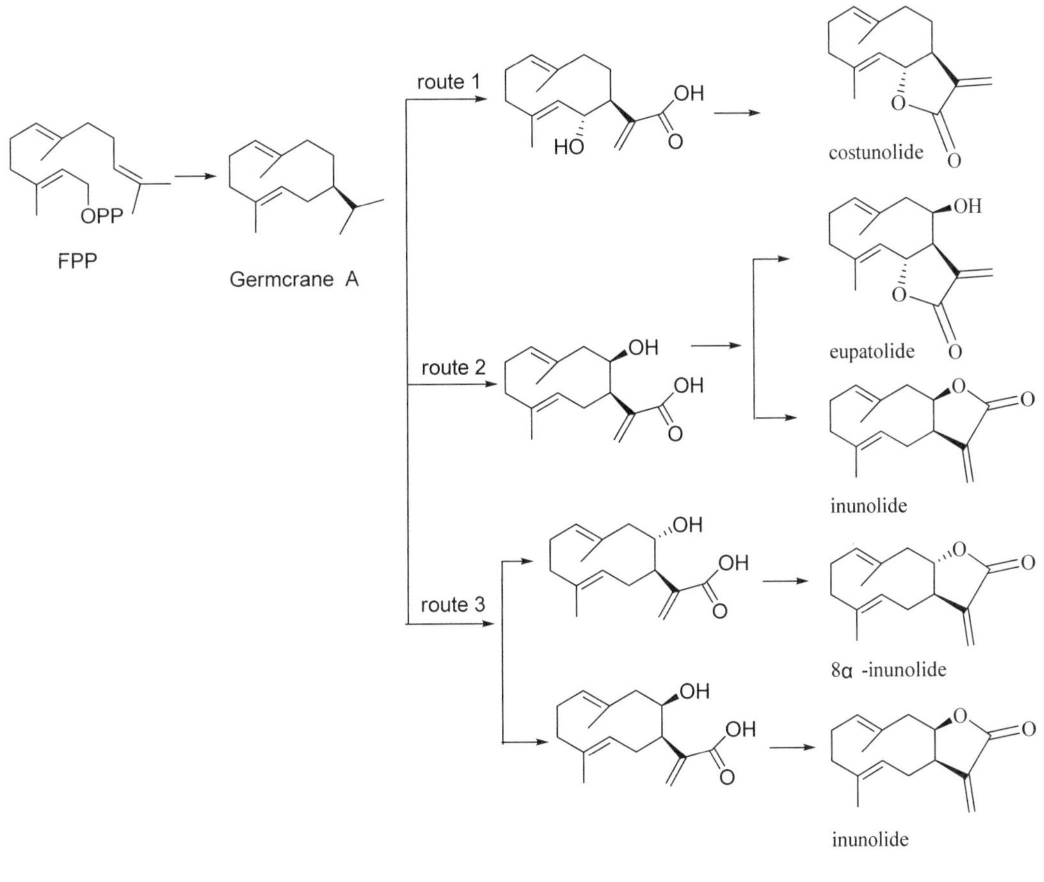

2.2.3.3　其他倍半萜衍生物类型

1. 过氧倍半萜

到目前为止，在菊科中发现的含过氧键的倍半萜是自然界最多的，而且据 1999 年的文献统计，菊科中有 214 个种中含此类成分[66]。当然，其中，最有名的当数分离得自黄花蒿 *Artemisia annua* 植物，含内过氧化键（endoperoxide）的杜松烷型倍半萜化合物青蒿素 artemisinin（14）。另外，从旋覆花族旋覆花属 *Inula japonica* 植物中还分离到 2 个稀有的含过氧酸

（hydroperoxides）基团的倍半萜二聚体 japonicone E（15）和 japonicone T（16）[67]。

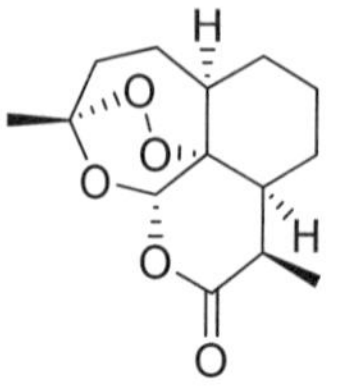

14 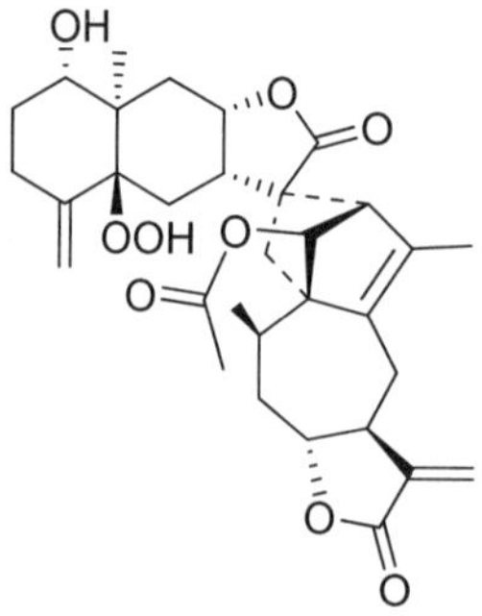　　15 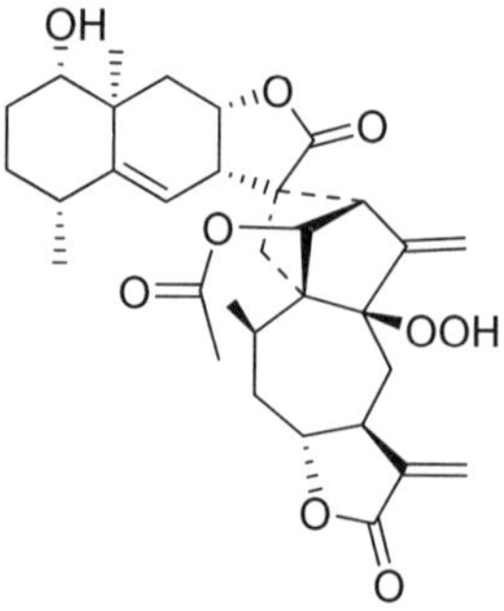　　16

由于内过氧化物会于喷洒过氧化物显色剂后的几分钟后显示蓝色，而过氧酸化合物会立即显示蓝色斑点，所以通过 TLC 色谱法很容易检测此类成分，因此，通过对菊科 175 个种的 TLC 显色分析，结果显示菊科中此类成分主要分布于春黄菊族 Anthemideae 与千里光族 Senecioneae 植物之中，而在斑鸠菊族 Vernonieae、菊苣族 Cichorieae、菜蓟族 Cynareae、堆心菊族 Helenieae 中不存在，或在旋覆花族 Inuleae 植物中的存在比例很低，如 19 种植物中只有 1 种植物显示阳性[66]，显示出一定的分类学意义。

2. 氯化倍半萜内酯

现在发现的氯化倍半萜内酯仅存在于菊科植物中，且狭窄分布于泽兰属 Eupatorium、蛇鞭菊属 Liatris、矢车菊属 Centaurea、顶羽菊属 Acroptilon、风毛菊属 Saussurea、Calea 属等属植物之中[68]，体现出一定的分类学意义。但由于氯化天然产物，一般都存在于海洋生物之中，因此，它们也可能是植物提取分离过程中的人工产物。本类化合物的结构有如从泽兰属中分离的 eupachlorin（17）、eupachlorin acetate（18）和 eupachloroxin（19）化合物[68]。

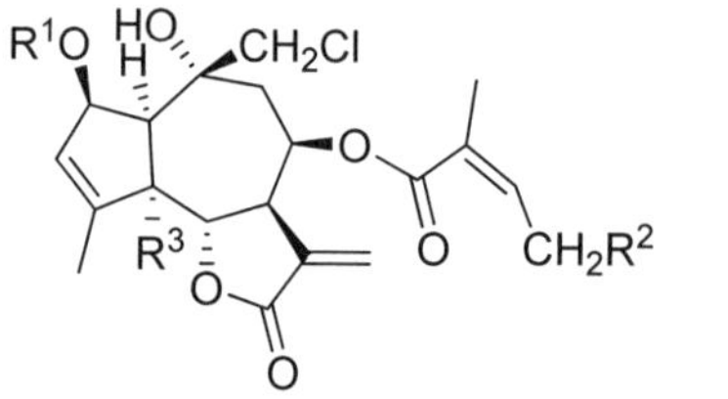

	R¹	R²	R³
17	H	H	OH
18	Ac	H	OH
19	Ac	OH	H

3. 倍半萜内酯与乙酰基、含氮化合物的加成物

首次分得的 C₁₇倍半萜内酯成分是从矢车菊属 Centaurea 植物中分离得的倍半萜内酯与乙酰基的加成物 clementein（20）[69]。随后，此类成分又从菊科其他族属中分离得到，至今分离得到此类成分的有兔儿风属[70]、旋覆花属[71]、天名精属[72]等植物。

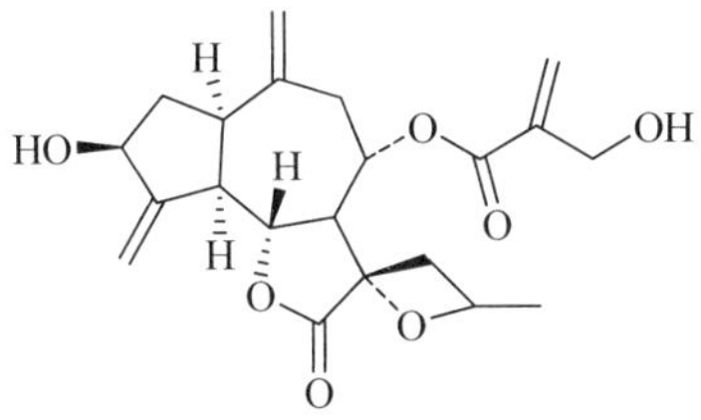

20

另外一类是倍半萜内酯与含氮生物碱、氨基酸等的加成产物,如倍半萜内酯-吡咯聚合物、倍半萜内酯-氨基酸聚合物等。此类化合物的结构特点是加成位置均是倍半萜内酯的环外亚甲基,即因其受 C-12 羧基的吸电作用,使 C-13 成为缺电的活泼位点,从而与富电的基团发成迈克尔加成反应(或 Stetter reaction)而成。

从化学反应方面考虑,C_2 单位的乙酰基碳因受氧原子的吸电子诱导效应的影响,使其并不富电;另外,吡咯及氨基酸的 N 原子也不富电,因为它们也受邻位羧基的吸电诱导及 p-π 共轭效应的影响,所以,要使反应发生,必定要让它们极性反转,故推测它们的生源合成途径如下:

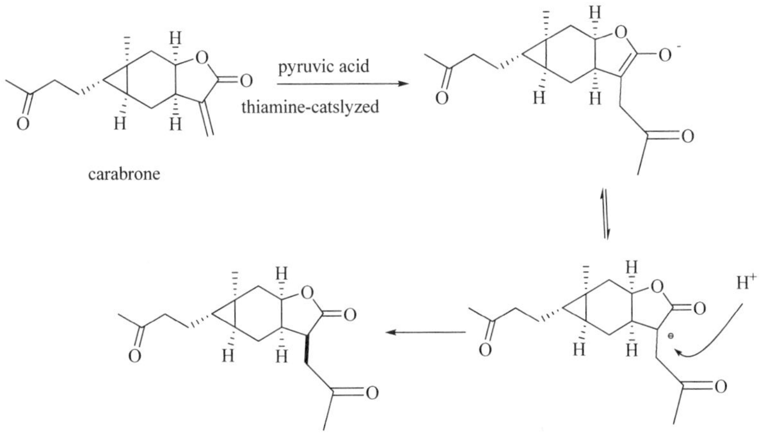

carabrone

在植物内源性产物维生素 B_1(thiamine)的催化下,使植物一次代谢产物丙酮酸(pyruvic acid)[73]极性反转,生成乙醛负子,然后再与缺电的倍半萜内酯的环外亚甲基 C-13 发生 Stetter 加成反应,最终形成 C_{17} 倍半萜内酯(以 C_{17} 天名精内酯酮 carabrone 为例)[72]。

4. 吡啶愈创木烷型倍半萜生物碱 Guaipyridine sesquiterpene alkaloids (rupestine derivatives)

吡啶愈创木烷型倍半萜生物碱具有双环结构,其由一个吡啶环骈合一个七元碳氢环组成,分子中具有两个手性中心。明显地,这类化合物起源于蒿属植物中丰富的愈创木烷型倍半萜,因此,它的生源合成途径推测如下[74]:

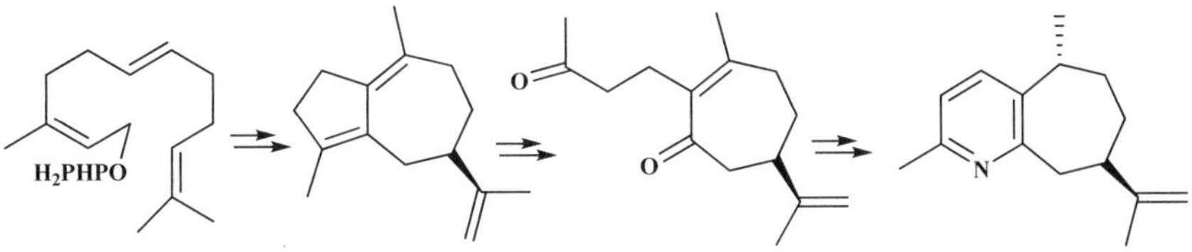

A Farnesyl OPP   **B** Guaiane   **C** Xanthane   **D** Epiguaipyridine

本类化合物只发现于菊科蒿属植物，因此，具有很高的分类学意义。如从 *Artemisia rupestris* 中分离得 rupestines A-D（21-24）[75]，结构见下。

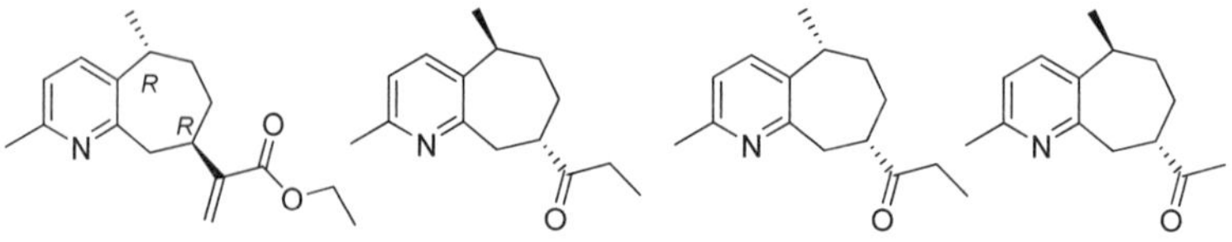

2.2.4　倍半萜内酯二聚体及寡聚体

倍半萜内酯二聚体（Sesquiterpene Lactone Dimers，SLDs）是指一类生源合成于两个相同或不同的倍半萜内酯片段，形成一个结构复杂的 C_{30} 骨架的一类天然产物。近期，从菊科中还发现了 C_{17}/C_{15}、含氮的 SLDs，以及倍半萜内酯的三、四聚合的寡聚体等。

在菊科各个族植物中均有数量不等的 SLDs 被发现，说明了菊科 SLDs 在菊科植物中的分布是一个普遍现象，而且，当前，尤其是在旋覆花族的旋覆花属 *Inula*、天名精属 *Carpesium*，春黄菊族的蒿属 *Artemisia*、菜蓟族中的川木香属 *Vladimiria*、千里光族的橐吾属 *Ligularia* 植物中发现较多。而倍半萜内酯的三聚体、甚至四聚体则主要发现于兔儿风属 *Ainsliaea*。

对菊科 SLDs 的分类主要从生源合成起源来分，可分为：真倍半萜内酯二聚体（true disesquiterpenoids）和伪倍半萜内酯二聚体（pseudo-disesquiterpenoids）。真倍半萜内酯二聚体（true disesquiterpenoids）是指形成于 Diels-Alder（D-A）、杂 Diels-Alder，[2+2]环加成、或自由基偶合等反应，直接形成 C—C 单键连接的 SLDs；而伪倍半萜内酯二聚体（pseudo-disesquiterpenoids）则是以酯键、醚键或其他连接方式连接而成的 SLDs[76]。

2.2.4.1　形成于 Diels-Alder 反应的 SLDs

倍半萜内酯二聚体的单体片段一般为 C_{15} 倍半萜内酯，这主要是因为分子中含有活性的 α-亚甲基-γ-内酯结构，即该结构可作为 Diels-Alder（D-A）反应的亲双烯片段与另一倍半萜内酯中的双烯体片段，发生 D-A 反应后，会形成四种不同 Endo/Exo 构型的立体产物，见下。

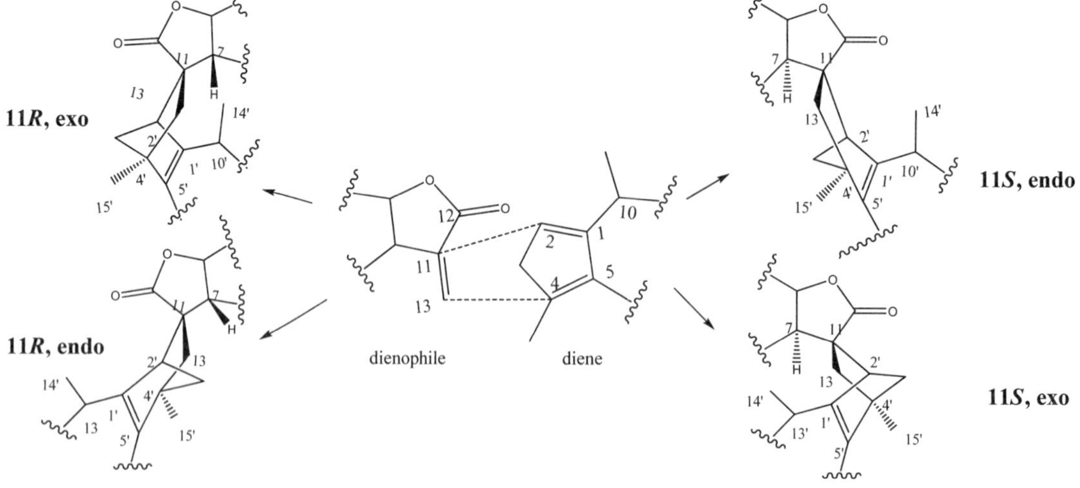

从现在分离的 SLDs 的结构来看,菊科中的 SLDs 大多数均是此类形成于 D-A 反应的 SLDs,但是,在构型上,也有旋覆花属植物中的 SLDs 大多以结构稳定的 endo 型为主[77],而天名精属植物中的却以不稳定的 exo 产物为主[25]。另外,此类形成于 D-A 反应的 SLDs 的结构也显示出 D-A 反应的区域选择性特点,即有 2,5-、1,4-、1,3-等多种连接方式,代表化合物分别是 rudbeckiolid(25)、decathielcanolide(26)、artemyriantholide C(27)、dischkuhriolin(28)和 neojaponicone A(29)的结构见下。

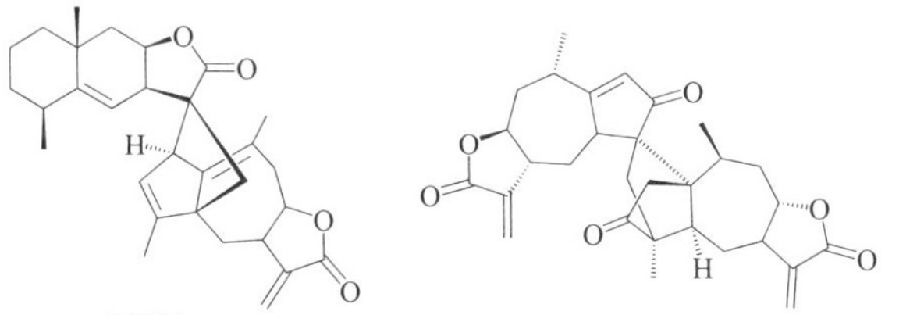

2,5-linkage
rudbeckiolid (**25**)

1,4-linkage
decathielcanolide (**26**)

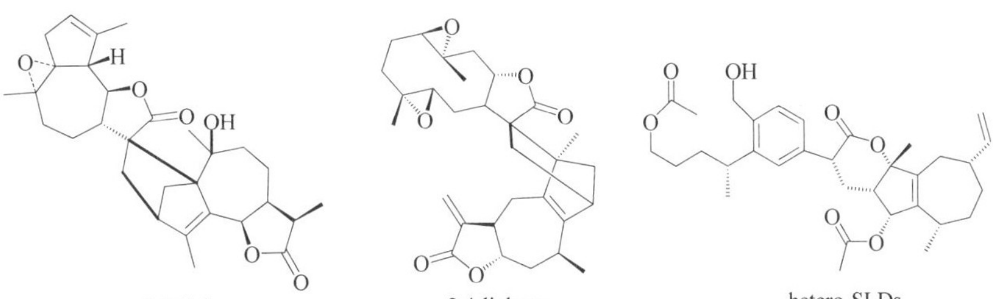

1,3-linkage
artemyriantholide C (**27**)

2,4-linkage
dischkuhriolin (**28**)

hetero-SLDs
neojaponicone A (**29**)

2.2.4.2 形成于 Michael(迈克尔)加成反应的 SLDs

倍半萜内酯的抗炎、抗肿瘤活性的机理大多认为是倍半萜内酯中的 α-亚甲基-γ-内酯结构作为迈克尔加成的亲电基团,与 DNA 或 RNA 中的富电子基,如巯基、羟基等,发生迈克尔加成反应,而使 DNA 或 RNA 失活的原因[78]。同理,在菊科中也存在一类形成于迈克尔加成的 SLDs,而且大多是 C_{17}/C_{15} 型的 SLDs。当前,此类化合物主要发现于天名精属 *Carpesium*[72] 与川木香属 *Vladimiria* 植物[79]中,如从天名精 *Carpesium abrotanoides* 植物中分离得到的 carabrodilactones A~E(30~34)。

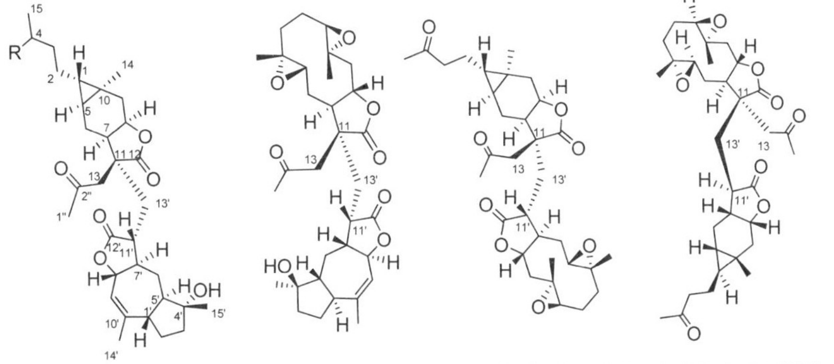

carabrodilactone A(**30**) R =O
carabrodilactone B(**31**) R -OH 4*R*

carabrodilactone C(**32**)

carabrodilactone D(**33**)

carabrodilactone E(**34**)

在立体构型方面，发生迈克尔加成后生成的 SLDs，也会形成四种不同的立体构型，显示出 cis/trans（两个倍半萜 C-12 内酯羰基在新形成的 C—C 单键的同侧，称为 *cis*-构型，而两个倍半萜 C-12 内酯羰基在新形成的 C—C 单键的异侧，则称为 *cis*-构型）的立体选择性，推测的生源合成途径如下。

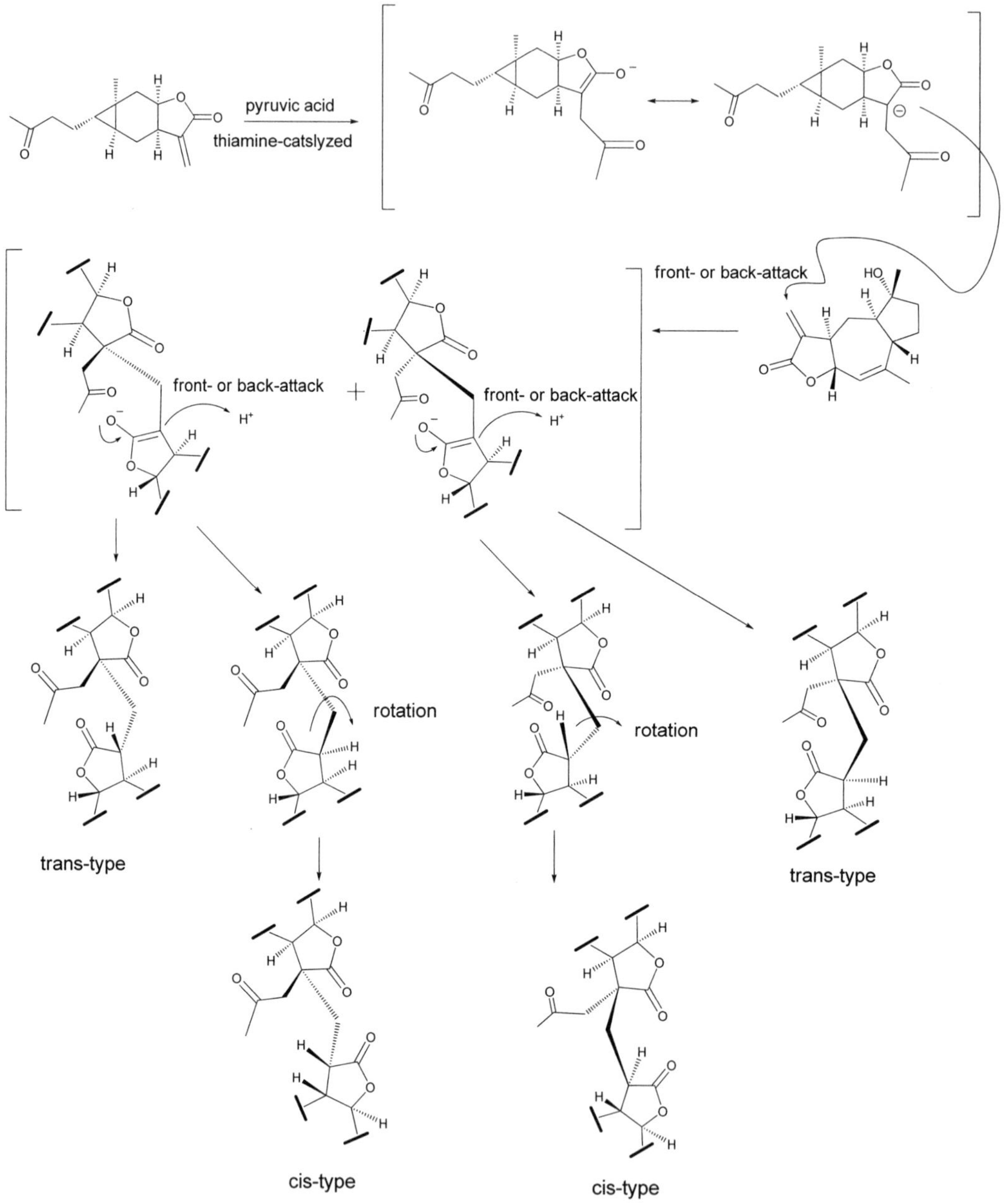

2.2.4.3 形成于[2+2]、[3+2]加成反应的 SLDs

从橐吾属 *Ligularia hodgsonii* 植物的根茎中分得一个倍半萜二聚体 biliguhodgsonolide (35)，它可能源自生源的[2+2]反应[80]。

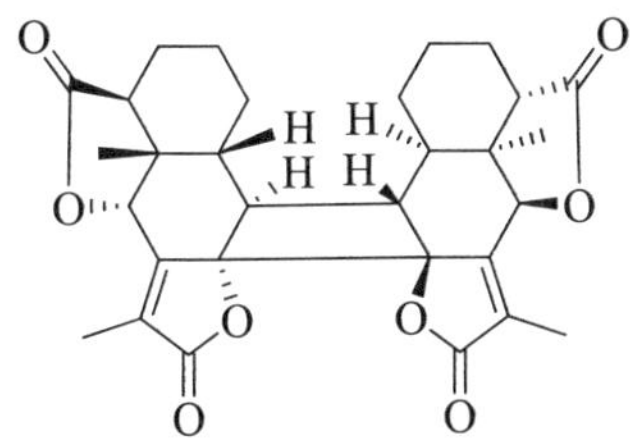

biliguhodgsonolide (**35**)

从天名精 *Carpesiumabrotanoides* 植物中还分得一类[3+2]环加成的 SLDs，即一对差向异构体，dicarabrones A 和 B(36、37)[81]，推测的合成途径及结构如下。

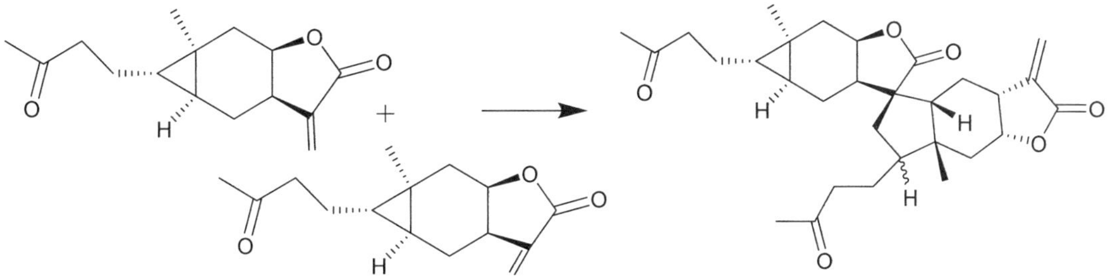

Dicarabrones A and B (36、37)

2.2.4.4　源自自由基反应的 SLDs

从大吴风草属 *Farfugium japonicum* 植物的新鲜根茎中分得 eremodimers A-C（38 ~ 40），而且 eremodimer B（39）的绝对构型还通过 X 单晶衍射分析确定[82]，推测它们形成于自由基偶合反应，因为采取此类反应可能是结构中含有较长的共轭体系或具有芳香系统的原因。

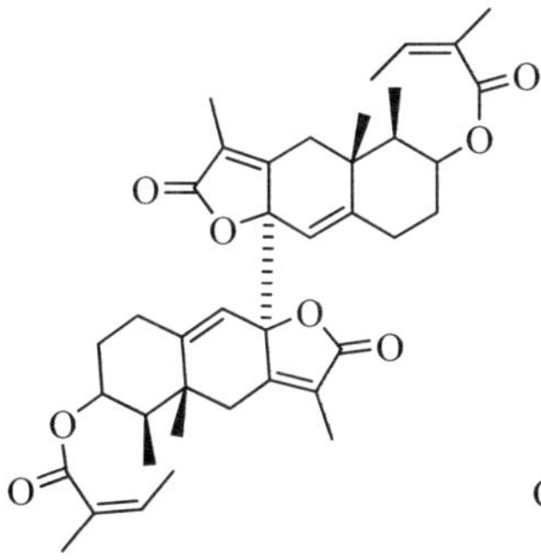

eremodimer A (**38**) 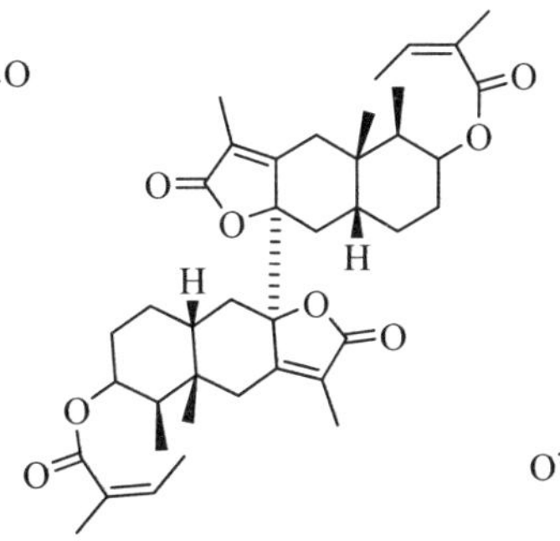　　　　eremodimer B (**39**) 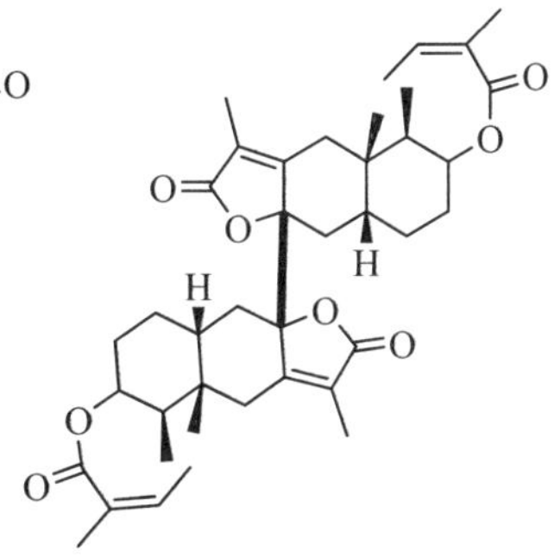　　　　eremodimer C (**40**)

2.2.4.5　伪倍半萜内酯二聚体

1. 氮原子连接的 SLDs

从矢车菊属 *Centaurea aspera* subsp. *Aspera* 植物中分得一个奇特的 onopordopicrin-valine 二聚体（41），严格地讲，它不是真正意义上的倍半萜二聚体，而是刺蓟苦素（onopordopicrin）先与缬氨酸加成后，冉二聚化形成的二聚体[83]。从此化合物的结构也可看出，此化合物的生源合成途径应是迈克尔加成反应，即氨基酸的氮原子作为亲核试剂，而倍半萜内酯的α-亚甲基-γ-内酯的环外双键作为亲电试剂。

另外，近期，从川木香 *Vladimiria souliei* 中还分离得一个含[3.2.2]cyclazine 核心结构的 SLDs，vlasoulamine A（42）[84]。

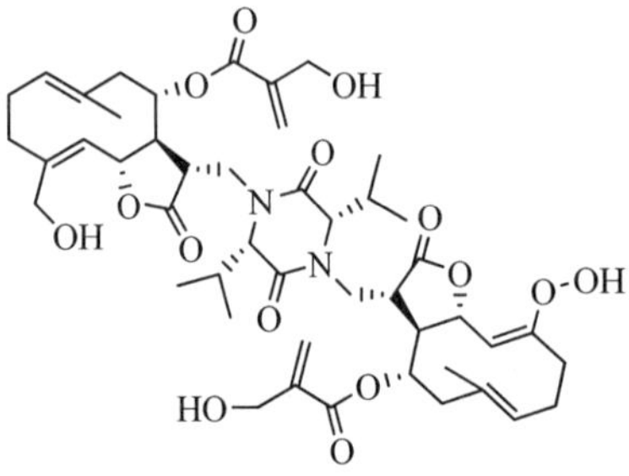

41

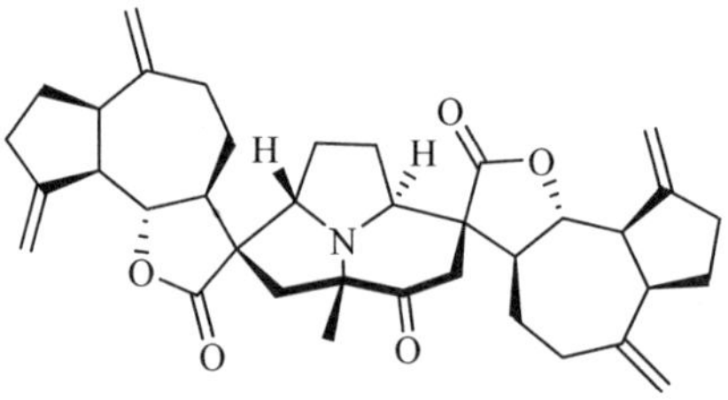

vlasoulamine A (**42**)

2. 以酯键、醚键连接的 SLDs

从蒿属 *Artemisia argyi* 的叶中分得一个以酯键连接的倍半萜二聚体 artemilinin A（43）[85]，以及从 *Lactuca indica* 中分得三个以醚键相连的倍半萜二聚体 lactucains A、B 和 C [86]（44-46）。

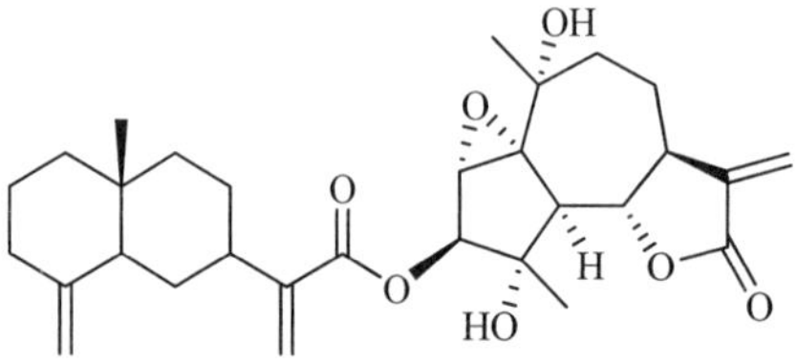

artemilinin A (**43**)

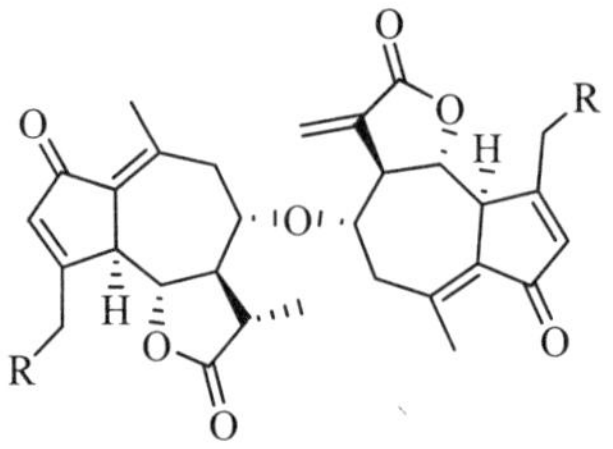

lactucain A (**44**) R=H

lactucain B (**45**) R=OH

lactucain C (**46**) R=

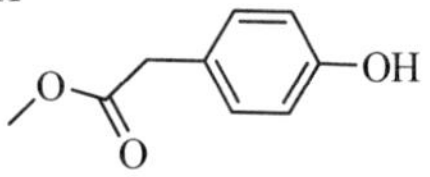

2.2.4.6　倍半萜内酯三、四寡聚体

菊科植物中发现倍半萜内酯三、四寡聚体的植物仅有兔儿风属与旋覆花属，如三聚体有从兔儿风属中甸兔儿风 *Ainsliaea fulvioides* 植物中发现的 ainsliatrimers A 和 B（47、48）[87]，以及从旋覆花 Inula japonica 植物的花中分离的 iunulajaponicolide A（49）[88]。而四聚体仅有从兔儿风属中发现，如杏香兔儿风 *Ainsliaea fragrans* 植物中得到的 ainsliatetramers A 和 B（50、51）[89]。

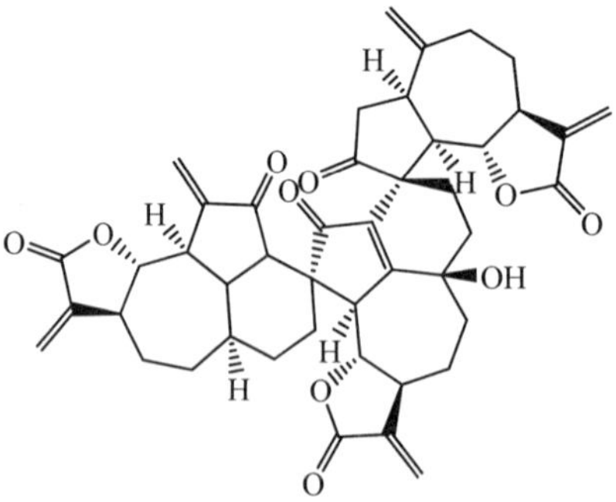

ainsliatrimer A (**47**)

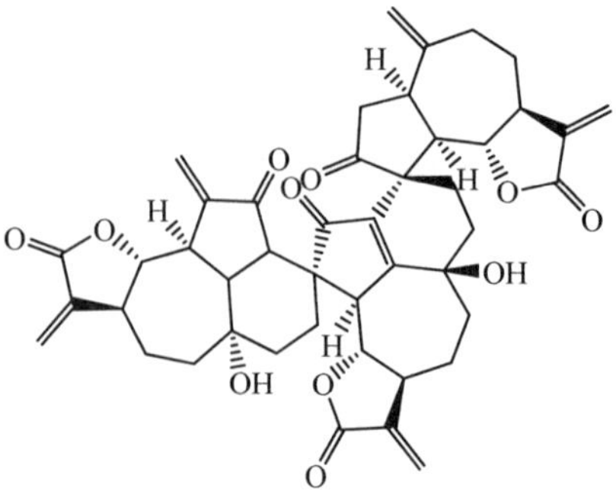

ainsliatrimer B (**48**)

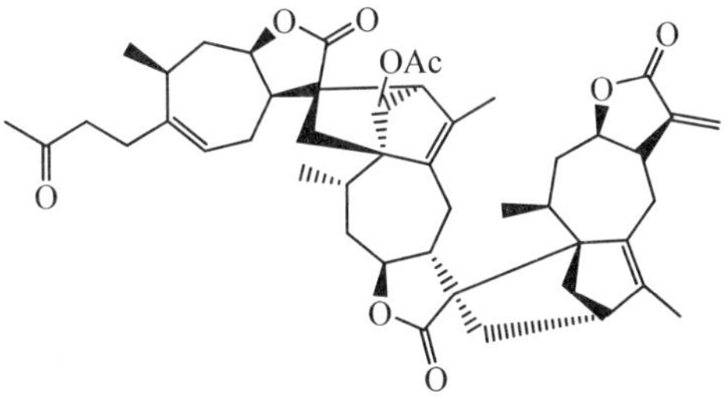

Inulajaponicolide A **(49)**

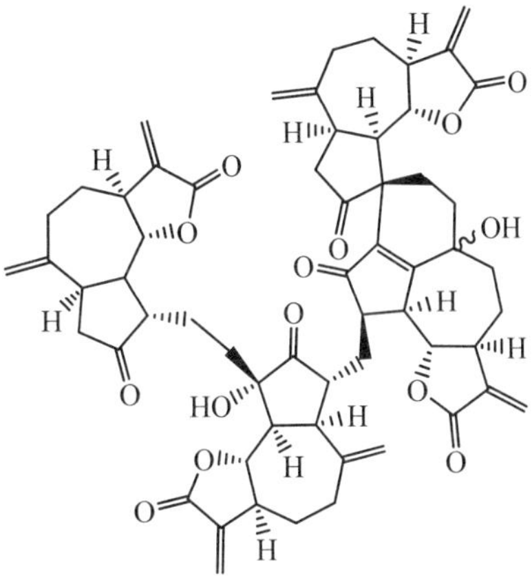

Ainsliatetramer A **(50)** 10'*S*
Ainsliatetramer B **(51)** 10'*R*

2.2.5 二 萜

菊科植物中的二萜 diterpene 类成分也较为丰富与普遍，但分布极为不均。如以 Bremer（1996）的分类系统为例，二萜在亚科水平上的分布是：处于菊科基部的刺菊木亚科植物中不含二萜类成分；帚菊木族[不包含在 Bremer（1996）分类系统中]中含少量的二萜；在舌状花亚科 Cichorioideae 中仅有很少的种含有二萜成分，而且它们都为对映贝壳杉烷型二萜；在管状花亚科中的二萜类化合物数量远超舌状花亚科 Cichorioideae 和飞廉亚科 Carduoideae；在族水平上的分布是：紫菀族 Astereae 主要是半日花烷 labdanes 和克罗烷 clerodanes；旋覆花族 Heliantheae 和泽兰族 Eupatorieae 分别是对映贝壳杉烷 kauranes 和半日花烷 labdanes；而金盏花族 Calenduleae 是海松烷 pimaranes[90]。

一般地，按环数多少可将菊科二萜成分分为：五环的映绰奇烷 trachylobane 型二萜；四环的对映贝壳杉烷 ent-kaurane 型；三环的海松烷 pimarane 型、古柯烷 erythroxylane 型；双环的克罗烷 clerodane 型、半日花烷 labdane 型、单环二萜及直链的无环二萜等[91]。在一些类型下还有一些结构特点，因此又有一些结构亚型。

二萜骨架类型在菊科各属的主要分布情况是：

（1）直链型二萜主要分布于翼茎菊属 *Geigeria*；

（2）半日花烷 labdanes 主要分布于 *Chrysocephalum*、*Helichrysum*、*Chrysothamnus*、*Grindelia*、*Gutierrezia*、*Haplopappus*、*Solidago*、*Baccharis*、*Palafoxia*、*Silphium*、*Acritopappus*、*Stevia*、*Eupatorium*、*Brickellia* 和 *Aristeguietia* 属；

（3）克罗烷 clerodanes 主要分布于 *Gutierrezia*、*Pteronia*、*Solidago*、*Baccharis*、*Conyza*、*Olearia* 和 *Ageratina* 属；

（4）海松烷 pimaranes 主要分布于 *Garuleum* 和 *Osteospermum* 属；

（5）对映贝壳杉烷 kauranes 主要分布于 *Helichrysum*、*Baccharis*、*Ichthyothere*、*Montanoa*、*Aspilia*、*Coespeletia*、*Espeletia*、*Espeletiopsis*、*Libanothamnus*、*Oyedaea*、*Ruilopezia*、*Wedelia*、*Helianthus*、*Viguiera*、*Smallanthus*、*Mikania*、*Adenostemma* 和 *Stevia* 属；

（6）而映绰奇烷 trachylobane 主要分布于向日葵属 *Helianthus*。

2.2.5.1 无环及单环二萜

目前，从菊科植物中发现的此类成分还很少[91]，如从 *Montanoa tomentosa* 植物中分离得到的氧杂环庚二萜 tomexanthin（52）。

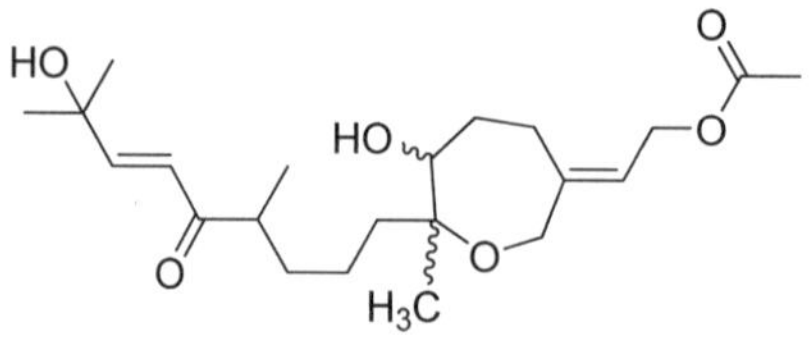

tomexanthin (**52**)

2.2.5.2 双环二萜

结构类型主要是半日花烷（labdane）型、克罗烷（clerodane）型和 halimane 型等同系列的二萜，即它们的生源合成都是开始于一个环化过程后的一系列的基团迁移[92]，如下：

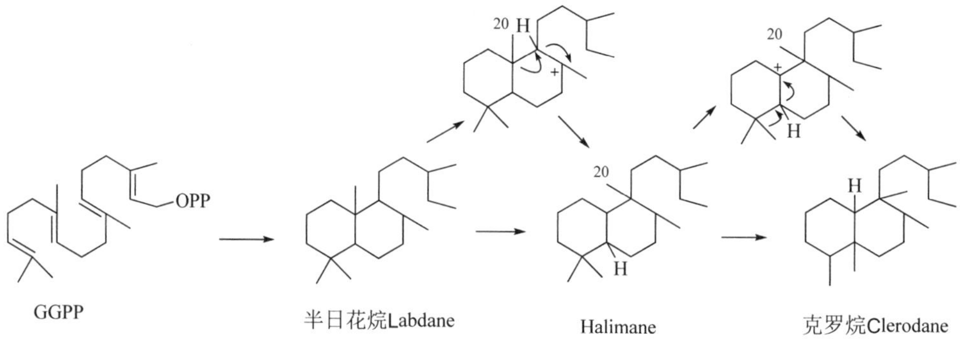

GGPP   半日花烷Labdane   Halimane   克罗烷Clerodane

1. 半日花烷（labdane）型二萜

此类二萜在菊科中很丰富，而且分布较广[91]，主要分布于毛背柄泽兰属 *Lourteigia*、胶头菊属 *Gymnosperma*、酒神菊属 *Baccharis*、格兰第菊属 *Grindelia*、单冠菊属 *Haplopappus*、*Gutierreria*、假泽兰属 *Mikania*、橡胶草属 *Chrysothamnus*、修泽兰属 *Alomia*、泽兰属 *Eupatorium*、艾纳香属 *Blumea*、拟鼠曲草属 *Pseudognaphalium*、紫菀属 *Aster* 和一枝黄花属 *Solidago* 等属植物，如从 *Alomia myriadenia*Sch.Bip ex Baker 中得到的 *ent*-12*R*,16-dihydroxylabda-7,13-dien-15,16-olide（53）[93]。

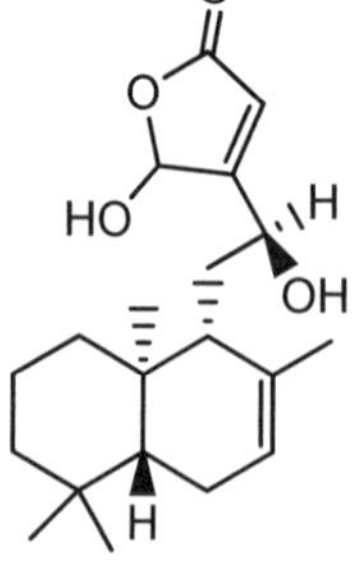

53

2. halimane 型二萜

此类二萜为一个不符合"异戊二烯"规则的二萜类成分，其特征是 C-20 位甲基迁移至 C-9 位[91, 92]。本类成分在菊科中分布也较广，如藿香蓟属 *Ageratum*、白酒草属 *Conyza*、短冠帚黄花属 *Amphiachyris*、酒神菊属 *Baccharis*、绒帚菀属 *Chiliotrichum*、泽兰属 *Chromolaena*、单冠菊属 *Haplopappus*、光柱泽兰属 *Koanophyllon*、甘松菀属 *Nardophyllum*、*Oedera*、微腺亮泽兰属 *Ophryosporus*、寡头鼠曲木属 *Relhania*、甜叶菊属 *Stevia* 等属，如从 *Alomia myriadenia* 中得到的 *ent*-8S,12S-epoxy-7R, 16-dihydroxyhalima-5(10),13-dien-15,16-olide（54）[93]。

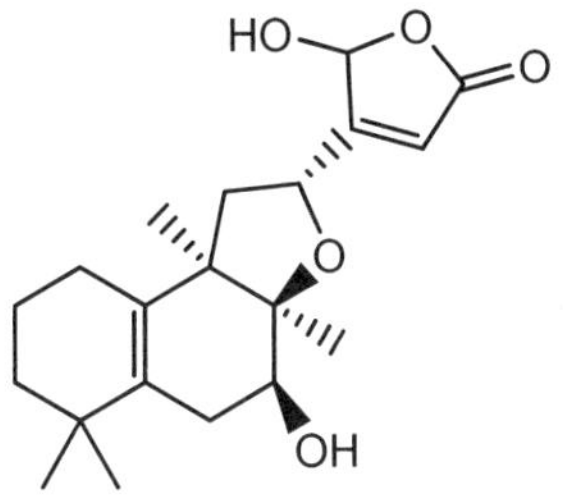

54

3. 克罗烷（clerodane）型二萜

此类二萜在菊科中也很丰富，分布也较广[91]，主要分布于酒神菊属 *Baccharis*、野茼蒿属 *Crassocephalum*、紫菀属 *Aster*、小舌菊属 *Microglossa*、热雏菊属 *Egletes*、蚤草属 *Pulicaria*、单冠菊属 *Haplopappus*、一枝黄花属 *Solidago* 和毛冠菊属 *Nannoglottis* 等植物，如从 *Baccharis kingii* 中分离得到的化合物 kingidiol（55）[94]。

另外，在白酒草属植物中还含有一类开环的克罗烷型二萜类成分，如从 *Conyza stricta* 中分得的 A/B 环开环的克罗烷二萜化合物 conyzic acid（56）[95]。

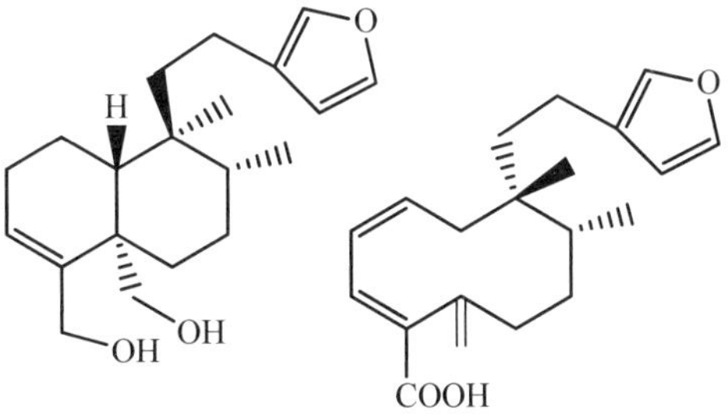

kingidiol(55)   conyzic acid(56)

2.2.5.3   三环二萜

此类菊科二萜主要是松香烷 abietane、海松烷 pimarane、玫瑰烷 rosane 和 strobane 烷型二萜等。

1. 松香烷型二萜（abietane diterpenes）

该类化合物主要分布于一枝黄花属 *Solidago* 属植物中[91]，如从 *Solidago rugosa* 植物中分得的 18-hydroxyabieta-7,13(14)-diene（57）[96]。

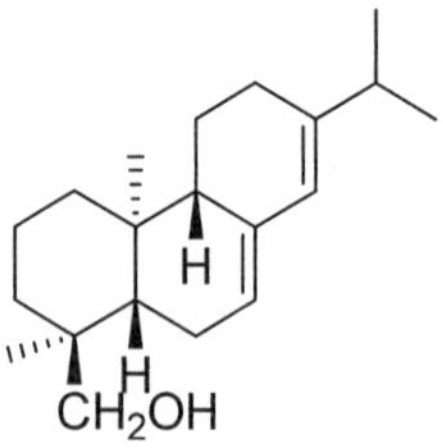

57

2. 海松烷型二萜（pimarane diterpenes）

该类化合物主要分布于维氏菊属 *Viguiera*、豨莶属 *Siegesbeckia*、假泽兰属 *Mikania*、黑药葵属 *Aldama* 和包果菊属 *Smallanthus* 等属植物，如从 *Siegesbeckia pubescens* 中分得的降两碳化合物 19-hydroxy-15-devinyl-*ent*-pimar-8,11,13-triene-2,7-dione（58）[97]。

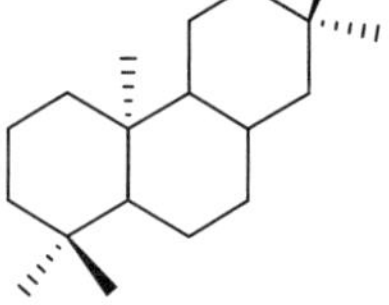

pimarane 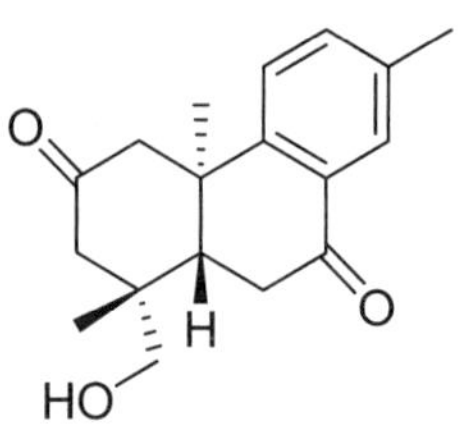   **58**

3. 玫瑰烷型二萜（rosane diterpenes）

该骨架与海松烷非常类似，其不同点是 C-20 甲基从 C-10 位迁移至 C-9 位，如从堆心菊族 *Palafoxia texana* 中分得的 3β-acetoxy-jesromotetrol 和 3β,19-diacetoxy-jesromotetrol（59）[98]。

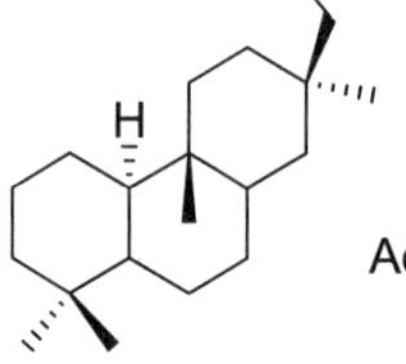

rosane 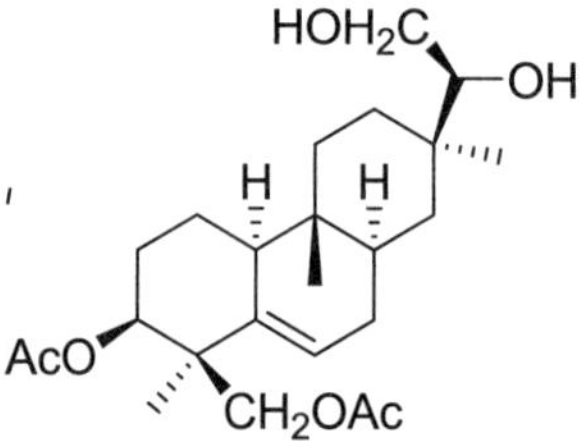   **59**

4. Strobane 烷型二萜

如从 *Siegesbeckia pubescens* 中分得两个 strobane 烷型二萜 strobol A 和 B（60 和 61）[97]。

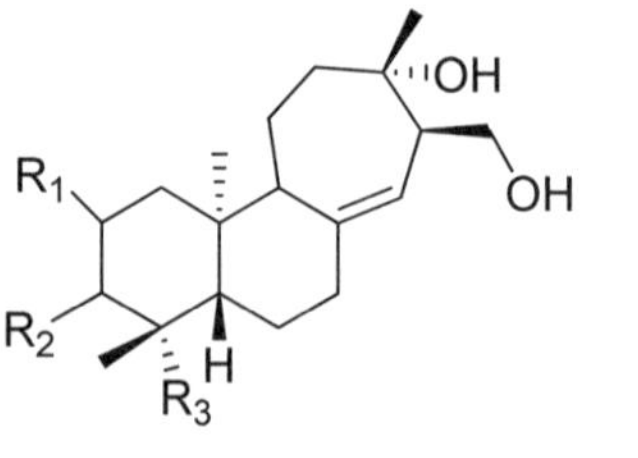

strobol A (**60**)   R$_1$=β -OH   R$_2$=H   R$_3$=CH$_2$OH
strobol B (**61**)   R$_1$=H   R$_2$=α -OH   R$_3$=CH$_3$

2.2.5.4　四环二萜

此类二萜主要是对映贝壳杉烷（ent-kaurane）型二萜，其在菊科中的分布广泛，如栌菊木 *Nouelia insignis*[99]、白菊木属 *Gochnatia*[100]、天名精属 *Carpesium*[101]、甜叶菊属 *Stevia*，以及蟛蜞菊属 *Wedelia* 等植物之中[91]。其中，甜叶菊 *Stevia rebaudiana* 植物中的本类成分甜菊苷 stevioside（62）最为有名[102]。

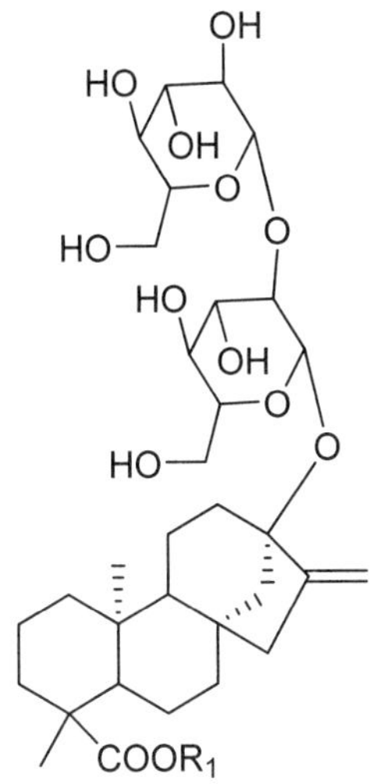

Stevioside (**62**) R$_1$=Glc

2.2.5.5　五环二萜

映绰奇烷 trachylobane 型为五环二萜，其结构特征是 C/D/E 三环为[3.2.1.0] octane 骨架。从结构上看，它应该是对映贝壳杉烷型二萜的衍化产物。第一个本类化合物是从 *Trachylobium verrucosum*（豆科 Leguminosae）中分得的，随后从菊科向日葵 *Helianthus annuus* 植物及其他植物中分得，如从向日葵族 *Viguiera bishopii* 植物中分得 methyl-9,11-dehydrotrachylobanoate（63）[103]。

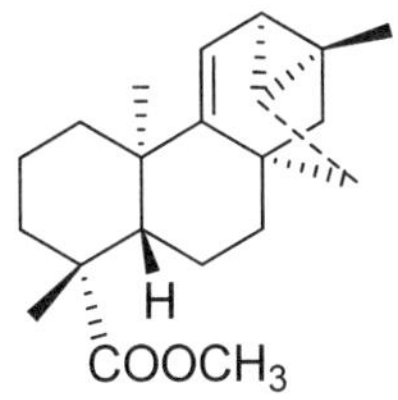

63

2.2.5.6　二萜生物碱

1. 牛扁碱型二萜生物碱

本类成分较为稀少，仅分布于几个不同的族属之中，如在旋覆花属 *Inula*、紫菀属 *Aster* 和蒿属 *Artemisia* 中发现牛扁碱型 lycoctonine 二萜生物碱。代表化合物有从 *Artemisia korshinskyi* 植物中分离得到的 artekorine（64）和 6-ketoartekorine（65）[104]。

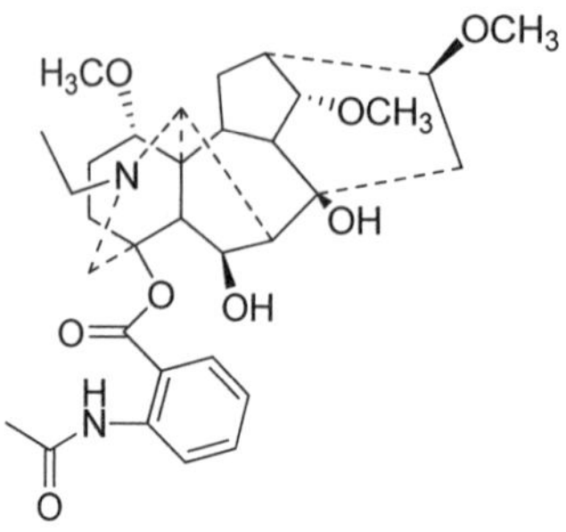

artekorine (**64**) 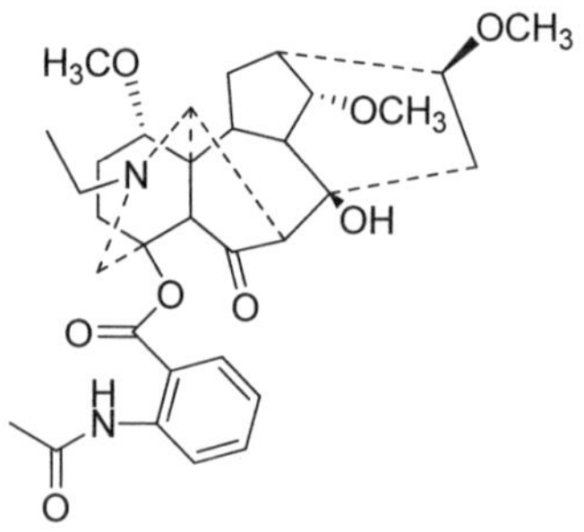   6-ketoartekorine (**65**)

从生源合成途径来看，菊科牛扁碱型二萜生物碱是对映贝壳杉烷型二萜的结构重排产物[104, 105]，它们的出现应该看成是植物进化的化学表现。

2. 松香烷型二萜生物碱

从红花 *C. tinctorious* 中分得一个松香烷型二萜生物碱 dehydroabietylamine（66）[106]。虽有较多的松香烷型二萜化合物存在于天然界，但本类化合物一般在天然界不存在，而且此类二萜胺化合物一般是通过工业产品松香胺衍生合成[107]，所以本化合物的发现具有较高的分类学意义。

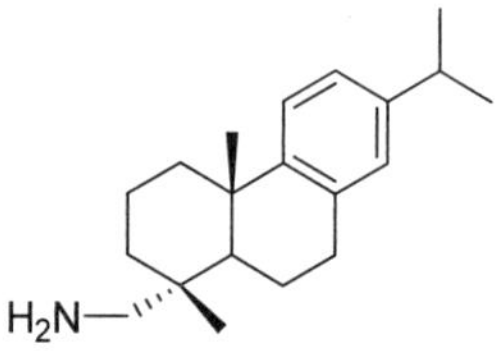

dehydroabietylamine (**66**)

2.2.6 三 萜

三萜 triterpene 化合物在菊科中较为普通、常见，如存在于兔儿风属 *Ainsliaea*、栌菊木属 *Nouelia*，紫菀属 *Aster*、婆罗门参属 *Tragopogon* 等。但是帚菊木族中的兔儿风属 *Ainsliaea*[108]、栌菊木属 *Nouelia*[109]中的三萜化合物则以苷元为特征，而婆罗门参属（菊苣族）、紫菀属（紫菀族）中的三萜化合物则以三萜皂苷为主，如从婆罗门参属 *T. porrifolius* 中分得的 tragopogonsaponin A（67）[110]，从东风菜 *A. scaber* 中分离得到的齐墩果酸型 oleanolic acid 化合物 scaberoside B₇（68）[111]，显示出三萜的苷化与否及糖苷化程度是植物进化的化学表现，这也显示出三萜类成分在菊科分类上的重要意义。

三萜类化合物在菊科植物中是一类较原始的化学成分类群，因为在刺菊木亚科 Barnadesioideae 植物中就比较常见，而且以五环三萜中的乌苏烷型和羽扇豆烷型三萜苷元为特征[4]。对于帚菊木族中的兔儿风属 *Ainsliaea* 则除五环三萜外，还有四环三萜环阿屯烷型等，而且它们全部为三萜苷元化合物[108]。

另外，在菊科中，还存在一些特征的三萜骨架化合物，如从蒲公英属 *T. officinale* 中分得一个开环羽扇豆烷型 seco-lupane 化合物 officinatrione（69），它是第一个从本属植物中分得的 D/E 开环形成一个九元环骨架的化合物[112]；从紫菀中分得的一个主要三萜成分紫菀酮

shionone（**70**），其结构特征是具有 4 个六元环骨架系统及 3-羰基-4-单甲基的取代模式。

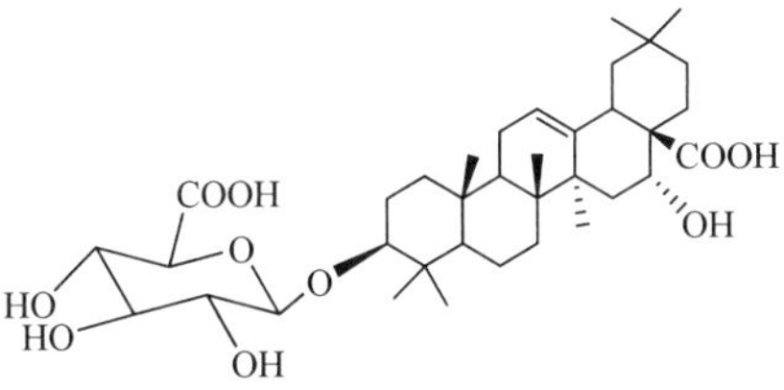

tragopogonsaponin A (**67**)

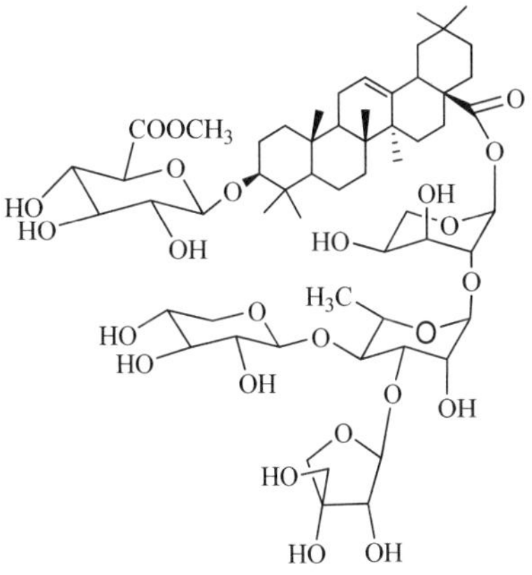

scaberoside B₇ (**68**)

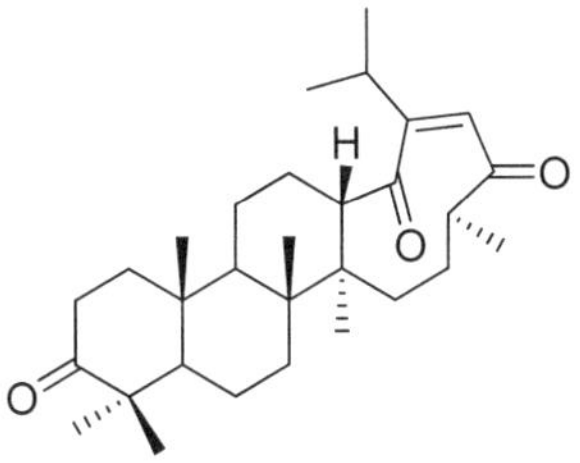

officinatrione (**69**)

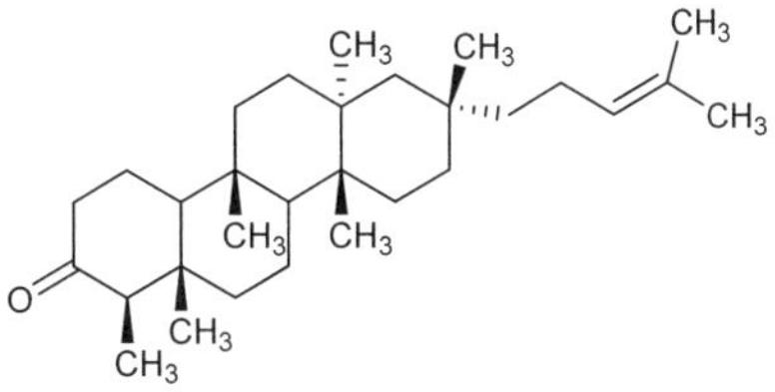

shionone (**70**)

2.2.7 四萜（类胡萝卜素）

类胡萝卜素 carotenoids 是黄至红橙色菊科植物花瓣颜色的代表成分，它发挥着吸引昆虫来帮助植物授粉的功能。同时，在高等植物的绿色组织中，它也发挥着保护植物光氧化损伤和光合成的作用。另外，在医药用途上，它也有着抗氧化的作用和作为维生素 A 的前体的作用。

2.2.7.1 生源合成途径

类胡萝卜素 carotenoids 是由 8 个异戊烯基组成的 C_{40} 萜类成分。至 2014 年，从天然界已发现超 700 个本类成分。

本类成分的合成起源于一个 MEP 途径的异戊烯基单元（isopentenyl pyrophosphate，IPP，C_5-unit）；4 个 IPP 缩合形成 C_{20} 单元（geranylgeranyl pyrophosphate，GGPP），随后，两分子的 GGPP 在植物烯合成酶 phytoene synthase (PSY) 的作用下合成为植物烯 phytoene（C_{40} 单元）；在植物中，phytoene 以 ζ-carotene 的结构形式，在两种结构类似的酶 [phytoene desaturase (PDS) and ζ-carotene desaturase (ZDS)] 的作用下，转化为一个黄色胡萝卜素 lycopene。

这条途径能将生成的多顺式中间体（poly-*cis* intermediates）再转化为全反式结构（all-*trans* configurations）是在两种类型的异构酶，ζ-carotene isomerase（Z-ISO）和 carotenoid isomerase（CRTISO）的催化下生成的。接下来，在 lycopene β-cyclase（LCYB）和/或 lycopene ε-cyclase

（LCYE）的作用下，直线形的 lycopene 化合物的链末端环合生成类胡萝卜素母体。最后，再通过羟基化、环氧化、异构化等结构修饰，最终生成了结构多样的类胡萝卜素化合物[113]。其生源合成途径如下。

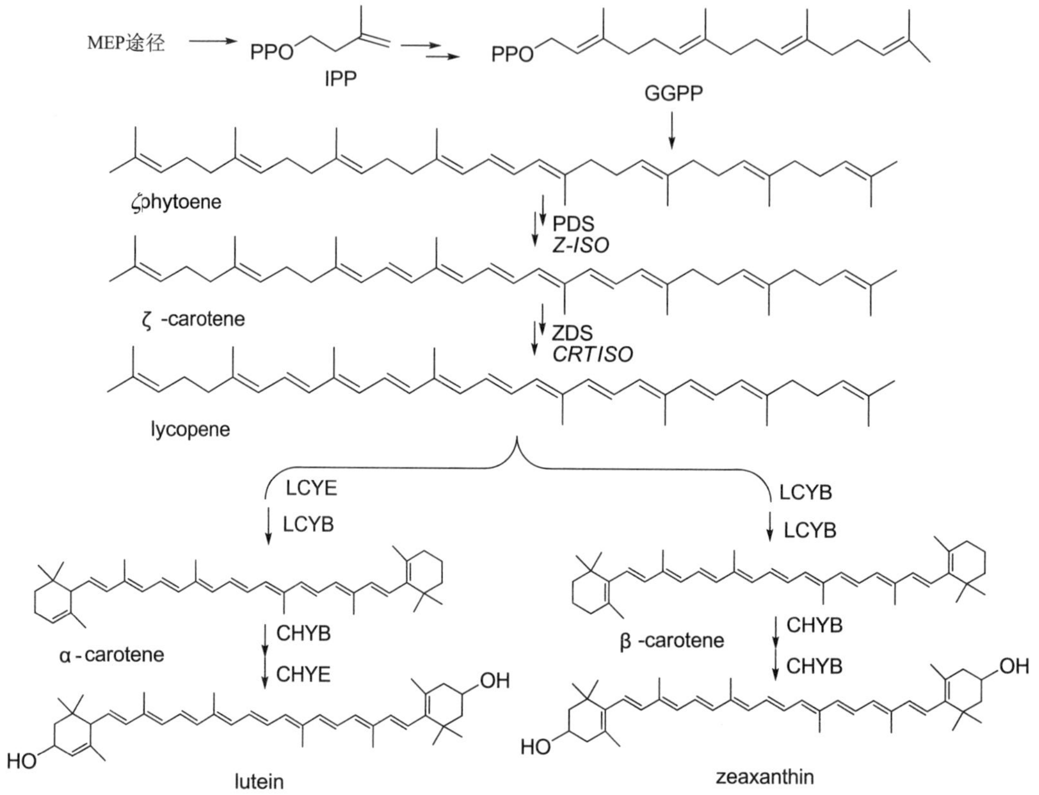

2.2.7.2　化学成分类型与分布

在大多数植物的绿色组织中，类胡萝卜素的成分较为类似，主要由两类成分组成，即 β,ε-carotenoids（α-carotene derivatives）（在类胡萝卜素的两端的 β-紫罗兰酮结构分别为 β- 和 ε-紫罗兰酮结构）和 β,β-carotenoids（在类胡萝卜素的两端的 β-紫罗兰酮结构分别为 β- 和 β-紫罗兰酮结构），如 lutein、zeaxanthin、violaxanthin 和 antheraxanthin。

在菊科植物的花瓣中的类胡萝卜素成分显示出分类学的意义。如在菊科植物花瓣中只累积生成 lutein 和它的衍生物，及 α-carotene 衍生物，如非洲万寿菊 *Tagetes erecta* 植物花瓣中含大量的 lutein（总胡萝卜素中约占 91%）。另外，在百合科百合属 *Lilium lancifolium* 植物花瓣中仅含 β-carotene 衍生物。

2.2.7.3　β-紫罗兰酮型化合物

本类成分一般被归类为降倍半萜化合物，但从生源合成途径来讲，本类成分应是四萜类胡萝卜素的降解产物。

2.2.8　多萜（乳汁与天然橡胶）

菊科菊苣族植物以含乳汁为特征，尤其是鸦葱属 *Scorzonera*、蒲公英属 *Taraxacum* 和莴苣属 *Lactuca* 还富含天然橡胶（多萜）[114, 115]，其中又以蒲公英属橡胶草 *Taraxacum kok-saghyz* Rodin 最为有名，因其根中的橡胶与天然橡胶（大戟科橡胶树 *Hevea brasiliensis*）的结构和性能相似，分子量甚至还略高于天然橡胶[116]。另外，向日葵族银胶菊属银胶菊 *Parthenium argentatum* Gray 也含微量的橡胶成分[117]。因此，从上可看出，以是否含乳汁来进行菊科亚科的分类法确实有斟酌的余地，因为乳汁中所含的倍半萜类成分与橡胶（聚多萜）不是舌状花亚科（菊苣族）植物所特有。

2.2.9　甾　体

菊科植物中普遍含有植物甾醇类成分，如 *β*-谷甾醇、豆甾醇等。除此之外，菊科植物的一些属植物中还含有一些特征的结构类型化合物，如植物蜕皮激素 phytoecdysones 类成分、甾体皂苷等。

2.2.9.1　植物蜕皮激素 phytoecdysones

现代研究，植物蜕皮激素存在于 15 个科 37 属植物之中，大多为 *β*-蜕皮激素，少数为 *α*-蜕皮激素。而在菊科植物中，则主要分布于麻花头属 *Serratula* 和漏芦属 *Stemmacantha*。此类成分的结构特点是 C-7,8 位双键与 C-6 位酮基，且甾醇结构上具多个羟基。其中，具 20 位羟基化的产物称为 *β*-ecdysone，而无 20 位羟基的产物则称为 *α*-ecdysone。如从 *Serratula wolffii* 中分离得到的两个 *α*-ecdysone 成分，20,22-didehydrotaxisterone (71) 和 1-hydroxy-20,22-didehydrotaxisterone(72)[118]。

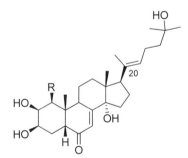

20,22-didehydrotaxisterone (**71**)　　　　　　R=H
1-hydroxy-20,22-didehydrotaxisterone (**72**)　R=OH

2.2.9.2　甾体皂苷

甾体皂苷主要分为两种结构类型，即 $\Delta^{7, 9(11)}$-和 $\Delta^{8, 9(14)}$-双烯型甾体母核，但菊科植物中的甾体皂苷主要发现于斑鸠菊属，且结构大多为 $\Delta^{7, 9(11)}$-双烯及高氧化度侧链的豆甾烷型甾体皂苷 stigmastane-type steroid saponins。母核骨架如下：

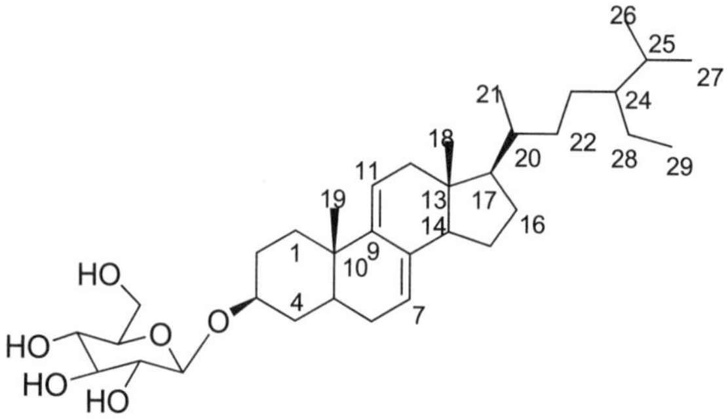

2.2.9.3　withanolides 型甾体化合物

本类成分的结构特征是在麦角甾烷 C_{17}-侧链上具 C-26/C-22 之间氧化形成的一个 γ- 或 δ-内酯结构，而且，C-1 位一般氧化成醇或酮结构。最早分得的本类成分是从茄科 *Withania somnifera* 植物叶中分得的 withaferin A，目前，已分得超 700 个本类型的化合物。它们主要分布于茄科 Solanaceae 的一些属，如 *Acnistus*、*Datura*、*Dunalis*、*Jaborosa*、*Physalis* 和 *Withania*[119]之中。在菊科中，本类成分发现较少，如发现于菜蓟族针苞菊属 *Tricholepis eburnea* 植物中的 trichosides A 和 B（73-74）[120]。

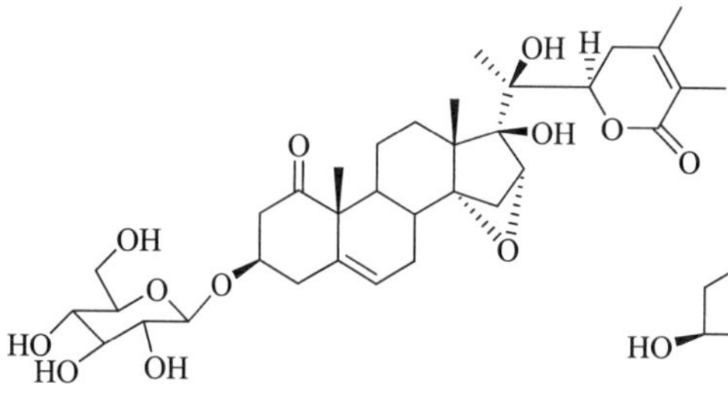

trichoside A (**73**) 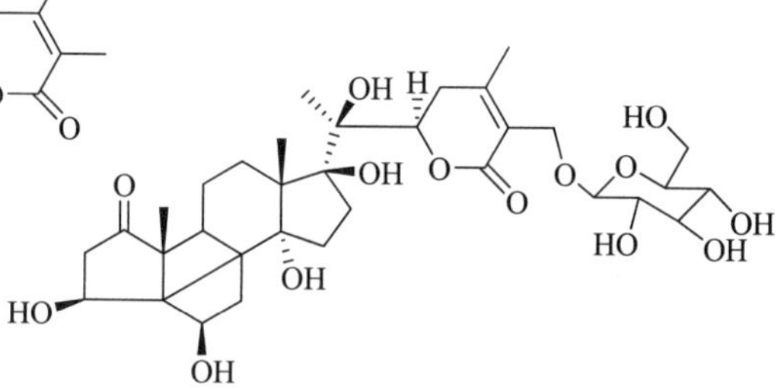　　　　trichoside B (**74**)

2.3　生物碱

一般地，在自然界生物碱很少与萜类或挥发油共存于同一植物之中，但菊科中的生物碱分布则是一个例外，如菊科千里光族、泽兰族植物就普遍共存有吡咯里西啶生物碱、萜类与挥发油，显示出菊科植物的进化特征与高级性。另外，菊科植物中的牛扁碱型二萜生物碱、蒿属植物中的吡啶愈创木烷型倍半萜生物碱则分述于萜类小节，其他一些特殊类型则见于本书各具体的章节。

2.3.1　吡咯里西啶类生物碱

吡咯里西啶类生物碱（Pyrrolizidine alkaloids，PAs）为除倍半萜内酯外的菊科第二大类典型特征植物化学成分类型。目前，已从 6000 余种植物之中发现 400 余个本类成分，除主要分布于菊科 Asteraceae 外，此类成分还分布于紫草科 Boraginaceae、豆科 Fabaceae、夹竹桃科 Apocynaceae、兰科 Orchidaceae 等科[121]。其中，菊科又主要分布于千里光族 Senecioneae

和泽兰族 Eupatorieae，如千里光族下的千里光属 *Senecio*、款冬属 *Tussilago*、常春菊属 *Brachyglottis*、蜂斗菜属 *Petasites*、瓜叶菊属 *Cineraria*，以及泽兰族中的泽兰属 *Eupatorium* 等植物[122]。

2.3.1.1 结构分类

从化学结构上看，吡咯里西啶生物碱为两个吡咯烷共用一个氮原子稠合而成的千里光原碱（necine，醇类，结构见下）的酯型生物碱，即由千里光原碱（necine）和 1～2 个千里光酸（necic acids）形成的一酯、或二酯、或二酯大环（十二元/十三元环）化合物。酯化的位置主要是 C-7 和 C-9 位。而且，单酯化合物主要存在于紫草科 Boraginaceae 植物中，而菊科千里光属主含二酯大环化合物，不含吡咯里西啶生物碱原型化合物[122, 123]，如从千里光属 *Senecio erraticus* 中分离得到的大环二酯化合物 erucifoline（75），而从泽兰属 *Eupatorium cannabinum* 中分离得到单酯化合物 echinatine（76）[122]，显示出它们的分类学意义。

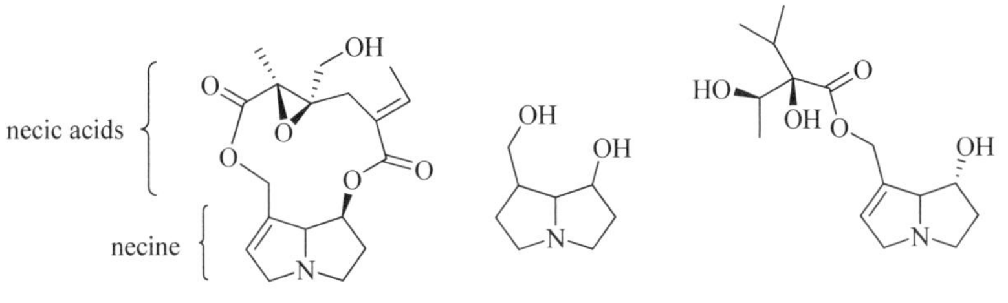

necic acids

necine

erucifoline （**75**）　　千里光原碱 necine　　echinatine （**76**）

根据千里光原碱（necine）结构的不同，可将 PAs 分成以下六种类型：retronecine、platynecine、heliotridine、otonecine、dihydropyrrolizinone 和 rosmarinecine，其中 retronecine 与 heliotridine 为一对非对映异构体，它们的区别是 C-7 位羟基的立体构型不同，而 platynecine 型的结构特点是 C-1/C-2 位为饱和单键。另外，otonecine 的结构最为特别，因为它的 C-8 位为一个氧化酮基，为一个单环结构，此类成分主要存在于蜂斗菜属 *Petasites* 植物[124]。另外，PAs 具有强烈的肝毒性，而且它们的毒性与 C-1/C-2 位双键及 *N*-氧化结构高度相关[121]。

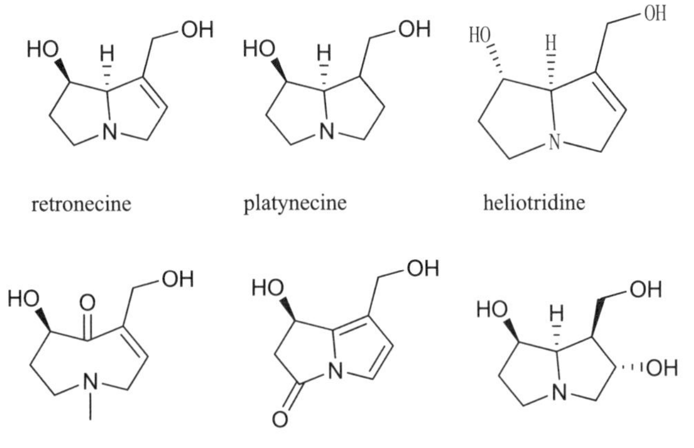

retronecine　　　platynecine　　　heliotridine

otonecine　　　dihydropyrrolizinone　　　rosmarinecine

但若从千里光酸来进行结构分类，则从生源合成角度看，更具有分类学意义。即分为：senecionine-、triangularine-、monocrotaline-type 和其他型（miscellaneous）PAs[121]。

第 1 类型：大环二酯型 senecionine-type，主要分布于千里光族植物中。根据环的大小及千里光酸、千里光碱的不同结构特点，又可分为以下四种亚型：① 12-元环的大环二酯型 senecionine 型；② senecivernine 型，其与 senecionine 型不同的是：千里光酸的结构起源不同[即由异亮氨酸衍生的两个 C$_5$ 单元（isoleucine-derived C$_5$ units）之中的一个有不同的结构起源]；③ 13-元大环二酯型 nemorensine 型；④ rosmarinine 型，其不同于 senecionine 型的地方是 C-1 或 C-2 的羟基有不同立体构型。

第 2 类型：非大环的单酯或双酯型 triangularine-type，其千里光酸为 C$_5$ 酸，通常为 angeloyl、tigloylsarracinoyl 或 senecioyl 结构，其下又继续细分为三个结构亚型：① triangularine group，千里光碱的羟基化位置为 C-7 和 C-9 位；② macrophylline group，千里光碱的羟基化位置为 C-2 和 C-9 位；③ senampeline group，其结构与二酯型的 triangularine group 相似，不同的是：千里光碱结构为乙酰化的千里光醇 acylpyrrol necines。

第 3 类型：11 元大环双酯结构的 monocrotaline-type（aucherine 和 othonnine），本类型在千里光族非常少见，此类结构为豆科 *Crotalaria* 属的典型特征结构。

第 4 类型：其他衍生自千里光碱的衍生物或其酯类化合物被归类为其他类型（miscellaneous PAs type）。

1 senecionine-type

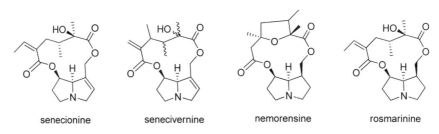

senecionine senecivernine nemorensine rosmarinine

2 triangularine-type

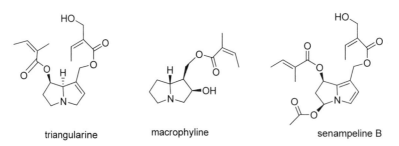

triangularine macrophyline senampeline B

3 monocrotaline-type **4 miscellaneous PAs**

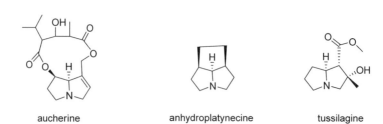

aucherine anhydroplatynecine tussilagine

2.3.1.2　生源合成途径

研究认为，PAs 化合物的千里光原碱（necine）部分的生源合成途径是：精氨酸 Arginine 通过脱羧等反应先形成丁二胺（putrescine），丁二胺再转化为精胺（spermidine）。随后，在高精胺合酶（Homospermine Synthase，HSS）的催化下进行丁二胺与精胺的缩合反应，生成高精胺（homospermidine）。最后，高精胺再环化形成相应的亚胺离子（iminium ion），以及再经还原、环化反应，最终生成 trachelanthamidine、retronecine 和 isoretronecanole 等类型的千里光原碱（necine）核心部分[121, 123]。合成途径见下。

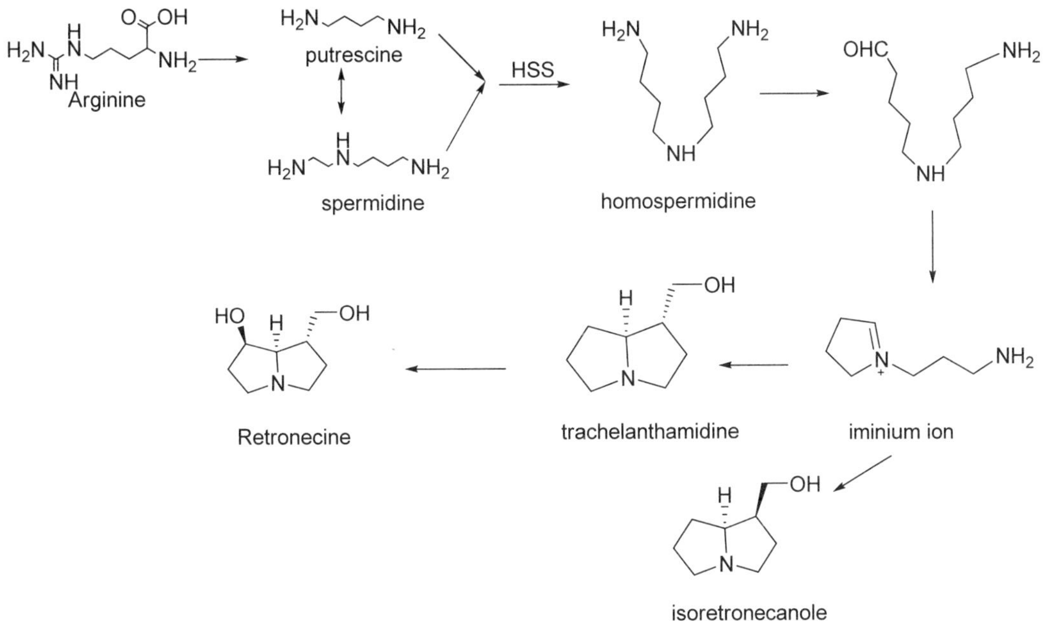

对于千里光酸的生源合成途径，研究认为是衍生自氨基酸，如 *L*-valine、*L*-leucine、*L*-isoleucine 和 L-threonin，它们形成单酯酸的 C_5 单元，如 angelic、tiglic 和 sarracinic acid，如 threonine 通过代谢生成 α-ketobutyric acid（也称为 2-oxobutanoic acid，丁酸-2-酮），其再与内源性丙酮酸 pyruvate 反应，生成异亮氨酸 isoleucine。而对于具 C_{10} 结构的二羧酸的千里光酸的合成途径则认为是由两个开链的单羧酸化合物的二聚化而生成。具体合成途径如下[123]：

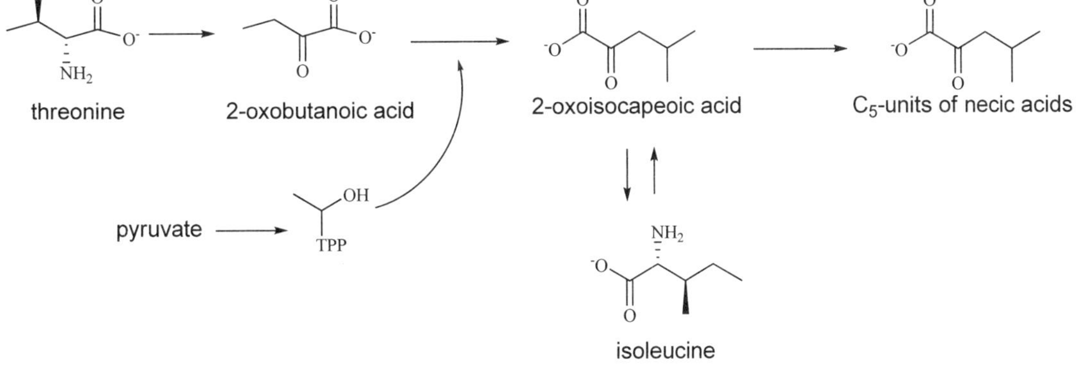

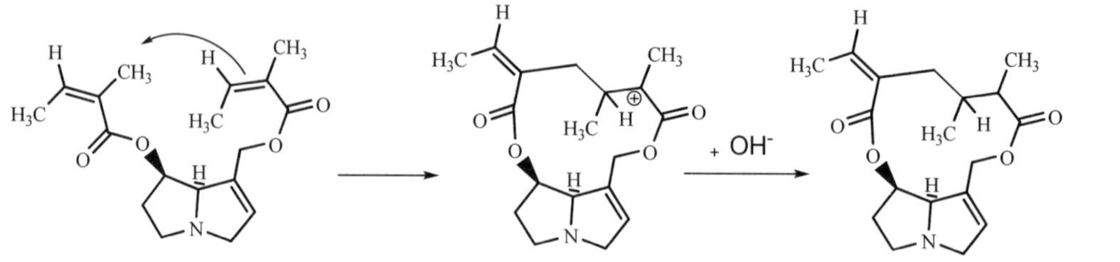

在菊科千里光族、泽兰族及菊苣族，以及豆科、紫草科等植物中鉴定出了生物合成千里光原碱（necine）部分的关键合成酶——高精氨酸合成酶（HSS）及相应的基因[125]。同时，HSS 酶的分离及生物化学性质鉴定研究揭示出这些不相关的科、属植物在基因复制中至少有 4 个独立的 HSS 起源。即除单子叶植物与豆科植物为单一起源外，在菊科植物中也有两个独立的单一基因复制起源，即一个是在泽兰族、一个在千里光族，以上的研究回答了 PAs 在维管束植物中高散点分布，以及结构各具特点的原因[125]。

由于 PAs 具有强烈的肝毒性，以及由此而来的对抗植食动物的防御活性，使千里光族与泽兰族植物的数量众多、分布广泛，如千里光族植物成为菊科最大的族（约 3100 种植物），而且全世界广泛分布；在我国西南，外来入侵物种紫茎泽兰 Ageratina adenophora 泛滥成灾。

2.3.2 其他生物碱

2.3.2.1 黄酮生物碱 flavoalkaloid

本类生物碱具有一个吡咯烷结构，且与苷元 chrysin 相连接。从 Artemisia herba-alba 和 A. campestris 的挥发油中分离的两个黄酮生物碱榕碱 ficine（77）和异榕碱 isoficin（78）[126]，它们最早是从 Ficus pantoniana 植物中分离得到的[127]，结构见下。目前，此类黄酮生物碱在自然界分布很狭窄，数量也很少。

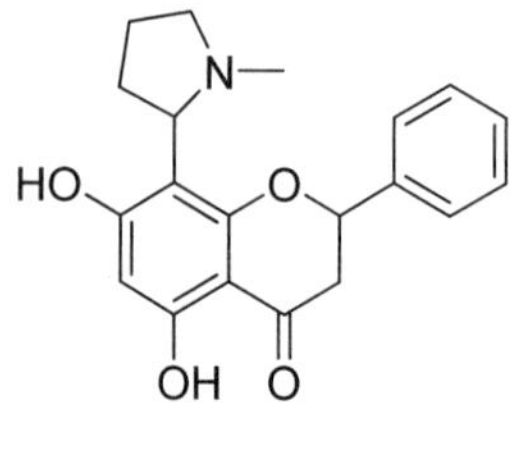

ficine (77) 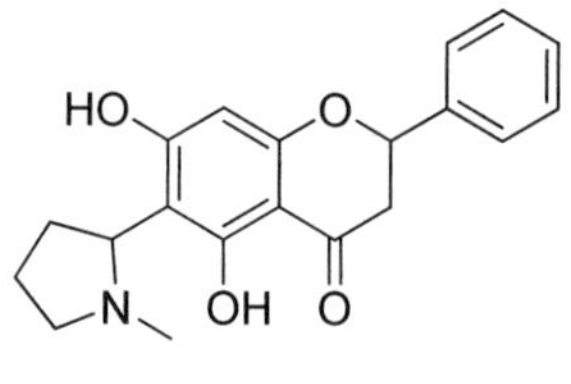　　　　isoficin (78)

推测的生源合成途径如下[127]：

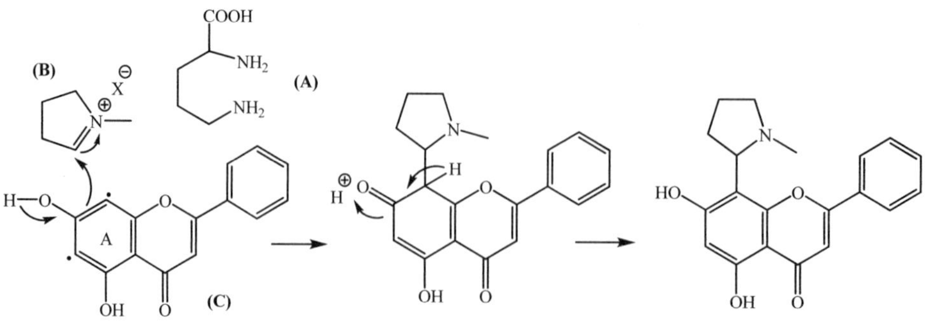

2.3.2.2 喹啉生物碱

喹啉生物碱是蓝刺头属植物的特征化学成分。该化合物具有一个喹啉结构，如从 *Echinops ritro* 植物中分离得到的喹啉生物碱 echinorine（79）。

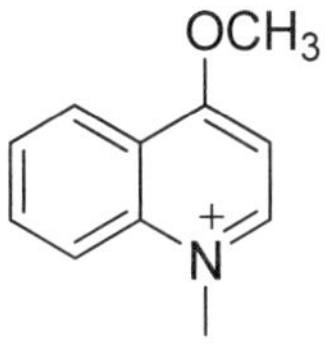

echinorine (**79**)

2.3.2.3 异喹啉生物碱

此类成分存在于飞廉属 *C. crispus* 植物之中，现仅分离得 5 个此类成分。它们根据结构特点还可分为两类：一是具有吡咯-[2,1-a]异喹啉骨架，另一个是具有胍基（guanidinyl group）的异喹啉骨架，它们的代表化合物分别是 crispine A（80）和 B（81），以及 crispine C（82）、D（83）和 E（84）[128]。

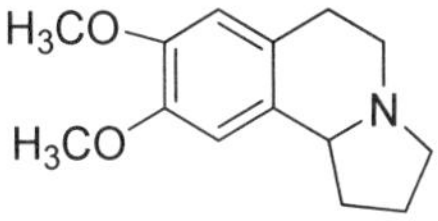

crispine A (**80**)

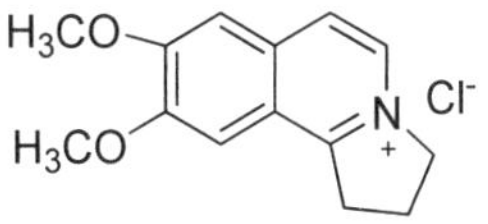

crispine B (**81**)

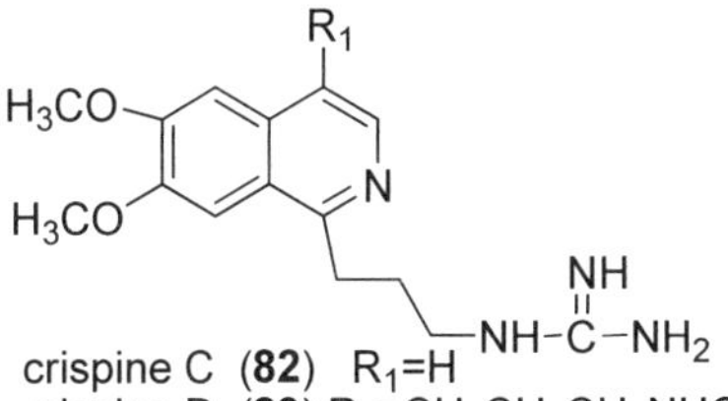

crispine C (**82**) R$_1$=H
crispine D (**83**) R$_1$=CH$_2$CH$_2$CH$_2$NHC(NH)NH$_2$

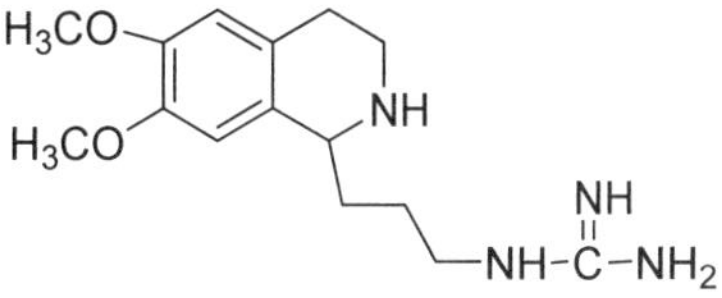

crispine E (**84**)

2.3.2.4 5-羟色胺衍生物

此类成分分布于菜蓟族红花属红花 *Carthamus Tinctorius* 植物种子之中，可从脱脂的种子中分离得到。本类成分是由 5-羟色胺与苯丙酸形成酰胺连接结构而成，如 *N*-[2-(5-hydroxy-1*H*-indol-3-yl)ethyl]ferulamide（85）[129]。

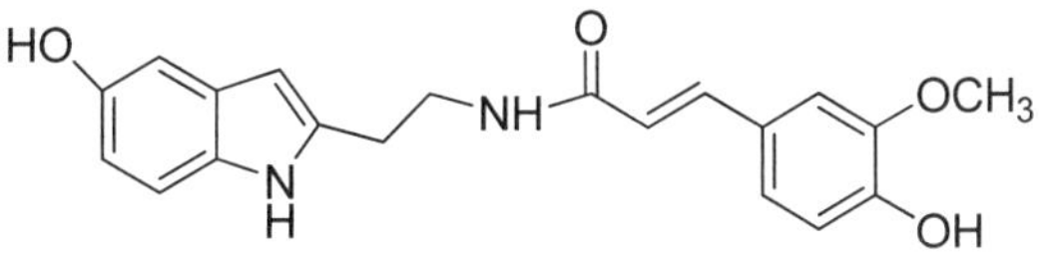

85

2.3.2.5 亚精胺衍生物（spermidine derivatives）

红花 *Carthamus tinctorius* 植物中含有此类成分，此类成分由亚精胺的三个氮原子与三个苯丙酸衍生物分子通过酰胺键连接而成，如 safflospermidine A（86）[130]。

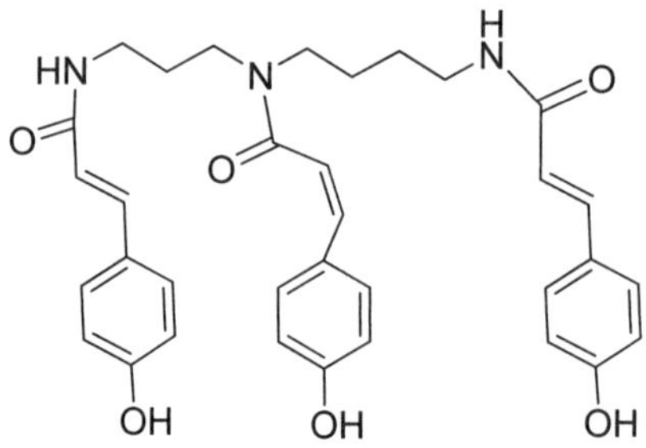

safflospermidine A (**86**)

2.4 聚炔化合物

聚炔化合物是指一类分子中含有两至多个炔基（三键）的化合物。据 2014 年的统计，已有超 1100 个此类或在生源上与此类相关的化合物从菊科植物中被分离鉴定。至今，聚炔化合物在植物界的 24 个科植物中被发现，而且其中主要存在于伞形科 Apiaceae、五加科 Araliaceae、菊科 Asteraceae、桔梗科 Campanulaceae、铁青树科 Olacaceae、海桐花科 Pittosporaceae 和檀香科 Santalaceae[131]。

聚炔化合物在自然界分布广泛，因其是由自然界中分布广泛的脂肪酸衍生而来的，它们不仅分布于植物中，而且还分布于苔藓、地衣、真菌、微生物、海洋藻类、软体动物、昆虫、青蛙，以及哺乳动物，包括人类[131]。

2.4.1 生源合成途径及其分类

本类的分类系统较多，主要是根据链的长度及成环的杂环的不同，将本类化合物分成以下四类：

（1）无环 C_{18}-C_{14} 聚炔化合物；
（2）无环 C_{13}-C_8 聚炔化合物；
（3）具有丙二烯结构的聚炔化合物；
（4）芳香及杂环聚炔化合物。

在这些组之中，又可再根据它们的结构特点再分为多个亚型，如噻吩聚炔（thiophenes）、二硫环己烷二烯聚炔[dithiacyclohexadienes (thiarubrines)]、硫醚聚炔（thioesters）、亚砜聚炔（sulfoxides）、砜聚炔（sulfones）、烷基酰胺（alkamides）、螺缩醛烯酮聚炔（spiroacetal enol esters）、呋喃聚炔（furans）、吡喃聚炔（pyrans）、四氢吡喃聚炔（tetrahydropyrans）、isocoumarols 和芳香聚炔（aromatic acetylenes）等。

但根据生源合成途径进行此类化合物的分类则更显简单与明了，其合成是以硬脂酸（stearic acid，C_{18}）为合成前体，在酶的作用下生成三个中间体（具一个双键），即 crepenynic acid、stearolic acid 和 tariric acid，它们的双键再进一步氧化、开环、脱水等反应，形成三键，即炔类化合物，其生源合成途径及其结构衍化如下[131, 132]。

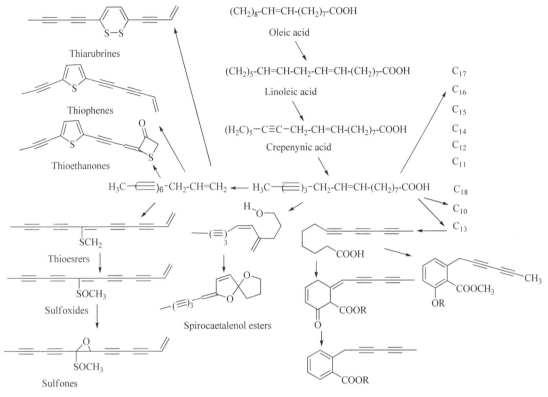

2.4.2　分类学意义

一些类型的聚炔化合物在菊科分布较广，但一些类型化合物则特征地分布于一些族或属之中。大规模筛选 524 属（占整个科植物属的 41%）9200 种菊科植物（占整个科植物种的 15%），揭示了聚炔化合物主要存在于向日葵族 Heliantheae、菜蓟属 Cynareae、紫菀族 Astereae 和春黄菊族 Anthemideae 之中，而且每个族中都有自己各自的结构特征，因此，这些聚炔化合物可作为分类标志物。

（1）在向日葵族 Heliantheae 中富含特征的噻吩化合物，但在春黄菊族 Anthemideae 与紫菀族 Astereae 植物不具有本类成分。另外，在向日葵族 Heliantheae 中还含有特征的噻吩化合物的前体化合物，如烯五炔（enepentayne）、二烯四炔（dienetetrayne）、烯四炔（enetetrayne）化合物。

（2）紫菀族 Astereae 植物不含含硫的硫酯、亚砜、砜类化合物。

（3）只有向日葵族 Heliantheae 与春黄菊族 Anthemideae 植物中含有胺类化合物（烷基酰

胺类，具体内容详见下一小节）。

（4）菊科中常见的聚炔化合物的脂肪链长度大多为 C_{10}-、C_{13}-、C_{14}-和 C_{17}-，而 C_{11}-、C_{12}-、C_{15}-和 C_{16}-聚炔化合物则限于一些族、属之中，如 C_{15}-和 C_{16}-聚炔化合物主要存在于蓟属 Cardueae（菜蓟族 Cynareae）、向日葵族 Heliantheae 和春黄菊族 Anthemideae 之中。另外，少于 10 个碳或大于 17 个碳的脂肪链聚炔化合物在菊科中很少有分布[131]。

在紫菀族 Astereae 与春黄菊族 Anthemideae 中同时存在 C_{10}-聚炔化合物的酯、内酯，及 C_{17}-聚炔化合物，说明了二者之间所具有的亲缘关系。

（5）五元环的 C_{12}-和六元环的 C_{13}-螺缩醛烯醇酯非常广泛地分布于春黄菊族 Anthemideae 植物中[131]。

（6）春黄菊族 Anthemideae 植物还含芳香聚炔化合物、胺类、含硫聚炔类成分、呋喃-和四氢吡喃炔类化合物等特征成分。而芳香聚炔类化合物还存在于菜蓟族 Cardueae 和向日葵族 Heliantheae 植物之中。

（7）含硫的聚炔化合物在菊科分布范围较宽，除春黄菊族之外，还存在于 Arctoteae、Cardueae、Heliantheae、Inuleae、Plucheeae 等族之中[131]，而且在帚菊木族 Mutisieae[133]中也有发现，如从 Chaetanthera chilensis (DC.) var. tenuifoliu 中分离的噻吩化合物 chaetantherol（87）。

第一个天然的噻吩化合物 α-Terthienyl（α-T）（88）是从万寿菊 Tagetes erecta 的花瓣中分离得到的。10 年后，又分离得到第二个噻吩化合物 5-(3-buten-1-ynyl)-2, 2-bithienyl（BBT）（89）。目前，大多数的噻吩化合物是从万寿菊属 Tagetes 植物中分离得到的。

chaetantherol (**87**)   α-Terthienyl (**88**)   5-(3-buten-1-ynyl)-2,2-bithienyl (BBT) (**89**)

研究发现，噻吩化合物 α-Terthienyl（α-T）和 5-(3-buten-1-ynyl)-2,2-bithienyl (BBT) 具有强烈的杀线虫作用，而且接下来的研究还显示，它们的杀线虫作用在白天或在 320～400 nm 紫外光下作用增强，而在黑夜则无活性，显示本类化合物具有光杀虫及对细菌、真菌及海藻的光化毒作用[131]。

（8）C_{13} 甲基硫醚、甲基亚砜、甲基砜聚炔化合物主要存在于向日葵族中的刺苞果属 Acanthospermum、金鸡菊属 Coreopsis、鳢肠属 Eclipta 和蟛蜞菊属 Wedelia 等属；堆心菊族 Helenieae 中的 Baileya、Dugaldia、Flaveria、Gaillardia 和堆心菊属 Helenium；旋覆花族 Inuleae 中的 Allagopappus、牛眼菊属 Buphthalmum 和旋覆花属 Inula。

（9）尤其值得注意的是，至今仍未从刺菊木亚科 Barnadesioideae 植物中发现聚炔化合物。

2.5　烷基酰胺类

烷基酰胺类包括烯型烷基酰胺与聚炔型烷基酰胺（olefinic and acetylenic alkamides）。烯型烷基酰胺类化合物是烷基链上不具有炔键，只有烯键的酰胺化合物；而炔型烷基酰胺类化合物是烷基链上不仅有炔键，可能还具有双键的酰胺化合物。

本类化合物由两部分组成，其烷基链酸部分由 C_{18} 油酸 oleic acid 衍生，链长度可加至 C_{28}，也可氧化缩短至 C_4 长度，而胺部分则由氨基酸脱羧衍生，多为 5-,6-元胺、异丁基环胺和苯丙胺，此又为菊科植物烷基酰胺的另一典型特征，而且，其中，2-甲基丁胺类烷基酰胺类化合物是春黄菊族区别向日葵族中的苯丙胺烷基酰胺化合物的重要特征[134]。

至今，从 8 个科的植物中分得超过 300 个本类型衍生物，即为 200 个酸结构及 23 个胺结构的组合。天然的烷基酰胺主要分布于菊科植物，尤其是春黄菊族与向日葵族，而且主要是从根和花头中分得，而在叶中很少。至 1996 年，从向日葵族植物近 100 个属约 500 种植物中分得约 250 个聚炔及相关化合物，然而，烯型烷基酰胺化合物仅从 5 个亚族 6 个属 13 种植物中分得，即 Ecliptinae (*Wedelia*)、Galinsoginae (*Acmella*)、Helianthinae (*Echinacea*)、Verbesininae (*Salmea*)、Zinnininae (*Heliopsis* 和 *Sanvitalia*)，而且在这些属中，并不是所有研究过的植物中都含烷基酰胺类成分[135]。如采用 HPLC 法，从 *Achillea inillefolium* 鉴定出 19 个本类成分，其中有 ecadienoic isobutylamid（90）、piperidide（91），及少量的 deca-2*E*,4*E*-dienoic tyramide（92）及其 O-methylated derivative (93)[136]。

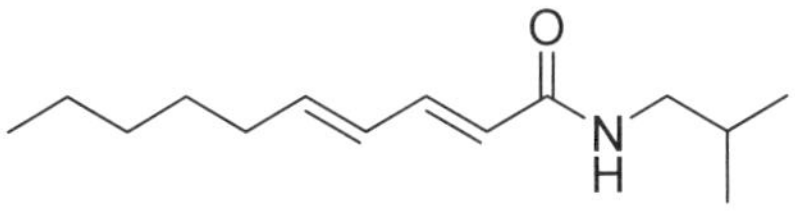

ecadienoic isobutylamid (**90**)

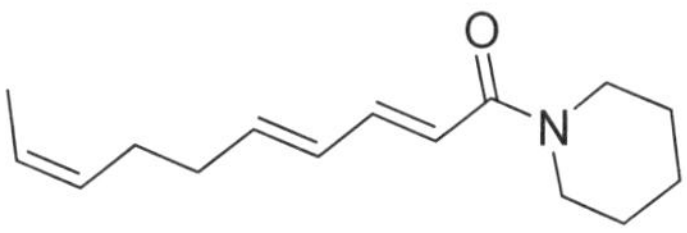

piperidide (**91**)

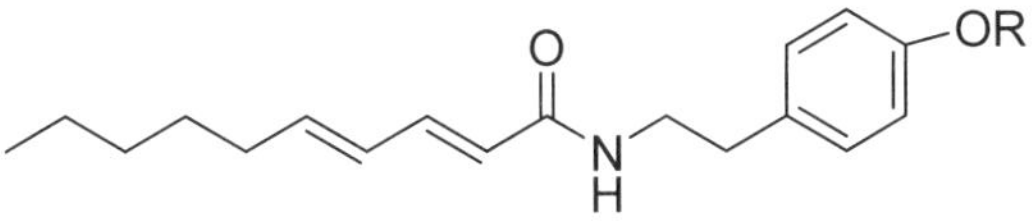

deca-2E,4E-dienoic tyramide (**92**) R=H
its O-methylated derivative (**93**) R=CH₃

2.6 酚酸类

菊科植物中普遍具有酚酸类成分，主要包括苯丙素类（咖啡酰基奎宁酸衍生物）、木脂素、香豆素、黄酮、二苯乙烯型化合物。这些化合物之中，黄酮、香豆素、苯丙素（咖啡酰基奎宁酸衍生物）等则为菊科普遍存在的酚类成分，而聚合化木脂素、二苯乙烯类等化合物则狭窄分布于一些菊科族属之中，因此，它们都具有一定的分类学意义，也可认为它们是一类新分化出来的成分类型，代表了植物的进化性。但是，由于酚类化合物的骨架固定，变化、衍化的余地不大，因此，它们的分类学意义不及骨架类型多变的萜类，尤其是倍半萜内酯类的分类学意义大。

2.6.1　苯丙素类及咖啡酸衍生物

苯丙素类成分在菊科广泛分布，包括在最原始的菊科刺菊木亚科 Barnadesioideae 植物中也有分布，如在 *Arnaldoa* 属（Asteraceae，Barnadesioideae）中含有丰富的咖啡酸 caffeic acid（94）、咖啡酰基奎宁酸、咖啡酰基酒石酸化合物等，其中的代表成分如绿原酸（chlorogenic acids，3-*O*-caffeoylquinicacid）（95）[137]。

菊苣族植物中较普遍存在咖啡酰基酒石酸衍生物（caffeoyl tartaric acid derivatives），如菊苣酸 chicoric acid（96）[138]。但此类成分并不是舌状花亚科菊苣族植物的专属，因为在管状花亚科的多个属中也有发现。

另外，在管状花亚科的多个属，如火绒草属、牛膝菊属中还发现咖啡酰基葡萄糖二酸衍生物，如火绒草属 *Leontopodium alpinum* 植物中含有的 leontopodic acid（97）[139]。

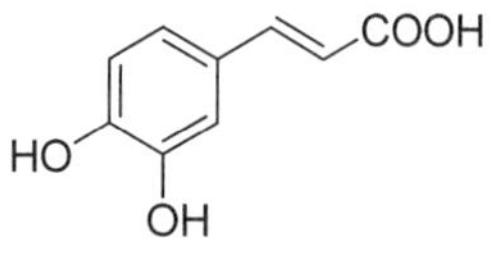

caffeic acid (**94**) 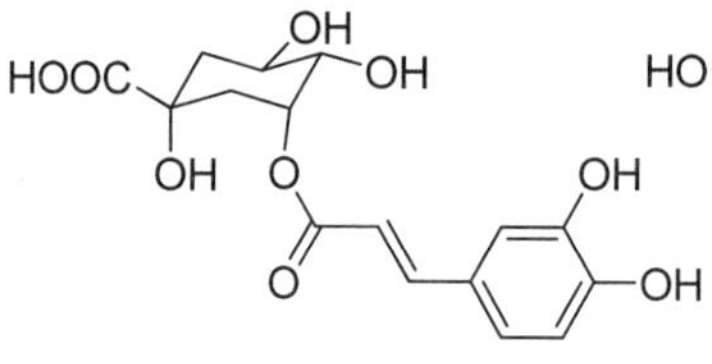　　3-O-Caffeoylquinicacid (**95**) 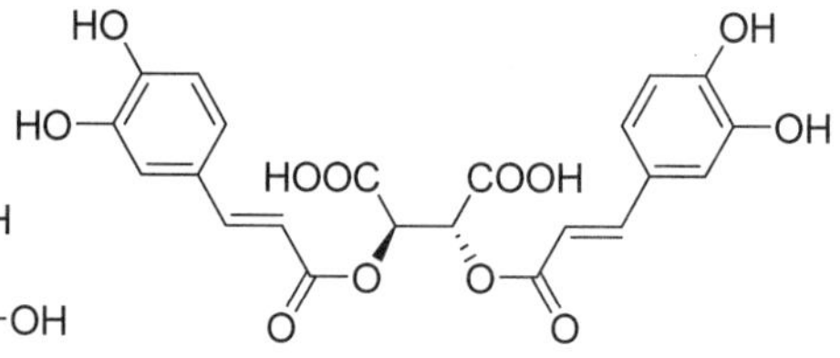　　chicoric acid (**96**)

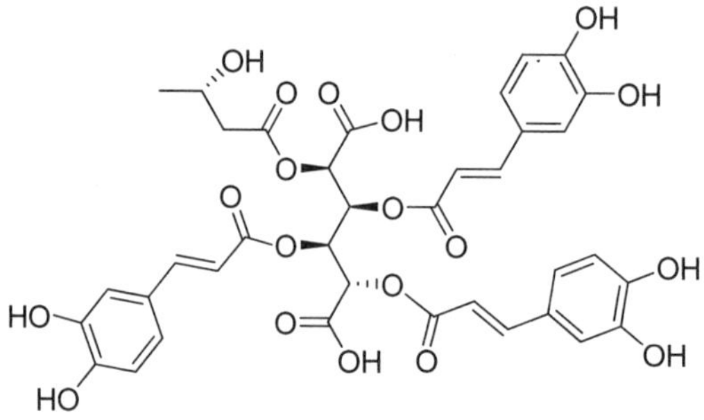

leontopodic acid (**97**)

2.6.2　香豆素

菊科植物中的香豆素有两种生物合成起源，即一类是起源于乙酸-丙二酸途径的 4-羟基-5-甲基香豆素成分，另一类则是起源于桂皮酸途径的香豆素，即 7-羟基苯骈吡喃酮（伞形花内酯）及其衍生物。

2.6.2.1　起源于桂皮酸途径的香豆素

起源于桂皮酸途径的香豆素，即 7-羟基苯骈吡喃酮（伞形花内酯）的衍生物。本类成分是一类原始的化学成分类群，因为最原始的刺菊木亚科 Barnadesioideae 植物中就含有一个最简单，也常被认为是香豆素母体成分伞形花内酯（umbelliferone）[4]，以及处于菊科基部地位的帚菊木族大丁草属植物中富含的 8-甲氧基补骨脂素[8-methoxypsoralen，（98）][140]。

另外，随植物的进化，香豆素类成分的结构也更加复杂与稀有，如在春黄菊族植物蒿属植物中含有的香豆素成分，(±)-Qinghaocoumarin A（99）和以醚键相连的香豆素-倍半萜醚聚合物 qinghaocoumarin B（100）[141]。

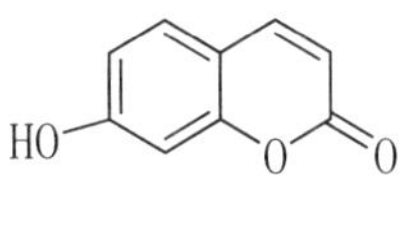

伞形花内酯 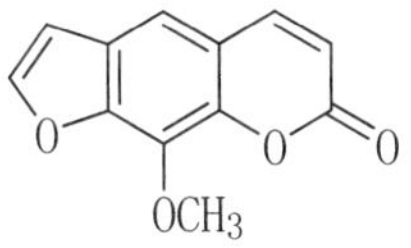　　　8-甲氧基补骨脂素（98） 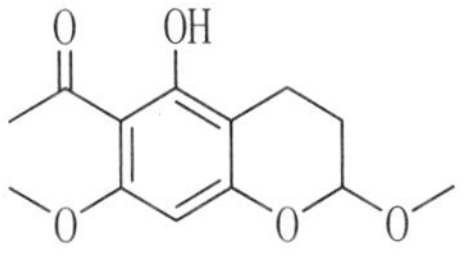　（±）-Qinghaocoumarin A（99）（±）-Qinghaocoumarin B（100）

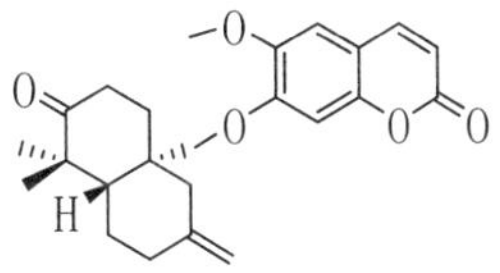

现代研究发现，香豆素类成分主要分布于芸香科 Rutaceae 与伞形科 Umbelliferae 等科，而且芸香科与伞形科植物中也含有与菊科相同的以 7-O-醚键相连的香豆素-倍半萜类化合物[142]，此为菊科与伞形科、芸香科有较近亲缘关系的化学证据之一。

2.6.2.2　倍半萜-香豆素醚二聚体

苯骈α-吡喃酮香豆素-倍半萜类化合物以醚键相连接为其结构特征。在菊科中，它们数量较少且分布狭窄，即主要是分布于菊科春黄菊族中的蓍属 *Achillea*、蒿属 *Artemisia*、菊蒿属 *Tanacetum* 、春黄菊属 *Anthemis (Asteraceae)*、黏周菊属 *Brocchia* 等植物之中，但在伞形科 Rutaceae 与芸香科 Rutaceae，尤其是在伞形科阿魏属 *Ferula* 中分布得最为广泛与丰富[142]。

从结构上看，菊科中的香豆素-倍半萜醚二聚体有两种类型：① 莨菪亭-倍半萜醚二聚体 scopoletin-derived sesquiterpene ethers，② 异嗪皮啶-倍半萜醚二聚体 isofraxidin-derived sesquiterpene ethers。

（1）scopoletin-derived sesquiterpene ethers，是由香豆素莨菪亭 scopoletin（7-hydroxy-6-methoxy-coumarin）与倍半萜[结构为开链的金合欢烯 open-chain farnesyl 或 bicyclic drimenyl（drimane 型倍半萜）]以醚键连接聚合的二聚体。本类型化合物在菊科中分布非常少，仅有几个化合物，如从蒿属 *Artemisia* 与蓍属 *Achillea* 中分得的 scopofarnol（101）和 scopodrimol（102），及从泽兰属 *Euphorbia portlandica* 植物中分得的 portlandin（103）[142]。

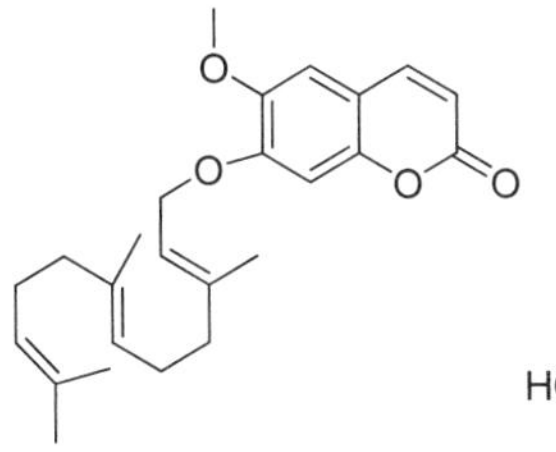

scopofarnol (**101**) 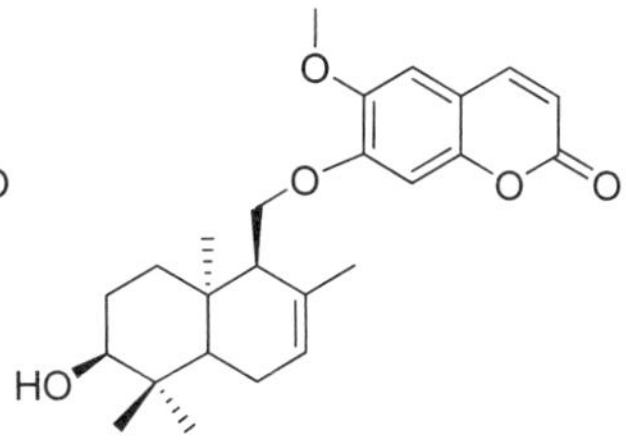　　　scopodrimol (**102**) 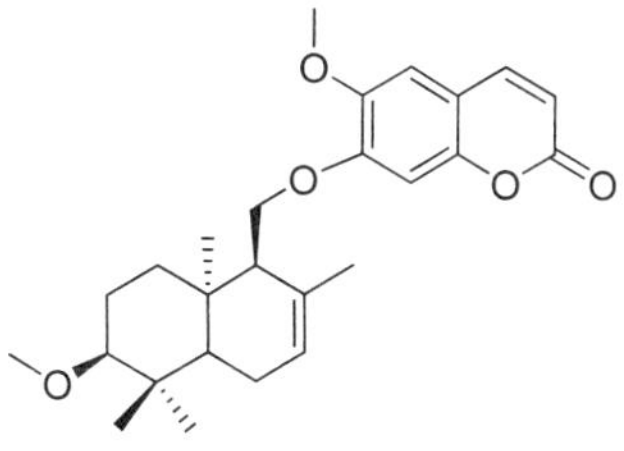　　　portlandin (**103**)

（2）isofraxidin-derived sesquiterpene ethers，本类型的香豆素结构均为异嗪皮啶 isofraxidin，而倍半萜结构则为开链的金合欢烯 open-chain farnesyl 或 bicyclic drimenyl 型倍半萜结构。本类型化合物主要分布于菊科春黄菊族，如蓍属 *Achillea* 与蒿属 *Artemisia*。如从蓍属 *Achillea* 与蒿属 *Artemisia* 植物中分得开链倍半萜-异嗪皮啶醚聚合物 farnochrol（104） （open-chain farnesyl-isofraxidin sesquiterpene ethers），而且本化合物被认为是 bicyclic drimenyl-isofraxidin sesquiterpene ethers 的生源合成前体[142]。如从 *Artemisia tripartita* 分得的双环倍半萜香豆素醚 tripartol（105）及其前体化合物 farnochrol（104）[143]。

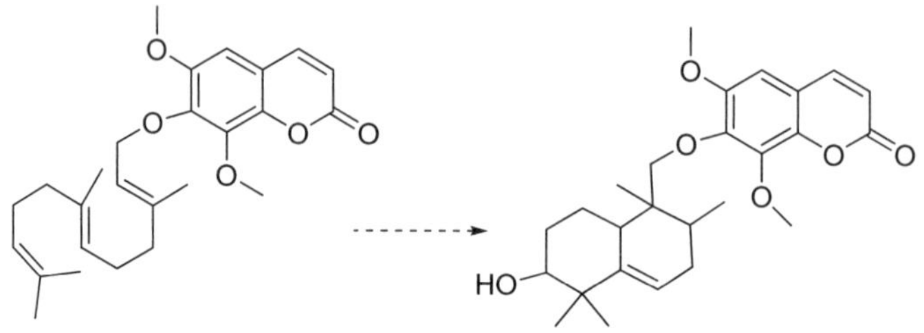

farnochrol (**104**)　　　　　　　tripartol (**105**)

2.6.2.3　起源于乙酸-丙二酸途径的 5-甲基-4-羟基香豆素聚酮衍生物及其杂萜类聚合物

本类化合物是指起源于乙酸-丙二酸途径的 5-甲基-4-羟基香豆素聚酮片段，与萜类（半萜、单萜、倍半萜）片段杂聚合、或与糖成苷、或与甲基成醚等而成的化合物，且因其全部分布于菊科的帚菊木族及斑鸠菊族的部分植物之中，因此，具有较高的分类学意义。

1．生源合成途径及结构特点

本类化合物的 5-甲基-4-羟基香豆素片段的生源合成途径为乙酸-丙二酸途径，此与来源于桂皮酸途径的香豆素（苯骈 α-吡喃酮衍生物）不同[144]，且其生源合成途径经同位素标记法与合成酶的分离及鉴定而得以确认，见下。

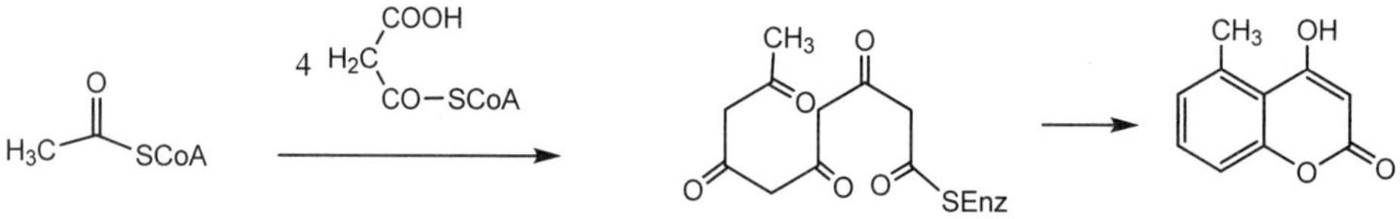

5-甲基-4-羟基香豆素

在自然界，大多数 4-羟基-5-甲基香豆素类成分较为特征地分布于菊科为数不多的几个属的植物之中，而且主要狭窄分布于帚菊木族 Mutisieae[145]和斑鸠菊族 Vernonieae[145]中的几个属之中，如大丁草属 *Gerbera*[146]、*Nassauvia* 属[147]，*Gypothamnium* 属与 *Plazia* 属[148]等植物。因此，从化学分类学的观点来看，4-羟基-5-甲基香豆素类成分在菊科，尤其在帚菊木族 Mutisieae 的化学分类学上具有重要意义。

在含 4-羟基-5-甲基香豆素苷化、醚化产物的菊科植物中还同时含有丰富的以 C—C 单键连接的 4-羟基-5-甲基香豆素-倍半萜、或 4-羟基-5-甲基香豆素-单萜、或 4-甲基-5-羟基香豆素-半萜的聚合化产物。不难理解该类杂聚体化合物连接位置是 4-羟基-5-甲基香豆素的 C-3 位，因此类化合物的 C-4 位羟基的供电子作用，而使 C-3 位的电子云密度增加（β-二羰基化合物，其负离子有较高的稳定性与亲核性），从而易与萜类片段发生相应的亲核取代反应，如从大丁草属毛大丁草 *Gerbera piloselloides* 植物中分离得到的 4-羟基-5-甲基香豆素-单萜二聚体化合物，如 piloselloidal（106）[149]。

另外，分子聚合后，又可再因 C-2 和 C-4 的酮式-烯醇式互变，可形成双齿的烯醇式 C-2 和 C-4 羟基，它们可再继续与萜类侧链环合，形成五元角型与线型的呋喃化合物或六元的角型和线型吡喃化合物，发生的合成途径可推导如下[142]。

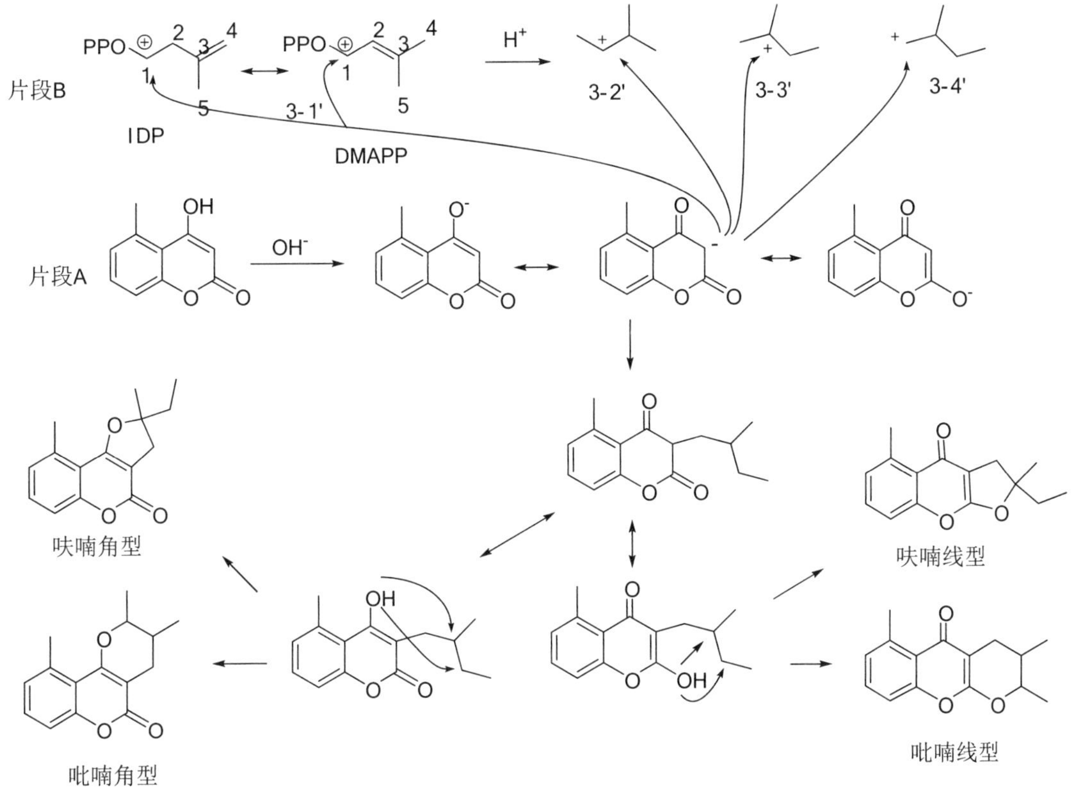

除以上的结构类型之外，结构衍化还可发生于 5-甲基-4-羟基香豆素聚酮片段和萜类片段，形成多种结构亚型的衍生物。除此之外，在大丁草属植物中还发现有双 C3-异戊烯基香豆素二聚体，如从大丁草属毛大丁草 *Gerbera piloselloides* 中分离得到的 dibothrioclinin I（107）[150]。

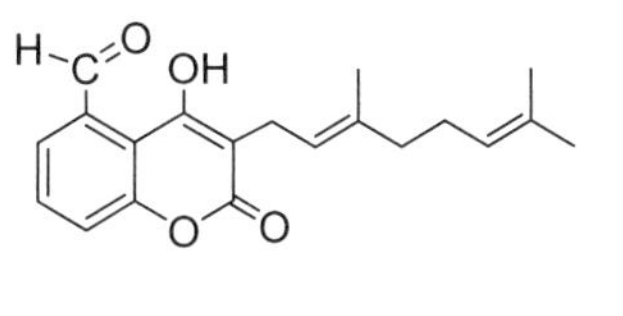

piloselloidal (**106**)

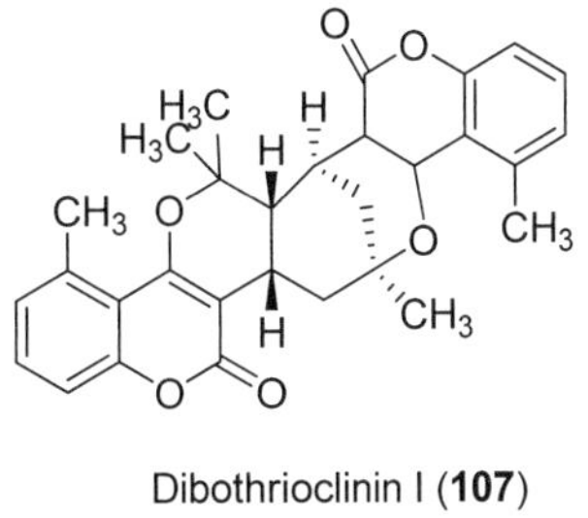

Dibothrioclinin I (**107**)

2. 分类学意义

因本类香豆素聚酮衍生物狭窄分布于部分的帚菊木族 Mutisieae 与斑鸠菊族 Vernonieae 植物中，因此，本类成为了研究菊科起源、进化与分类的一个重要标志物。

从聚酮片段来看，绝大多数的本类成分的聚酮片段均为 5-甲基-4-羟基香豆素结构，然而，在斑鸠菊族 Vernonieae 下的 *Bothriocline* 属植物之中却含有 5-乙基-4-羟基聚酮杂萜化合物，但它们的萜类片段为较原始的半萜或单萜链状结构。

从萜类片段来看，菊科斑鸠菊族植物与帚菊木族植物中分布的本类杂萜成分大多为聚酮香豆素-半萜或单萜杂萜，而香豆素聚酮倍半萜杂萜类成分则分布较为狭窄，即只分布于帚菊木族的一些属植物之中，如 *Aphyllocladus*、*Lycoseris*、*Gypothamnium*、*Plazia*、*Mutisia*、*Nassauvia*、*Triptilion* 等属。

由于本类成分中的萜类片段不仅有半萜、单萜与倍半萜之别，而且它们的生源合成途径也不相同，因此，结合倍半萜类成分是菊科植物最典型、也是最具分类学意义的成分来分析，含有 5-甲基-4-羟基香豆素聚酮衍生物的菊科植物只能说明它们之间所具有的亲缘关系，以及它们的原始性。或者说，若要比较分析它们之间的进化性，则应从植物中所含的倍半萜类成分的进化性（不应是比较香豆素聚酮杂萜结构中的萜类片段的进化性）来比较，如：虽然帚菊木族中的兔儿风属 *Ainsliaea* 与大丁草属 *Gerbera* 植物中都含有香豆素聚酮杂萜，但兔儿风属 *Ainsliaea* 植物中含有丰富的倍半萜内酯类成分，而大丁草属植物中稀含倍半萜类成分，因此，通过它们二者都具有本类成分及倍半萜丰富程度不同的情况来分析，可确认它们两者之间具有一定的亲缘关系，但兔儿风属 *Ainsliaea* 植物比大丁草属 *Gerbera* 植物更为进化。

2.6.3　木脂素

本类成分在菊科分布较为广泛，但倍半木指素 sesquilignans 与二木脂素 dilignans 则分布较为狭窄，为一些菜蓟族植物种子，如牛蒡属 *Arctium* 的特征性成分。

倍半木指素 sesquilignans 与二木脂素 dilignans 分别由三或四个苯丙素（苯丙醇或苯丙酸）通过侧链 C-8-C-8′相互连接而成，而且大多形成一个二苄基丁内酯结构，即如从牛蒡 *Arctium lappa* 中分离得到的倍半木脂素 lappaol A（108）、B、C（109）、D、E，以及二木脂素 lappaol F 和 H（110）[151]。

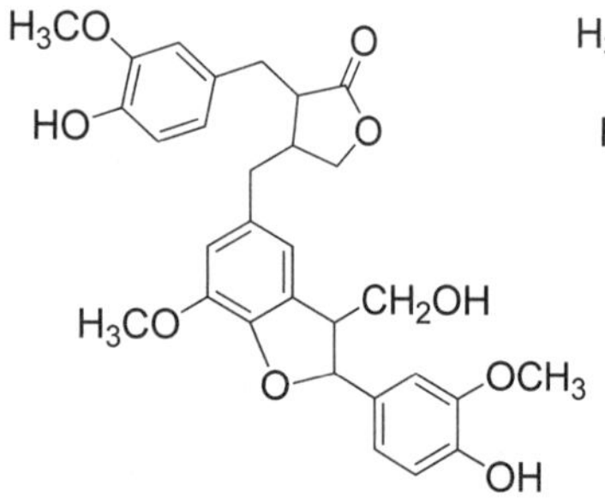

lappaol A (**108**) 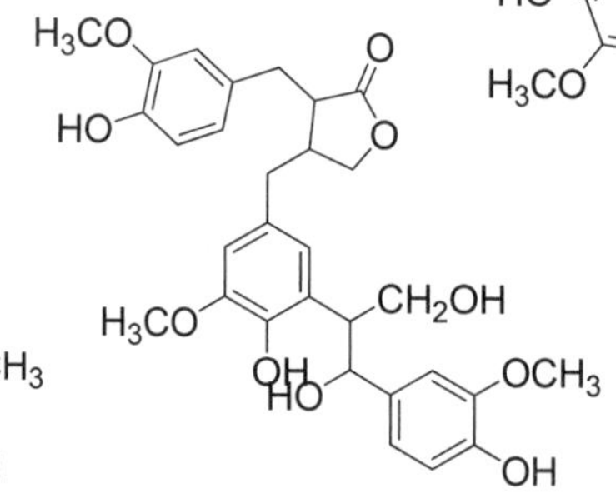　　lappaol C (**109**) 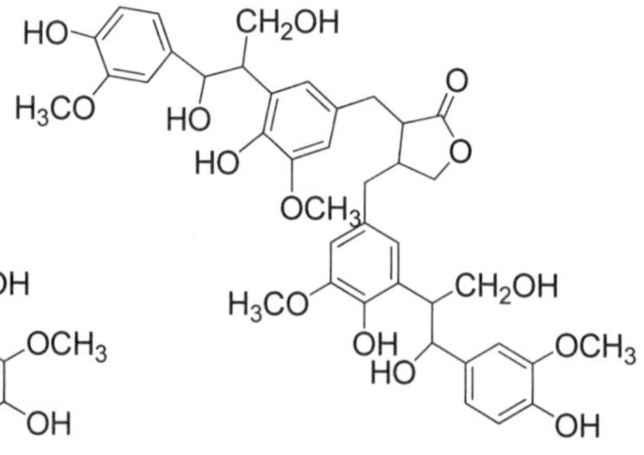　　lappaol H (**110**)

2.6.4　黄酮化合物

2.6.4.1　黄酮化合物在菊科中的特点

黄酮化合物是菊科植物中分布普遍的成分。据 2001 年的统计，从菊科植物的 4700 个种中分得的黄酮化合物超 800 个，而且通过计算机辅助统计方法，认为它们的结构类型及氧化方式具有族或亚族的分类学意义，即黄酮化合物在菊科中显示出以下特点[152]：

（1）菊科植物以代谢产生某一类型为主的黄酮化合物。

（2）菊科某一族（或亚族、属）中黄酮/黄酮醇化合物的数量比例，显示出菊科的进化趋势。如现代分子分类学认为处于基部族地位的刺菊木亚科 Barnadesioideae 中分离得的黄酮化合物为二氢黄酮、黄酮醇及其苷类成分，但缺乏黄酮化合物，即其黄酮醇比例高，因此其进化较原始，同时，此亚科植物进化较低的结论也以其植物中仅含少量的 1-flavanone、2-aurones 相匹配[4]。

（3）与菊科进化较低的刺菊木亚科 Barnadesioideae、飞廉亚科 Carduoideae 和菊苣亚科 Cichorioideae 比较，在管状花亚科[Asteroideae (sensu Bremer)]中的黄酮化合物有较大的结构变化，即有结构多样的黄酮化合物的族是菊科管状花亚科中的春黄菊族 Anthemideae、向日葵族 Helantheae、堆心菊族 Helenieae 和泽兰族 Eupatorieae。但是在管状花亚科植物中的一些族却不将黄酮化合物作为特征，如 Plucheae、金盏花族 Calenduleae 和千里光族 Senecioneae。

（4）含高度甲醚化的黄酮化合物的是管状花亚科的泽兰族 Eupatorieae、春黄菊族 Anthemideae、旋覆花族 Inuleae、Plucheae 和紫菀族 Astereae；中等甲醚化黄酮的族是堆心菊族 Helenieae、向日葵族 Heliantheae、火绒草族 Gnaphalieae、蓟属 Cardueae、黄安菊族 Liabeae 和千里光族 Senecioneae；不同的是，菊苣族是一个具高度糖苷化，而少量甲醚化的黄酮特征，因此，其在传统的分类法中将其作为一个亚科的处理方法有其合理性。

（5）菊科所有族的黄酮均显示出以 A 环 6-位氧代为主的模式，其代替了原始性的 8-氧代模式，显示出菊科植物的进化性。

2.6.4.2 菊科植物中发现的黄酮类化合物类型

至今，从菊科植物中发现的黄酮类化合物有：黄酮、黄酮醇、二氢黄酮、二氢黄酮醇、查耳酮、二氢查耳酮、异黄酮、aurone 及花色素等。一些少见的黄酮类型如下：

1. 查耳酮

从帚菊木族 mutisieae 中的 *pleiotaxis* 属[153]发现异戊烯基化的查耳酮类化合物 2',4',6'-trihydroxy-3'-C-prenyl chalcone（111）；从向日葵族植物 *Coreopsis lanceolata* 中分得的查耳酮化合物 3,2'-dihydroxy-4,3'-dimethoxychalcone-4'-glucoside（112）[154]。

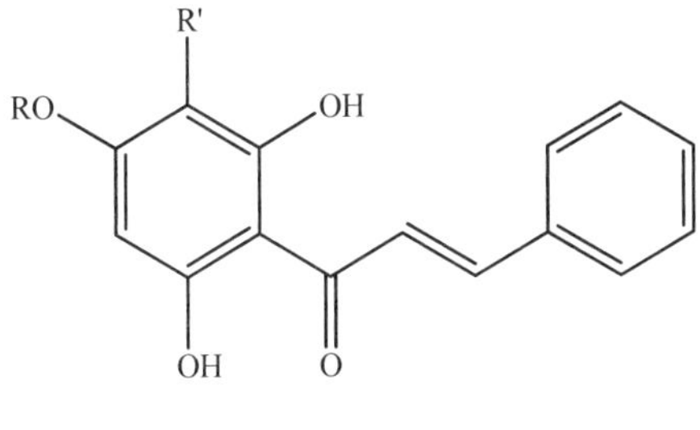

111　R=H　R'= prenyl

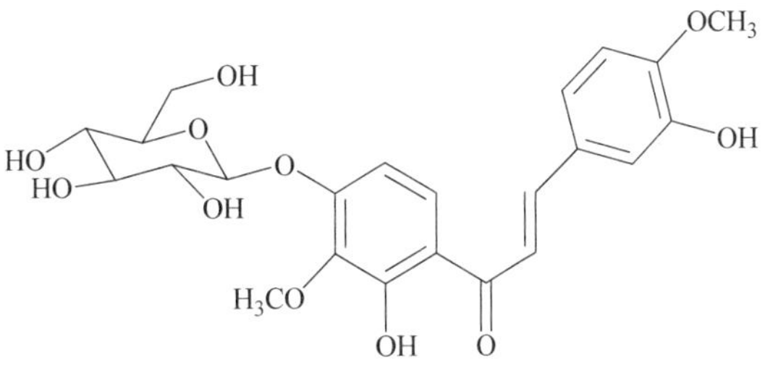

112

2. 二氢黄酮

如从 *Blumea balsamifera* 中分离得到的二氢黄酮醇化合物 (2R,3R)-7,5'-dimethoxy-3,5,2'-trihydroxyflavanone（113）[155]。

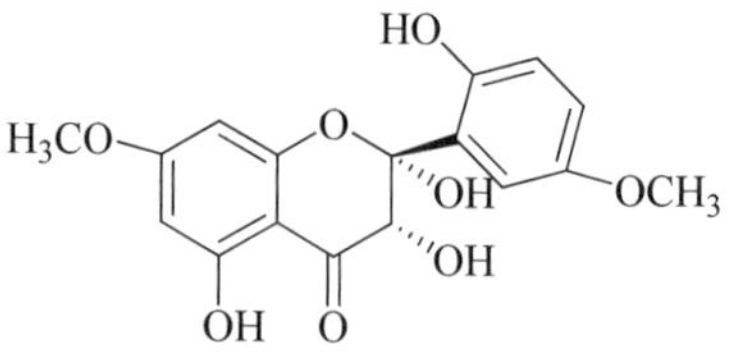

113

3. 异黄酮

异黄酮在菊科分布很少，仅有几个异黄酮的分离报道。如从褐毛垂头菊 *Cremanthodium brunneo-pilosum* 中分离得到的鸢尾苷 tectoridin（114）[156]。从骡耳菊属 *Wyethia mollis* 植物中分离得到的异黄酮 santal（5,3',4'-trihydroxy-7- methoxyisoflavone)（115）[157]。

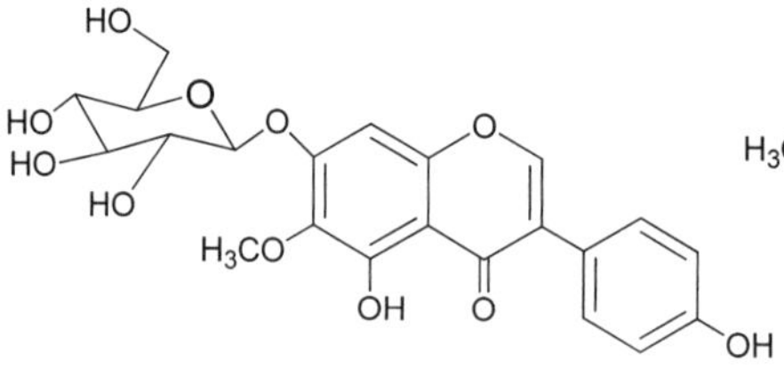

tectoridin (**114**)

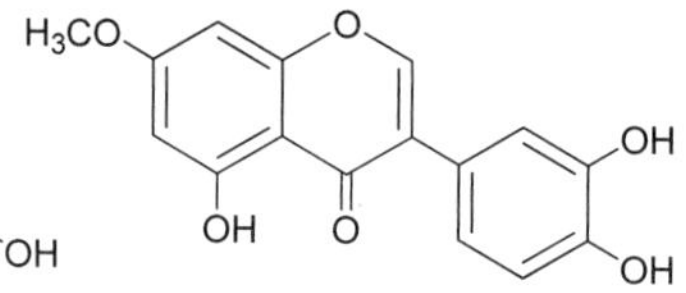

santal (**115**)

4. 花色素

鉴于菊科植物花的颜色多样，因此，花色素类化合物在菊科植物中分布较广。但现在发现的花色素类成分很少，这可能是因为此类成分的极性较大，分离与鉴定较为困难。从菊科植物 *Erlangea tomentosa* 中分离得花色素 erlangidin（第一个天然的 C-3 位甲氧基花色素）的衍生物 erlangidin-5-O-(4"-(E-caffeoyl)-6"-(malonyl)-β-glucopyranoside)-3'-O-(6'''-(3''-(β-glucopyranosyl) -E-caffeoyl)-β-glucopyranoside)（116）[158]。

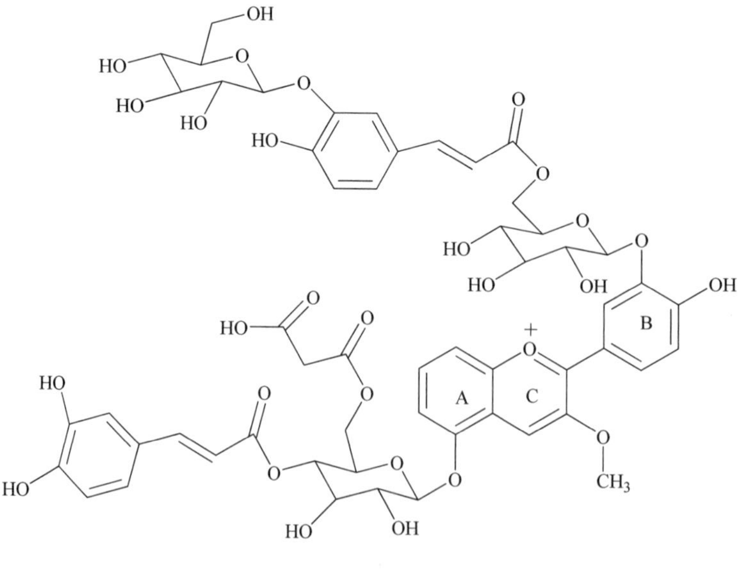

116

花色素原 protocyanin 是矢车菊 Centaurea cyanus 蓝色花的蓝色色素，研究证实它是一类混合物，由：花色素 cyanidin 3-O-(6-O-succinylglucoside)-5-O-glucoside、黄酮 apigenin-7-O-glucuronide-4′-O-(6-O-malonylglucoside)，以及 Fe、Mg 和 Ca 离子组成的复合物，它们的物质的量之比为 6∶6∶1∶2∶3[159]。

5. 黄酮木脂素

菊科植物中含有一类黄酮木脂素二聚体水飞蓟素 silybin，它是于 1959 年第一个从菊科植物水飞蓟 Silybum marianum 的种子中分离得到的此类化合物。但由于此类成分结构类似，且多为同分异构体，具有多个手性中心，因此，分离得到的此类黄酮木脂素是一个混合物，需要手性拆分才能得到光学纯的化合物。

工业化提取的黄酮木脂素提取物称作 "silymarin"，它主要含有 silybin A（117）、silybin B（118）、taxifolin、isosilybin A（119）、isosilybin B（120）、silychristin A 和 silydianin。除此之外，在水飞蓟白花变种 white-flowering variety of S. marianum 植物中还分离得到水飞蓟素的结构类似物，如 silandrin、isosilandrin、silymonin、silyamandin[160]，它们的部分结构见下。

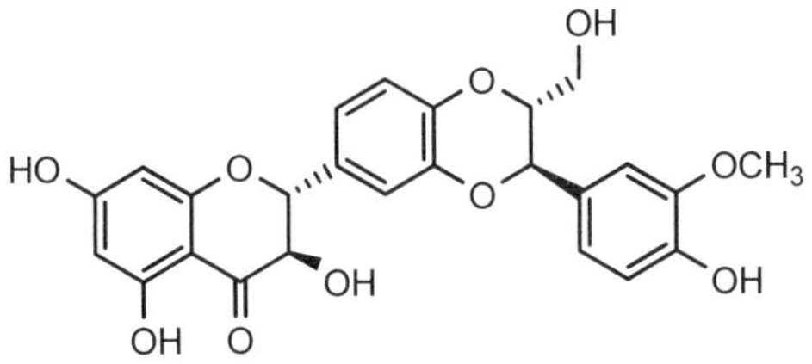

silybin A (117)

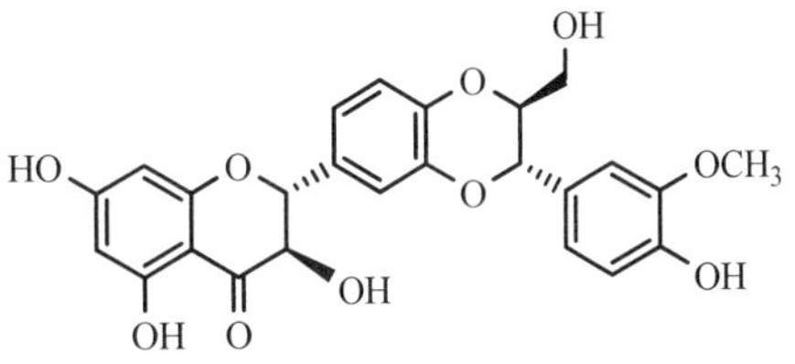

silybin B (118)

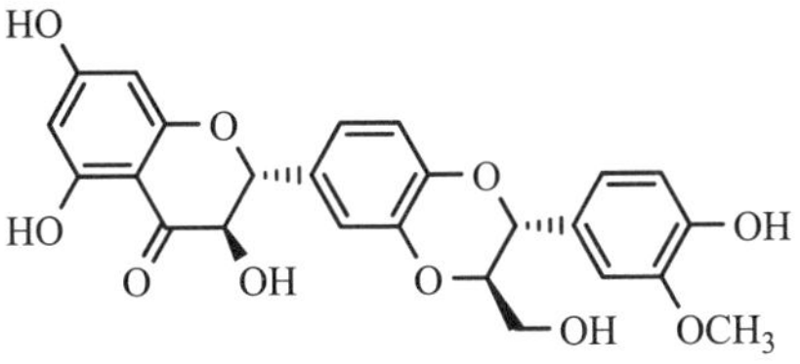

isosilybin A (119)

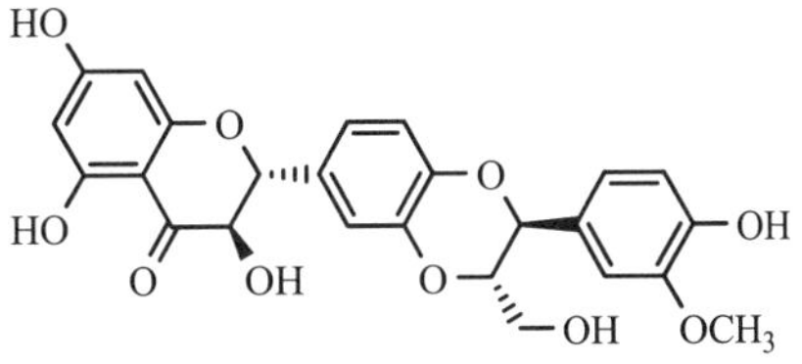

isosilybin B (120)

除在水飞蓟 Silybum marianum 植物中发现水飞蓟素之外，在天名精属贵州天名精 Carpesium faberi 植物中还发现此化合物[101]，提示黄酮木脂素类化合物在菊科可能有一定的分布，但因分离困难的缘故，现发现含有此类成分的菊科植物还很少。除菊科植物之外，黄酮木脂素在燕麦 Avena sativa、亚马逊森林植物 Hymenea palustris、苞茅属 Hyparrhenia hirta 植物、大风子属 Hydnocarpus wightiana 植物中也有分布[160]。

6. 醌式查耳酮 Quinochalcones

此类成分只存在于红花植物中。此类结构的特点是分子中具有一个 C-糖苷化的环己酮二烯醇结构片段，代表性的化合物 hydroxysafflor yellow A（121），它是一个酮-烯醇式互变的混合物，因此，此类化合物可能都是类似结构的混合物[161]。

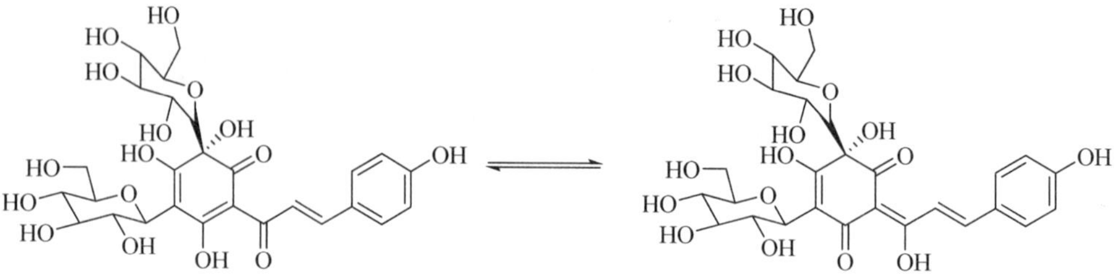

hydroxysafflor yellow A (**121**)

从生源上看，本类化合物应是查耳酮与糖的亲核取代产物，因此，推测它们的生源合成途径如下[162]：

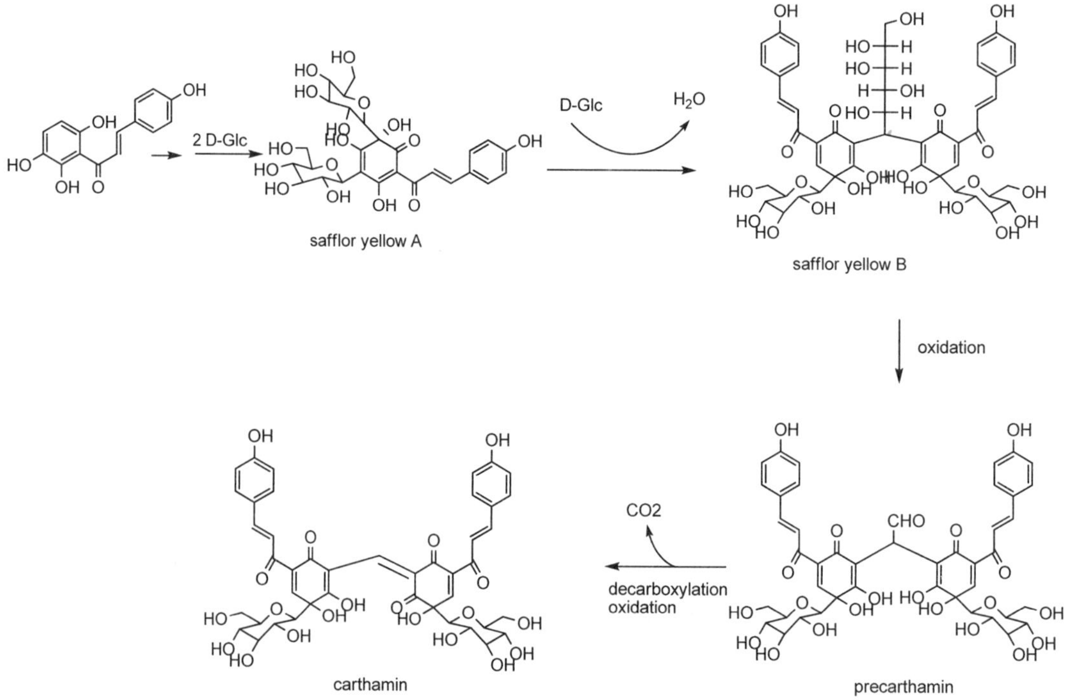

2.6.5 苯骈呋喃与苯骈吡喃衍生物

苯骈呋喃与苯骈吡喃衍生物在菊科植物中分布也较为广泛，如分布于帚菊木族大丁草属[163]、向日葵族中的扁果菊属 *Encelia*、沙向日葵属 *Geraea*，以及光线菊属 *Enceliopsis*[164]。另外，苯基吡喃衍生物根据 C-3/C-4 是否含有双键，又可分为：色烷 chromanes 和色烯衍生物 chromenes，此类成分在泽兰族也有较大量的分布，如 precocene Ⅰ和Ⅱ（122-123），泽兰素 euparin（124）。

从生源上来看，本类成分应是异戊烯基与苯环发生亲电取代反应后，再环化，分别形成五元环的苯骈呋喃及六元环的苯骈吡喃化合物。

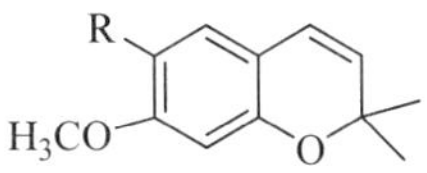

precocene I **(122)**　　R=H
precocene II **(123)**　　R=OCH₃

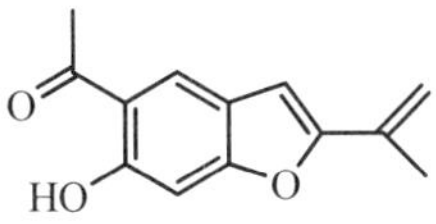

euparin **(124)**

2.6.6　二苯乙烯型化合物

本类成分为雅葱属 *Scorzonera* 及婆罗门参属 *Tragopogon* 的特征性成分。根据结构的不同特点，又可分为多个结构亚型，如简单二苯乙基型 bibenzyls、苯基呋喃型 tyrolobibenzyls、苯酞型 phthalides、二氢异香豆素型 dihydroisocoumarins 及二聚的二氢异香豆素型 dimeric dihydroisocoumarin。

如从 *Scorzonera humilis* 中分得一个二苯乙烯苯基呋喃型 tyrolobibenzyls 化合物 tyrolobibenzyl D(125)[165]；从 *Scorzonera aucheriana* 中分得二氢异香豆素化合物 iso-scorzopygmaecoside（126）[166]；从 *Scorzonera tomentosa* 中还分得简单二苯乙基型 bibenzyls 化合物 scorzoerzincanin（127）、苯酞型 phthalides 化合物(±)-scorzophthalide（128）[167]。

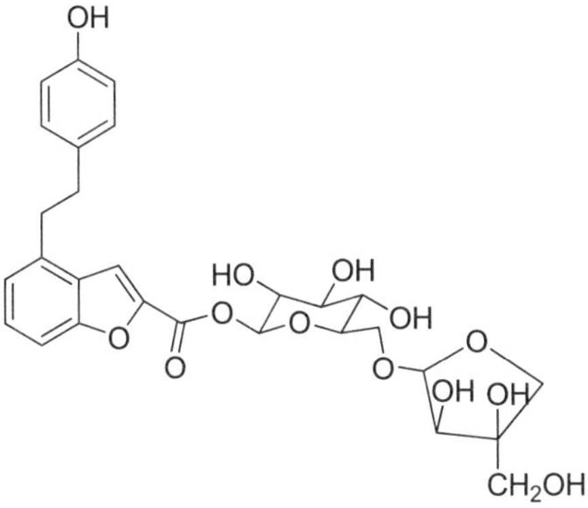

tyrolobibenzyl D **(125)**

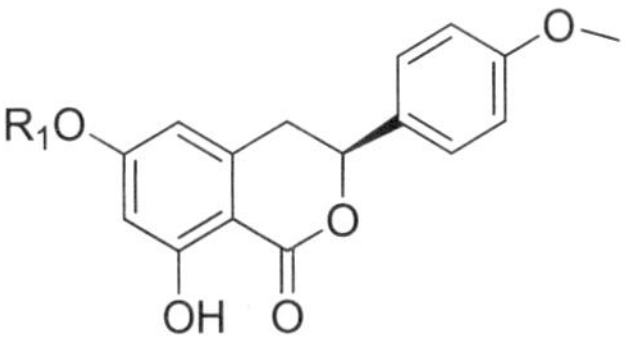

R₁=O-β - D-glucipyranisyl-(6→)-O-β -D-apiofuranoside

iso-scorzopygmaecoside **(126)**

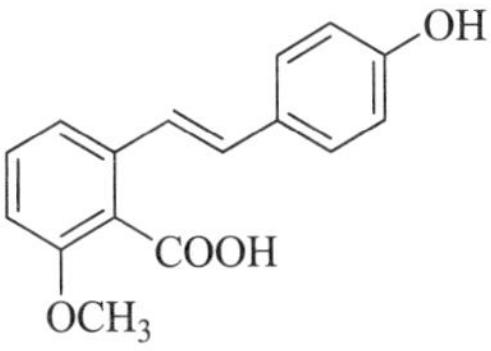

scorzoerzincanin（**127**）

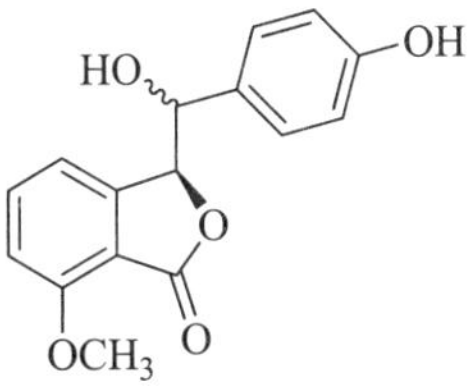

（±）-scorzophthalide（**128**）

2.7　杂环化合物

2.7.1　呋喃甲醛衍生物

呋喃甲醛化合物首次从蓟属 *Cirsium chiorolepis* 植物的根中发现，即仅分离得 4 个呋喃化合物，5-hydroxymethyl-2-furancarboxaldehyde（129）、5-methoxymethyl-2-furan-carboxaldehyde（130）、cirsiumaldehyde（131）和 cirsiumoside（132）[168]，它们的结构可看作是呋喃-2,5-二甲醛的衍生物。

其他还有从茼蒿属中分得此类成分的报道。

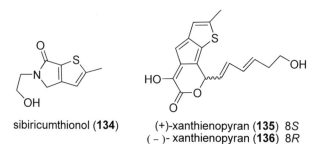

129　　**130**　　cirsiumaldehyde (**131**)　　cirsiumoside (**132**)

2.7.2　噻嗪二酮化合物 Thiazinedione

在菊科向日葵族苍耳属植物中含有一类噻嗪二酮化合物，其分布狭窄，现仅从苍耳属 *Xanthium* 中发现有此类成分。第一个此类成分 xanthiazone（133）[169]的结构如下。

xanthiazone (**133**)

2.7.3　噻吩衍生物

从苍耳属 *Xanthium sibiricum* 的种子（苍耳子）中分得噻吩类化合物，如 sibiricumthionol（134）和一对对映异构体(+)-xanthienopyran（135）、（－）- xanthienopyran（136）[170]。

sibiricumthionol (**134**)　　(+)-xanthienopyran (**135**) 8*S*
(－)- xanthienopyran (**136**) 8*R*

2.8　脂肪酸

菊科一些种，如向日葵 sunflower、红花 safflower、小葵子 niger seed 的种子含丰富的脂肪酸，是有名的油料植物。另外，一些属的植物，如 *Dimorphotheca*、金盏花属 *Calendula*、斑鸠菊属 *Vernonia*、还阳参属 *Crepis*、琉璃菊属 *Stokesia* 能代谢一系列的不饱和脂肪酸。

不饱和脂肪酸在植物界分布较为广泛，但也存在一些结构专属性，如 Δ^5 *trans*-isomers 存在于 *Thalictrum* 和 *Aquilegia* 属（毛茛科 Ranunculaceae）和 *Teucrium* 属（唇形科 Lamiaceae）；18：3Δ^{16} *trans*-isomer 存在于 *Lamium* 属（唇形科 Lamiaceae）；Δ^3 *trans*-isomers 存于菊科的

Calea、*Arctium*、*Aster*、*Helenium*、*Grindelia*、*Stenachaenium* 和 *Callistephus* 属；而在 *Tecoma* 属（紫葳科 Bignoniaceae）中存在的脂肪酸是 18∶4Δ^3 *trans*,^{9}*cis*,^{12}*cis*,^{15}*cis* 结构，因此，有研究认为反式脂肪酸的结构具有分类学的意义[171]。

但是，在菊科一些属植物种子中却含有大量的顺式不饱和脂肪酸，如向日葵种子中含有丰富的顺式不饱和脂肪酸，亚油酸 linoleic acid（55%～70%）（137）和油酸 oleic acid（20%～25%）（138）；在斑鸠菊属植物种子中主含脂肪酸 vernolic acid（可占种子油含量的70%～75%）（139），其结构为 12,13-epoxy-*cis*-9-octadecenoic acid（12,13-环氧-十八碳-9-顺-烯酸），因此，可认为它是亚油酸的氧化物。另外，现在研究也发现在一些菊科属中也含有 vernolic acid，如 *Centratherum ritchiei* 植物种子[172]。

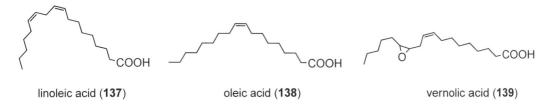

linoleic acid (**137**)　　oleic acid (**138**)　　vernolic acid (**139**)

2.9　菊　糖

菊科植物中普遍存在一类初生代谢产物——菊糖，也称为菊淀粉。它代替了一般植物具有的营养贮藏形式——淀粉，因此，一般认为其具有较高的分类学意义，是菊科植物的一个分类标志物。

菊科中所含的菊糖，又称为菊糖型（Inulin）果聚糖，是一种线型结构分子。基本结构是一个蔗糖分子，再由其上的果糖基与数量不等的果糖基通过 β（2→1）-位糖苷键联结而成。其聚合度为 1～50 甚至以上。聚合度为1的三糖苷，称为异蔗果三糖（isokestose）或 1-蔗果三糖（1-kestose），而聚合度高的就称为菊糖或菊淀粉（inulin，140），其结构见下。

n=1～50　　Inulin (**140**)

2.9.1　生源合成途径

现代的研究认为菊糖的合成是在细胞液泡内进行,其生源途径是:首先,蔗糖既作为供体,也作为底物,在蔗糖-蔗糖果糖基转移酶(sucrose-sucrose fructosyltransferase,1-SST)的催化下,生成 1-蔗果三糖(1-kestose)。接下来,在一个链增长酶,果糖-果糖果糖基转移酶(fructan-fructan fructosyltransferase,1-FFT)的作用下,转移一个果糖残基到 1-蔗果三糖上的果糖基的 1 位上,形成 β(2→1)-连接的寡糖,最终经过多次的 1-FFT 的酶催化反应,最后生成菊糖 Inulin[173]。其合成途径见下。

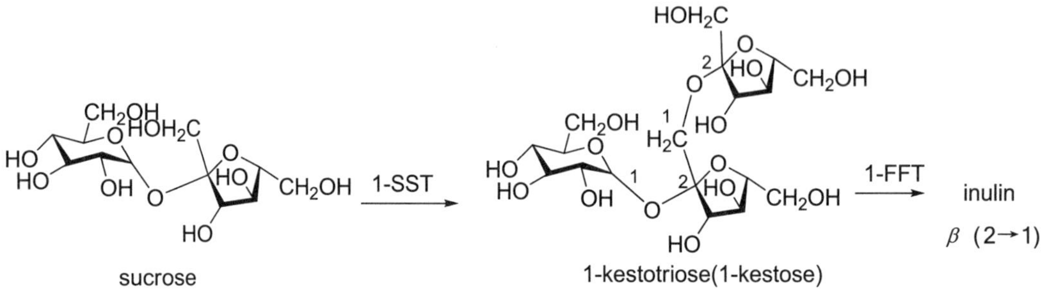

sucrose　　1-SST→　1-kestotriose(1-kestose)　1-FFT→　inulin　β(2→1)

2.9.2　菊糖在自然界的分布

除直链型的果聚糖 —— 菊糖型(Inulin)之外,自然界还存有另外四种主要分布于百合科、禾本科、石蒜科的果聚糖,即梯牧草糖型(levan)、混合型梯牧草糖(branched)、菊糖型新生系列(inulin neoseries)和梯牧草糖型新生系列(levan neoseries)。

菊糖(旋覆花型 Inulin 果聚糖)除分布于菊科 Compositae 之外,还分布于双子叶植物中的几个科,如人们熟知的桔梗科 Campanulaceae,以及不太为人所知的荇菜科(睡菜科)Menyanthaceae、紫草科 Boraginaceae、草海桐科 Goodeniaceae、花柱草科 Stylidiaceae、蓝针花科 Brunoniaceae、萼角花科 Calyceraceae、茜草科 Rubiaceae、毛茛科 Ranunculaceae、伞形科 Umbelliferae、姜科 Zingiberaceae。

2.9.3　菊糖的分类学意义

研究发现菊科各个族植物中都含有菊糖,提示菊糖可能是菊科植物的一个化学标志物。而且,由于菊糖(Inulin)仅分布于双子叶植物中的少数几个科,说明它们之间应该存在着亲缘关系。其中:

(1)含菊糖的,且与菊科花粉粒在外形上非常相似的是萼角花科 Calyceraceae,而蓝针花科 Brunoniaceae 与草海桐科 Goodeniaceae 虽都含菊糖,但它们的花粉粒与菊科的花粉粒的相似性很小[174]。

(2)虽败酱科 Valerianaceae、川续断科 Dipsacaceae 和伞形科 Umbelliferae 的花粉粒与菊科的花粉粒外形很相似,但现在的研究仅揭示伞形科 Umbelliferae 含菊糖。

(3)从花形上看,茜草科 Rubiaceae 与菊科有很大的相似性,而且它们也都含菊糖[175]。

另外,现有一种观点认为菊糖的产生是植物为适应干燥、寒冷环境而采取的一种策略,为非生物因素，即菊糖的产生是进化的结果。研究认为菊糖在抗干旱、盐分，以及温度抑制等方面具有以下优势而使其植物具有竞争优势：它们的高水溶性、低温下不易结晶，从而避免细胞膜的损伤、还可调节渗透压，以及在低温下能作为能量物质提供给植物等[173, 176]。但是，现不能解释的是：为何含有菊糖的萼角花科、草海桐科、莕菜科植物却不像菊科植物能全世界分布而且数量如此之多，如在南美洲，菊科与萼角花科的种数比例是 460：1[9]。因此，可认为菊科数量如此之多、分布范围如此之广，应该是在除菊糖的因素之外，还另有其他更重要的因素在起决定性的作用。

菊科菊糖含量最高的种是向日葵族的菊芋 *Helianthus tuberosus* 植物，但本植物及菊苣族菊苣 *Cichorium intybus* 植物的菊糖的平均聚合度较低，只有 10～15，然而，在菜蓟族菜蓟植物 *Cynara scolymus* 和蓝刺头族硬叶蓝刺头 *Echinops ritro* 中的菊糖却具有较高的平均聚合度，因此，从上述结果可看出菊糖的平均聚合度可能与种有关[177]，但似乎看不出菊糖的聚合度大小与植物的进化程度有关。

（4）Inulin 型菊糖仅分布于双子叶植物的一些科，明显区别于分布于禾本科、百合科、石蒜科中的其他另外四种类型的菊糖，因此，具有分类学的意义。另外，从菊糖分布的科及其他表型特征来看：菊科与萼角花科 Calyceraceae、草海桐科 Goodeniaceae、伞形科 Umbelliferae 及茜草科 Rubiaceae 等科的亲缘关系密切，而因唇形科 Labiatae 不含菊糖，似乎与菊科的亲缘关系很远。

2.10 植物环肽

植物环肽（plant cyclopeptides）一般是指高等植物中由非环肽（直链肽）通过酰胺键、醚键、二硫键，或通过一个新的 C—C、C—N、N—O 或 C—S 键形成的一类环状含氮化合物。目前发现的植物环肽主要是由 2～37 个编码或非编码氨基酸，且主要是 L-构型的氨基酸组成。全部由基因编码的氨基酸组成的环肽则称为均环肽（homocyclopeptides），而分子中含有非基因编码的氨基酸的环肽则称为杂环肽（heterocyclopeptides）。

到目前为止，分离得到植物环肽的高等植物包含菊科在内有 28 个科。这 28 个科分别为：爵床科 Acanthaceae、苋科 Amaranthaceae、番荔枝科 Annonaceae、五加科 Araliaceae、萝藦科 Asclepiadaceae、菊科 Asteraceae、石竹科 Caryophyllaceae、卫矛科 Celastraceae、葫芦科 Cucurbitaceae、大戟科 Euphorbiaceae、唇形科 Labiatae、亚麻科 Linaceae、锦葵科 Malvaceae、紫金牛科 Myrsinaceae、铁青树科 Olacaceae、攀打科 Pandaceae、商陆科 Phytolaccaceae、叶下珠科 Phyllanthaceae、鼠李科 Rhamnaceae、茜草科 Rubiaceae、芸香科 Rutaceae、五味子科 Schizandraceae、茄科 Solanaceae、梧桐科 Sterculiaceae、荨麻科 Urticaceae、马鞭草科 Verbenaceae、堇菜科 Violaceae。

从菊科植物中发现的环肽有：均环肽及杂环肽（环肽生物碱）两大类。其中，均环肽有紫菀氯化环五环肽 astins 类、基因编码的 PDP（PawS-derived Peptides）和 PLP（PawL-derived Peptides）环肽；而杂环肽仅有来自绒毛戴星草 *Sphaeranthus indicus* 中的环肽生物碱（subfractions Ⅰ和Ⅱ）。

2.10.1 紫菀氯化环五肽 astins 类

此类环肽由五个氨基酸组成,即由丝氨酸(Ser)、别苏氨酸(allo-Thr)、β-苯丙氨酸(β-Phe)、2-氨基异丁酸（Abu）、和脯氨酸（Pro）组成,其中,脯氨酸的 2,3 位连接 1 个或 2 个氯原子。至今,从紫菀根和根茎中共分离得三类环肽类化合物。

第一类:氯化环五肽,astins A-I（141~149）,K-P（150~155）（以脯氨酸为第 1 氨基酸编号）。

第二类:为紫菀氯化环五肽水解开环的直链肽,aster J（156）和 asterinins A-F（157~162）。

第三类:紫菀氯化环四肽,氨基酸组成与环五肽类似,但成环为环四肽,因此,具有一个 $\Delta^{2,4}$ 脯氨酸侧链,tataricins A-B（163~164）。

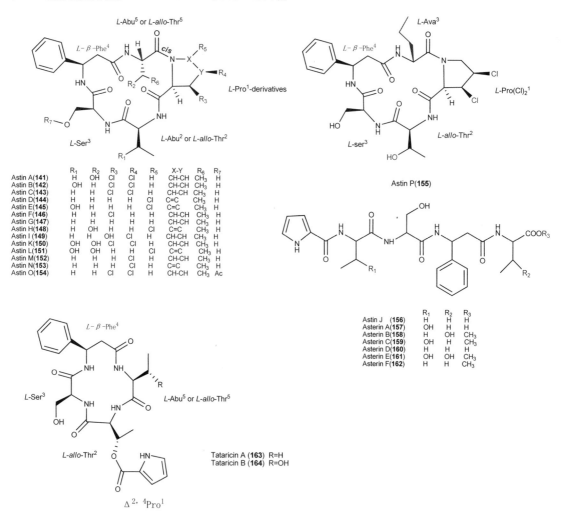

由于此类紫菀氯化环五肽现仅从紫菀 *Aster tataricus* 植物中被发现,似乎具有分类学的意义。但近来的研究证实,此类紫菀 astins 类环肽是由紫菀植物内生真菌 *Cyanodermella asteris* 代谢产生,如 astin C,而另外一些紫菀 astins 类环肽,如 astin A 等环肽则是先由内生真菌生

成，再由植物体内的酶进行修饰后产生，即此类环肽是由植物内生真菌与植物交叉复合共同代谢产生[178]，因此，此类环肽不应作为菊科分类标志物，不具有菊科分类学的意义。

2.10.2　菊科环蛋白

此类环蛋白是由基因编码产生的蛋白，因此，具有很高的分类学的意义。但此类成分在植物中的含量不高，分离难度大，但近年来采用多级质谱串联的方法，解决了此类含量低微成分的结构鉴定难题，促进了此类成分的研究。现从菊科植物中发现的此类环蛋白有两类，即基因 PawL 基因编码的 PLPs 环肽（PawL-derived Peptides，PLPs）与 PawS 基因编码的 PDPs 环肽（PawS-derived Peptides，PDPs）。

2.10.2.1　PawL 基因编码的 PLPs 环肽（PawL-derived Peptides，PLPs）

此类环肽的结构特点：由 5 ~ 12 个编码氨基酸头-尾环合而成，因分子中稀含半胱氨酸（cys），因此，分子内无二硫键，如小百日菊 Zinnia haageana 植物中的 PLP-1 (cyclo-AIIPGLID)（165）和千里光属 Senecio pinnatifolius var. maritimus 植物中的 PLP-2 (cyclo-DLFVPPID)（166）（结构中的字母代表氨基酸，如 A=alanine；C =cysteine；D =aspartic acid；E = glutamic acid；F=phenylalanine；G =glycine；H =hystidine；I = isoleucine；K =lysine；L =leucine；M =methionine；N = asparagine；P = proline；Q =glutamine；R = arginine；S =serine；T = threonine；V = valine；W = tryptophan；Y = tyrosine）。

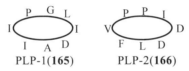

PLP-1(165)　　　PLP-2(166)

到目前为止，现共从 19 种菊科植物中鉴定了 46 个 PLPs 型环肽。这 19 种菊科植物分属的族属见表 2-1。

表 2-1　菊科 PLPs 植物环肽的族属分布

序号	族	属	种 名
1	向日葵族	百日草属	*Zinnia haageana*；*Zinnia elegans*
2	千里光族	千里光属	*Senecio pinnatifolius var maritimus*；*Senecio pinnatifolius ssp latilobus*；*Senecio pinnatifolius var maritimus*；*Senecio pinnatifolius ssp latilobus*；*Senecio vulgaris*
3	旋覆花族	牛眼菊属	*Buphthalum salicifolium*
4	旋覆花族	旋覆花属	*Inula racemosa*；*Inula helenium*；
5	千里光族	厚敦菊属	*Othonna arborescens*
6	旋覆花族	蜡菊属	*Melampodium paludosum*
7	千里光族	*Steirodiscus* 属	*Steirodiscus tagetes*
8	向日葵族	秋英属	*Cosmos bipinnatus*
9	向日葵族	梳脉菊属	*Engelmannia peristenia*

序号	族	属	种名
10	千里光族	山金车属	*Arnica chamissonis*
11	向日葵族	金光菊属	*Rudbeckia hirta*
12	向日葵族	蛇目菊属	*Sanvitalia procumbens*
13	向日葵族	银胶菊	*Parthenium argentatum*

本类环蛋白仅限定存在于菊科管状花亚科 Asteroideae 植物之中进化较为高级的族,如向日葵族、千里光族和旋覆花族,而在较为原始的植物,如舌状花亚科菊苣族 Cichorioideae、帚菊木亚科 Mutisioideae,飞廉亚科 Carduoideae 植物之中不存在[179],因此,本类化合物具有很高的分类学意义。

2.10.2.2 菊科 PawS 基因编码的 PDPs 环肽(PawS-derived Peptides,PDPs)

此类结构特点:由 12 ~ 21 个编码氨基酸头尾环合而成,含 2 个半胱氨酸,因此,具一个二硫键。此类环肽首先是从向日葵种子中分离得到的,如 SFTI-1(167)和 SFT-L1 (SFTI-Like1)(168),结构见下(粗实线代表二硫键;以甘氨酸为第 1 氨基酸)。

随后,从菊科多个植物中通过 LC/MS/MS 技术发现多个与 SFTI-1、SFTI-L1 结构类似的 PDPs 环肽,部分结构还通过化学合成证实。至今已从多种菊科植物中分离 21 个此类环肽[180],它们分布的族属见表 2-2。

表 2-2 菊科 PDPs 植物环肽的族属分布

序号	族	属	种名
1	向日葵族	向日葵属	*Helianthus annuus, H. exilis, H. porteri, H. praecox* subsp. *Praecox, H. tuberosus, H. schweinitzii, H.schweinitzii, H. schweinitzii, H. annuus, H. mollis H. schweinitzii, H. nuttallii*
2	向日葵族	肿柄菊属	*Tithonia rotundifolia*
3	向日葵族	彩日葵属	*Iostephane heterophylla*
4	向日葵族	赛菊芋属	*Heliopsis scabra*
5	向日葵族	棱果菊属	*Wamalchitamia aurantiaca*
6	向日葵族	耳冠菊属	*Otopappus epaleaceus*
7	向日葵族	单芒菊属	*Philactis zinnioides*
8	向日葵族	月菊属	*Perymenium jelskii, P. macranthus*
9	向日葵族	牛膝菊属	*Galinsoga quadriradiata*

序号	族	属	种名
10	向日葵族	异冠菊属	*Alloispermum scabrifolium*
11	向日葵族	粉白菊属	*Sabazia liebmannii, S. sarmentosa*
12	向日葵族	赛菊芋属	*Heliopsis scabra, H. helianthoides*
13	向日葵族	黑药葵属	*Aldama phenax*
14	向日葵族	菱果菊属	*Tilesia baccata*
15	向日葵族	异冠菊属	*Alloispermum scabrifolium*
16	向日葵族	粉白菊属	*Sabazia liebmannii, S. sarmentosa*

2.10.2.3 环蛋白的分类学意义

（1）由于环蛋白是由植物基因编码翻译的蛋白质，所以，本类化合物具有较高的分类学意义。

从环蛋白的分布来看，它们的分布也反映出植物的进化路线，即 Bentham 分类系统下的进化程度最高的向日葵族 Heliantheae 植物中不仅含有 PawS 基因编码的 PDPs 环蛋白，而且还含有由 PawL 基因编码的 PLPs 环蛋白。而进化程度中等的管状花亚科多个族，如千里光族 Senecioneae、旋覆花族 Inuleae 的植物之中仅存在由 PawL 基因编码的 PLPs 环蛋白，而在进化程度低的舌状花亚科 Asteroideae、帚菊木亚科 Mutisioideae，飞廉亚科 Carduoideae 植物中则缺乏。

以上研究揭示了菊科植物的进化历程，即由不含二硫键的单环 PLPs 环肽进化到含二硫键、结构更加稳定的双环 PDPs 环肽，因此，含 PDPs 蛋白的菊科向日葵族植物比 PLPs 环蛋白的菊科旋覆花族、千里光族植物进化，而不含环蛋白的菊科帚菊木族、舌状花亚科植物则较为原始。

（2）最早从植物中分离得到环蛋白的植物是茜草科植物，而且，从茜草科耳草属植物 *Qldenlandia affinis* 中发现了具有 3 根二硫键、具有子宫收缩作用的植物环肽（环蛋白）Kalata B1。再加之，茜草科 Rubiaceae 植物与菊科植物的花形很相似的证据，似乎就可得出"茜草科比菊科更为进化""菊科来源于茜草科"等的推论。但此推论明显与现有的共识 "菊科为进化最高级的植物"相悖，而且，菊科中进化较为原始的植物中不含 PLPs 及 PDPs 环肽，所以，菊科来源于茜草科的说法可能不太准确。

由于菊科中处于原始地位的帚菊木族、舌状花亚科植物中不含 PLPs 环蛋白，因此，可推测菊科应该起源于一种不含环蛋白的植物，而且由于与菊科亲缘关系较近的萼角花科 Calyceraceae、草海桐科 Goodeniaceae、伞形科 Umbelliferae 植物中不含环蛋白，因此，此证据可间接证明菊科与这三个科有较近的亲缘关系的分类学观点。

2.10.3 环肽生物碱

现仅有从菊科绒毛戴星草 *S. indicus* 花中分离得的两个环肽生物碱 subfractions Ⅰ 和Ⅱ（169-170）[181]，结构见下。而且现在的研究也仅从少数几个科，如菊科、鼠李科 Rhamnaceae、豆科 Fabaceae、铁青树科 Olacaceae 植物中发现此类环肽。再加上，此类环肽分子中含有非基因编码的氨基酸，因此，它的分类学意义还有待后续的研究来阐释。

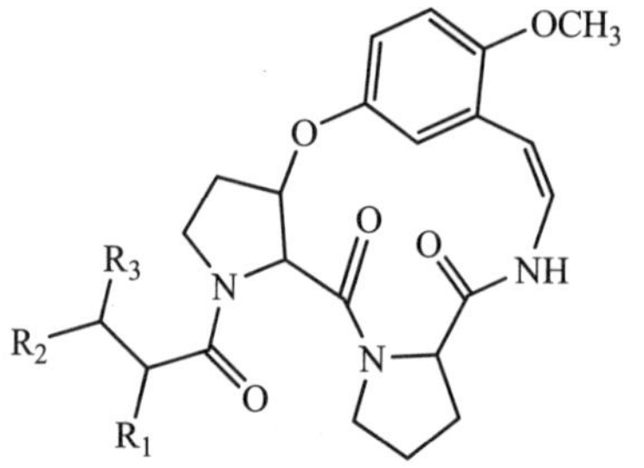

Compound	R₁	R₂	R₃
Subfraction I (169)	$CH_2C_6H_5$	CH_3	CH_3
Subfraction II (170)	CH_3	H	H

下篇 | 各论

3 帚菊木族 Mutisieae

本族植物主要分布于南美洲，其次为非洲，我国仅有 6 个属，它们分别是兔儿风属 *Ainsliaea*、大丁草属 *Gerbera*、白菊木属 *Gochnatia*、蚂蚱腿子属 *Myripnois*、栌菊木属 *Nouelia* 和帚菊属 *Pertya*。而且，其中的蚂蚱腿子属 *Myripnois* 和栌菊木属 *Nouelia* 还为我国特有的单种属植物；帚菊属 *Pertya* 植物全部分布于东亚；以及白菊木属与栌菊木植物为菊科少见的木本植物等原因，使它们成为研究菊科植物扩散、演化与进化等重要问题的模式植物。

帚菊木族 Mutisieae 植物成为当前研究的热点，主要是因为现代的分子分类系统揭示本族植物是菊科最原始的、处于菊科基部地位的族，而且其中的刺菊木属 *Barnadesia* 植物被现代分子分类法确定为最原始的菊科植物，并被提升至亚科水平。

从本族各属（指我国有分布的族属，下同）的化学成分类型来看，各属的化学成分不太一致，尤其是兔儿风属、大丁草属及栌菊木属之间的化学成分差异极大，显示出它们的进化水平并不等同。进而分析整个菊科发现：不同族、族内不同属、属内不同种、甚至不同地理分布的同种植物也有不尽相同的化学成分类型的现象，如分布于我国的白菊木与南美洲产的白菊木属植物在化学成分类群上不相似，有较大的差异，更进一步显示出菊科植物的进化不等性、高级性。

（1）从本族兔儿风属植物主要分布于亚洲的东南部，且又富含倍半萜内酯及其寡聚体，说明了本属植物的年轻性，即推测该属是一个新分化、进化出来的、年轻的帚菊木族植物属。

（2）分布于我国西南的帚菊木族大丁草属 *Gerbera* 植物在非洲有其远亲植物，如非洲菊 *Gerbera jamesonii* 植物，而且本属在非洲最为丰富。同时，再从它们共有特征的 5-甲基-4-羟基香豆素类成分，以及稀含倍半萜类成分来分析，可认为本属是一个原始的菊科帚菊木族植物，而且，推测本属是在非洲从它的原始祖先种（即从南美洲扩散到非洲后）新分化出来的一个新属。随后，又再扩散到我国的西南，并定居下来。

（3）新出现的起源于乙酸-丙二酸途径的聚酮化合物 5-甲基-4-羟基香豆素类成分较为特征地分布于菊科为数不多的几个属的植物之中，而且主要分布于帚菊木族 Mutisieae 下的 Mutisiinae、Nassauviinae、 Gochnatiinae 等亚族中的大丁草属 *Gerbera*、莲座钝柱菊属 *Perezia*、卷须菊属 *Mutisia*，*Onoseris* 属，*Nassauvia* 属，*Gypothamnium*，*Plazia* 属等植物之中；少数分布于菊科斑鸠菊族 Vernonieae 中的 *Erlangea* 属、都丽菊属 *Ethulia* 等植物之中。因此，从化学分类学的观点来看，4-羟基-5-甲基香豆素类成分应是一个较原始的菊科成分类型，是一个帚菊木族植物的化学新突破的特征产物。但可能由于本类结构较为钢化、衍化余地不多，所以未能在进化途径中取得优势，仅在斑鸠菊族中的一些植物中得到继承与延续。

3.1 化学成分多样性

我国的帚菊木族下的各个属的化学成分并不相似，而是各有其特点，显示出独特性。与刺菊木亚科植物（原属于帚菊木族植物）的化学成分比较，本族各属中新出现了生源合成途径各不相同的倍半萜、二萜、5-甲基-4-羟基香豆素类化合物的化学进化。

从整个菊科植物来看，即从处于菊科基部族地位的帚菊木族开始到菊科其他各族植物，在萜类成分的进化方面，尤其在倍半萜内酯方面的化学进化取得了突破与优势，成为菊科绝大多数植物典型的、主要的化合物类群，而其他类型的化学成分，如酚酸类成分（香豆素、黄酮、5-甲基-4-羟基香豆素、苯丙素等酚类成分）、生物碱（吡咯里西啶生物碱）等仅是一些族属植物中的主要成分。因此，它们的分类学意义不及菊科植物中分布广泛的、特征的倍半萜类（尤其是倍半萜内酯）成分的分类学意义大。

菊科植物中的倍半萜类成分的骨架多样，但从它们的生源合成途径上看，可认为吉马烷、愈创木烷及桉烷倍半萜骨架是原始的倍半萜骨架类型，因此，我国处于基部族地位的帚菊木族兔儿风属、蚂蚱腿子属与帚菊属植物的倍半萜骨架类型与此结论相符。但现有与此不符的矛盾是：栌菊木植物直接跳过结构简单的、较为原始的吉马烷等骨架倍半萜，而出现结构复杂的、被认为是较进化的类型——乌药烷型倍半萜类成分（从结构上看，此类成分应是从桉烷衍化而来）。

兔儿风属、白菊木属中还含有较多的倍半萜内酯及其二聚体，甚至在兔儿风属中还含有倍半萜内酯三聚体与四聚体，但这些的倍半萜内酯的骨架类型均大多为较原始的吉马烷、愈创木烷型，故此现象说明了倍半萜内酯的聚合化现象并不是反映菊科植物进化与否的最关键因素。

同为菊树的木本植物白菊木与栌菊木植物中均含有对映贝壳杉烷型二萜化合物，说明二者应该有较为亲近的亲缘关系。但栌菊木中主要以对映贝壳杉烷型二萜为主，稀含倍半萜内酯，而白菊木属植物则富含吉马烷、愈创木烷倍半萜内酯及其寡聚体，因此，从倍半萜内酯化合物的丰富程度上看，可认为栌菊木植物比白菊木原始，同时，根据倍半萜与二萜具有不同的生源合成途径，故可认为二萜类成分应是一类比倍半萜内酯更为原始的成分类型。

我国产的白菊木 Gochnatia decora 植物在与南美洲产的白菊木属远亲植物在化学成分上显示出差异，即我国产的白菊木 Gochnatia decora 植物中的倍半萜内酯化合物不及南美洲产的白菊木属植物丰富，但在二萜成分上，又比南美洲产的白菊木属植物丰富，显示出我国白菊木 Gochnatia decora 植物及其我国的单种属植物栌菊木 Nouelia insignis 的原始性。

另外，由于大丁草属仅微含三环类倍半萜化合物，但却富含起源于乙酸-丙二酸途径的 4-羟基-5-甲基香豆素类成分，也说明了大丁草属的原始性，以及酚酸类成分是菊科中原始的成分类型。同时，本属的此种化学成分特点与都丽菊属（斑鸠菊族）等属相似，揭示了它们所具有的亲缘关系。另外，从兔儿风属植物中也发现此类成分，因此，也说明了兔儿风属与大丁草属归类为同一族的形态分类正确性。

白菊木属植物中含有 deoxyelephantopin type 型吉马烷倍半萜，此类型与斑鸠菊族中的地胆草属植物中含有的 elephantopus-type 的吉马烷型的倍半萜内酯骨架相同，所以，可认为帚菊木族与斑鸠菊族应该都是较为原始的菊科植物，而且在起源上应该也有较近的亲缘关系。

最后，还有全部分布于亚洲东、中部的本族帚菊属 Pertya 植物中含有一类特征的吉马烷双内酯 pertilide 型化合物，也说明了本属植物在研究菊科起源、扩散、进化、分类上具有的重要意义。

3.1.1 倍半萜

我国本族的 6 个属植物中的倍半萜骨架主要是吉马烷、桉烷和愈创木烷，稀含乌药烷、三环骨架等，而且兔儿风属植物中的倍半萜骨架最为多样，因此，可认为兔儿风属植物在我国本族植物中最为进化（表 3-1）。另外，从倍半萜的聚合化来看，兔儿风属与白菊木属植物中有较多的倍半萜二聚体，甚至在兔儿风属植物中还发现少见的三聚体，甚至是四聚体，因此，也说明了兔儿风属是我国本族植物中最进化的一属。

本族的倍半萜苷很少，只有帚菊属、兔儿风属中有少量此类化合物的分离报道。

表 3-1　我国帚菊木族植物中的倍半萜（内酯）化合物的骨架类型

类别	吉马烷	桉烷	愈创木烷	乌药烷	三环类	其他
刺菊木亚科 Barnadesioideae	–	–	–	–	–	–
兔儿风属 Ainsliaea	+	+	+	–	–	榄烷型、β-紫罗兰酮、杜松烷（含降 C_{14} 的杜松烷）及 isodaucane 型
白菊木属 Gochnatia	+	–	+	+	–	–
栌菊木属 Nouelia	–	–	–	+	–	–
蚂蚱腿子 Myripnois	+	–	+	–	–	–
帚菊属 Pertya	+	–	+	–	–	–
大丁草属 Gerbera	–	–	–	–	+	三环类

3.1.2 二　萜

在我国本族的白菊木属、栌菊木属及蚂蚱腿子属中含有较为丰富的二萜类成分，尤其是，栌菊木植物中富含对映贝壳杉烷 ent-kaurane 型二萜。同时，它们的骨架均较为常见，有对映贝壳杉烷 ent-kaurane、克罗烷 clerodane 和海松烷 pimarane 型二萜。

3.1.3 三　萜

在我国 6 个属中的三萜化合物的骨架类型有：乌苏烷 ursane（包含蒲公英甾醇 taraxasterol 和 ψ-蒲公英甾醇 ψ-taraxasterol）、齐墩果烷 oleanane、羽扇豆烷 lupane、环阿屯烷 cycloartane、木栓烷 friedelane、葫芦烷 cucurbitane 和羊毛甾烷 lanostane，它们均较为常见。还有，这些三萜全部为游离型，无三萜苷类化合物的分离报道。

3.1.4 聚　炔

当前的研究显示本族稀含本类成分，在我国本族的 6 个属中仅在大丁草属植物中发现有聚炔化合物。

3.2 本族植物的传统应用与药效物质

在我国及世界传统药物中，本族植物主要是作为民族民间传统药物应用，在我国经典本草典籍中有记载的药用品种较少，且无常用的中药品种。

对本族植物的药效物质研究主要集中于倍半萜内酯及其寡聚体、对映贝壳杉烷型二萜、香豆素类的生物活性研究，其中研究最为深入的仍是兔儿风属、白菊木属植物中的倍半萜内酯及其寡聚体的抗炎、抗肿瘤的活性及作用机制研究，而相对薄弱的则是大丁草中起源于乙酸-丙二酸途径的 5-甲基-4-羟基香豆素及其与半萜、单萜的聚合物的生物活性研究。

当前的体内、体外的抗炎、抗肿瘤活性研究揭示了倍半萜内酯和对映贝壳杉烷型二萜化合物是本族兔儿风属、白菊木属等植物的止咳、平喘的药效物质。

3.2.1 刺菊木亚科 Barnadesioideae

刺菊木亚科 Barnadesioideae 植物只分布于南美洲，其由 9 个属 92 种植物组成。按传统的分类系统，本亚科植物被划归为帚菊木族 Mutisieae 植物[4]。本亚科植物分类地位的提升是因在本亚科植物的叶绿体基因中不含有在其他菊科植物中都含有的两个 DNA 倒位基因[2]。

至今，从本亚科的 45 种植物中分离报道了 39 个化合物，化合物类型有酚类、咖啡酰基或阿魏酰基奎宁酸或莽草酸酯、黄酮 (eriodictyol、kaempferol、quercetin、isorhammetin 和它们的 3-O-glycosides)、三萜(taraxasterol、lupeol、ursane 和 oleanane derivatives)、香豆素等[4]。

从这些成分的结构可看出，结构的简单性与植物的进化性一致。如从中发现的一个香豆素化合物伞形花内酯就是一个结构最简单的，也常被认为是香豆素的母体化合物。另外，在本亚科植物中未发现有菊科中最常见的倍半萜或倍半萜内酯化合物[4]。从上就可看出，菊科植物的进化应该是与萜类的出现及其结构的进化相关，尤其是与菊科植物中普遍的、新出现的倍半萜、二萜相关。

由于本亚科植物在我国无分布，所以在我国没有它们的传统应用实践，但在南美洲一些国家有它们的一些传统应用，如 Barnadesia, Dasyphyllum, Chuquiraga 属植物被用于治疗止咳、祛痰、抗炎。而且，其中的 Chuquiraga jussieui、Chuquiraga spinosa 和 Chuquiraga weberbaueri 植物在厄瓜多尔、秘鲁的植物药材市场上有销售，用于治疗泌尿生殖系统与不育症。另外，一些含有 C. spinosa 植物成分的植物药在欧洲与北美也有销售[4]。

3.2.2 兔儿风属 Ainsliaea

本属植物有约 70 种，分布于亚洲东南部。我国有 44 种 4 变种，除 1 种产于东北之外，其余均产于长江流域及其以南各省区。

兔儿风属植物药用种类较多，为民间常用中草药，可用于治疗感冒咳喘、咽喉痛、肠炎、痢疾、泌尿疾病、风湿疼痛、跌打损伤等[182]。

本属最明显且最有意义的化学进化是，本属植物中出现了刺菊木亚科植物中不存在的、且丰富的倍半萜内酯及其寡聚体。另外，本属植物中继续保有刺菊木亚科植物中的游离三萜苷元、黄酮及香豆素类化合物。从本属植物分得的其他化合物还包括酚酸、甾体、长链脂肪酸以及挥发油等成分[182]。

3.2.2.1 倍半萜

本属中的倍半萜内酯化合物丰富，至 2015 年，共从本属分离 45 个本类化合物。

倍半萜单体的骨架类型有桉烷型、吉马烷型、愈创木烷型、榄烷型、β-紫罗兰酮、杜松烷(含降 C-14 的杜松烷)及 isodaucane 型，其中数量最多的是愈创木烷型倍半萜内酯化合物。这些倍半萜化合物大多为 6(12)-反式稠合的内酯结构，极少数为 8α-氧代-6(12)-反式稠合内酯结构。另外，还有少部分的倍半萜为糖苷化合物。

本属稀有的倍半萜骨架类型化合物有：从 A. glabra 全草中分得的榄烷化合物 ainsliaea acid A (2-1)；杜松烷化合物 ainsliaea acid B (2-2) 及降 C-14 的杜松烷化合物 4-acrylic-6-methyl-α-tetralone (2-3)[183]；从 A. yunnanensis 中分得一个少见的 isodaucane 型化合物 yunnanol A (2-4)(本类化合物还在紫菀族的飞蓬属 Erigeron 等属中发现)[184]。

除此之外，本属植物中还含有 C_{17} 倍半萜内酯[70]、倍半萜内酯二聚体、三聚体、甚至是四聚体化合物[89]，它们大多源于倍半萜内酯的 α-亚甲基-γ-内酯的化学活泼性(作为 Diels-Alder[4+2]环加成反应的亲双烯体，或作为缺电的亲电试剂)的加成产物。而且，这些倍半萜内酯及其寡聚体被认为是本属植物最典型的抗炎、抗肿瘤的药效物质[185]。

鉴于兔儿风倍半萜内酯二聚体、三聚体、四聚体结构的复杂性与新颖性，因此，对它们的抗炎及抗肿瘤活性受到了广泛的关注。研究显示，四聚体化合物，ainsliatetramers A 和 B 都具有明显的抗人类肿瘤细胞系的作用，其 IC_{50} 值在 2 ~ 15 μg/mL[89]；倍半萜内酯二聚体 (+)-ainsliadimer A 具有明显的抑制 NO 产生的抗炎活性，其 IC_{50} 值为 2.41 μg/mL[186]；倍半萜单倍体、二聚体、三聚体化合物，如 dehydrozaluzanin C(2-5)、ainsliadimer B(2-6)、gochnatiolides A-C(2-7 ~ 2-9)和 ainsliatrimers A-B(2-10 ~ 2-11)，显示出微摩尔到纳摩尔级别的抑制人类肿瘤细胞系的活性[187]；Ainsliadimer A 的抗肿瘤作用机制是选择性抑制 IKKα/β通路上保守的半胱氨酸 46 残基[188]。

3.2.2.2 三萜化合物

至 2015 年，共分得 32 个本类化合物。主要是自然界广泛存在的五环三萜类的齐墩果烷型、羽扇豆烷型、乌苏烷型和木栓烷型，除此之外，还有四环三萜的环阿屯烷型，以及三降、四降的葫芦烷 cucurbitane 型三萜[89, 189]，而且，这些三萜化合物全部为游离苷元。

本属的三萜化合物也拥有广泛的生物活性，如从 A. latifolia 中分得三降、四降 cucurbitane 型三萜化合物 25,26,27-trinorcucurbita-5-ene-3β,24-diol(2-12)和 24,25,26,27-tetranorcucurbita-5-ene-3β,23-diol(2-13)。其中，三降化合物 2-12 具有最佳的抑制环氧酶-2(COX-2)的抗炎活性，IC_{50} 值为 (3.98±0.32)μmol/L，其作用可与阳性对照药 NS-398 匹敌[IC_{50} 为 (4.14±0.28)μmol/L][189]。

3.2.2.3 香豆素

从本属分得起源于桂皮酸途径的香豆素类化合物较少，主要有简单香豆素和呋喃香豆素，如伞形花内酯、8-甲氧基补骨脂素、秦皮乙素、紫花前胡苷元和瑞香内酯等。通过抗凝血活性筛选，筛选出具有抗凝血的香豆素类成分 ainsliaeasin C（2-14）[190]。

另外，从杏香兔儿风 A. fragrans 植物中还分得起源于乙酸-丙二酸途径的两对 4-羟基-5-甲基香豆素-单萜二聚体类对映异构体成分，如 ainsliaeasin A1（2-15）和 ainsliaeasin A2（2-16），ainsliaeasin B1（2-17）和 ainsliaeasin B2（2-18）[190]。此现象说明了同族的兔儿风属与大丁草属具有的亲缘关系。

3.2.2.4 黄酮等酚酸化合物

本属分得的黄酮化合物类型主要是黄酮、二氢黄酮、黄酮醇、二氢黄酮醇化合物。它们的母核 A 环涉及了 C-5、6、7、8 位取代，B 环涉及 C-3'、4'、5'位取代和 C 环的 C-3 位取代，即主要是槲皮素、怪柳素、芹菜素、木犀草素和伊利素等。苷的糖基主要是由葡萄糖形成的单糖苷[182]。

除黄酮化合物之外，还分得咖啡酰基奎宁酸、桂皮酸、简单酚酸、蒽醌等。

3.2.2.5 挥发油

研究显示，兔儿风属植物挥发油中的主要成分是倍半萜类、单萜、烷烃等成分[182]，如对两个不同产地的 A. aptera 水蒸气蒸馏挥发油用 GC-MS 法进行成分鉴定。结果显示，两个不同产地的植物挥发油中在主要成分上有含量上的差异变化，即 E-β-farnesene （分别为 9.5 %和不含）、germacrene D（14.6 %和 3.2%）、bicyclogermacrene（10.2%和 3.3%）、δ-cadinene（4.2%和 6.9%）、germacrene D-4-ol（不含和 4.9%）、spathulenol（11.6%和 3.0%）、epi-α-muurolol（7.6%和 10.8%）、α-cadinol（13.8%和 19.5%）及 hexadecanoicacid（不含和 4.8 %）[191]。

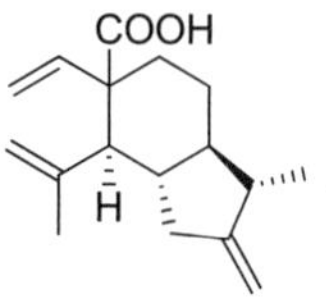

2-1 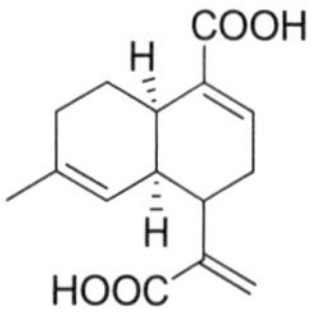　　2-2 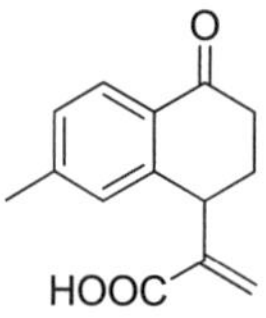　　2-3 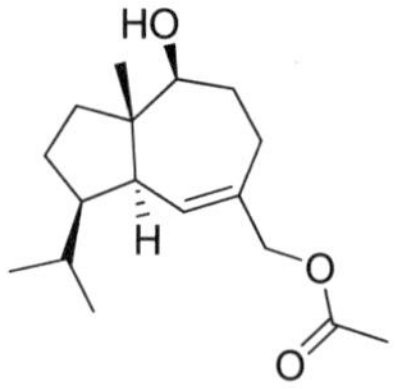　　2-4 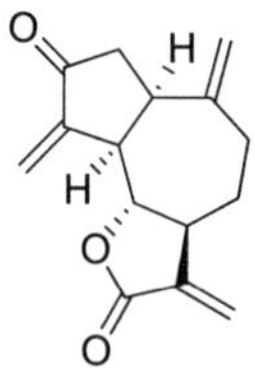　　2-5

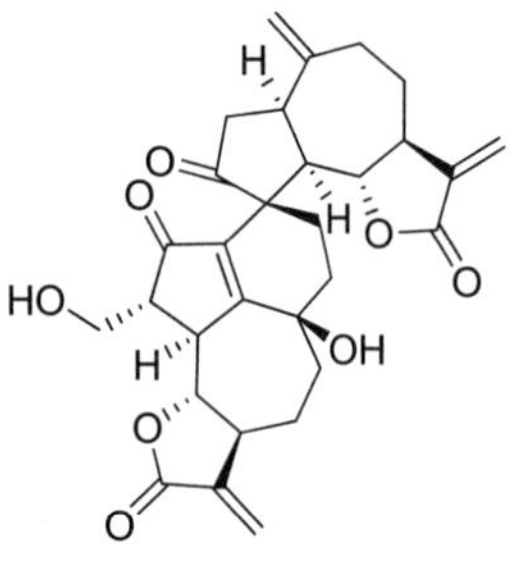

2-6

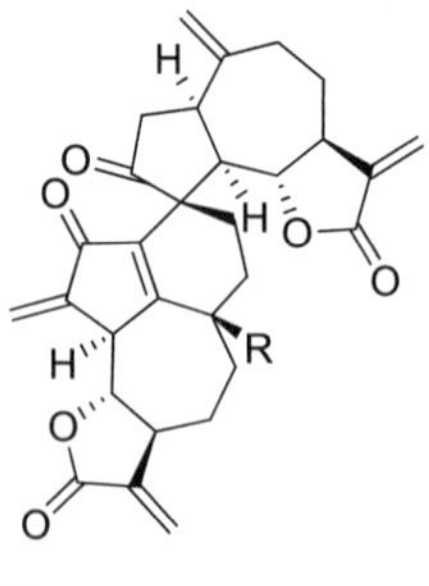

2-7　R=alpha-OH
2-8　R=beta-OH
2-9　R=alpha-H

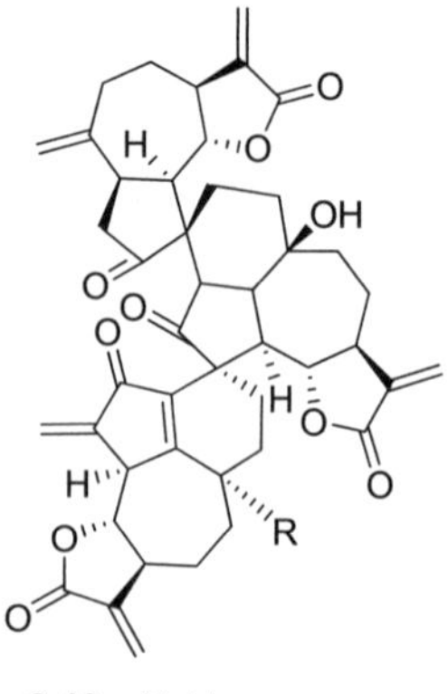

2-10　R=H
2-11　R=OH

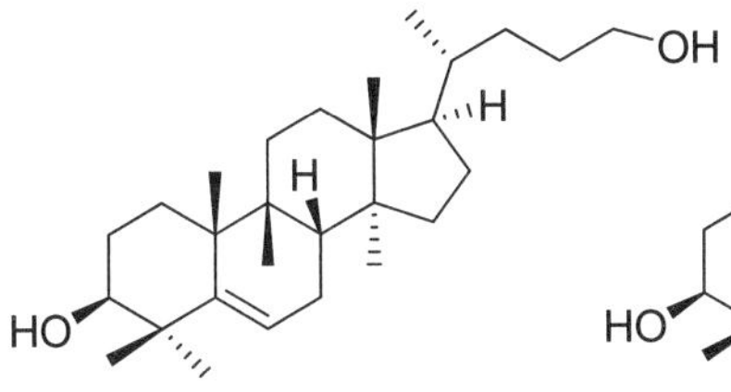

2-12 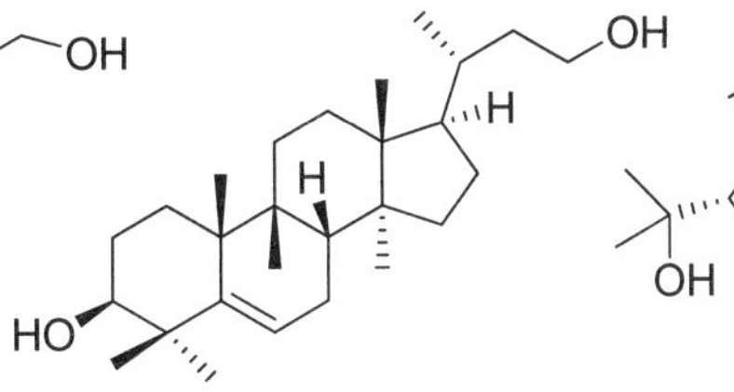　　　　　2-13 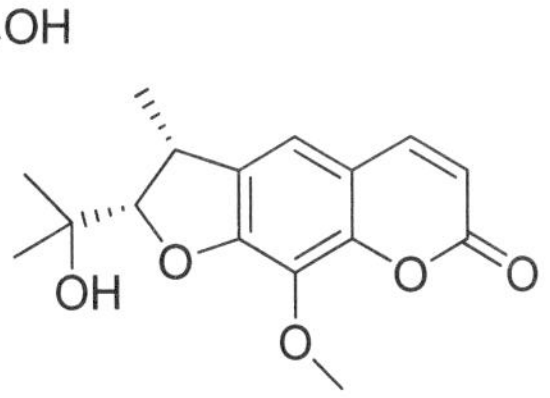　　　　　2-14

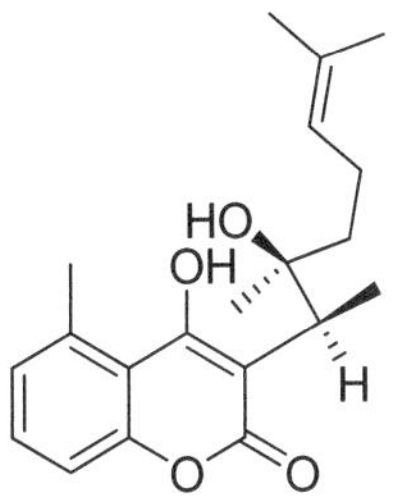

2-15 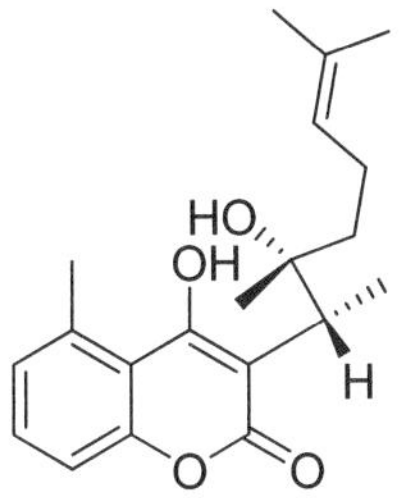　　　　　2-16 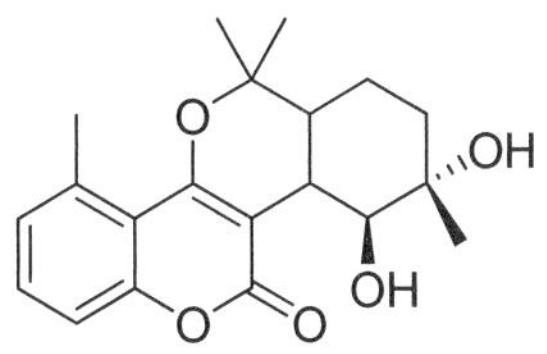　　　　　2-17 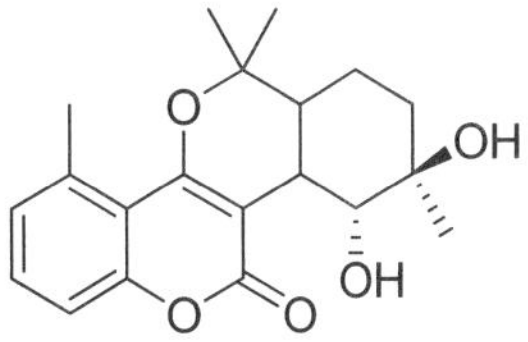　　　　　2-18

3.2.3　大丁草属 *Gerbera*

本属植物有近 80 种，主要分于非洲，次为亚洲东部及东南部。我国有 20 种，除个别种遍及于南北各地外，绝大部分集中于我国的西南地区。

本属植物在国内多作民间用药，如大丁草 *G. anandria* 具有清热利湿、解毒消肿、止咳、止血。毛大丁草 *G. piloselloides* 具有宣肺、止咳、发汗利水、行气、活血等作用[146]。

按吴征镒对广义大丁草属的最新分类观点，将我国广义大丁草属订正为三个属：大丁草属 *Leibnitzia*、火石花属 *Gerbera* 和兔耳一支箭属 *Piloselloides*，因此，民族药毛大丁草 *G. piloselloides* 归属于兔耳一支箭属 *Piloselloides hirsuta*，其余植物则归属于大丁草属 *Leibnitzia* 和火石花属 *Gerbera*[192]。现从它们均含有特征的 5-甲基-4-羟基香豆素-单萜杂聚及其二聚体的化学特征来看，毛大丁草与大丁草属 *Leibnitzia* 在化学成分上无明显区别，如从毛大丁草中也分得两个本类化合物 dibothrioclinins Ⅰ 和Ⅱ（3-1、3-2）。

本属植物中最典型的、最丰富的，且与刺菊木亚科植物比较，新出现的化学成分类群是：起源于乙酸-丙二酸途径的 5-甲基-4-羟基香豆素类及其与单萜的聚合体，而且本属植物非常稀缺倍半萜（倍半萜内酯）化合物。同时，本属植物还富含起源于桂皮酸途径的香豆素类化合物，如含量最高的呋喃香豆素,8-甲氧基补骨脂素(8-methoxypsorala)和 8-methoxysmyrindiol 等。除此之外，还从本属分离得聚炔烃、甾醇类、苯乙酮、苯骈吡喃、黄酮、三萜、氰苷等化合物[146, 163]。

3.2.3.1　起源于桂皮酸途径的香豆素

主要有简单香豆素东莨菪素（scopoletin）、7-甲氧基瑞香素（daphnetin 7-methyl ether），以及呋喃香豆素：8-甲氧基补骨脂素、紫花前胡素（marmesin）、8-methoxysmyrindiol（3-3）等。

其中，本属中主要的呋喃香豆素类成分 8-methoxysmyrindiol 具有光化毒及光化学治疗活性。除此之外，8-methoxysmyrindiol 还具有血管舒张作用，其作用机制是通过涉及 K⁺通道的内皮依赖机制，它能促使 Ca^{2+}细胞外流及激活内皮舒张因子 NO 的产生[193]。

3.2.3.2 起源于乙酸-丙二酸途径的 5-甲基-4-羟基香豆素类化合物及其与半萜、单萜的寡聚体

至今，从本属分得的本类成分共计 25 个[194]。本类成分是大丁草属的特征及含量丰富的成分类型，即 5-甲基-4-羟基香豆素及其与异戊烯基（半萜）、香叶基（单萜）的聚体物在大丁草属植物中非常丰富，它们大多连接在 5-甲基-4-羟基香豆素类化合物的 C-3 位，如从 *G. delavayi* 中分得的 gerdelavin A（3-4）[195]。

本类成分的代表性化合物是大丁苷 gerberinside（3-5），其在大丁草植物中的含量超 1%，而且其对绿脓杆菌、金黄色葡萄球菌均显抑制作用，并对体内感染绿脓杆菌的动物显示出保护作用，存活率超过半数，ED_{50} 为 46.2 mg/kg[146]，因此，该化合物具有较高的开发应用价值。同时，研究显示大丁苷体内的抗菌作用强于体外的作用，因此，在中药药效、性效物质研究时，应考虑体外药效研究并不能代表药物在体内的真正代谢情况及其药效。

3.2.3.3 倍半萜类

大丁草属植物中稀缺此类成分。至今，只从 *G. saxatilis* 中分离得的两个三环倍半萜类成分：caryolane 型化合物(1R*,2S*,5R*,8S*)-4,4,8-trimethyltricyclo [6.3.1.0^[2,5]]dodecan-1-ol（3-6）、clovanediol 型化合物 (3S*,3aS*,6R*,7R*,9aS*)- decahydro-1,1,7-trimethyl-3a,7-methano-3aH-cyclopentacyclooctene-3,6-diol （3-7）[163]。

3.2.3.4 聚炔类化合物

从 *G. jamesonii* 等十三种大丁草属植物中分离得三种 C_{13} 聚炔化合物。

3.2.3.5 苯基呋喃衍生物

从 *G. saxatilis* 中还分得苯基呋喃衍生物，如 2-[(2S*,3S*)-6-acetyl-2,3-dihydro-3,5-dihydroxy-1-benzofuran-2-yl]prop-2-enyl 3-methylbutanoate（3-8）[163]。结构分析，可认为本类成分是单萜异戊烯基与苯乙酮发生亲电取代后，再环化形成呋喃环的结构化合物。

3.2.3.6 挥发油

采用 GC-MS 法，对毛大丁草水蒸气蒸馏得的挥发油的化学成分进行分析，鉴定出的主要成分是：neryl(s)-2-methylbutanoate（35.99%）、4-羟基-3-甲基苯乙酮（8.74%）、棕榈酸（7.48%）、十六酸-三甲基硅酯（6.65%）、α-焦烯（5.30%）、百里香酚（3.38%），1-(1,1-二甲基乙基)-4-乙苯（3.16%）等[196]。

3.2.3.7 其 他

还分得氰苷、单萜-色酮聚合物、黄酮、三萜等成分。

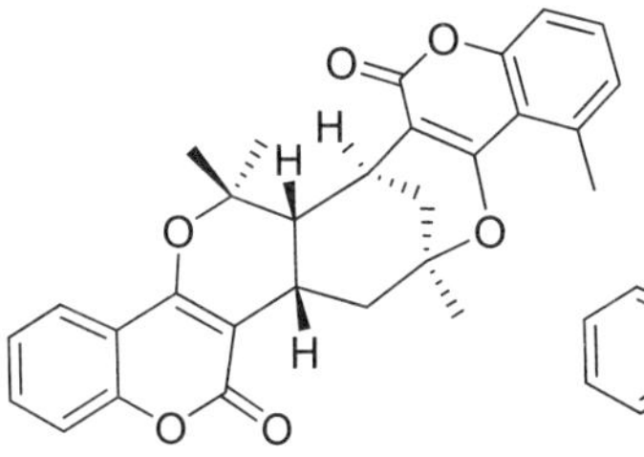

3-1 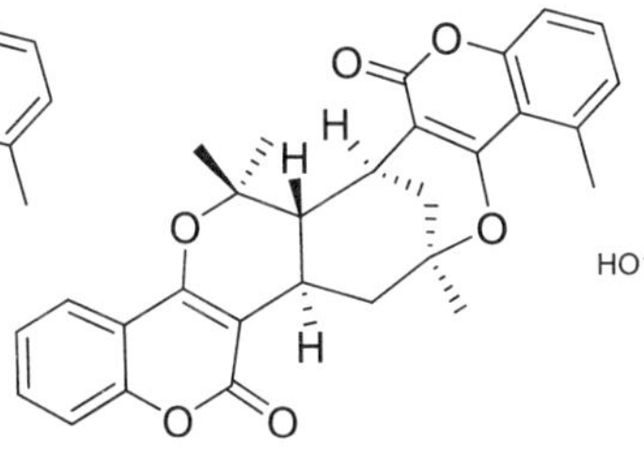   3-2 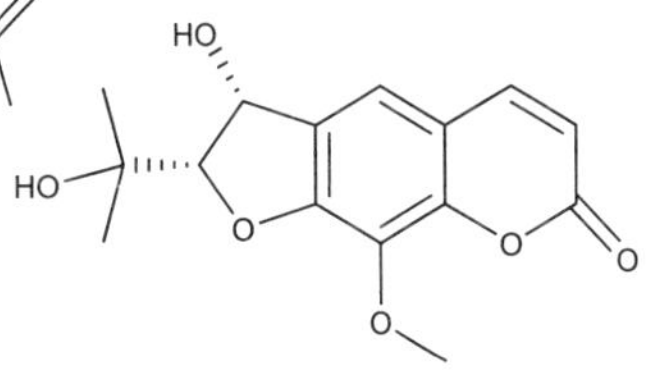   3-3

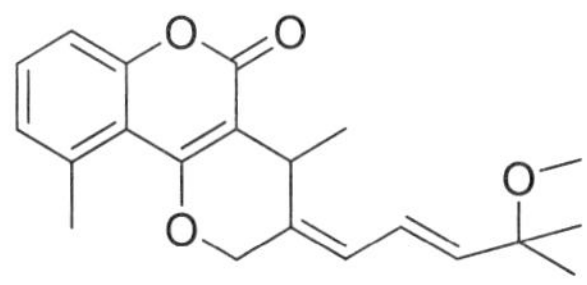

3-4 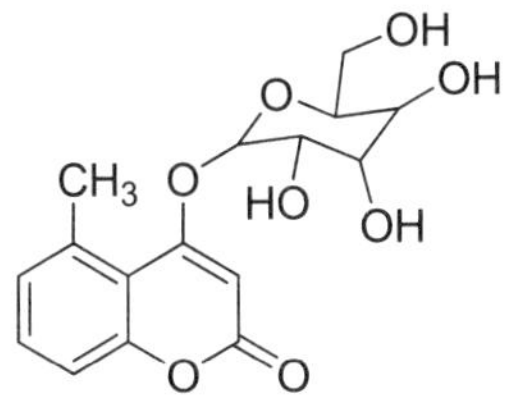   3-5 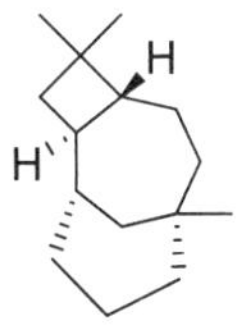   3-6 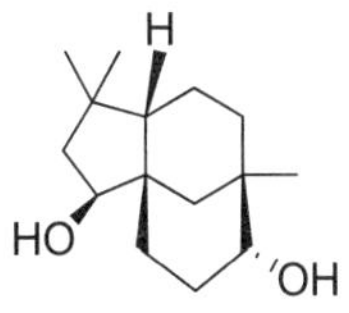   3-7

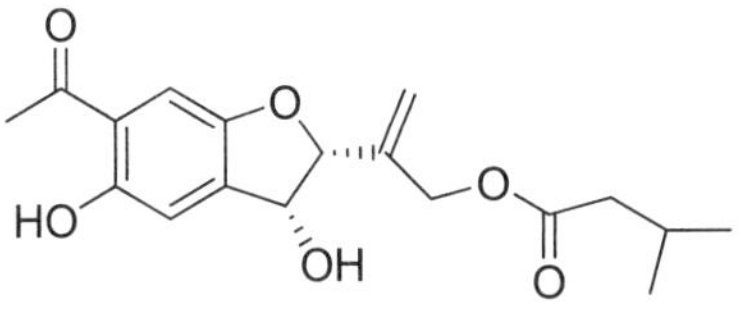

3-8

3.2.4 白菊木属 *Gochnatia*

本属 66 种，大部分分布于美洲。我国仅 1 种，产自云南，即白菊木 *Gochnatia decora*。白菊木 *G. decora* 树皮作为传统药物用于止咳、平喘及治疗伤口愈合[197]。

本属植物最引人注目的化学成分是本属植物富含倍半萜内酯及其二聚体，但研究显示：我国产的白菊木植物与南美产的白菊木属植物在化学成分上有一些差异。

（1）在我国产的白菊木 *G. decora* 植物中除分离得到乌药烷型倍半萜 decorones A-D（4-1 ~ 4-4）之外，主要化合物是对映贝壳杉烷型二萜及三萜化合物。

（2）南美产的白菊木属植物的主要化学成分是倍半萜、三萜和黄酮，而缺乏二萜、香豆素与木脂素[197]。

另外，白菊木 *G. decora* 与同为木本植物的栌菊木 *Nouelia insignis* 在乌药烷型倍半萜内酯及对映贝壳杉烷型二萜化学成分上有很大的相似性，揭示二者之间有较近的亲缘关系。

除本属中的倍半萜类成分的抗炎、抗肿瘤活性之外，本属植物中的二萜类成分也是本属植物抗炎的活性成分，如本属植物中的对映贝壳杉烷酸类化合物，decorene A（4-5）具有有效的体外抑制 NO 产生的活性，其 IC_{50} 值在 0.042 ~ 8.22 mmol/L[198]。

3.2.4.1 倍半萜内酯及其寡聚体

从白菊木属植物中分离的倍半萜化合物是愈创木烷型、吉马烷型[199]及乌药烷 lindenane型倍半萜[197]，且它们绝大部分都为倍半萜内酯结构，骈合位置既有 12(6)-型，也有 12(8)-型。如从美国德克萨斯州产的 *Gochnatia hypoleuca* 植物中分离得的吉马烷型倍半萜内酯化合物 espadalide（4-6）及它的 2 个结构类似物均具有低的微摩尔级别的抑制前列腺肿瘤细胞增殖的细胞毒活性，其中，espadalide（4-6）的活性最强[200]。

在结构特点上，本属植物中含一类与斑鸠菊族地胆草属 *Elephantopus* 植物中相同的 elephantopus-type 吉马烷倍半萜骨架化合物，如从 *G. palosanto* 和 *G. argentina* 中还分得多个 deoxyelephantopin type 吉马烷倍半萜内酯，如 desacyldeoxyelephantopin 2-methylbutyrate（4-7）[201]，提示二族或两属植物之间的亲缘关系。

另外，本属植物中还富含倍半萜内酯二聚体化合物。至今，从白菊木属植物 *G. polymorpha*、*G. paniculata* 等植物中分离的倍半萜内酯二聚体的数量超过 10 个，如最早从 *G. paniculata* 根中分离得的愈创木烷型倍半萜内酯二聚体是 Gochnatiolides A-B[199, 202]。其中，(−)-Gochnatiolide B（4-8）展示出体内、体外有效的抑制膀胱肿瘤细胞增殖的细胞毒活性[202]。

3.2.4.2 对映贝壳杉烷型二萜

从白菊木属 *Gochnatia* 中分离的二萜化合物主要是对映贝壳杉烷型二萜[197, 198]，其他还有克罗烷型 clerodane 和海松烷 pimarane 型二萜[198, 203]。

从我国产的白菊木 *Gochnatia decora* 植物中分得 19 个对映贝壳杉烷型二萜成分，其中大多数均显示出有效的抗炎作用，其抑制 NO 产生的 IC_{50} 值在 0.042~8.22 mmol/L；在嗜中性白细胞弹性硬蛋白酶（neutrophil elastase）抑制活性研究中，也阐明了大多数分离的二萜类成分在 100 μmol/L 下具有有效的抑制作用，以上结果揭示了白菊木中的对映贝壳杉烷型二萜成分是它的止咳、平喘的药效成分，其中代表性的化合物有 decorene A[198]。

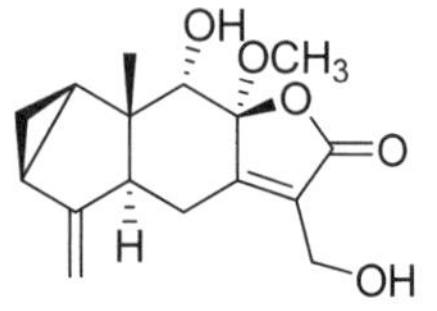

4-1 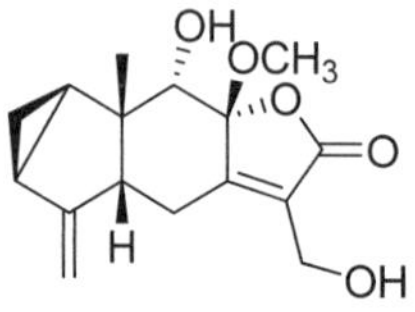 4-2 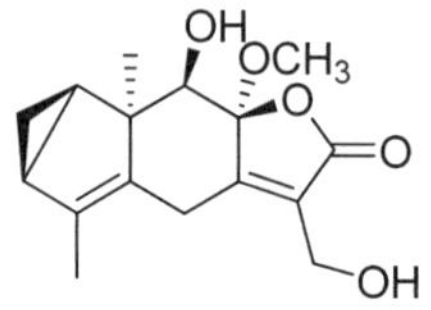 4-3 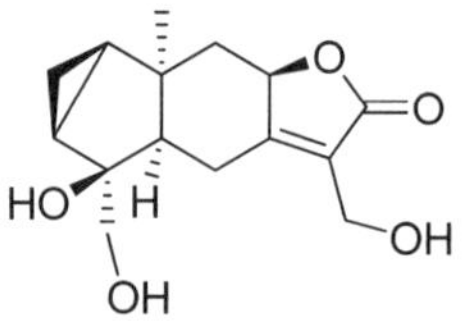 4-4

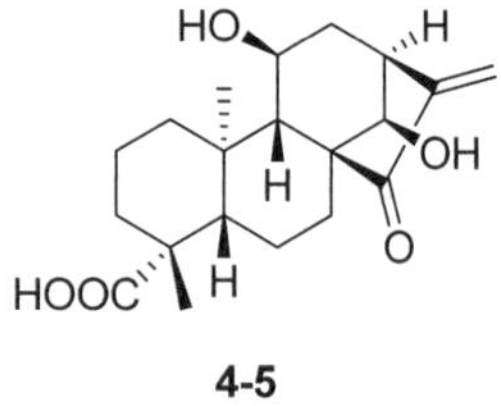

4-5 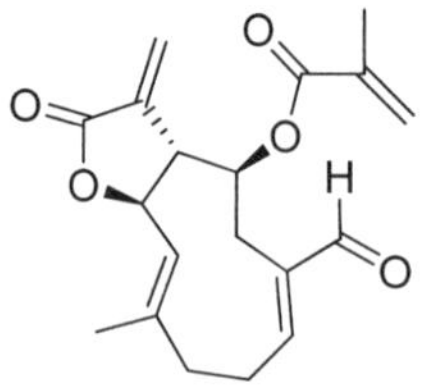 4-6 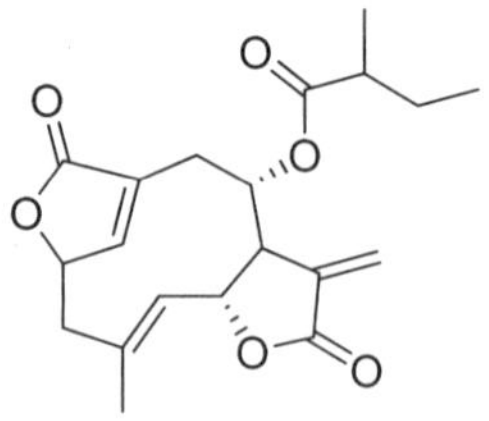 4-7 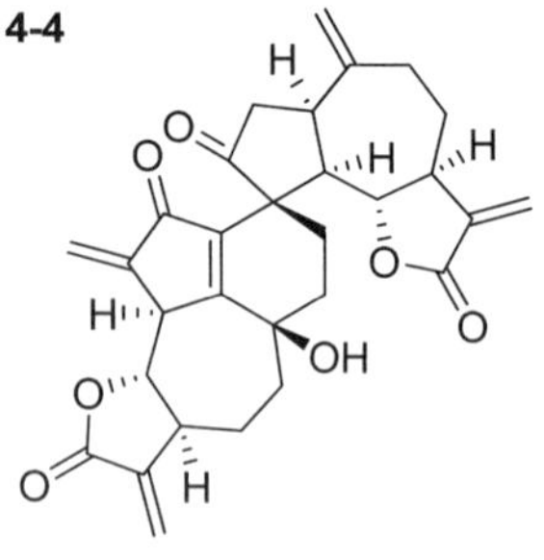 4-8

3.2.5　栌菊木属 *Nouelia*

栌菊木属 *Nouelia* 为我国单种属珍稀木本植物，全世界只有一种，即栌菊木 *N. insignis* 植物，产于我国的金沙江、雅砻江、安宁河等干热河谷地区。

到目前为止，尽管对本植物的化学成分研究还很少，但从本属植物富含对映贝壳杉烷型二萜，以及具有相同骨架的乌药烷型倍半萜内酯来看，本植物与同为木本植物的白菊木 *Gochnatia decora* 植物确实有非常近的亲缘关系。

3.2.5.1　二　萜

当前，从本植物中分离、发现的对映贝壳杉烷型二萜最多，达十余个化合物，而且其中还包含有糖苷化合物[99, 109]。另外，具有环外亚甲基环戊酮结构的二萜类成分 noueloside F（5-1）和 ent-11α-hydroxy-15-oxokaur-16-en-19-oic acid（5-2）具有明显的抑制 NO 产生的抗炎活性，其 IC_{50} 值分别是(3.84 ± 0.20)和(3.19 ± 0.25) μmol/L。

3.2.5.2　倍半萜内酯

从本植物中仅分离得一个乌药烷型倍半萜内酯化合物，即 8β,9-dihydro-onoseriolide（5-3）[204]。

3.2.5.3　三　萜

从本植物中分离的三萜类化合物有 β-taraxerol、α-taraxerol。

3.2.5.4　其　他

苯醌类化合物 2,6-dimethoxy 1,4-benzoquinone、咖啡酸，黄酮（芦丁等），以及甾醇等[109]。

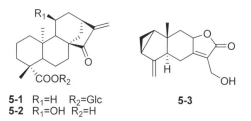

5-1　R$_1$=H　R$_2$=Glc
5-2　R$_1$=OH　R$_2$=H
5-3

3.2.6　蚂蚱腿子属 *Myripnois*

蚂蚱腿子 *Myripnois dioic*，又称为万花木，为我国特有的单种属植物，分布于我国的东北、华北，民间用于清热解毒[205]。

从化学成分上看，本植物与栌菊木 *Nouelia insignis* 及白菊木 *Gochnatia decora* 的化学成分较为相似，说明它们三者之间可能有较近的亲缘关系。而且从倍半萜的丰富程度上看，本属植物在它们三属植物中最为进化。

对本植物的化学成分研究很少，从中分离的化合物包括三萜、倍半萜、二萜、黄酮等类型的化合物[205-208]。

3.2.6.1　倍半萜类化合物

本种的倍半萜是吉马烷型与愈创木烷型倍半萜，即 8-desoxyurospermal A、zaluzanin C、dehydrozaluzanin C、glucozaluzanin C、macrocliniside B、macrocliniside Ⅰ、ainsliaside B、ixerrin A、14-oxomelampolide。而且，其中倍半萜苷化合物 ainsliaside B（6-1）可较好地降低四氧嘧啶所致糖尿病小鼠血糖升高的水平[205]。

较为特异的是，从本种中分得的 ainsliaside B 和 oxomelampolide 均为吉马烷 melampolide 亚型化合物，该类化合物以 1,10-E、4,5-E 式双键为特征[209]，且主要分布于进化较高级的向日葵族及菊苣族的部分属植物中，故本类化合物的出现，一是可能说明了这些植物之间的亲缘关系；二是说明了即使在进化最高级的向日葵族植物中也有一些进化较低级的植物属，也就是说，族内各属的进化并不等同与一致。

3.2.6.2　二　萜

从本属分得的二萜类化合物为对映贝壳杉烷型骨架的化合物，如 16-烯-19-羧基贝壳杉烷、16α,17-二羟基贝壳杉烷、16-烯-19,20-贝壳杉烷型内酯、16-烯-6,19-贝壳杉烷型内酯、3β,19-二羟基-16-烯贝壳杉烷[206]。

3.2.6.3　其　他

还分得黄酮、三萜等化合物[207]。

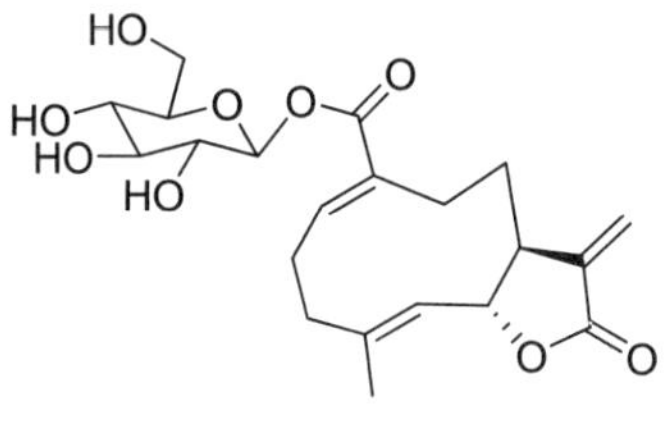

6-1

3.2.7　帚菊属 Pertya

本属 24 种，全分布于亚洲（日本有 5 种，阿富汗有 2 种，泰国仅 1 种）。我国有 17 种，1 变种，分布很广，东起台湾，西至青海，北达甘肃、宁夏，南抵广东、广西及西南部的云南等省区。

3.2.7.1　倍半萜内酯

从 P. glabrescens 的叶中分离得两个吉马烷型倍半萜双内酯化合物 pertilide（7-1）[210]和 3-epipertilide（7-2）[211]，以及本类结构的两个糖苷化合物 glucopertate（7-3）与 glucosyl 3α-hydroxypertate（7-4）[212]。本类双内酯吉马烷结构为本属植物的特征结构，即为 12,8:14,3-双内酯结构，故将该亚型称为吉马烷 pertilide 亚型。

除此之外，从 P. robusta 的地上部分中分离得一个愈创木烷型倍半萜葡萄糖苷合物 glucozaluzanin C（7-5）[210]。

3.2.7.2 三 萜

分离的三萜有从 *P. robusta* 中分离的结构新颖的 C_{33} 羊毛甾烷四环三萜化合物 *O*-methyl pertyol（3*β*-methoxy-24-methyl-25-ethyl-lanosta-9(11),24(28)-diene，7-6），以及 C_{31} 的四环三萜(24*S*)-3*β*-甲氧基-24-甲基羊毛甾烷-9(11),25-二烯（7-7）[210]；

五环三萜[213, 214]有：乌苏酸、齐墩果酸[213]、bauerenyl acetate、friedelin、fridelan-3*β*-ol 与 taraxeryl acetate。

3.2.7.3 其 他

从本属分离的还有绿原酸、*β*-谷甾醇、*β*-谷甾醇葡萄糖苷[213]。

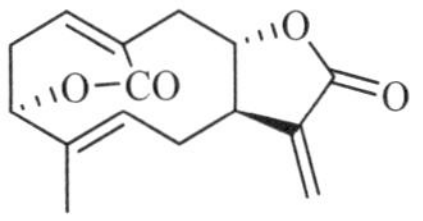

R=β-D-glucopyranosyl   R=β-D-glucopyranosyl

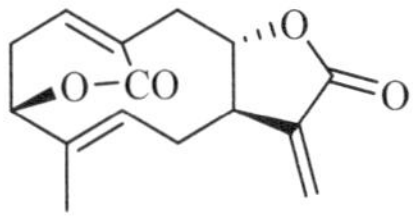

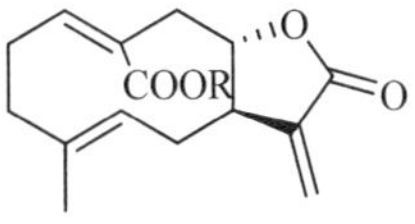

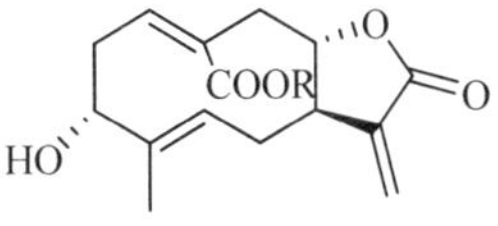

7-1   7-2   7-3   7-4

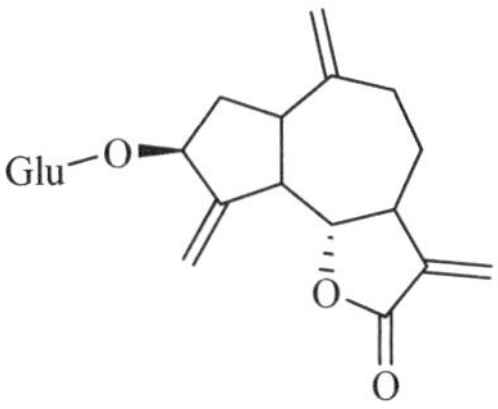

7-5 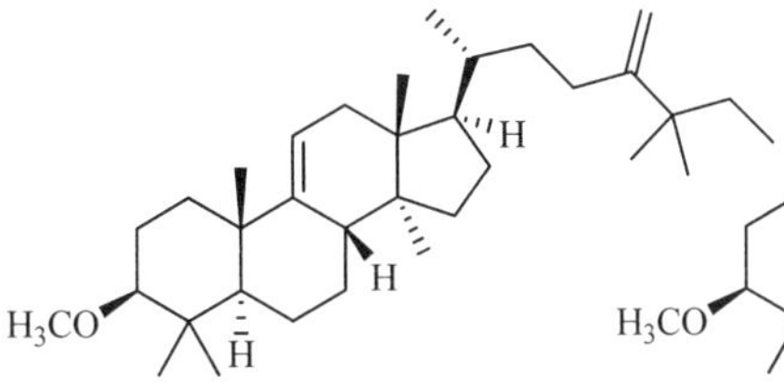   7-6 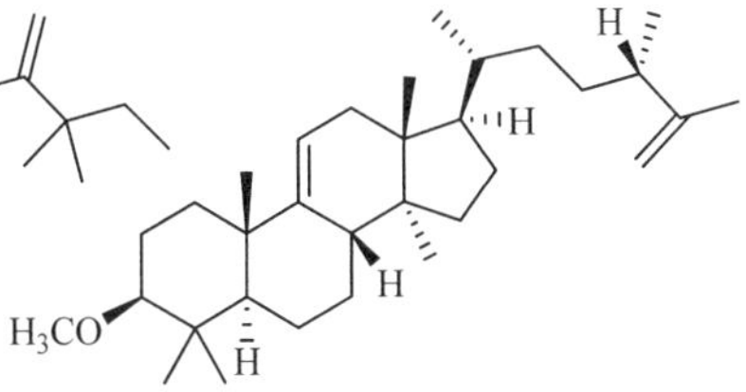   7-7

4 斑鸠菊族 Vernonieae

本族全世界约有 112 属 1500 种，其现代分布中心在热带美洲，分布区的密集中心在巴西。其中有较多的种属作为世界传统药物应用及工业应用，有较高的药用价值与经济价值。

本族分两个亚族，即斑鸠菊亚族 Subtrib. Vernoninae O. Hoffm 和地胆草亚族 Subtrib. Lychnophorinae, O. Hoffm。本族在我国有 5 个属，分别隶于上述两个亚族。它们分别是属于斑鸠菊亚族的斑鸠菊属 Vernonia、凋缨菊属 Camchaya 与都丽菊属 Ethulia；属于地胆草亚族的地胆草属 Elephantopus 与假地胆草属 Pseudelephantopus。其中，斑鸠菊属 Vernonia 为大属，全世界约 1000 多种，我国有 27 种、1 变种，产长江流域以南省区。

本族的都丽菊属 Ethulia 分布于非洲，且以 5-甲基-4-羟基香豆素及其与单萜的聚合体为特征，此与帚菊木族的大丁草属 Gerbera 的地理分布与化学成分类同，因此，可认为本属应是菊科植物扩散至非洲后才分化出的、与大丁草属亲缘关系近的新属植物。

而主产南美的斑鸠菊属 Vernonia、地胆草属 Elephantopus 与假地胆草属 Pseudelephantopus 植物应是菊科植物在南美起源地最早从帚菊木族植物分化出来的、较原始的属，分化出来后才向全世界扩散。在扩散地中南半岛，又新分化出凋缨菊属 Camchaya 植物。

4.1 化学成分多样性

本族植物的化学成分具有较大的特征与特点，即都丽菊属 Ethulia 以 5-甲基-4-羟基香豆素聚酮-单萜的聚合体为特征，而斑鸠菊属 Vernonia、凋缨菊属 Camchaya 与地胆草亚族的两属植物均以原始的吉马烷骨架的倍半萜内酯为主，显示出本族植物的原始性，但这些吉马烷倍半萜在结构上又有一些明显的区别，又显示出它们各自的特性。

4.1.1 倍半萜

（1）斑鸠菊亚族中的斑鸠菊属 Vernonia 以 hirsutinolide 型的吉马烷倍半萜内酯为特点，即分子中具有一个 C-1（4）的半缩醛醚环结构，形成一个呋喃环，如化合物 hirsutolide、vernolides E 和 F。

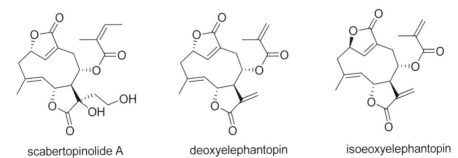

hirsutolide　　　　　vernolide E　　　　　vernolide F

（2）凋缨菊属 *Camchaya* 中的倍半萜则以吉马烷型下的 goyazensolide 亚型（也称为 furanoheliangolide 型，其呋喃环的醚环连接位置是 C3-C10）为主，如 goyazensolide。

goyazensolide-type of furanoheliangolides　　　　　eremantholides

（3）假地胆草属的特征成分是 eremantholide 和 furanoheliangolides 型吉马烷型倍半萜内酯化合物。其中，eremantholide 骨架是 goyazensolide 亚型结构的 α-亚甲基-γ-内酯结构的环外亚甲基与邻位的 C8-羟基发生迈克尔加成反应，新形成一个内酯环而成，显示出它们二者之间的生源关系与进化性[215]。

另外，它们的结构与 hirsutinolide 型的不同之处是，它们的呋喃环氧原子是连接于 C-3 与 C-10 之间。

（4）地胆草属则以吉马烷型下的 elephantopus-type 倍半萜内酯为主，本类化合物的特征是：除一个十元大环的吉马烷特征结构之外，分子中还有两个 12,6：14,2-内酯环及两个位于 $\Delta^{1(10)}$ 和 $\Delta^{4(5)}$ 的反式共轭双键，如 scabertopinolide A、deoxyelephantopin 和 isoeoxyelaphantopin。

scabertopinolide A　　　　deoxyelephantopin　　　　isoeoxyelephantopin

（5）斑鸠菊属植物中还含较丰富的榄烷型倍半萜内酯化合物，以及它们的二聚体化合物，此也证实了斑鸠菊属在本族中的进化性，从而形成在植物种数上的优势性。

（6）都丽菊属植物中不含倍半萜类成分，而含与大丁草属植物相似的 5-甲基-4-羟基香豆素及其与单萜的聚合物的化学成分类型，因此，都丽菊属的进化性则较为原始，且与大丁草属存有一定的亲缘关系。

4.1.2　二萜化合物

到目前为止的研究发现二萜化合物在我国本族的 5 个属中非常缺乏，仅有从斑鸠菊属中分得对映贝壳杉烷型二萜的报道。

4.1.3　聚炔化合物

本族 5 属未见有聚炔化合物的研究报道。

4.2　本族植物的传统应用与药效物质

本族有较多的植物作为世界传统药物，其中少数几种为我国习用的民间草药，如最早收载于《本草纲目拾遗》的地胆草，为一味传统中药。

本族植物中的倍半萜类成分显示出了有效的抗炎、抗肿瘤及杀虫活性，可认为是本族植物的药效物质，其中，又以吉马烷型中的 hirsutinolide 亚型化合物的抗炎、抗肿瘤活性最强，如从斑鸠菊属植物中分离得到的 vernolide A。另外，都丽菊属植物中的 5-甲基-4-羟基香豆素聚酮-单萜杂聚衍生物显示出了一定的杀虫活性。

4.2.1　都丽菊属 *Ethulia*

本属全世界约 10 种，分布于非洲、马达加斯加和亚洲热带地区。我国有 1 种，即都丽菊 *Ethulia conyzoides*，产于云南、台湾。

都丽菊 *E. conyzoides* 作为民族民间传统药物应用，主要用于驱虫与治疗腹部不适[216]。

4.2.1.1　5-甲基-4-羟基香豆素-单萜的聚合体

本属植物最大的化学成分特征是富含 5-甲基-4-羟基香豆素-单萜的聚合体，此与帚菊木族的大丁草属 *Gerbera* 植物的特征化学成分相同，因此，提示了两属植物应该有较近的亲缘关系，以及它们都是原始菊科植物在向全世界扩散的过程中新分化出来的属，也是较早分化出的植物。

本植物代表性的 5-甲基-4-羟基香豆素-单萜的聚合体有：新颖的螺环化合物，spiro-ethuliacoumarin（8-1），以及一个不常见的[2+2]环加成的单萜-5-甲基-4-羟基香豆素衍生物 cyclohoehnelia coumarin（8-2）。

生物活性研究发现，从 *E. conyzoides* 中分离的 5-甲基-4-羟基香豆素-单萜杂萜 ethuliacoumarin A（8-3）具有抗利什曼原虫的活性，而类似的化合物 isoethuliacoumarin A（8-4）却不具有抗利什曼原虫的活性；在灭螺活性方面，ethuliacoumarin A 和 isoethuliacoumarin A 都具有活性[217]。

4.2.1.2 其 他

还从本植物分离得黄酮葡萄糖苷化合物，以及简单香豆素等[216, 218, 219]。

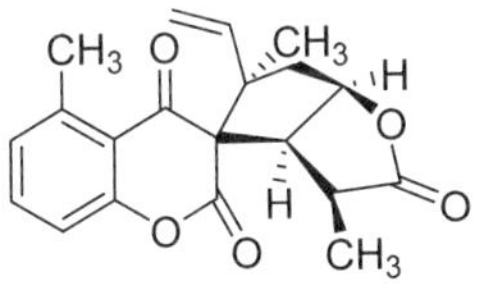

8-1 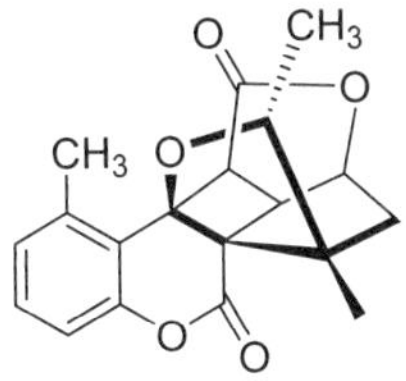   8-2 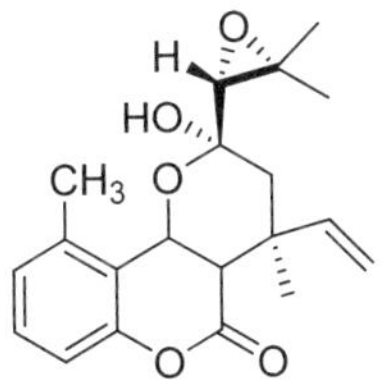   8-3 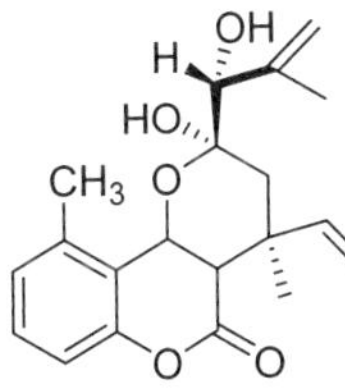   8-4

4.2.2 斑鸠菊属 *Vernonia*

本属是一个非常大的菊科属，约有 1000 种，分布于美洲、亚洲和非洲的热带和温带地区。我国有 27 种，主要分布于西南、华南及东南沿海各省区。

本属植物具有非常广泛的用途，如作为食物、药物与工业原料。如有 103 种植物作为世界传统民族药应用，其中又有 12 种植物还作为民族兽药应用。*V. amygdalina* 在非洲多个国家作为传统药物，应用于退热、止疟、杀虫等多种疾病的治疗。其他如 *V. Amygdalina* 和 *V. colorata* 还可作为蔬菜食用；*V. galamensis* 种子榨油还可作为工业原料应用[220]。

在传统药物应用上，咸虾花 *V. patula*，全草药用，发表散寒，清热止泻，治急性肠胃炎、风热感冒、头痛、疟疾等症；夜香牛 *V. cinerea*，全草入药，有疏风散热，拔毒消肿，安神镇静，消积化滞之功效，治感冒发热、神经衰弱、失眠、痢疾、跌打扭伤、蛇伤、乳腺炎、疮疖肿毒等症；驱虫斑鸠菊 *V. anthelmintica*，在印度用此植物的种子作驱虫药和治疗某些皮肤病。

基于体外、体内的药效及毒性研究结果，本属 *V. amygdalina* 植物最具开发为抗糖尿病、抗肿瘤和抗炎药物，而 *V. cinerea* 则为最具开发为抗炎和抗肿瘤药物的潜力。另外，从 *V. cinerea* 中分离的 hirsutinolide 型倍半萜化合物 vernolide A（9-7）是至今从本属植物中筛选出的最有效的抗肿瘤单体化合物[细胞毒活性，$ED_{50}(\mu g/mL)$值：KB 为 0.02，DLD-1 为 0.05，NCI-661 为 0.53，Hela 为 0.04][220, 221]。

4.2.2.1 倍半萜内酯

从本属植物中分离的倍半萜内酯化合物超百个，结构骨架类型多样，主要有吉马烷、桉烷、愈创木烷、榄烷及伪愈创木烷等。但其中的 hirsutinolide 型吉马烷倍半萜为本属的典型结构，其结构特征是拥有一个 12(6)-内酯和一个 1β,4β-醚环，如从本属分离得到的 hirsutolide（9-1）、vernolide E 和 F（9-2、9-3）[222]、vernolide B（9-4）[223]等。

从 *V. cinerea* 植物全草中还分得一类不常见的、具有 4α,10α-醚环和 2,14-醚环结构的倍半萜内酯化合物，如 vercinolide A（9-5），但此类化合物的抗炎和细胞毒活性不及同时从本植物中分得的 hirsutinolide 型化合物[223]。

另外，除倍半萜内酯单体之外，还从本属植物中分离得倍半萜内酯二聚体化合物，如从 *V. anthelmintica* 中分离的榄香烷型倍半萜内酯二聚体 vernodalidimers A 和 B（9-6、9-7）[224]。

106

4.2.2.2　甾体皂苷

本属植物富含甾体皂苷，为萜类成分之外的第二大类成分。它们的结构大多为 $\Delta^{7,9(11)}$-二烯及高氧化度侧链的豆甾烷型甾体皂苷，如从 *V. amygdalina* 中分得的 $\Delta^{7,9(11)}$型甾体皂苷化合物 vernoamyosides A（9-8）、B、C 和 D（9-9）[225]，及具有抑制 α-葡萄糖酶和 α-淀粉酶抑制活性的甾体皂苷化合物 vernoamyoside E（9-10）[226]； vernoramyosides A-F[227]等。

4.2.2.3　脂肪酸

本属多种植物种子富含顺式脂肪酸，如在 *V. anthelmintica* 种子中，vernolic acid（12,13-epoxy-*cis*-9-octadecenoic acid）占种子油成分的 70%～75%，而且在贮存过程中，vernolic acid 的含量会降低[228]。其他的类似物还有 12,13,17-trihydroxy-9(*Z*)-octadecenoic acid methyl ester、12,13,17-trihydroxy-9(*Z*)-octadecenoic acid、tianshic acid 和 1,3-divernolin[229]。

4.2.2.4　二萜

从 *V. anthelmintica* 种子中仅分得一个对映贝壳杉烷型二萜化合物 16α,17-acetonide-3α-hydroxykauran（9-11）[229]。

4.2.2.5　其他

其他成分类型还有黄酮、三萜、咖啡酸衍生物、5-甲基-4-羟基香豆素聚酮-单萜化合物、未分纯的生物碱化合物等[220]。

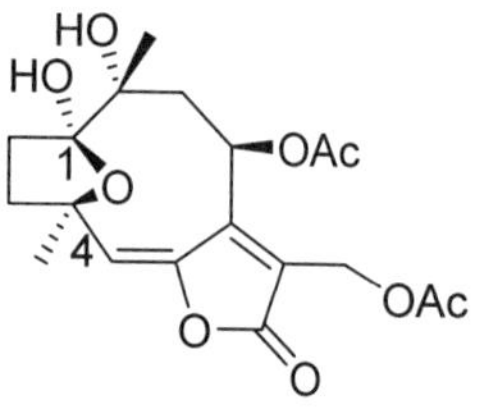

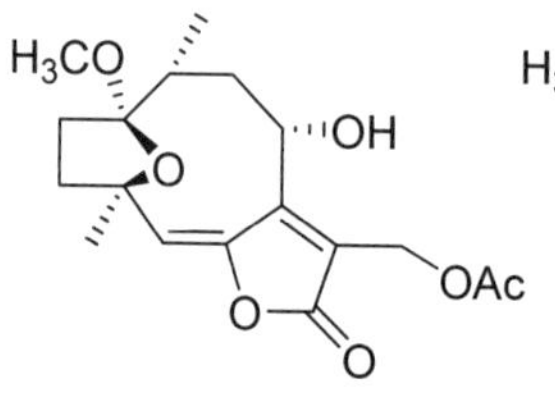

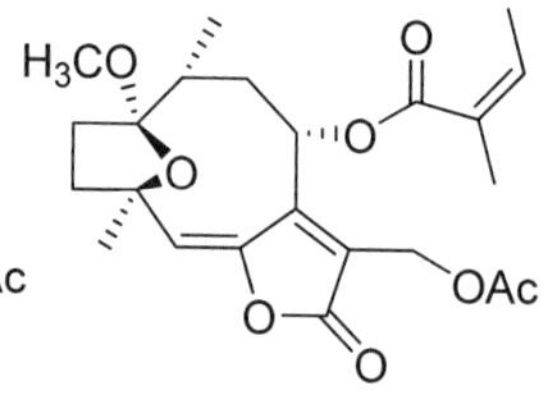

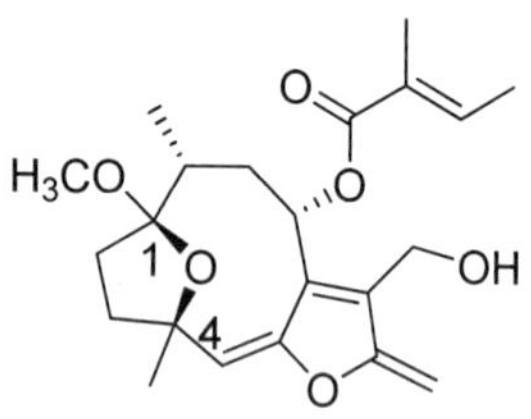

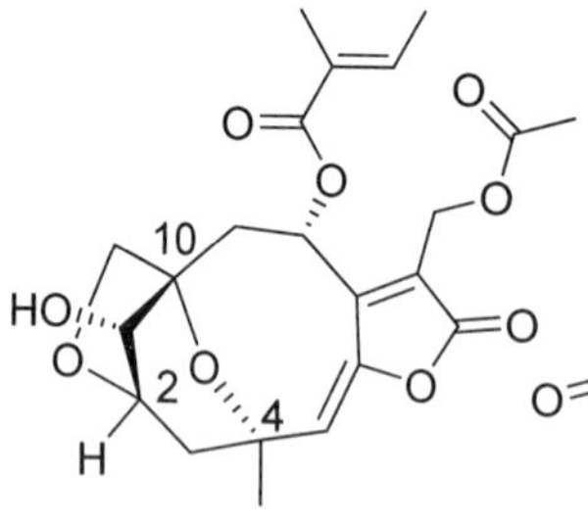

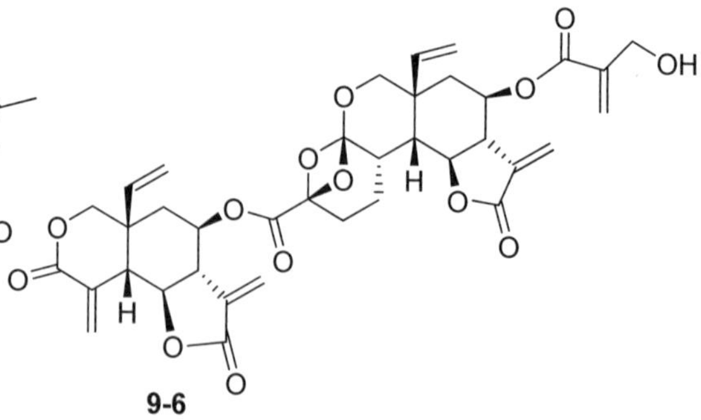

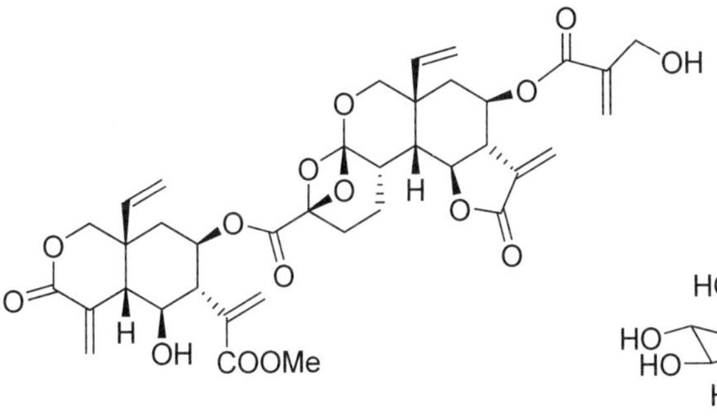

9-7

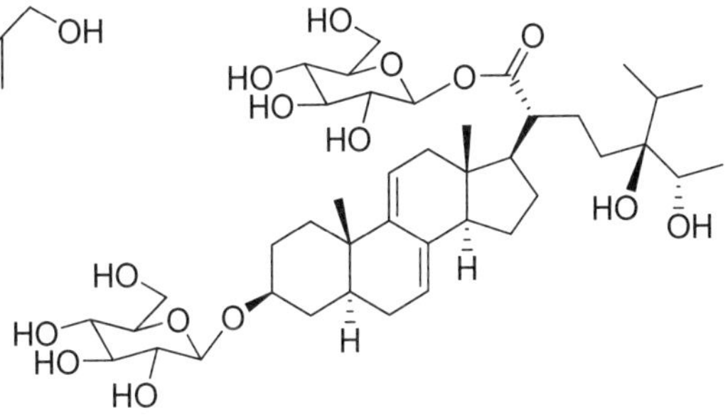

9-8

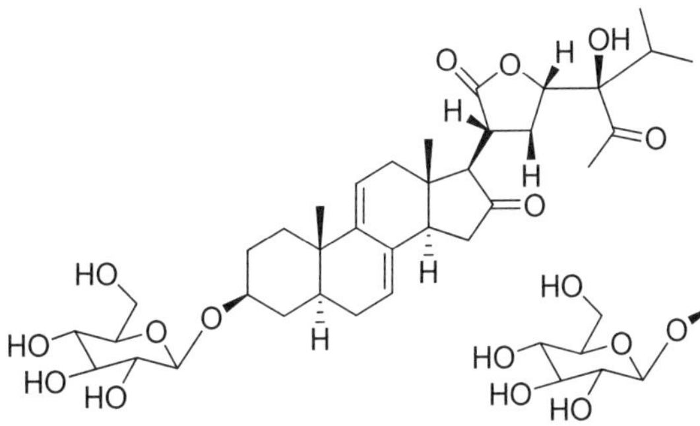

9-9

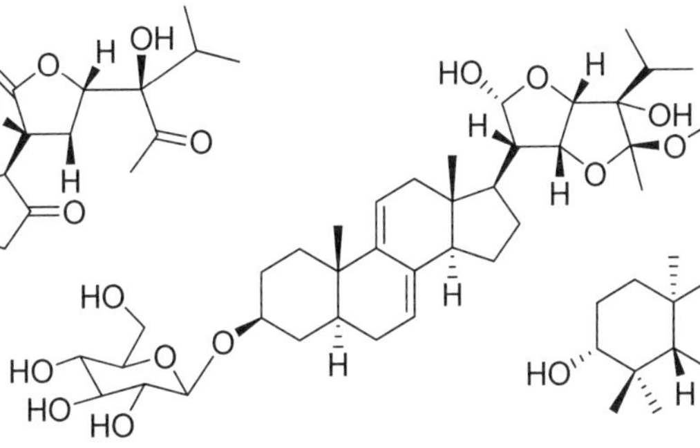

9-10

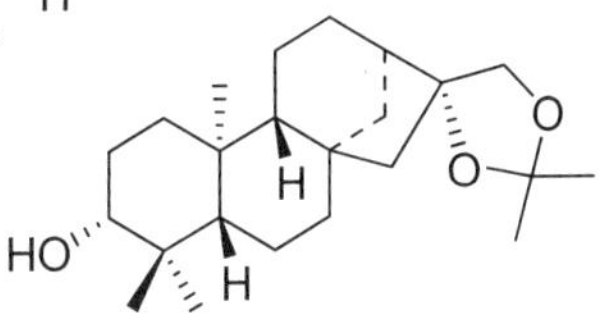

9-11

4.2.3　凋缨菊属 *Camchaya*

本属约4种，分布于中南半岛。我国有1种，即凋缨菊 *Camchaya loloana*，产于云南。

4.2.3.1　倍半萜

本属植物的倍半萜骨架类型是以吉马烷型 goyazensolide 亚型（其呋喃环的醚链连接位置是 C3-C10，也称为 furanoheliangolide 型）为主，如从 *C. calcarea* 中分离得到的 8 个 furanoheliangolide 型倍半萜内酯化合物，如 goyazensolide（10-1）、centratherin（10-2）和 lychnophorolide（10-3）。

除此之外，还从本种植物分离得到正常吉马烷型倍半萜内酯化合物与苯丙素类化合物，其中的正常吉马烷型倍半萜化合物 1(10),*E*,4*Z*,11(13)-germacratrien-12,6-olide- 15-oic acid（10-4）还显示出比以上具有呋喃环的 goyazensolide 型倍半萜更弱的细胞毒活性[230]。

通过活性研究，揭示了本属植物中大多数的 hirsutinolide 型倍半萜化合物具有抗原虫活性，抗微生物及细胞毒活性。其中，化合物 centratherin 抗原虫活性的 IC_{50} 值为 0.3 μg/mL；抗微生物活性的 MIC 值为 3.1 μg/mL；细胞毒活性 IC_{50}（μg/mL）值：NCL-H187 为 0.07，KB 为 0.22，BC 为 0.66，Vero 为 5.8，其结果显示出本化合物对小细胞肺癌细胞系有一定选择性的细胞毒性[230]。

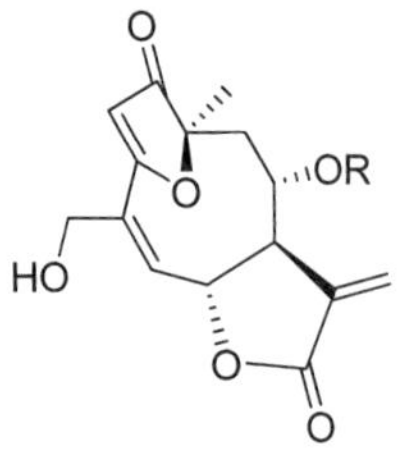

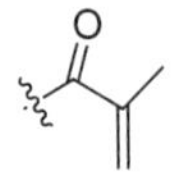

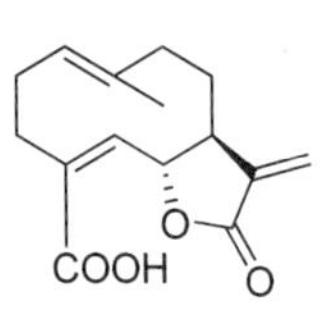

10-1 R=a
10-2 R=b
10-3 R=c

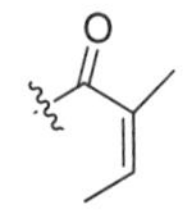

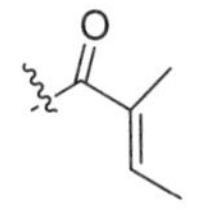

10-4

4.2.4　地胆草属 *Elephantopus*

本属约 30 余种，大部分产于美洲，少数种分布于热带非洲、亚洲及大洋洲。我国有 2 种，即地胆草 *E. scaber* 与白花地胆草 *E. tomentosus*，分布于华南和西南。

地胆草 *E. scaber* 不仅作为我国华南地区，尤其港台地区一味常用民间药，而且作为我国西南地区少数民族和东南亚、南美洲以及非洲一些国家的传统药物，用于治疗多种疾病，如在印度，将其用于心血管疾病、支气管炎及天花的治疗[231, 232]。在我国，地胆草 *Elephantopus scaber* 全草入药，有清热解毒、消肿利尿之功效，治感冒、菌痢、胃肠炎、扁桃体炎、咽喉炎、肾炎水肿、结膜炎、疖肿等症。

4.2.4.1　倍半萜内酯

本属植物主要以 elephantopus-type 的吉马烷倍半萜内酯为主。本类化合物的特征是：除一个十元大环的吉马烷特征结构之外，分子中还有 12,6：14,2-两个内酯环及两个位于 $\Delta^{1(10)}$ 和 $\Delta^{4(5)}$ 的反式共轭双键。如近期从地胆草 *E. scaber* 中分离的 scabertopinolide A（11-1）[233]，以及本植物中主要的成分 deoxyelephantopin（11-2）、isodeoxyelephantopin（11-3）[232]。另外，至今还未分离到斑鸠菊属中特征的 hirsutinolide 型的吉马烷倍半萜内酯化合物，因此，它们结构上的区别显示出分类学的意义。

本植物中的倍半萜类成分的抗肿瘤生物活性得到了较多的研究，如化合物 scabertopinolide G（11-4）[233]、deoxyelephatopin、isodeoxyelephantopin、scabertopin（11-5）、isoscabertopin（11-6）等具有有效的细胞毒活性。如研究显示，scabertopinolide G（11-4）对 HepG2、Hep3B 和 MCF-7 肿瘤细胞系的 IC$_{50}$ 值在 7.0 ~ 10.3 μmol/L，显示出有效的细胞毒活性。

4.2.4.2　其　他

本属植物地胆草 *E. scaber* 中还含三萜、甾醇、黄酮和酚类成分。

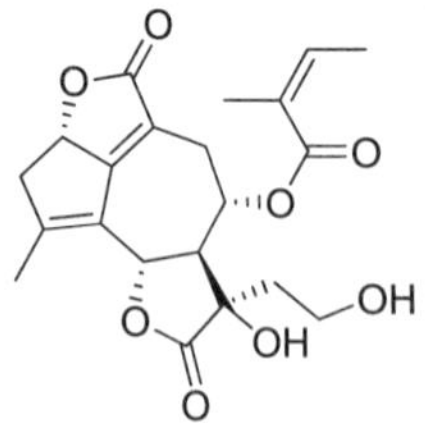

11-1 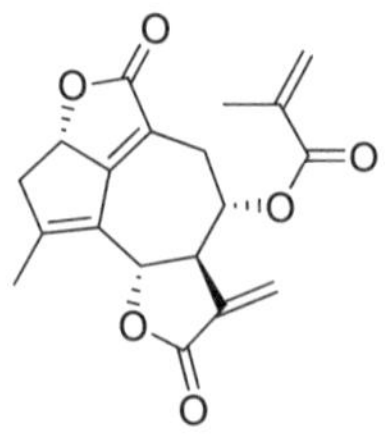　　　　　　**11-2** 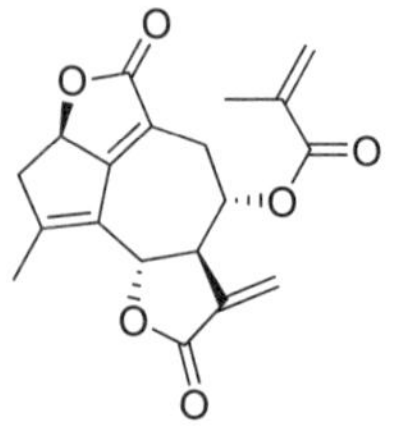　　　　　　**11-3**

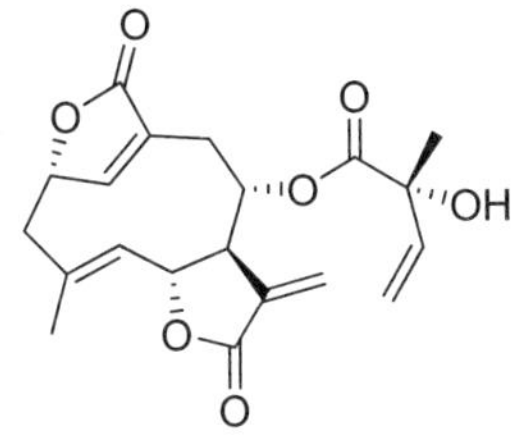

11-4 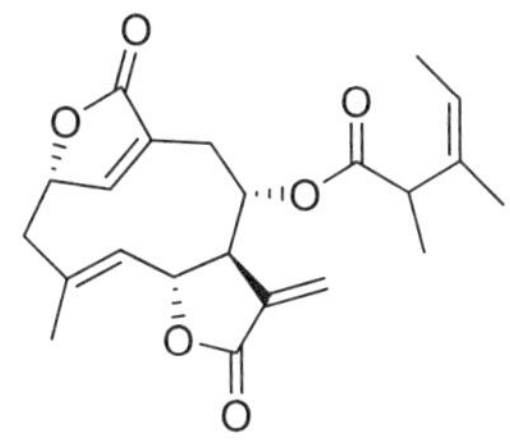　　　　　　**11-5** 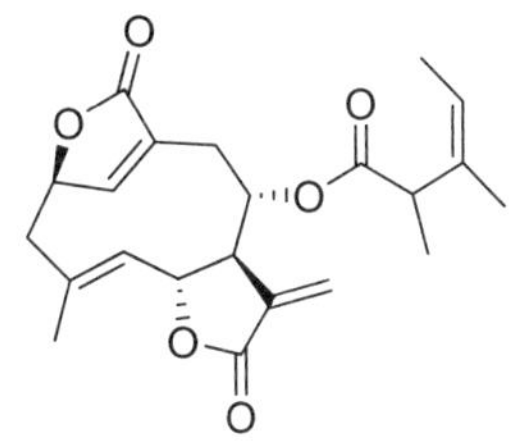　　　　　　**11-6**

4.2.5　假地胆草属 *Pseudelephantopus*

　　全世界仅有 2 种，分布于热带美洲和非洲。我国有 1 种，即假地胆草 *P. spicatus*。本种作为南美洲传统药物，用于治疗炎症与利什曼原虫疾病（leishmania disease）[234]。

　　本属最主要的倍半萜内酯骨架为吉马烷与杜松烷，其中的 hirsutinolide 型吉马烷倍半萜内酯是本属最主要及典型的倍半萜化合物，如具有有效的抗原虫 *Plasmodium falciparum* 和抗利什曼原虫 *Leishmania infantum* 的作用，但缺乏选择性的化合物 diacetyl piptocarphol（12-1）和 piptocarphins A（12-2），即它们抗原虫 *Plasmodium falciparum* 和 *Leishmania infantum* 的 IC_{50} 值分别是：24.1/9.5 和 4.7/2.0 μmol/L[234, 235]。

　　除此之外，还从 *P. spiralis* 中分得杜松烷化合物 5β-(2-methylacryloyloxy)spicatocadinanolide A（12-3）[236]。

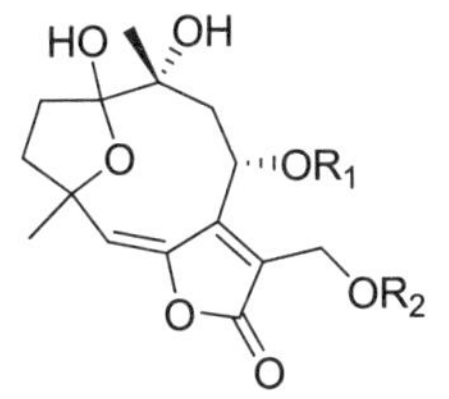

12-1 R_1=COCH$_3$　R_2=COCH$_3$
12-2 R_1=COCH$_3$　R_2=COC(CH$_3$)=CH$_2$

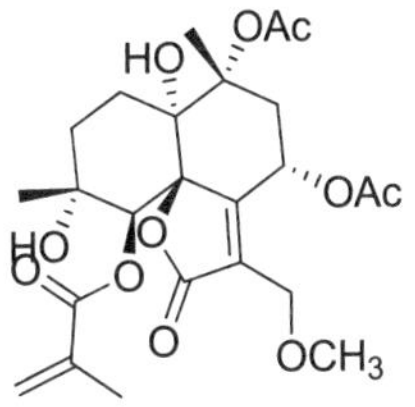

12-3

5 菜蓟族 Cynareae

本族各属集中分布于欧洲、北非、亚洲大部分地区，特别是地中海地区和中亚地区有较多的种属分布。全族约计 76 个属，我国有 41 属。本族分 3 个亚族，矢车菊亚族 Subtrib. Centaureinae O. Hoffm.、飞廉亚族 Subtrib. Carduinae O.Hoffm.和刺苞亚族 Carlininae。另外，蝟菊属 *Olgaea*、黄缨菊属 *Xanthopappus*、重羽菊属 *Diplazoptilon*、川木香属 *Dolomiaea* 和球菊属 *Bolocephalus* 为我国的特有属。

本族植物是菊科植物扩散至欧亚大陆后新分化出来的、较为原始的族，其中一些分布于青藏高原高海拔的植物、富含酚酸类成分的植物可能就更为原始，而另外一些，如富含倍半萜内酯化合物的属则为新分化、进化出来的属，如我国特有的川木香属 *Dolomiaea* 植物。

5.1 化学多样性

本族植物在倍半萜化合物方面，除川木香属、风毛菊属及苍术属之外，大多数的属不仅不把本类成分作为它们的主要成分类型，而且在二萜、三萜方面也不突出与丰富，显示出本族植物的原始性，此与现代分子分类结果相一致。

本族中大多数属中的倍半萜骨架类型不多、氧化程度也不高，所以可认为本族植物是一个较原始的族，尤其是那些生长于喜马拉雅山脉高寒地带、以黄酮等酚酸类成分为主的植物属或种，就更为原始与古老，如风毛菊属下的雪兔子亚属、雪莲亚属等植物。但从本族植物中含丰富的倍半萜内酯，且为我国特有属的川木香属则可认为是一个新分化出来的属，显示出年轻性与进化性。

除倍半萜化合物之外，本族在其他类型的化学成分方面，却出现了许多新的化学成分类型，且相似度不高，也再一次说明族内各属植物都在化学进化方面做出了多方面的尝试与努力，且在进化上未取得在萜类成分，尤其是在倍半萜类成分上的突破，因此，进化程度不高与不等。

1. 倍半萜

倍半萜类成分仅在一些属，如川木香属、风毛菊属、苍术属植物中成为主要化学类群，而且出现了一些新的骨架类型，如分布于红花属与苍术属中的香根螺烷型倍半萜，如代表化合物茅术醇 hinesol。

若从倍半萜的内酯结构来看，川木香属植物则主要以具环外亚甲基的 α-亚甲基-γ-内酯的倍半萜内酯结构为特征，而苍术属植物则以不含环外亚甲基的 α-亚甲基-γ-内酯或无内酯结构的倍半萜烯结构为特征。

另外，一般认为愈创木烷型倍半萜化合物是矢车菊亚族植物的特征性成分。

2. 新出现的化合物结构类型

在红花属与矢车菊属分布有吲哚生物碱；在飞廉属中分布有异喹啉生物碱；在红花属中有醌式黄酮；在漏芦属、麻花头属中分布植物蜕皮激素；在飞廉亚族中的牛蒡属、蓟属中，以木脂素、倍半木脂素及二木脂素为特征；在蓟属中分布有吡咯里西啶生物碱；在水飞蓟属中分布有黄酮木脂素等。

3. 化合物的聚合化

本族植物中也出现了化合物的聚合化现象，如倍半萜内酯的二聚化、木脂素的倍半、二聚化；黄酮-木脂素的杂聚化，它们应该也是菊科进化的一种体现。

4. 聚 炔

本族中含有聚炔化合物的属较多，有一定的分类学意义。尤其是在白术与苍术的鉴别上，聚炔化合物苍术素可作为二者的鉴别依据。

其他还有：在飞廉亚族 Carduinae Dumort 中含有链端为氧化甲基的 C_{17}-聚炔和聚炔糖苷化合物，而矢车菊亚族 Centaureinae Dumort 中含乙炔醛、多聚炔、环氧聚炔、氯乙醇及其乙酯型聚炔化合物，因此，此二亚族植物在聚炔成分结构上显示出分类上意义[237]。

5. 属内种间有化学成分的差异变化。

（1）苍术与白术在聚炔类成分苍术素的含量上有明显的差异，以及在倍半萜烯成分苍术酮、苍术烯内酯甲的含量上也有差异。同时，也看到它们二者之间倍半萜内酯骨架的丰富程度不同，如在苍术中发现香根螺烷型倍半萜及倍半萜烯的二聚体化合物，而在白术中未见，从而可知在进化上，苍术比白术进化。

（2）风毛菊属下的风毛菊亚属植物，如其中的木香含有丰富的以倍半萜内酯为主的挥发油，而其他亚属，如雪兔子亚属、雪莲亚属中的雪莲则含以黄酮、木脂素等较为原始的酚酸类成分为主的成分类群。

5.2 我国菜蓟族植物中倍半萜（内酯）的骨架类型（表 5-1）

表 5-1 我国菜蓟族植物中倍半萜（内酯）的骨架类型

属别	吉马烷	桉烷	愈创木烷	香根螺烷	榄烷	其他
珀菊属 Amberboa	−	−	+	−		
红花属 Carthamus	−	+	−	+		phaseate 型
矢车菊属 Centaurea	+	+	−	−	+	
薄鳞菊属 Chartolepis	−	−	+	−	−	
藏掖花属 Cnicus	−	+	−	−	+	
麻花头属 Serratula	−	+	+	−	−	卡拉布烷

续表

属别	吉马烷	桉烷	愈创木烷	香根螺烷	榄烷	其他
漏芦属 *Rhaponticum*	−	+	+	−	−	
针苞菊属 *Tricholepis*	−	−	+	−	−	
顶羽菊属 *Acroptilon*	−	−	+	−	−	
牛蒡属 *Arctium*	+	+	−	−	−	艾里莫酚烷
飞廉属 *Carduus*	+	−	−	−	−	
蓟属 *Cirsium*	−	−	−	−	−	三环 Caryolane
刺头菊属 *Cousinia*	+	−	+	−	−	没药烷
菜蓟属 *Cynara*	−	−	+	−	−	
川木香属 *Dolomiaea*	+	−	+	−	−	卡拉布烷
泥胡菜属 *Hemistepta*	−	−	+	−	−	−
苓菊属 *Jurinea*	+	−	+	−	−	−
大翅蓟属 *Onopordum*	+	+	+	−	+	
风毛菊属 *Saussurea*	+	+	+	−	−	
苍术属 *Atractylodes*	−	+	+	+	+	cyperane 和广藿香烷 patchoulane

5.3 本族植物的传统应用与药效物质

本族中有许多植物是常用的中药品种，如红花、木香、川木香、苍术、白术、牛蒡、漏芦、大蓟、小蓟等，因此，对这些药材的化学成分与生物活性的研究文献报道较多，即可从中看出它们的药效、性效物质基础，如：

（1）中药红花中的醌式查耳酮为该植物的特征性成分，通过生物活性研究，发现该化合物具有心脏保护、神经保护、抗肿瘤、抗凝血及免疫调节、对肺动脉高血压的血管松弛等作用，可用于心脑血管疾病的治疗[238]，因此，该成分被认为是中药红花的药效物质。

（2）中药麻花头与漏芦中含有特征的植物蜕皮激素类成分，此类成分具有广泛的药理作用，而且大多都是对人体有益的，如其所具有的蛋白同化作用。此与《神农本草经》将漏芦列为上品，且久服轻身益气，耳目聪明，不老延年的功效相符。

（3）中药牛蒡子中含有丰富的木脂素类成分，且它们具有抗炎、抗病毒等多种生物活性，所以，牛蒡子中的木脂素类成分是它的药效物质。

（4）大蓟、小蓟为重要的止血药，但目前，对它们的止血作用及药效成分研究还不甚清楚。一般认为是本植物中的黄酮、咖啡酰基奎宁酸等酚类成分。

（5）苍术、白术中虽有非常丰富的倍半萜类成分，但它们基本以桉烷型倍半萜烯类成分为主，不含化学活泼性高的 α-亚甲基-γ-内酯结构片段，此可能与"术"有甘温性味，补气功效相关。而且，白术与苍术在倍半萜骨架类型及聚炔化合物的成分上也有一定的差异，显示出二者之间的药性、药效及药效物质基础之不同。

（6）中药木香与川木香分属于不同的属，但它们均含有丰富的倍半萜内酯化合物，如主要的两个化合物，木香烃内酯 costunolide 和去氢木香烃内酯 dehydrocostuslactone。研究发现它们具有多种生物活性，如利胆、解痉等作用，因此，这类化合物可认为是木香与川木香行气止痛的药效成分。

（7）现代研究发现黄酮木脂素是水飞蓟保肝作用的药效成分。

5.3.1　珀菊属 *Amberboa*

本属约 7 种，分布于西南亚及中亚地区。我国有 3 种，1 种为野生，分布于新疆，其他两种为引种栽培。分布于印度、巴基斯坦的一些种作为传统药物应用，具有补益、通便、解热、细胞毒及抗菌活性[239]。

5.3.1.1　倍半萜内酯

从本属植物中分离的倍半萜内酯成分较为少，仅有几个化合物，且骨架类型均是常见的愈创木烷[240, 241]。其中，从 *A. ramosa* 中分离的愈创木烷型倍半萜化合物 amberin（13-1）和 amberbins A-C（13-2～13-4），具有抑制乙酰胆碱酯酶和丁酰胆碱酯酶的活性，说明它们具有开发成为治疗阿尔兹海默病药物的潜力[242]。

5.3.1.2　三　萜

本属植物中具有环阿屯型（cycloartane）三萜，如从 *A. ramsa* 中分离得多个此类成分，如(22R)-cycloart-20, 25-dien-2α,3β,22α-triol（13-5），而且它们具有抑制丁酰胆碱酯酶的活性[239, 243, 244]。

5.3.1.3　其他[241, 243]

黄酮、甾醇苷、长链酯[245]等。

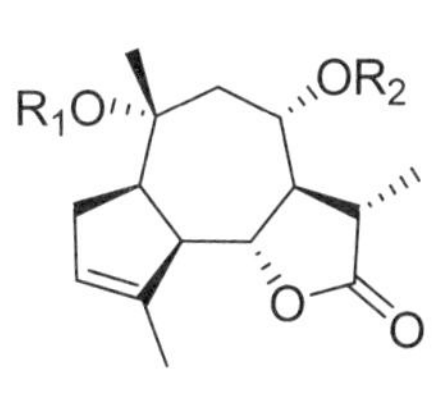

13-1 R₁=acetyl　　R₂=D-glucose
13-2 R₁=H　　R₂=acetyl
13-3 R₁=D-glucose　　R₂=acetyl
13-4 R₁=glecerol　　R₂=acetyl
13-5

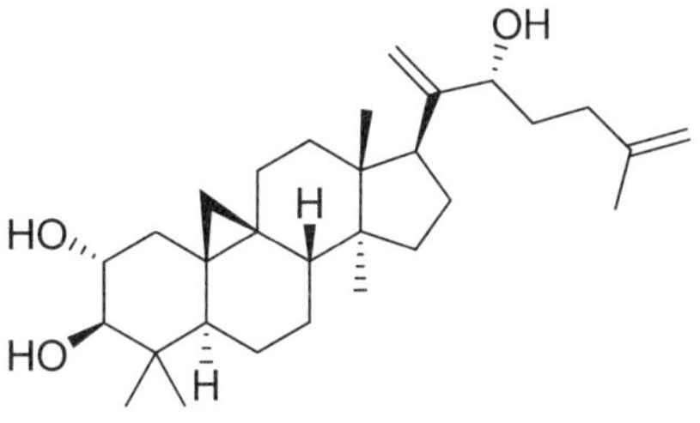

5.3.2 红花属 *Carthamus*

本属 18~20 种，分布于中亚、西南亚及地中海区。我国有 2 种。

中药红花为红花 *C. tinctorius* L. 的干燥花。其性温、味辛，归心、肝经，具有活血通经，散瘀止痛之疗效，临床上主要用于治疗经闭、痛经、恶露不行、癥瘕痞块、胸痹心痛、瘀滞腹痛、胸胁刺痛、跌扑损伤、疮疡肿痛等[246]。

至 2014 年，从红花中分得的化合物达 104 个，有醌式查耳酮、黄酮生物碱、聚炔、二醇烃、甾醇、脂肪酸及木脂素等。其中，醌式查耳酮 quinochalcones 和黄酮 flavonoids 化合物被认为是本药材的特征与活性成分[247]。

5.3.2.1 5-羟色胺衍生物（serotonin derivatives）

本类成分是由 5-羟色胺与苯丙酸形成酰胺连接键而成，如 *N*-[2-(5-hydroxy-1*H*-indol-3-yl)ethyl]ferulamide（14-1）。除此类单体之外，还分离得到此类成分的二聚体成分，如 *N*-[2-[3'-[2-(*p*-coumaramido)ethyl]-5,5'-dihydroxy-4,4'-bi-1*H*-indol-3-yl]ethyl]-ferulamide（14-2）[129]。

5.3.2.2 亚精胺衍生物（spermidine derivatives）

此类成分由亚精胺的三个氮原子与三个苯丙酸衍生物分子通过酰胺键连接而成，如safflospermidine A 和 B（86，14-3）[130]。

5.3.2.3 二萜生物碱

从一个栽培油料植物 *C. tinctorious* L, var Annigeri-2-中分得一个松香烷型二萜生物碱dehydroabietylamine（14-4）[106]，其具有肝保护、抗菌、杀寄生虫、抗乙酰胆碱酯酶等活性。

5.3.2.4 倍半萜类

至今，从本属植物分离得到的此类成分很少，但分离得到的倍半萜之中含少见的香根螺烷型骨架化合物，以及本化合物的岩藻糖苷化成分，如香根螺烷 spirovetivane 型倍半萜茅术醇 hinesol（14-5）、hinesol *β*-fucopyranoside（14-6）及它的一对 1-羟基差向异构化的烯丙基化衍生物(文献未命名，14-7、14-8)等[248, 249]。

除此之外，还有桉烷、开环桉烷[250]及 *β*-紫罗兰酮型下的 phaseate 型降倍半萜(−)-methyl dihydrophaseate（14-9）和(−)-(9*E*)-methyl dihydrophaseate（14-10）（应看成是四萜类胡萝卜素的降解产物）[246]。

5.3.2.5 种子的脂肪油类

本属植物种子中富含亚油酸。对 5 个土耳其产的红花属植物种子中的脂肪酸进行研究后发现，种子油中的主要成分是：亚油酸 linoleic acid（58.8%~82.6%），油酸 oleic acid（7.3%~22.8%），以及长链饱和脂肪酸，棕榈酸 palmitic acids（4.8%~8.8%）[251]。

5.3.2.6 醌式查耳酮

本属植物除常见的黄酮化合物外，还存在一类特征的醌式查耳酮类化合物，它们被认为是红花色素的主要成分及活性成分。此类结构的特点是分子中具有一个 C-糖苷化的环己酮二烯醇结构片段，而且此类成分仅在红花植物中发现。

此类成分的代表化合物是 hydroxysafflor yellow A(HSYA)（14-11），虽然它于 1981 年从红花中分离得到，但直到 2013 年，它的结构才得到真正解决，即它是一个酮-烯醇互变的混合物[161]。至今，分离得到约 20 个此类成分。最近分得的化合物是 hydroxysafflor yellow A-4′-O-β-D-glucopyranoside（14-12）和 3′-hydroxyhydroxysafflor yellow A（14-13）[252]。

研究显示醌式查耳酮化合物 hydroxysafflor yellow A（HSYA）具有抗凝血、心肌脑缺血保护、扩张血管、抗炎及神经保护等作用。因此，HSYA 被认为是红花的主要活性成分，所以 HSYA 也被作为红花的质量评价的标准物质[247]。

5.3.2.7 黄　酮

本类化合物被认为是红花药材的活性成分，其中，黄酮醇及其苷类化合物最为丰富，如 kaempferol、quercetin、luteolin 及 apigenin 等苷元及糖苷化合物[247]。

5.3.2.8 毒　性

通过致突变试验证实、而且通过三个剂量的长期毒性试验也证实红花无基因毒性，仅具低的急性毒性。但由于红花作为色素、调味及食品添加剂的广泛使用，使红花的毒性作用受到越来越广泛的关注[247]，例如，致畸试验证实，红花提取物在 1.2 mg/(kg·d) 的剂量下有致畸副作用。而且，研究发现：红花提取物对鼠神经培养细胞显示出剂量依赖的毒性作用；红花提取物对鼠睾丸组织有毒性作用。

另外，有 3 例为减体重而食用红花种子油后出现肝坏死的病例报道，提示了为减体重而食用红花种子油所具有的风险[253]。

5.3.2.9 其　他

还分得三萜、甾醇及苷、苯丙素、聚炔等[247]。

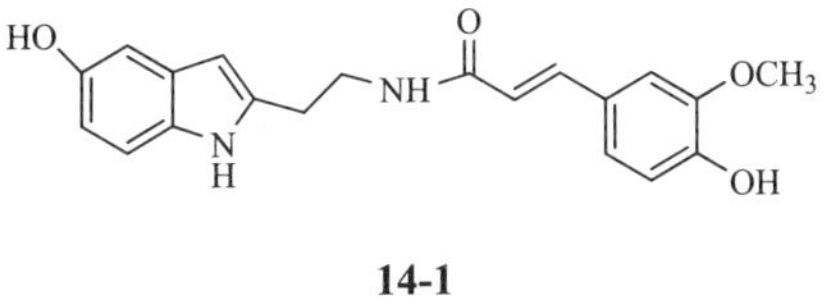

14-1 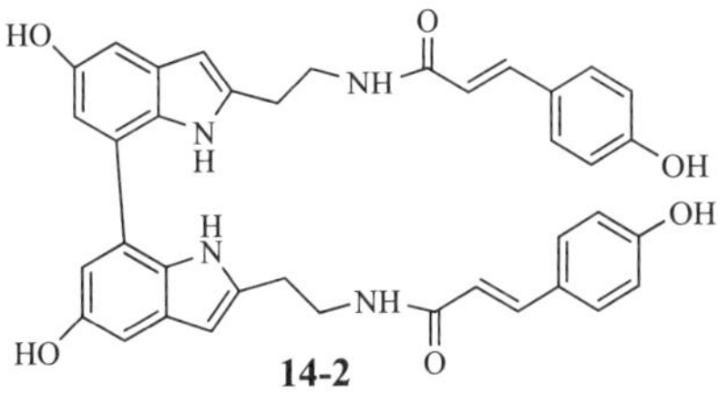　14-2 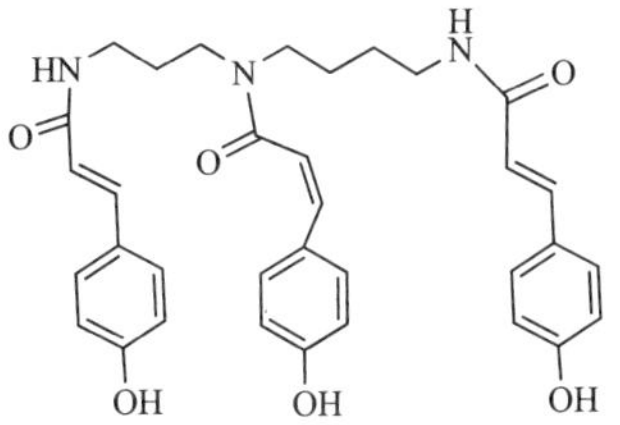　86 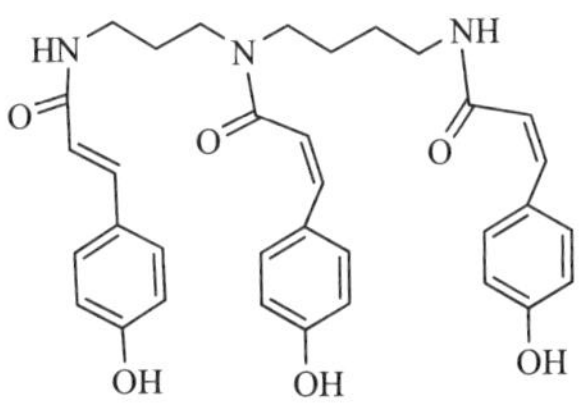　14-3 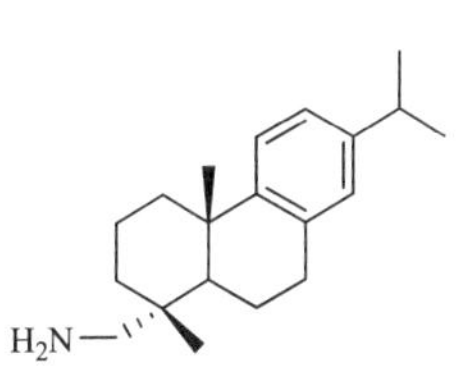　14-4

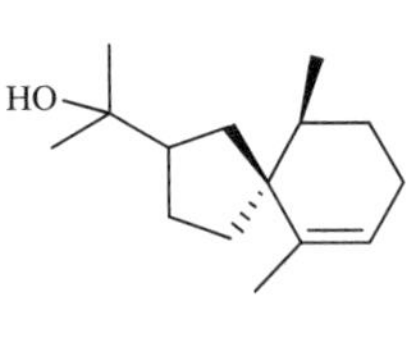

14-5 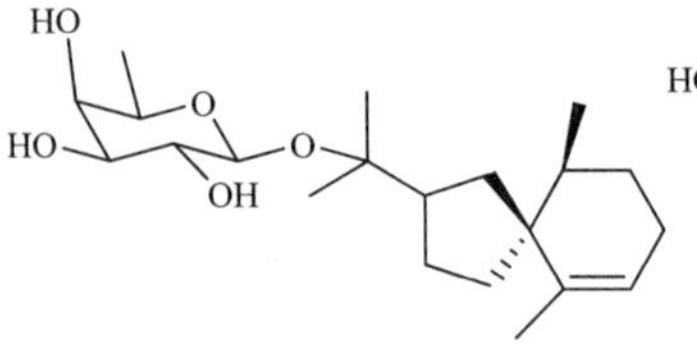   14-6 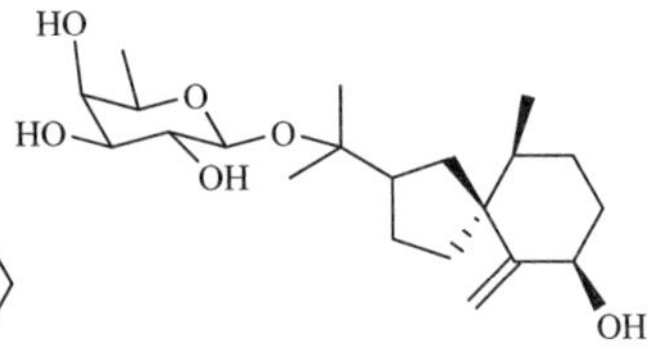   14-7

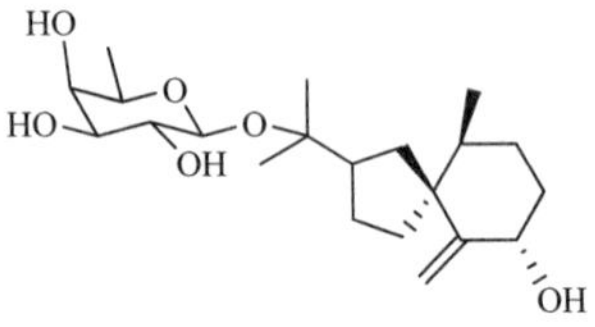

14-8 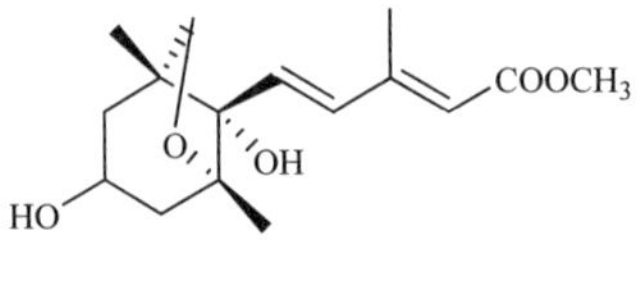   14-9 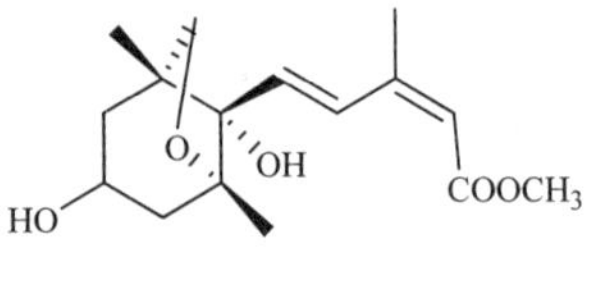   14-10

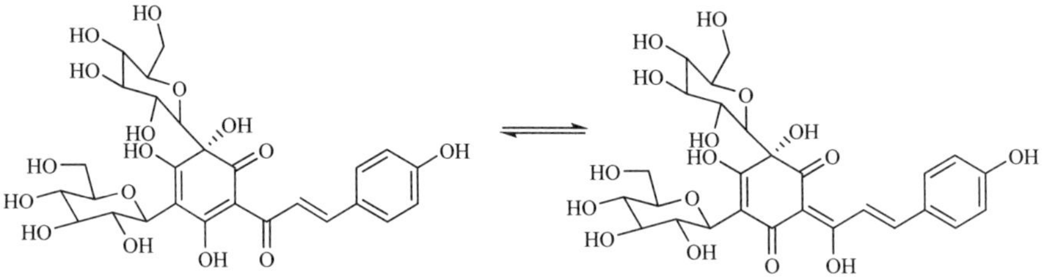

14-11

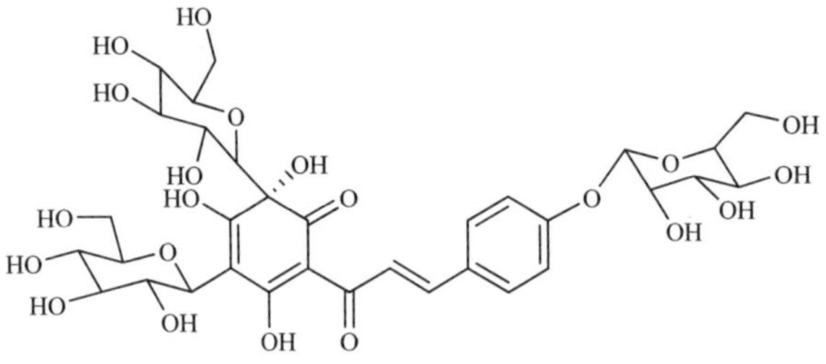

14-12 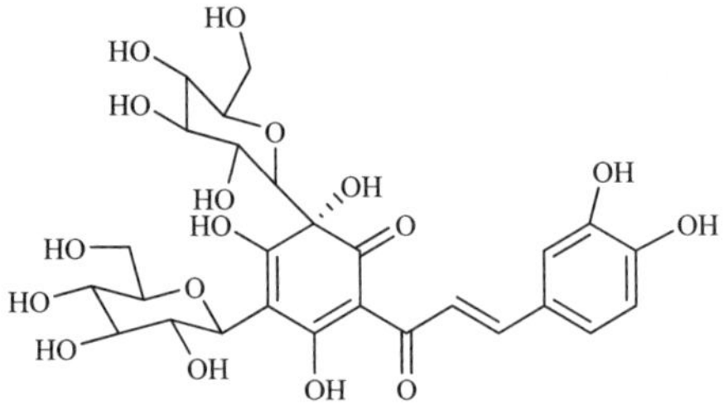   14-13

5.3.3 矢车菊属 *Centaurea*

全属 500～600 种，主要分布于地中海地区及西南亚地区。我国有 10 种，有些是引入栽培供观赏的，野生种全部分布在新疆地区。

本属许多种在多个国家作为传统药物应用，具有兴奋、补益作用，用于治疗癌症、细菌感染、风湿关节炎[254]。

5.3.3.1 花色素原 Protocyanin

花色素原 protocyanin 是矢车菊 *C. cyanus* 蓝色花的蓝色色素。通过长期的研究证实本化合物是由：花色素 cyanidin 3-*O*-(6-*O*-succinylglucoside)-5-*O*-glucoside（15-1）、黄酮 apigenin-7-*O*-glucuronide-4'-*O*-(6-*O*-malonylglucoside) (15-2)，以及 Fe、Mg 和 Ca 离子组成的复合物，它们的物质的量之比为 6：6：1：2：3[159]。

5.3.3.2　花的颜色色素组成

研究揭示本属花的颜色成分是花青素 anthocyanins 与黄酮 flavonoids 化合物，如从 11 个矢车菊属植物的花中分离得多个花青素 anthocyanins 与黄酮 flavonoids 化合物。即：

从 *C. achtarovii*、*C. dealbata*、*C. montana* 等 8 个种的蓝色花中分离得 4 个花青素成分和 4 个黄酮类成分，花青素是：cyanidin 3,5-di-*O*-glucoside、cyanidin 3-*O*- (6″-malonylglucoside)-5-*O*-glucoside、cyanidin 3-*O*-(6″-succinylglucoside)-5-*O*-glucoside 和 cyanidin glycoside（前两个花青素为主要成分）；黄酮化合物是：apigenin 7-*O*-glucuronide-4′-*O*-glucoside、malonylated apigenin 7,4′-di-*O*-glucoside、apigenin 7-*O*-glucuronide 和 kaempferol glycoside。

从 *C. macrocephala*、*C. rupestotilis* 和 *C. suaveolens* 3 个种的黄色花中分离得 9 个黄酮醇与 4 个黄酮化合物，它们是：黄酮醇化合物 quercetagetin、quercetagetin 7-*O*-glucoside、quercetagetin 3′-methyl ether 7-*O*-glucoside、patuletin, patuletin 7-*O*-glucoside、quercetin 7-*O*-glucoside、kaempferol 3-methyl ether、kaempferol 3-methyl ether 4′-*O*-glucuronide 和 isorhamnetin 3-*O*-galactoside；黄酮化合物 apigenin、apigenin 7-*O*-glucuronide、luteolin 7-*O*-glucoside 和 apigenin 6,8-di-*C*-glucoside (vicenin-2)[255]。

5.3.3.3　吲哚生物碱 indole alkaloids（serotonin derivatives，5-羟色胺衍生物）

本属植物与红花属植物均具有较为丰富的吲哚生物碱，此类成分也称为 serotonin derivatives 或 5-羟色胺衍生物。

5-羟色胺衍生物 serotonin derivatives 除单体化合物之外[256]，还含一些结构特异的化合物，如从 *C. moschata*[257]的种子中分离得到 moschamindole（15-3）、moschamindolol（15-4）和 moschamide（15-5）[258]；以及从 *C. schischkinii* 种子中分离得的它的二聚体成分 schischkiniin（15-6）[259]等。

5.3.3.4　倍半萜

从本属分离的倍半萜化合物还较少，主要的骨架类型是吉马烷、桉烷、榄烷型。如从 *C. athoa* 中分离的榄烷型化合物有 athoin（15-7）、14-*O*-acetylathoin（15-8）、14-*O*-acetylathoin-12-oate（15-9）[260]。

另外，还含有倍半萜内酯通过活泼环外亚甲基与脯氨酸吡咯环加成的产物 centaureolide A（15-10）和 centaureolide B（15-11）[254]。

从 *C. aspera* subsp. *Aspera* 中还分得一个奇特的 onopordopicrin-valine 二聚体，但严格地讲，它不是真正意义上的倍半萜二聚体，而是刺蓟苦素 onopordopicrin 先与缬氨酸加成后，再二聚化形成的二聚体。另外，文献对此化合物未命一俗名，故在此暂命其名为 onopordopicrin-valine dimer（15-10）[83]。

5.3.3.5　挥发油

C. pterocaula 地上部分的挥发油中的主要成分是：hexadecanoic acid（13.9%）、caryophyllene oxide（11.5%）、spathulenol（11.4%）、(*E*)-β-damascenone（5.0%）、hexahydrofarnesyl acetone（5.0%）和 tetradecanoic acid（4.9%）[261]。

5.3.3.6 其 他

木脂素[256]、香豆素苷、黄酮、苯丙素、三萜等[254, 262]。

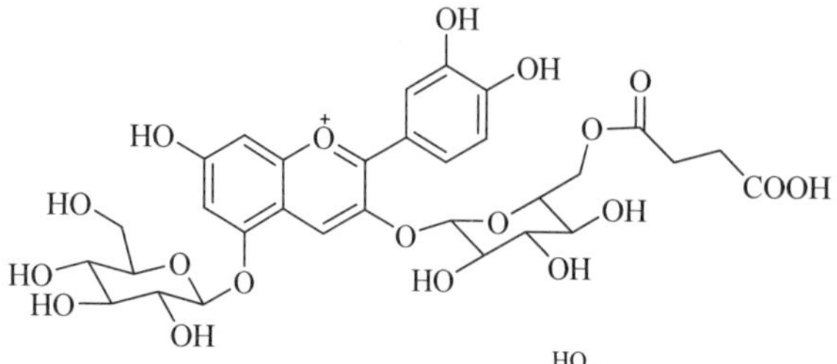

15-1

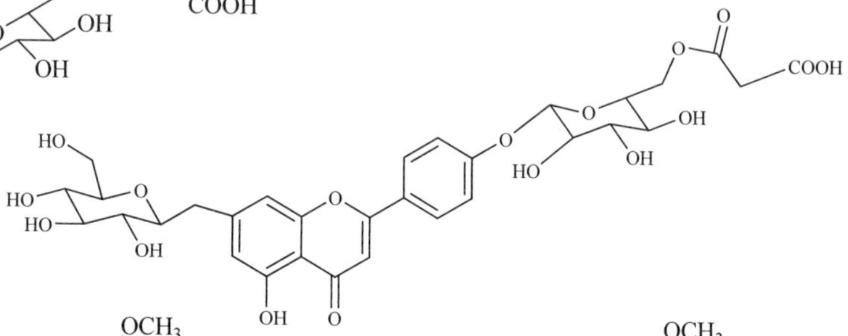

15-2

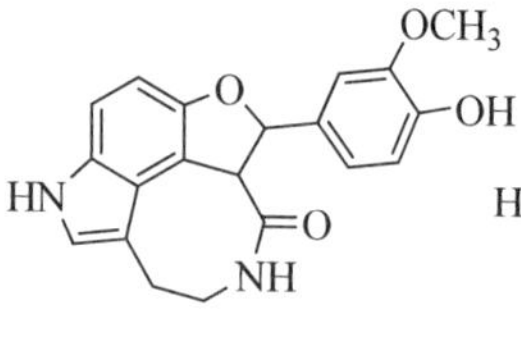

15-3 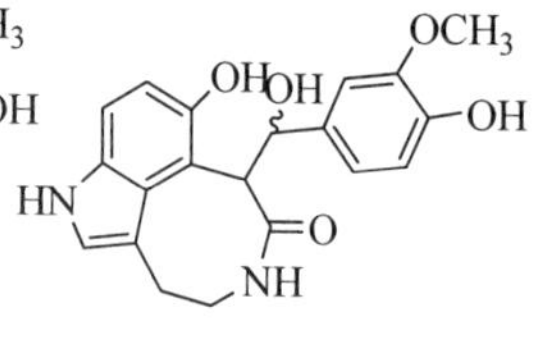   **15-4** 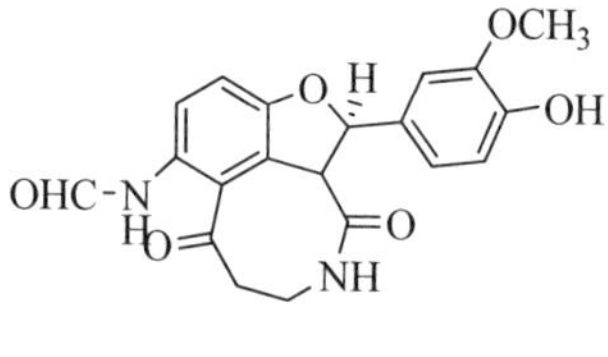   **15-5**

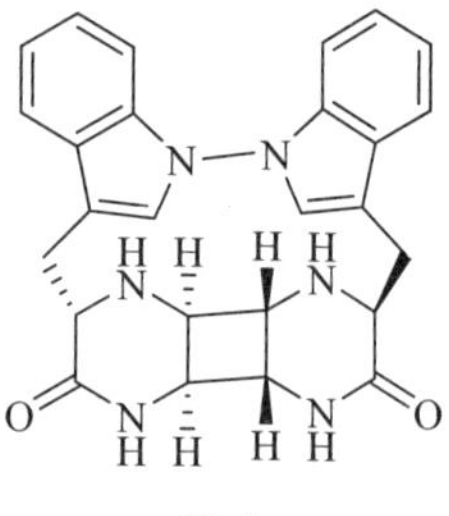

15-6

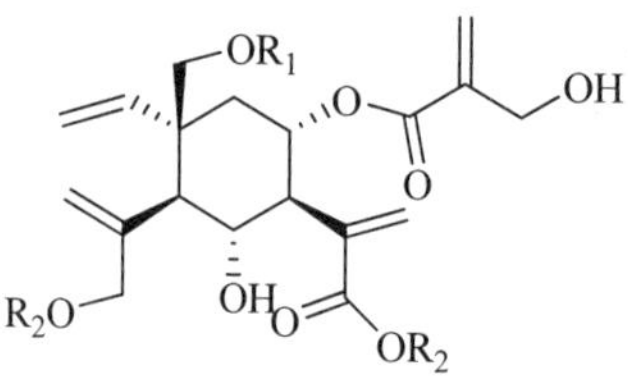

	R₁	R₂
15-7	H	H
15-8	Ac	H
15-9	Ac	CH₃

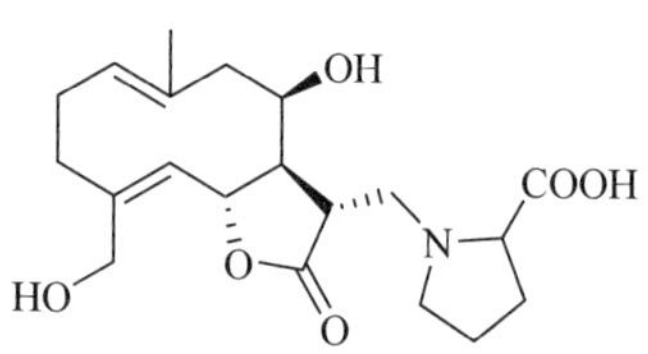

15-10

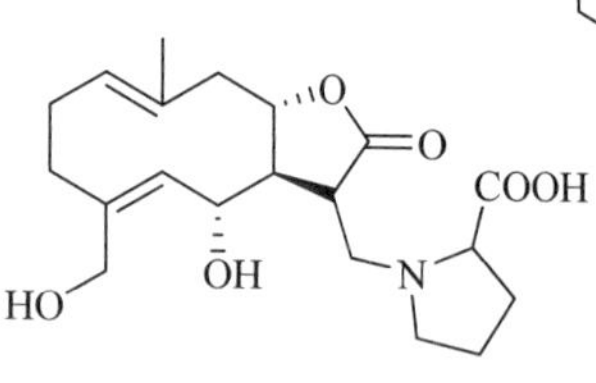

15-11 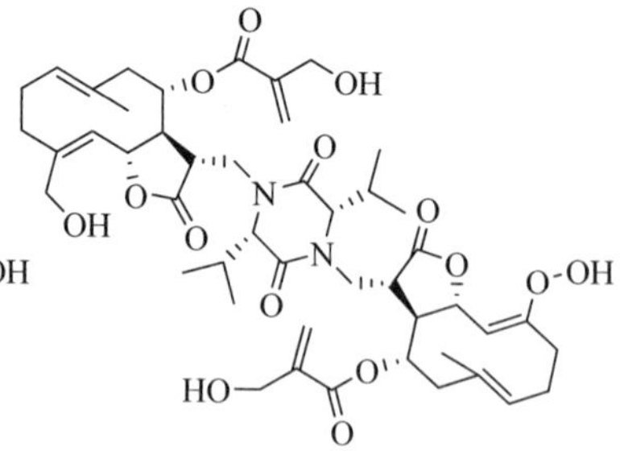   **15-12**

5.3.4 薄鳞菊属 *Chartolepis*

本属约 7 种，分布于欧洲、西伯利亚、中亚及西亚。我国新疆有 1 种。

对本属植物的化学成分研究薄弱，仅从 *C. intermedia* 花与叶中分离得的两个量大的愈创木烷倍半萜内酯化合物 grosshemin（16-1）和 cynaropicrin（16-2）[263, 264]。

　　研究揭示 *C. intermedia* 的地上部分挥发油的主要成分是：*β*-caryophyllene oxide（5.0%）、*iso*-spathulenol（4.6%）、spathulenol（4.3%）、*n*-hexadecanoic acid（3.9%）、germacrene D（3.3%）、1,5-epoxysalvial-4(14)-ene（3.2%）、heptacosane（2.7%）和 phytol（2.6%）[265]。

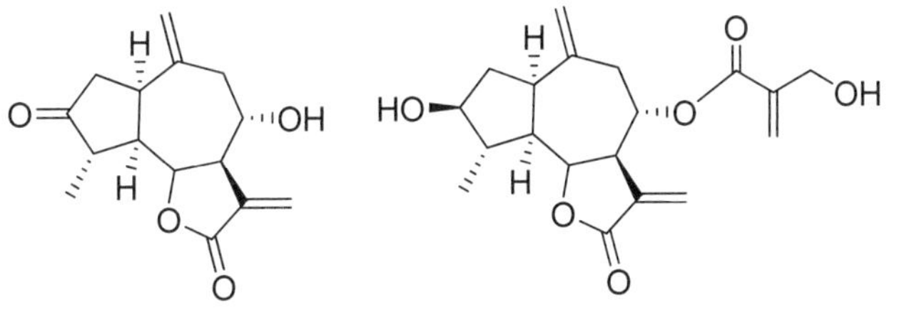

16-1　　　　16-2

5.3.5　藏掖花属 *Cnicus*

　　单种属，藏掖花 *C. benedictus*。分布于欧洲、地中海地区及西南亚。本品是一个有名的传统助消化药物，用于胃痛、补益、抗抑郁、抗炎、抗菌和防腐。在阿尔及利亚，本品还用于烧伤与创伤[266]。

5.3.5.1　种子植物油

　　本种种子植物油仍以亚油酸（>70%）为主，此类似于其他菊科植物种子的组成。其中，总生育酚的含量为 678 mg/kg，而 *α*-生育酚的占比超过 90%。另外，油枯中含木脂素牛蒡苷 arctiin，约为干重的 2.5%[267]。

5.3.5.2　倍半萜内酯

　　从本种分离得榄烷、吉马烷与桉烷倍半萜内酯及其葡萄糖苷化合物，如分得榄烷型倍半萜 melitensin、melitensin 15-*O*-*β*-D-glucoside（17-1）、吉马烷倍半萜 11*β*,13-dihydrosalonitenolide 15-*O*-*β*-D-glucoside（17-2）[266]，及桉烷型化合物 8*α*-hydroxy-11*β*,13-dihydro-onopordaldehyde（17-3）[266, 268]。

5.3.5.3　木脂素与倍半木脂素（Lignans and sesquilignans）

　　通过 GC-MS、HPLC-MS 及 NMR 技术，对本种的种子中的木脂素、倍半木脂素进行鉴别与含量测定。鉴定出的木脂素有：arctiin、arctigenin 和 matairesinol；倍半木脂素有：lappaol A、isolappaol A、lappaol C 和 isolappaol C[269]，而且倍半木脂素的量为 5.8 mmol/100 g[269]。

　　单从本属中分得本类成分的结果来看，提示本属似乎应归属于飞廉亚族，而且与牛蒡属的亲缘关系应该较近。

5.3.5.4 其 他

黄酮、苯丙素、三萜、甾醇、聚炔等[270, 271]。

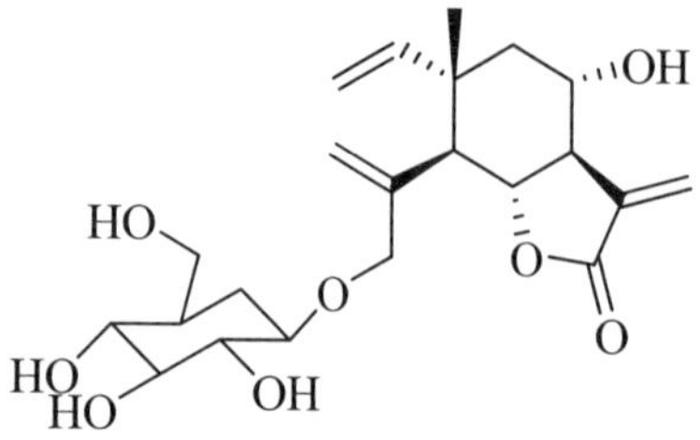

17-1 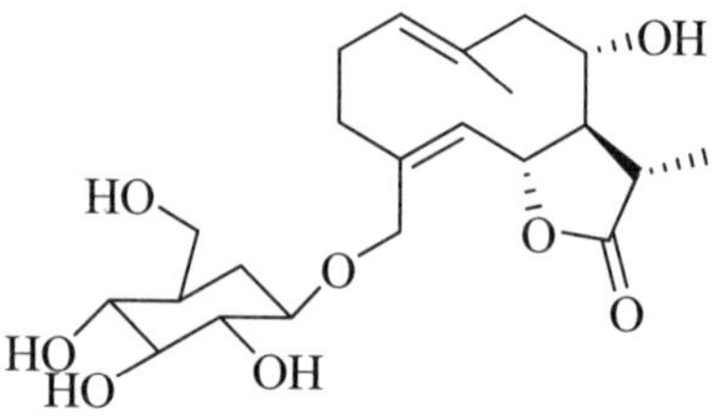　　　　**17-2** 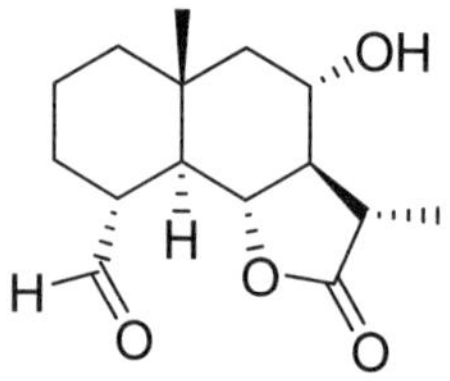　　　　**17-3**

5.3.6 琉苞菊属 *Hyalea*

本属现知 2 种，分布于俄罗斯、中亚等地区。我国新疆有 1 种。
至今，还没有相关的化学成分研究文献报道。

5.3.7 斜果菊属 *Plagiobasis*

单种属，斜果菊 *Plagiobasis centauroides*，分布于我国新疆、塔尔巴哈台山，天山西部等地区以及俄罗斯、中亚。至今，还未有对本属植物的化学成分研究文献报道。

5.3.8 纹苞菊属 *Russowia*

单种属，纹苞菊 *Russowia sogdiana*，分布于俄罗斯、中亚。
对本种的化学成分研究极为单薄，分离得的化合物仅有几个黄酮化合物，如 quercetln、quereetin 7-*O*-β-D-glucopyranoside、isorhamnetin 7-*O*-β-D-glucopyranoside、saponaretin、vitexin[272]。
通过 GC-MS，鉴定本种花的挥发油的主要成分是：limonene（15.9%）、trans-α-bergamotene（5.6%）、salvial-4(14)-en-1-one（3.8%）、carvone（3.6%）、*p*-cymene（3.6%）和 *trans*-carveol（3.2%）[273]。

5.3.9 白刺菊属 *Schischkinia*

单种属，白刺菊 *Schischkinia albispina*，分布于俄罗斯、中亚、伊朗及我国新疆。
至今，还没有相关的化学成分研究文献报道。

5.3.10 麻花头属 *Serratula*

全属约计 70 种，分布于欧亚大陆及北非。我国有 17 种。

本属的多种植物在我国及部分欧洲国家作为传统药物应用，尤其是，中药麻花头 *S. chinensis* 的根在我国两广地区就一直被用作中药升麻的代用品，用于治疗麻疹、斑疹不透、久泻脱肛、子宫脱垂，以及风热引起的牙痛、头痛等症[274]。

5.3.10.1 植物蜕皮激素 phytoecdysones

本类成分的结构特征是甾体结构上具有 C-7（8）位双键与 C-6 位酮基结构。在此基础上，此类成分还有许多小的结构变化，如 C-20-羟基植物蜕皮激素称为 *β*-ecdysone；而无 C-20-羟基的植物蜕皮激素称为 *α*- ecdysone。

本属植物中此类成分较为丰富，如从 *S. wolffii* 中分离得的 11-羟基化的 C_{21} 孕甾烷型的化合物 11*α*-hydroxyposterone（22-1）、7,9(11)- 二烯结构的 C_{27} 甾体蜕皮激素 5*β*,25-dihydroxy-dacryhainansterone（22-2）[275]。

一个含 *Serratula coronata* 的制剂之中含有三个植物蜕皮激素 20-hydroxyecdysone（22-3）、25*S*-inocosterone（22-4）和 *α*-ecdysone（22-5），经实验动物研究证实，它们具有适应原（adaptogenic）、肝保护、抗缺氧、胃保护和热保护等作用[276]。另外的药理研究也显示 20-hydroxyecdysone（*β*-ecdysone）具有有效的适应原和肝保护的作用。

5.3.10.2 倍半萜内酯

从本属分离得到的此类成分较少，分离得的骨架类型有愈创木烷、桉烷、卡拉布烷，以及含过氧键的愈创木烷化合物。其中，卡拉布烷 carabrane 成分是旋覆花族天名精属的特征成分，其骨架较为进化。但是，从本属倍半萜骨架的进化性及丰富程度上来看，本属植物应该较为原始，因此，出现此进化类型化合物是一个矛盾的现象。

具体分离的代表化合物有：从 *S. strangulata* 中分离得两个愈创木烷型倍半萜内酯：centaurepensin 和 17-*O*-(*p*-hydroxyphenyl-ethanol)- centaurepensin（22-6）[277]；从 *S. latifolia* 的地上部分分离得卡拉布烷型化合物天名精内酯酮（carabrone，22-7）及含过氧键的愈创木烷化合物 4*α*-hydroxy-10*β*-hydroperoxyguaia-1,11(13)-dien-12,8*β*-olide（22-8）[278]。

5.3.10.3 其他[277-280]

黄酮、异黄酮 biochanin、聚炔、百里香酚衍生物、脑苷脂类（cerebrosides）、挥发油等。

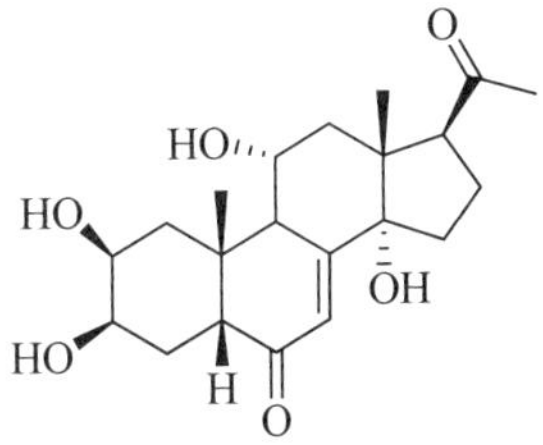

22-1 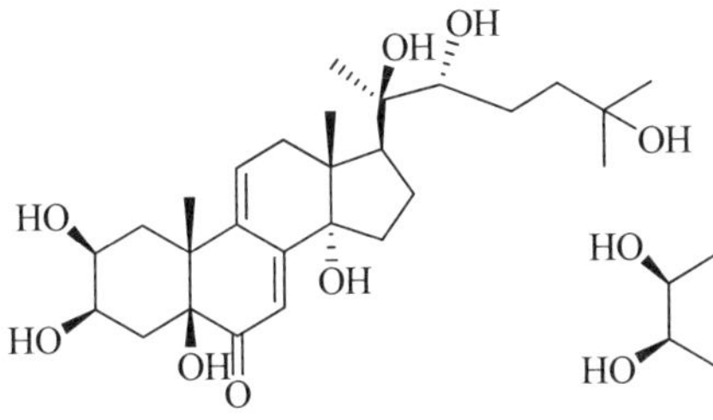   22-2 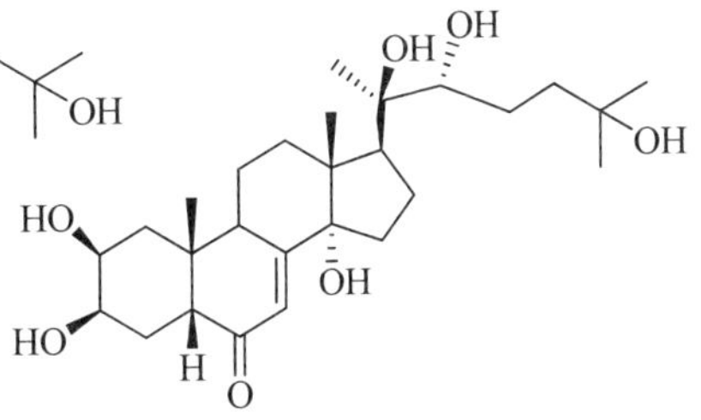   22-3

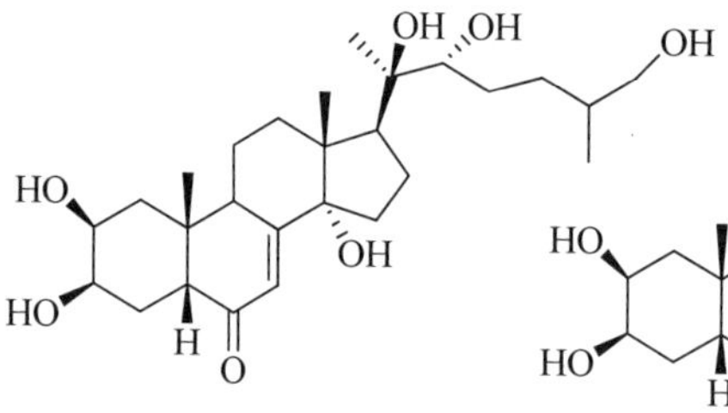

22-4

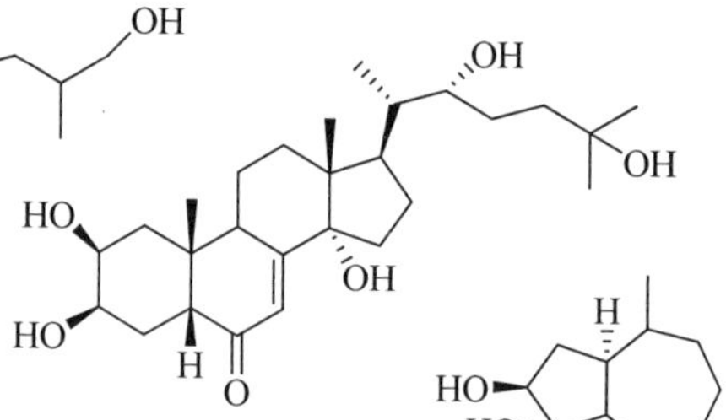

22-5

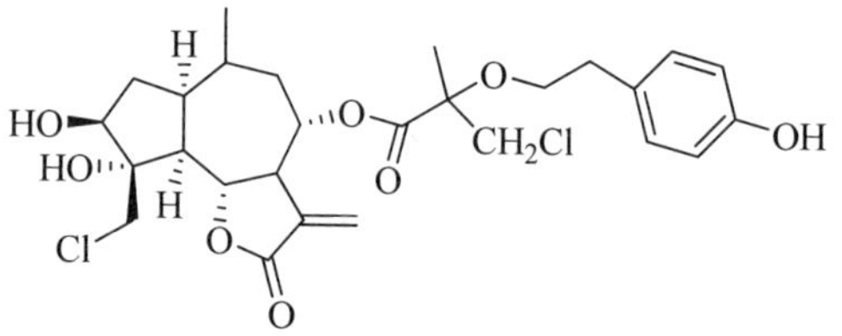

22-6

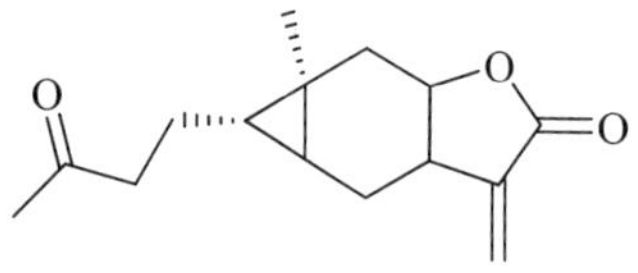

22-7

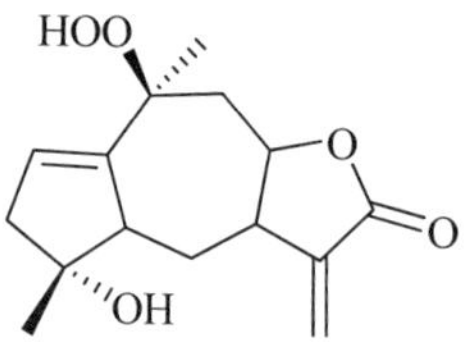

22-8

5.3.11 漏芦属 *Rhaponticum*（原名 *Stemmacantha*）

全属约 24 种，分布于欧洲、非洲、亚洲及大洋洲。我国有两种。现中国植物志将漏芦的拉丁名修改为 *Rhaponticum uniflorum*；鹿草修改为漏草 *R. carthamoides*。

经本草考证，中药漏芦正品应为祁州漏芦 *Rhaponticum uniflorum* 的干燥根。本品始载于《神农本草经》，列为上品。味苦咸寒，皮肤热，恶疮疽痔，湿痹，下乳汁，久服轻身益气，耳目聪明，不老延年[281]。而禹州漏芦经本草考证，应是菊科蓝刺头属植物蓝刺头 *Echinops latifolius* Tausch 或华东蓝刺头 *Echinops grijisii* Hance 的干燥根[282]，故因二者的族属与化学成分不同[283]，所以禹州漏芦不能作为漏芦正品药用。

5.3.11.1 植物蜕皮激素 phytoecdysones

本属植物也含有较为丰富的与麻花头属植物相类似的植物蜕皮激素类成分，如漏芦 *S. uniflora* 中含有 β-ecdysone[如 20-hydroxyecdysone（22-3）、integristerone A、2-deoxy-20-hydroxyecdysone]和 α-ecdysone（22-5）[284]。

一般认为，本类成分是漏芦的主要活性成分，它最重要的作用是适应原作用，如免疫激发、清除自由基防止氧化、增加蛋白质合成（蛋白同化作用）、提高耐力、增强心血管功能和心理耐压能力[285]。

5.3.11.2 挥发油

漏芦挥发油的主要成分是：十氢化 α,α-4α 三甲基-8-甲基-2-萘甲醇、十氢化-4α-甲基-1-甲烯基-7-(1-甲基乙烯基) 萘等[286]。

5.3.11.3　倍半萜

（1）本属植物中含有相对丰富的愈创木烷型倍半萜化合物，而且一般认为本类成分是矢车菊亚族植物的特征性成分。另外，本属植物还具有较高比例的天然界稀有的氯化愈创木烷倍半萜产物。

从 *R. serratuloides* 中分得四个愈创木烷倍半萜化合物，centaurepensin（23-1）、acroptilin（23-2）、rhaposerine（23-3）和 rhaserolide（23-4）[287]。另外，从 *R. pulchrum* 中分得的另一个氯代愈创木烷型倍半萜 chlorojanerin（23-5），其还具有有效的对抗三种昆虫 *Sitophilus granarius*、*Trogoderma granarium* 和 *Tribolium confusum* 的拒食活性[288]。

（2）除此之外，从 *R. uniflorum* 中还分得桉烷倍半萜化合物 rhaponticol（23-6）[289]。

5.3.11.4　二　萜

从漏芦中分得一个结构新颖的 halimane 型二萜类成分 diosbulbin-B（23-7）[290]。

5.3.11.5　其他[291, 292]

还分离得黄酮、木脂素（牛蒡子酸 arctic acid）、香豆素 cichoriin、三萜、咖啡酸衍生物、聚炔等。

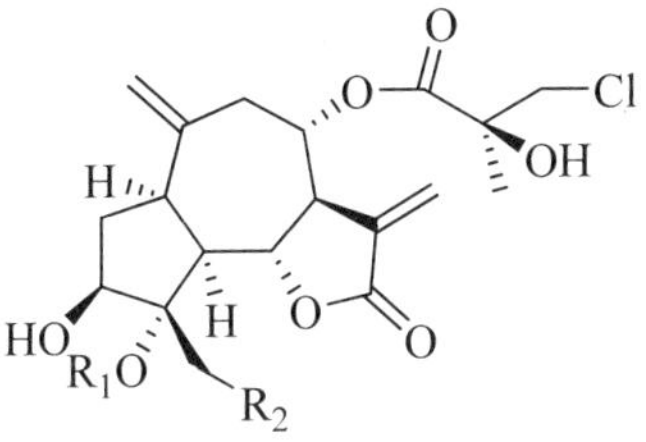

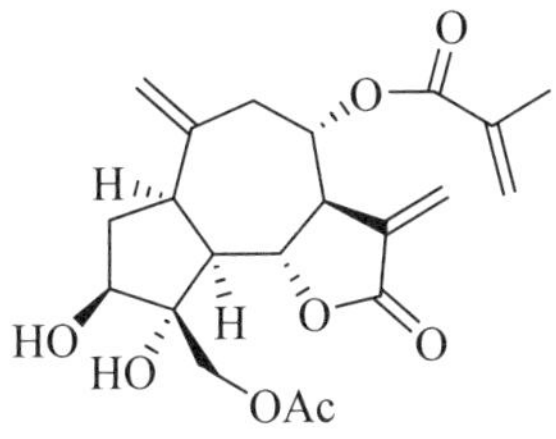

23-1　R₁=H R₂=Cl
23-2　R₁+R₂=σ bond
23-3　R₁=H R₂=OCOCH₃
23-4
23-5
23-6
23-7 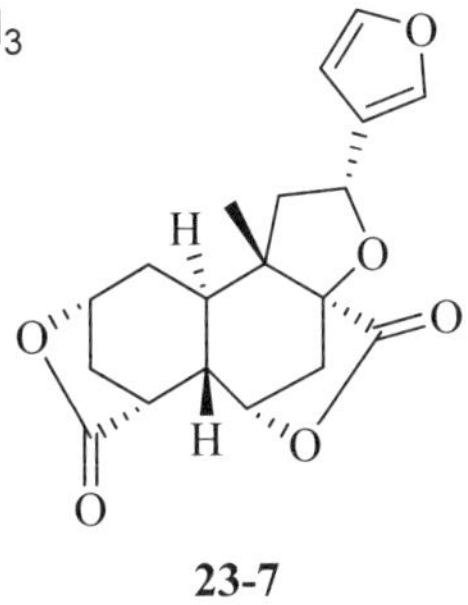

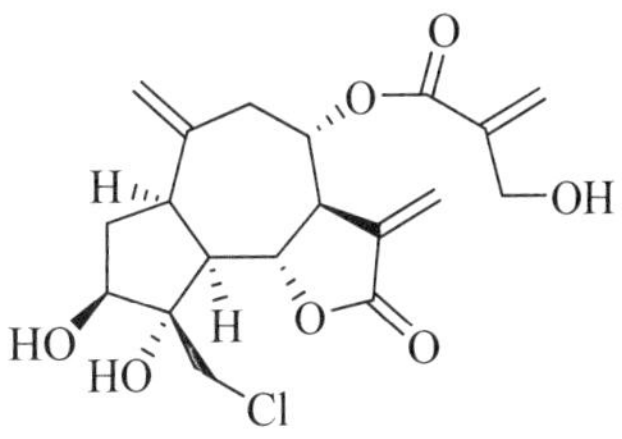

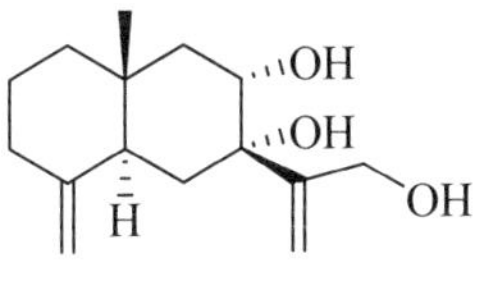

5.3.12　山牛蒡属 *Synurus*

单种属，山牛蒡 *Synurus deltoides*，分布于东亚、西伯利亚，俄罗斯、蒙古。本种作为俄罗斯的传统用药，具有治疗淋巴结癌的功效[293]。

对本种的化学成分研究相当薄弱，现分离的化合物有三萜、黄酮等化合物。

5.3.12.1 三 萜

羽扇豆醇(lupeol)、乌苏酸等三萜。

5.3.12.2 黄 酮

methyl quercetin-3'-O-β-D-glucopyranoside、3-methylquercetin-4'-O-β-D-glucopyranoside、luteolin 和 3-methylquercetin[293]。

5.3.12.3 其 他

采用 GC-MS 技术，对长白山产山牛蒡地上部分的超临界 CO_2 萃取物进行化学成分研究，研究显示：萃取物的主要化学成分为羽扇醇、乙酸羽扇-20(29)-烯-3-醇酯、四十四烷、齐墩果-12-烯-3-酮、5-烯-3-豆甾醇及羽扇-20(29)-烯-3-酮等[294]。

对比分析 Synurus deltoides 和紫菀属 Aster scaber 叶的挥发性芳香成分，发现二者共有 19 个成分，如 caryophyllene、terpinolen、β-cubebene，但 2 个种之间的挥发性芳香成分有明显的不同[295]。

5.3.13 针苞菊属 Tricholepis

本属约 15 种，分布于阿富汗、印度、缅甸至我国云南西北部及西藏地区。本属植物作为传统药物应用，具有神经补益，以及治疗尿路感染、咳嗽、解热、皮肤病，调节胰腺功能、抗疟、胃痛、痢疾等的功效[120]。

5.3.13.1 倍半萜内酯

从 T. glaberrima 分离得愈创木烷倍半萜内酯化合物 cynaropicrin（25-1）和 11,13-dihydrodesacylcynaropicrin（25-2）[296]。

5.3.13.2 withanolides 型甾体化合物

从 T. eburnea 中分离得多个 withanolides 型甾体化合物，它们的结构特征是在麦角甾烷 C_{17}- 侧链上有一个 γ 或 δ 内酯结构[297]，如 eburneolins A 和 B（25-3、25-4），3β,17β,20-trihydroxy-l-oxo-(20R, 22R)-I-5,14,24-trienolide[298]，以及 trichosides A 和 B（25-5、25-6）[120]。

5.3.13.3 黄 酮

除分离得几个简单的黄酮化合物，如 pectolinaringenin 和 dillenetin 之外，还分离到以醚键连接的黄酮二聚体 trichonoide A（25-7），以及以黄酮为取代基的糖苷化合物 trichonoide B（25-8）[298]。

5.3.13.4　三　萜

从 *T. glaberrima* 中分离得一个环阿屯型三萜化合物 cycloart-23-ene-3β, 25-diol[299]。另还从本植物中分离得羽扇豆烷型三萜 betulin[300]。

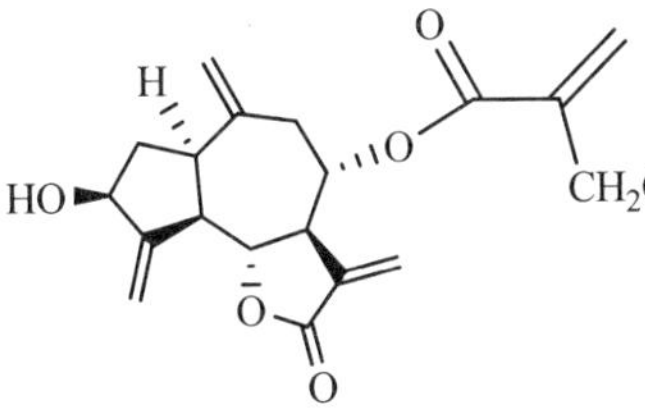

25-1 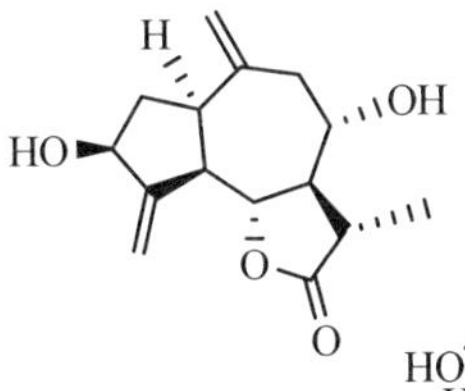　25-2 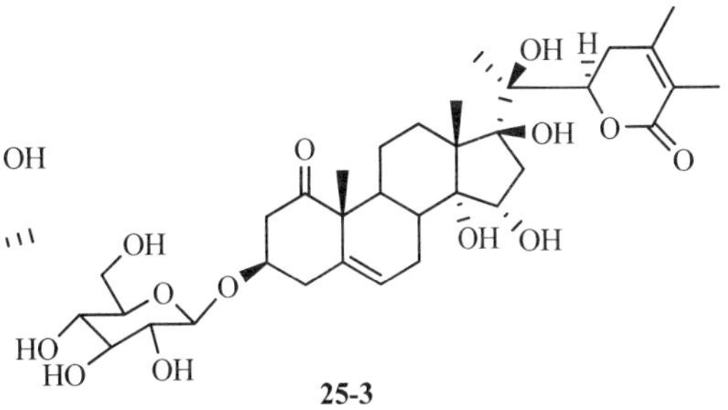　25-3

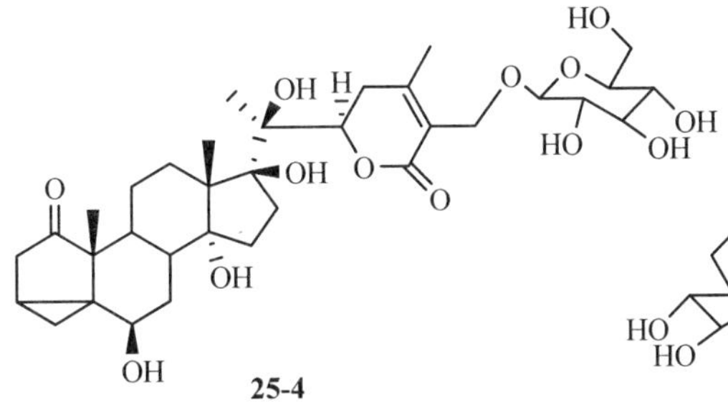

25-4 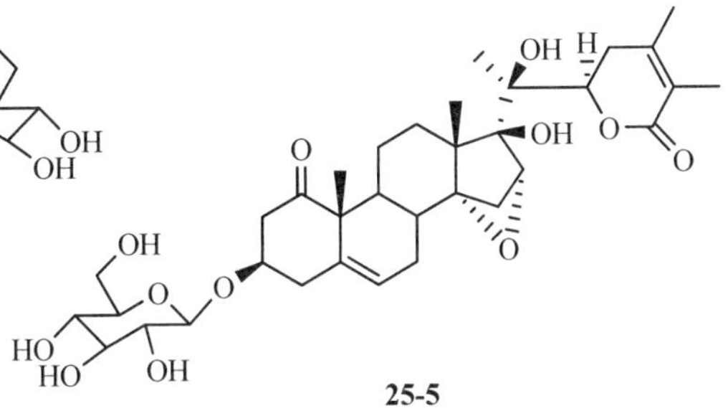　25-5

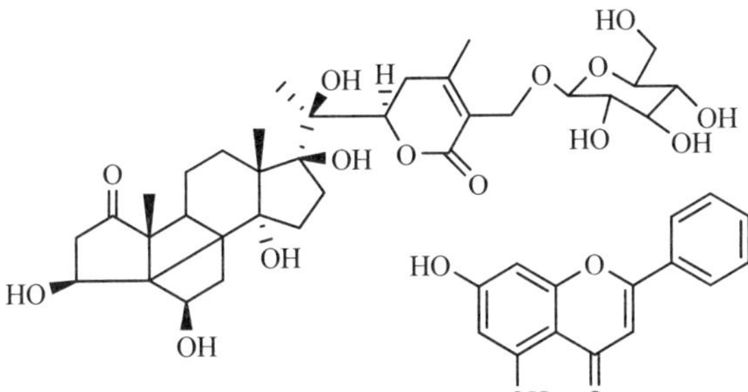

25-6 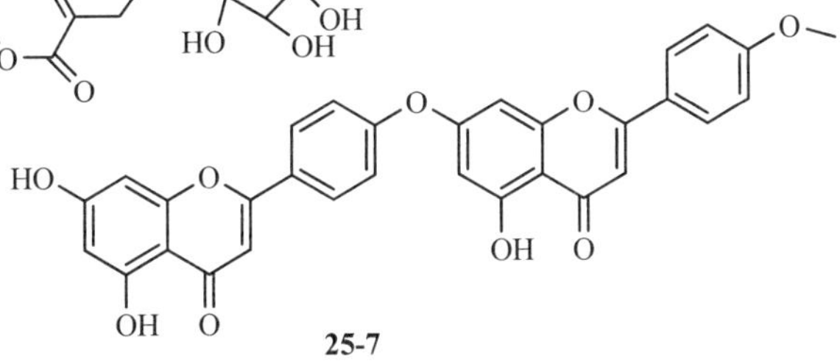　25-7

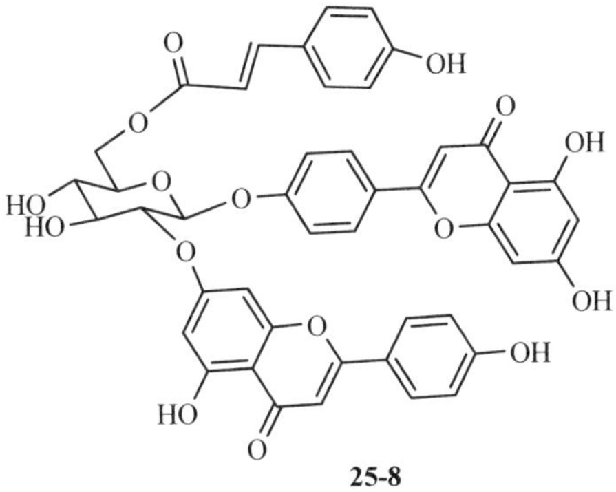

25-8

5.3.14　顶羽菊属 *Acroptilon*

单种属,分布于中亚、西伯利亚。我国西北及华北有分布。《中国植物志》将顶羽菊的名称修改为 *Rhaponticum repens*,即划归于漏芦属。也有一些文献将本种命名为矢车菊属

Centaurea repens 或 *C. picris* 植物。从化学成分上分析，似乎将本种划入漏芦属确有不妥，因为本种与漏芦属的化学成分的差异性较大，如本属植物不含漏芦属植物所具有的特征化学成分植物蜕皮激素。

5.3.14.1 倍半萜内酯

本种分得的倍半萜以愈创木烷型化合物为主：repin（26-1）[301]、acroptilin（26-2）[302, 303]、picrolide A（26-3）[304]，以及愈创木烷活泼活性亚甲基与吡咯烷加成的倍半萜生物碱产物：3β,8α-dihydroxy-13-pyrrolidine-4(15),10(14)-(1αH,5αH,6βH,11βH)- guaiadien-12,6-olide（26-4）[305]。

Repin 是从 *A. repens* 中分得的一个愈创木烷倍半萜，研究显示本化合物具有对鸡胚胎感觉神经元的高毒性作用，说明了本化合物是马食用 *A. repens* 后，导致的黑质神经元坏死[也称为：马黑质脑软化病 equine nigropallidal encephalomalacia（ENE）]，为马致死的原因。另外，通过构效关系研究还揭示，17,18-环氧环处于 *R* 构型是本类化合物高神经元毒性的基本结构[301]。

5.3.14.2 挥发油

GC-MS 分析本种地上部分的挥发油成分，结果显示挥发油中的主要成分是：*α*-copaene（22.8%）、*β*-caryophyllene（9.5%）、germacrene D（9.0%）、*β*-cubebene（7.9%）和 caryophyllene oxide（6.4%）[306]。

5.3.14.3 其 他

从本种还分离得噻吩聚炔化合物[307]。

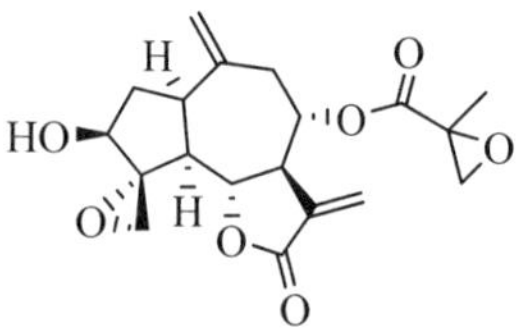

26-1 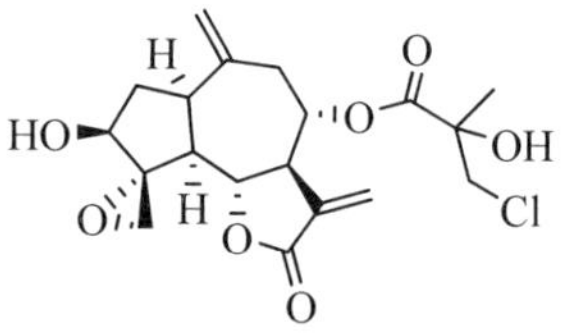   **26-2**

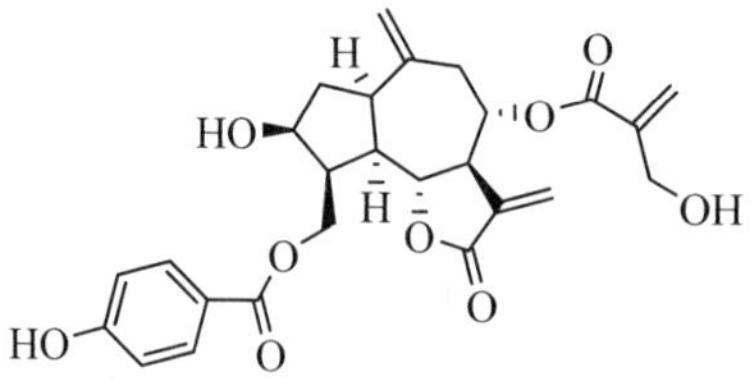

26-3 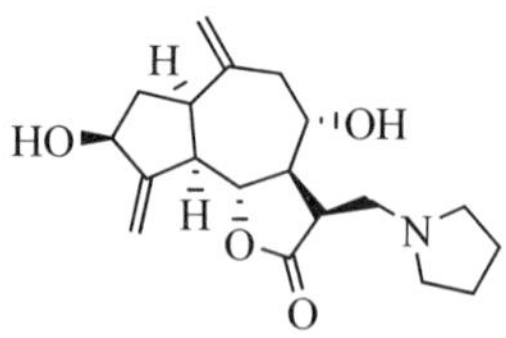   **26-4**

5.3.15 翅膜菊属 *Alfredia*

本属 5 种，产我国新疆。中亚有分布。

从当前的化学成分研究来看，本属的化学成分研究进展不大，分离的化合物的新颖性不高，如：

（1）通过色谱分离，从 *A. cernua* 中分离得到三萜醇类成分(*α*-amirine、*β*-amirine、mirotenol、 lupeol）和丁内酯木脂素（arctiin），以及一些简单的酚、有机酸及其酯[308]。

（2）研究显示本种的 95%乙醇提取物具有显著的益智作用[309]，其中的化学成分包括简单酚类成分、黄酮（quercetin、isoquercetin、rutin、kaempferol、taxifolin、apigenin、luteolin 和它的 7-glucoside）、有机酸及其酯、香豆素、丁内酯木脂素（arctiin）、单环的环己烷萜（silvestrene、dihydroactinidiolide）、双环萜（3-carene）、三萜（α-, β-amirine、moretenol、lupeol）和三萜酸（ursolic、oleanolic）、甾体（β-sitosterol）等[309]。

（3）另外，通过 GC-MS 对 A. cernua 的 95%乙醇提取物进行的成分分析还显示：提取物中含有 3 个苯酚羧酸：salicylic、anisic 和 protocatechuic acids；二萜酸：dehydroabietic；2 个三萜酸 ursolic 和 oleanolic acids；16 个中性亲脂成分，主要的是α-amirine、β-amirine、mirotenol、lupeol 和β-sitosterol[309]。

5.3.16 肋果蓟属 *Ancathia*

单种属，肋果蓟 *Ancathia igniaria*，分布于俄罗斯、中亚与西伯利亚；我国新疆有分布。

现从肋果蓟 *A. igniaria* 中分离得到的化合物仅是常见的甾醇与三萜成分，如β-sitosterol, β-amyrin, lupeol 和 taraxasterol[310]。

5.3.17 牛蒡属 *Arctium*

本属约 10 种，分布于欧亚温带地区。我国 2 种。

常用中药牛蒡子为菊科牛蒡属牛蒡 *Arctium lappa* 的干燥成熟种子。牛蒡子味辛、苦，性寒，归肺、胃经。具有泻热解毒、润肺透疹、利咽喉痛之效，在临床上主要治疗风热感冒、肺热喘咳、咽喉肿痛、鼻炎、痄腮、丹毒、痈肿疮毒及出疹性疾病等[311]。

5.3.17.1 木脂素（包括倍半木脂素、二木脂素及新木脂素）

木脂素类成分是牛蒡属 *Arctium* 的特征性及多样性成分。主要的成分是 arctigenin（29-1）和它的糖苷化合物 arctiin（29-2），以及微量的二木脂素、倍半木脂素及新木脂素。

例如，从牛蒡子中分离得到的倍半木脂素有 lappaol A（29-3）和 B；二木脂素 lappaol F（29-4）和 H；新木脂素(7S,8R)-4,7,9,9'-tetrahydroxy-3,3'-dimethoxy-8-*O*-4'- neolignan-9'-*O*-β-D-apiofuranosyl-(1→6)-*O*-β-D-glucopyranoside （29-5） 等[312-314]。其他，还有开环木脂素 styraxlignolide D 和 styraxlignolide E，以及丁内酯型木脂素：arctiidilactone、arctiiapolignan A 和 arctiisesquineolignan A 等。

研究显示木脂素类成分是牛蒡的活性成分，如牛蒡种子或叶中分离得的木脂素类成分 lappaol F、diarctigenin 和 arctigenin 具有抗炎、抗肿瘤、抗糖尿病、抗病毒作用；其中的 arctigenin 还被体内、体外的研究证实具有对抗人类免疫缺陷病毒-1 型(HIV-1)的活性。另外，牛蒡中的木脂素类成分还为血小板激活因子受体拮抗剂、钙通道阻滞剂及降血压剂等。

5.3.17.2 倍半萜

从牛蒡 *A. lappa* 叶分离得 7 个倍半萜化合物，dehydrofukinone（29-6）、arctiol（29-7）、 eremophilene、fukinone、petasitolone、fukinanolide、*β*-eudesmol，它们的骨架为艾莫里酚烷与桉烷[315]。

另外，从牛蒡 *A. lappa* 提取物中，用 MS 还鉴定了一个吉马烷倍半萜化合物刺蓟苦素 onopordopicrin（29-8）[316]。

5.3.17.3　咖啡酰奎宁酸衍生物

牛蒡根中富含此类成分，而且其中的绿原酸的含量高于其他的咖啡酸衍生物[312]。

5.3.17.4　挥发油

牛蒡挥发油的主要成分为亚麻酸甲酯、亚油酸、三甲基-8-亚甲基-十氢化-2-萘甲醇、苯甲醛等[317]。

5.3.17.5　其　他

其他分离或鉴定的化合物有黄酮、inulin 型菊糖、多糖、聚炔、甾醇、三萜等[312]，以及脂肪酰胺 oleamide（*cis*-9-octadecenamide，29-9）[318]等。

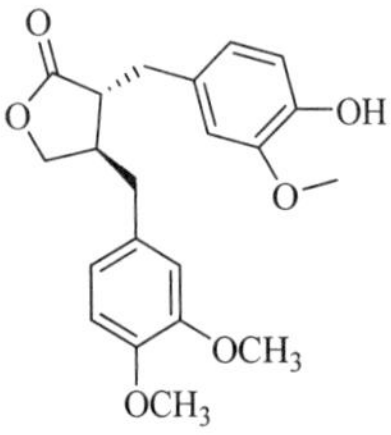

29-1 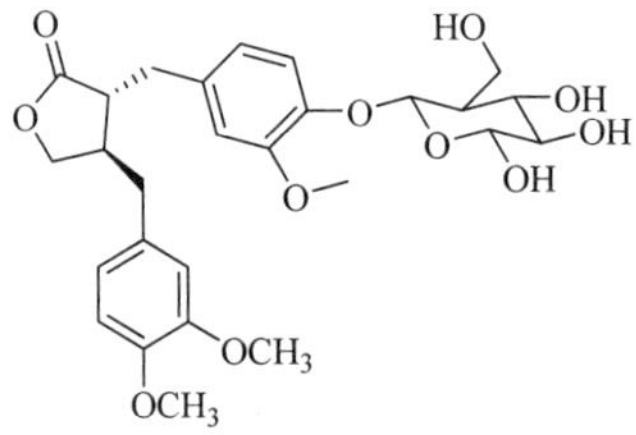　　　　29-2 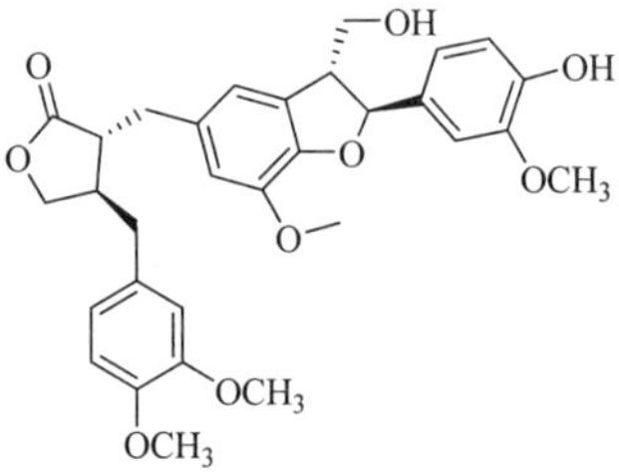　　　　29-3

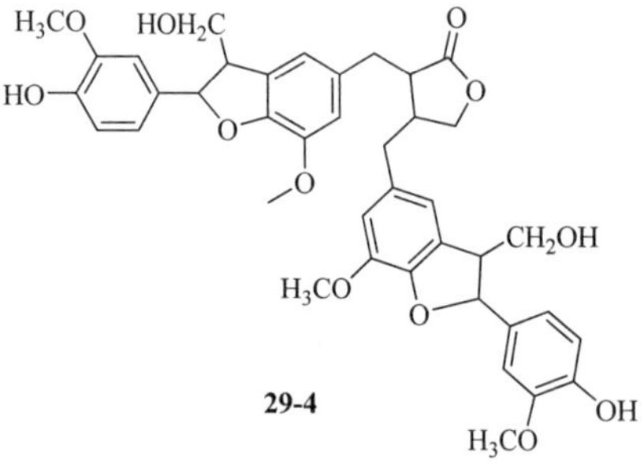

29-4 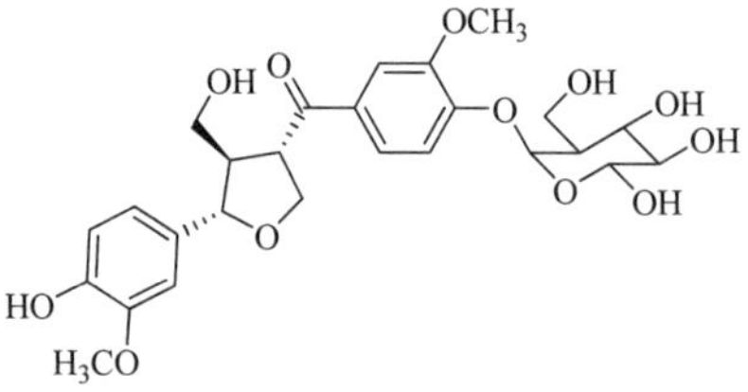　　　　29-5

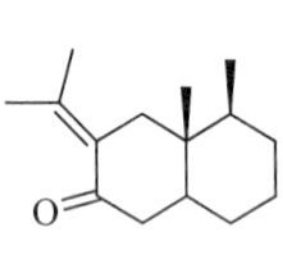

29-6 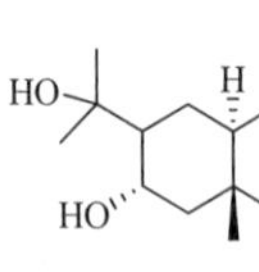　　29-7 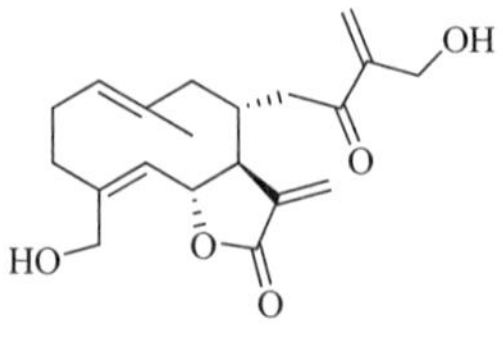　　29-8

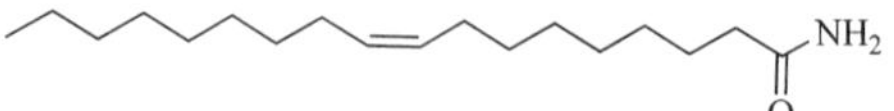

29-9

5.3.18 球菊属 *Bolocephalus*

我国特有属，单种属，球菊 *Bolocephalus saussureoides*，分布于西藏。

至今，无本种植物的化学成分研究报道。

5.3.19 飞廉属 *Carduus*

本属约有 95 种，分布于欧亚及非洲。我国有 3 种。

在保加利亚传统药物中，将本属的一些种作为传统药物用于利尿、心脏及血液疾病[319]。

中药飞廉为菊科飞廉属 *Carduus* 多个种的 2 年生草本植物的统称，全草或根入药。《神农本草经》记载其"味苦性平"；《西藏常用中草药》记载其具"祛风、清热、利湿、凉血散癖之功效，主治风热感冒、头风眩晕、风热痹痛、肤刺痒、尿路感染、乳糜尿、尿血、带下、跌打癖肿、疮疡肿毒、烫火伤等"[320]。

5.3.19.1 生物碱

从本属分得两类生物碱，即异喹啉生物碱与具亚胺甲基的生物碱类成分，它们在自然界分布狭窄，因此，可作为重要的分类标志物。

（1）从 *C. acanthoides* 中分离得两个具亚胺甲氨基（formamidino group）的生物碱 acanthoine（31-1）和 acanthoidine（31-2）[321]。

（2）异喹啉生物碱

至今，从 *C. crispus* 分离得 5 个此类成分。它们又按各自的结构特点分为两类：一是具有吡咯-[2,1-a]异喹啉骨架，另一个是具有胍基（guanidinyl group）的异喹啉骨架。它们的代表化合物分别是 crispine A 和 B（31-3、31-4），以及 crispine C、D 和 E（31-5～31-7）[128]。

5.3.19.2 木脂素

从 *C. micropterus* ssp. *Perspinosus* 中分得木脂素(－)-arctiin 和 arctigenin[322]。从 *C. assoi* 还分离得骈双四氢呋喃型木脂素，如 pinoresinol 和 syringaresinol 等[323]。

5.3.19.3 倍半萜内酯

仅从 *C. micropterus* ssp. *Perspinosus* 中分得一个吉马烷倍半萜化合物刺蓟苦素 onopordopicrin[322]。

5.3.19.4 香豆素

从 *C. tenuiflorus* 分离得两个以醚键相连的半萜-香豆素成分，6-(3,3-dimethylallyloxy)-7-methoxycoumarm（31-8）和 7-(3,3-dimethylallyloxy)-6-methoxycoumarm（31-9）[324]。

5.3.19.5 种子油

C. nigrescens 种子油的主要成分是三萜类成分。五环三萜醇（3%）及其酯（18%）、长链

脂肪酸（11%）和三萜酸（18%）代表了 50%的种子油成分。三萜成分通过 GC 分析，鉴定出它们主要是α-amyrin、β-amyrin、lupeol、araxasterol、erythrodiol 和 oleanolic acid[325]。

5.3.19.6　挥发油

对比分析蓟属 *Cirsium creticum* 和飞廉属 *Carduus nutans* 两种植物地上部分的挥发油成分，显示两种植物具有不同的化学组成。其中，*C. nutans* 挥发油的主要成分是：hexadecanoic acid（18.6%）、hexahydrofarnesylacetone（7.8%）、heptacosane（5.9%）、4-vinyl guaiacol（5.8%）、pentacosane（3.8%）和 eugenol（3.6%）[326]。

另外，研究报道 *C. candicans* 花的挥发油主要成分是：benzaldehyde（22.1%）、palmitic acid（8.9%）、methyl salicylate（7.3%）、heptacosane（6.3%）、tricosane（6.1%）、pentacosane（5.6%）、Z-12-pentacosene（3.5%）和β-caryophyllen（3.2%）；而 *C. thoermeri* 花的挥发油主要成分 palmitic acid（17.9%）、methyl salicylate（14.8%）、benzaldehyde（13.2%）、*trans*-nerolidol（4.7%）、*p*-cymen-8-ol（4.5%）和 tricosane（2.7%）[319]，显示出两种植物花具有不同的挥发油组成。

5.3.19.7　其他[322, 323, 327]

黄酮、奎宁酸、苯丙素等。

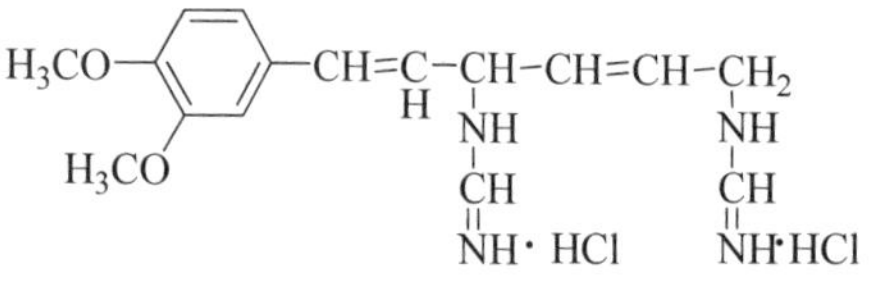

31-1 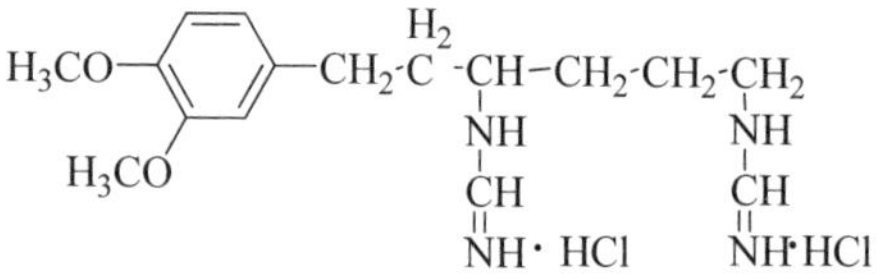　　　　　　　　　　　　　　31-2

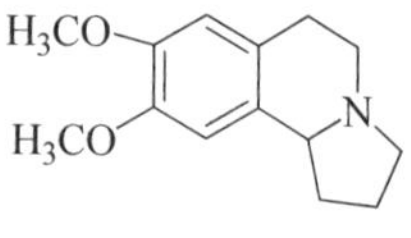

31-3 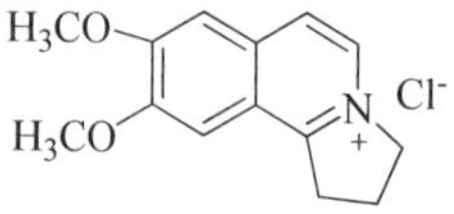　31-4 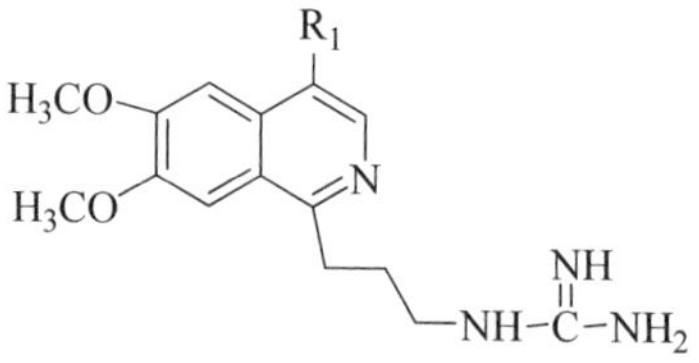　31-5　R_1=H
　　　　　　　　31-6　R_1=CH$_2$CH$_2$CH$_2$NHC(NH)NH$_2$

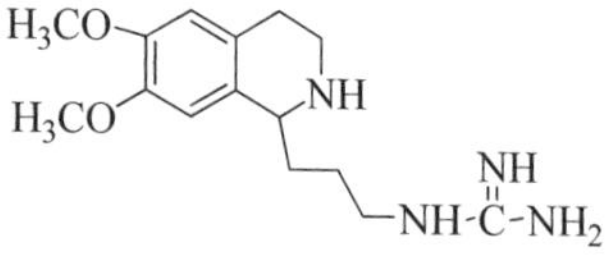

31-7 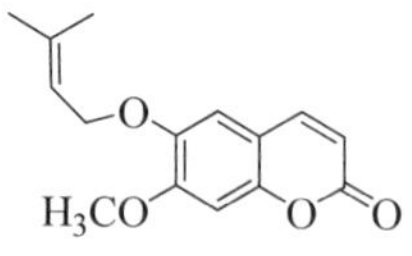　31-8 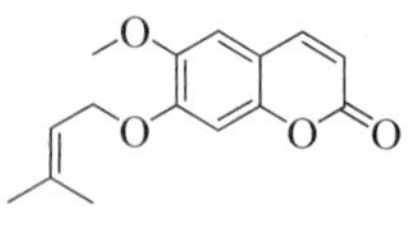　31-9

5.3.20　蓟属 *Cirsium*

250～300 种，广布欧、亚、北非、北美和中美大陆。我国有 50 余种，分属 8 个组中。

本属有两种常用中药，即大蓟（蓟 *C. japonicum* 的根或地上部分）与小蓟（刺儿菜 *C. setosum*，现《中国植物志》修改为 *C. arvense* var. *Integrifolium* 的地上部分）。二者均具有凉血止血、散瘀解毒消痈之功效。但大蓟和小蓟，无论是在基原品种、入药部位、临床性效与功能主治，还是在有效成分与药理作用方面均有不同之处。

5.3.20.1 大蓟、小蓟的化学成分比较

大蓟 *C. japonicum*，性寒、味甘苦、凉血止血、散瘀消肿。用于兼有瘀肿之各种出血及跌打损伤，对于外伤出血痈肿疮毒等方面疗效较好。本品还具有清肝降压作用，常用于高血压、肾性高血压等。

小蓟 *C. arvensevar. Integrifolium*，性寒、凉，味苦，凉血止血、祛瘀利尿。用于各种出血热症，湿热黄疸，肾炎。利尿退黄，消肿，尤其对治疗血淋、血尿效果极佳，但无降压作用[328]。

至今，对蓟属的止血药效物质研究还不甚清楚，只发现小蓟粗提取物具有缩短小鼠凝血时间的作用，而且其中的主要成分是黄酮与有机酸类成分。另外，研究较为明确的是，蓟属植物中的黄酮类成分具有明显的抗炎作用[329]。

对于大、小蓟的化学成分区别，有报道采用 TLC 与 HPLC 法可给予解决。其中，HPLC法为比较四种黄酮化合物的含量差异，即比较大蓟与小蓟中 hispidulin-7-neohesperidoside、linarin、pectolinarin 和 luteolin 的含量差异。在大蓟 *C. japonicum* 样品中, pectolinarin（0.32% ~ 2.00%）是最主要的黄酮成分，依次为 linarin、hispidulin-7-neohesperidoside 和 luteolin，而在小蓟 *C. setosum* 中只有 linarin（1.36% ~ 2.83%）[330]。

5.3.20.2 本属的化学成分

1. 呋喃化合物

从 *C. chiorolepis* 的根中分离得 4 个呋喃化合物 5-hydroxymethyl-2-furancarboxaldehyde（127）、5-methoxymethyl-2-furan-carboxaldehyde（128）、cirsiumaldehyde（129）和 cirsiumoside（130）[168]。此类成分是第一次从自然界发现。

2. 挥发油

通过 GC-MS 分析，大蓟 *C. japonicum* 新鲜根的挥发油以 aplotaxene（78.8%）为主，而新鲜叶的挥发油以 hexadecanoic acid（28.1%）为主。但干燥的根茎中含有丰富的倍半萜类成分，主要成分是 hexadecanoic acid（14.4%）、caryophyllene oxide（12.6%）、khusinol（6.3%）、pentadecanoic acid（6.3%）和 myristic acid（4.7%）[331]。

3. 倍半萜

现从本属分离得的本类成分还比较少，仅有 β-紫罗兰酮型降碳倍半萜（或可认为是四萜降解产物，下同）及三环倍半萜化合物。

从小蓟中 *C. setosum* 分离得多个 β-紫罗兰酮型（大柱香波龙烷，megastigmane 型）倍半萜苷，如 xiaojiglycoside A[332]。

从 *C. souliei* 中分离得三环 caryolane-type 倍半萜，即(1*R*,2*R*,5*S*,8*S*,9*R*)-1-hydroxyl-9-acetylcaryolane（32-1）和它的立体异构体 (1*S*,2*R*,5*S*,8*R*,9*R*)-1-hydroxyl-9-acetylcaryolane（32-2）[333]。

4. α-生育酚型化合物 α-tocopheroid

本类化合物的结构特点是具有两个五元环螺结构。从小蓟中 *C. setosum* 分离得一个本类化合物 α-tocospiro C（32-3）[334]。

5. 木脂素

本属果实中含丰富的木脂素类成分，而且可作为分类标志物。如从欧洲产的 9 个种的果实中检测出 9 个木脂素、3 个新木脂素及 3 个倍半木脂素[335]。

6. 吡咯里西啶生物碱

分别从 *C. wallichii* 和 *C. steigerum* 分离得吡咯里西啶生物碱 O-acetyljacoline 和 heliotridane（32-4）；另外，还从 *C. brevicaule* 分离得(1-*N*-(*p*-coumaroyl) pipecolic acid)（32-5）[336]。

7. 二 萜

本属还分离得一个半日花烷型 labdane 二萜 3α,13β-dihydroxylabda-8(17),14-diene[333]等。

8. 其 他

本属植物富含黄酮、三萜及聚炔类成分[337-339]，如聚炔类成分 9,10-*cis*-epoxyheptadec-16-ene-4,6-diyn-8-ol[340]；黄酮化合物 hispidulin 4′-*O*-β-D-glucopyranoside 和 nepetin 4′-*O*-β-D-glucopyranoside；香豆素 scopoletin[341]。

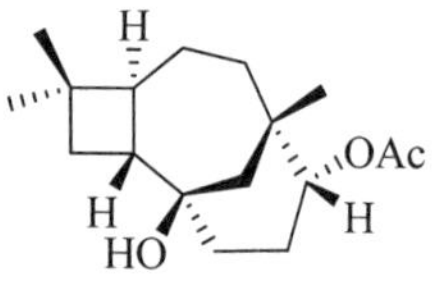

32-1 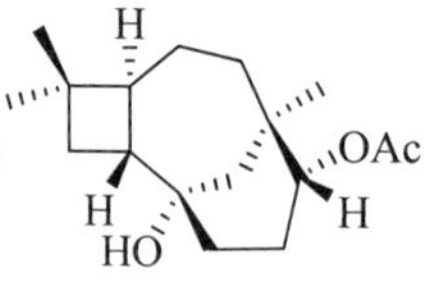   32-2 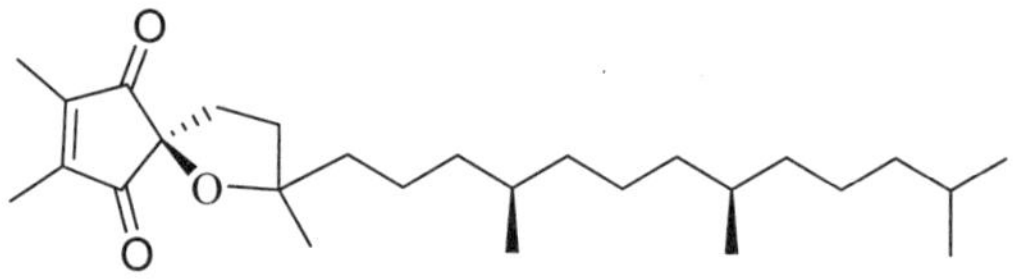   32-3

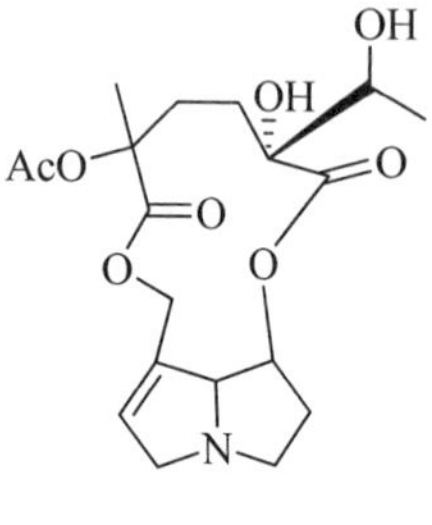

32-4 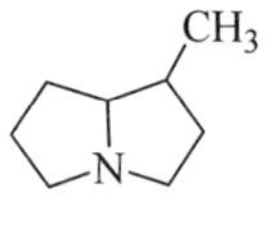   32-5

5.3.21 刺头菊属 *Cousinia*

约 600 种，主要分布于亚洲西南部和俄罗斯、中亚。我国有 11 种，仅见于新疆、西藏两地，新疆和西藏是这个属分布区的东部边界。

5.3.21.1 倍半萜

本类化合物的骨架类型有：链状（直线型）、愈创木烷、吉马烷和没药烷。

从 *C. adenostica* 中分得链型的金合欢醇 farnesol 型的倍半萜衍生物，5,8,12-trihydroxyfarnesol 和 12-acetoxy-5,8-dihydroxyfarnesyl acetate。除此之外，还分得愈创木烷型倍半萜化合物 cynaropicrin、chlorojanerin 和 janerin[342]。

从伊朗产的三种植物 *C. picheriana*、*C. piptocephala* 和 *C. canescens* 中分得一系列的倍半萜内酯化合物，如愈创木烷型化合物 aguerin A（33-1）和 B、cynaropicrin 等；吉马烷型化合物 salonitenolide，及没药烷型化合物 (1*R*,6*S*,7*R*)-bisabola- 2,10*E*-dien-1,12-diol（33-2）和 (1*R*,6*S*,7*R*)-12-acetoxybisabola-2,10*E*-dien-l-ol 等[343]。

从 *C. aitchisonii* 中分得 3 个高氧化度的愈创木烷倍半萜内酯，即 aitchisonolide（33-3）、rhaserolide 和 desoxyjanerin[344]，而且细胞毒活性研究也证实 aitchisonolide 和 rhaserolide 同样具有有效的细胞毒活性，而且它们的作用机制是通过激活 c-Jun N-terminal 激酶（JNK）的磷酸化。

5.3.21.2 其 他

三萜 lupeol 和 taraxasterol；木脂素 arctiin 和 arctigenin[343]；聚炔[345]等。

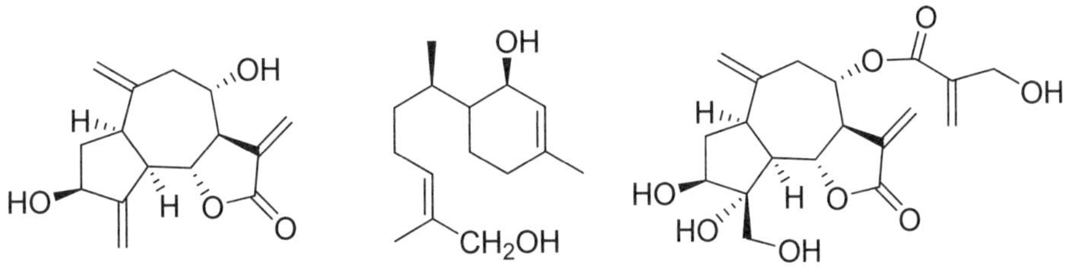

33-1　　**33-2**　　**33-3**

5.3.22 半毛菊属 *Crupina*

本属 3～4 种，分布于欧洲、西南亚及亚洲中部地区。我国新疆有 1 种。

至今，未有有关本属的植物化学成分研究报道。

5.3.23 菜蓟属 *Cynara*

本属 10～11 种，分布于地中海地区及加那利群岛。我国 2 种，早年引种栽培。

本属刺苞菜蓟 *C. cardunculus* 及菜蓟 *C. scolymus*（又称为朝鲜蓟）植物是地中海沿岸国家的一种重要蔬菜，也是一种具有观赏与药用价值的植物。本种富含膳食纤维、多酚类成分，如黄酮、酚酸、羟基桂皮酸衍生物、木脂素、香豆素，以及萜类成分等，具有降脂、抗氧化与抗炎作用。传统应用于降脂、保肝与消化不良，现代用于抗衰老的化妆品、治疗代谢疾病、抗氧化、抗胆碱酯酶、免疫抑制及抗丙肝病毒等[346]。

5.3.23.1 倍半萜内酯

本属植物富含此类成分,而且大多数的都是愈创木烷骨架的倍半萜内酯及其苷类化合物,主要的成分是 cynaropicrin（16-2）、grosheimin（35-1）和 aguerin B（35-2）[347, 348]。

5.3.23.2　皂　苷

从刺苞菜蓟 *C. cardunculus* 中分得多个三萜皂苷，类型有齐墩果烷型 oleanane 型与乌苏烷型三萜皂苷[349]，如 cynarasaponin A 和 B（35-3、35-4）[350]。

5.3.23.3　挥发油

新鲜及干燥的刺苞菜蓟 *C. cardunculus* 植物挥发油通过 GC-MS 分析，揭示二者之间的主要成分有差异，即新鲜的植物挥发油的主要成分是 hexadecanoic acid（27.6%）、methyl hexadecanoate（9.3%）和 methyl 9,12-octadecadienoate（12.6%）；而干燥植物的挥发油中的主要成分是 hexadecanoic acid（51.8%）、tetradecanoic acid（8.8%）和 dodecanoic acid（8.7%）[351]。

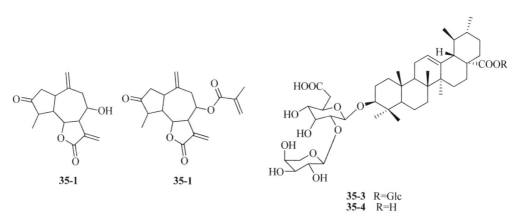

35-1　　　　　**35-1**　　　　　**35-3**　R=Glc
　　　　　　　　　　　　　　　　　　　35-4　R=H

5.3.24　重羽菊属 *Diplazoptilon*

本属 2 种，分布于我国西南部（云南、西藏）。

至今，未有有关本属的植物化学成分研究报道。

5.3.25　川木香属 *Dolomiaea*

本属约计 12 种，分布于我国西南。少数种见于缅甸。

川木香 *Dolomiaea souliei*（《中国药典》中又名为 *Vladimiria souliei*）的根，为一味常用中药。中国药典收载的木香有三种，即木香、川木香与土木香，它们分别是：木香为菊科风毛菊属 *Saussurea* 齿冠亚属 Subgen. *Florovia* 云木香 *Aucklandia costus*（原拉丁名为 *Saussureacostus*）的根；川木香为菊科川木香属植物川木香 *Vladimiria souliei* 及灰毛川木香 *Vladimiria soulieivar. Cinerea* 的干燥根；土木香为旋复花族旋复花属土木香 *Inula helenium* 植物的干燥根，它们的功效都是行气止痛、健脾消食。用于胸院胀痛、泻痢后重、食积不消、不思饮食等症，但从化学成分上看，三种中药的化学成分类群并不十分相似。

5.3.25.1　川木香、云木香与土木香的化学成分比较

（1）至今，从云木香中共分得 212 个化合物，包括 152 个萜类、18 个糖苷、8 个苯丙素、2 个甾醇和 32 个其他类型化合物；在川木香中，共分得 70 个萜类、12 个苯丙素、4 个糖苷、2 个甾醇和 7 个其他化合物；而在土木香中，共分得 95 个化合物，包括 62 个萜类、6 个苯丙素、5 个甾醇、3 个黄酮和 9 个其他化合物。

（2）在以上分得的成分中，仅有 6 个共有成分存在于这 3 个药材中，即 6 个萜类（ β-elemene、dehydrocostus lactone、costunolide、santamarine 和 1β-hydroxycolartin 及 α-curcumene ）。

（3）云木香与川木香共有的成分有 26 个；云木香与土木香，共有的成分有 21 个；而川木香与土木香共有成分仅有 7 种。

（4）还有，三种药材均有抗炎与抗菌活性，而在抗肿瘤、抗胃溃疡及止泻活性方面有差异。以上结果说明三种药材不能混用，因为它们的成分及功效均有显著的不同[352]。

（5）另有报道，从云木香和川木香中共分别分得 237 和 254 个化合物，其中有 69 个化合物为共有成分。两者之间最大的成分不同点体现在倍半萜内酯、单萜、三萜和苯丙素类成分上的差别。而且，二者共有的主成分，木香烃内酯 costunolide（37-1）和去氢木香烃内酯 dehydrocostus lactone （37-2）不仅显示出抑制一些肿瘤细胞（如乳腺癌和白血病）的细胞毒活性，而且能够调节多种炎症因子（如 TNF-α、NF-κB、IL-1β和 IL-6）及抗多种病原微生物（如 *Helicobacter pylori* 和 *Staphylococcus aureus*）的作用[353]。

5.3.25.2　本属的化学成分

本属植物富含倍半萜内酯化合物及它们的二聚体。另外，还从本属分离得新木脂素、聚炔、甾醇、三萜、黄酮等化合物。

1. 倍半萜内酯

本属植物以倍半萜内酯为主要成分，包括 26 个桉烷、32 个愈创木烷、8 个吉马烷及 1 个榄烷倍半萜内酯。其他，还有少量的无 α-亚甲基-γ-内酯结构的卡拉布烷型化合物 4,8-dioxo-6β-methoxy-7β,11-epoxy carabrane 和它的异构体 4,8-dioxo-6β-methoxy-7α,11-epoxy carabrane （37-1）[354]。

本属植物的两个主要成分为吉马烷倍半萜木香烃内酯 costunolide（37-2）和愈创木烷倍半萜去氢木香烃内酯 dehydrocostus lactone（37-3）[355]。

另外，从中药川木香中还分离得到十余个倍半萜内酯二聚体，其结构除常见的起源于 Diels-Alder[4+2]环加成的倍半萜内酯二聚体之外，还含多个少见的 C_{17}/C_{15} 倍半萜内酯二聚体，如一对差向异构体 vlasoulides A 和 B（37-4、37-5）[356]，以及一个具一个[3.2.2]cyclazine 连接内核的、含氮的倍半萜内酯二聚体 vlasoulamine A （37-6）[84]。

从本属分得卡拉布烷型 carabrane 化合物，以及分得与天名精属同类型的 C_{17}/C_{15} 倍半萜内酯二聚体，揭示了本属（或本族植物）与富含卡拉布烷内酯化合物——天名精内酯的旋覆花族旋覆花属 *Inula* 和天名精属 *Carpesium* 等属有较近的亲缘关系，或者说明了本属植物在本族植物中的进化性。

对本类成分的生物活性研究主要集中在两个主要化合物之上，即木香烃内酯 costunolide

和去氢木香烃内酯 dehydrocostuslactone。研究发现它们具有抗胃溃疡、利胆、解痉、抗炎、抗肿瘤等作用，如木香烃内酯（100 mg/kg）、去氢木香内酯（100 mg/kg）具有较强的利胆作用，而且，去氢木香内酯（5、15、45 mg/kg）可显著降低大鼠血清丙氨酸转氨酶（ALT）、天冬氨酸转氨酶（AST）的活性及 MDA 的量，减轻大鼠肝脏坏死性病理改变，证明去氢木香内酯对大鼠肝脏损伤有较好的保护作用。另外，去氢木香内酯（200 mg/kg）对支气管平滑肌及小肠平滑肌有较好的解痉作用[357]等。

2. 木脂素

本属也富含木脂素类成分，如 forsythialanside B（37-7），另外，还含有多个新木脂素成分，如 dolomiside A（37-8）[358]。

3. 挥发油

川木香挥发油经毛细管气相色谱和质谱（GC/MS）分析，鉴定其主要成分为去氢木香内酯（25.86%）、愈创木-l(10)-烯-11-醇（8.53%）和二氢去氢本香内酯（6.64%）。在鉴定的 26 个组分中，有 16 个为倍半萜烯，占总油含量的 23.34%[359]。

4. 其　他

从本属植物还分得黄酮、甾醇、三萜等。

37-1　37-2　37-3　37-4 16*R*　37-5 16*S*　37-6　37-7　37-8

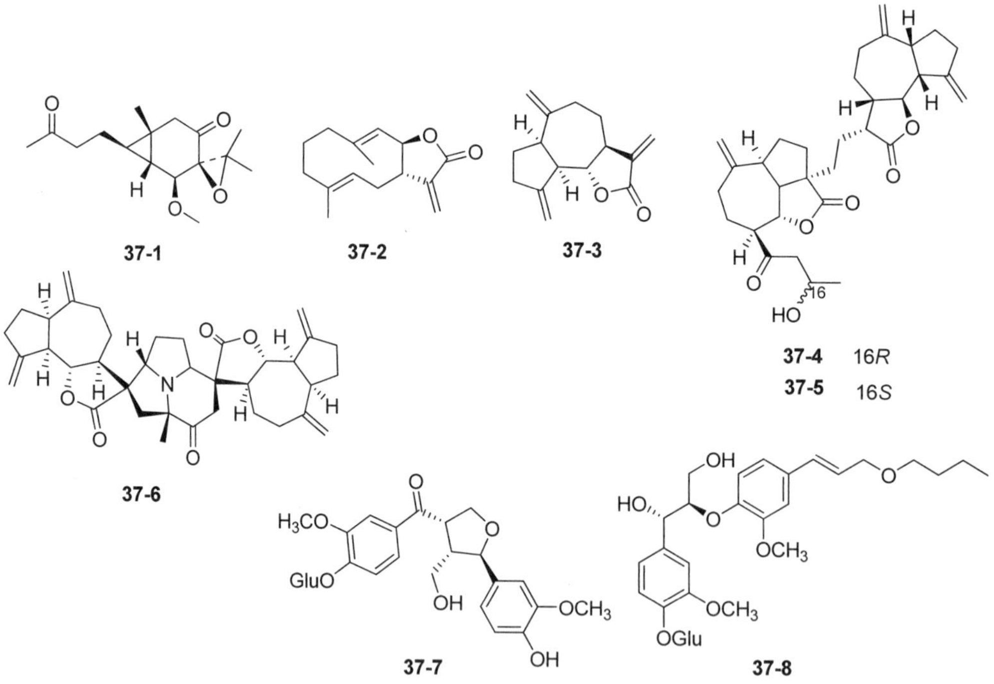

5.3.26　泥胡菜属 *Hemistepta*

单种属，泥胡菜 *Hemistepta lyrata*，分布于东亚、南亚及澳大利亚。

本品为民间习用药材，性凉、味苦。具有清热解毒、消肿祛瘀之功能，用于乳腺炎、颈淋巴结炎、痈肿疔疮、风疹瘙痒。

至今，分离得到的化合物主要是倍半萜内酯、黄酮、木脂素、三萜、有机酸、甾醇、咖啡酸衍生物、聚炔等[360]。

5.3.26.1 倍半萜内酯

从本种植物中仅分离得几个愈创木烷型倍半萜内酯化合物，如 hemistepsin（38-1）[361]、aguerin B（38-2）、8α-acetoxyzaluzanin C（38-3）、cynaropicrin 和 deacylcynaropicrin[362]等。

5.3.26.2 黄 酮

本属含丰富的黄酮化合物[363]，其中较为特异的是，从本种分离得多个酰化的葡萄糖 C-苷化合物，如 6″-O-(2‴-methyl-butyryl)isoswertisin（38-4）[364]。

5.3.26.3 其 他

木脂素、三萜、酚酸、甾醇等[360]。

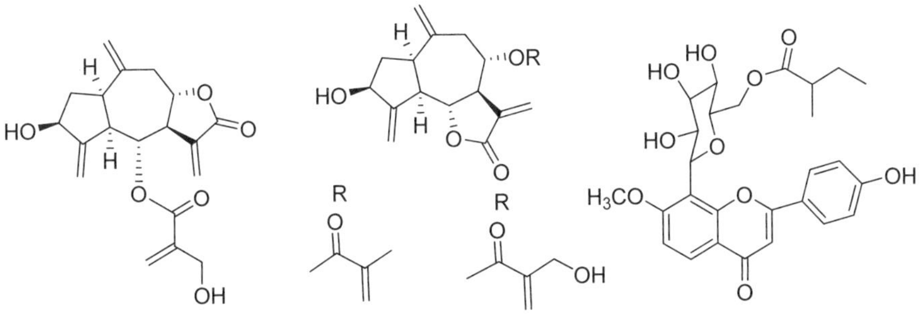

38-1　　**38-2**　　**38-3**　　**38-4**

5.3.27 苓菊属 *Jurinea*

约 250 种，分布于欧洲中部及南部、俄罗斯、中亚和西南亚。我国仅有少数种类，约 14 种，主要集中分布于新疆。

J. macrocephala 的根作为民族药应用，用于产后发烧，以及其芳香油可用于眼部感染、痛风、风湿、腹泻与胃痛。

本属的化学成分以吉马烷型倍半萜内酯为主，且它们大多的 C-14 或 C-15 为氧化结构[365]。除此之外，还分离得五环三萜、木脂素、香豆素、甾醇等成分。

5.3.27.1 倍半萜内酯

现从本属分离得较多的是吉马烷型倍半萜内酯，其余的大多为愈创木烷型。其中的吉马烷型倍半萜内酯又以 C-14 或 C-15 的氧化结构为特征。如：从 *J. albicaulis* 的叶中分得吉马烷型倍半萜内酯 albicolide（39-1）、jurineolide（39-2）和 pectorolide（39-3）等[366]；从 *J. carduiformis* 的地上部分中分得的愈创木烷倍半萜内酯 repin（26-1）、janerin（39-4）和 8-desacylrepin（39-5）[367]。

5.3.27.2 蒽 醌

从 *J. macrocephala* 的根中分得一个蒽醌化合物，大黄素甲醚 physcion（39-6）[365]。

5.3.27.3　木脂素

在 *J. mollis* 果实中富含二苄基丁内酯化合物，木脂素苷 arctiin 和它的苷元 arctigenin[368]。

5.3.27.4　挥发油

J. leptoloba 的地上部分挥发油经 GC-MS 分析，鉴定出挥发油主含非萜类及正烷烃化合物，主要成分是 6-*n*-butyl-2,3,4,5-tetrahydropyridine（15.6%）和 cyclohexene,3,5,5-trimethyl（11.26%）。另外，油中鉴定出的萜类成分是 1,3-(D$_2$)-Menth-2-ene[369]。

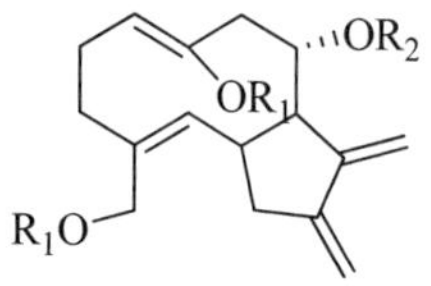

	R1	R2
39-1	H	H

39-2　H

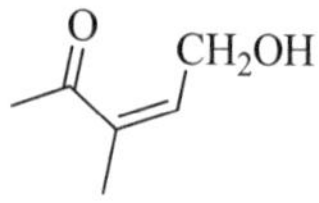

39-3　H

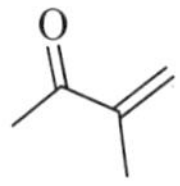

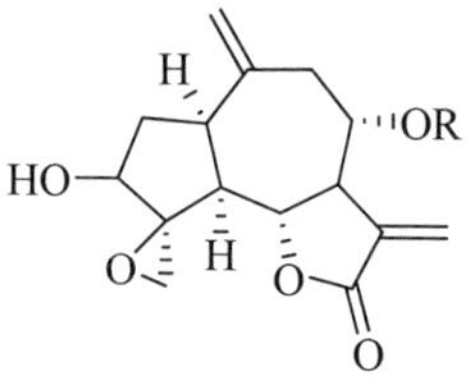

39-4　**39-5**

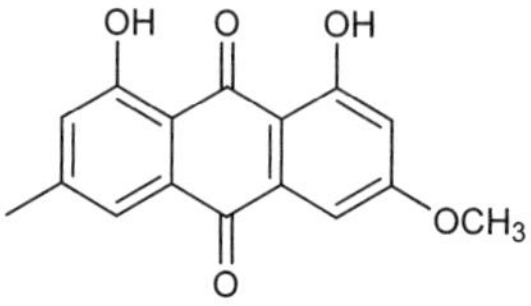

39-6

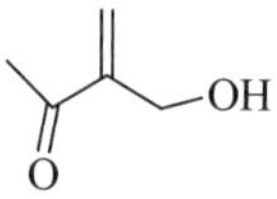

5.3.28　蝟菊属 *Olgaea*

约 12 种，分布于俄罗斯、中亚至我国。我国约有 7 种。到目前为止，未查到本属的化学成分研究报道。

5.3.29　寡毛菊属 *Oligochaeta*

约 3 种，分布于俄罗斯、中亚、高加索地区。我国新疆地区有 1 种。到目前为止，未查到本属的化学成分研究报道。

5.3.30　大翅蓟属 *Onopordum*

约 40 种，分布于西亚及中亚地区、俄罗斯。我国新疆地区有 2 种。

本属植物作为传统药物应用于皮肤癌、抗菌、止血和抗高血压的治疗[370]。大翅蓟 *O. acanthium* 的性凉味酸，入肝经，有凉血止血的功效[371]。

本属含倍半萜内酯、黄酮、木脂素、聚炔、甾醇、三萜、含氮化合物等[370]。

5.3.30.1　倍半萜内酯

本属富含倍半萜内酯化合物，其骨架主要是吉马烷、桉烷与榄烷，少数是愈创木烷。另外，它们的结构显示出以下特征：① C-6 位具氧化功能基，以形成 C-6(12)-γ-内酯环或单独存在；② C-8 的氧化功能基为 α-起源，而且如有酯侧链，则连接于此位置；③ 吉马烷倍半萜化合物刺蓟苦素 onopordopicrin 存在于目前所有被研究的种中，因此，可认为此化合物是本属植物的分类标志物。

原有报道认为：只有 *O. laconicum* 植物中才具有愈创木烷型倍半萜，但近年来，从 *O. acanthium* 中也发现了此类成分，如 4β,14-dihydro-3-dehydrozaluzanin C（42-1）、zaluzanin C 和 4β,15,11β,13-tetrahydrozaluzanin C[372]。

除此之外，还分离得倍半萜内酯与氨基酸，连接位置为 C-13 位的聚合物，如 onopornoids A-D（42-2 ~ 42-5）[373]。分析它们的结构，可认为它们的生源合成途径归功于活泼的 α-亚甲基-γ-内酯结构的环外亚甲基 C-13 的缺电活性，与极性反转的氨基酸氮原子发生迈克尔加成的产物。

5.3.30.2 木脂素

本属除常见的木脂素外，也分离得一些新木脂素成分，如从大翅蓟 *O. acanthium* 中分得的新木脂素 nitidanin-diisovalerianate（42-6）[372]；以及从 *O. illyricum* 中分得的新倍半木脂素 3-hydroxymethyl-5-(3-hydroxypropyl)-7-methoxy-2-[3-methoxy-4-[1-(3,4-dimethoxybenzyl)-2-hydroxyethyl]phenyl]-2,3-dihydrobenzofuran（42-7）[374]。

5.3.30.3 种子油

用 GC-MS 分析，大翅蓟种子油的主要成分为 9,12-十八碳二烯酸（亚油酸）（94.01%）、十六烷酸（棕榈酸）（4.98%）。种子油中不饱和脂肪酸占 94.04%，饱和脂肪酸占 5.08%，其他类占 0.88%[371]。

5.3.30.4 挥发油

O. arenarium 新鲜花及茎的挥发油分别采用 GC-MS 分析，二者中的主要成分均是：长链烃（23.3% ~ 36.4%）、氧化长链烃（31.5% ~ 33.8%）和氧化的单萜烯类化合物，其中从花与茎挥发油中鉴定的主要成分均是 palmitic acid。而对本种地上部分用正己烷提取物进行 GC-MS 分析，其鉴定出的主要成分则是高含量的三萜类成分（39.6%），而且其中又以 lupeol acetate（19.2%）和 β-amyrin acetate（10.1%）为主要成分[375]。

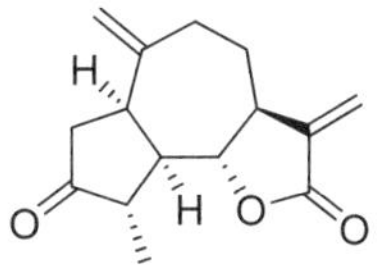

42-1   R   42-2 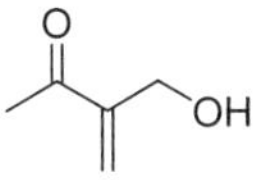   42-3 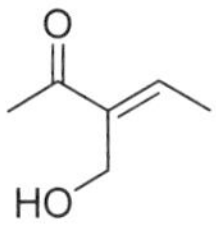   42-4   42-5

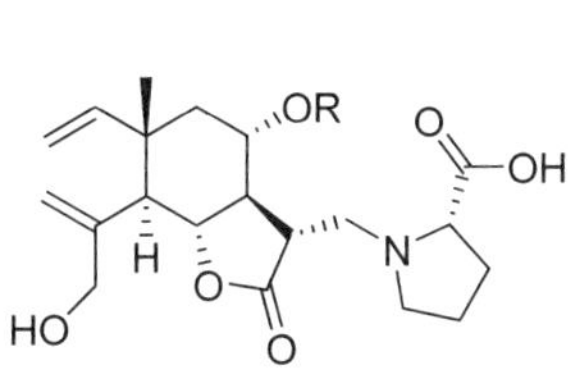

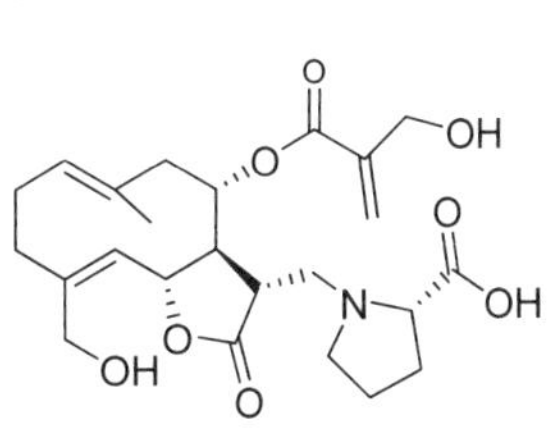

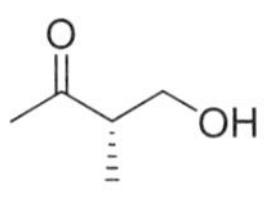

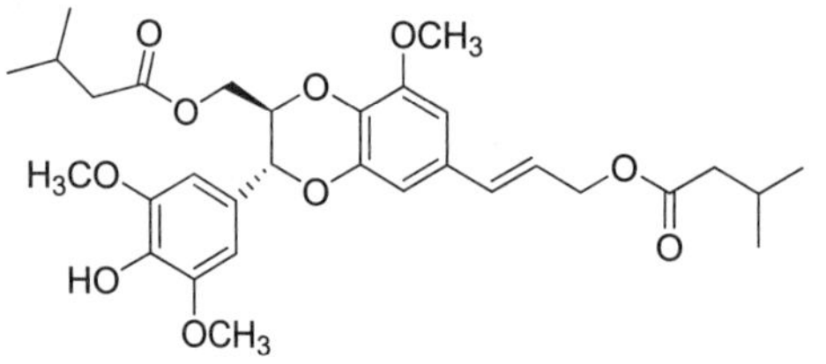

42-6 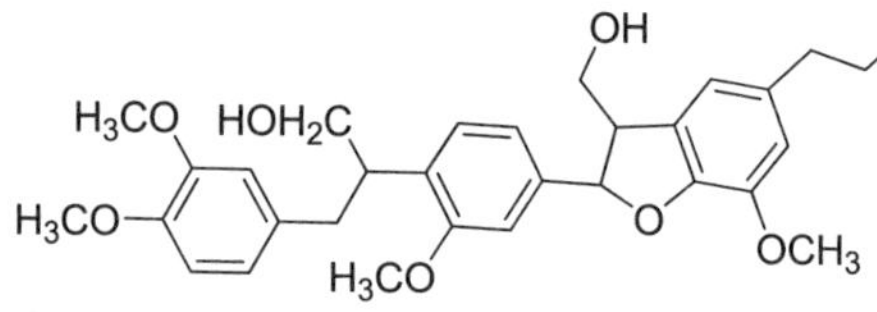　　　　　　　　　　　　　　　　42-7

5.3.31　毛蕊菊属 *Pilostemon*

本属 2 种，分布于我国新疆地区及俄罗斯、中亚地区。到目前为止，未见本属植物的化学成分研究报道。

5.3.32　风毛菊属 *Saussurea*

共计 400 余种，分布于亚洲与欧洲。我国已知约 264 种，遍布全国。本属下共分 5 个亚属，即雪兔子亚属、雪莲亚属、附片亚属、齿冠亚属与风毛菊亚属。

本属药用品种较多，如有名的常用中药木香（云木香 *Aucklandia costus*）与雪莲 *S. involucrata* 等。

通过研究，发现云木香与雪莲二者之间的化学成分显示出较大的不同，如雪莲中的主要成分是酚酸类成分，如黄酮与木脂素成分，而倍半萜类成分较为稀少；云木香中则要是倍半萜类成分，而黄酮与木脂素则较为稀缺。

5.3.32.1　木香的化学成分

1. 倍半萜

常用中药木香为风毛菊属 *Saussurea* 齿冠亚属 Subgen. Florovia 云木香 *Aucklandia costus* 植物的根，具有芳香健胃、行气止痛之功效，主要用于脾胃气滞证、泻痢、里急后重、食积不消、食少吐泻等肠胃疾病的治疗[376]。本种拉丁名的异名还有 *Saussureacostus*、*Saussurea lappa* 和 *Aucklandia lappa*[377]。

本种的化学成分最重要的是倍半萜内酯化合物，不仅含量丰富，而且结构多样：① 主要的吉马烷倍半萜内酯是木香烃内酯 costunolide；② 主要的愈创木烷倍半萜内酯是去氢木香烃内酯 dehydrocostus lactone；③ 桉烷，如 α-costol（44-1）[378]，以及一个 A 环缩环重构的桉烷化合物 saussureal（44-2）[379]；④ C_{17} 型愈创木烷倍半萜内酯，如 lappalone（44-3）[380]；⑤ 倍半萜内酯二聚体，如 lappadilactone（44-4）[380]；⑥ 倍半萜内酯与氨基酸的加成物，如 saussureamines A（44-5）-E[381]；⑦ 磺酸基倍半萜内酯，如 13-sulfo-dihydrosantamarine（44-6）和 13-sulfo-dihydroreynosin（44-7）[382]。

对少数几个木香中的倍半萜类成分的生物活性进行评价，得出：愈创木烷倍半萜内酯 cynaropicrin（44-8）是一个 TNF-α 的抑制剂；cynaropicrin 和木香烃内酯 costunolide 具有开发成为抗肿瘤药物的潜力；木香烃内酯 costunolide 和去氢木香烃内酯 dehydrocostus lactone 具有抗乙肝病毒的作用，即它们在人类肝癌细胞 Hep 3 中显示出强烈的抑制 HbsAg 表达的作用[383]。

2. 其　他

除倍半萜之外，还从本种分得或鉴定出少量的黄酮、蒽醌、木脂素、生物碱等成分[377, 384]。

3. 挥发油

采用固相微萃取-气相色谱-质谱联用技术分析云木香的挥发油的主要化学成分为：7,10,13-十六碳三烯醛（40.06%）、去氢木香烃内酯（17.60%）、α-芹子烯（4.05%）、α-姜黄烯（4.22%）[385]。

5.3.32.2　雪莲的化学成分

对比云木香，常用中药雪莲则属于风毛菊属 *Saussurea* 雪莲亚属 Subgen. *Amphilaena*、雪兔子亚属 Subgen. *Eriocoryne* 的多种植物，如天山雪莲、苞叶雪莲、绵头雪兔子、水母雪兔子、星状雪兔子和三指雪兔子等 80 个品种。其性温、味甘苦。具有散寒除湿、活血通经、平衡阴阳的作用。该植物经研究发现有良好的消炎止痛、抗肿瘤、抗氧化、降血脂等作用[386]。

1. 黄酮等酚酸类化合物

至今，从雪莲花 *S. involucrata* 中分离的黄酮化合物有 21 个，主要是黄酮苷元、黄酮苷，及少量的黄酮醇苷元及其苷，显示出比以黄酮醇为主要类型的刺菊木亚科植物进化的特征。其余化合物为：10 个咖啡酰奎宁酸化合物；8 个香豆素化合物，如简单香豆素 osthol（44-9），其余 7 个则为呋喃香豆素，如 isopimpinellin（44-10）；木脂素则为 arctiin 和 arctigenin 及它们的糖苷化合物[387]。

2. 倍半萜化合物

从雪莲花 *S. involucrata* 中分得的倍半萜类成分仅有 13 个[387]，远少于从云木香中分离得的 46 个倍半萜类化合物。这 13 个化合物的碳骨架主要是愈创木烷[包括一个愈创木烷-氨基酸的聚合物，大苞雪莲碱 involucratin（44-11）[388]，而桉烷骨架上只有一个化合物[387]。

另外，现也有研究认为，几乎所有的雪莲品种都含黄酮化合物，但苯丙素、木脂素及倍半萜化合物则主要分布于水母雪兔子 *S. medusa*、绵头雪兔子 *S. laniceps* 和雪莲花 *S. involucrata*[386]。

3. 挥发油

对雪莲花 *S. involucrata* 干燥地上部分的挥发油进行 GC-MS 成分分析后得出，挥发油中的主要成分是 palinitic acid（21.29%）、dihydrodehydrocostus lactone（16.86%）、*n*-propyl acetate（10.96%）、lauric acid（8.48%）和 dehydrocostus lactone（7.83%）[389]。

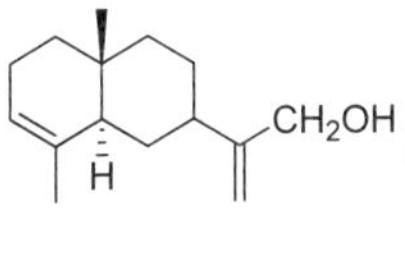

44-1 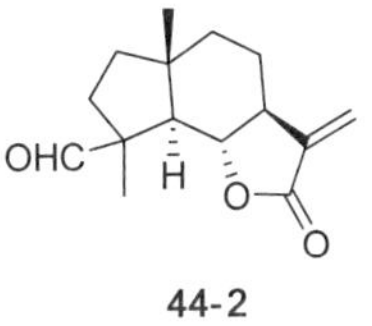　　　　44-2 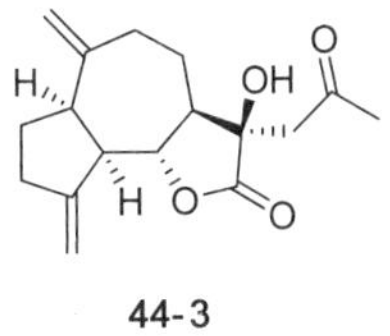　　　　44-3 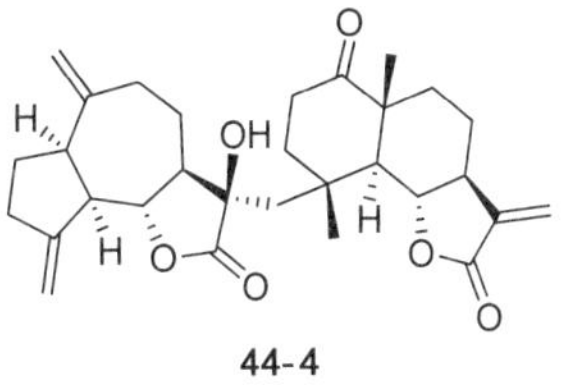　　　　44-4

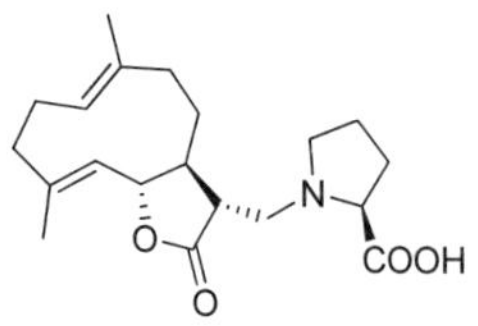

44-5 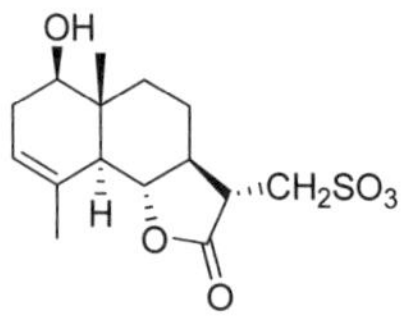 44-6 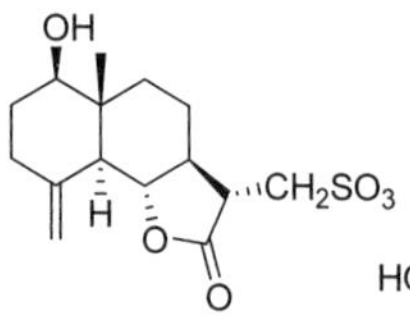 44-7 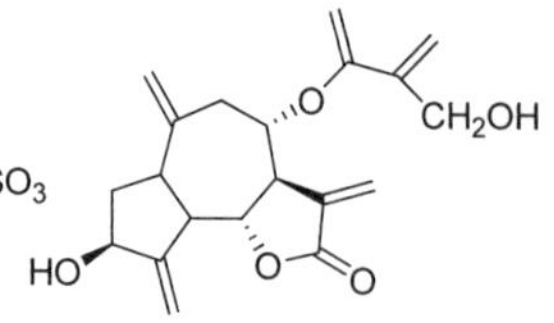 44-8

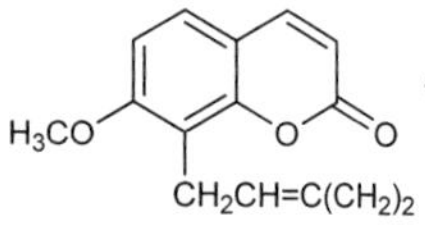

44-9 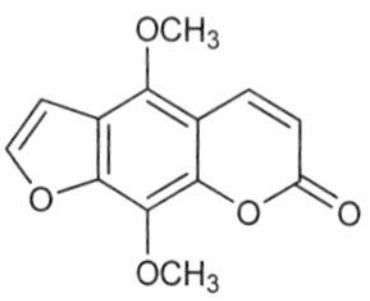 44-10 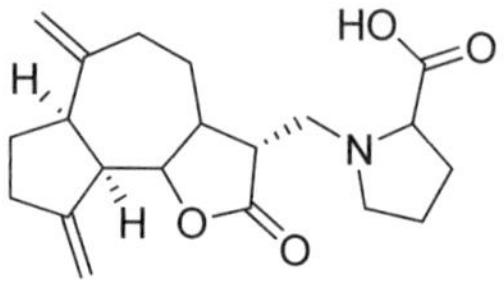 44-11

5.3.33 虎头蓟属 *Schmalhausenia*

单种属，仅 1 种虎头蓟 *S. nidulans*，分布于天山地区。

至今，仅有一篇化学成分研究报道，从本种植物干叶中分离得 7 个常见的黄酮化合物，如 apigenin、luteolin、apigenin、quercetin 及它们的糖苷化合物[390]。

5.3.34 水飞蓟属 *Silybum*

本属 2 种，分布于中欧、南欧、地中海地区与俄罗斯、中亚。

我国引种栽培 1 种，水飞蓟 *Silybum marianum*，其瘦果入药，性味苦凉，有清热、解毒、保肝利胆作用。

水飞蓟 *S. marianum* 的果实与种子为一种已有 2000 多年应用历史的欧洲传统药物，主要用于肝保护。其所含的化学成分主要分为两类，即黄酮化合物与脂肪酸，其他还有少量的木脂素、生物碱、三萜皂苷、有机酸等[391, 392]。

5.3.34.1 黄酮及黄酮木脂素化合物

水飞蓟中的黄酮化合物主要是 taxifolin（46-1）、dihydrokaempferol（46-2）和 quercetin（46-3）。

黄酮木脂素是水飞蓟 *S. marianum* 的果实与种子中的主要活性成分，由 silybins A 和 B（46-4、46-5）、isosilybins A 和 B（46-6、46-7）、isosilychristin（46-8）、dehydrosilychristin（46-9）、silychristins A 和 B（46-10、46-11）、silyamandin（46-12）、silydlanin（46-13）、desilydianin（46-14）、2,3-dehydrosilybin（46-15）组成。

通过多个药理实验研究，揭示了水飞蓟中的黄酮木脂素类成分具有治疗肝病的多种作用，如具有抗氧化、抗肝纤维化、再生、利胆、肝保护活性[393]。

5.3.34.2 脂肪油

水飞蓟中的脂肪油由磷脂与高含量的不饱和脂肪酸，如油酸、亚油酸和棕榈酸（oleic, linoleic, palmitic acids）组成。

另有文献报道，采用 GC-MS 联用技术检测分析经甲酯化处理的新疆产水飞蓟精油中脂肪酸的组成及其相对含量，其组成和相对含量分别为：油酸 45.42%、亚油酸 36.33%、棕榈酸 10.53%、硬脂酸 3.80%、花生酸 1.07%、山嵛酸 0.74%和亚麻酸 0.80%[394]。

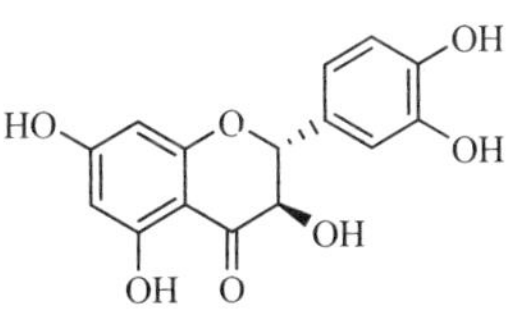

46-1

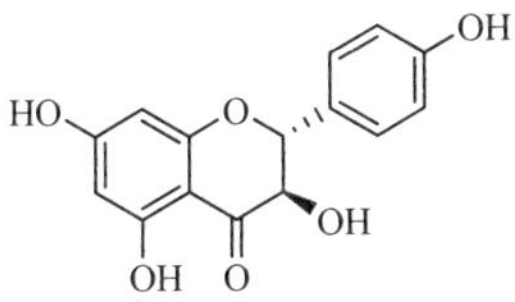

46-2

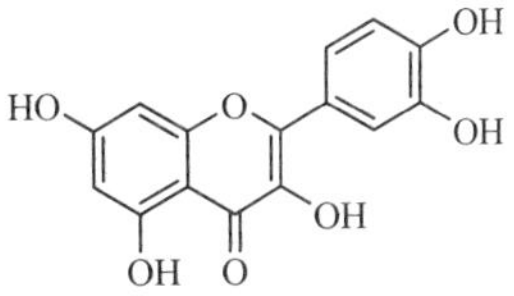

46-3

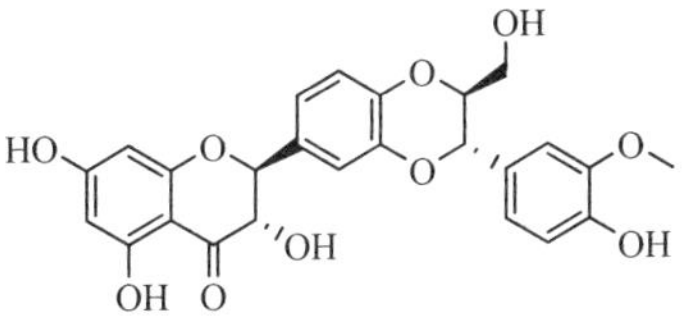

46-4

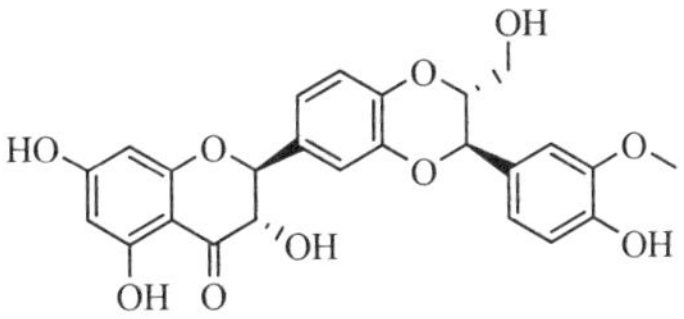

46-5

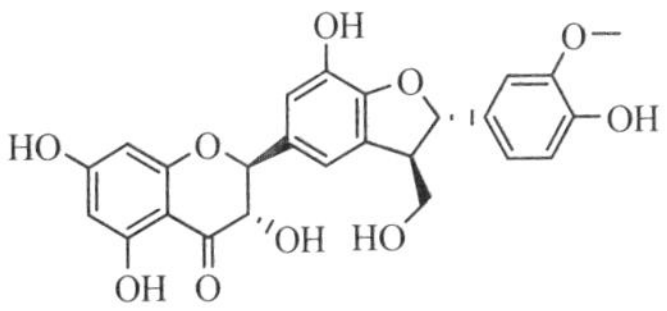

46-6

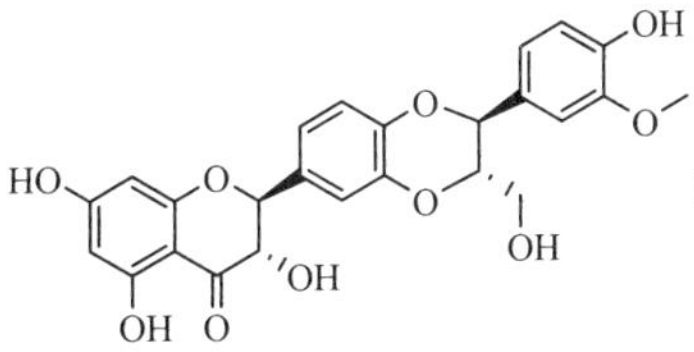

46-7

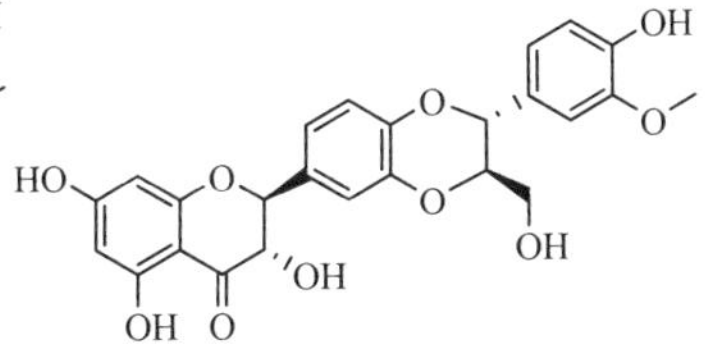

46-8

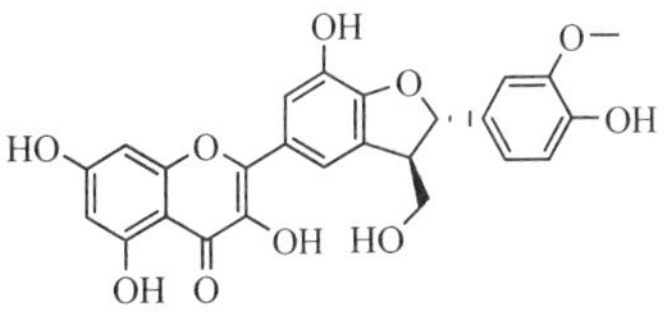

46-9

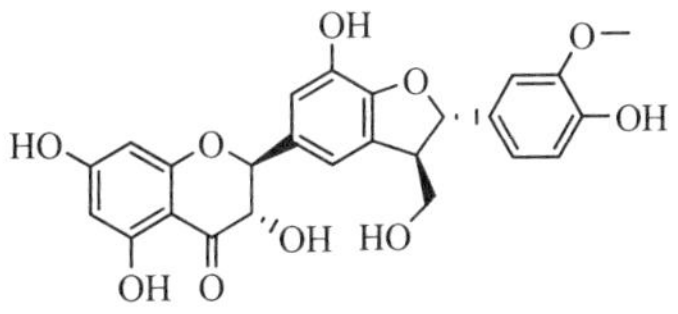

46-10

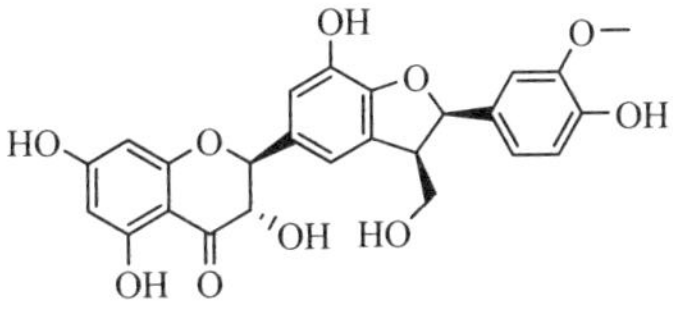

46-11

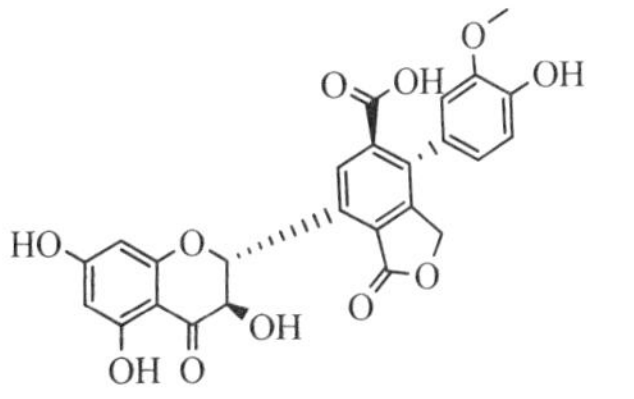

46-12

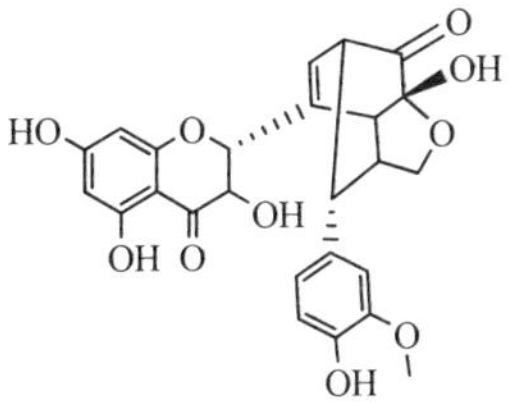

46-13

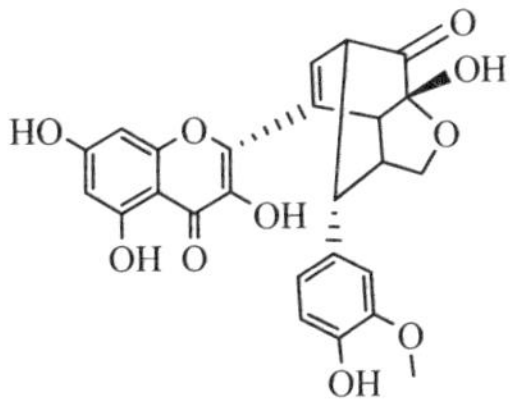

46-14

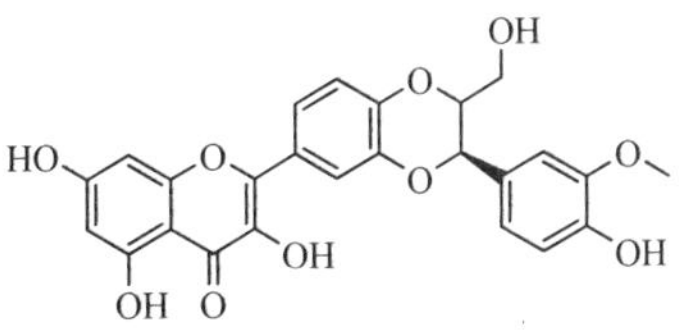

46-15

5.3.35 疆菊属 *Syreitschikovia*

本属 2 种，分布于俄罗斯、中亚和我国新疆天山地区。至今，还未有该属植物的化学成分研究报道。

144

5.3.36 黄缨菊属 *Xanthopappus*

我国特有属，1 种，黄缨菊 *Xanthopappus subacaulis*。

本种作为我国民间传统药用，用于吐血、子宫出血、胃溃疡、十二指肠溃疡、特发性血小板减少性紫癜和食物中毒的治疗。

当前，对本属的化学成分研究还不够深入，现仅从本植物的干燥全草中分离得呋喃链状倍半萜、噻吩聚炔、甾醇、黄酮及木脂素[395]。

5.3.36.1 呋喃型链状倍半萜

现从本种中分离得 3 个此类化合物：一对差异向构体的混合物 7-hydroxy-vernopolyanlyanthofuran（48-1）、vernopolyanlyanthofuran（48-2）和 6,7E-dehydrovernopolyanlyanthofuran（48-3）[396]。

5.3.36.2 噻吩聚炔类化合物

本类化合物是菊科植物中常见的普通化合物，但从本种中分得的此类化合物较为丰富，已有 10 余个。同时，它们的结构也显示出一定的新颖性，如含氯原子化合物 xanthopappin B（48-4）及噻吩聚炔化合物的二聚体，如 xanthopappin C（48-5）[397]。

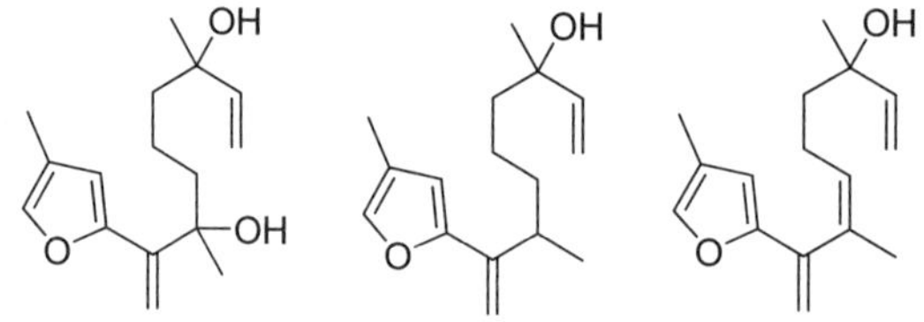

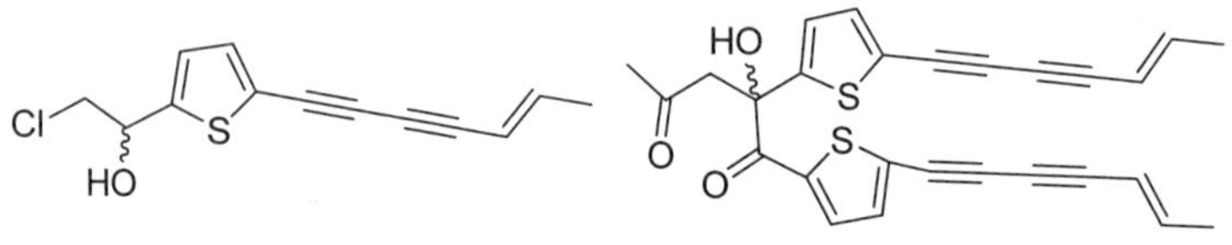

5.3.37 刺苞菊属 *Carlina*

约有 28 种，主要分布于地中海地区、西欧、东欧和亚洲温带地区。我国新疆地区分布 1 种，刺苞菊 *Carlina biebersteinii*。

本属 *C. acaulis* 植物的根作为一味中南欧国家的传统药物，用于治疗皮肤病、牙病、胃肠疾病，以及驱虫和利尿[398]。

总体上讲，对本属植物的化学成分研究相对薄弱，且研究集中于 *C. acaulis* 植物[399]及少数几个种之上，而对我国分布种刺苞菊 *C. biebersteinii* 的化学成分研究至今还为空白。

C. acaulis 植物的根主含 Inulin 型菊糖和挥发油，其中挥发油含量为 1% ~ 2%，另外，挥

发油中的主要成分为聚炔化合物 carlina oxide[2-(3-phenylprop-1-ynyl)furan]（49-1），其含量可达 80%，甚至 90%~99%。

酚类成分及五环三萜从 *C. acaulis* 植物的地上部分被分离得到。主要的黄酮是 C-苷化黄酮化合物，如 orientin、homoorientin 和 vitexin。本植物地上部分还富含根中不含有的绿原酸（1.94%）成分，以及五环三萜，如 ursolic acid、oleanolic acid、lupeol、α-amyrin、β-amyrin、lupeol acetate 和 β-amyrin acetate。

C. acaulis 种子含脂肪酸，如大量的亚油酸 linoleic acid（50%~52%），以及其他次量成分（<10%）：palmitic acid、stearic acid 和 oleic acid。

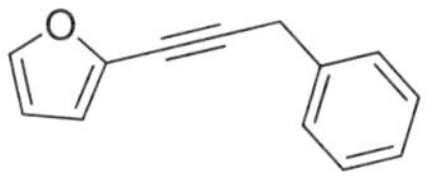

49-1

5.3.38　苍术属 *Atractylodes*

本属约 7 种，分布于亚洲东部地区。我国有 5 种，其中含 2 种最重要的药用植物：苍术 *A. Lancea* 和白术 *A. macrocephala*。

值得注意的是，苍术属 *Atractylodes* DC. 是 De Candlle 在 1938 年作为帚菊木族 Mutisieae Cass.中的成员而建立的一个属。Bentham 等正确地将它转移到菜蓟族中来，但却把它处理为 *Atractvlis* 的异名；我国植物分类学家早年都因袭 Bentham 的观点，如 1918 年出版的《植物学大词典》错误记载苍术的拉丁名为 *Atractvlis ovata* Thunb.。

5.3.38.1　白术与苍术的化学成分比较

①　苍术与白术在挥发油上均以桉烷型倍半萜内酯化合物苍术酮 atractylone（50-1）为主；②　二者在化学成分上也均以桉烷型倍半萜和聚炔类成分为主，但在一些成分类型上有些差别，如苍术中含有而白术中不含有的香根螺烷型与艾莫里酚型倍半萜，显示出苍术比白术更加进化；③　二者在可能起源于愈创木烷的三环型倍半萜上也有结构上的微小差别，即白术中具有 cyperane 型而苍术中具广藿香烷 patchoulane 型倍半萜；④　苍术中具有聚炔化合物苍术素 atractylodin，而白术中不具有此成分。

1. 白术的化学成分

白术为菊科植物白术 *A. macrocephala* 的根茎，辛、甘、温，具有健脾益气、燥湿、利尿、止汗、安胎等功用。主治脾虚食少倦怠、消化不良、虚胀、泄泻、痰饮、水肿、胎动不安。

（1）挥发油

本品的主要活性成分是挥发油，但产地、提取及采用不同分析方法，对挥发油的成分鉴定结果有明显差异。如：

采用 1995 年版《中国药典》的规定方法提取的白术挥发油，进行 GC-MS 法成分鉴定，结果是鉴定出 46 个成分，其中桉烷倍半萜苍术酮 atractylone（50-1）含量最高（43.7%），其他的主要成分为萜类成分，如石竹烯、γ-榄香烯、α-石竹烯、蛇床-4(14),11-二烯、4,5-脱氢异长叶烯、吉马烯 B 等[400]。

另一采用 GC-MS 分析 CO_2 超临界萃取技术提取的白术挥发油的组分，鉴定出白术挥发油的主要成分为苍术酮（45.53％）、δ-杜松烯（7.33％）、2-(2,5-二甲氧苯基)环己烯酮（6.98％）、双环吉马烯（5.78％）、γ-榄香烯（5.48％）等。

（2）化学成分

至 2018 年，从白术 A. macrocephala 中分得超 79 个化学成分，涉及倍半萜内酯（29 个）、三萜（2 个）、聚炔（19 个）、香豆素、苯丙素、黄酮、黄酮苷、甾醇、苯醌和多糖等[401]。

对于具有分类意义的倍半萜内酯化合物而言，它们显示出以下特征：① 几乎全为无环外亚甲基的倍半萜内酯或无内酯的倍半萜烯化合物；② 骨架类型中桉烷型为主要类型，其次的为一个少见的可能起源于愈创木烷的 cyperane 型倍半萜；③ 有倍半萜内酯的二聚化现象。

其次，聚炔类成分为本种的第二大成分类群，其中最主要的成分是 14-acetoxy-12-senecioyloxytetradeca-2E,8E,10E-trien-4,6-diyn-1-ol（50-2），且其具有与阳性对照药 L-N-6 —(1-iminoethyl)-lysine 相匹敌的抗炎活性。

白术的药效物质研究揭示本种中的倍半萜类、聚炔类及多糖是本药材的药效物质。如提高胃肠功能的活性成分是：atractylenolide Ⅰ（50-3）、atractylenolide Ⅱ（50-4）、4,15-epoxy-8β-hydroxyasterolide；抗肿瘤的活性成分是：atractylenolide Ⅰ、atractylenolide Ⅱ、atractylenolactam 和多糖；免疫调节作用的活性成分是：多糖；抗炎活性成分是：atractylenolide Ⅰ、atractylenolide Ⅱ、atractylenolide Ⅲ（50-5）、asterolid、8β-methoxyatractylenolide、atractylenolide Ⅴ、atractylenolactam、聚炔、苯丙素类；抗阿尔兹海默病的活性成分是：biatractylolide；神经保护作用的活性物质是：atractylenolide Ⅲ 和聚炔类成分；抗衰老与抗氧化的活性成分是：多糖[401]。

2. 苍术的化学成分

中药品种苍术是一个多基原品种，为茅苍术 A. lancea 或北苍术 A. chinensis 的干燥根茎。除此以外地方习用品中还有朝鲜苍术 A. koreana 和关苍术 A. japonica。苍术初以"术"载于《神农本草经》，被列为上品，味辛、苦，性温，具有燥湿健脾，祛风散寒，明目的功效[402]。

（1）挥发油

采用药典规定的方法提取道地的茅苍术与非道地的茅苍术的挥发油进行 GC-MS 分析，实验表明它们二者之间有较明显的化学成分差异：① 茅苍术挥发油中含量较高的 6 种成分是：榄香醇 elemol、茅术醇 hinesol、β-桉叶醇 β-eudesmol、苍术酮 atractylone、苍术素 Atractylodin、苍术烯内酯甲 atractylenolid Ⅰ，其中苍术酮的含量最高，占总挥发油的 25.92%，而其他产区茅苍术的苍术酮 atractylone 的平均含量仅为总挥发油的 0.69%，且有些样品未检到这一成分。可见，苍术酮在体现茅苍术道地性特征时具有非常重要的意义。② 苍术道地性在挥发油成分上的表现主要是苍术酮、茅术醇、β-桉叶醇及苍术素呈现出的一种特定配比关系，即(0.70～2.00)：(0.04～0.35)：(0.09～0.40)：1。（Ⅲ）茅苍术药材的总挥发油明显低于非道地南苍术药材。④ 苍术与同属植物白术挥发油组分相似，并均以苍术酮为主[403]。

（2）化学成分

本种仍以桉烷型且无环外亚甲基的倍半萜内酯为主要类型，其次还有少量的艾莫里酚烷型与广藿香烷 patchoulane 型三环倍半萜。另外，聚炔化合物苍术素 atractylodin 在本种中具有，而在白术中不具有，显示出分类学上的鉴定意义。

马起凤[404]等根据菊科术属中的化学成分、地理分布、植物形态，对术属的亲缘关系进行研究。研究认为：苍术素 atractylodin 是一个聚炔类化合物，它仅存在于术属的部分种中，因此，具有较高的分类学意义。① 苍术素在术属的分布表明，它的形成不是生态条件影响的产物，而是种质遗传的结果。因此，术属被分为两组，第一组叶具柄，根茎挥发油中含有大量的苍术酮，不含苍术素，包括白术、关苍术、鄂西苍术。第二组以叶无柄，根茎挥发油中含有苍术素，苍术酮含量相对较少，主要由南苍术、北苍术和朝鲜苍术组成。② 苍术酮 atractylone 仅分布于菊科术属，属内均含有该成分，而且它的含量多少主要与物种有关，与环境的关系较小，因此，苍术酮可作为术属的特征性成分。

另有研究报道，采用 HPLC-DAD 和 LC-MS/MS 联用技术，以本属的 5 个生物活性成分为指标，即四个倍半萜内酯化合物 atractylenolide Ⅰ、Ⅱ、Ⅲ、eudesma-4(14),7(11)-dien-8-one 和一个聚炔化合物苍术素 atractylodin，可用来区别四种苍术属植物，A. japonica、A. macrocephala、A. chinensis 和 A. lancea。研究结果显示：苍术含有比白术含量高的苍术烯内酯甲 atractylenolide Ⅰ 和苍术素 atractylodin，尤其是苍术素的含量在白术与苍术之间显示出极大的差异[405]。

5.3.38.2 苍术属的化学成分

从苍术属植物分离得到的倍半萜化合物主要是骨架类型多样的倍半萜烯内酯化合物（即无环外亚甲基结构）。另外，鉴于本属主要的成分为倍半萜萜烯类，不含化学活性高的 α-亚甲基-γ-内酯结构，因此，可认为此与苍术、白术的甘、温性味，补气、健脾、无清热解毒的功效相关。

其他还有聚炔、黄酮、香豆素、苯丙素、苯醌、甾醇等化合物[401, 406, 407]。

1. 倍半萜内酯

从本属分离的此类化合物的骨架类型可分为桉烷型、愈创木烷型、香根螺烷型和艾里莫酚烷型等，其中又以桉烷型为主。如：

（1）桉烷型倍半萜烯化合物，tractylenolides Ⅰ ~ Ⅲ。

（2）愈创木烷型倍半萜，苍术苷 A 和 B（atractylosides A-B，50-6、50-7）。

（3）香根螺烷型倍半萜，其结构特点为 1 个六元环和 1 个五元环通过 1 个螺原子相连而成，为苍术属苍术 A. lancea 中较为特征、典型的倍半萜类型，如茅术醇 hinesol（14-8）和 (7R)-3,4-dehydrohi-nesolone-11-O-β-D-glucopyranoside（50-9）[408]。

（4）艾里莫酚烷型倍半萜，从茅苍术 A. lancea 中分离得到 2 个此类成分，如 (3S,4R,5R,7R)-3,11-dihydroxy-11,12-dihydronootkatone-11-O-β-D-glucopyranoside（50-10）[409]。

（5）cyperane 和广藿香烷 patchoulane 型倍半萜，本类化合物可看成是一个衍生于愈创木烷骨架的三环倍半萜衍生物，如从 A. macrocephala 中分得的 cyperane 倍半萜 atractylmacrol A（50-11）[410]；从 A. lancea 中分得的广藿香烷 patchoulane 型倍半萜 1-patchoulene-4α,7α-diol（50-12）[411]。

（6）除此之外，还分离得三个倍半萜内酯二聚体，biatractylenolide、biatractylenolide Ⅱ 和 biepiasterolide（50-13、50-14）。

2. 聚炔化合物

本属植物中此类成分也较为丰富，最重要的是，苍术 *A. lancea* 中含有一个主要的聚炔成分苍术素 atractylodin（50-15）。

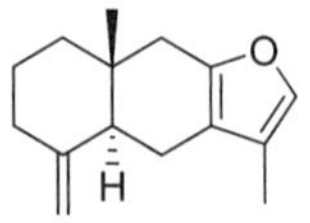

50-1 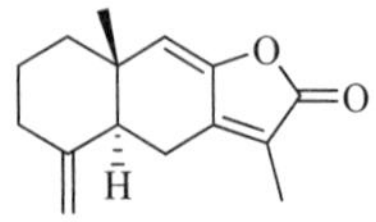　　50-3 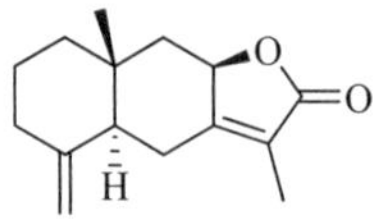　　50-4 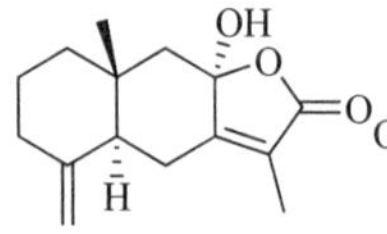　　50-5 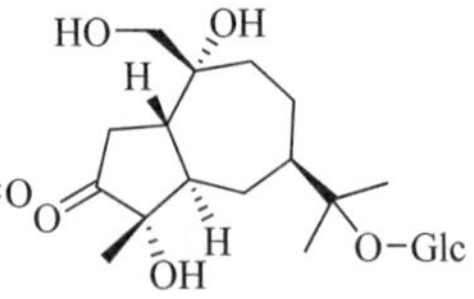　　50-6

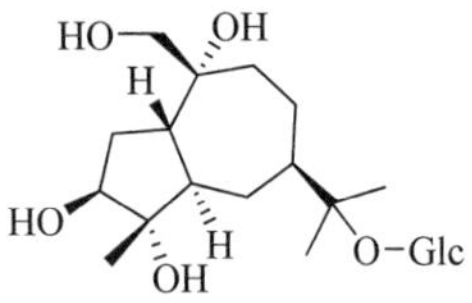

50-7 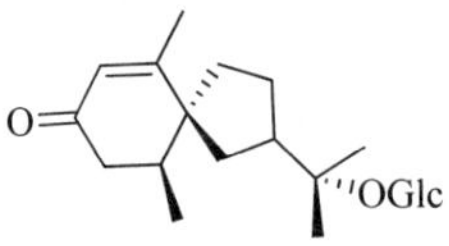　　50-8 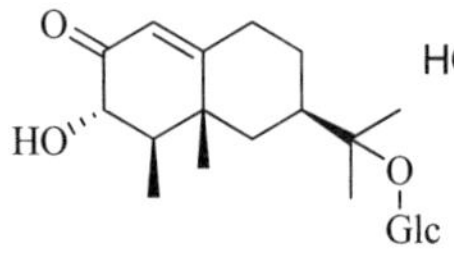　　50-9 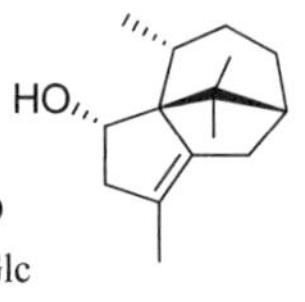　　50-10 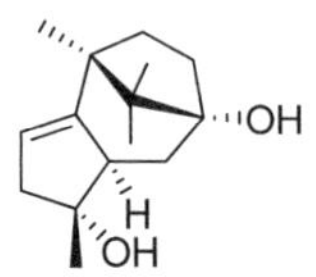　　50-11

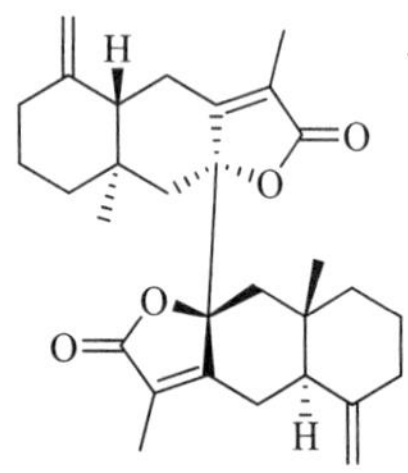

50-12 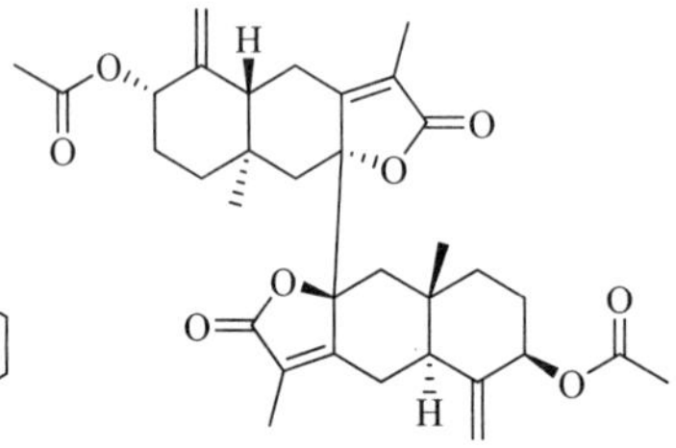　　50-13 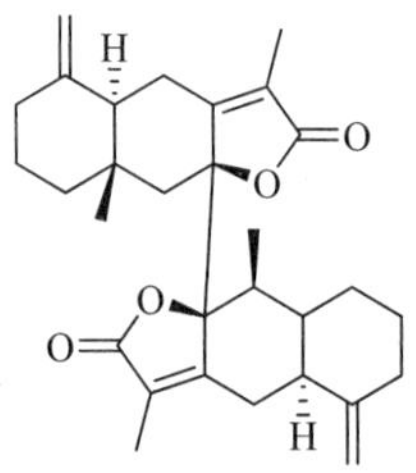　　50-14 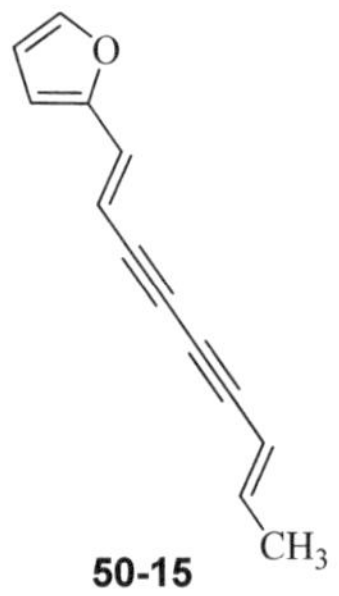　　50-15

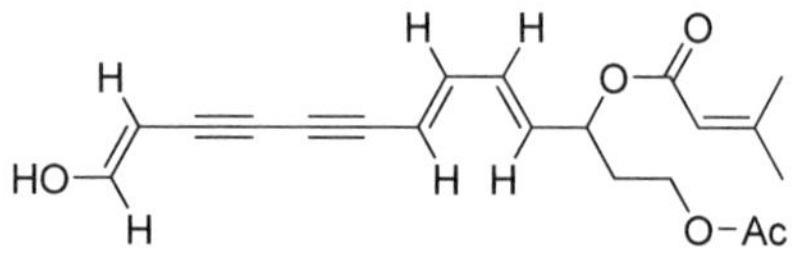

50-2

6 金盏花族 Calenduleae

全世界约 8 属, 主要分布于热带和亚热带非洲。在我国仅有栽培品种金盏花属 *Calendula* 植物。

从本属植物中发现的倍半萜类成分较为丰富, 分离得到的化合物主要是倍半萜烯类 (无内酯结构) 的倍半萜苷。它们的骨架类型不仅有原始的无环链状、桉烷倍半萜之外, 还出现了较进化的稀有的倍半萜骨架, 如榄烷 elemane、4-*epi*-cubebol 型、香木兰烷型 aromodendrane 等。另外, 还含其他类型的化合物, 如三萜醇、三萜皂苷、黄酮、胡萝卜素、多糖等。

金盏花属植物中还含吡咯里西啶生物碱化合物, 但它们均为无环双酯型, 而且它们的千里光碱骨架为 platynecine 型, 即是 1,2-饱和的吡咯里西啶生物碱, 其毒性较低, 因此, 它们的结构与生物活性均显示出本族植物比千里光族、泽兰族更为原始。

6.1 金盏花属 *Calendula*

本属 20 余种, 主要产于地中海、西欧和西亚。我国常见栽培 1 种: 金盏花 *C. officinalis*, 引种 1 种: 欧洲金盏花 *C. arvensis*。

金盏花 *C. officinalis* 作为传统药物, 用于治疗内脏炎症、胃肠溃疡和痛经。本品也用于口腔和咽黏膜的炎症、创伤, 以及用于止痉、利胆和发汗[412]。

6.1.1 脂肪酸

金盏花 *C. officinalis* 种子中含约 20%的油, 有较高的工业应用价值。油中的主要成分是 calendic acid (octadeca-8*E*, 10*E*,12*Z*- trienoic acid, 51-1) 和亚油酸 linoleic acid, 它们的含量分别约为 60%和 30%[413]。通过同位素标记的生源合成途径研究, 揭示了 calendic acid 的合成源自亚油酸 linoleic acid (135) 通过一个共轭体系的自由基重排, 再消除一个氢原子的合成途径[414]。

6.1.2 类胡萝卜素 carotenoids

类胡萝卜素是本植物花瓣的主要颜色成分, 如在 *C. officinalis* 的花瓣和花粉中的主要类胡萝卜素是毛茛黄素 flavoxanthin (51-2) 和玉米黄二呋喃素 auroxanthin (51-3), 而茎和叶中的主要成分是叶黄素 lutein (51-4) 和 *β*-carotene (51-5)[415]。

6.1.3　挥发油

栽培的 *C. officinalis* 挥发油中大于 5%的成分是：α-cadinole（18.4%～32.0%）、γ-cadinene（9.7%～18.9%）、viridiflorol（2.0%～10.0%）、γ-cadinole（4.7%～7.9%）、δ-cadinole（3.3%～5.6%）和 γ-muurolene（0.8%～5.1%）[412]。

6.1.4　三萜皂苷

主要分离的三萜皂苷以齐墩果烷型 oleanane[416-418]、羽扇豆烷型、款冬二醇型 faradiol 为主，如款冬二醇的 3-*O*-肉蔻酸酯、棕榈酸酯[faradiol myristic ester（51-6）和 faradiol palmitic ester（51-7）[419]]。

6.1.5　倍半萜

从本属植物中发现的倍半萜类成分较为丰富，分离得到的化合物主要是倍半萜烯类（无内酯结构）的倍半萜苷，而且出现了一些稀有的倍半萜骨架，如：4-*epi*-cubebol 型、香木兰烷型 aromodendrane、榄烷型 elemane。

（1）从 *C. officinalis*[420, 421]中分离得到的香木兰烷型化合物 viridiflorol-10-*O*-β-quinovopyranoside-2′-*O*-(3′-methyl-2′-pentenoate)（51-8），而且从生源合成途径研究认为本属中的香木兰烷型化合物的 C-10 的绝对立体构型应该为 *S*-构型。

（2）榄烷型化合物 α-elemol-11-*O*-β-D-fucopyranoside（51-9）。

（3）桉烷型化合物 β-eudesmol-11-*O*-β-D-fucopyranoside（51-10）。

（4）从 *C. arvensis* 中分离得到 4-*epi*-cubebol 型化合物 epicubebol glycoside（51-11）[422]。

6.1.6　吡咯里西啶生物碱

采用 GC-MS 法，对 *C. officinalis*、*C. arvensis*、*C. suffruticosa* subsp. *Algarbiensis* 和 *C. suffruticosa* subsp. *Lusitanica* 四个种的正己烷提取物进行分析。研究显示：

（1）在 *C. officinalis*、*C. suffruticosa* subsp.*lusitanica* 和 *C. suffruticosa* subsp.*lusitanica* 中具有丰富的吡咯里西啶生物碱成分。其中，在 *C. officinalis* 中，吡咯里西啶生物碱的含量占 41.5%。

（2）在 *C. arvensis* 中吡咯里西啶生物碱啶含量在四种植物中是最低的，仅为 0.57 mg/g 干物质。

（3）在 *C. suffruticosa* subsp.*lusitanica* 中，吡咯里西啶生物碱 pyrrolizidine alkaloids 占 45.9%。

（4）在 *C. suffruticosa* subsp. *Algarbiensis* 中，吡咯里西啶生物碱 pyrrolizidine alkaloids 仅占 26.7%。

通过 GC-MS 发现本属含的吡咯里西啶生物碱类型是 platynecine 型衍生物，即是 1,2-饱和的吡咯里西啶生物碱，其毒性较低，而且这些生物碱均是非大环二酯型，显示出一定的分类学意义。鉴定的生物碱结构如下（未命名）[423]：

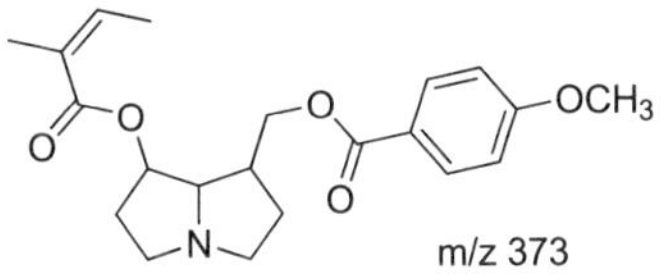

m/z 373 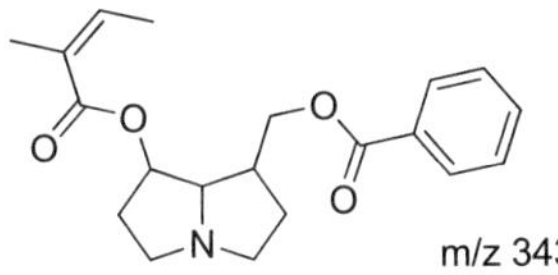 m/z 343 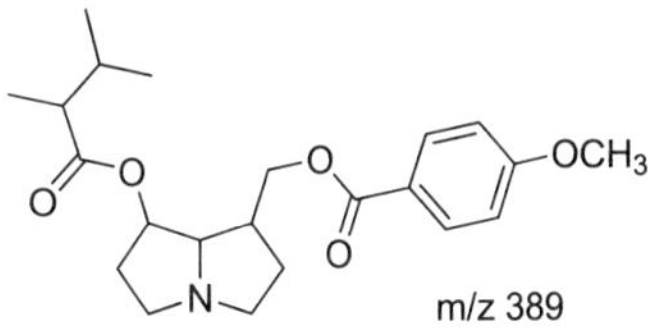 m/z 389

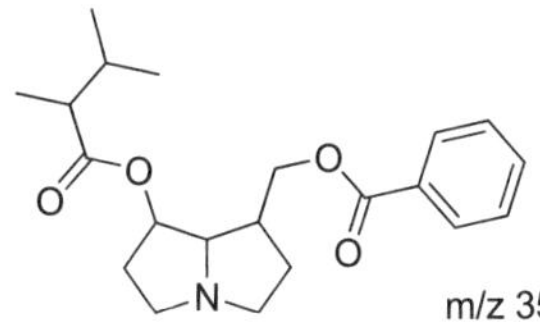

m/z 359 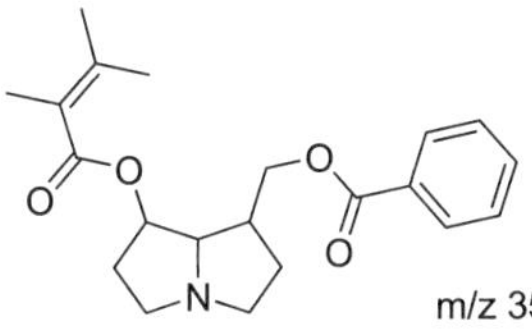 m/z 357 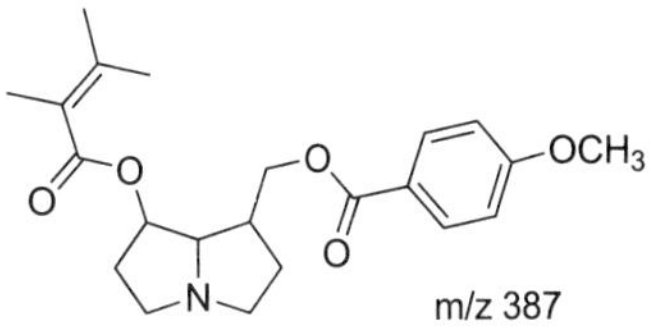 m/z 387

6.1.7 其 他

本属还含黄酮醇葡萄糖苷化合物[418]、香豆素[424]（scopoletin、umbelliferone 和 esculetin）等。

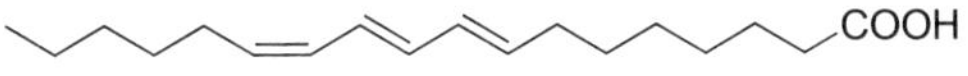

51-1

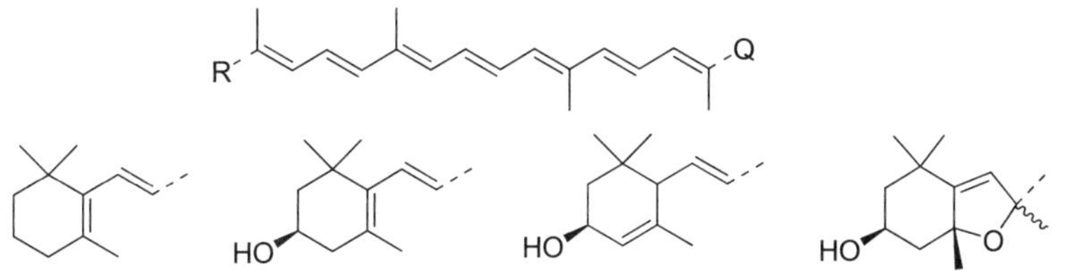

51-2 R=d, Q=c
51-3 R = Q =d
51-4 R = b, Q = c
51-5 R = Q = a

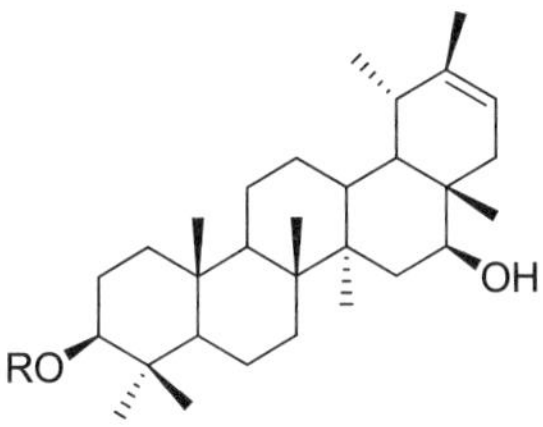

a b c d

51-6 R=myristyl
51-7 R=palmityl

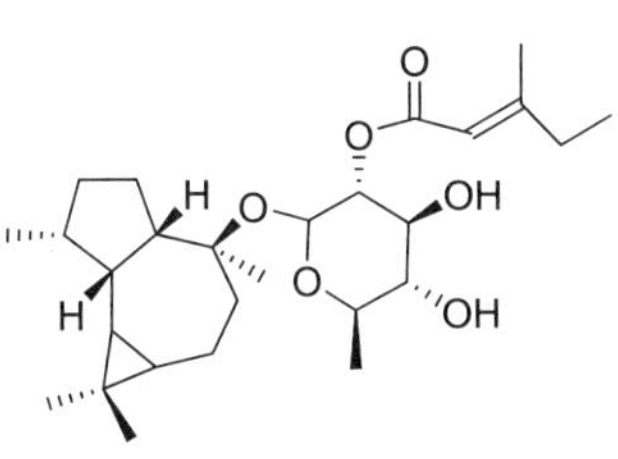

51-8

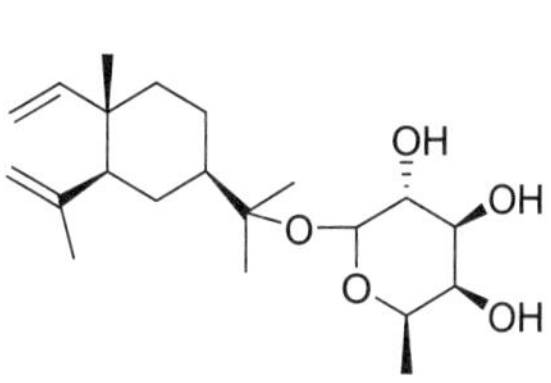

51-9

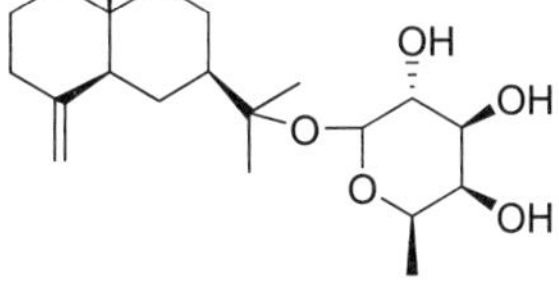

51-10

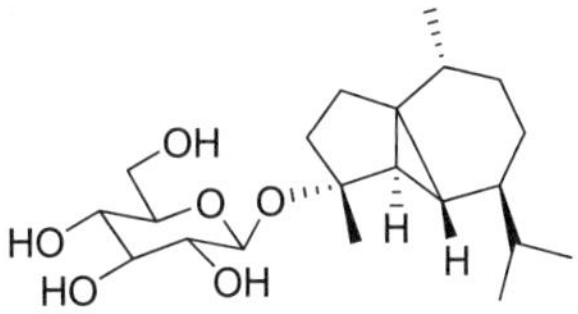

51-11

7　蓝刺头族 Echinopsideae

本族含两个属，一个是蓝刺头属 *Echinops* L.，另一个是 *Acantholepis* Less.属。在蓝刺头族仅有的两个属中，以蓝刺头属 *Echinops* L.为最大，约 130 余种，分布于南欧、亚洲草原及半荒漠区、地中海地区以及北非和东非，而 *Acantholepis* 最小，仅 1 种，分布于地中海地区及中亚。我国只有蓝刺头属 *Echinop*s。

在 Bentham 菊科分类系统中，没有本族的分类，但《中国植物志》根据本族植物的特征"头状花序仅含有一个小花，众多的头状花序组合成紧密排列的复头状花序，以及头状花序中所具有的特定的苞片及基毛结构"，将它们独立为独立的一个族。现在根据本族具有特征的、其他族植物不具有的喹啉生物碱类成分，以及特征的噻吩聚炔类成分[237]的特点，也从化学成分的角度支持《中国植物志》的分类的正确性。

从倍半萜类成分的结构来看，本族植物独立成族也有其正确性，即本族的蓝刺头属 *Echinops* 植物中以含有特异的三环类倍半萜类成分为特征。同时，本族植物不仅含有原始的桉烷型和愈创木烷型倍半萜，而且含较进化的伪愈创木烷型倍半萜。

7.1　蓝刺头属 *Echinops*

本属约 120 种，分布于南欧、北非、中亚和俄罗斯。我国有 17 种。

常用中药禹州漏芦为菊科蓝刺头属植物蓝刺头 *Echinops latifolius* Tausch 及华东蓝刺头 *E. grijisii* Hance 的干燥根，具有清热解毒、排脓止血、消痈下乳的功效[283]。另外，由于本属植物不含植物蜕皮激素，所以，禹州漏芦不能与漏芦互用。

7.1.1　喹啉生物碱

喹啉生物碱是本属植物特征的化学成分。

从 *E. ritro* 及其他同属 6 个种[425, 426]中分离得到喹啉生物碱，其中 echinorine（52-1）最丰，而且在植物果实中含量最高。另外，伴生的同类型生物碱还有 echinoramine I（52-2）、echinopsine（52-3）、echinopsidine（52-4）、echinozolinone（52-5）。另外，还从 *E. gmelinii* 中分离得两个喹啉生物碱葡萄糖苷化合物，1-methyl-4-methoxy-8-(β-D-glucopyranosyloxy)-2(1H)-quinolinone（52-6）和 4-methoxy-8-(β-D-glucopyranosyloxy)-2(1H)-quinolinone（52-7）[427]。

7.1.2 噻吩聚炔类化合物

本属植物中的噻吩聚炔类成分较多，其特点是大多数化合物具 2 个以上的噻吩环。如新疆蓝刺头 E. ritro 中分离出一个新的含六元过氧环的二联噻吩类化合物 echinobithiophene A（52-8）[428]。从禹州漏芦 E. grijisii 的根中分离鉴定了 12 个噻吩聚炔化合物，如 echinoynethiophene A（52-9）、5,5″-dichloro-α-terthiophene、5-chloro-α-terthiophene、5-acetyl-α-terthiophene、5-carboxyl bithiophene 和 α-tertthienyl（α-T，52-10）等[429-431]。

噻吩类化合物被认为是本属植物的特征活性成分，体外研究证实它们具有杀虫、抗肿瘤细胞增殖、抗真菌等的作用，如 α-三联噻吩（α-T）及其类似物的结构中含有不饱和共轭链，具有高消光系数的近紫外吸收及氧的量子产额。这使其具有广泛的光毒活性，对肿瘤细胞及病毒、真菌等各种病原微生物显示出明显的抑制作用[283]。

7.1.3 倍半萜

本属的倍半萜成分丰富，但代表性的特征成分是三环倍半萜[432]，即 presilphiperfolane、silphiperfolane、isocomane 和 modhephane 骨架。至今，三环结构倍半萜在菊科植物的 Silphium、Eriophyllum、Isocoma、Berkheya、Espeletiopsis 和 Artemisia 属等属中发现，但这些属没有蓝刺头属植物中特征的喹啉生物碱及噻吩聚炔类化合物，因此，将本属植物单独成族应有其合理性。

从 E. giganteus var. lelyi 根的挥发油中分离得 21 个三环结构的倍半萜，其中主要成分是 silphiperfol-6-ene（26.9%）和 presilphiperfol-7(8)-ene（52-11）（9.4%），但在非极性组分中，则以石竹烷化合物 β-caryophyllene 和蛇麻烷型倍半萜 α-humulene 为主，以及少量的以上骨架的三环结构倍半萜。在中等极性的组分中，还分离得 silphiperfolane 类型的氧化产物。以上这些三环骨架的代表化合物有：presilphiperfol-7(8)-ene、7-epi-silphiperfol-5-ene（52-12）、modhephene（52-13）、α-isocomene（52-14）等。

其他倍半萜类型还有：伪愈创木烷型[433]、桉烷型、愈创木烷型、石竹烷型倍半萜及倍半萜内酯，如石竹烯型倍半萜 caryophyllene epoxide（52-15）、桉烷型倍半萜内酯 reynosin（52-16）[434]。另外，还从 E. latifolius 中分离得一个倍半萜二聚体化合物 latifolanone A（52-17）[431]。

7.1.4 其 他

还分离得黄酮、三萜、甾醇等化合物[430, 434]。

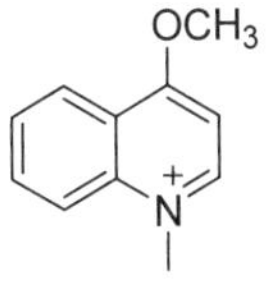

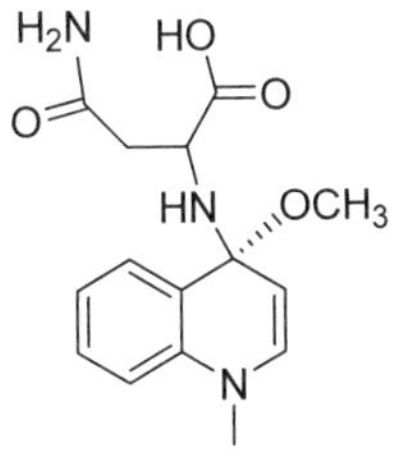

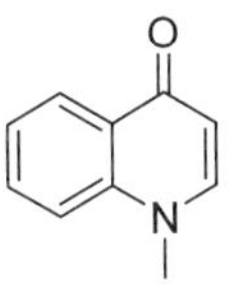

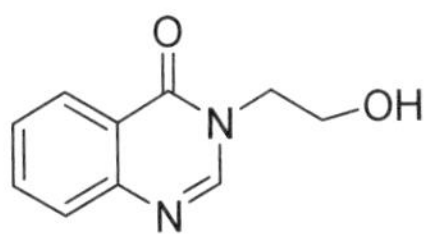

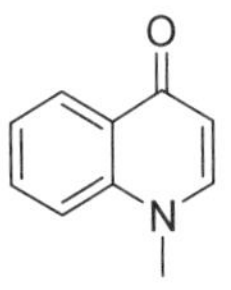

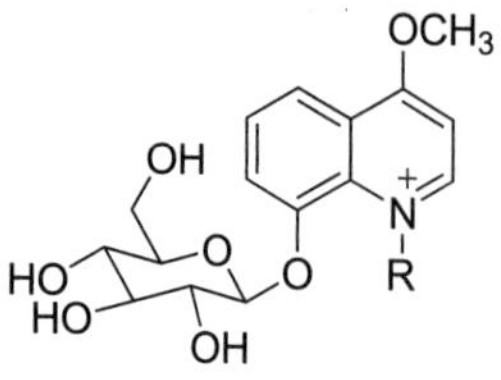

52-6　R=CH₃

52-7　R=H

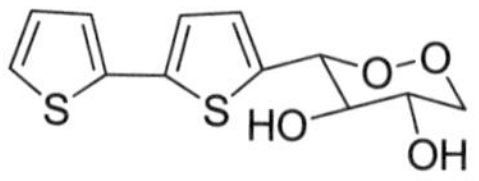

52-8

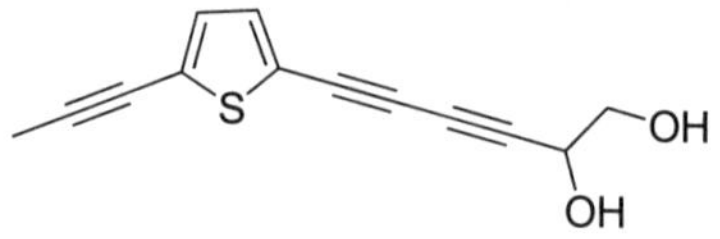

52-9

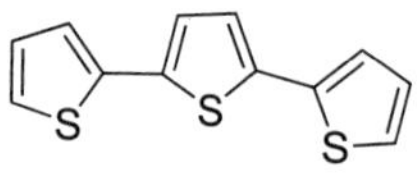

52-10

52-11

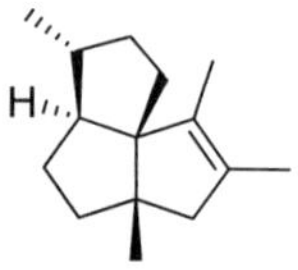

52-12

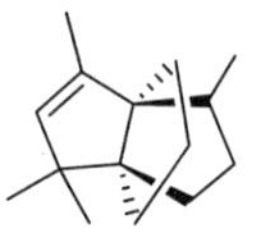

52-13

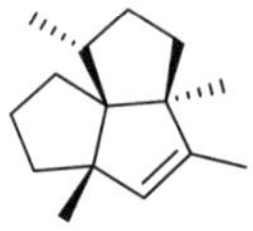

52-14

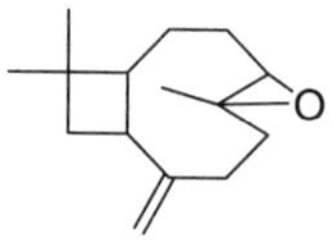

52-15

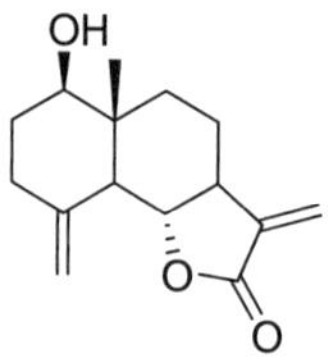

52-16

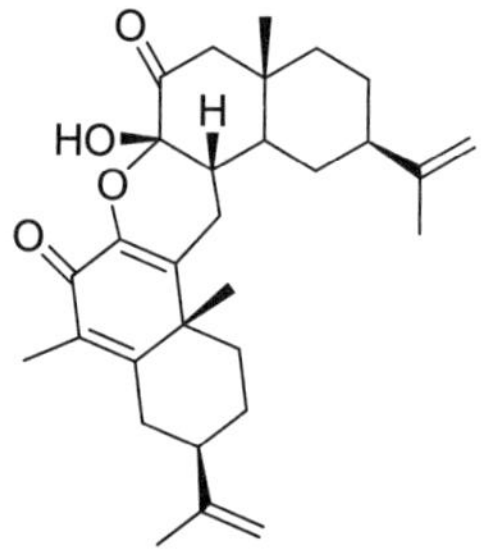

52-17

8 春黄菊族 Anthemideae

本族的大多数属集中在非洲南部和地中海地区，也广布于全欧和亚洲大部分地区，在美洲和大洋洲仅有少数的属代表成员。现全世界约 109 属、1740 种，我国有 35 属。

本族的一些属，如蒿属 *Artemisia*、菊蒿属 *Tanacetum*、菊属 *Chrysanthemum* 等植物在分类上有争论，导致一些属及属内组提升为属等的分类变化，同时，也导致一些文献难于归类总结，如当前《中国植物志》将原属于菊属的除虫菊植物调整为菊蒿属 *Tanacetum* 植物；绢蒿属（蛔蒿属）*Seriphidium* 原是蒿属的一个亚组 *Artemisia* Linn. Sect. *Seriphidium* Bess.植物，提升至属的级别等。

本族分为 2 个亚族，一是春黄菊亚族 Anthemidinae O. Hoffm.，包含我国的 4 个属，即蓍属 *Achillea*、春黄菊属 *Anthemis*、果香菊属 *Chamaemelum*、天山蓍属 *Handelia*；我国另外的 29 个属则归属于另外的一个亚族，菊亚族 Chrysantheminae。

8.1 化学成分的多样性

本族植物的化学成分出现以倍半萜内酯为主、兼有一些新颖骨架的结构特征，显示出本族植物的进化性与年轻性。另外，在一些属中还新出现了一些本族典型的化学成分，如不规则单萜、烷基酰胺、不规则倍半萜、愈创木烷生物碱、牛扁碱型二萜生物碱与吡咯里西啶生物碱等。

本族植物还以特有的植物香味（挥发油）为该族植物的一个典型特征，可作为分类的标志物。但是，已知有许多因素会影响植物挥发油的组成，如提取植物组织的不同来源（如花、叶）、植物样品的不同个体发育、不同的采收季节、不同的提取方法等，所以根据挥发油的组成来进行植物鉴别与分类，目前也还存在较多的困难。但不论如何变化，其挥发油的成分依然是植物基因决定的，因此，应该是植物分类、尤其是本族植物分类的重要依据，如有研究发现蒿属下的 2 个亚属、7 个不同组植物的挥发油成分与其进化性有一定的相关性[435]。

（1）倍半萜

在倍半萜的骨架上，不仅有原始的吉马烷、桉烷与愈创木烷倍半萜，而且出现了较为进化、不常见的骨架类型，如在蒿属、蓍属、菊蒿属出现 longipinane 型、不规则线型倍半萜等。另外，在蒿属岩蒿 *Artemisia rupestris*（蒿属时萝蒿组植物）植物中出现了独特的吡啶愈创木烷倍半萜生物碱类型，因此，蒿属、蓍属、菊蒿属是较为进化与年轻的属。同时，也说明了植物的风媒传粉与虫媒传粉并不是植物进化的判断标准。

其他的结构特征还体现在：在内酯环的骈合上，本族植物主要是 12(6)-内酯型，少见 12(8)-内酯型；在氧化程度上，氧化度不高；在倍半萜聚合上，主要发现于蒿属、菊属、蓍属等；

在倍半萜成苷上，大多为苷元，苷类成分较少。除此之外，还在蓍属、蒿属中发现倍半萜-香豆素醚聚合物。

（2）本族植物少见二萜、三萜化合物，其中有几个属含少量的对映贝壳杉型二萜。

（3）本族一些属，如蒿属还稀含牛扁碱型二萜生物碱及吡咯里西啶生物碱。

（4）本族富含聚炔类成分，尤其螺缩醛聚炔化合物及聚炔型与烯型烷基酰胺类化合物在春黄菊族植物中普遍存在，有一定的分类学意义。

本族植物中的倍半萜骨架类型见表 8-1：

表 8-1 春黄菊族中的倍半萜骨架类型

属别	吉马烷	桉烷	愈创木烷	没药烷	榄烷	其他
蓍属 Achillea	+	+	+	+	−	longipinane、achicretin、4-methyl-7-isopropyl-9-ethyl-perhydroindene、开环的不规则倍半萜、drimane
春黄菊属 Anthemis	+	+	+	−	−	开环的不规则倍半萜
果香菊属 Chamaemelum	−	+	−	+	−	−
天山蓍属 Handelia	+	−	+	−	−	乌药烷
亚菊属 Ajania	+	+	+	−	−	−
木茼蒿属 Argyranthemum	+	+	+	−	−	−
蒿属 Artemisia	+	+	+	−	−	吡啶愈创木烷型倍半萜生物碱、oplopane、muurolane、杜松烷、没药烷、三环类、开环的不规则倍半萜、drimane
石胡荽属 Centipeda	−	−	+	−	−	伪愈创木烷
茼蒿属 Glebionis	+	+	+	−	−	−
山芫荽属 Cotula	+	−	−	−	−	−
芙蓉菊属 Crossostephium	−	+	−	−	−	−
菊属 Chrysanthemum	+	+	+	−	−	杜松烷、三环（Clovane、Caryolane）型、卡拉布烷、4-methyl-7-isopropyl-9-ethyl-perhydroindene
小滨菊属 Leucanthemella	−	+	−	−	−	−
滨菊属 Leucanthemum	−	+	−	−	−	石竹烷
母菊属 Matricaria	+	+	+	+	−	不规则倍半萜内酯
菊蒿属 Tanacetum	+	+	+	−	−	longipinane
扁芒菊属 Waldheimia	−	+	+	−	−	−

8.2 传统药物应用与药效物质

本族常用的中药品种有蓍草、青蒿、艾、茵陈、菊花、石胡荽（鹅不食草）等，而且它们大多具有的清热解毒、杀虫等活性与其所含的倍半萜、挥发油密切相关。

（1）蒿属的青蒿、艾及茵陈的不同药效与它们所含有的不同化学成分相关，如茵陈的疏肝利胆的作用与其所含的香豆素等酚酸类成分有关、青蒿的抗疟作用药效物质为其所含的杜松烷过氧倍半萜青蒿素。

（2）蛔蒿属（原为蒿属）植物山道年 *A. cina* 的驱蛔成分是桉烷型α-山道年（α-santonin），但毒性大，现已停用。

（3）多种植物的杀虫活性也可能与它们所含的不规则单萜相关，如菊烷型不规则单萜除虫菊酯是除虫菊杀虫的药效成分。

（4）本族植物中的挥发油成分大多与植物本身所具有的药效相关，如杀虫、抗菌等。

8.2.1 蓍属 *Achillea*

本属约 200 种，广泛分布于北温带。我国产 10 种。

蓍实（蓍草，高山蓍 *Achillea alpine*）始载于《神农本草经》，列为上品，其在历代本草皆有收载。味苦、酸、平，归肺、脾、膀胱经。解毒利湿、活血化瘀。用于乳蛾咽痛、泄泻痢疾、肠痈腹痛、热淋涩痛、湿热带下、蛇虫咬伤[436]。另外，在世界其他国家也有传统应用的历史，如 *A. millefolium* 花的挥发油可用于治疗流感、出血、月经不调、腹泻等疾病，以及用本植物制成的茶可用于治疗胃肠道疾病[437]等。

8.2.1.1 不规则单萜

本属富含本类成分，如从 *A. fragrantissima* 中分得三个香棉菊烷 santolinane 单萜，6-oxo-8-hydroxy-santolina-1,4-diene（53-1）、4,5,8-trihydroxy-santolin-1-ene（53-2）、5,8-epoxy-4,6-dihydroxy-santolin-1-ene（53-3），以及一个菊烷型 chrysanthemane 单萜（53-4）[438]。从 *A. filipendulina* 中还分得一对非对映异构（差向异构）的含过氧键的香棉菊烷 santolinane 型不规则单萜 peroxyachipendole（53-5）。

8.2.1.2 倍半萜内酯

（1）本属含丰富的愈创木烷 guaiane、吉马烷 germacrane、桉烷 eudesmane、没药烷 bisabolane 等类型的倍半萜内酯，其中的愈创木烷型倍半萜内酯最为丰富。

从 *A. fragrantissima* 中分离得的吉马烷型倍半萜 achillolide A（53-6）和黄酮化合物 3,5,4'-trihydroxy-6,7,3'-trimethoxyflavone（53-7）均具有保护由谷氨酸对神经细胞 N2a 导致的毒性作用，揭示出它们具有治疗阿尔兹海默病的潜力[439]。

（2）本属中还含一些稀有的骨架类型，如：

① *A. millefolium* 以及 *A. pannonica* 植物中均发现一类少见的倍半萜骨架类型 longipinane 化合物，如从 *A. millefolium* 中发现的α-longipin-2-en-1-one（53-8）[440]。

② 从 *A. cretica* 中分得一个新颖骨架的倍半萜内酯化合物 achicretin 1（53-9）。本化合物对四株人类肿瘤细胞系 IGROV-1、OVCAR-3、MCF-7 和 HCT-116 的细胞毒活性不及一个同时分得的氯代的愈创木烷型化合物 achicretin 2（53-10）[441]。

③ 从 *A. crithmifolia* 中分得一个 4-methyl-7- isopropyl-9-ethyl-perhydroindene 新颖骨架化

合物 acrifolide（53-11）（仅确定了它的相对构型）。除此之外，还从 *A. ligustica*、*A. depressa* 中分得此类成分，如 ligustolide A 和 B。另外，最早分得的本类成分 chlorochrymorin（53-12）是从菊属 *Chrysanthemum morfolium* 中分离得到的[442]。从本骨架化合物与本属丰富的愈创木烷倍半萜共生来看，它们二者之间应存有一定的生源关系。

④ 本属还含一类不规则的倍半萜类成分，如从 *A. cretica* 中分离得到的 1,10-开环的倍半萜内酯化合物 tanaphallin（53-13）（一对对映体），以及降碳的倍半萜化合物 vomifoliol（53-14）。通过细胞毒活性筛选，发现这两个化合物的细胞毒活性分别为弱与无活性[443]。

从 *A. collina* 中分离得 2,3-开环的愈创木烷半缩醛倍半萜内酯化合物，如 8α-angeloxy-2β,10β-dihydroxy-4β-methoxymethyl-2,4-epoxy-6βH,7αH,11β-1(5)-guaien-12,6α-olide（53-15）等，而且它还显示出有效的抗炎作用，其作用比阳性对照药吲哚美辛还强。不过，通过筛选得到的抗炎作用最强的化合物是桉烷型化合物 1β-hydroxy-11-*epi*-colartrin（53-16）与吉马烷型化合物 3β-[2-methylbutyroyloxy]-9β-hydroxy-germacra-1(10),4-dienolide（53-17）[444]。

⑤ 除倍半萜单体化合物之外，还分离得多个倍半萜内酯二聚体化合物，如从 *A. distans*，*A. collina* 和 *A. millefolium* 中分别分得 distansolides A-B（53-18、53-19）[445]，achicollinolide（53-20）[446]和 achillinins B-C（53-21、53-22）[447]。

8.2.1.3 倍半萜-香豆素醚化二聚体

本类成分仅分布于春黄菊族 Anthemidcae 中的蒿属 *Artemisia*、蓍属 *Achillea* 和春黄菊属 *Anthemis*，具有一定的分类学意义。

从结构上看，香豆素的结构均为异秦皮啶 isofraxidin，而倍半萜结构则为开链的金合欢烯 open-chain farnesyl 或 bicyclic drimenyl 型倍半萜结构。而在本属中分得的本类化合物在结构上又有较大的变化，如有开环与甲基迁移的结构。从 *A. ochroleuca* 分得 2 个单环倍半萜香豆素醚 secodrial（53-23）和 secodriol（开环结构）（53-24），3 个双环倍半萜香豆素醚 tripartol（53-25）、drimartol B（53-26）（为甲基迁移产物）和 drimachone（53-27）。

8.2.1.4 黄 酮

本属含丰富的黄酮类化合物，尤其是还含有特征的葡萄糖-C-苷化的黄酮化合物。除本属之外，在春黄菊族植物中的蒿属 *Artemisia* 和耳实菊属 *Otospermum* 也含此类成分[448]。

8.2.1.5 生物碱

本属有较为丰富的生物碱类成分，但分离且鉴定出结构的化合物不多，仅有水苏碱 stachydrine、左旋水苏碱 betonicine、甜菜碱 betaine、胆碱 choline[449]。另外，从 *A. millefolium* 和 *A. moschata* 中分别分离得的生物碱 achilleine 和 moschatine 的结构至今仍未解明，只推测它们为糖基生物碱，即 achilleine 为拥有一个吡咯或哌啶环、一个 *N*-甲基和一个酰胺的结构[450]。

8.2.1.6 挥发油

对本属植物的挥发油成分研究的文献较多，分析结果也有所不同，显示出地域、气候、品种、不同药用部位等对植物挥发油的成分合成有较大影响。

（1）大多数的研究发现，本属挥发油中的主要成分为氧化的单萜类成分，如：camphor、1,8-cineole (eucalyptol)、*cis* 和 *trans*-sabinene hydrate、borneol、α-thujone、β-thujone、linalool 和 α-terpineol[451]。

（2）四种 *Achillea* 植物的挥发油及正己烷提取物的成分也有差异，如 *A. biserrata*、*A. wilhelmsii* 和 *A. biebersteinii* 挥发油的主要成分是 1,8-cineole（38.1% ~ 14.4%）、camphor（46.6% ~ 23.6%）和 borneol（11.7% ~ 2.9%），而 *A. coarctata* 挥发油的主要成分是 viridiflorol（37.7%）、α-cadinol（8.9%）和 cubenol（6.1%）[452]。

（3）分别对 *Achillea filipendulina* 的茎、叶、花的挥发油进行分析，分析结果显示出差异，如：在鉴定出的成分中，仅有 5 种成分为共有成分；茎挥发油中的主要成分是 neryl acetate、spathulenol、carvacrol、santolina alcohol 和 *trans*-caryophyllene oxide；叶中的主要成分是 1,8-cineole、camphor、aascaridole、*trans*-isoascaridole 和 piperitone oxide；花中的主要成分是：ascaridole、*trans*-isoascaridole、1,8-cineole、*p*-cymene 和 camphor[453]。

（4）生物活性评价，发现挥发油大多具有抗菌[454]、抗氧化[455]及对植物杂草及植物害虫的抑制作用[452]。

8.2.1.7 其他[456]

还从本属分离得到对映贝壳杉烷型二萜、三萜、木脂素、Inulin 型菊糖、香豆素、烷基酰胺类化合物（如聚炔型烷基酰胺与烯型烷基酰胺）[136]等类型的化合物。

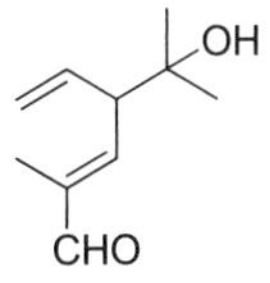

53-1 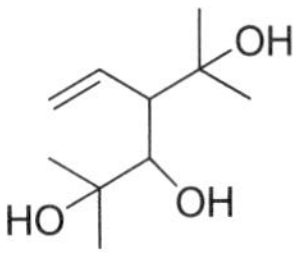   53-2 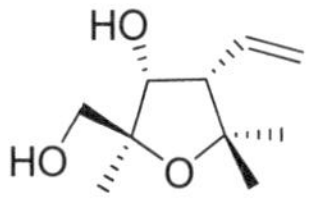   53-3 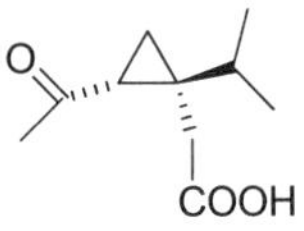   53-4 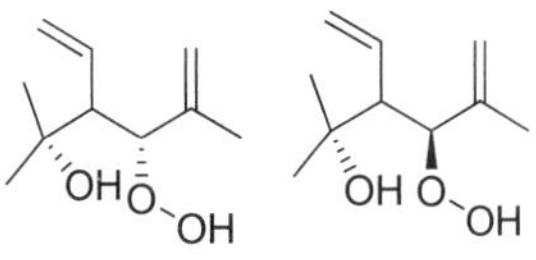   53-5

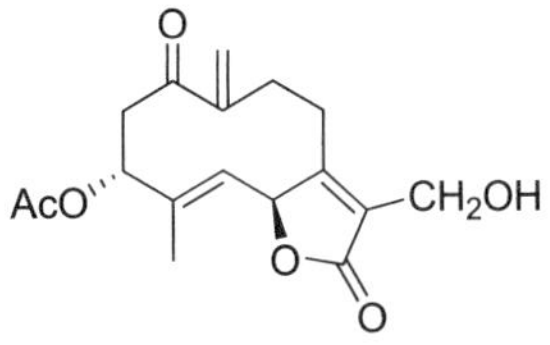

53-6 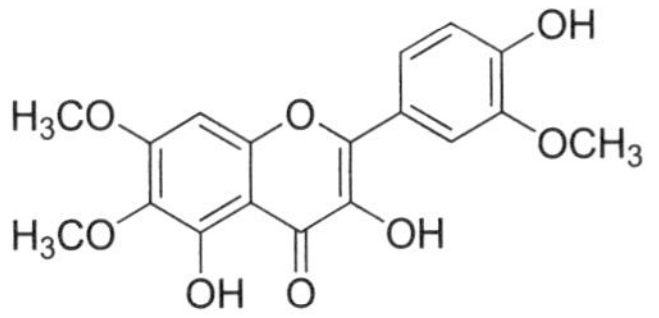   53-7 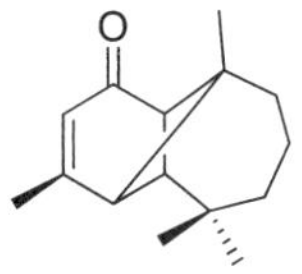   53-8 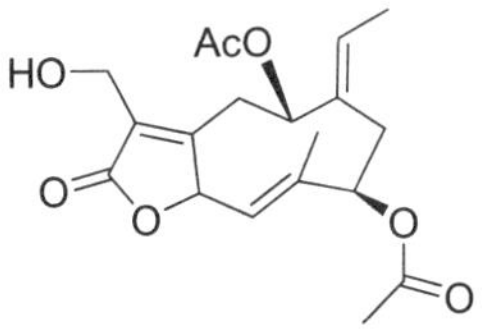   53-9

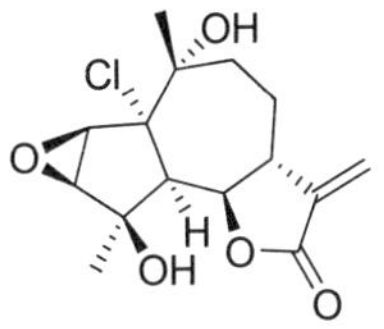

53-10 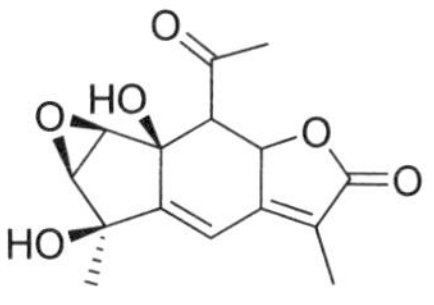   53-11 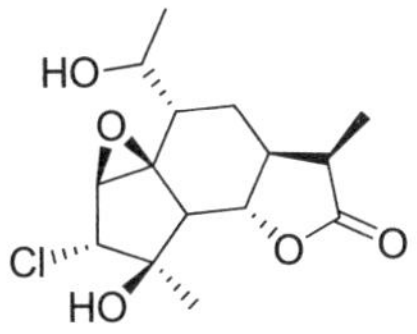   53-12 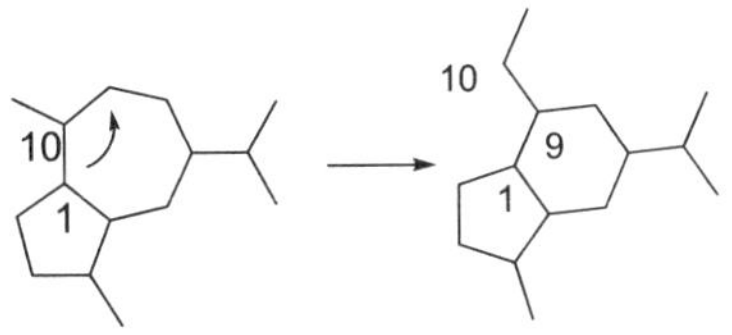   guaiane   4-methyl-7- isopropyl-9-ethyl-perhydroindane

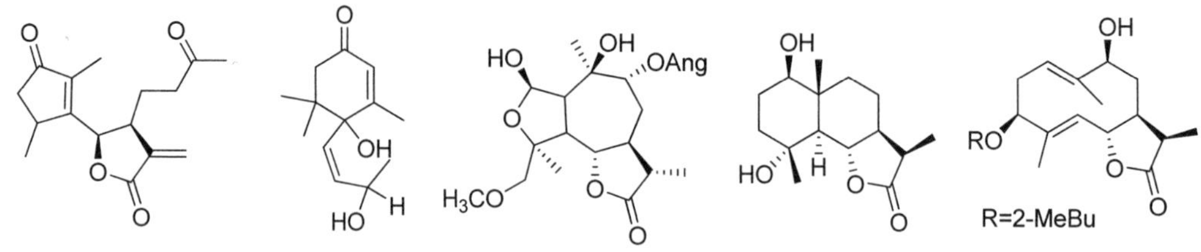

53-13 **53-14** **53-15** **53-16** **53-17** R=2-MeBu

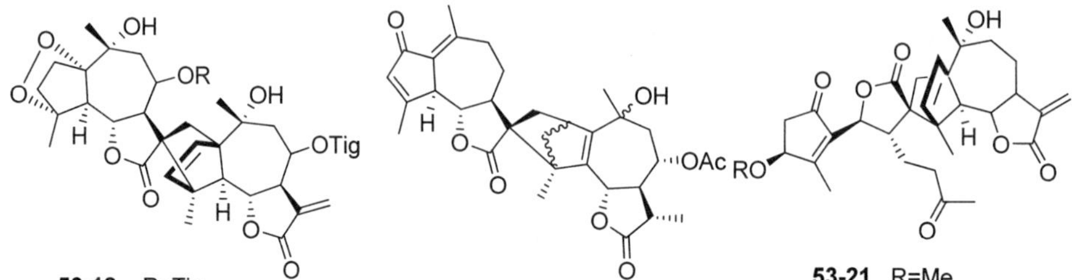

53-18 R=Tig
53-19 R=iVal **53-20** **53-21** R=Me
53-22 R=H

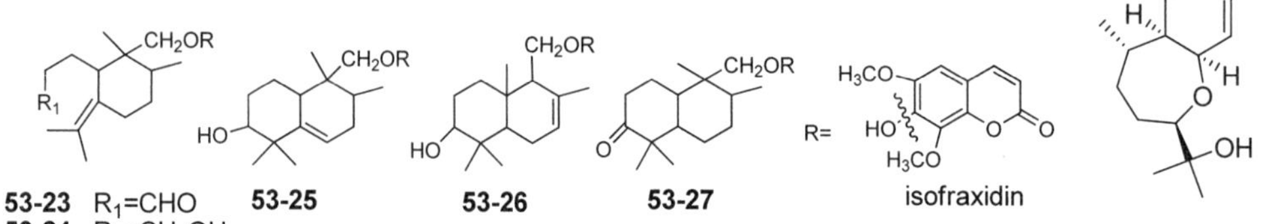

53-23 R₁=CHO **53-25** **53-26** **53-27** isofraxidin **53-28**
53-24 R₁=CH₂OH

8.2.2 春黄菊属 *Anthemis*

本属 200 种，原产欧洲和地中海地区。我国 3 种，栽培或逸生。

本属植物在土耳其传统药物中，用于治疗胃肠道疾病、痔疮、痛经和胃痛。在欧洲，本属植物的根和地上部分的提取物、酊剂、药膏和凉茶用于抗菌、抗原虫和抗炎[59]。

8.2.2.1 倍半萜内酯

本属以倍半萜内酯和黄酮化合物为特征，倍半萜的骨架类型有吉马烷、桉烷、愈创木烷，以及链型的倍半萜内酯（不规则倍半萜）。如：

（1）根据土耳其民族医药应用经验，从 *A. wiedemanniana* 花中分离得到的吉马烷型倍半萜化合物 tatridin（54-1）和 tanachin（1-*epi*-tatridin B）（54-2），它们具有抗抑郁的作用[59, 457]。

（2）链型的倍半萜内酯为本属 *A. cotula* 和 *A. pseudocotula* 植物特征的倍半萜内酯类型，而且被认为是一类不规则的倍半萜结构骨架，其分离的化合物近 10 个，如从 *A. cotula* 中分离的化合物有：6,7 Z-dehydro-5,6-dihydroanthecotuloide（54-3）、anthecotuloide（13）、6,7 E-dehydroan-thecotuloide（54-4）[59-61]。

（3）另外，还从 *A. austriaca* 地上部分分得两个倍半萜二聚体 8α-hydroxyxeranthemolide（54-5）和 xyxeranthemolide（54-6）[458]。它们应该起源于分子间的 Diels-Alder[4+2]环加成反应。

8.2.2.2 挥发油

对本属植物中的挥发油的研究也较多，也显示出不同种、不同药用部位，以及不同生长期对挥发油成分有较显著的影响。

对 *A. wiedemanniana* 不同生长时期的挥发油进行研究后得出：① 开花时期，挥发油含量最高；② 在未开花的植株生长期，2-pentanone（25.03%）、β-eudesmol（15.01%）、spathulenol（11.58%）和 α-farnesene（7.34%）为挥发油的主要成分；③ 在花期，2-pentanone（36.53%）、α-farnesene（7.01%）和 caryophyllene oxide（6.73%）为挥发油的主要成分；④ 在果期，2-pentanone（41.49%）、α-farnesene（10.88%）、caryophyllene oxide（6.88%）、β-sesquiphellandrene（4.49%）和 spathulenol（4.34%）为挥发油的主要成分[459]。

另外，研究还发现 *A. palestina* 挥发油具有抗氧化、抗菌及抗肿瘤细胞增殖的作用，其中的主要成分是 spathulenol（9.8%）、germacrene D（8.9%）、caryophyllene oxide（6.8%）、3-thujanol acetate（3.7%）、*E-β*-farnesene（3.5%）、bornyl andelate（3.2%）、1,8-cineole（2.9%）、salvial-4(14)en-1-one（2.5%）、α-cadinol（2.4%）、β-caryophyllene（2.3%）等[460]。

8.2.2.3 其 他

本属植物还以黄酮等酚酸类化合物为特征，并显示出抗炎、抗氧化，神经抑制以及植物化感作用，如：黄酮化合物 apigenin 具有的神经抑制作用，因为它可与中枢的苯二氮草受体结合。另外，从 *A. tinctoria* 中分得的一个在菊科植物中广泛分布，且被认为是一个植物防御物质，酸酯化合物 rosemarinic acid（54-7）[59]。

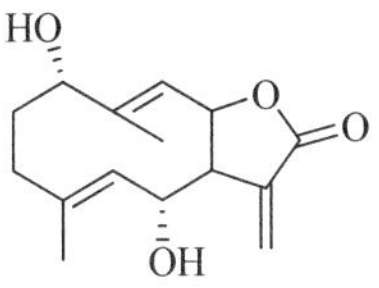

54-1 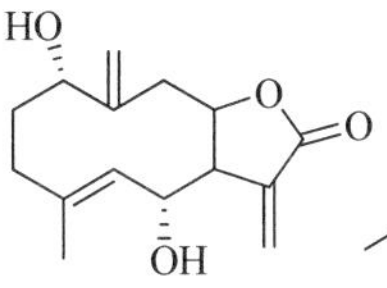 **54-2** 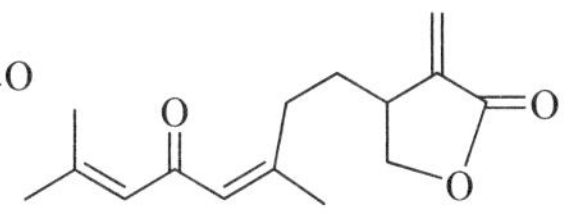 **54-3** 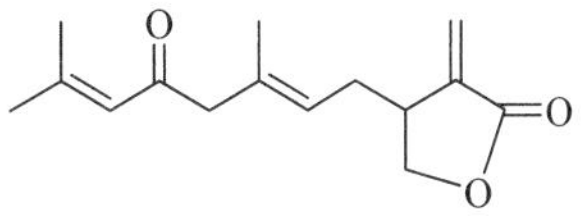 **13**

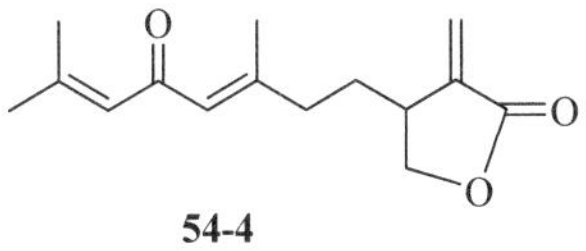

54-4 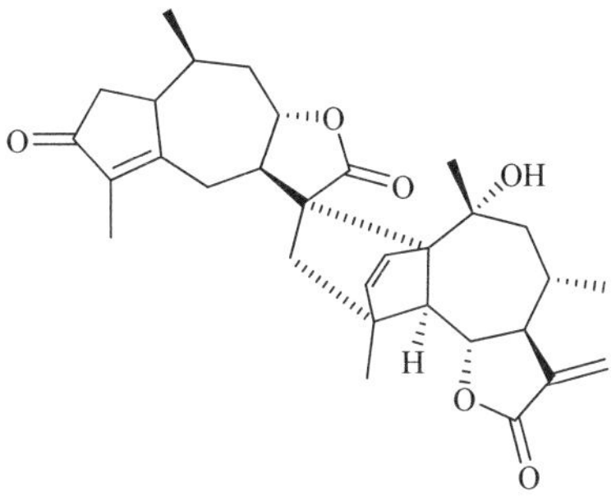 **54-5 R=OH**
54-6 R=H **54-7**

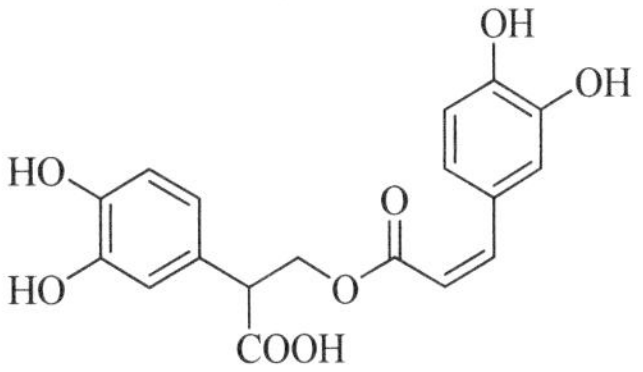

8.2.3 果香菊属 *Chamaemelum*

本属 2~3 种，主要分布于南欧与北非。我国有引种果香菊 *Chamaemelum nobile* 植物。

果香菊 *C. nobile* 被认为具有驱风、镇静、抗菌、止吐和止痉作用。在南非当地的传统应用中，本品还用于治疗关节炎和其他炎症[461]。而在西班牙，当地将 *C. fuscatum* 的花序作为传统药物应用，用于消化系统、生殖泌尿系统、呼吸系统、神经系统感染及寄生虫疾病[462]的治疗。

8.2.3.1 倍半萜内酯

本属仍以倍半萜内酯化合物为特征，骨架有没药烷型[463]与桉烷型骨架[464]，如没药烷芳香化的倍半萜（–）-ar-curcumene（55-1），以及具过氧键的没药烷型化合物 bisabolen-l,4-endoperoxide（55-2）。

8.2.3.2 挥发油

对本属植物的挥发油成分及生物活性的研究较多，如采用 GC-MS 对果香菊 C. nobile 的干燥花挥发油进行分析，鉴定出挥发油中的主要成分是：α-bisabolol（55-3）（50%）、farnesene（55-4）（5.35%）和 spathulenol（2.56%）（55-5）[461]。

8.2.3.3 其 他

本属还分离得到聚炔及其含硫的噻吩聚炔衍生物 methyl-trans-5-(2-thienyl)pent-4-yn-2-enoate（55-6）等[345]。

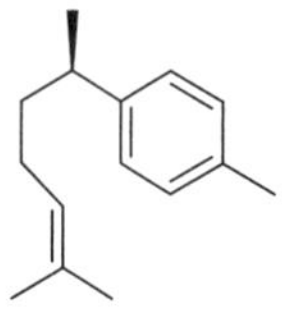

55-1 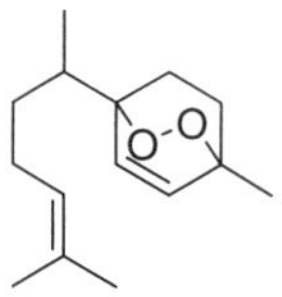   55-2 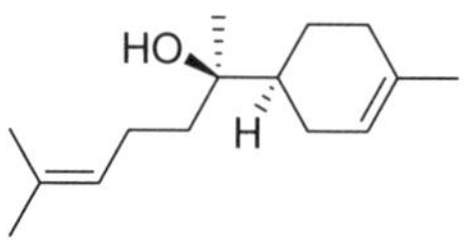   55-3

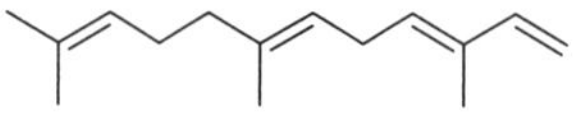

55-4 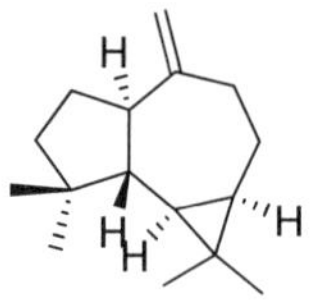   55-5 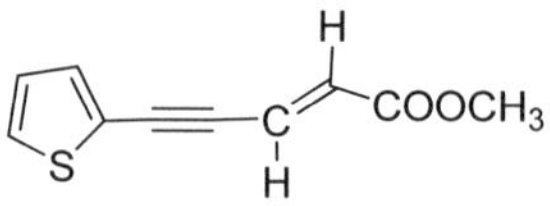   55-6

8.2.4 天山蓍属 Handelia

单种属，天山蓍 Handelia trichophylla，产我国新疆北部。中亚地区也有分布。

对本种的植物化学研究都是在 20 世纪 70 年代完成的，研究不够深入。但分离到的化合物却都是倍半萜内酯化合物及其二聚体，如愈创木烷型化合物 chrysartemin B（56-1）（该结构在 1977 年通过 X 单晶衍射法修正为当前的结构）[465, 466]，吉马烷型化合物 hanphyllin（56-2）[467]；愈创木烷型倍半萜内酯二聚体 handelin（56-3）[468]。

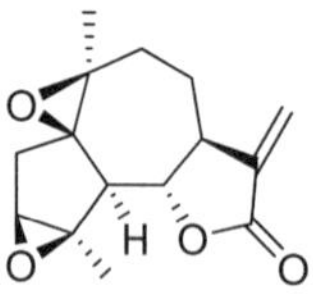

56-1 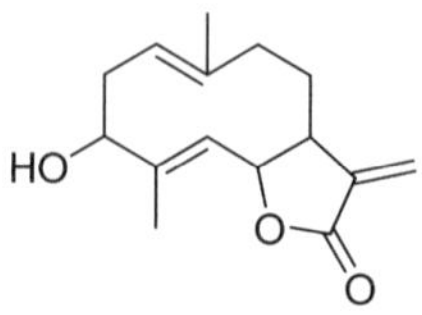   56-2 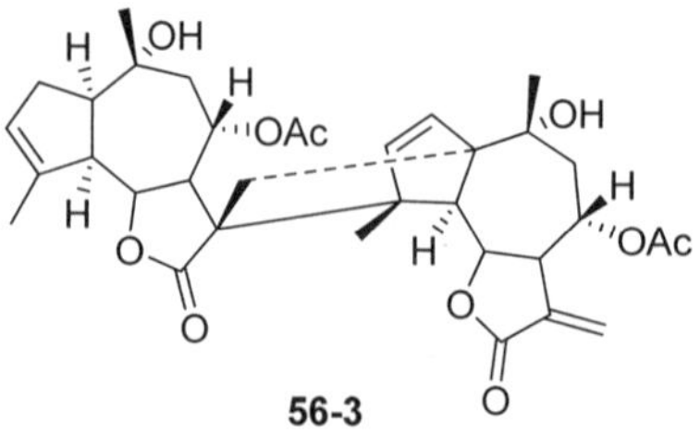   56-3

8.2.5　亚菊属 *Ajania*

本属约 30 种，主要分布于我国除东南半壁以外的广大地区。蒙古、俄罗斯及朝鲜北部和阿富汗北部也有少数种。

本属的许多植物都可作药用，有祛风镇静、清热解毒、清肺止咳、消肿止血、消炎止痒、驱蚊杀虫等功效。可用于小儿惊风、咽喉肿痛、头昏头痛、溃疡、阑尾炎等的治疗[469]。

本属植物仍以倍半萜内酯化合物为主，但出现了二萜生物碱的新化合物类型。

8.2.5.1　二萜生物碱

从 *A. potaninii* 中分得一个乌头碱型二萜生物碱 lappaconitine（57-1）[470]。此类型二萜生物碱在菊科植物中发现较少。生源合成途径研究推测其是由菊科植物中常见的对映贝壳杉烷型二萜进化而来。

8.2.5.2　倍半萜内酯

本属主要的化学成分是以愈创木烷型、桉烷型及吉马烷型为主要骨架的倍半萜内酯化合物[469]。如：

（1）从 *A. przewalskii* 中分离得一个降一个碳的桉烷型倍半萜内酯 1β-hydroxyl-2-noreudesm-4(15)-en-5α,6β,7α,11αH-12,6-olide（57-2）[471]。

（2）从 *A. fruticulosa* 中分得的 4 个愈创木烷型倍半萜化合物，它们还具有抗真菌 *Candida albicans* 的作用，它们是：1β,2β-epoxy-3β,4,8β,10α-tetra-hydroxyguaia- 11(13)-en-12,6α-olide、1β,2β-epoxy-3β,4α,9α,10α-tetrahydroxyguaia-11(13)-en-12,6α-olide、1β,2β-epoxy-10α-hydroperoxy-3β,4α,8β-trihydroxyguaia-11(13)-en-12,6α-olide 和 1β,2β-epoxy-3β,4α,10α-trihydroxyguaia-11(13)-en-12,6α-olide，其 IC_{50} 值分别是 20、20、20 和 40 mg/mL[472]。

8.2.5.3　吡喃型单萜衍生物

从 *A. fastigiata* 的挥发油中都分离到吡喃结构单萜化合物，即 3-hydroxy-2,2,6-trimethyl-6-vinyl-tetrahydropyran，以及它的酰化及氧化衍生物（57-3 ～ 57-5）[55]。

8.2.5.4　新颖骨架的糖苷化合物

从 *A. fruticulosa* 中分离得一个新颖骨架的糖苷化合物 ajanoside（57-6），其具有黄嘌呤氧化酶抑制作用（IC_{50} 48.7 μmol/L），具有开发为治疗高尿酸血症而引起的痛风、肾结石、心肌缺血等疾病的药物潜力[473]。

8.2.5.5　黄酮化合物

从 *A. fruticulosa* 中分得的两个黄酮化合物 santin（57-7）（IC_{50} 36.5 μmol/L）和 axillarin（57-8）（IC_{50} 36.0 μmol/L），也具有黄嘌呤氧化酶抑制活性。其中，别嘌呤醇 allopurinol 作为阳性对照药（IC_{50} 为 24.2 μmol/L）[474]。

8.2.5.6 薁二聚体

从 *A. Poljak* 中分离得一个薁二聚体（azulene dimer），2,12′-bis-hamazulenyl（57-9），其结构还通过 X 射线单晶衍射法得以确认[475]。

8.2.5.7 醌类化合物

从 *A. salicifolia* 中分离得两个醌类化合物，它们分别是萘醌 ajaniquinone（57-10）与苯醌 4-acetonyl-3, 5-dimethoxy-*p*-quinol（57-11）。其中，ajaniquinone 显示出非常有效的对 ABTS 阳离子自由基淬灭的抗氧化作用，其 IC$_{50}$ 值为 7.97 μmol/L[476]。

8.2.5.8 挥发油

研究显示，不同种的植物挥发油的成分有所不同，而且大多具有抗菌、杀虫等作用。

（1）从 *A. fruticulosa* 地上部分的挥发油中鉴定出的主要成分是 1,8-cineole (41.4%)、(+)-camphor (32.1%)和 myrtenol（8.15%），且该挥发油具有抗多种细菌的作用[477]。

（2）对 *A. przewalskii* 全株的挥发油的成分进行鉴定后得出：1,8-cineole (25.99%)、camphene (21.05%)、α-pinene (10.56%)、*p*-cymene (5.59%)和β-pinene (4.63%)是挥发油的主要成分[478]。

（3）我国产的 *A. nitida* 和 *A. nematoloba* 的挥发油具有对 *Tribolium castaneum* 和 *Lasioderma serricorne* 成虫的驱虫和杀虫活性。其中，*A. nitida* 挥发油的主要成分是 camphor（20.76%）、thujone（18.64%）、eucalyptol（13.42%）和 borneol（8.32%）；而 *A. nematoloba* 挥发油中的主要成分是β-pinene（34.72%）、eucalyptol（24.97%）和 verbenol（20.39%）[479]。

8.2.5.9 其 他

从本属植物[470]还分离到聚炔、香豆素、*C*-糖苷化的黄酮苷类化合物、黄酮苷元、咖啡酸与绿原酸、三萜、甾醇、硫醇 sulfur parafn、环酰胺（1,1′,1″,1‴,1‴′-tricontane lactam）等。

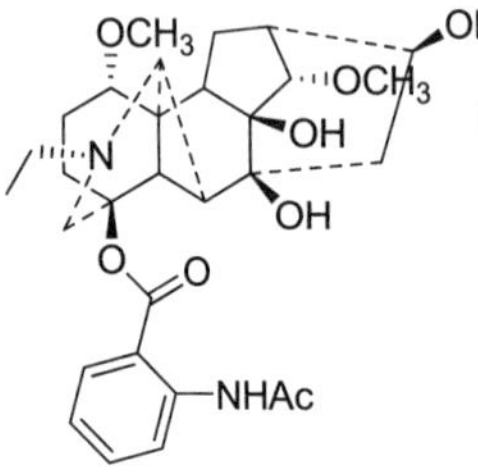

57-1 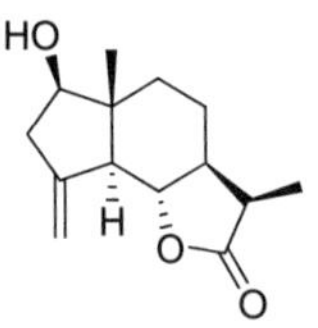 57-2 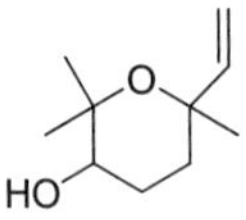 57-3 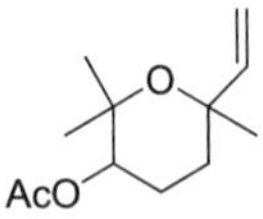 57-4 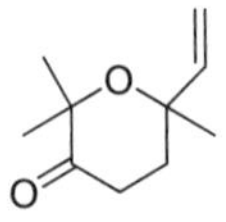 57-5 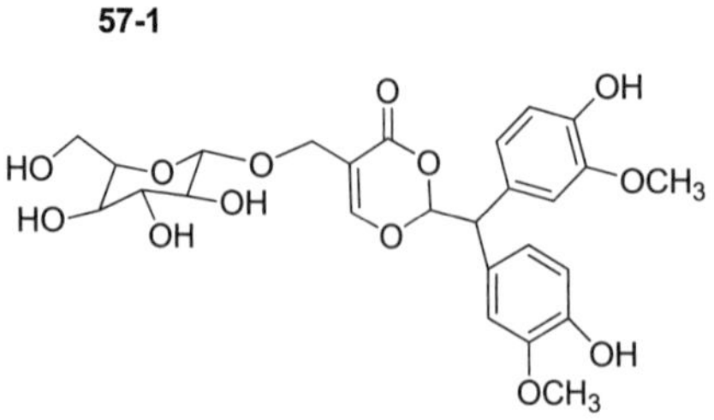 57-6

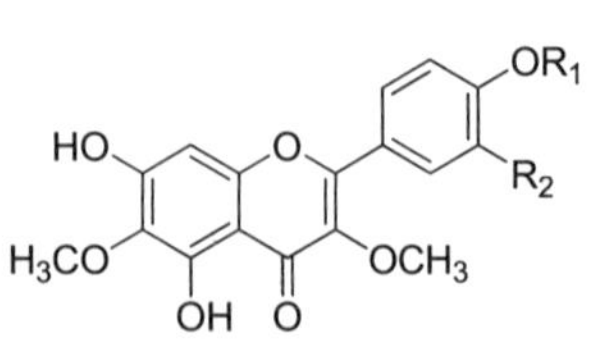

57-7 R$_1$=CH$_3$ R$_2$=H
57-8 R$_1$=H R$_2$=OH

57-9　　　　　**57-10**　　　　　**57-11**

8.2.6　画笔菊属 *Ajaniopsis*

我国的单种属植物，画笔菊 *Ajaniopsis penicilliformis*，分布于我国西藏。至今还无相关的化学成分研究报道。

8.2.7　木茼蒿属 *Argyranthemum*

本属约 10 种，几乎全部集中于北非西海岸加那利群岛。我国有一引种，木茼蒿 *Argyranthemum frutescens*，在我国各地公园或植物园常栽培成盆景，观赏用。木茼蒿 *A. frutescens* 在加那利群岛还作为民族药应用，用于祛痰与调经[480]。

本属的植物化学研究相对薄弱，仅分离得聚炔与倍半萜类成分。

8.2.7.1　倍半萜

从 *A. adaucturn* 中分得的倍半萜化合物为愈创木烷化合物 8-deoxycumambrin（59-1）、桉烷化合物 α-tetrahydrosantonin（59-2）与吉马烷骨架化合物、novanin（59-3）[481]。

8.2.7.2　聚炔化合物

本属的聚炔化合物以芳香聚炔为特征。如从 *A. frutescens* 中分得的本类成分 3'-demethyl frutescinol（59-4）和 frutescinol acetate（59-5）[482]。

8.2.7.3　挥发油

采用水蒸气蒸馏得的 *A. adauctum* 挥发油经 GC-MS 鉴定，它的主要成分为 β-pinene（27.4%）和 santolinatriene（22.6%）[483]。

59-1　　　　　**59-2**　　　　　**59-3**　　　　**59-4** R₁=OCOCH₂CH(CH₃)₂ R₂=COOCH₃ R₃=OH
　　　　　　　　　　　　　　　　　　　　　　　　　　　　　59-5 R₁=OAc R₂=COOCH₃ R₃=OCH₃

8.2.8　蒿属 *Artemisia*

本属 300 多种。主产亚洲、欧洲及北美洲的温带、寒温带及亚热带地区，少数种分布到亚洲南部热带地区及非洲北部、东部、南部及中美洲和大洋洲地区。我国有 186 种，44 变种；遍布全国，西北、华北、东北及西南省区最多，局部地区常组成植物群落。

绢蒿属 *Seriphidium* 原是蒿属的一个组 *Artemisia* Linn. Sect. *Seriphidium* Bess.植物，因其头状花序具同型两性花而另立为属,故原蒿属山道年 *Artemisia cina* 植物现已调整为绢蒿属山道年蒿 *Seriphidium cinum* 植物。从化学成分上看，绢蒿属比蒿属植物原始，即绢蒿属植物中主要以原始的酚酸类成分为主，倍半萜成分不多，且骨架类型主要是愈创木烷、吉马烷与桉烷[484]。

本属常用药用品种有艾、青蒿与茵陈，其他一些蒿属品种也常作为驱虫、灭蚊、皮疹等民间传统药物使用。

8.2.8.1　艾 *A. argyi*、青蒿 *A. annua* 和茵陈 *A. capillaris* 的化学成分差异比较

1. 艾 *A. argyi*

艾叶为菊科蒿属植物艾 *A. argyi* 的干燥叶，味苦、辛，性温，归肝脾肾经，临床主要用于吐血、衄血、崩漏、月经过多、胎漏下血、少腹冷痛、经寒不调、宫冷不孕等[485]。

本种以挥发油、黄酮、有机酸、倍半萜及倍半萜二聚体、三萜及香豆素为其主要成分类群[485, 486]。

（1）挥发油中的主要成分为 eucalyptol（1,8-cineole，33.4%）。但也有研究显示，产地的不同对挥发油的成分及含量均有影响。

（2）黄酮化合物的类型有：黄酮、黄酮醇、二氢黄酮、二氢黄酮醇及查耳酮化合物。有机酸为羟基苯甲酸、羟基桂皮酸、咖啡酸及咖啡酰基奎宁酸等。

（3）萜类化合物有倍半萜、倍半萜-单萜二聚体、倍半萜二聚体及三萜化合物。其中，倍半萜的骨架类型有愈创木烷 guaiane、桉烷 eudesmane、longipinane、石竹烷 caryophyllane 及其他类型倍半萜。除此之外，还从本植物中分得多个倍半萜-单萜二聚体、倍半萜二聚体化合物，如 isoartemisolide、8-acetylarteminolide、artanomaloide、artemisians A-D、arteminolides A-D 等。

三萜化合物则以达玛烷、环阿屯型为主要骨架类型。

2. 青蒿 *A. annua*

中药青蒿为菊科蒿属植物黄花蒿 *A. annua* L.的干燥地上部分。具有清虚热，除骨蒸，解暑热，截疟，退黄的功效。用于温邪伤阴，夜热早凉，阴虚发热，骨蒸劳热，暑邪发热，疟疾寒热，湿热黄疸[487]。

青蒿中被鉴定出的成分包括：挥发油、香豆素、黄酮、倍半萜及单萜等。

（1）主要的倍半萜类成分有：artannuin B、青蒿素 artemisinin、artemisinic acid、artemisinol、artemisinins Ⅰ-Ⅴ、artemisinin isomers、epoxyartennuic acid[488]。在本属中，仅有本种植物含青蒿素（含过氧键的杜松烷型倍半萜），但其在植物中或在挥发油中的含量均很低，分别为 0.01% ~ 1.4% 和 0.04% ~ 1.9% 之间[489]。

（2）挥发油的主要成分是：camphene、artemisia ketone、camphor、*β*-caryophyllene、*β*-pinene、 germakrene D、borneol 和 cuminal 等[488]。

（3）另外，还分得较多的黄酮及香豆素类成分。

3. 茵陈 *A. capillaris* 和 *A. scoparia*

茵陈为菊科蒿属植物滨蒿 *A. scoparia* 或茵陈蒿 *A. capillaris* 的干燥地上部分，味苦、辛、微寒，归脾、胃、肝胆经，具清热利湿、利胆退黄之功效[490]。

茵陈主要含有香豆素类、黄酮类、有机酸类、挥发油类、萜类等化学成分，以及特异成分吡咯里西啶生物碱[491]和聚炔化合物[如 1-(2′-methoxy phenyl)-1,4-hexadiyne]（60-1）[492]。

（1）通过 GC 对本种挥发油的研究也显示本种的主要成分也为聚炔和萜类化合物[493]。如挥发油的主要成分为 capillen、limonene、β-pinene、β-emene、β-caryophyllene、ar-curcumene 和 α-humulene[494]。

（2）另外，近期，从本种中分得一类新型的香豆素酸类似物（coumaric acid analogues）artemicapillasins A-B（60-2、60-3）[495]。

8.2.8.2 本属的植物化学成分

本属的化学成分类型以结构多样的不规则单萜、倍半萜及其含氮的倍半萜生物碱（吡啶愈创木烷型倍半萜生物碱）、倍半萜内酯二聚体、香豆素-倍半萜醚二聚体等为结构特征，其他还有黄酮、香豆素、挥发油、聚炔等成分。同时，属内种间的化学成分也不尽相同，显示出它们不同的药性与药效，也显示出它们各自不同的进化程度。如茵陈以香豆素类、黄酮、聚炔、生物碱等较为原始的成分为主要类群，显示出较以含倍半萜内酯为主的青蒿和艾的进化原始性与古老性。

1. 生物碱及含氮化合物[126]

至今，从蒿属植物中分离的生物碱及含氮化合物超 80 个，主要的骨架类型有 rupestine（吡啶-愈创木烷型倍半萜）、牛扁碱型二萜生物碱、吡咯里西啶生物碱、嘌呤、聚酰胺类、肽、吲哚、哌啶、黄酮生物碱等。其中，蒿属植物特征的吡啶愈创木烷生物碱类型 rupestine 型生物碱，以及其他菊科常见的生物碱及含氮化合物类型可作为春黄菊族蒿属植物的分类标志物。

蒿属生物碱生物活性包括：肝保护、局部麻醉、β-半乳糖苷酶和抗原虫活性；缓解心绞痛、动脉阻塞的疏通、促进睡眠和 HIV 病毒聚合酶、CYP450、黑色素生物合成、人类碳酸酐酶、[3H]-AEA 代谢和 DNA 聚合酶β的抑制作用。其中，吡啶愈创木烷型倍半萜生物碱有望开发为抗肝癌药物；牛扁碱型二萜生物碱 lycoctonine 可作为止痛及局部麻醉药物的开发先导化合物；吡咯里西啶生物碱 usaramine 和 chromonar 由于低毒性，可作为心绞痛药物的开发；烷胺类化合物具有抗真菌与抗寄生虫的活性，有望开发为抗寄生虫药物[126]。

（1）吡啶愈创木烷型倍半萜生物碱 Guaipyridine sesquiterpenealkaloids（rupestine derivatives）

吡啶愈创木烷型倍半萜生物碱具有双环结构，其由一个吡啶环骈合一个七元碳氢环组成，分子中具有两个手性中心。从蒿属植物中分离的化合物 rupestines A-M（60-4～60-16）就属于此类型。

（2）牛扁碱型二萜生物碱 Diterpene alkaloids (lycoctonine derivatives)

从 *A. korshinskyi* 中分离得三个此类型的二萜生物碱, artekorine（60-17）、6-ketoartekorine（60-18）和 lappaconitine（60-19）。

（3）吡咯里西啶生物碱 Pyrrolizidine alkaloids

从 *A. california* 等几种植物中分离得到本类成分 usaramine（60-20）。

（4）黄酮生物碱 Flavoalkaloid

本类生物碱具有一个吡咯烷结构，且与苷元 chrysin 相连接。分离的两个本类化合物榕碱 ficine（60-21）和异榕碱 isoficin（60-22）是从 *A. herba-alba* 和 *A. campestris* 的挥发油中分离得到的。

（5）其他生物碱的类型还有嘌呤类、聚酰胺类、肽类、吲哚类、哌啶类、脑苷脂类、苯二氮䓬类等类型[126]。

2. 倍半萜内酯及其寡聚体（规则与不规则倍半萜）

1）规则倍半萜内酯

本属发现的倍半萜类成分以 C-6(12)内酯结构为主、少见 C-8(12) 内酯结构，且以骨架类型多变为特征。主要的类型为愈创木烷倍半萜内酯，其余的骨架类型有：桉烷、吉马烷、杜松烷、没药烷、三环类，以及一些少见的骨架类型[496]，如不规则倍半萜[497]、muurolane 和 oplopane 烷等。如：

（1）从 *A. sieversiana* 中分得的 muurolane 型倍半萜化合物 2α,9α-dihydroxymuurol-3(4)-en-12-oic acid（60-23）[498]。

（2）从 *A. gmelinii* 中分得的两个 oplopane 烷型倍半萜化合物 gmelinin A（60-24）和 gmelinin B（60-25）[499]。

近期的研究揭示蒿属植物中的倍半萜类成分具有广泛的生物活性，如抗炎、免疫调节、抗肿瘤、抗疟、杀虫、拒食、止痛、抗菌、止痉等[496]。此类成分中，以从中药黄花蒿 *A. annua* 中分离得到的具过氧键的抗疟药杜松烷型倍半萜青蒿素 artemisinin（60-26）[500]；从山道年 *A. cina* 中分得的驱蛔药桉烷型 α-山道年 α-santonin（60-27）[501]等最为有名。

（3）除单体之外，从本属植物中还发现较为丰富的倍半萜内酯二聚体，而且它们大多起源于 Diels-Alder[4+2]、杂-Diels-Alder, [2+2]环加成及自由基偶合反应[496]。如从 *Artemisia absinthium* 中分得的第一个从菊科中分得的倍半萜二聚体，愈创木烷型二聚体 absinthin（60-28）[502]。

2）不规则倍半萜内酯

此类成分的生源合成途径是非正常的"头-中"连接方式的不规则倍半萜化合物。如从 *A. xerophytica* 中分得开环的愈创木烷 seco-tanapartholide A（4α-CH$_3$）（60-29）及它的差向异构体 4-epimer-seco-tanapartholide A（4β-CH$_3$）（60-30）[497]。

3. 单萜（不规则与规则单萜）

本属的单萜化合物以不规则单萜为特征。除此之外，还分得无环链状单萜、单环单萜、双环单萜及吡喃型单萜等结构类型的单萜化合物[503]。

1）不规则单萜

如从北美蒿属植物中分离的不规则单萜有 17 个，其中有菊烷型 chrysanthemane 型不规则单萜 chrysanthemol（60-31）和它的氧化衍生物 chrysanthemal（60-32），以及香棉菊烷 santolinane 型不规则单萜 methyl santolinat（60-33）、santolina triene（60-34）等[504]。

2）规则单萜

从本属分得规则的单萜类成分有如从 *A. xerophytica* 中分得单环薄荷烷型化合物 7-hydroxyterpineol（60-35）及链状单萜 9-hydroxylinalool、6,9-dihydroxy-7,8-dehydro-6,7-dihydrolinalool[497]。

从本属植物还分得一类与亚菊属*Ajania*相同的吡喃型单萜衍生物，如从*A. cana* ssp. *Viscidula*和*A. tridentata* ssp. *Vaseyana*中分得的2,2-dimethyl-6-isopropenyl-2*H*- pyran（60-36）和2,3-dimethyl-6-isopropyl-4*H*-pyran（60-37）[505]。

另外，从 *A. schimperi* 中还分得降一个碳的单萜化合物 1,5-octadien-3-hydroxy-3-methyl-7-one（60-38）[506]。

4. 挥发油

1）挥发油成分

对本属挥发油研究的文献很多，显示出地域、品种、环境等因素对挥发油成分的影响。现仅摘录两条如下：

（1）黄花蒿 *A. annua* 地上部分的挥发油的主要成分是：不规则单萜蒿酮 artemisia ketone（70.6%）、*α*-caryophyllene（5.1%）和 germacrene D（3.8%）[507]。

（2）*A. persica* 地上部分的挥发油的主要成分是：laciniata furanone E（17.1%）、artedouglasia oxide C（13.2%）、trans-pinocarveol（10.2%）、pinocarvone（8.5%）和*α*-pinene（5.8%）[508]。

2）蒿属植物挥发油成分具有分类学意义

研究发现：在蒿亚属精油中主要含的是单萜类和倍半萜类化合物，而在龙蒿亚属精油中主要含倍半萜类化合物和芳香族化合物（茵陈炔和茵陈炔酮等）。这种分布与中国蒿属植物从较原始到进化划分为 7 个组的系统分类有一定的相关性，即从蒿亚组中的单萜成分进化到龙蒿组中的倍半萜类成分，其成分变化规律是：蒿亚属：莳萝蒿组（单萜类化合物）→艾蒿组（单萜类化合物）→艾组（单萜类化合物）→腺毛蒿组（单萜类化合物和倍半萜类化合物）→白苞蒿组（倍半萜类化合物）。龙蒿亚属：龙蒿组（倍半萜类化合物和芳香族化合物）→牡蒿组（含氧倍半萜类化合物为主和少量芳香族化合物）[435]。

5. 倍半萜-香豆素醚二聚体

从 *A. tripartita* 分得 1 个双环倍半萜香豆素醚 tripartol（60-39）、2 个开链金合欢烯倍半萜香豆素醚 farnochrol（60-40）和 epoxyfarnochrol（60-41），以及香豆素成分 scopoletin 和 isofraxidin[143]。

6. 二 萜

从 *A. sieversiana* 中分得一个菊科少见的新颖骨架单环二萜化合物 12-*epi*- eupalmerone（60-42）[498]。

7. 其 他

还从本属发现香豆素、黄酮、咖啡酸衍生物、聚炔、甾醇等化合物[509]。

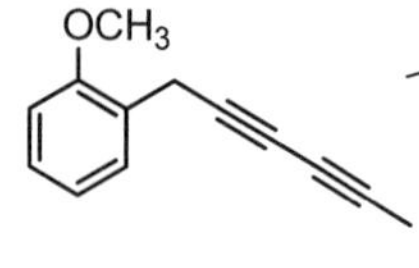

60-1

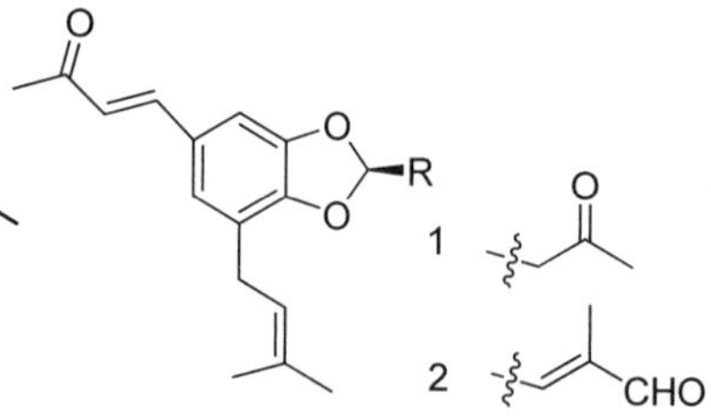

60-2 R=1
60-3 R=2

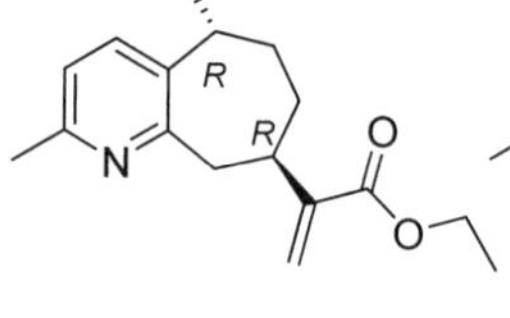

60-4

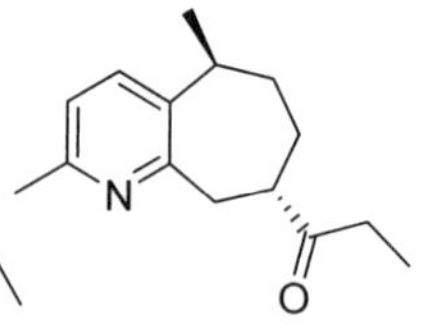

60-5

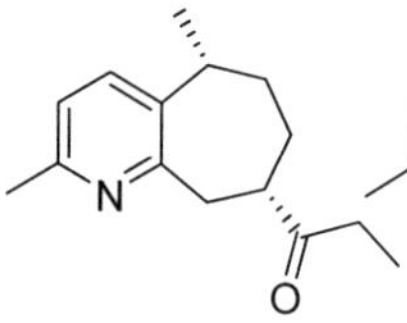

60-6

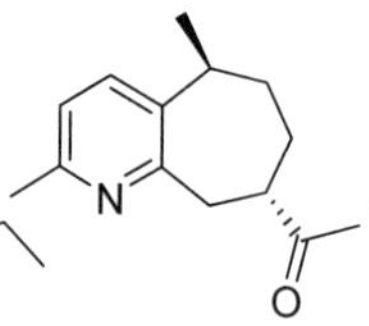

60-7

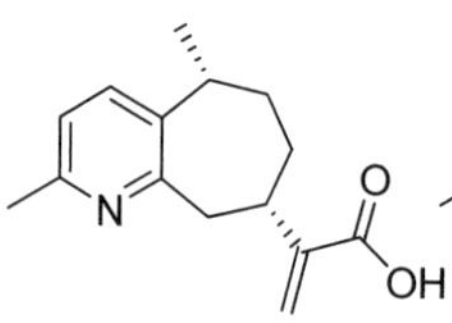

60-8a

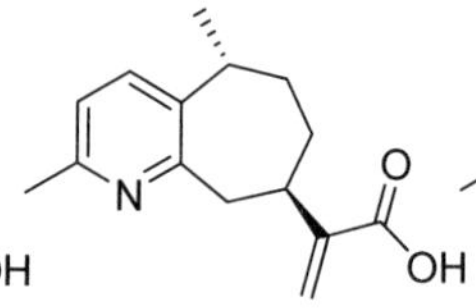

60-8b

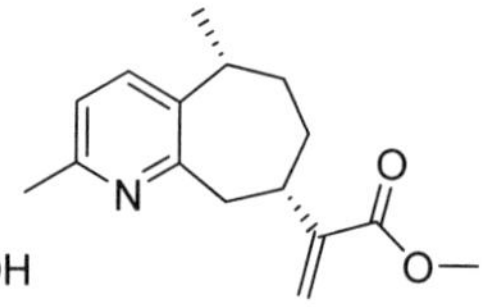

60-9

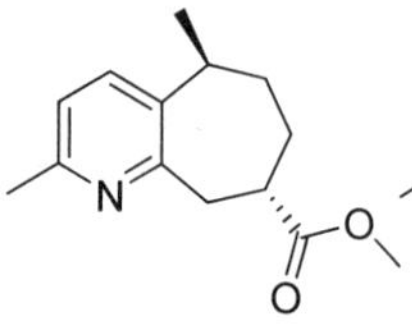

60-10

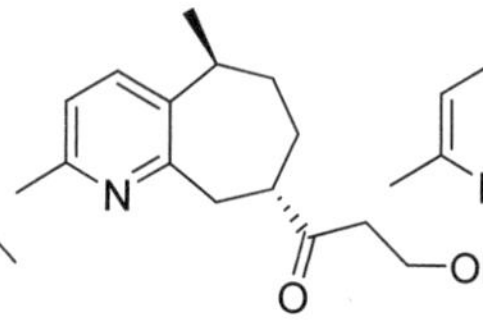

60-11

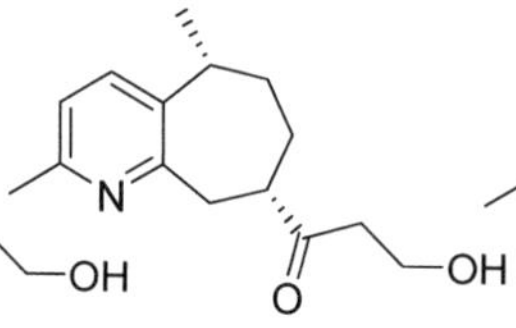

60-12

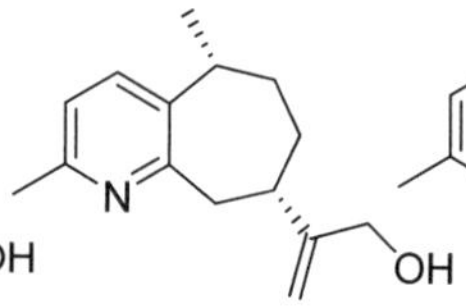

60-13

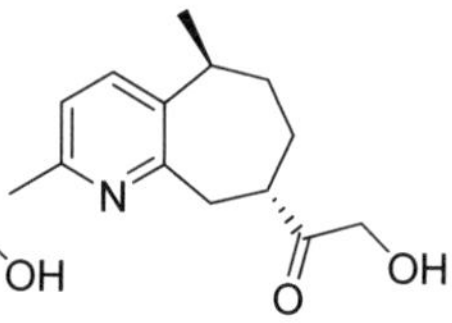

60-14

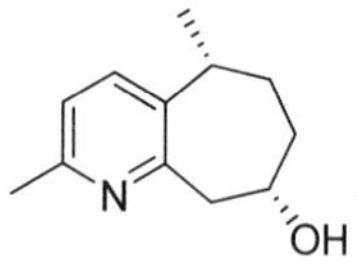

60-15

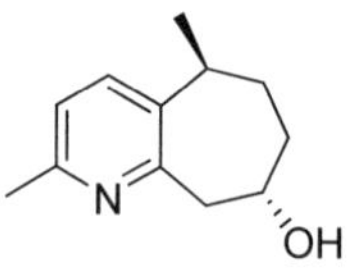

60-16

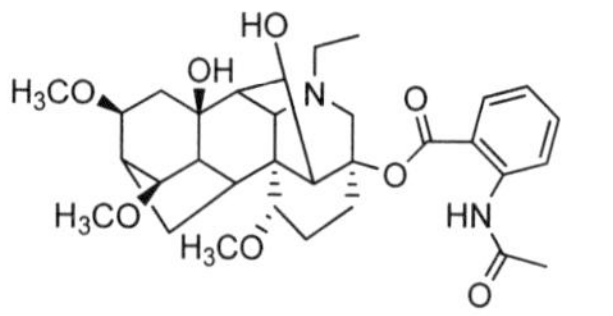

60-17

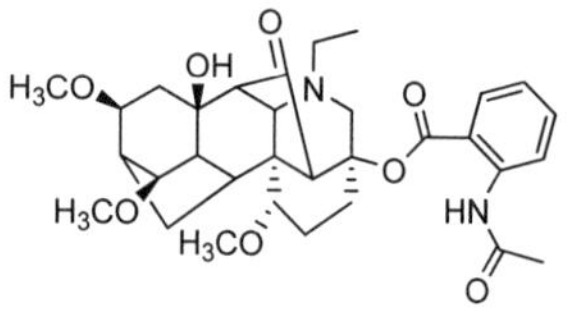

60-18

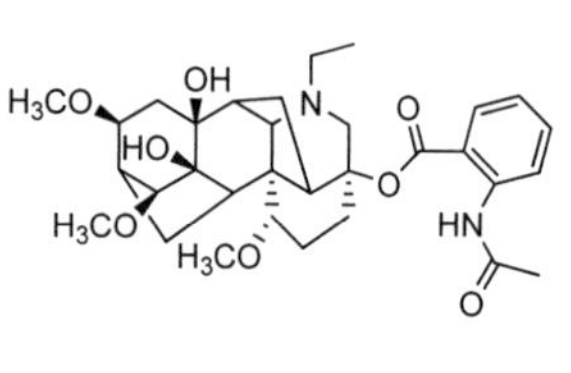

60-19

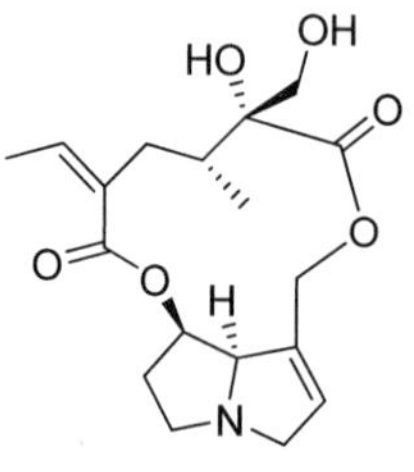

60-20

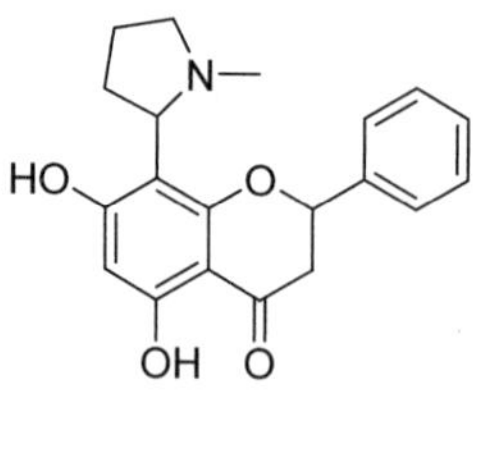

60-21

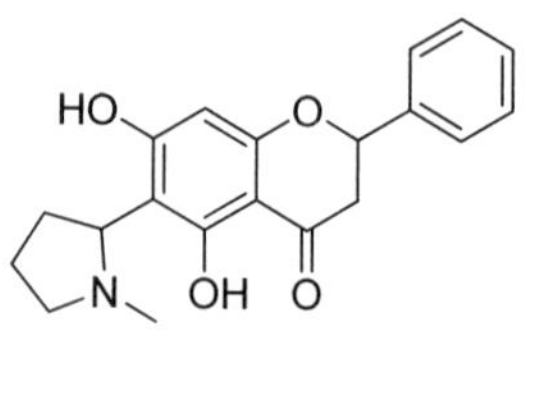

60-22

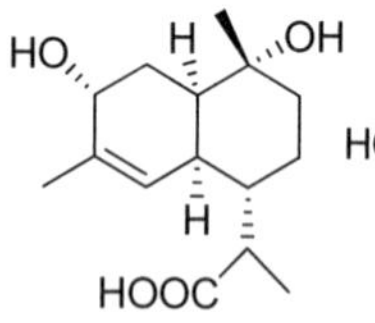

60-23

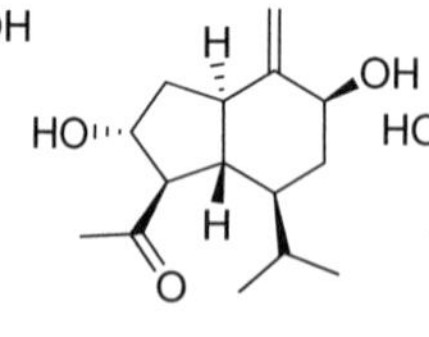

60-24

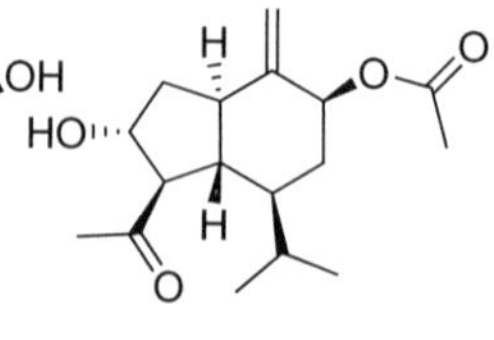

60-25

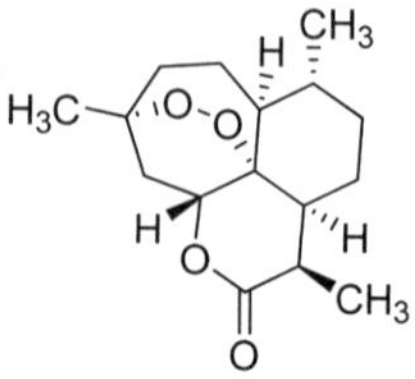

60-26

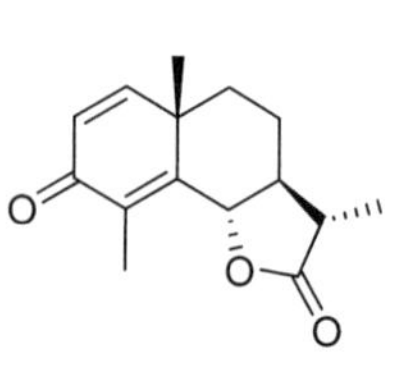

60-27

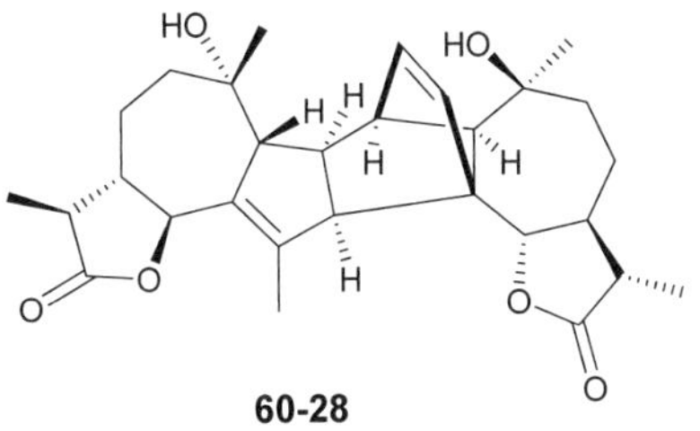

60-28

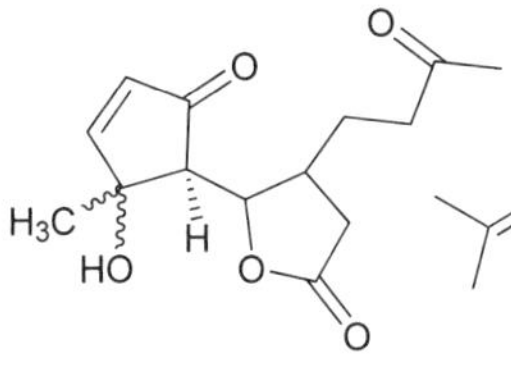

60-29 4α -CH₃
60-30 4β -CH3

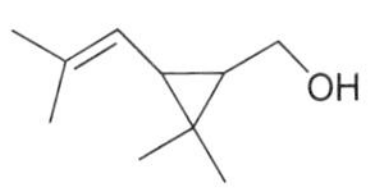

60-31

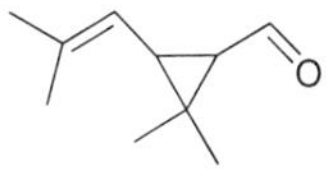

60-32

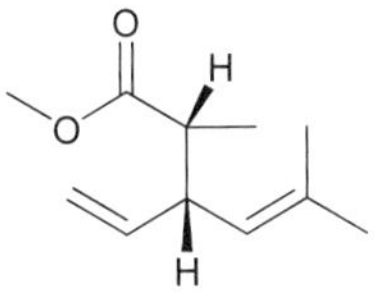

60-33

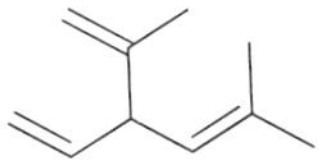

60-34

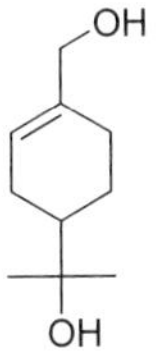

60-35

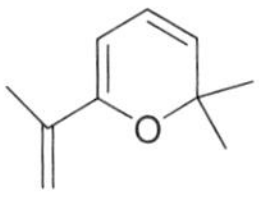

60-36

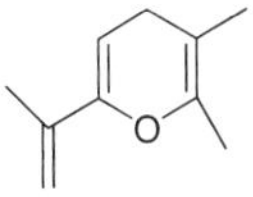

60-37

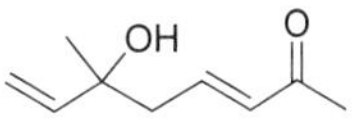

60-38

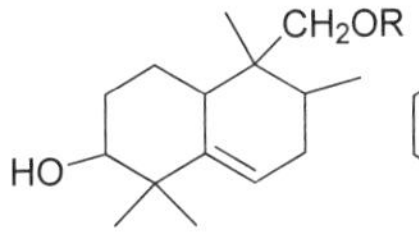

60-39

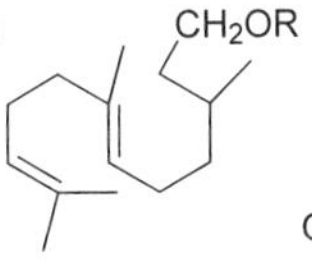

60-40

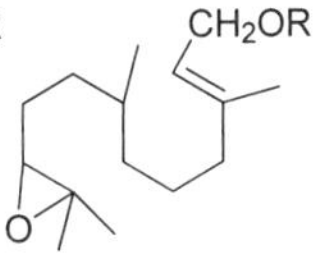

60-41

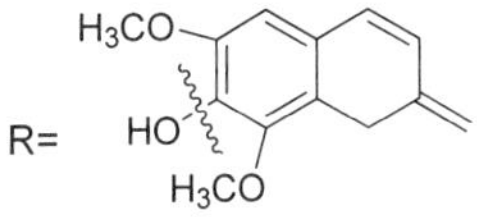

R= isofraxidin

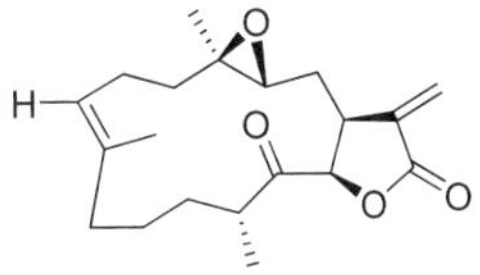

60-42

8.2.9　短舌菊属 *Brachanthemum*

全属约 7 种，分布于亚洲中部。生草原及半荒漠地区。我国约有 5 种。

对本属的化学成分研究相对薄弱。仅从 *B. gobicum* 中分离得到酰化的木脂素类、异戊酰基化的苯丙素[510]。

对挥发油[511]的研究发现的化合物主要是单萜类成分 1,8-cineole（42.6%）和樟脑 camphor（29.1%）。其他还有：不规则单萜 lavandulyl acetate 、chrysanthenone 等；倍半萜内酯 germacrene D、germacrene A 等；以及薁类成分 chamazulene 等。

8.2.10　小甘菊属 *Cancrinia*

本属约 30 种，广泛分布于亚洲中部。我国有 5 种。

对本属的化学成分研究很浅，不够深入。到目前为止，仅从 *C. discoidea* 的地上部分分离得一个黄酮苷，selagin-7-*O*-(6″-*O*-acetyl-)-*β*-D-glycoside[512]。

对 *C. discoidea* 的粗提物的研究发现，叶中黄酮含量高于花与茎；花中含有生物碱、香豆素、甾醇、氨基酸、油、内酯等成分[512]。

8.2.11　石胡荽属 *Centipeda*

本属 6 种，产亚洲、大洋洲及南美洲。我国有 1 种，即石胡荽 *C. minima*，为一种常用中药。

中药石胡荽首见于《证类本草》，性辛，温，归肺经；有发散风寒，通鼻窍，止咳的功效；用于风寒头痛，咳嗽痰多，鼻塞不通，鼻渊流涕[513]。

8.2.11.1 倍半萜

石胡荽 *C. minima* 及本属中的大多数种均以倍半萜内酯化合物为主，而且尤以愈创木烷型与伪愈创木烷型的倍半萜内酯为主[514]。

8.2.11.2 挥发油

采用气相色谱-质谱联用技术（GC-MS）对浙江产石胡荽 *C. minima* 的挥发性成分进行了研究，结果表明：其主要成分为：反式-乙酸菊花烯酯（42.18%）、4,4-三甲基-二环［3.2.0］-6-庚烯-2-醇（6.85%）、石竹烯氧化物（4.42%）、2-(2-甲基呋喃基)-5-甲基-呋喃（3.76%）、棕榈酸（3.55%）等[515]。

8.2.11.3 其　他

分离得到的成分有：以百里香酚 thymol derivatives 为主的单萜、二萜（对映贝壳杉烷型）及其苷、三萜皂苷，以及黄酮等成分[516]。

8.2.12　茼蒿属 *Glebionis*（原名 *Chrysanthemum*）

本属约 5 种，主要原产于地中海地区。其中 4 种各地引种栽培，供食用及观赏用。《中国植物志》已将茼蒿属的拉丁名属名 *Chrysanthemum* 修改为 *Glebionis*，因此，茼蒿、蒿子秆、南茼蒿的拉丁名分别为：*Glebionis coronaria*、*G. carinata*、*G. segetum*。

茼蒿为药食两用植物，性味甘、辛、平，无毒，有"和脾胃、消痰饮、安心神"之功效，主治脾胃不和，二便不通，咳嗽痰多，烦躁不安等症[517]。

8.2.12.1 挥以油

通过 GC-MS 鉴定突尼斯三地产的茼蒿花与叶中的挥发油主要是：单萜类成分，如月桂烯（myrcene, 3.2% ~ 35.7%）, (Z)-β-罗勒烯（ocimene, 0.6% ~ 23.0%），樟脑（camphor, 0.6% ~ 17.2%），及倍半萜 germacrene D。其中，茼蒿花中还含有不规则单萜 santonina triene[518]。另外，通过 CO_2 超临界流体萃取及 GC-MS 分析，发现茼蒿及蒿子秆中不含不规则单萜除虫菊素 pyrethrins 类成分[519]。

8.2.12.2 香豆素

从南茼蒿中分离得七个简单香豆素类成分：如 7-甲氧基香豆素 herniarin、伞形花内酯 umbelliferone 和东莨菪内酯 scopoletin[520, 521]。

8.2.12.3 咖啡酸衍生物

至今，共从茼蒿中分离得几个咖啡酸衍生物，如绿原酸、3-*O*-caffeoylquinic acid、5-*O*-caffeoylquinic acid 等[522]。

8.2.12.4 呋喃杂环化合物

从茼蒿中分离得三个杂环化合物，即一个呋喃杂环化合物 methyl *trans*-ferulate（64-1）和两个含氮杂环化合物 pterolactam（64-2）和腺苷 adenosine[523]。

8.2.12.5 倍半萜内酯

从茼蒿中分离得到 C-6(12)-内酯结构的愈创木烷型[524]、桉烷型[525]，以及 C-8（12）内酯结构的吉马烷型倍半萜内酯等[526, 527]。

8.2.12.6 链状二萜与链状单萜

从茼蒿中分离得两个链状萜类成分：二萜 phytol（64-3）和单萜 8-hydroxylinalol 8-*O*-*β*-D-glucopyranoside（64-4）[527]。

8.2.12.7 其 他

从茼蒿中还分离得对映贝壳杉烷型二萜[528]、黄酮与聚炔等类化合物[522, 527]。

8.2.13 鞘冠菊属 *Coleostephus*

本属约 7 种，主要分布于地中海沿岸和北非西海岸加那里群岛。是一种在地中海地区广泛生长的杂草。我国曾栽培鞘冠菊 *Coleostephus myconis*。

对本属的化学成分研究薄弱，仅有几篇文献报道。

（1）对 *C.myconis* 的头状花序的挥发油采用 GC-MS 法、FAB-MS 法、LC-DAD-ESI/MS^n 的成分鉴定研究。研究结论是挥发油中的主要成分是氧化的倍半萜类成分，即 *τ*-cadinol（66.2%）、valeranone（8.2%）、germacrene D（6.0%）和 *α*-cadinol（4.6%），它们对应骨架类型是杜松烷型、吉马烷型和缬草烷型[529]。

（2）*C. myconis* 的茎中还含有丙二酸酰化的花色素 cyanidin 3-dimalonylglucoside[529]。

（3）*C. myconis* 花芽中主要成分是酚类成分，主含 3,5-*O*-dicaffeoylquinic acid 和 myricetin-*O*-methyl-hexoside，而茎、叶中的成分与花有较大差异[530]。

8.2.14 山芫荽属 *Cotula*

本属约 75 种，主产于南半球，我国有 2 种。

C. cinerea 作为摩洛哥、阿尔及利亚的传统药物，应用于腹痛、咳嗽、腹泻、消化疾病、风湿、尿道与肺部感染等。

8.2.14.1 挥发油

采用 GC-MS 对芫荽菊 *C. anthemoides* 的挥发油进行成分鉴定，鉴定出的主要成分是：camphor（27.4%）、santolina triene（13.0%）、thujone（12.9%）、camphene（10.7%）和 α-curcumene（5.3%）[531]。

8.2.14.2 黄　酮

从 *C. anthemoides* 的地上部分分离得一个磺酰基化黄酮，5,7,4′,5′-tetrahydoxyfavonol 2′-[propanoic acid-(2‴-acetoxy-1‴-sulfonyl)]-5′-O-β-D- glucopyranoside，以及黄酮苷类成分[532]。

8.2.14.3 生物碱

从 *C. coronopifolia* 的地上部分分离得到两个具有类似 3-benzazocine 骨架的生物碱成分 cotuzines A — B（66-1、66-2）[533]。

8.2.14.4 倍半萜内酯

从 *C. cinerea* 中分离的倍半萜内酯有类似斑鸠菊内酯（glucolide-like）的吉马烷型倍半萜内酯化合物，13-acetoxy-8α-dehydro-11,13-dihydroanhydro-verlotorin（66-3）、8α,13-diacetoxy-7,11-dehydro-11,13-dihydroanhydroverlotorin（66-4）、8α,13-diacetoxy-1α-hydroxygermacro-4E,7(11),9Z-trien-6α,12-olide（66-5），由于以前本类型化合物还未从斑鸠菊族之外的植物中分离得到，因此，本类成分显示出一定的分类学意义[534]。

另外，本属还分离得到愈创木烷倍半萜内酯[534]。

8.2.14.5 其　他

从本属植物还发现有聚炔（螺缩酮烯醇醚聚炔，此类成分只存在于春黄菊族植物中）类化合物[534]、皂苷、单宁（聚多酚）[533]、甾醇等[535]。

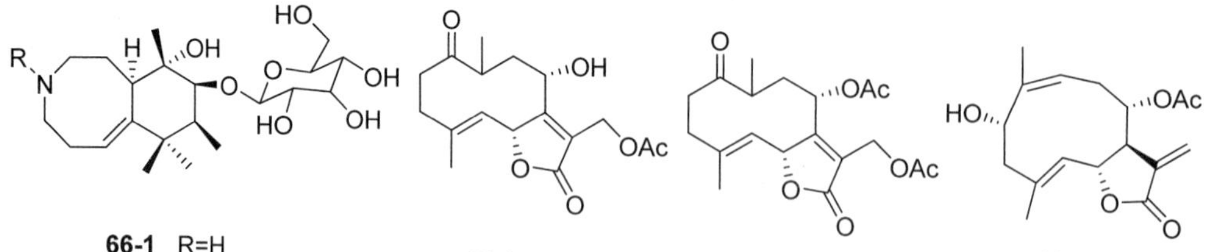

66-1 R=H
66-2 R=CH₃　　　　66-3　　　　66-4　　　　66-5

8.2.15 芙蓉菊属 *Crossostephium*

本属 1 种，芙蓉菊 *C. chinense*，产我国中南及东南部（广东、台湾），中南地区时有栽培。

清代的《植物名实图考》中将芙蓉菊称为蕲艾，芙蓉菊的叶入药始载于《本草纲目》，称为香菊，能祛风湿、消肿毒，治疗风寒感冒、痈疽、疔疮。根入药治疗风湿关节痛和胃脘冷痛。民间常用芙蓉菊作为治疗小儿惊风的草药，同时还有解除麻痘作痒的功效；在广东民间用其全草治疗糖尿病[536]。

8.2.15.1　香豆素

从芙蓉菊 *C. chinense* 中，除分离得简单香豆素，东莨菪素 scopoletin 和东莨菪苷 scopolin 之外，还分离得一个双香豆素，二聚东莨菪素 biscopoletin（67-1）[537]。

8.2.15.2　倍半萜内酯

从芙蓉菊 *C. chinense* 中，分离得几个桉烷型倍半萜内酯，如 crossostephin（67-2）、草蒿素 artesin（67-3）和艾菊素 tanacetin（67-4），其中的化合物 crossostephin 为内酯环开环的化合物[537, 538]。

8.2.15.3　黄酮化合物

从芙蓉菊 *C. chinense* 叶分离得 20 余个黄酮苷元及苷类化合物，如苷元有：luteolin、apigenin、hispidulin 等；苷类化合物有 quercetin、3-methyl ether、axillarin、chrysosplenol-D 等，显示出本植物中黄酮化合物的丰富性[539]。

8.2.15.4　挥发油

本植物含挥发油，通过 GC-MS 鉴定了其中主要的 14 个化合物，如 α-蒎烯、杜松烯、β-金合欢烯、柠檬烯、2,4(8)-*p*-methadiene、δ-榄香烯、β-石竹烯、蒈烯、莰烯、γ-依兰油烯、1,8-桉叶素、driminol、3-对-孟烯-9-醇、α-杜松醇等[536]。

8.2.15.5　其　他

还从本种分离得蒲公英赛醇（taraxerol）等三萜类、羟基苯乙酮、尿嘧啶、5-*O*-甲基-肌醇等化合物[536]。

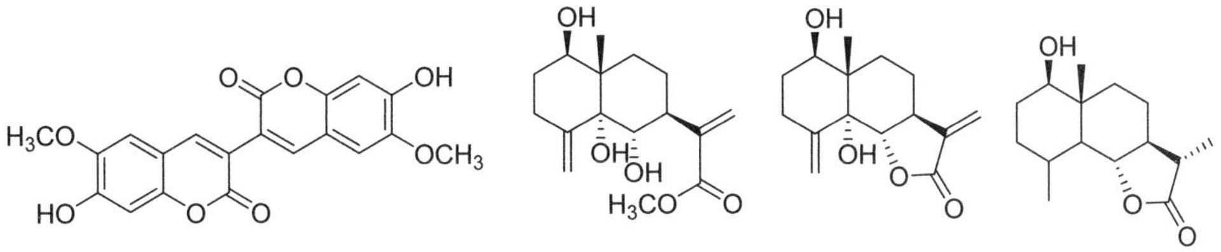

67-1　　　　67-2　　　　67-3　　　　67-4

8.2.16　菊属 *Chrysanthemum*（原名 *Dendranthema*）

本属约 30 种，主要分布于我国，以及日本、朝鲜、俄罗斯。我国有 17 种。本属最著名

的中药是菊花 *C. morifolium* 与野菊花 *C. indicum*。

菊花性甘、味苦，微寒；归肺、肝经；可散风，平肝明目，清热解毒。用于治疗风热感冒、头痛眩晕、目赤肿痛、眼目昏花及疮痈肿毒[540]。但当前在菊花与野菊花的化学成分区别上，尤其是野菊花更专于清热解毒的药效物质基础上的研究很欠缺。

对本属植物的化学成分研究较多，主要集中于倍半萜内酯及其寡聚体、黄酮、挥发油的研究[541]。

8.2.16.1 倍半萜内酯及其寡聚体

发现的倍半萜内酯的骨架是愈创木烷、吉马烷与桉烷，以及少量的杜松烷、三环（clovane、caryolane）型、卡拉布烷等。至今，从野菊花 *C. indicum* 中分得的倍半萜化合物已达 96 个[541]，如三环 clovane 型化合物 clovanediol（68-1）和三环 caryolane 型化合物 caryolane 1,9-*β*-diol（68-2）[542]；以及一个 A 环缩环的桉烷型倍半萜（68-3），但该化合物文献未命名[543]。

除单体倍半萜内酯外，还分离得到多个倍半萜内酯二聚体与一个倍半萜内酯三聚体，它们均是愈创木烷倍半萜内酯，通过 Diels-Alder[4+2]环加成而来。如从野菊花 *C. indicum* 中分离得的一个愈创木烷-愈创木烷倍半萜内酯二聚体，但该化合物文献也未命名（68-4）。

8.2.16.2 黄　酮

菊属植物中也含有丰富的黄酮及其苷类化合物，其苷元类型有黄酮、黄酮醇与二氢黄酮。而且化合物蒙花苷 linarin（acacetin-7-*O*-rutinoside）（68-5）是野菊花质量控制的标准物质。

另外，比较野菊花各部位的黄酮含量，发现叶中的黄酮化合物含量是最高的。

8.2.16.3 挥发油

对菊花与野菊花的挥发油成分的研究报道较多，而且显示出较大的差异性，如：

1. 菊花的挥发油成分

采用 GC-MS 分析法，对菊花 *C. morifolium* 挥发油的成分进行了分析，结果显示：挥发油主要是单萜与倍半萜成分，包括烃、酯、醛、酮、酚及有机酸，最主要的成分是*α*-curcumene（12.55%）[544]。除此之外，还有很多相关的研究报道，但在报道成分上都有所不同[545]。

2. 野菊花的挥发油成分

采用 GC-MS 法对不同产地的野菊花 *C. indicum* 挥发油进行成分分析，研究得出：3 个产地野菊花所含挥发油的成分种数相近，但成分差异大。其中，都含有的 6 种主要成分是：樟脑、*α*-崖柏酮、4-松油醇、1,8-桉叶脑、乙酸冰片酯和桃金娘醇，但含量也有不同[546]。

8.2.16.4 其　他

还分离得到聚炔化合物、苯丙素、酚酸、甾醇等。

68-1   68-2   68-3   68-4

68-5

8.2.17　紊蒿属 *Stilpnolepis*（原名 *Elachanthemum*）

单种属，紊蒿 *Stilpnolepis intricata*，分布于我国北部、西北部，蒙古。本属已调整修改为百花蒿属。

仅有一篇对本种挥发油成分的研究报道，研究显示挥发油中的主要成分为 β-月桂烯（16.27%）和匙叶桉油烯醇（7.96%）。从已鉴定组分的结构类型看，本种以脂肪酸酯类、单萜烃类及含氧衍生物和倍半萜烃及其含氧衍生物类为主，其他的组分有烯醇、芳香化合物、腈和烷烃等[547]。

8.2.18　线叶菊属 *Filifolium*

本属 1 种，线叶菊 *F. sibiricum*，分布于我国和朝鲜、日本、俄罗斯。

本品性寒、味苦。用于治疗传染病高热、疔疮痈肿、血瘀刺痛，月经不调，中耳炎及其他外科化脓性感染等症。研究证明本品对金葡萄球菌、大肠杆菌和痢疾杆菌均有一定的抑制作用，并有镇静作用及其他生理活性[548]。

8.2.18.1　挥发油

通过 GC-MS 对挥发油进行鉴定，确定挥发油中的主要成分为：espatulenol（8.55%）、geranyl acetate（8.03%）、caryophyllene oxide（5.47%）、calamenene（4.79%）、geraniol（4.28%）、calamenene（4.53%）、geraniol（4.06%）、cedrene epoxide（3.23%）、myrtenol（3.18%）、transgeranylgeranio（3.13%）[549]。

8.2.18.2　黄酮化合物

化学成分研究发现本种中富含黄酮类成分，分离得到的黄酮类成分有：异荭草素、异牡荆苷、芹菜素-6-阿拉伯糖基-8-葡萄糖苷、芹菜素-3′-甲氧基-7-O-芸香糖苷、槲皮素、金丝桃苷、异槲皮苷、异鼠李素-3-O-葡萄糖苷、异鼠李素-3-O-芸香糖苷、槲皮素-3-O-芸香糖基-7-O-葡萄糖苷、圣草次苷和圣草素[550]，5,7,4′-三羟基-6-甲氧基-二氢黄酮[551]。

8.2.18.3 其 他

还分离得非黄酮类成分，如香豆素（东莨菪苷）、腺苷、芒果苷、酚苷等类成分[551, 552]。

8.2.19 女蒿属 *Hippolytia*

本属约 18 种，分布于亚洲中部及喜马拉雅山区。至今无相关化学成分的研究报道。

8.2.20 喀什菊属 *Kaschgaria*

本属 2 种，分布于我国新疆、蒙古西部、俄罗斯、哈萨克东部。至今无相关化学成分的研究报道。

8.2.21 小滨菊属 *Leucanthemella*

本属有 2 种，一种分布于欧洲东南部，一种分布于亚洲东北部。小滨菊 *L. linearis* 产我国东北地区。

从 *L. serotina* 中分离得一个桉烷型倍半萜内酯化合物，8α-hydroxybalchanin（73-1）[553]。

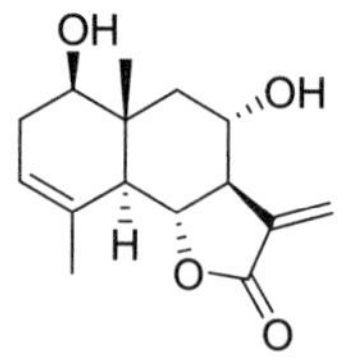

73-1

8.2.22 滨菊属 *Leucanthemum*

本属约 20 种，主要分布于中欧和南欧山区。

L. vulgare 的提取物是一个被广泛知晓的止痉、利尿和补益药物。本品的传统应用是用于治疗哮喘和支气管炎。本植物也能抗菌，以及本品的花具有杀虫和驱赶蚊虫的作用[554]。

8.2.22.1 黄 酮

从 *L. vulgare* 的花分离得一个黄酮苷，nivyaside[8-(l-α-D-glucopyranosyl-5-deoxyquercit-5-yl)-4′,5,7-trihydroxyflavone][555]。

8.2.22.2 倍半萜内酯

从 *L. maximum* 的地上部分中分离得石竹烯衍生物 10β-hydroxycaryophyllene（74-1），以及吉马烷型 germacrene D[556]。

8.2.22.3 挥发油

对不同产地的 *L. vulgare* 花及地上部分的挥发油采用 GC-MS 进行成分鉴定，分析结果显示出明显的不同。如：

（1）格鲁吉亚产的 *L. vulgare* 花的挥发油的主要成分是：倍半萜醇：nerolidol、α-bisabolo 和 farnesol；以及倍半萜烯类：farnesene 和 α-bisabolol[557]。

（2）产于伊朗的 *L. vulgare* 花的挥发油的主要成分则是：caryophyllene oxide（21.2%）、aromadendrene oxide（13.7%）、*cis*-β-farnesene（6.5%）、1-octen-3-yl-acetate（5.6%）和 *trans*-caryophyllene（4.9%）[554]。

（3）*L. vulgare* 地上部分的挥发油的主要成分则是：1,8-cineole(1.20%)、verbenly acetate（6.08%）、lavandulyl acetate（20.63%）、*m*-isopropoxy aniliene（5.14%）、α-terpineol(3.33%)、α-amorphene（1.47%）、neryl acetate（1.42%）、caryophyllene oxide（3.34%）、α-cadinol（10.52%）、torreyol（3.03%）、β-guaiene（2.17%）、β-eudesmol（10.13%）、caryophyllenol-Ⅱ（1.22%）和 β-spathulenol（1.56%）[558]。

8.2.22.4 其 他

还分离得聚炔类、三萜等[556]。

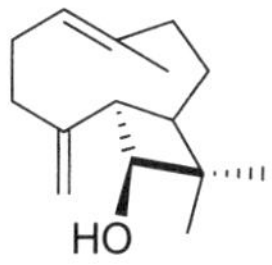

74-1

8.2.23 母菊属 *Matricaria*

本属 40 种，分布于欧洲、地中海、亚洲（西部、北部和东部）、非洲南部以及西北美。我国有 2 种。

母菊 *M. charnomilla*（*M. recutita*、*Chamomilla recutita*、*M. chamomilla*），又称为洋甘菊、欧洲野菊、德国母菊、匈牙利母菊，为众所周知的药用植物和香料植物。近年来，上海等地在民间使用中，发现它有镇静、止痛及改善肺癌病人症状等作用[559]。

母菊 *M. charnomilla* 作为传统药物，用于治疗溃疡、湿疹、痛风、皮肤过敏、神经痛和痔疮。另外，本品的干花制成的凉茶制剂还特别受人欢迎，因为它对人体健康非常有益[560]。

8.2.23.1 不规则倍半萜内酯

从 *M. charnomilla* 地上部分的三氯甲烷部位分离得到线型链状不规则倍半萜内酯 anthecotuloide（13），其含量高达 7.30%[561]。但本化合物最早是从 *Anthemis cotula* 中分得的。

8.2.23.2 不规则单萜

从 *M. Chamomilla* 的地上部分分得两个香棉菊烷型不规则单萜，chamolol（75-1）和它的四乙酰化产物（75-2）[562]。

8.2.23.3　倍半萜内酯

本属中含较为丰富的倍半萜内酯，其结构以 C-6(12)-内酯结构为特征，骨架类型有吉马烷[563]、没药烷[564]、桉烷和愈创木烷[562]。如：① 从 *M. Chamomilla* 中分得的桉烷化合物 matricolone（75-3）；② 吉马烷化合物 dihydroridentin（75-4）；③ 和愈创木烷化合物 2α-hydroxyarborescin（75-5）[562]。

母菊 *M. recutita* 挥发油中的主要成分为没药烷型化合物(-)-α-bisabolol（75-6），其具有多种生物活性，如抗阿米巴原虫 *Acanthamoeba castellani* 的活性[565]。另外，奠类化合物 chamazulene[1,4-二甲基-7-乙基奠，本化合物被认为是人工产物，即由 matricin（prochamazulene）在酸或高温下形成]（75-7）[566]。

8.2.23.4　香豆素

从 *M. pubescens* 中分离得简单香豆素，herniarin 和 scopoletin 之外，还分得一个 herniarin 二聚化的化合物，herniarin（75-8）[567]。

8.2.23.5　挥发油

伊朗产 *M. chamomilla* 挥发油中的主要成分是 α-bisabolone oxide A（45.64% ~ 65.41%），以及氧化的倍半萜（53.31% ~ 74.52%）[568]。

8.2.23.6　螺醚聚炔化合物 *cis-/trans*-en-yn dicycloether

如从母菊中分得的顺或反式烯炔二环醚（螺缩醛化合物）聚炔化合物 *cis-/thans*-en-yn dicycloether（75-9、75-10）等[569, 570]和聚炔化合物衍生的噻吩酰胺化合物 (2*E*,4*E*)-6-(2-thienyl)-2,4-hexadien-isobutylamide（75-11）[567]

8.2.23.7　其　他

聚炔[563, 564]、黄酮与黄酮醇及其苷[560]。

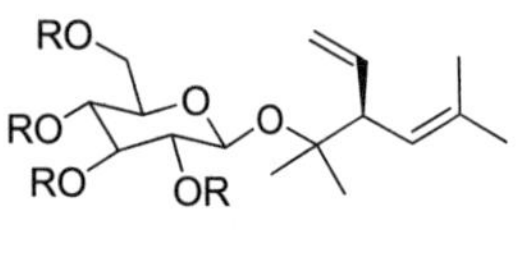

75-1 R=H
75-2 R=Ac 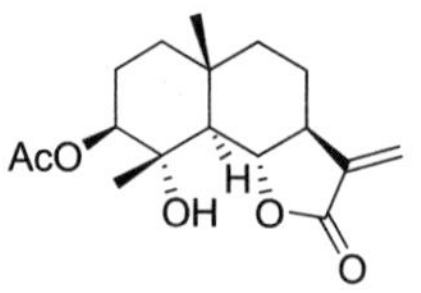
75-3 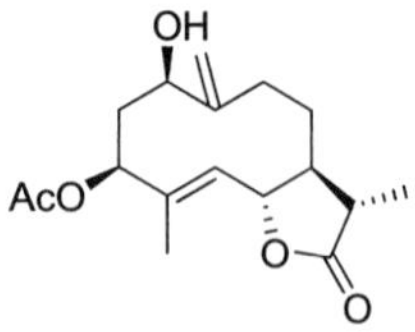　**75-4** 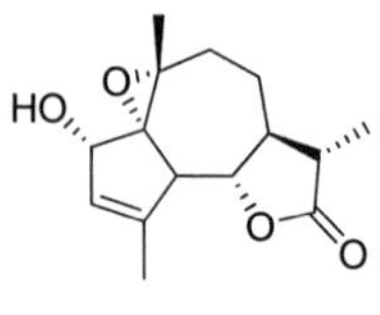　**75-5** 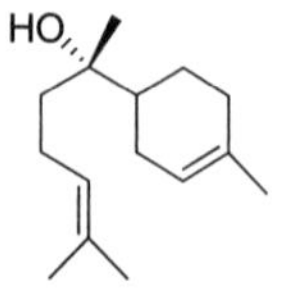　**75-6** 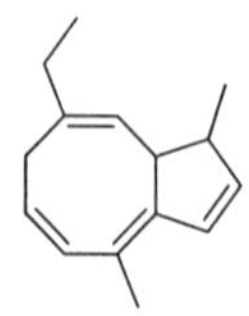　**75-7** 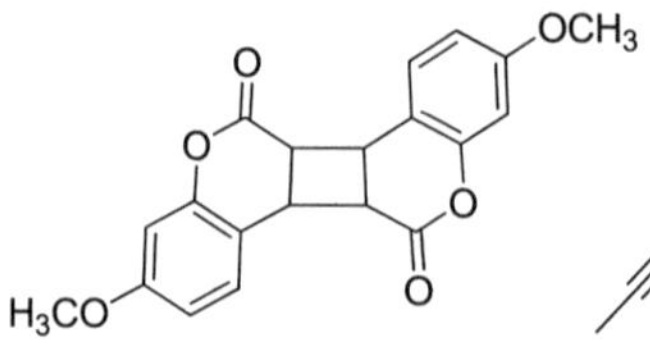　**75-8**　**75-9** cis-type

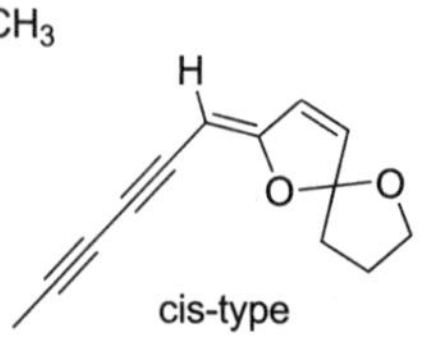

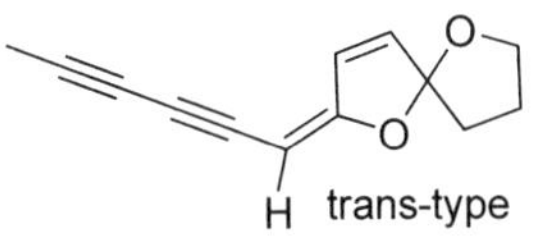

75-10 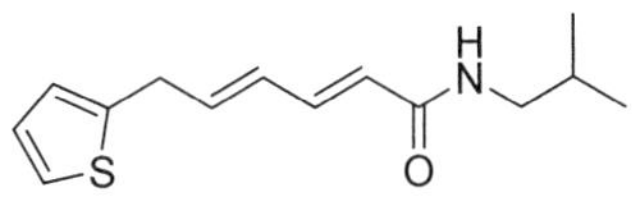 **75-11**

8.2.24 栉叶蒿属 *Neopallasia*

本属1种，栉叶蒿 *N. pectinata*，分布于我国和蒙古、俄罗斯。

中药栉叶蒿 *N. pectinata*，以全草入药，清肝利胆、消炎止痛，主治急性黄疸型肝炎，头痛、头晕[571]。

化学成分研究较为薄弱。通过 GC-MS 鉴定挥发油中的主要成分是：大香叶烯 D（7.34%），*α*-桉叶醇（5.65%），丁香烯环氧物（5.12%）[571]。

从本种还分得一个艾里莫酚烷型倍半萜 eremophila-9(10),11(13)-dien-12-oic acid[572]。

8.2.25 太行菊属 *Opisthopappus*

我国太行山地区特有属，有2种：长裂太行菊 *O. longilobus* 与太行菊 *O. taihangensis*。太行菊 *O. taihangensis*，主要分布于我国南太行山区域，当地居民常以太行菊泡茶、入食等。调查结果显示，在太行菊产地，乙肝发病率明显低于全国其他地区，提示本品有抗乙肝病毒的作用[573]。

从 *O. taihangensis* 叶的挥发油中鉴定出主要的成分是：1,8-cineole、myrcene、(－)-pinene 和 himachalene，其中单萜 1,8-cineole（又名为 eucalyptol）是挥发油中最主要的成分，也是植物的芳香气味来源，而且在其他四种菊属 *Tanacetum* 植物挥发油中不含有，因此，此成分应是本属与菊属区别的化学标志物[574]。

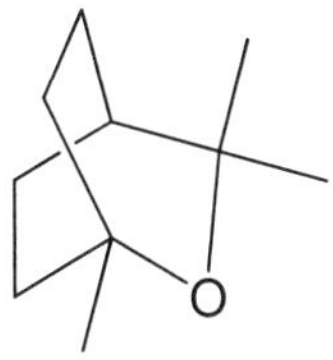

77-1

8.2.26 匹菊属 *Pyrethrum*

全属约100种，分布于欧洲、北非及中亚一带。我国10余种，集中分布于新疆。由于对本属及菊属 *Chrysanthemum*、菊蒿属 *Tanacetum* 植物的分类存在争论，致使在文献调研时，不易查询与区分，如除虫菊的名称由 *Pyrethrumcinerariifolium* 修改为 *Tanacetum cinerariifolium* 而来。

在传统应用上，藏药川西小黄菊 *Pyrethrum tatsienense* 最为有名。其又名鞑靼菊或打箭菊，在我国主要分布于青海、云南、四川、西藏及甘肃等地，其性味苦、寒，具有治疗头痛、头伤、跌打损伤、疮疡、湿热、伤口流黄水、黄水疮、肝炎等功效[575]。

8.2.26.1　川西小黄菊的化学成分

从川西小黄菊 *P.tatsienense*（现《中国植物志》修改为 *Tanacetum tatsienense*）的花、茎与叶中分离得到聚炔、黄酮化合物与三萜化合物[576]，而且黄酮类化合物为本品的主要成分类型。除此之外，还从本品的地上部分分离得一系列的 xanthone 化合物，1,3,5,9-tetrahydroxy-2-prenyl-4-(3″-hydroxy-3″-methylbutanoyl)-6,6-dimethylpyranoxanthen-10-one、garcixanthone C、garcixanthone B、4-methoxypyranojacareubin、4-hydroxy-3-prenylpyranoxanthone 和 calaxanthone C[577]。

另外，从川西小黄菊 *P.tatsienense* 还分离得到香豆素与苯丙素类成分[578]。

川西小黄菊 *P.tatsienense* 的挥发油中含有多种单萜（α-松油醇、沉香醇、4—松油醇等）、倍半萜化合物（榄香醇、金合欢烯、环氧异香橙烯、α-桉叶醇等）和较大量的脂肪酸和烷烃成分[575]。

8.2.26.2　其他种的化学成分

从灰叶匹菊 *P. pyrethroides*（现中国植物志修改为 *Richteria pyrethroides*）中分离得到愈创木烷型倍半萜内酯 cumambrin A 和 B[554]、pyrethroidinin[579]、isopyrethroidinin[580]、pyrethroidin[581]。

8.2.27　裸柱菊属 *Soliva*

本属约 8 种，分布于美洲及大洋洲。我国有 1 种归化，裸柱菊 *S. anthemifolia*。

到目前为止，还未有相关的化学成分研究报道。

8.2.28　菊蒿属 *Tanacetum*

全属约 50 种，分布于北半球外热带地区。我国有 7 种，大部分集中在新疆。对于本属植物的分类，有植物学家认为，有些种应归于菊属 *Chrysanthemum* 之下，而一些应归置于匹菊属 *Pyrethrum*[582]。

菊蒿 *T. vulgare*，又称艾菊，在法国、英国、匈牙利和美国广泛种植，提取挥发油。新疆的蒙古族、俄罗斯族和哈萨克族医生用于消炎、利胆、健胃、降血压，也是民间广泛用于治胃肠疾患的常用药[583]。

本属植物的特征化学成分是除虫菊素 pyrethrins，由六种菊烷型不规则单萜类成分组成的混合物，它主要存在于 *T. cinerariifolium* 等少数几种植物中。另一个引人注目的化学成分是小白菊内酯 parthenolide，它是一个分离自 *T. parthenium* 植物的吉马烷倍半萜内酯化合物。

8.2.28.1　不规则单萜

本类不规则单萜化合物主要存在于本属及蒿属、薯属、菊属的挥发油中，因有较大的化学分类意义及生物活性，因此，受到了广泛的持续的化学成分研究。但研究发现，它们的成分会受到地理环境等因素的影响[582]。

除虫菊 *Tanacetum cinerariifolium* 含有名的杀虫成分，除虫菊素 pyrethrins，是由 pyrethrins Ⅰ和Ⅱ（80-1、80-2），cinerins Ⅰ和Ⅱ（80-3、80-4），以及 jasmolins Ⅰ和Ⅱ（80-5、80-6）组成的混合物，它们均是菊烷型的不规则单萜类成分[584]。另外，*Tanacefum odessanum* 中也含有此类成分[582]。

还有，*T. vulgare* 植物中也含有不规则单萜蒿酮 artemisia ketone（1）[585]。

8.2.28.2 倍半萜内酯

本属植物含有丰富的倍半萜内酯成分，骨架类型主要是吉马烷、愈创木烷、桉烷，以及其他一些少见的骨架，如开环的愈创木烷（不规则倍半萜）、longipipane 等。其中小白菊内酯（−）-parthenolide（80-7）是一种吉马烷骨架的倍半萜内酯[582, 586]。自从小白菊内酯从本植物中被分离，并被认为是本植物的活性成分之后，本化合物得到了大量的研究，研究认为是一个具有抗炎和抗肿瘤的活性天然产物[587]。

8.2.28.3 挥发油

对本属多种植物的挥发油的研究报道很多，即使对菊蒿 *T. vulgare* 一个种的挥发油的研究都很多，而且挥发油的化学成分显示出多因素的化学表现性，而且即使是提取方法不同也会显示出化学变异性。如：

分别采用 CO_2 超临界萃取技术（SFE）与水蒸气蒸馏（HD）提取菊蒿 *T. vulgare* 挥发油，再用 GC/MS 和 GC/FID 进行成分分析，分析结果显示：不同的提取方法提取出的挥发油成分没有差异，但在成分的含量上有统计学上的差异。主要成分是：myrtenol（17.7% SFE vs. 10.3% HD）、borneol（16.4% SFE vs. 7.6% HD）、1,8-cineole（9.3% SFE vs. 18.2% HD）、*cis*-chrysanthenol（6.7% SFE vs. 7.6% HD）、camphor（5.3% SFE vs. 7.2% HD）、myrtenyl acetate（4.8% SFE vs. 3.9% HD）、*epi-α*-muurolol（4.6% SFE vs. 1.0% HD）和 *trans*-thujone（4.2% SFE vs. 9.0% HD）。从分析结果上看，用 SFE 提取出分子量大的成分（如氧化倍半萜类）多，而用 HD 提取出的低分子量成分（单萜烯烃类）多[588]。

8.2.28.4 其 他

还有黄酮、香豆素、甾醇、三萜等[582]。

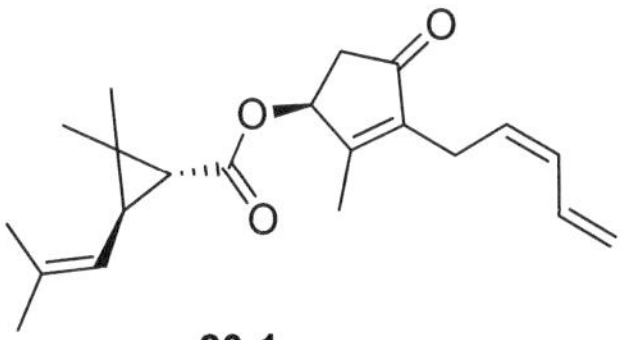

80-1 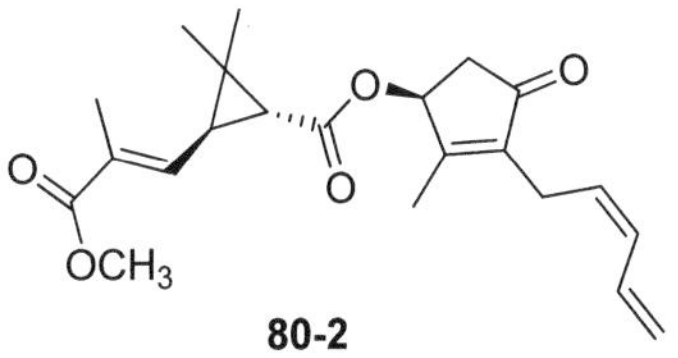　　　　　　　**80-2** 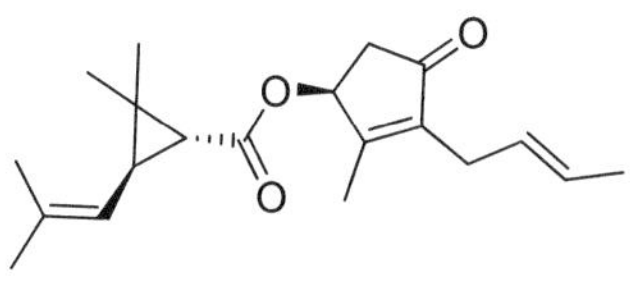　　　　　　　**80-3**

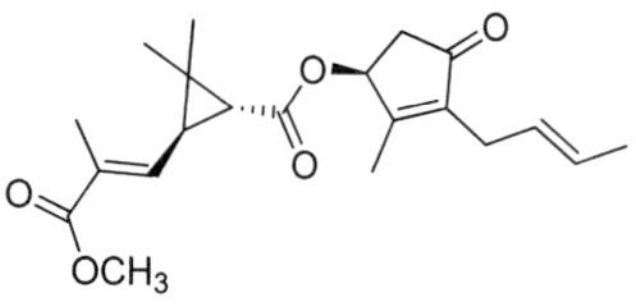

80-4 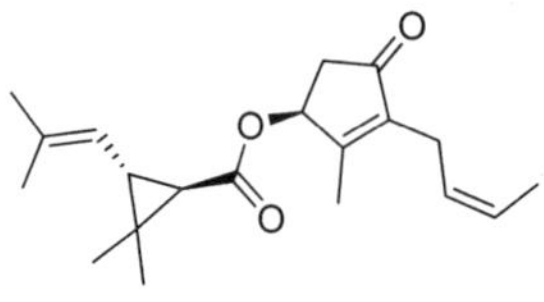   80-5 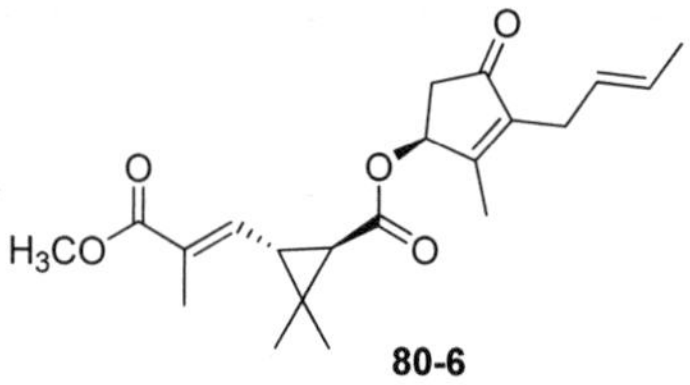   80-6

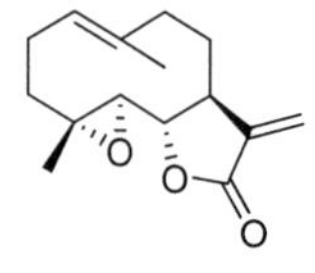

80-7

8.2.29　三肋果属 *Tripleurospermum*

本属约 30 种，分布于北半球。我国有 5 种。

从 *T. inodorum* 的挥发油中分离、鉴定了一个聚炔化合物，matricaria ester[(2Z,8Z)-deca-2,8-diene-4,6-diynoic acid methyl ester][589]。

从 *T. disciforme* 的地上部分分离得 6 个黄酮化合物：luteolin、quercetin-7-*O*-glucoside、kaempferol、kaempferol-7-*O*-glucoside、apigenin 和 apigenin-7-*O*-glucoside[590]。

其他的研究主要集中于对本属植物挥发油的 GC-MS 成分鉴定，研究结果显示，本属植物并不富含芳香性的萜类化合物，如 *T. insularum* 的挥发油中的主要成分是：globulol（13.45%）和 β-sesquiphellandrene（9.29%），而且甲醇提取物中以酚类成分居多[591]。

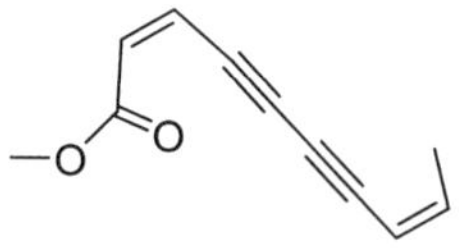

81-1

8.2.30　扁芒菊属 *Waldheimia*

本属约 9 种，分布于喜马拉雅山区和亚洲中部。我国有 8 种。

西藏扁芒菊 *W. glabra* 作为传统药物应用于皮肤疾病，如皮肤瘙痒、头痛、关节痛和发热等[592]。其花与叶的浸泡液有良好的驱虫效果[593]。

8.2.30.1　化学成分

采用中药抗补体活性测定方法，从西藏扁芒菊 *W. glabra* 的 95%乙醇提取物中活性导向分离得到 10 个抗补体活性成分，包括 5 个酚酸（咖啡酰奎宁酸衍生物）、3 个黄酮、1 个倍半萜和 1 个酪醇。其中的倍半萜类成分是：桉烷倍半萜化合物 alatoside F（β-D-glucopyranosyloxyl pteodonote）（82-1）[593]。

从 *W. glabra* 中还分得一个愈创木烷倍半萜内酯(+)-ludartin（82-2）和一个螺缩醛聚炔化合物（在春黄菊族中此类成分较为普遍）Z-2-(2′,4′-hexadiynyllidene)-1,6-dioxaspiro-

[4,5]-dec-3-ene（82-3），也归类于螺缩醛化合物[594]。

8.2.30.2 挥发油

W. glabra 挥发油的 GC-MS 分析结果发现 spathulenol、9-tetradecenol、thujopsene、*α*-thujone、yomogi alcohol 和 terpinen-4-ol 是挥发油中的主要成分[592]。

8.2.30.3 其 他

通过理化反应，检测出 *W. tomentosa* 的甲醇提取物含有生物碱、黄酮、甾醇、还原糖、强心苷、萜类、蒽醌、单宁和皂苷成分。而且通过 GC-MS 分析 *W. tomentosa* 的正己烷提取物的化学成分组成，其中，最主要的成分是脂肪酸与芳基酮化合物，包含的化合物有倍半萜醇 bisabolol oxide B、饱和脂肪酸十三烷酸、芳基化合物 1-苯基-2-戊酮等[595]。

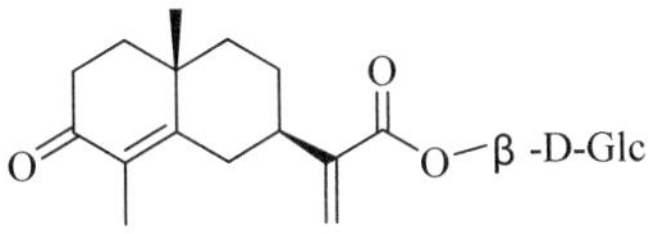

82-1 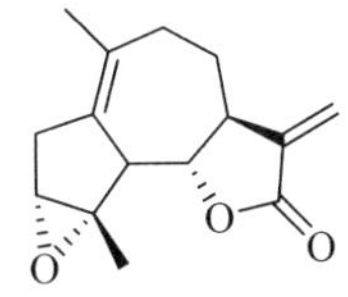   82-2 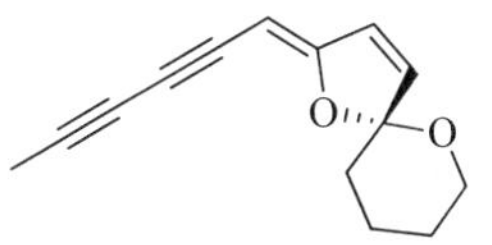   82-3

9 紫菀族 Astereae

紫菀族为菊科中较大的族，它分布于全世界，尤其是南北半球的温带地区分布最广。全族约 225 个属，3100 种，我国有 29 个属。

本族分 6 个亚族，在我国有 5 个亚族，即一枝黄花亚族（Subtrib. Solidaginae O. Hoffm），田基黄亚族（Subtrib. Grangeinae O. Hoffm.），雏菊亚族（Subtrib. Bellidinae O. Hoffm.），紫菀亚族（Subtrib. Asterinae O. Hoffm.）和白酒草亚族（Subtrib.Conyzinae O. Hoffm.）。

9.1 化学多样性

本族植物的化学成分显示出以三萜皂苷（尤其是以齐墩果烷型三萜为主）和二萜类成分为主的特征。因此，若从本族植物的倍半萜结构来判断植物的进化问题，则可认为本族植物较为原始，因为本族大多数属中的倍半萜不仅不丰富与复杂，而且它们大多为无内酯环结构的萜烯烃结构、或虽具内酯环但也是大多不具有环外亚甲基的倍半萜内酯成分。

同样地，在倍半萜的骨架方面，它们大多为较原始的吉马烷、桉烷和愈创木烷型。当然，也有一些属具有一些进化了的倍半萜骨架类型，则说明了这些属为本族中的进化类型，如鱼眼草属、东风菜属、飞蓬属、异裂菊属、马兰属和一枝黄花属等。

从紫菀属紫菀 Aster tataricus 中还分得原始的环烯醚萜苷类成分，也证实了菊科与具有环烯醚萜苷类成分的萼角花科 Calyceraceae 的亲缘关系，同时，也说明了紫菀属（族）应是一个较原始的属（族）。

本族植物中还含有丰富与特征的聚炔类成分：含有 C_{10}-聚炔酯、内酯化合物和 C_{17}-聚炔化合物。另外，本族与春黄菊族植物均不含噻吩聚炔，而且又都含 C_{10}-聚炔酯、内酯化合物和 C_{17}-聚炔化合物，显示出两族植物之间存在亲缘关系[131, 596]。

最后，还在紫菀属中发现较为丰富与特征的紫菀氯化环五肽 astins 类成分，但近来的研究证实，此类紫菀 astins 类环肽是由紫菀植物内生真菌 Cyanodermella asteris 代谢产生或是植物与真菌交叉复合共同代谢产生[178]，因此，此类环肽不是菊科分类标志物。这种现象也提示了植物的代谢产物与植物的基因直接相关，但也受环境的影响，这为中药讲究道地性找到了一个直接的证据。

本族植物中的倍半萜骨架类型见表 9-1：

表 9-1 紫菀族植物中的倍半萜骨架类型

属别	吉马烷	桉烷	愈创木烷	没药烷	榄烷	其他
紫菀属 Aster	-	+	-	-	-	-
紫菀木属 Asterothamnus	-	+	-	-	-	-
翠菊属 Callistephus	-	-	-	-	-	callistephus
杯菊属 Cyathocline	+	+	+	-	-	-
鱼眼草属 Dichrocephala	+	+	+	+	+	伪愈创木烷、三环
东风菜属 Aster	-	+	+	-	-	香木兰烷
飞蓬属 Erigeron	-	-	-	-	-	香木兰烷
田基黄属 Grangea	-	+	-	-	-	-
裸菀属 Aster	-	+	-	-	-	oplopanone
狗娃花属 Aster	-	-	-	-	-	香木兰烷、三环
异裂菊属 Heteroplexis	-	+	-	-	-	杜松烷、[6.3.0]双环骨架
马兰属 Aster	-	+	+	-	-	杜松烷、广藿香烷、降卡拉布烷
一枝黄花属 Solidago	+	+	-	-	-	艾里莫芬烷

9.2 传统药物应用与药效物质

在本族植物中，大多数种为民族民间传统应用药物，常用的中药品种不多，有如紫菀、灯盏细辛等品种。

（1）中药紫菀止咳平喘的药效成分一般认为是其中的三萜类成分，如紫菀酮。

（2）灯盏细辛治疗心血管疾病的药效成分被认为是其中的黄酮类成分，灯盏甲素、灯盏乙素等。

9.2.1 莎菀属 Arctogeron

为单种属，莎菀 Arctogeron gramineum，分布于我国东北和内蒙古，俄罗斯西伯利亚及远东地区、蒙古。

至今，未有本种植物的化学成分研究报道。

9.2.2 紫菀属 Aster

紫菀属是紫菀族中最大的属。由于不同学者对属的范围的观点不同，所包括的种的数目也不一致。据较近的估计有 250 种（Burges 及 Alexander, 1933, Cronquist, 1933），600 种（Core, 1955）或 1000 种（Phillips, 1950）。广泛分布于亚洲、欧洲及北美洲。狭义的紫菀属在中国近百种。

对于紫菀属的范围有不同的观点。广义的紫菀属还包括其他邻近的属。这些邻近的属在中国有东风菜属（*Doellingeria*），女菀属（*Turczaninowia*），莎菀属（*Arctogeron*），狗娃花属（*Heteropappus*），马兰属（*Kalimeris*），裸菀属（*Gymnaster*），紫菀木属（*Asterothamnus*），乳菀属（*Galatella*），麻菀属（*Linosyris*），岩菀属（*Krylovia*），碱菀属（*Tripolium*），翠菊属（*Callistephus*）等，在这里都不列入紫菀属中。但从它们所含有的本属植物特征的三萜皂苷及二萜化合物，以及类似的倍半萜化合物类群来看，将它们作为广义的一个紫菀属应该有其化学依据。

紫菀属中最有名的中药品种是紫菀，其为 *A. tataricus* 的干燥根及根茎，具润肺下气、镇咳祛痰之功效，主治气逆咳嗽、痰吐不利、肺虚久咳、痰中带血等症[597]。

中药紫菀中富含三萜、黄酮、有机酸及肽类等成分，如采用超高效液相色谱-四级杆飞行时间串联质谱联用技术（UHPLC-Q-TOF-MS/MS）从紫菀中共鉴定了 132 个化学成分，即 43 个萜类（其中的萜类成分为 36 个三萜、5 个二萜及 2 个单萜）、31 个黄酮类、22 个有机酸类、18 个肽类、9 个香豆素类、3 个甾体类、3 个蒽醌类及 3 个醛类化合物[598]。

9.2.2.1　倍半萜

从本属多种植物中分离得到较多的倍半萜类成分，但骨架类型主要是桉烷型，且无 α-亚甲基-γ-内酯的萜烯结构，但有一些化合物为糖苷结构。如从 *A. oharai* 中分离得到的桉烷倍半萜 teucdiol B（84-1）及倍半萜过氧化物 7α-hydroperoxy-3,11-eudesmadiene（84-2）[599]。

9.2.2.2　三萜及其皂苷

本类成分是紫菀属植物的特征成分，三萜的骨架类型有羊毛脂烷型、木栓烷型、齐墩果烷型及乌苏烷型，而皂苷化合物仅有齐墩果烷皂苷化合物，不同的是糖部分[600, 601]。如从 *Aster batangensis* 中分得的三萜皂苷 asterbatanosides D 和 E（84-3、83-4）[602]等。

从紫菀中分离得到一个结构特征的新颖骨架三萜化合物紫菀酮 shionone（84-5），其结构特征是具有 4 个六元环骨架系统及 3-羰基-4-单甲基的取代模式（C-4 位的一个甲基迁移到 C-5 位）[603]。

9.2.2.3　二　萜

从本属分得的二萜骨架有直线型、克罗烷型 clerodane、半日花烷型 labdane 等。如从 *A. lingulatus* 中分得的一个 1：1 的新颖线型二萜对映异构体混合物 lingulatusin（84-6）[604]；从 *A. spathulifolius* 中分得的半日花烷型二萜化合物 (13R)-labda-7,14-diene 13-O-β-D-(4'-O-acetyl)fucopyranoside（84-7）[605]；从 *A. souliei* 中分得的克罗登烷型二萜 18, 19-dihydroxy-5 α,10β-neo-cleroda-3,13 (14)-dien-16,15-olide（84-8）[606]。

9.2.2.4　环肽生物碱

紫菀氯化环五肽 astins 类具有显著的抗肿瘤活性，如 astins A 和 B（139、140），而且此类化合物的细胞毒活性与肽链是否成环、环的构象，尤其是 1,2-肽脯酰胺键的顺/反式结构、氯代、硫酰化、羟基数目多少等有关。另外，astin C（141）具有免疫调节作用，其作用机制与 T-细胞免疫调节和 T-依赖免疫反应相关；最后，此类化合物具有肝毒性，如 asterin 具有明显的肝毒性[607]。

PDPs 型环蛋白化合物 SFTI-1（165）具亚纳摩尔级别的胰蛋白酶抑制活性(K_i= 0.1 nmol/L)[607]（具体内容见第 2 章）。

9.2.2.5 单 萜

从 *A. bakeranus* 的地上部分分得一个单萜成分 6,7-dthydroxy-6,7-dihydro-*cis*-ocimene（84-9）[608]；从 *A. tataricus* 中分得单萜苷 shionosides A 和 B（84-10、84-11）[609]。

9.2.2.6 环烯醚萜苷单萜

此类成分仅在紫菀属发现，它是一类被认为是与菊科为姊妹科关系的萼角花科中特有的成分，因此，本类成分在菊科植物的发现也确认了现代分子分类系统研究认为菊科与萼角花科有较近的亲缘关系的论断。

到目前为止，共从本属两种植物中各分离得一个本类成分，如从耳叶紫菀 *A. auriculatus* 根中分离出一个裂环环烯醚萜化合物，gentiopicroside（龙胆苦苷）（9）[24]；从萎软紫菀 *A. flaccidus* 中分得环烯醚萜化合物 8-*epi*-mussaenoside（84-12）[610]。

9.2.2.7 二萜生物碱

从萎软紫菀 *A. flaccidus* 中还分得一个牛扁碱型二萜生物碱印乌头碱 indaconitine（84-13）。

9.2.2.8 挥发油

对本属多种植物的挥发油进行了研究，但研究未能得出一个挥发油成分与属、种间关系的明确结论。如研究显示 *A. albanicus* 地上部分的挥发油的主要成分是倍半萜类成分（69.3%）和单萜烃类成分（15.9%），其中吉马烷倍半萜类成分 germacrene D（34.7%）是最主要的成分[611]。

另外，对比研究 *A. tataricus* 和 *A. koraiensis* 挥发油的成分，揭示二者有较大的不同，即 *A. tataricus* 挥发油中主要的成分是：methyl-5-methylene-8-(1- methylethyl)-1,6-cyclodecadiene（14.13%）、spathulenol（13.52%）和 methyl tetrahydroionol（6.06%）；而 *A. koraiensis* 挥发油中最主要的成分是：caryophyllene oxide（8.38%）、aristolene（7.08%）和 epiglobulol（5.57%）[612]。

9.2.2.9 其 他

还从本属分得聚炔、甾醇、黄酮、香豆素、咖啡酸衍生物等化合物。

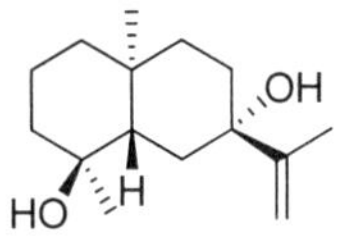

84-1 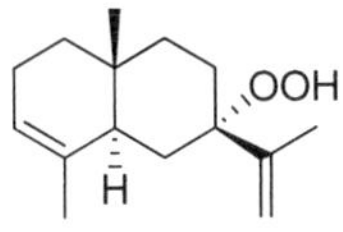   84-2

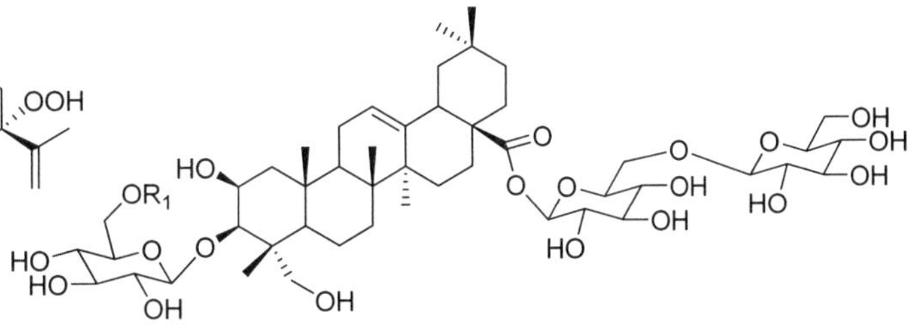

84-3 R₁=H
84-4 R₁=Ac

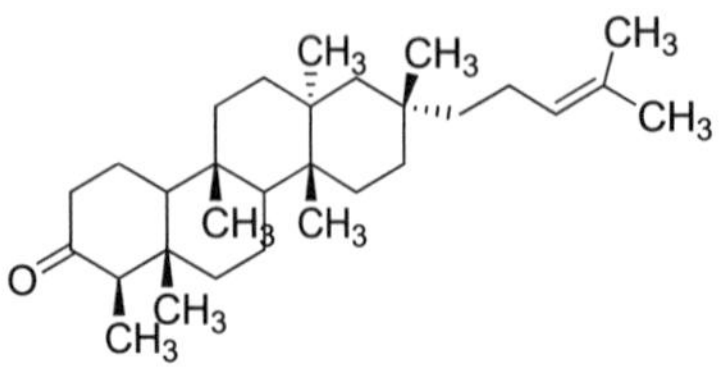

84-5

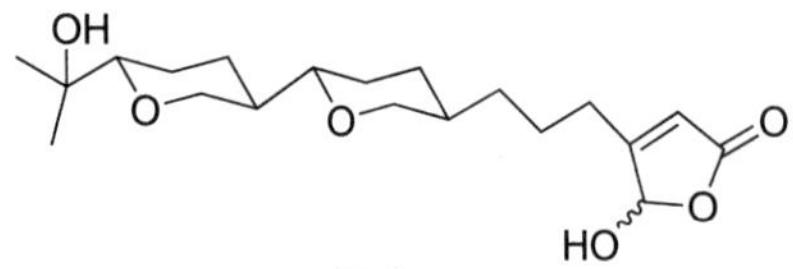

84-6 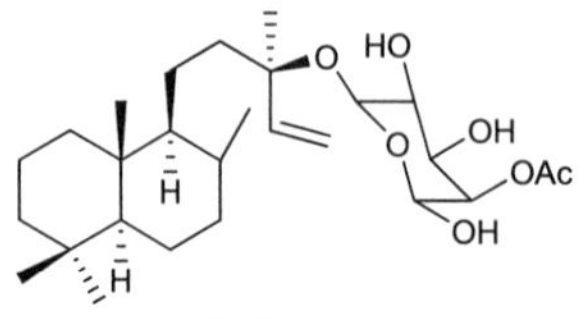　　　　**84-7** 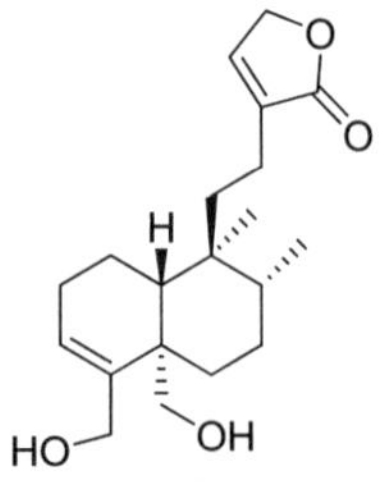　　　　**84-8**

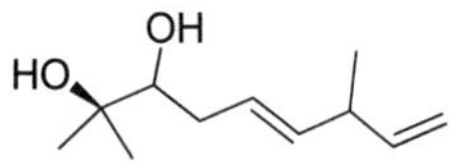

84-9　　**84-10** -CH₂O-Glc⁶⁻¹Api　H　　**84-11** -CH₂O-Glc⁶⁻¹Rha　H　　**84-12** 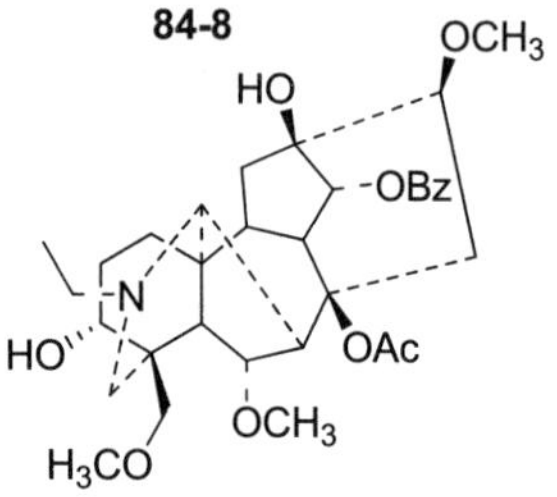　　**84-13**

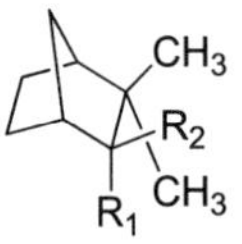

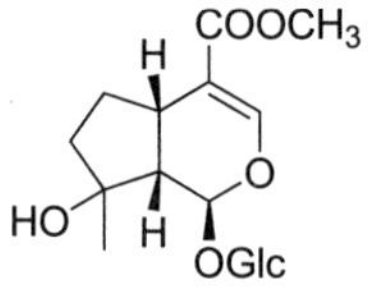

R1　　R2

9.2.3　紫菀木属 *Asterothamnus*

本属约有 7 种，主要分布于我国西北部，中亚地区和俄罗斯、蒙古，为亚洲中部干旱草原和荒漠地区的特有属。我国有 5 种及 2 个变种。

9.2.3.1　倍半萜

从 *A. centrali-asiaticus* 中分得的倍半萜的结构与紫菀属中的倍半萜类型一致，即为无α-亚甲基-γ-内酯结构的桉烷倍半萜，如 asterothamnones A-D（85-1 ~ 85-4）[613]。

9.2.3.2　苯骈呋喃衍生物 benzofuran derivatives

从 *A. centrali-asiaticus* 中分得多个苯骈呋喃衍生物，如(2S,3R)-6-acetyl-5-hydroxy-2-(1-acetoxy-2-propenyl)-3-methoxy-2,3-dihydrobenzofuran（85-5）、viscidone（85-6）[613]。

9.2.3.3　二　萜

从 *A. centrali-asiaticus* 中分得一个少见的 cembrane 烷型二萜苷化合物 nephthenol 15-O-β-D-quinovoside（85-7）。这种骨架类型的化合物是首次从维管束植物中分离得到[614]。除此之外，还分得有克罗烷型 clerodane 二萜。

9.2.3.4　三萜皂苷

从 *A. centrali-asiaticus* 中分得 12 个齐墩果烷皂苷化合物，如 medicoside H（85-8）[615]。

9.2.3.5　黄酮及酚酸类

从 *A. centrali-asiaticus* 中分得 17 个黄酮化合物，主要是黄酮、黄酮醇、二氢黄酮、二氢黄酮醇及其苷类化合物[616]，以及 7 个酚酸及其苷类化合物[617]。

9.2.3.6　挥发油

A. centrali-asiaticus 叶挥发油的主要成分是 *β*-pinene（11.6% ~ 31.4%）、sabinene（9.8% ~ 22.0%）、*α*-pinene（3.7% ~ 8.3%）、(*Z*)-*β*-ocimene（5.0% ~ 8.9%）,(*E*)-*β*-ocimene（4.0% ~ 5.6%）和 *β*-phellandrene（5.3% ~ 7.6%），以及少量的成分 artemisia ketone（3.6% ~ 0.0%）、terpinolene（5.1% ~ 6.2%）、terpinen-4-ol（0.8% ~ 7.1%）和 spathulenol（0.248%）[618]。

9.2.3.7　种子油

A. centrali-asiaticus 种子油中含大量的 Δ^3 反式脂肪酸，如 16：1Δ^3 t（85-9）、18：1Δ^3 t（85-10）和 18：3Δ^3 t,9c,12c（85-11）（注：t=*trans*, c=*cis*）[171]。

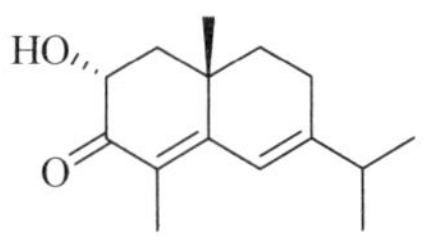

85-1 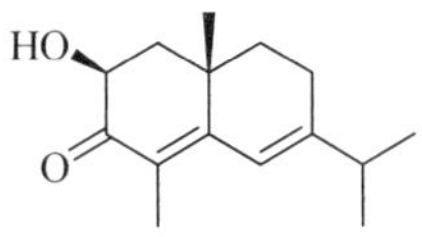　　　　85-2 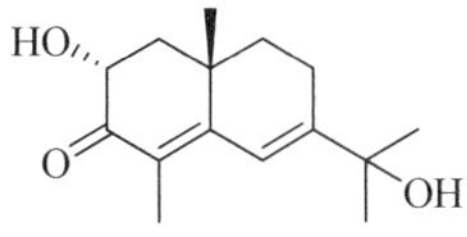　　　　85-3 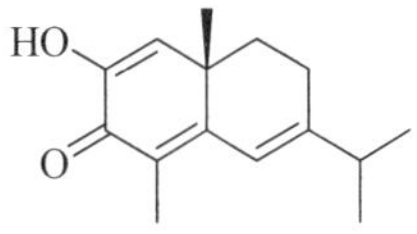　　　　85-4

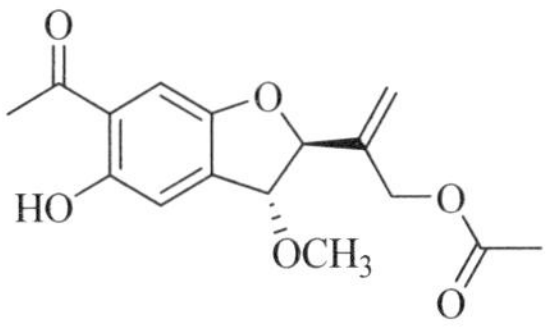

85-5 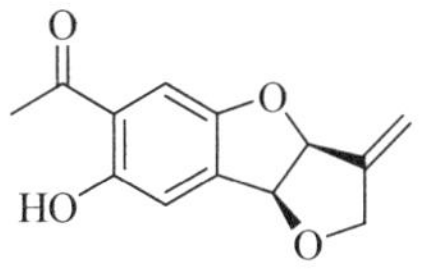　　　　85-6 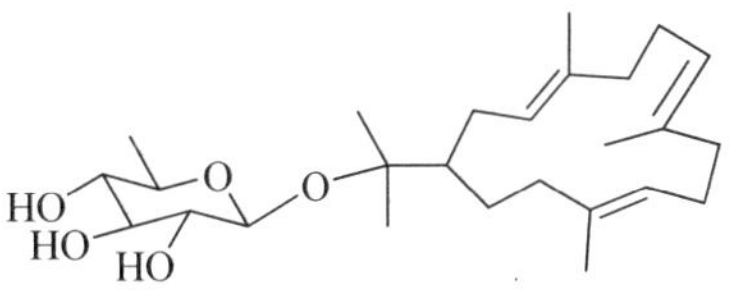　　　　85-7

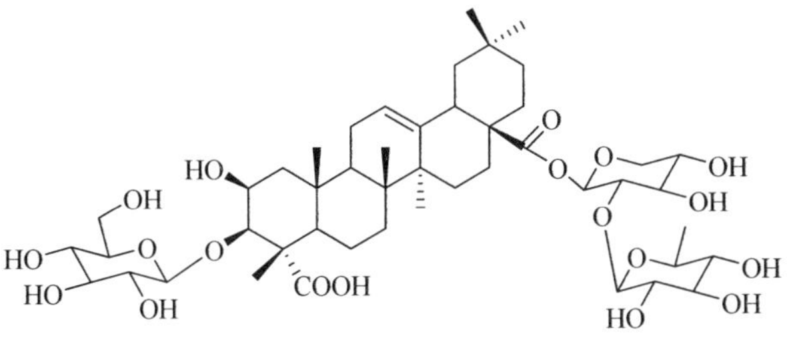

85-8 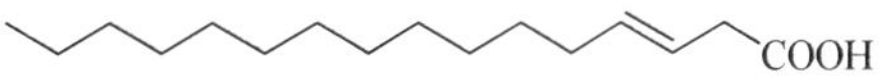　　　　85-9 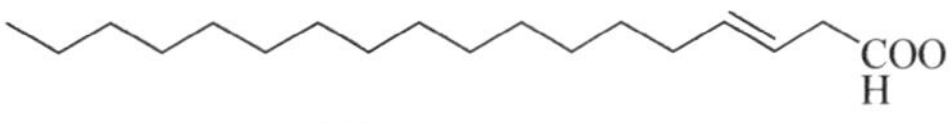　　　85-10 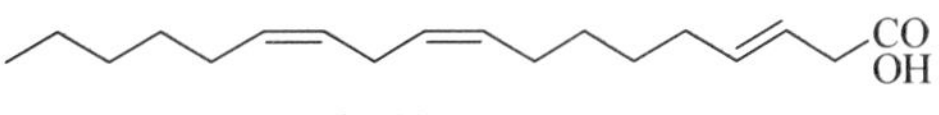　　　85-11

9.2.4　雏菊属 *Bellis*

本属约有 7 种，分布于北半球许多地区。我国有 1 习见栽培种，雏菊 *Bellis perennis*。

在传统医药上，雏菊 *B. perennis* 应用于治疗风湿与祛痰[619]。另外，雏菊还是传统的愈伤药，用于挫伤、骨折、外伤，也用于咽喉痛、胃痛、眼疾、感冒、胃炎等[620]。

9.2.4.1　三萜皂苷

本属以齐墩果烷三萜皂苷化合物为特征，部分化合物还为酰化产物。粗略估计，至今已分离得几十个此类成分。如从 B. perennis 中分离得到的 bellisosides A-F[619]，perennisaponins A（86-1）-F[621]，perennisaponins G-M[622]，perennisosides Ⅷ-Ⅻ[623]，perennisosides Ⅰ-Ⅶ[624]，bellisosides A-F[619]，perennisaponins N-T[625]等。

9.2.4.2　挥发油

雏菊 B. perennis 花与叶的挥发油的主要成分聚炔类成分，占挥发油的 18% ~ 21%，主要的两个聚炔类成分是 deca-4,6-diynoate(2,8-tetrahydromatricaria ester) 和 deca-4,6-diynoic acid[626]。

9.2.4.3　其　他

还分得黄酮苷、花色素苷（cyanidin glycosides）、咖啡酸衍生物等。

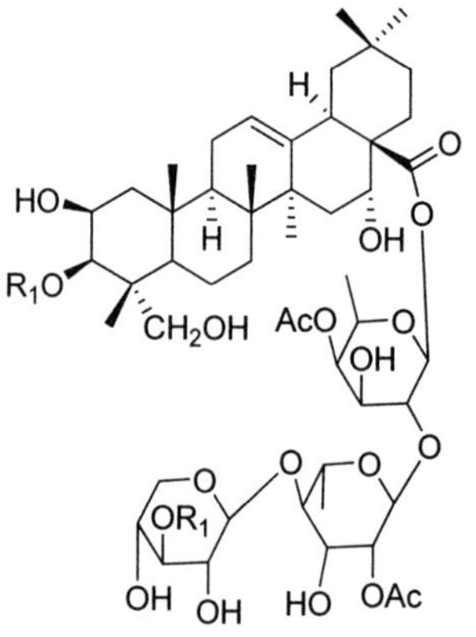

R₁=α-L-rhamnopyranosyl

86-1

9.2.5　短星菊属 Brachyactis

本属约有 5 种，主要分布于亚洲北部和北美洲。我国有 4 种，分布于西北、东北及华北。至今，未查到关本属植物的化学成分研究报道。

9.2.6　翠菊属 Callistephus

本属仅 1 种，原产我国，即翠菊 Callistephus chinensis。

9.2.6.1　倍半萜

从翠菊 C. chinensis 的花中分得一个骨架稀有的倍半萜类成分 callistephus A（88-1）。推测它的生源合成途径是：FPP 缩合生成杜松烷，再通过一系列的重排反应后生成 himachalane

阳离子后，再氧化、成酯等反应而成[627]。

9.2.6.2　苯骈呋喃化合物

从翠菊 *C. chinensis* 的花中分得一个苯骈呋喃类成分，callistephus B（88-2）[627]。

9.2.6.3　黄酮及异橙酮 isoaurones 化合物

从翠菊 *C. chinensis* 的花中分离得两个异橙酮化合物(*Z*)-4′,4,10-trihydroxy- siamaurone（88-3）和(*E*)-4′,4,10- trihydroxy-siamaurone（88-4）[628]。

从翠菊 *C. chinensis* 的花中还分离得多个黄酮化合物，如 apigenin、apigenin-7-*O*-*β*-D-glucoside、kaempferol、hyperin、naringenin、quercetin、luteolin 和 kaempferol-7-*O*-*β*-D- glucoside 等[629]。

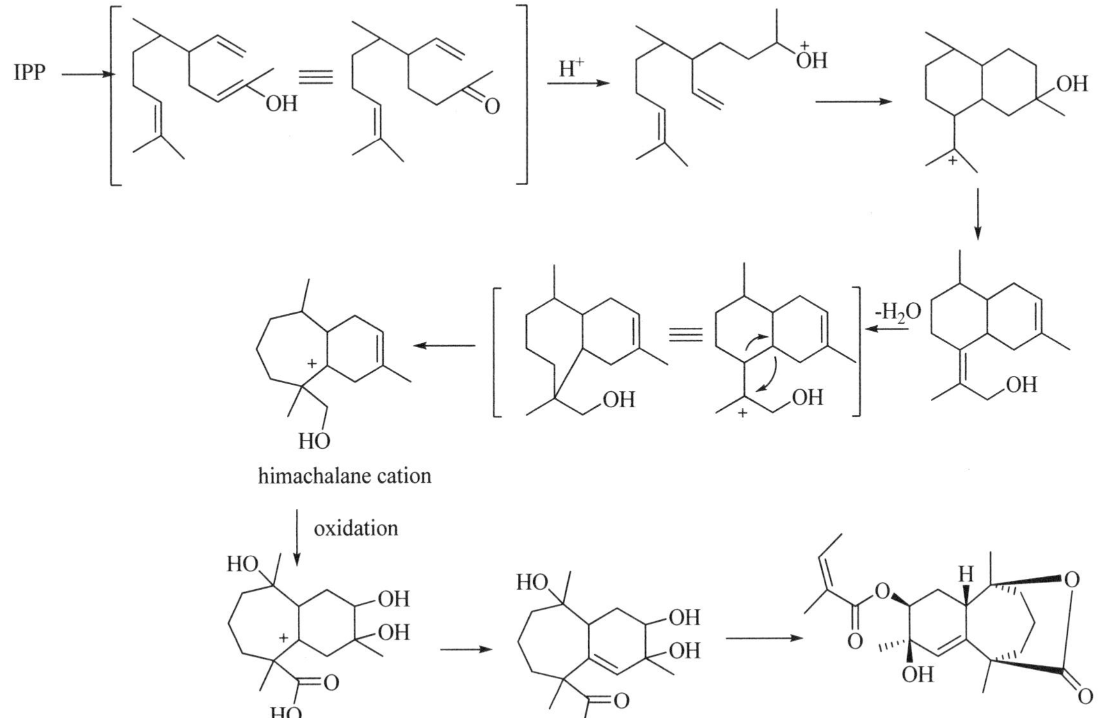

himachalane cation

oxidation

callistephus A, **88-1**

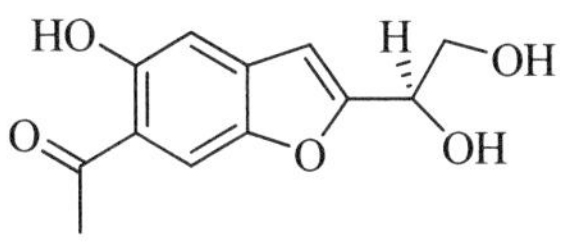

88-2

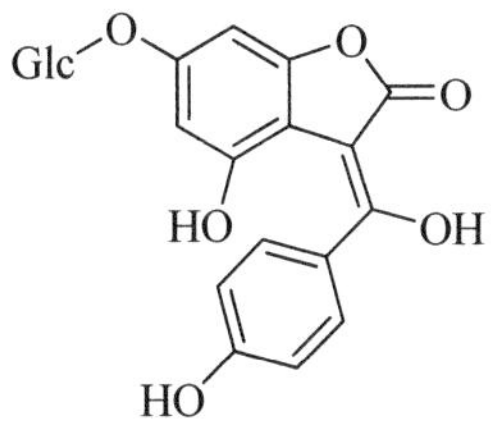

88-3

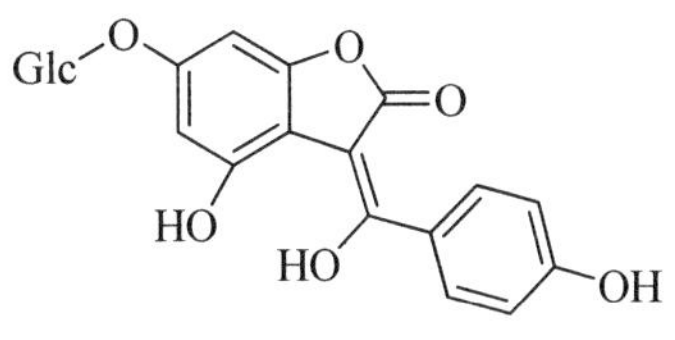

88-4

194

9.2.7　刺冠菊属 *Calotis*

本属约 20 种，主产于大洋洲，2 种分布于东南亚。我国海南岛产 1 种，刺冠菊 *Calotis caespitosa*。

至今，对本属的化学成分研究仅有本属三种植物 *C. dentex*、*C. multicaulis* 和 *C. erinacea* 中发现聚炔化合物的报道，而且三种植物中的分离的聚炔化合物均有所不同。如从 *C. dentex* 中分得 C$_{10}$ 聚炔酯，如 *E*-dehydromatricarianol acetate（89-1）；而从 *C. erinacea* 中分得 C$_{17}$ 聚炔酮，如 calotinone（89-2）[630]。

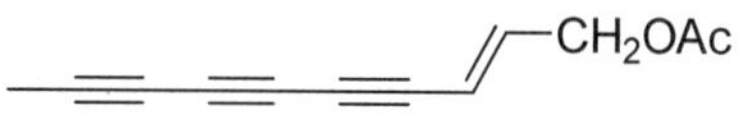

89-1 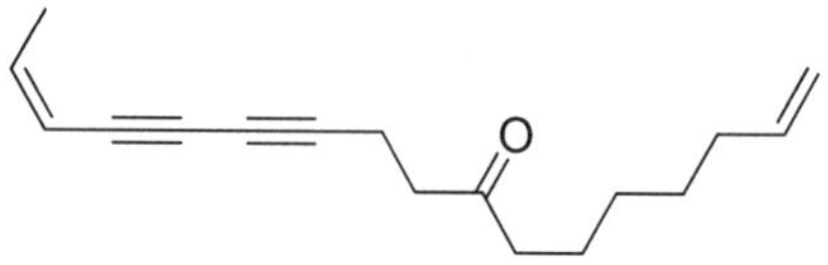　　　　　　　　　　　**89-2**

9.2.8　白酒草属 *Eschenbachia*（原拉丁名 *Conyza*）

本属有 80~100 种，主要分布于东、西半球的热带和亚热带地区，我国有 10 种，1 变种，分布于南部和西南部。

民间草药金龙胆草为本属熊胆草 *Eschenbachia blinii* 的干燥地上部分，分布于我国西南地区。具有清热解毒、消炎祛痰、止咳平喘之功效，用于慢性气管炎、胃肠炎、肾炎、肝炎、痢疾、口腔炎、中耳炎、风火牙痛、湿疹、痔疮、外伤出血、烫火伤及牲畜创伤等[631]。

9.2.8.1　三萜和三萜皂苷

本属含丰富的三萜皂苷成分，且主要为齐墩果烷型双糖链、单糖链皂苷。如从中药金龙胆草 *C. blinii* 中分离得的皂苷 conyzasaponins A（90-1）-Q [632-634]。

9.2.8.2　二萜

本属主要含无环二萜酸类、半日花烷型 labdane、克罗登烷型 clerodane、开环克罗登烷型 seco-clerodane 二萜成分，如：

（1）从 *Conyza incana* 中分得的无环二萜酸成分 (*E,E*)-inconyzic A acid（90-2）[635]。

（2）从 *C. steudellii* 中分得半日花烷型 labdane 二萜化合物 13,17-dihydroxy-labda-8,14-diene-17-*O*-xylopyranoside（90-3）[636]；和从 *C. podocephala* 中分得 conycephaloide（90-4）[637]；

（3）从 *C. welwitschii* 中分得的 A/B 环开环的克罗登烷型二萜成分 12-hydroxystrictic acid（90-5）（此类成分还在长冠田基黄属 *Nidorella* 和田基黄属 *Grangea* 植物中分离得到）[638]。

9.2.8.3　挥发油

委内瑞拉产 *C.bonariensis* 的挥发油主要成分是：*trans-β*-farnesene（37.8%）、*trans*-ocimene（20.7%）和 *β*-sesquiphellandrene（9.8%），而且挥发油中主要的成分类型是倍半萜类[639]。

另外，土耳其产 *C. canadensis* 在开花期的地上部分与根的挥发油成分组成不同，地上部分挥发油的主要成分是：limonene（28.1%）、spathulenol（16.3%）和 *β*-pinene（9.7%）；而根挥发油中的主要成分是：*cis*-lachnophyllum ester（86.5%）、(2Z,8Z)-matricaria ester（3.9%）和 *β*-pinene（2.3%）[640]。

9.2.8.4　线型倍半萜

从 *C. schimperi* 分得的"尾-（头-头）-尾"的线型倍半萜 10-sesquigeranic acid（90-6）、13-hydroxy-l0-sesquigeranic-1,12-olide（90-7）[641]。

9.2.8.5　其　他

聚炔、香豆素、黄酮、*γ*-吡喃酮类[642]等。

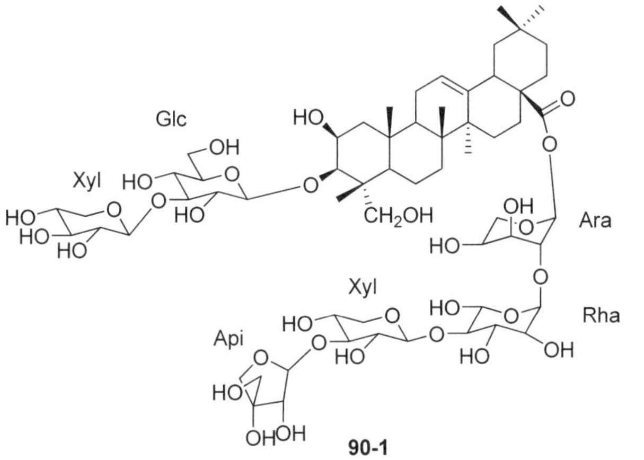

90-1

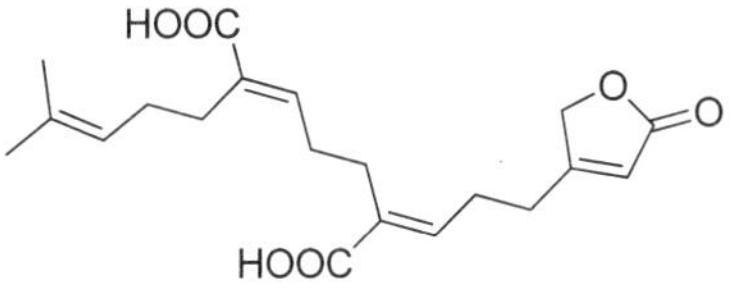

90-2 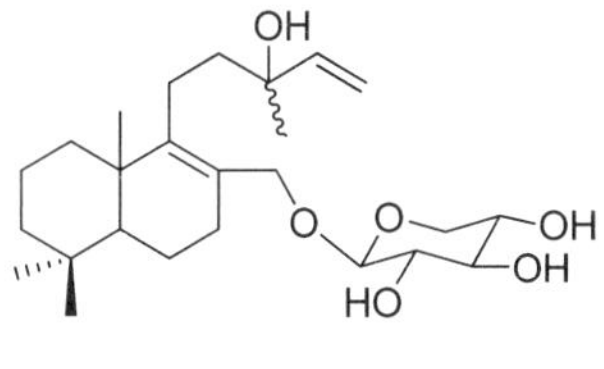　　　　　　　**90-3**

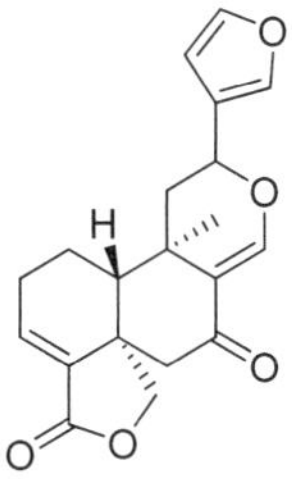

90-4 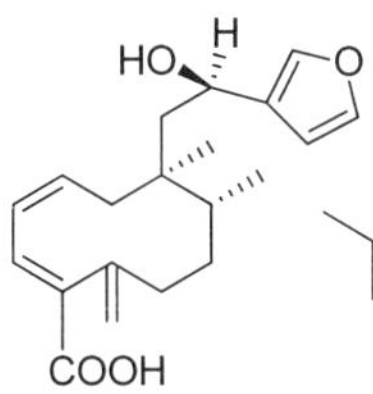　　**90-5** 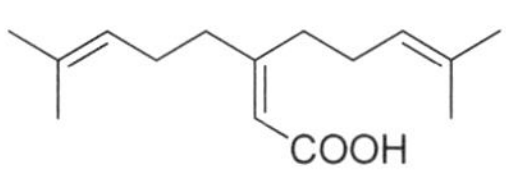　　**90-6** 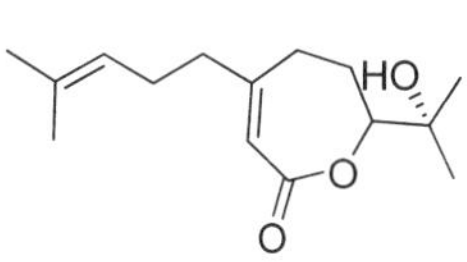　　**90-7**

9.2.9　杯菊属 *Cyathocline*

全属约 2 种，产于印度及我国西南部的亚热带地区。我国有 1 种，杯菊 *Cyathocline*

purpurea。

杯菊 *C. purpurea* 全株入药，民间用于治疗肺结核、疟疾、风湿、肿痛及各种炎症[643]。

9.2.9.1　倍半萜内酯

本属两种植物中均富含倍半萜内酯，此与紫菀族其他属富含三萜皂苷及二萜化合物有较大的差异。同时，本属的倍半萜内酯及百里香酚衍生物与旋覆花族植物相似，因此，有研究者认为本属植物可能与旋覆花族植物有较近的生源关系[644]。

至今，分离的倍半萜内酯骨架有愈创木烷、吉马烷、桉烷，如从 *C. purpurea* 中分得的愈创木烷倍半萜内酯化合物 6-α-hydroxy-4(14), 10(15)-guaianolide（91-1）[645]、桉烷型化合物 santamarine（91-2）和吉马烷型化合物 9β-acetoxycostunolide（91-3）。

9.2.9.2　挥发油

C. purpurea 根的挥发油主要成分是：thymohydroquinone dimethyl ether（57.4%）和 β-selinene（14.0%）[646]。

C. purpurea 全草挥发油主要成分是乙酸香叶酯、乙酸百里酚酯、萜品醇、石竹烯，还有愈疮木薁等[647]。

从 *C. lyrata* 的挥发油中分得香棉菊烷型不规则单萜醇 lyratol（91-4）和它的乙酸酯化合物[648]。

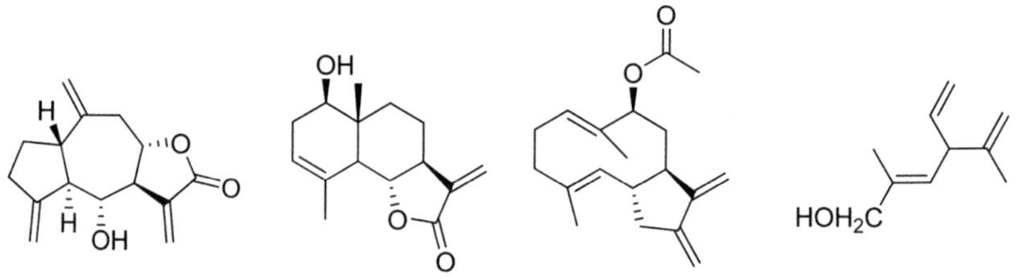

91-1　　91-2　　91-3　　91-4

9.2.10　鱼眼草属 *Dichrocephala*

本属有 5～6 种，分布于亚洲、非洲及大洋洲的热带地区。我国有 3 种。

鱼眼草 *Dichrocephala auriculata*，具有清热解毒、利湿、祛翳作用。民间用于治疗疟疾、痢疾、腹泻、肝炎、妇女白带、目翳、口疮、疮疡等[649]；小鱼眼草 *Dichrocephala benthamii*，味苦，具有清热解毒、祛风明目功能，主要用于治疗小儿感冒发烧、肺炎、肝炎、小儿消化不良、痢疾、疟疾、牙痛、夜盲症等，外用治疗疮疡、湿疹、皮炎、子宫脱垂和脱肛等病症[650]。

9.2.10.1　倍半萜

本属含倍半萜类成分，其骨架有三环型、桉烷型、伪愈创木烷、伪愈创木-伪愈创木烷二聚体等类型。如：

（1）从 *D. benthamii* 中分得三环 modhephane 型倍半萜化合物 dichrocephones A 和 B（92-1、92-2）[651]；

（2）从 *D. integrifolia* 中分得桉烷型倍半萜，如 eudesm-11-ene-4α,7β,9β-triol（92-3）[652]；

（3）从 *D. integrifolia* 中分得伪愈创木烷型倍半萜内酯化合物，dichrocepholides A（92-4）-C[653]，及其二聚体 dichrecepholides D（92-5）-E；

（4）从 *D. benthamii* 中还分得大柱香波龙烷 megastigmane 型（β-紫罗兰酮型）降倍半萜苷化合物（从生源上讲，本类成分源自四萜类胡萝卜素的降解产物）[654]；

（5）从 *D. integrifolia* 中分得三环 isocomene 型倍半萜 britanlin（92-6）[655]。

9.2.10.2　二　萜

从 *D. benthamii* 中分得克罗登烷 clerodane 型二萜，如 dichrocephnoids A（92-7）-E[656]；从 *D. integrifolia* 中分得链状二萜酸及克罗登烷 clerodane 型二萜苷。

9.2.10.3　苯丙醇类

从 *D. benthamii* 全草分得 4 个芥子醇 sinapyl alcohol 类衍生物 dichrocephols A（92-8）-D[657]。

9.2.10.4　三　萜

从小鱼眼草 *D. benthamii* 全草分得乌苏烷、齐墩果烷、达玛烷、木栓烷三萜化学成分，如 β-香树脂醇甲酸酯、木栓酮、达玛烷二烯醇乙酸酯等[650]。

9.2.10.5　挥发油

D. integrifolia 花与叶中的挥发油含量很低，但其中的主要成分类型是倍半萜烯类成分，并以 germacrene D 为主[658]。

9.2.10.6　其　他

黄酮、蒽醌、二肽（如 aurantiamide acetate[659]）、咖啡酰基奎宁酸衍生物[660]等。

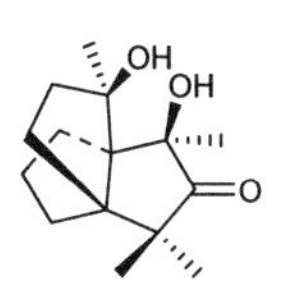

92-1 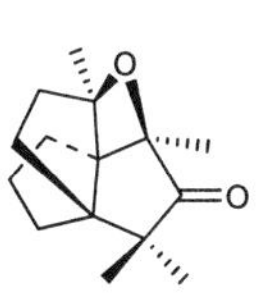　　**92-2** 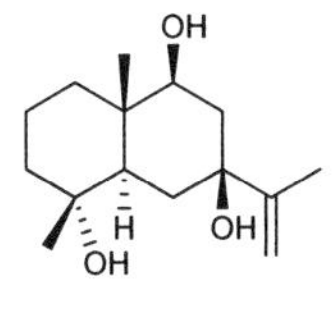　　**92-3** 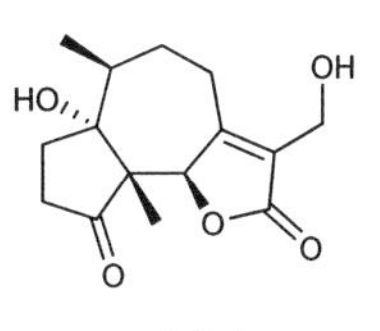　　**92-4**

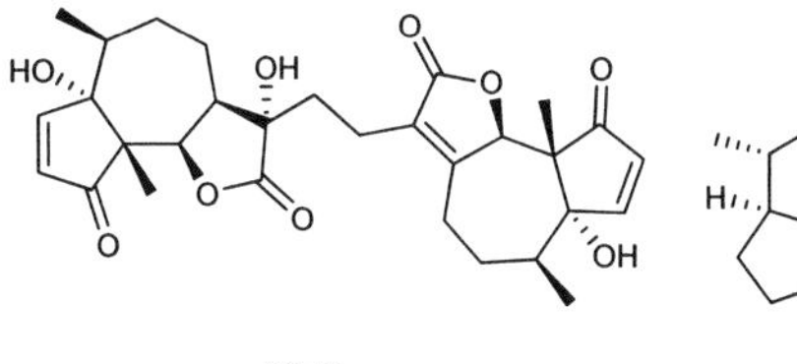

92-5 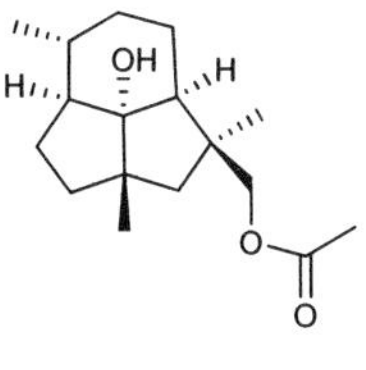　　**92-5** 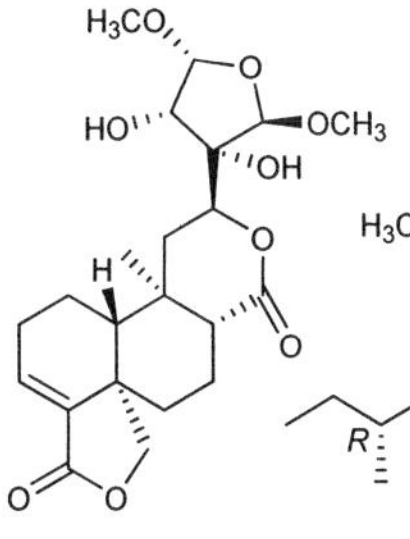　　**92-6** 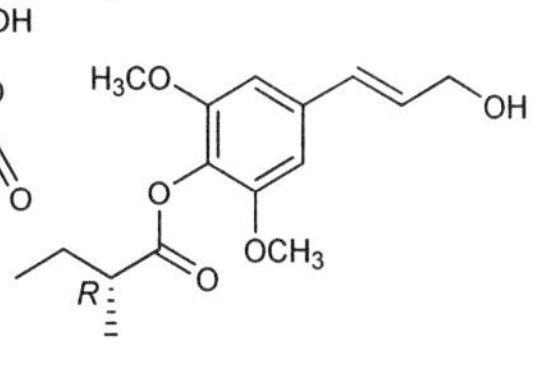　　**92-7**

9.2.11　东风菜属 *Aster*（原拉丁名 *Doellingeria*）

本属约 7 种，分布于亚洲东部。我国有 2 种。现在东风菜的拉丁名已修订为 *Aster scaber*。

东风菜 *A. scaber*，以全草或根部入药，具有增强人体免疫功能，清热解毒、祛风止痛、行血活血的功效，民间将其作为抗炎、抗癌药物使用，并用于治疗慢性支气管炎和毒蛇咬伤[661]。

9.2.11.1　挥发油

东风菜 *D. scaber* 全株挥发油的主要化学成分为：反式-β-金合欢烯（20.21%）、吉马烯 D（9.94%）、棕榈酸（8.66%）、β-萜品烯（7.82%）、石竹烯（6.9%）和对伞花烃-8-醇（4.48%）[661]。

另有研究报道，东风菜 *D. scaber* 挥发油中的主要成分是一个单萜烯成分，月桂烯 myrcene（18.8%）[662]。

9.2.11.2　三萜及三萜皂苷

本属富含本族植物（或紫菀属植物）中的三萜皂苷类成分，显示出本属与紫菀属的亲缘关系，并将其调整为紫菀属的分类法是可得到化学成分支持的。

从东风菜 *D. scaber* 中分得多个齐墩果烷型三萜，如 3-oxo-16α-hydroxy-olean-12-en-28-oic acid[663]、scaberosides B$_1$-B$_9$[664, 665]。

9.2.11.3　二　萜

从东风菜 *D. scaber* 中分得一个对映松香烷 ent-abietane 型二萜，4,4,8,11β-tetramethyl-2,3,4,4α,5,6,6α,7,-10α,11,11α,11β-dodecahydro-1H,9H-6α:7,10α:11-diepoxyphenanthro[3,2-b]furan-9-one（93-1）[666]。

9.2.11.4　单　萜

从东风菜 *D. scaber* 中分得单萜苷类成分，如过氧化单萜苷(3*S*)-3-*O*-(39,49-Diangeloyl-β-D-glucopyranosyloxy)-7-hydroperoxy-3,7-dimethylocta-1,5-diene（93-2）和 (3*S*)-3-*O*-(39,49-Diangeloyl-β-D-glucopyranosyloxy)-6-hydroperoxy-3,7-dimethylocta- 1,7-diene（93-3）[667]等。

9.2.11.5　倍半萜

从东风菜 *D. scaber* 中分得多个倍半萜类成分，骨架类型有愈创木烷、桉烷及少见的香木兰烷 aromadendrane，如愈创木烷化合物 4α-hydroxy-10α-methoxy-1β-H, 5β-H-guaian-6-ene（93-4）；香木兰烷化合物 5β-H-aromadendrane（93-5）和 4α,10β-aromadendranediol（93-6）[668]等。

9.2.11.6　其　他

分离的化合物还有：咖啡酰基奎宁酸[669]、甾醇等。

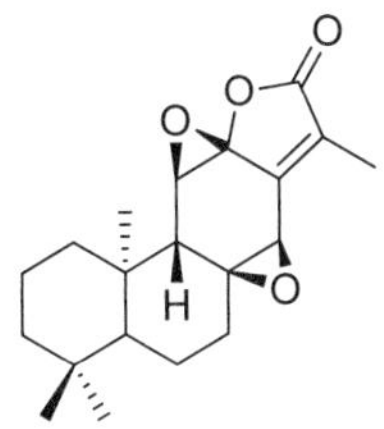

93-1 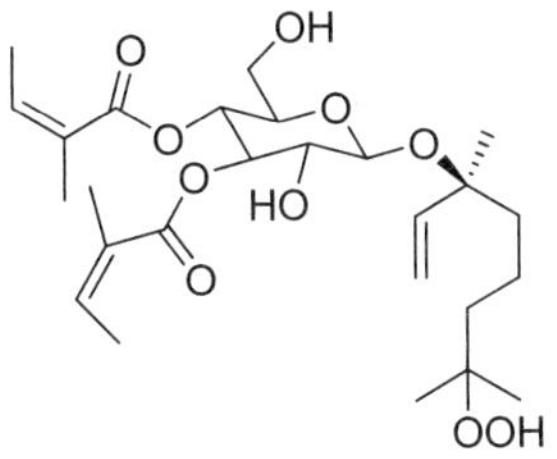 **93-2** 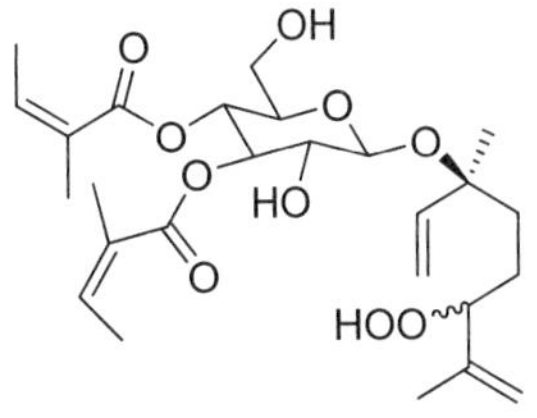 **93-3**

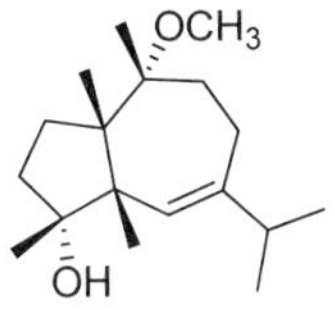

93-1 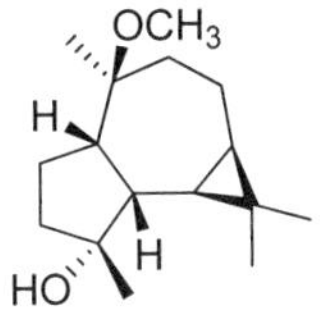 **93-2** 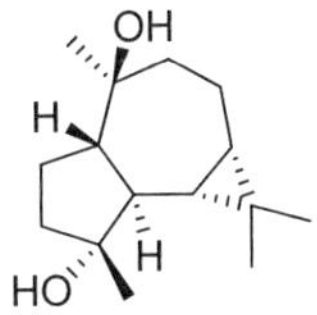 **93-3**

9.2.12　飞蓬属 *Erigeron*

本属有 200 种以上，主要分布于欧洲、亚洲大陆及北美洲，少数也分布于非洲和大洋洲。我国有 35 种，主要集中于新疆和西南部山区。共分 2 个亚属：飞蓬亚属 Subgen. *Erigeron* 及三型花亚属 Subgen. *Trimorpha* (Cass.) M. Pop.；这两个亚属又各分 2 个组和一些亚组和系。

灯盏细辛，又名灯盏花，是菊科飞蓬属短亭飞蓬 *Erigeron breviscap* 植物的干燥全草，性寒、微苦、甘温辛，具有散寒解表、祛风除湿、活血化瘀、通经活络、消炎止痛的功效。目前，灯盏细辛在临床上主要用于缺血性心脑血管病的治疗[670]。

9.2.12.1　倍半萜

本属富含倍半萜类成分，尤其是以香木兰烷 aromadendrane 型骨架为主，并以无 α-亚甲基 -γ- 内酯的倍半萜结构为特征，如从 *E. acer* 中分得的 4β,10β,15-trihydroxy-aromadendrane-10,15-acetonide（94-1）[671]。

本属还分得骨架结构新颖的 oppositane 和 isodaucane 型倍半萜化合物，它们的代表化合物分别是从 *E. annuus* 的地上部分分得的 (7R*)-oppsit-4(15)-ene-1β,7-diol（94-2）和 15-methoxyisodauc-3-ene-1β,5α-diol（94-3）。

另外，从本种还分得一个被认为是 isodaucane 型倍半萜的前体化合物（杜松烷型化合物）10β-hydroxycadin-4-en-15-al（94-4）[672]。

其他还有桉烷倍半萜，如从 *E. philadelphicus* 中分得的 6β,14-epoxyeudesm-4(15)-en-1β-ol（94-5），该化合物具有一个少见的 C-6/C-14 的醚键结构[672]。

9.2.12.2　二萜

从 *E. acer* 中分得的一个 ent-manool 型的二萜化合物 ent-manool-13-*O*-α-L-4-acetylarabinopyra-4β,10β,15-trihydroxy-aromadendrane-10,15-acetonide noside（94-6）[671]；以及从 *E. philadelphicus* 中分得半日花烷 labdane 二萜，如 erigerol（94-7）[673]。

9.2.12.3 三 萜

有从 *E. acer* 中分得木栓烷型三萜 friedelin（94-8）和 friedelan-3*β*-ol[671]，而且有研究者认为木栓酮 friedelin 是本属植物的特征性成分[674]。

9.2.12.4 黄 酮

黄酮类化学成分（灯盏花素）被认为是灯盏细辛中主要有效成分，包括灯盏甲素、灯盏乙素等，其中以野黄芩苷（又名灯盏乙素，scrtellarin）（94-9）为主。另外，从 *E. annuus* 中还分离得 2,3-二氧代黄酮化合物，如 erigeroflavanone（94-10）[675]。

9.2.12.5 吡喃酮类

本属中含有较为特异的吡喃酮类成分，如从 *E. acer* 中分得的 erigeroside（94-11）[671]；另外，还从 *E. breviscapus* 中分到吡喃酮与黄酮或苯丙羧的聚合物，如 erigeronones A 和 B（94-12 ~ 94-13）[676]。

9.2.12.6 辛酮糖酸衍生物 octulosonic acid derivative

从 *E. bonariensis* 中分得稀有的辛酮糖酸衍生物，methyl rel-(1*R*,2*S*,3*S*,5*R*)-3-(*trans*-caffeoyloxy)-7-[(*trans*-caffeoyloxy)methyl]-2-hydroxy-6,8-dioxabicyclo[3.2.1]octane-5-carboxylate（94-14）[677]。

9.2.12.7 挥发油

水蒸气蒸馏得到的 *E. acris* 挥发油，其成分通过 GC-MS 分析，鉴定出 60 种成分，其中最主要的成分是单萜烃类成分 [limonene, *β*-pinene, (*E*)-*β*-ocimene] 和倍半萜类成分 [*α*-muurolen, germacrene D, (*E*)-*β*-farnesene][678]。

9.2.12.8 环酮化合物

从 *E. philadelphicus* 中还分得环戊酮及环辛酮型化合物，如环戊酮化合物 erigerenones A-B（94-15、94-16），环辛酮化合物 erigerenone C（94-17）[672]。

9.2.12.9 其 他

还分得甾醇、咖啡酰奎宁酸、酚苷、聚炔等化合物。

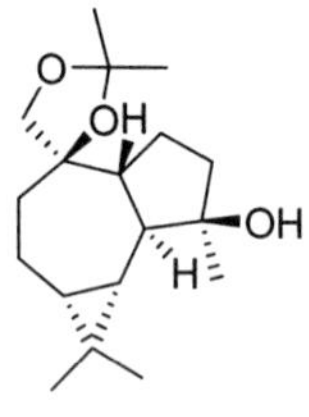

94-1 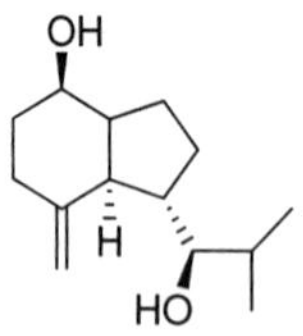　94-2 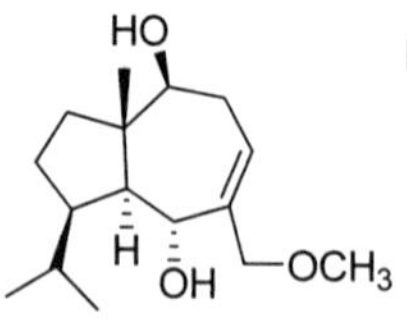　94-3 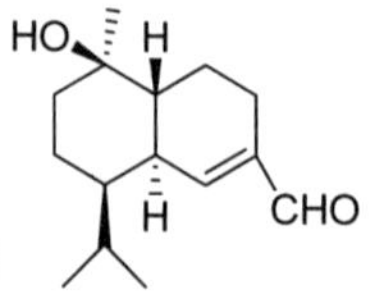　94-4 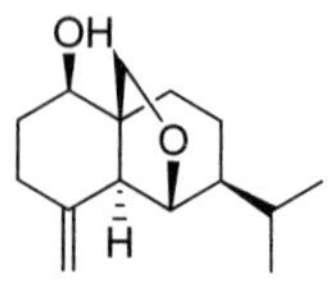　94-5

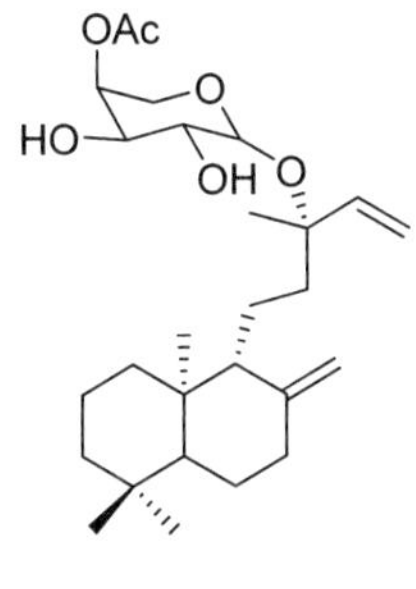

94-6 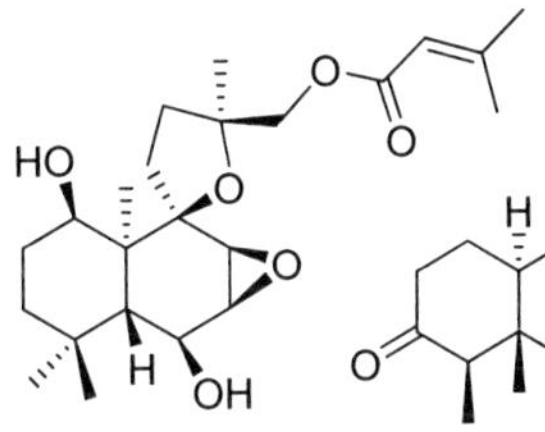　　94-7 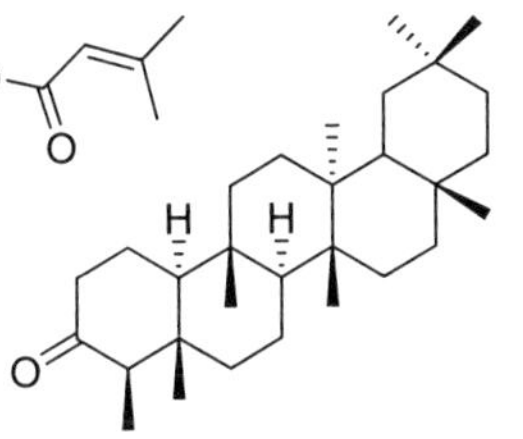　　94-8 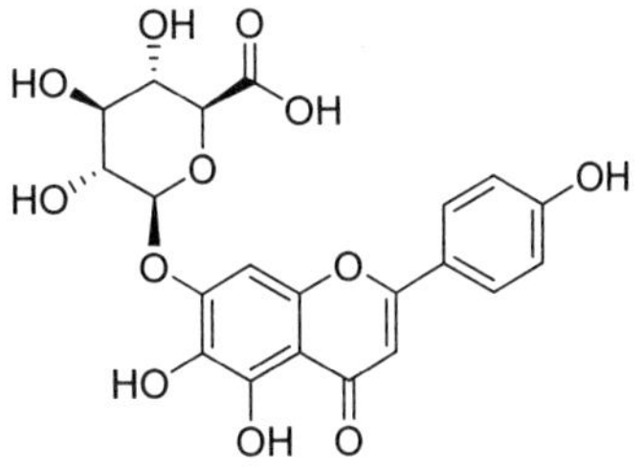　　94-9

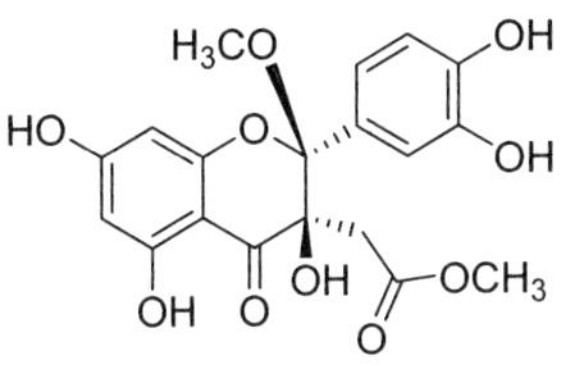

94-10 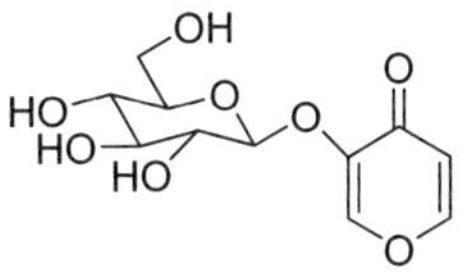　　94-11 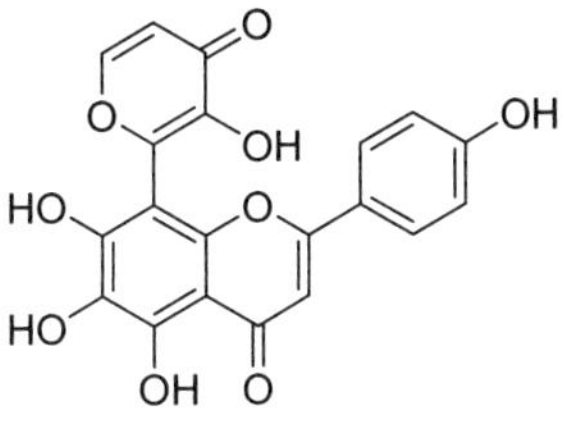　　94-12 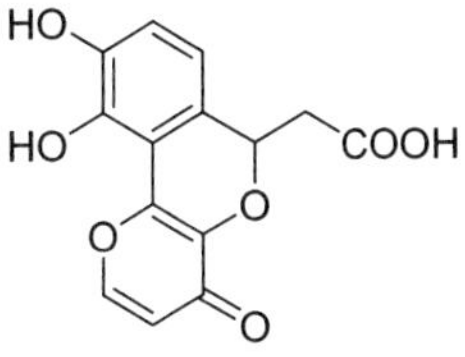　　94-13

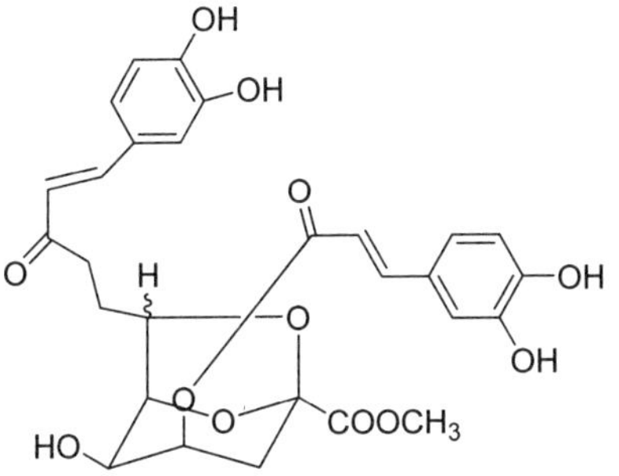

94-14 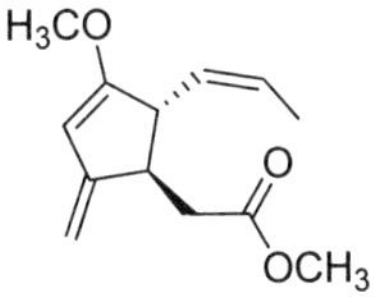　　94-15 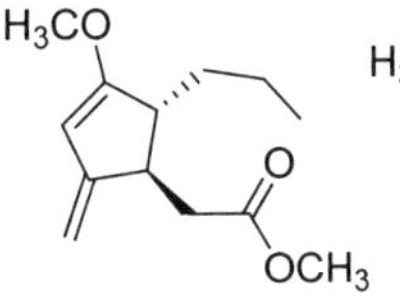　　94-16 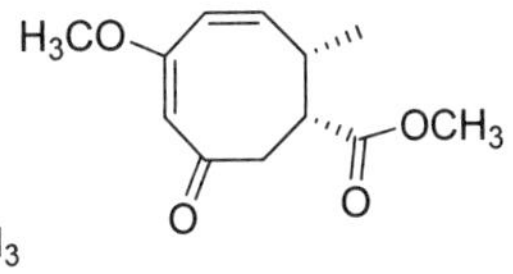　　94-17

9.2.13　乳菀属 Galatella

本属有 40 余种，广泛分布于欧洲和亚洲大陆。我国有 12 种，主要分布于新疆、东北。

9.2.13.1　克罗烷型二萜 neoclerodane-type diterpenoid

从 *G. punctata* 的地上部分分得一个新克罗登烷型二萜化合物，5*S*,8*R*,9*R*,10*R*,12*S*-15,16-epoxy-3,13(16),14-neoclerodatrien-17,12:18,19- diolide（95-1），它是化合物 bacchotricuneatin A 的(12*S*)-构型的立体异构体[679]。

9.2.13.2　挥发油

对两个种的挥发油进行 GC-MS 成分分析，在 *G. tatarica* 的挥发油中，单萜类成分，β-pinene（23.6%）和α-pinene（14.4%）为主要成分，而 *G. villosa* 的挥发油中，单萜类成分 α-pinene（9.0%）和脂肪酸成分 hexadecanoic acid（10.2%）为主要成分。

另外，倍半萜类成分在两个种的挥发油中含量均较为稀少，在 *G. tatarica* 和 *G. villosa* 的挥发油中的主要倍半萜类成分是 caryophyllene oxide（分别为 2.1%和 4.6%）和 spathulenol（分

202

别为 4.7%和 4.4%）[680]。

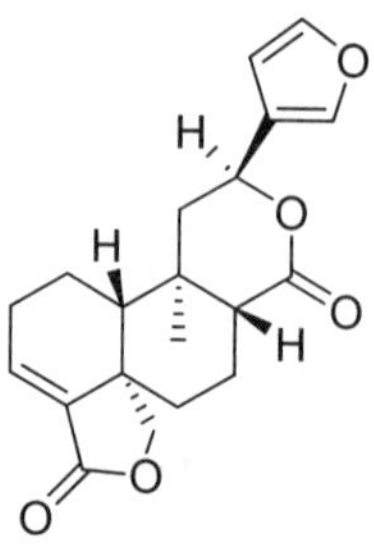

95-1

9.2.14　田基黄属 *Grangea*

本属约 7 种，分布于亚洲和非洲的热带及亚热带地区。我国有 1 种，田基黄 *G. maderaspatana*，产于华南及西南的部分地区，是一味多国应用的传统药物，其叶用于健胃、催眠、祛风、调经和排胃肠道气[681]。

9.2.14.1　二　萜

1. 呋喃克罗登烷型二萜类成分

本属植物富含二萜类成分，尤其是含有与白酒草属 *conyza* 植物同类型的呋喃克罗登烷型二萜类成分，如从 *G. maderaspatana* 中分得的 ent-l5,16-epoxy-1,3,13(16), 14-clerodatraen-18-oic acid（96-1）[682]。

另外，从本属 *G. maderaspatana* 植物中还分得 α-烷基连接的 γ-内酯及 β-烷基连接的 γ-内酯型的克罗登烷型二萜类成分，而且 β-烷基连接的 γ-内酯型的克罗登烷型二萜类成分在自然界存在很少，如 gramaderin A（96-2）和 gramaderin C（96-3），而 gramaderin B（96-4）为 α-烷基连接的 γ-内酯型二萜。还有，gramaderins C-D（96-3 和 96-5）是一类稀有的线型二内酯二萜类成分[683]。

2. 半日花烷 labdane 型二萜

从 *G. maderaspatana* 还分得半日花烷 labdane 型二萜，如 8,15-dihydroxy-13E-labdane（96-6）[684]。

9.2.14.2　倍半萜内酯

从 *G. maderaspatana* 中分离得桉烷型倍半萜内酯化合物，如（-）-frullanolide（96-7）[681]。

9.2.14.3　其　他

还分得聚炔类成分[682]、三萜、甾醇、黄酮等[683]。

96-1

96-2

96-3

96-4

96-5

96-6

96-7

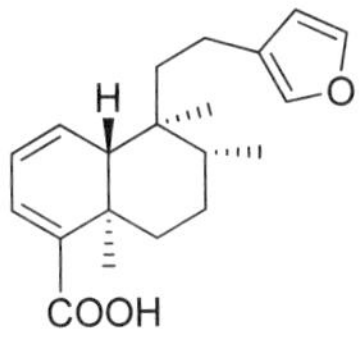

9.2.15 裸菀属 *Aster*（原属名 *Gymnaster*）

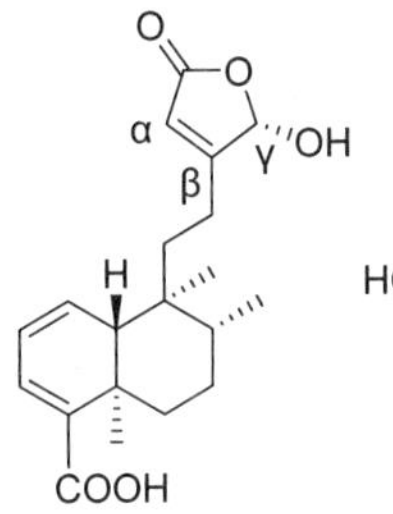

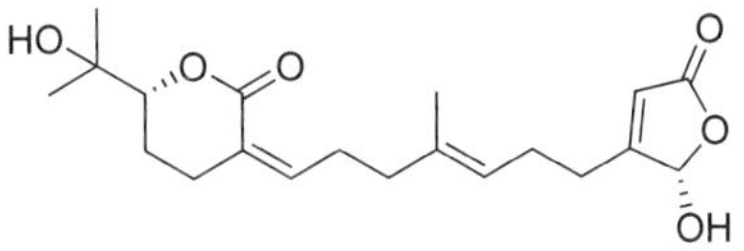

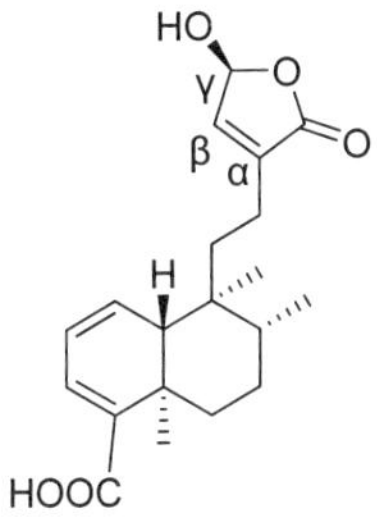

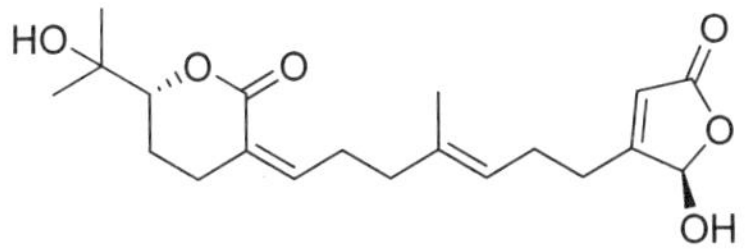

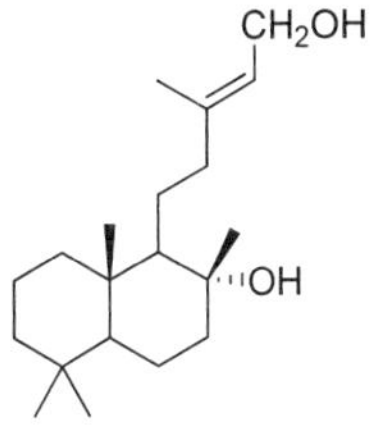

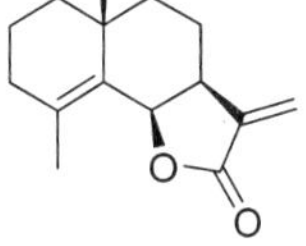

本属有 6 种，分布于中国、朝鲜及日本。我国有 3 种。本属与马兰属 *Kalimeris* Cass. 接近，且常列于该属中，但以瘦果上端有狭环状边缘而无冠毛与之区别。目前，《中国植物志》将本属归于紫菀属 *Aster* 之中。

当前，对本属植物的化学成分研究最为深入的是韩国产的 *G. koraiensis* 植物。

9.2.15.1 苯骈呋喃化合物

从 *G. koraiensis* 分得苯骈呋喃化合物 gymnastone（97-1）和 viscidone（97-2）[685]。

9.2.15.2 聚炔化合物

G. koraiensis 植物富含此类成分，分得的成分较多，有 C_{17} 聚炔及其苷类化合物，如 gymnasterkoreayne G（97-3）和 gymnasterkoreayne E（97-4）[686]。

9.2.15.3 倍半萜

从 *G. koraiensis* 植物还分得桉烷型、oplopanone 型倍半萜化合物，但它们均为不具内酯结构的萜烯苷类化合物，如 1I,4*β*-dihydroxy-*trans*-eudesm-6-ene-1-*O*-*β*-D- glucopyranoside（97-5）和 oplopanone-8-*O*-*β*-D-glucopyranoside（97-6）[687]。

9.2.15.4 其　他

还从 *G. koraiensis* 植物中分得三萜类成分，木栓醇 friedelinol、木栓酮 friedelin 及角鲨烯 squalene[686]；二咖啡酰奎宁酸衍生物[688]。

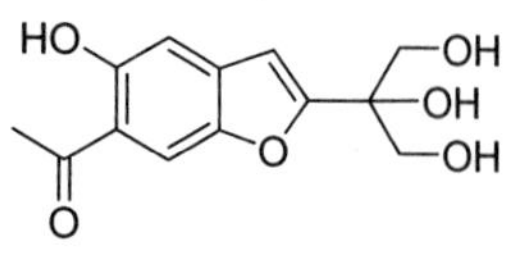

204

97-1 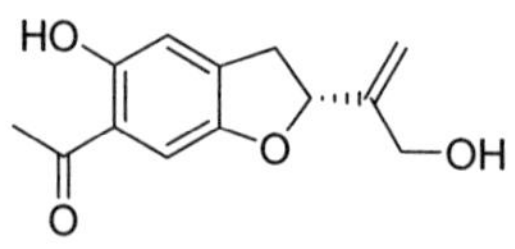   97-2 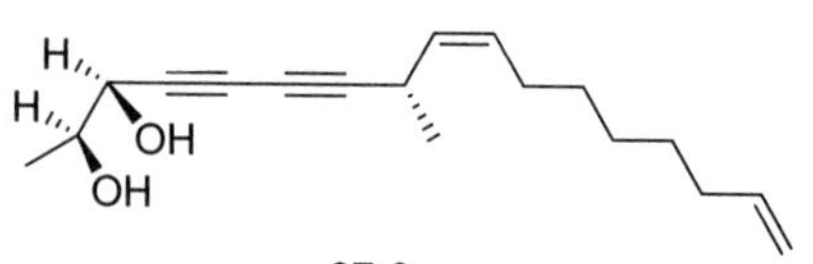   97-3

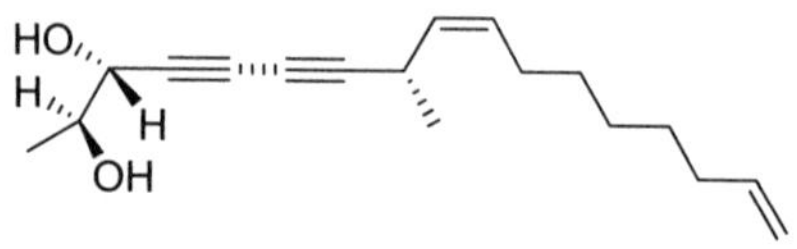

97-4 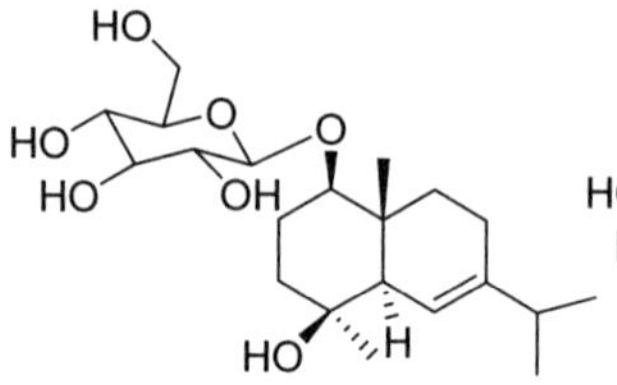   97-5 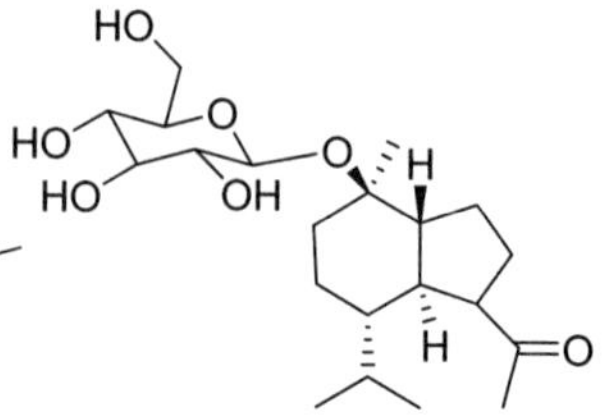   97-6

9.2.16 狗娃花属 Aster（原属名 Heteropappus）

本属约 30 种，主要分布于亚洲东部、中部及喜马拉雅地区。我国有 12 种。此属常被合并于紫菀属 Aster L. 中。

阿尔泰狗娃花 H. altaicus 植物为蒙古族传统药物，用于止咳、炎症、发烧及麻疹[689]。

9.2.16.1 倍半萜

从 H. altaicus 植物之中，分得三环 caryolane 型倍半萜化合物 1β-methoxycaryol-9-one（98-1）和香木兰烷型倍半萜化合物(－)-桉油烯醇[(－)-spathulenol]（98-2）[689]。

9.2.16.2 苯骈呋喃化合物

从 H. altaicus 植物还分得苯骈呋喃衍生物 6-acetyl-5-hydroxy-2α-isopropenyl-3β-methoxy-2,3-dihydrobenzofuran（98-3）[689]。

9.2.16.3 二萜

从 H. altaicus 植物还分得线型二萜化合物 trans-phytol[689]；从 H. altaicus 植物之中，还分得呋喃克罗登烷型二萜化合物，如 (5R,6S,8aS)-5-[2-(3-furyl)ethyl-5,6, 8α-trimethyl-4α,5,6,7,8,8α-hexahydro-1-naphthalenecarboxylic acid]（98-4）[690]。

9.2.16.4 挥发油

通过研究，发现不同海拔产的阿尔泰狗娃花 H. altaicus 的新鲜花挥发油的成分变异较大，如海拔 120 m 处产的植物挥发油中的主要成分是：α-pinene（22.0%）、β-phellandrene（21.6%）、myrcene（19.5%）、trans-β-ocimene（11.3%）、germacrene D（7.2%）和 limonene（4.5%），而 1550 m 产的主要成分则是：germacrene D（22.0%）、myrcene（18.0%）、β-phellandrene（14.0%）、α-pinene（11.3%）和(E)-β-ocimene（9.2%）[691]。

9.2.16.5 其 他

还从本属植物中分得三萜、三萜皂苷、甾体、黄酮等。

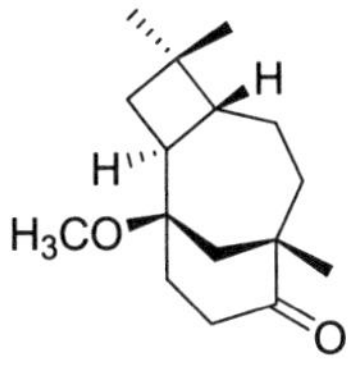

98-1 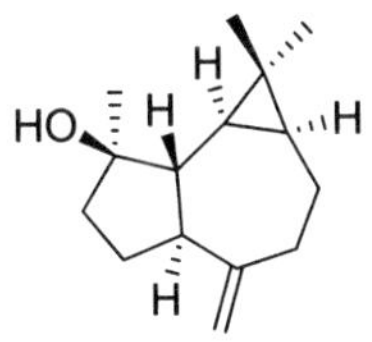   98-2 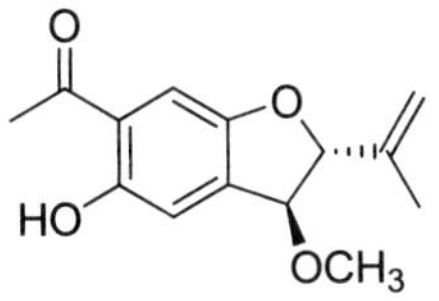   98-3 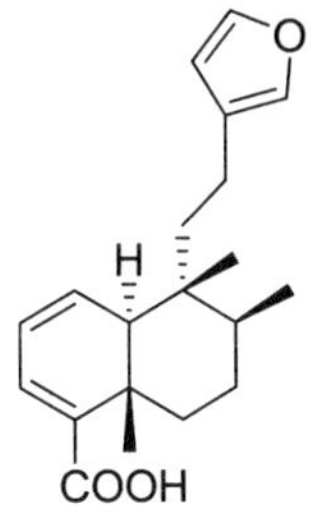   98-4

9.2.17 异裂菊属 *Heteroplexis*

此属为张肇骞（1937）建立的一个单种属，最近又发现另外两个新种[692]，小花异裂菊 *H. microcephala* Y.L.chen.和绢叶异裂菊 *H. sericophylla* Y.L.Chen.，至此共有 3 种，均产于广西。本属在外形及花的结构极似紫菀属 *Aster*，但雌花具极小的舌片；两性花少数，两侧对称，且具不等长的裂片以及攀援体态等特征，与后者显然不同。

小花异裂菊 *H. micocephala*，民间用于治疗消化不良、脾虚、浮肿和小便不利[693]。

9.2.17.1 倍半萜类

从小花异裂菊 *H. microcephala* 中分得的倍半萜类成分有：① 稀有的 2,2,5,9-tetramethylbicyclo[6.3.0]-undecane 骨架倍半萜，如 (–)-1*S*,9*S*-9-hydroxy-2,2,5,9-tetramethylbicyclo[6.3.0]undeca-4,7-dien-6-one（99-1）[694]；② 桉烷型骨架倍半萜，如 1*β*-羟基-*α*-莎草酮（1*β*-hydroxy-*α*-cyperone，99-2）[693]；③ 及杜松烷骨架倍半萜，如 10*α*-hydroxycadin-4-en-15-al（99-3）[693]等。

9.2.17.2 二 萜

从小花异裂菊 *H. microcephala* 中分得的二萜类成分的骨架有：直链的植烷二内酯 phytane-type diterpene dilactone 型二萜，如 heteroplexisolide A（99-4）[694]；对映克罗登烷二内酯型二萜，如 8-epirhynchosperin A（99-5）[694]；半日花烷 labdane 型二萜，如 labda-12,14-dien-6*β*, 7*α*, 8*β*, 17-tetraol（99-6）[695]。

9.2.17.3 苯骈呋喃衍生物

从小花异裂菊*H. microcephala*中分得苯骈呋喃衍生物，如2,3-顺式-6-乙酰基-5-羟基-2-(羟甲基乙烯基)-2,3-二氢苯骈呋喃-3-醇当归酸酯（2,3-*cis*-6-acetyl-5-hydroxy-2-(hydroxymethylvinyl)-2,3-dihydrobenzofuran-3-ol angelate，99-7）[695]。

9.2.17.4 萘醌类化合物

从小花异裂菊 *H. microcephala* 中分得的 1 个萘醌类化合物，6-甲氧基-4-甲基-3, 4-二氢

-2*H*-1-萘酮（6-methoxy-4-methyl-3, 4-dihydro-2*H*-naphthalen-1-one，99-8）[695]。

9.2.17.5　其　他

苯丙素、木脂素、苯乙酮类、黄酮、香豆素、二烷基苯酚衍生物、单萜、三萜（木栓酮、熊果酸）。

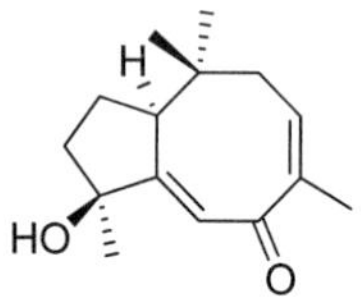

99-1 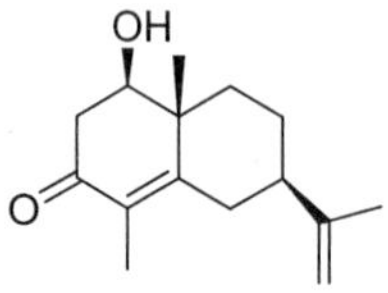　　99-2 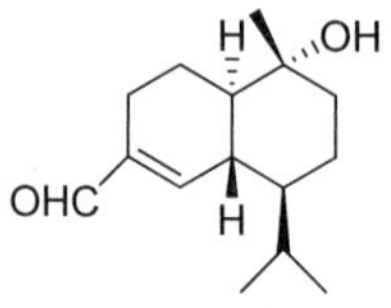　　99-3 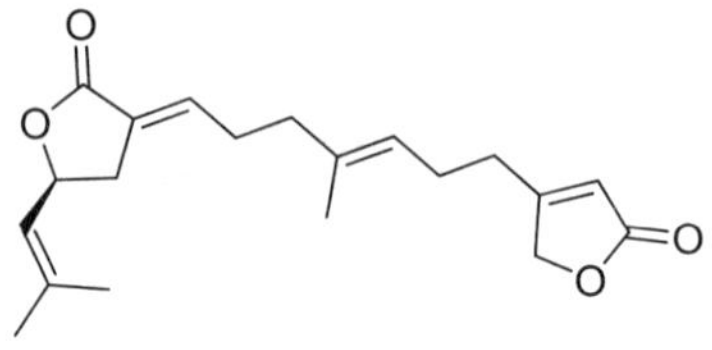　　99-4

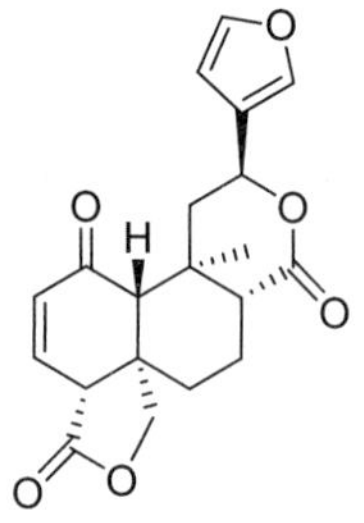

99-5 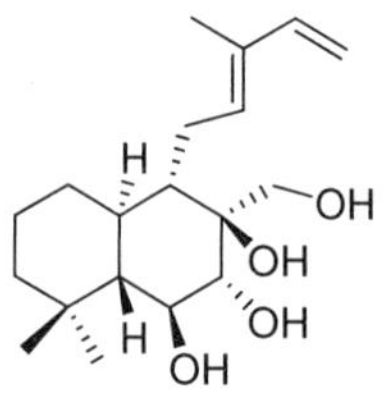　　99-6 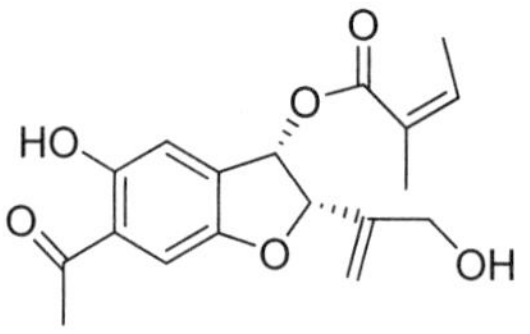　　99-7 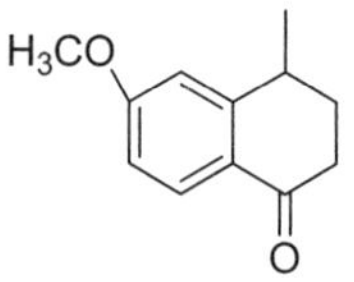　　99-8

9.2.18　马兰属 *Aster*（原属名 *Kalimeris*）

本属约 20 种，分布于亚洲南部及东部，喜马拉雅地区及西伯利亚东部。我国有 7 种。

马兰 *Aster indicus*，又名鱼鳅串、田边菊等名称。性凉、味辛，有清热凉血、利湿解毒等功效。在治疗扁桃体炎、急性咽喉炎、蛇咬伤，疟疾，感冒，红白痢疾，胃溃疡，急性胃痛，绞肠痧痛，结膜炎，急性睾丸炎，吐血，泌尿系统急症，跌打损伤等症有较好疗效。另外其对保护视力、防止动脉硬化、防癌等均有重要作用[696]。

9.2.18.1　倍半萜生物碱

从 *K. shimadae* 中分得一个含氮的桉烷型倍半萜化合物，kalshinoid A（100-1），其 C 环的内酰胺环的生物合成途径推测是：先是 C-12 位的氧化成羧，再 C-8 位的胺化，最后，再环合成内酰胺环[697]。

9.2.18.2　倍半萜

从 *K. shimadae* 中分得较多类型的倍半萜化合物，但它们均为无内酯环结构的倍半萜，如桉烷型、愈创木烷型、降卡拉布烷（11(7→6)abeo-14-norcarabrane 型，如 pubescone，100-2）、杜松烷型、广藿香烷型化合物（如 1-patchoulene-4α,7α-diol，100-3）等；从 *K. indica* 中分得一个降倍半萜 kalimeristone A（100-4）[697, 698]。

9.2.18.3　木脂素

从 *K. shimadai* 中分得 10 多个木脂素类成分，其中，kalshiolin A（100-5）为一个结构较为新颖的新木脂素化合物[699]。

9.2.18.4　吲哚生物碱

K. shimadai 中还含吲哚衍生物，如 kalshiliod A（100-6）[700]。

9.2.18.5　挥发油

马兰茎的主要挥发性化学成分为：β-榄香烯（6.79%），α-葎草烯（14.28%），大根香叶烯 D（19.16%），δ-杜松烯（5.58%），大根香叶烯 B（11.42%），植醇（5.59%）。

马兰根的主要挥发性化学成分为：β-蒎烯（12.34%），*m*-Methoxy-β-cyclopropylstyrene（8.34%），*p*-methoxy-β-cyclopropylsty-rene（18.70%），2-(1-*E*-丙烯基)-3-甲氧苯基 2-甲基丁酸酯(9.96%)，2-(1-E-丙烯基)-4-甲氧苯基 2-甲基丁酸酯（7.84%）[701]。

9.2.18.6　其　他

还分得甘油二酯化合物[702]、降三萜 kalimerislactone B[698]、黄酮、香豆素、三萜皂苷、咖啡酰奎宁酸、蒽醌类等[703]。

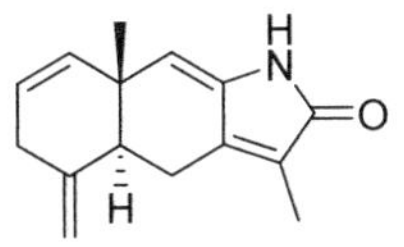

100-1 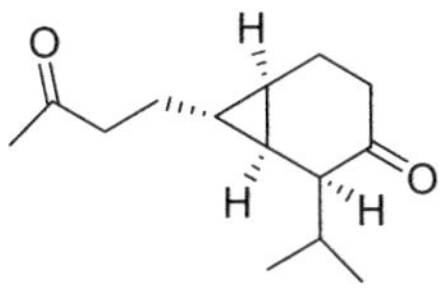　　100-2 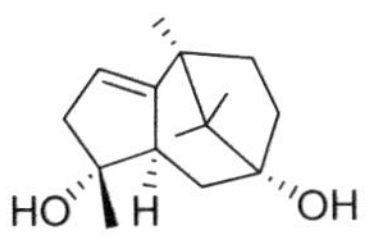　　100-3 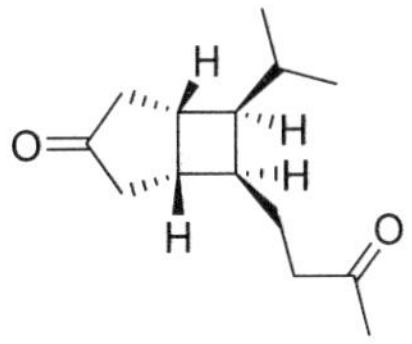　　100-4

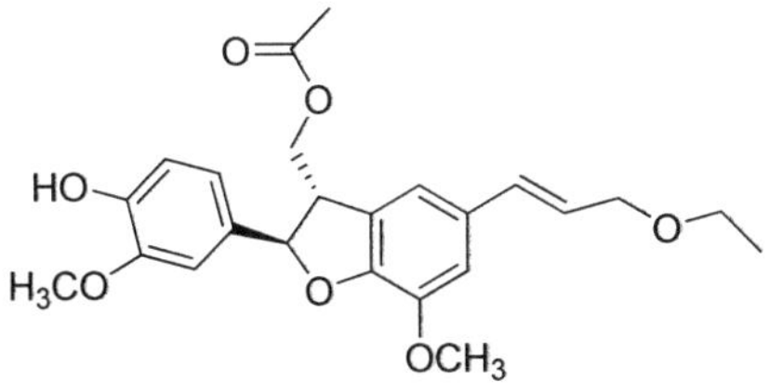

100-5 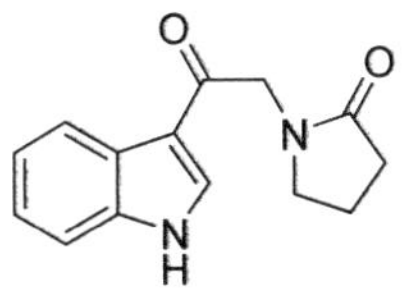　　100-6

9.2.19　岩菀属 *Rhinactinidia*（原属名 *Krylovia*）

全属共 4 种，主要分布于俄罗斯西伯利亚和中亚地区。我国有 2 种，产于新疆。

本属的化学成分还未见报道，只有一篇采用多维色谱与质谱联用（GC-GC-MS）技术对岩香菊(岩菀 *Rhinactinidia limoniifolia*)精油进行分析的报道，从中鉴定出 *cis*-carveol, safranal, terpinen-4-ol, neryl acetate, *trans*-caryophyllene, 7,7-dimethyl-3-methylen-bicyclo(3.3.1)heptane、bicyclo(3.3.1)hept-2-ene-2-carboxaldehyde 等化合物[704]。

9.2.20　瓶头草属 *Lagenophora*

本属约 5 种，是一个泛热带属。瓶头草 *Lagenophora stipitata*，产于我国广东、广西、福建、台湾以及云南。

至今，未见本属植物的化学成分研究报道。

9.2.21　麻菀属 *Crinitina*（原属名 *Linosyris*）

本属约有 5 种，主要分布于欧洲和亚洲的草原及森林草原地区。在我国有 2 种，产于新疆。

至今未见本属植物的化学成分研究报道。

9.2.22　小舌菊属 *Microglossa*

本属约 10 种，主要分布于亚洲和非洲。我国有 1 种，小舌菊 *Microglossa pyrifolia*，产华南、西南及台湾。根据文献报道，本属植物 *M. angolensis* 与白酒草属植物 *Conyza pyrrhopappa* 等同，而且后者又与 *M. pyrrhopappa* 等同[705]。

在非洲，小舌菊 *M. pyrifolia* 的根作为传统药物应用，用于头痛、腹痛、疟疾，以及用于感冒、伤口愈合、眼疾等的治疗[706]。

本属植物以克罗烷型二萜类成分为特征与丰富。

9.2.22.1　二　萜

从 *M. angolensis* 中分得顺式克罗烷型 *cis*-clerodane 型二萜化合物，如 6β-(2-methylbut-2(Z)-enoyl)-3α,4α,15,16-bis-epoxy-8β,10βH-ent-cleroda-13(16),14-dien-20,12-olide（104-1）[705]。

从 *M. zeylonica* 分得无环二萜类成分，如 microglossic acid（104-2）[707]。另外，还从小舌菊 *M. pyrifolia* 分得重排的克罗烷型二萜化合物，8-acetoxyisochiliolide lactone（104-3）[708]。

9.2.22.2　苯骈呋喃衍生物

从小舌菊 *M. pyrifolia* 根中分得多个苯骈呋喃衍生物，如 methyl 2-(5-acetyl-2,3-dihydrobenzofuran-2-yl)propenoate（104-4）[706]。

9.2.22.3　三　萜

从小舌菊 *M. pyrifolia* 根中分得 5 个达玛烷 dammarane 及 2 个降-28-齐墩果烷 oleanane 型三萜[706]。

9.2.22.4　橙酮 aurone 化合物

从小舌菊 *M. pyrifolia* 中分得酰化的橙酮 aurone 糖苷化合物，如 6″-acetylnzaritimein

（104-5）和 4″, 6″-diacetylmaritimein（104-6）[709]。

9.2.22.5 挥发油

分别采用 GC 和 GC-MS 对小舌菊 *M. pyrifolia* 挥发油的化学成分进行研究，其主要成分是：(E)-β-farnesene（78%和 73%）和β-caryophyllene（11%和 14%）[710]。另外，还有对本种的叶和花的挥发油进行研究的报道，其研究结果显示，它们均以倍半萜烃类成分为主[711]。

9.2.22.6 其 他

还从小舌菊 *M. pyrifolia* 分得聚炔及其糖苷化合物、黄酮等。

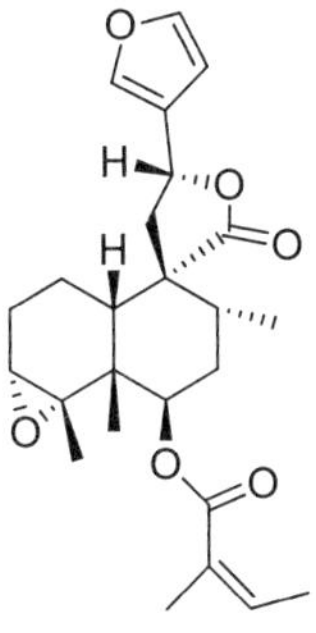

104-1 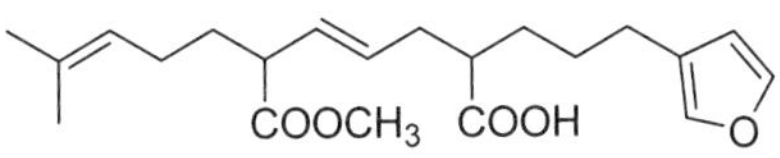 **104-2** 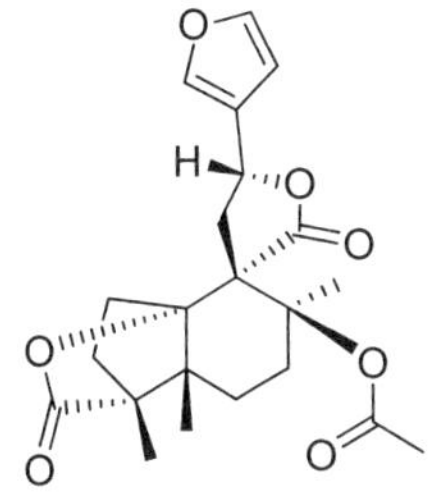 **104-3**

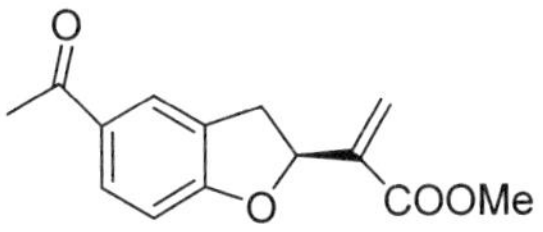

104-4 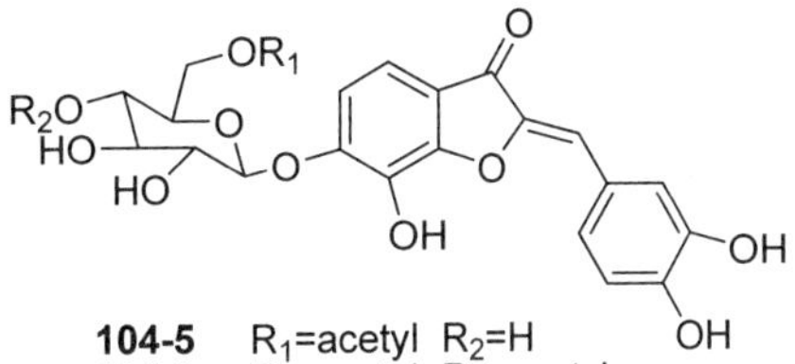 **104-5** R₁=acetyl R₂=H
104-6 R₁=acetyl R₂=acetyl

9.2.23 粘冠草属 *Myriactis*

全属约 10 种，分布于亚洲及非洲热带地区。

对本属仅有一篇化学成分研究的报道，从台湾粘冠草 *M. humilis* 中分得色烯化合物，如 myriachromene（105-1）和 2,2-dimethyl-6,7-methylenedioxy-2H-chromene（105-2），以及α-生育酚基苯醌（alpha-tocopherylquinone）、α-生育酚乙酸酯（alpha-tocopherol acetate）、二苯砜（diphenyl sulfone）、β-胡萝卜素（beta-carotene）、菠甾醇（chondrillasterol）、β-谷甾醇、β-豆甾醇、香草醛（vanillin）和香兰酸（vanillic acid）等[712]。

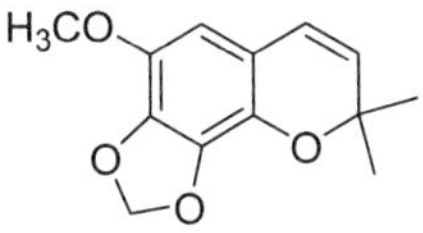

105-1 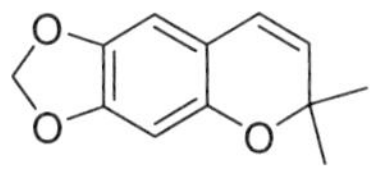 **105-2**

9.2.24 寒蓬属 *Psychrogeton*

本属约 20 种，主要分布于中亚和亚洲西部。我国有 2 种，产于新疆和西藏。

至今，无本属植物的化学成分研究报道。

9.2.25 秋分草属 *Aster*（原属名 *Rhynchospermum*）

本属仅有 1 种，秋分草 *Aster verticillatus*，产于亚洲热带地区。

对秋分草 *A. verticillatus* 的化学成分研究报道仅有一篇文献，从中分得 5 个对映克罗烷 ent-clerodane 型二萜，rhynchosperins A-C（107-1 ~ 107-3）和 rhynchospermosides A-B（107-4 ~ 107-5）[713]。

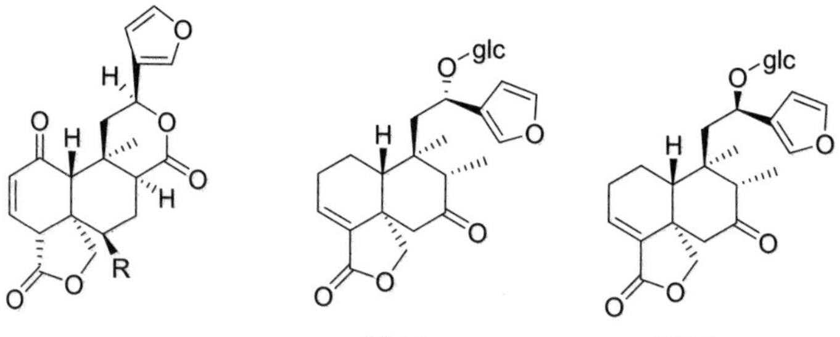

107-1 R=H
107-2 R=OH

107-3

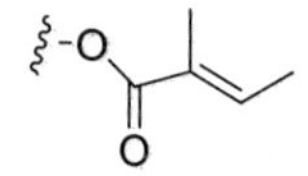

107-4

107-5

9.2.26 一枝黄花属 *Solidago*

全属约 120 余种。主要分布于美洲。我国有 4 种。

本属植物多具有利尿、抗炎等作用，为许多欧美国家经典的治疗泌尿系统疾病的植物药。一枝黄花 *S. decurrens* 是我国常用中药，用于喉痹、乳蛾、咽喉肿痛、疮疖肿毒、风热感冒；毛果一枝黄花 *S. virgaurea*，有退热行血、疏风解毒、消肿止痛的功效；在欧洲，加拿大一枝黄花 *S. canadensis*，用于治疗慢性肾炎、膀胱炎、结石、风湿、糖尿病等疾病，具有抗氧化、抗菌等药理作用[714]。

9.2.26.1 二　萜

本属以二萜类成分为主要结构类型，如贝壳杉烷型、半日花烷型、松香烷型和克罗烷型，以及少量的链状二萜[714]。如从 *S. altissima* 的叶中分得一个新颖骨架的三环二萜化合物 tricyclosolidagolacton（108-1）[715]；从加拿大一枝黄花 *S. canadensis* 中分得克罗烷型二萜 solidagocanins A 和 B（108-2、108-3）[716]。

9.2.26.2 蒽　醌

从加拿大一枝黄花 *S. canadensis* 中分得蒽醌化合物大黄素甲醚 physcion（108-4）[716]。

9.2.26.3 喹啉生物碱

从加拿大一枝黄花 *S. canadensis* 中分得喹啉生物碱甘露糖苷化合物，dictamnine-7-β-D-mannopyranoside（108-5）和 8-methoxydictamnine-7-β-D-mannopyranoside（108-6）[717]。

9.2.26.4 倍半萜

从本属分得的倍半萜有桉烷型、吉马烷型、艾里莫酚烷等类型，如从 *S. wrightii* 中分得艾里莫酚烷型倍半萜 wrightol（6β-cinnamoyloxy-1β-hydroxy-7α (*H*)-11,12-dihydroeremophil-9-ene）（108-7）[718]。

另外，研究发现大多数的种只产生倍半萜两个可能对映体的一种，而加拿大一枝黄花 *S. canadensis* 植物却可合成 (+)-和 (−)-germacrene D（108-8），而且两种成分的含量基本相同 [719]。

9.2.26.5 三萜皂苷

本属分得的三萜皂苷主要是齐墩果烷型 oleanane 皂苷，如从 *S. virgaurea* (L.) ssp. *Alpestris* 中分得 virgaureasaponins 1-2（108-9、108-10）[720]。

9.2.26.6 多酚化合物

本属富含酚类成分，主要的类型有 C_6-C_1、C_6-C_3、黄酮等类型的化合物，如从毛果一枝黄花 *S. virgaurea* 中分得的苯甲酸、咖啡酸、绿原酸、伞形花内酯、槲皮素等[721]；从 *S. altissima* 中分得酚类化合物 acylphloroglucinol（108-11）[722]。

9.2.26.7 挥发油

分别采自 Warsaw 和 Łod'z 的 *S. gigantea* 两个样品中的挥发油主要成分及含量分别是：α-pinene（7.0%/4.1%）、myrcene（2.5%/2.6%）、*p*-cymene（2.2%/0.6%），(−)-bornyl acetate（4.4%/2.9%），α-(6.1%/4.0%)和 γ-gurjunene（2.5%/2.1%）、(−)-germacrene D（21.6%/3.5%）、(−)-ledol（1.2%/2.1%）、eudesma-4(15)-7-dien-1β-ol（1.9%/2.5%）和(−)-cyclocolorenone（8.1%/32.4%)。其中，3 个倍半萜成分 *epi*-torilenol(5αH, 6βH, 7αH, 8βH, 10α-6, 8-cycloeudesm-4(15)-en-1α-ol，0.4%/0.1%)、1,10-seco-eudesma-4(15), 5(10)-dien-1-al（0.9%/微量）和 *cis*-eudesm-4(10)-eu-1-one（0.2%/微量）的结构还通过 NMR 得以鉴定[723]。

毛果一枝黄花 *S. virgaurea* 挥发油中的主要成分则是：α-pinene、myrcene、β-pinene、limonene、sabinene 和 germacrene-D[724]。

9.2.26.8 聚 炔

从毛果一枝黄花 *S. virgaurea* 还分得聚炔化合物，如 C_{10}-聚炔酯、内酯化合物 2,8-*cis-cis*-matriaria ester（108-12），2 个 matricaria-γ-lactones（108-13、108-14）和 1 个 lachnophyllum lactone[725]。

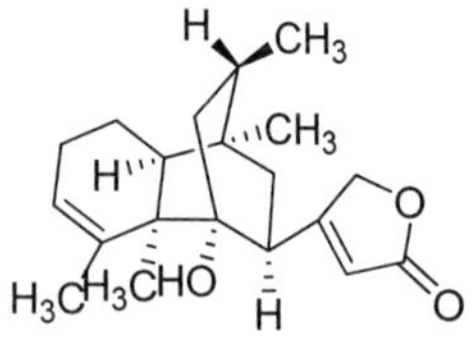

108-1

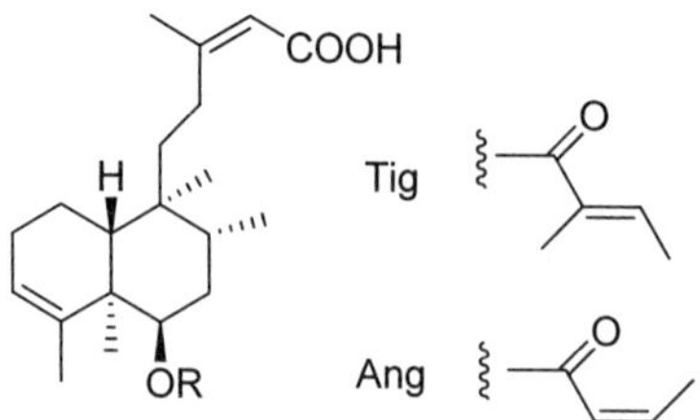

108-2 R=Tig
108-3 R=Ang

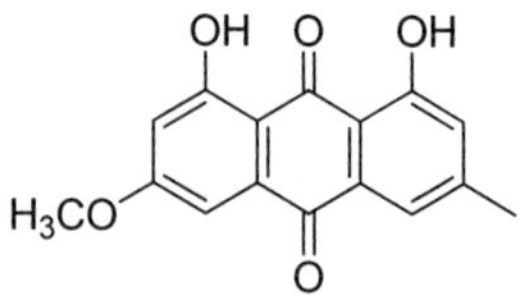

Tig

Ang

108-4

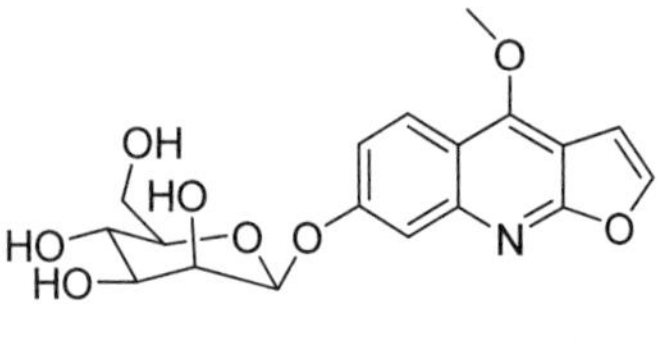

108-5

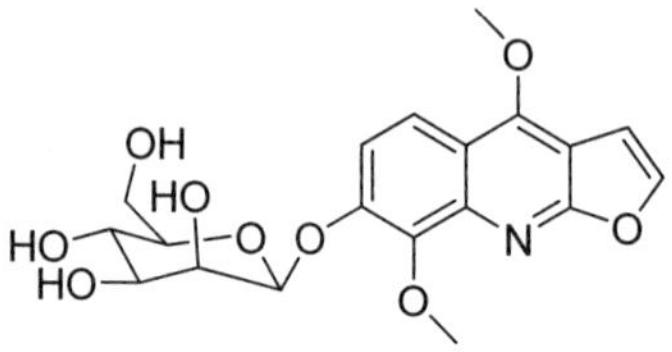

108-6

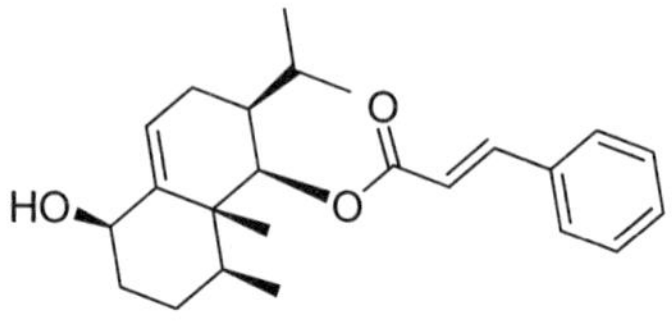

108-7

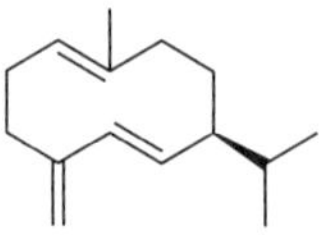

(-)-Germacrene D
108-8a

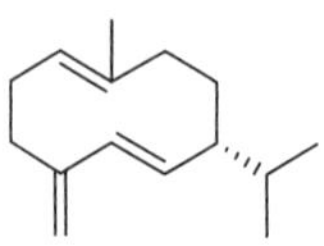

(+)-Germacrene D
108-8b

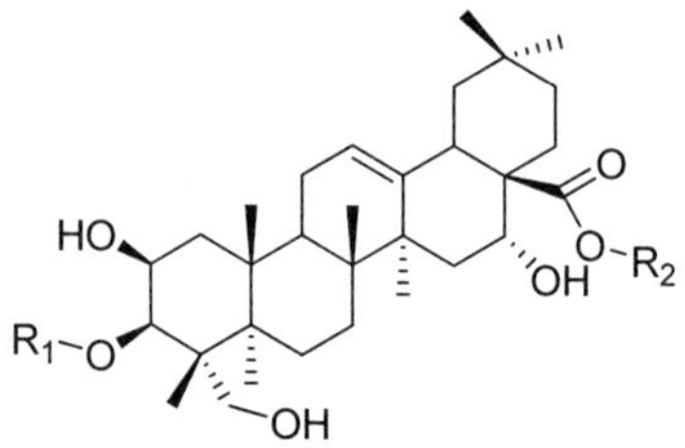

	R_1	R_2
108-9	Glc	Fuc-^{2}-Rha-^{4}-Xyl-^{3}-Rha
108-10	Glc-^{3}-Glc	Fuc-^{2}-Rha-^{4}-Xyl-^{3}-Rha

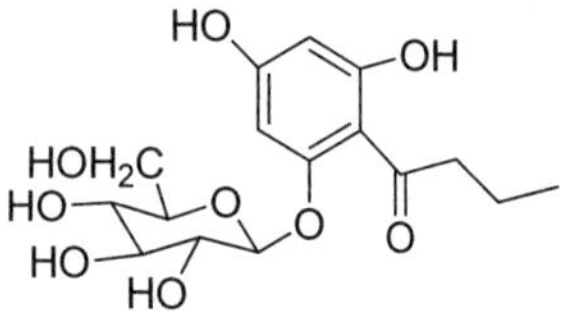

$$H_3C-CH=CH-C\equiv C-C\equiv C-CH=CH-COOCH_3$$
cis   cis

108-12

108-11

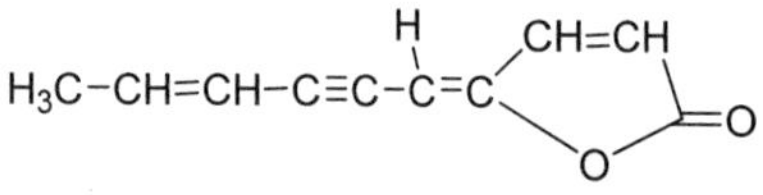

108-13

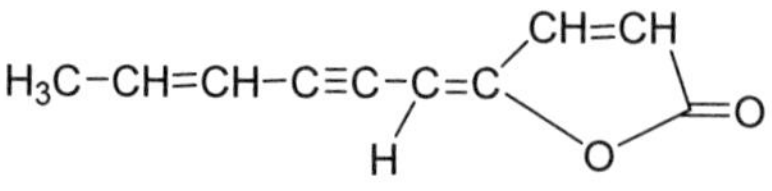

108-14

9.2.27 歧伞菊属 *Thespis*

本属仅 1 种，歧伞菊 *Thespis divaricata*，分布于喜马拉雅地区，我国云南也有分布。
至今未有本种化学成分的研究报道。

9.2.28 碱菀属 *Tripolium*

单种的属，碱菀 *T. pannonicum*（原名：*Tripolium vulgare*），分布于亚洲、欧洲、非洲北
部及北美洲。碱菀 *T. pannonicum* 多生长在低位盐碱地、盐碱湿地和碱湖边。碱菀是强盐碱土

和碱土的指示植物，在盐渍土开发利用、维持生态平衡方面起着重要的作用[726]。

到目前为止，从本种只分得一个苯丙酸酯类化合物 ripolinolate A （110-1）[727]。

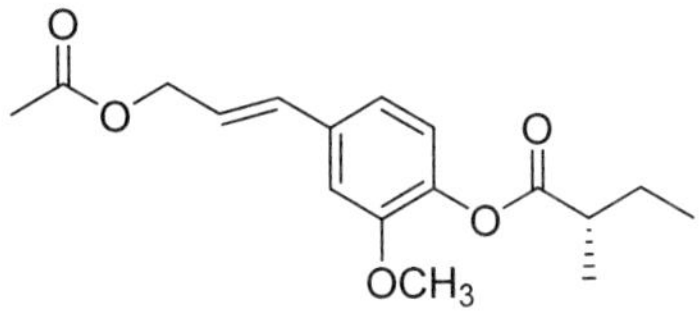

110-1

9.2.29 女菀属 *Turczaninowia*

单种属，女菀 *T. fastigiata*，分布于我国北部至东部以及朝鲜、日本和俄罗斯西伯利亚东部。据文献记载该药可治霍乱、下痢及咳嗽等[728]。

除从本种中分离得黄酮化合物之外，还发现本种挥发油的主要成分是：*β*-pinene（7.3%）、*trans*-nerolidol（4.0%）、*α*-calacorene（3.1%）、spathulenol（2.2%）、perhydrofarnesyl acetone（2.2%）、hexanal（2.0%）和*α*-humulene epoxide Ⅱ（2.0%）[729]。

10 泽兰族 Eupatorieae

全世界约有 170 属、2400 多种，其现代分布中心在中美洲及南美洲北部和北美洲的南部。在我国有 4 个属，分隶于皮格菊亚族（Subtrib. Piquerineae O. Hoffm.）和蕾香蓟亚族（Subtrib. Ageratinae O. Hoffm.）。

10.1 化学多样性

在我国本族的四个属植物中，泽兰属与假泽兰属含有丰富的倍半萜的成分，且其倍半萜骨架多样，以及多为具环外亚甲基的 α-亚甲基-γ-内酯结构的化合物，显示出较高的进化性。另外，同属于泽兰属的中药佩兰与外来入侵物种紫茎泽兰在倍半萜骨架上也有较大差异，显示出它们进化的不等性。

菊科中除千里光族之外，泽兰族是第二大富含吡咯里西啶生物碱（PAs）的族。至 2011 年，从本族的 23 种植物中分得结构类型（按千里光酸分类）为 senecionine-type、triangularine-type 和 lycopsamine-type [121]的 PAs。从结构上看，它们大多为开环结构的单酯 lycopsamine-type 类型，显示出结构的原始性，所以，泽兰族应该比千里光族原始。

本族植物中的泽兰属含有较为丰富的百里香酚单萜衍生物，显示出与富含此类成分的旋覆花族植物的亲缘性。

在下田菊属与藿香蓟属中含有较为原始的苯骈呋喃、苯骈吡喃等酚酸类成分，以及骨架结构原始的倍半萜类成分，因此，它们较泽兰属与假泽兰属原始。

10.2 传统医药应用与药效物质

本族最重要的传统中药为佩兰，其具有较为特异的成分类群，如百里香酚及其衍生物、倍半萜、开环的吡咯里西啶生物碱和挥发油等。在这些成分之中，一般认为，挥发油成分是佩兰芳香化湿、解暑的药效物质。

10.2.1 下田菊属 Adenostemma

本属约 20 种，主要分布于热带美洲。我国有 1 种及 2 变种，下田菊 A. lavenia。

下田菊 A. Lavenia，全草入药，具清热利湿，解毒消肿之功效。可用于感冒高热、支气管炎、咽喉炎、扁桃体炎、黄疸型肝炎的治疗，外治痈疖疮疡、蛇咬伤等[730]。

10.2.1.1　二 萜

本属以对映贝壳杉烷型二萜化合物为特征，以及可能是对映贝壳杉烷骨架重排的松香烷型 abietane 二萜 ent-1β-hydroxyabieta — 8,15(17) —dien — 11α,13α- olide-19-oic acid（112-1）[731]。至今分离得的此类化合物数量达数十个，并以 C-11 羟基化、C-19 羧基化为特征[731-734]。另外，本属植物以 ent-11α-hydroxy-15-oxo-kaur-16-en-19-oic acid（112-2）的含量最高[735]。

10.2.1.2　倍半萜

从本属还分离得少量的吉马烷倍半萜 germacrene D[734]、桉烷倍半萜化合物[731]。

10.2.1.3　挥发油

对下田菊 *A. lavenia* 的挥发油进行成分分析，鉴定α-荜澄茄油烯（32.62%）、石竹烯（24.97%）和γ-榄香烯（5.53%）为主要成分[730]。

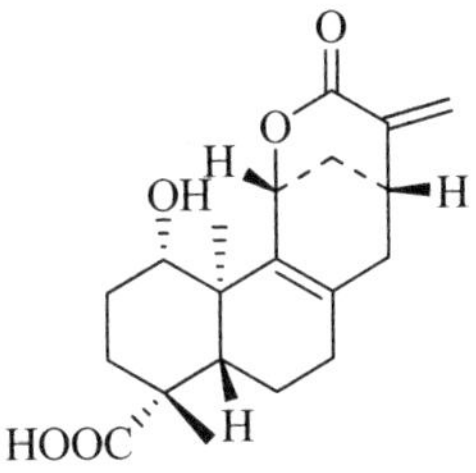

112-1 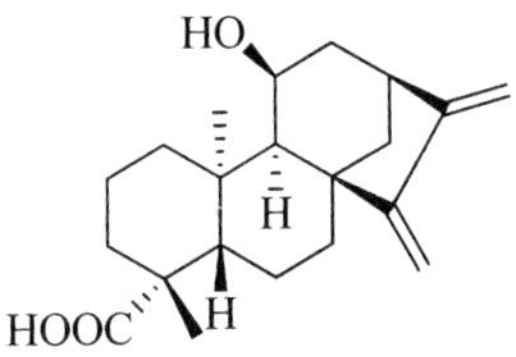　　　　**112-2**

10.2.2　藿香蓟属 *Ageratum*

全世界有 30 余种，主要产于中美洲。我国有 2 种，藿香蓟（胜红蓟）*A. conyzoides* 和熊耳草 *A. houstonianum*。

藿香蓟（胜红蓟）*A. conyzoides* 是一种入侵杂草，原产中南美洲，现分布于我国广东、广西、云南等省，具有清热解毒、利咽消肿之功效，临床上主要用于治疗感冒发热，咽喉肿痛，痈疽疮疖，外伤出血等症[736]。

10.2.2.1　苯骈吡喃化合物（色烯化合物）

本类化合物是本属植物较为特征的成分类群，分离的化合物也较为多样，如从 *A. conyzoides* 中分离的化合物 precocene Ⅰ（120）和 precocene Ⅱ（121）[737]。

10.2.2.2　苯骈呋喃衍生物（euparin 衍生物）

本类化合物是本属植物的特征成分。如从 *A. houstonianum* 中分离得多个本类成分，6-acetyl-5-hydroxy-2-isopropenyl-benzo[b]furan（113-1），以及二聚化产物 4-acetoxymethyl-7-acetyl-4-[2'-6(6'-acetyl-5'-hydroxy-benzo[b]furanyl)]-6-hydroxy-1-methylene-1,2,3,4-tetrahydrodibenzo[b,d]furan（113-2）[738]。

10.2.2.3　吡咯里西啶生物碱

从本属植物中分离或通过 GC-MS 鉴定出较多的本类型化合物，如从 *A. conyzoides* 中分离得到的 lycopsamine（113-3）和 echinatine（113-4）[739-741]。这些化合物显示出 C-8 位羟基 C$_6$ 或 C$_7$ 单酯，少部分还有 C-6 位羟基乙酰酯化，以及不为大环双酯化的结构特点。

10.2.2.4　倍半萜类

从本属植物中分离的倍半萜类成分较为稀少，而且分离的倍半萜都为无内酯结构的萜稀化合物。

（1）链状 nerolidol（橙花叔醇，113-5）化合物，如从 *Agerarum fusrigiuttrm* 中分离得到的几个 nerolidol 型的化合物[742]。

（2）吉马烷型 germacrene D 和桉烷型倍半萜 6α-angeloyloxy-eudesm-4(15)-ene（113-6）[742]。

10.2.2.5　二　萜

从 *A. fusrigiuttrm* 中分离得到半日花烷型 labdane 二萜 15,16-dihydroxy-ent-labda-7,13-diene-15-oic acid lacton（113-7），以及开环的对映贝壳杉烷型 scco-kaurene 二萜（113-8）[742]。

10.2.2.6　挥发油

从喀麦隆产的 *A. houstonianum* 和 *A. conyzoides* 挥发油中鉴定出：*A. houstonianum* 中主含色烯化合物 precocene Ⅰ 和 precocene Ⅱ，而 *A. conyzoides* 中富含 precocene Ⅰ（81%），而缺乏 precocene Ⅱ[743]。另有报道，印度产的 *A. conyzoides* 植物挥发油中两个主要成分是 precocene Ⅰ 和 β-石竹烯（β-caryophyllene）[744]。

10.2.2.7　其他[740, 745, 746]

还分离得香豆素、黄酮、木脂素、苯丙素、三萜等。

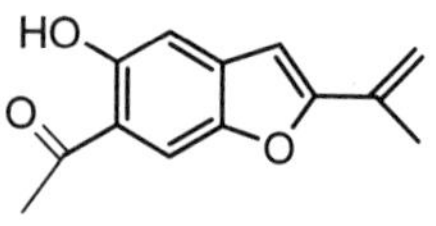

113-1 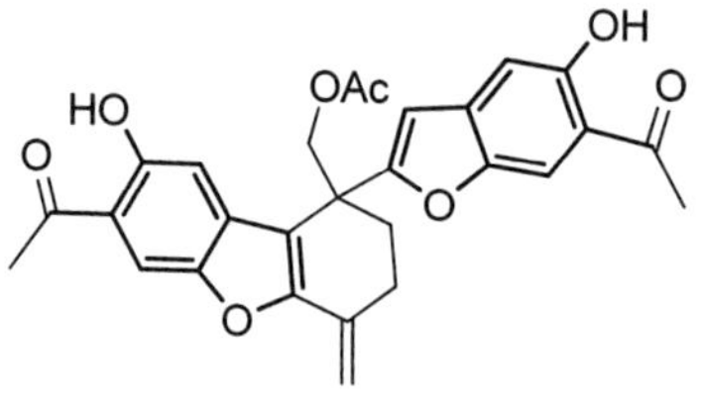　　　　113-2 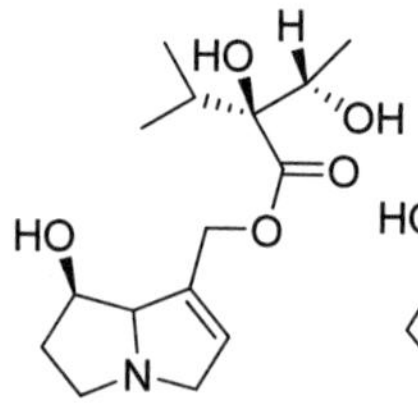　　　　113-3 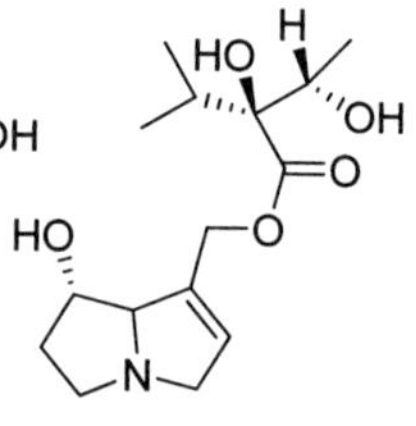　　　　113-4

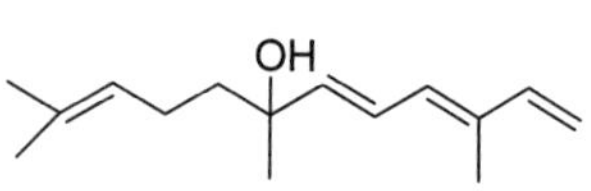

113-5 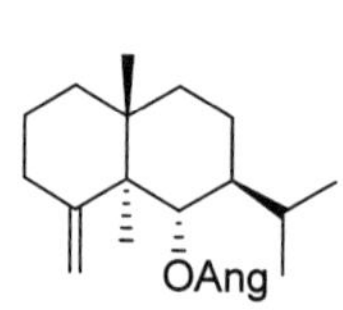　　　　113-6 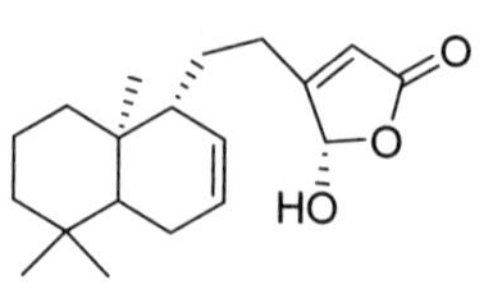　　　　113-7 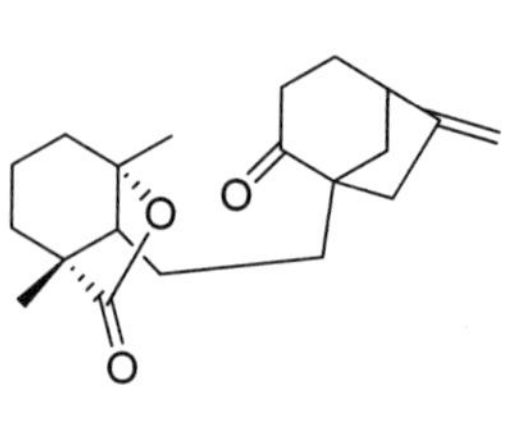　　　　113-8

10.2.3 泽兰属 *Eupatorium*

全属有 600 余种，主要分布于中南美洲的温带及热带地区，欧、亚、非及大洋洲的种类很少。我国有 14 种及数变种，其中 3 种引入归化。其中，紫茎泽兰 *E. adenophorum*（*Ageratina adenophora* Spreng）为一种外来生物入侵物种，在我国西南已泛滥成灾。

本属最有名的常用中药是佩兰 *Eupatorium fortunei*，其性味辛、平，入脾胃经。具有芳香化湿和中、醒脾开胃、发表解暑之功效。用于湿阻中焦，脾经湿热证，急性肠胃炎，脘痞呕恶，口中甜腻，口臭，多涎，舌苔垢腻；暑湿表证，头胀胸闷等症[747]。

10.2.3.1 紫茎泽兰与中药佩兰的化学成分比较

研究发现二者在化学成分之间有较大的差异。从中药佩兰中发现的主要特征性成分有：① 倍半萜类：如吉马烷、桉烷[748]、三环类及 β-紫罗兰酮型降倍半萜等[749]；② 开环的吡咯里西啶生物碱[750]；③ 百里香酚和异百里香酚单萜衍生物，如一对对映异构体 eupafortins A 和 B（114-1、114-2），其生源合成于百里香酚单萜的分子内[2+2]环加成反应，推测的合成途径如下[47]；④ 二苯基呋喃、4-chromanone、acetophenone 和 dithiecine 衍生物等[751]；⑤ 佩兰中的挥发油主要成分是百里香酚单萜 thymol（15.64%）、(*E*)-2-methyl-2-butenoic acid、5-methyl-2-(1-methylethyl)phenyl ester（11.58%）、(1-methylethyl)phenyl ester（11.58%）和(−)-β-caryophyllene（8.31%）[752]。

不同的是，入侵生物紫茎泽兰中分得的倍半萜则以杜松烷型骨架为主，而且研究揭示它们是紫茎泽兰的生物防御物质。除此之外，也有研究认为本植物中的酚类成分及挥发性成分也是它的防御物质，如(*E*)-β-caryophyllene、(*E*)-α-bergamotene 和 bicyclogermacrene[753]。

对紫茎泽兰的挥发性油成分的研究也较多，如对印度两个不同产地的本种地上部分的挥发油进行 GC-MS 分析，发现它的主要成分是倍半萜烃（22.54%~33.15%）及其氧化产物（25.9%~41.87%），即以 amorph-4-en-7-ol（12.03%~19.48%）、*p*-cymene（3.18%~15.44%）、bisabolol（5.25%~9.39%）、bornyl acetate（4.17%~7.93%）、phellandrene（1.79%~7.25%）、camphene（2.50%~6.83%）、β-bisabolene（3.36%~6.64%）等成分为主[754]。

10.2.3.2 本属植物的化学成分

1. 倍半萜内酯

本属植物含有非常丰富的倍半萜烯及倍半萜内酯成分，且倍半萜骨架类型多种，主要类型为吉马烷型[755]和杜松烷型[756, 757]，其他类型还有 cubebene 型[756]、愈创木烷型[758]、桉烷型[759]、开环的桉烷型[759]、三环（dodecane 与 clovane 型）倍半萜[760]、开环的愈创木烷型[761]等。

若再从内酯环结构来分析，它们大多为 8-氧代-12（6）-内酯型，显示出植物的进化性。具体的一些代表化合物列举如下：

从 *E.serotinum* 分离得的 cubebene 型化合物：cubebene（114-3）、11-hydroxy-β-cubebene（114-4）和 11-hydroxy-α-cubebene（114-5）。

对于泽兰族植物中特征的呋喃杜松烷型倍半萜内酯，在泽兰属也有发现，如从 *E. adenophorum* 中分得的(+)-(5*R*,7*S*,9*R*,10*S*)-2-oxocadinan-3,6(11)-dien-12,7-olide（114-6）[762]。

除倍半萜单体之外，还从 *E. perfoliatum* 的地上部分二氯甲烷提取部位中分离得到一个愈创木烷-愈创木烷二聚体 diguaiaperfolin（114-7）[763]。从 *E. adenophorum* 的叶中分离得到一个杜松烷-杜松烷型二聚体(+)-7,7′-bis[(5*R*,7*R*,9*R*,10*S*)-2-oxocadinan-3,6(11)-dien-12,7-olide]（114-8）[762]。

2. 吡咯里西啶生物碱

从泽兰属还分离得多个吡咯里西啶生物碱化合物，如从 *E. cannabinum* 分离得 $\Delta^{1,2}$ 不饱和的 echinatine 和 supinine[764]。另外，从 *E. semialatum* 中分离得一类区别于其他吡咯里西啶生物碱的 tussilagin 类型，其不同点是：C-2 位具有甲基、C-1 位为羧基，如通过 GC-MS 鉴定得 $\Delta^{1,2}$ 饱和的本类型化合物 tussilagin（114-9）、isotussilagin（114-10）、neo-tussilagin、neo-isotussilagin 等[765]。

中药佩兰中也分得此类成分，如 supinine（114-11）、rinderine（114-12）和 *O*-7-acetylrinderine（114-13）[750]。

3. 二　萜

从泽兰属 *E. jhanii* 植物分离得半日花烷型 labdane[766]、松香烷 abietane[767]、克罗烷型 clerodane[767]等二萜。

4. 挥发油

对比研究了三种产于南美洲的泽兰属植物的挥发油成分，其中，α-pinene 是三种植物的特征成分；*p*-cymene（12.5% ~ 24.8%）是 *E. argentinum* 和 *E. subhastarum* 的主要成分，而 *E. hecatanthum* 的主要成分是百里香酚衍生物乙酸酯 thymyl acetate（10.6%）[768]。

5. 单　萜

从本属不仅分得百里香酚、异百里香酚及其骨架重排的衍生物等单萜[769]，而且还从紫茎泽兰 *A. adenophora* 分得 3 个 carene-type 单萜化合物，(1α,6α,7α)-8-hydroxy-2-carene-10-oic acid（114-14）、(1α,6α)-10-hydroxy-3-carene-2-one（114-15）和(−)-isochaminic acid（114-16）[770]。

6. 三　萜

泽兰属中还含有较为丰富的三萜化合物[771]，而且从 *E. odoratum* 中还分得一个齐墩果烷型结构重排的三萜化合物 eupatoric acid（114-17）[772]。

7. 其　他

还分得甾醇[771]、色烯[773, 774]、α-humulene[756]、黄酮[775]、咖啡酸衍生物[776]等。

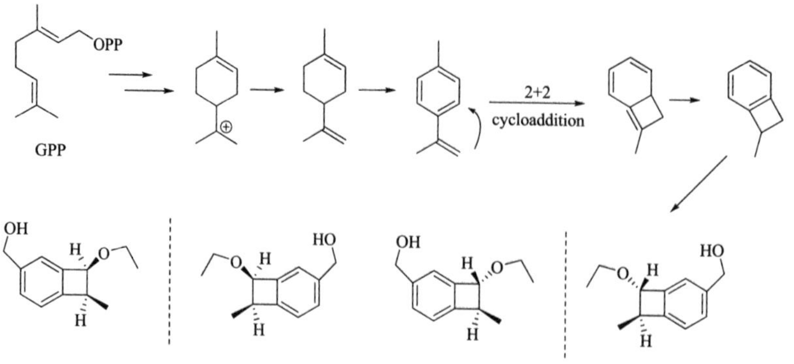

(+)和(−)-eupafortin A, **114-1**　　　(+)和(−)-eupafortin B, **114-2**

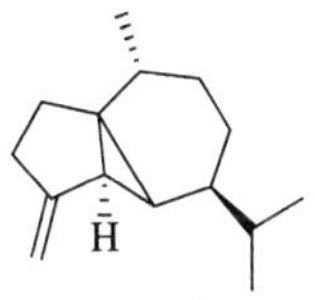

114-3 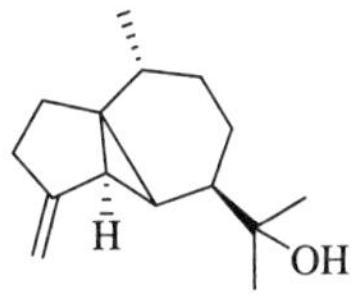   114-4 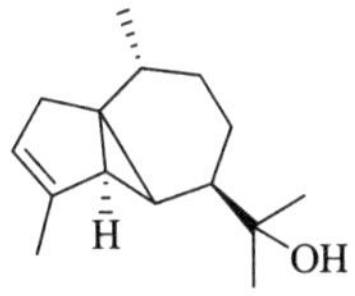   114-5 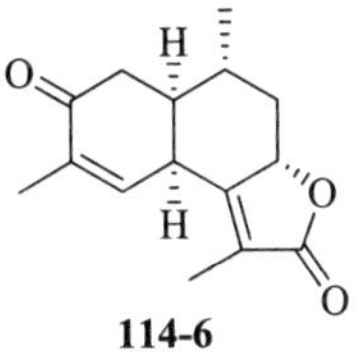   114-6 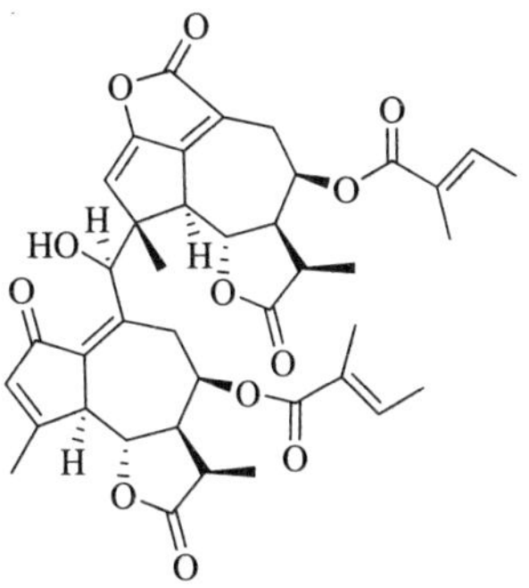   114-7

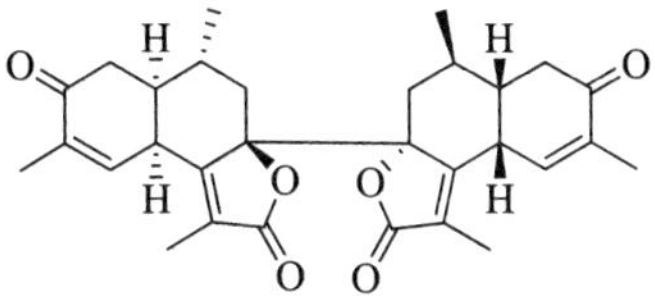

114-8 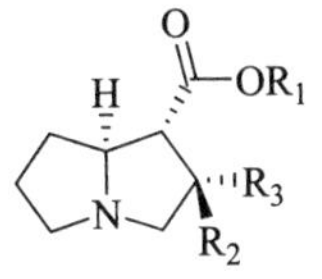   114-9 R₁=Me R₂=OH R₃=Me   114-10 R₁=Me R₂=Me R₃=OH

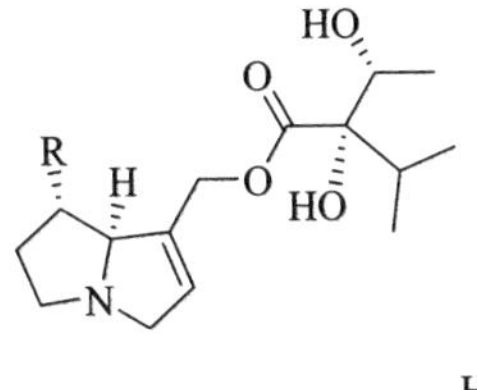

114-11 R=H
114-12 R=OH
114-13 R=OAc

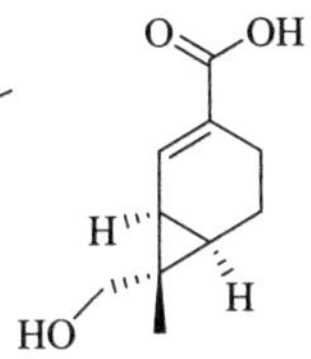

114-14 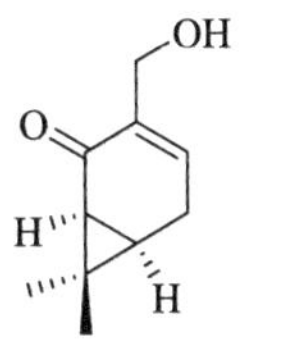   114-15 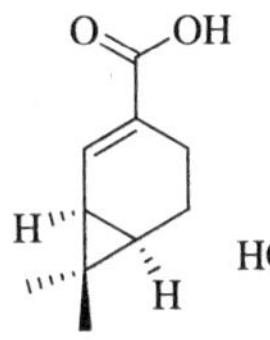   114-16 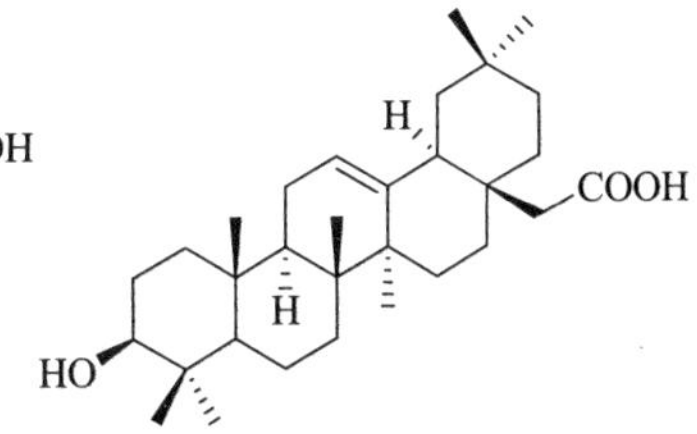   114-17

10.2.4　假泽兰属 *Mikania*

本属共 60 余种。主要集中于美洲。我国 1 种，假泽兰 *M. cordata*。但在 20 世纪 90 年代，在云南又发现本属另一种入侵物种微甘菊 *M. micrantha*[777]。

假泽兰 *M. cordata*，在马来西亚的传统医药应用上，用于伤口止血。其叶还用于治疗黄疸、脓毒性感染和蛇咬伤[778]。在孟加拉国，本品的汤剂还用于治疗消化不良、痢疾、胃溃疡和癌症[779]。在印度，本品作为一种食物，并被认为它对治疗发痒有效，以及用于伤口愈合[780]。

10.2.4.1　倍半萜内酯

本属植物的倍半萜内酯化合物较为丰富，结构上也显示出一些特点，如 mikanolide 型和 miscandenin 型二内酯化合物：

（1）mikanolide 型吉马烷倍半萜二内酯

本类化合物的特点是，除倍半萜内酯化合物具有 C-8(12)内酯结构外，还具有一个 C-15(6)内酯结构，形成双内酯环。如从假泽兰 *M. cordata* 中分离得的 deoxymikanolide（115-1）[779]。从 *M. micrantha* 的叶中也分得此类成分，如 hydroxymikaperiplocolide A（115-2）和 hydroxymikaperiplocolide B（115-3）[781]。

（2）miscandenin 型二内酯倍半萜

本类化合物可认为是桉烷及其 C₂/C₃-键断裂开环，再醚化环合的桉烷二内酯化合物。同样地，二内酯的环化位置与 mikanolide 型相同，故本类化合物可认为是 mikanolide 型吉马烷化合物的进化产物。如 *M. periplocifolia* 中分得的 miscandenin（115-4）、1,2-epoxymiscandenin（115-5）和 mikacynanchifolide（115-6）[782]。

（3）9-酮吉马烷倍半萜内酯

这些倍半萜的 C-9 位都有一个酮基。从 *M. guaco* 中分离得 13 个此类成分，如 2α-acetoxy-15-isovaleryl-miguanin（115-7）和 2α-acetoxy-15-(2-methylbutyryl)-miguanin（115-8）[783]。

（4）呋喃杜松烷型倍半萜内酯

本类化合物的结构中具有一个由 C-6 异丙基侧链形成的五元内酯（或呋喃）环。如从 *M. micrantha* 中分得的 micornions A-C（115-9 ~ 115-11）[784]。

（5）从 *M. goyazensis* 的地上部分及 *M. pohlii* 的根与地上部分分得一个吉马烷-吉马烷二聚体 mikagoyanolide（115-12）[785]。

除此之外，还有没药烷型 bisabolene 倍半萜从 *M. micrantha* 中分得[784]。

10.2.4.2 二 萜

本属中含有的二萜是对映贝壳杉烷型二萜，如从 *M. micrantha* 中分得 5 个对映贝壳杉烷型二萜糖苷化合物[786]，及 9 个苷元，如 ent-kaura-9(11),16-dien-19-oic acid（115-13）。稀有松香烷型 abietane 二萜，如从 *M. micrantha* 中分得一个此类成分，17-hydroxyjolkinolide A（115-14）[784]。

10.2.4.3 挥发油

通过 GC-MS，鉴定出科特迪瓦产的 *M. cordata* 叶挥发油中的主要成分是：α-pinene（20%）、gennacrene D（19.8%）、β-pinene（8.7%）和 α-thujene（7.1%）[787]。

10.2.4.4 黄 酮

从本属分得较多的黄酮化合物，其中比较特异的是，从 *M. cordata* 中分离得硫酸酯盐化合物，如 calcium mikanin-3-*O*-sulfate（115-15）和 potassium eupalitin-3-*O*-sulfate（115-16）[788]。

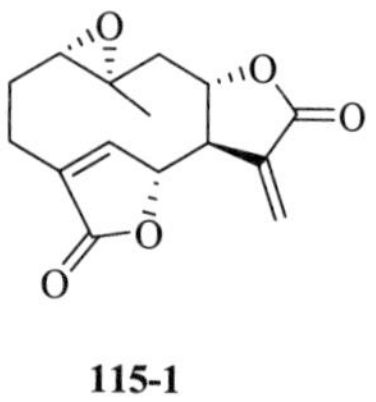

115-1	115-2	115-3	115-4

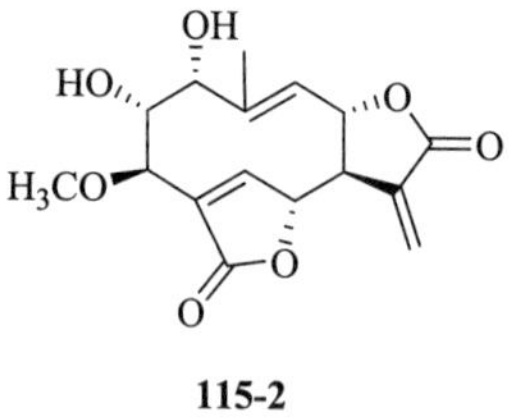

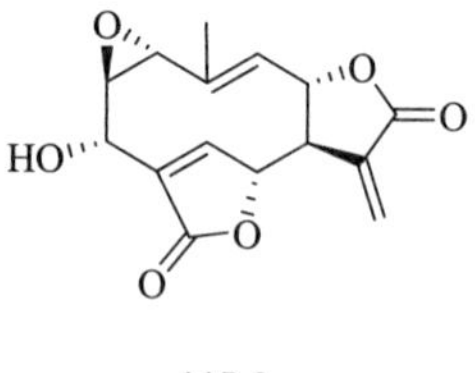

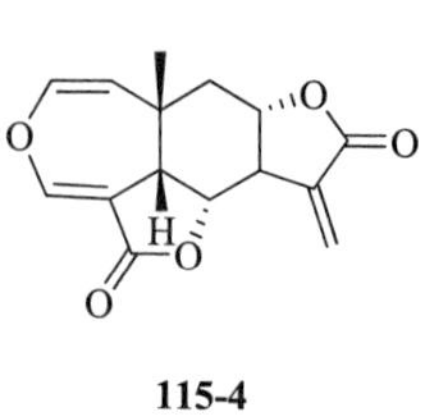

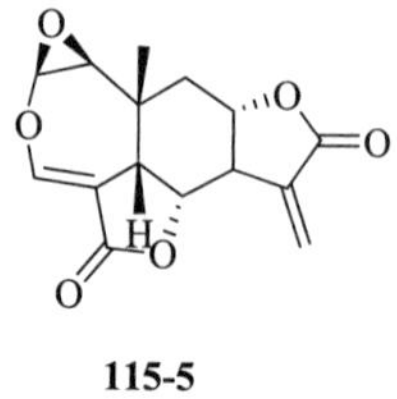

115-5	115-6	115-7	115-8

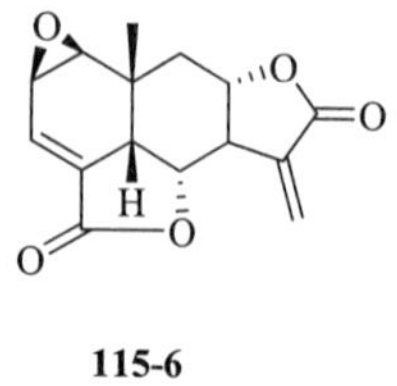

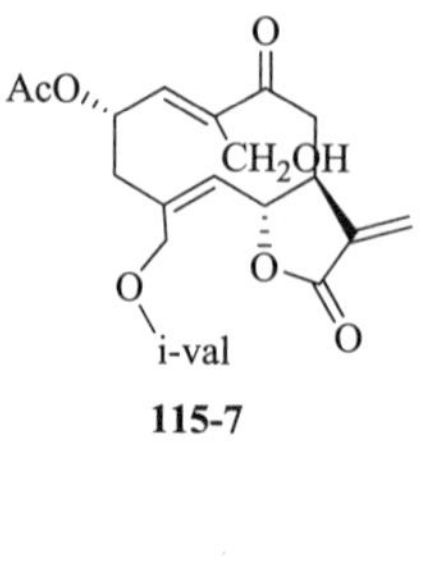

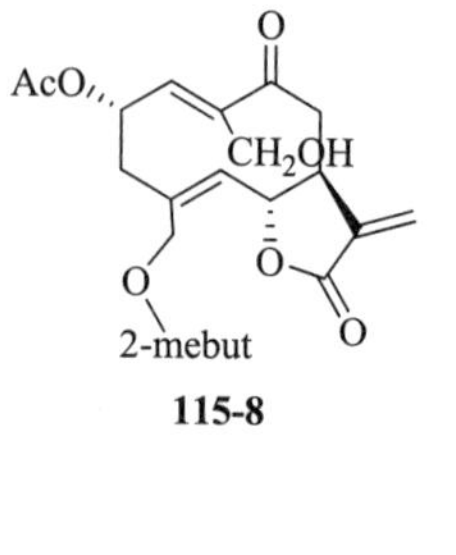

115-9　　**115-10**　　**115-11**　　**115-12**

115-13　　**115-14**　　**115-15**　　**115-16**

11 千里光族 Senecioneae

本族是菊科植物中较大的族，全世界约 120 属、3200 种，现代分布中心在中、南美洲至南非与热带西非洲。分布我国的有 24 属。

国产千里光族划分为 3 个亚族，即款冬亚族 Subtrib. Tussilaginae Dum.、狗舌草亚族 Subtrib. Tephroseridinae C. Jeffrey et Y. L. Chen 和千里光亚族 Subtrib. Senecioninae Dumort。

本族植物是以吡咯里西啶生物碱为特征，但其中的一些属不含此类成分。再加之，本族植物大多数的属含有丰富的且进化的倍半萜内酯，因此，可推断本族植物是从一个富含倍半萜的祖先种新分化出来的族，其较为年轻与进化。

11.1 化学多样性

11.1.1 吡咯里西啶生物碱

本族植物以新出现的吡咯里西啶生物碱（pyrrolizidine alkaloids，PAs）为最大的化学特征。至今，已从大约 6000 种维管束植物中分离得 400 个本类成分，其中，在菊科中，又以在千里光族植物中分布最广，其次为泽兰族。

据 2011 年统计，已从本族 313 种植物（含 senecionine-type、triangularine-type、monocrotaline-type 和其他型的植物种分别为 294 个、72 个、3 个和 12 个）中共分离得 190 个本类成分[121]。涉及的结构类型有（按千里光酸分类）senecionine-type、triangularine-type、monocrotaline-type 及其他型。

尽管 PAs 在千里光族植物的大多数植物中都在存在，但至今的研究发现，仍有一些本族植物属中不含此类成分，如菫明菊属 Robinsonecio 和蔓黄金菊属 Pseudogynoxys。

另外，千里光族植物中最常见的PAs 是十二元大环双酯型的 senecionine-type，但在白藤菊属 Mikaniopsis 和柳明菊属 Barkleyanthus 却不含此类型的 PAs。而在千里光碱的结构上，本族植物也显示出一些分类学的意义，如：尽管具有 retronecine bases 结构的 PAs 是千里光族中最常见的类型，而具 otonecine 和 platynecine 碱基结构的 PAs 在千里光族中却非常少，如其中 otonecine 型仅见于蜂斗菜属 Petasites、千里光属 Senecio 等。

较为特异的是，本族植物不含泽兰族植物中的开环结构的单酯 lycopsamine-type PAs，证实了分子分类研究的结果，即泽兰族与千里光族植物中的 PAs 关键合成酶 HSS 的表达基因的复制是通过各自独立的途径进行的，因此具有各自不同的结构特点[125]。

11.1.2　倍半萜

本族的多个属的倍半萜骨架显示出本族的进化性，如本族的大多数属中的倍半萜骨架以呋喃艾里莫酚烷型为主，并新出现了蜂斗菜烷等骨架类型的倍半萜。

对于千里光属中的多种倍半萜骨架，可通过生源关系将他们按骨架的进化程度分为两类，一类是以原始的吉马烷、桉烷、愈创木烷及没药烷为主的类群，另一类则是以进化了的倍半萜骨架为主的类群，如以呋喃艾莫里酚烷（包括 cacalols）为主的类群。

另外，本族植物中同时富含倍半萜与吡咯里西啶生物碱，显示出本族植物打破了一般的"生物碱极少与萜类或挥发油共存于同一植物"的化学分类学规律认识。

本族植物中的倍半萜骨架类型见表 11-1：

表 11-1　千里光族植物中的倍半萜骨架类型

属别	吉马烷	桉烷	愈创木烷	没药烷	榄烷	其他
垂头菊属 *Cremanthodium*	+	+	+	+	−	oplopane、艾里莫酚烷、蜂斗菜烷
大吴风草属 *Farfugium*	−	−	−	−	−	呋喃艾里莫酚烷
橐吾属 *Ligularia*	−	+	−	+	−	oplopane、呋喃艾里莫酚烷型和蜂斗菜烷
假橐吾属 *Ligulariopsis*	−	−	−	−	−	艾莫里酚烷和蜂斗菜烷
蟹甲草属 *Parasenecio*	+	+	+	+	−	oplopane、艾莫里酚烷型、cacalol
蜂斗菜属 *Petasites*	−	−	−	−	−	艾莫酚烷型、蜂斗菜烷内酯、oplopane 烷
千里光属 *Senecio*	+	+	+	+	−	艾莫里酚烷、cacalols、oplopanes、cadinanes、phomalairdanes、caryophyllanes、isodaucanes、oppositane 和 β-紫罗兰酮型
华蟹甲属 *Sinacalia*	+	+	+	−	−	石竹烷及艾莫里酚烷
兔儿伞属 *Syneilesis*	−	−	−	−	−	艾莫里酚烷
狗舌草属 *Tephroseris*	−	−	−	−	−	oplopane 烷
款冬属 *Tussilago*	−	−	−	+	−	oplopane 和没药烷 bisabolane

11.2　传统药物应用与药效物质

本族中最常用的中药是千里光与款冬花，其他一些属种植物还作为民族传统药物或蔬菜食用，应用广泛。但它们之中的吡咯里西啶生物碱具有较强的肝毒性，所以，在使用上应受一定的限制。

（1）千里光具清热解毒、清肝明目、散瘀消肿、杀虫止痒等功效。现代研究揭示它具有抗炎、抗菌、抗钩端螺旋体、肝保护、抗病毒等作用，而且其药效成分是其所含有的黄酮、酚酸和生物碱等成分有关[789]。

（2）款冬花具润肺下气、止咳化痰之功效。其中的款冬酮具有有效的抗炎[790]等作用，因此被认为是款冬花润肺止咳的药效成分。

11.2.1　藤菊属 *Cissampelopsis*

本属约有 20 种，分布于热带非洲和亚洲，我国现有 6 种。

至今，仍无本属植物的化学成分研究报道。

11.2.2　野茼蒿属 *Crassocephalum*

全属约 21 种，主要分布于热带非洲，我国仅 1 种，野茼蒿 *C. crepidioides*。

在非洲，*C. biafrae* 和其他同属植物作为食品添加剂和传统药物被广泛使用，如 *C. biafrae* 的根茎的水提取物作为喀麦隆的传统药物，用于治疗肺结核、癫痫、呼吸系统感染、腹泻、外伤和癌症[791]。

11.2.2.1　吡咯里西啶生物碱

本属含吡咯里西啶生物碱类成分，结构类型有 senecionine-type 下的 senecionine group，以及无环结构的其他型 retronecine 型，如从野茼蒿 *C. crepidioides* 地上部分分得 senecionine group 亚型化合物 jacobine 1（117-1）和 jacoline 2（117-2）[792]。

11.2.2.2　二萜

从 *C. mannii* 分得半日花烷 labdane 二萜，8α,19-dihydroxylabd-13*E*-en-15-oic acid（117-3），及降半日花烷 nor-labdane 二萜，13,14,15,16-tetranorlabdane-8α,12,14-triol（117-4）[793]和 crassoside A（117-5）[794]。

从 *C. bauchiense* 分得对映-克罗烷 ent-clerodane 型二萜，ent-2β,18,19- trihydroxycleroda-3,13-dien-16,15-olide（117-6）[795]。

11.2.2.3　二氢异香豆素

从 *C. biafrae* 中分得二氢异香豆素类成分，biafraecoumarins A-C（117-7～117-9）[791]。但另有研究报道，本类成分是一株分离自野茼蒿 *C. crepidioides* 的植物内生真菌的代谢产物[796]，因此，有理由怀疑此类成分不是本属植物的代谢产物，而可能是本植物的内生真菌的代谢产物。

11.2.2.4　挥发油

研究显示本属植物的挥发油成分与产地、植物部位有较大的关系，如：

（1）越南产野茼蒿 *C. crepidioides* 叶、茎、花的挥发油的主要成分是月桂烯 myrcene，其含量分别是 59.3%、26.1%和 43.3%[797]。

（2）产于尼日利亚的野茼蒿 *C. crepidioides* 叶的挥发油的主要成分是 α-caryophyllene（10.29%）、β-cubebene（13.77%）和 α-farnesene（13.27%），而茎挥发油的主要成分是 thymol（43.93%）、α-caryophyllene（15.16%）和 4-cyclohexybutyramide（20.94%）[798]。

（3）产于印度的野茼蒿 *C. crepidioides* 根的挥发油的主要成分则是 (E)-β-farnesene（30.6%）、α-humulene（10.3%）、β-caryophyllene（7.2%）、cis-β-guaiene（6.1%）和 α-bulnesene（5.3%）[799]。

11.2.2.5　其　他

通过色谱分得或 GC-MS 鉴定出，本属还含黄酮、三萜、脑苷酯、酚类、皂苷、蒽醌等成分[791, 800-802]。

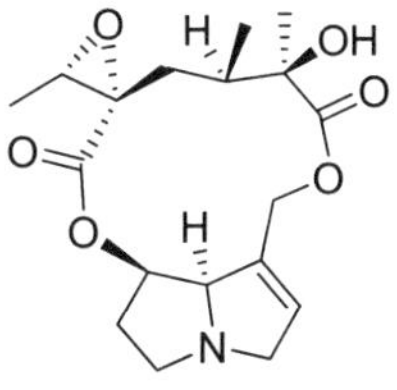

117-1 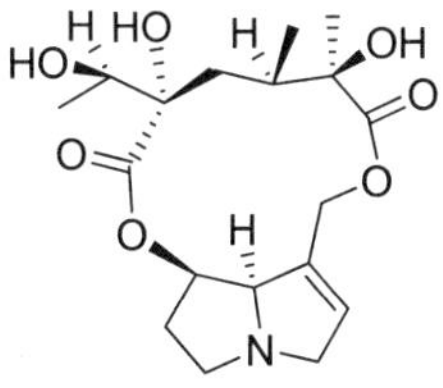　117-2 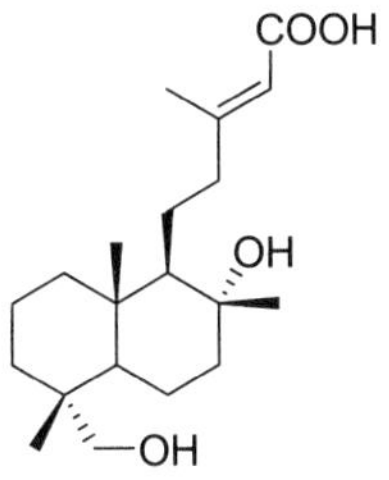　117-3 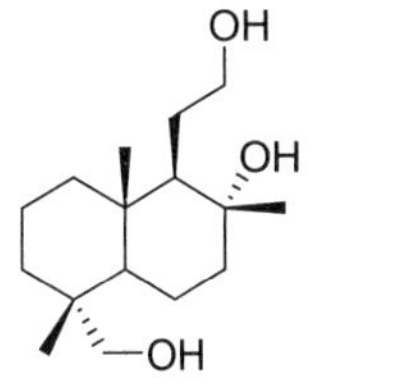　117-4

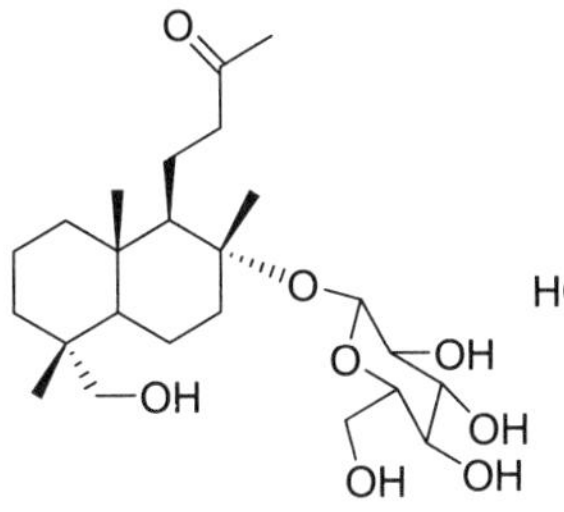

117-5 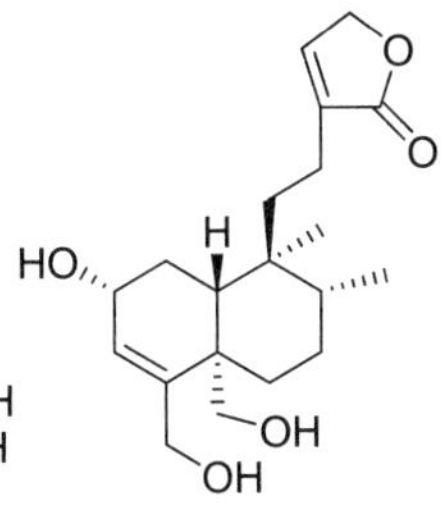　117-6 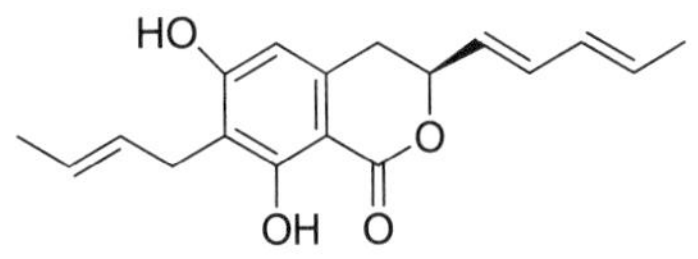　117-7

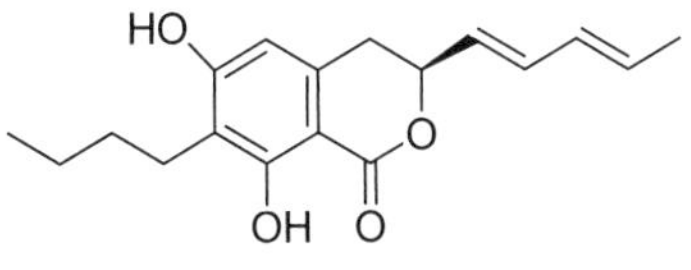

117-8 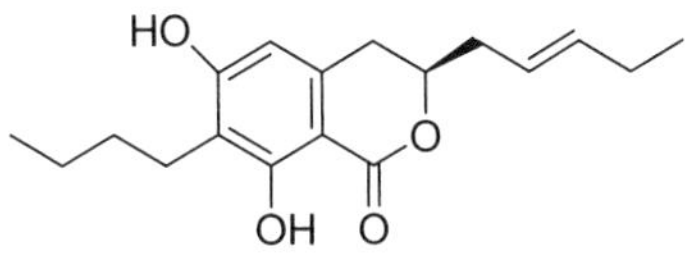　117-9

11.2.3　垂头菊属 *Cremanthodium*

本属是喜马拉雅山及其毗邻地区的特有属。现知有 64 种，我国全部都产。全部种类集中分布于青藏高原和西南山区，生于高山灌丛、高山草甸及高山流石滩生境中。

该属植物具有十分重要的药用价值，为传统藏药，具有多种生物活性。例如，盘花垂头菊 *C. discoideum*，主治中风、胆囊炎、头痛、呕吐等；矩叶垂头菊 *C. oblongatum*，临床用于中暑，具有清热解毒，愈伤，止痛之功；褐毛垂头菊 *C. brunneopilosum*，具有清热解毒、杀虫等；侧茎垂头菊 *C. Pleurocaule*，具有清热、解毒、止痛的功效，临床用于治疗感冒发烧、胆囊炎、化脓性发烧、胃痛、头痛等[803]。

11.2.3.1　倍半萜

本属植物富含倍半萜类成分，骨架类型有没药烷型 bisabolane、oplopane、愈创木烷、桉烷、吉马烷、艾里莫酚烷和蜂斗菜烷，而且倍半萜骨架类型是本属植物的化学分类标志物[156, 804]，如其中的呋喃艾里莫酚烷、8-酮型呋喃艾里莫酚烷和蜂斗菜烷。

（1）从盘花垂头菊 *C. discoideum* 中分得的没药烷型倍半萜，1β,8-diangeloyloxy-2β-acetoxy-4α-chloro-11-methoxy-3β,10-dihydroxybisabola,7(14)-ene（118-1）[805]；

（2）从 *C. ellisii* 中分得的 oplopanol 型倍半萜，crellisin 1（118-2）和 crellisin 2（118-3）[806]；

（3）从 *C. brunneo-pilosum* 分得低氧化度的愈创木烷、桉烷、吉马烷型化合物，如伪愈创木烷化合物 graveolide（118-4），而且由于本成分仅从本属植物的本种中分得，因此，具有分类学的意义[156]；

（4）从 *C. helianthus* 分得艾莫里酚烷 8-酮型化合物，(4S,5R,7S)-12-hydroxyeremophila-9,11(13)-dien-8-one（118-5）、[7(11)E]-12-hydroxyeremophila-7 (11),9-dien-8-one（118-6）[807]；

（5）从 *C. lineare* 分得艾莫里酚烷呋喃型化合物 3-acylfuranoeremophilan-9-one（118-7）；

（6）从 *C. lineare* 中分得蜂斗菜烷 bakkane 型倍半萜 11（12）-epoxide bakkane（118-8）[804]。

对于蜂斗菜烷 bakkane 型倍半萜，有研究认为其是衍生于呋喃艾莫里酚型倍半萜[808]，推测的生源合成途径如下。

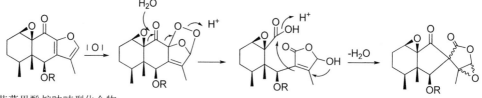

艾莫里酚烷呋喃型化合物 　　　　　　　　　　　　　　　　　　　蜂斗菜烷bakkane型倍半萜

11.2.3.2　挥发油

研究显示，不同种的挥发油成分有明显的差异，如：

（1）褐毛垂头菊的花挥发油中除烷烃和脂肪酸外，质量分数较大的化学成分有芳樟醇、丁香油酚、α-石竹烯等[809]。

（2）而侧茎垂头菊挥发油主要成分为[1S]-2, 6, 6-三甲基二环[3.1.1] 2-庚烯（11.30%）、1, 3, 3-三甲基-2-乙烯基-环己烯（5.65%）、1, 2, 3, 5, 6, 7, 8, 8a-八氢-1, 8a-二甲基-7-[1-甲基乙烯基]-萘（5.48%）、正十六烷酸（4.16%）等，而且该植物挥发油成分中，单萜类化合物含量最大，占总挥发油的 20.58 %，其次是倍半萜（18.66%），芳香族化合物（13.93%）等[810]。

11.2.3.3　其　他

本属还分离得木脂素、三萜、黄酮、异黄酮（鸢尾苷 tectoridin）等化合物。

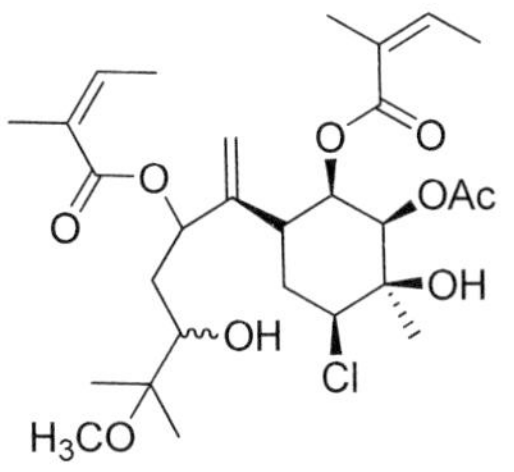

118-1

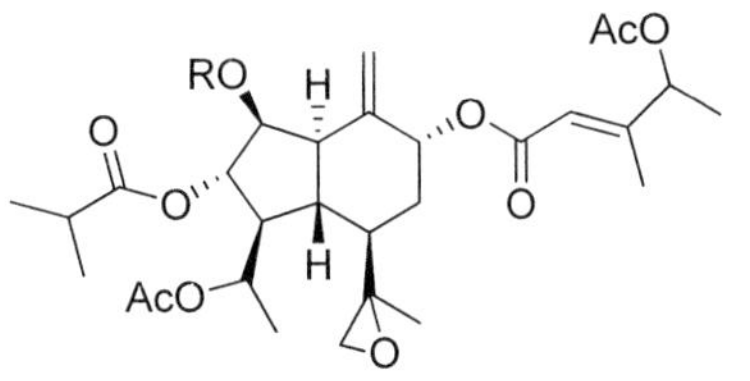

118-2 R=2-MeBu
118-3 R=isobutyryl

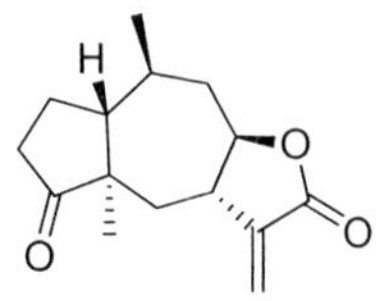

118-4

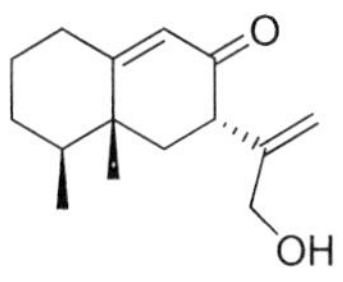

118-5

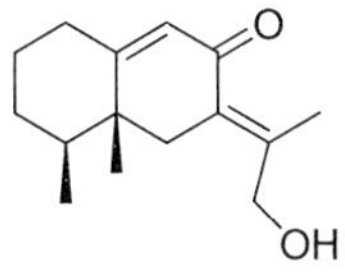

118-6

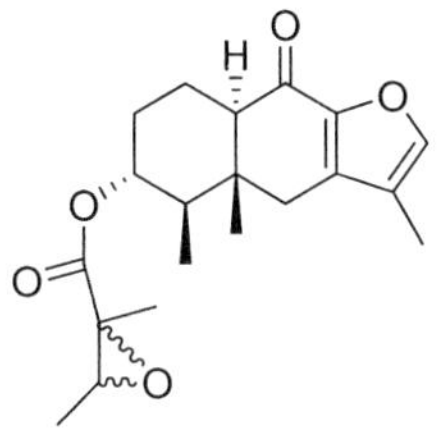

118-7

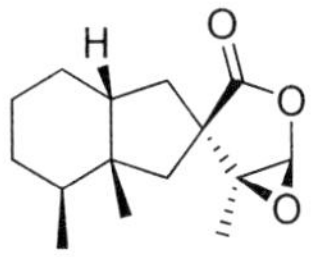

118-8

11.2.4　歧笔菊属 *Dicercoclados*

本属为单种属，歧笔菊 *Diceroclados triplinervis*，特产我国贵州。

至今还未有对本种的化学成分研究报道。

11.2.5　多榔菊属 *Doronicum*

全属约有 35 种，分布于欧洲和亚洲温带山区及北非洲。中国有 7 种，产于西北和西南部。

多榔菊 *Doronicum hookeri* 的根，为我国新疆地区使用的药材，具有生干生热、温补心脏、安神除烦、解毒除疫、保胎等功效，用于治疗湿寒性或黏液性疾病，如寒性心虚、心悸、心慌等疾病[811]。

11.2.5.1　吡咯里西啶生物碱 Pyrrolizidine alkaloids

结构类型有 senecionine-type 下的 senecionine group，以及无环结构的其他型 retronecine 和 otonecine 型。如通过离子交换固相萃取和离子对高效液相色谱分析，发现 *D. columnae* 叶中含大环吡咯里西啶生物碱 senkirkine（120-1）和 senecionine（120-2）[812]。通过硅胶柱色谱，从 *D. macrophyllum* 中分得三个吡咯里西啶生物碱 otosenine 、floridanine 和 doronine[813]。

11.2.5.2　二 萜

从 *D. macrophyllum* 的根中分得对映贝壳杉烷型二萜苷类化合物，如 doronicoside D（120-3）[814]。

11.2.5.3　百里香酚衍生物

本属富含百里香酚衍生物，如从 *D. corsicum* 挥发油中分离得到的 thymyl angelate

（120-4）和 10-isobutyryloxy-8,9-epoxythymyl angelate（120-5）[815]。

11.2.5.4 挥发油

大多数的研究认为本属植物的挥发油主要是倍半萜烯类成分，例如：① *D. austriacum* 是 germacrene D、β-caryophyllene、α-humulene 和 Z,E-α-farnesene；② *D. corsicum* 是 modhephene、(E)-β-caryophyllene、10-isobutyryloxy-8,9-epoxythymol angelate 和 thymol angelate；③ *D. orientale* 和 *D. bithynicum* 是(E)-β-farnesene；④ *D. macrolepis* Freyn & Sint. 是(E)-caryophyllene[815, 816]。

不同的是，*D. altaicum* 与多榔菊 *D. hookeri* 挥发油中的主要成分是芳香族成分①*D. altaicum* 挥发油中的主要成分是 eupatoriochromene（38.02%）、8-acetyl-7-hydroxy-2,2-dimethyl-2H-chromene（8.2%）、eudesm-4(15),7-dien-1-ol（6.0%）和 hexahydrofarnesyl acetone[817]；② 多榔菊 *D. hookeri* 挥发油中的主要成分是苯环衍生物，而不是倍半萜烯类成分，即主要的化学成分为 2′-羟基-4′-甲氧基苯乙酮异丙醚（70.26%）、4-(2-羟乙氧基)苯甲酸烯丙酯（18.23%）、油酸（1.98%）、棕榈酸乙酯（1.67%）、肉豆蔻酸（1.42%）、棕榈酸（1.11%）、癸酸（0.55%）和夹竹桃麻素（0.38%）等[811]。

11.2.5.5 其 他

本属还含黄酮、苯骈呋喃衍生物、聚炔、噻吩[818]等化合物。

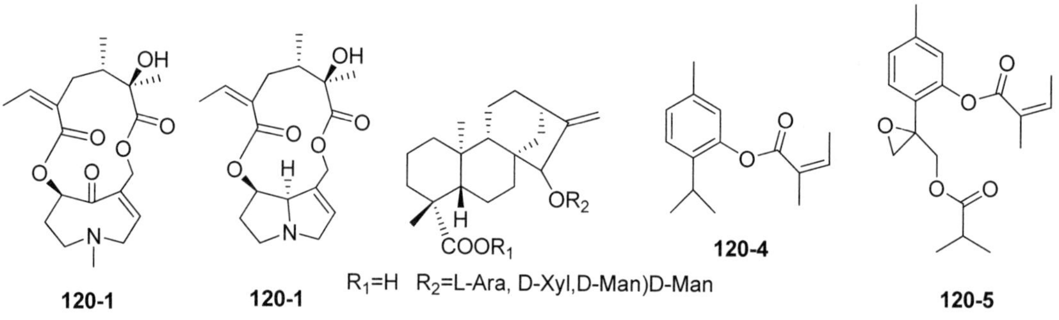

R₁=H R₂=L-Ara, D-Xyl,D-Man)D-Man

120-1　　**120-1**　　**120-3**　　**120-4**　　**120-5**

11.2.6 一点红属 *Emilia*

本属约 100 种，分布于亚洲和非洲热带，少数产于美洲。我国有 3 种，主要分布于华中、华南、华东和西南。

一点红 *E. sonchifolia* 具有清热解毒、散瘀消肿的功效，临床上常用于上呼吸道感染、肺炎、泌尿道感染、乳腺炎等的治疗，也是我国南方地区习用的药膳品种及凉茶药材，亦为多个少数民族的常用药[819]。

11.2.6.1 吡咯里西啶 pyrrolizidine 生物碱

结构类型有 senecionine-type 下的 senecionine group，以及无环结构的 retronecine 和 otonecine 型。如通过离子交换固相萃取和离子对高效液相色谱分析，发现 *E. coccinea* 叶中含常见的 12 元大环吡咯里西啶生物碱 senkirkine（120-1）和 otonecine 型化合物 senecionine-NO（121-1）[812]。

另外，通过 HPLC-MS 联用技术，鉴定 *E. fosbergii* 中含 11 种吡咯里西啶 pyrrolidine 生物碱，1- seneciphylline、2- senecionine、3- emiline、4- (*Z*) senkirkine、5- putative platinecine、6-acetylseneciphylline、7-ligularidine、8-putative otonecine、9-(*E*) neosenkirkine、10-platyphylline、11-petasitenine or otosenine、*NO*-correspondent pyrrolizidine alkaloids *N*-oxides[820]；通过 RP-HPLC ion trap MS 联用技术鉴定 *E. coccinea* 中的吡咯里西啶生物碱的类型有 platyphylline-*N*-oxide（主要类型）、platyphylline、ligularidine、neoligularidine、neosenkirkine 和 senkirkine[821]。

通过离子交换色谱和 GC 鉴定我国台湾产 *E. sonchifolia* 中含两类吡咯里西啶生物碱：① retronecine bases 型：senecionine、seneciphylline 和 integerrimine；② otonecine bases 型：senkirkine、otosenine、neosenkirkine、petasitenine、acetylsenkirkine、desacetyldoronine、acetylpetasitenine 和 doronine（121-2）[822]。

通过色谱技术，从 *E. sonchifolia* 中分得 senkirkine 和 doronine[823]；从 *E. flammea* 中分得 emiline（121-3）[824]；另外，从 *E. sonchifolia* 分得 1 个源自 1 个 bicyclo- [2.2.2]-oct-5-one ring 和 1 个四氢吡咯 pyrrolidine 结构的同名生物碱 emiline（121-4）[825]。

11.2.6.2　挥发油

E. fosbergii 叶的挥发油的主要成分是倍半萜（95.4%）和少量的单萜（0.9%），主要成分是 germacrene B（23.6%）、spathulenol（11.5%）、*cis*-muurola-4(14),5-diene（10.3%）和 *β*-longipinene（9.4%）[826]。

通过 SPME/GC/MS 技术分析小一点红鲜嫩枝叶挥发油的主要成分是：*β*-月桂烯（51.18%）、3，7，11，15-四甲基-2-十六烯-1-醇（21.55%）、*β*-水芹烯（8.42%）和正十六酸（2.48%）等[827]。

11.2.6.3　其　他

还从本属分得黄酮、有机酸、香豆素、苯丙素、聚炔、酮酯化合物等。

121-1　　　　　121-2　　　　　121-3　　　　　121-4

11.2.7　菊芹属 *Erechtites*

本属约 15 种，主要分布于美洲和大洋洲。我国有 2 逸生种，分布于华南、西南、福建、台湾。

E. hieracifolia 作为传统药物，其花与叶用于净化血液，而根作为治疗心脏疾病[828]。

11.2.7.1　吡咯里西啶生物碱

结构类型有 senecionine-type 下的 senecionine group，以及无环结构的其他型 retronecine 型。如通过溶剂提取与重结晶，从 *E. hieracifolia* 中分得两个生物碱，其中主要的 1 个生物碱为 hieracifoline（$C_{18}H_{15}O_5N$）。其通过酸水解，得到 retronecine 和 hieracinecic acid，因此，确定该化合物是与千里光属同类型的吡咯里西啶生物碱[829]。

11.2.7.2　挥发油

相同种不同产地、或不同种的挥发油显示出不同的化学成分类型，如：

（1）巴西产 *E. hieracifolia* 的植物挥发油的主要成分是 α-phellandrene（41.3%）、*p*-cymene（22.2%）、*cis*-ascaridol（10.2%）和 *E*-caryophyllene（7.4%）；玻利维亚产 *E. hieracifolia* 的植物叶挥发油的主要成分是 α-pinene（48%）、(*E*)-β-ocimene（13.9%）、myrcene（13.7%）和 (*E*)-caryophyllene（4.1%）；越南产 *E. hieraciifolius* 植物挥发油则以 α-pinene（14.5%）、limonene（21.4%）和 caryophyllene oxide（15.1%）为主。

（2）委内瑞拉产 *E. valerianaefolia* 植物挥发油中的主要成分是 limonene（56.7%）、myrcene（12.7%）、*trans*-β-farnesene（10.2%）和 1-phellandrene（8.7%）[828]；而越南产 *E. valerianifolius* 植物挥发油中最主要的成分则是 myrcene（47.8%）和 α-pinene（30.2%）[830]。

11.2.7.3　丁香酚衍生物

从 *E. hieracifolia* 中分得丁香酚衍生物，如 4(*O*)-[3,3-dimethylallyl]-syringaalkoholangelicat[831]。

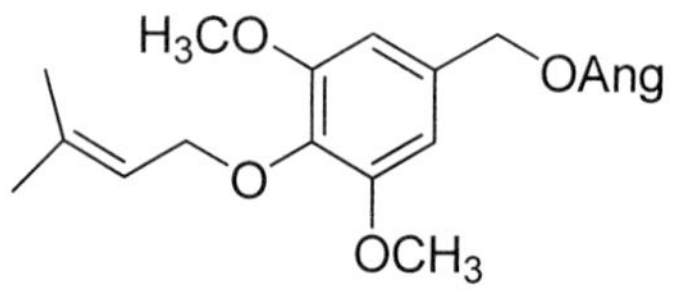

122-1

11.2.8　大吴风草属 *Farfugium*

本属为单种属，大吴风草 *F. japonicum* 产于我国和日本。另有文献报道，本属由 3 种植物及几个变种组成[832]。

大吴风草 *F. japonicum*，全草入药，味辛、甘、微苦，性凉，可治疗咳嗽咯血、便血、月经不调、跌打损伤、乳腺炎、痈疖肿毒[833]。

11.2.8.1　吡咯里西啶生物碱

从大吴风草 *F. japonicum* 根与叶中分离得吡咯里西啶生物碱，senkirkine（120-1）[834]和

petasitenine（123-1）[835]。

11.2.8.2　倍半萜

本属富含呋喃艾里莫酚烷 furanoeremophilane 型倍半萜，如从 *F. japonicum* (L.) Kitam. Var. *formosanum* (Hayata) Kitam 中 分 得 的 6β,8β,10β-trihydroxyeremophil-7(11)-en-12,8-olide（123-2）[832]。

另外，本属还含特异的苯基呋喃型、蜂斗菜烷 bakkane 型倍半萜类成分，如从 *F. japonicum* (L.) Kitam. Var. *formosanum* (Hayata) Kitam 中分得苯基呋喃型的倍半萜 farfugin A（123-3）[832] 和蜂斗菜烷 bakkane 型倍半萜 bakkenolide D（123-4）[836]。

11.2.8.3　挥发油

F. japonicum 的花挥发油中主要的化学成分是 1-十一碳烯（22.43%）、1-壬烯（19.83%）、β-石竹烯（12.26%）、α-胡椒烯（3.7%）、γ-姜黄烯（2.86%）、吉马烯 D（germacrene D, 2.69%）、1-癸烯（2.08%）等[833]。

11.2.8.4　其　他

还从本属植物分离得到酚类、醛类、三萜、二萜等。

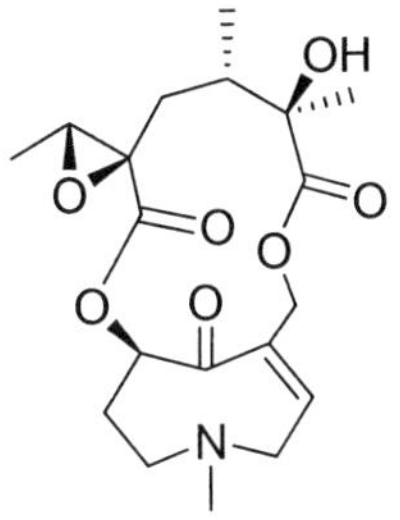

| 123-1 | 123-2 | 123-3 | 123-4 |

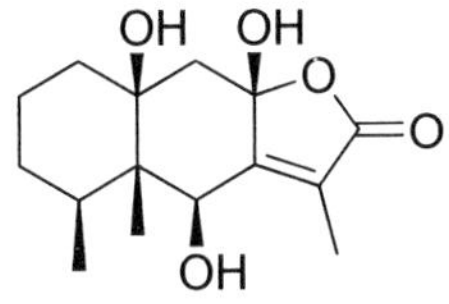

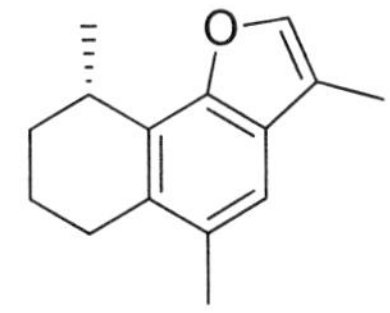

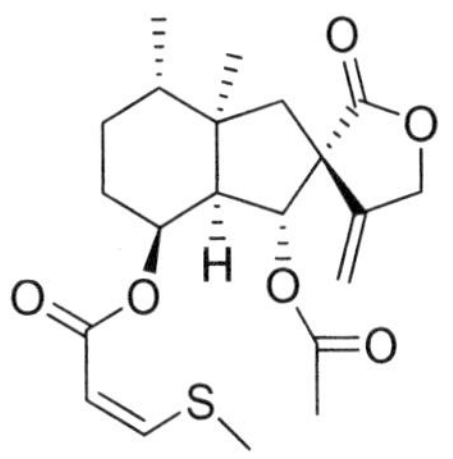

11.2.9　菊三七属 *Gynura*

本属约 40 种，分布于亚洲、非洲及澳大利亚。我国有 10 种，主要产于南部、西南部及东南部。

本属多种菊三七属植物被用作民间药物和食用蔬菜，如菊三七、红凤菜、白子菜、平卧菊三七和兰屿木耳菜民间用于治疗支气管肺炎、肺结核、肺出血、跌打损伤、痢疾等病；同时白子菜、平卧菊三七、木耳菜、白凤菜等也被当作食用蔬菜[837]。

吡咯里西啶生物碱是本属的特征性化学成分，而且本属较为稀缺倍半萜类成分，尤其是至今未分离得到艾里莫酚烷型倍半萜类成分，因此，本属应是本族植物中一个较原始的属。

11.2.9.1　生物碱及含氮化合物

除特征的吡咯里西啶类生物碱外，本属还含吡咯类生物碱、吡啶类生物碱、嘧啶类生物

232

碱、吡嗪类生物碱、吲哚类生物碱、嘌呤类生物碱、脑苷脂[838]类[837]。

土三七 *G. japonica* 含大量的吡咯里西啶类生物碱，其含量大于干重的 0.1%，而且通过 UPLC-MS，从本种的根与地上部分鉴定出 21 个本类成分，即 20 个 retronecine 型（RET-PA, nilgirine, riddelline *N*-oxide or jacozine *N*-oxide, jacobine *N*-oxide, RET-*N*-oxide, retrorsine *N*-oxide, spartioidine *N*-oxide, othonnine *N*-oxide, integerrimine *N*-oxide, senecionine *N*-oxide, RET-*N*-oxide, spartioidine, seneciphylline, (*E*)-seneciphyllinine *N*-oxide, seneciphyllinine *N*-oxide, integerrimine, senecionine, (*E*)-seneciphyllinine, seneciphyllinine）和 1 个 otonecine 型（senkirkine, 120-1），其中 retronecine 型吡咯里西啶类生物碱，又以 seneciphylline（124-1）型和它的 *N*-oxide（124-2）结构最为丰富与典型[839]。

11.2.9.2　挥发油

经 GC-MS 分析及色谱分离，*G. divaricata* 叶挥发油中的主要成分是倍半萜类成分，荜澄茄油烯醇 cubenol（65.7%）和桉油烯醇 spathulenol（6.4%）[840]。

而经 GC-MS 分析，*G. bicolor* 叶挥发油中的主要成分(*E*)-*β*-caryophyllene（31.42%）、*α*-pinene（17.11%）和 bicyclogermacrene（8.09%）；而茎挥发油中的主要成分是 *α*-pinene（61.42%），*β*-pinene（14.39%）和 myrcene（5.10%）[841]。

11.2.9.3　其　他

本属还含苯丙素类化合物、黄酮、三萜、甾体及甾体皂苷等类化合物。

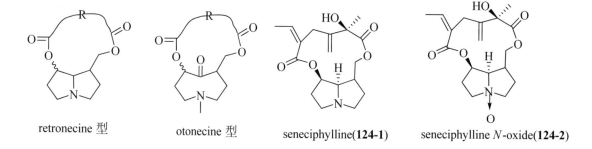

retronecine 型　　　otonecine 型　　　seneciphylline(124-1)　　　seneciphylline *N*-oxide(124-2)

11.2.10　橐吾属 *Ligularia*

全属约 130 种，绝大多数种类分布于亚洲，仅 2 种分布于欧洲。我国有 111 种，大部分种类集中于西南山区。

橐吾属植物药用种类较多，主要有止咳化痰、活血化瘀、清热解毒、催吐、利尿、利胆退黄等功效。其中，蹄叶橐吾 *L. fischeri* 的根及根茎以山紫菀之名入药[842]。

11.2.10.1　倍半萜

本属富含倍半萜类成分，骨架类型有没药烷 bisabolane、桉烷 eudesmane、oplopane、C14-降碳桉烷、呋喃艾里莫酚烷型、蜂斗菜烷 bakkane 型和 cacalol-type。它们的结构具有芳香化、高氧化度（如以当归酰氧基 angeloyloxy 酯）的结构特征，如：

（1）从 *L. dentata* 中分得的芳香化的没药烷型倍半萜，(8β,10α)-8-(angeloyloxy)-5,10-epoxybisabola-1,3,5,7(14)-tetraene-2,4,11-triol（125-1）和 (8β,10α)-8-(angeloyloxy)-5,10-epoxythiazolo[5,4-a]bisabola-1,3,5,7(14)-tetraene-4,11-diol（125-2）[843]。

（2）从 *L. sibirica* 中分得的呋喃艾里莫酚烷型倍半萜 ligularol（125-3）和 ligularone（125-4）[844]；以及具 6/6/6 三环及 9,13-醚桥结构的 C$_{14}$ 降桉烷倍半萜，rumicifoline A（125-5）[845]。

（3）从 *L. fischeri* 中分得一对稀有的蜂斗菜烷内酯 bakkenolide 型差向异构体，ligulactone A（125-6）和 ligulactone B（125-7），同时，研究认为 bakkenolide 型化合物生源合成于呋喃艾莫里酚型倍半萜的氧化、开环、环合等一系列化学反应[846]。

（4）从 *L. intermedia* 中还分得艾里莫酚烷 eremophilane 型双内酯（bislactones）化合物，如 eremopetasitenin B4（125-8）、eremofarfugin F（125-9）和 eremofarfugin G（125-10），它们的结构新颖之处是：分子中具有双内酯结构，其中 eremopetasitenin B4 分子中还具一个 C7/C8 环醚结构；而 eremofarfugin F 和 eremofarfugin G 为一对烯醇内酯酮型的 C-11 差向异构体结构[847]。

（5）在本属一些种也分得 cacalol-type 化合物，如从 *L. virgaurea* 中分得化合物 cacalol（125-11）。该类化合物在千里光属（族）较普遍存在，具有分类学的意义[848]。

（6）除倍半萜单体外，还从 *L. virgaurea* 中分得多个倍半萜二聚体，如 (5S)-5,6,7,7α,7β,12β-Hexahydro-3,4,5,11,12β-pentamethyl-10-[(3E)-pent-3-en-1-yl]-furo[3″,2″:6′,7′]-naphtho[1′,8′: 4,5,6]pyrano[3,2-b]benzofuran-9-ol（125-12）[849]。

11.2.10.2 吡咯里西啶生物碱

从 *L. cymbulifera* 中分得吡咯里西啶生物碱，1-[(β-D-glucopyranosyloxy)methyl]-5,6-dihydropyrrolizin-7-one（125-13）、1-formyl-5,6-dihydropyrrolizin-7-one（125-14）和 12-*O*-acetylyamataimine（125-15）[850]。

11.2.10.3 挥发油

对本属植物挥发油的成分研究较多，但研究显示：成分及含量受多个影响因素的影响，如 2 个不同产地产的 *L. amplexicaulis* 地上部分的挥发油的主要成分显示出含量的变化，即 limonene（34.0%，22.0%）、*p*-cymen-8-ol（16.0%，8.0%）、α-pinene（12.0%，10.0%）和 *p*-cymene（9.0%，37.0%）[851]；

L. hodgsonii 的根和根茎的挥发油主要成分是 1-(+)-ascorbic acid 2,6- dihexadecanoate（15.7%）、selina-6-en-4-ol（8.4%）和 9,10-dimethyl-1,2,3,4,5,6,7,8- octahydroanthracene（6.6%）[852]。

11.2.10.4 其 他

还分得苯基呋喃衍生物、单萜、三萜等化合物[842]。

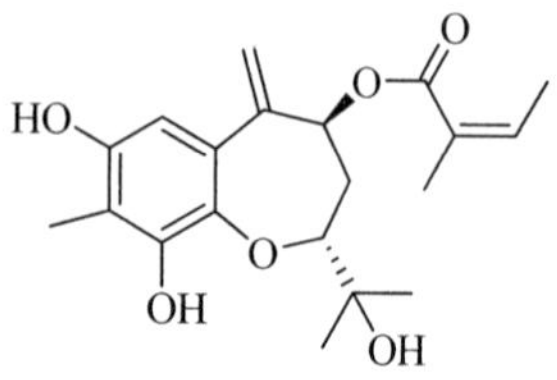

125-1 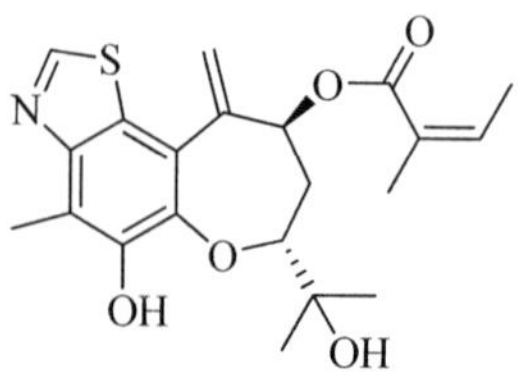　　　　125-2 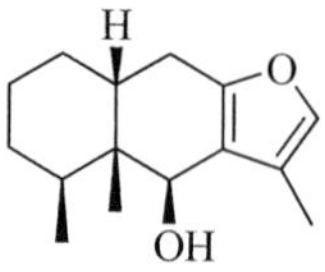　　　　125-3 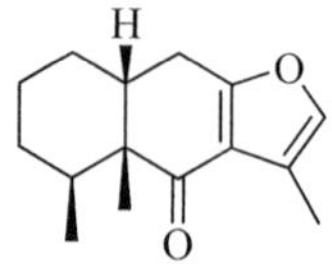　　　　125-4

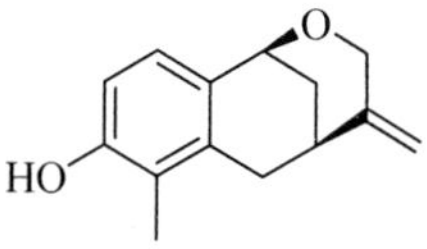

125-5 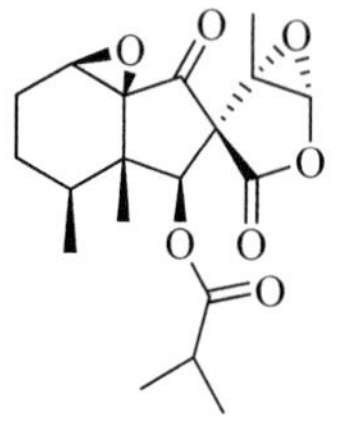　　125-6 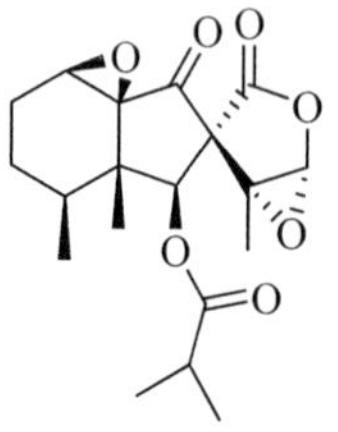　　125-7 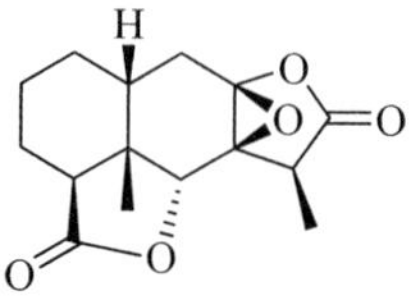　　125-8 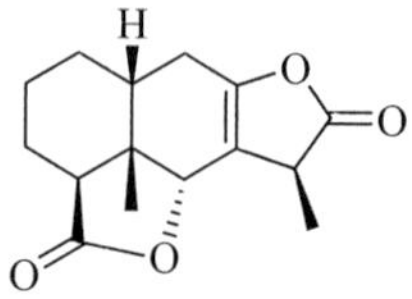　　125-9

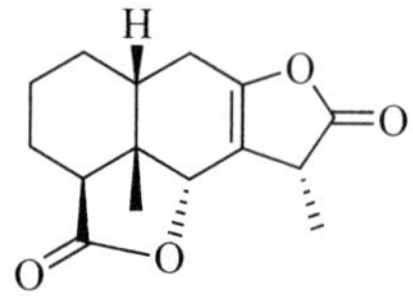

125-10 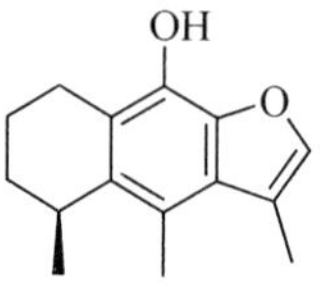　　125-11 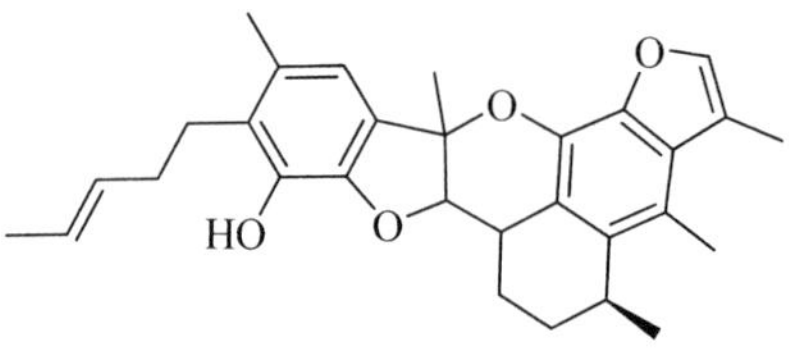　　125-12

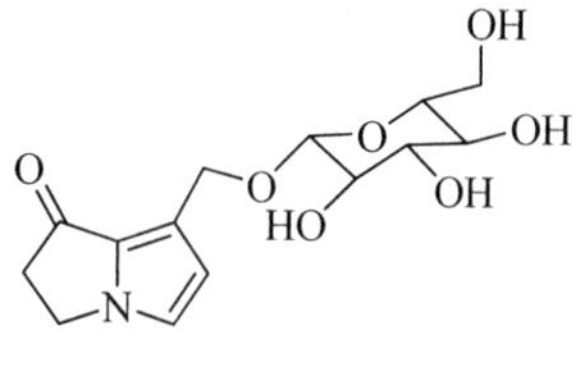

125-13 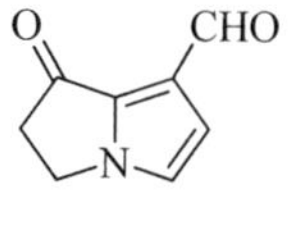　　125-14 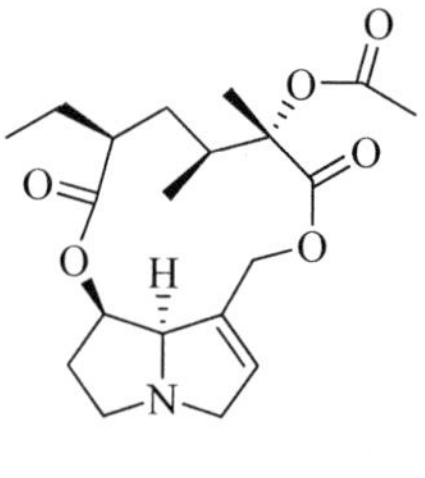　　125-15

11.2.11　假囊吾属 Ligulariopsis

本属仅 1 种，假囊吾 Ligulariopsis shichuana，产陕西和甘肃。

化学成分研究显示，假囊吾 Ligulariopsis shichuana 植物中含高氧化度的艾莫里酚烷内酯 eremophilenolide 型、氧化开环艾莫里酚烷内酯型 secomacrotolide，及其重排的螺结构的蜂斗菜烷内酯 bakkenolide 等骨架类型的倍半萜，如：① 蜂斗菜烷型化合物 1β,10β-epoxy-3α-angeloyloxy-9β-acetoxy-8α,11β-dihydroxybakkenolid（126-1）；② 艾莫里酚烷型化合物 1β,7-dihydroxy-3β-acetoxynoreremophil-6(7),9(10)-dien-8-one（126-2）、8α-hydroxy-3-oxoeremophil-1(2),7(11),9(10)-trien-8β(12)-olide（126-3）[853]；③ 以及开环的艾莫里酚烷内酯化合物 1β,10β-环氧-6β-8,9-开环-艾里莫酚-7(11)-烯-8(12)-内酯（126-4）[854]。

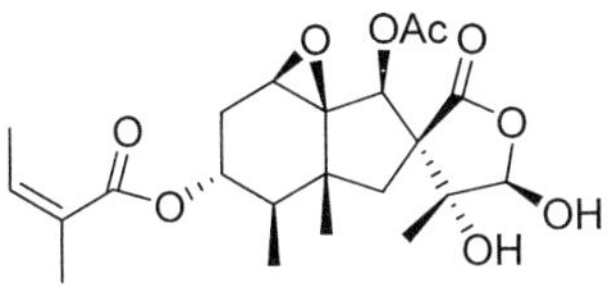

126-1 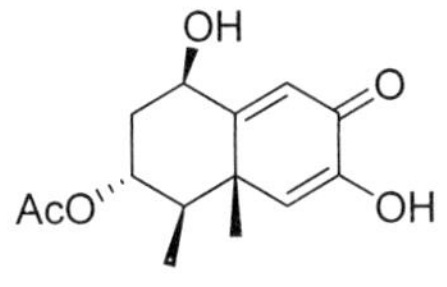   126-2 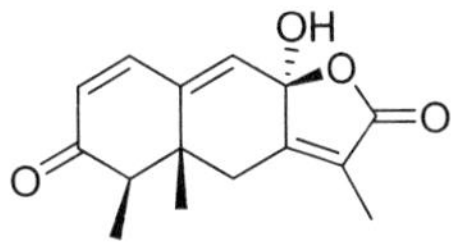   126-3 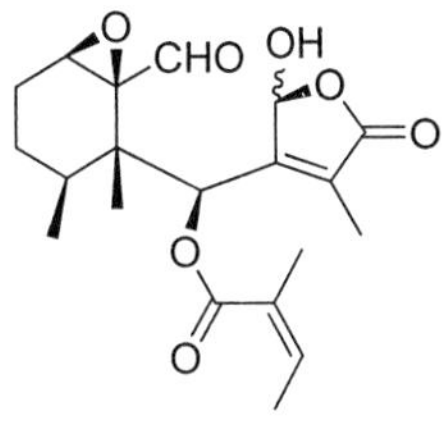   126-4

11.2.12   羽叶菊属 *Nemosenecio*

本属共 6 种。分布于中国和日本。我国有 5 种，除 1 种特产台湾外，其余均产于西南部。此属原为千里光属中的一个组，经瑞典学者 B. Nordesotam（1978）研究提升为属。

本属至今还未有相关的化学成分研究报道。

11.2.13   蟹甲草属 *Parasenecio*（原属名 *Cacalia*）

本属有 60 余种，主要分布于东亚及中国喜马拉雅地区。俄罗斯欧洲部分及远东地区也有。中国已知 51 种，主要产于西南部山区。

羽裂蟹甲草 *Cacalia tangutica* 具有顺气化痰、止咳、泻下等功效[855]。

11.2.13.1   倍半萜类

本属中的倍半萜成分较为丰富，其骨架类型也较为多样与典型，并以艾莫里酚烷型 eremophilane 为主，其他还有如 oplopane、没药烷型 bisabolane、桉烷 eudesmane、吉马烷、愈创木烷、cacalol 等，它们的代表化合物有：oplopane 型化合物 pararunine A（128-1）；没药烷型 bisabolane 型化合物 pararunine C（128-2）[856]；以及 cacalol 型化合物 14-angeloyloxydeltonorcacalol（128-3）[857]等。

11.2.13.2   香豆素

从 *P. rubescens* 中分得多个单萜醚化的香豆素类成分，如 pararubcoumarin A（128-4）[856]。

11.2.13.3   艾莫里酚烷-吲哚聚合物 Eremophilanyl Indoles

从 *P. albus* 中发现 7 个具有 12*H*-cyclopentane[b]naphthalenespiro-1,3′-indole 骨架的艾莫里酚烷-吲哚聚合物 parasubindoles A-G，本骨架类型化合物是首次从菊科植物中发现。其中，parasubindole A（128-5）和 parasubindole F（128-6），以及 parasubindole B 和 parasubindole G 为 C-3 位的差向异构体[858]。

11.2.13.4   吡咯里西啶生物碱 Pyrrolizidine Alkaloids

仅从本属的两种植物 *Cacalia yatabei* 和 *C. hastate* 中分得两个本类成分 yamataimine（128-7）和 integerrimine（128-8）[859]。

11.2.13.5 挥发油

羽裂蟹甲草 *Cacalia tangutica* 挥发油主要由单萜、氧化单萜和倍半萜组成，其中倍半萜的含量 32.1%，尤其显著。主要成分是：α-姜烯（13.49%）、大牻牛儿烯 D（10.76%）、α-蒎烯（8.54%）、顺式丁香烯（6.36%）、芳樟醇（6.16%）、β-月桂烯（4.89%）、顺式 β-罗勒烯（4.40%）和顺式罗勒烯酮（3.58%）[855]。

11.2.13.6 其 他

对映贝壳杉烷二萜、三萜及酚酸等[859]。

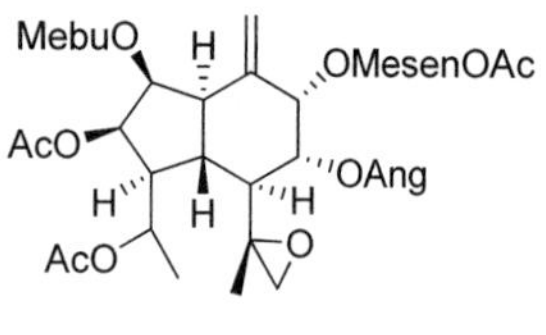

| 128-1 | 128-2 | 128-3 | 128-4 |

| 128-5 | 128-6 | 128-7 | 128-8 |

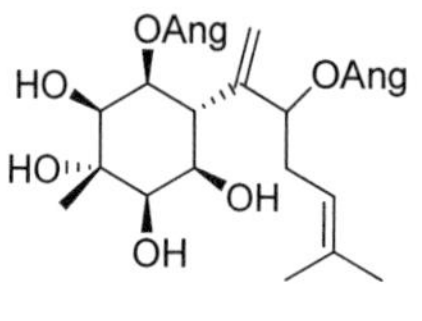

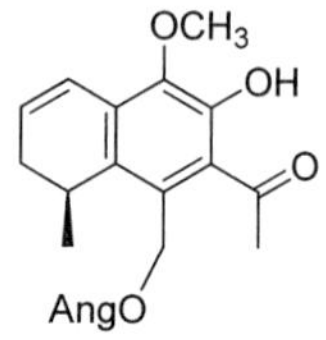

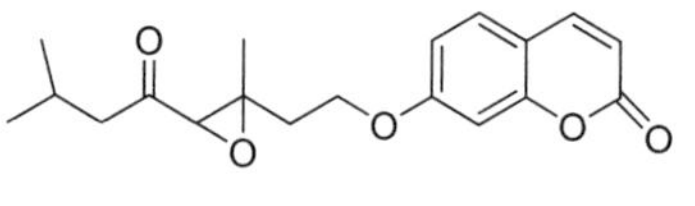

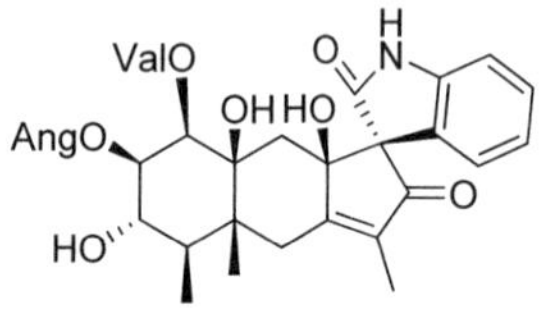

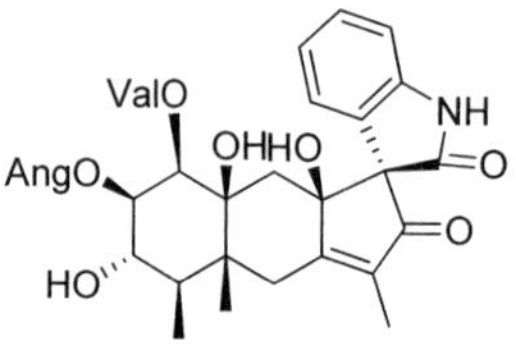

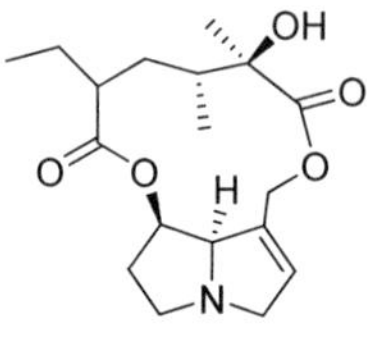

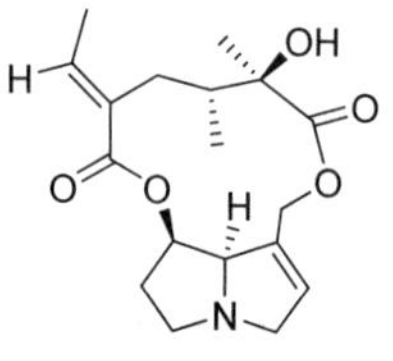

11.2.14 瓜叶菊属 *Pericallis*

本属约 15 种，主产加那利群岛马德拉岛及亚速尔群岛。我国习见栽培 1 种，瓜叶菊 *Pericallis hybrida*。

至今，未有本属的化学成分研究报道。

11.2.15 蜂斗菜属 *Petasites*

本属 18 种，分布于欧洲、亚洲和北美洲。我国有 6 种，产于东北、华东和西南部。

11.2.15.1 吡咯里西啶生物碱

本属含一类本族植物中不常见的 otonecine 型吡咯里西啶生物碱化合物，如本类成分 petasitenine (fukinotoxine)（130-1）、neopetasitenine（130-2）和 senkirkine（120-1）首次于 1970 年从 *P. japonicus* 中分得。在 2019 年，对本种再次的化学成分研究，又发现了一个本类化合物 secopetasitenine（130-3）[124]。

另外，通过离子交换固相萃取和离子对高效液相色谱分析，发现 *P. hybridus* 根茎中也含大环吡咯里西啶生物碱，如 senkirkine（120-1）和 senecionine（120-2）[812]。

11.2.15.2 倍半萜

从本属中分得的倍半萜类型较多，尤以酯类成分为特征，特征的骨架是：艾莫酚烷型 eremophilane 和内酯型、蜂斗菜烷内酯 bakkenolide 型、oplopane 烷型、开环的降碳的艾莫酚烷型降倍半萜 seco-eremophilane-type norsesquiterpenoids[672]，如：

（1）艾莫酚烷型 eremophilane 化合物：petasin（130-4）和 furanopetasin（130-5）[860]；

（2）蜂斗菜烷内酯化合物：(3R*,3′R*,3a′S*,5′R*,7′S*,7a′R*)-1′,3′,3a′,4′,5′,6′,7′,7a′-octahydro-3′-hydroxy-4,7′,7a′-trimethyl-2-oxospiro[furan-3,2′-inden]-5′-yl(2Z)-2-methylbut-2-enoate（130-6）[861]、petatewalide B（130-7）[862]；

（3）oplopane 烷型化合物 petasipaline A（130-8）[863]。

（4）另外，还从 P. hybridus 分得三环倍半萜 pethybrene（130-9）[864]。

11.2.15.3 挥发油

至今，对本属植物的挥发油有较多的研究，如研究发现，伊朗产 P. albus 的地上部分挥发油中的主要成分是：Euparin（73.0%）、α-eudesmol（13.2%）和 β-selinene（4.5%）；德国产 P. hybridus 根茎挥发油中大多数是倍半萜烃类成分，高比例成分是 non-1-ene、undec-1-ene (aliphatic hydrocarbons)、albene (norsesquiterpene hydrocarbon)、furanoeremophilane、fukinanolid (oxygenated sesquiterpenes) 等。

另外，对同一植物不同部位的挥发油的成分研究报道也较多，得出的结论也不太统一，如：

（1）比较分析日本产的 P. japonicus 的叶、根和花茎枝挥发油中的主要成分发现：叶与花茎枝中的主要成分是倍半萜烃类成分，含量分别是 65.8%和 35.0%，而根中主要是亲脂性成分，含量为 35.2%；日本和韩国产 P. japonicus 的不成熟茎中的主要成分是 non-1-ene、undec-2-ene、eremophilene 及其他成分。

（2）分析 80 个 P. japonicus 的花芽样本的甲醇提取物发现，至少存在有三个化学表型特征：fukinone、bakkenolide B (fukinolid) 和 isopetasin 的化学表型特征。另外，通过比较日本不同产地的 P. japonicus 的花茎挥发油，以及同一植物不同部位的挥发油，发现同一植物的不同部位的挥发性成分有较大的差异[865]。

（3）比较克罗地亚产 P. albus 和 P. hybridus 不同部位的挥发油发现，它们中的主要成分均是氧化倍半萜类成分为主，其中，P. albus 叶挥发油的主要成分是 bisabola-2,10-diene-1-one（25.75%）、其次为 fukinanolid（15.84%）、t-muurolol（14.17%）、t-cadinol（7.56%）、germacrene D-4-ol（7.56%）、germacrene D（5.09%）和 δ-cadinene（4.21%）；而且 Fukinanolid（bakkenolide A）是 P. albus 花茎（37.73%）和根茎（19.67%）的主要成分。

而 P. hybridus 叶挥发油中的主要成分是：bisabola-2,10-diene-1-one isomer（66.23%），其次是：dehydrofukinone（13.41%）、bisabola-2,10-diene-1-one derivative（4.25%）、germacrene D（1.50%）、phytol（1.05%）、trans-β-caryophyllene（1.01%）和 eremophilene（0.86%）；花茎挥发油的特征性成分是 tricosane（21.25%）、bisabola-2,10-diene-1-one derivative（13.45%）、β-eudesmol（5.70%）、fukinanolid（5.15%）、albene（4.30%）、bisabola-2,10-diene-1-one（4.25%）和 6,10,14-trimethyl-pentadecan-2-one（3.45%）；根茎的挥发油特征成分是 bisabola-2,10-diene-1-one derivative（21.76%）、fukinanolid（6.10%）、eremophilene（5.40%）、 hinesol（4.52%）、aromadendrene（4.35%）、β-eudesmol（4.24%）和 bisabola-2,10-diene-1-one isomer（4.03%）[865]。

11.2.15.4　苯骈呋喃衍生物

从 *P. albus* 中分得苯骈呋喃衍生物，如 petalbin（130-10）和 petalbone（130-11）[866]。

11.2.15.5　其　他

还分得黄酮、异黄酮、苯丙素、三萜 [bauerane 型化合物 bauer-7-ene-3β,16α-diol（130-12）[672]]等。

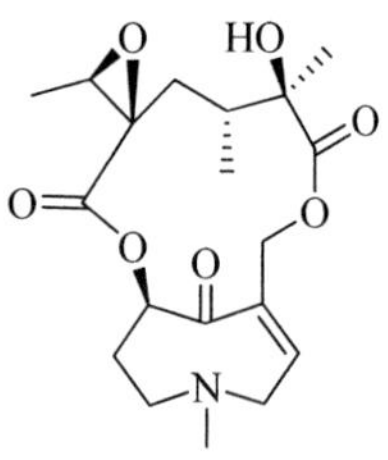

130-1	130-2	130-3	130-4
130-5	130-6	130-7	130-8
130-9	130-10　R=CH₃　130-11　R=COCH₃	130-12	

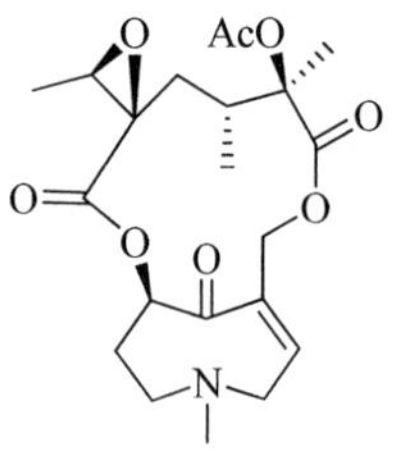

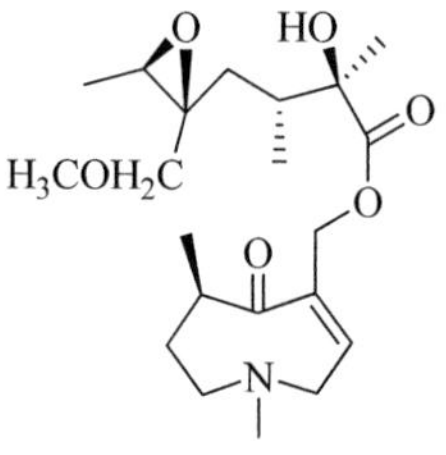

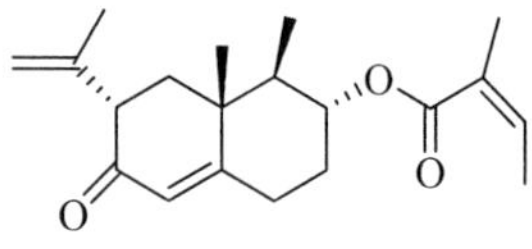

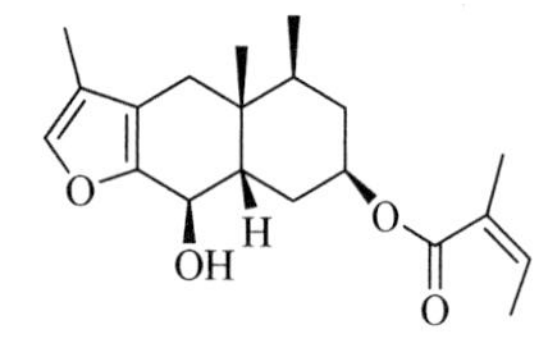

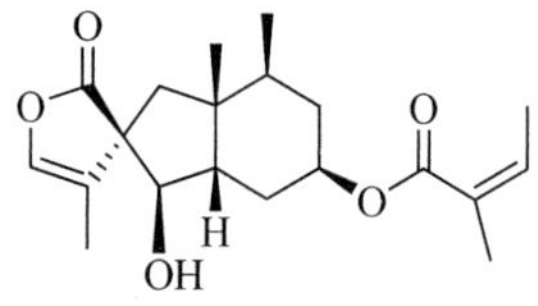

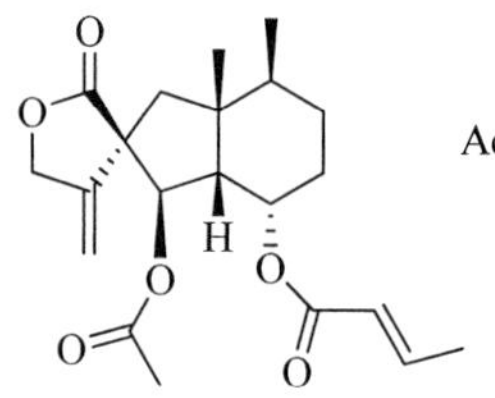

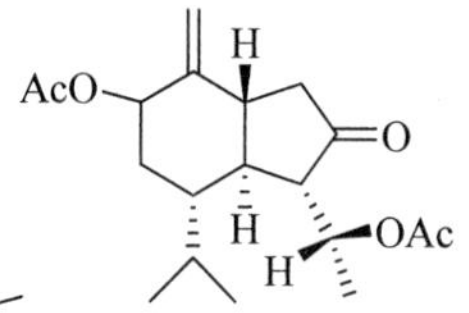

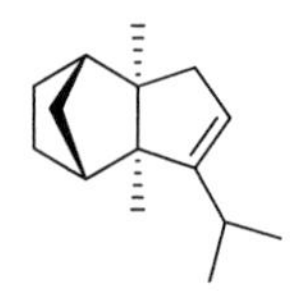

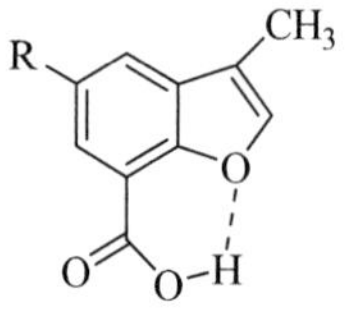

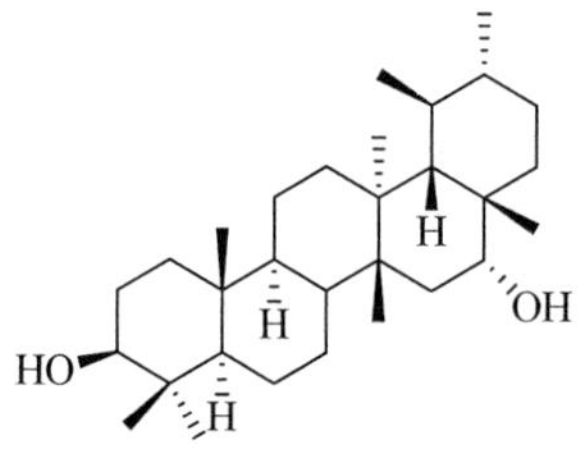

11.2.16　千里光属 *Senecio*

本属约 1 000 种，除南极洲外遍布于全世界。我国共有 63 种，主要分布于西南部山区，少数种也产于北部、西北部、东南部至南部。

该属植物具有清热解毒，清肝明目，散瘀消肿，杀虫止痒等功效[867]。本属植物的化学成分类型以吡咯里西啶生物碱及艾莫里酚烷或艾莫里酚内酯倍半萜为特征。

11.2.16.1　吡咯里西啶生物碱 pyrrolizidine alkaloids，PAs

千里光属植物中富含本类成分，而且大多为二酯型大环型生物碱。Senecionine-和 senkirkine（120-1）型大环二酯是千里光族植物的典型结构特征。除此之外，一些植物中也还含有 retronecine 型的单酯或开链的二酯型化合物，以及 1,2-饱和的 PAs。

根据 2011 年的统计，本属中的 PAs 的结构类型有（按千里光酸分类）[121]：

（1）senecionine-type 下的 senecionine group、senecivernine group、rosmarinine group。如从 *S. bupleuroides* 中分得 senecionine group（120-2）亚型化合物 senecionine（=aureine）、seneciphylline (=α-longilobine)和 retrorsine (=β-longilobine、isatidine)；从 *S. glaberrimus* 中分得 senecivernine group（131-1）亚型化合物 swazine；从 *S. hadiensis* 中分得 rosmarinine group（131-2）亚型化合物 rosmarinine、12-acetylrosmarinine、neorosmarinine。

（2）triangularine type 下的 triangularine group（131-3）亚型，如 *S. scandens* 中的化合物 7-tigloylplatynecine。

（3）monocrotaline-type（131-4）。如从 *Jacobaea othonnae* (M.Bieb.) Spreng. Ex C.A.Mey. (=*S. othonnae* M.Bieb.)中分得的 othonnine。

另外，按千里光碱的碱基来分类则有：retronecine（131-5）、platynecine（131-6）和 otonecine（131-7）型。

除此之外，从千里光属植物中还分得一些特殊类型的 PAs，如：

（1）具 α,β-不饱和羰基的 PAs (α,β-unsaturated carbonyl group PAs)

从 *Jacobaea vulgaris*（syn. *Senecio jacobaea* L.）中分得四个此类成分，seneciojanines A-D（131-8～131-11），它们为在 C-3 位具 α,β-不饱和羰基、C-8 位羟基的十二元大环双酯 PAs[868]。

（2）C-3 位具烷基取代的 PAs

从 *S. callosus* 中分得一个此类成分 callosine（131-12），其在 C-3 位具有乙酸甲酯取代结构[869]。

11.2.16.2　杂环化合物

从 *Jacobaea vulgaris*（syn. *Senecio jacobaea* L.）中分得两对对映异构体杂环化合物 millingtojanine A（131-13）和 B（131-14）[868]。本类骨架最早是从紫葳科 *Millingtonia hortensis* 植物中分离得到的，并认为其生源合成于植物中含有的前体成分环己基乙醇和苯乙醇；而分子中的吡咯烷结构来源于鸟氨酸，但此吡咯环是如何插入分子中的机制还不清楚[870]。

11.2.16.3　倍半萜

艾莫里酚内酯、艾莫里酚烷、呋喃艾莫里酚烷型倍半萜是本属植物的特征性倍半萜类成分。至今，从千里光属植物中分得的倍半萜骨架有约 30 种，化合物超 600 个，其中，艾莫里酚烷 eremophilane 和它的衍生物（包括呋喃艾莫里酚烷与艾莫里酚烷内酯）是本属最丰富的结构类型（52%），其次依次的结构类型分别是：cacalols（15%）、桉烷 eudesmanes（6%）、吉马烷 germacranes（6%）、没药烷 bisabolanes（5%）和 oplopanes（4%），其他还有如杜松烷 cadinanes、phomalairdanes、石竹烷 caryophyllanes、愈创木烷 guaianes、isodaucanes 和 oppositane[871]等。如：

（1）从 *S. argunensis* 中分得 3 个 isodaucane 型倍半萜 isodauc-7(14)-en-6α,10β-diol（131-15）、10β-hydroxyisodauc-6-en-14-al 和 artabotrol；

（2）3 个 oppositane 型倍半萜(7S*)-I-4(15)-en-1β,7-diol（131-16）、(7R*)-I-4(15)-en-1β,7-diol 和 I-4(15)-en-1b, 11-diol；

（3）以及 β-紫罗兰酮型化合物 loliolide（131-17）和 5α,6α-epoxy-3b-hydroxy-megastigm-7-en-9-one[872]。本类成分一般认为是降碳的倍半萜类成分，但从生源途径来分析，本类成分就是四萜类成分类胡萝卜素的降解产物，而且由于四萜与倍半萜的生源合成途径起源不同，因此，将本类成分归类为降碳的倍半萜类成分已显不妥。

同时，根据倍半萜的结构特征，将本属 149 种植物分为 7 个化学组，即 Sect. bisabolane、Sect. cacalol、Sect. eremophilane、Sect. furanoeremophilane、Sect. eremophilanolide、Sect. eudesmane 和 Sect. germacrane，而且根据生源合成途径，可将本属植物划分为两个类群，一是复杂骨架结构类群，即呋喃艾莫里酚烷（包括 cacalols）和艾莫里酚烷内酯类群，二是原始且骨架多样，如吉马烷、愈创木烷、桉烷、没药烷等的结构类群[871]。推测的合成途径如下：

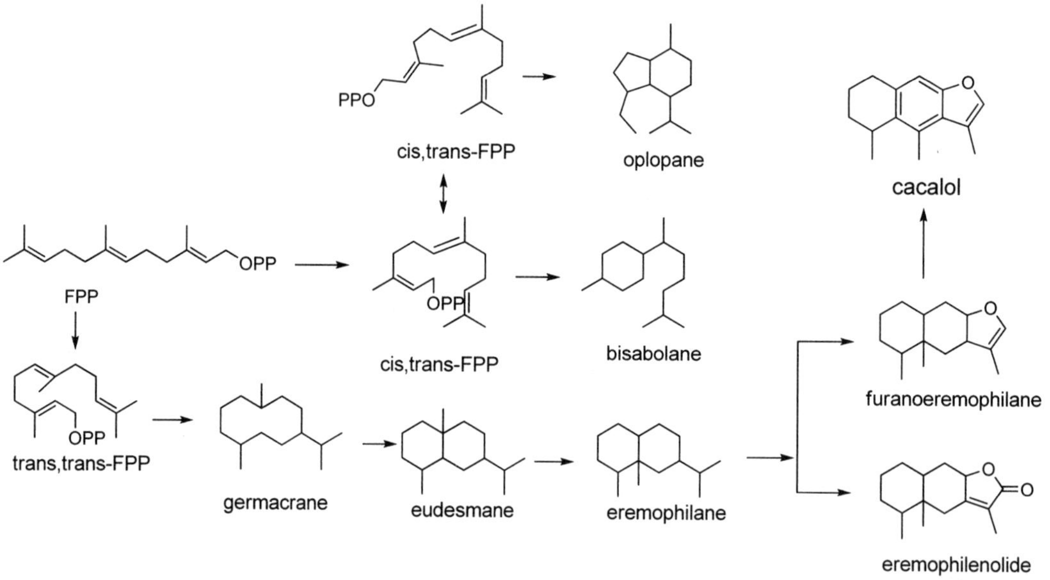

11.2.16.4 苯骈呋喃衍生物

从秘鲁产的三种千里光属植物中分离得四个本类成分，3,7-dimethoxy-2-isopropyl-5-acetylbenzofuran（131-18）、3,7-dimethoxy-2,5-diacetylbenzofuran（131-19）、7-methoxy-2α-isopropyl-3-one-5-acetylbenzofuran（131-20）、7-methoxy-2α-isopropyl-2β-hydroxy-3-keto-acetylbenzofurane（131-21）[873]。

11.2.16.5 二 萜

从秘鲁产的 *S. klugii* 植物中分得对映贝壳杉烷型二萜化合物，ent-kaur-16-en-18-oic acid、ent-kaur-16-en-19-ol、ent-kauren-16-ol (kaurenol)、tetrachirin[873]。

11.2.16.6 单萜和四氢萘化合物

从 *S. argunensis* 中分得两个结构新颖的化合物，单萜 senarguine A（131-22）和四氢萘并呋喃化合物 senarguine B（131-23），而且研究认为单萜化合物 senarguine A 可能是吡咯里西啶生物碱生源合成途径中的千里光酸的前体化合物[874]。

11.2.16.7 挥发油

S. filaginoides 挥发油中的主要成分是 10αH-furanoeremophil-1-one（16.2% ~ 26.9%）（131-24），它可通过将挥发油降至 4 ℃ 析出黄色晶体得以分离[875]。

11.2.16.8 其 他

还从本属分得苯甲酸衍生物、黄酮、半醌醇 semiquinol 型化合物[代表化合物蓝花楹酮 jacaranone（131-25）[876]]、木脂素、甾醇等[789]。

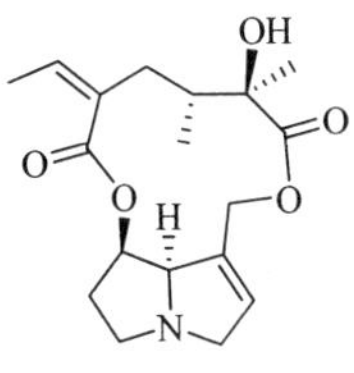

| 120-2 | 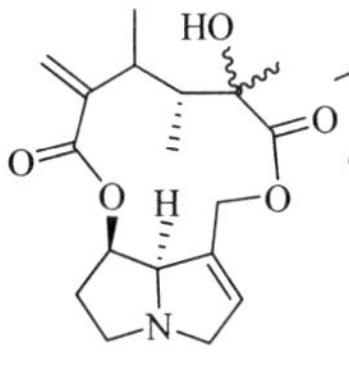 131-1 | 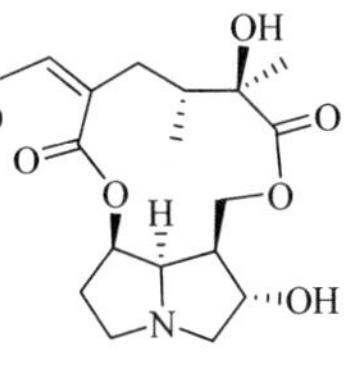 131-2 | 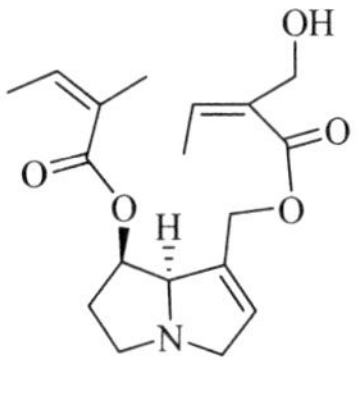 131-3 | 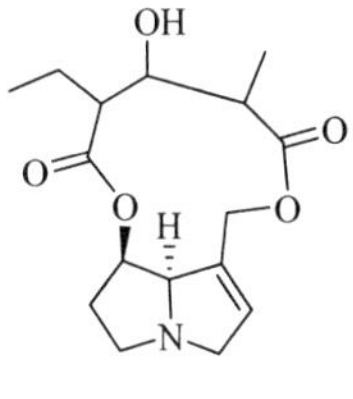 131-4 |

| 131-5 | 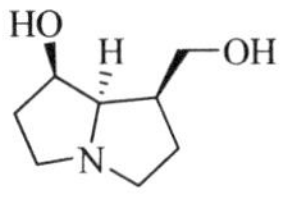 131-6 | 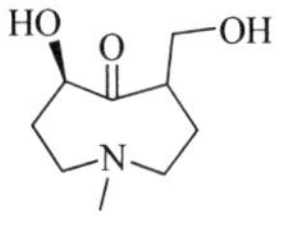 131-7 | 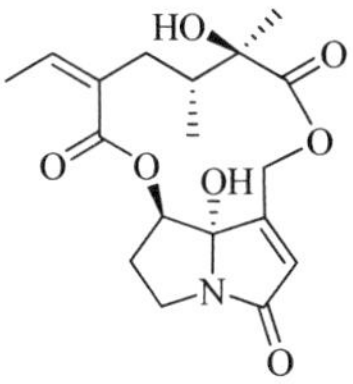 131-8 | 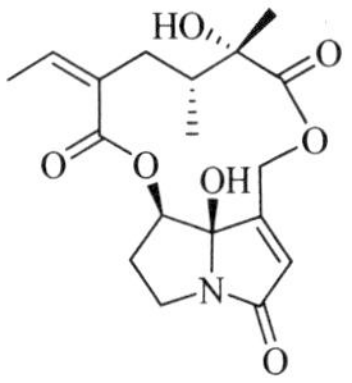 131-9 |

| 131-10 | 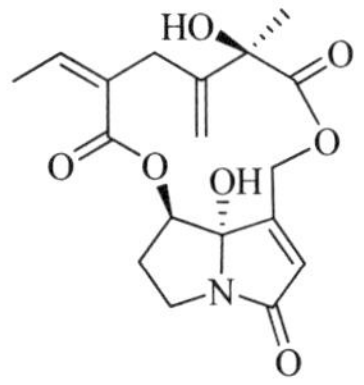 131-11 | 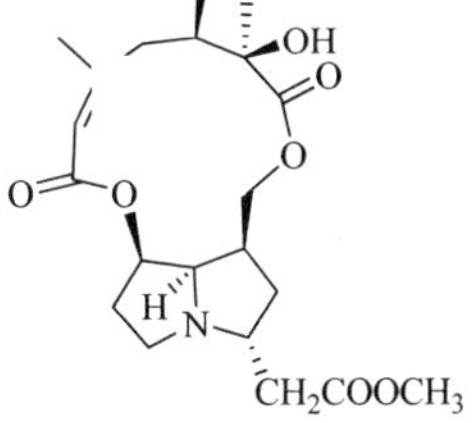 131-12 |

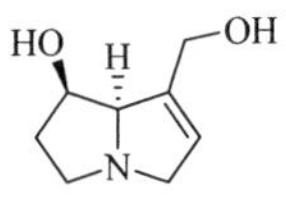

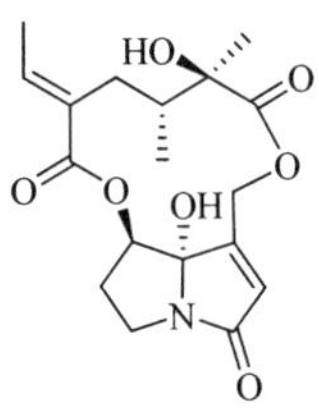

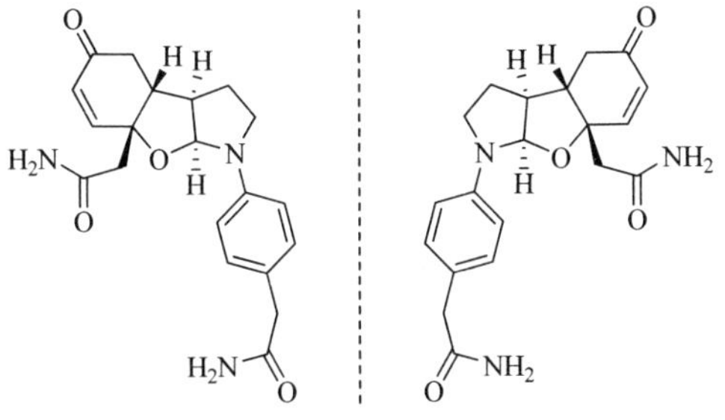

(+) 　 (-) 131-13 　 (+) 　 (-) 131-14

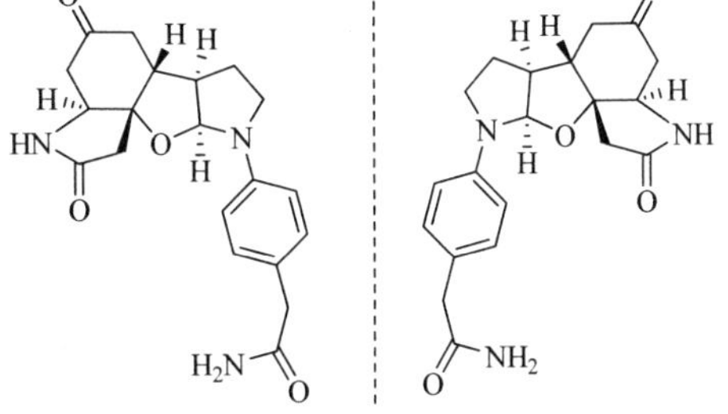

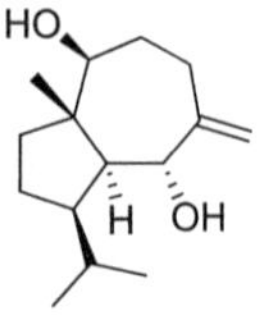

242

131-15 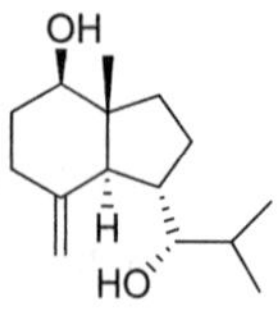 **131-16** 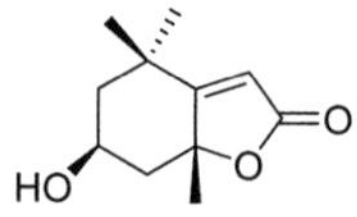 **131-17** 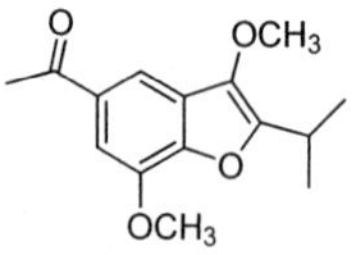 **131-18** 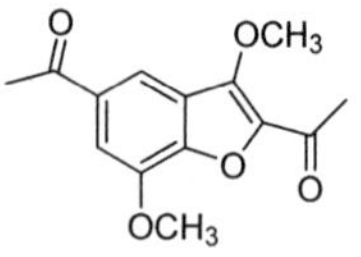 **131-19**

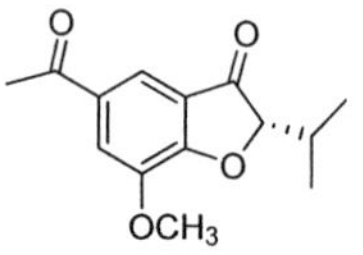

131-20 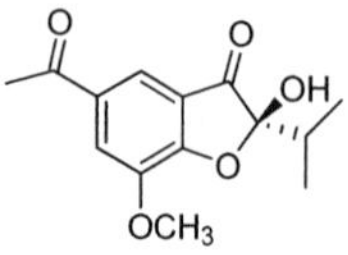 **131-21** 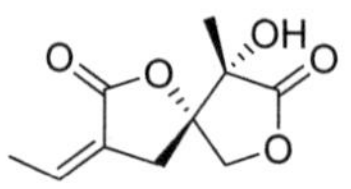 **131-22** 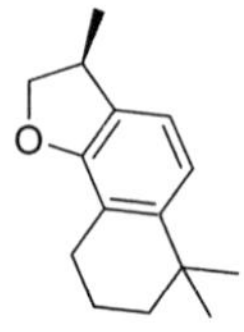 **131-23** 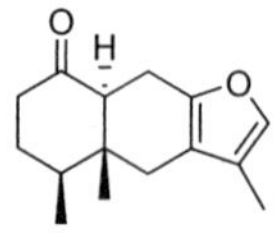 **131-24** 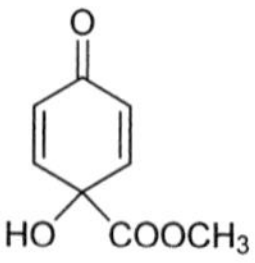 **131-25**

11.2.17　华蟹甲属 *Sinacalia*

本属为我国特有属，共有 4 种。本属与橐吾属 *Ligularia* 和蟹甲草属 *Parasenecio* 有密切的亲缘关系，但至今的化学成分研究还未发现本属植物中含有 PAs。

华蟹甲 *S. tangutica* 为一味传统药物，具有祛痰、止咳、抗组胺、抗自由基及泻下作用[877]；双花华蟹甲 *Sinacalia davidii* 具有祛寒通经，疏肝理气，消炎、抗菌、抗螺旋体病毒及治疗偏瘫、胸肋胀痛等功效[878]。

11.2.17.1　倍半萜

从华蟹甲 *Sinacalia tangutica* 分离得到的倍半萜骨架类型有：石竹烷 caryolane、愈创木烷、桉烷、吉马烷及艾莫里酚烷型，如石竹烷型三环倍半萜 9α-hydroxy-1β-methoxycaryolanol（132-1）、艾莫里酚烷型倍半萜 eremophila-9,11-dien-8-one（132-2）[877]。

11.2.17.2　黄烷化合物

从华蟹甲 *Sinacalia tangutica* 分离得到一个黄烷化合物，4α, 5-dimethoxy-8-formyl-7-hydroxy-6-methylflavan（132-3）[879]。

11.2.17.3　其　他

还分得黄酮、香豆素、甾醇、咖啡酰奎宁酸、酚苷、三萜等。

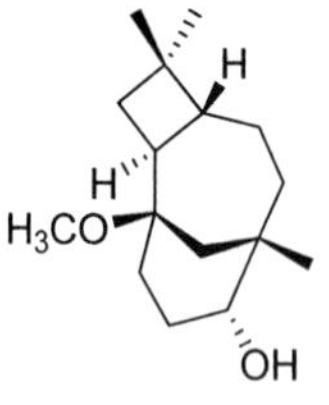

132-1 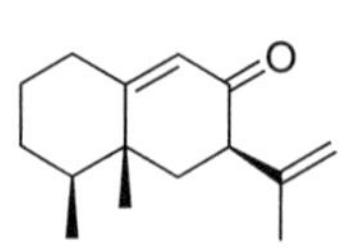 **132-2** 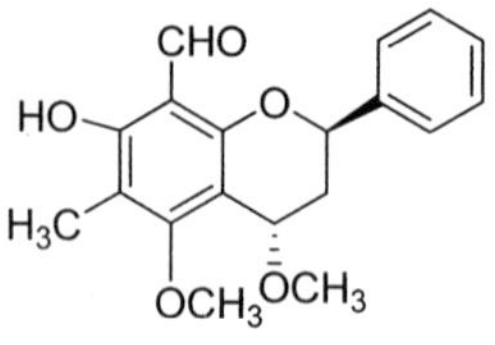 **132-3**

11.2.18　蒲儿根属 *Sinosenecio*

本属约 36 种，主要产于我国，仅有 3 种分布延伸至朝鲜、缅甸及中南半岛；另有 1 种产于北美洲。我国有 35 种。

至今，还未有对本属植物的化学成分研究报道。

11.2.19　兔儿伞属 *Syneilesis*

本属共有 5 种，产于东亚，主要分布于中国、朝鲜和日本。我国产 4 种。

11.2.19.1　吡咯里西啶生物碱

从 *S. palinata* 和 *S. aconitifolia* 中均分离得到本类成分，syneilesine（134-1）和 acetylsyneilesine（134-2）[880]。

11.2.19.2　倍半萜

呋喃艾莫里酚烷、艾莫里酚烷内酯及艾莫里酚烷型倍半萜为本属植物特征的化学成分类群，另外，本属还以本类成分的糖苷化结构为特征，如从 *S. aconitifolia* 中分离得到的艾莫里酚烷型葡萄糖苷化合物 eremophilane glucosides，3α-hydroxy-7β-eremophila- 9,11(*E*)-dien-8-one-12-*O*-β-D-glucopyranosyl-(1→6)-*O*-β-D-glucopyranoside（134-3）[881]。

11.2.19.3　其　他

黄酮、甾体、三萜、单萜等。

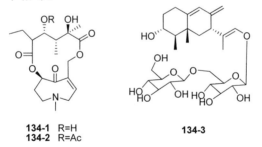

134-1　R=H
134-2　R=Ac

134-3

11.2.20　合耳菊属 *Synotis*

本属约 54 种，除苍术叶合耳菊 *S. atractilifolia* (Ling) C. Jeffrey et Y. L. Chen 产于我国宁夏贺兰山外，全部种类均分布于中国喜马拉雅地区。在中国已知有 43 种，主要集中于西南部山区。

至今，仍未有对本属植物的化学成分研究报道。

11.2.21　狗舌草属 *Tephroseris*

本属约 50 种，分布于温带及极地欧亚地区，1 种扩伸至北美洲。我国 14 种，北部、东北部至西南部均有分布。

据《唐本草》记载：狗舌草 *Tephroseris kirilowii*，味苦、性寒，用于清热解毒、利尿及肺脓疡等治疗[882]。现代研究表明，狗舌草具有抗溃疡和抑制肿瘤生长等活性，其抑制作用主要针对白血病细胞、恶性网状细胞及皮肤癌细胞[883]。

11.2.21.1 吡咯里西啶生物碱

从 *T. integrifolia* 中分得的本类成分有：senkirkine（120-1）、otosenine（136-1）、hydroxysenkirkine（136-2）和 *O*-7-angeloylheliotridine（136-3）[884]；而从 *T. kirilowii* 中分得的本类成分是吡咯里西啶生物碱鼠李糖苷化合物，thesinine-4′- *O*-α-L-rhamnoside(136-4)[885]。

11.2.21.2 倍半萜

从 *T. kirilowii* 中分得的倍半萜是 oplopane 烷型降倍半萜，如 tephroside A（136-5）和 B（136-6）[885]。

11.2.21.3 其　他

黄酮、苯丙素、三萜、香豆素等。

	R1	R2
120-1	-----	H
136-1	O	H
136-2	----	OH

136-3

136-4

136-5

136-6

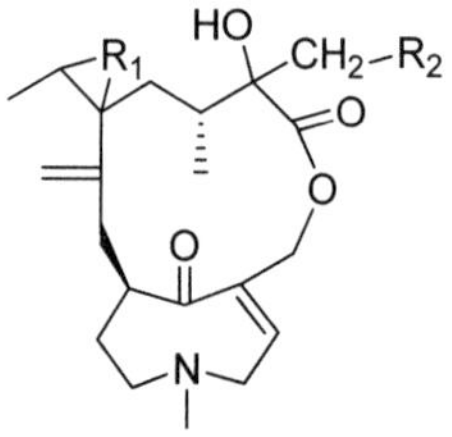

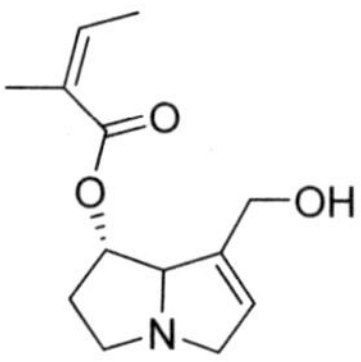

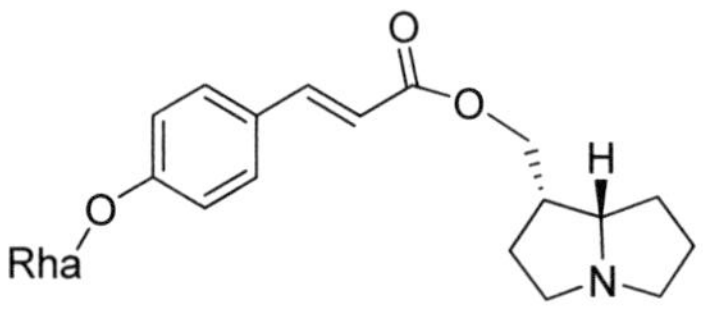

11.2.22 款冬属 *Tussilago*

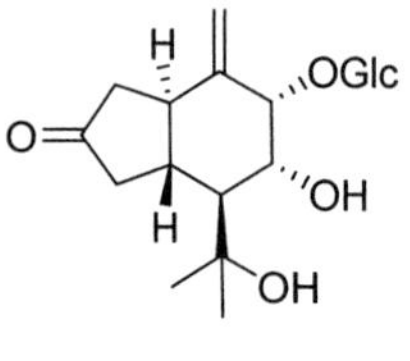

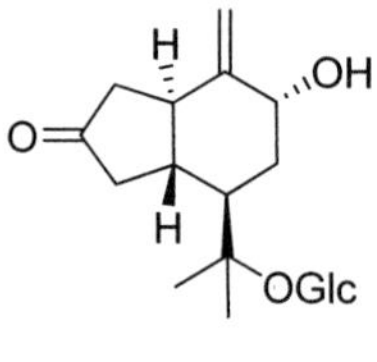

本属仅 1 种，分布于欧亚温带地区。

款冬花为菊科款冬属植物款冬 *Tussilago farfara* 的干燥花蕾，又称冬花。其性温，味辛，主治咳逆上气善喘，喉痹、肺痿肺痈、吐脓血等疾病[886]。至今，从款冬植物中分离得到约 150 个化合物，包括倍半萜、三萜、黄酮、酚类、色酮衍生物、生物碱等，其中倍半萜类化合物款冬酮 tussilagone 及咖啡酰基奎宁酸为款冬的主要活性成分[887]。

11.2.22.1 吡咯里西啶生物碱

至今，研究报道了款冬植物中总共大约 10 个本类成分，如通过离子交换固相萃取和离子对高效液相色谱分析，发现 *T. farfara* 叶、花中含大环吡咯里西啶生物碱 senkirkine（120-1）和 senecionine（120-2）[812]。

11.2.22.2 倍半萜

至今分得的倍半萜化合物有 52 个，它们主要的骨架类型有：oplopane 和没药烷 bisabolane型，而且它们具有多种酯取代的结构特征。另外，本种植物中还具有桉烷型、双环降倍半萜等少量的其他骨架类型倍半萜[887]。

1. oplopane 烷

本类化合物可认为是本属植物的特征性成分，其骨架为[4.3.0]双环骨架，而且骨架上看，可认为本类化合物是没药烷型化合物 C-5 与 C-10 环化，再 C5 与 C-1 环化而成，推测的合成途径见下。但是，从生源上有分析认为是从 cis,trans-FPP 环化而来（推测的生源合成途径见千里光属）。

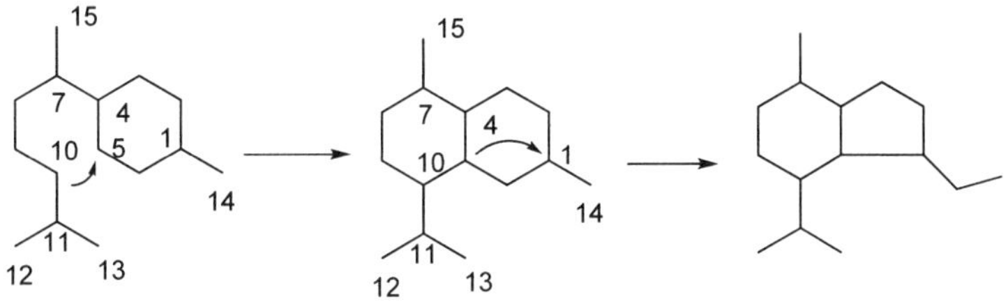

没药烷   oplopane

至今从 *T. farfara* 中分得的本类成分有 28 个，代表化合物是款冬酮 tussilagone（137-1）。

2. 没药烷

至今从 *T. farfara* 中分得的本类成分有 21 个，如从款冬花分得的 8-angeloylxy-3,4-epoxy-bisabola-7(14),10-dien-2-one（137-2）。

11.2.22.3 挥发油

多个研究发现，本种挥发油的成分有较大的变异，不仅在产地上，而且在植物不同部位上也有差异，如款冬叶挥发油中的主要成分是：14-hydroxy-Z-caryophyllene、α-cadinol、4,4-dimethyl tetracyclo[5.2.1.02,6.03,5]decane、humulene epoxide Ⅱ 和(E)-nerolidol；而花挥发油中的主要成分是：n-undecane、n-tetracosane、phytol、hexacosane、n-tetradecanol、n-nonadecane和 caryophyllene oxide[888]。

11.2.22.4 吲哚生物碱

从 *T. farfara* 中分得 4 个异戊烯基化的吲哚生物碱 1-4（137-3～137-6），但该文献未对它们命名[889]。

11.2.22.5 色烷衍生物

从 *T. farfara* 中分得多个色烷衍生物，尤其是从中分得 7 对本类化合物的对映异构体，如化合物(±)-6-methoxy-2,2-dimethylchroman-4-ol（137-7）[890]。

11.2.22.6 其 他

黄酮、木脂素、三萜、咖啡酰基奎宁酸衍生物等[887]。

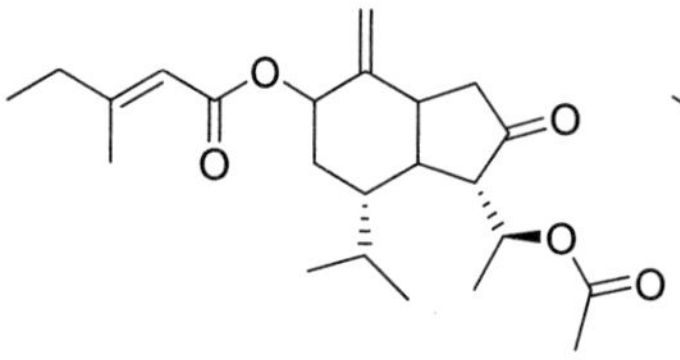

137-1 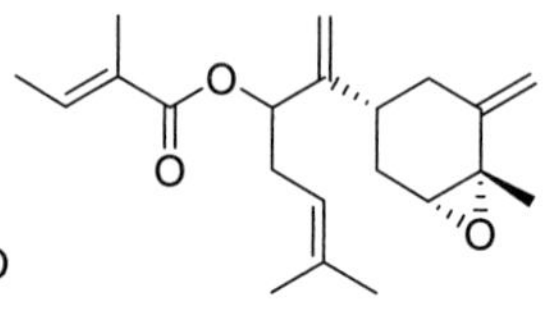 **137-2** 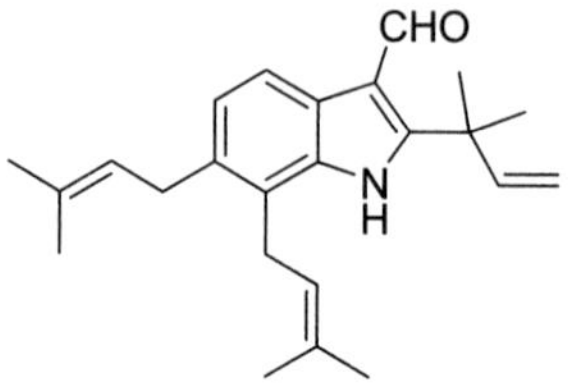 **137-3**

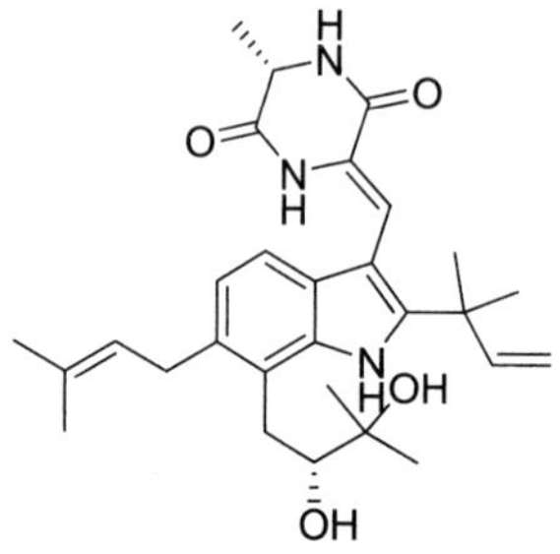

137-4 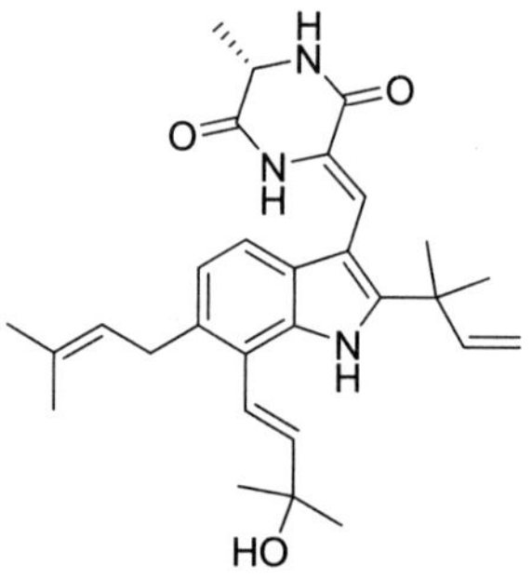 **137-5** 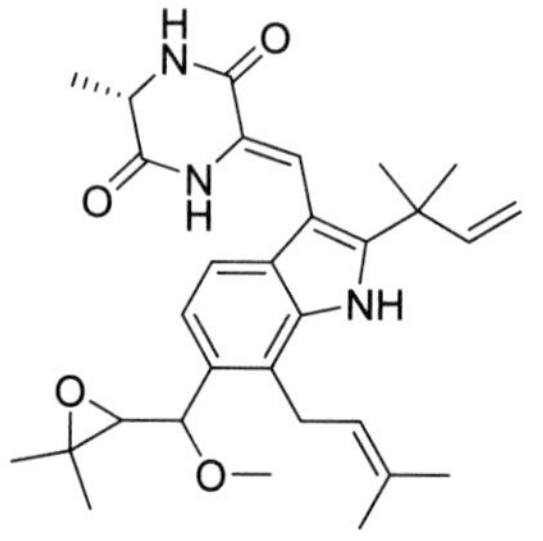 **137-6**

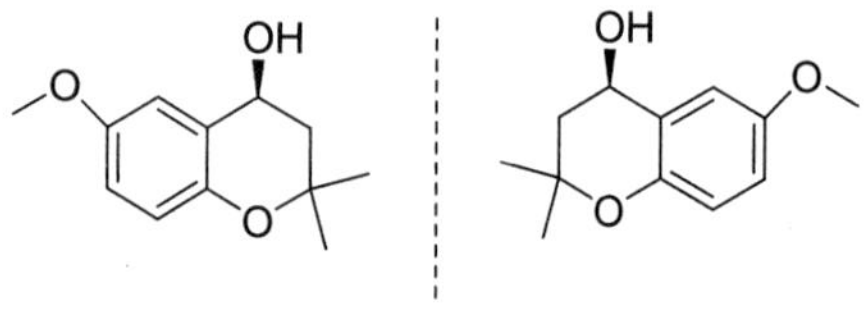

137-7

12 旋覆花族 Inuleae

本族我国原产者 24 个属，其中较大的属是艾纳香属 *Blumea*、香青属 *Anaphalis* 和火绒草属 *Leontopodium*。

本族分 9 个亚族，中国有 5 个亚族，即以非洲热带为分布中心的阔苞菊亚族 Subtrib. Plucheinae，以地中海地区为分布中心的絮菊亚族 Subtrib. Filaginae、旋覆花亚族 Subtrib. Inulinae、牛眼菊亚族 Subtrib. Buphtalminae 及分布最广的鼠曲草亚族 Subtrib. Gnaphalinae。此外，最近从絮菊亚族又分出含苞草亚族 Subtrib. Symphyllocarpinae。其中：

（1）鼠曲草亚族 Subtrib. Gnaphalinae（香青属 *Anaphalis*、蝶须属 *Antennaria*、鼠曲草属 *Gnaphalium*、蜡菊属 *Helichrysum*、火绒草属 *Leontopodium*、棉毛菊属 *Phagnalon*）植物中的倍半萜内酯化合物并不十分丰富，而且含有共有的烯醇醚聚炔等成分，因此，有将其另立为一族的现代分类法。

（2）旋覆花亚族 Subtrib. Inulinae（和尚菜属 *Adenocaulon*、天名精属 *Carpesium*、旋覆花属 *Inula*、苇谷草属 *Pentanema*、蚤草属 *Pulicaria*、革苞菊属 *Tugarinovia*）：本亚族含有丰富的倍半萜内酯，尤其是当前的研究揭示其中的天名精属 *Carpesium* 和旋覆花属 *Inula* 含有丰富的倍半萜内酯，故可认为本亚族是本族植物中最进化的类群。

（3）阔苞菊亚族 Subtrib. Plucheinae（艾纳香属 *Blumea*、拟艾纳香属 *Blumeopsis*、葶菊属 *Cavea*、球菊属 *Epaltes*、花花柴属 *Karelinia*、六棱菊属 *Laggera*、阔苞菊属 *Pluchea*、翼茎草属 *Pterocaulon*、戴星草属 *Sphaeranthus*）植物富含挥发油，故可认为本亚族与春黄菊族有一定的亲缘关系。

从化学成分证据支持本族的"二元起源"观点：① 以原始的酚类、聚炔类成分为主的鼠曲草、絮菊、阔苞菊和它们附近各亚族有共同的起源。② 以进化的倍半萜类为主的旋覆花、牛眼菊和它们附近各亚族有共同起源，为进化亚族。

从化学成分还可得出另一结论：在各亚族之中的各属，其进化不相一致，如：① 在鼠曲草亚族之中，香青属 *Anaphalis* 和鼠曲草属 *Gnaphalium* 较为原始，而其中的火绒草属 *Leontopodium* 不仅富含较原始的聚炔、酚类成分，而且富含进化了的倍半萜类成分，因此，可认为火绒草属是其中一类进化了的属；② 在旋覆花亚族之中，旋覆花属与天名精属富含倍半萜类成分，而且骨架多样，比以原始的石竹烷、蛇麻烷、吉马烷、愈创木烷为主的蚤草属 *Pulicaria* 及倍半萜稀少的和尚菜属 *Adenocaulon* 更为进化。

12.1 化学多样性

（1）本族中的化学成分以天名精属和旋覆花属研究得最为透彻，不仅发现了上百个多个骨架类型的倍半萜内酯化合物，而且还发现了数十个的倍半萜内酯二聚体。通过研究还发现，不仅倍半萜骨架类型丰富，显示出进化性。同时，大多数的倍半萜内酯均为 8β 或 8α-氧代的 12(6)或 12(8)-顺/反式的内酯结构，显示出与较原始的族，如帚菊木族、春黄菊族、菜蓟族中的倍半萜绝大多数为无 8-氧代的 12(6)内酯型，不同的倍半萜内酯骈合结构特点。

（2）本属植物中的百里香酚单萜化合物也尤为丰富与特征，也是体现菊科植物进化的一类特征化合物，可看作是分类标志物，因为此类成分主要分布于泽兰族与旋覆花族，但在其他族中却很罕见。

（3）本族植物中的二萜主要是对映贝壳杉烷型，虽在族内分布较广，但其数量与类型均不多，不为本族植物的典型与特征类成分。

（4）本族中的聚炔类成分也较为典型、丰富与特征，如烯醇醚聚炔化合物在香青属 Anaphalis 与鼠曲草属 Gnaphalium 都有分布，揭示了二属之间的亲缘关系。同时，也由于香青属 Anaphalis 与鼠曲草属 Gnaphalium 不含或稀含倍半萜类成分，而富含酚类成分，因此，可看出以上两属的原始性，以及倍半萜类化合物在菊科分类及进化上的重要意义。

本族植物中的倍半萜骨架类型见表 12-1：

表 12-1　旋覆花族植物中的倍半萜骨架类型

属别	吉马烷	桉烷	愈创木烷	没药烷	榄烷	其他
和尚菜属 Adenocaulon	–	–	–	–	–	distortional 型三环
山黄菊属 Anisopappus	+	–	+	–	–	伪愈创木烷
艾纳香属 Blumea	+	+	+	–	–	石竹烷、balsamiferine A、ferutinin
牛眼菊属 Buphthalmum	–	+	–	–	–	石竹烷、oplopane
天名精属 Carpesium	+	+	+	–	–	伪愈创木烷、卡拉布烷、苍耳烷、艾里莫芬烷及十二烷型三环类
球菊属 Epaltes	–	+	–	–	–	–
旋覆花属 Inula	+	+	+	–	+	裂环桉烷、伪愈创木烷、苍耳烷、三环类
花花柴属 Karelinia	–	+	–	–	–	–
六棱菊属 Laggera	–	+	–	–	–	开环桉烷、降碳桉烷、艾莫里烷
火绒草属 Leontopodium	–	–	–	+	–	三环、triquinane
茼谷草属 Pentanema	+	–	+	–	–	卡拉布烷
阔苞菊属 Pluchea	–	+	–	–	–	Godotol 型、三环
蚤草属 Pulicaria	+	+	–	–	–	石竹烷、苍耳烷、humulene
戴星草属 Sphaeranthus	–	+	–	–	–	–

12.2 传统药物应用与药效物质

（1）鹤虱，为天名精属天名精 *C. abrotanoides* 的种子，其药效物质至今不太清楚，可能与本属植物所含的倍半萜内酯类成分有关。另外，鹤虱的充代品——伞形科野胡萝卜种子的挥发油中也具有与鹤虱相同的成分 β-没药烯（β-bisabolene）[891]，又提示此成分可能是它们驱虫的药效物质，同时，也说明了伞形科与菊科所具有的亲缘关系。

（2）旋覆花与土木香等为常用中药，但它们二者之间的功效与化学成分有较大的不同，也说明了同属不同种之间存有的差异。

12.2.1 和尚菜属 *Adenocaulon*

本属约 3 种，分布于亚洲东部及南北美洲。我国有 1 种，即和尚菜 *A. himalaicum*。

和尚菜 *A. himalaicum* 在韩国作为传统药物，用于治疗脓肿、出血、炎症。

对本属的化学成分研究薄弱，但从分离的化合物的类型来看，本属植物的倍半萜类成分较为稀少，但含一类不常见的、特征的 distortional 型三环-α,β-不饱和酮倍半萜化合物，显示出一定的特异性。

至今，分离的化合物有：① 酚类成分，如阿魏酸、咖啡酸衍生物，且咖啡酸衍生物为本属主要成分[892, 893]；② 聚炔化合物 1-*O*-feruloyl-tetradeca-4*E*, 6*E*,12*E*-triene-8,10-diyne（138-1）[894]；③ 单萜苷 9-hydroxylinaloyl-3-*O*-(4-*O*- coumaroyl)-beta-D-glucopyranoside[894]；④ 氰苷 prunasin[894]；⑤ 不常见的 distortional 型三环-α,β-不饱和酮倍半萜 adenocaulone（138-2）；⑥ δ己内酯葡萄糖苷 adenocaulolide（138-3）[893]；⑦ β-紫罗兰酮型化合物 loliolide 等[893]。

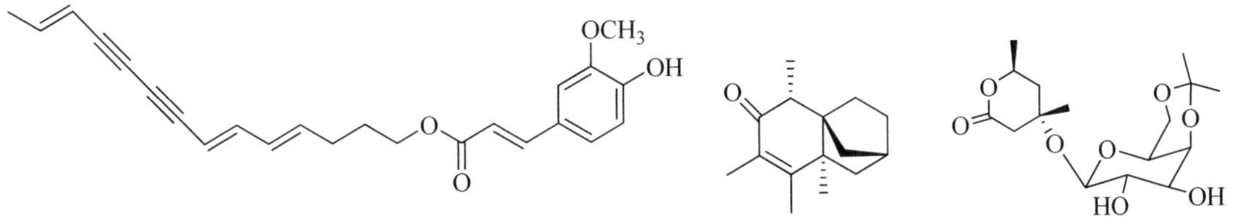

138-1　　**138-2**　　**138-3**

12.2.2 香青属 *Anaphalis*

本属有 80 余种，主要分布于亚洲热带和亚热带，少数分布于温带及北美、欧洲。我国有 50 余种，主要集中于西部及西南部。

本属植物大多为民间传统药物，如香青 *Anaphalis sinica* 具有镇咳、祛痰、抑菌等作用[895]。

从本属分离得的化合物有黄酮、聚炔、tremetone（丙呋甲酮）衍生物、三萜、hydroxylactones 等。

12.2.2.1 挥发油

研究发现，香青花与叶挥发油的化学成分含量差异较大，其中花挥发油中主要成分为α-葎草烯（13.46%）、环氧化葎草烯Ⅱ（8.97%）、芳香化的姜黄烯（8.50%）、δ-杜松烯（6.99%）等；叶挥发油中主要成分为α-葎草烯（17.47%）、α-蒎烯（15.17%）、芳香化的姜黄烯（8.27%）、(*E*)-石竹烯（6.06%）等[896]。

同时，研究还发现本属多个种的挥发油均含有较为丰富的倍半萜类成分。如：香青挥发油中的主要成分为α-葎草烯（14.80%）、α-蒎烯（10.56%）、δ-杜松烯（5.84%）等；黄腺香青车前叶变种挥发油中的主要成分为(*E*)-石竹烯（20.71%）、α-葎草烯（8.56%）、顺式-β-愈创木烯（7.27%）等[895]。

12.2.2.2 苯骈呋喃衍生物（tremetone，丙呋甲酮）

从香青 *Anaphalis sinica* 中分得一个本类成分，4,6-dihydroxy-14,14- dimethyltremeton（139-1）[897]。

12.2.2.3 烯醇醚聚炔化合物

从本属植物中分得多个本类成分，如 *cis-/trans*-5-chloromethyl-2-[octatriin-(2,4,6)-yliden-(1)]-2,5-dihydro-furan（139-2、139-3），*cis-/trans*-5-chlor-2-[octatriin-(2,4,6)-yliden-(1)]-2,5-dihydro-2H-pyran（139-4、139-5）[898]。

139-1

139-2

139-3

139-4

139-5

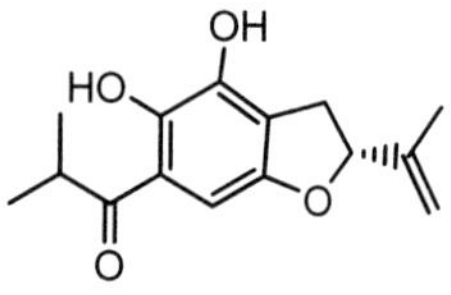

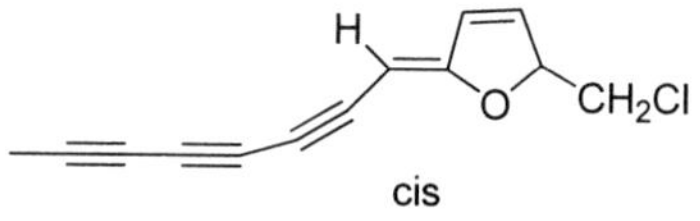

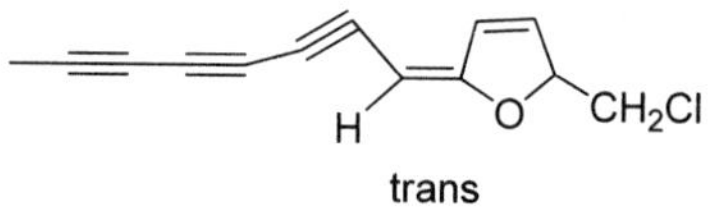

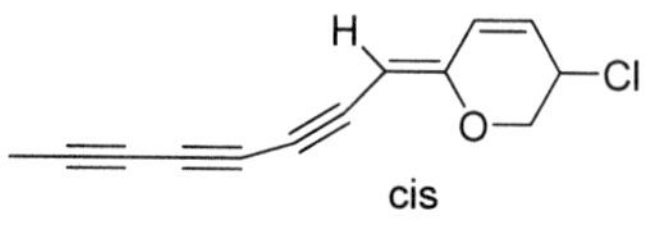

12.2.3 山黄菊属 *Anisopappus*

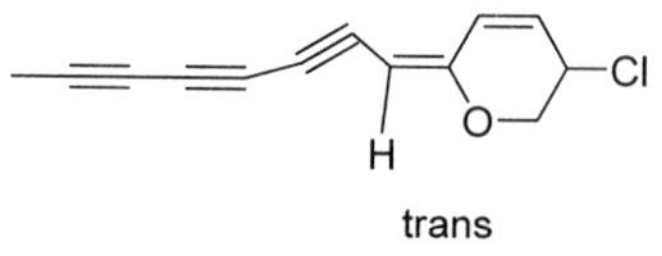

约 3 种，分布于热带非洲的东部及喀麦隆、亚洲南部。我国有 1 种，山黄菊 *Anisopappus chinensis*。

本属的化学成分研究不够深入，研究发现的化学成分类型有倍半萜、二萜及苯丙素等。

12.2.3.1 倍半萜

倍半萜骨架有伪愈创木烷和吉马烷，如从 *A. pinnatifidus* 地上部分分得 11 个伪愈创木烷型倍半萜化合物、4 个 hearifolin B（伪愈创木烷）的结构衍化产物、2 个 urospermal derivatives（吉马烷 melampolides 型倍半萜）

（1）伪愈创木烷（helenalin 型结构）化合物 9β-isobutyryloxyhelenalin-[4-hydroxymethacrylate]（140-1）；

（2）伪愈创木烷 hearifolin B 型（内酯环为 C-12(9) 结构）化合物 6α-[hydroxymethyloyloxy]-6-desacyloxy-linearifolin angelate（140-2）；

（3）吉马烷 melampolides 型倍半萜（urospermal derivatives）urospermal A（140-3）。

12.2.3.2　吡喃环链状二萜

从 *A. pinnatifidus* 地上部分还分得一个吡喃环链状二萜，1,2-dihydroxy-11,15-epoxyphyt-3(20)-ene（140-4）[899]。

12.2.3.3　苯丙素类

从 *A. pinnatifidus* 根中又还分得对丙烯酚衍生物 anol dertvatives 和异丁香酚衍生物 isoeugenol derivatives[899]。如：对丙烯酚衍生物（anol dertvatives）*trans*-7,8-epoxyanol-[3-methylialetate]（140-5）[899]。

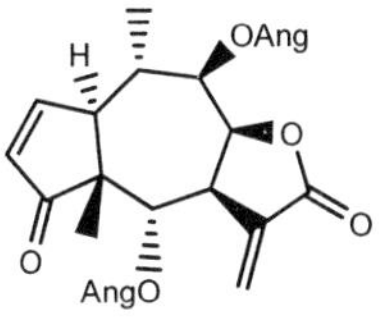

140-1 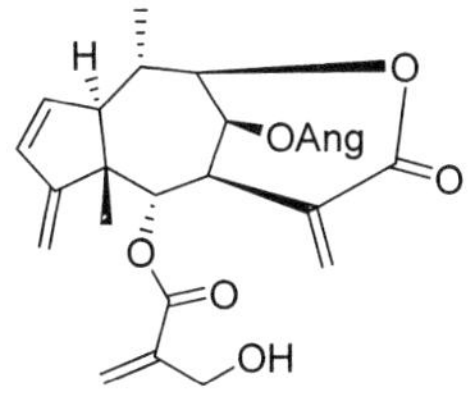　　140-2 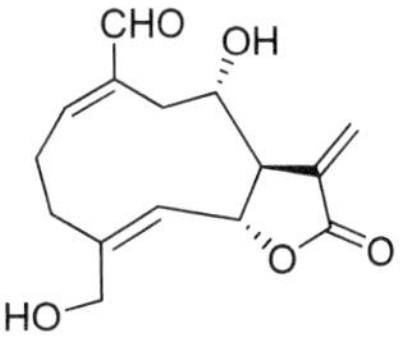　　140-3

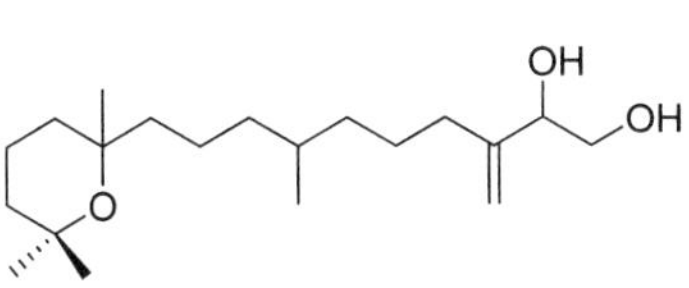

140-4 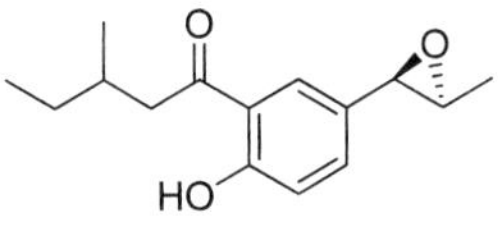　　140-5

12.2.4　蝶须属 *Antennaria*

此属约有 100 种，分布于亚洲、欧洲、美洲北部及南部、大洋洲寒带和温带的高山地区。我国有 1 种，蝶须 *A. dioica*。其他前人曾经列入本属的中国种都应隶属于火绒草属或香青属。

蝶须 *A. dioica* 在土耳其作为传统药物，应用于蛇咬伤、支气管炎、肺结核及咳嗽等疾病的治疗[900]。

现仅有一篇文献报道蝶须 *A. dioica* 的化学成分研究，从中分离了黄酮化合物 apigenin、apigenin 7- glucoside、apigenin 4′-glucoside、luteolin 7,4′-diglucoside，三萜 ursolic acid 和咖啡酰基奎宁酸衍生物绿原酸 chlorogenic acid[900]。

另外，其他应归属于火绒草属或香青属的植物化学研究报道还有：

（1）从 *A. geyeri* 中分得降对映贝壳杉烷型二萜及香豆素 scopoletin 化合物[901]。

（2）从 *A. rosea* subsp. *Confinis*（又被归属为火绒草属 *Leontopodium leontopodioides* 植物）从中分得的化合物成分有黄酮、异苯基呋喃酮 isobenzofuranone、对映贝壳杉烷型二萜 ent-kaurene diterpenoids 及降对映贝壳杉烷型二萜 nor-ent-kaurene diterpenoids 化合物[902]。

12.2.5　艾纳香属 *Blumea*

本属有 80 余种，分布于热带、亚热带的亚洲、非洲及大洋洲。我国有 30 种，分布于长江流域以南的各省区。

本属中有艾纳香、六耳铃等 16 种植物已被药用。在风寒感冒、痢疾、肠炎以及妇科疾病的治疗与护理上具有重要作用[903]。

12.2.5.1　倍半萜

本属含丰富的倍半萜类成分，骨架类型有：愈创木烷、桉烷、石竹烷、吉马烷，如从 *B. balsamifera* 中分得：① 愈创木烷倍半萜类化合物 blumeaene A（142-1）[904]；② 桉烷型倍半萜化合物 balsamiferine D（142-2）；③ 石竹烷型倍半萜化合物 (4*R*,5*R*)-4,5-dihydroxycaryophyll-8(13)-ene（142-3）[905]。

另外，从本属还分得两类新骨架的倍半萜化合物，如从 *B. balsamifera* 还分得一个新颖骨架的倍半萜化合物 balsamiferine A（142-4）[906]；从 *B. amplectens* 中还分得另一种新颖骨架的倍半萜化合物 ferutinin（142-5）[907]。

其他，还从本属另一植物 *B. densiflora* 中分得吉马烷倍半萜内酯化合物 tagitinin A（142-6）[908]。本类化合物具有 C-10(3)环醚结构，即属于斑鸠菊族植物中的 furanoheliangolide 型倍半萜化合物。

12.2.5.2　挥发油

本属植物富含挥发油成分，且对本属植物的挥发油的化学成分研究较多，如：

（1）*B. balsamifera* 挥发油中的主要成分是：caryophyllene、xanthoxylin、γ-eudesmol、α-cubenene[909]；

（2）*B. oxyodonta* 挥发油中的主要成分类型是倍半萜烯类成分（45.8%），其次是：氧化倍半萜类成分（25.8%）、苯环衍生物（16.9%）和氧化单萜类成分（6.3%），其中的主要成分是 β-caryophyllene（23.5%）、2,5-dimethoxy-*p*-cymene（14.7%）和 germacrene D（13.2%）[910]。

（3）通过 GC-FID 及 GC-MS 法，鉴定 *B. malcolmii* 挥发油中的主要成分是单萜成分艾菊酮 carvotanacetone（142-7）（92.1%），而且挥发油中的主要成分是单萜氧化物（95%）[911]。

另外，本属植物 *B. balsamifera* 是单萜类成分左旋冰片(-)-borneol（8）的提取植物[912]。

12.2.5.3　二　萜

从 *B. glomerata*、*B. balsamifera* 中分得多个半日花烷 labdane 型二萜，如 austroinulin（142-8）[913]。

12.2.5.4 其 他

黄酮、聚炔噻吩衍生物、百里香酚衍生物等。

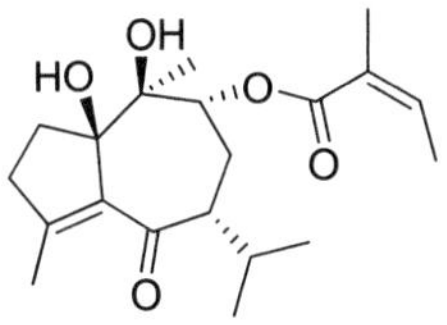

142-1 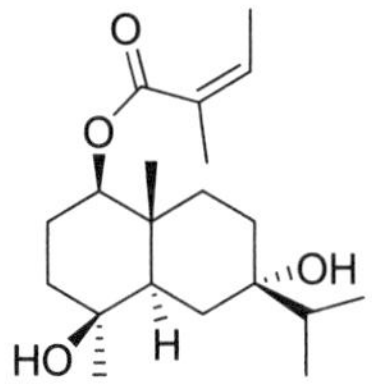　　**142-2** 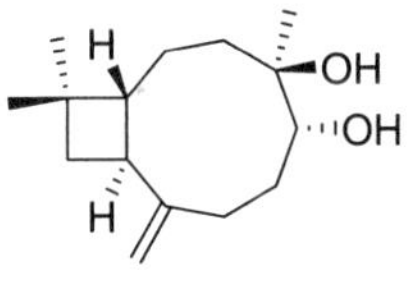　　**142-3** 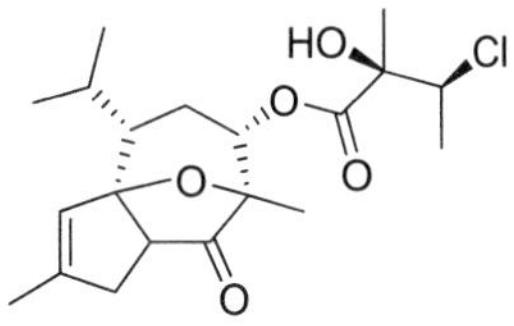　　**142-4**

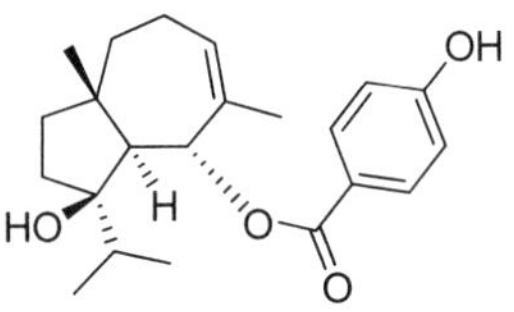

142-5 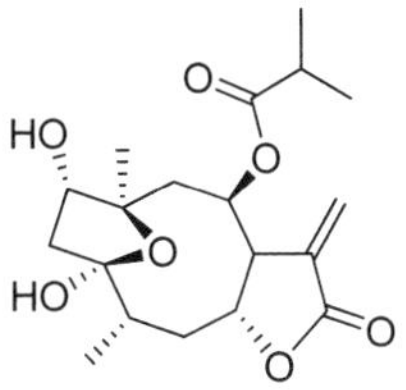　　**142-6** 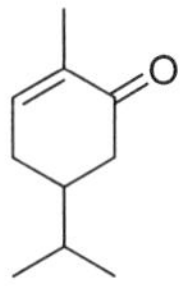　　**142-7** 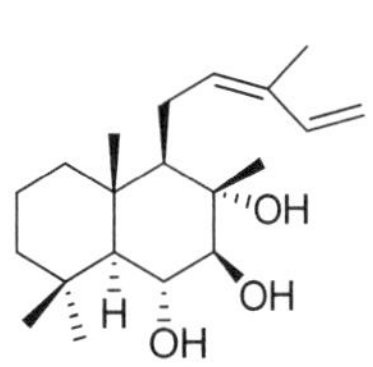　　**142-8**

12.2.6 拟艾纳香属 *Blumeopsis*

本属仅 1 种，拟艾纳香 *Blumeopsis flava*，分布于中南半岛及印度。我国产云南、贵州、广西及广东沿海一带。

至今还未有本种的化学成分研究报道。

12.2.7 牛眼菊属 *Buphthalmum*

本属有 4 种，主要分布于欧洲，在我国栽培的仅有 1 种，牛眼菊 *Buphthalmum salicifolium*。在奥地利，牛眼菊用于炎症、扭伤和挫伤[914]。

12.2.7.1 倍半萜

从牛眼菊 *B. salicifolium* 的头状花中分得三个倍半萜，石竹烷型化合物 1,9-*trans*-caryophyllenoxide、桉烷型化合物 1β,6α-dihydroxyeudesmen 和 oplopane 型倍半萜 ($-$)-10β-hydroxyoplopan-4-on[914]。

12.2.7.2 其 他

还分得黄酮醇苷、咖啡酰奎宁酸衍生物、聚炔等化合物。

12.2.8 天名精属 *Carpesium*

本属共约 21 种，大部分分布于亚洲中部，特别是我国西南山区，少数种类广布欧、亚大陆。我国有 17 种，3 变种。

天名精 *C. abrotanoides*，始载于《神农本草经》，被列为上品；而天名精的成熟果实为中药鹤虱，又名北鹤虱，为有名的杀虫药。鹤虱始载于唐代《新修本草》，其原植物为菊科山道年蒿 *Seriphidium cinum* 植物。后期采用菊科天名精 *C. abrotanoides* 的果实。鹤虱性味苦、辛，平；有小毒。归脾、胃经。具有杀虫消积功效。用于蛔虫病，蛲虫病，绦虫病，虫积腹痛，小儿疳积。而南鹤虱为伞形科野胡萝 *Daucus carota* L. 的果实，《本草求真》认为其是鹤虱的充代品[915]。

12.2.8.1　鹤虱与南鹤虱的化学成分比较

尽管到目前为止对它们的研究不多、也不够深入，但从挥发油及化学成分的现有研究来看，二者在挥发油主成分及倍半萜内酯方面有较大的化学相似性，也进一步说明了二者所具有的相似药理作用，以及菊科与伞形科有较近的亲缘关系的物质基础。

1. 挥发油

研究主要采用 GC-MS 联用技术对种子油的成分进行分析比较，如通过水蒸气蒸馏及 GC-MS 研究，揭示北鹤虱与南鹤虱精油的化学成分在主成分上有一定的相似性，如均含有β-没药烯。

南鹤虱精油的主要成分是β-没药烯（β-bisabolene）、*cis*-和 *trans*-asarone、asarone aldehyde 和酚类成分（如 eugenol、2-hydroxy-4-methoxyaceto phenone 和 vanillin）；而北鹤虱精油的主要成分是β-bisabolene、$C_2 \sim C_{16}$、C_{18} 脂肪酸以及特征性的内酯成分（如γ-nonalactone、dihydroactinidiolide、butyl phthalide）、$C_3 \sim C_{14}$ 亲水性醇和醛类化合物[891]。

另有报道，南鹤虱挥发油中的主要成分仍是β-没药烯（36.97%），其他的组分还有罗汉柏二烯（7.5%）、香柠檬醇乙酸酯（7%）等多种化合物[916]。

2. 从鹤虱中分离得的化学成分

喹酮类生物碱 8-甲氧基-4-喹酮-2-羧酸[917]；5 个倍半萜内酯化合物：特勒内酯（telekin）、3-epiisotelekin、11β,13-dihydro-1-*epi*-inuviscolide、天名精内酯酮（carabrone，22-7）、天名精内酯醇（carabrol）[918]。

3. 从南鹤虱中分离得的化学成分

分离得多个吉马烷、愈创木烷及桉烷倍半萜类化合物：7-ethoxy-4(15)- oppositen-1β-ol、11-乙酰氧基-8β-当归酰氧基-15-甲氧基-4α,5α-环氧愈创木烷-3-酮、11-乙酰氧基-8β-丙酰氧基-4- 愈创木烯-3- 酮、1-oxo-5α,7αH-eudesma-3-en-15-al、1β-hydroxy-4(15),7-eudesmadiene、1β-hydroxy-4(15), 5E,10(14)-germacratriene(6),1β-hydroxy-4(15),5-eudesmadiene[919, 920]。

另外，还分得一个新颖骨架结构的倍半萜化合物 carota-1, 4-oxide 和 daucol 的衍生物，其中，化合物 carota-1, 4-oxide 可看作是南鹤虱挥发油成分 carotol（169-2，本类成分还在菊科向日葵族百能葳属 *Blainvillea* 中分得，此也揭示了伞形科与菊科所具有的亲缘关系）的衍化产物[921]。

12.2.8.2　本属的化学成分

1. 倍半萜内酯

至今，从该属植物至少发现了 201 个倍半萜类化合物，其骨架类型主要是：吉马烷型倍半萜 86 个，桉烷型倍半萜 30 个，愈创木烷型倍半萜 29 个；较为少见及进化的骨架类型是：伪愈创木烷型倍半萜 9 个，卡拉布烷型倍半萜 9 个，苍耳烷型倍半萜 7 个，艾里莫芬烷型倍半萜 1 个，十二烷型三环倍半萜（tricyclo dodecane）1 个，以及双环吉马烷等。另外，本属还富含少见的倍半萜二聚体 23 个[922]。

本属中主要的倍半萜成分有吉马烷化合物 11(13)-去氢腋生依瓦菊素 11(13)-dehydroivaxillin（145-1）、卡拉布烷型化合物天名精内酯酮 carabrone（145-2）、愈创木烷化合物 4-*epi*-isoinuviscolide（145-3）和桉烷化合物大叶土木香内酯 granilin（145-4）。

在结构特征上，本属中的倍半萜内酯结构主要为 8(12)-反/顺式内酯结构，少数为 8-氧代-6(12)-反式内酯结构征。另外，本属中还含一类早先研究认为是 2,5-半缩醛结构，后由单晶 X 射线衍射法确认修改为 2,9-半缩醛醚环结构的吉马烷内酯，且其醚键既有 α 型，又有 β 型的吉马烷倍半萜，如从 *C. cernuum* 中分得的吉马烷化合物 cernuumolide A（145-5）；2,9-半缩醛醚环结构的吉马烷内酯 cernuumolide E（145-6）和(2R,4S,5R,6S,8R,9S,2″S)-8-angeloyloxy-4,9-dihydroxy-2,9-epoxy-5-(2-methylbutanoyloxy)germacran-6,12-olide（145-7）[64]。

丰富的倍半萜内酯二聚体也为本属植物的一大特征，不仅有起源于 Diels-Alder[4+2]反应、[3+2]环加成，及迈克尔加成的 C_{17}/C_{15} 倍半萜内酯二聚体，而且在加成上显示出立体选择性与区域（位置）选择性，如从贵州天名精 *C. faberi* 中分得的一对 2,4-连接的 exo/endo 型的倍半萜内酯二聚体 faberidilactones A-B（145-8、145-9）[72, 923]。

另外，本属中的倍半萜内酯化合物大多显示出有效的抗肿瘤及抗炎活性，并通过研究发现它们的活性大多与活性的 α-亚甲基-γ-内酯结构相关。另有研究证实本属植物及其倍半萜化合物具有抗疟活性，如从 *C. divaricatum* 中分得的吉马烷 cardivins A （IC_5 =0.007 μg/mL）、从 *C. divaricatum* 中分得的酚类成分 2-isopropenyl-6-acetyl-8- methoxy-1,3-benzodioxin-4-one[IC_{50}=(2.3±0.3)μmol/L]， 从 *C. cernuum* 中分得的吉马烷 11(13)-dehydroivaxillin（IC_{50}=2.0 μmol/L）均具有有效的抗疟原虫活性[924]。

2. 其 他

从本属植物还分离得黄酮、单萜（尤其是百里香酚衍生物）、对映贝壳杉烷型二萜、黄酮木脂素（水飞蓟素）[101]、酚酸、香豆素等[924]。

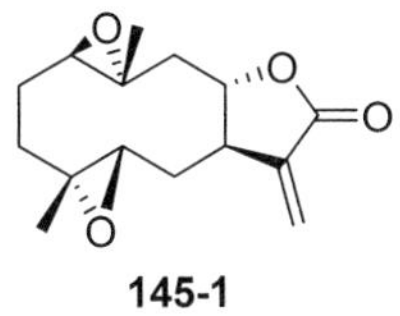

145-1 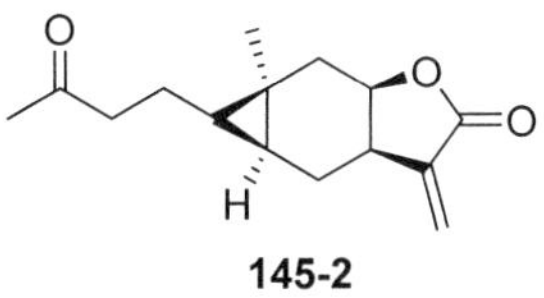 **145-2** 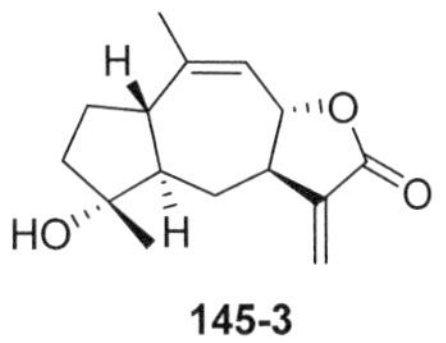 **145-3** 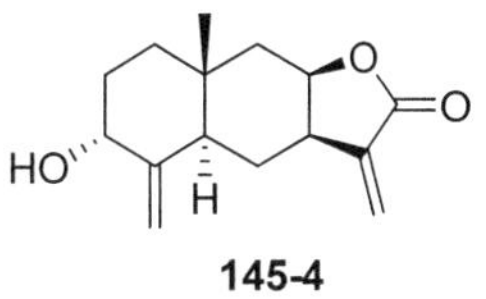 **145-4**

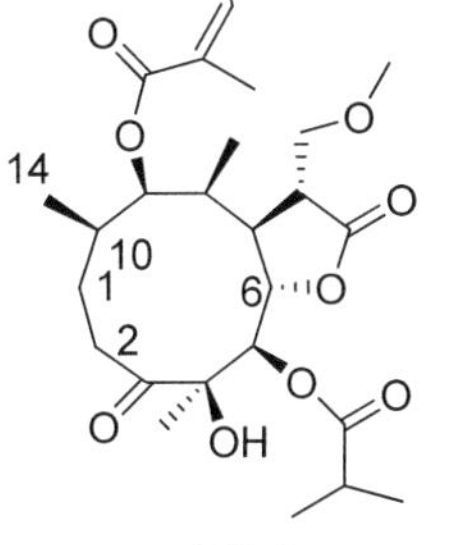

145-5 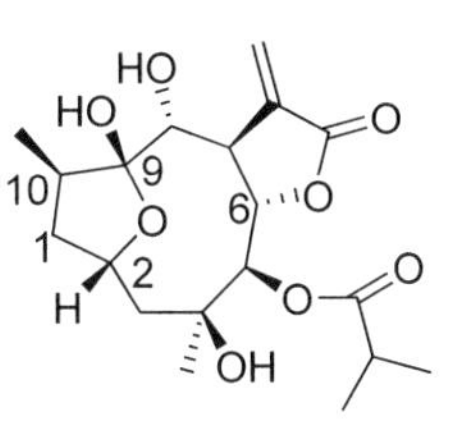 **145-6** 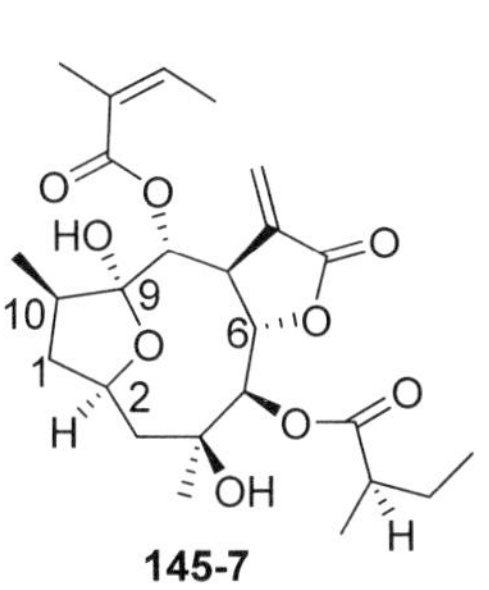 **145-7**

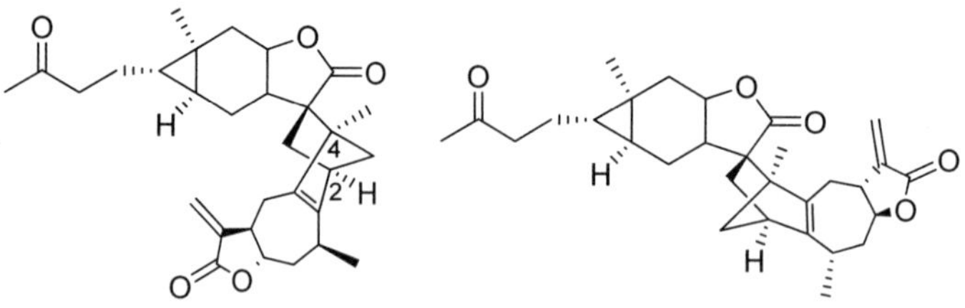

faberidilactone A (**145-8**, exo型)   faberidilactone B (**145-9**, endo型)

12.2.9　葶菊属 *Cavea*

此属仅有一种,葶菊 *Cavea tanguensis*(异名 *Saussurea tanguensis*)。产于我国西藏南部至四川西部(康定、贡嘎山一带)。生于高山近雪线地带的砾石坡地、干燥沙地和河谷或灌丛间,海拔 3960~5080 m。印度也有分布。

在藏药中,葶菊 *C. tanguensis* 全草供药用,治头痛。

至今还未有对本种的化学成分研究报道。

12.2.10　球菊属 *Epaltes*

约 17 种,分布于非洲、美洲、大洋洲及亚洲东南部。我国有 2 种,产于南部及西南部。

12.2.10.1　倍半萜

本属植物中的倍半萜类成分较为丰富,但其骨架类型仍为较原始的桉烷型类型,且大多不具有 α-亚甲基-γ-内酯结构。

桉烷 cuauhtemone 型倍半萜化合物 cuauhtemone(147-1)最早是从阔苞菊属 *Pluchea* 植物中分得的,但后来的研究对其立体结构进行了修正。另外,化合物 cuauhtemone 的 2,3-epoxy-2-methylbutanoate derivative(147-2)也从阔苞菊属 *Pluchea foetida*、火绒草属 *Laggera alata* 和本属 *E. mexicana* 植物中分得[925]。

12.2.10.2　聚炔

从 *E. brasiliensis* 分离得噻吩聚炔类成分,如 2-prop-1-inyl-5′-(2-hydroxy-3- chloropropyl)dithiophene[926]。

12.2.10.3　挥发油

E. alata 叶挥发油以倍半萜类成分为主,其中的主要成分是:β-caryophyllene(24%)、bicyclogermacrene(9.7%)、α-selinene(7.7%)和 spathulenol(8.9%)[927]。

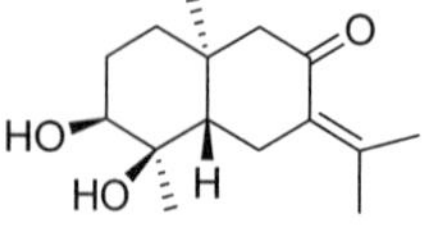

147-1 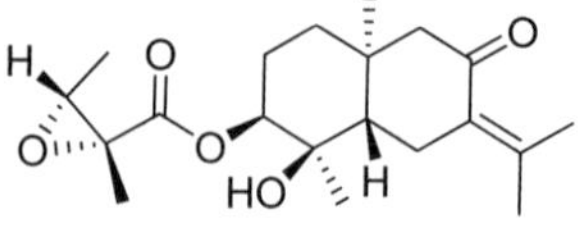   147-2

12.2.11　絮菊属 *Filago*

本属约有 40 种，分布于欧洲、非洲北部、亚洲西部和中部。我国有 2 ~ 3 种，分布于新疆、西藏等地区。

对本属的化学成分研究较为单薄，现发现本属的化学成分主要是酚类成分，如：

（1）*F. desertorum*、*F. prolifera* 和 *F. mareotica* 中均含黄酮类成分 quercetin 3-glucoside，而且前两种植物中还含有 luteolin 7-glucoside[928]；

（2）通过 HPLC-PDA 鉴定了 *F. germanica* 中的 11 个成分，其中 epicatechin（1.81 μg/g，萃取）（148-1）和 syringic acid（2.23 μg/g，萃取）（148-2）的含量最高[929]。

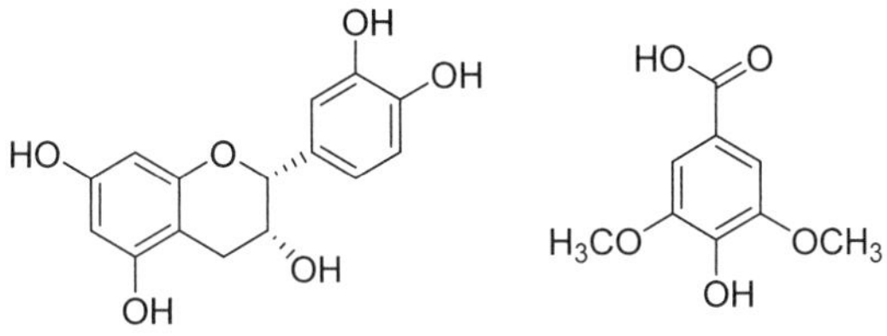

148-1　　**148-2**

12.2.12　鼠曲草属 *Gnaphalium*

近 200 种，广布于全球。我国有 19 种，南北均产，部分种类分布于长江流域和珠江流域。鼠曲草 *G. affine*，味甘，微酸，性平，归肺经，祛痰止咳、平喘、祛风湿[930]。从现在分离的化学成分研究来看，本属植物富含黄酮类成分，稀含倍半萜类成分[931, 932]。

12.2.12.1　烯醇醚聚炔化合物

本类成分不仅从香青属，而且还从本属植物中分离得到，如从本属分得的 *cis*-/*trans*-5-chlor-2-[octatriin- (2,4,6)-yliden-(1)]-5.6-dihydro-2*H*-pyran（149-1、149-2）[898]。

12.2.12.2　二　萜

本属含有半日花 labdane 烷型、对映贝壳杉烷 *ent*-kaurane 型[931]和对映海松烷型 ent-pimarane，如从 *G. sylvaticum* 中分得的对映贝壳杉烷型二萜苷 sylviside（149-3）[933]；从 *G. gaudichaudianum* 中分得对映海松烷型二萜 ent-pimar-15- ene-3α,8α-diol（149-4）[934]；

12.2.12.3　挥发油

通过 GC-MS 研究发现，*G. luteo-album* 的挥发油以 decanal（9.7%）、β-caryophyllene（8.0%）和 α-gurjunene（6.4%）为主要成分，而且在鉴定出的成分中，单萜烃占 4.4%、氧化单萜占 5.0%、倍半萜烃占 14.7%、氧化倍半萜占 3.6%[935]。

12.2.12.4　苯酞 phthalide 型化合物

从 *G. adnatum* 中分得多个此类成分，如 gnaphalides A-C（149-5 ~ 149-7）[936]。

12.2.12.5 酚 类

本属富含黄酮、黄酮醇、查耳酮、苯丙素、蒽醌类等酚类成分，其中从 *G. uliginosum* 中分得一个具咖啡酰基的黄酮苷类成分，gnaphaloside C（149-8），其结构较为新颖[932, 937]。

149-1 cis
149-2 trans

149-3

149-4

149-5

149-6

149-7

149-8

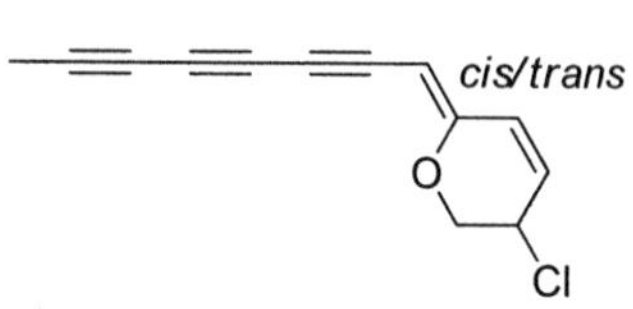

12.2.13 蜡菊属 *Helichrysum*

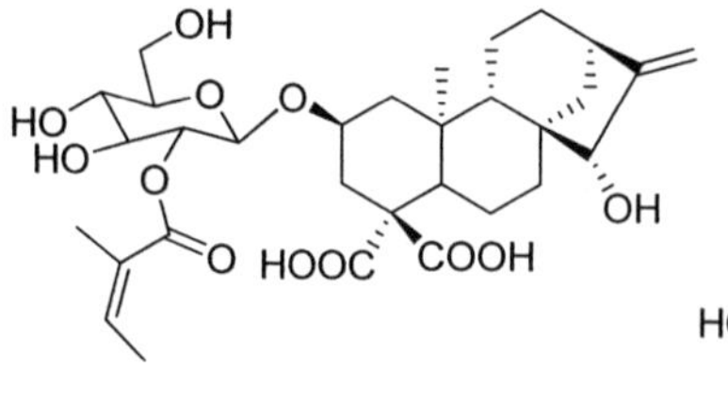

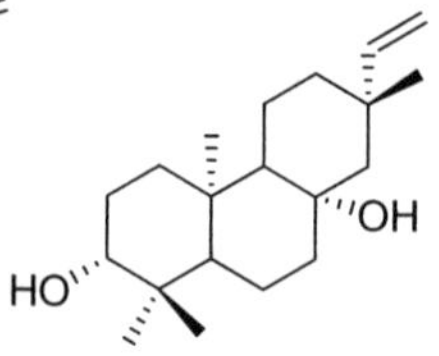

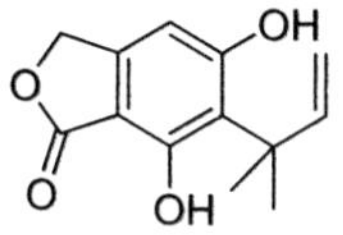

本属约有 500 种，广布于东半球各地，在非洲南部、马达加斯加岛、大洋洲的种类尤多，也常见于非洲热带、地中海地区、小亚细亚半岛和印度，少数种类见于亚洲和欧洲的其他地区。中国仅有 2 个野生种和一个习见栽培种。

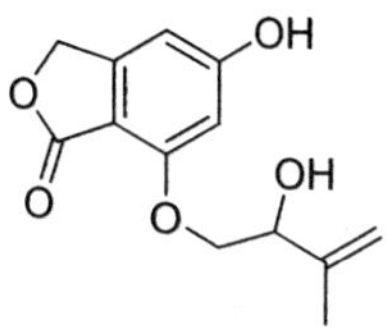

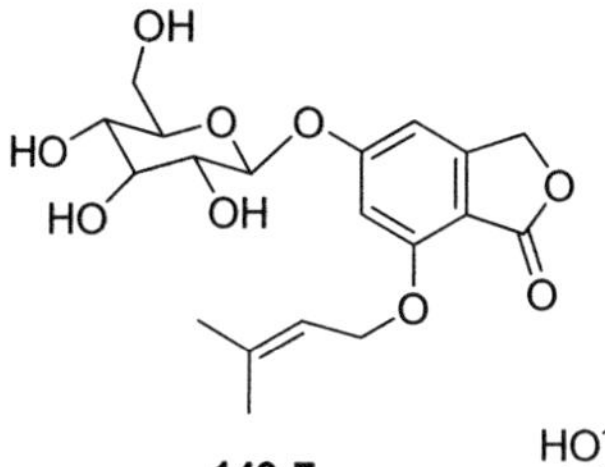

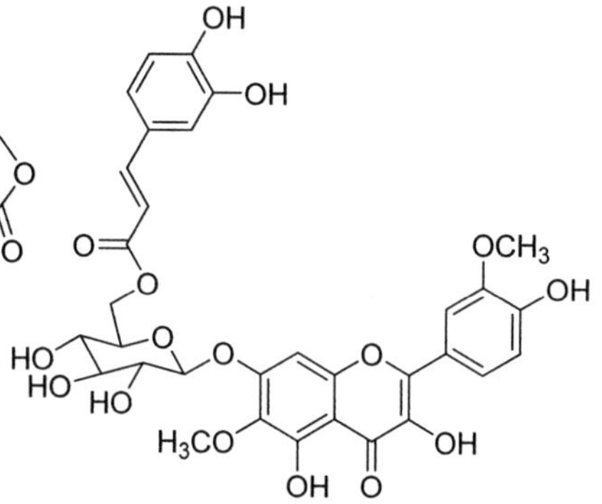

H. italicum subsp. *Italicum* 具有非常重要的药效作用，如利胆、利尿和与呼吸道相关的炎症，它的极性提取物及挥发油具有重要的工业应用价值，如它的挥发油用于多种皮肤病，如炎症、祛瘢和过敏，因此，在化妆品和香水工业上有重要的应用[938]。

12.2.13.1 挥发油

对本属植物挥发油的化学成分研究较多，如 *H. italicum* subsp. *Italicum* 挥发油的主要成分是：α-pinene（15.7%）、γ-curcumene（12.8%）、4,6,9-trimethyldec-8-en-3,5-dione（8.7%）、neryl acetate（6.9%）、limonene（6.4%）和β-selinene（5.3%），而且研究发现挥发油成分会根据季节、采集地、环境因素而有较大的变化[938]。

12.2.13.2 间苯三酚衍生物 phloroglucinol derivatives

本属植物富含此类成分，而且此类成分可根据取代基的不同而分为两类：一类是 prenyl/geranyl（半萜或单萜基取代）组，另一类是 acyl 组（最常见的是 butanoyl、isobutanoyl

和 2-methylbutanoyl 酰化取代的产物）。而且，其中的 prenyl or geranyl 组化合物会进一步发生环化反应，形成色烷衍生物 chromane derivatives，如从 *H. paronychioides* 中分得的此类成分，*trans*-(2R,3R)-5,7-dihydroxy-2,3-dimethyl-4- chromanone（150-1）[939]。

12.2.13.3 香豆素

除简单香豆素类成分之外，还从 *H. serpyllifolium* 中还分得香豆素类 obliquin 衍生物，如 5-methoxyobliquin（150-2）[940]。

12.2.13.4 二 萜

从 *H. dendroideum* 同时分得四环对映贝壳杉烷及四环 stachene 型二萜,代表化合物分别是：(－)-kaur-l6-ene-3α,l9-diol（150-3）及(+)-stach-15-ene-3α,19-diol（150-4）[941]。

12.2.13.5 苯乙酮衍生物 Acetophenone

从 *H. italicum* 中分得苯乙酮及其糖苷化产物，如 4-hydroxy-3-(3- methyl-2-butenyl) acetophenone（150-5）和它的糖苷化合物 3-(3-methyl-2-butenyl) acetophenone-4-O-β-glucopyranoside（150-6）[942]。

12.2.13.6 其 他

黄酮、三萜、烯醇醚聚炔化合物等。

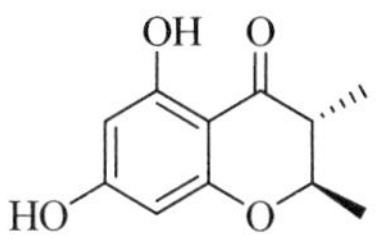

150-1 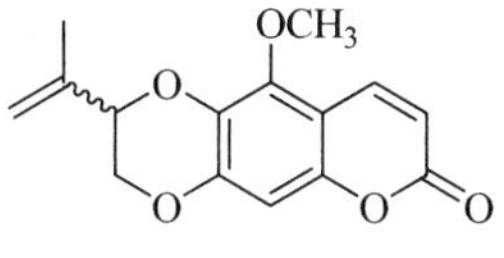   150-2 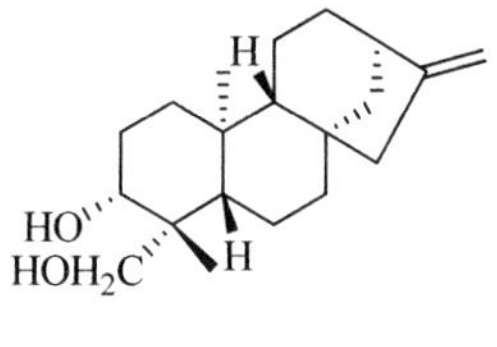   150-3

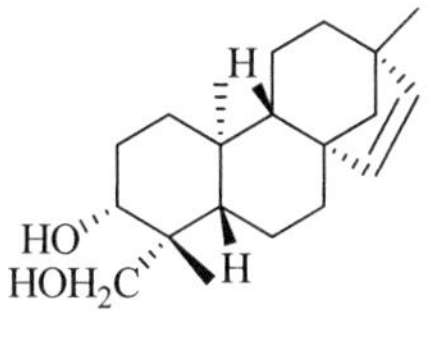

150-4 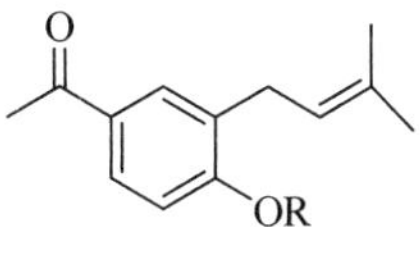   150-5 R=H
          150-6 R=glucose

12.2.14 旋覆花属 *Inula*

约 100 种，分布于欧洲、非洲及亚洲，以地中海地区为主。我国有 20 余种和多数变种，其中一部分是广布种；我国的特有种集中于西部和西南部。

旋覆花药材为欧亚旋覆花 *I. britannica* 和日本旋覆花 *I. japonica* 的花序。除此之外，本属还有多种植物供药用，如土木香 *I. helenium*，具健胃、利尿、祛痰和驱虫作用；欧亚旋覆花 *I. britannica* 具有消痰、下气、软坚、行水等功效；藏木香 *I. racemosa* 有健脾和胃、调气解郁、止痛的功能，用于慢性胃炎、胃肠功能紊乱、肋间神经痛、胸壁挫伤和岔气作痛、胎动不安等症[943]。

本属除主要的倍半萜内酯、挥发油、黄酮及其苷、单萜、二萜、三萜、酚酸及多糖成分外，还含木脂素、植物甾醇、单宁、小分子酸和维生素 C 等次量的成分[944]。

12.2.14.1 倍半萜

本属植物的化学成分研究较为透彻，而且从化学成分上看，本属与天名精属有较大的相似性。

至今，从本属分得超 140 个本类成分，其骨架类型有愈创木烷、吉马烷、桉烷、裂环桉烷、伪愈创木烷、榄香烷、苍耳烷、卡拉布烷、三环、倍半萜二聚体等。另外，在倍半萜内酯结构上显示出 8-氧代-12, 6α-内酯、8-氧代-12, 6β内酯、12, 8α-内酯、12, 8β-内酯，以及顺/反式均有的内酯结构特征[944]。

在倍半萜内酯二聚体结构上，可发现它们大多形成于 Diels-Alder[4+2]环加成反应，也显示出加成的区域选择性与立体选择性，如形成以能量低的 "endo" 型为主要类型的二聚体，此与天名精属倍半萜内酯二聚体以能量高、不稳定的 "exo" 为主要结构特点的不相一致[25]。

近期，从土木香 *Inula helenium* 中分得一类新颖结构的倍半萜-呋喃、倍半萜-氨基酸、倍半萜-吡咯里西啶生物碱加成产物，即 4 个以螺原子连接的形成于 Diels-Alder[4+2]环加成的桉烷倍半萜-呋喃加成产物 spiroalanfurantones A（151-1）-D[945]，2 个以螺原子连接的桉烷-吡咯里西啶生物碱二聚体 spiroalanpyrroids A（151-2）和 B（151-3）[推测的合成途径是桉烷的环外双键与脯氨酸的衍化产物 alantolactone (isoalantolactone) 发生 1,3-dipolar [3 + 2]环加成反应，形成吡咯里西啶双环系统，再进一步发生脱羧、氧化等反应而形成]，以及 2 个桉烷-氨基酸加成物 helenalanprolines A（151-4）和 B[946]。

12.2.14.2 二 萜

本属植物中发现的二萜类成分较少，而且发现的二萜大都为对映贝壳杉烷型骨架[947]。但是，在 *Inula royleana* 中却含有两类结构特征的松香烷二萜化合物：① 松香烷 "royleanones" 型二萜，其结构中的 C 环为苯醌结构，如 acetoxyroyleanone（151-5）、royleanone；② C 环芳香化的松香烷二萜化合物，如 ferruginol（151-6）及 inuroyleanol 等[948]。

12.2.14.3 黄 酮

从本属发现的黄酮类型是黄酮、黄酮醇、二氢黄酮及其苷类化合物[944]。

12.2.14.4 挥发油

通过对本属多个种的挥发油成分研究，发现本属植物的多个种的挥发油中的主要成分均是倍半萜类成分，且其中的主要成分是 borneol、bornyl acetate、caryophyllene oxide 和 *p*-cymene。

另外，对 *Inula ensifolia* 植物地上部分水蒸气蒸馏得的挥发油进行 GC-MS 分析，得出它的主要成分是 hexadecanoic acid（12.4%）、1,8-cineole（9.1%）、β-bourbonene（4.8%）、intermedeol

（4.2%）和 muurola-4, 10(14)-dien-1-ol（4.1%）[949]。

12.2.14.5 二萜生物碱

1944 年，研究发现 *I. royleana* 含生物碱成分，但直至 1959 年才从中分离并鉴定得 2 个牛扁碱型二萜生物碱 lycoctonine 和 anthranoyllycoctonine[950]。此类成分的分离似乎说明了《神农本草经》将旋覆花列为下品的原因，但在近年来的一系列旋覆花属植物化学成分研究都未能再次分离得到本类成分。

12.2.14.6 其　他

还从 *I. cuspidata* 中分得 2 个未能分离的亚砜聚炔同分异构化合物（151-7）和（151-8）（文献未命名，结构见下）[951]。

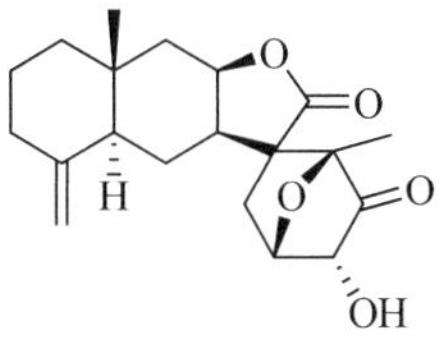

151-1 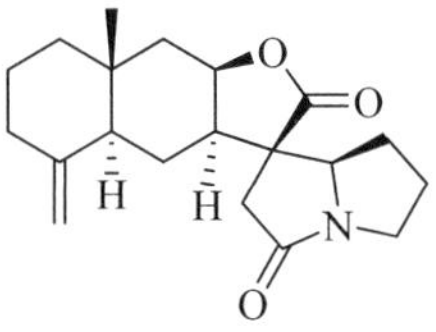　　151-2 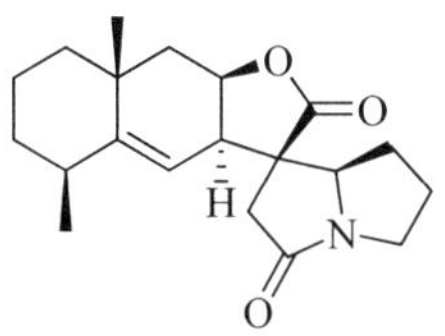　　151-3 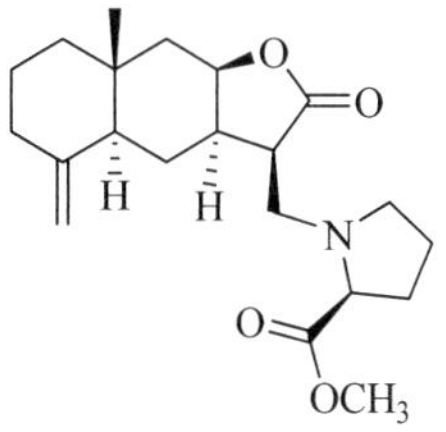　　151-4

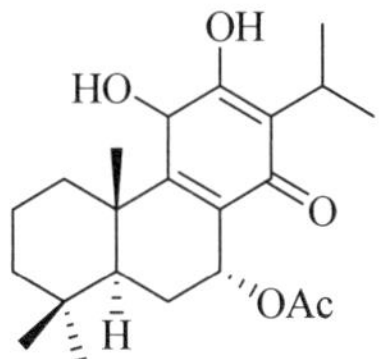

151-5 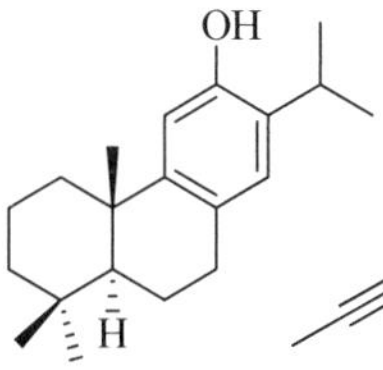　　151-6 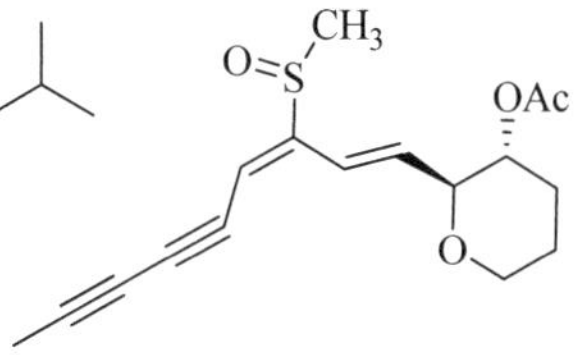　　151-7 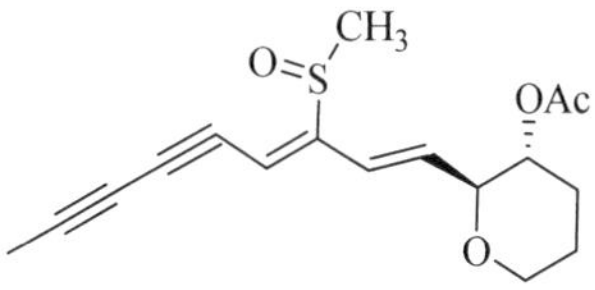　　151-8

12.2.15 花花柴属 *Karelinia*

本属仅有 1 种，花花柴 *K. caspia*，主要分布在我国西北部地区，生长于荒漠、沙丘、草地、盐碱地和芦苇地水田旁。花花柴 *K. caspia* 具有很好的耐干旱、耐盐碱、耐高温特性，主要用于改良盐碱土壤、防风固沙及水土保持。该植物曾被收入阿勒泰地区药用植物名录，但未见相关药用报道。

目前，对本种的化学成分研究较少，主要分得的成分为倍半萜、三萜类、甾醇、黄酮、苯丙素、脂类化合物，其中，分得的倍半萜成分为桉烷型骨架化合物，如 4β-acetoxy-3β-angeloyloxy-7, 11-dehydroeudesman-8-one 和 3 β-angeloyloxy-4α,11- dihydroxy-6,7-dehydroeudesman-8-one[952]。

12.2.16 六棱菊属 *Laggera*

本属约 20 种，分布于非洲热带及亚洲东南部。我国有 3 种，主要分布于长江流域以南及西南部。

　　我国有 2 种药用六棱菊属植物：齿翼六棱菊 *L. pterodonta* 和六棱菊 *L. alata*。这 2 种六棱菊属植物因其新鲜的枝叶揉搓后散发特殊的臭味和显著的抗菌消炎功效，云南民间称之为"臭灵丹"。齿翼六棱菊具有清热解毒的功效，用于治疗上呼吸道感染、扁桃体炎、咽喉炎、口腔炎、支气管炎、疟疾、痈肿疮疖等。六棱菊则具有祛风除湿、散瘀消肿、解毒的功效，用于治疗感冒咳嗽、腹痛泻痢、关节炎痛、跌打损伤、湿毒搔痒等[953]。另外，本属多种植物还作为世界传统药物应用于黄疸、炎症、白血病、祛痰、支气管炎和细菌性疾病的治疗[954]。

12.2.16.1　挥发油

　　本属植物挥发油以氧化单萜和氧化倍半萜为成分为主，其中，氧化百里香酚单萜类成分，2,5-dimethoxy-*p*-cymene (thymohydroquinone dimethyl ether)（153-1）是最主要的成分，其他的主要成分还有 dimethoxydurene、3- methoxythymoquinone、chrysanthenone、1,8-cineole 和 isoeugenol 等。

　　研究显示本属叶或地上部分挥发油具有抗菌、抗炎、抗病毒、肝保护、抗氧化、杀虫、驱虫、抗真菌、催眠、止泻和抗结核等多种活性。其中，最值得重视的是，挥发油具有的对肠病毒 71（EV71）、Ⅰ 型和 Ⅱ 型单纯疱疹病毒、呼吸道合胞病毒（RSV）的抗病毒活性[954]。

12.2.16.2　倍半萜

　　本属富含倍半萜类成分[953, 955]，骨架以桉烷型为主，其次还含开环桉烷、降碳桉烷、艾莫里烷型倍半萜。这些倍半萜均为无 α-亚甲基-γ-内酯结构，但却显示出以萜酸或糖苷或 8-位羟基氧化为酮基的 cuauhtemone 型桉烷倍半萜[956]的结构特异性。

　　另外，本类化合物的细胞毒活性较弱，分析原因可能是因它们缺乏 α-亚甲基-γ-内酯结构的缘故[957]。但研究显示，它们具有较显著的抗炎活性，如本属植物中主要的桉烷倍半萜类成分 pterodontic acid（153-2）具有降低二甲苯所致的小鼠耳肿胀作用，即在 10 mg/kg 的剂量下，其降低值达 64.1%，可与阿司匹林在 200 mg/kg 剂量下的作用相匹敌（降至 73.7%）[958]。

　　从 *L. tomentosa* 中分得 3 个 cuauthemone 型倍半萜 3-*O*-(3′-acetoxy-2′-hydroxy-2′-methylbutyryl)cuauthemone（153-3）、4-*O*-acetylcuauthemone-3-*O*-angelate 和 4-*O*-acetylcuauthemone 3-*O*-(2′-hydroxy-2′-methyl-3′-acetoxybutyrate)[956]。

　　从 *L. pterodonta* 和 *L.alata* 中分得的桉烷倍半萜 pterodontic acid 具有抗病毒的作用，如抗甲型流感病毒、流感 H1N1 病毒[959]。另外，从 *L. pterodonta* 中分离的含 pterodontic acid 和 pterodondiol（153-4）部位也具有抑制甲型流感病毒的作用，其作用机制是通过 TLR7/MyD88/TRAF6/NF-κB 信号通路[960]。

12.2.16.3　咖啡酰奎宁酸衍生物

　　从 *L. alata* 中分得的 isochlorogenic acid A（153-5）具有肝保护及抗乙肝病毒的作用[961]。

12.2.16.4　黄　酮

　　通过体外、体内的研究证实 *L. alata* 总黄酮部位具有肝保护作用，其作用可能是通过它们的抗氧化与抗炎作用来实现的。从中分离得 9 个黄酮化合物：artemitin、chrysosptertin B、luteolin-3,3′,4′-trimethyl ether casticin、quercetin-3,3′-dimethyl ether、centaureidin、3′,4′,5-Trihydroxyl-3,7-dimethoxyflavone、5-hydroxy-3,3′,4′,7-tetramethoxyflavone 和 quercetagetin-3,3′,6-trimethylether[962]。

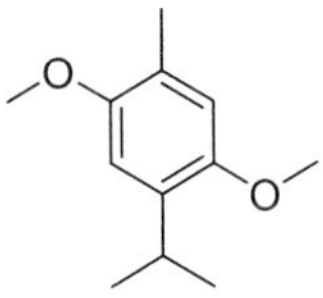

153-1 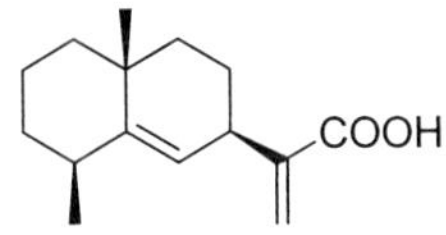　　**153-2** 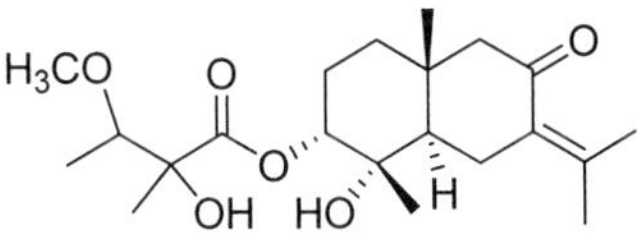　　**153-3** 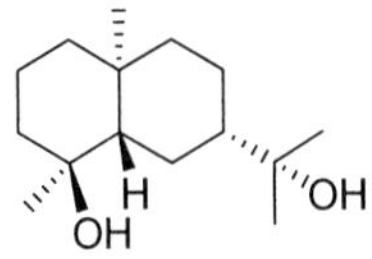　　**153-4**

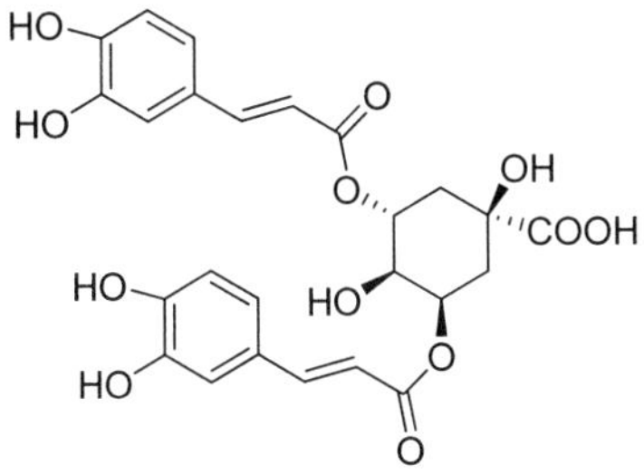

153-5

12.2.17　火绒草属 *Leontopodium*

本属约有 56 种，主要分布于亚洲和欧洲的寒带、温带和亚热带地区的山地。我国有 40 余种，主要集中于西部和西南部。

本属有 25 种在民间作为药用植物。在民间医学中，火绒草可用来治疗急、慢性肾炎、尿道炎、蛋白尿、血尿等多种肾脏疾病，以及风热感冒、创伤出血等疾病[963]。在欧洲，高山火绒草 *L. nivale* ssp. *Alpinum* (syn. *L. alpinum*)，即为俗称为"雪绒花"（Edelweiss）的植物，用于腹部不适、心绞痛等心脏疾病、支气管炎、腹泻、痢疾、发烧、肺炎、关节炎痛、扁桃体炎和多种类型的癌症的治疗[964]。

12.2.17.1　倍半萜类

本类中的倍半萜类成分较为特征，主要为三环类与没药烷型倍半萜[964]。

1. 三环类倍半萜

主要为三环[6.6.0.0^{4,8}]十一烷结构的 isocomene 型和[3.3.3]螺桨烷骨架的 modhephene 型倍半萜，以及稀含降碳的三环倍半萜及 silphiperfolene-type 三环倍半萜，如从 *L. alpinum* 中分得 silphiperfolene-type 三环倍半萜 [(1*S*,2*Z*,3a*S*,5a*S*,6*R*,8a*R*)-1, 3a,4,5,5a,6,7,8-octahydro-1,3a,6-trimethylcyclopenta[c]pentalen-2-yl]methyl acetate（154-1）[965]。

2. 没药烷型倍半萜

从 *L. alpinum* 及其他同属植物中分得的多个没药烷型倍半萜化合物，而且它们显示出有效的抗菌活性，此活性阐明了火绒草治疗腹痛、止泻与痢疾等症的传统应用，为其抗菌的药效物质[966]。另外，通过白三烯生物合成的抑制研究，证明 L. alpinum 中的没药烷型倍半萜化合物具有抗炎活性[967]。

另外，本属分得的第一个本类成分是从 L. andersonii 中分得的化合物(1R*,5S*,6S*)-5-(acetyloxy)-6-[3-(acetyloxy)-1,5-dimethylhex-4-enyl]-3-methylcyclohex-2-en-4-on-1-yl (2Z)-2-methyl-but-2-enoate（154-2）[968]。

3. 重排的 triquinane 降倍半萜（rearranged triquinane norsesquiterpene）

从 L. longifolium 中分得一个新颖骨架、少见的、重排的 triquinane 降倍半萜化合物 longifodiol（154-3）。从生源上来说，它可能是本属植物中常见的三环 isocomene 型倍半萜 12-carboxymethylisocomene 的重排产物[969]。另外，从本种还分得一个类似的骨架重排产物 longifolactone（154-4）[970]。

4. 其　他

还分得降碳的大柱香菠萝烷型（megastigmane，β-紫罗兰酮型）倍半萜苷类化合物。

12.2.17.2　二　萜

至今分得的二萜类成分均为对映贝壳杉烷型二萜，其中 ent-7α, 9α-dihydroxy-15β-[(2Z)-2-methyl-but-2-enoyloxy]kaur-16-en-19-oate 和 ent-kaur-15-en-17-al-18-oic acid 显示出中等的抗炎活性[970]。但也有研究发现此类二萜类成分，leontocin A 和 B 不具有抑制 COX-1 和 COX-2 的抗炎活性，而认为本属植物的抗炎物质是酚酸类成分，如 2,3,4,5-tetracaffeoyl-D-glucaric acid、3,4-O-dicaffeoylquinic acid 和 3,5-O-dicaffeoylquinic acid[971]。

另外，从 L. leontopodioides 中分得的酰化的对映贝壳杉烷型二萜 atractyligenin 和 carboxyatractyligenin 糖苷化合物 leontopodiosides F（154-5）-M 具有抑制胰脂肪酶的活性，IC$_{50}$ 值在 3.4 ~ 52.5 μmol/L 之间[902]。

12.2.17.3　香豆素

从 L. alpinum 和 L. leontopodioides 中分得 obliquin 型香豆素类成分，即 obliquin（154-6）、5-methoxy obliquin（150-2）和 5-hydroxyobliquin（154-7）。从化学分类上看，本类成分是 Gnaphalieae 族植物的特征性成分，除此之外，在菊科蜡菊属 Helichrysum、滨篱菊属 Cassinia、万头菊属 Myriocephalus 和羽冠鼠麴草属 Actinobole 中也有分布[965]。

12.2.17.4　单萜、苯乙酮、对苯二酚（hydroquinone）化合物

从 L. leontopodioides 中分得多个链状单萜及对苯二酚苷类化合物，其中的多个链状单萜及对苯二酚苷类化合物具有胰脂肪酶抑制活性，其作用最佳的化合物是苯乙酮苷类化合物 pungenin（154-8），其 IC$_{50}$ 值为(10.9±1.6)μmol/L，但研究也揭示这些化合物对 α-葡萄糖苷酶无抑制作用，提示了它们的作用机制是抑制了甘油三酯的吸收。

12.2.17.5　苯酞 Phthalide 型化合物

本类化合物主要分布于伞形科植物中的 Ligusticum 和 Angelica 属植物之中，在菊科中也

有一定的分布，如鼠曲草属 Gnaphalium。当前，3-n-butyl phthalide（NBP）化合物作为抗血小板凝集作用的天然药物应用，因此，对本类化合物的抗血小板凝集作用的研究值得重视。

从 L. calocephalum 中分得多个本类化合物，其中 calocephalactone（154-9）的结构较为特异，即分子中具有两个通过 C—C 和 C—O 与苯酞结构相连的单萜结构单元[972]。

12.2.17.6　木脂素、黄酮、异苯基呋喃酮 Isobenzofuranone 等酚类化合物

从高山火绒草 L. alpinum 中分得一个木脂素类成分 leoligin（154-10），其具有提高胆固醇细胞外流的作用，揭示本品可作为治疗动脉粥样硬化症的先导化合物[973]。

从 L. leontopodioides 中分得多个异苯基呋喃酮类化合物，如 leontopodiols A（154-11）、B（154-12）和 leontopodiosides C-F，其中，部分化合物，如还具有抑制甘油三酯聚集的活性[974]。从 L. leontopodioides 中还分得具有抑制 α-葡萄糖苷酶活性的乙酰化黄酮及乙酰化木脂素苷类化合物[975]。

12.2.17.7　挥发油

L. leontopodioides 挥发油具有抗菌的细胞毒活性，且其主要成分是 palmitic acid（11.6%）、n-pentadecanal（5.7%）、linalool（3.8%）、β-ionone（3.3%）、hexahydrofarnesyl acetone（3.2%）、bisabolone（3.2%）和 β-caryophyllene（3.2%）[976]。

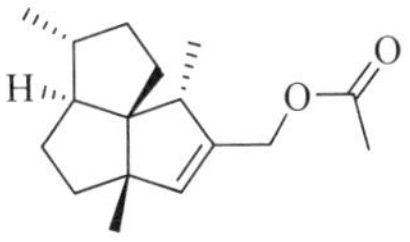

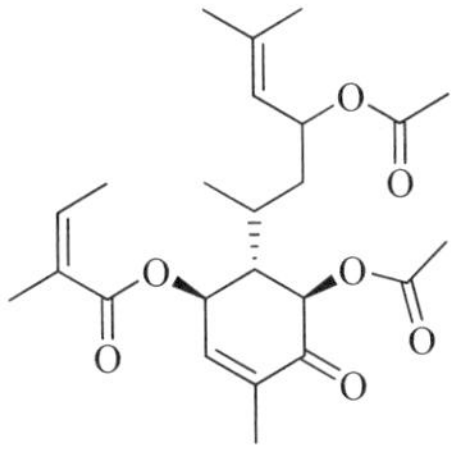

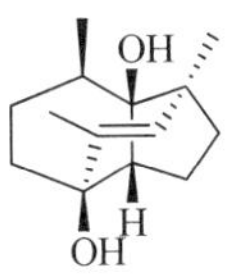

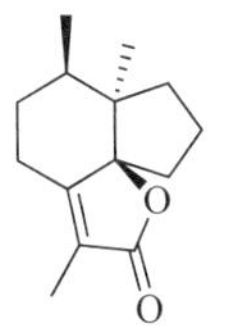

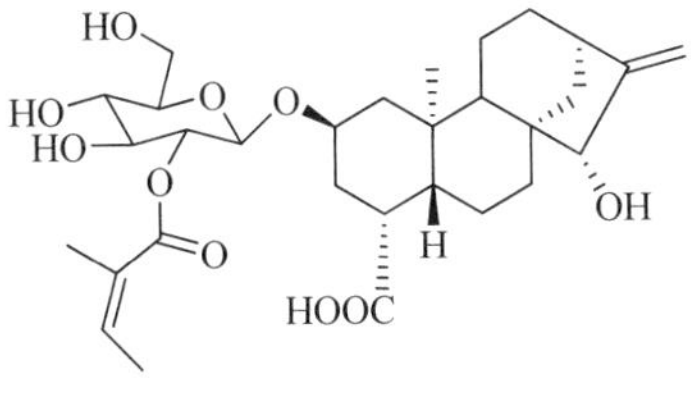

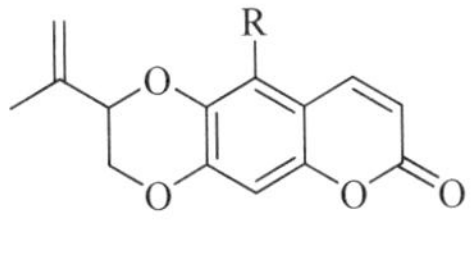

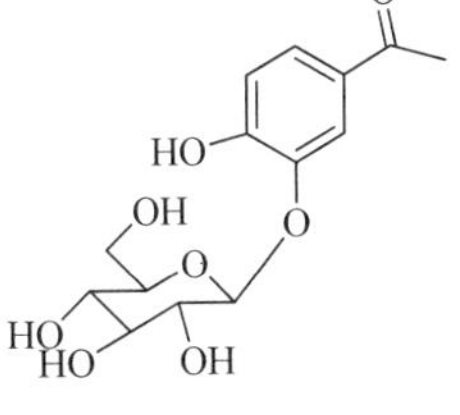

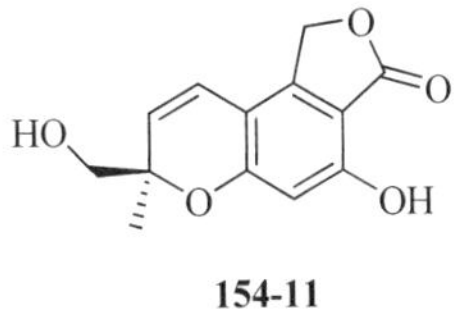

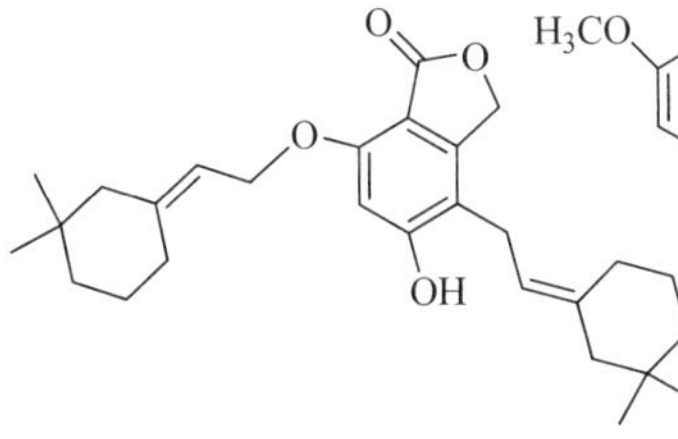

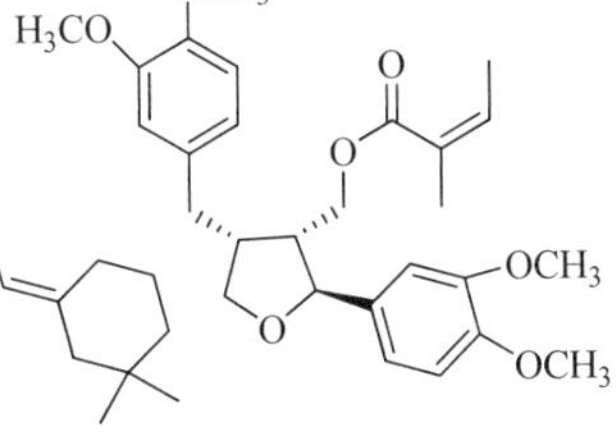

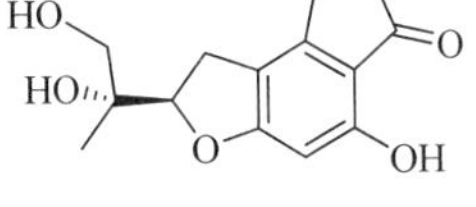

12.2.18 苇谷草属 *Pentanema*（原属名 *Vicoa*）

此属有 10 余种，主要分布于亚洲南部和西南部、非洲热带。我国有 3 种，分布于西南部及西藏西部。

在印度，*Pentanema indicum* 作为避孕药物应用。

从本属植物中最典型的化学成分是吉马烷与愈创木烷型倍半萜类成分，除此之外，本属还含有少量的卡拉布烷型倍半萜[天名精内酯酮（carabrone，22-7）]类成分。其他的成分还有齐墩果烷型与羽扇豆烷型三萜、单萜（百里香酚酯）、黄酮等。从倍半萜的骨架来看，本属植物含有较为进化的卡拉布烷型化合物，以及它们均具化学活泼性高的 α-亚甲基-γ-内酯结构，这些都显示出本属植物的进化高级性。

12.2.18.1 倍半萜

P. divaricatum 的甲醇及三氯甲烷提取物具有有效的抗菌活性，尤其对 *Aspergillus niger* 最为有效。经研究其中的抗菌物质是愈创木烷型倍半萜类成分 $4\alpha,5\alpha$-epoxy-$10\alpha,14H$-1-*epi*-inuviscolide（155-1），其抗真菌 *A. niger* 的 MIC 值是 25 μg/皿，而抗细菌 *Bacillus cereus* 和 *Staphylococcus aureus* 的 MIC 值是 200 μg/皿[977]。

P. indicum 中分得的吉马烷型倍半萜化合物 vicolides A-D（155-2 ~ 155-5）。它们在 2×10^{-7} ~ 2×10^{-3} 浓度下，显示出对 V 期 *Euproctes fraterna* 和 *Pericallia ricini* 幼虫的拒食活性。另外的研究揭示 vicolides A-D 还具有抗菌、抗生育和抗炎活性[978]。

从 *V. pentanema* 中分得的多个倍半萜类成分均具有有效的细胞毒活性，其中，以化合物愈创木烷 inuviscolide（155-6）的活性最强，其对 SK-MEL、KB、BT-549 和 SK-OV-3 肿瘤细胞系的 IC_{50} 值在 2 ~ 9 μg/mL[979]。

12.2.18.2 三　萜

从 *V. indica* 中分得羽扇豆烷型三萜化合物，羽扇豆醇 epilupeol（155-7）及其乙酸酯（155-8），它们显示出抗新城鸡瘟病毒（Ranikhet disease virus，RDV）的活性[980]。

155-1　　155-2　　155-3　　155-4

155-5　　155-6　　155-7　R=H　155-8　R=Ac

12.2.19　棉毛菊属 *Phagnalon*

约 20 种，主要分布于地中海地区、亚洲西部、中亚和喜马拉雅西部。

至今本属植物还未发现倍半萜类成分，而发现的成分主要是酚类成分，如 leysseral 衍生物、咖啡酰基奎宁酸衍生物、异戊烯基对苯二酚、黄酮、木脂素、羽扇豆烷型三萜、甾体等。

12.2.19.1　leysseral 衍生物（苯骈呋喃衍生物）

从 *P. purpurescens* 分得多个本类成分，此为本属植物的分类标志物，如 2-(1′-carbomethoxyvinyl)-3α-acetoxy-5-(l′-angoyloxyethyl)-2,3-dihydrobenrofuran（156-1）[981]。

12.2.19.2　酚酸类成分

本属富含咖啡酰基奎宁酸、黄酮、异戊烯基对苯二酚类成分，如：

（1）从 *P. rupestre* 中分得的异戊烯基对苯二酚、咖啡酰基奎宁酸衍生物具有由三硝基氯苯引起的接触性过敏反应的保护作用，而且咖啡酰基奎宁酸的活性强于异戊烯基对苯二酚化合物，如 3,5- dicaffeoylquinic acid（156-2）和 3,5-dicaffeoylquinic acid methyl ester（156-3）的活性强于 2-isoprenylhydroquinone-1-glucoside[982]。

（2）对从 *P. rupestre* 中分离的 8 个酚类化合物的抑制接触性皮炎活性进行的研究。研究发现：黄酮化合物 luteolin 7-*O*-β-glucoside 具有最强的抑制活性，对苯二酚（hydroquinones）化合物的抑制活性其次，最弱的化合物为二咖啡酰奎宁酸衍生物[983]。

（3）从 *P. saxatile* 中分得的黄酮化合物与咖啡酰基奎宁酸衍生物具有抗乙酰胆碱酯酶（AchE）和丁酰胆碱酯酶（BchE）的活性，显示出治疗阿尔兹海默病的潜力：luteolin 和 3,5-dicaffeoylquinic acid 抗 AchE 的 IC_{50} 值分别为 25.2 和 54.5 μg/mL；caffeic acid 和 luteolin 抗 BchE 的 IC_{50} 值分别为 32.2 和 37.2 μg/mL[984]。

12.2.19.3　2-烷基取代的对苯二酚衍生物 2-alkylhydroquinone

从本属分得多个本类成分，且烷基取代基主要是异戊烯基与丁基，如从 *P. saxatile* 中分得 1-*O*-β-D-glucopyranosyl-1,4- dihydroxy-2-[(*E*)2-oxo-3-butenyl] benzene（156-4）和 1-*O*-β-D-glucopyranosyl-1,4-dihydroxy-2-(3′,3′-dimethyl-allyl)benzene（156-5），而且它们对 HT1080、MCF7 和 A549 肿瘤细胞的细胞毒性活性较弱[985]。

12.2.19.4　挥发油

P. Saxatile 挥发油中的主要成分是倍半萜（23.9%）、脂肪酸（21.8%）和蜡（19.3%），但无抗菌活性[986]。但科西嘉岛产的 *P. sordidum* 植物挥发油却具有显著的抗微生物活性。通过 GC-MS 分析，鉴定出它的主要成分是(*E*)-β-caryophyllene（14.4%）、β-pinene（11.0%）、thymol（9.0%）和 hexadecanoic acid（5.3%）[987]。

12.2.19.5　其　他

从本属还分得二异戊烯基苯乙酮衍生物 bisprenyl derivative、异戊烯基苯醌、苯乙酮等成分[981]。

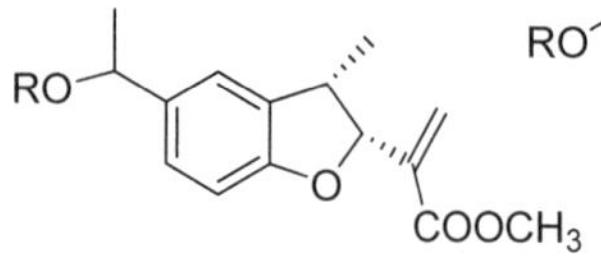

156-1

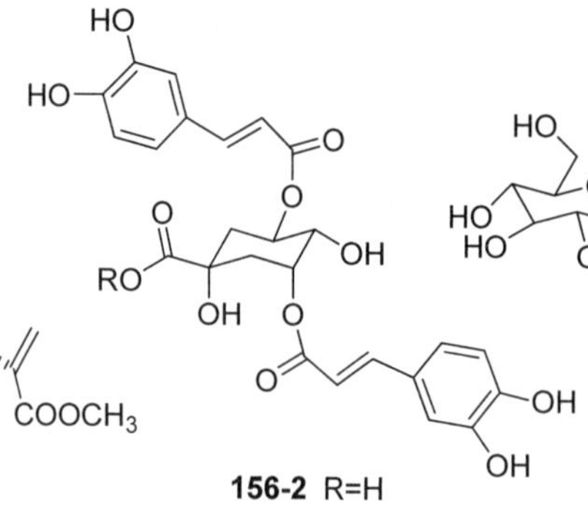

156-2 R=H
156-3 R=CH₃

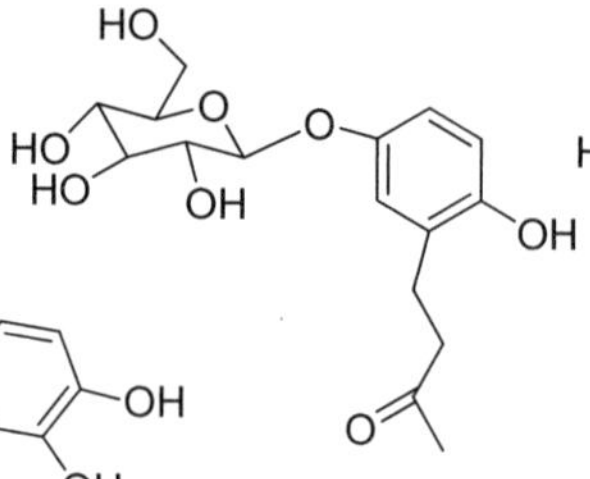

156-4

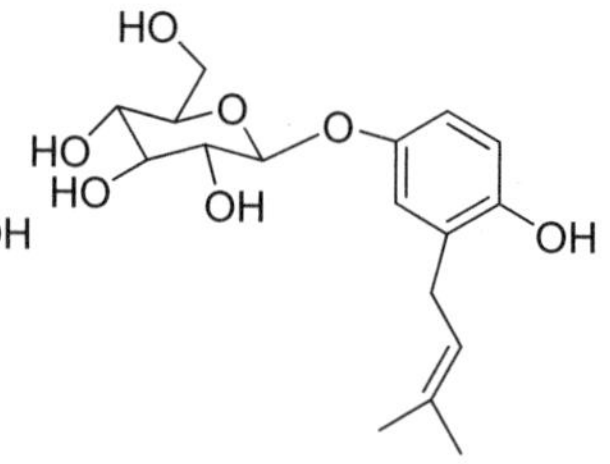

156-5

12.2.20　阔苞菊属 *Pluchea*

约 50 种，分布于美洲、非洲、亚洲和澳大利亚的热带和亚热带地区。我国有 3 种，产于台湾、南部、西南部各省区。

阔苞菊 *P. indica*，其茎叶入药，味苦而性温，具软坚散结之功效[988]。另外，阔菊属植物在世界各地也还作为民间用药被广泛使用，如 *P. arabica* 用于治疗耳及皮肤感染、疮痛，以及作为芳香消毒剂[989]。

本属植物最为特征的化学成分类型是以桉烷型为主的倍半萜，其他的成分还有噻吩聚炔、黄酮、咖啡酰基奎宁酸衍生物、三萜等[989]。

12.2.20.1　倍半萜

（1）桉烷

本属最典型的倍半萜为 cuauhtemone 型的一系列桉烷型倍半萜化合物，其结构特征是 C-8 位为酮基结构，C-3 位多为酯取代结构，以及少量化合物存有 C-7 或 C-11 位过氧结构。如从墨西哥药用植物 *P. odorata*（Cuauhtematl）分离得的 cuauhtemone（157-1）化合物，其为一个植物生长调节剂[990]。另外，还有桉烷酸、桉烷 12(8) 及 12(6)-内酯结构化合物。

从 *P. sagittalis* 中分得的多个桉烷型倍半萜均有对草地贪夜蛾 *Spodoptera frugiperda* 幼虫的拒食活性，如化合物 3α-(2,3-epoxy-2-methylbutyryloxy)-4α- formoxy-11-hydroxy-6,7-dehydroeudesman-8-one（157-2），另外，3β-hydroxy-costic acid 和 encelin 对海灰翅夜蛾 *Spodoptera littoralis*（棉叶虫）幼虫也有拒食活性[991]。

从 *P. odorata* 中分离的化合物 PO-1，即(1S,2R,4αR,8αR)-[1-(acetyloxy)- 1,2,3,4,4α,5,6,8α-octahydro-1,4α-dimethyl-7-(1-hydroxy-1-methylethyl)-6-oxo-2-naphthalenyl]-2,3-dimethyl-oxiranecarboxylic acid ester（157-3）具有微摩尔级别的细胞毒活性[992]。

（2）除常见的桉烷型骨架倍半萜外，本属植物中还含一些稀有骨架的化合物，如从 *P. arabica* 中分得的化合物 godotol A（157-4）和 godotol B（157-5），它们具有弱的抗菌和抗卤虫幼虫（brine shrimp larvae）的作用[993]。

（3）从 *Pluchea sericea* 中分得的三环 modhephene 型倍半萜化合物 14-hydroxymodhephene（157-6）和它的衍生物，该类化合物具有不常见的[3.3.3]-螺桨烷骨架。另外，本类化合物还发现于无舌黄菀属 *Isocoma*、黄安菊属 *Liabum*、蚤草属 *Pulicaria*、松香草属 *Silphium* 和尖刺

联苞菊属 *Berkheya*[994]。

12.2.20.2　噻吩聚炔化合物

从 *P. indica* 中分离的 R/J/3 化合物 2-(prop-1-ynyl)-5(5,6-dihydroxyhexa-1,3-diynyl)-thiophene 具有抗阿米巴原虫 *Entamoeba histolytica*（157-7）的活性[995]。

12.2.20.3　酚类化合物，如咖啡酰基奎宁酸衍生物等

从 *P. indica* 中分得五个本类化合物，3,5-di-*O*-caffeoylquinic acid、4,5-di-*O*- caffeoylquinic acid methyl ester、3,4,5-tri-*O*-caffeoylquinic acid methyl ester、3,4,5-tri-*O*-caffeoylquinic acid 和 1,3,4,5-tetra-*O*-caffeoylquinic acid，它们都有抑制 *α*-葡萄糖苷酶的活性，而且奎宁酸的甲基酯和咖啡酰基的数量是它们活性的重要因素，即后三个化合物的活性最强，IC$_{50}$ 值在 2 ~ 13 μmol/L[996]。

从 *P. carolinensis* 中分得的酚类化合物，通过体内、体外的抗亚马孙利什曼原虫 *Leishmania amazonensis* 的活性，其活性化合物的活性依次是：ferulic acid > rosmarinic acid > caffeic acid[997]。

从 *P. indica* 中分得的黄酮及噻吩聚炔化合物具有抑制人类细胞色素 P450 2A6 和 2A13 酶的活性，其中，黄酮化合物（apigenin、luteolin、chrysoeriol、quercetin）的活性最佳[998]。

12.2.20.4　挥发油

也门产 *P. arabica* 的挥发油具有对微生物 *Staphylococcus aureus*（ATCC 29213）、*Candida albicans*（ATCC 10231）和 *Bacillus subtilis* 的抗菌活性。通过 GC-MS 分析，挥发油的主要成分是：*δ*-cadinol（26.8%）、9-(1-methylethylidene)-bicyclo[6.1.0]nonane（10.8%）、caryophyllene oxide（10.0%）、methyleugenol（9.2%）和*β*-caryophyllene （6.9%）[999]。

尽管巴西产 *P. quitoc* 的挥发油的抗菌活性并不明显，但从其中分得的主要成分 (*E*)-sesquilavandulyl acetate 和(*E*)-sesquilavandulol alcohol 具有一定的抗菌活性，显示它们可能是挥发油抗菌的代表化合物[1000]。

P. carolinensis 叶挥发油具有抗利什曼原虫活性，且其挥发油的主要成分为桉烷化合物 selin-11-en-4*α*-ol（157-8）（51.0%）。

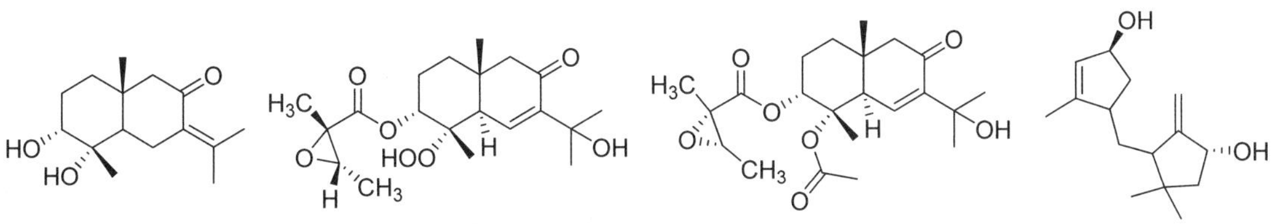

157-1　　157-2　　157-3　　157-4

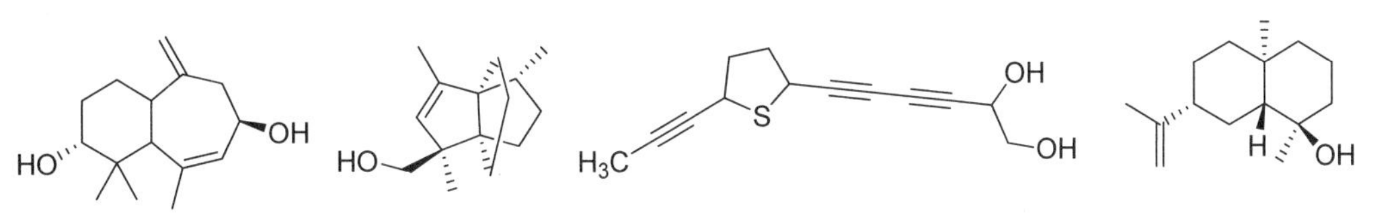

157-5　　157-6　　157-7　　157-8

12.2.21　翼茎草属 *Pterocaulon*

本属有 25 余种，分布于全世界热带地区。我国 1 种，翼茎草 *P. redolens*，仅见于广东南部（海南）。本属作为世界传统药物，主要用于治疗皮肤与肝病，以及呼吸系统疾病等[1001]。

本属植物以香豆素类成分为特征，并被认为是本属的化学分类标志物与药效物质，其结构特征是拥有较高的氧化程度及在苯环上的异戊烯基取代结构。其他类型的化合物是黄酮、噻吩聚炔、咖啡酸衍生物、萜类等。至今，从本属分得大约 40 个香豆素及 30 个黄酮化合物。

从 *P. polystachyum* 中分得的三个主要的且具有抗氧化作用的香豆素类成分，prenyletin（6-hydroxy-7-isoprenyloxycoumarin）（158-1）、prenyletin-6-methylether（6-methoxy-7-isoprenyloxycoumarin）（158-2）和 ayapin（6,7-methylenedioxycoumarin）（158-3），其中又以 prenyletin 的作用最强[1002]。

从 *P. balansae* 中得到的富含香豆素的提取物具有抗阴道毛滴虫 *Trichomonas vaginalis* 的作用[1003]。

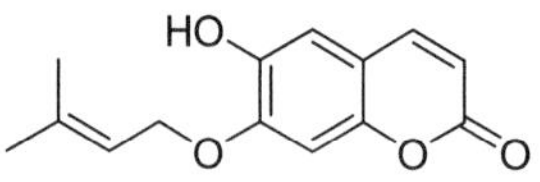

158-1 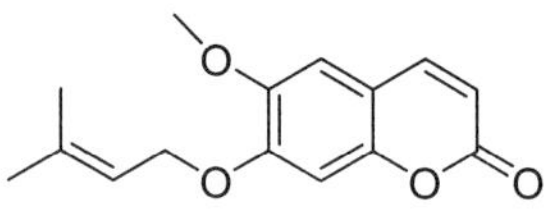　　**158-2** 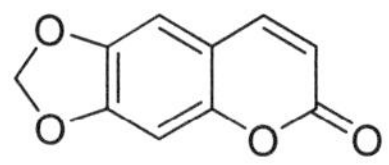　　**158-3**

12.2.22　蚤草属 *Pulicaria*

本属约有 50 种，主要分布于地中海地区和非洲热带，较少数分布于非洲南部、欧洲北部、中亚、西亚、印度和中国西部。我国有 6 种，此外还另有栽培种。

该属植物臭蚤草 *P. insignis* 是一种传统藏药，仅产于中国西藏南部，全草能镇咳舒肝，清血热，透骨蒸；花序有清热、止痛的功效，及驱跳蚤的作用[1004]。

本属植物以石竹烷倍半萜化合物为结构特征，其他还有愈创木烷、桉烷、吉马烷等较为常见的倍半萜类化合物，其他还有克罗烷与海松烷型二萜、黄酮、对苯二酚 hydroquinone 衍生物、三萜、单萜（含百里香酚单萜）、苯骈呋喃衍生物等成分。

12.2.22.1　倍半萜

本属植物含有较为丰富的倍半萜类成分，大多具有显著的细胞毒活性。本类化合物的骨架以石竹烷型为主，同时还分得与之生源合成途径相同的蛇麻烯型、三环类倍半萜化合物。

1. 石竹烷

如从 *P. vulgaris* 中分得的 5 个石竹烷型倍半萜化合物均具有抗胆乙酰碱酯酶 anticholinesterase 和抗酪氨酸酶 antityrosinase 的活性，其中又以化合物 (1S,5Z,9R)-12,14-dihydroxycaryophylla-2(15),5-dien-7-one（159-1）的作用最佳[1005]。

2. 蛇麻烷

从 *P. undulata* 中分得 10 个蛇麻烯 humulene 型倍半萜化合物，其结构归类于 asteriscunolide 型，其中，化合物 (+)-asteriscunolide A（159-2）和 (−)-methyl pulicaroate（159-3）具有体外

的抗炎活性[1006]。

3. 三环类

在本属中也发现与阔苞菊属 *Pluchea* 相同的 modhephene 型倍半萜化合物，如从 *P. paludosa* 中分得多个本类化合物及其糖苷化合物，如 pulicaral（159-4）[1007]。

4. 愈创木烷与桉烷

除以上 3 种骨架的倍半萜之外，本属植物还分得不同于以上生源合成途径的愈创木烷与桉烷倍半萜化合物。如从 *P. undulate* 中分得桉烷型倍半萜内酯化合物 ivalin（159-5）（IC_{50} 为 2.0 μmol/L）和 2α-hydroxyalantolactone（159-6）（IC_{50} 为 1.8 μmol/L），而且两化合物均显示出强烈的抑制巨噬细胞 RAW264.7 产生 NO 的抗炎活性，但它们也显示出强烈的细胞毒活性[1008]。

从 *P. laciniata* 中还分得 2 个重排的愈创木烷产物 lacitemzine（159-7）[1009]和 pulicazine（159-8）[1010]。

5. 倍半萜二聚体

除倍半萜单体外，还从 *P. Gnaphalodes* 中分得愈创木烷型倍半萜二聚体化合物，gnapholide（159-9）和 anabsinthin（159-10）[1011]。

12.2.22.2 挥发油

产于索科特拉岛的 *P. stephanocarpa* 植物挥发油具有抗氧化、抗菌及抗乙酰胆碱酯酶的活性，在 200 μg/mL 浓度下，其抗乙酰胆碱酯酶的抑制率为 47%。另外，本挥发油对革兰氏阳性菌 *Staphylococcus aureus* 和 *Bacillus subtilis*，以及对酵母菌 *Candida albicans* 的抗菌活性，而且研究认为它们的活性与本挥发油中的主要倍半萜类（84.7%）成分有关，即与（*E*）-caryophyllene、（*E*）-nerolidol、caryophyllene oxide 和 α-cadinol 有关[1012]。

也门产的 *P. undulata* 植物叶挥发油中的主要成分则是氧化单萜类成分 carvotanacetone（91.4%）和 2,5-dimethoxy-*p*-cymene（2.6.%），其挥发油也具有与 *Pulicaria stephanocarpa* 类似的抗菌活性和抗乙酰胆碱酯酶的活性。

另外，*P. vulgaris* var. *graeca* 挥发油中的主要成分则为 hexadecanoic acid（21.7%）、β-caryophyllene（14.3%）和 geranyl propionate（8.2%）；*Pulicaria incisa* 挥发油的主要成分则是 chrysanthenone（45.3%）和 2,6-dimethylphenol（12.6%）；*P. mauritanica* 挥发油的主要成分则是香芹酮 carvotanacetone（89.2%~96.1%），它们也具有抗菌活性[1013-1015]。

从 *P. odora* 挥发油中分得的一个主要成分，酚类成分 2-isopropyl-4-methylphenol（159-11）化合物具有有效的抗菌的抗真菌作用[1016]。

12.2.22.3 黄 酮

从 *P. inuloides* 中分得的黄酮化合物 6-hydroxy kaempferol-3,7-dimethyl ether 和 quercetagetin 3,7,3′-trimethyl ether 具有与抗坏血酸相类似的抗氧化活性，以及 quercetagetin 3,7,3′-trimethyl ether 显示出与氨苄青霉素相匹敌的抗 *S. aureus* 的抗菌活性[1017]。

12.2.22.4 二 萜

从 *P. undulata* 中分得的对映贝壳杉烷型二萜化合物 pulicarside（159-12）显示出α-葡萄糖苷酶调节活性，然而，它的水解产物 ent-16, 17-dihydroxy-(－)-kauran-19-oic acid（159-13）展示出α-葡萄糖苷酶抑制活性。另外，paniculoside Ⅳ也显示出最强的、可与拜糖平 acarbose 相匹敌的抑制活性[1018]。

除分离得克罗烷、海松烷、贝壳杉烷型二萜之外，还从 *P. inuloides* 中分得一个对映贝壳杉烷型二萜二聚体，15β, 15'β-oxybis (ent-kaur-16-en-19-oic acid)（159-14）[1017]。

159-1

159-2

159-3

159-4

159-5

159-6

159-7

159-8

159-9

159-10

159-11

159-12

159-13

159-14

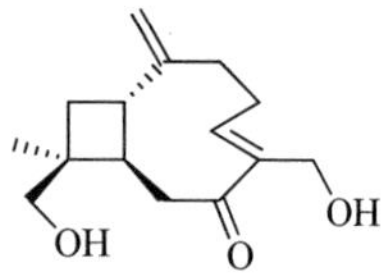

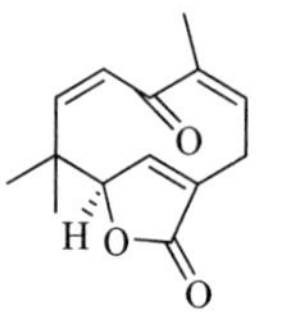

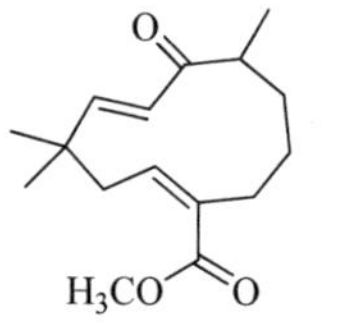

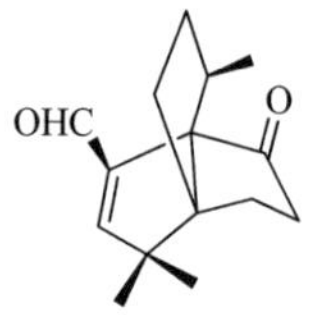

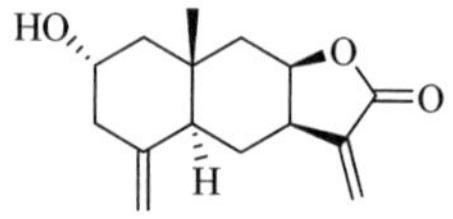

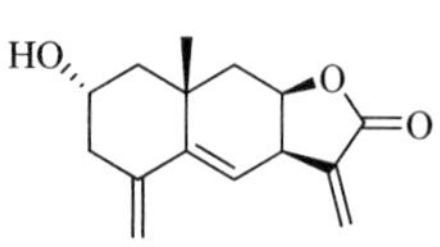

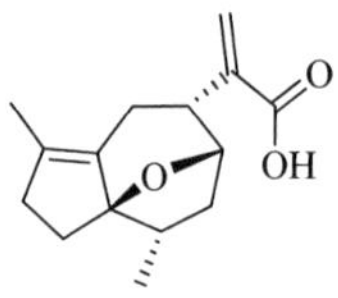

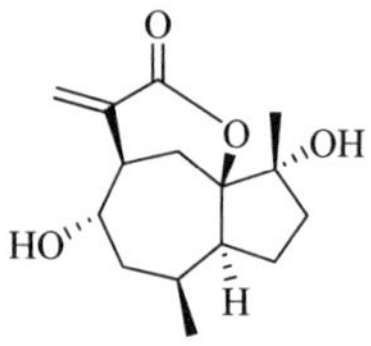

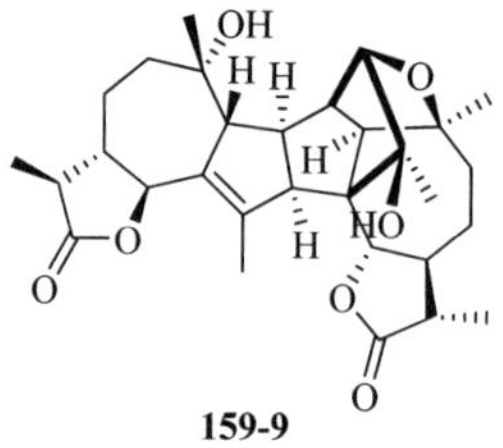

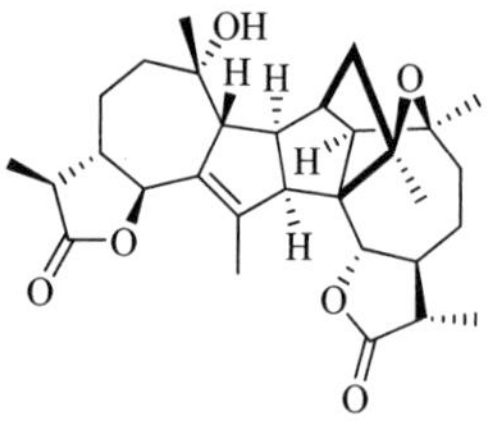

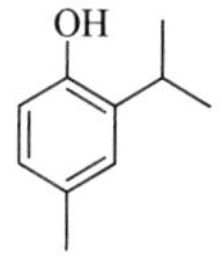

12.2.23 戴星草属 *Sphaeranthus*

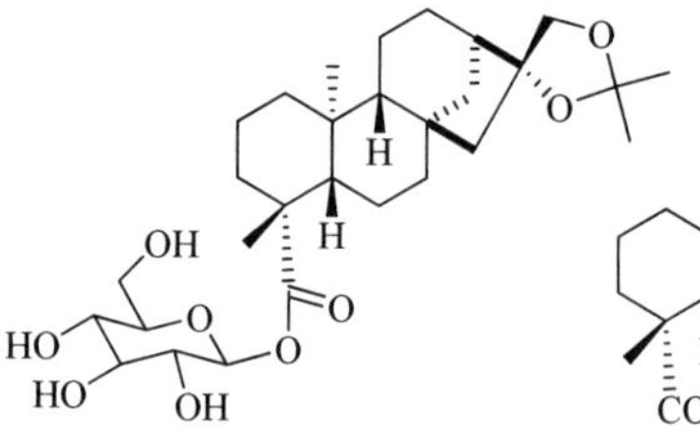

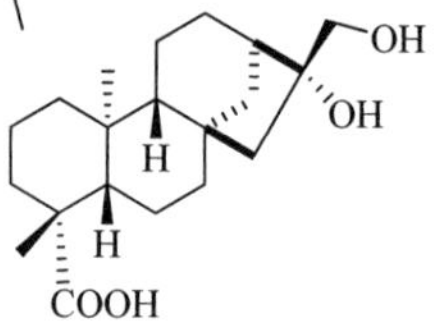

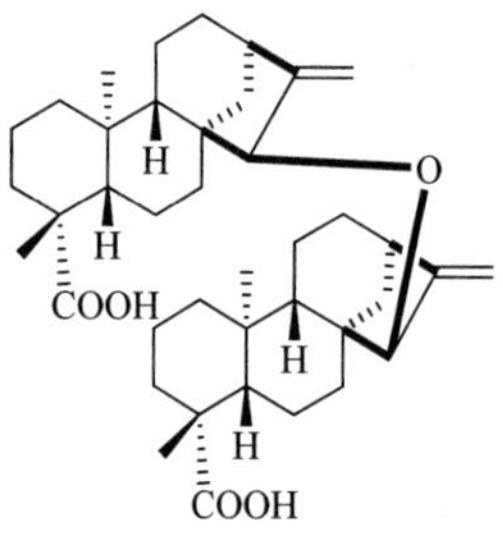

本属有 40 余种，分布于亚洲、非洲及大洋洲的热带地区。我国有 3 种，产于台湾至云南西南部。绒毛戴星草 *S. indicus* 是一味传统药物，用于治疗胃病、皮肤病、驱虫、腺体肿胀、神经衰弱、止痛、抗菌、止泻和利尿等[181]。

本属植物以含香芹酮（单萜）衍生物、7-羟基桉烷型倍半萜化合物为主。除此之外，还含黄酮、环肽生物碱、甾体等。

12.2.23.1　香芹酮（单萜）衍生物 carvotacetones

本属植物中富含此类成分，分离的化合物也较多。通过研究，发现它们具有多种生物活性，如抗菌、抗炎、抗肿瘤、抗疟、抗利什曼原虫等活性，具体的有：

（1）COX-2 选择性抑制作用的抗炎化合物 3,5-diangeloyloxy-7-hydroxycarvotacetone（160-1）[1019]；

（2）抗肿瘤细胞增殖作用的化合物 3-angeloyloxy-5-[2″S,3″R-dihydroxy-2″-methyl-butanoyloxy]-7- hydroxycarvotacetone（160-2）[1019]；

（3）抗原虫及抗利什曼原虫活性化合物 3-acetoxy-5,7-dihydroxycarvotacetone（160-3），其对氯喹敏感及对氯喹抗药的原虫 P. falciparum 的 IC_{50} 值分别是 0.60 和 0.68 μg/mL，而对利什曼原虫 L. donovanii promastigotes 的 IC_{50} 值为 0.70 μg/mL；3-acetoxy-5,7-dihydroxy-carvotacetone 还具有抗肿瘤作用，如对四株实体瘤细胞 SK-MEL、KB、BT-549 和 SK-OV-3 的 IC_{50} 值在 1.1～1.7 μg/mL[1020]。

12.2.23.2　倍半萜

从绒毛戴星草 S. indicus 中分得的 11,13-dihydro-3-O-(β-digitoxopyranose)-7α-hydroxyeudesman-6,12-olide(160-4)，其为一个本属植物典型的 7-羟基桉烷型倍半萜化合物，具有抗真菌 Aspergillus fumigatus、Aspergillus flavus 和 Saccharomyces cerevisiae 的作用[1021]。

另有研究发现，从 S. indicus 中分离的倍半萜化合物具有抗疟、抗肿瘤、抗菌、抗炎等活性，如桉烷型化合物 7-hydroxyfrullanolide（160-5）抗疟原虫 Plasmodium falciparum 的 IC_{50} 值为 2.49 μg/mL，抗菌 M. tuberculosis 的 MIC 值 12.50 mg/mL[1022, 1023]。

12.2.23.3　挥发油

绒毛戴星草 S. indicus 挥发油在高浓度（5×10^{-4}）下具有对两种蚊虫 Culex quinquefasciatus 和 Aedes aegypti 的杀幼虫作用；只有分别在 7×10^{-4} 和 8×10^{-4} 浓度下，才显示出对以上两种成虫的高致死率；而在 1.5×10^{-3} 浓度下，对蚊虫的捕食者 Toxorhynchites splendens 也未显示出毒性，说明本品挥发油为一种环境友好的驱蚊药。通过 GC-MS 分析，本挥发油中的主要成分是4-(2′,4′,4′-trimethyl-bicyclo[4.1.0]hept-2′-en-3′-yl)-3-buten-2-one 和 benzene, 2-(1,1-dimethylethyl)-1,4-dimethoxy[1024]。

另有研究认为绒毛戴星草 S. indicus 中的挥发油主要成分是 2,5-dimethoxy-p-cymene（18.2%）、α-agarofuran、10-epi-γ-eudesmol 和 selin-11-en-4α-ol[1025]。

160-1　　　　160-2　　　　160-3　　　　160-4

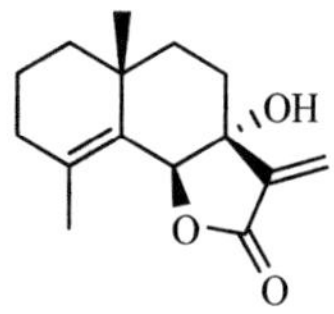

160-5

12.2.24　含苞草属 *Symphyllocarpus*

仅 1 种，含苞草 *Symphyllocarpus exilis*。

至今仍无本种植物的化学成分研究报道。

12.2.25　革苞菊属 *Tugarinovia*

1 种，革苞菊 *Tugarinovia mongolica*，分布于我国内蒙古中部和蒙古南部。

至今，本种植物的化学成分研究报道缺乏。

13　堆心菊族 Helenieae

本族与向日葵族接近，主要以花托无托片为区别。分 5 个亚族，几乎全部分布于美洲。我国只有栽培或归化植物，3 个属，分隶于 2 个亚族，其中堆心菊亚族 Subtrib. Heleniinae 的堆心菊属 Helenium L. 是不常见的栽培观赏植物。

从化学成分上看，堆心菊亚族与万寿菊亚族植物的化学成分有较大的差异，而同属于堆心菊亚族的堆心菊属 Helenium 与天人菊属 Gaillardia 则在富含的倍半萜内酯的结构上有很大的相似性。从万寿菊属植物未分离得到倍半萜类成分的当前研究结果来看，万寿菊属应该比含有倍半萜类成分的天人菊属与堆心菊属原始。

天人菊属与堆心菊属中的主要倍半萜骨架类型是由原始的愈创木烷进化而来的伪愈创木烷型及开环的愈创木烷型，因此，它们应该较为进化。同时，此类成分在向日葵族的豚草属中也有大量发现，说明了本族与向日葵族的亲缘性。

13.1　天人菊属 *Gaillardia*

本属约 20 种，原产南北美洲热带地区。我国有 2 种。

13.1.1　倍半萜内酯

1. 愈创木烷、伪愈创木烷及其衍生骨架化合物

本属植物以 C-8(12) 内酯结构的伪愈创木烷倍半萜内酯为特征，也最为丰富。例如，从 *G. megapotamica* 中分离的伪愈创木烷倍半萜内酯 helenalin（163-1）[1026]。

另外，本属植物还有少量的愈创木烷及开环的伪愈创木烷倍半萜内酯化合物，如从 *G. pulchella* 地上部分分离得到的开环的伪愈创木烷倍半萜内酯 4,5-seco- neopulchell-5-ene-2-*O*-acetate（163-2）[1027]。

从本属 *G. pulchella* 植物中还分离得一种伪愈创木烷降三碳再环合的结构重排产物，pseudotwistane 型化合物 pulchello（163-3），它的衍生途径推测如下[1028]。

2. 倍半萜-单萜、生物碱的加成产物

因倍半萜内酯 α-亚甲基-γ-内酯结构的化学活泼性，本属植物还出现了倍半萜内酯与单萜、生物碱的加成产物，如从 *G. suaais* 地上部分分离得的倍半萜-单萜化合物 aestivalin（163-4），它可能源于一个生源的 Diels-Alder[4+2] 环加成反应[1029]；从 *G. pulchella* 中分离得一个伪愈创木烷生物碱 pulchellidine（163-5）[1030]，它的结构可看成是缺电的 α-亚甲基-γ-内酯结构的亚甲基与富电的生物碱氮原子发生加成反应的结果。

13.1.2　挥发油

本属多个种的挥发油成分通过 GC-MS 进行了化学成分研究，如产自阿根廷的 *G.megapotamica* 和 *G. cabrerae* 两种植物中的挥发油主要成分为：*α*-pinene、*β*-pinene、limonene、1,8-cineole、*β*-caryophyllene、spathulenol 和 caryophyllene oxide [1031]。

13.1.3　其　他

分离得的化学成分还有：黄酮及其苷[1032]、异黄酮[1029]、三萜、甾醇[1033]、聚炔亚磺酰物[1034]等。

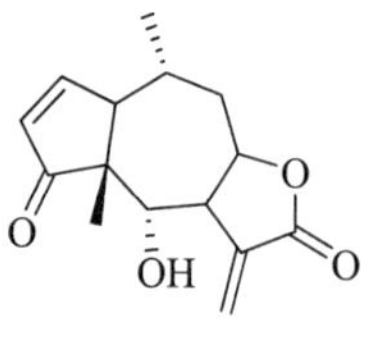

163-1 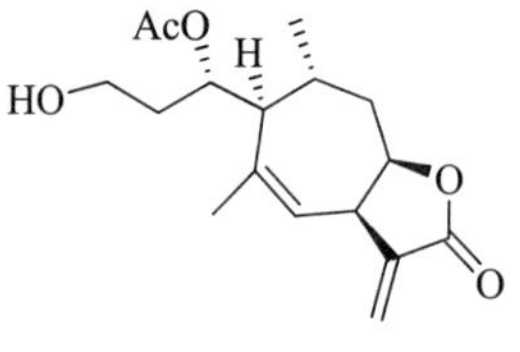　　　　163-2 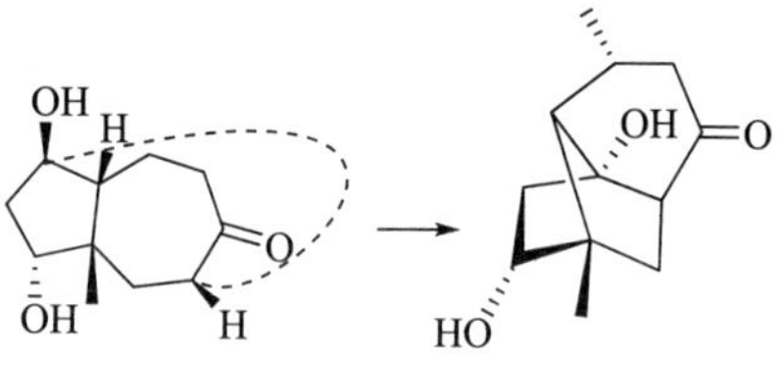　　　　163-3

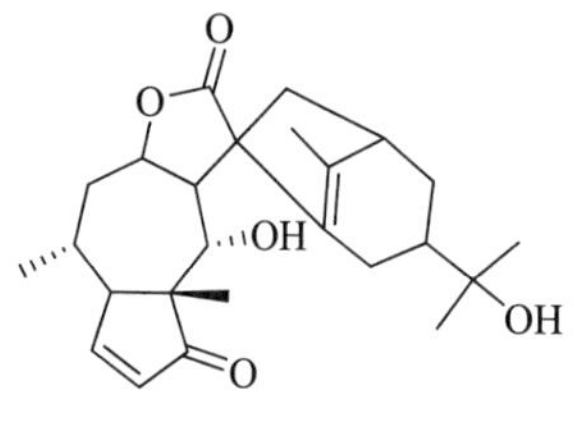

163-4 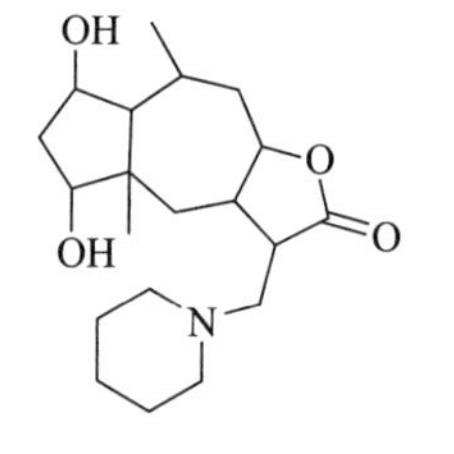　　　　163-5

13.2　万寿菊属 *Tagetes*

本属约 30 种，产于美洲中部及南部，其中有许多是观赏植物。我国常见栽培的有 2 种。

对本属的植物化学研究主要集中于它们的挥发油成分的 GC-MS 鉴定上，而分离出来的化学成分不仅较少，而且在结构类型上也较为常见，未有较为明显的特异性。

13.2.1　化学成分

从万寿菊 *T. erecta* 的花中分离到 22 个成分，它们分属于甾体、三萜、噻吩聚炔、黄酮及其苷等类型的化合物[1035]，而且，其中的噻吩聚炔为本属植物的一类特征化学成分类型。

T. patula 花瓣中的主要成分是胡萝卜素、萜类、黄酮、噻吩等类成分，其中，黄酮醇化合物万寿菊素 patuletin（164-1）[1036]为其主要成分。

13.2.2　挥发油

对产于委内瑞拉的 5 种万寿菊属植物的叶与花序的挥发油进行化学成分的比较研究，在它们的主要成分上发现了一些差异。如：

（1）*T. caracasana* 的主要成分是：*trans*-ocimenone（64.3%）和 *cis*-tagetone（13.7%）；而 *T. erecta* 的主要成分是 piperitone（35.9%）和 terpinolene（22.2%）。

（2）在 *T. filifolia* 中最大量的成分是 *trans*-anethole（87.5%）和 estragole（10.7%）；而 *T. subulata* 中最大量的成分是 terpinolene（26.0%）、piperitenone（13.1%）和 limonene（10.8%）。

（3）*T. patula* 叶中的主要成分是 terpinolene（20.9%）和 piperitenone（14.0%）；而花序中的主要成分是 β-caryophyllene（23.7%）、terpinolene（15.6%）和 *cis*-β-ocimene（15.5%）[1037]。

（4）对 *T. patula* 挥发油的 GC-MS 分析，发现其中的主要成分是：caryophyllene oxide（18.4%）、β-caryophyllene（18.0%）和 spathulenol（9.1%）[1038]。

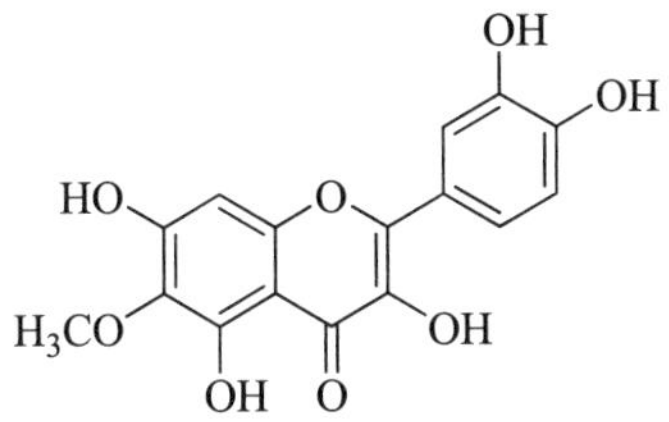

164-1

13.3　堆心菊属 *Helenium*

堆心菊属 *Helenium* L.，约 40 种，产北美和墨西哥，我国栽培有堆心菊 *H. autumnale* L. 和紫心菊 *H. nudiflorum* Nutt. 2 种，供观赏。

13.3.1　倍半萜内酯及其寡聚体

本属植物中的倍半萜内酯较为丰富，其主要类型是伪愈创木烷型倍半萜内酯，此与天人菊属类同，如 *H.microcephalum* 中含量最大的此类化合物是 helenalin（163-1）[1039]。另外，本属中还有降 C-15 的伪愈创木烷型倍半萜内酯化合物，如从 *H. microcephalum* 中分得的降伪愈创木烷型化合物 mexicanin E（165-1）[1040]。

至今，还从本属分得几个倍半萜内酯二聚体成分，如从 *H. mexicanum* 中分得一个降伪愈创木烷型倍半萜内酯二聚体 mexicanin F（165-2）[1041]。从 *H. autumnale* 中分得的三个由桉烷内酯与桉烷或榄烷α-不饱和醛的 Diels-Alder[4+2]加成产物，因文献未对这三个化合物命一俗名，故在此将它们命名为 autumnalodilactones A-C（165-3 ~ 165-5）[1042]。

13.3.2　挥发油

采用水蒸气蒸馏及 GC-MS 分析，鉴定 *H. atgenttnurn* 挥发油中的主要成分是 geranyl

278

acetate（78.5%）和 geraniol（4.4%）[1043]。而古巴产的 *H. amarum* 植物挥发油中的主要成分是 methyl chavicol（84.4%）[1044]。

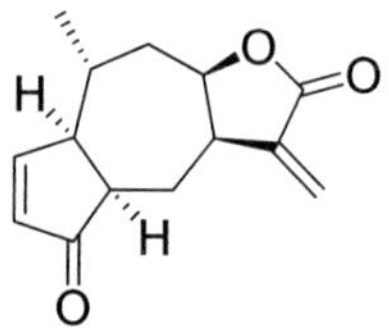

165-1 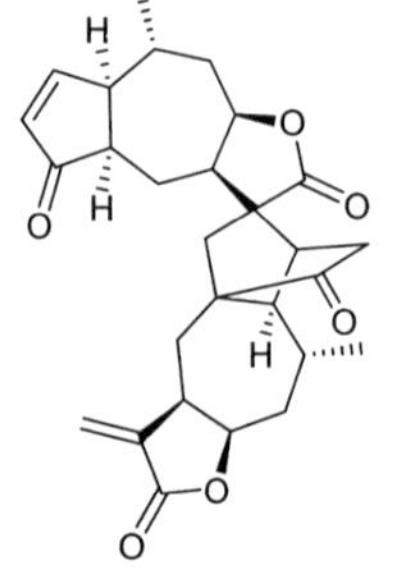　　**165-2** 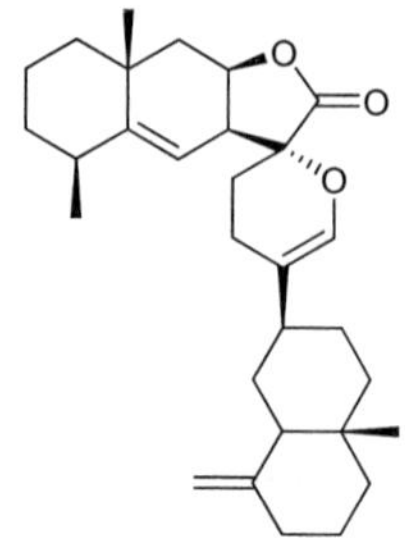　　**165-3** 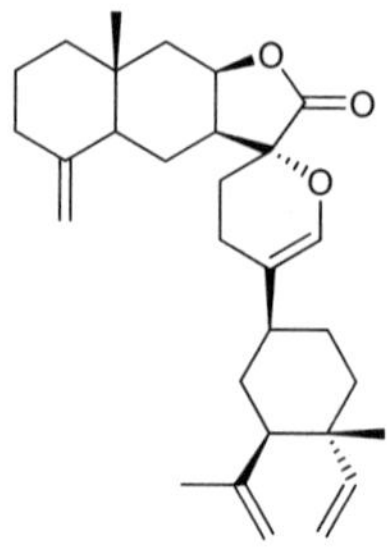　　**165-4** 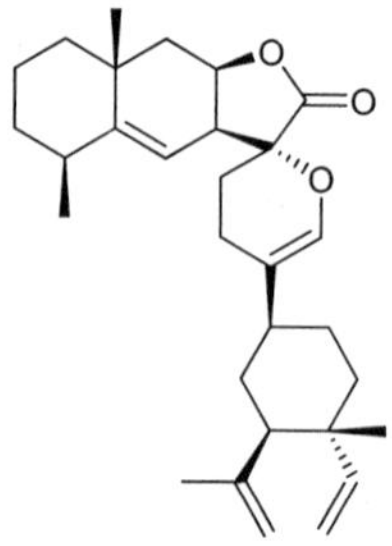　　**165-5**

14 向日葵族 Heliantheae

本族我国产 11 个属，归化者约有 9 或 10 属，栽培者有 7~8 属。

本族分 10 个亚族，都以美洲为分布中心。在我国有 7 个亚族：米勒菊亚族 Subtrib. Milleriinae（其中有我国的特有种：虾须草属 *Sheareria* 虾须草 *S. nana*）、豚草亚族 Subtrib. Ambrosiinae、马鞭菊亚族 Subtrib. Verbesininae、金鸡菊亚族 Subtrb. Coreopsidinae（有自生的广布种）、黑足菊亚族 Subtrib. Melampodiinae、百日菊亚族 Subtrib. Zinninae 和牛膝菊亚族 Subtrib. Galinsoginae（只有外来的驯化种）。

在本族中，由于豚草属的雌花无花冠而花药近分离，因此，常被分出而成一独立的族：豚草族 Trib. Ambrosieae Cass.，甚至成一独立的科：豚草科 Ambrosiaceae Link.。但根据豚草属中富含伪愈创木烷型倍半萜内酯，其结构特点与堆心菊族中的堆心菊属、天人菊属的倍半萜内酯结构类同，因此，将本属提高到科、族或亚族的分类方法似乎不太合理。另外，菊科中，本族的豚草属与春黄菊族中的蒿属同为风媒植物，因此，从它们二属所含的丰富倍半萜结构类型来看，可认为风媒与虫媒植物并不是评判它们进化性的依据。

本族植物中的我国特有单种属植物虾须草 *Sheareria nana* 中不含本族植物特征的丰富的倍半萜内酯化合物，因此，支持将本属植物从向日葵族调出，归到紫菀族的分类处理。

本族向日葵属植物中结构骨架多样的倍半萜内酯可认为本属植物是最进化的属，但基于本属主要分布于北、南美洲，以及一些较为原始的属分布于亚洲或大洋洲，如鬼针草属 *Bidens* 在亚洲，鹿角草属 *Glossogyne*、苍耳属 *Xanthium* 在亚洲及大洋洲有分布的现状，则支持"向日葵族可能是在欧亚非洲大陆分化出后，再扩散迁移到南、北美洲，再进一步进化成为最高级的族属，如向日葵属植物的菊科扩散"的观点。

14.1 化学多样性

本族向日葵属、苍耳属、豚草属等具有各自特征的倍半萜骨架化合物，显示出它们的进化性，尤其是本族的代表向日葵属植物富含结构新颖的 heliannuols 型及其衍生出的多种骨架类型化合物，显示出了本族（属）植物的进化最高级性，此也与现代分子分类结果相一致。但是，本族中也有一些不含倍半萜的属植物或含不丰富且骨架原始的倍半萜的属（如鬼针草属 *Bidens*、虾须草属 *Sheareria*、鳢肠属 *Eclipta*），显示出本族各属植物进化的不等性。

本族中的二萜化合物为本族另一类典型特征化合物，如向日葵属中含有不常见的映绰奇烷 trachylobane 型二萜，而在其他一些属中的二萜类成分则是菊科常见的二萜类型，如贝壳杉烷 kauranes、半日花烷 labdane、克罗烷 clerodane、海松烷 pimarane 等，显示出一定的分类学意义。

本族第三大典型化合物则是聚炔类成分，尤其在一些属，如鬼针草属 *Bidens*、大丽花属 *Dahlia* 中不仅丰富，而且特征。

本族植物中的倍半萜骨架类型见表 14-1：

表 14-1   向日葵植物中的倍半萜骨架类型

属别	吉马烷	桉烷	愈创木烷	没药烷	榄烷	其他
刺苞果属 *Acanthospermum*	+	−	−	−	−	−
豚草属 *Ambrosia*	+	−	+	−	−	伪愈创木烷、开环伪愈创木烷
百能葳属 *Blainvillea*	+	−	+	−	−	Rudbeckianone 、 carotol derivatives
金鸡菊属 *Coreopsis*	−	−	−	+	−	pipitzol-like 的 cedrane 型
秋英属 *Cosmos*	+	+	+	−	−	杜松烷衍生的 15(10→1) abeomuurolane 型
沼菊属 *Enydra*	+	−	−	−	−	−
向日葵属 *Helianthus*	+	+	+	−	−	β-紫罗兰酮型、Heliannuols 型及其衍生骨架
银胶菊属 *Parthenium*	+	−	−	−	−	苍耳烷、伪愈创木烷、guayulin 型
金光菊属 *Rudbeckia*	−	−	−	−	−	三环类、伪愈创木烷
豨莶属 *Siegesbeckia*	+	+	−	−	−	卡拉布烷、三环类、链状线型倍半萜、β-紫罗兰酮
金钮扣属 *Spilanthes*	−	+	−	−	+	三环类、石竹烷
肿柄菊属 *Tithonia*	+	+	+	−	−	杜松烷、苍耳烷、开环杜松烷、β-紫罗兰酮
蟛蜞菊属 *Wedelia*	−	+	−	−	−	伪愈创木烷、三环类
苍耳属 *Xanthium*	−	−	+	−	−	苍耳烷型，伪愈创木烷型、裂环桉烷型、榄烷型
百日菊属 *Zinnia*	+	+	+	−	+	−

14.2   传统药物应用与药效物质

本属最重要的中药为苍耳子、墨旱莲与豨莶等，它们具有广泛的药理作用与应用，其他的一些属种植物则作为我国或世界的民族药或传统药物应用，如向日葵等。

（1）苍耳子中富含苍耳烷倍半萜类成分，而且也被认为是本药物的药效成分，如 xanthatin 具有抗肿瘤、抗炎、杀虫、抗菌等生物活性[1045, 1046]。同时，研究发现本药材的毒性成分是其中的二萜类成分 atractyloside 和 carboxyatractyloside，且通过炒制可改变毒性成分的比例，即使高毒性化合物 carboxyatractyloside 的含量降低，而使低毒性的 atractyloside 含量增加，揭示了苍耳子的炒制的减毒机制[1046]。

（2）当前大多数的研究集中于豨莶的祛风除湿功效，用于风湿痹痛的药效物质研究。研究揭示二萜化合物 kirenol 具有抗炎、抗过敏、抗菌、心肌损伤保护、抗关节炎、促进成骨细胞分化的作用等，揭示了本化物为本药材的药效成分[1047]，而苯甲酸酯衍生物则是中药豨莶治疗痛风的药效物质[1048]。

（3）中药墨旱莲的滋补肝肾、防治骨质疏松作用与其中的三萜及其皂苷化合物、香豆素有关。

14.2.1 刺苞果属 *Acanthospermum*

本属约有 3 种，分布于美洲南部。中国有 1 外来的驯化种，刺苞果 *A. australe*。本属植物是美洲特产植物，并作为传统药物应用，如 *A. australe* 用于抗感染、抗炎与利尿[1049]。

14.2.1.1 倍半萜内酯

1. melampolides 型倍半萜

本属产一类与 *melampodium* 属植物类似的 melampolides 型（吉马烷型下的一个亚型）倍半萜内酯化合物，而且此类成分被认为是本属与 *melampodium* 属植物化学分类标志物。Melampolides型的结构特征是吉马烷结构中的大环上的C_{10}/C_1与C_4/C_5两个双键的构型分别为 *cis* 和 *trans*。如从 *A. australe* 中分得的 8β-hydroxy-9α-(2-methylbutyryloxy)-14-oxo-acanthospermolide（166-1）；从*A. hispidum*中分得的acanthospermal B（166-2），它们均具有抗革兰氏阳性菌的抗菌活性[1049]。

2. acanthospermolide 型倍半萜

本属植物中还含一类与 melampolides 型骨架稍有差异的倍半萜类成分，其称为 acanthospermolide 型，其结构的不同点是C_4/C_5双键的构型是 *cis* 型。如从 *A. hispidum* 中分得的化合物 15-acetoxy-8β-[(2-methylbutyryloxy)]-14-oxo-4,5-*cis*-acanthospermolide（166-3），其在体外具有抗氯喹敏感的疟原虫 *Plasmodium falciparum* 的活性[1050]。另外，从 *A. australe* 中分得的一个类似本类化合物 acanthostral（166-4），其具有抗新生物的活性[1051]。

14.2.1.2 挥发油

阿根廷产 *A. hispidum* 植物挥发油中含有的主要成分是倍半萜类成分，即β-caryophyllene（35.2%）、α-bisabolol（11.4%）和 germacrene D（11.1%），该挥发油还具有对大口扁卷螺 *Biomphalaria peregrina Orbigny*（LD_{50} 37.8 μg/mL）的灭螺活性；在 250 μg/g 的饲料剂量下，有对昆虫 *Spodoptera frugiperda* 的拒食和抑制产卵的活性；以及对 *Staphylococcus aureus* 和 *Enterococcus faecalis*（MICs 62.5 和 125 μg/mL）的抗菌活性[1052]。

14.2.1.3 其 他

还分得二萜、聚炔、单萜（含百里香酚单萜）、黄酮等化合物。其中，*A. australe* 的提取物及其 F3、F4 流份有抗病毒的作用，而且从 F3、F4 流份中分离得的黄酮（quercetin 和 chrysosplenol D）及二萜内酯化合物（acanthoaustralide-1-*O*-acetate，166-5）似乎与它们的抗病毒活性相关，值得深入研究[1053]。另外，从 *A. australe* 中分得的黄酮化合物 5,7,4′-trihydroxy-3,6-dimethoxyflavone 具有抑制醛糖还原酶的活性[1054]。

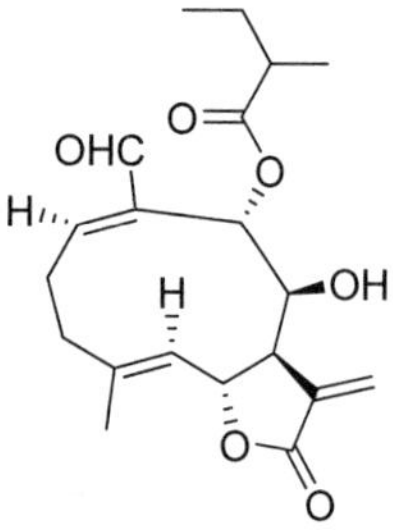

166-1 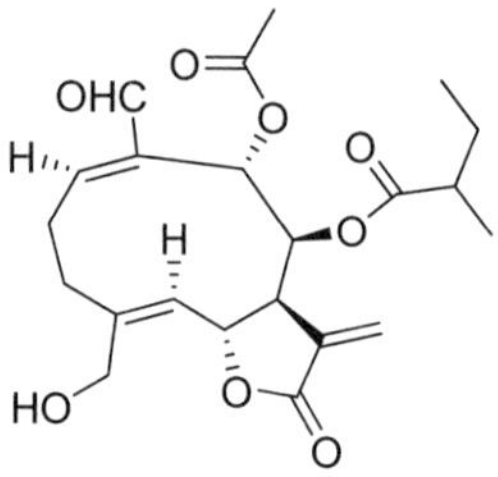   **166-2** 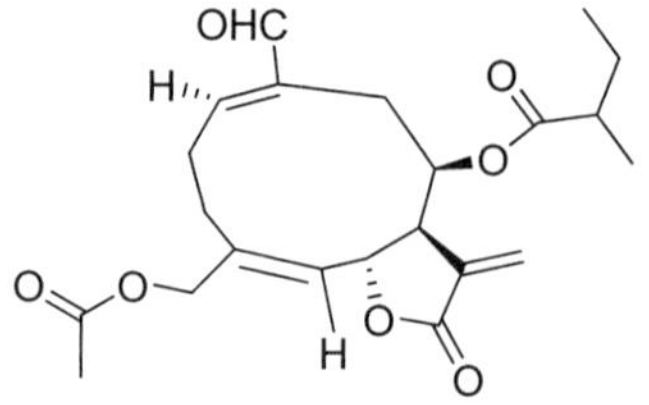   **166-3**

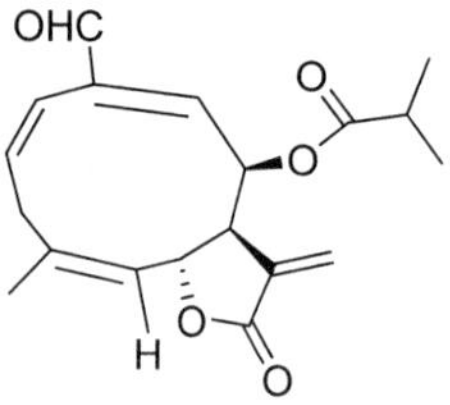

166-4 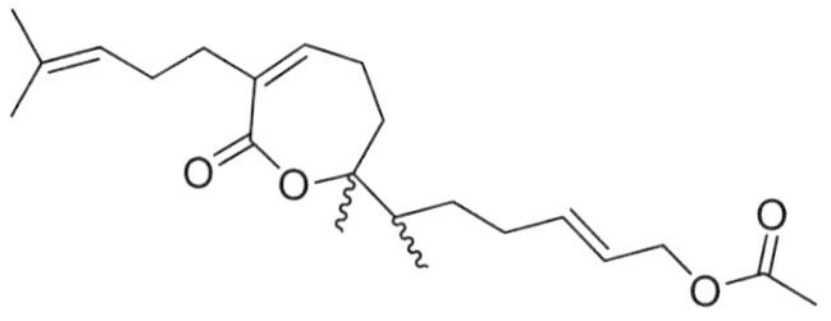   **166-5**

14.2.2　豚草属 *Ambrosia*

本属有数十种，分布于美洲北部、中部和南部。中国有 2 个外来的驯化种，都隶属于豚草组。植物全部有腺，有芳香或树脂气味，风媒。本属在美洲有亚灌木或灌木。*A. tenuifolia* 在阿根廷与乌拉圭的传统应用是用于驱除肠道寄生虫与调经[1055]。

本属植物的多个种从北美引入亚洲、欧洲与南美洲成为入侵植物杂草，因此，当前的大多数研究集中于对它们的生物防治与化感物质的研究[1056]，如对它们的挥发油及倍半萜内酯成分的研究。

14.2.2.1　挥发油

A. trifida 叶挥发油的主要成分是 limonene（20.7%）、bornyl acetate（15.0%）、borneol（14.7%）和 germacrene D（11.6%），其具有抑制莴苣、西瓜、黄瓜、西红柿种子发芽和幼苗生长的作用[1057]。类似的，*A. artemisiifolia* 挥发油也具有较强的植物化感作用，在 0.25 mg/mL 的低浓度下，具有对四种杂草 *Poa annua*、*Setaria viridis* (L.) *Beauv.*、*Amaranthus retroflexus* 和 *Medicago sativa L.* 的种子发芽和幼苗生长的抑制作用，其作用机理是它的细胞毒性，即在细胞分化过程中，它能引起染色体畸变和细胞核的异常。另外，经 GC-MS 分析，挥发油中的主要成分是倍半萜类成分(62.51%)，并以 germacrene D（32.92%）、β-pinene（15.14%）、limonene（9.90%）和 caryophyllene（4.49%）为主[1058]。

A. artemisiifolia 挥发油的主要成分是 germacrene D(24.1%)、limonene(16.83%)、α-pinene（8.0%）和 myrcene（7.4%），其具有抗细菌和真菌的作用[1059]。

14.2.2.2　倍半萜

伪愈创木烷倍半萜内酯化合物是本属植物的特征成分，其结构也被称为豚草内酯型，其他的骨架类型还有愈创木烷、吉马烷、开环伪愈创木烷倍半萜内酯等[1060]，而且研究也认为它们的细胞毒活性是源于它们所具有的 α-亚甲基-γ-内酯结构。

从 *A. artemisiifolia* 中分离一系列的具有 α-亚甲基-γ-内酯结构的倍半萜内酯化合物，而且由于花粉中也具有此类成分，因此，它们被证明是本属植物致敏（哮喘）的活性成分，其作用机理是倍半萜内酯的环外亚甲基作为亲电试剂与富电的巯基作用，从而激活一个在呼吸道高表达的多觉型感受受体 TRPA1，引发气道的哮喘感受刺激[1061]。同时，研究还发现，美洲产与欧洲产的 *A. artemisiifolia* 植物中的倍半萜内酯化合物结构不相似，其结论与植物的分子研究结果一致，即欧洲产的植物是杂源的（heterogeneous）。

从 *A. psilostachya* 中还分得两个以酯键相连接的伪愈创木烷倍半萜内酯二聚体，arrivacins A（167-1）和 B（167-2），具有显著的与血管紧张素 II 受体结合的能力[1062]。

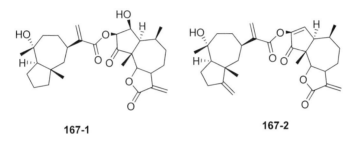

167-1　　　　　　**167-2**

14.2.3　鬼针草属 *Bidens*

本属有 230 余种，广布于全球热带及温带地区，尤以美洲种类最为丰富。我国有 9 种，2 变种，几乎遍布全国各地，多为荒野杂草。有数种供药用，为民间常用草药。该属植物多具有清热解毒、活血散瘀等功效，可用于治疗感冒发热、咽喉肿痛、肠炎、阑尾炎、痔疮、跌打损伤、冻疮、毒蛇咬伤等[1063]。

14.2.3.1　聚炔类

本属植物以聚炔类成分为特征，共有长链烯炔类、苯基烯炔类和噻吩烯炔类三种结构类型。至今从本属 17 种植物中发现了 68 个此类化合物。它们的生物活性包括抗炎、降血糖、抗肿瘤、抗疟疾、抗微生物等作用[1063]。

14.2.3.2　酚　类

本属中的酚类成分较多，如咖啡酸类、黄酮、查耳酮等。其中的研究证实，*B. pilosa* 中的酚类成分有 pyrocatechin、salicylic acid、*p*-vinylguaiacol、dimethoxyphenol、eugenol、4-ethyl-1,2-benzenediol、iso-vanillin、2-hydroxy-6-methylbenzaldehyde、vanillin、vanillic acid、*p*-hydroxybenzoic acid、protocatechuic acid、*p*-coumaric acid、ferulic acid 和 caffeic acid，它们也是本植物防治其他杂草的植物毒素和杀植物真菌的有效物质[1064]。

本属植物中的查耳酮类成分 okanin（168-1），以及戊烯酮化合物 3-penten-2-one（168-2）具有明显的抑制 NO 合成酶表达的作用[1065]。除此之外，从 *B. pilosa* 中还分得一个结构新颖的黄酮-吡酮聚合物 5-*O*-methylhoslundin（168-3）[1066]。

14.2.3.3　挥发油

菊科植物中普遍含有的倍半萜类成分，在本属植物的挥发油中也有发现，如通过 GC-MS 分析，从巴西产的三种植物 *B. pilosa*、*B. alba* 和 *B. subalternans* 中发现 *E*-caryophyllene、*α*-humulene、germacrene-D、bicyclogermacrene 和 *α*-muurolen[1067]。

B. graveolens 的挥发油与芳香性成分被鉴定为单萜烃类成分，其中最主要的成分是 limonene[1068]。不同的是，本属一些种的挥发油的化学成分有较大的变异，如 *B. frondosa* 挥发油中的主要成分被鉴定为单萜与倍半萜类成分，而且研究证实该挥发油具有抗菌的作用[1069]。

14.2.3.4　其　他

还分得脑苷脂类 ceramides、甾醇、三萜、pyrimidine、直链二萜酯（phytyl heptanoate）等。

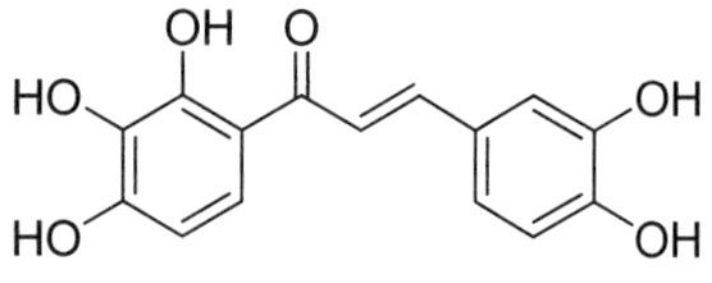

168-1 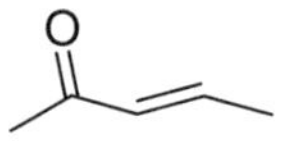　　　　　　　**168-2** 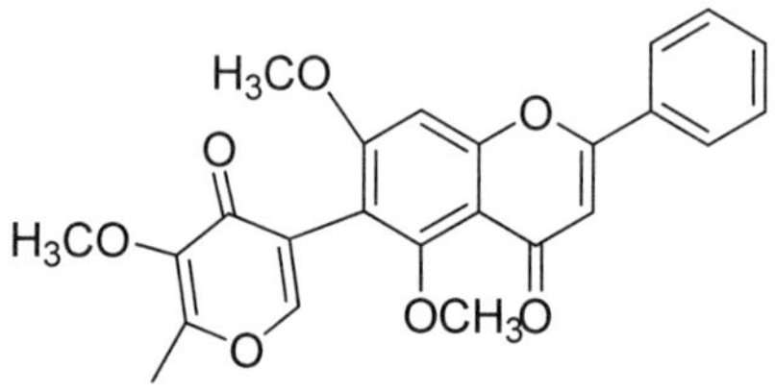　　　　　　　**168-3**

14.2.4　百能葳属 *Blainvillea*

本属约 10 种，分布于全世界热带地区。我国有 1 种，百能葳 *B. acmella*，产南方各省区。

14.2.4.1　倍半萜

本属植物也以 acanthospermolides 型和 melampolides 型吉马烷型倍半萜内酯化合物为结构特征。除此之外，还有常见的愈创木烷倍半萜内酯化合物，以及不常见的倍半萜骨架化合物，如：从百能葳 *B. acmella* 中分得蛇麻烷化合物 rudbeckianone（169-1）、carotol（169-2）型倍半萜化合物衍生物 4*α*-cinnamoyloxy-2,3-dehydrocarotol（169-3）和 4*α*-cinnamoyloxycarotol（169-4）[1070]。

14.2.4.2　挥发油

研究显示，*B. rhomboidea* 植物叶与花的挥发油的化学成分与抗菌活性并不相同，叶中的主要成分是 terpinolene（21.2%）、*β*-caryophyllene（19.2%）、spathulenol（9.1%）、caryophyllene oxide（7.4%）、bicyclogermacrene（7.1%）；而花中的主要成分是 terpinolene（28.1%）、5-indanol（16.3%）、p-cymen-8-ol（15.3%）和 limonene（14.7%），且花的挥发油的抗菌活性强于叶挥发油[1071]。

14.2.4.3 其 他

本属还分得黄酮、聚炔、三萜、链状二萜等化合物。

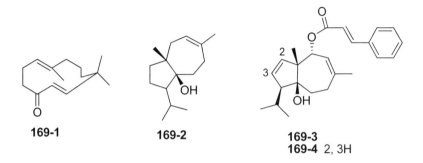

169-1 169-2 169-3
169-4 2, 3H

14.2.5 金鸡菊属 *Coreopsis*

本属约有 100 种，主要分布于美洲、非洲南部及夏威夷群岛等地。我国多为栽培种，如金鸡菊 *C. drummondii* Torr. Et Gray。其中，本属中的两色金鸡菊 *C. tinctoria* 为我国维吾尔族民间草药雪菊的基原植物，在《中华本草》中名叫蛇目菊，味甘、性平，归肝、大肠经。具有清热解毒、化湿止痢之功效，主治目赤肿疼、湿热痢、痢疾等[1072]。

当前，多数的化学成分研究集中于对雪菊花的化学成分研究。研究发现的成分主要是黄酮类及聚炔类成分，稀缺倍半萜内成分，而且倍半萜成分的骨架类型主要是没药烷型。

14.2.5.1 黄酮等酚酸类成分

1. 查耳酮

雪菊 *C. tinctoria* 花的化学成分以黄酮类成分为主，也最为特征。体内研究发现，雪菊 *C. tinctoria* 花的乙酸乙酸提取物及其中的一个查耳黄酮类成分 marein（170-1）具有改善高糖条件下介导的肾纤维化和抗炎的作用，其作用机制是通过 TGF-β1/SMADS/AMPK/NF-κB 信号通路[1073]。

从 *C. tinctoria* 中分得的查耳酮化合物 okanin（170-2）具有改善 LPS-介导的神经小胶质细胞的活化，如在 LPS-激发的 BV-2 细胞中，okanin 能有效地抑制 LPS-介导的 iNOS 表达和抑制 IL-6、TNF-α的产生，以及 mRNA 的表达[1074]。

2. 二氢黄酮

C. tinctoria 中的总黄酮流份具有抗胰腺炎的作用，而且其中的二氢黄酮化合物 (2R,3R)-taxifolin 7-O-β-D-glucopyranoside（170-3）的作用最佳，其作用机制是 Nrf-2/ARE-介导的抗氧化途径[1075]。

从 *C. tinctoria* 中分得的二氢黄酮化合物 eriodictyol 7-O-β-D glucopyranoside（170-4）具

有改善高脂血症的作用，其作用机理是降低氧化抑制、保护线粒体功能和抑制脂质的产生[1076]。

从 *C. lanceolata* 花中分得具有抗白血病的作用的黄酮化合物，如二氢黄酮、查耳酮、黄酮和噢哢化合物，其中的查耳酮化合物 4-methoxylanceoletin（170-5）具有最强的抗细胞增殖的作用[1077]。

3. 黄 酮

C. tinctoria 花中的黄酮类成分具有抑制 NO 产生的活性，以及显示出有效的 NQO1（quinone oxidoreductase 1）的还原活性，显示出雪菊 *C. tinctoria* 花在防治神经退行性疾病方面的潜力[1078]。从 *C. tinctoria* 花芽中分得的二氢黄酮 coretincone（170-6）和黄酮醇 taxifolin（170-7）具有抑制血管紧张素 I 转化酶的活性，其 IC_{50} 值分别为 $(228\pm4.47)\mu mol/L$ 和 $(145.67\pm3.45)\ \mu mol/L$[1079]。

4. 双黄酮

从 *C. tinctoria* 的头状花序中还分得两个结构新颖的双黄酮化合物 sikokianin D（170-8）和 sikokianin E（170-9）[1080]。

14.2.5.2 挥发油

C. tinctoria 花的挥发油具有一定的抗氧化活性，且其中的主要成分是 limonene、(−)-carvone、*α*-pinene、linalool、linalyl acetate、*α*-bergamotene、cis-carveol、*α*-curcumene、thymol methyl ether 等[1081]。

另有研究发现 *C. tinctoria* 花的挥发油具有抗氧化、抗菌和抑制 N-nitrosamine 形成的活性，油中的主要成分则为 limonene（33.13%）、*α*-pinene（3.35%）、L-carvone（3.93%）、*cis*-carveol（3.31%）和 dodecanoic acid（2.26%）。

14.2.5.3 倍半萜

从本属分得的倍半萜主要是没药烷型，以及一些少见的骨架的化合物，如从 *C. fusciculata*、*C. mitica*、*C. lonyipes*、*C. capilkra*、*C. nodosa* 中分得没药烷型 perezone 型化合物，如 perezone（170-10）、5-*O*-methylperezone（170-11）等[1082]。另外，pipitzol-like 的 cedrane 型衍生物 coreosenarione（170-12），它可看作是 perezone 型化合物的分子内的 1,3-偶极加成反应产物（intramolecular 1,3-dipolar addition）[1083]。

14.2.5.4 聚 炔

本属也富含聚炔类成分，如从 *C. tinctoria* 的头状花序中分得的 C_{14} 聚炔化合物 coreoside E（170-13）和 coreoside A（170-14）具有抑制脂肪积聚的作用[1084]。

从 *C. lanceolata* 中分得的聚炔化合物，1-phenylhepta-1,3,5-triyne（170-15）和 5-phenyl-2-(1′-propynyl)-thiophene（170-16）具有对线虫 *Bursaphelenchus xylophilus* 和 *Caenorhabditis elegans* 的杀灭作用，而对线虫 *Pratylenchus penetrans* 几乎无作用[1085]。另有研究发现，这两个化合物还具有抗白蚁 *Coptotermes curvignathus* 的作用[1086]。

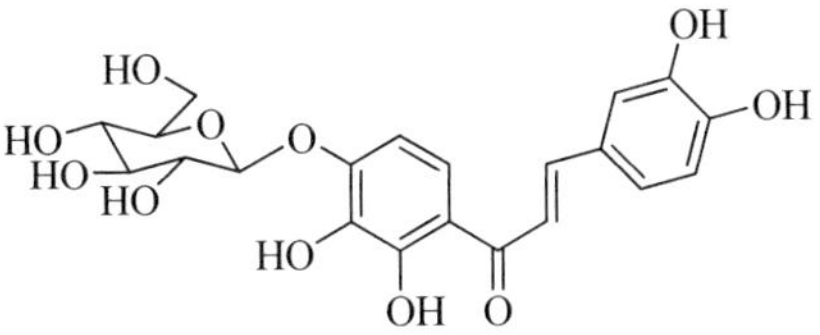

170-1

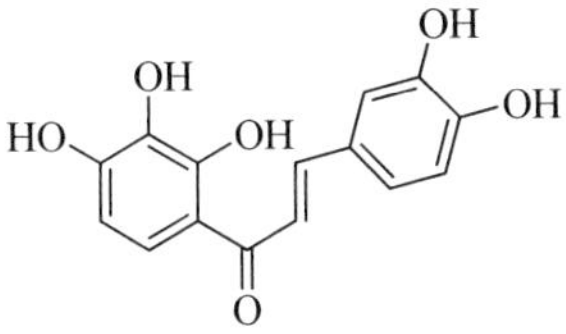

170-2

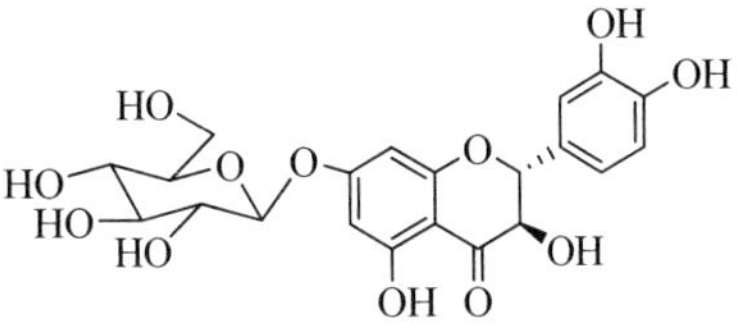

170-3

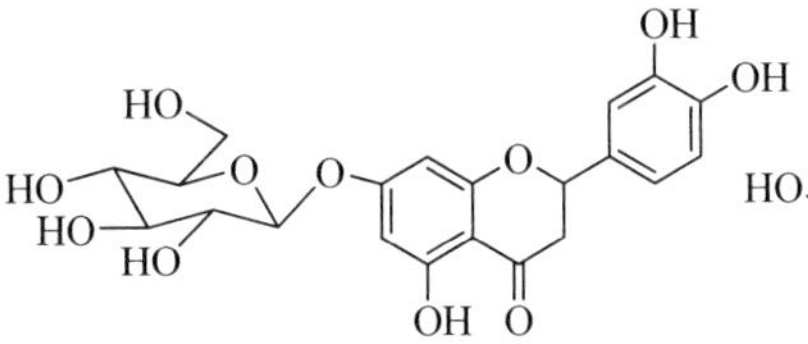

170-4

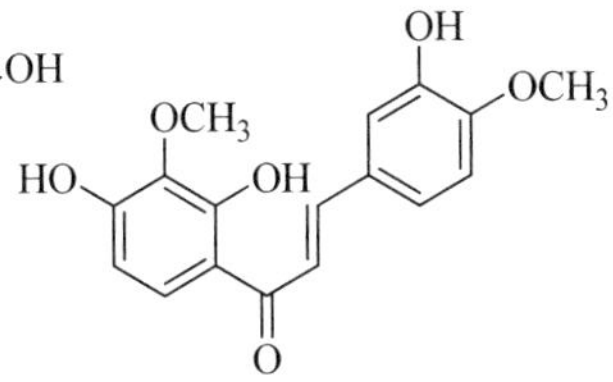

170-5

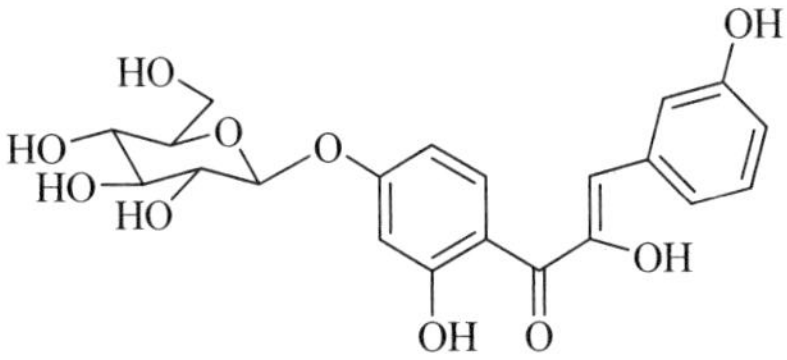

170-6

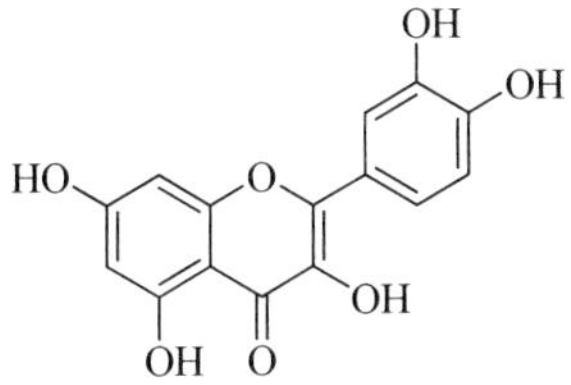

170-7

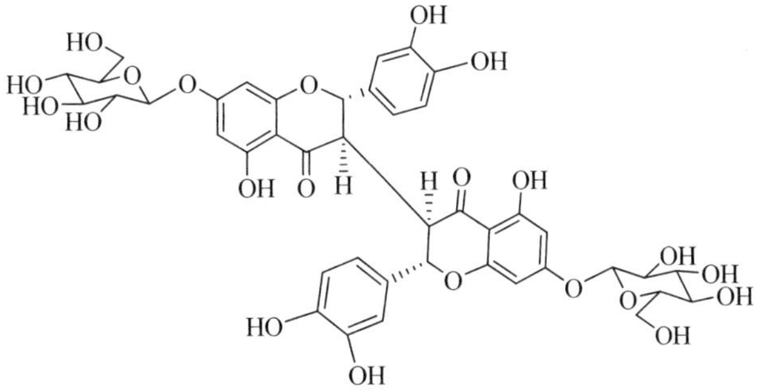

170-8

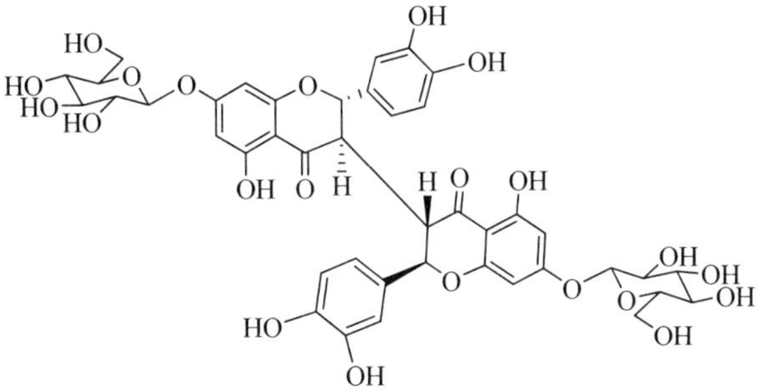

170-9

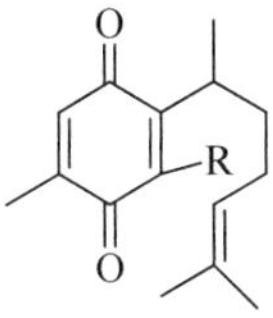

170-10 R=H
170-11 R=OCH₃

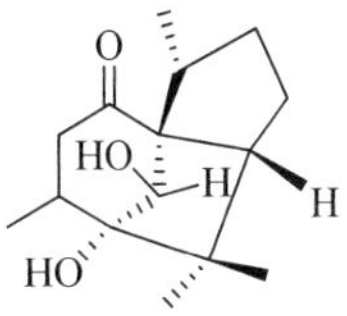

170-12

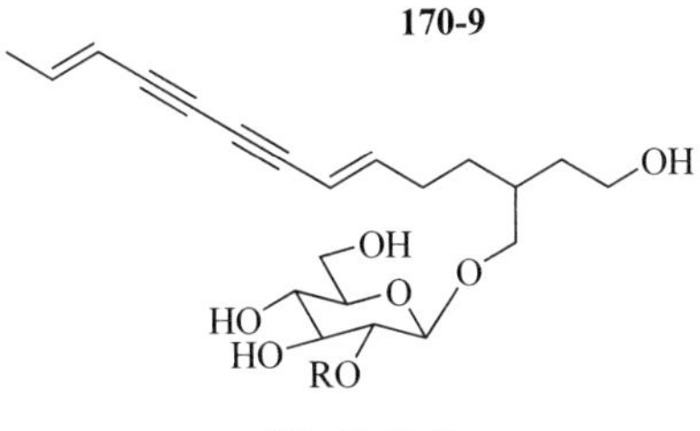

170-13 R=H
170-14 R=Ara

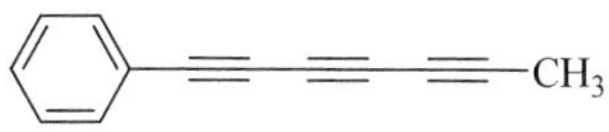

170-15

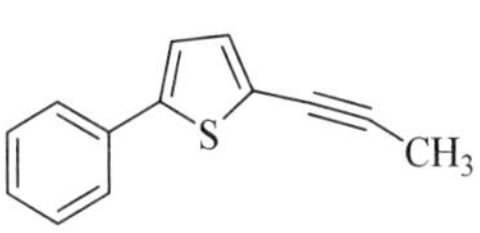

170-16

14.2.6　秋英属 *Cosmos*

　　本属约有 25 种，分布于美洲热带。我国常见栽培的 2 种，秋英 *C. bipinnata* 和黄秋英 *C. sulphureus*。黄秋英 *C. sulphureus* 原产于巴西与墨西哥，且为巴西的传统药物，用于治疗 疟疾[1087]。

288

本属的化学成分研究主要集中于秋英 C. bipinnata 和黄秋英 C. sulphureus，从中发现的化学成分仍以黄酮类成分为主，其次，还有聚炔、倍半萜等成分。

14.2.6.1 黄酮等酚酸类成分

从本属植物中分得多个黄酮、查耳酮、花色素、噢哢、木脂素、苯丙素等酚酸类成分，其中较为特征的查耳酮成分有：2′-hydroxy-4,4′-dimethoxychalcone、butein、3,2′-dihydroxy-4,4′-dimethoxychalcone、α-hydroxybutein 等[1088]。

比较 C. sulphureus 花、茎、叶等部位的提取物对大豆种子发芽和幼苗生长的抑制作用，发现花的提取物的抑制活性最强，有其活性与酚酸类成分的浓度成正相关，即因花中含的酚酸类成分浓度最高（14.96%）[1089]。

从 C. caudatus 中分得多个苯丙素类成分，如 hydroxyeugenol 型衍生物 1′-acetoxy-4-O-isobutyryleugenol（171-1）和 coniferyl alcohol 型衍生物 1′,2′-epoxy-4-O-isobutyryl-3′-O-(2-methylbutyryl)-Z-coniferyl alcohol（171-2）。另外，研究还揭示这些化合物还分布于鬼针草属，同时，研究还显示它们具有抗溃疡、抗肿瘤及抗真菌的作用[1090]。

研究显示 C. bipinnatus 等的醇水提取物具有肝保护作用，而且其中的黄酮化合物 quercetin 及其他的酚酸类成分被认为是本种肝保护作用的活性成分[1091]。

14.2.6.2 倍半萜

黄秋英 C. sulphureus 的化学成分研究，发现了两个 C-15 位甲基从 C-10 位迁移至 C-1 位的 15(10→1)abeomuurolane 型倍半萜，cosmosoic acid（171-3）和 cosmosaldehyde（171-4），且它们的骨架可看成是由杜松烷型骨架重排而来的产物[1087]。

从 C. pringlei 中还分得愈创木烷与吉马烷型倍半萜内酯化合物，其中的 dehydrocostus lactone（37-2）、costunolide（37-1）和 15-isovaleroyloxycostunolide（171-5）具有抑制千穗谷 Amaranthus hypochondriacus 幼苗生长的活性[1092]。

从 C. bipinnatus 根中分得的桉烷型倍半萜 dihydrocallitrisin（171-6）和 isohelenin（171-7）的混合物具有有效的抗炎活性[1093]。

14.2.6.3 挥发油

南非产的 C. bipinnatus 叶挥发油具有对革兰氏阳性菌和阴性菌的抗菌活性，且其主要成分为单萜（69.62%）和倍半萜成分（22.73%），即其中的主要成分(E)-β-ocimene（50.23%）、germacrene D（13.99%）、sabinene（9.35%）、α-cadinol（4.27%）、α-farnesene（3.15%）和 terpinene-4-ol（3.04%）被认为是最有效的[1094]。

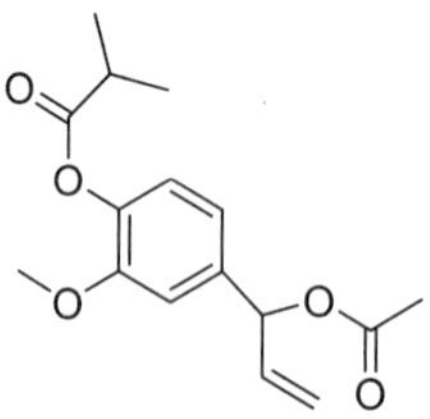

171-1 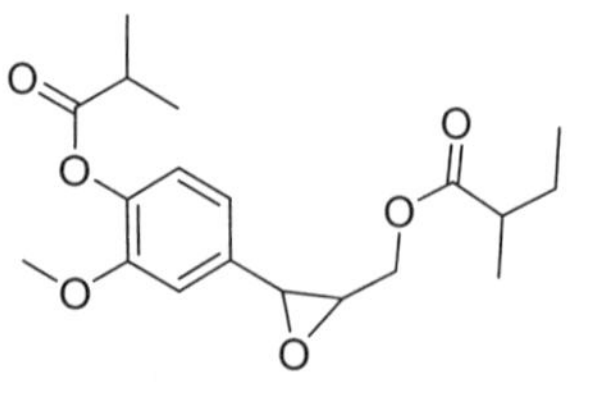　　**171-2**

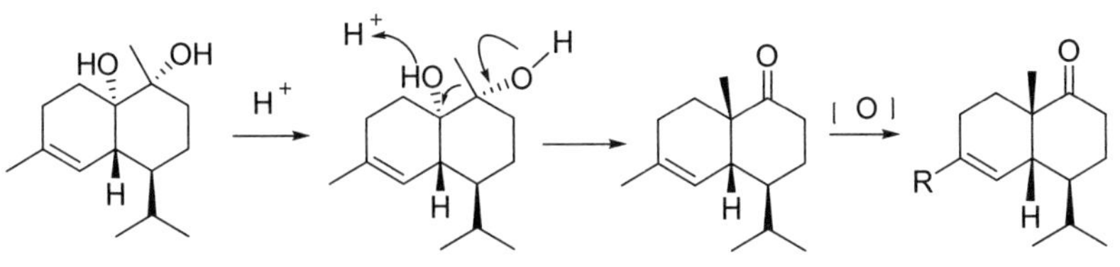

171-3 R=COOH
171-4 R=CHO

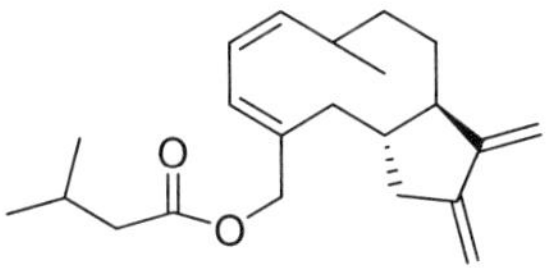

171-5 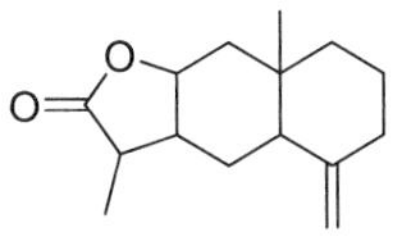   **171-6** 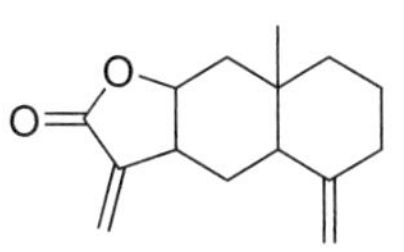   **171-7**

14.2.7　大丽花属 *Dahlia*

本属约 15 种，原产南美、墨西哥和美洲中部。我国有 1 种，大丽花 *Dahlia pinnata*，在我国广泛栽培。

至今，从本属植物分得的成分主要是聚炔化合物，少数为黄酮、查耳酮、二氢黄酮。

聚炔化合物的结构类型较多，如从 *D.sherffii*、*D. coccinea* 和 *D. australis* 等中分得以烯-二炔-二烯 ene-diyn-diene（172-1）、烯-三炔-二烯 ene-triyn-diene（172-2）、烯-四炔-烯 ene-tetrayn-ene（172-3）为发色团的聚炔，苯基聚炔 phenylacetylenes（172-4），三元环氧聚炔 polyacetylenic epoxide（172-5），四氢吡喃聚炔 tetrahydropyranylacetylenes（172-6）；从 *D. tubulata* 中还分得含噻吩聚炔（172-7）等[1095]。而且，其中的三元环氧聚炔被认为是四氢吡喃聚炔的前体化合物[1096]。

除此之外，从 *D.sherffii* 还分得苯丙素化合物 eugenol 和单萜类化合物波斯菊萜 cosmene（2,6-二甲基-1,3,5,7-辛四烯）（172-8）[1095]。

172-1 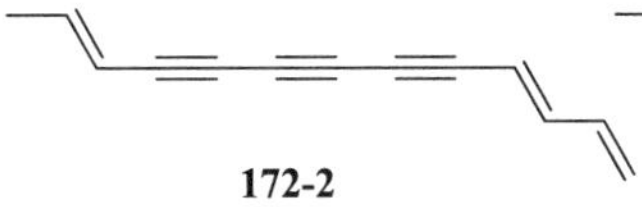   172-2 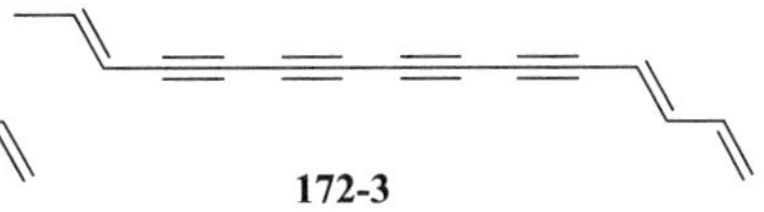   172-3

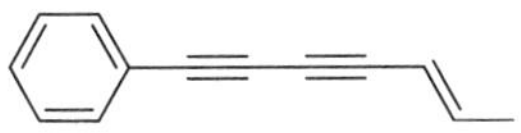

172-4 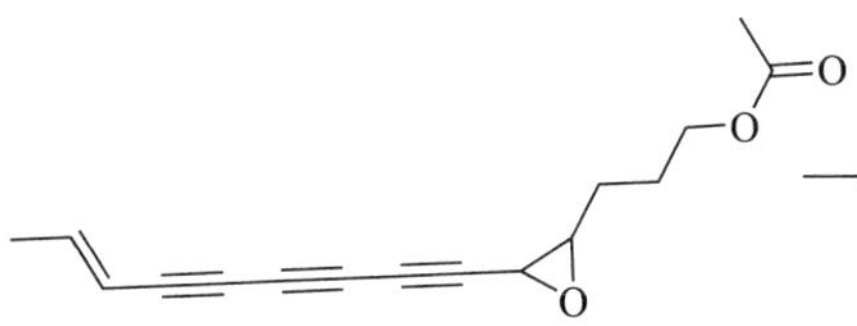   172-5 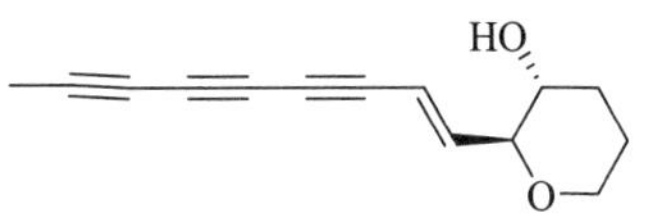   172-6

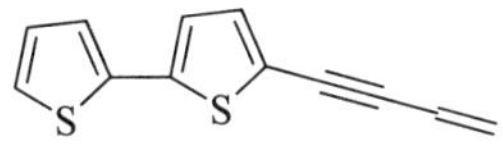

172-7 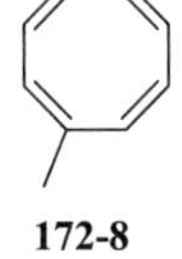   172-8

14.2.8　鳢肠属 *Eclipta*

本属有 4 种，主要分布于南美洲和大洋洲。我国有 1 种，鳢肠 *E. prostrata*。常用中药墨旱莲为鳢肠 *E. prostrata* 的干燥地上部分，具有滋补肝肾、凉血止血的功效，主治牙齿松动、须发早白、眩晕耳鸣、腰膝酸软、阴虚血热、吐血、衄血、尿血、血痢、外伤出血[1097]。

本属稀含倍半萜类成分，而富含原始的三萜、香豆素、黄酮等酚酸类成分，而且，其中的三萜、三萜皂苷、香豆素、黄酮类成分是中药墨旱莲滋补肝肾、防治骨质疏松的药效物质。

14.2.8.1　三萜及其三萜皂苷

从鳢肠 *E. prostrata* 中分得的三个三萜及其皂苷，eclalbasaponin Ⅰ、eclalbasaponin Ⅱ和 echinocystic acid（173-1），其中，三萜化合物 echinocystic acid 具有有效的抗炎活性，其作用机制是通过 NF-κB 信号通路[1098]。另有研究发现，echinocystic acid 还具有防止骨质疏松的作用[1099]；齐墩果烷型 oleanane-type 三萜 echinocystic acid 和 eclalbasaponin Ⅱ（173-2）具有抗肝纤维化的作用。

从 *E. alba* 中分离得的 echinocystic acid 类皂苷化合物 eclalbasaponin Ⅳ（173-3）具有最强的 α-葡萄糖苷酶抑制活性[IC$_{50}$(54.2 ± 1.3)μmol/L][1100]。

从 *E. prostrata* 中分得的三萜皂苷 dasyscyphin C（173-4）在 1000 µg/ml 浓度下，具有抗利什曼原虫 *Leishmania major* 的活性（IC$_{50}$ 值为 450 µg/mL）[1101]。

14.2.8.2　香豆素醚类

本属中分离得的香豆素类成分，尤其是代表性苯基呋喃香豆素 coumaranocoumarin 型化合物蟛蜞菊内酯 wedelolactone（173-5）和去甲基蟛蜞菊内酯 demethylwedelolactone（173-6）具有多种生物活性，如：

（1）*E. alba* 的甲醇提取物的乙酸乙酯萃取部位[含香豆素醚类 coumestans 化合物蟛蜞菊内酯 wedelolactone（173-5）和去甲基蟛蜞菊内酯 demethylwedelolactone（173-6）]在 1.2×10^{-4} 的浓度下，具有有效的抑制球虫 *Eimeria tenella* 的卵囊孢子化的作用[1102]。

（2）*E. alba* 的提取物具有抑制蛇毒磷酸酯酶 A$_2$ 的活性，而且从植物中分离的蟛蜞菊内酯 wedelolactone 和去甲基蟛蜞菊内酯 demethylwedelolactone 化合物能抑制由毒蛇 *Crotalus durissus terrificus*（CB）和 *Bothrops jararacussu*（BthTX-Ⅰ和Ⅱ）毒液中分离的磷酸酯酶 A$_2$ 介导的肌肉毒性。因此，香豆素醚类化合物蟛蜞菊内酯和去甲基蟛蜞菊内酯可作为抗蛇毒药物，它们可当作蛇毒血清治疗的一种补充[1103]。

（3）研究还显示 *E. alba* 和 *W. calendulacea* 中的抗肝毒性的活性成分是蟛蜞菊内酯和去甲基蟛蜞菊内酯化合物[1104]。

（4）通过生物活性指导方法，从 *E. prostrata* 中筛选得到 6 个化合物，其中，抗 HIV-1 整合酶活性最强的化合物是蟛蜞菊内酯 wedelolactone[IC$_{50}$(4.0±0.2)μmol/L]和异黄酮化合物 orobol（173-7）[IC$_{50}$(8.1±0.5)μmol/L]，而其他的四个聚炔化合物无活性。另外，其中的聚炔化合物 5-hydroxymethyl-(2,2′:5′,2″)-terthienyl tiglate 显示出最强的抑制 HIV-1 蛋白酶活性[IC$_{50}$(58.3±0.8)μmol/L]，而化合物 wedelolactone 和 orobol 无活性，因此，研究揭示了

E. prostrata 可用于治疗艾滋病，以及与此植物用于治疗血液相关疾病的传统应用的相关性[1105]。

（5）*E. alba* 的提取物具有抗丙肝病毒的活性，并从其活性部位分得 wedelolactone，以及黄酮化合物 luteolin 和 apigenin[1106]。

（6）墨旱莲 *E. herba* 的提取物和及其分离成分 wedelolactone 在低剂量下具有抑制破骨细胞 RAW264.7 增殖和分化的作用，而在高剂量下，对骨髓间质细胞有细胞毒活性，因此，墨旱莲及 wedelolactone 显示出对骨质疏松症的选择性治疗作用[1107]。

14.2.8.3 生物碱

E. alba 的提取物及它的总生物碱提取物具有止痛活性，而且总生物碱提取物的活性最强[1108]。

14.2.8.4 挥发油

E. prostrata 叶挥发油中的主要成分是倍半萜类成分，而茎皮挥发油中的主要成分是倍半萜、直链烃和单萜，而且此叶与茎皮挥发油中的共有成分是 β-caryophyllene（含量分别是 47.7% 和 15.9%）和 α-humulene（含量分别是 31.8%和 12.9%）[1109]。

14.2.8.5 黄　酮

从 *E. prostrata* 中分得的异黄酮化合物 orobol 具有抗炎活性，其作用机制是下调 iNOS 和 COX-2 mRNA 的表达[1110]。

从 *E. prostrata* 中分得的黄酮化合物 diosmetin（173-8）和两个异黄酮化合物 3′-hydroxybiochanin A（173-9）和 3′-O-methylorobol（173-10）具有刺激成骨细胞分化的作用[1111]。

从 *E. alba* 叶分离得的黄酮化合物 luteolin 具有抗惊厥的作用，具有成为治疗羊癫疯药物的潜力[1112]。

14.2.8.6 聚炔化合物

从 *E. prostrata* 中分得的连三噻吩化合物，α-terthienylmethanol（173-11）具有对人类子宫内膜肿瘤细胞最强的抑制活性（IC_{50}<1 μmol/L）[1113]、对卵巢肿瘤细胞的抑制活性[IC_{50}(7.73 ± 1.46)μmol/L][1114]。

从 *E. prostrata* 中分得二个二酰甘油酰基转移酶 -1（DGAT-1，diacylglycerol acyltransferase-1）抑制活性的聚炔化合物 2-O-β-D-glucosyltrideca-3E,11E-dien-5,7,9-triyne-1,2-diol 和 α-formylterthienyl。

14.2.8.7 胍基生物碱 guanidine alkaloids

从 *E. prostrata* 中分得结构新颖的胍基生物碱 ecliptamines A-D 和 plantagoguanidinic acid（173-12），其中 plantagoguanidinic acid 的抗 COX-1 和 COX-2 的抗炎活性可与阿司匹林相匹敌[1115]。

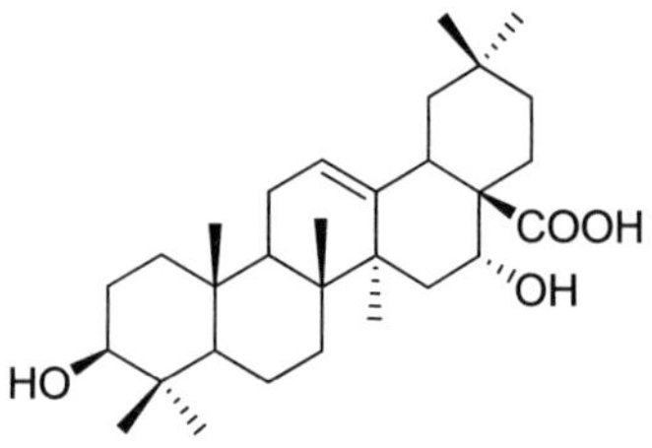

173-1

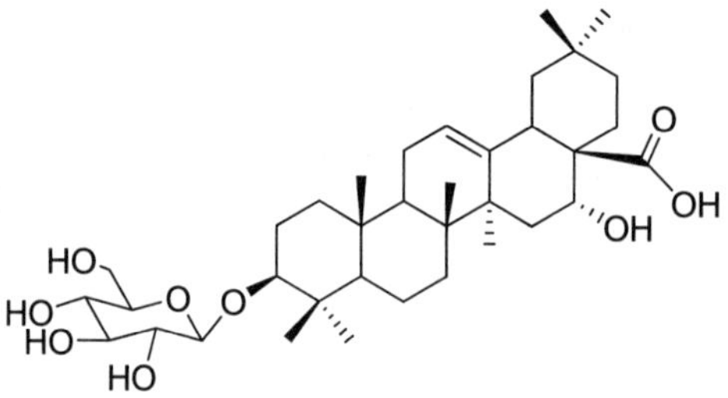

173-2

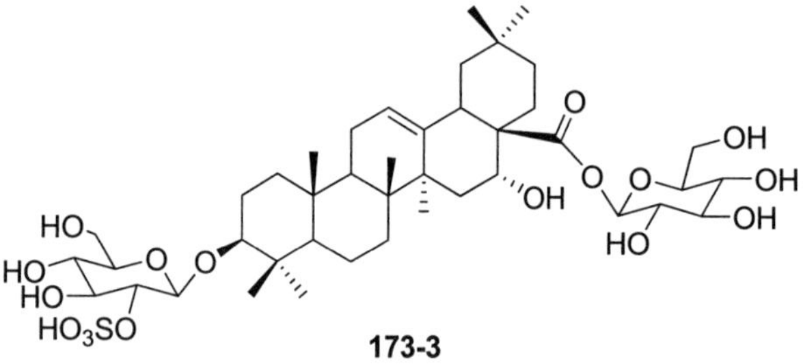

173-3

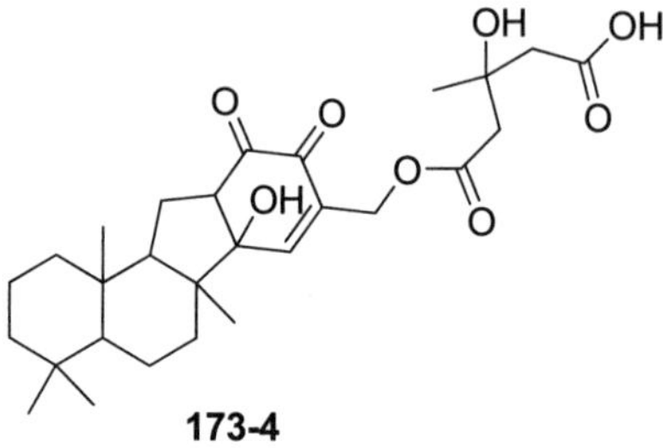

173-4

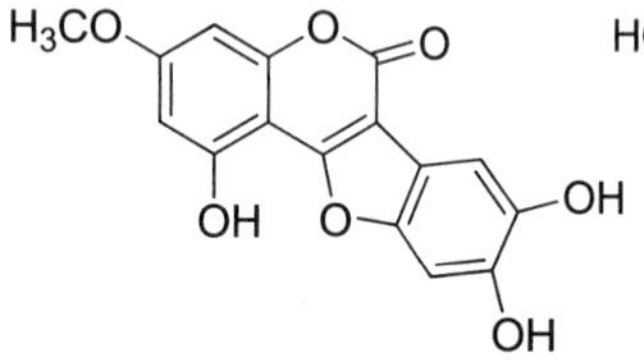

173-5

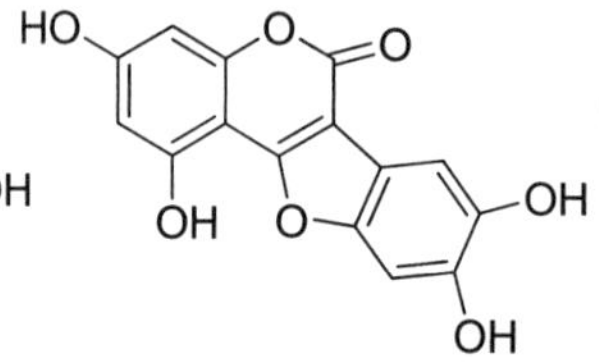

173-6

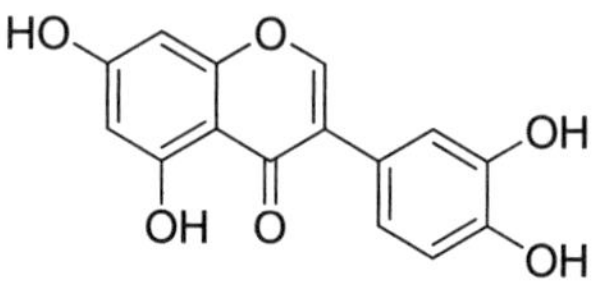

173-7

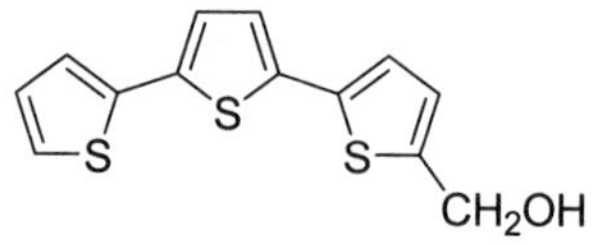

173-11

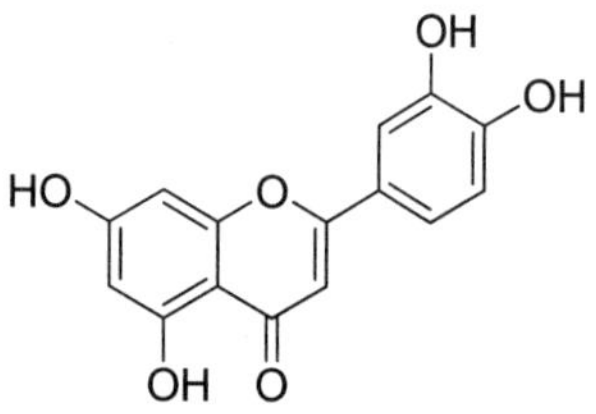

173-8

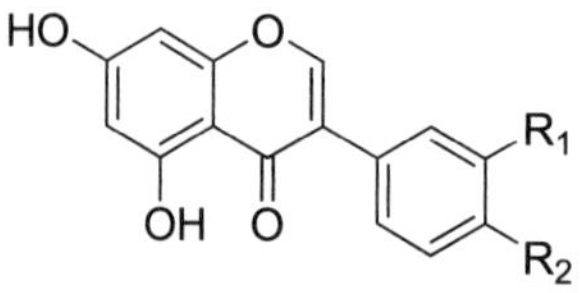

173-9 R₁=OH R₂=OCH₃
173-10 R₁=OCH₃ R₂=OH

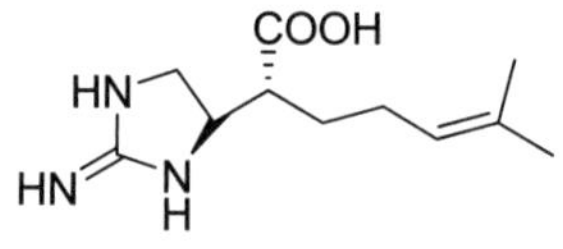

173-12

14.2.9 沼菊属 *Enydra*

约 10 种，分布于热带和亚热带，我国仅 1 种，沼菊 *Enydra fluctuans*，产于我国南部。在印度，沼菊 *Enydra fluctuans* 作为一种传统药物，用于治疗神经疾病、皮肤疾病，以及作为通便泻药、抗炎、止吐和镇痛剂[1116]。

本属的化学成分以 melampolide 型吉马烷倍半萜内酯化合物为结构特征，如：从沼菊 *E. fluctuans* 和 *E. anagallis* 中分得的化合物主要是 melampolide 型吉马烷倍半萜内酯化合物，它们的结构还显示出 C-8、C-9、C14 的高氧化度取代结构特征，如从 *E. anagallis* 中分得的化合物 uvedalin（174-1）[1116]。

通过 HPLC-MS 联用技术，从沼菊 *E. fluctuans* 提取物中还鉴定出黄酮、酚酸、木脂素等类成分，而且研究显示此提取物具有对一株从临床分离的人类病原菌 *Pseudomonas aeruginosa* 的抗菌活性[1117]。

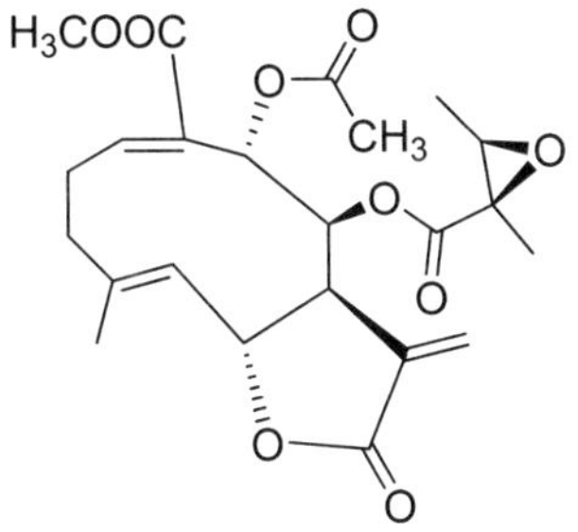

174-1

14.2.10　牛膝菊属 *Galinsoga*

约 5 种，主要分布于美洲。我国有 2 种，归化，分布于西南各地。牛膝菊属 *Galinsoga* 植物作为传统药物用于抗炎与伤口愈合；提取物则用于治疗皮肤病、湿疹、皮癣和愈合伤口；另外，也用于毒蛇咬伤；口服则用于流感与感冒的治疗[1118]。

14.2.10.1　酚酸类成分

本属中的酚酸类成分主要是咖啡酰基衍生物（如 1～3 个咖啡酰基的葡萄糖二酸或 altraric acid 衍生物）和黄酮类成分，而且它们显示出显著的抗氧化活性，如：

（1）*G. parviflora* 的水提物具有保护皮肤成纤维细胞对抗紫外线导致的氧化抑制与凋亡的作用，并从中分离得两个咖啡酸衍生物，2,3,5(2,4,5)-tricaffeoylaltraric acid（175-1）和 2,4(3,5)-dicaffeoylglucaric acid（175-2），因此，这些咖啡酸衍生物可能是 *G. parviflora* 对抗紫外线对皮肤损伤的药效成分[1119]。

（2）*G. parviflora* 和 *G. quadriradiata* 的甲醇提取物具有最强的抗氧化作用，其作用可与没食子酸相匹敌，并从中分离得黄酮化合物：patulitrin、quercimeritrin、quercitagetrin 与咖啡酸衍生物，因此，可认为它们是 *G. parviflora* 和 *G. quadriradiata* 抗氧化的药效物质[1120]。另外，通过 HPTLC 和 HPLC-DAD-MS 法，鉴定 *G. parviflora* 和 *G. ciliata* 的水和醇提取物中的主要成分是咖啡酸衍生物，caffeoyl glucarate、dicaffeoyl glucarate 和 tricaffeoyl glucarate[1118]。

（3）从 *G. parviflora* 中分得的咖啡酸衍生物，如 2,3,4,5-tetracaffeoylglucaric acid、2,4,5-tricaffeoylglucaric acid、2,3,4- 或 3,4,5-tricaffeoylaltraric acid 和 2,3(4,5)-dicaffeoylaltraric acid，具有由中性粒细胞激发产生的激活氧阴离子的抑制活性，显示出抗氧化活性。这些咖啡酰衍生物中，除 caffeoyl-glucaric acid（咖啡酰基葡萄糖二酸衍生物）外，还含只存在于包果菊属 *Smallanthus* 等植物中的 caffeoyl-altraric acid，因此，本化合物还具有一定的分类学意义[1121]。

（4）从 *G. parviflora* 中分离得两个黄酮化合物，galinsosides A（175-3）和 B（175-4），其中，galinsoside B 具有抑制 *α*-葡萄糖苷酶的活性[1122]。

14.2.10.2 挥发油

埃及产的 *G. parviflora* 挥发油中的主要成分是 (Z)-γ-bisabolene（45.66%）、(E)-caryophyllene（4.99%）、(Z)-bisabolol-11-ol（4.95%）和 phytol（4.39%）。另外，不同产地的植物挥发油显示出化学成分的差异性，如在本植物中就未能发现哥伦比亚产的本植物叶挥发油中含的主要成分(Z)-3-hexen-1-ol、β-caryophyllene 和 6-demethoxy-ageratochrome[1123]。

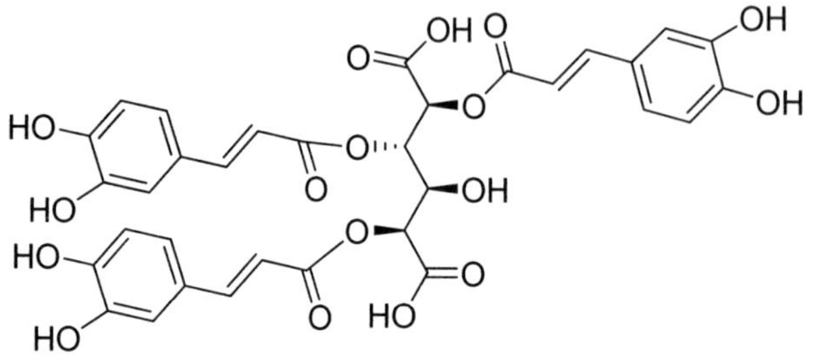

175-1

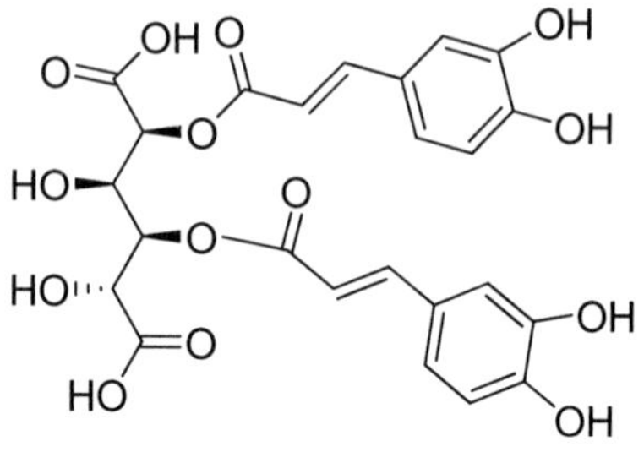

175-2

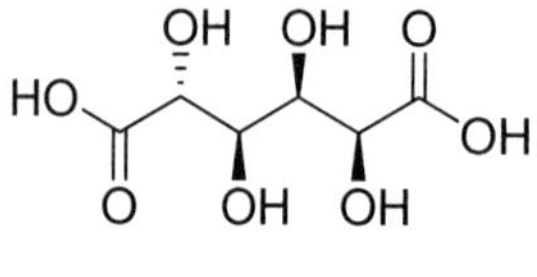

glucaric acid

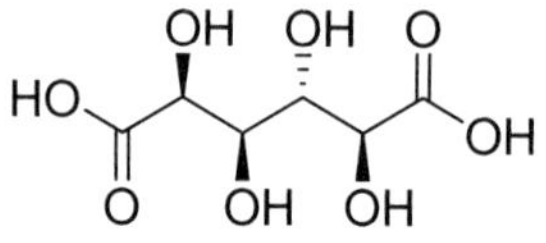

altraric acid

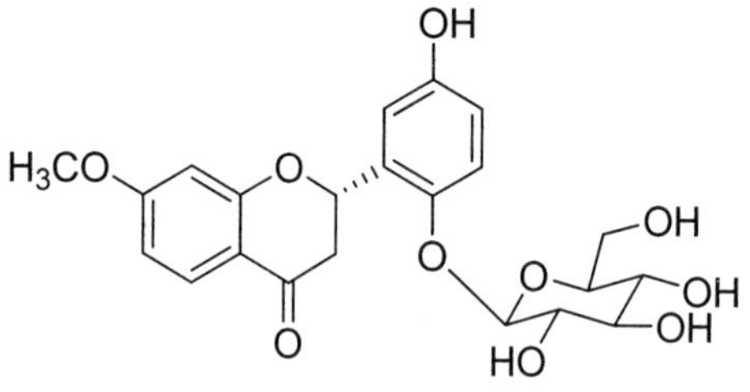

175-3

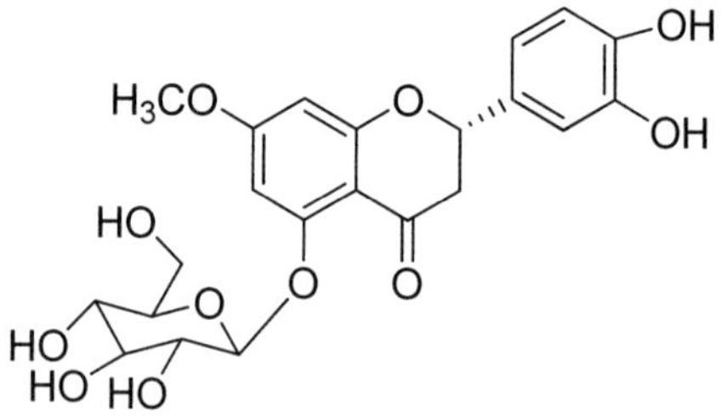

175-4

14.2.11 鹿角草属 *Glossogyne*

本属约有 6 种，分布于亚洲热带地区及大洋洲。我国仅有 1 种，鹿角草 *G. tenuifolia*。鹿角草 *G. tenuifolia* 作为我国台湾传统药物，用于解热、肝保护与抗炎[1124]。药理研究揭示本植物提取物具有多种生物活性，如抗菌、抗炎、抗病毒、免疫调节、抗细胞增殖和抗氧化等[1125]。如鹿角草 *G. tenuifolia* 水提取物具有对糖尿病小鼠的肝保护作用[1124]；鹿角草 *G. tenuifolia* 提取物具有抗炎作用，且其活性成分是 oleanolic acid 和 luteolin-7-glucoside[1126]；其抗炎的作用机理是通过抑制 c-Jun N-terminal kinase（JNK）的磷酸化[1127]等；鹿角草 *G. tenuifolia* 提取物具有抑制破骨细胞形成的作用，提示本植物可开发作为治疗骨质疏松等疾病的潜力[1128]。

14.2.11.1　挥发油

鹿角草 G. tenuifolia 挥发油中的主要成分依次为：*p*-cymene > *β*-pinene > *β*-phellandrene > limonene > cryptone > *α*-pinene > 4-terpineol + *γ*-muurolene[1129]。研究显示，其挥发油的抗菌活性并不是挥发油中的主要成分 *p*-cymene，而是次要成分 4-terpineol[1130]。

14.2.11.2　苯丙素

从鹿角草 G. tenuifolia 中分得与一个秋英属相同的 hydroxyeugenol 型苯丙素衍生物，glossogin（10-acetoxy-4-*O*-isovalyryleugenol），其具有有效的抗肺癌细胞 A549 增殖的作用[1131]。

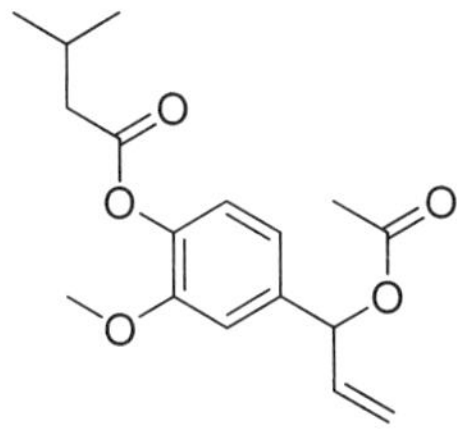

176-1

14.2.12　向日葵属 *Helianthus*

本属约有 100 种，主要分布于美洲北部，少数分布于南美洲的秘鲁、智利等地，其中一些种在世界各地栽培很广。本属有许多重要的经济植物，如向日葵 H. annuus L. 和菊芋 H. tuberosus L.。向日葵 H. annuus 种子和芽作为传统药物，用于治疗心脏病、支气管、咽喉和肺部感染、咳嗽和感冒等[1132]。

向日葵 H. annuus 种子含约 20% 的蛋白质，其为种子的发芽提供了所需的硫和氮，而且这些含硫丰富的蛋白质是人类生理发展，如肌肉、细胞骨架形成、胰岛素产生所需的理想物质，以及作为抗氧化剂；还含 35%～42% 的脂肪，其中含丰富的亚油酸 linoleic acid（55%～70%）和油酸 oleic acid（20%～25%），研究显示向日葵种子油具有降低总胆固醇和低密度脂蛋白胆固醇的作用，以及具有抗氧化作用。另外，油酸是单不饱和 Ω-9 脂肪酸，其能降低甘油三酯和低密度脂蛋白胆固醇的水平，增加高密度脂蛋白胆固醇的水平，从而降低心脏病的风险。还有，研究也显示出油酸具有对乳腺癌的保护作用；除此之外，向日葵种子中还含丰富的维生素 E（37.8 mg/100 g），是公认的抗氧化剂[1132]。

菊芋 H. tuberosus，又名洋姜、鬼子姜、姜不辣，有通便利胆、消肿去湿、和中益胃等功效，还有治疗糖尿病和风湿病的潜在价值。因菊芋中富含菊糖，因此是目前仅次于菊苣 Cichorii Herba 提取菊糖的原料[1133]。

14.2.12.1　倍半萜

向日葵属植物中的倍半萜类成分丰富、特征与复杂，显示出植物的进化最高级性。除含有常见的吉马烷、愈创木烷及桉烷倍半萜（根据它们的结构差异，还可划分为多个不同的结构亚型）之外，本属植物还出现了许多新骨架的倍半萜结构类型，如：

1. 吉马烷型

本类的亚型有：1,10-环氧- 4-顺-烯型，如化合物 leptocarpin（177-1）[1134]；3,10-环氧- 4-顺-烯型，也称为 furanoheliangolide 型，如化合物 annuithrin（177-2）[1135]；反,顺-1,4 —烯型，也称为 tifruticin-type，如反,反-4,10(1)-二烯型，如 3-acetylchamissonin（177-3）[1136]；分子内无环内双键的大环型，如 8β-angeloyloxyternifolin（177-4）[1137]；1,2-开环的吉马烷型，如 (6R*)-(3E, 8E)-2-oxo-1,2-secogermcra-l(10),3(4),8(9)- enta-12,6-ohde（177-5）[1138]；melampolide 型化合物（文献未命名，177-6）[1139]；5, 10-环醚型，如 4,15-anhydrohelivypolide（177-7）[1140]。

2. 愈创木烷

本类的亚型有：含一个环内双键的 10α-hydroxy-$\Delta^{3,4}$- guaian- 12,6-olides 型愈创木烷倍半萜，它们的结构变化体现在 8β-酯侧链的结构变化，如 8β-angeloyloxycumambranolide（177-8）[1141]；无分子环内双键的 costus 型，如 11α,13- dihydroxydehydrocostuslactone（177-9）[1140]；lactucin-like 型（双子内有二个环内双键）化合物（文献未命名，177-10）；高不饱和度的愈创木烷型化合物（完全共轭），如 malaphyllidin（177-11）[1142]。

3. 桉　烷

从 *H. grosseserratus* 中分得多个本类化合物，如 ivasperin（177-12）[1143]。

4. β-紫罗兰酮型（降两个碳的倍半萜）

从栽培向日葵叶中分得本类化合物 annuionone E（177-13）[1134]，本类化合物应该是四萜类胡萝卜素的降解产物。

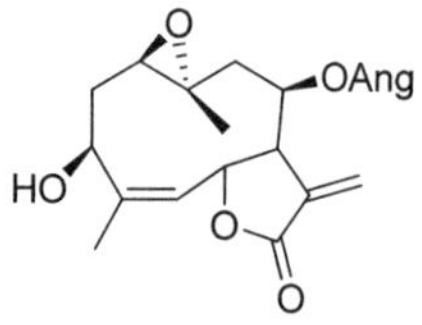

177-1 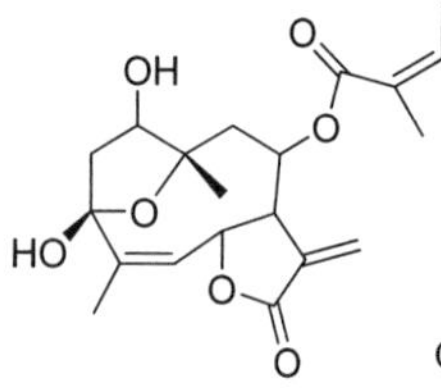　　177-2 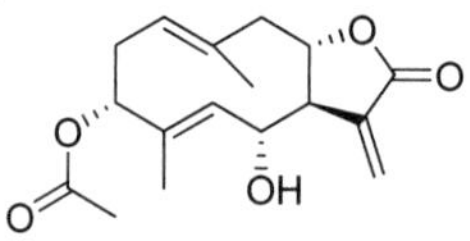　　177-3 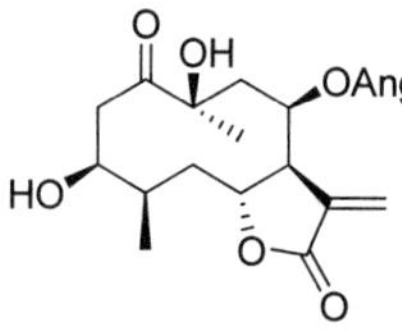　　177-4

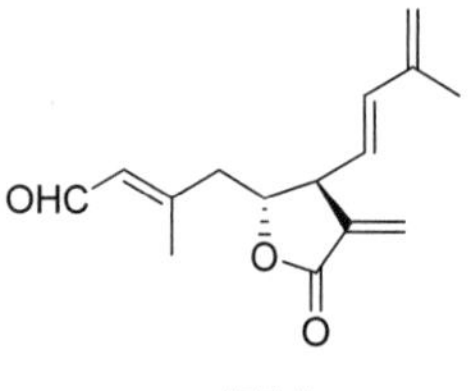

177-5 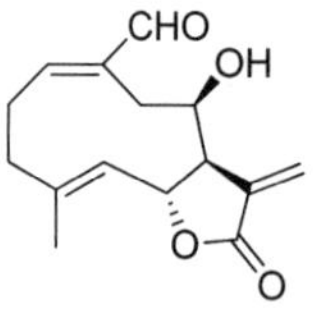　　177-6 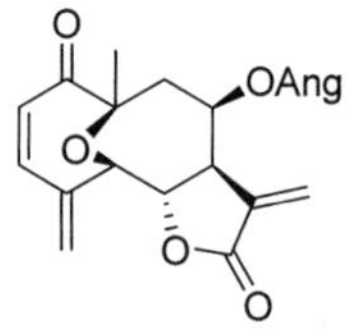　　177-7 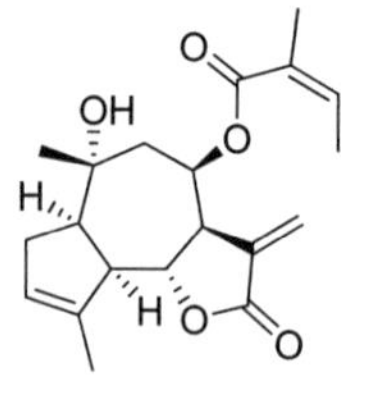　　177-8

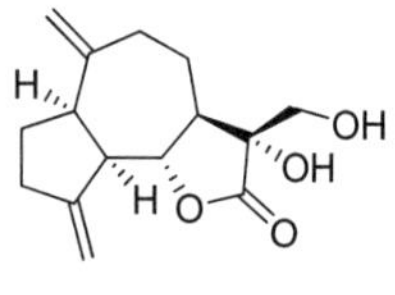

177-9 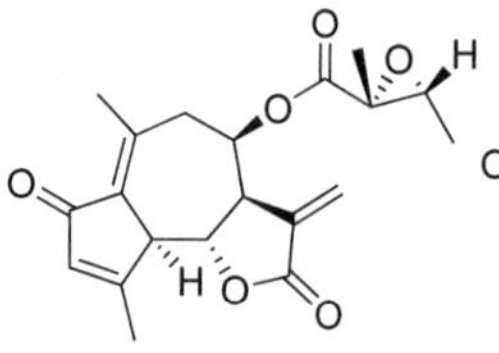　　177-10 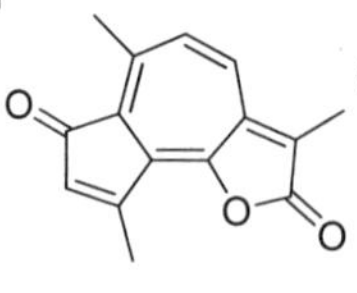　　177-11 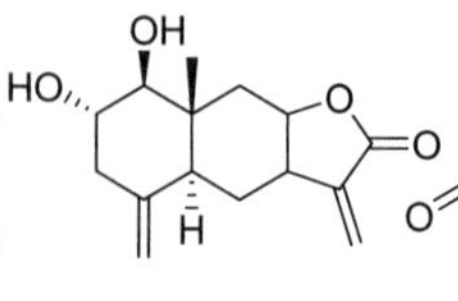　　177-12 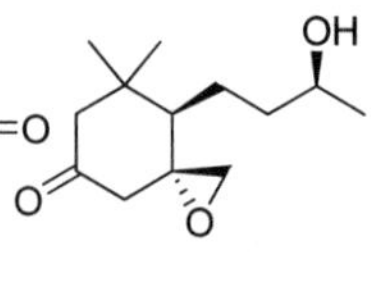　　177-13

5. Heliannuols 型化合物

至今，本类化合物从自然界发现 14 个化合物，即 heliannuols A-N（177-14 ~ 177-26）。其

中的 13 个，heliannuols A-M 是从向日葵（栽培种）中分得的，剩余的 1 个化合物 heliannuol N 是从一种珊瑚 *Pseudopterogorgia rigida* 中分得的。本类化合物的结构特征是：具有一个芳香残基，骈合一个 5~8 元醚环，而且在芳香环的 C-4 位具有一个甲基及 C-5 位具有一个羟基。这些化合物均显示出显著的植物化感作用，而且化合物 heliannuol A 还显示出免疫抑制活性[1144]。

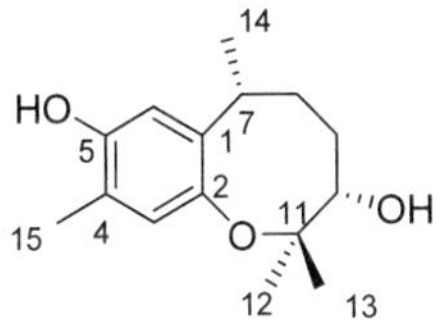

177-14	**177-15**	**177-16**	**177-17**

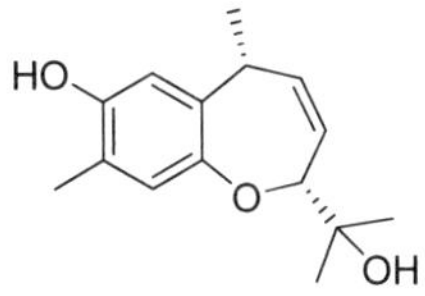

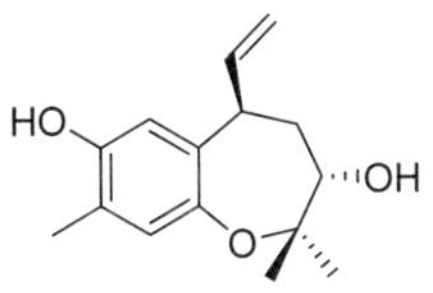

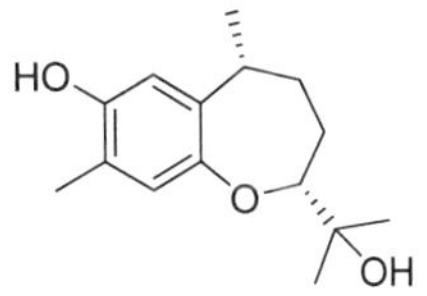

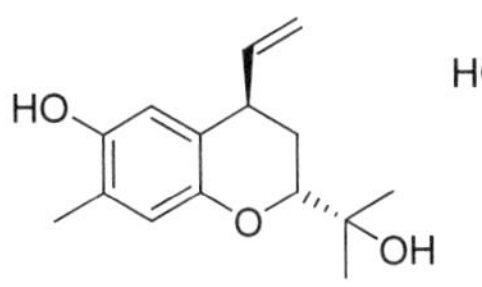

177-18	**177-19**	**177-20**	**177-21**

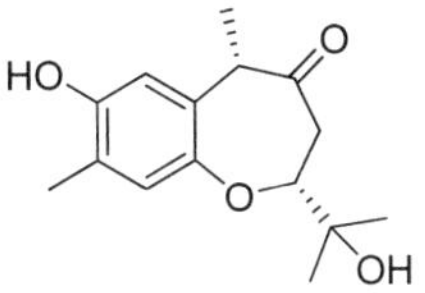

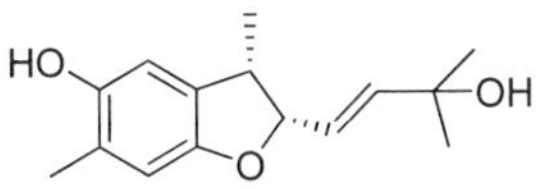

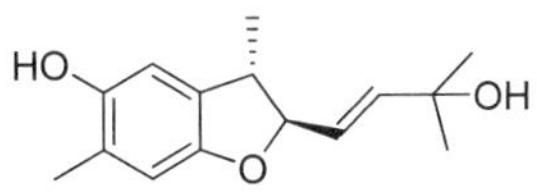

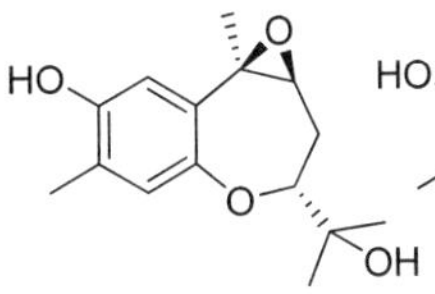

177-22	**177-23**	**177-24**	**177-25**	**177-26**

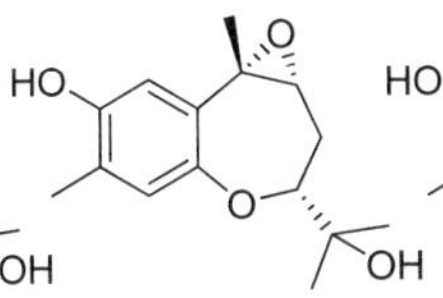

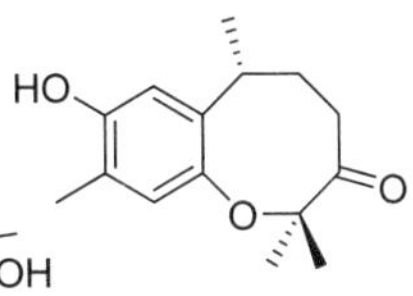

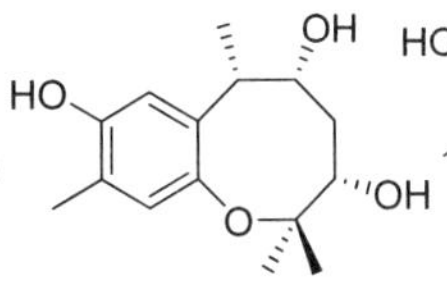

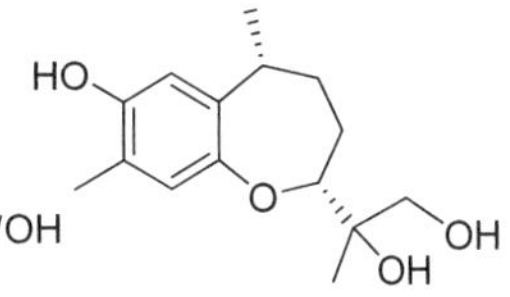

本类化合物生源合成途径推测为以下两种途径：① 起源于没药烷型的没药烯化合物 (Z)-γ-bisabolene；② 而近期的观点是，起源于 γ-curcumene 和/或 β-curcumene，而且，后一种途径被认为可能性更大。对于其生源合成途径见下[1144]。另外，还涉及苯氧离子中间体的 heliannuol C 的生源合成途径（途径 3）也推测如下[1145]。

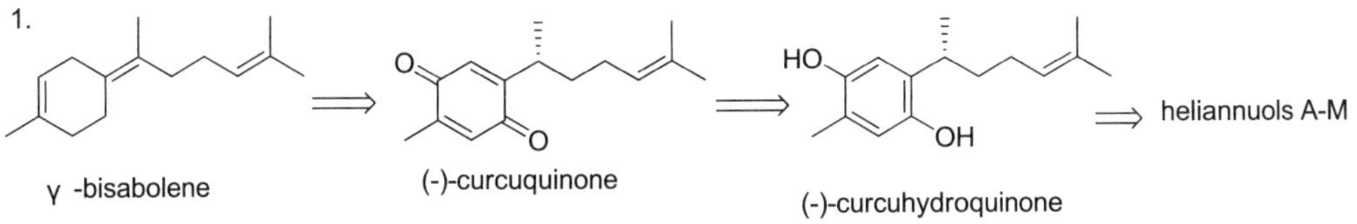

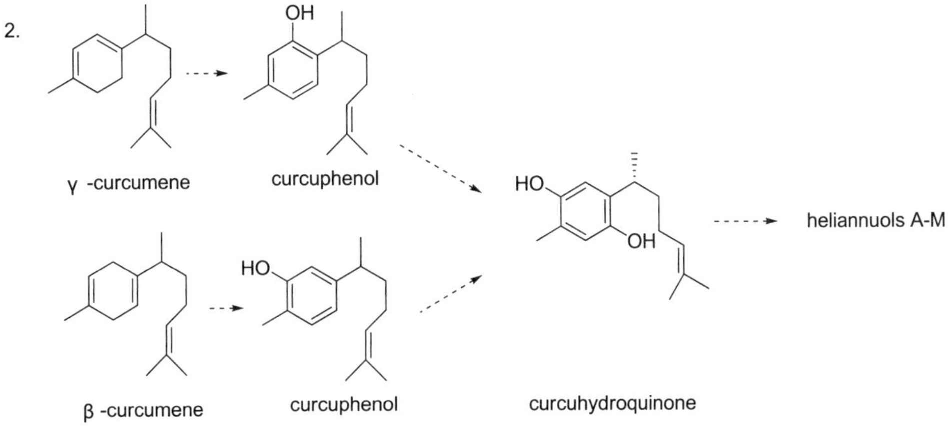

1.

γ-bisabolene   (-)-curcuquinone   (-)-curcuhydroquinone   ⟹ heliannuols A-M

2.

γ-curcumene   curcuphenol

β-curcumene   curcuphenol   curcuhydroquinone   → heliannuols A-M

298

3.

heliannuol A

heliannuol C

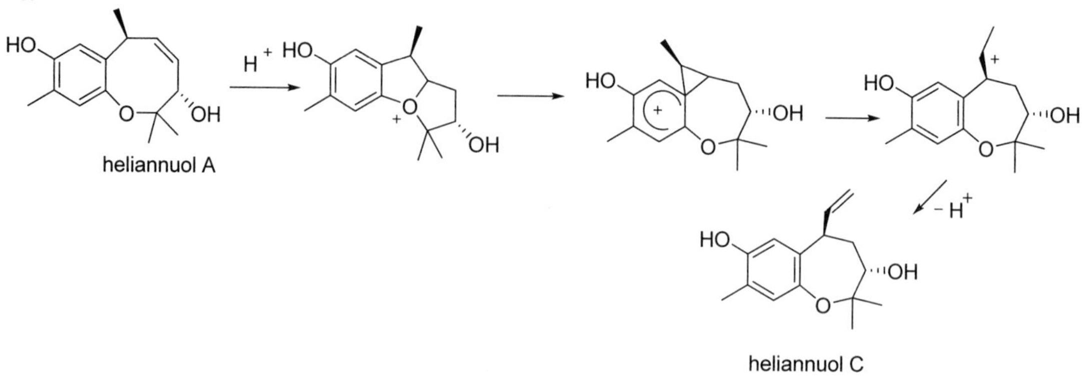

6. 开链的 heliannuols 和 glandulone 型化合物

从栽培向日葵叶中分得芳香化的没药烷型倍半萜 helibisabonols A-C（177-27～177-29）。从结构上看,可认为它们是 heliannuols 型化合物的前体物质,即醚环环合前的开链 heliannuols 型化合物。另外, helibisabonol A 还显示出抑制小麦胚芽鞘生长的植物化感作用[1134, 1146]。

另外,在向日葵中还存在被认为是另一种 heliannuols 型化合物的前体物质,即 glandulone 型化合物, 如 glandulones A-F（177-30～177-35）[1146]。

7. Heliespirane 型化合物

从栽培向日葵叶中还分得一类缩醛型的 heliespirane 型化合物, heliespirones A-C（177-36～177-38）。其中, heliespirone B 和 C 的生源合成途径可看作是先分别由 heliannuol E 和 A 氧化成醌型化合物（glandulone 型化合物）,再通过分子内共轭加成而成[1147]。

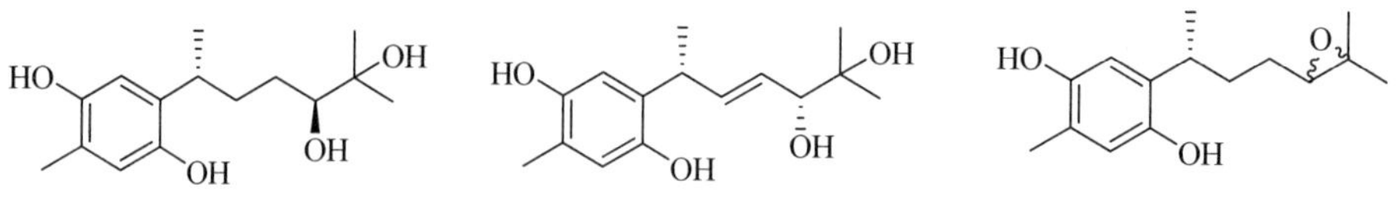

177-27   177-28   177-29

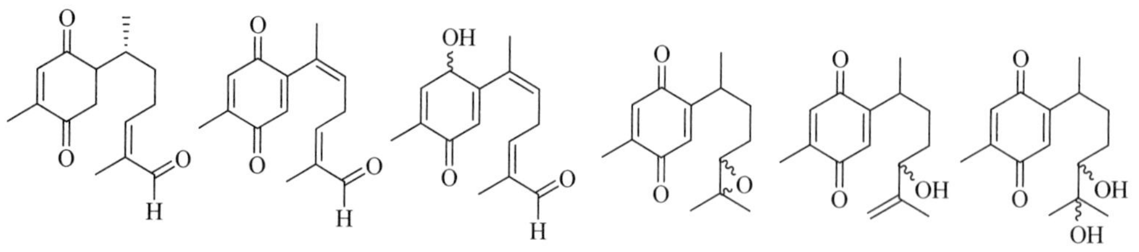

177-30   177-31   177-32   177-33   177-34   177-35

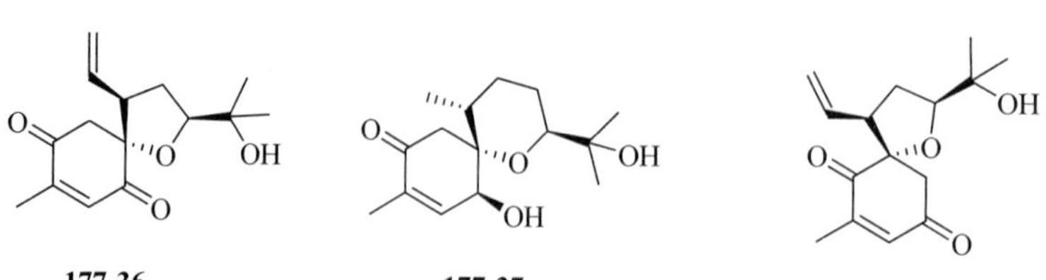

177-36   177-37   177-38

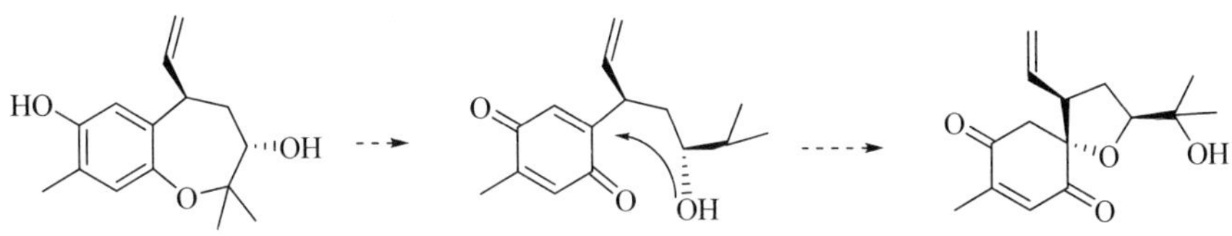

heliannuol E

heliespirone C

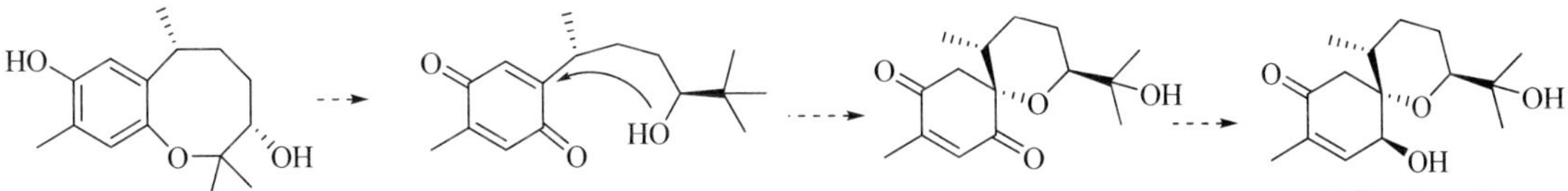

heliannuol A

heliespirone B

14.2.12.2　二　萜

本属中分得的二萜类成分也相当丰富，主要的类型有对映贝壳杉烷 ent-kauranes 和映绰奇烷 trachylobane 型[代表化合物为 ciliaric acid，11-oxotrachyloban-19-oic acid（63）][1148]。除此之外，还从本属植物分得半日花烷 labdane 二萜化合物，（－）-cis-ozlc acid[1141]。

另外，还从 *H. radula* 中分得一个二萜酯型二聚体化合物，其为由（－）-16α-hydroxykauranoic acid 的羧基与 11α-hydroxytrachyloban-19-oic acid 的羟基酯化而成的结构[1148]。

14.2.12.3　倍半萜-二萜二聚体

从 *H. annuus* L. var. *Arianna* 中还分得倍半萜-二萜二聚体，helikaurolides A–D（177-39 ~ 177-42）。

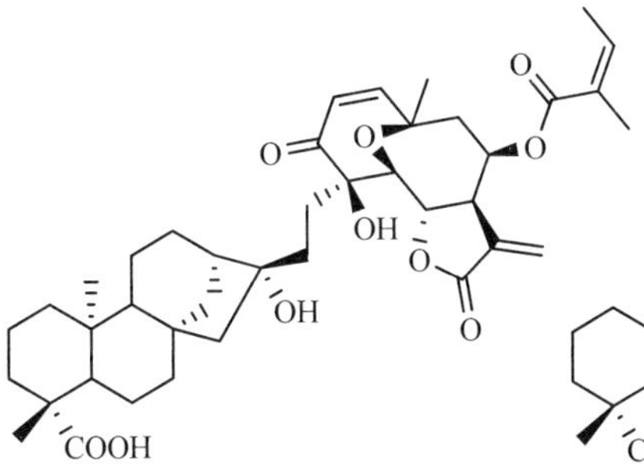

177-39 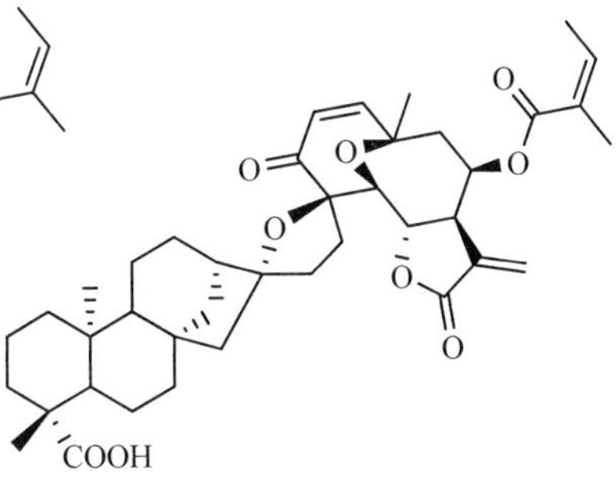　　　　**177-40**

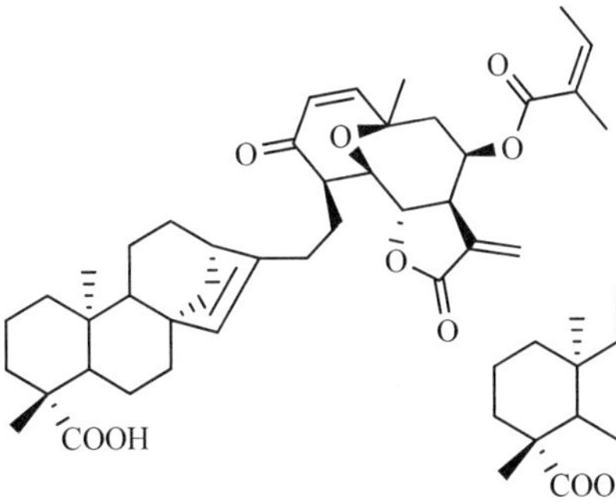

177-41 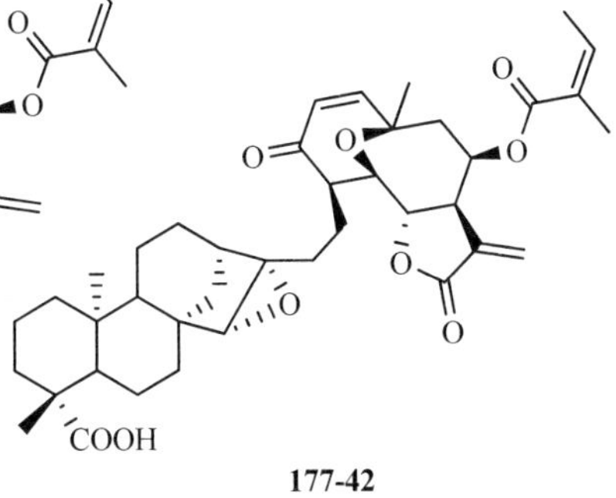　　　　**177-42**

14.2.12.4 三 萜

从向日葵 *H. annuus* 幼苗中分得三萜醇化合物，一醇化合物有 lupeol、taraxasterol、taraxasterol 和 α-amyrin，二醇化合物有 calenduladiol、faradiol、brein 和 erythrodiol[1149]。

14.2.12.5 其 他

还分得脂肪酸、单萜、甾醇、黄酮、香豆素、木脂素、聚炔等。其中，在线状腺毛（linear glandular trichomes）中发现的黄酮结构全部为 5,6,7,8-四氧代的黄酮，而且它们的结构变化仅只是 A、B 环的甲氧基化的不同。它们的这种结构特点不同于有头状腺毛中存在的黄酮化合物结构特点。另外，在头状腺毛中发现的 8-去氧黄酮化合物（如自然界常见的 luteolin、nepetin、hispidulin、jaceosidin）在线状腺毛中全部不存在，仅只有 nevadensin 在两种腺毛中都存在。由于黄酮与倍半萜内酯化合物共存于腺毛之中，因此，研究推测黄酮化合物是光敏感的倍半萜内酯化合物的保护剂，即植物暴露在太阳光的射线照射下，快速合成黄酮化合物，而倍半萜内酯化合物则合成延迟，主要在植物开花早期时合成[1146]。

14.2.13 银胶菊属 *Parthenium*

约 24 种，分布于美洲北部、中部和南部以及西印度群岛。我国有 1 外来的驯化种和 1 栽培的种。银胶菊 *P. Hysterophorus* 在民间用于治疗偏头痛、风湿病等多种疾病的一种传统草药[1150]。

银胶菊 *P. argentatum* 是一种富含天然橡胶的资源植物，其银胶菊橡胶和橡胶树 *Hevea brasiliensis* 天然橡胶的化学结构完全相同，为顺式-1,4-聚异戊二烯。其在质量和性能方面与橡胶树 *H. brasiliensis* 基本相同，而且基本不含或者仅含有少量的致敏蛋白，可避免过敏群体对橡胶树 *H. brasiliensis* 蛋白的过敏反应，因此，其在医疗卫生领域有巨大的应用空间，如用于无过敏性反应的胶乳制品的生产[117]。

14.2.13.1 倍半萜化合物

本属的倍半萜骨架主要以伪愈创木烷型为主，其他还有苍耳烷、吉马烷，如从 *P. tomentosum* 中分得苍耳烷型化合物 acetyl ivalbatine（178-1）和 ivalbatine（178-2）；伪愈创木烷化合物 incanine（178-3）[1151]；从 *P. fruticosum* 中分得 1,3-环氧丙烷伪愈创木烷化合物 parthoxetine（178-4）[1152]。

除以上的倍半萜骨架类型之外，在银胶菊 *P. argentatum* 植物中还含一类有强烈的接触性致敏性 guayulin 型倍半萜化合物。至今，从本种的树脂中共分得 4 个本类化合物，guayulins A-D（178-5 ~ 178-8）。其中，guayulins A-B 为双环吉马烷型，而 guayulins C-D 为香木兰烷 aromadendrene 型倍半萜[1153-1155]。

14.2.13.2 三 萜

在 *P. argentatum* 中不含倍半萜，但含丰富的环阿屯型和羊毛甾烷型三萜化合物，如从本种树脂中分得环阿屯型三萜化合物 argentatins A（178-9）-C，羊毛甾烷型三萜化合物

isoargentatins A 和 B，以及最近从本种中分得的环阿屯型三萜化合物 16-deoxyargentatin A（178-10）；以及 *P. argentatum* × *Parthenium tomentosum* 的杂交品种中分得的 argentatins E-H 和吡啶生物碱[1156]。

14.2.13.3 挥发油

我国产与美国产的银胶菊 *P. argentatum* 挥发油中的主要成分以 α-蒎烯、β-蒎烯、乙酸龙脑酯、香桧烯等为主要成分。但有一个重要差别，即我国武汉地区引种栽培的银胶菊叶精油含 1,8-桉叶油素高达 22.06%，而美国产的却没有发现这种成分[1157]。

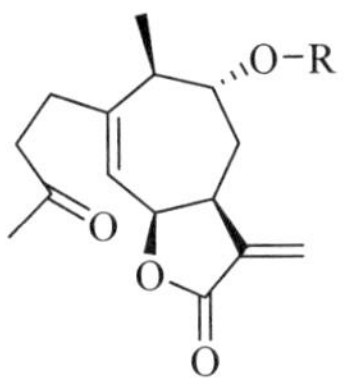

178-1 R=Ac
178-2 R=H

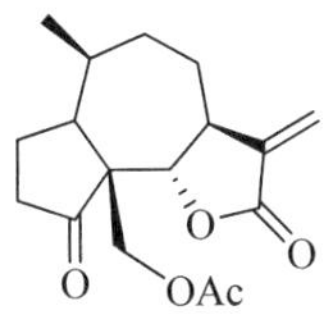

178-3

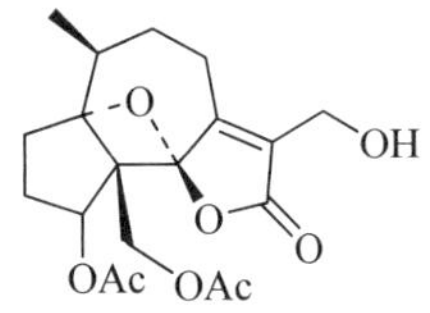

178-4

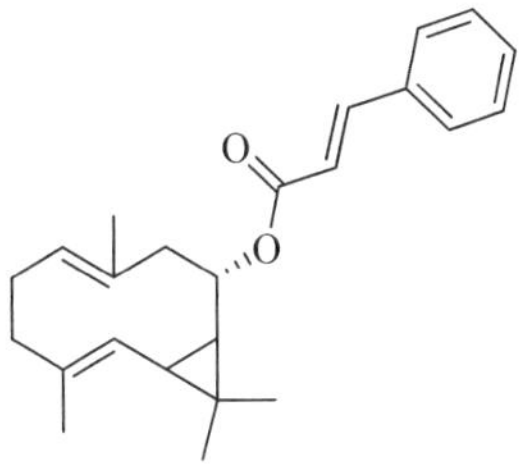

178-5

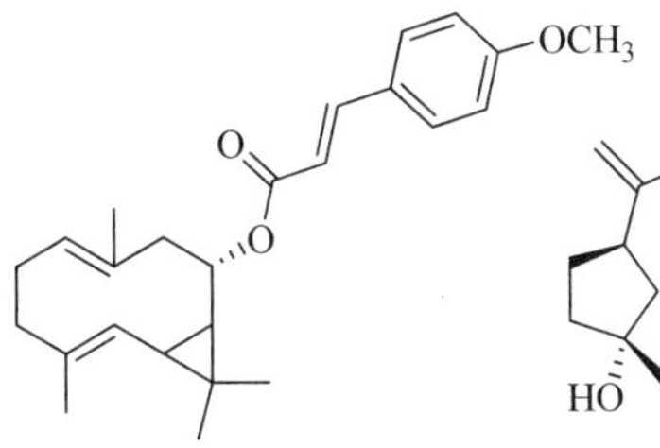

178-6

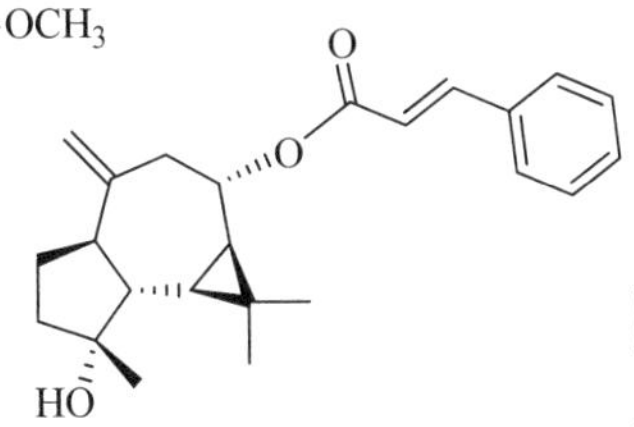

178-7

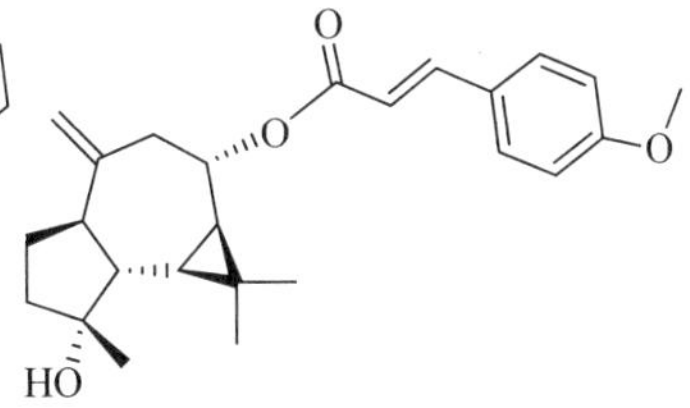

178-8

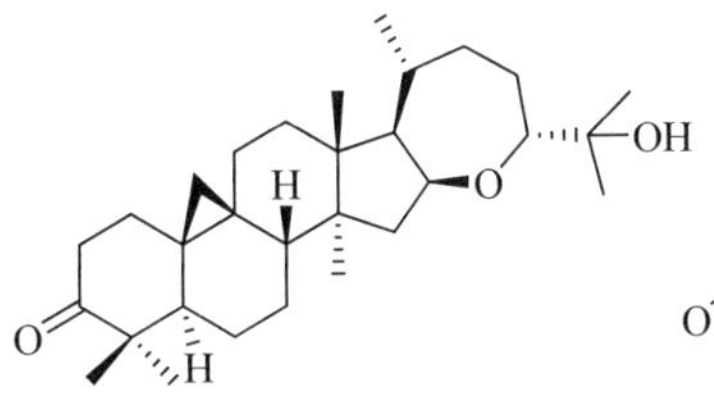

178-9

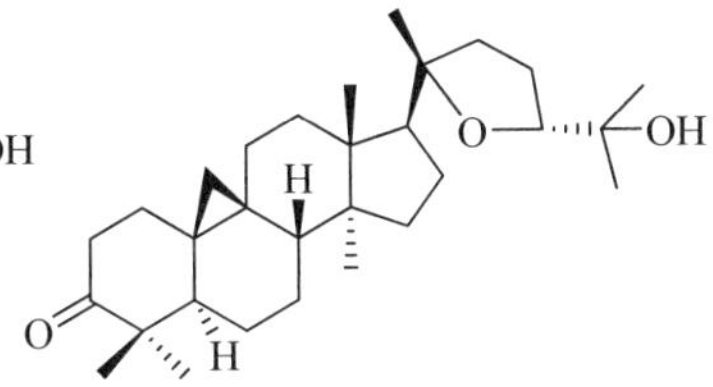

178-10

14.2.14 金光菊属 *Rudbeckia*

本属约 45 种，产于北美及墨西哥，其中有许多是观赏植物。如我国常见栽培的黑心金光菊 *R. hirta* L. 和金光菊 *R. laciniata* L.。美国印第安人使用黑心金光菊 *R. hirta* 作为茶剂用于治疗感冒和作为冲洗剂用于疮和蛇咬伤，以及将根的浆汁用于治疗耳痛[1158]。

14.2.14.1 倍半萜

本属植物以伪愈创木烷型、三环类倍半萜为结构特征。

1. 三环类

至今，本类化合物仅分得 2 个，如从 *R. laciniata* 中分得 prezizaene 型三环化合物 prelacinan-7-ol（179-1）[1159]和它的结构重排产物 lacinan-8-ol（179-2），而且它们的生源合成途径推测如下[1160]。

2. 伪愈创木烷

本属植物富含此类成分，如从 *R. hirta* 中分得的一个高度氧化的伪愈创木烷化合物 rudbeckolide（179-3），该化合物还显示出抑制 5-脂氧酶活性（84.9%抑制率，10 mg/mL），其抑制率活性仅比阳性对照药 nordihydroguaiaretic acid（去甲二氢愈创木酸，84.9%在浓度为 10 mg/mL 下）的稍高[1158]；

除以上类型之外，还有少量的桉烷型化合物 alloalantolactone（179-4）和 3-oxoalloalantolactone（179-5）[1161]；榄烷型化合物 igalan（179-6）[1160]；吉马烷型化合物 tamaulipin A angelate（179-7）[1162]。

14.2.14.2　二萜

R. fulgida 中分得半日花烷 labdane 型二萜化合物 13*αH*-labd-8[17]-en-15-al-19-oic acid（179-8）[1163]。

14.2.14.3　其　他

黄酮、咖啡酰基奎宁酸衍生物、噻吩聚炔、木脂素、多糖[如有抗哮喘作用的多糖，分子量 M_w = 7600，α-L-arabino (4-*O*-methyl-α-D-glucurono)-β-D-xylan][1164]等。

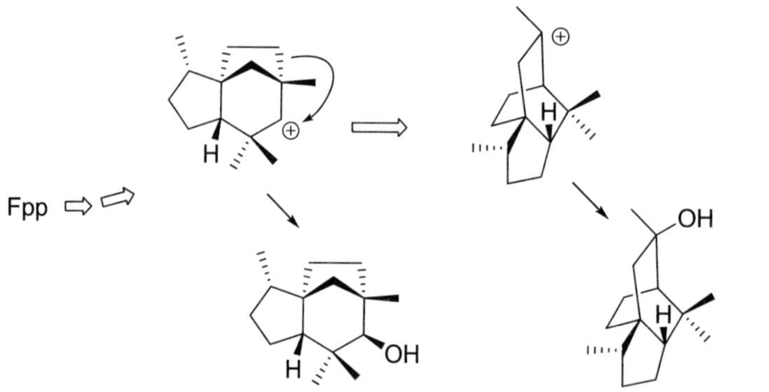

179-1　　**179-2**

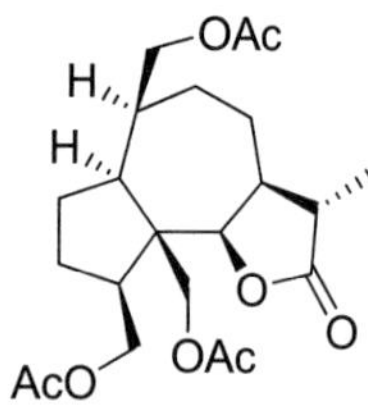

179-3 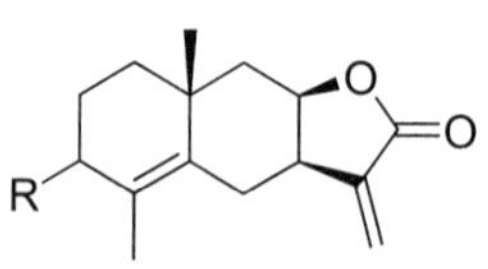　　**179-4** R=H　**179-5** R=O=　　**179-6** 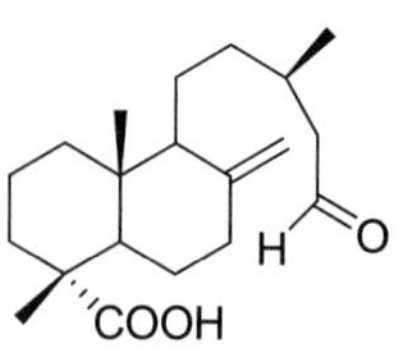　　**179-7**

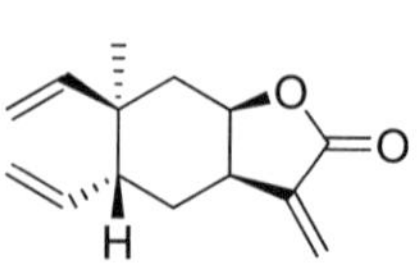

14.2.15 蛇目菊属 *Sanvitalia*

本属有 7~8 种，产于美洲中部。我国有 1 种，蛇目菊 *Sanvitalia procumbens*，归化及栽培。民族药昆仑雪菊为蛇目菊 *S. procumbens* 的干燥头状花序，又名"血菊"，维吾尔语"古丽恰尔"。《本草汇言》称其可"破血疏肝，解疗散毒"。目前昆仑雪菊作为药用菊花用于茶饮保健，具有清热解毒和降脂降压之功效[1165]。但是，对本种及本属植物的化学成分研究则很单薄，仅从蛇目菊 *S. procumbens* 中分得三萜化合物 α- 和 β-amyrin、脂肪酸和聚炔化合物[345, 1166]。

另外，用 RP-HPLC 法比较测定昆仑雪菊、杭菊和贡菊中绿原酸、3,5-*O*-二咖啡酰奎宁酸、木犀草苷和槲皮苷的含量。结果表明，昆仑雪菊和杭菊、贡菊主要活性成分相似，但不同活性成分含量差异显著。其中，昆仑雪菊中绿原酸、木犀草苷及槲皮苷含量最高，分别为 7.46、46.58 和 26.01 mg/g[1165]。

14.2.16 虾须草属 *Sheareria*

本属仅有 1 种，虾须草 *Sheareria nana*，分布于我国东部、中部及南部各省。石铸（1979）主要根据该属的头状花序有异型花、盘花不结实等特征，将其置于向日葵族 Heliantheae 米勒菊亚族 Milleriinae，而且国内学者普遍接受石铸（1979）对虾须草属的处理。但是，Robinson 和 Nesom 则认为该属应归属于紫菀族 Astereae。另外，通过比较舌片微形态学、子房解剖学和染色体的证据，也支持将虾须草属置于紫菀族，但是这些证据不能确定应将该属归属于紫菀族的哪个亚族。 1994 年，Nesom 建议将虾须草属置于紫菀族的瓶头草亚族 Lageniferinae[1167]，所以，当前的化学成分研究也关注化学分类的支持证据。

由于向日葵族植物主要分布于南、北美洲，我国的种数较少，因此，推断此属应该是一个在我国新分化出来的属，其应较为进化与特化[1]，但从本属种不含倍半萜化合物，似乎又应该归类于较原始的属种，即归置于紫菀族中的原始亚族（属）。

14.2.16.1 克罗烷 clerodane 型二萜和三萜皂苷

从 *S. nana* 全草中分得克罗烷型 clerodane 及新克罗烷型 neo-clerodane 二萜，如：

（1）克罗烷型 clerodane 化合物：18,19-dihydroxy-5α,10β-neo-cleroda-3,13(14)dien-16,15-butenolide （soulidiol）（181-1）和 18-*O*-β-D-glucopyranosyl-19-hydroxy-neo-cleroda-dien-butenolide(soulidiol 18-*O*-β-D-glucoside)[1168]。

（2）三个硫酸酯化的新克罗烷型 neo-clerodane 二萜化合物 shearerias A-C（181-2 ~ 181-4），而且其中的 shearerria B 和 C 为 18-降碳的硫酸酯化的新克罗烷 neo-clerodane 型二萜化合物；通过细胞毒活性筛选，发现化合物 shearerias A 和 B 具有与阳性对照药依托泊苷 etoposide 相匹敌的对人类肿瘤 HeLa、HepG2 和 AGS 细胞系的细胞毒活性，而其他化合物则显示出对细胞系有选择性的细胞毒活性[1169]。

（3）从本种还分得开环结构的克罗烷型二萜 shearerin A（181-5）以及它的 17 位葡萄糖苷化的化合物 shearerinside A（181-6）、氧化成醛的化合物 15,16,17-trihydroxyneo-clerodan-3,13-(Z)-dien-4-formyl（181-7）及氧化成酸的化合物 15,16,17-trihydroxy,18-carboxylic acid 18-neo-clerodan-3,13-(Z)-diene，它们结构特点是：五元内酯环为开环的化合物[1170, 1171]。

其中，15,16,17-trihydroxy,18-carboxylic acid 18-neo-clerodan-3,13-(Z)-diene 显示出对人类子宫内膜癌 ECC-1 细胞系中等的细胞毒活性，其 24 h 和 48 h 的 IC$_{50}$ 值分别为 $(5.6 \pm 0.3)\mu mol/L$ 和 $(2.2 \pm 0.2)\mu mol/L$ [1172]。

14.2.16.2　三萜及三萜皂苷

从本属还分得多个三萜及三萜皂苷化合物，如三萜皂苷 astersedifoliosides A-B 和 asterlingulatoside C[1169]；三萜化合物 friedelin、urs-12-ene、olean-12-ene、taraxerol、oleanic acid[1168]。

14.2.16.3　苯骈吡喃（色烯）化合物

从本种还分得一个结构新颖的色烷合物 shearene A（181-8）[1173]。

14.2.16.4　其　他

还分得黄酮、苯丙素、甾醇、蒽醌（emodin）等。

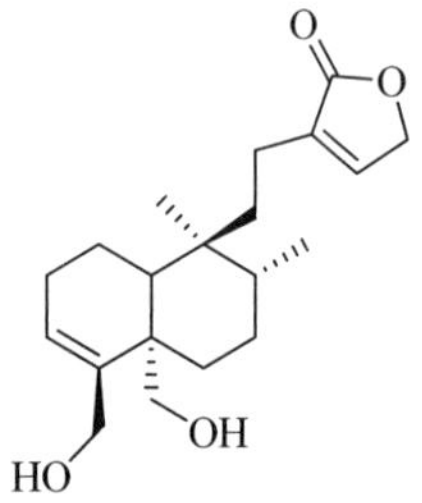

181-1 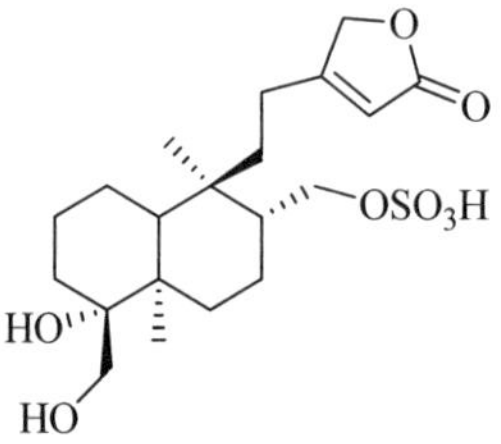　　**181-1** 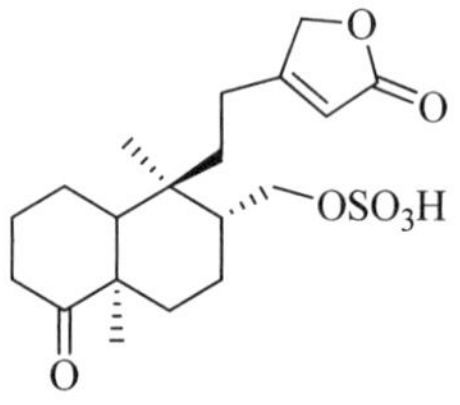　　**181-1** 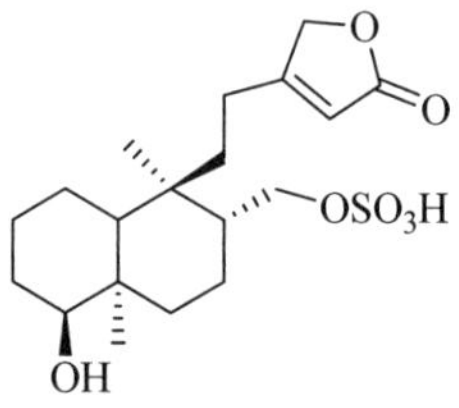　　**181-1**

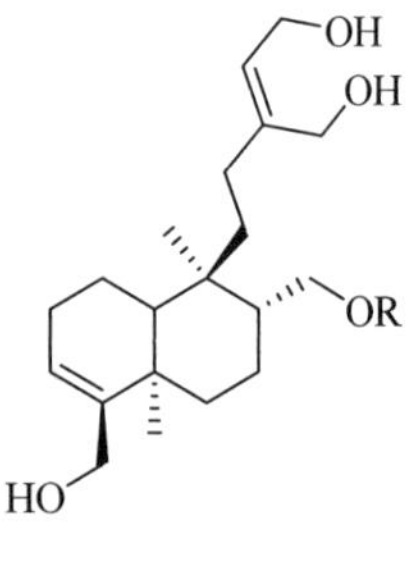

181-5 R=H
181-6 R=Glc　　**181-7** 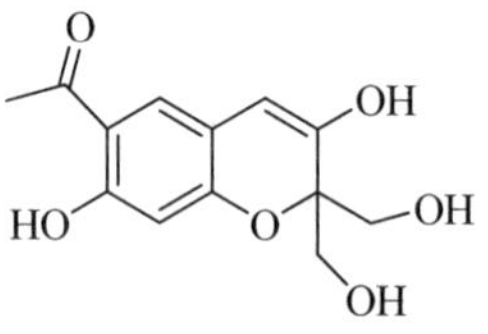　　**181-8**

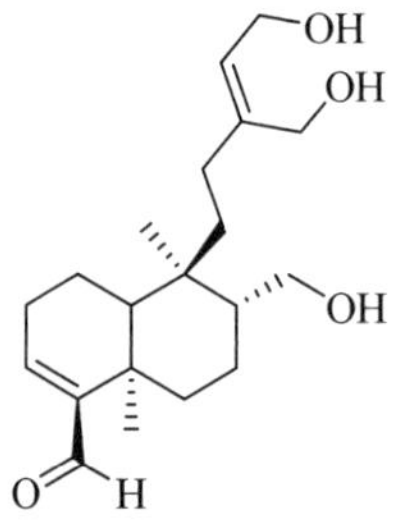

14.2.17　豨莶属 *Siegesbeckia*

本属约 4 种，分布于南北半球热带、亚热带及温带地区。我国有 3 种。中药豨莶草为一个多基原的中药品种，即为豨莶 *Siegesbeckia orientalis* L、腺梗豨莶 *S. pubescens* Makino 或毛梗豨莶 *S. glabrescens* Makino 的干燥地上部分。其味辛、苦，性寒，具有祛风湿、利关节、解毒的功效。主要用于治疗风湿痹痛、筋骨无力、腰膝酸软、四肢麻痹、半身不遂、风疹湿疮[1174]。

本属植物以二萜、倍半萜、黄酮等为主要成分类群，而且其中的对映海松烷型二萜类成分 kirenol 被认为是本属植物的一个药效成分，因其具有多种生物活性，如细胞毒、抗炎、心脏保护、抗光氧化、提高肌肉功能等[1047]。另外，现代研究，从中药豨莶草中已分得 122 个成分，其包括 21 个倍半萜内酯、63 个二萜（38 个海松烷、22 个贝壳杉烷、3 个链状）、18 个黄酮以及有机酸、三萜、香豆素等。另外，《中国药典》将海松烷型二萜类成分 kirenol 的含量作为本药材的质量评价标志物[1175]。

14.2.17.1　二　萜

本属植物中的二萜类成分最为典型与丰富，其骨架类型也较为多样，即有对映贝壳杉烷 ent-kaurane、对映海松烷 ent-pimarane、ent-strobane 及链状 acyclic 型。如：

（1）从 *S. pubescens* 中分得的对映海松烷型化合物 ent-3α,7β,15,16-tetrahydroxypimar-8(14)-ene（182-1）及对映贝壳杉烷型化合物 ent-18-acetoxy-17-hydroxy-16βH-kauran-19-oic acid（182-2）[1176]；一种具 14β,16-环氧结构的海松烷亚型化合物 ent-14β,16-epoxy-8-pimarene-2α,15α,19-triol（182-3）从 *S. orientalis* 中分得（以前的研究认为其是 12β,16-环氧结构亚型）[1177]。

（2）从 *S. pubescens* 中分得的 2 个 ent-strobane 型化合物 strobols A（60）和 B（61）[97]。

（3）从豨莶属多种植物中分得海松烷 pimarane 二萜化合物 kirenol（182-4），其具有广泛的药理作用，如免疫抑制、抗炎、骨折和伤口愈合、抗骨关节炎、抗过敏、抗肿瘤等作用，因此，该化合物被认为是豨莶的药效物质[1047]。

14.2.17.2　倍半萜

倍半萜的骨架有愈创木烷、吉马烷（包括吉马烷下的 melampolides 亚型）、卡拉布烷、三环类、链状的香叶基橙花醇型倍半萜 geranylnerol derivatives、11(7→6)abeo-14-norcarabrane（pubescone）及降碳的 β-紫罗兰酮型。在内酯结构上，绝大多数化合物仍具有向日葵族植物所具有的特征，即 8-氧代-6(12)-反式-内酯结构。如：

（1）从 *S. orientalis* 中分得的愈创木烷倍半萜 siegesorienolide A（182-5）[1048]。

（2）从 *S. pubescens* 中分得的卡拉布烷化合物天名精内酯酮（carabrone，22-7）[1178]；从 *S. pubescens* 中分得的 11(7→6)abeo-14-norcarabrane 化合物 pubescone（182-6）[1179]。

（3）从 *S. pubescens* 中分得的 melampolides 亚型吉马烷化合物 siegesbeckialide A（182-7）[1180]。

14.2.17.3　挥发油

通过水蒸气蒸馏及 GC-MS 分析 *S. pubescens* 全草挥发油的成分，发现主要成分是 2-ethyl hexanol（38.84%）、dibutyl phthalate（20.76%）、heptacosane（11.04%）、cholesta-5,7,9(11)-trien-3-ol acetate（6.69%）等[1181]。

另有研究，*S. pubescens* 全草挥发油的主要成分是 germacrene-D、δ-cadinene、spathulenol、copaborneol、*t*-muurolol、α-cadinol、germacra-4(15), 5(E), 10(14)-trien-1-ol、*cis*-7, *trans*-12, *trans*-14-hexadecatrien-10-ynal 和 *cis*-9, *trans*-14, *trans*-l6-octadecatrien- 12-ynal[1182]。

14.2.17.4 苯甲酸酯衍生物

从 S. orientalis 中分得的多个此类成分，而且其中的 benzyl 2-hydroxy-6-O-β-D-glucopyranosylbenzoate（182-8）[IC_{50}=(0.76±0.17)μmol/L] 和 benzyl 2-methoxy-6-O-β-D-glucopyranosylbenzoate（182-9）[IC_{50}=(0.98 ± 0.26)μmol/L]具有抑制黄嘌呤氧化酶抑制活性，其活性与阳性对照药 allopurinol[别嘌呤醇，IC_{50}=(2.83 ± 0.34)μmol/L]相似。进一步，再通过分子对接能量计算还发现此类成分与牛奶黄嘌呤氧化酶（Bovine milk xanthine oxidase）的结合能量比阳性对照药 allopurinol 的结合能量还低，说明本类成分是中药豨莶具有抑制尿酸合成，治疗痛风的药效物质[1048]。

14.2.17.5 氧化脂质 oxylipin

从 S. glabrescens 中还分得一系列的具 4-甲基戊酸骨架的不同链长度的脂肪酸类成分，siegesbeckins A（182-10）-G[1183]。

14.2.17.6 其　他

还分得氨基甲酸酯衍生物(E)-3-(3-oxobut-1-enyl)phenyl dimethylcarbamate[1184]、黄酮等。

182-1　**182-2**　**182-3**　**182-4**

182-5　**182-6**　**182-7**　**182-8** R=H　**182-9** R=CH₃

182-10

14.2.18 金钮扣属 Spilanthes

约 60 种，主要分布于美洲热带。我国有 2 种，分布于华南、西南及台湾。原产巴西的桂圆菊 Spilanthes oleracea，在世界许多地区作为传统药草、食品被使用。热带、亚热带地区，用其花治疗牙痛；西非的马里用其花抗疟原虫和锥虫；印度将其叶和花止痛（麻醉牙痛、咽喉痛）、治疗口腔炎和杀虫等；斯里兰卡将其花做成酊剂，用于催涎、利尿、排结石；孟加拉国用全草抗菌、抗炎、止痛；巴西民间用其叶解酒；美国用作食品辅料。我国内药用研究甚少，主要将本品作为观赏植物[1185]。

14.2.18.1 不饱和烷基酰胺 olefinic and acetylenic alkamides

本属植物中既存在烯型又存在炔型烷基酰胺化合物，如从 *S. acmella* L. var. *oleracea* 的花头中分得 spilanthol（183-1）、(2*E*)-*N*-(2-methylbutyl)-2-undecene-8,10- diynamide（183-2）、(2*E*, 7*Z*)-*N*-isobutyl-2,7-tridecadiene-10, 12-diynamide（183-3）和(7*Z*)-*N*-isobutyl-7-tridecene-10,12-diynamide（183-4）[1186]。另外，本类成分还在春黄菊族植物中也较为普遍地存在。

14.2.18.2 挥发油

（1）分别采用水蒸气蒸馏-溶剂萃取法（SDE）与超临界萃取法（SFE）提取 *S. americana* 花、叶和茎的挥发油，再采用气相-火焰离子检测器、氮磷检测器及质谱检测器进行成分分析。结果是提取方法和植物不同部位影响提取物的组成。

① SFE 茎提取物中以倍半萜成分最为丰富（>40%）（α-和β-bisabolenes、caryophyllene 和 cadinenes），而叶和花以氮源成分最为丰富（分别是 43%和 27%）以及氧化的成分（分别是 36%和 23%）。其中，发现的氮源成分是 *N*-(isobutyl)-2*E*,6*Z*,8*E*-decatrienamide、*N*-(2-methylbutyl)-2*E*,6*Z*,8*E*-decatrienamide、*N*-(isobutyl)-6*Z*,8*E*- decadienamide 和 *N*-(2-phenylethyl)-2*E*,6*Z*,8*E*-decatrienamide。

② SDE 茎、叶和花含倍半萜成分分别为 32%、28%和 20%，以及比 SFE 提取稍高一点的氧化成分（分别为 28%、52%和 32%）及单萜（27%、10%和 42%）。仅只有在 SDE 提取物中用氮磷检测器检测出痕量的氮源成分。SFE 是对倍半萜、高分子量烃（C 原子数>20）和氮源成分的分离具选择性与高效性[1187]。

（2）印度南部的 *S. acmella* 新鲜植物挥发油的主要成分是(*E*)-2-hexenol（25.7%）、2-tridecanone（13.1%）、germacrene D（11.1%）、hexanol（11.0%）、β-caryophyllene（10.8%）和(*Z*)-3-hexenol（5.1%）[1188]。

14.2.18.3 生物碱

从 *S. calva* 甲醇提取物中还分得生物碱化合物，如 [4-(benzylamino)-7*H*-cyclopenta [d]pyrimidin-7-yl]-5-(hydroxymethyl) tetrahydrofuran-3,4-diol（183-5）、8-hydroxy-1,1-dimethyl-3-oxo-1,3,4,5-tetrahydro-2,4-benzoxipine-5-carboxylic acid（183-6）、7-(dimethylamino)-4-methyl-2-*H*-chrome-en-2-one（183-7）、4-methyl-1-propyl-1*H* pyrrollo [2,3-c]pyridine-5,7 (4*H*,6*H*)-dione（183-8）和 3,4-dihydro [1,4]oxazino [4,3,b] [1,2]benxoxazol-1 (10b *H*)-one（183-9）[1189]。

14.2.18.4 倍半萜

从 *P. leiocarpa* 的地上部分分得三环类、石竹烷、榄烷及桉烷倍半萜，即β-isocomene、caryophyllen-l,10-epoxlde、alantolactone、onoseriolide、callitrin[1190]等。

308

14.2.18.5 其 他

三萜、黄酮、甾醇、咖啡奎宁酸衍生物等。

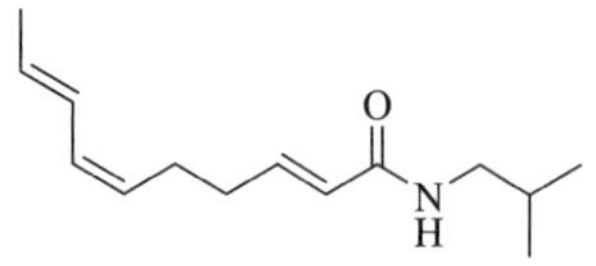

183-1 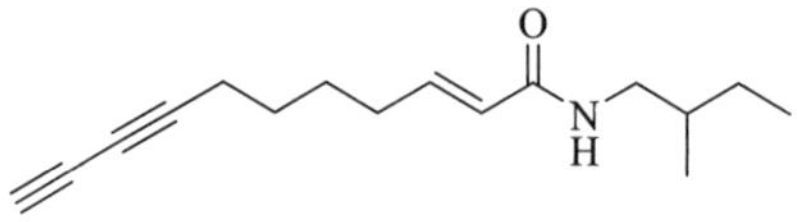 **183-2**

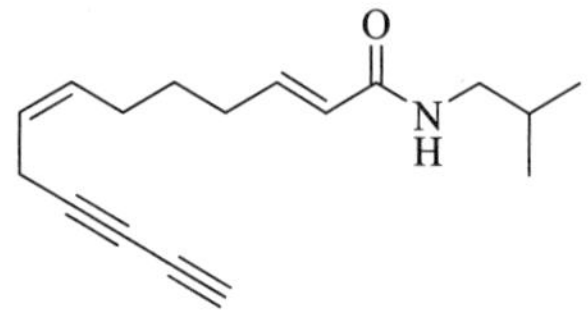

183-3 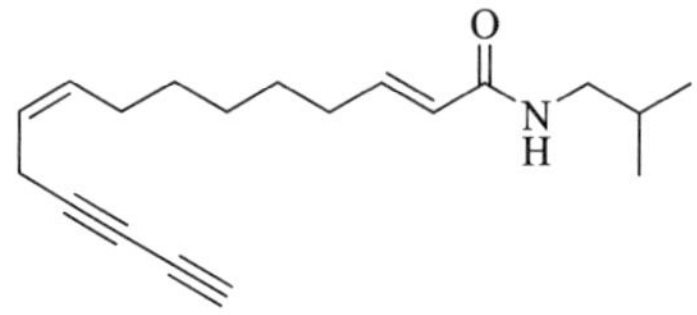 **183-4** 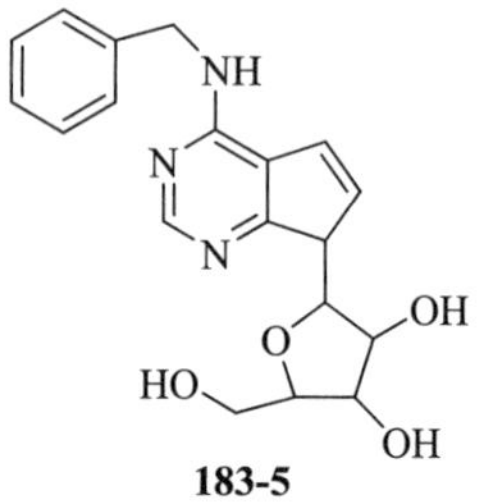 **183-5**

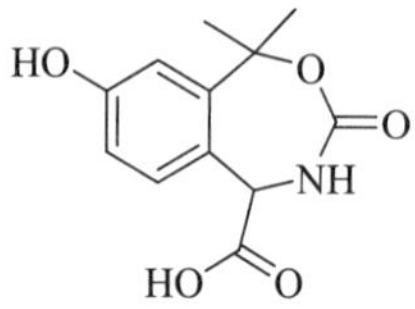

183-6 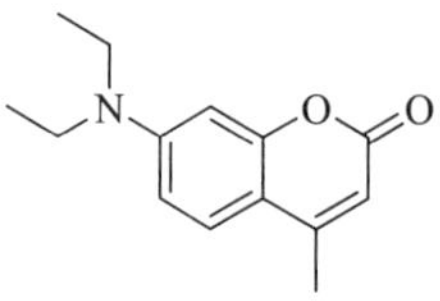 **183-7** 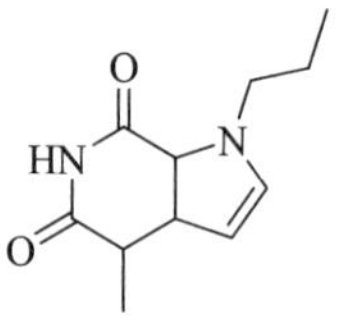 **183-8** 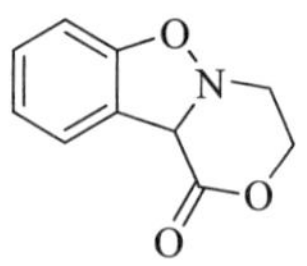 **183-9**

14.2.19 金腰箭属 *Synedrella*

约 50 种，产于美洲、非洲热带，其中一种广布于全世界热带和亚热带地区。我国仅 1 种，金腰箭 *Synedrella nodiflora*，产于东南至西南各省区。金腰箭 *S. nodiflora* 具清热解暑、凉血散血功能，主治癍痧大热、感冒发热，外敷治疮疡疔毒，广西省民间广泛用于治疗疮疡肿毒[1191]。

采用 UHPLC-HRMS 方法，对 *S. nodiflora* 的提取物进行成分鉴定，共鉴定出 60 个化合物，即 1 个羧酸（quinic acid）、30 个酚酸、4 个黄酮、7 个苯基乙醇苷、6 个三萜皂苷、9 个脂肪酸和 3 个倍半萜成分。其中倍半萜类成分被鉴定为 parthenolide、artemisinic acid 和 costunolide[1192]。

从金腰箭 *Synedrella nodiflora* 中分得的化学成分只有 2 个三萜皂苷、3 个甾体化合物和 1 个甾体皂苷，它们分别为：齐墩果酸-3-*O*-β-D-吡喃葡萄糖醛酸甲酯、金腰箭苷甲（齐墩果酸-3-*O*-β-D-吡喃木糖（1→4）-β-D-吡喃葡萄糖醛酸甲酯）、β-谷甾醇、豆甾醇、扶桑甾醇和豆甾醇-3-*O*-β-D-吡喃葡萄糖苷[1191]。

14.2.20 肿柄菊属 *Tithonia*

约 10 种，原产于美洲中部及墨西哥。我国引种 1 种，肿柄菊 *Tithonia diversifolia*，栽培于云南、广东等省。肿柄菊 *Tithonia diversifolia*，在传统上用作杀虫剂，因此，在农业上有较大的应用价值[1193]；在传统医药上也有应用，如在中、南美洲，将其用于体表疾病，如伤口愈合、骨-肌肉疾病、皮肤病和胃病等，口服则用于治疗糖尿病、抗疟、发烧、肝炎和感染疾病等[1194]。

14.2.20.1　倍半萜

本属植物以 3,10-环氧醚型吉马烷型，即 furanoheliangolide 型为最主要的倍半萜内酯类型，其他骨架类型还有杜松烷、愈创木烷、桉烷、苍耳烷、开环杜松烷、降碳的 β 紫罗兰酮等倍半萜内酯化合物。取代结构上，最典型的是 6,12-反式-8β-氧代，而且 8-位主要是 acetate、isobutyrate、methylbutyrate、isovalerate、angelate、epoxyangelate、sarracinate 的酯取代；其他少数化合物还具 8,12-内酯-6α-氧代、1,2-环醚、其他位置氧代、分子内双键等结构变化。

1. 吉马烷

主要是 germacrolides 和 heliangolides 型，而其中又以 3,10-环氧醚型，即 furanoheliangolide 型最为丰富。如从 *T. diversifolia* 中分得的吉马烷化合物 tagitinin C（185-1）、furanoheliangolide 型化合物 tagitinin F-3-*O*-methyl ether（185-2）。

2. 愈创木烷

本类型化合物较为少见，仅有几个愈创木烷及开环的愈创木烷化合物被分离得到，如从 *T. diversifolia* 中分得的 8β-isobutyryloxycumambranolide（185-3）。

3. 桉　烷

本类化合物在数量上，仅次于吉马烷型化合物，且主要为内酯型及少量的未内酯化的化合物，如从 *T. diversifolia* 中分得的 3β-acetoxy-8β-isobutyryloxyreynosin（185-4）；从 *T. diversifolia* 中分得一个骨架重排的未内酯化的桉烷型化合物 diversifolol（185-5）[1195]。

4. 杜松烷

本类化合物数量上也较少，有杜松烷型及开环杜松烷型，如开环化合物 2-formyl-4-hydroxy-4α-methyl-3-(3-oxobutyl)cyclohexaneacetic acid（185-6）[1196]及从 *T. diversifolia* 中分得的杜松烷型化合物：青蒿素的前体物质 artemisinic acid 的类似物 5-acetoxy-4,5-dihydro-4,10-dihydroxy-5-acetoxyartemisinate（185-7）[1197]。

5. 苍耳烷及降碳苍耳烷型化合物

还从 *T. diversifolia* 中分得苍耳烷及降碳苍耳烷型化合物，如二降苍耳烷化合物 diversifolide（185-8）[1198]。

14.2.20.2　挥发油

对本属多种植物的挥发油成分的研究报道较多，但其结果均大多不太一致，如巴西产的 *T. diversifolia* 的挥发油与非洲产的同植物挥发油的化学成分就有较大的差异。如有研究报道，巴西产的 *T. diversifolia* 的叶和头状花序挥发油的主要成分虽均为 α-pinene 和 β-pinene，但二者的成分还是有较大的差异[1199]。墨西哥产的本植物挥发油的主要成分是 α-pinene（13.7%）、limonene（7.6%）和 *cis*-chrysanthenol，而对于挥发油中的第二大类成分，即倍半萜成分来说，最主要的成分则是 spathulenol（3.5%）和 α-copaene（3.7%）[1200]。

14.2.20.3　生物碱

从 *T. diversifolia* 中还分得生物碱，如吲哚化合物 3-indolecarboxylic acid、苯骈噻唑化合物 2-mercaptobenzothiazole、尿嘧啶 uracil、harman-3-carboxylic acid（185-9）[1201]等。

14.2.20.4　其　他

咖啡酸酯化合物[1202, 1203]、色烯衍生物[1204]、蒽醌（tithoniquinone A[1205]，185-10）、异香豆素二聚体（tithoniamarin[1206]，185-11）、脑苷脂类化合物、黄酮、香豆素、二萜（无环链状与对映贝壳杉烷）、聚炔、苯丙素等[1207]。

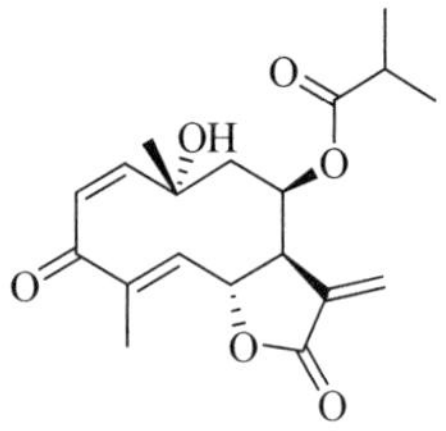

185-1 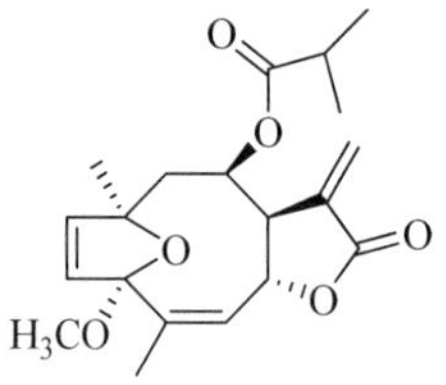　185-2 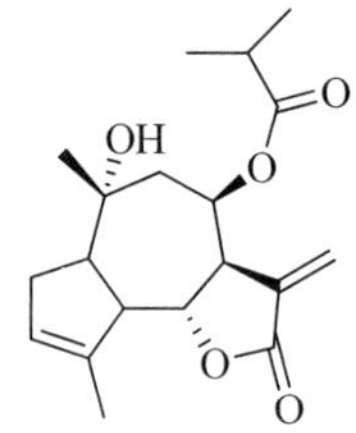　185-3 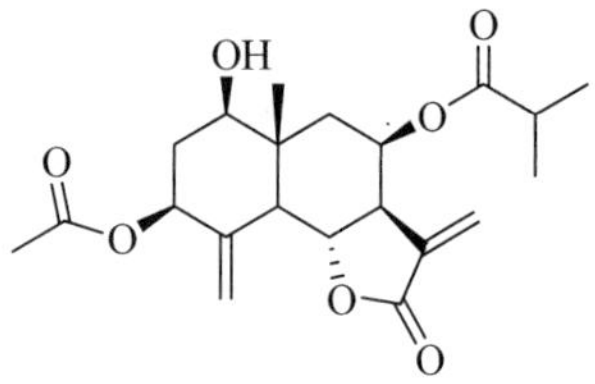　185-4

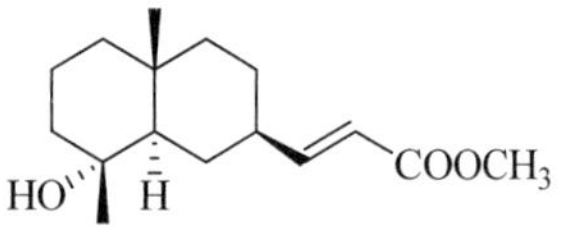

185-5 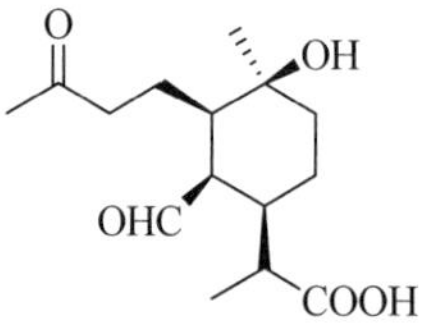　185-6 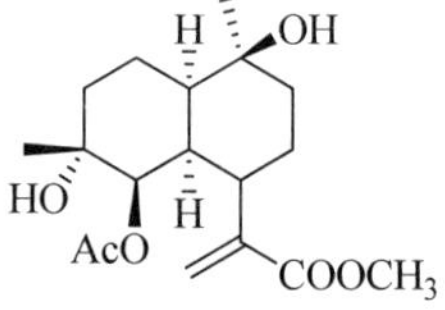　185-7 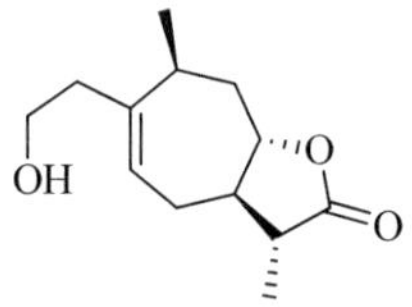　185-8

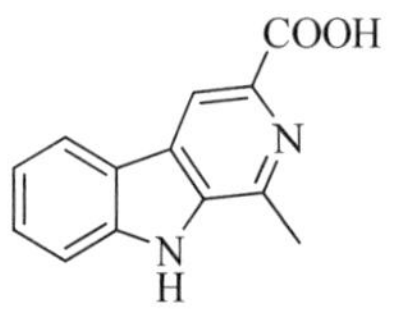

185-9 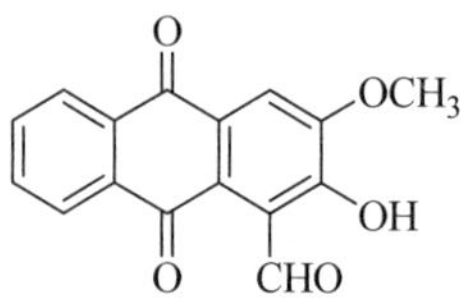　185-10 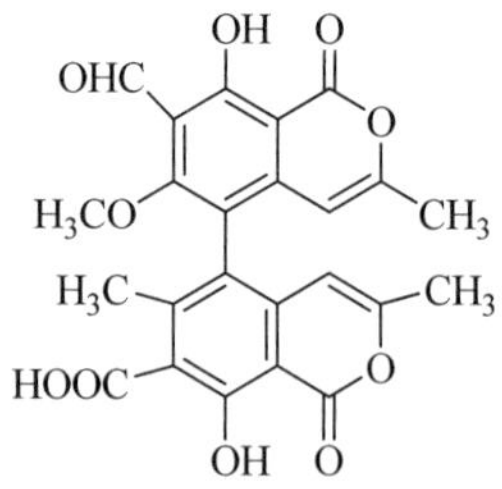　185-11

14.2.21　羽芒菊属 *Tridax*

约 26 种，分布于美洲热带及亚洲东南部。我国 1 种，羽芒菊 *Tridax procumbens*，产东南部及南部一些岛屿。羽芒菊 *T. procumbens* 植物在印度作为传统药物用于抗凝血、护发、抗真菌、驱虫、祛痰、腹泻、痢疾和伤口愈合[1208]。

当前的化学成分研究主要集中于羽芒菊 *T. procumbens* 植物，分离的主要成分是黄酮、聚炔等。而且，本种中倍半萜成分稀缺，仅从中分得 β-紫罗兰酮 ionone-type 型倍半萜[1209]（应是四萜胡萝卜素的降解产物）。

14.2.21.1　黄酮化合物

羽芒菊 T. procumbens 植物含丰富的黄酮化合物，而且研究显示它们具有抗菌[1210]、促进成骨细胞分化和骨形成的作用[1211]。分得的单体化合物有：3,6-dimethoxy-5,7,2′,3′,4′-pentahydroxyflavone 7-O-β-D-glucopyranoside[1208]、 5,7,4′-trihydroxy-6,3′-dimethoxyflavone 5-O-α-L-rhamnopyranoside[1212]、apigenin、quercetin 和 kaempferol[1210]等。

14.2.21.2　聚炔化合物

羽芒菊 T. procumbens 植物含较为多样的聚炔类化合物，如具有抗利什曼原虫 Leishmania mexicana 活性的化合物(3S)-16,17-didehydrofalcarinol（186-1）。另外，本种还含有双噻吩聚炔化合物的二聚体，如 tridbisbithiophene（186-2）[1213]。

14.2.21.3　挥发油

羽芒菊 T. procumbens 挥发油的主要成分是(Z)-falcarinol（25.9%）、α-selinene（15.3%）、limonene（8.3%）和 zerumbone（4.3%），而且该挥发油具有对革兰氏阳性菌、革兰氏阴性菌及真菌的抗菌活性[1214]。

14.2.21.4　三　萜

成分有：taraxasteryl acetate、β-amyrenone、lupeol 和 oleanolic acid[1213]等。

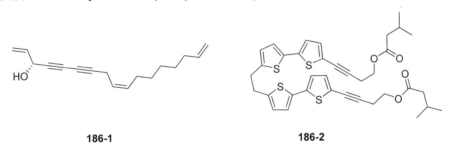

186-1　　　　　　　　**186-2**

14.2.22　蟛蜞菊属 Wedelia

约 60 余种，分布于全世界热带和亚热带地区。中国有 5 种，产于东南至西南各省区。W. chinensis 是一个著名的印度阿育吠陀传统药物，用于肝保护、黄疸、腹泻、咳嗽、白喉、百日咳等疾病的治疗[1215]。

14.2.22.1　挥发油

W. trilobata 的新鲜叶中的挥发油成分主要是单萜、倍半萜、二萜与三萜类成分，其中主要的倍半萜是 germacrene D（11.12%）、γ-elemene（9.60%）、δ-cadinene（3.68%）和 α-humulene（3.46%），而主要的单萜类成分是：limonene（17.94%）、β-phellandrene（14.15%）和 α-phellandrene（6.33%）[1216]。

14.2.22.2　二 萜

对映贝壳杉烷型二萜类成分是本属植物的主要化学成分主要类型，除此之外，还分得两个少见的 ent-beyerenes 型二萜化合物，如从 *W. calycina* 中分得的本类化合物 beyer-15-en-19-oic acid（187-1）[1217]。

14.2.22.3　倍半萜

本属植物分离的倍半萜类成分较少，至今分得的倍半萜骨架有伪愈创木烷、桉烷，以及一些稀有的类型，如三环类 isocomnene、7αH-silphiperfol-5-ene 型化合物、石竹烷、吉马烷、双环吉马烷、蛇麻烷[1217]。其中的桉烷型-δ内酯化合物 wedelolide G（187-2）和 wedelolide H（187-3）还具有显著的抗疟活性，其 IC_{50} 值分别为 3.42 和 5.96 mmol/L[1218]。

14.2.22.4　苯基呋喃香豆素 coumaranocoumarin 型化合物

从 *W. calendulaceae* 中最先分得的本类化合物是蟛蜞菊内酯 wedelolactone（173-5），其后，又从本属分得多个本类成分，如去甲蟛蜞菊内酯 norwedelolactone（173-6），norwedelic acid（187-4）[1219]。此类成分为本属植物的特征性成分，此类化合物可看作是一个香豆素与一个苯环衍生物稠合形成一个苯基呋喃结构的二聚体化合物[1219]。

14.2.22.5　其 他

噻吩聚炔、黄酮、三萜皂苷、甾醇等。

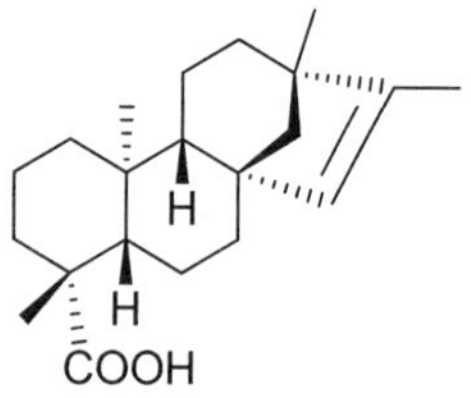

187-1

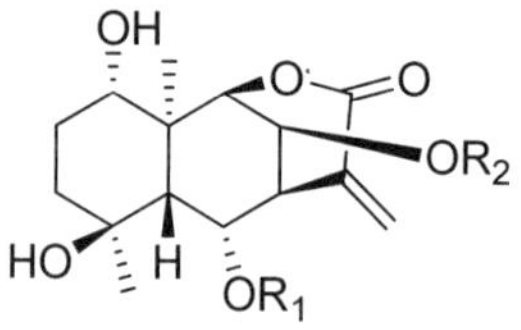

187-2　R₁=R₂=isobutyroyl
187-3　R₁=isobutyroyl　R₂=methacryloyl

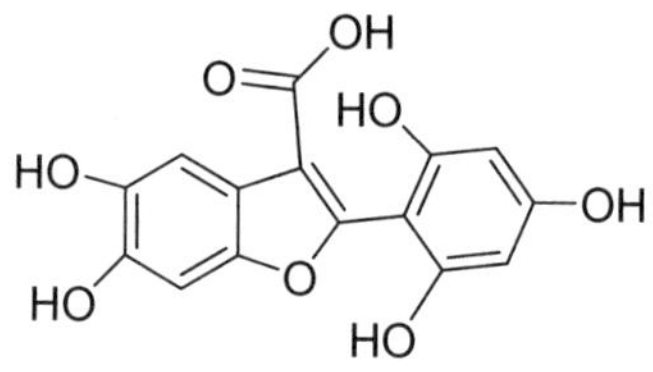

187-4

14.2.23　苍耳属 *Xanthium*

本属约有 25 种，主要分布于美洲的北部和中部、欧洲、亚洲及非洲北部。我国有 3 种及 1 变种，都隶属于苍耳组 Sect. Xanthium 的直喙亚组 Subsect. Orthorrhyncha Wallroth。常用中药苍耳子为苍耳 *Xanthium strumarium* 的干燥成熟带总苞的种子，味苦、甘、辛，性温。发散风寒，通鼻窍，祛风湿，止痛。用于风寒感冒，鼻渊，风湿痹痛，风疹瘙痒等证。

14.2.23.1　倍半萜

本属富含倍半萜内酯化合物，主要的骨架类型为苍耳烷型，其他还有愈创木烷型，伪愈创木烷型、裂环桉烷型、榄烷型等。其中，研究还揭示苍耳烷型化合物 xanthatin（188-1）具有抗肿瘤、抗炎、杀虫、抗菌等生物活性[1045, 1046]。

14.2.23.2 噻嗪类

至今，十余个噻嗪类成分从苍耳 *X. strumarium* 中被分离得到，如(+)-和(−)-xanthiazinone B（188-2、188-3）。通过抗炎、细胞毒活性研究，筛选出(+)-xanthiazinone B 具有有效的抗炎活性，而无细胞毒活性[1220]。

14.2.23.3 二萜（毒性化合物）

研究揭示本品的毒性化合物是其中的对映贝壳杉烷型二萜类成分：atractyloside（188-4）和 carboxyatractyloside（188-5），而且高温处理苍耳子，使高毒性化合物 carboxyatractyloside 的含量降低，而使低毒性的 atractyloside 含量增加，揭示了苍耳子炒制的减毒机制[1046]。

14.2.23.4 倍半新木脂素

从苍耳子中分得一对对映异构的螺二烯酮倍半新木脂素化合物(±)-sibiricumin A（188-6、188-7）[1221]。

14.2.23.5 其　他

还从本属植物中分得三萜、苯丙素、香豆素、木脂素、黄酮、蒽醌、萘醌等化合物[1045]。

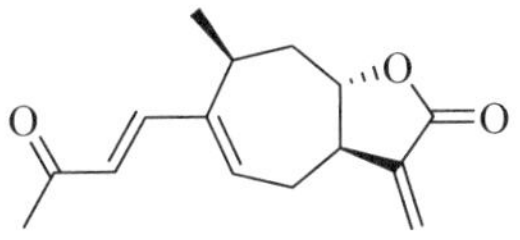

188-1

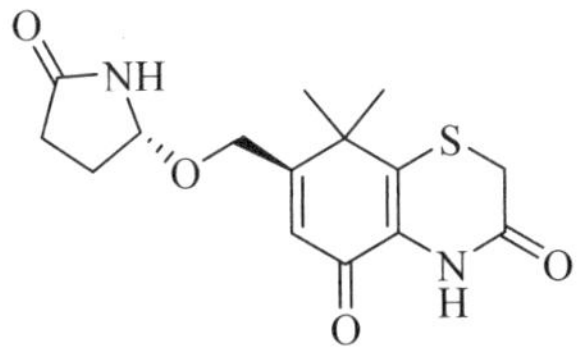

(+)xanthiazinone B, **188-2**

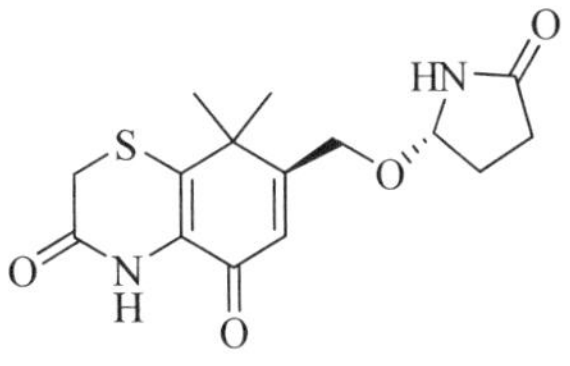

(-)xanthiazinone B, **188-3**

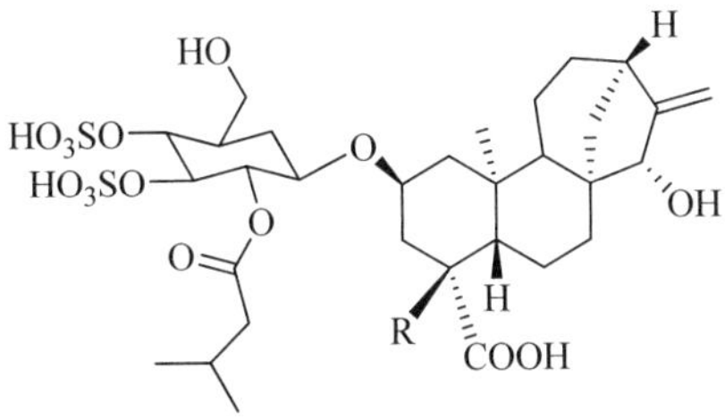

188-4 R=H
188-5 R=COOH

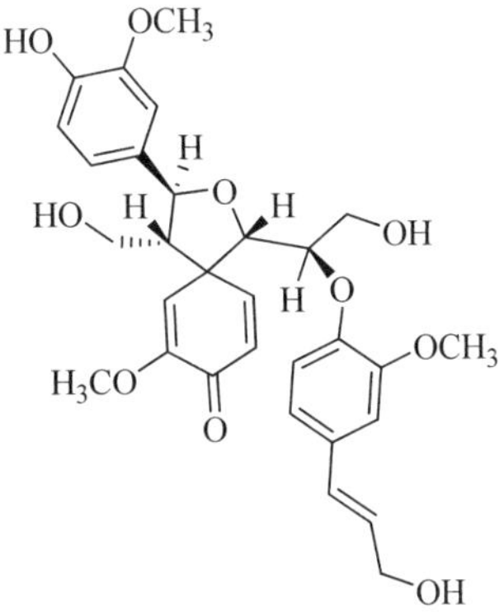

(+)-sibiricumin A, **188-6**

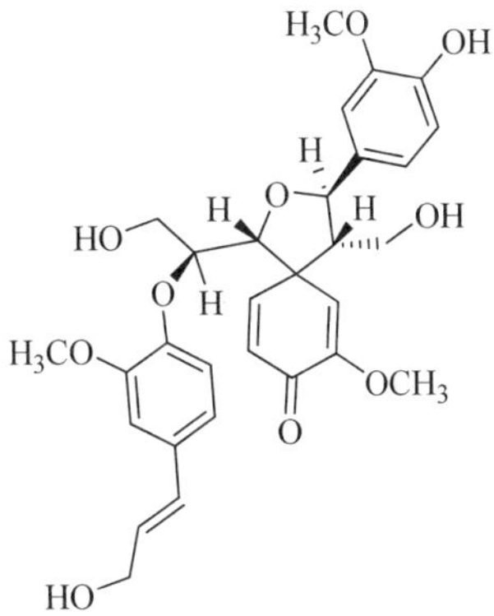

(-)-sibiricumin A, **188-7**

14.2.24 百日菊属 *Zinnia*

本属约有 17 种，主要分布于墨西哥。在我国栽培的有 3 种。

本属植物的倍半萜以榄烷型骨架，且以具α-亚甲基-γ-内酯、高氧化度、多取代为特征，其化合物的骨架及取代基模式见下[1222]。另外，还分得少量的、不常见的榄烷型-δ-内酯结构的倍半萜化合物，如从 *Z. grandiflora* 中分得的 zinagrandinolides A-C (189-1 ~ 189-3)，而且分得的化合物具有有效的对四个肿瘤细胞系的毒性作用，其 IC_{50} 值在 0.21 ~ 0.97 μmol/L[1223]。

除此之外，还分得吉马烷型、愈创木烷、桉烷倍半萜内酯化合物[1223]。

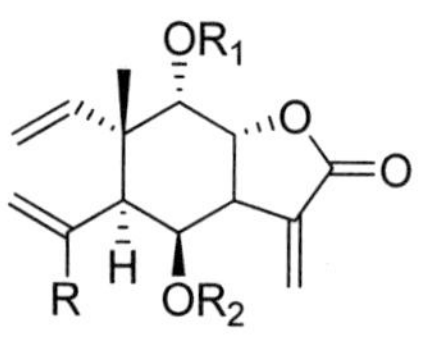

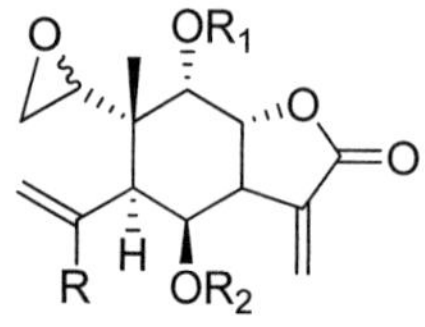

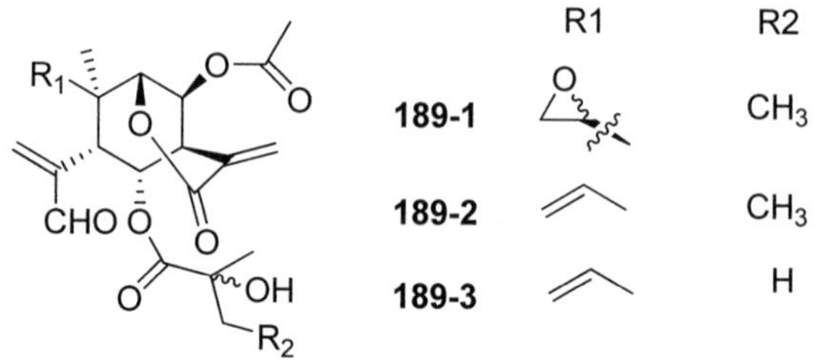

15 菊苣族 Lactuceae

菊苣族（Cichorieae 或 Lactuceae）全族约 100 属，1500 余种，主要分布于欧亚大陆，密集中心在地中海地区。我国有 42 属，其中多个属，如紫菊属 *Notoseris*、花佩菊属 *Faberia*、厚喙菊属 *Dubyaea*、毛鳞菊属 *Chaetoseris*、细莴苣属 *Stenoseris*、雀苣属 *Scariola*、合头菊属 *Syncalathium* 为我国的特有属。

本族植物中包含了许多药用与蔬菜植物，如菊苣 *Cichorium* (chicory)、莴苣 *Lactuca* (lettuce)、雅葱 *Scorzonera* (black salsify)、蒲公英 *Taraxacum* (dandelion)和婆罗门参 *Tragopogon* (salsify)。至今，对这些兼有药用与食用价值种的化学成分研究较多，但还有一些属种却至今都没有被研究过，还是研究的空白。

按传统划分的全部 5 个亚族中，我国有 4 个亚族，即菊苣亚族（Subtrib.Hyoseridinae Less.）、鸦葱亚族（Subtrib. Scorzonerinae Dum.）、猫儿菊亚族（Subtrib. Hypochaerinae Less.）和莴苣亚族（Subtrib. Lactucinae Less.）。

15.1 化学成分的多样性

本族植物中的倍半萜内酯化合物最为典型与丰富，也被认为是分类标志物。至 2018 年，从本族植物中分离的倍半萜内酯或它的前体倍半萜酸共有 475 个，但发现含有倍半萜类成分的属种仅有 30 个属 157 种[1224]。

至 2018 年，本族分得的桉烷倍半萜有 97 个，吉马烷有 52 个，愈创木烷有 326 个，即本族植物以愈创木烷、吉马烷及桉烷倍半萜内酯及其 β-D-吡喃葡萄糖苷化合物为特征。其中，愈创木烷又为最主要的骨架类型，而且按其结构特点，又可分为以下三个主要的结构亚型：costus-type（分子内无环内双键，117 个化合物）、hieracin type（分子内仅一个环内双键，42 个化合物）和 lactucin-type（103 个化合物）。

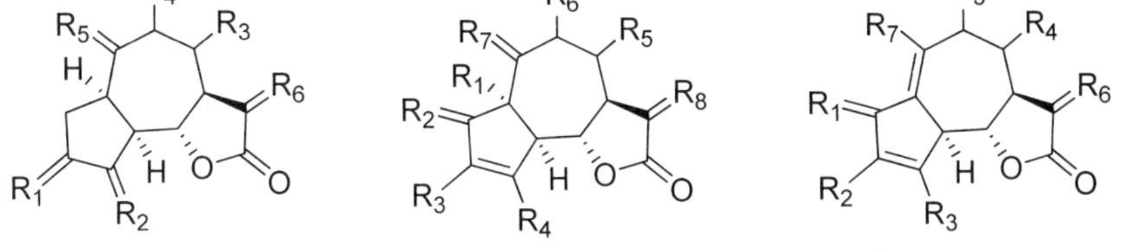

Costus-type　　hieracin type　　lactucin-type

另外，在菊科，尤其是菊苣族植物中还含倍半萜硫酸盐化合物、在雅葱属 *Scorzonera* 中还含倍半萜吡咯、吡啶内盐倍半萜生物碱，二苯乙烯型 stilbenoids 化合物，显示出本族植物的化学多样性，以及本族植物的进化不等性。

　　本族植物中的倍半萜骨架类型均为较原始的吉马烷、愈创木烷及桉烷，而更加进化的类型很少（除猫儿菊属外），所以可以认为本族植物是一类较为原始的族。同时，舌状花亚科与管状花亚科植物均普遍具有倍半萜内酯化合物，因此，打破传统的二亚科分类方式是合理的。

　　本族植物另一类代表性化合物就是三萜类化合物，其代表为乌苏型的蒲公英甾醇三萜，其他还有许多五环三萜与四环三萜，而且其中还不乏骨架结构新颖的化合物（表 15-1）。

表 15-1　菊苣族植物中的倍半萜骨架类型

属名	愈创木烷	桉烷	吉马烷	其他
粉苞菊属 Chondrilla	+	−	−	
岩参属 Cicerbita	+	−	−	
菊苣属 Cichorium	+	+	+	大柱香菠萝烷型（β-紫罗兰酮型）
假还阳参属 Crepidiastrum	+	−	−	
还阳参属 Crepis	+	+	+	
山柳菊属 Hieracium	+	+	+	
猫儿菊属 Hypochaeris	+	+	+	伪愈创木烷、cubebene 型
小苦荬属 Ixeridium	+	−	+	艾莫里酚烷
苦荬菜属 Ixeris	+	−	+	大柱香菠萝烷型（β-紫罗兰酮型）
蝎尾菊属 Koelpinia	−	−	−	
莴苣属 Lactuca	+	+	+	
稻槎菜属 Lapsana	+	−	−	
栓果菊属 Launaea	+	−	+	
乳苣属 Mulgedium	+	−	+	
紫菊属 Notoseris	+	−	+	
黄瓜菜属 Paraixeris	+	+	−	
毛连菜属 Picris	+	+	+	大柱香菠萝烷型（β-紫罗兰酮型）
福王草属 Prenanthes	+	−	−	
翅果菊属 Pterocypsela	+	−	+	
雀苣属 Scariola	+	−	−	大柱香菠萝烷型（β-紫罗兰酮型）
鸦葱属 Scorzonera	+	−	−	没药烷
苦苣菜属 Sonchus	+	+	−	大柱香菠萝烷型（β-紫罗兰酮型）
绢毛苣属 Soroseris	+	−	−	
蒲公英属 Taraxacum	+	+	+	
婆罗门参属 Tragopogon	−	−	−	
黄鹌菜属 Youngia	+	+	+	大柱香菠萝烷型（β-紫罗兰酮型）

　　另外，本族植物普遍不含二萜与聚炔化合物，此与处于菊科基部地位的刺菊木亚科植物

类同，也揭示了本族植物的进化原始性。

15.2 本族植物的传统应用与药效物质

本族最重要的中药就是蒲公英，它不仅是我国的传统中药，而且是世界传统药物，具有广泛的临床应用与食用价值。其他还有如莴苣等为常用的蔬菜品种，在世界各国广泛栽培与食用。

15.2.1 头嘴菊属 *Cephalorrhynchus*

约 10 种，主要分布于俄罗斯、哈萨克斯坦、乌兹别克斯坦、伊朗、阿富汗、土耳其及高加索地区。中国已知有 3 种。

至今仍无该属植物的化学成分研究报道。

15.2.2 毛鳞菊属 *Chaetoseris*

本属有 18 种，分布于中国西南部至印度、不丹、尼泊尔。本属与主要分布于中亚及高加索的 *Cephalorrhynchus* Boiss.接近，区别就在于本属的瘦果边缘加宽加厚。中国产 18 种。

至今仍无该属植物的化学成分研究报道。

15.2.3 粉苞菊属 *Chondrilla*

本属约 30 种，主要分布于中亚、北亚和欧洲。我国有 9 种，主要分布于新疆。粉苞苣 *Chondrilla piptocoma* 植物，具耐旱、抗寒、抗盐碱、保水等特性，是荒漠地区种群植物之一，是新疆主要的饲用植物[1225]。

当前，对本属植物的药效物质研究较为薄弱，从中分得了黄酮、倍半萜内酯、三萜等化合物。

15.2.3.1 倍半萜内酯

从 *C. juncea* 中分得一个愈创木烷倍半萜内酯苷类化合物 ixerin F（192-1），其仅分布于本族植物中的一些属植物中，如 *Crepis*、*Ixeris*、*Lactuca*、*Picris*、*Mycelis*、*Hypochaeris* 等属，因此，本化合物具有分类学的意义[1226]。

15.2.3.2 黄酮等酚酸类成分

从粉苞苣 *C. piptocoma* 植物中分得四个黄酮化合物，5,7,3′,4′-四羟基黄酮、5,7,4′-三羟基-3′-甲氧基黄酮、5,3′,4′-三羟基黄酮-7-*O*-*β*-D-葡萄糖苷和 5,7,4′-三羟基黄酮[1225]。

从 *C. juncea* 中分得黄酮、咖啡酸衍生物及香豆素类成分，黄酮是：luteolin、luteolin-7-glucoside、luteolin-7-galacto-sylglucuronide、quercetin-3-galactoside；酚酸类是

protocatechuic, caffeic, chlorogenic, isochlorogenic 和 isoferulic；香豆素类成分是 cichoriin 和 aesculetin[1227]。

15.2.3.3 挥发油

经 GC-MS 鉴定，粉苞苣 *Chondrilla piptocoma* 挥发油的主要化学成分为：2-甲氧基-4-乙烯苯酚（15.13%）、苯乙醛（7.03%）、2-正辛基邻苯二甲酸二丁酯（6.89%）、二丁基酯戊二酸（6.85%）等[1228]。

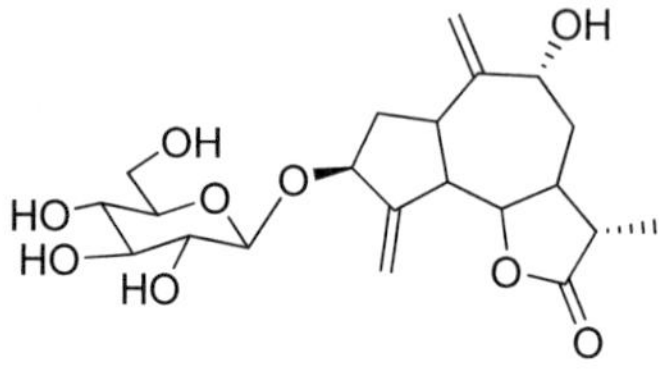

192-1

15.2.4 沙苦荬属 *Chorisis*

本属为单种属，沙苦卖菜 *Chorisis repens*，分布于俄罗斯远东地区、日本、朝鲜与我国。至今仍无该属植物的化学成分研究报道。

15.2.5 岩参属 *Cicerbita*

约 35 种，分布于欧洲、中亚、西南亚和喜马拉雅山区。我国有 4 种。

对该属植物的化学成分研究报道尽管较为缺乏，但分离报道的化学成分有特征的 lactucin-like 的愈创木烷型倍半萜化合物，如：从 *C. alpina* 中分得多个愈创木烷 lactucin-like 的倍半萜化合物，如 11β,13-dihydrolactucin、8-acetyl-lactucin、8-acetyl-11β,13-dihydrolactucin、lactucin 及苦味的具昆虫拒食活性的成分 8-O-acetyl- 15-β-D-glucopyranosyllactucin（194-1 ）[1229, 1230]。

另外，还分得具有抗氧化活性的咖啡酸衍生物[1230]及呋喃香豆素类成分，imperatorin（194-2）、isoimperatorin（194-3）、oxypeucedanin 和 ostruthol [1028]。

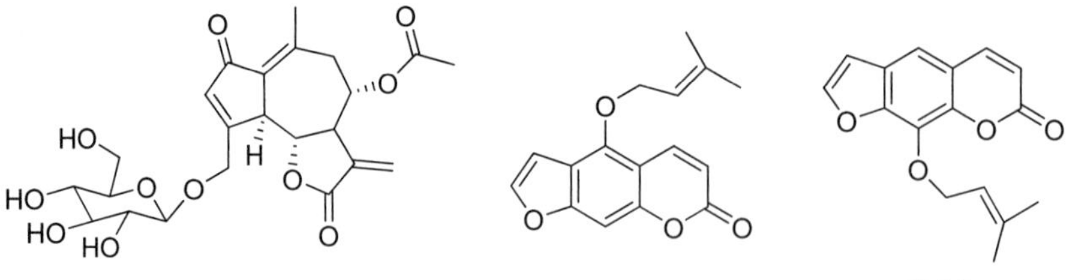

194-1   **194-2**   **194-3**

15.2.6 菊苣属 *Cichorium*

约 6 种，分布于欧洲、亚洲、北非，主要分布于地中海地区和西南亚。我国有 3 种。菊苣 *Cichorii* Herba 为菊科植物菊苣 *Cichorium intybus* L. 及毛菊苣 *Cichorium glandulosum* Boiss. Et Hout 的干燥地上部分或根，是维吾尔族习用药材，其性味微苦、咸、凉，具有清肝利胆、健胃消食、利尿消肿之功效，用于治疗湿热黄疸、胃痛食少、水肿尿少等病症[1231]。当前对菊苣的研究主要集中于它的化学成分及其降尿酸作用。目前，从本属植物中分得的化学成分主要是 inulin 型菊糖、倍半萜、三萜、黄酮等成分。

15.2.6.1　菊　糖

菊苣多糖主要成分是一类结构相似的果聚糖（inulin 型菊糖），这类果聚糖是由果糖残基（F）之间以 β-2，1-糖苷键连接且末端连有一个葡萄糖残基（G）的直链多糖，结构式是 G-1,(2-F-1)$_{n-1}$,2-F，简写为 GF$_n$。此外，菊苣多糖还含有少量的另一类果聚糖（inulonose），即末端没有连 G 的果聚糖，结构式是 F-1,(2-F-1)$_{n-1}$,2-F，简写为 F$_m$。药效研究表明其具有显著的降血糖、降血脂、抗氧化、抗肿瘤和提高免疫力的作用[1232]。

15.2.6.2　倍半萜

从本属植物中分得的倍半萜类成分的骨架类型为愈创木烷、桉烷和吉马烷，其中 lactucin-like 型愈创木烷倍半萜，具有分类学的意义。另外，本属还含大柱香波萝烷型（β-紫罗兰酮型）降倍半萜化合物 megastigmane-type norisoprenoids[1233]。如：

（1）从 *C. intybus* 中分得的愈创木烷型倍半萜内酯化合物 lactucin（195-1）[1234]；从 *C. glandulosum* 中分得的 8-*O*-methylsenecioylaustricin（195-2），而且它们大多具有有效的细胞毒活性[1235]。

（2）从本属中分得的桉烷型化合物，也具有一定的结构特征，即具 C$_4$/C$_5$ 双键及 C-1 位羟基结构，如 magnolialide（195-3）[1234]。

15.2.6.3　其　他

还从本属分得黄酮、香豆素、花色素等酚类成分，以及三萜、甾体等。

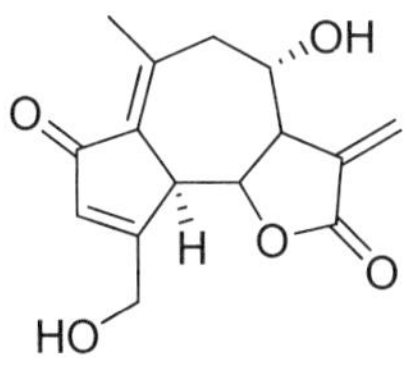

195-1 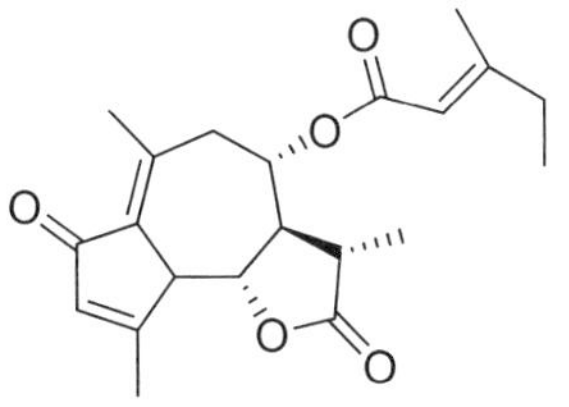　　　　　　**195-2** 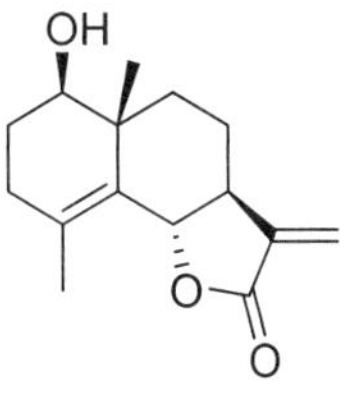　　　　　　**195-3**

15.2.7　假还阳参属 *Crepidiastrum*

在我国台湾有 2 种及 2 变型，假还阳参 *C. lanceolatum* 和台湾假还阳参 *C. taiwanianum*。在日本，假还阳参 *C. lanceolatum* 作为传统药物，用于阿米巴性结肠炎、结肠炎、发烧和肿胀。

15.2.7.1　倍半萜

从本属植物中分得的倍半萜化合物全部是愈创木烷型倍半萜苷元及其苷类化合物，如从

C. lanceolatum 中分得的 lanceocrepidiasides A-B（196-1、196-2）、crepidialanceosides A 和 B、youngiaside D、youngiaside A[1236]；从 *C. keiskeanum* 中分得的 crepidiasides A-E[1237]。

15.2.7.2 其他酚酸类成分

从本属分得的化合物是菊苣酸 chicoric acid（95）、绿原酸、咖啡酸、羟基桂皮酸等酚酸类成分，如 *C. denticulatum* 中含羟基桂皮酸类成分，它们是咖啡酸、绿原酸 chlorogenic acid、菊苣酸 chicoric acid、luteolin-7-*O*-glucuronide 和 3,5-二咖啡酰奎宁酸[1238]。

菊苣酸 chicoric acid 主要存在于菊苣 chicory（*Cichorium intybus*）植物的根中。现代研究，它具有抗病毒、抗氧化、抗炎、肥胖的预防及神经保护等作用[1239]。另外，体内、体外研究显示具有对青光眼小鼠神经保护作用的 *C. denticulatum* 提取物中的活性成分是菊苣酸和 3,5-二咖啡酰奎宁酸[1240]。

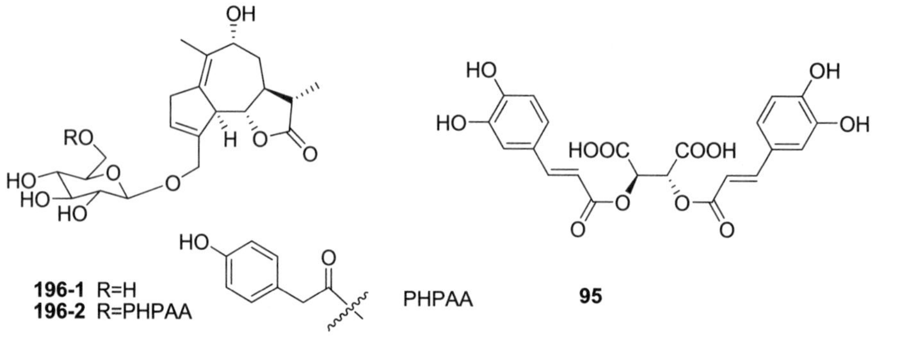

196-1 R=H
196-2 R=PHPAA
PHPAA
95

15.2.8 还阳参属 *Crepis*

全属共 200 余种，广布欧、亚、非及北美大陆。我国有 22 种。据报道，本属植物中有 8 种有药用价值，如：① 中药还阳参 *C. crocea*，味苦，性微寒，具有益气、止咳平喘、清热降火之功效，主要用于治疗慢性支气管炎、肺结核等疾病[1241]。② 芜菁还阳参 *C. napifera* 有滋阴润肺、止肺热咳嗽；除虚痨发烧；攻疮毒、利小便、止咳血等功效。云南彝族、白族、纳西族等少数民族广泛用其治疗食积腹胀、胃肠绞痛、泻痢等疾病[1242]。③ 万丈深 *C. phoenix* 有祛风散寒、消炎解毒的作用，用于治疗感冒、上呼吸道感染、支气管炎等[1243]。

15.2.8.1 倍半萜内酯

本属中的倍半萜内酯及其苷类化合物较为丰富，从中分离得的骨架类型以愈创木烷型为主，少量的为桉烷与吉马烷型。如从 *C. aurea* 中分得的愈创木烷型倍半萜 8-*epi*-deacylcynaropicrin（197-1）等化合物[1244]；从 *C. tectorum* 中分得一个 8-epidesacylcynaropicrin 葡萄糖苷型的愈创木烷倍半萜 tectoroside（197-2）[1245]；从 *C. incana* 中不仅分得愈创木烷型倍半萜，而且还分得吉马烷型倍半萜化合物 taraxinic acid（197-3）和它的 1'-*O*-β-D-吡喃葡萄糖酯[1246]；从 *C. pygmaea* 中还发现降桉烷型倍半萜化合物，1,2-4,5-tetrahydro-11-nor-11-hydroxy-$\Delta^{7,11}$-santonin（197-4）[1247] 和 4,5-dihydro-11-nor-11-hydroxy-$\Delta^{7,11}$-santonin（197-5）[1248]。

15.2.8.2 脂肪酸

从 *C. conyzaefolia* 的种子油中还分得含量为 3%的大环内酯型的(−)-threo-12,13-二氢油酸化合物，(−)-(*S,S*)-12-hydroxy-13-octadec-*cis*-9-enolide，以及 4 个环氧脂肪酸成分[1249]。

15.2.8.3 挥发油

在草甸还阳参 *C. pratensis* 超临界流体萃取物中，通过 GC-MS 鉴定出的含量最高的成分是 linoleic（21.2%），其次是 perhydrofarnesylaceton（15.2%），而它对副伤寒沙门氏菌、铜绿假单胞菌、蜡样芽孢杆菌有抑制作用，对铜绿假单胞菌的抗性最强[1250]。

15.2.8.4 其 他

从本属还分得黄酮、咖啡酰基奎宁酸等酚酸类成分及三萜与甾醇。

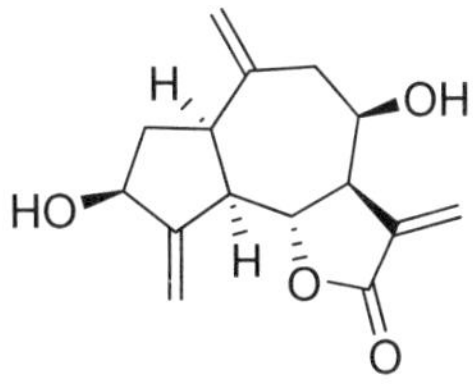

197-1 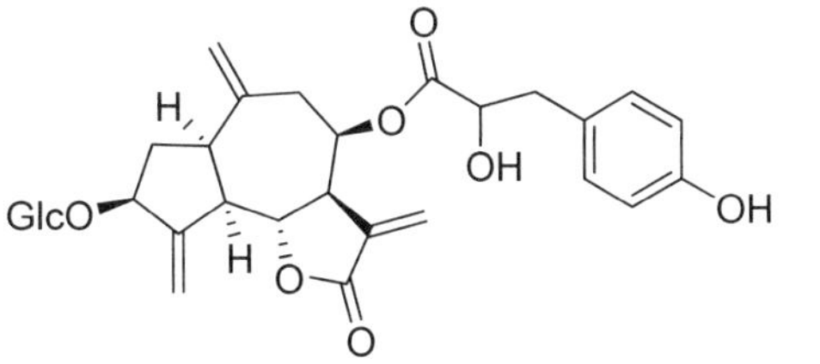　　　　**197-2** 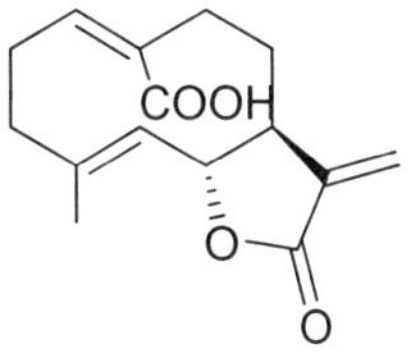　　　　**197-3**

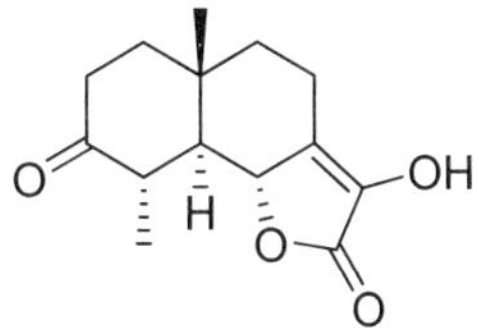

197-4 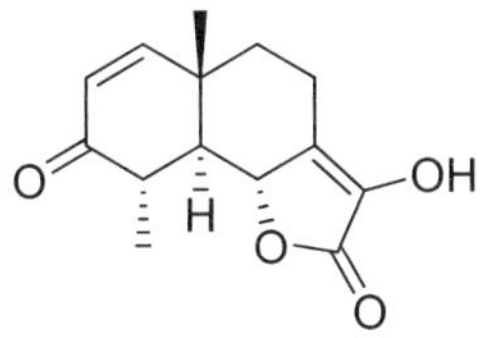　　　　**197-5**

15.2.9 厚喙菊属 *Dubyaea*

本属约 15 种，集中分布于我国西南地区和尼泊尔、印度北部、不丹。

至今，仍无对本属的化学成分研究报道。

15.2.10 鼠毛菊属 *Epilasia*

本属 3~4 种。我国新疆有 2 种。

至今，仍无对本属的化学成分研究报道。

15.2.11 花佩菊属 *Faberia*

分布于我国云南、四川、贵州。根据文献记录，我国有 7 种，现知 4 种。

至今，仍无对本属的化学成分研究报道。

322

15.2.12　小疮菊属 *Garhadiolus*

约 5 种，分布于西亚、中亚、中东，伊朗、巴基斯坦和中国。我国 1 种，分布于新疆。
至今，仍无对本属的化学成分研究报道。

15.2.13　异喙菊属 *Heteracia*

单种属，分布于西亚及俄罗斯（欧洲部分）、高加索及中亚地区。
至今，仍无对本属的化学成分研究报道。

15.2.14　河西菊属 *Zollikoferia*（原属名 *Hexinia*）

河西菊，*Zollikoferia polydichotoma*，分布于我国甘肃、新疆。生于沙地、沙地边缘、沙丘间低地、戈壁冲沟及沙地田边，海拔 42 ~ 1800m。
至今，仍无对本属的化学成分研究报道。

15.2.15　山柳菊属 *Hieracium*

全属大约 1000 种，无融合生殖种约占一半，分为 250 ~ 260 群。分布于欧洲、亚洲、美洲与非洲山地。我国已知有 9 种，主要分布于新疆。*H. pilosellae* 是一味传统的欧洲民族药，因其具有利尿、收敛止血、抗菌和抗炎作用，因此，被用于尿路炎症与皮肤疾病的治疗[1251]。本属植物以黄酮化合物为主要成分类型，其次为倍半萜内酯、香豆素、植物甾醇等。

15.2.15.1　黄　酮

本属中富含黄酮类成分，且本属（本亚族）中最常见的黄酮化合物是 luteolin 7-*O*-glucoside、luteolin、luteolin 7-*O*-glucuronide、luteolin 4′-*O*-glucoside、apigenin 7-*O*-glucoside、apigenin 4′-*O*-glucuronide 和 apigenin[1252]，如：

（1）从 *H. pilosellae* 中分离得到：apigenin、luteolin、luteolin 7-*O*-glucopyranoside、luteolin 4′-*O*-glucopyranoside、isoetin 7-*O*-glucopyranoside、isoetin 4′-*O*-glucuronide、kaempferol 3-methyl ether 和 apigenin 7-*O*-glucopyranoside，其中，isoetin 的多个不同葡萄糖苷类衍生物从本属植物分离得到，因此，此类化合物也被认为是本属植物的特征性成分[1251]。

（2）从 *H. pilosella* 中也分得 isoetin 4′-*O*-glucuronide（204-1）化合物，通过抗氧化、抗菌与细胞毒活性研究发现，本化合物具有选择性的对 *Pseudomonas aeruginosa* 病菌的抗菌活性、选择性的对结肠癌肿瘤细胞系 HT-29 的细胞毒活性，以及显著的抗氧化活性[1253]。

（3）LC-MS 分析巴尔干半岛产的 28 种本属植物的甲醇提取物，从中鉴定出 19 个黄酮类成分和 5 个酚酸类成分（如绿原酸等咖啡酰基奎宁酸衍生物），黄酮类成分为：luteolin 和它的 9 个糖苷化合物、apigenin 和 4 个它的糖苷化合物、diosmetin 和它的 2 个糖苷化合，以及 1 个 quercetin 糖苷化合物。另外，它们的抗氧化活性与它们其中的酚酸类成分含量相关[1254]。

15.2.15.2 酚　酸

本属中还富含咖啡酰基桂皮酸类成分，其中最普遍的成分是：绿原酸、3,5-二咖啡酰基奎宁酸、1,5- 二咖啡酰基奎宁酸和 4,5-二咖啡酰基奎宁酸[1252]。

15.2.15.3 香豆素

本属 30 个种中分离得到简单香豆素及其苷类成分，如从 *H. pilosellae* 中分离得到简单香豆素类成分 esculetin 7-*O*-glucopyranoside (cichoriin)（204-2）和 umbelliferone 7-*O*-glucopyranoside (skimmin)（204-3）[1251]。

15.2.15.4 甾醇化合物

通过 GC-MS，从 *H. pilosellae* 花序的石油醚提取物的甾醇流份中鉴定出 18 个甾醇化合物（其中 10 个化合物还通过与对照品的比较而确定了它们的结构）。其中，谷甾醇 sitosterol 和胆固醇 cholesterol 是最主要的甾醇类成分。以前认为胆固醇仅存在于动物界，但现在研究发现，胆固醇也存在于植物界，此可能因其与甾醇合成相关。另外，本植物的根与全草植物中的主要甾醇类成分也是谷甾醇，但不含胆固醇。

在 *H. pilosellae* 植物中，花序是甾醇类成分最丰富的部位（总甾醇含量为 0.26%），其次是全草（0.24%）和根（0.16%）[1255]。

15.2.15.5 倍半萜化合物

本属仍含有倍半萜内酯化合物，骨架类型为：桉烷、吉马烷和愈创木烷。如桉烷化合物 irazunolide（204-4）从 *H. irasuense* 中分得[1256]；吉马烷化合物 germacra-7αH-1(10)E,4Z,11(13)-trien-12,8α-olide-15-oic acid(15→1)-β-D-glucopyranosyl ester（204-5）从 *H. murorum* 中分得[1257]；3 个倍半萜与脯氨酸加成产物（2 个愈创木烷-脯氨酸加成物：calophyllamine A（204-6）和 8-epiixerisamine A，1 个桉烷脯氨酸加成物 calophyllamine B）；以及 1 个愈创木烷化合物 crepiside E 从 *H. calophyllum* 中分得。同时，通过 LC-MS 对 28 种本属植物中的倍半萜类化合物进行鉴定，发现其中的 27 种植物都以愈创木烷化合物为主[1258]。

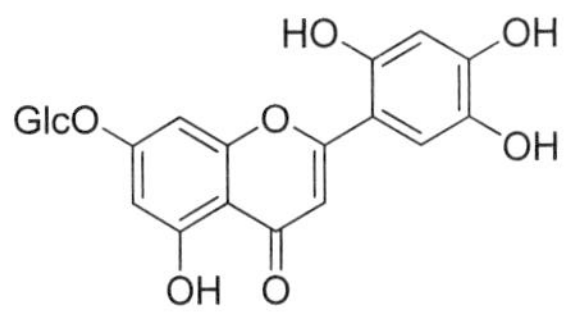

204-1 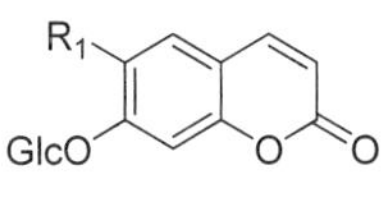 204-2 R₁=OH 204-3 R₁=H 204-4 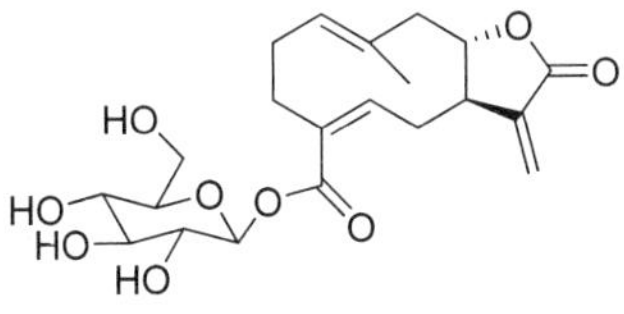 204-5 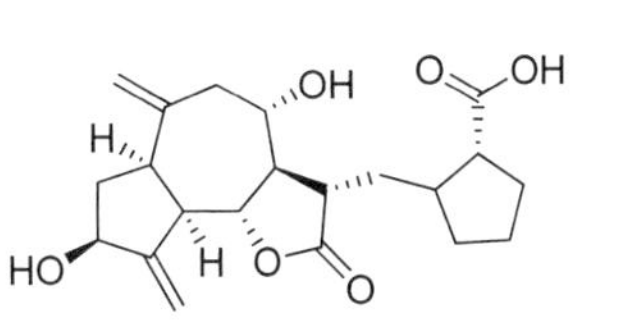 204-6

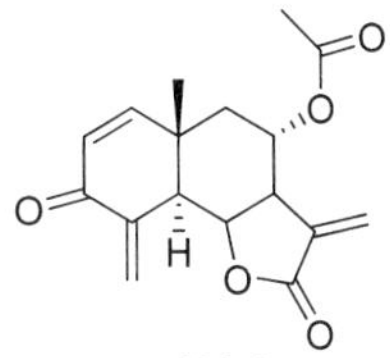

15.2.16 猫儿菊属 *Hypochaeris*

约 60 种，主要分布于南美洲；欧洲与亚洲有少数种。我国有 2 种。*H. radicata* 是一味传统药物，用于治疗消化不良、便秘、黄疸、风湿、低血糖和肾病[1259]。

15.2.16.1 倍半萜

本属中分得的倍半萜骨架以愈创木烷为主，少数为伪愈创木烷、吉马烷、桉烷和 cubebene 型倍半萜。其中，首次从 *H. cretensis* 中发现一种不常见内酯稠合方式的 hypocretenolide 型倍半萜化合物 hypocretenolide（205-1），该类化合物的特点是 12(5)-内酯结构，不同于菊科常见的 12(6)-或 12(8)-内酯结构。从生源上看，它应该是由本族植物中普遍存在的 lactucin-like 愈创木烷衍生而来，但其分布狭窄，仅分布于菊苣族的一些属植物之中，如本种及 *Crepis aurea*、*Leontodon hispidus* 等[1260]。

另外，还从 *H. achyrophorus* 中分得倍半萜化合物 8α-hydroxyhypoglabric acid（205-2），其骨架与分布于泽兰属植物中的 cubebene 型倍半萜骨架相同[1261]。

从 *H. radicata* 中分得多个倍半萜类成分，其中，通过尿酶抑制活性筛选，筛选出一个愈创木烷型倍半萜内酯化合物（205-3，文献未命名）和一个伪愈创木烷型化合物 confertin（205-4），具有与阳性对照药 thiourea 相匹敌的活性，而且它们对碳酸酐酶 carbonic anhydrase 无抑制活性。另外，同时通过筛选，也发现了香豆素类成分 scopoletin（205-5）也具有基本相同的活性[1259]。

通过抗炎活性研究，也发现了 *H. radicata* 中的主要成分 confertin 和香豆素化合物 scopoletin 具有有效的抗炎活性[1262]。

15.2.16.2 酚类成分

通过 LC-MS/MS，从 *H. laevigata* var. *hipponensis* 中鉴定出的主要酚酸类成分为：quinic acid、chlorogenic acid 和 caffeic acid，黄酮类成分则以 rutin、apigetrin 和 isoquercitrin 为主。通过抗氧化活性研究，证实乙酸乙酯部位的抗氧化活性比二氯甲烷部位与正丁醇部位强，而且乙酸乙酯部位与正丁醇部位中的总酚含量最高[1263]。

15.2.16.3 其　他

从 *H. radicata* subsp. *Neapolitana* 中还分得木脂素、咖啡酰基奎宁酸类成分。通过细胞毒活性研究，发现木脂素类成分 4-(3,4-dihydroxybenzyl)-2-(3,4-dihydroxyphenyl) tetrahydrofuran-3-carboxy-*O*-β-D-glucopyranosid 对 MM1 肿瘤细胞和外周神经细胞无细胞毒活性。另外，通过研究发现，干旱抑制会导致本植物中的一些主要木脂素及倍半萜类成分的含量增加[1264]。

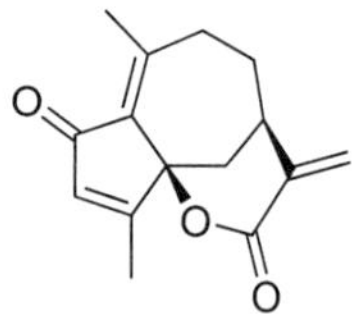

205-1 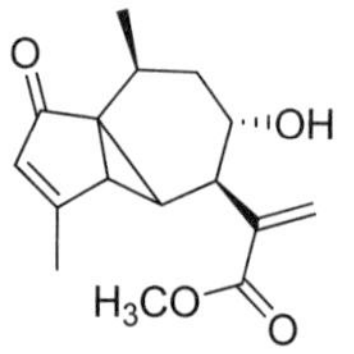　　**205-2** 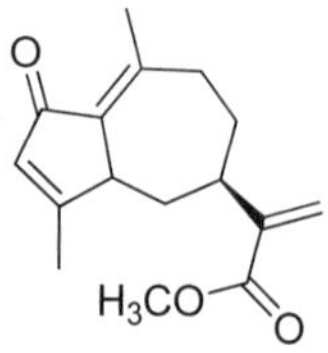　　**205-3** 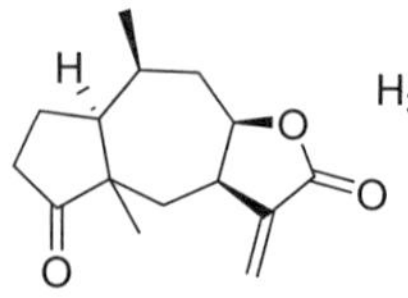　　**205-4** 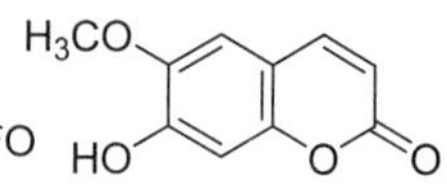　　**205-5**

15.2.17　小苦荬属 *Ixeridium*

本属共 20 ~ 25 种,分布于东亚及东南亚地区。我国有 13 种。藏药窄叶小苦荬 *I. gramineum*,性凉、苦、微甘,主治黄疸、胆囊炎、脉病、结膜炎、疖肿及传染病引起的热病[1265]。

15.2.17.1　倍半萜

从 *I. dentatum* 中分得多个本族常见的 lactucin-like 的愈创木烷倍半萜化合物,如 isoleucilactucin(206-1)。除此之外,还从本种中分得一个吉马烷型化合物 lactuside A(206-2)。通过促进淀粉酶分泌的活性研究,发现它们均有活性,但是活性最好的化合物是 isoleucilactucin、苯丙素类成分 2,3-di-*O*-(4-hydroxyphenylacetyl)glucopyranoside(一对异构体混合物)(206-3)及从本种植物中分离得到的黄酮化合物,luteolin 7-*O*-β-D-glucopyranoside、quercimeritrin 和 quercetin 3-*O*-β-D-xylopyranoside,且它们的活性可与阳性对照药 8-epiisolipidiol-3-*O*-β-D-glucopyranoside 相匹敌[1266]。

另有研究,从中华小苦荬 *I. chinense* 中还分得艾里莫酚型倍半萜化合物,如 10-羟基艾里莫芬-7(11)-烯-12、8α-内酯和 3β,8α-二羟基-6β-当归酰基艾里莫芬-7(11)-烯-12,8β-内酯[1267]。

15.2.17.2　酚类化合物

从 *Ixeridium gracile* 中也分得多个黄酮化合物及 2 个香豆素类成分,其中包含一个黄烷二聚体化合物,2α,3α-epoxy-5,7,3′,4′-tetrahydroxyflavan-(4β→8)-epicatechin(206-4)。通过抗氧化活性研究,发现这些分离的酚酸类成分均有有效的抗氧化活性[1268]。

15.2.17.3　其　他

分得的化合物为三萜与甾醇。

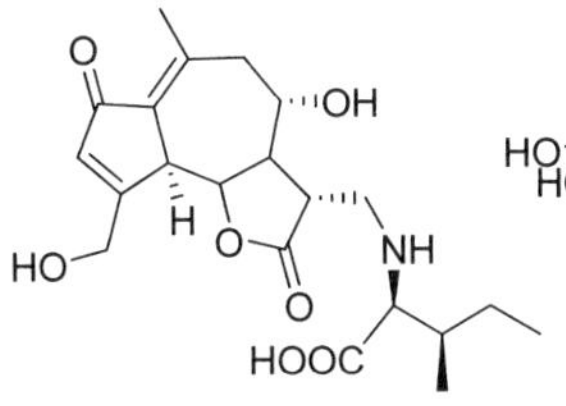

206-1 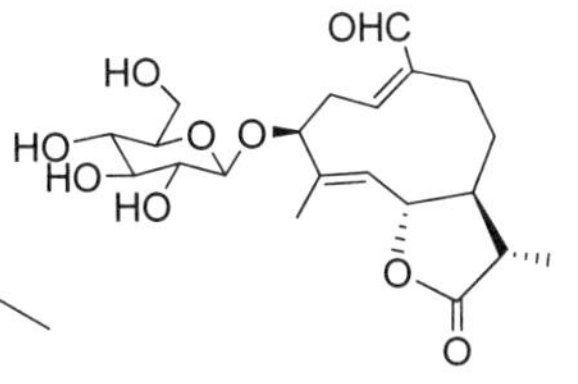　206-2 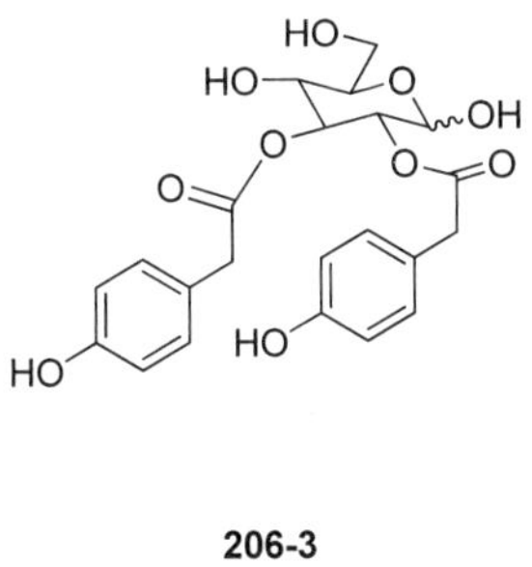　206-3 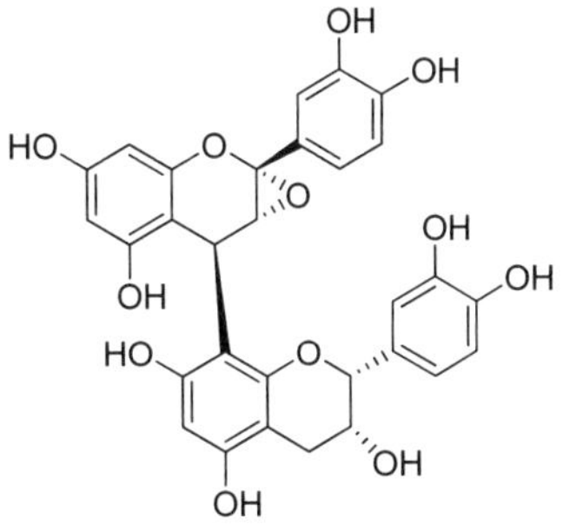　206-4

15.2.18　苦荬菜属 *Ixeris*

本属约 20 种，分布于东亚和南亚。我国有 4 种。本属有多种植物作为传统药物应用，如：

（1）中药苦碟子为菊科植物抱茎苦荬菜 *I. sonchifolia* 的当年生干燥全草，主要分布于东北、内蒙古等地，具有清热解毒、凉血活血、排脓止痛之功效。现代药理学研究表明，苦碟子还具有抗肿瘤、抗炎、镇痛、镇静及改善心肌供血不足等作用，以其水溶性成分制备的苦碟子注射剂临床上用于治疗冠心病[1269, 1270]。

（2）蒙药山苦荬为菊科苦荬菜属多年生植物山苦荬 *I. chinensis* 的干燥全草，全草入药，能清热解毒、凉血，活血排脓，主要治疗阑尾炎、肠炎及痢疾，还能治疗疮疖痈肿、吐血及衄血[1271]。

（3）中华苦荬菜 *I. chinensis*，全草呈苦味，其根、茎、叶、花、果均可入药，具有清热、解毒、消炎、凉血、止痛、消肿、抗肿瘤等功效，用于治疗无名肿痛、腹腔脓肿、痢疾、阑尾炎、肺炎、关节炎、解尼古丁中毒等症[1272]。

15.2.18.1　倍半萜

本属中的倍半萜化合物较为丰富，尤其以愈创木烷型下的 lactucin-like 倍半萜为主，其他还有桉烷、吉马烷等骨架类型。如：

（1）在吉马烷倍半萜中，又有两种亚型，即 *Z,E* 式的 melampolide type 和 *E,E* 式的正常吉马烷型[1273]。

（2）从中华苦荬菜 *I. chinensis* 中分得一个降碳的桉烷型倍半萜化合物，14-noreudesma-3-hydroxy-3-en-2,9-dione（207-1）[1274]。

（3）本属植物中的愈创木烷化合物尤其丰富，但本属中的 lactucin-like 的愈创木烷型化合物并不是主要的类型，而是 costuslactone-type 愈创木烷型化合物，如从 *I. dentata* 中分离得的多个 costuslactone-type 结构（分子结构特征是分子内无双键）化合物，其结构不同点是 C-2 位酮羰基消失，取而代之的是 C-3 位的羟基取代。如从 *I. sonchifolia* 根中分得愈创木烷 costus lactone-type 化合物 8β-hydroxy-4β, 15-dihydrozaluzanin C（207-2）和 integrifolin（207-3），它们具有显著的对四株人类肿瘤细胞系的细胞毒活性，其能与阳性对照药依托泊苷 etoposide 相匹敌。除此之外，还分得 4 个愈创木烷型 lactucin-like 亚型的倍半萜内酯化合物，11-*epi*-8-desoxyartelin、sonchifoliasolide A、sonchifoliasolide B 和 sonchifoliasolide C[1275]。

另外，从 *I. dentatum* 中分得的愈创木烷 costus lactone-type 倍半萜化合物 8-epidesacylcynaropicrin-3-*O*-β-glucopyranoside（207-4），其具有促进淀粉酶合成与分泌的活性，可用于防治糖尿病与口干症[1276]。

（4）从 *I. polycephala* 中还分得降碳的 β-紫罗兰酮型（大柱香波萝烷型）倍半萜化合物，ixerols A 和 B[1277]。

15.2.18.2　三萜及三萜皂苷

从 *I. sonchifolia* 中分得 3 个三萜皂苷，ixeris saponins A、B 和 C（207-5 ~ 207-7）。其中，ixeris saponins B 和 C 对肿瘤细胞系 A375、L929 和 HeLa 具有细胞毒活性，其 IC_{50} 值在 8.83 ~

15.83 μmol/L[1278]。

另外，ixerane 为一类新骨架类型，它的代表化合物 ixerenol（207-8）是从 *I. chinensis* 中分离得到的[1279]。

15.2.18.3　黄酮等酚酸类成分

本属也含有较丰富的酚酸类成分，如香豆素、木脂素、苯丙素等成分。

评价 *I. dentata*、*I. dentata* var. *albiflora* 和 *I. sonchifolia* 三种植物的抗炎活性，以及采用 HPLC 法对它们的主要成分进行分析鉴定。抗炎活性评价结果是与植物中的总酚含量成正比，而且 luteolin 7-*O*-glucoside 是前两种植物中的主要成分，而 luteolin 7-*O*-glucuronide 是后一种植物的主要成分。这两个化合物抑制 LPS-介导的 NO 产生的抗炎活性的 IC_{50} 值分别为 30 mol/L 和 4.51 mol/L，而且 luteolin、luteolin 7-*O*-glucoside 和 luteolin 7-*O*-glucuronide 抑制 iNOS 和 COX-2 的表达，以抑制在 LPS-刺激下的 RAW264.7 细胞中由 t-BHP-介导的 ROS 产生。以上结果清楚地说明这三种植物的抗炎活性是由其中的 luteolin 7-*O*-glucoside 和 luteolin 7-*O*-glucuronide 成分的抗炎作用导致的[1280]。

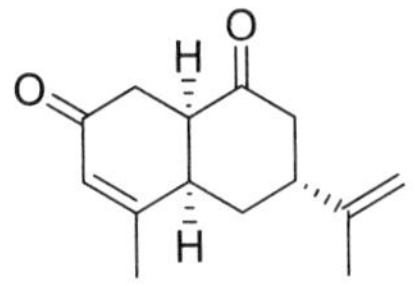

207-1 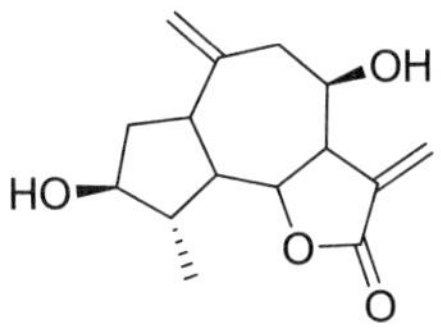　**207-2** 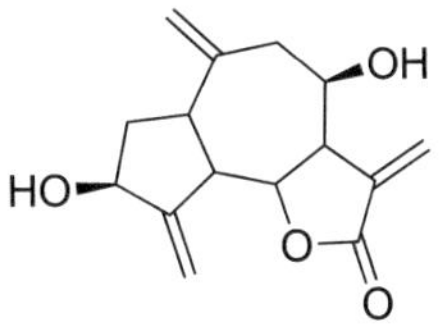　**207-3** 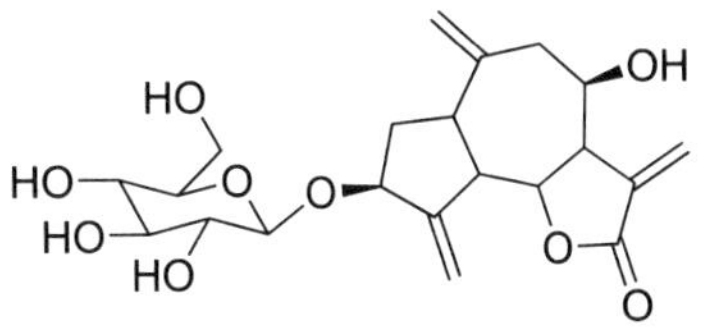　**207-4**

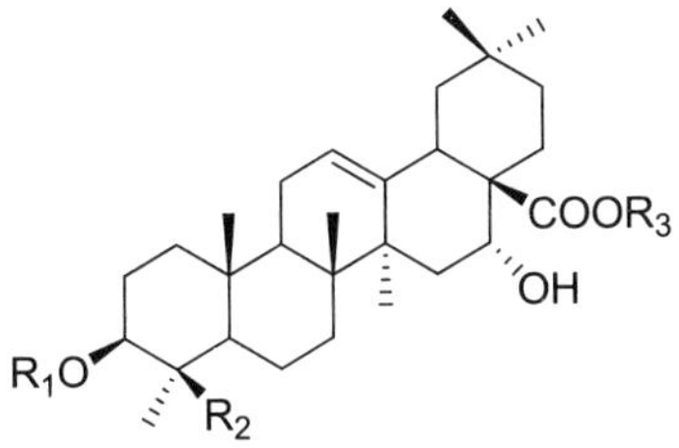

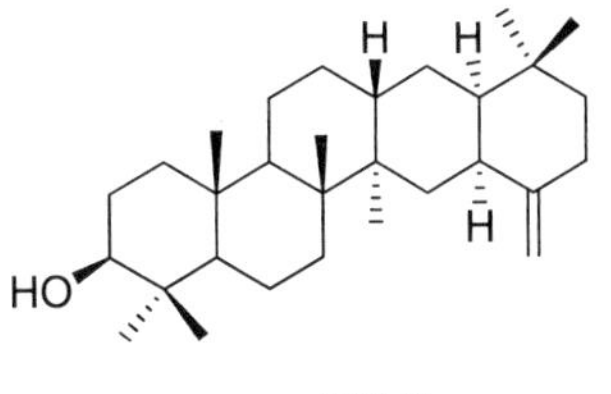

207-5 R₁=β-D-Glc³—β-D-Glc³ α-L-Ara R₂=CH₃ R₃=H

207-6 R₁=β-D-Glc³ α-L-Ara R₂=CH₃ R₃=β-D-Glc

207-7 R₁=β-D-Glc³—β-D-Glc³ α-L-Ara R₂=CH₂OH R₃=β-D-Glc

15.2.19　蝎尾菊属 *Koelpinia*

5 种，分布于北非、南欧、西亚、南亚部分地区、中亚。我国新疆、西藏西南部有 1 种，蝎尾菊 *Koelpinia linearis*。

本属植物以三萜及甾体化合物为主要成分类群与特征，至今还无倍半萜类化合物的分离报道。

15.2.19.1 三　萜

　　三萜类型有乌苏烷、木栓烷，如：从 *K. linearis* 中分得的 C/D 环开环与降碳乌苏烷型三萜化合物，C:D seco (8→14) urso-8(26),12(13)-dien-3*β*-ol（208-1）、C:D seco(8→14)urso-8(26),13(14)-dien-3*β*-ol（208-2）和 C:D seco(8→14),27 nor-urso-12-ene-3*β*- 20*α*-diol（208-3）[1281]。

　　从 *K. linearis* 中还分得降碳的木栓烷型三萜化合物，如 koelpinin-A, B 和 C。具体结构是：28-nor-lup-12,17-dien-3b,16a-diol, 3*β*-acetoxy-28-nor-lup-12,17-dien-16a-ol 和 28-nor-lup-12,17-dien-3b-ol-16-one，同时分得的还有 30-nor-lup-3*β*-ol-20-one、taraxeryl acetate 和 germanicol[1282]。

　　从 *K. linearis* 中还分得同源的长链脂肪酸酯的木栓烷型三萜类似物，即 lup-20(29)-en-3-tetradecanoate（myristate）、3-penta-decanoate、3-hexadecanoate（palmitate）、3- heptadecanoate（margarate）和 3-octadecanoate（stearate）[1283]。

15.2.19.2 香豆素及甾醇化合物

　　从 *K. linearis* 分得香豆素类成分及甾醇化合物，其中，香豆素类成分为 esculetin 7-*β*-D-glucopyranoside（cichoriin）、esculetin 6-*β*-D-glucopyranoside（esculin）和 6,7-dihydroxycoumarin（或是 esculetin）[1284]。

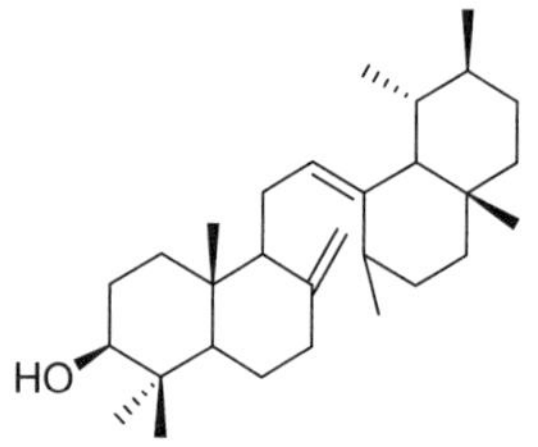

208-1 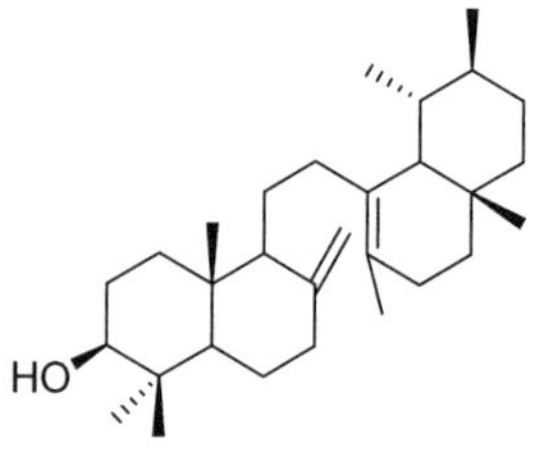　　　　　　　**208-2** 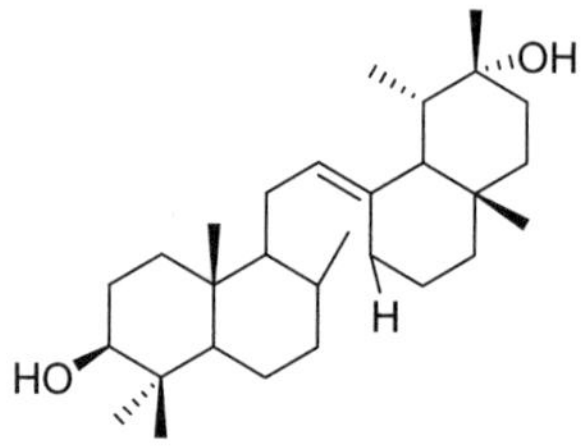　　　　　　　**208-3**

15.2.20 莴苣属 *Lactuca*

　　本属约 75 种，主要分布于北美洲、欧洲、中亚、西亚及地中海地区。我国有 7 种，集中分布于新疆，少数见于云南横断山脉。莴苣属植物通常其根部入药，性苦，具有清热解毒、活血化瘀等功效，主治阑尾炎、扁桃体炎、产后瘀血作痛、无名肿痛等症[1285]。而其中，食用蔬菜莴苣 *Lactuca sativa* 的药用价值始载于唐代《食疗本草》，其后的《本草纲目》称其"味苦冷；主通乳汁，利小便，坚筋骨，开胸隔，杀虫蛇毒"。另外，其种子是维药经典名方新型祖卡木颗粒罂粟壳的良好替代品[1286]。其作用与现代研究发现从莴苣属植物 *Lactuca virosa* 和从菊苣属植物 *Cichorium intybus* 中分得的苦味的 lactucin-like 愈创木烷型成分 lactucin（209-1）和它的衍生物 lactucopicrin（209-2）、11*β*,13-dihydrolactucin（209-3）所具有的止痛和镇静作用相符[1287]。

15.2.20.1 倍半萜内酯

　　本属以倍半萜内酯化合物最为丰富与典型。其骨架主要是愈创木烷，其次还含少量的桉烷与吉马烷型倍半萜，而且较多的化合物为糖苷及酚酯的衍生物。对于愈创木烷则又以 lactucin-like 愈创木烷型和 zaluzanin C-like 愈创木烷型为特征。Lactucin-like 愈创木烷型倍半萜内酯结构的特征是：C-2 位具一个酮羰基，以及两个位于 C-3(4) 和 C-1(10) 的环内双键，而 zaluzanin C-like 愈创木烷型的结构特征是：三个环外双键位于 C-4(15)、C-11(13) 和 C-10(14)（苦荬菜属 Ixeris 的特征结构）。

本属愈创木烷化合物的另一特征是有 7 种结构的芳香酯化合物，它们是：p-hydroxyphenylacetyl、2-hydroxy-isovaleryl、2-hydroxy-3-methyl-n-valeryl、methylacrolyl、p-methoxyphenylacetyl、p-hydroxy-phenyllactyl 和 caffyl[1288]。

另外，吉马烷型的倍半萜内酯化合物又以 melampolide 型为特征，即它的结构具有 C-1(2)-cis 式和 C-4(5)-trans 式双键，C-14 氧化为醛或羧基的结构特征，因此，这些结构可认为是本属或本族的分类标志物。如从 L. sativa 中分得的 melampolide 型化合物 3β-hydroxy-11β,13-dihydroacanthospermolide（209-4），以及另一个结构相关的正常吉马烷化合物 3β-14-dihydroxy-11β,13-dihydrocostunolide（209-5）[1289]。

15.2.20.2　三　萜

本属中另一类主要的成分是三萜及其皂苷化合物，三萜苷元的结构主要有五环三萜齐墩果烷 oleanane、迁移的齐墩果烷 migrated oleanane、乌苏烷 ursane、迁移的乌苏烷 migrated ursane、羽扇豆烷和表羽扇豆烷 epilupane、其次为四环三萜，如环阿尔廷烷 cycloartane、达玛烷 dammarane，大戟烷 euphane 和表大戟烷 epieuphane[1288]。

从 L. scariola 种子中分得一个齐墩果烷型三萜皂苷，3-O-[β-D-galactopyranosyl-(1→3)-O-β-D-xylopyranosyl-(1→4)-O-α-L-rhamnopyranosyl]-oleanolic acid，其具有较强的抗 Penicillium digitatum 和 Aspergillus niger 真菌的活性[1290]。

15.2.20.3　黄酮等酚酸类成分

1. 黄酮化合物

从本属分得的黄酮化合物仍以本族常见的化合物为主，如从 L. scariola 分得 quercetin-3-O-β-D-glucopyranoside、luteolin-7-O-3-D-glucopyranoside、luteolin、quercetin 和 kaempferol[1291]。

从 L. indica 的地上部分分得酚酸类成分：黄酮化合物 apigenin、luteolin、isoquercitrin，苯丙素类 chlorogenic acid、protocatechuic acid、p-hydroxymethyl benzoic acid、trans-cinnamic acid 和 p-coumaric acid。其中，luteolin、isoquercitrin、chlorogenic acid 和 p-hydroxymethyl benzoic acid 显示出抗氧化活性，IC_{50} 值在 35.5～52.5 μmol/L。另外，黄酮化合物 apigenin 和 luteolin 表现出 α-glucosidase 抑制活性，IC_{50} 值分别为 96.4 μmol/L 和 100.7 μmol/L[1292]。

2. 香豆素

从 L. tenerrima 分得简单豆素类成分 scopoletin（209-6）和 scopolin（209-7），并通过研究发现本种缺乏倍半萜内酯化合物[1293]；从 L. inermis 中也分得香豆素类成分 scopolin 和 isofraxoside（209-8），但本种具有倍半萜类成分[1294]。以上情形似乎说明了植物进化与化学进化的关系，即最原始的本属植物是仅含香豆素而不含倍半萜的 *L. tenerrima*，其次是既含香豆素又含倍半萜的 *L. inermis*，最高级的本属植物则是不含香豆素类成分，而是仅拥有倍半萜化合物的本属植物。

3. 木脂素

从雀苣 *Scariola orientalis*（现名称修订为 *Lactuca orientalis*）中还分得新木脂素类成分，即 dihydrodehydrodiconiferyl alcohol 的衍生物（具体内容见雀苣属）。

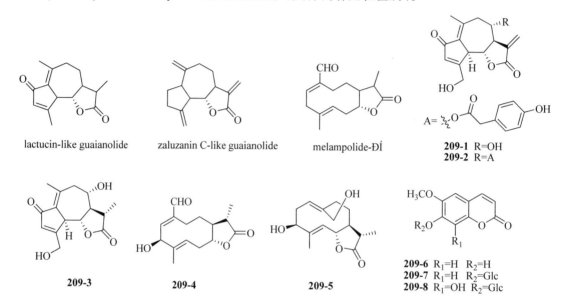

lactucin-like guaianolide   zaluzanin C-like guaianolide   melampolide-ĐÍ   **209-1** R=OH   **209-2** R=A

A=

209-3   **209-4**   **209-5**   **209-6** R₁=H R₂=H / **209-7** R₁=H R₂=Glc / **209-8** R₁=OH R₂=Glc

15.2.21　山莴苣属 *Lagedium*

单种属，山莴苣 *Lagedium sibiricum*，分布于欧洲、亚洲。
到目前为止，仍未有对本种的化学成分报道。

15.2.22　稻槎菜属 *Lapsana*

本属约 10 种，分布于欧亚温带地区及非洲西北部。我国记载有 4 种，其中 2 种情况不详。*L. communis* L. subsp. *Communis* 作为传统药物，即将其新鲜的茎叶汁作为膏剂，用于治疗乳头和手的皲裂。另有报道，在法国，本种茎和叶还用于利尿和降血糖的治疗[138]。

15.2.22.1　酚类成分

从 *L. communis* L. subsp. *Communis* 中分得咖啡酰基奎宁酸、咖啡酰基酒石酸及黄酮化合物，即咖啡酰基衍生物有：caffeic acid、chlorogenic acid、3,5-*O*-dicaffeoylquinic acid 2-*O*-caffeoyltartaric acid (caftaric acid) 和 2,3-*O*-dicaffeoyltartaric acid (chicoric acid, 95)；黄酮化合物则是 isoquercitrin、luteolin 和 luteolin-7-*O*-β-glucuronide。另外，chicoric acid 是本种植物中的咖啡酰基衍生物中最主要的成分[138]。

从 *L. communis* L. subsp. *Communis* 的乳汁中还分得 5 个愈创木烷型倍半萜苷化合物，crepiside E（211-1）、tectoroside（197-2）、lapsanoside A（211-2）、lapsanoside B（211-3）和 lapsanoside C（211-4）。另外，由于从本种分得 crepiside E 和 tectoroside 化合物，因此，本属与还阳参属 *Crepis* 应该有较近的亲缘关系[1295]。

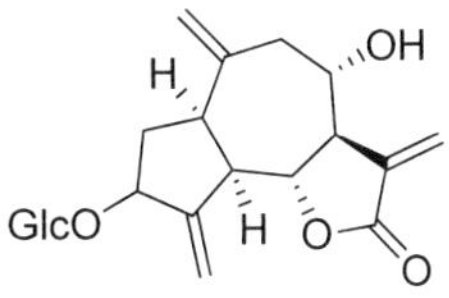

211-1 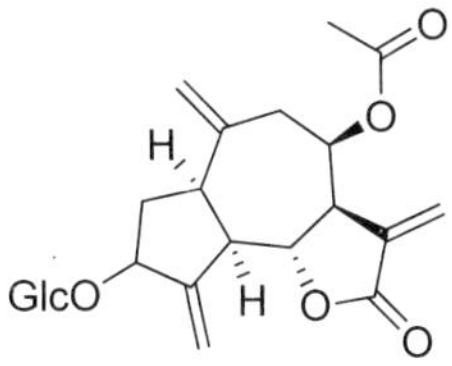　　　　211-2 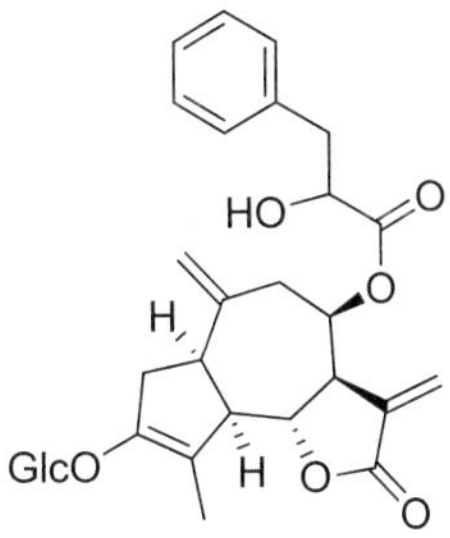　　　　211-3 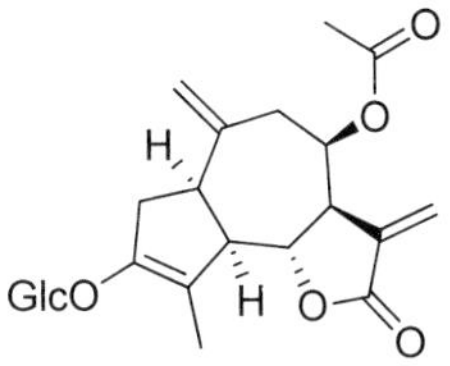　　　　211-4

15.2.23　栓果菊属 *Launaea*

全属约 50 种，分布于非洲、南欧、西南亚及中亚。我国已知有 2 种，另外 2 种只见于文献，并未见到标本。广西特色药材光茎栓果菊 *L. acaulis*，又称土蒲公英、滑背草鞋。全草或根入药，具有清热解毒、利尿之功效，用于痈疽疔疮、尿路感染。广西民间将其煮水服用治疗乳腺癌，有较好的疗效[1296]。在北非，*L. arborescens* 作为传统药物，用于腹泻与胃肠道痉挛[1297]。

15.2.23.1　挥发油

体外研究发现，光茎栓果菊醇提物的石油醚萃取部位对乳腺癌 MCF-7 细胞、白血病 HL-60 细胞和结肠癌 SW480 细胞的增殖有抑制作用，抑制率分别为 90.61%、91.36%、84.44%。因此，对光茎栓果菊醇提物的石油醚萃取部位进行甲酯化处理，采用 GC-MS 对其进行成分分析。研究结果是共鉴定出 29 个成分，其中有机酸类化合物的含量较高，依次为棕榈酸、亚麻酸、亚油酸、硬脂酸、10-甲基十八烷酸[1296]。

而经 GC-MS 鉴定，*L. resedifolia* 挥发油中的主要成分是 dioctyl phthalate（39.84%）、decanoic acid, decyl ester（12.09%）、11-octadecenal（11.24%）和 eucalyptol（07.31%）[1298]。

水蒸气蒸馏得的 *L. arboresens* 挥发油，经 GC-MS 成分鉴定出其中的主要成分是以 dioctyl phthalate（38.6%）为主的酯类成分及 decanoic acid、decyl ester（12.07%）[1299]。

对埃及不同产地的同种植物的挥发油的成分及生物活性也有研究报道。三种植物 *L. mucronata*（2 个产地）、*L. nudicaulis*（2 个产地）及 *L. spinosa* 的挥发油主要成分均是氧化倍半萜化合物，而且 α-acorenol（31.42%）、*trans*-longi-pinocarveol（12.04%）和 γ-eudesmol（6.31%）是 *L. spinosa* 的挥发油中的主要成分；而 hexahydrofarnesyl acetone 和 *n*-heneicosane 是另外两种不同产地植物挥发油的主要成分。通过主成分统计分析，发现三种植物挥发油的成分有统计学差异，而不同产地的同种植物挥发油之间的成分无统计学意义上的差异。另外，它们 5 种挥发油均有抗氧化活性，对杂草马齿苋 purslane 有植物化感作用[1300]。

15.2.23.2　倍半萜化合物

从本属植物中分离得 lactucin 以及和它相关的衍生物，因此，可认为本属与本族其他含类似化合物的植物的亲缘关系，如与苦苣菜属 Sonchus、莴苣属 Lactuca 和还阳参属 Crepis 的亲缘关系。

从 L. mucronata 的根中分得：lactucin、lactucin-8-O-acetate 和 11β,13- dihydrolactucin[1298]。

另外，lactucin —like 的愈创木烷化合物 nudicholoid（212-1）还从 L. nudicaulis 中分离得到，经研究发现，该化合物具有中等的抗丁酰胆碱酯酶的活性（IC$_{50}$ 值为 88.3 μmol/L）[1301]。

从 L. arborescens 全草中不仅分得愈创木烷倍半萜化合物，还分得吉马烷型倍半萜化合物 3β,14-dihydroxycostunolide-3-O-β-glycopyranoside（212-2）和 3β,14- dihydroxycostunolide-3-O-β-glucopyranosyl-14-O-p-hydroxyphenylacetate。同时还分得一个在愈创木烷侧链上具一个硫酸盐结构的化合物 8-deoxy-15-(3′-hydroxy-2′-methyl- propanoyl)-lactucin-3′-sulfate（212-3）[1297]。

15.2.23.3　酚酸类成分

从 L. nudicaulis 中分离得到咖啡酰基奎宁酸化合物 cholistaquinate[methyl-(3,4-dianthenobiloyl)-quinate]，其具有有效的抗氧化活性（IC$_{50}$ 值为 60.7 μmol/L）[1301]。

从本属中分得的黄酮化合物仍为常见、且为本族植物常见的黄酮苷元化合物，不同的是本属植物的糖苷连接位置大多为 C-7 位。如从 Launaea nudicaulis 及本属其他植物中分得 apigenin 7-glucoside 和 7- gentiobioside；luteolin 7-glucoside、7-gentiobioside、7-rutinoside、7,3′-diglucoside、7,4′-diglucoside 和 7-gentiobioside-4′-glucoside[1302]。

从 L. mucronata 中还分得香豆素类成分 6-isobutyl coumarin（212-4）和 6-isobutyl-7-methyl- coumarin（212-5），它们对 MCF-7、HCT116 的 HepG2 肿瘤细胞系有高的细胞毒活性[1303]。

从 L. spinosa 中分得多个酚酸类成分，如香豆素 esculetin 和 esculetin-7-O-D-glucoside(cichoriin)；黄酮 acacetin-7-O-D-glucoside 和 acacetin-7-O-D-glucuronic acid；酒石酸阿魏酰基衍生物 fertaric acid 和 2,3-diferulyl R,R-(+)methyl tartrate。其中，esculetin、acacetin-7-O-D-glucoside 和 acacetin-7-O-D-glucuronic acid 具有对氧化抑制细胞的保护作用，以及降低 AST、ALT 和 SOD 酶的水平，使细胞保持正常的氧化还原水平[1304]。

15.2.23.4　聚炔化合物

从 L. nudicaulis 中分离得到五羟基聚炔化合物，如 trideca-12-ene-4,6- diyne-2,8,9,10,11-pentaol（212-6）[1301]。

从 L. capitate 中分得的聚炔糖苷化合物及黄酮化合物：bidensyneoside A1、6′-O-acetylbidensyneoside A1、bidensyneoside E（212-7）、bidensyneoside F（212-8）和 luteolin。经抗生物膜形成及细胞毒活性评价，筛选出化合物 bidensyneoside F 具有抑制 Staphylococcus aureus 生物膜形成的活性，而黄酮化合物 luteolin 具有抑制 L929 和 KB-3-1 细胞素的细胞毒活性，其 IC$_{50}$ 值为 18 μg/mL[1305]。

15.2.23.5 神经鞘脂类化合物 sphingolipids

从 *L. nudicaulis* 中分得具有脂氧合酶 lipoxygenase 抑制活性(IC$_{50}$值在 103 ~ 193 μmol/L)的神经鞘脂类化合物 nudicaulins A (212-9)-D[1306]。

15.2.23.6 其 他

分离得的化合物还有三萜等化合物。

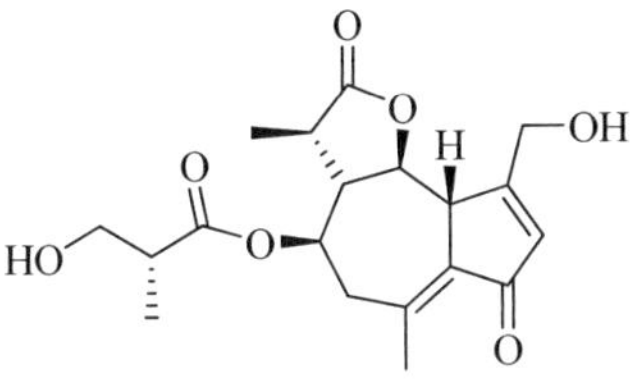

212-1 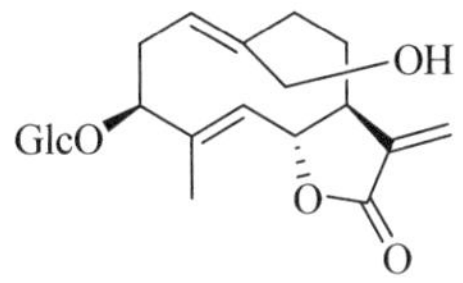 **212-2** 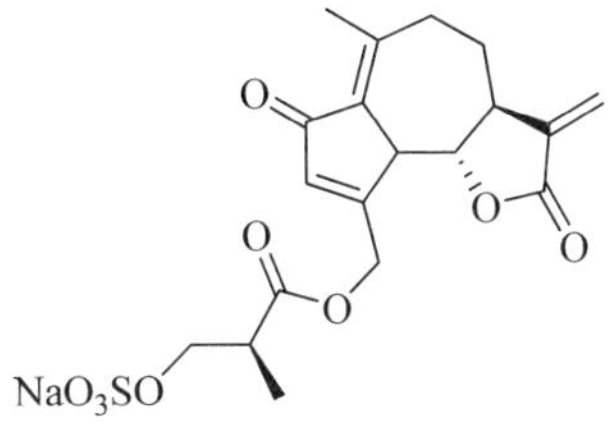 **212-3**

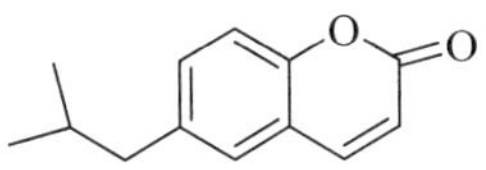

212-4 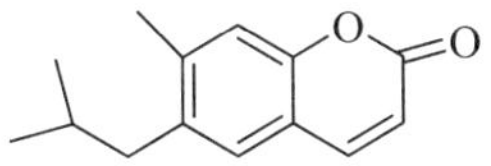 **212-5** 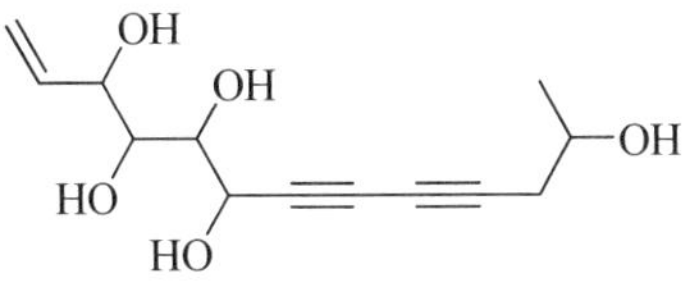 **212-6**

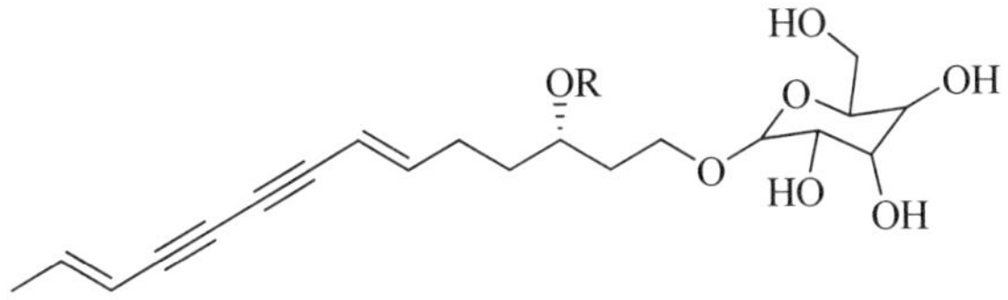

212-7 R=H
212-8 R=COCH$_2$COOH

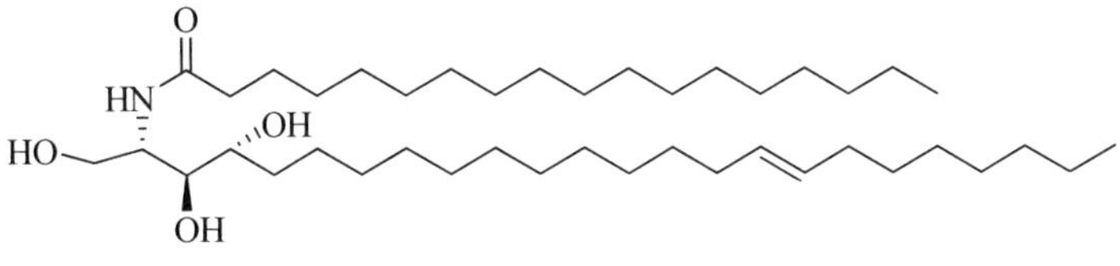

212-9

15.2.24 乳苣属 *Mulgedium*

全属约 15 种，分布于欧亚大陆；我国有 5 种。乳苣 *M. tataricum*，全草可药用，用于肠痛、痈肿、丹毒、目赤、赤白带等。民间也作为野菜食用，有抗菌、消炎、止痛等功效[1307]。

15.2.24.1 脂溶性成分

从乳苣 *M. tataricum* 全草 60%乙醇提取物的石油醚萃取部位分离得到 9 个化合物，分属于三萜与甾醇化合物：蒲公英甾醇、伪蒲公英甾醇、羽扇豆醇、齐墩果-18-烯-3β-醇、齐墩果-18-烯-3-酮、3β-羟基-蒲公英-20(30)-烯-28-酸、羽扇豆酮、9β-谷甾醇、豆甾醇[1307]。

不同的是，有报道采用 GC-MS 技术，对乳苣 *M. tataricum* 全草的乙醇提取物的石油醚部位进行成分鉴定，分析鉴定出 17 种成分，脂肪酸和蜡是其中的主要成分。5 个脂肪酸是：tetradecanoic acid、hexadecanoic acid、(*Z*, *Z*)-9, 12- octa-decadienoic acid、9, 12, 15-octadecatrienoic acid 和 octadecanoic acid[1308]。

15.2.24.2 萜类化合物

从乳苣 *M. tataricum* 中分得的倍半萜骨架有愈创木烷与吉马烷骨架的化合物，如：① 吉马烷化合物：4*E*,10*E*-3β,11β-dihydroxygermacra-4(5),10(1)-dien-12,6α-olide（213-1）、4*E*-1β-hydroperoxy-3β,11β-dihydroxygermacra-4(5),10(14)-dien-12,6α-olide（213-2）；② lactucin-like 的愈创木烷化合物：lactucin-8-*O*-*p*-methoxyphenyl acetate（213-3）、lactucopicrin（213-4）、11,13β-dihydrolactucopicrin（213-5）、lactucin（195-1）和 11,13β-dihydrolactucin（213-6）。

另外，同时还分得羊毛甾烷型三萜化合物 lanost-9(11),23*Z*(24)-diene-3β,25-diol（213-7）、lanost-9(11),25-diene-3β,24β-diol（213-8）和乌苏烷型三萜化合物 ursane-20-ene-3β,22α-diol（213-9）。

通过活性筛选，发现化合物 lactucin-8-*O*-*p*-methoxyphenyl acetate、lactucopicrin、11,13β-dihydrolactucopicrin、lactucin 具有有效的抑制人类肿瘤细胞系 SMMC-7721、HL60、KB 和 Bel 7402 的细胞毒活性；而羊毛甾烷型三萜化合物 lanost-9(11),23 *Z*(24)-diene-3β,25-diol 和 lanost-9(11),25-diene-3β,24β-diol 具有强烈的对大肠杆菌 *Escherichia coli* 的抗菌活性[1309, 1310]。

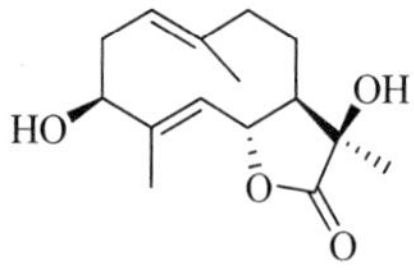

213-1 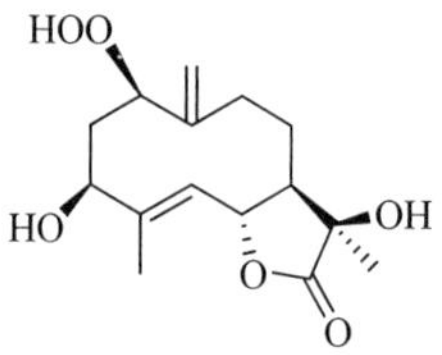　　213-2 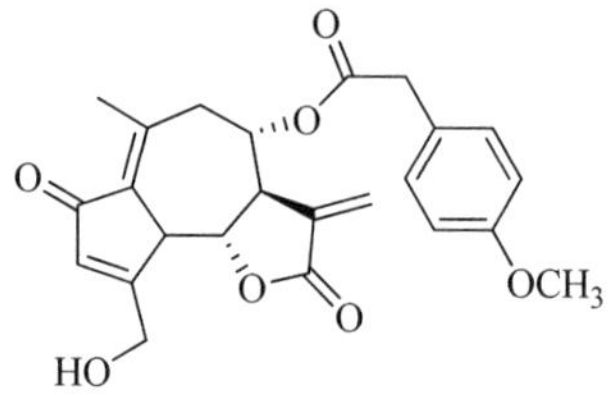　　213-3

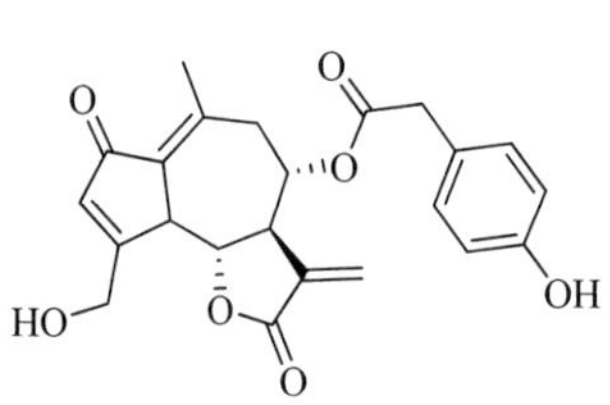

213-4 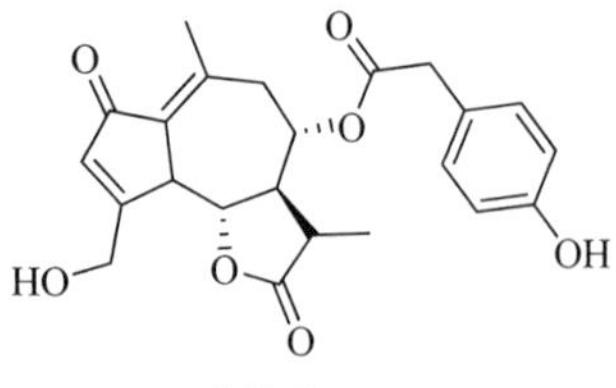　　213-5 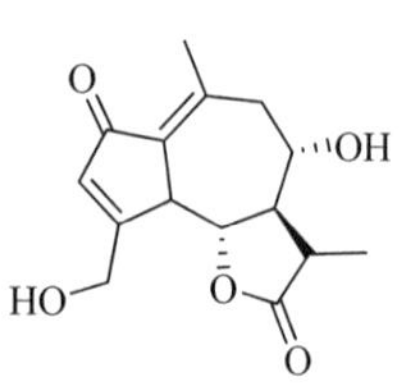　　213-6

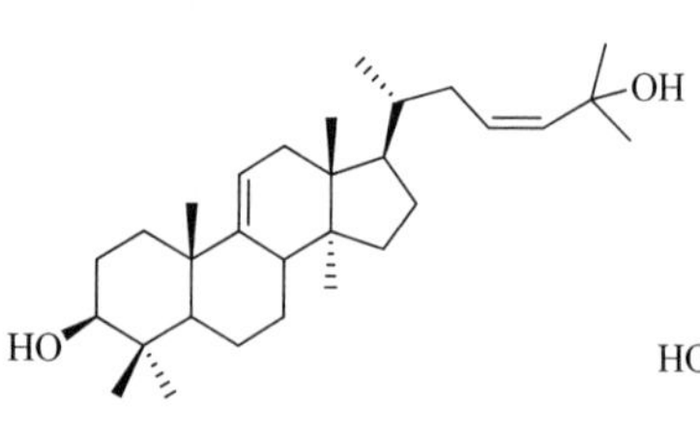

213-7 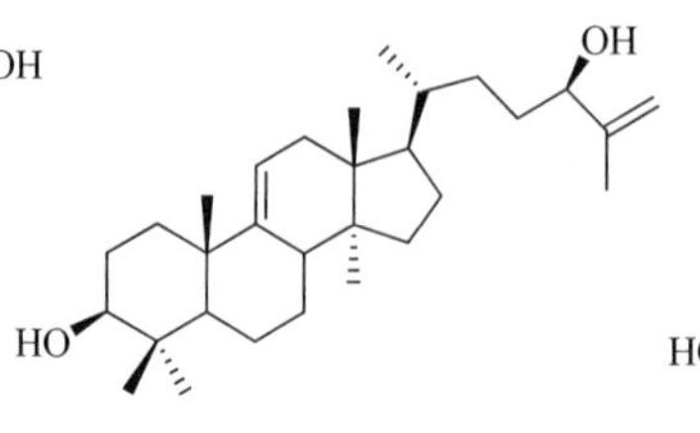　　213-8 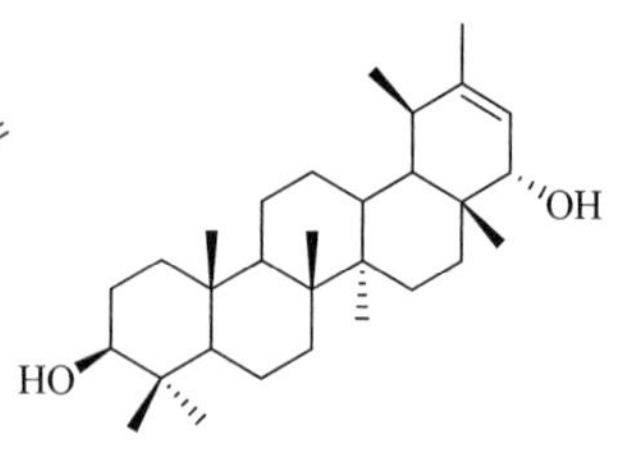　　213-9

15.2.25 耳菊属 *Nabalus*

约 15 种，分布于亚洲与北美地区。我国 1 种，耳菊 *Nabalus ochroleucus*。

至今未有本种的化学成分研究报道。

15.2.26 紫菊属 *Notoseris*

我国的特有属，全属 11 种，分布于长江流域及秦岭以南。

本属富含倍半萜内酯化合物，主要的骨架类型依然是愈创木烷型，少数为吉马烷型，如从细梗紫菊 *N. gracilipes* 中分得的 lactucin-like 型愈创木烷化合物 jacquilenin（215-1）和 scorzoside（215-2）；以及 melampolide 型吉马烷型化合物 lactuside B（215-3）。通过抗菌活性研究，发现 jacquilenin 和 scorzoside 对蜡状芽孢杆菌（*Bacillu cereus* AS. 1. 1688）的生长有抑制作用[1311]。

从 *N. psilolepis* 中分得的 notoserolide C（215-4）为一个 lactucin-like 型愈创木烷型倍半萜苷，它也有对蜡状芽孢杆菌 *Bacillu cereus* 的抗菌活性[1312]。

其他还分得苯环衍生物、香豆素、黄酮、甾体等化合物。

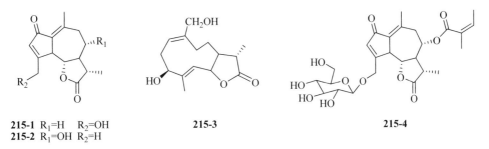

215-1 R₁=H   R₂=OH
215-2 R₁=OH   R₂=H

215-3

215-4

15.2.27 黄瓜菜属 *Paraixeris*

本属 8 ~ 10 种，分布于东亚、东南亚。我国有 6 种。尖裂黄瓜菜 *Paraixeris serotina*，其全草可入药，具有清热解毒和降压等功效[1313]。

本属的化学成分研究报道相对薄弱，从中分得的化合物数量及类型均较少。倍半萜骨架类型仍为常见的愈创木烷与桉烷型。

从羽裂黄瓜菜 *P. pinnatipartita* 中分得三个愈创木烷型化合物，3α,9α-dihydroxy-11βH-guai-4(15),10(1)-dien-12,6β-lactone（216-1）、11β,13-dihydro-3- epizaluzanin C（216-2）和 lactucine[1314]。从尖裂黄瓜菜 *P. serotina* 中还分得 2 个愈创木烷型倍半萜内酯 zedoalactone A 和 zedoalactone C；和 2 个桉烷型倍半萜冬青叶豚草酸（ilicic acid）和(7R, 10S)-selina-4, 11(13)-dien-3-on-12-oic acid[1313]。

另外，还分得多个甾醇化合物、黄酮、三萜、苯环衍生物等。

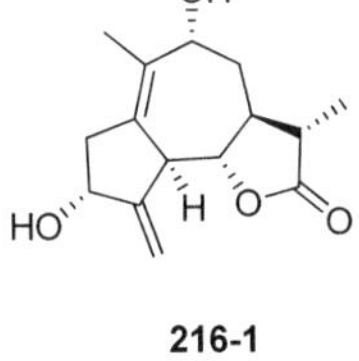

216-1

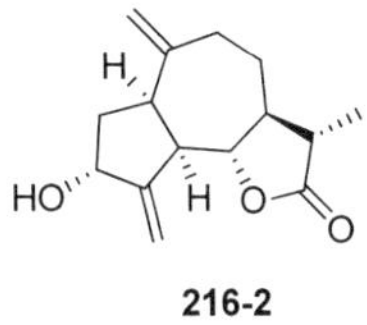

216-2

15.2.28 假小喙菊属 *Paramicrorhynchus*

种数不详。分布于西欧、东地中海地区、伊朗、阿富汗、哈萨克斯坦及印度北部。有研究认为《内蒙古植物志》（第二版）依据朱宗元和温都苏 178 号（Typus.HIMC）标本为模式发表的新种阿拉善黄鹌菜 *Youngia alashanica* H. C. Fu. 就是假小喙菊 *P. procumbens*（Roxb.）Kirp., 产内蒙古额济纳旗，分布于我国甘肃（金塔）、新疆（托克逊、尉犁）[1315]。

至今，未查到有关本属植物的化学成分研究报道。

15.2.29 假福王草属 *Paraprenanthes*

分布于东亚及南亚。我国有 15 种，广泛分布于长江及秦岭以南、西藏东部广大地域。

至今未查到本属植物的化学成分研究报道。

15.2.30 毛连菜属 *Picris*

本属约 40 种，分布于欧洲、亚洲与北非地区。我国有 5 种。毛连菜属 *Picris. L* 多种植物，在我国主要作为民族药、民间药使用，具有清热解毒、消肿止痛的作用。蒙医主要用于治疗白喉、乳腺炎、腮腺炎、脑刺痛等，是"七味毛连菜丸"中主要药物[1316]。

本属中的化学成分以倍半萜及三萜类成分最为典型与特征，即倍半萜类成分以愈创木烷骨架为主，其次为桉烷、吉马烷及 β-紫罗兰酮骨架的化学物为特征；而三萜成分之中，除分布广泛的三萜骨架的化合物之外，还含一类少见、稀有的锯齿石松烷 gammacerane 型五环三萜化合物。

15.2.30.1 倍半萜内酯

从本属多种植物中分得的倍半萜化合物基本上都是本族常见的愈创木烷、桉烷及吉马烷型倍半萜。其中，在愈创木烷骨架中，costus lactone-（环系统中无双键型化合物）和 lactucin-type[两个环内双键，C-1(10) 和 C-3(4)]为本属两种最常见的愈创木烷化合物，其他类型还有 hieracin-type[分子内仅有一个环内双键，C-3(4)]。另外，吉马烷仅有正常的吉马烷型，而无 melampolides 型[1317]。如：

（1）从 *P. koreana* 中分得 lactucin-type 化合物：11,13-dehydroleucodin 和 costus lactone-愈创木烷化合物：9a-hydroxy-3-deoxy-zaluzanin C。

（2）正常吉马烷化合物：sonchuside A。

（3）桉烷化合物：magnolialide[1318]。

（4）除倍半萜单体外，还从 *P. hieracioide* 植物中分得两个以酯链相连的倍半萜二聚体化合物 picriosides A（219-1）和 B（219-2）[1319]。

另外，本属还含降碳的 β-紫罗兰酮型（ionone derivatives）倍半萜化合物（四萜类胡萝卜素的降解产物），如从 *P. hieracioide* 植物中分得 picrionoside A（219-3）、picrionoside B（219-4）、icariside B（219-5）、roseoside（219-6）和 sonchuionoside C（219-7）[1319]。

15.2.30.2 三 萜

从 *P. hieracioides* subsp. *Japonica* 根中牛奶状的白色浆汁分得 40 余个五环三萜化合物及少量的四环三萜类成分。其中，在五环三萜中含有菊科植物中不常见的锯齿石松烷 gammacerane 型及其骨架重排的毛连菜烷型 pichierane 五环三萜类成分，如：

（1）锯齿石松烷 gammacerane 型化合物 gammacer-16-en-3β-yl acetate（219-8）、gammacer-16-en-3β-ol（219-9）、gammacer-16-en-3α-ol（219-10）、gammacer-16-en-3-one（219-11）；

（2）毛连菜烷型 pichierane 化合物：pichierenyl acetate（219-12）、pichierenone（219-13）、isopichierenyl acetate（219-14）、 isopichierenol（219-15）和 seertenyl acetate（219-16）。

（3）另外的五环三萜骨架还有羽扇豆烷 lupane、齐墩果烷 oleanane、骨架重排的齐墩果烷 migrated oleanane、乌苏烷 ursane 及重排的乌苏烷 migrated ursane[1320]。

15.2.30.3 酚酸等

从 *P. aculeata* 中还分得常见的简单香豆素类成分 scopoletin[1321]；从兴安毛连菜菜 *P. davurica* 地上部分分得咖啡酰基奎宁酸衍生物（活性研究显示它们有一定的抗氧化活性[1322]），以及黄酮、酚类及木脂素等。

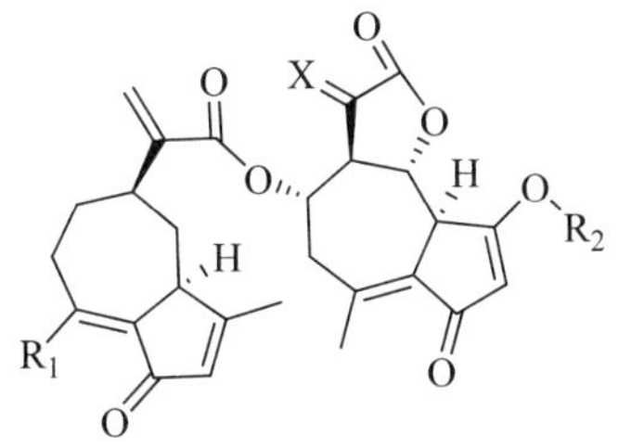

219-1 X=CH₂ R₁=CH₂OH R₂=Glc
219-2 X=H,α CH₃ R₁=CH₂OH R₂=Glc

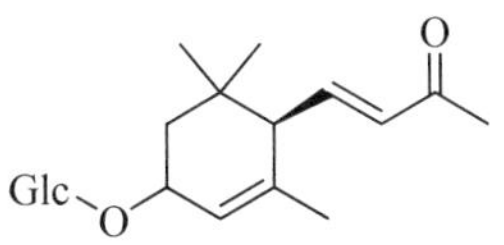

219-3

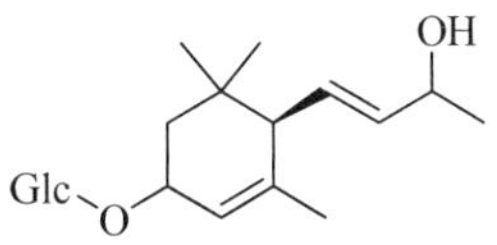

219-4

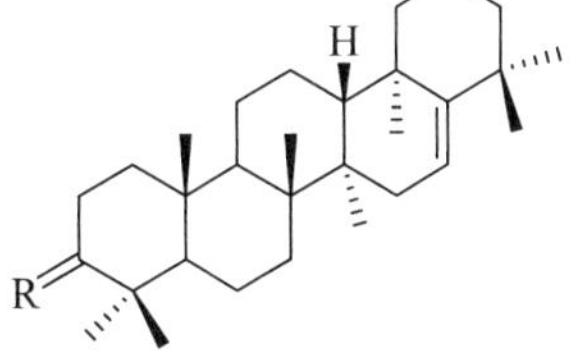

219-5

219-6

219-7

219-8 R=α H, β OAc
219-9 R=α H, β OH
219-10 R=α OH, β H
219-11 R=O

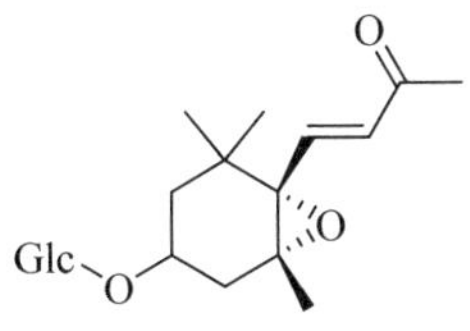

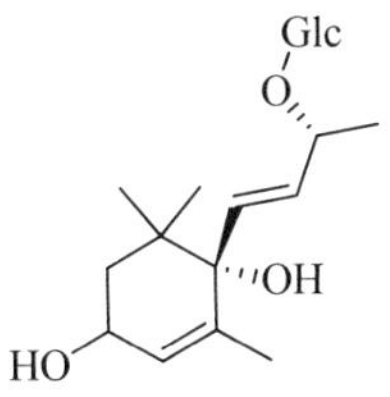

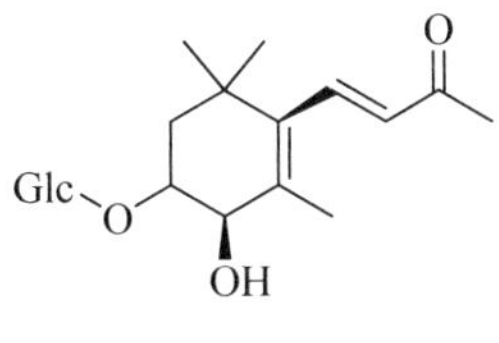

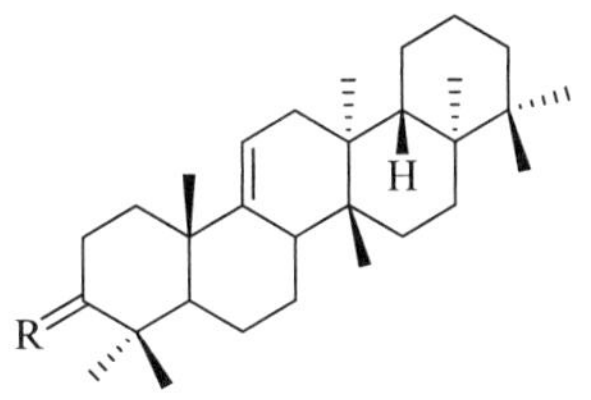

219-12 R=α H, β OAc
219-13 R=O

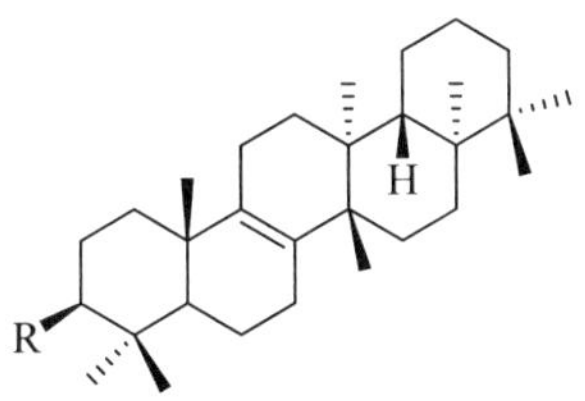

219-14 R=OAc
219-15 R=OH

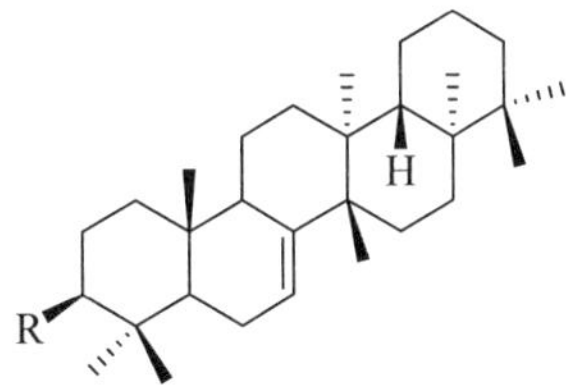

219-16

15.2.31　福王草属 *Prenanthes*

本属约 40 种，广布欧洲、亚洲及热带非洲；我国文献记载有 11 种，现已查明有 7 种。

15.2.31.1　苯醌化合物

从 *P. sarmentosus* 叶中分得一个罕见的苯醌衍生物 oncocalyxone A（220-1），其具有降血糖的作用，而且在 200 mg/kg 剂量下，它的降血糖作用可与阳性对照药格列本脲相等[1323]。另外，通过抗菌、止痛和抗炎的活性筛选，发现本化合物对 *Escherichia coli* 的抑制作用最强；在口服 200 mg/kg 剂量下，有显著的止痛和抗炎作用，其作用可与 5 mg/kg 剂量的硫酸吗啡与 100 mg/kg 剂量的双氯酚酸的作用相等[1324]。

15.2.31.2　环己六醇衍生物

从大叶福王草 *P. macrophylla* 中分得环己六醇 inositol 衍生物，4-hydroxyphenylacetyl-3-D-chiro-inositol ester（220-2）。

除此之外，还分得酚类化合物、愈创木烷倍半萜及三萜化合物，如酚类化合物 4-hydroxyphenylacetic acid、*trans*-ethyl caffeate、*cis*-ethyl caffeate 和 protocatechualdehyde；黄酮化合物 luteolin 和 luteolin-7-*O*-β-D-glucoside；愈创木烷倍半萜化合物 15-hydroxy-2-oxo-guai-3-en-1α,5α,6β,7α,10α,11βH-12,6-olide 和 15-glucopyranosyloxy- 2-oxo-guaia-3,11(13)-dien-1α,5α,6β, 7α,10αH-12,6-olide；以及三萜化合物 ursolic acid 和 oleanolic acid[1325]。

15.2.31.3　倍半萜类化合物

从 *P. acerifolia* 中分得 7 个愈创木烷倍半萜及其苷类化合物，它们是：prenanthelide A（220-3）、prenanthesides A-C（220-4～220-6）、ixerin D、8-epidesacylcynaropicrin glucoside 和 crepiside E[1326]。

15.2.31.4　脂溶性成分

大叶福王草 *P. macrophylla* 的醇提物，再用石油醚萃取得的脂溶性萃取物，经 GC-MS 鉴定，发现本植物的脂溶性成分主要为萜类化合物、脂肪酸、芳烃类化合物等。

（1）萜类化合物占总脂溶性成分的 19.35%，主要包括倍半萜和三萜。在倍半萜中，4,4α,5,6,7,8-六氢-4,4α-二甲基-6-(1-甲基乙烯基)萘酮含量最高（4.89%）；在三萜中，α-香树脂醇含量最高（2.32%）。

（2）脂肪酸及其酯类化合物占总脂溶性成分的 40.78%，其中亚油酸含量最高（14.73%）。

（3）芳烃类成分占总脂溶性成分的 14.80%，其中 1-苯甲基萘含量最高（9.64%）[1327]。

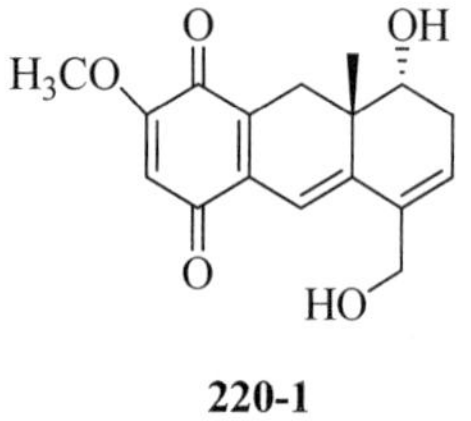

220-1 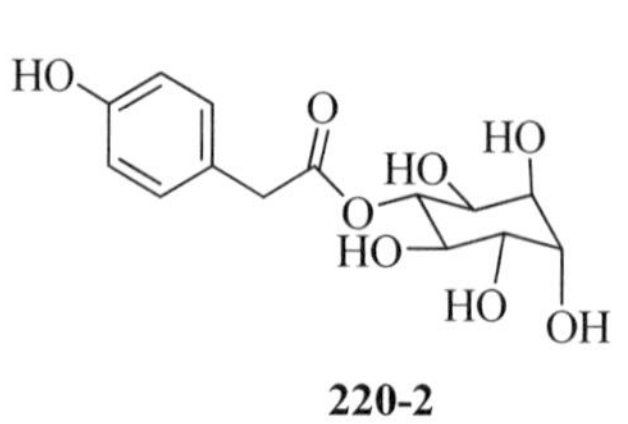　　　　　　　220-2 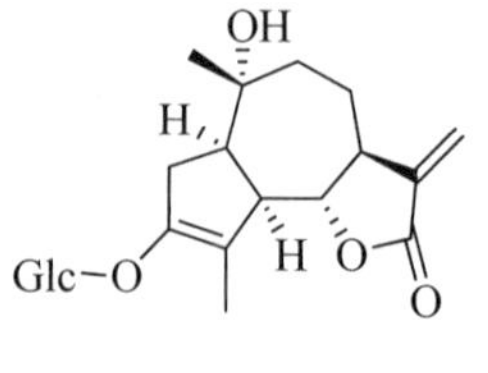　　　　　　　220-3 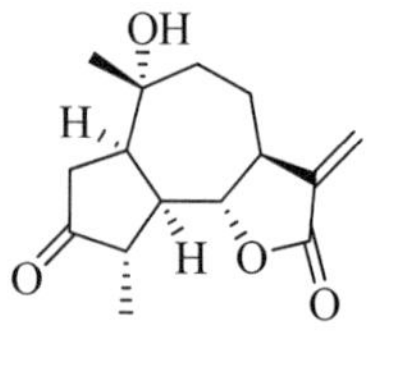　　　　　　　220-4

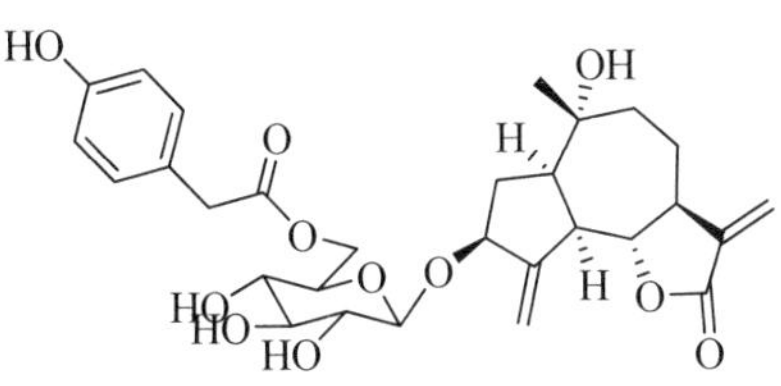

220-5 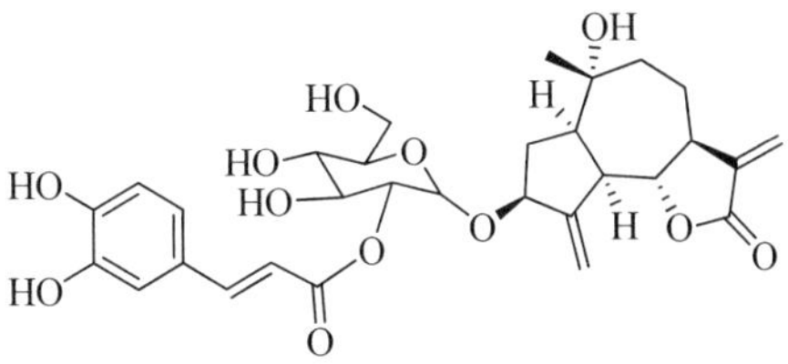 **220-6**

15.2.32　翅果菊属 *Pterocypsela*

本属约 7 种，分布于东亚。高翅果菊 *P. elata*，具有清热解毒、活血祛瘀、祛风等功效，民间用于治疗风寒咳嗽、肺结核等[1328]。

15.2.32.1　倍半萜内酯

本属倍半萜的骨架类型有吉马烷、愈创木烷，而且它们大多为 11,13-氢化的无环外亚甲基的倍半萜内酯产物。如从高翅果菊 *P. elata* 中分得的多个倍半萜内酯化合物，其中最主要的化合物是 melampolides 型化合物莴苣苷 B（lactuside B，221-1），其可降低脑组织含水量，降低缺血后脑组织 MDA 的量，升高 SOD 的量，显示出明显的抗脑缺血作用[1328]；还有一个为高芳香化的愈创木烷型倍半萜化合物，(4S)-11-methoxycarbonyl-guaiane-1(10),5(6),7(11),8(9)-tetraen-6,12-olide（221-2）[1329]。

其他分得的倍半萜化合物骨架主要为愈创木烷下的 lactucin-type 化合物，如 8α-acetoxy-15β-O-β-D-glucopyranosyl-guaia-1(10),3(4)-diene-2-one-6,12-olide（221-3）[1330]。

15.2.32.2　三　萜

从高翅果菊 *P. elata* 中还分得 friedlane 型及乌苏烷型三萜化合物，如 3-oxo-friedlane 和 ursa-12-ene-11-one-3-oloctocosate 化合物[1330]。

15.2.32.3　挥发油

采用乙醚提取，提取物再水蒸气蒸馏得多裂翅果菊 *P. laciniata* 挥发油。经 GC-MS 成分鉴定，共鉴定出 35 种化合物，主要为长链脂肪烃和萜烯类及其含氧衍生物等，如 diphenylamine（8.74%）、spathulenol（6.17%）、eicosane（5.43%）、4-methy-2-benzothiazolamine（5.05%）[1331]。

15.2.32.4　其　他

还分得甾醇、神经鞘胺酯类等。

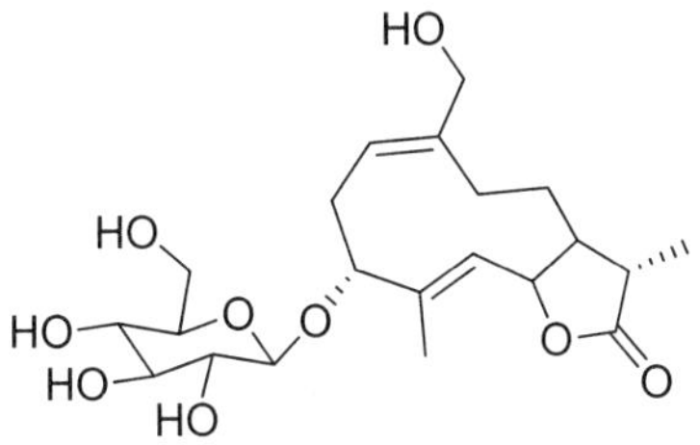

221-1 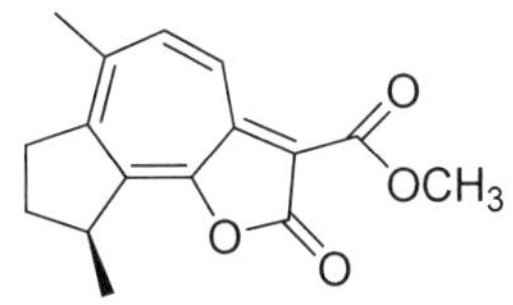　　**221-2** 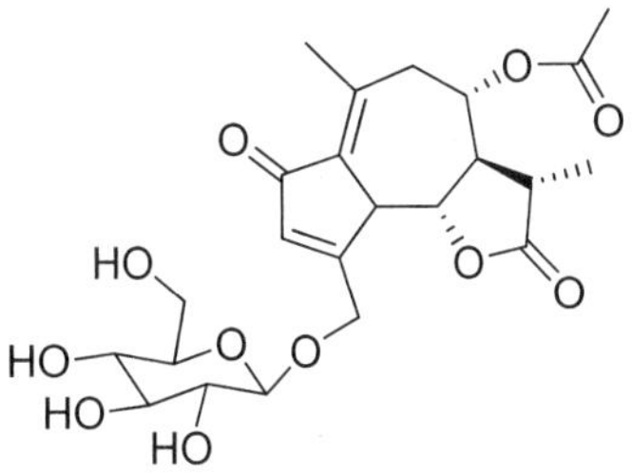　　**221-3**

15.2.33　雀苣属 *Scariola*

本属约 10 种，主要分布于欧亚大陆。据文献记载，我国分布 1 种，雀苣 *S. orientalis*，但因未见到标本，而使该种的分布仅根据文献记载而来，且记载地点不一致，有记载分布于西藏与新疆的不同说法。近期，本种植物在西藏采集到，确认了本种在我国的存在及分布地为西藏[1332]。目前，《中国植物志》已将本种修订为莴苣属雀苣 *Lactuca orientalis* 植物。

在巴勒斯坦传统药物中，将雀苣 *S. orientalis* 应用于多种感染性疾病及阿尔兹海默病的治疗。化学成分研究发现本种中的主要成分是皂苷、黄酮及多酚[1333]。

15.2.33.1　木脂素

在对雀苣 *S. orientalis* 的化学成分研究中，发现本种植物中以新木脂素成分含量最为丰富（约为干重的 1%），并从根与叶中分离得最主要的新木脂素成分 (+)-4-O-methyldihydrodehydrodiconiferyl alcohol（222-1）和 (−)-dihydrodehydrodiconiferyl alcohol（222-2），以及它们的 9-O-β 和 9'-O-β-葡萄糖苷化合物，此类成分共有 6 个。

15.2.33.2　倍半萜成分

从雀苣 *S. orientalis* 分得一个 lactucin-type 愈创木烷倍半萜内酯成分 leucodin（222-3）。

15.2.33.3　其　他

还分得咖啡酸衍生物、简单酚酸、核苷酸、黑麦草内酯 loliolide（222-4）（脱辅基类胡萝卜素内酯，apocarotenoide）等成分[1334]。

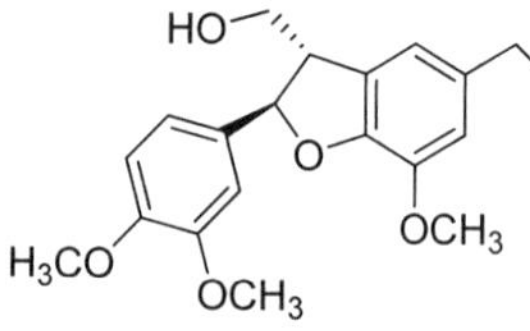

222-1 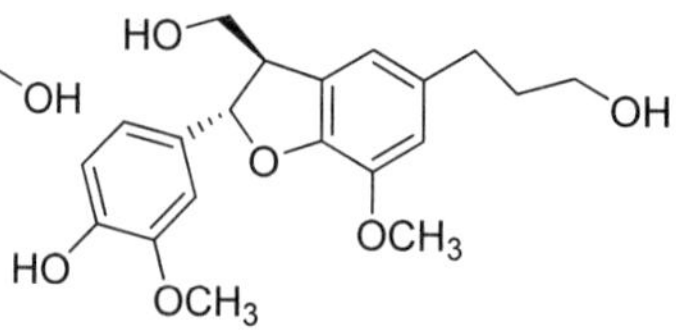　　**222-2** 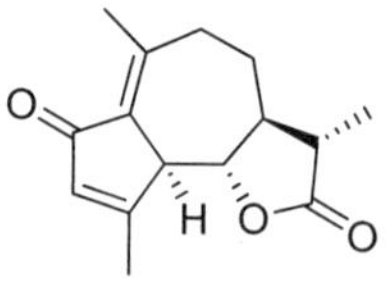　　**222-3** 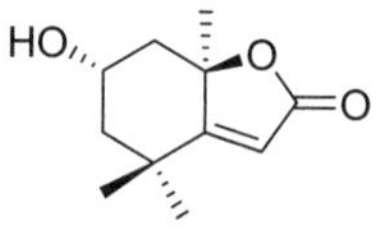　　**222-4**

15.2.34　鸦葱属 *Scorzonera*

本属约 175 种，分布于欧洲、西南亚及中亚，北非有少数种。我国有 23 种，主要分布于西北。

在我国传统药物中，鸦葱属植物的药用历史可追随至明代的《救荒本草》，其中如：华北鸦葱的根，甘、温，有祛风除湿、理气活血作用，用于治疗外感风寒、发热头痛、年久哮喘、风湿性痹痛、倒经、疔疮、关节痛。此外，鸦葱的嫩叶还可作为野菜食用[1335]。在土耳其，*S. tomentosa* 作为传统药物，其地下部分用于止痛、抗风湿、驱虫，以及用于治疗不育[167]。

15.2.34.1　酚酸类成分

本属含有较丰富的酚酸类成分，如苯乙烯型 stilbenoids 成分，如通过 HPLC-MS³ 分析，发现雅葱亚族 Scorzonerinae 植物中含有丰富的黄酮类成分，而且还含黄酮 C-苷化合物，另外，雅葱亚族 Scorzonerinae 植物中含咖啡酰基奎宁酸衍生物（主要为单和双取代咖啡酰基奎宁酸衍生物），但在菊苣族植物中较普遍存在的咖啡酰基酒石酸衍生物（caffeoyl tartaric acid derivatives）在本亚族植物中消失不见了[1336]。

1. 咖啡酰基奎宁酸衍生物

从本属多个植物中分得咖啡酰基奎宁酸衍生物，而且它们大多显示出显著的抗氧化活性，如从 *S. divaricata* 中分得多个咖啡酰基奎宁酸衍生物，如：(−)-1,4-di-*O*-feruloyl-3-*O*-dihydrocaffeoylquinic acid、(−)-1-*O*-feruloyl-4-*O*-dihydrocaffeoylquinic acid、(−)-3,5-di-*O*-feruloylquinic acid、(−)-1-*O*-feruloyl-3-*O*-dihydro-caffeoylquinic acid 和(−)-1-*O*-feruloyl-5-*O*-dihydrocaffeoylquinic acid，而且，其中的(−)-1,4-di-*O*-feruloyl-3-*O*-dihydrocaffeoylquinic acid 化合物还显示出温和的对抗 Hep-G2 肿瘤细胞系的细胞毒活性[1337]。

另外，从 *S. divaricata* 中还分得咖啡酰基奎宁酸衍生物 feruloylpodospermic acids A 和 B，它们的抗氧化活性（IC_{50} 值分别为 36.36 和 34.24 μmol/mL）比阳性对照药绿原酸（IC_{50} 值为 67.92 μmol/mL）还强[1338]。

2. 苯乙烯型 stilbenoids 成分

（1）苯乙基-苯基呋喃衍生物 phenylethyl —benzofuran

从 *S. humilis* 中分得此类新颖骨架的化合物 tyrolobibenzyls A-C（223-1～223-3），通过[3H]胸腺嘧啶分析法，发现它们对白血病 GTB 和 HL60 细胞系无明显的细胞毒活性[1339]。

（2）二氢异香豆素、苯酞、二苯乙烯 stilbene 等类型的化合物

从 *S. tomentosa* 中分离具有较大的特征性的二氢异香豆素、苯酞、stilbene 等类型的化合物，它们的代表化合物分别是：(±)-scorzotomentosin（223-4）、(±)-scorzophthalide（223-5）和 scorzoerzincanin（223-6）。

从结构上看，以上类型化合物应是同一类型的成分，即是由二苯乙烯 stilbene 型化合物邻位侧链环合衍生而得，如二氢异香豆素和苯酞型衍生物[167]。

15.2.34.2　倍半萜内酯

最早从本属分得的倍半萜内酯化合物是从 *S. pseudodivaricata* 中分得一个 lactucin-type 愈创木烷倍半萜内酯 scorzonerin（223-7），其结构上还酯化连接一个桂皮酸残基。

本属植物还以含硫酸酯化的倍半萜化合物为特征，尤其是以在 *S. divaricata* 中发现的硫酸酯化倍半萜内酯生物碱内盐最为典型,如硫酸酯化的吡咯烷愈创木烷型内盐生物碱化合物：sulfoscorzonin C（223-8）、sulfoscorzonin D（223-9）和 sulfoscorzonin E（223-10）；硫酸酯化的吡啶愈创木烷型内盐生物碱化合物：sulfoscorzonin B（223-11）。通过活性研究，发现 sulfoscorzonin E 有温和的对 K562、Hela 和 HepG2 的细胞毒活性；sulfoscorzonin D 则拥有显著的抗菌活性[1340]，而 sulfoscorzonin B 和 C 具有抗氧化活性[1341]。

另外，从 *S. divaricata* 中还分得没药烷 bisabolane 型倍半萜内酯化合物 scorzodivaricin A（223-12）[1341]

15.2.34.3　三　萜

从 *S. divaricata* 中还分得甘遂烷 tirucallane 及达玛烷型 dammarane 四环三萜化合物，如

甘遂烷型三萜 scorzodivaricin B（223-13）和达玛烷三萜 20I-3β,21- dihydroxy-24(31)-methylene-dammarane（223-14）。通过活性筛选，发现 scorzodivaricin B 具有明显的对 HL60、HeLa、HepG2 和 SMMC-7721 肿瘤细胞系的细胞毒活性，其 IC_{50} 值分别为 24.4 μmol/L，24.5 μmol/L，36.2 μmol/L，66.7 μmol/L[1341]。

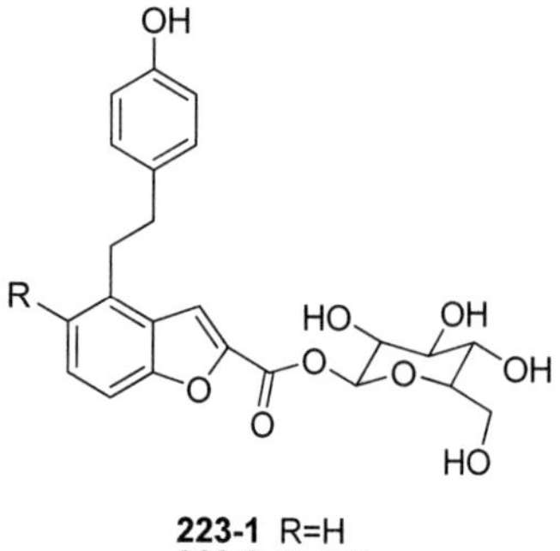

223-1 R=H
223-2 R=OH

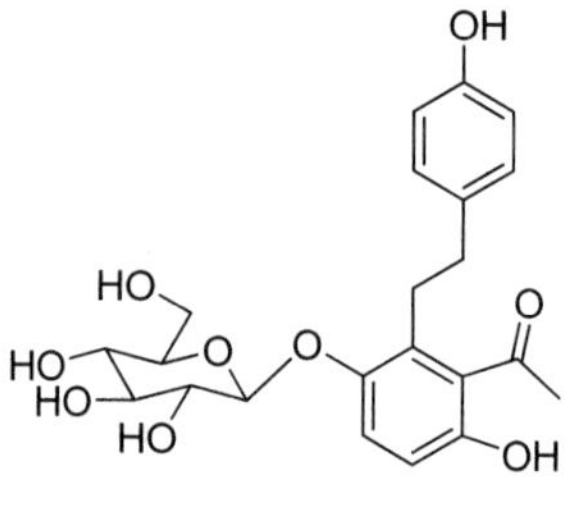

223-3

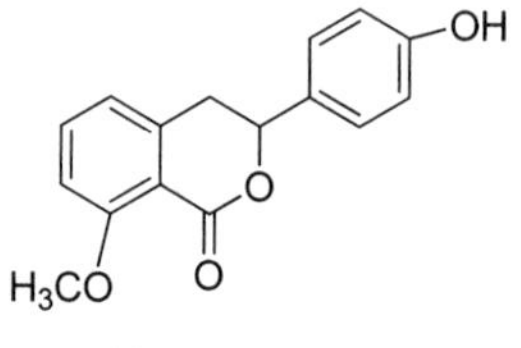

223-4

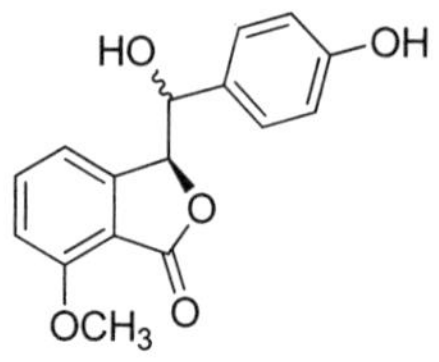

223-5

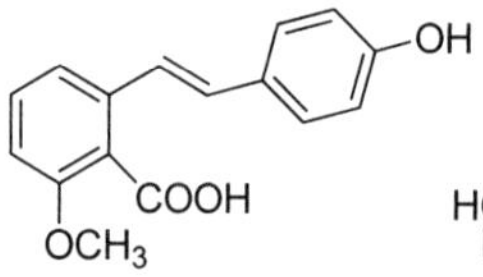

223-6

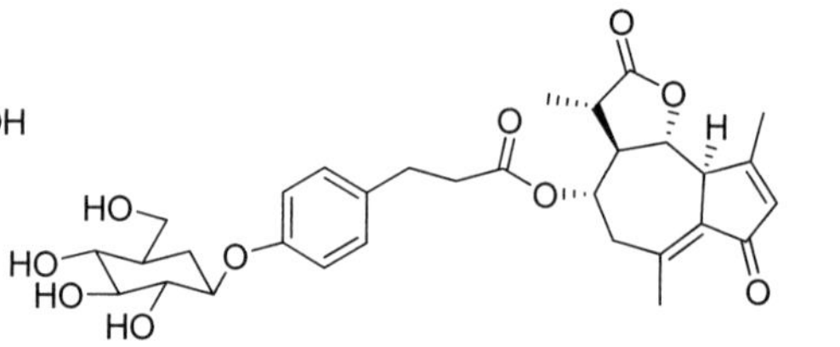

223-7

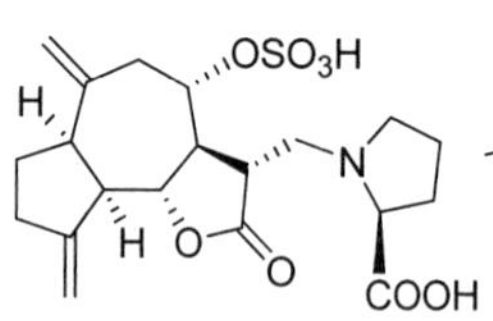

223-8

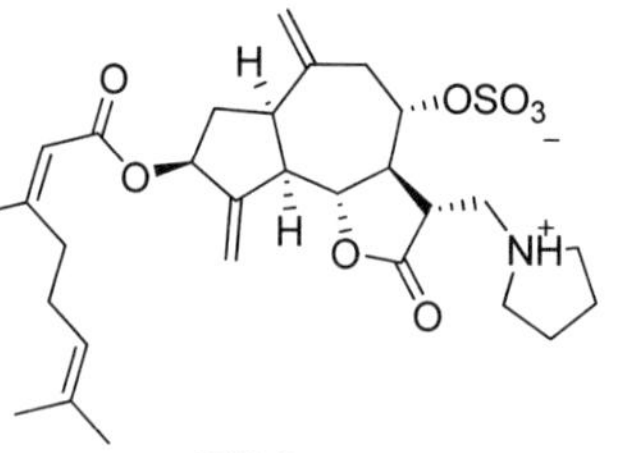

223-9

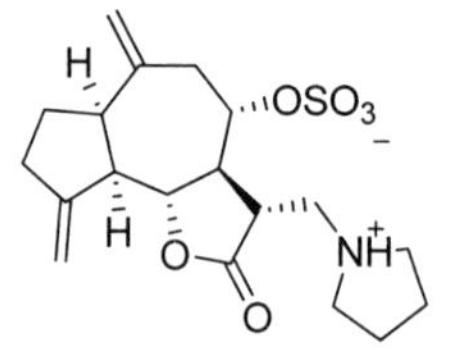

223-10

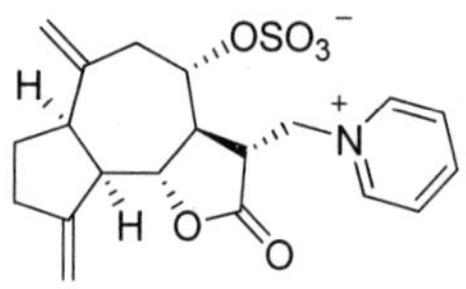

223-11

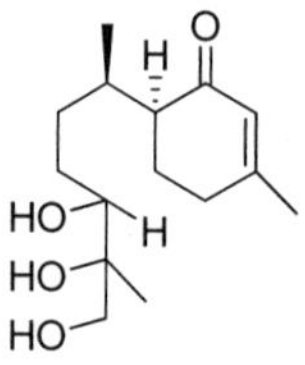

223-12

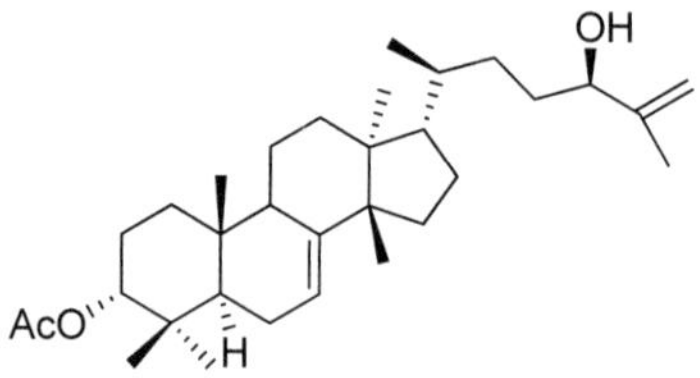

223-13

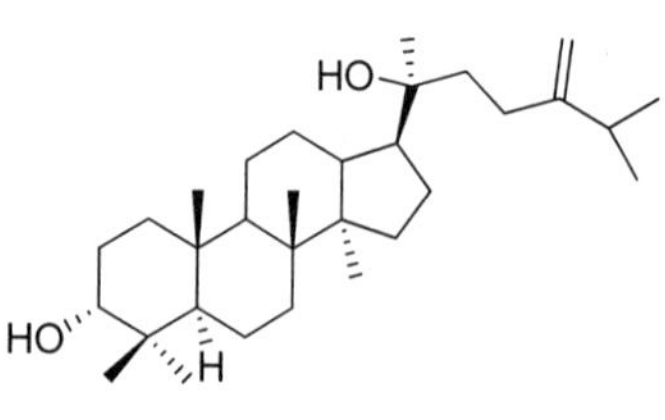

223-14

15.2.35　苦苣菜属 *Sonchus*

全属约 50 种，分布于欧洲、亚洲与非洲。我国有 8 种。本属植物的药用历史追溯至《神农本草经》《本草纲目》，其性味苦寒，具有清热解毒、消肿排脓、凉血化瘀、消食和胃、清肺止咳、益肝利尿之功效，临床用于治疗急性痢疾、肠炎、痔疮肿痛等症。苣荬菜 *S. arvensis*，曾收载入《中国药典》（1977 年版），全草具有清湿热、消肿排脓、化瘀解毒的功效，对肝炎有显著的疗效，在抗肝炎类新药中具有广泛的应用前景；长裂苦荬菜 *S. brachyotus*，全草用于急性咽炎、急性细菌性痢疾、吐血、尿血等症[1342]。

15.2.35.1　倍半萜内酯

从本属中分得的倍半萜骨架主要是桉烷型，其次为愈创木烷倍半萜化合物，如从 *S. macrocurpus* 地上部分分得的一个主要成分为桉烷型倍半萜 11β,13-dihydrosonchucarpolide（224-1）[1343]。

从 *S. macrocurpus* 根中除分得 9 个桉烷倍半萜之外，还分得 2 个愈创木烷型倍半萜，如 10β-hydroxycichopumilode（224-2）[1344]。

除此之外，还分得大柱香菠萝烷型化合物（降碳倍半萜，β-紫罗兰酮型 ionone），如 sonchuionosides A-C（224-3 ~ 224-5）[1345]。

15.2.35.2　其　他

还从 *S. arvensis* 中还分得单乙酰化的半乳糖甘油醇苷、双乙酰化的半乳糖甘油醇苷、双乙酰化的双半乳糖甘油醇苷酯类化合物；从 *S. arvensis* 中分得黄酮化合物，如 luteolin 和 luteolin 7-glycoside（cynaroside）等；以及香豆素、苯丙素、木脂素 pinoresmol 、三萜、甾醇等。

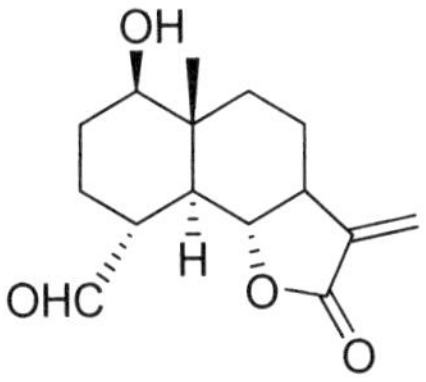

224-1 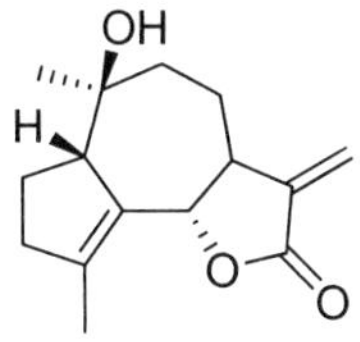　　　　　　　**224-2** 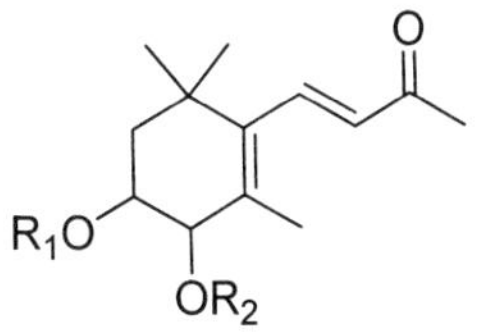　　　　224-3 R$_1$=H　　R$_2$=Glc
　　　　　　　　　　　　　　　　　　224-4 R$_1$=H　　R$_2$=Glc→Api
　　　　　　　　　　　　　　　　　　224-5 R$_1$=Glc R$_2$=H

15.2.36　绢毛苣属 *Soroseris*

全属约 6 种，主要分布于喜马拉雅山区及我国西部、西南部。我国 6 种全产。空桶参 *S. hookeriana* subsp. *Erysimoides* 为一味藏药，名为索公巴，用于治疗咽炎、发烧和关节炎[1346]。另外，金沙绢毛菊 *S. gillii*，藏药名称也为索公巴，具有清热解毒、凉血止血、舒经活脉的功效。主治感冒发烧、咽喉肿痛、支气管炎、疮痈肿毒、乳腺炎、跌打损伤，还可治疗食物中毒、胸腔积水和四肢黄水病等[1347]。

15.2.36.1 化学成分

对本属的化学成分研究较为薄弱，主要的研究进展是从空桶参 S. hookeriana subsp. Erysimoides 中得多类化合物，如：① 黄酮化合物 diosmetin 和 isoluteolin；② 苯环衍生物 p-methoxybenzoic acid 和 isovanillic acid；③ 芳香糖苷 vanilloloside 和 phenylmethanol glucopyronoside；④ 2 个 单 萜 苷 (1R,4R,5R)-5-benzoyloxybornan-2-one-5-O-β-D-glucopyronoside（225-1）和(1R,4R,5R)-5-benzoyloxybornan-2-one；⑤ 6 个愈创木烷倍半萜：3β,8β-dihydroxy-11αH-guaia-4(15),10(14)-diene-12,6α-olide（225-2）、3β,8β-dihyroxyguaia-4(15),10(14),11(13)-triene-12,6α-olide 、 dentalactone 、 10α-hydroxy-8-deoxy-10,14-dihydrodeacylcinaropicrin、glucozaluzanin C 和 8-epideacylcinaropicrin glucoside。

从金沙绢毛菊 S. gillii 中分得的化合物是：① 黄酮化合物：木犀草素、木犀草素-7-O-β-D-葡萄糖苷；② 咖啡酸；③ 三萜化合物：熊果酸、羽扇豆醇乙酸酯；④ 甾醇等；⑤ 倍半萜：愈创木烷化合物 3β,8α-二羟基-11αH-愈创木烷，4(15),10(14)-二烯，12,6α-内酯；⑥ 香豆素：伞形花内酯；⑦ 苯环衍生物：4-羟基-3-甲氧基苯甲醛、4-羟基-3-甲氧基苯甲酸、4-羟基-3-甲氧基苯甲酸甲酯等[1347, 1348]。

15.2.36.2 挥发油

经 GC-MS 鉴定，金沙绢毛菊的低极性成分主要是十六烷酸乙酯（26.12%）、双环己烷（19.17%）、亚油酸乙酯（4.55%）等化合物[1349]。

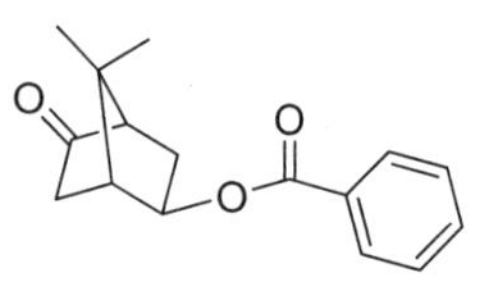

225-1 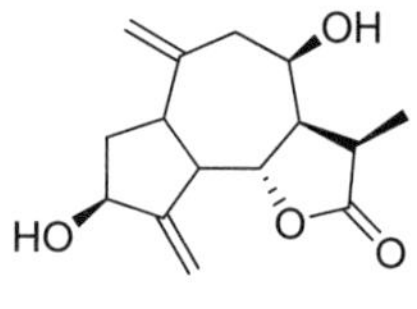　　　　　　　　　　　**225-2**

15.2.37 肉菊属 Stebbinsia

单种属，肉菊 Stebbinsia umbrella，分布于我国四川、云南及西藏。《中国植物志》已将本种名称修订为肉菊 Soroseris umbrella，即归为绢毛苣属植物。

至今，仍无对本种的化学成分研究报道。

15.2.38 细莴苣属 Stenoseris

主要分布于中国西南部至缅甸、不丹、尼泊尔及印度。全属约 6 种。
至今还无化学成分的研究报道。

15.2.39 合头菊属 Syncalathium

全属 9 种，现已查明我国有 8 种，分布于青藏高原及其周围地区。

至今无对本属的化学成分研究报道。

15.2.40 蒲公英属 *Taraxacum*

全属约 2000 种，主要产于北半球温带至亚热带地区，少数产于热带南美洲。我国有 70 种、1 变种，广布于东北、华北、西北、华中、华东及西南各省区，西南和西北地区最多。

中药蒲公英为蒲公英 *T. mongolicum* 同属多种植物的干燥全草，始载于《唐本草》，味苦、甘，性寒，具清热解毒，消肿散结，利尿通淋之功效。用于疔疮肿毒、乳痈、瘰疬、目赤、咽痛、肺痈、肠痈、湿热黄疸、热淋涩痛[1350]。另外，橡胶草 *T. koksaghyz* 的根中含有高质量天然橡胶 2.89%~27.89%，因此，具有较高的工业应用价值[1351]。

蒲公英也作为世界传统药物应用于临床，如在 10~11 世纪，就有阿拉伯人将本品用于治疗肝脾疾病的记载；德国从 16 世纪开始，就有本品的医药应用记载，如德国医生、植物学家记载本品具有医治痛风、腹泻、皮肤水泡、肝脾疾病等的作用；在北美原住民医药中，本品的根和地上部分的汤剂用于治疗肾病、消化不良和胃热；而且，本品被认为是净化血液剂，可作为轻泻剂用于治疗关节炎和风湿性关节炎，以及湿疹和其他皮肤疾病；在墨西哥，本品全株的汤剂用于控制糖尿病；在土耳其，本品作为泻药、利尿剂及抗糖尿病药物[1352]。

现代研究发现本属植物以倍半萜和三萜化合物为化学结构特征。

15.2.40.1 倍半萜化合物

本属的倍半萜骨架仍主为愈创木烷、吉马烷与桉烷，而且以吉马烷 taraxinic acid 及其糖酯苷化合物最为典型、特征与丰富。其中，从 *T. platycarpum* 中分得的倍半萜有 lactucin-（如 deacetylmatricarin 8-*O*-β-D-glucopyranoside，229-1）和 costus lactone-type（如 ixerin D，229-2）愈创木烷，以及吉马烷型（如 sonchuside A，229-3）化合物[1353]。

从 *T. officinale* 中分得 2 个吉马烷型倍半萜，14-*O*-β-D-glucosyl-11,13-dihydro-taraxinic acid（229-4）和 14-*O*-β-D-glucosyl-taraxinic acid（229-5）。其中，化合物 14-*O*-β-D-glucosyl-taraxinic acid 展示出抑制 HIV-1 复制的活性（EC_{50} 值 1.68 μg/mL），但也显示出对未感染病毒的 H9 细胞生长的细胞毒作用（IC_{50} 值 7.94 μg/mL）[1354]。

从 *T. coreanum* 中分得一个吉马烷型葡萄糖酯苷化合物 taraxinic acid-1'-*O*-β-D-glucopyranoside，再通过水解得其苷元 taraxinic acid。通过细胞毒活性筛选，发现苷元 taraxinic acid 比其苷对人类白血病细胞 HL-60 的抗增殖作用更强[1355]。

从 *T. officinale* 中还分得桉烷型倍半萜化合物，4α,15,11β,13-tetrahydroridentin B 和 taraxacolid-[1'-*O*-β-D-glucopyranosid]（229-6）[1356]。

15.2.40.2 三萜化合物

本属以富含乌苏烷型的蒲公英甾醇 taraxasterol 和 ψ-蒲公英甾醇 ψ-taraxasterol 型化合物，以及它们的 C-16 位羟基取代衍生物 arnidiol（229-7）和 faradiol（229-8）为结构特征。除此之外，本属还有羽扇豆烷型 lupane、开环羽扇豆烷型 seco-lupane、重排的羽扇豆烷型 migrated lupane、齐墩果烷型 oleanene 等[1357-1359]。

从 *T. officinale* 中分得一个开环羽扇豆烷型 seco-lupane 化合物，officinatrione（229-9），它是第一个从本属植物中分得的 D/E 开环形成一个九元环骨架的化合物。该化合物显示出对 L1210 细胞系中等的细胞毒活性（IC$_{50}$ 值为 10.1 μmol/L）[112]。但是另有研究发现，从另一植物 *T. platycarpum* 中分得的同类型结构化合物（文献未命名，229-10），以及蒲公英甾醇三萜衍生物 ptiloepoxyl acetate[1353]。

15.2.40.3 酚酸类成分

通过 HPLC-DAD/ESI-MS^n 联用技术，从 *T. officinale* 根和叶中鉴定了 43 个酚类化合物，其中包含：5 个单和双咖啡酰基奎宁酸衍生物、5 个酒石酸衍生物、8 个黄酮和 8 个黄酮醇化合物，其中最主要的成分是绿原酸[1360]。

另外，通过抗氧化活性指导和采用高速逆流色谱，从一个新建的属（单种属），新蒲公英属 *Neo-Taraxacum* 植物 *Neo-Taraxacum siphonanthum*（我国传统用于炎症与病毒感染）中分得三个黄酮化合物，luteolin-3'-*O*-β-D-glucopyranoside、luteolin-7-*O*-β-D-glucopyranoside 和 luteolin-4'-*O*-β-D-glucopyranoside。该三个化合物均显示出有效的抗氧化作用，而且具有两个羟基的化合物 luteolin-7-*O*-β-D-glucopyranoside 比仅具有一个羟基的另两个化合物的抗氧化活性强[1361]。

15.2.40.4 其 他

还分得酰化的 γ-丁内酯葡萄糖苷化合物（acylated γ-butyrolactone glucoside，taraxacoside）[1362]、富含半胱氨酸的抗菌肽（ToAMP1、ToAMP2 和 ToAMP4）[1363]、脯氨酸-羟基脯氨酸葡萄糖肽（ToHyp1 和 ToHyp2）[1364]等化合物。

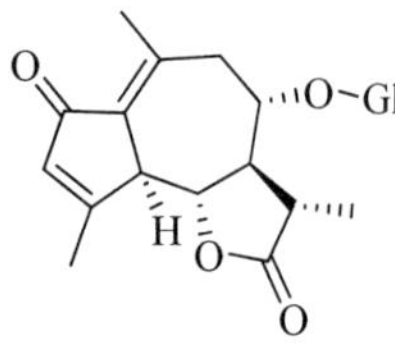

229-1 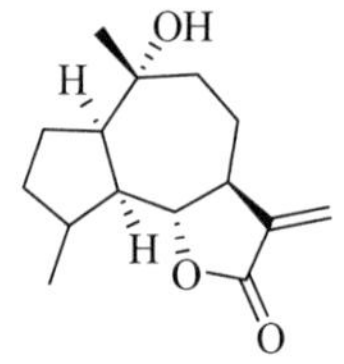 229-2 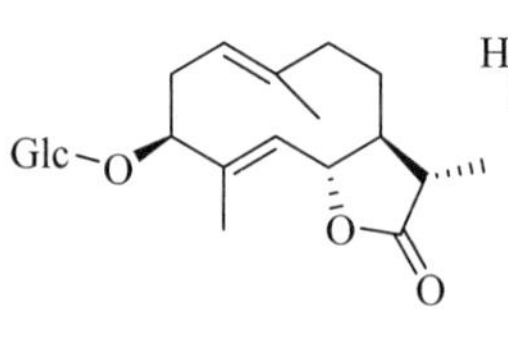 229-3 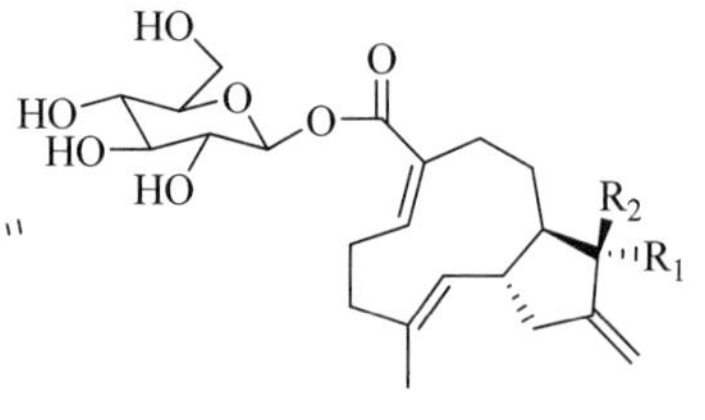 229-4 R$_1$=CH$_3$ R$_2$=H 229-5 R$_1$,R$_2$=CH$_2$

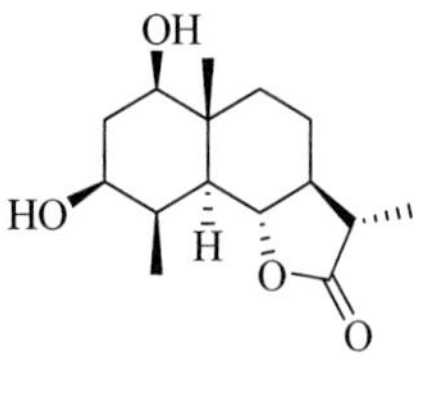

229-6 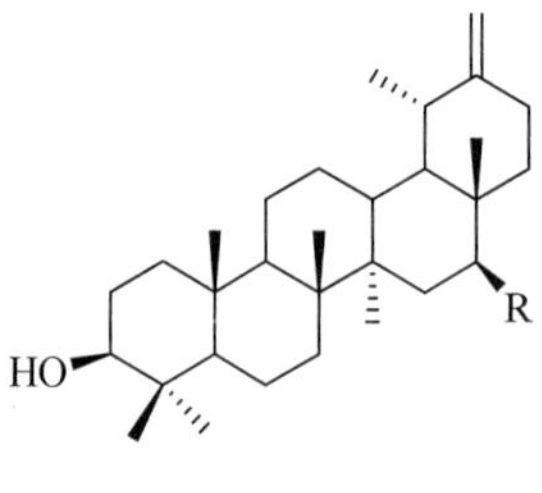 taraxasterol R=H 229-7 R=OH ψ-taraxasterol R=H 229-8 R=OH

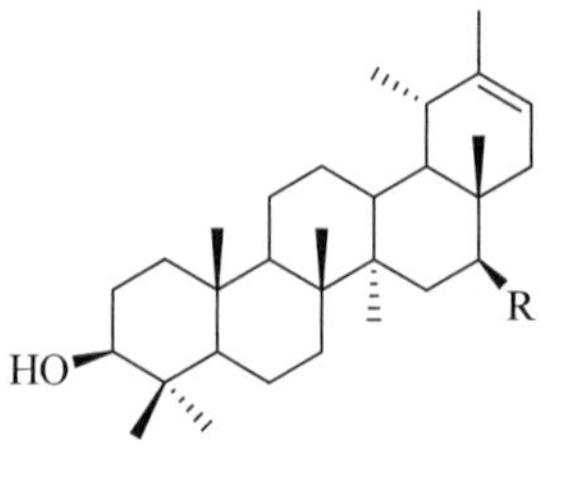

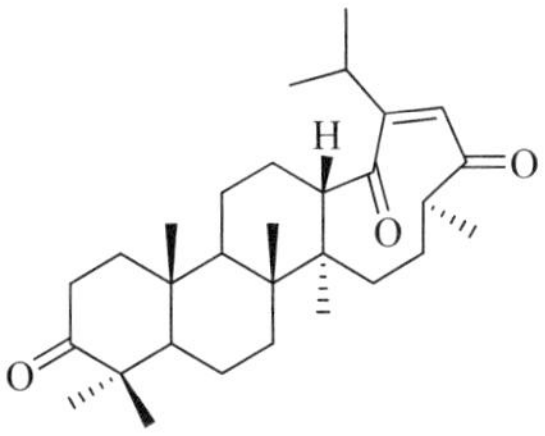

229-9 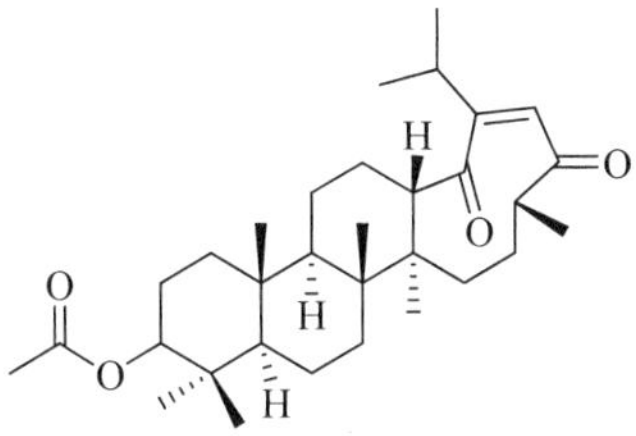   229-10

15.2.41　婆罗门参属 *Tragopogon*

本属约 150 种，主要集中在地中海沿岸地区、中亚及高加索。我国有 14 种，集中分布于新疆。蒜叶婆罗门参 *Tragopogon porrifolius*，又名菊参、土人参，具有镇静、催眠、镇痛、止咳、祛痰等功效，并具有明显的抗疲劳、耐缺氧的作用[1365]。

15.2.41.1　挥发油

T. latifolius var. *angustifolius* 挥发油的主要成分经 GC-MS 鉴定为：α-selinene（10.5%）、2,5-di-tert octyl-*p*-benzoquinone（9.5%）和 valencene（7.0%）。同时，研究发现该挥发油在 200 mg/mL 的剂量下，显示出中等的抑制乙酰胆碱酯酶和丁酰胆碱酯酶的活性[1366]。

另外，文献报道还显示本属不同植物的挥发油具有不一致的组分，如 *T. porrifolius* 挥发油中的主要成分是 4-vinyl guaiacol（19.0%）、hexadecanoic acid（17.9%）和 hexahydrofarnesylacetone（15.8%）[1367]。*T. graminifolius* 挥发油的主要成分为 *n*-hexadecanoic acid（22.0%）、β-caryophyllene（7.5%）、heneicosane（6.6%）和 nonanal（5.2%），而且该挥发油还拥有抗氧化和抗菌活性[1368]。

15.2.41.2　三萜皂苷

分布于欧洲与东亚的 *T. pratensis* 植物根还可食用，其中富含齐墩果烷 oleanane 型三萜皂苷，如从中分得的 tragopogonosides A-I，而且在三萜皂苷成分上，本种植物与同属的 *T. porrifolius* 植物类似[1369]。

15.2.41.3　黄　酮

根据波斯民族医药的传统应用，*T. graminifolius* 具有多种药用用途，如有治疗伤口愈合的作用，因此，利用活性跟踪指导的方法，从本植物的活性流份中分离得的黄酮化合物 luteolin，其被证实是一个具有促进皮肤成纤维细胞增殖与迁移作用的化合物[1370]。

15.2.41.4　二苯乙烯内酯 stilbenoids 型化合物

从 *T. tommasinii* 中分离得到的简单双苯基化合物、苯基苯酞化合物以及两个新颖的螺环 cannabispiradienone 型糖苷化合物 3-*O*-β-glucopyranosyldemethoxycannabispiradienone（230-1）和 3-caffeoyl-(9→5)-β-apiosyl-(1→6)-β- glucopyranosyloxydemethoxycannabispiradienone（230-2）。

经抗炎活性研究，筛选出：简单二苯乙基型化合物 3-caffeoyl-(9→5)-β-apiosyl-(1→6)-β-glucopyranosyloxy-40-dihydroxy-5,30-dimethoxy-bibenzyl、苯酞型化合物 7-(1→6)-α-rhamnosyl-β-glucopyranosyloxy-(S)-3-(4-hydroxybenzyl)-5-methoxyphtalide 和螺环 cannabispiradienone 型化合物 3-caffeoyl-(9→5)-β-apiosyl-(1→6)-β- glucopyranosyloxydemethoxycannabispiradienone 具有明显的抗炎活性[1371]。

从 T. porrifolius 中还分得一个二聚的二氢异香豆素化合物 tagoponol（230-3），它可看成是由两个二苯乙烷基通过两个酯键，形成一个十二元大环的二聚体化合物[1372]。

15.2.41.5 其 他

还从本属分得香豆素、C-苷黄酮、咖啡酰基奎宁酸等。

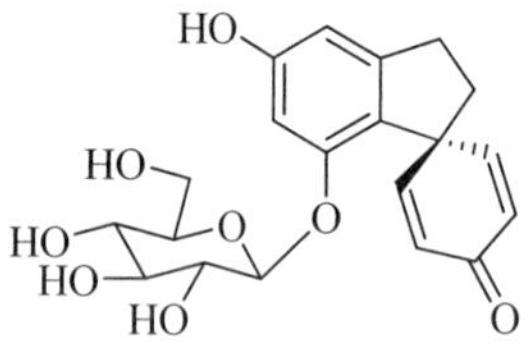

230-1

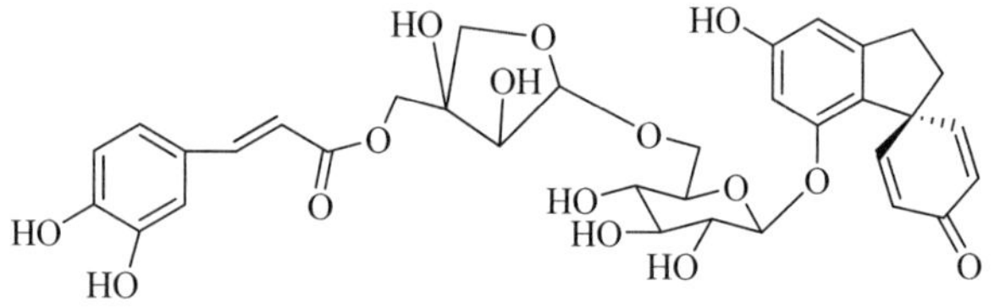

230-2

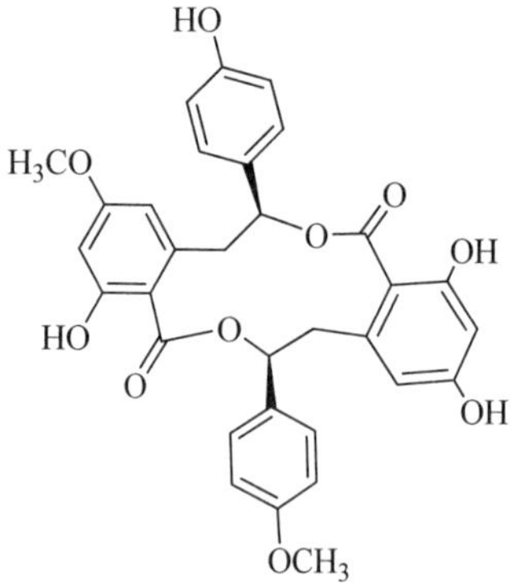

230-3

15.2.42 黄鹤菜属 Youngia

全属约 40 种，主要分布于我国。据记载，我国有 37 种，现知有 31 种。日本、朝鲜、蒙古及俄罗斯（西伯利亚、远东地区）有少数种数。黄鹤菜 Y. japonica，甘、微苦、凉，具有清热解毒、利尿消肿、止痛之功效[1373]。

15.2.42.1 倍半萜

本属植物以愈创木烷倍半萜为主，即含少数的吉马烷与桉烷骨架倍半萜。除此之外，还含大柱香菠萝烷型 megastigmane 倍半萜。如：

（1）从 Y. denticulata 中分得的吉马烷倍半萜苷 picriside C,愈创木烷倍半萜苷 youngiasides A（231-1）、B（231-2）、C（231-3）和 D[1374]。其中的化合物 youngiasides A 和 C 还具有抑

制由中波紫外线导致的基质金属蛋白酶（matrix metalloproteinases，MMP）的表达，以及提高 I 型原胶原蛋白（procollagen）的产生，显示出此两个化合物在防治皮肤光老化方面的药物开发潜力[1375]。

（2）从 *Y. japonica* 中分得的愈创木烷化合物 grosheimin（231-4）还具有强烈的抑制组胺释放的抗过敏活性[1376]。

（3）从 *Y. japonica* 中分得的愈创木烷、桉烷、大柱香波萝烷型倍半萜化合物，其中，愈创木烷化合物 3*β*-(*β*-D-glucopyranosyloxy)-8*α*-(4-hydroxyphenyl)acetoxy-4(15),10(14),11(13)-guaiatrien-12,6-olide（231-5）和 3*β*-(*β*-D-glucopyranosyloxy)-4(15),10(14),11(13)-guaiatrien-12,6-olide（231-6），以及大柱香波萝烷型倍半萜化合物 3*α*-hydroxy-4*α*-(*β*-D-glucopyranosyloxy)-5,7-megastigmadien-9-one（231-7）显示出：它们分别在 1×10^{-7}、1×10^{-6}、1×10^{-5} mol/L 浓度下，具有抑制淋巴 T 和 B 细胞增殖的作用，以及未显示出明显的细胞毒性；但其中的化合物 3*β*-(*β*-D-glucopyranosyloxy)-4(15),10(14),11(13)-guaiatrien-12,6-olide 在小鼠体内抗炎模型上却仅显示出较弱的抗炎活性[1377]。

15.2.42.2　三　萜

从 *Y. koidzumiana* 中分得的三萜化合物 oleanolic acid、methyl ursolate 和 corosolic aicd，具有二酰基甘油酰基转移酶（diacylglycerol acyltransferase，DGAT）活性，它们的 IC_{50} 值分别为 31.7 μmol/L、26.4 μmol/L 和 44.3 μmol/L，而从中分得的倍半萜化合物对 DGAT 的抑制活性则较弱[1378]。

15.2.42.3　聚炔化合物

从 *Y. sonchifolia* 的抗菌流份中分得一个炔类化合物 2-nonynoic acid（231-8），通过抗菌活性评价，确认本化合物为本植物的抗菌成分[1379]。

15.2.42.4　酚类成分

Y. japonica 中的咖啡酰基奎宁酸成分 3,4-dicaffeoylquinic acid 和 3,5-dicaffeoylquinic acid 具有抗 RSV 病毒的活性，其 IC_{50} 值为 0.5 μg/mL。另外，黄酮化合物 luteolin-7-*O*-glucoside 及以上的两个咖啡酰基奎宁酸衍生物具有抗 *Vibrio cholerae* 和 *Vibrio parahaemolyticus* 细菌的活性。除此之外，两个咖啡酰基奎宁酸衍生物还对细菌 *Bacillus cereus* 有抗菌活性[1380]。

15.2.42.5　挥发油

Y. japonica 挥发油具有对蚊子 *Aedes albopictus* 的杀虫活性，通过分析，其挥发油中的主要成分是单萜化合物 menthol（231-9）(23.53%)、苯丙素化合物 *α*-asarone（231-10）(21.54%)、单萜化合物 1,8-cineole (5.36%)和倍半萜化合物 caryophyllene (4.45%)。进一步评价这些化合物的灭蚊活性，发现其中的化合物 *α*-asarone 和 menthol 具有杀灭蚊子 *Aedes albopictus* 的活性，其 IC_{50} 分别是 24.56 μg/mL 和 77.97 μg/mL[1381]。

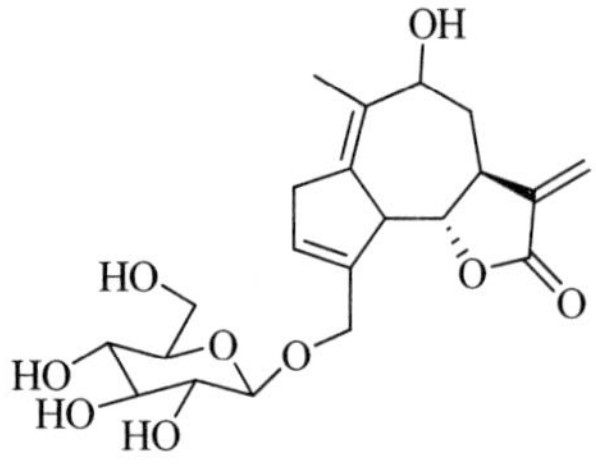

231-1

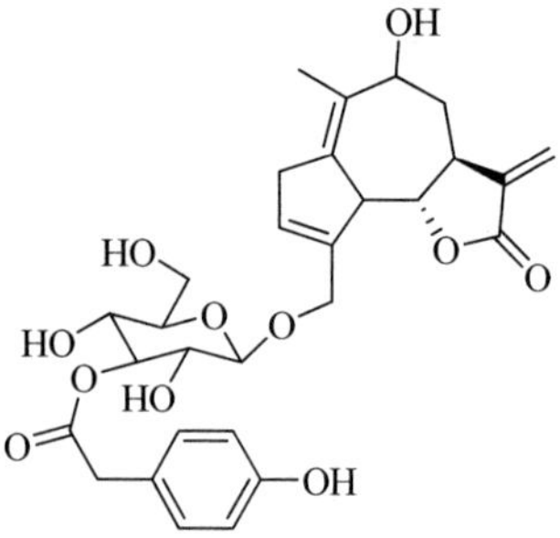

231-2

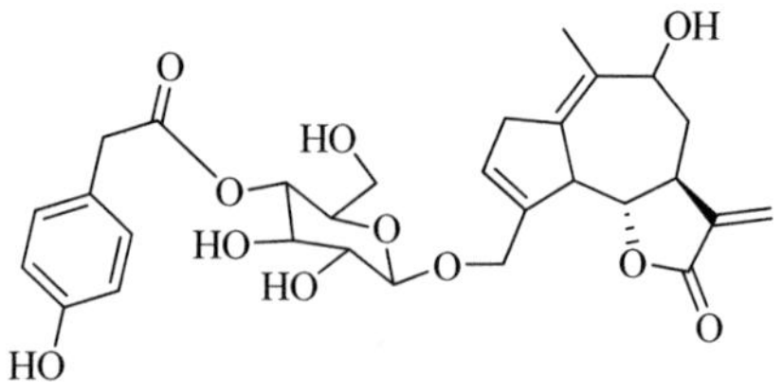

231-3

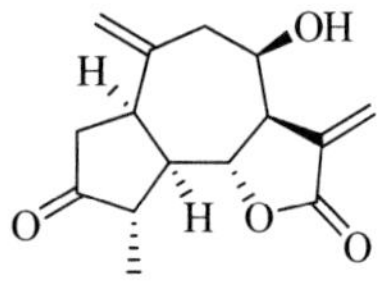

231-4

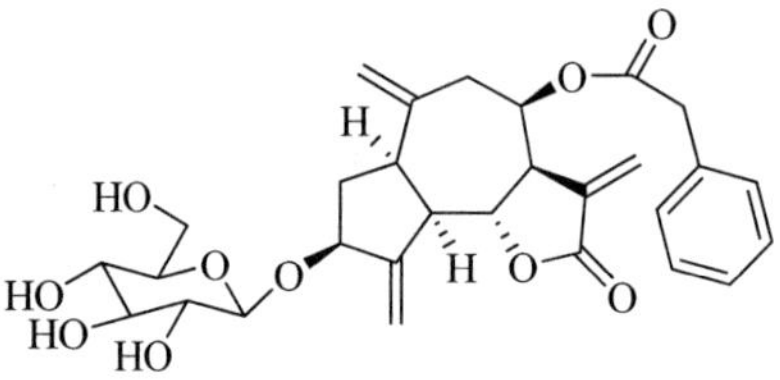

231-5

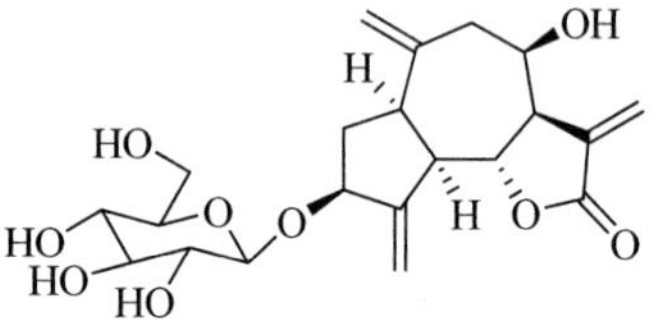

231-6

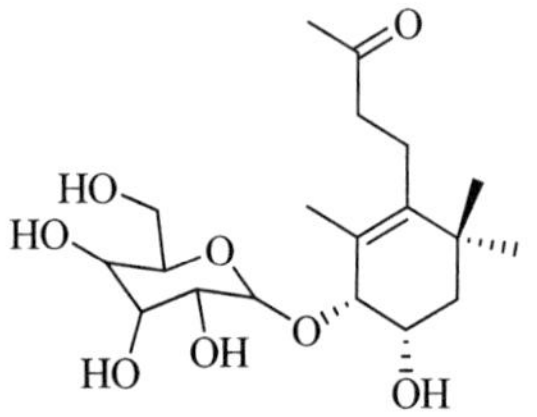

231-7

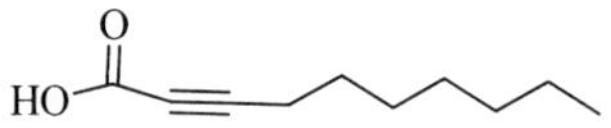

231-8

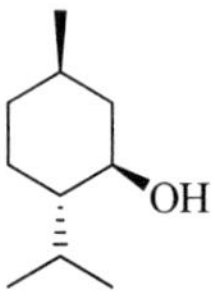

231-9

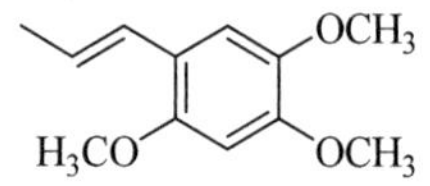

231-10

参考文献

[1] 林有润. 中国菊科植物的系统分类与区系的初步研究[J]. 植物研究, 1997, 17 (1).

[2] JANSEN R K, PALMER J D. A chloroplast DNA inversion marks an ancient evolutionary split in the sunflower family (Asteraceae)[J]. Proceedings of the National Academy of Sciences of the United States of America, 1987, 84 (16).

[3] SEAMAN F C. Sesquiterpene lactones as taxonomic characters in the Asteraceae[J]. Botanical Review, 1982, 48 (2).

[4] CCANA-CCAPATINTA G V, MONGE M, FERREIRA P L, et al. Chemistry and medicinal uses of the subfamily Barnadesioideae (Asteraceae)[J]. Phytochem Rev, 2018, 17 (3).

[5] KATINAS L, FUNK V A. An updated classification of the basal grade of Asteraceae (= Compositae): from Cabrera's 1977 tribe Mutisieae to the present[J]. New Zealand Journal of Botany, 2020, 58 (2).

[6] 石铸. 菊科植物一览[J]. 植物杂志, 1984, 11 (4).

[7] BARREDA V, PALAZZESI L, TELLERÍA M C, et al. Fossil pollen indicates an explosive radiation of basal Asteracean lineages and allied families during Oligocene and Miocene times in the Southern Hemisphere[J]. Review of Palaeobotany and Palynology, 2010, 160 (3-4).

[8] 林有润. 菊科植物的系统分类与区系地理的初步探讨[J]. 植物研究, 1993, 13 (2).

[9] PANERO J L, CROZIER B S. Macroevolutionary dynamics in the early diversification of Asteraceae[J]. Molecular Phylogenetics and Evolution, 2016, 99.

[10] MANDEL J R, DIKOW R B, SINISCALCHI C M, et al. A fully resolved backbone phylogeny reveals numerous dispersals and explosive diversifications throughout the history of Asteraceae[J]. Proc Natl Acad Sci U S A, 2019, 116 (28).

[11] 汪劲武. 种子植物分类学[M]. 北京: 高等教育出版社, 2009.

[12] HANSEN H V. Studies in the Calyceraceae with a discussion of its relationship to Compositae[J]. Nord J Bot, 1992, 12 (1).

[13] GRAYER R J, CHASE M W, SIMMONDS M S J. A comparison between chemical and molecular characters for the determination of phylogenetic relationships among plant families: an appreciation of Hegnauer's "Chemotaxonomie der Pflanzen"[J]. Biochemical Systematics and Ecology, 1999, 27.

[14] BREMER K. Tribal interrelationships of the Asteraceae[J]. Cladistics, 1987, 3 (3).

[15] KIM K J, JANSEN R K. ndhF sequence evolution and the major clades in the sunflower family[J]. Proc Natl Acad Sci, 1995, 92 (22).

[16] PANERO J L, FUNK V A. Toward a phylogenetic subfamilial classification for the Compositae (Asteraceae)[J]. Proceedings of the Biological Society of Washington, 2002, 115 (4).

[17] KATINAS L, PRUSKI J, SANCHO G, et al. The subfamily mutisioideae (Asteraceae)[J]. Bot Rev, 2008, 74.

[18] CHASE M W, SOLTIS D E, OLMSTEAD R G, et al. Phylogenetics of seed plants: an analysis of nucleotide sequences from the plastid gene rbcL[J]. Annals of the Missouri Botanical Garden, 1993, 80 (3).

[19] 王伟, 张晓霞, 陈之端, 等. 被子植物 APG 分类系统评论[J]. 生物多样性, 2017, 25 (4).

[20] 陈孝泉. 植物化学分类学[M]. 北京: 高等教育出版社, 1990.

[21] 何关福. 中国植物化学分类学回顾和展望[J]. 植物学通报, 1983, 1 (2).

[22] REYNOLDS T. The evolution of chemosystematics[J]. Phytochemistry, 2007, 68 (22-24).

[23] WINK M. Evolution of secondary metabolites from an ecological and molecular phylogenetic perspective[J]. Phytochemistry, 2003, 64 (1).

[24] WANG C, YU D. Diterpeneoid, sesquiterpenoid and secoiridoid glucosides from Aster auriculatus[J]. Phytochemistry, 1997, 45 (7).

[25] YANG Y X, SHAN L, LIU Q X, et al. Carpedilactones A-D, four new isomeric sesquiterpene lactone dimers with potent cytotoxicity from Carpesium faberi[J]. Organic Letters, 2014, 16 (16).

[26] JANAĆKOVIĆ P, RAJČEVIĆ N, GAVRILOVIĆ M, et al. Essential oil composition of five Artemisia (Compositae) species in regards to chemophenetics[J]. Biochemical Systematics and Ecology, 2019, 87.

[27] CAPASSOA A, URRUNAGAD R, GAROFALOA L, et al. Phytochemical and pharmacological studies on medicinal herb Acicarpha tribuloides[J]. International Journal of Pharmacognosy, 1996, 34 (4).

[28] JUX A, GLEIXNER G, BOLAND W. Classification of terpenoids according to the methylerythritolphosphate or the mevalonate pathway with natural $^{12}C/^{13}C$ isotope ratios: dynamic allocation of resources in induced plants[J]. Angewandte Chemie International Edition, 2001, 40 (11).

[29] CHRISTIANSON D W. Structural and chemical biology of terpenoid cyclases[J]. Chem Rev, 2017, 117 (17).

[30] TIAN B X, WALLRAPP F H, HOLIDAY G L, et al. Predicting the functions and specificity of triterpenoid synthases: a mechanism-based multi-intermediate docking approach[J]. PloS Comput Biol, 2014, 10 (10).

[31] PETERS R J. Two rings in them all: the labdane-related diterpenoids[J]. Nat Prod Rep, 2010, 27 (11).

[32] THIMMAPPA R, GEISLER K, LOUVEAU T, et al. Triterpene biosynthesis in plants[J]. Annu Rev Plant Biol, 2014, 65.

[33] PEDROSO M, GEHN A, STIVANIN M, et al. Absolute configuration of clemateol[J]. Journal of the Brazilian Chemical Society, 2018, 29 (4).

[34] RASHID M U, ALAMZEB M, ALI S, et al. A new irregular monoterpene acetate along with eight known compounds with antifungal potential from the aerial parts of Artemisia incisa Pamp (Asteraceae)[J]. Nat Prod Res, 2017, 31 (4).

[35] LIU K, ROSSI P G, FERRARI B, et al. Composition, irregular terpenoids, chemical variability and antibacterial activity of the essential oil from Santolina corsica Jordan et Fourr[J]. Phytochemistry, 2007, 68 (12).

[36] DEMISSIE Z A, ERLAND L A, RHEAULT M R, et al. The biosynthetic origin of irregular monoterpenes in Lavandula: isolation and biochemical characterization of a novel cis-prenyl diphosphate synthase gene, lavandulyl diphosphate synthase[J]. J Biol Chem, 2013, 288 (9).

[37] POLATOGLU K, ARSAL S, DEMIRCI B, et al. Unexpected Irregular Monoterpene "Yomogi Alcohol" in the Volatiles of the Lathyrus L. species (Leguminosae) of Cyprus[J]. J Oleo Sci, 2016, 65 (3).

[38] GRAYSON D H. Monoterpenoids[J]. Natural Product Reports, 1988, 5 (5).

[39] BANERJEE S, GRENZ M, JAKUPOVIC J, et al. Some alicyclic terpenoids from the tribe anthemideae[J]. Planta Medica, 1985, 51 (2).

[40] KAWAMOTO M, MORIYAMA M, ASHIDA Y, et al. Total syntheses of all six chiral natural pyrethrins: accurate determination of the physical properties, their insecticidal activities, and evaluation of synthetic methods[J]. J Org Chem, 2020, 85 (5).

[41] ADAL A M, MAHMOUD S S. Short-chain isoprenyl diphosphate synthases of lavender (Lavandula)[J]. Plant Mol Biol, 2020, 102 (4-5).

[42] RIVERA S B, SWEDLUND B D, KING G J, et al. Chrysanthemyl diphosphate synthase: isolation of the gene and characterization of the recombinant non-head-to-tail monoterpene synthase from Chrysanthemum cinerariaefolium.[J]. Proceedings of the National Academy of Sciences of the United States of America, 2001, 98 (8).

[43] LIU M, CHEN C C, CHEN L, et al. Structure and function of a "head-to-middle" prenyltransferase: lavandulyl diphosphate synthase[J]. Angew Chem Int Ed Engl, 2016, 55 (15).

[44] TAHER H A, UBIERGO G O, TALENTI E C J. Constituents of the essential oil of Xanthium cavanillesii[J]. Journal of Natural Products, 1985, 48 (5).

[45] MARCO J A, SANZ-CERVERA J F, MANGLANO E. Chlorinated thymol derivatives from Inula crithmoides[J]. Phytochemistry, 1993, 33 (4).

[46] 张建平, 杨勇勋, 刘庆鑫, 等. 大花金挖耳中单萜类化学成分的研究[J]. 中草药, 2015, 46 (20).

[47] YU Y, LIU Y, SHI R, et al. New thymol and isothymol derivatives from Eupatorium fortunei and their cytotoxic effects[J]. Bioorg Chem, 2020, 98.

[48] AMMAR S, NOUI H, DJAMEL S, et al. Essential oils from three Algerian medicinal plants (Artemisia campestris, Pulicaria arabica, and Saccocalyx satureioides) as new botanical insecticides?[J]. Environ Sci Pollut Res Int, 2020, 27 (21).

[49] MORTEZA-SEMNANI K, AKBARZADEH M, MOSHIRI K. The essential oil composition ofEupatorium cannabinum L. from Iran[J]. Flavour and Fragrance Journal, 2006, 21 (3).

[50] GONZALEZ A, BARRERA J, MENDEZ J, et al. Thymol derivatives from Vieraea laevigata[J]. Phytochemistry, 1993, 32 (1).

[51] BOHLMANN F, DHAR A K, AHMED M. Thymol derivatives from Doronicum hungaricum[J]. Phytochemistry, 1980, 19 (8).

[52] ALAGAWANY M, FARAG M R, ABDELNOUR S A, et al. A review on the beneficial effect of thymol on health and production of fish[J]. Reviews in Aquaculture, 2020, 13 (1).

[53] KAUR R, DAROKAR M P, CHATTOPADHYAY S K, et al. Synthesis of halogenated derivatives of thymol and their antimicrobial activities[J]. Medicinal Chemistry Research, 2013, 23 (5).

[54] HABIBI Z, LALEH A, MASOUDI S, et al. Composition of the essential oil of Xanthium brasilicumVellozo from Iran[J]. Journal of Essential Oil Research, 2004, 16 (1).

[55] DEMBITSKII A D, KROTOVA G I, SULEEVA R, et al. Compounds of the pyran series as components of the essential oils ofTanacetum boreale andAjania fastigiata[J]. Chemistry of Natural Compounds, 1985, 21 (3).

[56] Chaturvedi D. Discovery and development of therapeutics from natural products against neglected tropical diseases[M]. Netherlands: Elsevier Press, 2019.

[57] EMERENCIANO V D P, FERREIRA M J P, BRANCO M D, et al. The application of Bayes' theorem in natural products as a guide for skeletons identification[J]. Chemometrics and Intelligent Laboratory Systems, 1998, 40 (1).

[58] NGUYEN T D, FARALDOS J A, VARDAKOU M, et al. Discovery of germacrene a synthases in Barnadesia spinosa: the first committed step in sesquiterpene lactone biosynthesis in the basal member of the Asteraceae[J]. Biochem Biophys Res Commun, 2016, 479 (4).

[59] BOUKHARY R, ABOUL-ELA M, EL-LAKANY A. Review on chemical constituents and biological activities of genus anthemis[J]. Pharmacognosy Journal, 2019, 11 (5).

[60] STANEVA J D, TODOROVA M N, EVSTATIEVA L N. New linear sesquiterpene lactones from Anthemis cotula L.[J]. Biochemical Systematics and Ecology, 2005, 33 (1).

[61] KLINK J V, BECKER H, ANDERSSON S, et al. Biosynthesis of anthecotuloide, an irregular sesquiterpene lactone from Anthemis cotula L. (Asteraceae) via a non-farnesyl diphosphate route[J]. Organic & Biomolecular Chemistry, 2003, 1 (9).

[62] EMERENCIANO V D P, FERREIRA M J P, BRANCO M D, et al. The application of Bayes' theorem in natural products as a guide for skeletons identification[J]. Chemometrics and Intelligent Laboratory Systems, 1998, 40 (1).

[63] XU H, DICKSCHAT J S. Germacrene A-A central intermediate in sesquiterpene biosynthesis[J]. Chemistry, 2020, 26 (72).

[64] LIU Q X, YANG Y X, ZHANG J P, et al. Isolation, structure elucidation, and absolute configuration of highly oxygenated germacranolides from Carpesium cernuum[J]. J Nat Prod, 2016, 79 (10).

[65] FREY M, SCHMAUDER K, PATERAKI I, et al. Biosynthesis of Eupatolide — a metabolic route for sesquiterpene lactone formation involving the P450 enzyme CYP71DD6[J]. ACS Chemical Biology, 2018, 13 (6).

[66] SCHENKEL E P, RÜCKER G, MANNS D, et al. Screening of brazilian plants for the presence of peroxides[J]. Revista Brasileira de Ciências Farmacêuticas, 2002, 38 (2).

[67] LIU D Z, LIU J K. Peroxy natural products[J]. Natural Products and Bioprospecting, 2013, 3 (5).

[68] ENGVILD K C. Chlorine-containing natural compounds in higher-plants[J]. Phytochemistry, 1986, 25 (4).

[69] MASSANET G M, COLLADO I G, MACIAS F A, et al. Structure and chemistry of secondary metabolites from Compositae. Part 2. Structural determination of clementein, a new guaianolide isolated from Centaurea clementei.[J]. Tetrahedron Lett, 1983, 24.

[70] SHI Z R, SHEN Y H, ZHANG X Y, et al. Structurally novel C_{17}-sesquiterpene lactones from Ainsliaea pertyoides[J]. RSC Advances, 2015, 5 (111).

[71] CHENG X R, REN J, WANG C H, et al. Hookerolides A-D, the first naturally occurring C_{17}-pseudoguaianolides from Inula hookeri[J]. Tetrahedron Letters, 2013, 54 (15).

[72] YANG Y X, WANG J X, LI H L, et al. Five new C_{17}/C_{15} sesquiterpene lactone dimers from Carpesium abrotanoides[J]. Fitoterapia, 2020, 145.

[73] STETTER H, LORENZ G. a-Keto Acids as an equivalent for aldehydes in the thiazolium salt-catalyzed addition[J]. Chemische Berichte-Recueil, 1985, 118 (3).

[74] BROCKSOM T J, DE OLIVEIRA K T, DESIDERÁ A L. The chemistry of the sesquiterpene alkaloids[J]. Journal of the Brazilian Chemical Society, 2017, 28 (6).

[75] SU Z, WU H K, HE F, et al. New guaipyridine sesquiterpene alkaloids from Artemisia rupestris L.[J]. Helvetica Chimica Acta, 2010, 93 (1).

[76] ZHAN Z J, YING Y M, MA L F, et al. Natural disesquiterpenoids[J]. Nat Prod Rep, 2011, 28 (3).

[77] WANG G W, QIN J J, CHENG X R, et al. Inula sesquiterpenoids: structural diversity, cytotoxicity and anti-tumor activity[J]. Expert Opinion on Investigational Drugs, 2014, 23 (3).

[78] PATI H N, DAS U, SHARMA R K, et al. Cytotoxic thiol alkylators[J]. Mini Rev Med Chem, 2007, 7 (2).

[79] CHEN L P, WU G Z, ZHANG J P, et al. Vlasouliolides A-D, four rare C_{17}/C_{15} sesquiterpene lactone dimers with potential anti-inflammatory activity from Vladimiria souliei[J]. Sci Rep, 2017, 7.

[80] HUANG H L, XU Y J, LIU H L, et al. Eremophilane-type sesquiterpene lactones from Ligularia hodgsonii Hook[J]. Phytochemistry, 2011, 72 (6).

[81] WU J, TANG C, CHEN L, et al. Dicarabrones A and B, a pair of new epimers dimerized from sesquiterpene lactones via a [3 + 2] cycloaddition from Carpesium abrotanoides[J]. Org Lett, 2015,

17 (7).

[82] TORI M, OTOSE K, FUKUYAMA H, et al. New eremophilanes from Farfugium japonicum[J]. Tetrahedron, 2010, 66 (27-28).

[83] MARCO J A, SANZ J F, YUSTE A, et al. A novel germacranolide-aminoacid adduct dimer from centaurea aspera[J]. Tetrahedron Lett, 1991, 32 (38).

[84] WU Z L, WANG Q, WANG J X, et al. Vlasoulamine A, a neuroprotective [3.2.2]cyclazine sesquiterpene lactone dimer from the roots of Vladimiria souliei[J]. Org Lett, 2018, 20 (23).

[85] WANG S, LI J, SUN J, et al. NO inhibitory guaianolide-derived terpenoids from Artemisia argyi[J]. Fitoterapia, 2013, 85.

[86] HOU C C, LIN S J, CHENG J T, et al. Antidiabetic dimeric guianolides and a lignan glycoside from Lactuca indica[J]. J Nat Prod, 2003, 66 (5).

[87] WANG Y, SHEN Y H, JIN H Z, et al. Ainsliatrimers A and B, the first two guaianolide trimers from Ainsliaea fulvioides[J]. Org Lett, 2008, 10 (24).

[88] JIN Q, LEE J W, JANG H, et al. Dimeric- and trimeric sesquiterpenes from the flower of *Inula japonica*[J]. Phytochemistry, 2018, 155.

[89] ZHANG R, TANG C, LIU H C, et al. Tetramerized sesquiterpenoid ainsliatetramers A and B from Ainsliaea fragrans and their cytotoxic activities[J]. Org Lett, 2019, 21 (20).

[90] ALVRENGA S A V, FERREIRA M J P, RODRIGUES G V, et al. A general survey and some taxonomic implications of diterpenes in the Asteraceae.[J]. Botanical Journal of the Linnean Society, 2005, 147 (3).

[91] 钱玺丞, 赵晨星, 张效. 菊科植物二萜类成分研究进展[J]. 天然产物研究与开发, 2017, 29 (8).

[92] RONCERO A M, TOBAL I E, MORO R F, et al. Halimane diterpenoids: sources, structures, nomenclature and biological activities[J]. Nat Prod Rep, 2018, 35 (9).

[93] SCIO E, RIBEIRO A, ALVES T M A, et al. Diterpenes from Alomia myriadenia (Asteraceae) with cytotoxic and trypanocidal activity[J]. Phytochemistry, 2003, 64 (6).

[94] BOHLMANN F, ZDERO C, KINGA R M, et al. Kingidiol, a kolavane derivative from Baccharis kingii[J]. Phytochemistry, 1984, 23 (7).

[95] MAHATO S B, SEN A K, MAZUMDARA P C, et al. Diterpenes of Conyza stricta, identification of conyzic acid, secconidoresedasaure and strictic acid[J]. Phytochemistry, 1981, 20 (4).

[96] LU T, VARGAS D, FRANZBLAU S, et al. Diterpenes from Solidago rugosa[J]. Phytochemistry, 1995, 38 (2).

[97] WANG J, DUAN H, WANG Y, et al. ent-Strobane and ent-Pimarane diterpenoids from Siegesbeckia pubescens[J]. J Nat Prod, 2017, 80 (1).

[98] GONZÁLEZ A G, MENDOZ J, LUIS J G, et al. Diterpenes from Palafoxia texana[J]. Phytochemistry, 1985, 24 (12).

[99] SUN C L, GENG C A, CHEN X L, et al. LC-MS guided isolation of ent-kaurane diterpenoids from Nouelia insignis[J]. Fitoterapia, 2016, 111.

[100] SACILOTTO A, VICHNEWSKI W, HERZ W. Ent-Kaurene ditepenes from Gochnatia polymorpha var polymorpha[J]. Phytochemistry, 1997, 44 (4).

[101] 杨勇勋, 张建平, 王群, 等. 贵州天名精的化学成分研究[J]. 中草药, 2017, 48 (15).

[102] KOHDA H, KASAI R, YAMASAKI K, et al. New sweet diterpene glucosides from Stevia rebaudiana[J]. Phytochemistry, 1976, 15.

[103] BOHLMANN F, JAKUPOVIC J, AHMED M, et al. Germacranolides and diterpenes from Viguiera species[J]. Phytochemistry, 1981, 20 (1).

[104] SHAM'YANOV I D, TASHKHODZHAEV B, MUKHAMATKHANOVA R F, et al. Sesquiterpene lactones and new diterpenoid alkaloids from Artemisia korshinskyi[J]. Chemistry of Natural

Compounds, 2012, 48 (4).

[105] BENN M H, MAY J. The biosynthesis of diterpenoid alkaloids[J]. Experientia, 1964, 20 (5).

[106] PARAMESHA M, RAMESH C K, KRISHNA V, et al. Hepatoprotective and in vitro antioxidant effect of Carthamus tinctorious L, var Annigeri-2-, an oil-yielding crop, against CCl(4) — induced liver injury in rats[J]. Pharmacogn Mag, 2011, 7 (28).

[107] WIEMANN J, LOESCHE A, CSUK R. Novel dehydroabietylamine derivatives as potent inhibitors of acetylcholinesterase[J]. Bioorg Chem, 2017, 74.

[108] 李金杰, 王阿利, 院珍珍, 等. 云南兔儿风中的三萜类成分[J]. 中国中药杂志, 2013, 38 (22).

[109] HU X Y, LUO Y G, CHEN X Z, et al. Chemical constituents of Nouelia insignis Franch[J]. Journal of Asian Natural Products Research, 2008, 10 (2).

[110] ABDALLA M A, ZIDORN C. The genus Tragopogon (Asteraceae): a review of its traditional uses, phytochemistry, and pharmacological properties[J]. J Ethnopharmacol, 2020, 250.

[111] NAGAO T, OKABE H. Studies on the consitituents of Aster scaber THUNB. III[J]. Chem Pharm Bull, 1992, 40 (4).

[112] SAEKI D, YAMADA T, IN Y, et al. Officinatrione: an unusual (17S)-17, 18-seco-lupane skeleton, and four novel lupane-type triterpenoids from the roots of Taraxacum officinale[J]. Tetrahedron, 2013, 69.

[113] KISHIMOTO S, OHMIYA A. Studies on carotenoids in the petals of compositae plants[J]. J Japan Soc Hort Sci, 2009, 78 (3).

[114] BURANOV A U, ELMURADOV B J. Extraction and characterization of latex and natural rubber from rubber-bearing plants[J]. J Agric Food Chem, 2010, 58 (2).

[115] BUSHMAN B S, SCHOLTE A A, CORNISH K, et al. Identification and comparison of natural rubber from two Lactuca species[J]. Phytochemistry, 2006, 67 (23).

[116] 谢全亮, 李鸿彬, 王旭初. 橡胶草 90 年来主要研究成果及最新研究进展[J]. 植物科学学报, 2019, 37 (3).

[117] 杨玉双, 甘霖, 覃碧, 等. 银胶菊的研究进展[J]. 热带农业科学, 2017, 37 (7).

[118] LIKTOR-BUSA E, SIMON A, TÓTH Á, et al. Ecdysteroids from Serratula wolffii roots[J]. Journal of Natural Products, 2007, 70 (5).

[119] YANG B Y, XIA Y G, PAN J, et al. Phytochemistry and biosynthesis of δ-lactone withanolides[J]. Phytochemistry Reviews, 2015, 15 (5).

[120] MAHER S, RASOOL S, MEHMOOD R, et al. Trichosides A and B, new withanolide glucosides from Tricholepis eburnea.[J]. Natural product research, 2018, 32 (1).

[121] LANGEL D, OBER D, PELSER P B. The evolution of pyrrolizidine alkaloid biosynthesis and diversity in the Senecioneae[J]. Phytochem Rev, 2011, 10 (1).

[122] KOPP T, ABDEL-TAWAB M, MIZAIKO B. Extracting and analyzing pyrrolizidine alkaloids in medicinal plants: a review[J]. Toxins, 2020, 12 (320).

[123] MOREIRA R, PEREIRA D M, VALENTÃO P, et al. Pyrrolizidine alkaloids: chemistry, pharmacology, toxicology and food safety[J]. International Journal of Molecular Sciences, 2018, 19 (6).

[124] KITAJIMA M, OKABE K, YOSHIDA M, et al. New otonecine-type pyrrolizidine alkaloid from Petasites japonicus[J]. Journal of Natural Medicines, 2019, 73 (3).

[125] OBER D, KALTENEGGER E. Pyrrolizidine alkaloid biosynthesis, evolution of a pathway in plant secondary metabolism[J]. Phytochemistry, 2009, 70 (15-16).

[126] UR RASHID M, ALAMZEB M, ALI S, et al. The chemistry and pharmacology of alkaloids and allied nitrogen compounds from Artemisia species: a review[J]. Phytother Res, 2019, 33 (10).

[127] LEETE E. A one-step synthesis of ficine and isoficine[J]. Journal of Natural Products, 1982, 45 (5).

[128] ZHAO Y, CHENG T, TU G, et al. Novel bioactive isoquinoline alkaloids from Carduus crispus[J]. Tetrahedron, 2002, 58 (34).

[129] ZHANG H L, NAGATSU A, WATANABE T, et al. Antioxidative compounds isolated from safflower (Carthamus tinctorius L.) oil cake[J]. Chemical and Pharmaceutical Bulletin, 1997, 45 (12).

[130] JIANG J, LU L, YANG Y, et al. New spermidines from the florets of Carthamus tinctorius[J]. Journal of Asian Natural Products Research, 2008, 10 (5).

[131] KONOVALOV D A. Polyacetylene compounds of plants of the Asteraceae family (review)[J]. Pharmaceutical Chemistry Journal, 2014, 48 (9).

[132] NEGRI R. Polyacetylenes from terrestrial plants and fungi: recent phytochemical and biological advances[J]. Fitoterapia, 2015, 106.

[133] PRITSCHOW P, JAKUPOVI J, BOHLMANN F, et al. Highly oxygenated sesquiterpenes from Polyachyrus sphaerocephalus and further constituents from chilean mutisieae[J]. Phytochemistry, 1991, 30 (3).

[134] GREGER H. Alkamides: a critical reconsideration of a multifunctional class of unsaturated fatty acid amides[J]. Phytochemistry Reviews, 2015, 15 (5).

[135] MOLINATORRES J, SALGADO-GARCIGLIA R, RAMIREZ-CHAVEZ E, et al. Purely olefinic alkamides in Heliopsis longipes and Acmella (Spilanthes) oppositifolia[J]. Biochemical Systematics and Ecology, 1996, 24 (1).

[136] GREGER H, WERNER A. Comparative HPLC analyses of alkamides within the Achillea millefolium Group[J]. Planta Medica, 1990, 56 (5).

[137] CCANA-CCAPATINTA G V, FERREIRA P L, GROPPO M, et al. Caffeic acid ester derivatives and flavonoids of genus Arnaldoa (Asteraceae, Barnadesioideae)[J]. Biochemical Systematics and Ecology, 2019, 86.

[138] FONTANEL D, GALTIER C, VIEL C, et al. Caffeoyl quinic and tartaric acids and flavonoids from Lapsana communis subsp. Communis[J]. Z Naturforsch, C: Biosci, 1998, 53.

[139] SCHWAIGER S, CERVELLATI R, SEGER C, et al. Leontopodic acid — a novel highly substituted glucaric acid derivative from Edelweiss (Leontopodium alpinum Cass.) and its antioxidative and DNA protecting properties[J]. Tetrahedron, 2005, 61 (19).

[140] HE F, WANG M, GAO M, et al. Chemical composition and biological activities of Gerbera anandria[J]. Molecules, 2014, 19 (4).

[141] LI K, DONG X, MA Y, et al. Antifungal coumarins and lignans from Artemisia annua[J]. Fitoterapia, 2019, 52.

[142] GLISZCZYŃSKA A, BRODELIUS P E. Sesquiterpene coumarins[J]. Phytochemistry Reviews, 2012, 11 (1).

[143] GREGER H, HOFER O, ROBIEN W. Naturally occurring sesquiterpene-coumarin ethers. Part 4. Types of sesquiterpene-coumarin ethers from Achillea ochroleuca and Artemisia tripartita[J]. Phytochemistry, 1983, 22 (9).

[144] INOUE T, TOYONAGA1 T, NAGUMO S, et al. Biosynthesis of 4-hydroxy-5-methylcoumarin in a Gerbera jamesonii hybrid[J]. Phytochemistry, 1989, 28 (9).

[145] VITURRO C I, DE LA FUENTE J R, MAIER M S. Antifungal methylphenone derivatives and 5-methylcoumarins from Mutisia friesiana[J]. Z Naturforsch C J Biosci, 2003, 58 (7-8).

[146] 肖瑛, 丁怡. 大丁草属植物的化学成分和药理活性研究[J]. 天然产物研究与开发, 2002, 14 (6).

[147] BITTNER M, JAKUPOVIC J, BOHLMANN F, et al. 5-Methylcoumarins from Nassauvza species[J]. Phytochemistry, 1988, 27(12): 3845-3847.

[148] ZDERO C, BOHLMANN F, NIEMEYER H M. Diterpenes and 5-methylcoumarin derivatives from

Gypothamnium pinifolium and Plazia daphnoides[J]. Phytochemistry, 1988, 27 (9).

[149] BOHLMANN F, GRENZ M. Naturally occurring coumarin derivatives. XI. On the constituents of Gerbera piloselloides Cass[J]. Chemische Berichte, 1975, 108 (1).

[150] WANG C, ZHENG Q, LU Y, et al. Dibothrioclinin I and II, epimers from Gerbera piloselloides (L.) Cass[J]. Acta Crystallographica, 2003, 59 (10).

[151] ICHIHARA A, NUMATA Y, SKANAI S, et al. New sesquilignans from Arctium lappa L. the structure of Lappaol C, D and E[J]. Agricultural and Biological Chemistry, 1977, 41 (9).

[152] EMERENCIANO V P, MILITĂO J S L T, CAMPOS C C, et al. Flavonoids as chemotaxonomic markers for Asteraceae[J]. Biochemical Systematics and Ecology, 2001, 29 (9).

[153] BOHLMANN F, ZDERO C. Chemotaxonomy of the genus pleiotaxis[J]. Phytochemistry, 1982, 21 (6).

[154] SHANG Y F, OIDOVSAMBUU S, JEON J S, et al. Chalcones from the flowers of Coreopsis lanceolata and their in vitro antioxidative activity[J]. Planta Medica, 2013, 79 (3-4).

[155] BARUA N C, SHARMA R P. (2R, 3R)-7, 5'-dimethoxy-3, 5, 2'-trihydroxyflavanone from Blumea-balsamifera[J]. Phytochemistry, 1992, 31 (11).

[156] HE Z Z, DING L S, XU R H, et al. Chemical constituents from Cremanthodium brunneo-pilosum S. W. Liu[J]. Biochemical Systematics and Ecology, 2015, 61.

[157] WADDELL T G, THOMASSON M H, MOORE M W, et al. Isoflavone, wax and triterpene constituents of Wyethia mollis[J]. Phytochemistry, 1982, 21 (7).

[158] ADAKU C, SKAAR I, BERLAND H, et al. Anthocyanins from mauve flowers of Erlangea tomentosa (Bothriocline longipes) based on erlangidin — the first reported natural anthocyanidin with C-ring methoxylation(Article)[J]. Phytochemistry Letters, 2019, 29.

[159] TAKEDA K, OSAKABE A, SAITO S, et al. Components of protocyanin, a blue pigment from the blue flowers of Centaurea cyanus.[J]. Phytochemistry, 2005, 66 (13).

[160] BIEDERMANN D, VAVRIKOVA E, CVAK L. Chemistry of silybin[J]. Natural Product Reports, 2014, 31 (9).

[161] FENG Z, HE J, JIANG J, et al. NMR solution structure study of the representative component hydroxysafflor yellow A and other quinochalcone C-glycosides from Carthamus tinctorius[J]. J Nat Prod, 2013, 76.

[162] VELÍŠEK J, DAVÍDEK J, CEJPEK K. Biosynthesis of food constituents: natural pigments. Part 2 — a review[J]. Czech Journal of Food Sciences, 2008, 26 (2).

[163] CHEN Y, LI Y, CHEN J, et al. Benzofuran derivatives from Gerbera saxatilis[J]. Helvetica Chimica Acta, 2007, 90 (1).

[164] PROKSCH P, BREUERA M, BUDZIKIEWICZA H. Benzofuran derivatives from two Encelia species[J]. Phytochemistry, 1985, 24 (12).

[165] ZIDORN C, SPITALER R, ELLMERER-MULLER E P, et al. Structure of tyrolobibenzyl D and biological activity of tyrolobibenzyls from Scorzonera humilis[J]. Zeitschrift für Naturforschung. C, Journal of biosciences, 2002, 57 (7).

[166] ERIK İ, YAYLI N, COŞKUNÇELEBI K, et al. Three new dihydroisocoumarin glycosides with antimicrobial activities from Scorzonera aucheriana[J]. Phytochemistry Letters, 2021, 43.

[167] SARI A, ZIDORN C, ELLMERER E P, et al. Phenolic compounds from Scorzonera tomentosa L.[J]. Helvetica Chimica Acta, 2007, 90 (2).

[168] SHEN Y M, MU Q Z. New furans from Cirsium chlorolepis[J]. Planta Medica, 1990, 56 (5).

[169] MA Y, HUANG M, HSU F, et al. Thiazinedione from Xanthium strumarium[J]. Phytochemistry, 1998, 48 (6).

[170] SHI Y S, LI L, LIU Y B, et al. A new thiophene and two new monoterpenoids from Xanthium

sibiricum[J]. J Asian Nat Prod Res, 2015, 17 (11).

[171] TSEVEGSÜREN N, AITZETMÜLLER K, BRÜHL L, et al. Seed oil fatty acids of mongolian compositae: the *trans*-fatty acids of Heteropappus hispidus, Asterothamnus centrali-asiaticus and Artemisia palustris[J]. Journal of Separation Science, 2000, 23 (5).

[172] AHMAD R, AHMAD I, OSMAN S M. Centratherun ritchiei seed oil — characterization of vernolic acid[J]. Lipids, 1989, 91 (12).

[173] LIVINGSTON D P, HINCHA D K, HEYER A G. Fructan and its relationship to abiotic stress tolerance in plants[J]. Cellular and Molecular Life Sciences, 2009, 66 (13).

[174] POLLARD C J, AMUTI K S. Fructose oligosaccharides: possible markers of phylogenetic relationships among dicotyledonous plant families[J]. Biochemical Systematics and Ecology, 1981, 9 (1).

[175] LI J, HU D, ZONG W, et al. Determination of inulin-type fructooligosaccharides in edible plants by high-performance liquid chromatography with charged aerosol detector[J]. J Agric Food Chem, 2014, 62 (31).

[176] KRASENSKY J, JONAK C. Drought, salt, and temperature stress-induced metabolic rearrangements and regulatory networks[J]. J Exp Bot, 2012, 63 (4).

[177] VERGAUWEN R, VAN LAERE A, VAN DEN ENDE W. Properties of fructan: fructan 1-fructosyltransferases from chicory and globe thistle, two Asteracean plants storing greatly different types of inulin[J]. Plant Physiol, 2003, 133 (1).

[178] SCHAFHAUSER T, JAHN L, KIRCHNER N, et al. Antitumor astins originate from the fungal endophyte Cyanodermella asterisliving within the medicinal plant Aster tataricus[J]. Proceedings of the National Academy of Sciences of the United States of America, 2019, 116 (52).

[179] FISHER M F, ZHANG J, TAYLOR N L, et al. A family of small, cyclic peptides buried in preproalbumin since the Eocene epoch[J]. Plant Direct, 2018, 2 (2).

[180] ELLIOTT A G, DELAY C, LIU H, et al. Evolutionary origins of a bioactive peptide buried within Preproalbumin[J]. Plant Cell, 2014, 26 (3).

[181] RAMACHANDRAN S. Review on sphaeranthus indicus linn (Koaikkarantai)[J]. Pharmacognosy Reviews, 2013, 7 (14).

[182] 冯发进, 许志玲, 张前军, 等. 兔儿风属植物化学成分的研究进展[J]. 中国中药杂志, 2015, 40 (7).

[183] CHEN Y P, TONG C, LU W Q, et al. Three new sesquiterpenes from Ainsliaea glabra[J]. Nat Prod Res, 2019, 33 (2).

[184] FANG X, ZENG R, ZHUO Z, et al. Sesquiterpenoids from Ainsliaea yunnanensis and their cytotoxic activities(Article)[J]. Phytochemistry Letters, 2018, 26.

[185] 王蓉, 汤滢溪, 尚小雅. 兔儿风属植物化学成分和药理活性研究进展[J]. 中药材, 2012, 35 (7).

[186] LI C, YU X, LEI X. A biomimetic total synthesis of (+)-ainsliadimer A[J]. Organic Letters, 2010, 12 (19).

[187] XIA D, DU Y, YI Z, et al. Total syntheses of ainsliadimer B and gochnatiolides A and B[J]. Chemistry, 2013, 19 (14).

[188] DONG T, LI C, WANG X, et al. Ainsliadimer A selectively inhibits IKK alpha/beta by covalently binding a conserved cysteine[J]. Nat Commun, 2015, 6.

[189] YUAN W, DONG X, HUANG Z, et al. Triterpenoids from Ainsliaea latifolia and their cyclooxyenase-2 (COX-2) inhibitory activities[J]. Nat Prod Bioprospect, 2020, 10 (1).

[190] LEI L, XUE Y B, LIU Z, et al. Coumarin derivatives from Ainsliaea fragrans and their anticoagulant activity[J]. Scientific Reports, 2015, 5.

[191] BISHT L S, MELKANI A B, PRASAD R, et al. Chemical composition and antimicrobial assay of

essential oil from whole aerial parts of Ainsliaea aptera DC. collected from two different regions of Central Himalaya[J]. Journal of Essential Oil Bearing Plants, 2021, 24 (3).

[192] 吴征镒, 彭华. 国产广义大丁草属的订正及地理分布[J]. 云南植物研究, 2002, 24 (2).

[193] HE F, YANG J, CHENG X, et al. 8-methoxysmyrindiol from Gerbera piloselloides (L.) Cass. and its vasodilation effects on isolated rat mesenteric arteries[J]. Fitoterapia, 2019, 138.

[194] 杨勇勋, 颜瑜. 大丁草属植物中 4-羟基-5-甲基香豆素类成分及其生物活性的研究进展[J]. 天然产物研究与开发, 2021, 33 (增刊 1).

[195] LIU S Z, FENG J Q, WU J, et al. A new monoterpene — coumarin and a new monoterpene — chromone from Gerbera delavayi[J]. Helvetica Chimica Acta, 2010, 93.

[196] 罗兰, 邓金梅, 廖华卫. GC-MS 分析毛大丁草挥发油成分[J]. 中药材, 2013, 36 (6).

[197] CAO Q, DAI W, LI B, et al. Sesquiterpenoids from the stems and leaves of Gochnatia decora[J]. Phytochemistry Letters, 2019, 30.

[198] ZHANG M, ZHAO C, DAI W, et al. Anti-inflammatory ent-kaurenoic acids and their glycosides from Gochnatia decora(Article)[J]. Phytochemistry, 2017, 137.

[199] BOHLMANN F, AHMED M, JAKUPOVIC J, et al. Dimeric guaianolides and other constituents from Gochnatia species[J]. Phytochemistry, 1986, 25 (5).

[200] SHAFFER C V, CAI S, PENG J, et al. Texas native plants yield compounds with cytotoxic activities against prostate cancer cells[J]. J Nat Prod, 2016, 79 (3).

[201] GARCIA E E, GUERREIRO E. Sesquiterpene lactones from Gochnatia palosanto and coumarins from G. argentina[J]. Phytochemistry, 1988, 27 (1).

[202] CHEN Y, LI W, ZENG Z, et al. (−)-Gochnatiolide B, synthesized from dehydrocostuslactone, exhibits potent anti-bladder cancer activity in vitro and in vivo[J]. Scientific Reports, 2018, 8.

[203] GARCÍ E E, GUERREIRO E, JOSEPH-NATHANA P. Ent-pimaradiene diterpenes from Gochnatia glutinosa[J]. Phytochemistry, 1985, 24 (12).

[204] 胡晓玉, 吴新卫, 梅娜, 等. 2D-NMR 对栌菊木中的一个倍半萜内酯进行结构解析[J]. 波谱学杂志, 2007, 24 (2).

[205] 刘波, 解玉珍, 李晓秀, 等. 万花木的化学成分研究[J]. 中国中药杂志, 2016, 41 (17).

[206] 徐芳, 赵军, 田晋, 等. 万花木化学成分的研究(II)[J]. 西北药学杂志, 2013, 28 (5).

[207] 田晋, 王伟, 杨晶, 等. 万花木化学成分的研究(I)[J]. 天然产物研究与开发, 2011, 23 (2).

[208] 陈梦菁. 蚂蚱腿子的化学成分[J]. 植物学报, 1990, 32 (11).

[209] MIYASE T, FUKUSHIMA S. Sesquiterpene lactones from Ainsliaea acerifolia Sch. Bip. and A. dissecta Franch. Et Sav.[J]. Chem Pharm Bull, 1984, 32 (8).

[210] NAGUMO S, NAGAI M, INOUE T. New sesquiterpene dilactone from Pertya glabrescens[J]. Chem Pharm Bull, 1982, 30 (2).

[211] NAGUMO S, KAWAI K, NAGASE H, et al. Sesquiterpenoids and (Z)-3-hexenyl glucoside from Pertya glabrescens and a glucosidic sesquiterpene from P. scandens.[J]. Yakugaku Zasshi, 1984, 104 (12).

[212] NAGUMO S, NAGAI M, INOUE T. Bitter principles of Pertya glabrescens: two sesquiterpene glucosides[J]. Chem Pharm Bull, 1983, 31 (7).

[213] NAGUMO S, IZAWA K, HIGASHIYAMA K, et al. A bitter principle of Pertya-robusta (maxim) Beauv-glucozaluzanin-C [J]. Yakugaku Zasshi, 1980, 100 (4).

[214] NAGUMO S, IZAWA K, NAGAI M. New tetracyclic triterpenoids from Pertya robusta (Maxim.) Beauv. and triterpene components of its related plants[J]. Yakugaku Zasshi, 1978, 98 (10).

[215] KELES L C, MELO N I D, AGUIAR G D P, et al. Lychnophorinae (asteraceae): a survey of its chemical constituents and biological activities[J]. Química Nova, 2010, 33 (10).

[216] EL-BASSUONY A A. Antibacterial activity of two new monoterpene coumarins from Ethulia

conyzoides[J]. Journal of Pharmacy Research, 2009, 2 (4).

[217] KADY M M, BRIMER L, FURU P, et al. The molluscicidal activity of coumarins from Ethulia conyzoides and of dicumarol[J]. Planta Med, 1992, 58 (4).

[218] MAHMOU A A, AHM A A, IINUM M, et al. Structure of a novel spiro-monoterpene-coumarin in Ethulia conyzoides[J]. Tetrahedron Letters, 1994, 35 (35).

[219] SCHUSTER N, CHRISTIANSEN C, JAKUPOVIC J, et al. An unusual [2+2] cycloadduct of terpenoid coumarin from Ethulia vernonioides[J]. Phytochemistry, 1993, 34 (4).

[220] TOYANG N J, VERPOORTE R. A review of the medicinal potentials of plants of the genus Vernonia (Asteraceae)[J]. Journal of Ethnopharmacology, 2013, 146 (3).

[221] KUO Y H, KUO Y J, YU A S, et al. Two novel sesquiterpene lactones, Cytotoxic Vernolide-A and -B, from Vernonia cinerea[J]. Chem Pharm Bull, 2003, 51 (4).

[222] KUO L M Y, TSENG P Y, LIN Y C, et al. New hirsutinolide-type sesquiterpenoids from Vernonia cinerea inhibit nitric oxide production in LPS-stimulated RAW2647 cells[J]. Planta Medica, 2018, 84 (18).

[223] ZHANG M, YANG X, WEI Y, et al. Bioactive sesquiterpene lactones isolated from the whole plants of Vernonia cinerea[J]. J Nat Prod, 2019, 82 (8).

[224] LIU Y, NUGROHO A E, HIRASAWA Y, et al. Vernodalidimers A and B, novel orthoester elemanolide dimers from seeds of Vernonia anthelmintica[J]. Tetrahedron Letters, 2010, 51 (50).

[225] QUASIE O, ZHANG Y M, ZHANG H J, et al. Four new steroid saponins with highly oxidized side chains from the leaves of Vernonia amygdalina[J]. Phytochemistry Letters, 2016, 15.

[226] ANH H L T, VINH L B, LIEN L T, et al. In vitro study on alpha-amylase and alpha-glucosidase inhibitory activities of a new stigmastane-type steroid saponin from the leaves of Vernonia amygdalina[J]. Nat Prod Res, 2021, 35 (5).

[227] ZHAO M L, SHAN S J, TAO R, et al. Stigmastane-type steroid saponins from the leaves of Vernonia amygdalina Del[J]. Fitoterapia, 2021, 150.

[228] DOGRA N K, KUMAR S, KUMAR D. Vernonia anthelmintica (L.) Willd.: an ethnomedicinal, phytochemical, pharmacological and toxicological review[J]. J Ethnopharmacol, 2020, 256.

[229] TURAK A, MAIMAITI Z, AISA H A. A new kaurane diterpene from the seeds of Vernonia anthelmintica[J]. Chemistry of Natural Compounds, 2018, 54 (3).

[230] VONGVANICH N, KITTAKOOP P, CHAROENCHAI P, et al. Antiplasmodial, antimycobacterial, and cytotoxic principles from Camchaya calcarea[J]. Planta Medica, 2006, 72 (15).

[231] 曹晖, 刘玉萍, 毕培曦. 中药苦地胆的本草学研究[J]. 中国中药杂志, 1997, 22 (7).

[232] HIRADEVE S M, RANGARI V D. Elephantopus scaber Linn.: a review on its ethnomedical, phytochemical and pharmacological profile[J]. Journal of Applied Biomedicine, 2014, 12 (2).

[233] BAI M, CHEN J J, XU W, et al. Germacranolides from Elephantopus scaber L. and their cytotoxic activities[J]. Phytochemistry, 2020, 178.

[234] ODONNEA G, HERBETTE G, EPARVIER V, et al. Antileishmanial sesquiterpene lactones from Pseudelephantopus spicatus, a traditional remedy from the Chayahuita Amerindians (Peru). Part III[J]. Journal of Ethnopharmacology, 2011, 137.

[235] GIRARDI C, FABRE N, PALOQUE L, et al. Evaluation of antiplasmodial and antileishmanial activities of herbal medicine Pseudelephantopus spiralis (Less.) Cronquist and isolated hirsutinolide-type sesquiterpenoids[J]. Journal of Ethnopharmacology, 2015, 170.

[236] DEL USUGA N S J, MALAFRONTE N, DURANGO E J O, et al. Phytochemical investigation of Pseudelephantopus spiralis (Less.) Cronquist[J]. Phytochemistry Letters, 2016, 15.

[237] CHRISTENSEN L P, LAM J. Acetylenes and related compounds in Cynareae[J]. Phytochemistry, 1990, 29 (9).

[238] ZHAO F, WANG P, JIAO Y, et al. Hydroxysafflor yellow a: a systematical review on botanical resources, physicochemical properties, drug delivery system, pharmacokinetics, and pharmacological effects[J]. Frontiers in pharmacology, 2020, 11.

[239] KHAN M T H, KHAN S B, ATHER A. Tyrosinase inhibitory cycloartane type triterpenoids from the methanol extract of the whole plant of Amberboa ramosa Jafri and their structure-activity relationship[J]. Bioorganic & Medicinal Chemistry, 2004, 14 (4).

[240] AHM A A, EL-EL M A, JAKUPOVI J, et al. A guaianolide from Amberboa tubuliflora[J]. Phytochemistry, 1990, 29 (12).

[241] KHAN S B, AFZA N, MALIK A, et al. Xanthine oxidase inhibiting flavonol glycoside from Amberboa ramosa[J]. Natural Product Research, 2006, 20 (4).

[242] IBRAHIM M, FAROOQ T, HUSSAIN N, et al. Acetyl and butyryl cholinesterase inhibitory sesquiterpene lactones from Amberboa ramosa[J]. BMC Chemistry, 2013, 7 (1).

[243] AKHTAR N, MALIK A, AFZA N, et al. Cycloartane-type triterpenes from Amberboa ramosa[J]. Journal of Natural Products, 1993, 56 (2).

[244] KHAN S, MALIK A, AFZA N, et al. Enzyme inhibiting terpenoids from Amberboa ramosa[J]. Zeitschrift für Naturforschung. B: A Journal of Chemical Sciences, 2004, 59 (5).

[245] KHAN S B, AZHAR-UL-HAQ, AFZA N, et al. Tyrosinase-inhibitory long-chain esters from Amberboa ramosa[J]. Chemical & Pharmaceutical Bulletin, 2005, 53 (1).

[246] 李晓锋, 胡晓茹, 戴忠, 等. 红花中 2 个倍半萜的分离和鉴定[J]. 中草药, 2012, 43 (9).

[247] ZHOU X, TANG L, XU Y, et al. Towards a better understanding of medicinal uses of Carthamus tinctorius L. in traditional Chinese medicine: a phytochemical and pharmacological review[J]. Journal of Ethnopharmacology, 2014, 151.

[248] AMER M E, ABDALLAH A M, JAKUPOVIC J, et al. Two sesquiterpene fucopyranosides from Carthamus mareoticus[J]. Phytochemistry, 1989, 28 (4).

[249] RUSTAIYAN A, BEHJATI B, BOHLMANN F. Naturally occurring terpene derivatives, 74 on a sesquiterpene glycoside from Carthamus oxyacantha[J]. Chemische Berichte, 1976, 109 (12).

[250] BARRERO A F, ARTEAGA P, RODRÍGUEZ J F Q I, et al. Sesquiterpene glycosides and phenylpropanoid esters from Phonus arborescens (L.) G. Lopez (Carthamus arborescens L.)[J]. J Nat Prod, 1997, 60 (10).

[251] ARSLAN Y, TARIKAHYA HACIOGLU B. Seed fatty acid compositions and chemotaxonomy of wild safflower (Carthamus L, Asteraceae) species in Turkey[J]. Turkish Journal of Agriculture & Forestry, 2018, 42 (1).

[252] ZHANG H, DUAN C P, LUO X, et al. Two new quinochalcone glycosides from the safflower yellow pigments[J]. Journal of Asian Natural Products Research, 2020, 22 (12).

[253] DE ATAIDE E C, REGES PERALES S, DE OLIVEIRA PERES M A, et al. Acute liver failure induced by Carthamus tinctorius oil: case reports and literature review[J]. Transplant Proc, 2018, 50 (2).

[254] LABED F, MASULLO M, MIRRA V, et al. Amino acid-sesquiterpene lactone conjugates from the aerial parts of Centaurea pungens and evaluation of their antimicrobial activity[J]. Fitoterapia, 2019, 133.

[255] MISHIO T, TAKEDA K, IWASHINA T. Anthocyanins and other flavonoids as flower pigments from eleven centaurea species(Article)[J]. Natural Product Communications, 2015, 10 (3).

[256] HODAJ E, TSIFTSOGLOU O, ABAZI S, et al. Lignans and indole alkaloids from the seeds of Centaurea vlachorum Hartvig (Asteraceae), growing wild in Albania and their biological activity[J]. Natural product research, 2017, 31 (10).

[257] SARKER S D, SAVCHENKO T, WHITING P, et al. Moschamine, *cis*-moschamine, moschamindole,

and moschaminindolol. Four novel indole alkaloids from Centaurea moschata[J]. Nat Prod Lett, 1997, 9 (3).

[258] SATYAJIT D S, LAURENCE D, VLADIMIR I, et al. Moschamide: an unusual alkaloid from the seeds of Centaurea moschata[J]. Tetrahedron Letters, 1998, 39 (11).

[259] SHOEB M, CELIK S, JASPARS M, et al. Isolation, structure elucidation and bioactivity of Schischkiniin, a unique indole alkaloid from the seeds of Centaurea schischkinii[J]. Tetrahedron, 2005, 61 (38).

[260] DEMIR S, KARAALPA C, BEDIR E. Unusual sesquiterpenes from Centaurea athoa DC[J]. Phytochemistry Letters, 2016, 15.

[261] SEN A, KURKCUOGLU M, YILDIRIM A, et al. Chemical composition, antiradical, and enzyme inhibitory potential of essential oil obtained from aerial part of Centaurea pterocaula Trautv[J]. Journal of Essential Oil Research, 2021, 33 (1).

[262] BAYKAN-EREL S, BEDIR E, KHAN I A, et al. Secondary metabolites from Centaurea ensiformis P. H. Davis[J]. Biochemical Systematics & Ecology, 2010, 38 (5).

[263] MUKHAMETZHANOV M N, SHEIEHENKO V I, RYBALKO K S, et al. Isolation of grosshemin from Chartolepis intermedia[J]. Chemistry of Natural Compounds, 1972, 5 (3).

[264] ADEKENOVA A S, SAKENOVA P Y, IVASENKO S A, et al. Gram-scale purification of two sesquiterpene lactones from Chartolepsis Intermedia Boiss[J]. Chromatographia, 2016, 79.

[265] SULEIMEN E M, SISENGALIEVA G G, DZHALMAKHANBETOVA R, et al. Constituent composition and cytotoxicity of essential oil from Chartolepis intermedia(Article)[J]. Chemistry of Natural Compounds, 2018, 54 (6).

[266] PENG Y, JIAN Y, ZULFIQAR A, et al. Two new sesquiterpene lactone glycosides from Cnicus benedictus[J]. Natural Product Research, 2017, 31 (19).

[267] HORN G, KUPFER A, RADEMACHER A, et al. Cnicus benedictus as a potential low input oil crop[J]. European Journal of Lipid Science and Technology, 2015, 117 (4).

[268] MEDJROUBI K, BENAYACHE F, BENAYACHE S, et al. Eudesmanolide from Centaurea granata[J]. Phytochemistry, 1998, 49 (8).

[269] SÓLYOMVÁRY A, TÓTH G, KRASZNI M, et al. Identification and quantification of lignans and sesquilignans in the fruits of Cnicus benedictus L.: quantitative chromatographic and spectroscopic approaches(Article)[J]. Microchemical Journal, 2014, 114.

[270] ULUBELEN A, BERKAN T. Triterpenic and steroidal compounds of Cnicus benedictus[J]. Planta Medica, 1977, 31 (4).

[271] VANHAELEN-FASTR R. Polyacetylen compounds from Cnicus benedictus[J]. Planta Medica, 1974, 25 (1).

[272] BUTAYAROV A V, BATIROV E K, TADZHIBAEV M M, et al. Flavonoids of the epigeal part of Russowia sogdiana[J]. Khimiya Prirodnykh Soedinenii, 1993, 29 (6).

[273] TAN M, ZHOU L, QIN M, et al. Chemical composition and antimicrobial activity of the flower oil of Russowia sogdiana (Bunge) B. Fedtsch. (Asteraceae) from China[J]. Journal of Essential Oil Research, 2007, 19 (2).

[274] 唐海姣, 范春林, 王贵阳, 等. 广升麻的化学成分研究[J]. 中草药, 2014, 45 (7).

[275] HUNYADI A, TÓTH G, SIMON A, et al. Two new ecdysteroids from Serratula wolffii[J]. Journal of Natural Products, 2004, 67 (6).

[276] PUNEGOV V V, SYCHOV R L, ZAINULLIN V G, et al. Extraction of ecdysteron-80 from Serratula coronata L. and assessment of its pharmacological action. Part I. Adaptogenic, gastroprotective, thermoprotective, and antihypoxic activity[J]. Pharmaceutical Chemistry Journal, 2009, 42 (8).

[277] DAI J, HOU Z, ZHU Q, et al. Sesquiterpenes and flavonoids from Serratula strangulata[J]. Journal

364

of the Chinese Chemical Society, 2001, 48 (2).

[278] RUSTAIYAN A, FARAMARZI S. Sesquiterpene lactones from Serratula latifolia[J]. Phytochemistry, 1988, 27 (2).

[279] BOHLMANN F, CZERSON H. Polyacetylenic compounds. 240. Constituents of Serratula-wolfii andrae[J]. Chemische Berichte Recueil, 1976, 109 (6).

[280] LING T, XIA T, WAN X, et al. Cerebrosides from the roots of Serratula chinensis[J]. Molecules, 2006, 11 (9).

[281] 果德安, 楼之岑. 中药漏芦的本草考证[J]. 中国中药杂志, 1992, 17 (10).

[282] 李喜凤, 余云辉, 邱天宝, 等. 禹州漏芦的本草考证[J]. 时珍国医国药, 2011, 22 (11).

[283] 汪毅, 李铣, 张鹏. 禹州漏芦化学成分及药理活性的研究进展[J]. 中草药, 2005, 36 (2).

[284] VOROB'EVA A N, RYBIN V G, ZAREMBO E V, et al. Phytoecdysteroids from Stemmacantha uniflora[J]. Chemistry of Natural Compounds, 2006, 42 (6).

[285] KOKOSKA L, JANOVSKA D. Chemistry and pharmacology of Rhaponticum carthamoides: a review[J]. Phytochemistry, 2009, 70 (7).

[286] 高玉国, 许尧舜. 漏芦挥发油成分分析[J]. 鞍山师范学院学报, 2013, 4 (15).

[287] BERDIN A G, ADEKENOV S M, RALDUGIN V A, et al. Chemistry of natural compounds and bioorganic chemistry: rhaposerine and rhaserolide, new sesquiterpene lactones from Rhaponticum serratuloides[J]. Russ Chem Bull, 2000, 48 (10).

[288] CIS J, NOWAK G, KISIEL W. Antifeedant properties and chemotaxonomic implications of sesquiterpene lactones and syringin from Rhaponticum pulchrum[J]. Biochemical Systematics and Ecology, 2006, 34 (12).

[289] WEI H, GAO W, TIAN Y, et al. New eudesmane sesquiterpene and thiophene derivatives from the roots of Rhaponticum uniflorum[J]. Pharmazie, 1997, 52 (3).

[290] 刘斌, 石任兵, 涂光忠, 等. 祁州漏芦水煎液中二萜化合物 Diosbulbin-B 的分离鉴定[J]. 北京中医药大学学报, 2004, 27 (6).

[291] 杜月, 王晓琴, 包保全, 等. 祁州漏芦花化学成分研究[J]. 中草药, 2016, 47 (16).

[292] 张永红, 张建钢, 谢捷明, 等. 祁州漏芦根中的三萜成分[J]. 中国中药杂志, 2005, 30 (23).

[293] MYAGCHILOV A V, GOROVOY P G, SOKOLOVA L I. Flavonoids from inflorescences of Synurus Deltoides[J]. Chemistry of Natural Compounds, 2020, 56 (2).

[294] 李红梅, 吕惠子. 山牛蒡超临界二氧化碳萃取物 GC-MS 技术分析[J]. 延边大学医学学报, 2007, 30 (4).

[295] LEE K C, SA J Y, WANG M H, et al. Comparison of volatile aroma Compounds between Synurus deltoides and Aster scaber Leaves[J]. Korean Journal of Medicinal Crop Science, 2012, 20 (1).

[296] SINGHAL A K, CHOWDHURY P K, SHARM R P, et al. Guaianolides from Tricholepis glaberrima[J]. Phytochemistry, 1982, 21 (2).

[297] MAHER S, RASOOL S, MEHMOOD R, et al. Eburneolins A and B, new withanolide glucosides from Tricholepis eburnea[J]. Natural Product Research, 2016, 30 (21).

[298] RASOOL S, KHAN N, MEHMOOD R, et al. Isolation and characterization of new constituents from Tricholepis eburnea[J]. Records of Natural Products, 2017, 11 (1).

[299] CHAWLA A S, KAPOOR V K, SANGAL P K. Cycloart-23-ene-3b, 25-diol from Tricholepis glaberrima[J]. Planta Med, 1978, 34.

[300] CHAWLA A S, KAPOOR V K, SANGAL P K, et al. Chemical consitituents of Tricholepis glaberrima[J]. Planta Medica, 1976, 30 (2).

[301] STEVENS K L, RIOPELLE R J, WONG R Y. Repin, a sesquiterpene lactone from Acroptilon repens possessing exceptional biological activity[J]. Journal of Natural Products, 1990, 53 (1).

[302] EVSTRATOVA R I, RYBALKO K S, RAZADE R Y. Acroptilin — a new sesquiterpene lactone from

Acroptilon repens[J]. Chemistry of Natural Compounds, 1968, 3 (4).

[303] GONZALEZ A G, BERMEJO J, BRETON J L, et al. The chemistry of the compositae. Part XXXI. Absolute configuration of the sesquiterpene lactones centaurepensin (chlorohyssopifolin A), acroptilin (chlorohyssopifolin C), and repin[J]. J Chem Soc, Perkin Trans, 1976, 1 (15).

[304] STEVENS K L, WITT S C, KINT S, et al. Picrolide A: an unusual sesquiterpene lactone from Acroptilon repens[J]. Journal of Natural Products, 1991, 54 (1).

[305] ZHAN Z, HOU X. Sesquiterpenoid alkaloid from Acroptilon repens[J]. Natural Product Research, 2008, 22 (3).

[306] TUNALIER Z, CANDAN N T, DEMIRCI B, et al. The essential oil composition of Acroptilon repens (L.) DC. of Turkish origin.[J]. Flavour and Fragrance Journal, 2007, 21 (3).

[307] QUINTANA N, WEIR T L, DU J, et al. Phytotoxic polyacetylenes from roots of Russian knapweed (Acroptilon repens (L.) DC.).[J]. Phytochemistry, 2008, 69 (14).

[308] SHILOVA I V, SEMENOV A A, KUVACHEVA N V, et al. Isolation, identification, and nootropic activity of compounds in Alfredia cernua chloroform extract[J]. Pharmaceutical Chemistry Journal, 2012, 46 (6).

[309] SHILOVA I V, KUKINA T P, SUSLOV N I, et al. Studies of the lipophilic components of a dense extract of the Herb Alfredia Cernua and its nootropic properties[J]. Pharmaceutical Chemistry Journal, 2014, 48 (3).

[310] ADEKENOV S M, ABDYKALYKOV M A, TURMUKHAMBETOV A Z, et al. Sitosterol and triterpenoids of Ancathia igniaria[J]. Chemistry of Natural Compounds, 1987, 23 (5).

[311] 马天宇, 陈燕平, 程素盼, 等. 牛蒡子研究进展[J]. 辽宁中医药大学学报, 2018, 20 (9).

[312] WANG D, BADARAU A, SWAMY M, et al. Arctium species secondary metabolites chemodiversity and bioactivities[J]. Frontiers in Plant Science, 2019, 10.

[313] HUANG X, FENG Z, YANG Y, et al. Four new neolignan glucosides from the fruits of Arctium lappa[J]. Journal of Asian Natural Products Research, 2015, 17 (5).

[314] ICHIHARA A, KANAI S, NAKAMURA Y, et al. Structures of lappaol F and H, dilignans from Arctium lappa L.[J]. Tetrahedron Letters, 1978, 19 (33).

[315] NAYA K, TSUJI K, HAKU U. Constituents of Arctium lappa L.[J]. Chemistry Letters, 1972, 1 (3).

[316] DE ALMEIDA A B A, LUIZ-FERREIRA A, COLA M, et al. Anti-ulcerogenic mechanisms of the sesquiterpene lactone onopordopicrin-enriched fraction from Arctium lappa L. (Asteraceae): role of somatostatin, gastrin, and endogenous sulfhydryls and nitric oxide(Article)[J]. Journal of Medicinal Food, 2012, 15 (4).

[317] 王晓, 程传格, 杨予涛, 等. 牛蒡挥发油化学成分分析[J]. 天然产物研究与开发, 2004, 16 (1).

[318] YANG W S, LEE S R, JEONG Y J, et al. Anti-allergic activity of ethanol extracts of Arctium lappa L. undried roots and its active compound-oleamide-in regulating FcεRI-mediated and MAPK signaling in RBL-2H3 cells[J]. J Agric Food Chem, 2016, 64 (18).

[319] ZHELEV I, DIMITROVA-DYULGEROVA I, MERDZHANOV P, et al. Chemical composition of Carduus candicans ssp. Globifer and Carduus thoermeri Essential Oils(Article)[J]. Journal of Essential Oil-Bearing Plants, 2014, 17 (2).

[320] 杨洋, 巩江, 孙玉, 等. 飞廉属植物药学研究概况[J]. 安徽农业科学, 2011, 39 (2).

[321] FRYDMAN B, DEULOFEU V. Studies of Argentina plants — XIX: alkaloids from Carduus acanthoides L. structure of acanthoine and acanthoidine and synthesis of racemic acanthoidine[J]. Tetrahedron, 1962, 18 (9).

[322] TUNDIS R, STATTI G, MENICHINI F, et al. Arctiin and onopordopicrin from Carduus micropterus ssp. Perspinosus[J]. Fitoterapia, 2000, 71 (5).

[323] FERNÁNDEZ I, GARCI B, PEDRO J, et al. Lignans and flavonoids from Carduus assoi[J].

Phytochemistry, 1991, 30 (3).

[324] CARDON L, GARCÍ B, PEDRO J, et al. 6-Prenyloxy-7-methoxycoumarin, a coumarin-hemiterpene ether from Carduus tenuiflorus[J]. Phytochemistry, 1992, 31 (11).

[325] MADRIGAL R V, SMITH C R, PLATTNER R D. Carduus nigrescens seed oil — a rich source of pentacyclic triterpenoids[J]. LIPIDS, 1975, 10 (3).

[326] FORMISANO C, RIGANO D, SENATORE F, et al. Composition and allelopathic effect of essential oils of two thistles: *Cirsium creticum* (Lam.) D.' Urv. ssp. *Triumfetti* (Lacaita) Werner and *Carduus nutans* L.[J]. Journal of Plant Interactions, 2007, 2 (2).

[327] LI R, LIU S K, SONG W, et al. Chemical analysis of the Tibetan herbal medicine Carduus acanthoides by UPLC/DAD/qTOF-MS and simultaneous determination of nine major compounds[J]. Analytical Methods, 2014, 6 (18).

[328] 祝庆明, 祝之友. 大蓟-小蓟临床性效异同考辨[J]. 时珍国药研究, 1998, 9 (3).

[329] 侯坤, 许浚, 张铁军. 蓟属药用植物的化学成分和药理作用研究进展[J]. 中草药, 2010, 41 (3).

[330] GANZERA M, PÖCHER A, STUPPNER H. Differentiation of Cirsium japonicum and C. setosum by TLC and HPLC-MS[J]. Phytochemical Analysis, 2005, 16 (3).

[331] MIYAZAWA M, YAMAFUJI C, ISHIKAWA Y. Volatile components of Cirsium japonicum DC.[J]. Journal of Essential Oil Research, 2005, 17 (1).

[332] HAI J, YONG-HAI M, LIU Y, et al. 小蓟中一个新的大柱香波龙烷苷[J]. Chinese Journal of Natural Medicines, 2013, 11 (5).

[333] HE X F, HE Z W, JIN X J, et al. Caryolane-type sesquiterpenes from Cirsium souliei[J]. Phytochemistry Letters, 2014, 10.

[334] YUAN Z Z, DUAN H M, XU Y Y, et al. alpha-Tocospiro C, a novel cytotoxic alpha-tocopheroid from Cirsium setosum[J]. Phytochemistry Letters, 2014, 8 (116-120).

[335] KNYE R, TTH G, SLYOMVRY A, et al. Chemodiversity of Cirsium fruits: antiproliferative lignans, neolignans and sesquineolignans as chemotaxonomic markers[J]. Fitoterapia, 2018, 127 (413-419).

[336] JORDON-THADEN I E, LOUDA S M. Chemistry of *Cirsium* and *Carduus*: a role in ecological risk assessment for biological control of weeds?[J]. Biochemical Systematics and Ecology, 2003, 31 (12).

[337] BOHLMANN F, ABRAHAM W R. Aplotaxene epoxide from Cirsium hypoleucum[J]. Phytochemistry, 1981, 20 (4).

[338] IWASHINA T, KAMENOSONO K, UENO T. Hispidulin and nepetin 4'-glucosides from Cirsium oligophyllum[J]. Phytochemistry, 1999, 51 (8).

[339] 杨炳友, 杨春丽, 刘艳, 等. 小蓟的研究进展[J]. 中草药, 2017, 48 (23).

[340] SUGIYAMA T, YAMASHITA K. Synthesis and absolute configuration of nematicidal constituent of Cirsium japonicum.[J]. Agricultural and Biological Chemistry, 1980, 44 (8).

[341] AHN M J, HUR S J, KIM E H, et al. Scopoletin from Cirsium setidens increases melanin synthesis via CREB phosphorylation in B16F10 cells[J]. Korean Journal of Physiology and Pharmacology, 2014, 18 (4).

[342] RUSTAIYAN A, SHARIF Z, SADJADIA A S. Two farnesol derivatives from Cousinia adenostica[J]. Phytochemistry, 1987, 26 (9).

[343] MARCO J A, SANZ J F, ALBIACH R, et al. Bisabolene derivatives and sesquiterpene lactones from Cousinia species[J]. Phytochemistry, 1993, 32 (2).

[344] IRANSHAHY M, TAYARANI-NAJARAN Z, KASAIAN J, et al. Highly oxygenated sesquiterpene lactones from Cousinia aitchisonii and their cytotoxic properties: rhaserolide induces apoptosis in human T Lymphocyte (Jurkat) cells via the activation of c-Jun n-terminal kinase phosphorylation[J]. Phytotherapy Research, 2016, 30 (2).

[345] BOHLMANN F, ZDERO C. Polyacetylenverbindungen, IC. Über ein thiophenlacton aus Chamaemelum nobile L.[J]. Chemische Berichte, 1966, 99 (4).

[346] ZAYED A, SERAG A, FARAG M A. Cynara cardunculus L.: outgoing and potential trends of phytochemical, industrial, nutritive and medicinal merits[J]. Journal of Functional Foods, 2020, 69.

[347] SAMEK Z, HOLUB M, DRODZ B, et al. Sesquiterpenic lactones of the cynara scolymus L. species[J]. Tetrahedron Letters, 1971, 12 (50).

[348] SHIMODA H, NINOMIYA K, NISHIDA N, et al. Anti-hyperlipidemic sesquiterpenes and new sesquiterpene glycosides from the leaves of artichoke (Cynara scolymus L.): structure requirement and mode of action[J]. Bioorganic & Medicinal Chemistry Letters, 2003, 13 (2).

[349] SHIMIZU S, ISHIHARA N, UMEHARA K, et al. Sesquiterpene glycosides and saponins from Cynara cardunculus L.[J]. Chem Pharm Bull, 1988, 36 (7).

[350] KRIZKOVÁ L, MUCAJI P, NAGY M, et al. Triterpenoid cynarasaponins from Cynara cardunculus L. reduce chemically induced mutagenesis in vitro[J]. Phytomedicine, 2005, 11.

[351] MUCAJ P, MUCAJIOVÁ I, NAGY M, et al. Chemical composition of the flower oil of Cynara cardunculus L.[J]. Journal of Essential Oil Research, 2001, 13 (5).

[352] ZHUANG K, XIA Q, ZHANG S, et al. A comprehensive chemical and pharmacological review of three confusable Chinese herbal medicine — Aucklandiae radix, Vladimiriae radix, and Inulae radix[J]. Phytother Res, 2021.

[353] HUANG Z, WEI C, YANG K, et al. Aucklandiae radix and Vladimiriae radix: a systematic review in ethnopharmacology, phytochemistry and pharmacology[J]. Journal of Ethnopharmacology, 2021, 280.

[354] XU J, ZHANG P, MA Z, et al. Two carabrane-type sesquiterpenes from Vladimiria souliei[J]. Phytochemistry Letters, 2009, 2 (4).

[355] MAO J, YI M, WANG R, et al. Protective effects of costunolide against D-Galactosamine and Lipopolysaccharide-induced acute liver injury in mice[J]. Frontiers in Pharmacology, 2018, 9.

[356] WU Z L, WANG Q, FUB L, et al. Vlasoulides A and B, a pair of neuroprotective C32 dimeric sesquiterpenes with a hexacyclic 5/7/5/5/(5)/7 carbon skeleton from the roots of Vladimiria souliei[J]. RSC Advances, 2021, 11 (11).

[357] 毛景欣, 王国伟, 易墁, 等. 川木香化学成分及药理作用研究进展[J]. 中草药, 2017, 48 (22).

[358] YI M, MENG F C, QU S Y, et al. A new neolignan glycoside from Dolomiaea souliei[J]. Natural Product Research, 2019, 34 (8).

[359] 李兆琳, 薛敦渊, 王明奎, 等. 川木香挥发油化学成分的研究[J]. 兰州大学学报, 1991, 27 (4).

[360] 董政起, 李琳琳, 徐珍, 等. 泥胡菜属植物化学成分与药理作用研究[J]. 长春中医药大学学报, 2012, 28 (2).

[361] JANG D S, YANG M S, PARK K H. Sesquiterpene lactone from Hemisteptia lyrata[J]. Planta Medica, 1998, 64 (3).

[362] HA T J, JANG D S, LEE J R, et al. Cytotoxic effects of sesquiterpene lactones from the flowers of Hemisteptia lyrata B.[J]. Archives of Pharmacal Research, 2003, 40 (2).

[363] NUGROHO A, LIM S C, BYEON J S, et al. Simultaneous quantification and validation of caffeoylquinic acids and flavonoids in Hemistepta lyrata and peroxynitrite-scavenging activity[J]. Pharmaceutical and Biomedical Analysis, 2013, 76.

[364] DONG F Y, GUAN L N, ZHANG Y H, et al. Acylated flavone C-glycosides from Hemistepta lyrata[J]. Journal of Asian Natural Products Research, 2010, 12 (9).

[365] KUMAR A, AGNIHOTRI V K. Phytochemical studies of Jurinea macrocephala roots from Western Himalaya[J]. Natural Product Research, 2018, 34 (3).

[366] TODOROVA M, OGNYANOV I. Sesquiterpene lactones in leaves of Jurinea albicaulis[J]. Planta

Med, 1984, 50 (5).

[367] RUSTAIYANA A, NIKNEJA A, BOHLMANN F, et al. Guaianolide from Jurinea carduiformis[J]. Phytochemistry, 1981, 20 (5).

[368] KNYE R, RESS G E, SLYOMVRY A, et al. Enzyme-hydrolyzed fruit of Jurinea mollis: a rich source of (−)-(8R, 8'R)-arctigenin[J]. Natural Product Communications, 2016, 11 (10).

[369] RUSTAIYAN A, TAHERKHANI M. Composition of the essential oil of Jurinea leptoloba growing wild in Iran[J]. J Basic Appl Sci Res, 2013, 3 (1s).

[370] BRUNO M, MAGGIO A, ROSSELLI S, et al. The metabolites of the genus onopordum (Asteraceae): chemistry and biological properties[J]. Current Medicinal Chemistry, 2011, 15 (6).

[371] 张建逵, 姜泓, 康廷国. 大翅蓟种油成分研究[J]. 中华中医药学刊, 2008, 26 (4).

[372] CSUPOR-LÖFFLER B, ZUPKÓ I, MOLNÁR J, et al. Bioactivity-guided isolation of antiproliferative compounds from the roots of Onopordum acanthium[J]. Natural Product Communications, 2014, 9 (3).

[373] SUGIMOTO S, YAMANO Y, DESOUKEY S Y, et al. Isolation of sesquiterpene-amino acid conjugates, Onopornoids A-D, and a flavonoid glucoside from Onopordum alexandrinum[J]. Journal of Natural Products, 2019, 82 (6).

[374] BRACA A, TOMMASI N D, MORELLI I, et al. New metabolites from Onopordum illyricum[J]. Journal of Natural Products, 1999, 62 (10).

[375] BOUAZZI S, MOKNI R E, NAKBI H, et al. Chemical composition and antioxidant activity of essential oils and hexane extract of onopordum arenarium from Tunisia[J]. Journal of Chromatographic Science, 2020, 58 (4).

[376] 王阳, 范潇晓, 杨军, 等. 木香的萜类成分与药理作用研究进展[J]. 中国中药杂志, 2020, 45 (24).

[377] NADDA R K, ALI A, GOYAL R C, et al. Aucklandia costus (Syn. Saussurea costus): ethnopharmacology of an endangered medicinal plant of the himalayan region[J]. Journal of Ethnopharmacology, 2020, 263.

[378] 杨辉, 谢金伦, 孙汉董. 云木香化学成分研究[J]. 云南植物研究, 1997, 19 (1).

[379] TALWAR K K, SINGH I P, KALSI P S. A sesquiterpenoid with plant growth regulatory activity from Saussurea lappa[J]. Phytochemistry, 1991, 31 (1).

[380] SUN C, SYU W, DON M, et al. Cytotoxic sesquiterpene lactones from the root of Saussurea lappa[J]. Journal of Natural Products, 2003, 66 (9).

[381] YOSHIKAWA M, HATAKEYAMA S, INOUE Y, et al. Saussureamines A, B, C, D, and E, new antiulcer principles from Chinese Saussureae Radix[J]. Chem Pharm Bull, 1993, 41 (1).

[382] YIN H Q, FU H W, HUA H M, et al. Two new sesquiterpene lactones with the sulfonic acid group from Saussurea lappa[J]. Chemical & Pharmaceutical Bulletin, 2005, 53 (7).

[383] PANDEY M M, RASTOGI S, RAWAT A K. Saussurea costus: botanical, chemical and pharmacological review of an ayurvedic medicinal plant[J]. J Ethnopharmacol, 2007, 110 (3).

[384] HASSAN R, MASOODI M H. Saussurea lappa: a comprehensive review on its pharmacological activity and phytochemistry[J]. Current Traditional Medicine, 2020, 6 (1).

[385] 娄方明, 李群芳, 张倩茹. 固相微萃取-气相色谱-质谱联用分析云木香挥发油成分[J]. 药物分析杂志, 2011, 30 (3).

[386] 杨璐铭, 陈虎彪, 郭乔如, 等. 雪莲的化学成分及药理作用研究进展[J]. 药学学报, 2020, 55 (7).

[387] CHIK W I, ZHU L, FAN L L, et al. Saussurea involucrata: a review of the botany, phytochemistry and ethnopharmacology of a rare traditional herbal medicine[J]. Journal of Ethnopharmacol, 2015, 172.

[388] 李瑜, 贾忠建, 朱子清. 新疆雪莲化学成分研究[J]. 高等学校化学学报, 1989, 10 (9).

[389] KAMEOKA H, MIZUTANI M, MIYAZAWA M, et al. Components of the essential oil of Saussurea involucrata (Kar. Et Kir.) ex Maxim[J]. Journal of Essential Oil Research, 1992, 4 (4).

[390] IWASHINA T, KADOTA Y. Flavonoids from Schmalhausenia nidulans (Compositae): a taxon endemic to the Tien Sian mountains[J]. Biochem Syst Ecol, 1998, 27 (1).

[391] WANG X, ZHANG Z, WU S C. Health Benefits of silybum marianum: phytochemistry, pharmacology, and applications[J]. Journal of Agricultural and Food Chemistry, 2020, 68 (42).

[392] BALL K R, KOWDLEY K V. A review of Silybum marianum (milk thistle) as a treatment for alcoholic liver disease[J]. Journal of Clinical Gastroenterology, 2005, 39 (6).

[393] ABENAVOLI L, IZZO A A, MILIC N, et al. Milk thistle (Silybum marianum): a concise overview on its chemistry, pharmacological, and nutraceutical uses in liver diseases[J]. Phytother Res, 2018, 32 (11).

[394] 尹兆明, 姜莹芳, 张亚刚, 等. 新疆产水飞蓟油的脂肪酸组成和相对含量分析[J]. 中国测试, 2016, 42 (z2).

[395] ZHANG L, CHEN C, CHEN J, et al. Thiophene acetylenes and furanosesquiterpenes from Xanthopappus subacaulis and their antibacterial activities[J]. Phytochemistry, 2014, 106.

[396] ZHANG L, ZHAO G, GOU H, et al. New furanosesquiterpenes from Xanthopappus subacaulis[J]. Biochemical Systematics & Ecology, 2020, 91.

[397] TIAN Y, WEI X, XU H. Photoactivated insecticidal thiophene derivatives from Xanthopappus subacaulis[J]. Journal of Natural Products, 2006, 69 (8).

[398] STRZEMSKI M, PŁACHNO B J, MAZUREK B, et al. Morphological, anatomical, and phytochemical studies of Carlina acaulis L. Cypsela[J]. International Journal of Molecular Sciences, 2020, 21.

[399] STRZEMSKI M, WÓJCIAK-KOSIOR M, SOWA I, et al. Historical and traditional medical applications of Carlina acaulis L. — a critical ethnopharmacological review[J]. Journal of Ethnopharmacology, 2019, 239.

[400] 崔庆新, 董岩, 王怀生. 白术挥发油化学成分的 GC-MS 分析[J]. 药物分析杂志, 2006, 26 (1).

[401] ZHU B, ZHANG Q, HUA J, et al. The traditional uses, phytochemistry, and pharmacology of Atractylodes macrocephala Koidz.: a review[J]. Journal of Ethnopharmacology, 2018, 226 (143-167).

[402] 邓爱平, 李颖, 吴志涛, 等. 苍术化学成分和药理的研究进展[J]. 中国中药杂志, 2016, 41 (21).

[403] 郭兰萍, 刘俊英, 吉力, 等. 茅苍术道地药材的挥发油组成特征分析[J]. 中国中药杂志, 2002, 27 (11).

[404] 马起凤, 孟宪纾, 周荣汉. 中国术属化学成分与分类学的研究[J]. 沈阳药学院学报, 1982, 8 (15).

[405] CHO H D, KIM U, SUH J. H, et al. Classification of the medicinal plants of the genus Atractylodes using high-performance liquid chromatography with diode array and tandem mass spectrometry detection combined with multivariate statistical analysis[J]. Journal of Separation Science, 2016, 39 (7).

[406] 王喜习, 刘建利, 刘竹兰. 苍术属植物化学成分研究进展[J]. 中成药, 2008, 30 (7).

[407] 王艺萌, 王知斌, 孙延平, 等. 苍术属植物中倍半萜类化合物化学结构和生物活性研究进展[J]. 中草药, 2021, 52 (1).

[408] XU K, JIANG J. S, FENG Z M, et al. Bioactive sesquiterpenoid and polyacetylene glycosides from Atractylodes lancea[J]. J Nat Prod, 2016, 79 (6).

[409] XU K, FENG Z M, YANG Y N, et al. Eight new eudesmane- and eremophilane-type sesquiterpenoids from Atractylodes lancea[J]. Fitoterapia, 2016, 114.

[410] WANG S Y, DING L F, SU J, et al. Atractylmacrols A-E, sesquiterpenes from the rhizomes of Atractylodes macrocephala[J]. Phytochemistry Letters, 2018, 23.

[411] WANG H X, LIU C M, LIU Q, et al. Three types of sesquiterpenes from rhizomes of Atractylodes lancea[J]. Phytochemistry, 2008, 69 (10).

[412] RAAL A, ORAV A, NESTEROVITSCH J, et al. Analysis of carotenoids, flavonoids and essential oil of Calendula officinalis cultivars growing in Estonia[J]. Natural Product Communications, 2016, 11 (8).

[413] DULF F V, PAMFIL D, BACIU A D, et al. Fatty acid composition of lipids in pot marigold (Calendula officinalisL.) seed genotypes[J]. BMC Chemistry, 2013, 7 (1).

[414] CROMBIE L, HOLLOWAY S J. Origins of conjugated triene fatty acids. The biosynthesis of calendic acid by Calendula officinalis[J]. J Chem Soc, Chem Commun, 1984, 7 (15).

[415] BAKO E, DELI J, TOTH G. HPLC study on the carotenoid composition of Calendula products.[J]. Journal of Biochemical and Biophysical Methods, 2002, 53.

[416] LEHBILI M, ALABDUL MAGID A, KABOUCHE A, et al. Oleanane-type triterpene saponins from Calendula stellata(Article)[J]. Phytochemistry, 2017, 144 (1).

[417] MULEY B, KHADABADI S, BANARASE N. Phytochemical constituents and pharmacological activities of Calendula officinalis Linn (Asteraceae): a review[J]. Tropical Journal of Pharmaceutical Research, 2009, 8 (5).

[418] UKIYA M, AKIHISA T, YASUKAWA K, et al. Anti-inflammatory, anti-tumor-promoting, and cytotoxic activities of constituents of marigold (Calendula officinalis) flowers[J]. Journal of Natural Products, 2006, 69 (12).

[419] ZITTERL-EGLSEER K, SOSA S, JURENITSCH J, et al. Anti-oedematous activities of the main triterpendiol esters of marigold (Calendula officinalis L.)[J]. Journal of Ethnopharmacology, 1997, 57 (2).

[420] ZAKI A A, ASHOUR A A. New sesquiterpene glycoside ester with antiprotozoal activity from the flowers of Calendulaofficinalis L.[J]. Natural Product Research, 2020, 1.

[421] D'AMBROSIO M, CIOCARLAN A, COLOMBO E, et al. Structure and cytotoxic activity of sesquiterpene glycoside esters from Calendula officinalis L.: studies on the conformation of viridiflorol[J]. Phytochemistry, 2015, 117 (1).

[422] TOMMASI N D, PIZZA C, CONTI C, et al. Structure and in vitro antiviral activity of sesquiterpene glycosides from Calendula arvensis[J]. Journal of Natural Products, 1990, 53 (4).

[423] FAUSTINOA M V, SECA A M L, SILVEIRA P, et al. Gas chromatography-mass spectrometry profile of four Calendula L. taxa: a comparative analysis[J]. Industrial Crops & Products, 2017, 104.

[424] DERKACH A I, KOMISSARENKO N F, CHERNOBAI V T. Coumarins of the inflorescences of Calendula officinalis and Helichrysum arenarium[J]. Khim Prir Soedin, 1986, 22 (6).

[425] THANHKY P, SCHRODER P. Studies on physiology of quinoline alkaloids in globe Thistles (Echinops spec.)[J]. Biochemie und Physiologie der Pflanzen, 1976, 169 (5).

[426] CHAUDHURI P K. Echinozolinone, an alkaloid from Echinops echinatus[J]. Phytochemistry, 1987, 26 (2).

[427] SU Y F, LUO Y, GUO C Y, et al. Two new quinoline glycoalkaloids from Echinops gmelinii[J]. Journal of Asian Natural Products Research, 2004, 6 (3).

[428] 李良波, 任洁, 赖仞, 等. 新疆蓝刺头中一个新的过氧环状化合物[J]. 高等学校化学学报, 2011, 32 (4).

[429] LIU Y, YE M, GUO H Z, et al. New thiophenes from Echinops grijisii[J]. Journal of Asian Natural Products Research, 2002, 4 (3).

[430] KIYEKBAYEVA L, MOHAMED N M, YERKEBULAN O, et al. Phytochemical constituents and antioxidant activity of Echinops albicaulis[J]. Natural Product Research, 2018, 32 (10).

[431] JIN Q, LEE J W, JANG H, et al. Dimeric sesquiterpene and thiophenes from the roots of Echinops latifolius[J]. Bioorganic & Medicinal Chemistry Letters, 2016, 26 (24).

[432] MENUT C, LAMATY G, WEYERSTAHL P, et al. Aromatic plants of tropical Central Africa. Part XXXI. Tricyclic sesquiterpenes from the root essential oil of Echinops giganteus var. lelyi C. D. Adams[J]. Flavour and Fragrance Journal, 1997, 12 (6).

[433] SAYED K A E. A pseudoguaiane sesquiterpene xylopyranoside from Echinops hussoni[J]. Die Pharmazie, 2001, 56 (5).

[434] ABEGAZ B M, TADESSE M, MAJINDA R. Distribution of sesquiterpene lactones and polyacetylenic thiophenes in Echinops[J]. Biochemical Systematics and Ecology, 1991, 19 (4).

[435] 李宝灵, 朱亮锋, 林有润, 等. 中国蒿属植物化学分类的初步研究 —— 精油化学成分与系统分类的相关性[J]. 华南植物学报, 1992, 试刊 (1).

[436] 任德全, 朱忠华. 菁草本草考证[J]. 中成药, 2019, 41 (02).

[437] ALI S I, GOPALAKRISHNAN B, VENKATESALU V. Pharmacognosy, phytochemistry and pharmacological properties of Achillea millefolium L.: a review[J]. Phytother Res, 2017, 31 (8).

[438] AHM A A, JAKUPOVI J, EL-DINB A A S, et al. Irregular oxygenated monoterpenes from Achillea fragrantissima[J]. Phytochemistry, 1990, 29 (4).

[439] ELMANN A, TELERMAN A, OFIR R, et al. Glutamate toxicity to differentiated neuroblastoma N2a cells is prevented by the sesquiterpene lactone Achillolide A and the flavonoid 3, 5, 4'-trihydroxy-6, 7, 3'-trimethoxyflavone from Achillea fragrantissima[J]. Journal of Molecular Neuroscience, 2017, 62 (1).

[440] WERNER I, GLASL S, PRESSER A, et al. Sesquiterpenes from Achillea pannonica Scheele[J]. Z Naturforsch, 2003, 58.

[441] HICHRI F, ZNATI M, BOUAJILA J, et al. New cytotoxic sesquiterpene lactones from Achillea cretica L. growing in Tunisia[J]. J Asian Nat Prod Res, 2018, 20 (4).

[442] TODOROVA M N, VOGLER B, TSANKOVA E T. Acrifolide, a novel sesquiterpene lactone from Achillea crithmifolia[J]. Natural Product Letters, 2006, 14 (6).

[443] HICHRI F, ZNATI M, JANNET H B, et al. A new sesquiterpene lactone and seco guaianolides from Achillea cretica L. growing in Tunisia[J]. Industrial Crops and Products, 2015, 77.

[444] TODOROVA M, TRENDAFILOVA A, MIKHOVA B, et al. Chemotypes in Achillea collina based on sesquiterpene lactone profile[J]. Phytochemistry, 2007, 68 (13).

[445] TODOROVA M, TRENDAFILOVA A, MIKHOVA B, et al. Terpenoids from Achillea distans Waldst. & Kit. Ex Willed[J]. Biochemical Systematics and Ecology, 2007, 35.

[446] TRENDAFILOVA A, TODOROVA M, MIKHOVA B, et al. Sesquiterpene lactones from Achillea collina J. Becker ex Reichenb[J]. Phytochemistry, 2006, 67.

[447] LI Y, ZHU M C, ZHANG M L, et al. Achillinin B and C, new sesquiterpene dimers isolated from Achillea millefolium[J]. Tetrahedron Lett, 2012, 53.

[448] VALANT K, BESSONB E, CHOPINB J. C-Glycosylflavones from the genus Achillea[J]. Phytochemistry, 1978, 17 (12).

[449] MEHLFUHRER M, TROLL K, JURENITSCH J, et al. Betaines and free proline within the Achillea millefolium group[J]. Phytochemistry, 1997, 44 (6).

[450] MILLER F M, CHOW L M. Alkaloids of Achillea millefolium L. I. isolation and characterization of Achilleine[J]. Journal of the American Chemical Society, 1954, 76 (5).

[451] MOHAMMADHOSSEINI M, SARKER S D, AKBARZADEH A. Chemical composition of the essential oils and extracts of Achillea species and their biological activities: a review[J]. J

Ethnopharmacol, 2017, 199.

[452] ÇAKIR A, ÖZER H, AYDIN T, et al. Phytotoxic and insecticidal properties of essential oils and extracts of four Achillea species[J]. Records of Natural Products, 2016, 10 (2).

[453] AMINKHANI A, SHARIFI S, EKHTIYARI S. Achillea Filipendulina Lam.: chemical constituents and antimicrobial activities of essential oil of stem, leaf, and flower[J]. Chemistry & Biodiversity, 2020, 17 (5).

[454] FAHED L, EL BEYROUTHY M, OUAINI N, et al. Isolation and characterization of santolinoidol, a bisabolene sesquiterpene from *Achillea santolinoides* subsp *wilhelmsii* (K. Koch) Greuter[J]. Tetrahedron Letters, 2016, 57 (17).

[455] MOGHADAM A R L. GC/MS analyses for detection and idetification of antioxidant constituents of Achillea millefolium L. essential oil[J]. Bangladesh Journal of Botany, 2017, 46 (4).

[456] SI X T, ZHANG M L, SHI Q W, et al. Chemical constituents of the plants in the genus Achillea[J]. Chemistry & Biodiversity, 2007, 3 (11).

[457] GÜRAĞAÇ DERELI F T, ILHAN M, KÜPELI AKKOL E. Discovery of new antidepressant agents: in vivo study on Anthemis wiedemanniana Fisch. & Mey[J]. Journal of Ethnopharmacology, 2018, 226.

[458] STANEVAA J, TRENDAFILOVA-SAVKOVA A, TODOROVA M N, et al. Terpenoids from Anthemis austriaca Jacq.[J]. Z Naturforsch C, 2004, 59c.

[459] NEJADHABIBVASH F. Phytochemical composition of the essential oil of Anthemis wiedemanniana Fisch. and C.A. Mey. (Asteraceae) from Iran during different growth stages[J]. Journal of Essential Oil-Bearing Plants, 2017, 20 (5).

[460] BARDAWEEL S K, TAWAHA K A, HUDAIB M M. Antioxidant, antimicrobial and antiproliferative activities of Anthemis palestina essential oil[J]. BMC Complementary and Alternative Medicine, 2014, 14.

[461] AREMU O O, TATA C M, SEWANI-RUSIKE C R, et al. Phytochemical composition, and analgesic and antiinflammatory properties of essential oil of Chamaemelum nobile (Asteraceae L All) in rodents[J]. Tropical Journal of Pharmaceutical Research, 2018, 17 (10).

[462] FERNÁNDEZ-CERVANTES M, PÉREZ-ALONSO M J, BLANCO-SALAS J, et al. Analysis of the essential oils of Chamaemelum fuscatum (Brot.) Vasc. From Spain as a contribution to reinforce its ethnobotanical use[J]. Forests, 2019, 10 (7).

[463] PASCUAL-T J D, CABALLERO E, CABALLERO C, et al. Four aliphatic esters of Chamaemelum fuscatum essential oil[J]. Phytochemistry, 1983, 22 (8).

[464] DE PASCUAL TERESA L, CABALLERO E, ANAYA J, et al. Eudesmanolides from Chamaemelum fuscatum[J]. Phytochemistry, 1986, 25 (6).

[465] ABDULLAEV N D, KASYMOV S Z, SIDYAKIN G P, et al. Chrysartemin B-A sesquiterpene lactone from Handelia trichophylla[J]. Chemistry of Natural Compounds, 1977, 12 (5).

[466] OSAWA T, TAYLOR D. Revised structure and stereochemistry of chrysartemin B[J]. Tetrahedron Letters, 1977, 18 (13).

[467] TARASOV V A, ABDULLAEV N D, KASYMOV S Z, et al. Hanphyllin — a new germacronolide from Handelia trichophylla[J]. Chemistry of Natural Compounds, 1976, (2).

[468] TARASOV V A, ABDULLAEV N D, KASYMOV S Z, et al. The structure of handelin — a new diguaianolide from Handelia trichophylla[J]. Chemistry of Natural Compounds, 1976, (6).

[469] 罗建军, 曾涌, 陈卫琼, 等. 亚菊属植物化学成分和药理活性研究进展[J]. 中药材, 2014, 37 (12).

[470] LIANG J Y, XU J, SHAO Y Z, et al. Chemical constituents from the aerial sections of Ajania potaninii[J]. Biochemical Systematics & Ecology, 2019, 84.

[471] ZHU Y, ZHANG L X, ZHAO Y, et al. Unusual sesquiterpene lactones with a new carbon skeleton and new acetylenes from Ajania przewalskii[J]. Food Chemistry, 2010, 118.

[472] MENG J C, HU Y F, CHENA J H, et al. Antifungal highly oxygenated guaianolides and other constituents from Ajania fruticulosa[J]. Phytochemistry, 2001, 58.

[473] MENG J C, TAN R X. Ajanoside, a xanthine oxidase inhibitor with a novel skeleton from Ajania fruticulosa[J]. Chemistry Letters, 2000, 29 (12).

[474] LI H, MENG J C, CHENG C H K, et al. New guaianolides and xanthine oxidase inhibitory flavonols from Ajania fruticulosa[J]. J Nat Prod, 1999, 62.

[475] TIKHONOV E V, ATAZHANOV G A, RALDUGIN V A, et al. 2, 12′-bis-hamazulenyl from Ajania fruticulosa essential oil[J]. Chemistry of Natural Compounds, 2006, 42 (3).

[476] WU H R, ZHANG W, PANG X Y, et al. Quinones and coumarins from Ajania salicifolia and their radical scavenging and cytotoxic activity[J]. Journal of Asian Natural Products Research, 2015, 17 (12).

[477] LIANG J Y, GUO S S, YOU C X, et al. Chemical constituents and insecticidal activities of Ajania fruticulosa essential oil[J]. Chemistry and Biodiversity, 2016, 13 (8).

[478] LIU R, YANG Y, WU J, et al. Chemical composition and antimicrobial activity of the essential oil of Ajania przewalskii[J]. Chemistry of Natural Compounds, 2014, 50 (2).

[479] LI Y, YAN S S, WANG J J, et al. Insecticidal activities and chemical composition of the essential oils of Ajania nitida and Ajania nematoloba from China[J]. J Oleo Sci, 2018, 67 (12).

[480] DARIAS V, BRAVO L, RABANAL R, et al. Contribution to the ethnopharmacological study of the Canary Islands[J]. Journal of Ethnopharmacology, 1989, 15 (2).

[481] GONZALEZ A G, BERMEJO BARRERA J, DIAZ J G, et al. Distribution of acetylenes and sesquiterpene lactones in Argyranthemum from Tenerife[J]. Biochem Syst Ecol, 1987, 16 (1).

[482] GONZALEZ A, ESTEVEZ REYES R, ESTEVEZ BRAUN A, et al. Biological activities of some Argyranthemum species[J]. Phytochemistry, 1997, 45 (5).

[483] PALA-PAUL J, VELASCO-NEGUERUELA A, PEREZ-ALONSO M J, et al. Analysis of the volatile components of Argyranthemum adauctum (Link.) Humphries by gas chromatography-mass spectrometry[J]. Journal of Chromatography A, 2001, 923.

[484] SHAFIQ N, SHAFIQ S, RAFIQ N, et al. Review: phytochemicals of the seriphidium, economically and pharmaceutically important genus of Asteraceae family[J]. Mini-Reviews in Organic Chemistry, 2020, 17 (2).

[485] 兰晓燕, 张元, 朱龙波, 等. 艾叶化学成分、药理作用及质量研究进展[J]. 中国中药杂志, 2020, 45 (17).

[486] SONG X, WEN X, HE J, et al. Phytochemical components and biological activities of Artemisia argyi[J]. Journal of Functional Foods, 2019, 52.

[487] 张小波, 赵宇平, 黄晓巍, 等. 青蒿道地药材研究综述[J]. 中国中药杂志, 2016, 41 (11).

[488] EKIERT H, SWIATKOWSKA J, KLIN P, et al. Artemisia annua — Importance in traditional medicine and current state of knowledge on the chemistry, biological activity and possible applications[J]. Planta Med, 2021, 87 (8).

[489] SADIQ A, HAYAT M Q, ASHRAF M. Ethnopharmacology of Artemisia annua L.: a review[J]. Artemisia Annua — Pharmacology and Biotechnology, 2014.

[490] 曹锦花. 茵陈的化学成分和药理作用研究进展[J]. 沈阳药科大学学报, 2013, 30 (6).

[491] CHEN L H, WANG J C, GUO Q L, et al. Simultaneous determination and risk assessment of pyrrolizidine alkaloids in Artemisia capillaris Thunb. By UPLC-MS/MS together with chemometrics[J]. Molecules, 2019, 24 (6).

[492] MIYAZAWA M, KAMEOKA H A new polyacetylene from Artemisia capillaris[J]. Phytochemistry,

1975, 14 (4).

[493] HARADA R, IWASAKI M. Volatile components of Artemisia capillaris[J]. Phytochemistry, 1982, 21 (8).

[494] MIYAZAWA M, KAMEOKA H. The essential oil of Artemisia capillaris[J]. Phytochemistry, 1977, 16 (7).

[495] GAO Z, HUANG X Y, GENG C A, et al. Artemicapillasins A-N, cytotoxic coumaric acid analogues against hepatic stellate cell LX2 from Artemisia capillaris (Yin-Chen)[J]. Bioorg Chem, 2021, 117.

[496] 张来宾, 段金廒, 吕洁丽. 蒿属植物中倍半萜类成分及其生物活性研究进展(英文)[J]. Journal of Chinese Pharmaceutical Sciences, 2017, 26 (5).

[497] TAN R, JAKUPOVIC J, BOHLMANN F, et al. Sesquiterpene lactones and other constituents from Artemisia xerophytica[J]. Phytochemistry, 1991, 30 (2).

[498] LIU S J, LIAO Z X, TANG Z S, et al. Phytochemicals and biological activities of Artemisia sieversiana[J]. Phytochemistry Reviews, 2016, 16 (3).

[499] ZENG W Z, QUESHENG, ZHANG Q Y, et al. Two new oplopane sesquiterpenes from Artemisia gmelinii Web. Ex Stechm[J]. Chinese Chemical Letters, 2014, 25 (8).

[500] ECKHARDT K, ZELLER K P, SIEHL H U, et al. Nobel prize-crowned: qinghaosu, an active ingredient against malaria from the nature: artemisinin[J]. Chemie in unserer zeit, 2016, 50 (5).

[501] WANG J, SU S, ZHANG S, et al. Structure-activity relationship and synthetic methodologies of α-santonin derivatives with diverse bioactivities: a mini-review[J]. European Journal of Medicinal Chemistry, 2019, 175.

[502] BEAUHAIRE J, FOURREY J L, VUILHORGNE M. Dimeric sesquiterpene lactones structure of absinthin[J]. Tetrahedron Lett, 1980, 21.

[503] RUSTAIYAN A, MASOUDI S. Chemical constituents and biological activities of Iranian Artemisia species[J]. Phytochemistry Letters, 2011, 4 (4).

[504] TURI C, SHIPLEY P R, MURCH S. North American Artemisia species from the subgenus Tridentatae (Sagebrush): a phytochemical, botanical and pharmacological review[J]. Phytochemistry, 2013, 98.

[505] GUNAWARDENA K, RIVERA S B. The monoterpenes of Artemisia tridentata ssp. Vaseyana, Artemisia cana ssp. Viscidula and Artemisia tridentata ssp. Spiciformis[J]. Phytochemistry, 2002, 59 (2).

[506] ABEGAZ B M, HERZA W. A nor-monoterpene from Artemisia schimperi[J]. Phytochemistry, 1991, 30 (3).

[507] LIU H, GUO S S, LI L L D, et al. Essential oil from Artemisia annua aerial parts: composition and repellent activity against two storage pests[J]. Natural Product Research, 2021, 35 (5).

[508] BIDGOLI R D. Chemical composition of essential oil and antifungal activity of Artemisia persica Boiss. from Iran[J]. Journal of Food Science and Technology, 2021, 58 (4).

[509] BORA K S, SHARMAB A. The genus Artemisia: a comprehensive review[J]. Pharmaceutical Biology, 2011, 49 (1).

[510] ODONBAYAR B, MURATA T, SUGANUMA K, et al. Acylated lignans isolated from Brachanthemum gobicum and their trypanocidal activity[J]. Journal of Natural Products, 2019, 82 (4).

[511] SHATAR S, ADAMS R P, TODOROVA M. The essential oil of the genus brachanthemum from Mongolia[J]. Journal of Essential Oil Research, 2010, 22 (5).

[512] ZHU L, TIAN Y J. A new flavone glycoside from Cancrinia discoidea (Ledeb.) Poljak[J]. Chinese Chemical Letters, 2010, 21 (9).

[513] 徐治国. 本草石胡荽考证[J]. 中药通报, 1982, (2).

[514] 石睿, 贺明帅, 吕佳霖, 等. 植物石胡荽中愈创木内酯型倍半萜类化学成分的研究进展[J]. 天津中医药大学学报, 2020, 39 (4).

[515] 张雅琪, 曾志, 谭丽贤, 等. 浙江产石胡荽的挥发性成分研究[J]. 华南师范大学学报(自然科学版), 2011, 38 (2).

[516] LINH N T T, HA N T T, TRA N T, et al. Medicinal plant centipeda minima: a resource of bioactive compounds[J]. Mini Reviews in Medicinal Chemistry, 2020, 21 (3).

[517] 万春鹏, 刘琼, 张新龙, 等. 药食两用植物茼蒿化学成分及生物活性研究进展[J]. 现代食品科技, 2014, 30 (10).

[518] HAOUAS D, CIONI P L, FLAMINI G, et al. Variation of chemical composition in flowers and leaves essential oils among natural population of Tunisian Glebionis coronaria (L.) Tzvelev (Asteraceae)[J]. Chemistry & Biodiversity, 2016, 13 (10).

[519] MARONGIU B, PIRAS A, PORCEDDA S, et al. Chemical and biological comparisons on supercritical extracts of Tanacetum cinerariifolium (Trevir) Sch. Bip. with three related species of chrysanthemums of Sardinia (Italy).[J]. Natural Product Research, 2009, 23 (2).

[520] ÖKSÜZ S, WAGNER H. Coumarins from Chrysanthemum segetum[J]. Journal of Natural Products, 1982, 45 (3).

[521] OCHOCKA R J, RAJZER D, KOWALSKI P, et al. Determination of coumarins from Chrysanthemum segetum by capillary electrophoresis[J]. Journal of Chromatography A, 1995, 709 (1).

[522] WAN C, LI S, LIU L, et al. Caffeoylquinic acids from the aerial parts of Chrysanthemum coronarium L.[J]. Plants, 2017, 6 (10).

[523] SONG M C, YANG H J, JEONG T S, et al. Heterocyclic compounds from Chrysanthemum coronarium L. and their inhibitory activity on hACAT-1, hACAT-2, and LDL-oxidation[J]. Archives of Pharmacal Research, 2008, 31 (5).

[524] EL-MASRY S, ABOU-DONI A H A, DARWISH F A, et al. Sesquiterpene lactones from Chrysanthemum coronarium[J]. Phytochemistry, 1984, 23 (12).

[525] LEE K D, HA T J, PARK K H, et al. Isolation of eudesmanolides derivatives from the flower of Chrysanthemum coronarium L.[J]. Korean Journal of Medicinal Crop Science, 2001, 9 (4).

[526] LEE K D, YANG M S, HA T J, et al. Isolation and identification of dihydrochrysanolide and its 1-epimer from Chrysanthemum coronarium L.[J]. Bioscience, Biotechnology, and Biochemistry, 2002, 66 (4).

[527] SONG M C, KIM D H, HONG Y H, et al. Terpenes from the aerial parts of Chrysanthemum coronarium L.[J]. Agric Chem Biotechnol, 2003, 46 (3).

[528] RAGASA C Y, NATIVIDAD G M. An antimicrobial diterpene from Chrysanthemum coronarium[J]. Kimica, 1998, 14 (1).

[529] FLAMINI G, CIONI P L, MACCIONI S, et al. Essential oil composition and in vivo volatiles emission by different parts of Coleostephus myconis capitula[J]. Natural Product Communications, 2011, 5 (3).

[530] BESSADA S M F, BARREIRA J C M, SANTOS J, et al. Evaluation of the cytotoxicity (HepG2) and chemical composition of polar extracts from the ruderal species Coleostephus myconis (L.) Rchb.f.[J]. Journal of Toxicology and Environmental Health, Part A, 2017, 89.

[531] TADRENT W, BENTELDJOUNE M, LAGGOUNE S, et al. Composition and Antibacterial activity of the essential oil of Cotula anthemoides[J]. Chemistry of Natural Compounds, 2014, 50 (4).

[532] TADRENT W, ALABDUL MAGID A, KABOUCHE A, et al. A new sulfonylated flavonoid and other bioactive compounds isolated from the aerial parts of Cotula anthemoides L.[J]. Natural Product Research, 2017, 31 (12).

[533] MAHJOUB M A, AMMAR S, MAJOULI K, et al. Two new alkaloids and a new polyphenolic compound from Cotula coronopifolia[J]. Chemistry of Natural Compounds, 2012, 47 (6).

[534] METWALLY M A, EL-DAHMY S, JAKUPOVIC J, et al. Glaucolide-like sesquiterpene lactones from Cotula cinerea[J]. Phytochemistry, 1986, 25 (1).

[535] LAKHDAR M. Traditional uses, phytochemistry and biological activities of Cotula cinerea Del: a review [J]. Tropical Journal of Pharmaceutical Research, 2018, 7 (2).

[536] 吴琦, 王亚君, 赵琳, 等. 芙蓉菊化学成分及其生物活性研究进展[J]. 药物评价研究, 2017, 40 (12).

[537] WU Q Y, ZOU L, XIU-WEI Y, et al. Novel sesquiterpene and coumarin constituents from the whole herbs of Crossostephium chinense[J]. Journal of Asian Natural Products Research, 2009, 11 (1).

[538] 杨秀伟, 吴琦, 邹磊, 等. 芙蓉菊中艾菊素和草蒿素结构的 NMR 信号表征[J]. 波谱学杂志, 2008, 25 (1).

[539] UEHARA A, KITAJIMA J, KOKUBUGATA G, et al. Further characterization of foliar flavonoids in Crossostephium chinense and their geographic variation(Article)[J]. Natural Product Communications, 2014, 19 (2).

[540] 瞿璐, 王涛, 董勇喆, 等. 菊花化学成分与药理作用的研究进展[J]. 药物评价研究, 2015, 38 (1).

[541] SHAO Y, SUN Y, LI D, et al. Chrysanthemum indicum L.: a comprehensive review of its botany, phytochemistry and pharmacology[J]. The American Journal of Chinese Medicine, 2020, 48 (4).

[542] YOSHIKAWA M, MORIKAWA T, MURAKAMI T, et al. Medicinal flowers. I. aldose reductase inhibitors and three new eudesmane-type sesquiterpenes, Kikkanols A, B, and C, from the flowers of Chrysanthemum indicum L.[J]. Chemical and Pharmaceutical Bulletin, 1999, 47 (3).

[543] ZHOU J, WANG J S, ZHANG Y, et al. Disesquiterpenoid and sesquiterpenes from the flos of Chrysanthemum indicum[J]. Chem Pharm Bull, 2012, 60 (8).

[544] KUANG C L, LV D, SHEN G H, et al. Chemical composition and antimicrobial activities of volatile oil extracted from Chrysanthemum morifolium Ramat[J]. Journal of Food Science and Technology, 2018, 55 (7).

[545] LAWAL O A, OGUNWANDE I A. Essential oil composition of Chrysanthemum zawadskii subsp. Coreanum[J]. Chemistry of Natural Compounds, 2016, 52 (4).

[546] 张永明, 黄亚非, 陶玲, 等. 不同产地野菊花挥发油化学成分比较研究[J]. 中国中药杂志, 2002, 27 (4).

[547] 段志兴, 孙小文, 马昭礼. 沙漠植物百花蒿精油中酯类和萜类成分的研究[J]. 分析测试学报, 1996, 15 (5).

[548] 乔俊缠, 陈理, 刘涛, 等. 线叶菊总黄酮含量测定[J]. 中草药, 1998, 29 (7).

[549] LIANG S, WEI Q, XUE J, et al. Chemical composition and biological activities of essential oil from Filifolium sibiricum (L.) Kitam[J]. Natural Product Research, 2016, 30 (24).

[550] 王秋红, 刘玉婕, 苏阳, 等. 线叶菊抗感染有效部位化学成分的研究(I)[J]. 中草药, 2012, 43 (1).

[551] 吕明明, 方振兴, 周媛媛, 等. 线叶菊化学成分的研究[J]. 黑龙江医药, 2014, 27 (1).

[552] 刘玉婕, 王秋红, 于晓东, 等. 线叶菊抗感染有效部位化学成分的研究(II)[J]. 中医药学报, 2011, 39 (4).

[553] HOLUB M, SAMEK Z, BUDESINSKY M, et al. Terpenes. CCLXIX. 8a-Hydroxybalchanin — a new sesquiterpenic lactone from Leucanthemella serotina (L.) Tzvel.[J]. Collect Czech Chem Commun, 1982, 47 (11).

[554] MAGHARRI E, RAZAVI S M, GHORBANI E, et al. Chemical composition, some allelopathic aspects, free-radical-scavenging property and antifungal activity of the volatile oil of the flowering

tops of Leucanthemum vulgare Lam.[J]. Records of Natural Products, 2015, 19 (4).

[555] KIKOLADZE V S, SAGAREISHVILI T G, ALANIYA M D, et al. Nivyaside — a new glycoside from Leucanthemum vulgare[J]. Chemistry of Natural Compounds, 1982, 18 (4).

[556] BOHLMANN F, BOHLMANN R. A caryophyllene derivative from Leucanthemum maximum[J]. Phytochemistry, 1980, 19 (11).

[557] SAGAREISHVILI T G. Essential oil of Leucanthemum vulgare[J]. Chemistry of Natural Compounds, 2002, 38 (3).

[558] DUMAN E, OZCAN M M. The chemical composition of Achillea wilhelmsii, Leucanthemum vulgare and Thymus citriodorus essential oils(Article)[J]. Journal of Essential Oil-Bearing Plants, 2017, 20 (5).

[559] 郑汉臣, 全山丛, 张虹, 等. 值得重视的归化药用和香料植物 —— 母菊（洋甘菊）[J]. 中草药, 1996, 27 (9).

[560] XIE X Y, WANG R, SHI Y P. Flavonoids from the flowers of Matricaria chamomilla[J]. Chemistry of Natural Compounds, 2014, 50 (5).

[561] YAMAZAKI H, MIYAKADO M, MABRY T J. Isolation of a linear sesquiterpene lactone from Matricaria chamomilla[J]. Journal of Natural Products, 1982, 45 (4).

[562] ZAITER L, BOUHEROUM M, BENAYACHE S, et al. Sesquiterpene lactones and other constituents from Matricaria chamomilla L.[J]. Biochemical Systematics and Ecology, 2007, 35 (8).

[563] BOHLMANN F, ZDERO C. Naturally occurring terpene derivatives. 46. New sesquiterpene lactone from Matricaria suffructicosa var leptoloba[J]. Chemische Berichte-Recueil, 1975, 108 (2).

[564] AHMED A, ABOU ELELA M. Highly oxygenated bisabolenes and an acetylene from Matricaria aurea[J]. Phytochemistry, 1999, 51 (4).

[565] HAJAJI S, SIFAOUI I, LOPEZ-ARENCIBIA A, et al. Amoebicidal activity of alpha-bisabolol, the main sesquiterpene in chamomile (Matricaria recutita L.) essential oil against the trophozoite stage of Acanthamoeba castellani Neff[J]. Acta Parasitol, 2017, 62 (2).

[566] DEBSKA W, WASIEWICZOWA E, BARTKOWIAKOWA T. Method for detection and determination of chamazulene, bisabolol, and spiroether [2-(2, 4-hexadiynylidene)-1, 6-dioxaspiro[4, 4-]non-3-ene] in chamomile (Matricaria chamomilla) flower heads[J]. Acta Pol Pharm, 1977, 34.

[567] BENFERDJALLAH S, DENDOUGUI H, GARCIA V P, et al. Dimeric coumarin and other constituents from flowers of Matricaria pubescens[J]. National Academy Science Letters, 2019, 42 (4).

[568] PIRI E, MAHMOODI SOURESTANI M, KHALEGHI E, et al. Chemo-diversity and antiradical potential of twelve Matricaria chamomilla L. populations from Iran: proof of ecological effects[J]. Molecules, 2019, 24 (7).

[569] SHARAFZADEH S, ALIZADEH O. German and Roman Chamomile[J]. Journal of Applied Pharmaceutical Science, 2011, 1 (10).

[570] MA C M, WINSOR L, DANESHTALAB M. Quantification of spiroether isomers and herniarin of different parts of Matricaria matricarioides and flowers of Chamaemelum nobile[J]. Phytochemical Analysis, 2007, 18 (1).

[571] 王雪芬, 王喆之, 鲁国武. 栉叶蒿挥发油的 GC-MS 分析[J]. 现代生物医学进展, 2008, 8 (4).

[572] MOTL O, OČIR G. Components of Neopallasia pectinata[J]. Collection of Czechoslovak Chemical Communications, 1979, 44 (10).

[573] 于琨, 张小龙, 赵婷, 等. 太行菊提取物对乙型肝炎病毒的抑制作用[J]. 药物评价研究, 2016, 39 (1).

[574] GUO Y, ZHANG T, ZHONG J, et al. Identification of the volatile compounds and observation of the

glandular trichomes in Opisthopappus taihangensis and four species of Chrysanthemum[J]. Plants, 2020, 9.

[575] 张军民, 傅思武, 赵晋, 等. 藏药材川西小黄菊化学成分、药理活性及质量控制研究进展[J]. 药物分析杂志, 2012, 32 (11).

[576] LU Q X, XIONG H, DU Y, et al. Polyacetylenes and flavonoids from the stems and leaves of Pyrethrum tatsienense[J]. Phytochemistry Letters, 2020, 40.

[577] WEI R, MA Q, ZHONG G, et al. Hepatoprotective Xanthones from the aerial parts of Pyrethrum tatsienense[J]. Chemistry of Natural Compounds, 2020, 56 (2).

[578] 杨爱梅, 鲁润华, 师彦平. 藏药川西小黄菊化学成分的研究[J]. 中成药, 2008, 30 (5).

[579] ABDUAZIMOV B K, YUNUSOV A I, ABDULLAEV N D, et al. Sesquiterpene lactones of Pyrethrum pyrethroides. Pyrethroidinin[J]. Khim Prir Soedin, 1984.

[580] ABDUAZIMOV B K, ABDULLAEV N D, SIDYAKIN G P. Sesquiterpene lactones of Pyrethrum pyrethroides. III. Isopyrethroidinin[J]. Khim Prir Soedin, 1986, 21 (4).

[581] ABDUAZIMOV B K, ABDULLAEV N D, YUNUSOV A I, et al. Sesquiterpene lactones of Pyrethrum pyrethroides. II. Pyrethroidin[J]. Khim Prir Soedin, 1985.

[582] ABAD M J, BERMEJO P, VILLAR A. An approach to the genus Tanacetum L. (Compositae): Phytochemical and pharmacological review[J]. Phytotherapy Research, 1995, 9 (2).

[583] 刘伟新, 周钢, 才仁加甫. 新疆菊蒿挥发油化学成分的研究[J]. 中国民族民间医药杂志, 2005, 4 (6).

[584] GRDIS M, BABIC S, PERIS M, et al. Chemical diversity of the natural populations of Dalmatian Pyrethrum (Tanacetum cinerariifolium (Trevir.) Sch.Bip.) in Croatia[J]. Chemistry & Biodiversity, 2013, 10 (3).

[585] HENDRIKS H, VAN DER ELST D J D, VAN PUTTEN F M S, et al. The essential oil of Tanacetum vulgare[J]. Planta Medica, 1989, 55 (2).

[586] PAREEK A, SUTHAR M, RATHORE G S, et al. Feverfew (Tanacetum parthenium L.): a systematic review[J]. Pharmacognosy Reviews, 2011, 5 (9).

[587] FREUND R R A, GOBRECHT P, FISCHER D, et al. Advances in chemistry and bioactivity of parthenolide[J]. Natural Product Reports, 2020, 37 (4).

[588] PIRAS A, FALCONIERI D, BAGDONAITE E, et al. Chemical composition and antifungal activity of supercritical extract and essential oil of Tanacetum vulgare growing wild in Lithuania[J]. Natural Product Research, 2014, 28 (21).

[589] SULEIMEN Y, VAN HECKE K, IBATAYEV Z A, et al. Crystal structure and biological activity of matricaria ester isolated from Tripleurospermum Inodorum (L.) Sch. Bip.[J]. Journal of Structural Chemistry, 2018, 59 (4).

[590] TOFIGHI Z, MOLAZEM M, DOOSTDAR B, et al. Antimicrobial activities of three medicinal plants and investigation of flavonoids of Tripleurospermum disciforme[J]. Iranian Journal of Pharmaceutical Research, 2015, 14 (1).

[591] ZELJKOVIC S C, AYAZ F A, INCEER H, et al. Evaluation of chemical profile and antioxidant activity of Tripleurospermum insularum, a new species from Turkey[J]. Natural Product Research, 2015, 29 (3).

[592] MANZO A, MUSSO L, PANSERI S, et al. Screening of the chemical composition and bioactivity of Waldheimia glabra (Decne.) Regel essential oil[J]. Journal of the Science of Food & Agriculture, 2016, 96 (9).

[593] 赵志治, 高慧琴, 德吉, 等. 西藏扁芒菊的抗补体活性成分研究[J]. 药学研究, 2021, 40 (1).

[594] GIORGI A, BASSOLI A, BORGONOVO G, et al. Extracts and compounds active on TRP ion channels from Waldheimia glabra, a ritual medicinal plant from Himalaya(Article)[J].

Phytomedicine, 2017, 32.

[595] BHATNAGAR M, AVASTHI A S, SINGH S, et al. Evaluation of anti-leishmanial and antibacterial activity of Waldheimia tomentosa (Asteraceae), and chemical profiling of the most bioactive fraction[J]. Tropical Journal of Pharmaceutical Research, 2017, 16 (9).

[596] BOHLMANN F, ZDERO C, KAPTEYN H. Polyacetylene compound. 163. Acetylene compounds of Astereae[J]. Chemische Berichte-Recueil, 1969, 102 (5).

[597] 卢艳花, 戴岳, 王峥涛, 等. 紫菀祛痰镇咳作用及其有效部位和有效成分[J]. 中草药, 1999, 30 (5).

[598] 陈奕君, 吴浩, 魏紫奕, 等. 基于 UHPLC-Q-TOF-MS/MS 的紫菀药材全成分解析[J]. 药学学报, 2019, 54 (9).

[599] CHOI S Z, LEE S O, CHOI S U, et al. A new sesquiterpene hydroperoxide from the aerial parts of Aster ohara[J]. Arch Pharm Res, 2003, 26 (7).

[600] 侯海燕, 陈立, 董俊兴. 紫菀化学成分及药理活性研究进展[J]. 中国药学杂志, 2006, 41 (3).

[601] LANZOTTI V. Bioactive saponins from Allium and Aster plants[J]. Phytochemistry Reviews, 2005, 4 (2-3).

[602] SHAO Y, ZHOU B, MA K, et al. New triterpenoid saponins, asterbatanoside D and E, from Aster batangensis[J]. Planta Med, 1995, 61 (3).

[603] WANG D, BAI A, LIN X, et al. Efficient method for extraction and isolation of shionone from Aster tataricus L. F. by supercritical fluid extraction and high-speed counter-current chromatography[J]. Acta Chromatographica, 2012, 24 (4).

[604] SHAO Y, WANG M F, HO C T, et al. Lingulatusin, two epimers of an unusual linear diterpene from aster lingulatus in honour of professor G. H. Neil Towers 75th birthday[J]. Phytochemistry, 1998, 49 (2).

[605] LEE S O, CHOI S Z, CHOI S U, et al. Labdane diterpenes from Aster spathulifolius and their cytotoxic effects on human cancer cell lines[J]. Journal of Natural Products, 2005, 68 (10).

[606] WANG L, GUO S, JIA Z, et al. A new neo-clerodane diterpene from Aster souliei[J]. Chinese Chemical Letters, 1996, 7 (7).

[607] 杨勇勋, 颜瑜. 菊科植物环肽研究进展[J]. 亚太传统医药, 2020, 16 (11).

[608] TSANKOVA A E, BOHLMANN F. A monoterpene from Aster bakeranus[J]. Phytochemistry, 1983, 22 (5).

[609] NAGAO T, OKABE H, YAMAUCHI T. Studies on the constituents of Aster tataricus L. f. I. structure of shionosides A and B, monoterpene glycosides isolated from the root[J]. Chemical & pharmaceutical bulletin, 1988, 36 (2).

[610] 田苗, 沈彤, 王秀茹. 萎软紫菀化学成分的研究[J]. 中草药, 2012, 43 (5).

[611] RAJCEVIC N, MARIN P, VUJISIC L, et al. Chemical composition of Aster albanicus Deg. (Asteraceae) essential oil: taxonomical implications[J]. Archives of Biological Sciences, 2015, 67 (3).

[612] CHOI H S. Comparison of the essential oil composition between Aster tataricus and A. koraiensis[J]. Analytical Chemistry Letters, 2012, 2 (3).

[613] WANG Y M, ZHAO J Q, ZHOU S Y, et al. New sesquiterpenes and benzofuran derivatives from the aerial parts of Asterothamnus centrali-asiaticus[J]. Tetrahedron, 2016, 72 (32).

[614] TODOROVA M, TRENDAFILOVA A, JAVSMAA N, et al. A new cembrane glycoside in Asterothamnus centrali-asiaticus from Gobi Desert[J]. J Asian Nat Prod Res, 2013, 15 (9).

[615] WANG Y M, ZHAO J Q, YANG J L, et al. Isolation and Identification of saponins from the natural pasturage Asterothamnus centrali-asiaticus employing preparative two-dimensional reversed-phase liquid chromatography/hydrophilic interaction chromatography[J]. J Agric Food Chem, 2016, 64

(24).

[616] WANG Y M, ZHAO J Q, YANG J L, et al. Separation of antioxidant and alpha-glucosidase inhibitory flavonoids from the aerial parts of Asterothamnus centrali-asiaticus[J]. Nat Prod Res, 2017, 31 (12).

[617] WANG Y M, ZHAO J Q, YANG C Y, et al. Anti-oxidant components from the aerial parts of Asterothamnus centrali-asiaticus[J]. Phytochemistry Letters, 2016, 17.

[618] SHATAR S, ADAMS R P. Essential oil of Asterothamnus centrali-asiaticus Novopokr. from Mongolia[J]. Journal of Essential Oil Research, 1998, 10 (6).

[619] LI W, ASADA Y, KOIKE K, et al. Bellisosides A-F, six novel acylated triterpenoid saponins from Bellis perennis (compositae)[J]. Tetrahedron, 2005, 61 (11).

[620] PEHLIVAN KARAKAS F, SOHRETOGLU D, LIPTAJ T, et al. Isolation of an oleanane-type saponin active from Bellis perennis through antitumor bioassay-guided procedures[J]. Pharm Biol, 2014, 52 (8).

[621] YOSHIKAWA M, LI X, NISHIDA E, et al. Medicinal flowers. XXI. Structures of Perennisaponins A, B, C, D, E, and F, acylated oleanane-type triterpene oligoglycosides, from the flowers of Bellis perennis[J]. Chemical & Pharmaceutical Bulletin, 2008, 56 (4).

[622] MORIKAWA T, LI X, NISHIDA E, et al. Medicinal flowers. Part 29. Acylated oleanane type triterpene bisdesmosides: Perennisaponins G, H, I, J, K, L, and M with pancreatic lipase inhibitory activity from the flowers of Bellis perennis[J]. Helvetica Chimica Acta, 2010, 93 (3).

[623] MORIKAWA T, HAYAKAWA T, NISHIDA E, et al. Medicinal flowers. XXXII. Structures of oleanane-type triterpene saponins, perennisosides VIII, IX, X, XI, and XII, from the flowers of Bellis perennis[J]. Chemical & Pharmaceutical Bulletin, 2011, 59 (7).

[624] MORIKAWA T, LI X, NISHIDA E, et al. Perennisosides I-VII, acylated triterpene saponins with antihyperlipidemic activities from the flowers of Bellis perennis[J]. Journal of Natural Products, 2008, 71 (5).

[625] NINOMIYA K, MOTAI C, NISHIDA E, et al. Acylated oleanane-type triterpene saponins from the flowers of Bellis perennis show anti-proliferative activities against human digestive tract carcinoma cell lines[J]. J Nat Med, 2016, 70 (3).

[626] AVATO P, TAVA A. Acetylenes and terpenoids of Bellis perennis[J]. Phytochemistry, 1995, 40 (1).

[627] ZHANG X S, CAO J Q, LIU Z T, et al. Callistephus A, a novel sesquiterpene from the Callistephus chinensis flower[J]. Phytochemistry Letters, 2015, 11.

[628] ZHANG X S, CAO J Q, SHI G H, et al. Two new isoaurones derivatives from Callistephus chinensis flower[J]. Nat Prod Res, 2016, 30 (3).

[629] ZHANG X, LIU Z, BI X, et al. Flavonoids and its derivatives from Callistephus chinensis flowers and their inhibitory activities against alpha-glucosidase[J]. Excli Journal, 2013, 12.

[630] ZDERO C, BOHLMANN F, KINGA R M, et al. Polyynes from Calotis species[J]. Phytochemistry, 1988, 27 (4).

[631] 孙蓉, 高静雷, 刘姗. 金龙胆草萜类成分的研究[J]. 中草药, 2018, 49 (19).

[632] SU Y, GUO D, GUO H, et al. Four new triterpenoid saponins from Conyza blinii[J]. J Nat Prod, 2001, 64 (1).

[633] SU Y, KOIKE K, NIKAIDO T, et al. Conyzasaponins I-Q, nine new triterpenoid saponins from Conyza blinii[J]. J Nat Prod, 2003, 66.

[634] SU Y, KOIKE K, GUO D, et al. New apiose-containing triterpenoid saponins from Conyza blinii[J]. Tetrahedron, 2001, 57 (31).

[635] ABDEL-SATTAR E. Minor alicyclic diterpene acids from Conyza incana[J]. Monatshefte fuÈr Chemie, 2001, 132.

[636] AHMED A A. A diterpene xyloside from Conyza steudellii[J]. Phytochemistry, 1991, 30 (2).

[637] BOHLMANNA F, WEGNERA P. Three diterpenes from Conyza podocephala[J]. Phytochemistry, 1982, 1 (7).

[638] ZDERO C, BOHLMANN F, MUNGAIA G M. Seco-clerodanes and other diterpenes from Conyza welwitschii[J]. Phytochemistry, 1990, 29 (7).

[639] ARAUJO L, MOUJIR L M, ROJAS J, et al. Chemical composition and biological activity of conyza bonariensis essential oil collected in Mérida, Venezuela[J]. Natural Product Communications, 2013, 8 (8).

[640] AYAZ F, KÜÇÜKBOYACI N, DEMIRCI B. Chemical composition and antimicrobial activity of the essential oil of Conyza canadensis (L.) Cronquist from Turkey[J]. Journal of Essential Oil Research, 2017, 29 (4).

[641] ZDERO C, BOHLMANNA F, MUNGAIB G M. Clerodanes, seco-clerodanes, geranyl geraniol derivatives and unusual sesquiterpenes from Conyza hypoleuca[J]. Phytochemistry, 1991, 30 (2).

[642] 苏艳芳, 罗洋, 陈磊, 等. 白酒草属植物化学成分研究进展[J]. 天然产物研究与开发, 2006, 18 (5).

[643] 李祖强, 马国义, 罗蕾, 等. 杯菊中的倍半萜内酯[J]. 高等学校化学学报, 2006, 27 (5).

[644] SOHONI J S, NAGASAMPAGI B A, ZIESCH J, et al. A germacranolide from Cyathocline lutea[J]. Phytochemistry, 1984, 23 (5).

[645] CHINTALWAR G J, MAMDAPUR V R, YADAVA V S, et al. The crystal and molecular structure of a guaianolide from Cyathocline purpurea[J]. Journal of Natural Products, 1991, 54 (5).

[646] JOSHI R K. Chemical constituents and antibacterial property of the essential oil of the roots of Cyathocline purpurea[J]. J Ethnopharmacol, 2013, 145 (2).

[647] 李祖强, 黄荣, 罗蕾, 等. 红蒿枝挥发油化学成分及其细胞毒性[J]. 云南植物研究, 2003, 25 (4).

[648] DEVGAN O N, BOKADIA M M, BOSE A K, et al. The structure and stereochemistry of lyratol a new C10 alcohol from Cyathocline lyrata[J]. Tetrahedron, 1969, 25 (16).

[649] 朱少晖, 张前军, 陈青, 等. 鱼眼草化学成分研究[J]. 中药材, 2010, 33 (1).

[650] 宋波, 张秋博, 王孟华, 等. 小鱼眼草三萜类化学成分研究[J]. 中国中药杂志, 2015, 40 (11).

[651] TIAN X, LI L, HU Y, et al. Dichrocephones A and B, two cytotoxic sesquiterpenoids with the unique [3.3.3] propellane nucleus skeleton from Dichrocephala benthamii[J]. RSC Advances, 2013, 3 (21).

[652] QIN F, WU Y, GUO R, et al. A new eudesmane sesquiterpene from Dichrocephala integrifolia[J]. Natural Product Communications, 2014, 9 (2).

[653] MORIKAWA T, ABDEL-HALIM O B, MATSUDA H, et al. Pseudoguaiane-type sesquiterpenes and inhibitors on nitric oxide production from Dichrocephala integrifolia[J]. Tetrahedron, 2006, 62 (26).

[654] SONG B, SI J G, YU M, et al. Megastigmane glucosides isolated from Dichrocephala benthamii[J]. Chinese Journal of Natural Medicines, 2017, 15 (4).

[655] LEE C L, YEN M H, HWANG T L, et al. Anti-inflammatory and cytotoxic components from Dichrocephala integrifolia[J]. Phytochemistry Letters, 2015, 12.

[656] SONG B, DING G, TIAN X H, et al. Anti-HIV-1 integrase diterpenoids from Dichrocephala benthamii[J]. Phytochemistry Letters, 2015, 14.

[657] TIAN X, DING G, PENG C, et al. Sinapyl alcohol derivatives from the lipo-soluble part of Dichrocephala benthamii C. B. Clarke[J]. Molecules, 2013, 18 (2).

[658] KUIATE J R, ZOLLO P H A, LAMATY G, et al. Composition of the essential oil from leaves and flowers of Dichrocephala integrifolia (L.) O. Kuntze Chev. from Cameroon[J]. Flavour and

Fragrance Journal, 1999, 14 (6).

[659] QIN F, YAN H M, QING X, et al. Chemical constituents of Dichrocephala integrifolia[J]. Chemistry of Natural Compounds, 2015, 51 (5).

[660] LIN L, KUO Y, CHOU C. Immunomodulatory principles of Dichrocephala bicolor[J]. Journal of Natural Products, 1999, 62 (3).

[661] 张彬, 张蕾, 谭芬, 等. 东风菜挥发油化学成分及抗氧化活性[J]. 中国实验方剂学杂志, 2019, 25 (4).

[662] CHUNG T Y, EISERICH J P, SHIBAMOTO T. Volatile compounds isolated from edible Korean chamchwi (Aster scaber Thunb)[J]. Journal of Agricultural and Food Chemistry, 1993, 41 (10).

[663] BAI S P, DONG L, HE Z A, et al. A new triterpenoid from Doellingeria scaber[J]. Chinese Chemical Letters, 2004, 15 (11).

[664] NAGAO T, OKABE H. Studies on the constituents of Aster scaber Thunb. III. Structures of scaberosides B7, B8 and B9, minor oleanolic acid glycosides isolated from the root[J]. Chem Pharm Bull, 1992, 40 (4).

[665] NAGAO T, TANAKA R, OKABE H. Saponins from the compositae plants: structures of the saponins from Aster scaber Thunb[J]. Saponins Used in Traditional and Modern Medicine, 1996, 404 (297-307).

[666] BAI S P, ZHU Z F, YANG L. Anent-abietane diterpenoid from Doellingeria scaber[J]. Acta Crystallographica Section E Structure Reports Online, 2005, 61 (9).

[667] JUNG C M, KWON H C, SEO J J, et al. Two new monoterpene peroxide glycosides from Aster scaber[J]. Chemical & Pharmaceutical Bulletin, 2001, 49 (7).

[668] BAI S, MA X, LU G, et al. Two new sesquiterpenoids from Doellingeria scaber[J]. Journal of Chemical Research, 2007, 38 (47).

[669] KWON H C, JUNG C M, SHIN C G, et al. A new caffeoly quinic acid from Aster Scaber and its inhibitory activity against human immunodeficiency virus-1 (HIV-1) integrase[J]. Chemical & Pharmaceutical Bulletin, 2000, 48 (11).

[670] 刘宏, 杨祥良, 徐辉碧. 灯盏花的研究进展[J]. 中草药, 2002, 33 (6).

[671] WU G, FEI D Q, GAO K. Aromadendrane-type sesquiterpene derivatives and other constituents from Erigeron acer[J]. Die Pharmazie, 2007, 62 (4).

[672] YAOITA Y, KIKUCHI M, MACHIDA K. Terpenoids and related compounds from plants of the family Compositae (Asteraceae) [J]. Natural Product Communications, 2012, 7 (4).

[673] WADDELL T G, OSBORNE C B, COLLISON R, et al. Erigerol, a new labdane diterpene from Erigeron philadelphicus [J]. J Org Chem, 1983, 48 (24).

[674] ZAHOOR A, HUSSAIN H, KHAN A, et al. Chemical constituents from Erigeron bonariensis L. and their chemotaxonomic importance[J]. Records of Natural Products, 2012, 6 (4).

[675] YOO N H, JANG D S, YOO J L, et al. Erigeroflavanone, a flavanone derivative from the flowers of Erigeron annuus with protein glycation and aldose reductase inhibitory activity[J]. J Nat Prod, 2008, 71.

[676] LI J, YU D Q. Two new constituents from Erigeron breviscapus[J]. Journal of Asian Natural Products Research, 2013, 15 (9).

[677] ZAHOOR A, KHAN A, AHMAD V U, et al. Two new octulosonic acid derivatives and a new cyclohexanecarboxylic acid derivative from Erigeron bonariensis L.[J]. Helvetica Chimica Acta, 2012, 95.

[678] NAZARUK J, GUDEJ J, MAJDA T, et al. Investigation of the essential oil of Erigeron acris L. Herb[J]. Journal of Essential Oil Research, 2006, 18 (1).

[679] ADEKENOV S M, SHUL'TS E E, GATILOV Y V, et al. 15, 16-Epoxy-3, 13(16),

14-Neoclerodatrien- 17, 12:18, 19-diolide, a new compound from Galatella punctata[J]. Chemistry of Natural Compounds, 2013, 48 (6).

[680] ÖZEK G, ISHMURATOVA M, YUR S, et al. Investigation of Galatella villosa and G. tatarica for antioxidant, amylase, tyrosinase, lipoxygenase and xanthine oxidase inhibitory activities[J]. Natural Product Communications, 2017, 12 (8).

[681] RUANGRUNGSI N, KASIWONG S, LIKHITWITAYAWUID K, et al. Constituents of Grangea maderaspatana. A New eudesmanolide[J]. Journal of Natural Products, 1989, 52 (1).

[682] PANDEY U C, SINGHAL A K, BARUA N C, et al. Stereochemistry of strictic acid and related furanoditerpenes from Conyza japonica and Grangea maderaspatana[J]. Phytochemistry, 1984, 23 (2).

[683] CHANG F R, HUANG S T, LIAW C C, et al. Diterpenes from Grangea maderaspatana[J]. Phytochemistry, 2016, 131.

[684] ROJATKAR S R, CHIPLUNKARA Y G, NAGASAMPAGIA B A. A diterpene from Cipadessa fruticosa and Grangea maderaspatana[J]. Phytochemistry, 1994, 37 (4).

[685] DAT N T, KIEM P V, CAI X F, et al. Gymnastone, a new benzofuran derivative from Gymnaster koraiensis[J]. Archives of Pharmacal Research, 2004, 27 (11).

[686] DAT N T, CAI X F, SHEN Q, et al. Gymnasterkoreayne G, a new inhibitory polyacetylene against NFAT transcription factor from Gymnaster koraiensis[J]. Chemical & Pharmaceutical Bulletin, 2005, 53 (9).

[687] RO LEE K, KYUN LEE I, HYUN KIM K, et al. Two new sesquiterpene glucosides from Gymnaster koraiensis[J]. Heterocycles, 2009, 78 (11).

[688] LEE J Y, SONG D G, LEE E H. Inhibitory effects of 3, 5-O-dicaffeoyl-*epi*-quinic acid from Gymnaster koraiensis on AKR1B10[J]. Journal of the Korean Society for Applied Biological Chemistry, 2009, 52 (6).

[689] HUANG H, GAO X J, LIU J, et al. A new caryolane sesquiterpene from Heteropappus altaicus(Willd.) Novopokr[J]. Natural Product Research, 2013, 27 (4-5).

[690] LIU Q H, YANG J S, LU Y, et al. A new diterpene acid from the flowers of Heteropappus altaicus[J]. Chinese Chemical Letters, 2005, 16 (7).

[691] TKACHEV A V, KOROLYUK E A, LETCHAMO W. Chemical screening of volatile oil-bearing flora of siberia IX. variations in chemical composition of the essential oil of Heteropappus altaicus Willd. (Novopokr.) growing wild at different altitudes of Altai Region, Russia[J]. Journal of Essential Oil Research, 2006, 18 (2).

[692] 陈艺林. 广西特有和濒危的异裂菊属[J]. 广西植物, 1985, 5 (4).

[693] 樊晓娜, 林生, 朱承根, 等. 小花异裂菊中的萜类成分及其活性[J]. 中国中药杂志, 2010, 35 (3).

[694] FAN X, ZI J, ZHU C, et al. Chemical constituents of Heteroplexis micocephala[J]. Journal of Natural Products, 2009, 72 (6).

[695] 樊晓娜, 林生, 朱承根, 等. 小花异裂菊中的微量新成分[J]. 药学学报, 2010, 45 (1).

[696] 许文清, 龚小见, 周欣, 等. 马兰化学成分及生物活性研究[J]. 中国中药杂志, 2010, 35 (23).

[697] WANG G K, ZHANG N, YAO J N, et al. Kalshinoids A-F, anti-inflammatory sesquiterpenes from Kalimeris shimadae[J]. J Nat Prod, 2019, 82 (12).

[698] WANG G K, YU Y, WANG Z, et al. Two new terpenoids from Kalimeris indica[J]. Nat Prod Res, 2017, 31 (20).

[699] WANG G K, JIN W F, ZHANG N, et al. Kalshiolin A, new lignan from Kalimeris shimadai[J]. J Asian Nat Prod Res, 2020, 22 (5).

[700] ZHANG N, JIN W F, SUN Y P, et al. Indole and flavonoid from the herbs of Kalimeris shimadai[J].

Phytochemistry Letters, 2018, 28.

[701] 龚小见, 王道平, 周欣, 等. 马兰茎和根的挥发性化学成分研究[J]. 中华中医药杂志, 2010, 25 (12).

[702] FAN G J, KIM S, HAN B H, et al. Glyceroglycolipids, a novel class of platelet-activating factor antagonists from Kalimeris indica[J]. Phytochemistry Letters, 2008, 1 (4).

[703] 崔昊, 华玉玲. 马兰属植物的化学成分和药理作用及应用研究进展[J]. 中国药房, 2018, 29 (8).

[704] 马娅萍, 洪涛, 陈大舟, 等. 岩香菊精油的气相色谱-气相色谱-质谱联用分析[J]. 色谱, 1993, 11 (3).

[705] TENE M, TANE P, SONDENGAM B L, et al. Clerodane diterpenoids from Microglossa angolensis[J]. Tetrahedron, 2005, 61 (10).

[706] SCHMIDT T J, HILDEBRAND M R, WILLUHN G. New dihydrobenzofurans and triterpenoids from roots of Microglossa pyrifolia[J]. Planta Medica, 2003, 69 (3).

[707] GUNATILAKA A A. L, DHANABALASINGHAM B, PAREDES L, et al. Microglossic acid an alicyclic diterpene and other consituents of Microglossa zeylanica[J]. Phytochemistry, 1987, 26 (8).

[708] AKIMANYA A, MIDIWO J O, MATASYOH J, et al. Two polymethoxylated flavonoids with antioxidant activities and a rearranged clerodane diterpenoid from the leaf exudates of Microglossa pyrifolia[J]. Phytochemistry Letters, 2015, 11.

[709] RÜCKER G, KEHRBAUM S, SAKULAS H, et al. Acetylated aurone glucosides from Microglossa pyrifolia[J]. Planta Medica, 1994, 60 (3).

[710] KUIATE J R, ZOLLO P H A, NGUEFA E H, et al. Composition of the essential oils from the leaves of Microglossa pyrifolia (Lam.) O. Kuntze and Helichrysum odoratissimum (L.) Less. growing in Cameroon[J]. Flavour and Fragrance Journal, 1999, 14 (2).

[711] BOTI J B, KOUKOUA G, N'GUESSAN T Y, et al. Chemical variability of conyza sumatrensis and microglossa pyrifolia from Côte d'Ivoire[J]. Flavour and Fragrance Journal, 2007, 22 (1).

[712] CHEN J J, DUH C Y, CHEN I S. Cytotoxic chromenes from Myriactis humilis[J]. Planta Med, 2005, 71 (4).

[713] SETO M, MIYASE T, UENO A. Ent-clerodane diterpenoids from Rhynchospermum verticillatum[J]. Phytochemistry, 1987, 26 (12).

[714] 王文杰, 马腾, 白虹, 等. 一枝黄花属植物二萜类化学成分及其药理活性研究进展[J]. 齐鲁药事, 2011, 30 (6).

[715] YAMAMUR S, ITO M, NIWA M, et al. The isolation and structure of tricyclosolidagolactone, a new diterpene from Solidago altissima L.[J]. Tetrahedron Letters, 1981, 22 (8).

[716] ZENG Z, MA W, LI Y, et al. Two new diterpenes from Solidago canadensis[J]. Helvetica Chimica Acta, 2012, 95 (7).

[717] LI Y, ZHAO Q, HU J, et al. Two new quinoline alkaloid mannopyranosides from Solidago canadensis[J]. Helvetica Chimica Acta, 2009, 92 (5).

[718] JOLADA S D, HOFFMANN J J, TIMMERMANN B N, et al. Wrightol, a sesquiterpene of the eremophilane type from Solidago wrightii[J]. Phytochemistry, 1989, 28 (11).

[719] SCHMIDT C O, BOUWMEESTER H J, FRANKE S, et al. Mechanisms of the biosynthesis of sesquiterpene enantiomers (+)- and (−)-germacrene D in Solidago canadensis[J]. Chirality, 1999, 11 (5-6).

[720] LAURENCON L, SARRAZIN E, CHEVALIER M, et al. Triterpenoid saponins from the aerial parts of Solidago virgaurea alpestris with inhibiting activity of Candida albicans yeast-hyphal conversion[J]. Phytochemistry, 2013, 86.

[721] FURSENCO C, CALALB T, UNCU L, et al. Solidago virgaurea L.: a review of its ethnomedicinal uses, phytochemistry, and pharmacological activities[J]. Biomolecules, 2020, 10 (12).

[722] JIN H, OGINO K, FUJIOKA T, et al. A new acylphloroglucinol glycoside from Solidago altissima L.[J]. J Nat Med, 2008, 62 (2).

[723] KALEMBA D, MARSCHALL H, BRADESI P. Constituents of the essential oil of Solidago gigantea Ait. (giant goldenrod)[J]. Flavour and Fragrance Journal, 2001, 16 (1).

[724] KALEMBA D. Constituents of the essential oil of Solidago virgaurea L.[J]. Flavour and Fragrance Journal, 1998, 13 (6).

[725] LAM J. Polyacetylenes of Solidago virgaurea: their seasonal variation and NMR long-range spin coupling constants[J]. phytochemisty, 1971, 10 (3).

[726] 杨蓓莉, 吴建江, 倪福明, 等. 不同盐度梯度下碱菀的遗传多样性和遗传分化[J]. 江苏农业科学, 2009, (1).

[727] CHEN L, WANG W L, SONG T F, et al. Anti-colorectal cancer effects of tripolinolate A from Tripolium vulgare[J]. Chinese Journal of Natural Medicines, 2017, 15 (8).

[728] 宜兴县扶风公社潘高大队卫生室. 女菀治疗细菌性痢疾[J]. 江苏医药, 1977, (09).

[729] SULEIMEN E M, ISKAKOVA Z B, DUDKIN R V, et al. Constituent composition and biological activity of essential oil from Turczaninowia fastigiata[J]. Chemistry of Natural Compounds, 2018, 54 (3).

[730] 杨永利, 郭守军, 马瑞君, 等. 下田菊挥发油化学成分的研究[J]. 热带亚热带植物学报, 2007, 15 (4).

[731] BARDON A, MONTANARO S, CATALAN C A N, et al. Kauranes and related diterpenes from Adenostemma brasilianum[J]. Phytochemistry, 1996, 42 (2).

[732] 清水繁, 宫瀬敏男, 梅原薫, 等. Kaurane-Type diterpenes from Adenostemma lavenia O. Kuntze[J]. Chemical & pharmaceutical bulletin, 1990, 38 (5).

[733] CHENG P C, HUFFORD C D, DOORENBOS N J. Isolation of 11-hydroxyated kauranic acids from Adenostemma lavenia[J]. Journal of Natural Products, 1979, 42 (2).

[734] BOHLMANN F, MAHANTA P K. Kaurenic acid derivatives from Adenostemma caffrum[J]. Phytochemistry, 1978, 17 (4).

[735] AKIE H, RYOSUKE I, MIWA M, et al. The high content of Ent-11α-hydroxy-15-oxo-kaur-16-en-19-oic acid in Adenostemma lavenia (L.) O. Kuntze leaf extract: with preliminary in Vivo Assays[J]. Foods, 2020, 9 (1).

[736] 廖华军, 马赟, 彭国平. 胜红蓟治疗慢性咽炎有效部位的筛选[J]. 中华中医药学刊, 2010, 28 (1).

[737] GONZÁLEZ A G, AGUIAR Z E, GRILLO T A, et al. Chromenes from Ageratum conyzoides[J]. Phytochemistry, 1991, 30 (4).

[738] BREUER M, BUDZIKIEWICZ H, SIEBERTZA R, et al. Benzofuran derivatives from Ageratum houstonianum[J]. Phytochemistry, 1987, 26 (11).

[739] WIEDENFELD H, RDER E. Pyrrolizidine alkaloids from Ageratum conyzoides[J]. Planta Medica, 1990, 56 (6).

[740] BOSI C F, ROSA D W, GROUGNET R, et al. Pyrrolizidine alkaloids in medicinal tea of Ageratum conyzoides[J]. Revista Brasileira de Farmacognosia, 2013, 23 (3).

[741] WIEDENFELD H, ANDRADE-CETTO A. Pyrrolizidine alkaloids from Ageratum houstonianum[J]. Phytochemistry, 2001, 57 (8).

[742] BOHLMANN F, AHMED M, KING R M, et al. Naturally occurring terpene derivatives. Part 341. Labdane and eudesmane derivatives from Ageratum fastigiatum[J]. Phytochemistry, 1981, 20 (6).

[743] MENUT C, LAMATY G, ZOLLO P H A, et al. Aromatic plants of tropical central Africa. Part X. Chemical composition of the essential oils of Ageratum houstonianum Mill. and Ageratum conyzoides L. from Cameroon[J]. Flavour and Fragrance Journal, 1993, 8 (1).

[744] VERA R. Chemical composition of the essential oil of Ageratum conyzoides L.[J]. Flavour Fragrance J, 1993, 8 (5).

[745] VÁZQUEZ M M, AMARO A R, JOSEPH-NATHANA P. Three flavonoids from Ageratum tomentosum var. bracteatum[J]. Phytochemistry, 1988, 27 (11).

[746] HUI W H, LEE W K. Triterpenoid and steroid constituents of some lactuca and ageratum species of Hong Kong[J]. Phytochemistry, 1971, 10 (4).

[747] 魏道智, 宁书菊, 林文雄. 佩兰的研究进展[J]. 时珍国医国药, 2007, 17 (7).

[748] LEE J, PARK J, KIM J, et al. Targeted isolation of cytotoxic sesquiterpene lactones from Eupatorium fortunei by the NMR annotation tool, SMART 2.0[J]. ACS Omega, 2020, 5 (37).

[749] JIANG H X, LI Y, PAN J, et al. Terpenoids from Eupatorium fortunei TURCZ[J]. Helvetica Chimica Acta, 2006, 89.

[750] LIU K, ROEDER E, CHEN H L, et al. Pyrrolizidine alkaloids from Eupatorium fortunei[J]. Phytochemistry, 1992, 31 (7).

[751] CHANG C H, WU S, HSU K C, et al. Dibenzofuran, 4-chromanone, acetophenone, and dithiecine derivatives: cytotoxic constituents from Eupatorium fortunei[J]. Int J Mol Sci, 2021, 22 (14).

[752] LI Q Q, HUO Y Y, CHEN C J, et al. Biological activities of two essential oils from Pogostemon cablin and Eupatorium fortunei and their major components against fungi isolated from Panax notoginseng[J]. Chem Biodivers, 2020, 17 (12).

[753] LIU Y, LUO S H, HUA J, et al. Characterization of defensive cadinenes and a novel sesquiterpene synthase responsible for their biosynthesis from the invasive Eupatorium adenophorum[J]. New Phytol, 2021, 229 (3).

[754] CHAUHAN N, BHANDARI U, LOHANI H, et al. Chromatographic fingerprinting of essential oil of aerial parts of Eupatorium adenophorum Spreng. grown in various locations of Uttarakhand Himalaya, India[J]. Journal of Essential Oil Bearing Plants, 2019, 22 (4).

[755] ITO K, SAKAKIBARA Y, HARUNA M, et al. Four new germacranolides from Eupatorium lindleyanum DC[J]. Chemistry Letters, 1979, 8 (12).

[756] BOHLMANN F, JAKUPOVIC J, VOGEL W. 11-Hydroxy- and β-cubebene from Eupatorium serotinum[J]. Phytochemistry, 1982, 21 (5).

[757] WANG M Z, ZHANG Y Y, LI S L, et al. Cadinene derivatives from Eupatorium adenophorum[J]. Helvetica Chimica Acta, 2007, 89 (12).

[758] ITO K, SAKAKIBARA Y, HARUNA M. Seven guaianolides from Eupatorium chinense[J]. Phytochemistry, 1982, 21 (3).

[759] OKUNADE A L, WIEMER D F. Ant-repellent sesquiterpene lactones from Eupatorium quadrangularae[J]. Phytochemistry, 1985, 24 (6).

[760] JIANG H X, LI Y, PAN J, et al. Terpenoids from Eupatorium fortunei TURCZ[J]. Helvetica Chimica Acta, 2006, 89 (3).

[761] SADHU S K, HIRATA K, LI X, et al. Flavonoids and sesquiterpenoids, constituents from Eupatorium capillifolium, found in a screening study guided by cell growth inhibitory activity[J]. Journal of Natural Medicines, 2006, 60 (4).

[762] HE L, HOU J, GAN M, et al. Cadinane sesquiterpenes from the leaves of Eupatorium adenophorum[J]. Journal of Natural Products, 2008, 71 (8).

[763] MAREIKE M, ANDREAS H, FERNANDO B D C, et al. An unusual dimeric guaianolide with antiprotozoal activity and further sesquiterpene lactones from Eupatorium perfoliatum[J]. Phytochemistry, 2011, 72 (7).

[764] PEDERSEN E. Echinatine and supinine: pyrrolizidine alkaloids from Eupatorium cannabinum[J]. Phytochemistry, 1975, 14 (9).

[765] LANG G, PASSREITER C M, MEDINILLA B, et al. Non-toxic pyrrolizidine alkaloids from Eupatorium semialatum[J]. Biochemical Systematics and Ecology, 2001, 29 (2).

[766] GONZÁLEZ A G, ARTEAG J, BRETÓN J, et al. Five new labdane diterpene oxides from Eupatorium jhanii[J]. Phytochemistry, 1977, 16 (1).

[767] JAKUPOVI J, ELLMAUERER E, BOHLMANN F, et al. Diterpenes from eupatorium turbinatum[J]. Phytochemistry, 1986, 25 (11).

[768] ZYGADLO J A, MAESTRI D M, GUZMÁN C A. Comparative study of the essential oils from three species of Eupatorium[J]. Flavour and Fragrance Journal, 1996, 11 (3).

[769] MONACH G D, MONACH F D, BECERR J, et al. Thymol derivatives from Eupatorium glechonophyllum[J]. Phytochemistry, 1984, 23 (9).

[770] XU Q L, ZHANG M, ZHOU Z Y, et al. Two new carene-type monoterpenes from aerial parts of Ageratina adenophora[J]. Phytochemistry Letters, 2014, 9.

[771] DOMÍNGUEZ X A, QUINTANILLA J A G, ROJAS M P. Sterols and triterpenes from Eupatorium perfoliatum[J]. Phytochemistry, 1974, 13 (3).

[772] AMATYA S, TULADHAR S. Eupatoric acid: a novel triterpene from Eupatorium odoratum L. (Asteraceae)[J]. Zeitschrift für Naturforschung B, 2005, 1 (9).

[773] TAYLOR D R, WRIGHT J A. Chromenes from Eupatorium riparium[J]. Phytochemistry, 1971, 10 (7).

[774] ZALKOW L H, GELBAUM L, GHOSAL M, et al. The co-occurrence of desmethylencecalin and hydroxytremetone in Eupatorium rugosum[J]. Phytochemistry, 1977, 16 (8).

[775] NAIR A G R, JAYAPRAKASAM R, GUNASEKARAN R, et al. 6-Hydroxykaempferol 7-(6″-caffeoylglucoside) from Eupatorium glandulosum[J]. Phytochemistry, 1993, 33 (5).

[776] WEI Y, GAO Y, ZHANG K, et al. Isolation of caffeic acid from eupatorium adenophorum spreng by high-speed countercurrent chromatography and synthesis of caffeic acid-intercalated layered double hydroxide[J]. Journal of Liquid Chromatography and Related Technologies, 2010, 33.

[777] 杜凡, 杨宇明, 李俊清, 等. 云南假泽兰属植物及薇甘菊的危害[J]. 云南植物研究, 2006, 28 (5).

[778] SHAFEE W N W, YUSOF N Y, FAUZI H M, et al. Anti-coagulation activities of Malaysian Mikania cordata leaves[J]. International Journal of Peptide Research and Therapeutics, 2019, 25 (3).

[779] AHMED M, RAHMAN M T, ALIMUZZAMAN M, et al. Analgesic sesquiterpene dilactone from Mikania cordata[J]. Fitoterapia, 2001, 72 (8).

[780] PAUL R K, JABBAR A, RASHID M A. Antiulcer activity of Mikania cordata[J]. Fitoterapia, 2000, 71 (6).

[781] MA Q, LIA J, WU X, et al. New germacrane-sesquiterpenoids from the leaves of Mikania micrantha Kunth[J]. Phytochemistry Letters, 2020, 40.

[782] GUTIERREZ A B, OBERTI J C, KULANTHAIVEL P, et al. Sesquiterpene lactones and diterpenes from Mikania periplocifolia[J]. Phytochemistry, 1985, 24 (12).

[783] RÜNGELER P, BRECHT V, TAMAYO-CASTILLO G, et al. Germacranolides from Mikania guaco[J]. Phytochemistry, 2001, 56 (5).

[784] ZHANG Y, ZENG Y, XU Y, et al. New cadinane sesquiterpenoids from Mikania micrantha[J]. Natural Product Research, 2019.

[785] BOHLMANN F, ADLER A, JAKUPOVIC J, et al. A dimeric germacranolide and other sesquiterpene lactones from Mikania species[J]. Phytochemistry, 1982, 21 (6).

[786] DONG L, JIA X, LUO Q, et al. Four new ent-kaurene diterpene glucosides from Mikania micrantha[J]. Phytochemistry Letters, 2017, 20 (155-159).

[787] BEDI G, N'GUESSAN T Y, CHALCHAT J C. Chemical constituents of the essential oil of Mikania

cordata (burm.f.) B.L. robinson from Abidjan (ivory coast)[J]. Journal of Essential Oil Research, 2003, 15 (3).

[788] AGUINALDO A M, PADOLINA W G, ABE F, et al. Flavonoids from Mikania cordata[J]. Biochemical Systematics and Ecology, 2003, 31 (6).

[789] WANG D, HUANG L, CHEN S. Senecio scandens Buch.-Ham.: a review on its ethnopharmacology, phytochemistry, pharmacology, and toxicity[J]. J Ethnopharmacol, 2013, 149 (1).

[790] KIM Y K, YEO M G, OH B K, et al. Tussilagone inhibits the inflammatory response and improves survival in CLP-induced septic mice[J]. Int J Mol Sci, 2017, 18 (12).

[791] TABOPDA T K, FOTSO G W, NGOUPAYO J, et al. Antimicrobial dihydroisocoumarins from Crassocephalum biafrae[J]. Planta Medica, 2009, 75 (11).

[792] ASADA Y, SHIRAISHI M, TAKEUCHI T, et al. Pyrrolizidine alkaloids from Crassocephalum crepidioides[J]. Planta Medica, 1985, 51 (6).

[793] HEGAZY M E F, OHTA S, ABDEL-LATIF F F, et al. Cyclooxygenase (COX)-1 and -2 inhibitory labdane diterpenes from Crassocephalum mannii[J]. Journal of Natural Products, 2008, 71 (6).

[794] HEGAZY M E F, ALY A A, AHMED A A, et al. A new 14, 15-dinor-labdane glucoside from Crassocephalum Mannii[J]. Natural Product Communications, 2008, 3 (6).

[795] TCHINDA A T, MOUOKEU S R, NGONO R A, et al. A new ent-clerodane diterpenoid from Crassocephalum bauchiense Huch. (Asteraceae)[J]. Nat Prod Res, 2015, 29 (21).

[796] KONGSAEREE P, PRABPAI S, SRIUBOLMAS N, et al. Antimalarial dihydroisocoumarins produced by Geotrichum sp, an endophytic fungus of Crassocephalum crepidioides[J]. Journal of Natural Products, 2003, 66 (5).

[797] HUNG N H, SATYAL P, DAI D N, et al. Chemical compositions of Crassocephalum crepidioides essential oils and larvicidal activities against Aedes aegypti, Aedes albopictus, and Culex quinquefasciatus[J]. Natural Product Communications, 2019, 14 (6).

[798] OWOKOTOMO I A, EKUNDAYO O, OLADOSU I A, et al. Analysis of the essential oils of leaves and stems of Crassocephalum crepidioides growing in South Western Nigeria[J]. International Journal of Chemistry, 2012, 4 (2).

[799] JOSHI R K. Study on essential oil composition of the roots of Crassocephalum crepidioides (benth.) s. moore[J]. Journal of the Chilean Chemical Society, 2014, 59 (1).

[800] OPEYEMI O A, FUNMILAYO D O, OMOLAJA R O. Phytochemical profiling of the hexane fraction of Crassocephalum crepidioides Benth S. Moore leaves by GC-MS[J]. African Journal of Pure and Applied Chemistry, 2020, 14 (1).

[801] AYODELE O O, ONAJOBI F D, OSONIYI O. In vitro anticoagulant effect of Crassocephalum crepidioides leaf methanol extract and fractions on human blood[J]. J Exp Pharmacol, 2019, 11.

[802] ADEWALE O B, ANADOZIE S O, POTTS-JOHNSON S S, et al. Investigation of bioactive compounds in Crassocephalum rubens leaf and in vitro anticancer activity of its biosynthesized gold nanoparticles[J]. Biotechnol Rep (Amst), 2020, 28.

[803] 范小飞, 景临林, 高荣敏, 等. 垂头菊属植物化学成分及药理活性研究进展[J]. 药学实践杂志, 2013, 31 (4).

[804] SAITO Y, ICHIHARA M, TAKIGUCHI K, et al. Chemical and genetic diversity of Cremanthodium lineare[J]. Phytochemistry, 2013, 96.

[805] ZHU Y, ZHU Q, JIA Z. A new bisabolane sesquiterpene from Cremanthodium discoideum[J]. Chinese Chemical Letters, 1998, 9 (6).

[806] CHEN H, JIA Z, TAN R. Two new oplopanol esters from Cremanthodium ellisii[J]. Planta Medica, 1997, 63 (3).

[807] SAITO Y, ICHIHARA M, OKAMOTO Y, et al. Four new eremophilane-type alcohols from

Cremanthodium helianthus collected in China[J]. Natural Product Communications, 2012, 7 (4).

[808] SAITO Y, TAKASHIMA Y, KAMADA A, et al. Chemical and genetic diversity of Ligularia virgaurea collected in Northern Sichuan and adjacent areas of China. Isolation of 13 new compounds[J]. Tetrahedron, 2012, 68 (48).

[809] 何芝洲, 邹多生, 谢敬兰, 等. 褐毛垂头菊花精油的 GC-MS 分析[J]. 分析测试学报, 2008, 27 (增刊).

[810] 涂永勤, 杨荣平, 寿清耀, 等. 侧茎垂头菊挥发油化学成分的研究[J]. 中国中药杂志, 2006, 31 (6).

[811] 依明·尕哈甫, 热娜·卡斯木, 韩南银. 多榔菊挥发油的 GC-MS 分析及对 DNA 氧化损伤保护作用的初步考察[J]. 中国药师, 2019, 22 (5).

[812] MROCZEK T, GLOWNIAK K, WLASZCZYK A. Simultaneous determination of N-oxides and free bases of pyrrolizidine alkaloids by cation-exchange solid-phase extraction and ion-pair high-performance liquid chromatography[J]. Journal of Chromatography A, 2002, 949 (1-2).

[813] ALIEVA S A, ABDULLAEV U A, TELEZHENETSKAYA M V, et al. Alkaloids of Doronicum macrophyllum[J]. Chemistry of Natural Compounds, 1976, (2).

[814] PUTIEVA Z M, ALIEVA S A, ABUBAKIROV N K, et al. A diterpene glyoside — doronicoside D-from Doronicum macrophyllum[J]. Chemistry of Natural Compounds, 1978, 13 (5).

[815] PAOLINI J, MUSELLI A, BERNARDINI A F, et al. Thymol derivatives from essential oil of Doronicum corsicum L.[J]. Flavour and Fragrance Journal, 2007, 22 (6).

[816] LAZAREVIĆ J, RADULOVIĆ N, PALIĆ R, et al. Chemical composition of the essential oil of Doronicum austriacum Jacq. Subsp. giganteum(Griseb.) Stoj. Et Stef. (Compositae) from Serbia[J]. Journal of Essential Oil Research, 2009, 21 (6).

[817] SHAIMERDENOVA Z R, MAKUBAEVA A I, OZEK T, et al. Volatile constituents of Doronicum altaicum[J]. Chemistry of Natural Compounds, 2019, 55 (5).

[818] TOSI B, BONORA A, DALL'OLIO G, et al. Screening for toxic thiophene compounds from crude drugs of the family compositae used in Northern Italy[J]. Phytotherapy research, 1991, 5 (2).

[819] 黄玉妹, 兰妹莲, 卢娟, 等. 一点红本草考证及药食两用研究[J]. 亚太传统医药, 2020, 16 (12).

[820] FREITAS J A, CCANA-CCAPATINTA G V, DA COSTA F B. Pyrrolizidine alkaloids and other constituents from Emilia fosbergii Nicolson[J]. Biochemical Systematics and Ecology, 2020, 92.

[821] MROCZEK T, NDJOKO K, GŁOWNIAK K, et al. On-line structure characterization of pyrrolizidine alkaloids in Onosma stellulatum and Emilia coccinea by liquid chromatography-ion-trap mass spectrometry[J]. Journal of Chromatography A, 2004, 1056 (1-2).

[822] HSIEH C H, CHEN H W, LEE C C, et al. Hepatotoxic pyrrolizidine alkaloids in Emilia sonchifolia from Taiwan[J]. Journal of Food Composition and Analysis, 2015, 42.

[823] CHENG D, RDER E. Pyrrolizidin-Alkaloide aus Emilia sonchifolia[J]. Planta Medica, 1986, 52 (6).

[824] BARBOURA R H, ROBINSA D J. Structure revision of emiline a pyrrolizidine alkaloid from Emilia flammea[J]. Phytochemistry, 1987, 26 (8).

[825] SHEN S, SHEN L, ZHANG J, et al. Emiline, a new alkaloid from the aerial parts of Emilia sonchifolia[J]. Phytochemistry Letters, 2013, 6 (3).

[826] DA CAMARA C A. G, DIAS I J M, DE MORAES M M, et al. Chemical composition of Emilia fosbergii and Melanthera latifolia essential oil from a montane forest fragment in Northeast Brazil[J]. Chemistry of Natural Compounds, 2020, 56 (5).

[827] 赵超, 周欣, 龚小见, 等. SPME-GC-MS 分析小一点红挥发性化学成分[J]. 光谱实验室, 2010, 27 (4).

[828] HERNÁNDEZ J, BRACHO I, ROJAS-FERMIN L B, et al. Chemical composition of the essential oil of erechtites valerianaefolia from Mérida, venezuela[J]. Natural Product Communications, 2013,

8 (10).

[829] MANSKE R H F. The alkaloids of seneciospecies: IV. Erechtites Hieracifolia(L.) raf.[J]. Canadian Journal of Research, 1939, 17b (1).

[830] HUNG N H, SATYAL P, HIEU H V, et al. Mosquito larvicidal activity of the essential oils of Erechtites species growing wild in Vietnam[J]. Insects, 2019, 10 (2).

[831] BOHLMANN F, ABRAHAM W R. Ein neues syringaalkohol-derivat aus Erechtites hieracifolia[J]. Phytochemistry, 1980, 19 (3).

[832] HSIEH S F, HSIEH T J, EL-SHAZLYA M, et al. Chemical constituents from Farfugium japonicum var. formosanum[J]. Natural Product Communications, 2012, 7 (4).

[833] 张勇, 曾鹏, 贾琦, 等. 大吴风草化学成分与药理活性研究进展[J]. 中草药, 2012, 43 (5).

[834] FURUYA T, MURAKAMI K, HIKICHI M. Senkirkine, a pyrrolizidine alkaloid from Farfugium japonicum[J]. Phytochemistry, 1971, 10 (12).

[835] NIWA H, ISHIWATA H I, YAMAD K. Isolation of petasitenine, a carcinogenic pyrrolizidine alkaloid from Farfugium japonicum[J]. Journal of Natural Products, 1985, 48 (6).

[836] QUILANTANG N G, LEE K H, LEE D G, et al. Quantitative determination of Bakkenolide D in Petasites japonicus and Farfugium japonicum by HPLC/UV[J]. Natural Product Sciences, 2017, 23 (4).

[837] 周青青, 步真宁, 王宝东, 等. 菊三七属植物化学成分及药理活性研究进展[J]. 今日药学, 2020, 30 (7).

[838] CHEN L, WANG J J, SONG H T, et al. New cytotoxic cerebroside from Gynura divaricata[J]. Chinese Chemical Letters, 2009, 20 (9).

[839] XIONG A, SHAO Y, FANG L, et al. Comparative analysis of toxic components in different medicinal parts of Gynura japonica and its toxicity assessment on mice[J]. Phytomedicine, 2019, 54.

[840] JIANGSEUBCHATVEERA N, LIAWRUANGRATH B, LIAWRUANGRATH S, et al. The chemical constituents and biological activities of the essential oil and the extracts from leaves of Gynura divaricata (L.) DC. growing in Thailand[J]. Journal of Essential Oil Bearing Plants, 2015, 18 (3).

[841] MIYAZAWA M, NAKAHASHI H, USAMI A, et al. Chemical composition, aroma evaluation, and inhibitory activity towards acetylcholinesterase of essential oils from Gynura bicolor DC[J]. J Nat Med, 2016, 70 (2).

[842] 韩江伟, 杨夏, 周燕, 等. 囊吾属植物化学成分及药理作用研究进展[J]. 内蒙古医学院学报, 2010, 32 (2).

[843] BABA H, YAOITA Y, KIKUCHI M. Sesquiterpenoids and lactone derivatives from Ligularia dentata[J]. Helvetica Chimica Acta, 2008, 90 (5).

[844] ISHII H, TOZYO T, MINATO H. Studies on sesquiterpenoids — IX: Structure of ligularol and ligularone from Ligularia sibirica Cass[J]. Tetrahedron, 1965, 21 (9).

[845] YE Y, DAWA D, LIU G H, et al. Antiproliferative Sesquiterpenoids from Ligularia rumicifolia with diverse skeletons[J]. Journal of Natural Products, 2018, 81 (9).

[846] ZHANG W, LI X, SHI Y. A pair of epimeric spirosesquiterpenes from the roots of Ligularia fischeri[J]. Journal of Natural Products, 2010, 73 (2).

[847] SAITO Y, KAMADA A, OKAMOTO Y, et al. Isolation and structure of three bislactones, Eremopetasitenin B4 and Eremofarfugins F and G, from Ligularia przewalskii and revision of the structure of an epoxy-lactone isolated from Ligularia intermedia[J]. Chemistry Letters, 2014, 43 (11).

[848] KURODA C, HANAI R, NAGANO H, et al. Diversity of furanoeremophilanes in major Ligularia species in the Hengduan Mountains[J]. Natural Product Communications, 2012, 7 (4).

[849] SUN X, XU Y, QIU D, et al. Sesquiterpenoids from the rhizome of Ligularia virgaurea[J]. Helvetica Chimica Acta, 2008, 90 (9).

[850] LIU C, WANG H, WEI S, et al. Pyrrolizidine alkaloids and bisabolane sesquiterpenes from the roots of Ligularia cymbulifera[J]. Helvetica Chimica Acta, 2008, 91 (2).

[851] JOSHI D, NAILWAL M, MOHAN L, et al. Ligularia amplexicaulis (wall.) DC. essential oil composition and antibacterial activity[J]. Journal of Essential Oil Research, 2018, 30 (3).

[852] ZHOU Z, TANG J, SONG X. Chemical composition of the essential oil of Ligularia hodgsonii and free radical scavenging activity of the oil and crude extracts[J]. Natural Product Communications, 2014, 9 (10).

[853] WANG W, GAO K, JIA Z. New sesquiterpenes from Ligulariopsis shichuana[J]. Journal of the Chinese Chemical Society, 2004, 51 (2).

[854] 高坤, 王文蜀, 贾忠建. 假囊吾中四对新的倍半萜结构研究[J]. 化学学报, 2003, 61 (7).

[855] 杨扬, 朱顺英, 唐李斐, 等. 羽裂蟹甲草挥发油的化学成分分析及抗菌活性研究[J]. 武汉大学学报(理学版), 2007, 53 (2).

[856] JIN A, WU W, RUAN H. Sesquiterpenoids and monoterpenoid coumarins from Parasenecio rubescens[J]. RSC Advances, 2017, 7 (9).

[857] HUANG G, YANG Y, WU W, et al. Terpenoids from the aerial parts of Parasenecio deltophylla[J]. Journal of Natural Products, 2010, 73 (11).

[858] ZHOU M, ZHOU J, LIU J, et al. Parasubindoles A-G, seven eremophilanyl indoles from the whole plant of Parasenecio albus[J]. J Org Chem, 2018, 83 (19).

[859] ZHANG M, ZHANG J, HUO C, et al. Chemical constituents of plants from the genus Cacalia[J]. Chemistry & Biodiversity, 2010, 7 (1).

[860] CHIZZOLA R, LANGER T, FRANZ C. An approach to the inheritance of the sesquiterpene chemotypes within Petasites hybridus[J]. Planta Med, 2006, 72 (13).

[861] BODENSIECK A, KUNERT O, HASLINGER E. B, R. New eremophilane sesquiterpenes from a rhizome extract of Petasites hybridus[J]. Helvetica Chimica Acta, 2007, 90 (27).

[862] CHOI Y W, LEE K P, KIM J M, et al. Petatewalide B, a novel compound from Petasites japonicus with anti-allergic activity[J]. J Ethnopharmacol, 2016, 178.

[863] HAYASHIA K. Oplopane sesquiterpenes from Petasites palmatus[J]. Phytochemistry, 1989, 28 (12).

[864] SARITAS Y, REU S H V, KONIG W A. Sesquiterpene constituents in Petasites hybridus[J]. Phytochemistry, 2002, 59 (8).

[865] FRISCIC M, JERKOVIC I, MARIJANOVIC Z, et al. Essential oil composition of different plant parts from Croatian Petasites albus (L.) Gaertn. and Petasites hybridus (L.) G. Gaertn, B. Mey. & Scherb. (Asteraceae)[J]. Chem Biodivers, 2019, 16 (3).

[866] BAGIROVA U K, SERKEROV S V. Chemical study of Petasites albus[J]. Chemistry of Natural Compounds, 2012, 47 (6).

[867] 吴斌, 吴立军. 千里光属植物的化学成分研究进展[J]. 中国中药杂志, 2003, 28 (2).

[868] JUMAI A, ROUZIMAIMAITI R, ZOU G A, et al. Pyrrolizidine alkaloids and unusual millingtojanine A-B from Jacobaea vulgaris (syn. Senecio jacobaea L.)[J]. Phytochemistry, 2021, 190.

[869] PÉREZ-CASTORENA A L, ARCINIEGAS A, PÉREZ ALONSO R, et al. Callosine, a 3-alkyl-substituted pyrrolizidine alkaloid from Senecio callosus[J]. J Nat Prod, 1998, 61 (10).

[870] HASE T, OHTANI K, KASAI R, et al. Millingtonine, an unusual glucosidal alkaloid from Millingtonia hortensis[J]. Phytochemistry, 1996, 41 (1).

[871] ZHAO G, CAO Z, ZHANG W, et al. The sesquiterpenoids and their chemotaxonomic implications

in Senecio L. (Asteraceae)[J]. Biochemical Systematics and Ecology, 2015, 59.

[872] XIE W D, NIU Y F, LAI P X. Sesquiterpenoids and other constituents from Senecio argunensis[J]. Chem Pharm Bull, 2010, 58 (7).

[873] RUIZ-VÁSQUEZ L, RUIZ MESIA L, REINA-ARTILES M, et al. Benzofurans, benzoic acid derivatives, diterpenes and pyrrolizidine alkaloids from Peruvian Senecio[J]. Phytochemistry Letters, 2018, 28.

[874] ZHANG C F, LI N, LI L, et al. Monoterpene and tetrahydronaphthene derivatives from Senecio argunensis[J]. Chinese Chemical Letters, 2009, 20 (5).

[875] VAN BAREN C M, GONZÁLEZ S B, BANDONI A L, et al. GC-FID-MS and X-ray diffraction for the detailed evaluation of the volatiles from Senecio filaginoides[J]. Natural Product Communications, 2020, 15 (10).

[876] 张丰, 苏日娜, 武海波, 等. 菊状千里光中Jacaranone类化合物[J]. 植物分类与资源学报, 2013, 35 (4).

[877] ZHU Y, ZHAO Y, HUANG G, et al. Four new compounds from Sinacalia tangutica[J]. Helvetica Chimica Acta, 2008, 91 (10).

[878] 蓝晓聪, 武海波, 王文蜀. 双花华蟹甲草化学成分的研究[J]. 中国中药杂志, 2010, 35 (8).

[879] ZHU Y, ZHAO Y, MENG X H, et al. Chemical constituents from Sinacalia tangutica[J]. Biochemical Systematics and Ecology, 2009, 37 (1).

[880] ROEDER E, WIEDENFELD H, LIU K, et al. Pyrrolizidine alkaloids from Syneilesis acontifolia[J]. Planta Medica, 1995, 61 (1).

[881] YANG F, QIAO L, HUANG D, et al. Three new eremophilane glucosides from Syneilesis aconitifolia[J]. Phytochemistry Letters, 2016, 15.

[882] 白丽明, 马玲, 任桂兰, 等. 狗舌草中三萜类化合物的研究[J]. 高师理科学刊, 2017, 37 (6).

[883] 原伟伟, 徐菁, 高鸿悦, 等. 狗舌草化学成分研究III[J]. 高师理科学刊, 2014, 34 (3).

[884] WIEDENFELD H, NARANTUYA S, DUMAA M, et al. Pyrrolizidine alkaloids from Ligularia sibirica Cass. and Tephroseris integrifolia L.[J]. Scientia Pharmaceutica, 2003, 71 (2).

[885] WANG Y H, WANG J H, HE H P, et al. Norsesquiterpenoid glucosides and a rhamnoside of pyrrolizidine alkaloid from Tephroseris kirilowii[J]. J Asian Nat Prod Res, 2008, 10 (1-2).

[886] 刘可越, 张铁军, 高文远, 等. 款冬花的化学成分及药理活性研究进展[J]. 中国中药杂志, 2006, 31 (22).

[887] CHEN S, DONG L, QUAN H, et al. A review of the ethnobotanical value, phytochemistry, pharmacology, toxicity and quality control of Tussilago farfara L. (coltsfoot)[J]. J Ethnopharmacol, 2021, 267.

[888] NORANI M, EBADI M T, AYYARI M. Volatile constituents and antioxidant capacity of seven Tussilago farfara L. populations in Iran[J]. Scientia Horticulturae, 2019, 257.

[889] SONG X Q, SUN J, YU J H, et al. Prenylated indole alkaloids and lignans from the flower buds of Tussilago farfara[J]. Fitoterapia, 2020, 146.

[890] SUN J, YU J H, ZHANG J S, et al. Chromane enantiomers from the flower buds of Tussilago farfara L. and assignments of their absolute configurations[J]. Chem Biodivers, 2019, 16 (3).

[891] KAMEOKA H, MIYAZAWA M, SAGARA K. Components of essential oils of Kakushitsu (Daucus carota L. and Carpesium abrotanoides L.)[J]. Nippon Nōgeikagaku Kaishi, 1989, 63 (2).

[892] KULESH M I, KRASOVSKAYA N P, MAKSIMOV O B. Phenolic compounds of Aruncus dioicus and Adenocaulon adhaerescens[J]. Chemistry of Natural Compounds, 1986, (4).

[893] WANG X, ZHANG Q, JIA Z. A new tricyclic-alpha, beta-unsaturate ketone and a new delta-hexano lactone glycoside from Adenocaulon himalaicum[J]. Natural Product Research, 2007, 21 (2).

[894] KWON H C, LEE K R. An acetylene and a monoterpene glycoside from Adenocaulon

himalaicum[J]. Planta Medica, 2001, 67 (5).

[895] 张洪权, 英杨, 佘嘉祎, 等. 两种香青属植物挥发油的化学成分及抗肿瘤活性[J]. 天然产物研究与开发, 2019, 31 (12).

[896] 张洪权, 佘嘉祎, 英杨, 等. GC-MS 法结合保留指数分析香青花与叶挥发油的化学成分[J]. 化学研究与应用, 2020, 32 (8).

[897] YANG L, YU Z, ZHANG X, et al. Isolation of an antifungal compound from Anaphalis sinica Hance[J]. Asian Journal of Chemistry, 2013, 25 (1).

[898] BOHLMANN F, WEBER R. Synthesis of enolether-polyynes from Anaphalis- and Gnaphalium species[J]. Chem Ber, 1972, 105.

[899] ZDERO C, BOHLMANN F. Pseudoguaianolides and other constituents from Anisopappus pinnatifidus and Antiphiona species[J]. Phytochemistry, 1989, 28 (4).

[900] MERIÇLI A H. Constituents of Antennaria dioica[J]. Journal of Natural Products, 1983, 46 (6).

[901] AHMED A A, HUSSEIN T A, MAHMOUD A A, et al. Nor-ent-kaurane diterpenes and hydroxylactones from Antennaria geyeri and Anaphalis margaritacea[J]. Phytochemistry, 2004, 65 (18).

[902] XIAO Y, LV L, GOU P, et al. Acyl atractyligenin and carboxyatractyligenin glycosides from Antennaria rosea subsp. Confinis[J]. Phytochemistry, 2019, 157.

[903] 袁媛, 庞玉新, 王文全, 等. 中国艾纳香属植物资源与民族药学研究[J]. 热带农业科学, 2011, 31 (4).

[904] CHEN M, QIN J J, FU J J, et al. Blumeaenes A-J, sesquiterpenoid esters from Blumea balsamifera with NO inhibitory activity[J]. Planta Med, 2010, 76 (9).

[905] MA J, REN Q, DONG B, et al. NO inhibitory constituents as potential anti-neuroinflammatory agents for AD from Blumea balsamifera[J]. Bioorg Chem, 2018, 76.

[906] XU J, JIN D Q, LIU C, et al. Isolation, characterization, and NO inhibitory activities of sesquiterpenes from Blumea balsamifera[J]. J Agric Food Chem, 2012, 60 (32).

[907] PATHAK V P, JAKUPOVIC J, JAIN S, et al. Amplectol: a novel acetylenic thiophene derivative from Blumea amplectens var. arenaria[J]. Planta Medica, 1987, 53 (1).

[908] PANDEY U C, SHARM R P, KULANTHAIVELA P, et al. Isoalantolactone derivatives and germacranolides from Blumea densiflora[J]. Phytochemistry, 1985, 24 (7).

[909] WANG Y H, YU X Y. Biological activities and chemical compositions of volatile oil and essential oil from the leaves of Blumea balsamifera[J]. Journal of Essential Oil Bearing Plants, 2018, 21 (6).

[910] JOSHI R K. Terpenoids of Blumea oxyodonta essential oil[J]. Chemistry of Natural Compounds, 2018, 54 (2).

[911] JOSHI R K, PAI S R. Reinvestigation of carvotanacetone after 100 years along with minor terpenoid constituents of Blumea malcolmii Hook. F. essential oil[J]. Nat Prod Res, 2016, 30 (20).

[912] WANG Y, SHI L, WANG A, et al. Preparation of high-purity (−)-borneol and Xanthoxylin from leaves of Blumea balsamifera(L.) DC[J]. Separation Science and Technology, 2014, 49 (10).

[913] OHTSUKI T, KOYANO T, KOWITHAYAKORN T, et al. Isolation of austroinulin possessing cell cycle inhibition activity from Blumea glomerata and revision of its absolute configuration[J]. Planta Med, 2004, 70 (12).

[914] HEILMANN J, MERFORT I, MULLER E. Flavonoid glucosides and dicaffeoylquinic acids from flowerheads of Buphthalmum salicifolium[J]. Phytochemistry, 1999, 51 (5).

[915] 杨秀颖, 雯张, 袁天翊, 等. 中药鹤虱的历史认识与评价[J]. 中药药理与临床, 2018, 34 (5).

[916] 崔兆杰, 琴邱, 刘廷礼, 等. 南鹤虱挥发油化学成分的气相色谱/质谱分析[J]. 分析化学, 2001, 29 (9).

[917] 张韶瑜, 林孟, 高文远, 等. 东北鹤虱中一个具有抗菌活性的新喹酮类生物碱[J]. 中草药, 2005,

36 (4).

[918] 刘翠周, 婧许, 桂丽萍, 等. 北鹤虱的化学成分研究[J]. 药物评价研究, 2010, 33 (6).

[919] CHENG L, LIU G, PAN Y, et al. Two new sesquterpenoids from Fructus Carotae[J]. Chinese Journal of Organic Chemistry, 2018, 38 (7).

[920] 刘贵园, 温楠, 张茂生, 等. 南鹤虱中愈创木烷型倍半萜类化学成分研究[J]. 药学学报, 2017, 52 (7).

[921] DHILLON R S, GAUTAM V K, KALSI P S, et al. Carota-1, 4-β-oxide, a sesquiterpene from Daucus carota[J]. Phytochemistry, 1989, 28 (2).

[922] 陈迪路, 李玄, 周小江. 天名精属植物的倍半萜类成分及其药理活性研究进展[J]. 中国中药杂志, 2020, 45 (1).

[923] YANG Y X, GAO S, ZHANG S D, et al. Cytotoxic 2, 4-linked sesquiterpene lactone dimers from Carpesium faberi exhibiting NF-κB inhibitory activity[J]. RSC Advances, 2015, 5 (68).

[924] ZHANG J P, WANG G W, TIAN X H, et al. The genus Carpesium: a review of its ethnopharmacology, phytochemistry and pharmacology[J]. J Ethnopharmacol, 2015, 163.

[925] TORRES-VALENCIA J M, QUINTERO-MOGICA D L, LEÓN G I, et al. The absolute configuration of cuauhtemone and related compounds[J]. Tetrahedron: Asymmetry, 2003, 14 (5).

[926] BOHLMANN F, BORTHAKUR N, ROBINSONA H, et al. Eudesmane derivatives from Epaltes brasiliensis[J]. Phytochemistry, 1982, 21 (7).

[927] IDRISSA M, DJIBO A K, KHALID I, et al. The essential oil of Epaltes alata (compositae)[J]. Flavour and Fragrance Journal, 2005, 20 (2).

[928] SALEH N A M, MANSOUR R M A, EL-KAREEMY Z A R, et al. The chemosystematics of local members of the subtribe gnaphaliinae (Compositae)[J]. Biochemical Systematics and Ecology, 1988, 16 (7/8).

[929] SALEEM H, ZENGIN G, LOCATELLI M, et al. Filago germanica (L.) Huds. bioactive constituents: secondary metabolites fingerprinting and in vitro biological assays[J]. Industrial Crops and Products, 2020, 152.

[930] 张伟, 范思洋, 吴春珍. 鼠曲草化学成分及药理活性研究进展[J]. 中国医药工业杂志, 2016, 47 (8).

[931] BOHLMANN F, ZIESCHE J. Neue diterpene aus Gnaphalium-arten[J]. Phytochemistry, 1980, 19.

[932] ZHENG X, WANG W, PIAO H, et al. The genus Gnaphalium L. (Compositae): phytochemical and pharmacological characteristics[J]. Molecules, 2013, 18 (7).

[933] KONOPLEVA M M, MATŁAWSKA I, WOJCIŃSKA M, et al. Sylviside, a diterpene glucoside derivative from Gnaphalium sylvaticum[J]. Journal of Natural Products, 2006, 69 (3).

[934] MERAGELMAN T L, SILVA G L, MONGELLI E, et al. Ent-pimarane type diterpenes from Gnaphalium gaudichaudianum[J]. Phytochemistry, 2003, 62 (4).

[935] DEMIRCI B, BASER K H, DUMAN H. The essential oil composition of Gnaphalium luteo-album[J]. Chemistry of Natural Compounds, 2009, 45 (3).

[936] ZHENG X, CUI Q, ZHAO J, et al. Three new phthalides from Gnaphalium adnatum[J]. Helvetica Chimica Acta, 2014, 97 (12).

[937] OLENNIKOV D N, CHIRIKOVA N K, KASHCHENKO N I. Spinacetin, a new caffeoylglycoside, and other phenolic compounds from Gnaphalium uliginosum[J]. Chemistry of Natural Compounds, 2015, 51 (6).

[938] TALIĆ S, ODAK I, MARTINOVIĆ BEVANDA A, et al. Helichrysum italicum (Roth) G. Don subsp. Italicum from Herzegovina[J]. Croatica Chemica Acta, 2019, 92 (1).

[939] ABEGAZ B M, MUTANYATTA-COMAR J, PHALE O J K, et al. Phloroglucinol derivatives and flavones from Helichrysum paronychioides[J]. Bulletin of the Chemical Society of Ethiopia, 2006,

20 (1).

[940] BOHLMANN F, ZDERO C. Neue obliquin-derivate aus Helichrysum serpyllifolium[J]. Phytochemistry, 1980, 19 (2).

[941] LLOYD H A, FALES H M. Terpene alcohols of Helichrysum dendroideum[J]. Tetrahedron Letters, 1967, 48 (4891-4895).

[942] SALA A, RECIO M D C, GINER R M, et al. New acetophenone glucosides isolated from extracts of Helichrysum italicum with antiinflammatory activity[J]. Journal of Natural Products, 2001, 64 (10).

[943] 张婷, 杜冠华, 陈若芸. 旋覆花属植物中倍半萜类成分及生物活性的研究进展[J]. 中国药学杂志, 2010, 45 (24).

[944] YANG L, WANG X, HOU A, et al. A review of the botany, traditional uses, phytochemistry, and pharmacology of the Flos Inulae[J]. J Ethnopharmacol, 2021, 276.

[945] CAI Y S, WU Z, WANG J R, et al. Spiroalanfurantones A-D, four eudesmanolide-furan sesquiterpene adducts with a pentacyclic 6/6/5/5/5 skeleton from Inula helenium[J]. Org Lett, 2019, 21 (23).

[946] CAI Y S, WU Z, ZHENG X Q, et al. Spiroalanpyrroids A and B, sesquiterpene alkaloids with a unique spiro-eudesmanolide-pyrrolizidine skeleton from Inula helenium[J]. Organic Chemistry Frontiers, 2020, 7 (2).

[947] 范丽丽, 程江南, 张涛, 等. 旋覆花属植物化学成分及药理活性研究进展[J]. 中医药导报, 2017, 23 (13).

[948] BHAT S V, KALYANARAMAN P S, KOHL H, et al. Inuroyleanol and 7-ketoroyleanone, two novel diterpenoids of Inula royleana DC[J]. Tetrahedron, 1975, 31 (8).

[949] SEN A, KURKCUOGLU M, SENKARDES I, et al. Chemical composition, antidiabetic, anti-inflammatory and antioxidant activity of Inula ensifolia L. essential oil[J]. Journal of Essential Oil Bearing Plants, 2019, 22 (4).

[950] EDWARDS O E, RODGER M N. The alkaloids of Inula royleana[J]. Canadian Journal of Chemistry, 1959, 37 (7).

[951] BOHLMANN F, SINGH P, JAKUPOVIC J. Naturally occurring terpene derivatives. Part 379. Further ineupatorolide-like germacranolides from Inula cuspidata[J]. Phytochemistry, 1982, 21 (1).

[952] 何江波, 牛燕芬, 陈武荣, 等. 花花柴化学成分的研究[J]. 中成药, 2016, 38 (5).

[953] 周长新, 吴迪瑶, 李湘萍, 等. 六棱菊属植物研究进展[J]. 中国中药杂志, 2006, 31 (14).

[954] GETAHUN T, SHARMA V, GUPTA N. The genus Laggera (Asteraceae) — ethnobotanical and ethnopharmacological information, chemical composition as well as biological activities of its essential oils and extracts: a review[J]. Chemistry & Biodiversity, 2019, 16 (8).

[955] ZHENG Q X, XU Z U, SUN X F, et al. New eudesmane and eremophilane derivatives from Laggera alata[J]. Chinese Chemical Letters, 2003, 14 (4).

[956] GEBREHEIWOT K, AMENU D, ASFAW N. Cuauthemone sesquiterpenes and flavones from Laggera tomentosa endemic to Ethiopia[J]. Bulletin of the Chemical Society of Ethiopia, 2010, 24 (2).

[957] WANG G C, LI G Q, GENG H W, et al. Eudesmane-type sesquiterpene derivatives from Laggera alata[J]. Phytochemistry, 2013, 96.

[958] LIU Y, LAI R, YAO Y, et al. Induced furoeudesmanes: a defense mechanism against stress in Laggera pterodonta, a Chinese herbal plant[J]. Organic Letters, 2013, 15 (19).

[959] WANG Y, ZENG Z, CHEN Q, et al. Pterodontic acid isolated from Laggera pterodonta suppressed RIG-I/NF-KB/STAT1/Type I interferon and programmed death-ligand 1/2 activation induced by influenza A virus in vitro[J]. Inflammopharmacology, 2019, 27 (6).

[960] WANG Y, LI J, YAN W, et al. An active component containing pterodontic acid and pterodondiol

isolated from Laggera pterodonta inhibits influenza A virus infection through the TLR7/MyD88/TRAF6/NF-κB signaling pathway[J]. Molecular Medicine Reports, 2018.

[961] HAO B J, WU Y H, WANG J G, et al. Hepatoprotective and antiviral properties of isochlorogenic acid A from Laggera alata against hepatitis B virus infection[J]. Journal of Ethnopharmacology, 2012, 144 (1).

[962] WU Y, WANG F, ZHENG Q, et al. Hepatoprotective effect of total flavonoids from Laggera alata against carbon tetrachloride-induced injury in primary cultured neonatal rat hepatocytes and in rats with hepatic damage[J]. Journal of Biomedical Science, 2006, 13 (4).

[963] 唐馨, 展锐, 谢海辉, 等. 火绒草属植物的化学成分和药理活性[J]. 中华中医药学刊, 2021, 39 (9).

[964] TAUCHEN J, KOKOSKA L. The chemistry and pharmacology of Edelweiss: a review[J]. Phytochemistry Reviews, 2016, 16 (2).

[965] DOBNER M J, ELLMERER E P, SCHWAIGER S, et al. New lignan, benzofuran, and sesquiterpene derivatives from the roots of Leontopodium alpinum and L. Leontopodioides[J]. Helvetica Chimica Acta, 2003, 86 (3).

[966] DOBNER M J, SCHWAIGER S, JENEWEIN I H, et al. Antibacterial activity of Leontopodium alpinum (Edelweiss)[J]. Journal of Ethnopharmacology, 2003, 89 (2-3).

[967] SCHWAIGER S, ADAMS M, SEGER C, et al. New constituents of Leontopodium alpinum and their in vitro leukotriene biosynthesis inhibitory activity[J]. Planta Medica, 2004, 70 (10).

[968] SCHWAIGER S, HEHENBERGER S, ELLMERER E P, et al. A new bisabolane derivative of Leontopodium andersonii[J]. Natural Product Communications, 2010, 5 (5).

[969] SHEN T, QIAN H, HE Y L, et al. Longifodiol, a novel rearranged triquinane norsesquiterpene from the root of Leontopodium Longifolium[J]. Chemistry Letters, 2018, 47 (4).

[970] SHEN T, QIAN H, WANG Y D, et al. Terpenoids from the roots of Leontopodium longifolium and their inhibitory activity on NO production in RAW264.7 cells[J]. Natural product research, 2018, 34 (16).

[971] QI C L, WANG E, JIN L Q, et al. *Ent*-kaurene diterpenoids and lignan from *Leontopodium leontopodioides* and their inhibitory activities against cyclooxygenases-1 and 2[J]. Phytochemistry Letters, 2017, 21.

[972] SHEN T, LIU X B, ZHANG W. Calocephalactone: a new phthalide derivative from the root of Leontopodium calocephalum[J]. Journal of the Chinese Chemical Society, 2016, 63 (2).

[973] WANG L, LADURNER A, LATKOLIK S, et al. Leoligin, the major lignan from Edelweiss (Leontopodium nivale subsp. Alpinum), promotes cholesterol efflux from THP-1 macrophages[J]. Journal of Natural Products, 2016, 79 (6).

[974] ZHANG Y, YANG Y, RUAN J, et al. Isobenzofuranones from the aerial parts of Leontopodium leontopodioides (Wild.) Beauv[J]. Fitoterapia, 2018, 124.

[975] XIAO Y, XIE H, ZHAO L, et al. Acyl flavone and lignan glucosides from Leontopodium leontopodioides[J]. Phytochemistry Letters, 2016, 17.

[976] GAO Y, RAO H, MAO L J, et al. Chemical composition, antioxidant, antibacterial and cytotoxic activities of essential oil of Leontopodium leontopodioides (Willd.) Beauverd[J]. Natural product research, 2017, 33 (4).

[977] MOMEN-ROKNABADI N, GOHARI A R, MONSEF-ESFEHANI H R, et al. Antifungal and antibacterial activities of Pentanema divaricatum and its active constituent[J]. Eitschrift für Naturforschung C, Journal of Biosciences, 2008, 63 (9-10).

[978] VASANTH S, MARY R, GOVINDARAJAN S. Antifeedant activity of vicolides from Pentanema indicum[J]. Fitoterapia, 1999, 70 (6).

[979] MUHAMMAD I, TAKAMATSU S, MOSSA J S, et al. Cytotoxic sesquiterpene lactones from Centaurothamnus maximus and Vicoa pentanema[J]. Phytother Res, 2003, 17 (2).

[980] CHOWDHURY B L, HUSSAINI F A, SHOEB A. Antiviral constituents from Vicoa indica[J]. Int J Crude Drug Res, 1990, 28 (2).

[981] ZDERO C, BOHLMANN F, ANDERBERGA A A. Leysseral derivatives from Anisothrix integra and Phagnalon Purpurescens[J]. Phytochemistry, 1991, 30 (9).

[982] GINER E, EL ALAMI M, MANEZ S, et al. Phenolic substances from Phagnalon rupestre protect against 2, 4, 6-trinitrochlorobenzene-induced contact hypersensitivity[J]. J Nat Prod, 2011, 74 (5).

[983] GNGORA L, GINER R M, MEZ S, et al. Phagnalon rupestre as a source of compounds active on contact hypersensitivity[J]. Planta Medica, 2002, 68 (6).

[984] CONFORTI F, RIGANO D, FORMISANO C, et al. Metabolite profile and in vitro activities of Phagnalon saxatile (L.) Cass. relevant to treatment of Alzheimer's disease[J]. J Enzyme Inhib Med Chem, 2010, 25 (1).

[985] CHERCHAR H, LEHBILI M, BERREHAL D, et al. A new 2-alkylhydroquinone glucoside from Phagnalon saxatile (L.) Cass[J]. Nat Prod Res, 2018, 32 (9).

[986] SENATORE F, FORMISANO C, GRASSIA A, et al. Chemical composition of the essential oil of Phagnalon Saxatile(L.) Cass. (Asteraceae) growing wild in Southern Italy[J]. Journal of Essential Oil Bearing Plants, 2005, 8 (3).

[987] BRUNEL M, VITRAC C, COSTA J, et al. Essential oil composition of Phagnalon sordidum (L.) from Corsica, chemical variability and antimicrobial activity[J]. Chem Biodivers, 2016, 13 (3).

[988] 邱蕴绮, 漆淑华, 张偲. 阔苞菊属植物化学成分与药理活性研究进展[J]. 中草药, 2008, 39 (7).

[989] HIDAYAT H, AHMED A H, GHULAM A, et al. The genus pluchea: phytochemistry, traditional uses, and biological activities[J]. Chemistry & Biodiversity, 2013, 10 (11).

[990] NAKANISHI K, CROUCH R, MIURA I, et al. Structure of a sesquiterpene, cuauhtemone, and its derivative. Application of partially relaxed Fourier transform carbon-13 nuclear magnetic resonance[J]. Journal of the American Chemical Society, 1974, 96 (2).

[991] VERA N, MISICO R, SIERRA M G, et al. Eudesmanes from Pluchea sagittalis. Their antifeedant activity on Spodoptera frugiperda[J]. Phytochemistry, 2008, 69 (8).

[992] BLASCHKE M, MCKINNON R, NGUYEN C H, et al. A eudesmane-type sesquiterpene isolated from Pluchea odorata (L.) Cass. combats three hallmarks of cancer cells: unrestricted proliferation, escape from apoptosis and early metastatic outgrowth in vitro[J]. Mutat Res, 2015, 777.

[993] FATOPE M O, NAIR R S, MARWAH R G, et al. New sesquiterpenes from Pluchea arabica[J]. Journal of Natural Products, 2004, 67 (11).

[994] REYES-TREJO B, JOSEPH-NATHAN P. Modhephene derivatives from Pluchea sericea[J]. Phytochemistry, 1999, 51 (1).

[995] BISWAS R, DUTTA P K, ACHARI B, et al. Isolation of pure compound R/J/3 from Pluchea indica (L.) Less. and its anti-amoebic activities against Entamoeba histolytica[J]. Phytomedicine, 2007, 14 (7-8).

[996] ARSININGTYAS I S, GUNAWAN-PUTERI M D, KATO E, et al. Identification of alpha-glucosidase inhibitors from the leaves of Pluchea indica (L.) Less, a traditional Indonesian herb: promotion of natural product use[J]. Nat Prod Res, 2014, 28 (17).

[997] MONTRIEUX E, PERERA W H, GARCIA M, et al. In vitro and in vivo activity of major constituents from Pluchea carolinensis against Leishmania amazonensis[J]. Parasitol Res, 2014, 113 (8).

[998] BOONRUANG S, PRAKOBSRI K, POUYFUNG P, et al. Inhibition of human cytochromes P450 2A6 and 2A13 by flavonoids, acetylenic thiophenes and sesquiterpene lactones from Pluchea indica

and Vernonia cinerea[J]. Journal of Enzyme Inhibition and Medicinal Chemistry, 2017, 32 (1).

[999] SULIMAN F E O, FATOPE M O, AL-SAIDI S H, et al. Composition and antimicrobial activity of the essential oil of Pluchea arabica from Oman[J]. Flavour and Fragrance Journal, 2006, 21 (3).

[1000] SIMIONATTO E, STÜKER C Z, PORTO C, et al. Essential oil of Pluchea quitoc DC. (Asteraceae)[J]. Journal of Essential Oil Research, 2007, 19 (5).

[1001] MEDEIROS-NEVES B, TEIXEIRA H F, VON POSER G L. The genus Pterocaulon (Asteraceae) — a review on traditional medicinal uses, chemical constituents and biological properties[J]. Journal of Ethnopharmacology, 2018, 224.

[1002] VERA N, ZAMPINI C, ISLA M I, et al. Antioxidant and XOD inhibitory coumarins from Pterocaulon polystachyum DC.[J]. Natural Product Communications, 2008, 2 (5).

[1003] BRAZIL N T, MEDEIROS-NEVES B, FACHEL F N S, et al. Optimization of Coumarins Extraction from Pterocaulon balansae by Box-Behnken design and Anti-Trichomonas vaginalis activity[J]. Planta Medica, 2021, 87 (06).

[1004] 张欣, 张朝凤, 许翔鸿, 等. 蚤草属植物化学成分及生物活性研究进展[J]. 中国野生植物资源, 2017, 36 (2).

[1005] ZARDI-BERGAOUI A, ZNATI M, HARZALLAH-SKHIRI F, et al. Caryophyllene Sesquiterpenes from Pulicaria vulgaris Gaertn.: isolation, structure determination, bioactivity and structure-activity relationship[J]. Chemistry & Biodiversity, 2019, 16 (2).

[1006] BOUMARAF M, CARBONE M, CIAVATTA M L, et al. Exploring the bioactive terpenoid content of an Algerian plant of the genus Pulicaria: the ent-series of Asteriscunolides[J]. J Nat Prod, 2017, 80 (1).

[1007] FELICIANO A S, MEDARDE M, GORDALIZA M, et al. The structures of pulicaral and related sesquiterpenoids from Pulicaria paludosa[J]. Journal of Natural Products, 1988, 51 (6).

[1008] HEGAZY M E F, MATSUDA H, NAKAMURA S, et al. Sesquiterpenes from an Egyptian herbal medicine, Pulicaria undulate, with inhibitory effects on nitric oxide production in RAW264.7 macrophage cells[J]. Chemical & Pharmaceutical Bulletin, 2012, 60 (3).

[1009] GHOUILA H, BEYAOUI A, JANNET H B, et al. Lacitemzine, a novel sesquiterpene acid from the Tunisian plant Pulicaria laciniata (Coss. Et Kral.) Thell[J]. Tetrahedron Letters, 2008, 49 (40).

[1010] GHOUILA H, BEYAOUI A, JANNET H B, et al. Isolation and structure determination of pulicazine, a new sesquiterpene lactone from the Tunisian Pulicaria laciniata (Coss.et Kral.) Thell[J]. Tetrahedron Letters, 2009, 50 (14).

[1011] ALI M S, JAHANGIR M, UZAIR S S, et al. Gnapholide: a new guaiac-dimer from Pulicaria Gnaphalodes (Asteraceae)[J]. Natural Product Letters, 2002, 16 (3).

[1012] ALI N A A, CROUCH R A, AL-FATIMI M A, et al. Chemical composition, antimicrobial, antiradical and anticholinesterase activity of the essential oil of Pulicaria stephanocarpa from Soqotra[J]. Natural Product Communications, 2012, 7 (1).

[1013] CASIGLIA S, RICCOBONO L, BRUNO M, et al. Chemical composition of the essential oil from Pulicaria vulgaris var. graeca (Sch.-Bip.) Fiori (Asteraceae) growing wild in Sicily and its antimicrobial activity[J]. Nat Prod Res, 2016, 30 (3).

[1014] CHAIB F, ALLALI H, BENNACEUR M, et al. Chemical composition and antimicrobial activity of essential oils from the aerial parts of Asteriscus graveolens (Forssk.) Less. and Pulicaria incisa (Lam.) DC.: two Asteraceae herbs growing wild in the Hoggar[J]. Chem Biodivers, 2017, 14 (8).

[1015] GHERIB M, BEKHECHI C, ATIK-BEKKARA F, et al. Chemical composition and antimicrobial activity of the essential oil from aerial parts of Algerian Pulicaria mauritanica[J]. Natural Product Communications, 2016, 11 (2).

[1016] EZOUBEIRI A, GADHI C A, FDIL N, et al. Isolation and antimicrobial activity of two phenolic compounds from Pulicaria odora L.[J]. J Ethnopharmacol, 2005, 99 (2).

[1017] GALALA A A, SALLAM A, ABDEL-HALIM O B, et al. New ent-kaurane diterpenoid dimer from Pulicaria inuloides[J]. Nat Prod Res, 2016, 30 (21).

[1018] RASOOL N, RASHID M A, KHAN S S, et al. Novel α-glucosidase activator from Pulicaria undulata[J]. Natural Product Communications, 2013, 8 (6).

[1019] TRAN H T, GAO X, KRETSCHMER N, et al. Anti-inflammatory and antiproliferative compounds from Sphaeranthus africanus[J]. Phytomedicine, 2019, 62.

[1020] MACHUMI F, YENESEW A, MIDIWO J O, et al. Antiparasitic and anticancer carvotacetone derivatives of Sphaeranthus bullatus[J]. Natural Product Communications, 2012, 7 (9).

[1021] MISHRA B B, KISHORE N, TIWARI V K. A new antifungal eudesmanolide glycoside isolated from Sphaeranthus indicus Linn. (family compositae)[J]. Nat Prod Res, 2016, 30 (24).

[1022] SANGSOPHA W, LEKPHROM R, KANOKMEDHAKUL S, et al. Cytotoxic and antimalarial constituents from aerial parts of Sphaeranthus indicus[J]. Phytochemistry Letters, 2016, 17.

[1023] FONSECA L C, DADARKAR S S, LOBO A S, et al. 7-Hydroxyfrullanolide, a sesquiterpene lactone, inhibits pro-inflammatory cytokine production from immune cells and is orally efficacious in animal models of inflammation[J]. Eur J Pharmacol, 2010, 644 (1-3).

[1024] CHELLAPPANDIAN M, THANIGAIVEL A, VASANTHA-SRINIVASAN P, et al. Toxicological effects of Sphaeranthus indicus Linn. (Asteraceae) leaf essential oil against human disease vectors, Culex quinquefasciatus Say and Aedes aegypti Linn, and impacts on a beneficial mosquito predator[J]. Environ Sci Pollut Res Int, 2018, 25 (11).

[1025] KAUL P N, RAJESWARA RAO B R, BHATTACHARYA A K, et al. Essential oil composition of Sphaeranthus indicus L.[J]. Journal of Essential Oil Research, 2005, 17 (4).

[1026] GONZÁLEZ M L, JORAY M B, LAIOLO J, et al. Cytotoxic activity of extracts from plants of central argentina on sensitive and multidrug-resistant leukemia cells: isolation of an active principle from Gaillardia megapotamica[J]. Evidence-based Complementary & Alternative Medicine, 2018.

[1027] YU S, FANG N, MABRY T J, et al. Sesquiterpene lactones from Gaillardia pulchella[J]. Phytochemistry, 1988, 27 (9).

[1028] 稲山誠一, 川又健, 大倉多美子, 等. A novel pseudotwistane, pulchellon from Gaillardia pulchella[J]. Chemical & Pharmaceutical Bulletin, 1975, 23 (11).

[1029] HERZ W, PETHTEL K D, RAULAIS D. Isoflavones, a sesquiterpene lactone-monoterpene adduct and other constituents of Gaillardia species[J]. Phytochemistry, 1991, 30 (4).

[1030] YANAGITA M, INAYAMA S, KAWAMATA T, et al. Pulchellidine, a novel sesquiterpene alkaloid isolated from Gaillardia pulchella foug.[J]. Tetrahedron Letters, 1969, 10 (25).

[1031] ADAMS A, ROSELLA M A, SPEGAZZINI E D, et al. Composition of essential oils of Gaillardia megapotamica and Gaillardia cabrerae from Argentina(Article)[J]. Journal of Essential Oil Research, 2008, 20 (6).

[1032] MOHARRAM F A, EL DIB R A E M, MARZOUK M S, et al. New apigenin glycoside, polyphenolic constituents, anti-inflammatory and hepatoprotective activities of Gaillardia grandiflora and Gaillardia pulchella Aerial Parts[J]. Pharmacognosy Magazine, 2017, 13 (Suppl 2).

[1033] SALAMA M M, KANDIL Z A, ISLAM W T. Cytotoxic compounds from the leaves of Gaillardia aristata Pursh. growing in Egypt(Article)[J]. Natural Product Research, 2012, 26 (22).

[1034] JAKUPOVIC J, PATHAK V P, BOHLMANN F, et al. New pseudoguaianolides from Gaillardia megapotamica var. scabiosoides[J]. Planta Medica, 1986, (4).

[1035] XU L W, WANG G Y, SHI Y P. Chemical constituents from Tagetes erecta flowers[J]. Chemistry of Natural Compounds, 2011, 47 (2).

[1036] JABEEN A, MESAIK M A, SIMJEE S U, et al. Anti-TNF-α and anti-arthritic effect of patuletin: a rare flavonoid from Tagetes patula[J]. International Immunopharmacology, 2016, 36.

[1037] ARMAS K, ROJAS J, ROJAS L, et al. Comparative study of the chemical composition of essential oils of five Tagetes species collected in Venezuela(Article)[J]. Natural Product Communications, 2012, 7 (9).

[1038] ALI A, TABANCAA N, AMINA E, et al. Chemical composition and biting deterrent activity of essential oil of Tagetes patula (Marigold) against Aedes aegypti[J]. Natural Product Communications, 2016, 11 (10).

[1039] SIMS D, LEE K H, WU R Y, et al. Antitumor agents 37. The isolation and structural elucidation of isohelenol, a new antileukemic sesquiterpene lactone, and isohelenalin From Helenium microcephalum[J]. Journal of Natural Products, 1979, 42 (3).

[1040] LEE K H, IMAKURA Y, SIMS D, et al. Antitumor sesquiterpene lactones from Helenium microcephalum: isolation of mexicanin-E and structural characterization of microhelenin-B and -C[J]. Phytochemistry, 1977, 16 (3).

[1041] VIVAR A R D, DELGADO G. Structure and stereochemistry of mexicanin F, a novel dimeric nor-sesquiterpene lactone from Helenium mexicanum[J]. Tetrahedron Letters, 1985, 26 (5).

[1042] MATUSCH R, HABERLEIN H. Novel triterpene lactones of Helenium autumnale L.[J]. Helvetica Chimica Acta, 1987, 70 (2).

[1043] ZUNINO M P, NEWTON M N, MAESTRI D M, et al. Essential oil of Helenium argentinum Ariza[J]. Journal of Essential Oil Research, 1998, 10 (6).

[1044] PINO J A, MARBOT R, MARTÍ M P. Chemical composition of the essential oil of Helenium amarum (Raf.) H. Rock from Cuba[J]. Journal of Essential Oil Research, 2006, 18 (4).

[1045] FAN W, FAN L, PENG C, et al. Traditional uses, botany, phytochemistry, pharmacology, pharmacokinetics and toxicology of Xanthium strumarium L.: a review[J]. Molecules, 2019, 24 (2).

[1046] NIBRET E, YOUNS M, KRAUTH-SIEGEL R L, et al. Biological activities of xanthatin from Xanthium strumarium leaves[J]. Phytother Res, 2011, 25 (12).

[1047] IBRAHIM S R M, ALTYAR A E, SINDI I A, et al. Kirenol: a promising bioactive metabolite from siegesbeckia species: a detailed review[J]. Journal of Ethnopharmacology, 2021, 281.

[1048] THUY HANG D T, TRANG D T, DUNG D T, et al. Guaianolide sesquiterpenes and benzoate esters from the aerial parts of Siegesbeckia orientalis L. and their xanthine oxidase inhibitory activity[J]. Phytochemistry, 2021, 190.

[1049] SÁNCHEZ M, KRAMER F, BARGARDI S, et al. Melampolides from Argentinean Acanthospermum australe[J]. Phytochemistry Letters, 2009, 2 (3).

[1050] GANFON H, BERO J, TCHINDA A T, et al. Antiparasitic activities of two sesquiterpenic lactones isolated from Acanthospermum hispidum DC[J]. J Ethnopharmacol, 2012, 141 (1).

[1051] MATSUNAGA K, SAITOH M, OHIZUMI Y. Acanthostral, a novel antineoplastic cis, cis, cis-Germacranolide from Acanthospermum australe[J]. Tetrahedron Letters, 1996, 37 (9).

[1052] ALVA M, POPICH S, BORKOSKY S, et al. Bioactivity of the essential oil of an Argentine collection of Acanthospermum hispidum (Asteraceae)[J]. Natural Product Communications, 2012, 7 (2).

[1053] ROCHA MARTINS L R, BRENZAN M A, NAKAMURA C V, et al. In vitro antiviral activity from Acanthospermum australe on herpesvirus and poliovirus[J]. Pharm Biol, 2011, 49 (1).

[1054] SHIMIZU M, HORIE S, ARISAWA M. Chemical and pharmaceutical studies on medicinal plants in Paraguay. I. Isolation and identification of lens aldose reductase inhibitor from "Tapecue", Acanthospermum australe O.K.[J]. Chemical and Pharmaceutical Bulletin, 1987, 35 (3).

[1055] GURIB-FAKIM A. Volatile constituents of the leaf oil of Artemisia verlotiorum Lamotte and Ambrosia tenuifolia Sprengel (Syn.: Artemisia psilostachyaauct. Non L.)[J]. Journal of Essential

Oil Research, 1996, 8 (5).

[1056] 李明, 翟喜海, 宋伟丰, 等. 外来入侵植物三裂叶豚草的研究进展[J]. 杂草科学, 2014, 32 (2).

[1057] SARIC-KRSMANOVIC M, UMILJENDIC J G, RADIVOJEVIC L, et al. Chemical composition of Ambrosia trifida essential oil and phytotoxic effect on other plants[J]. Chem Biodivers, 2020, 17 (1).

[1058] HAN C, SHAO H, ZHOU S, et al. Chemical composition and phytotoxicity of essential oil from invasive plant, Ambrosia artemisiifolia L.[J]. Ecotoxicol Environ Saf, 2021, 211.

[1059] CHALCHAT J C, MAKSIMOVIC Z A, PETROVIC S D, et al. Chemical composition and antimicrobial activity of Ambrosia artemisiifolia L. essential oil[J]. Journal of Essential Oil Research, 2004, 16 (3).

[1060] BLOSZYK E, RYCHLEWSKA U, SZCZEPANSKA B, et al. On terpenes. CCCIV. Sesquiterpene lactones of Ambrosia artemisiifolia L. and Ambrosia trifida L. species[J]. Collect Czech Chem Commun, 1992, 57 (5).

[1061] TAGLIALATELA-SCAFATI O, POLLASTRO F, MINASSI A, et al. Sesquiterpenoids from common ragweed (Ambrosia artemisiifolia L.), an invasive biological polluter[J]. European Journal of Organic Chemistry, 2012, 2012 (27).

[1062] CHEN Y, BEAN M F, CHAMBERS C, et al. Arrivacins, novel pseudoguaianolide esters with potent angiotensin II binding activity from Ambrosia psilostachya[J]. Tetrahedron, 1991, 47 (27).

[1063] 王瑞, 童玲, 刘彩云, 等. 鬼针草属植物中多烯炔类成分及其活性研究进展[J]. 中草药, 2018, 49 (17).

[1064] DEBA F, XUAN T D, YASUDA M, et al. Herbicidal and fungicidal activities and identification of potential phytotoxins from Bidens pilosa L. var. radiata Scherff[J]. Weed Biology and Management, 2007, 7.

[1065] JIN S K, YOUNG S, YONG K C, et al. Okanin, a chalcone found in the genus Bidens, and 3-penten-2-one inhibit inducible nitric oxide synthase expression via heme oxygenase-1 induction in RAW264.7 macrophages activated with lipopolysaccharide[J]. J Clin Biochem Nutr, 2012, 50 (1).

[1066] SARKER S D, BARTHOLOMEW B, NASH R J, et al. 5-O-methylhoslundin: an unusual favonoid from Bidens pilosa (Asteraceae)[J]. Biochemical Systematics and Ecology, 2000, 28.

[1067] GROMBONE-GUARATINI M T, SILVA-BRAND K L, SOLFERINI V N, et al. Sesquiterpene and polyacetylene profile of the Bidens pilosa complex (Asteraceae: Heliantheae) from Southeast of Brazil[J]. Biochemical Systematics and Ecology, 2005, 33.

[1068] SILVA A C R, BIZZO H R, VIEIRA R F, et al. Characterization of volatile and odor-active compounds of the essential oil from Bidens graveolens Mart. (Asteraceae)[J]. Flavour Fragr J 2, 2019, 00 (1-9).

[1069] RAHMAN A, BAJPAI V K, DUNG N T, et al. Antibacterial and antioxidant activities of the essential oil and methanol extracts of Bidens frondosa Linn[J]. International Journal of Food Science and Technology, 2011, 46.

[1070] SINGH P, SHARMA A K, JOSHI K C, et al. Acanthospermolides and other constituents from Blainvillea acmella[J]. Phytochemistry, , 1985, 24 (9).

[1071] PIRES A M L, ALBUQUERQUE M R J R, NUNES E P, et al. Chemical composition and antibacterial activity of the essential oils of Blainvillea rhomboidea (Asteraceae) [J]. Natural Product Communications, 2006, 1 (5).

[1072] 张媛, 木合布力·阿不力孜, 李志远. 金鸡菊属药用植物研究进展[J]. 中国中药杂志, 2013, 38 (16).

[1073] YAO L, LI J, LI L, et al. Coreopsis tinctoria Nutt ameliorates high glucose-induced renal fibrosis and inflammation via the TGF-beta1/SMADS/AMPK/NF-kappaB pathways[J]. BMC Complement Altern Med, 2019, 19 (1).

[1074] HOU Y, LI G, WANG J, et al. Okanin, effective constituent of the flower tea Coreopsis tinctoria, attenuates LPS-induced microglial activation through inhibition of the TLR4/NF-kappaB signaling pathways[J]. Sci Rep, 2017, 7.

[1075] DU D, YAO L, ZHANG R, et al. Protective effects of flavonoids from Coreopsis tinctoria Nutt. on experimental acute pancreatitis via Nrf-2/ARE-mediated antioxidant pathways[J]. J Ethnopharmacol, 2018, 224.

[1076] LIANG Y, NIU H, MA L, et al. Eriodictyol 7-O-β-D glucopyranoside from Coreopsis tinctoria Nutt. Ameliorates lipid disorders via protecting mitochondrial function and suppressing lipogenesis[J]. Mol Med Rep, 2017, 16 (2).

[1077] PARDEDE A, MASHITA K, NINOMIYA M, et al. Flavonoid profile and antileukemic activity of Coreopsis lanceolata flowers[J]. Bioorg Med Chem Lett, 2016, 26 (12).

[1078] LI N, MENG D, PAN Y, et al. Anti-neuroinflammatory and NQO1 inducing activity of natural phytochemicals from Coreopsis tinctoria[J]. Journal of Functional Foods, 2015, 17.

[1079] WANG W, CHEN W, YANG Y, et al. New phenolic compounds from Coreopsis tinctoria Nutt. and their antioxidant and angiotensin i-converting enzyme inhibitory activities[J]. J Agric Food Chem, 2015, 63 (1).

[1080] YAN R J, LI M Y, ZHOU H F, et al. Two new biflavonones from Coreopsis tinctoria[J]. J Asian Nat Prod Res, 2017, 19 (10).

[1081] AN L, SUN Y, HUANG J, et al. Chemical compositions and in vitro antioxidant activity of the essential oil from Coreopsis tinctoria Nutt. Flower[J]. Journal of Essential Oil Bearing Plants, 2018, 21 (4).

[1082] BOHLMANN F, AHM M, GRENZ M, et al. Bisabolene derivatives and other constituents from Coreopsis species[J]. Phytochemistry, 1983, 22 (12).

[1083] BOHLMANN F, BANERJE S, JAKUPOVI J, et al. Isabolene derivatives and acetylenic compounds from Peruvian coreopsis species[J]. Phytochemistry, 1985, 24 (6).

[1084] DU D, JIN T, XING Z H, et al. One new linear C14 polyacetylene glucoside with antiadipogenic activities on 3T3-L1 cells from the capitula of Coreopsis tinctoria[J]. J Asian Nat Prod Res, 2016, 18 (8).

[1085] KIMURA Y, HIRAOKA K, KAWANO T, et al. Nematicidal activities of acetylene compounds from Coreopsis lanceolata L.[J]. Zeitschrift Fuer Naturforschung, C: Journal of Biosciences, 2009, 63 (11-12).

[1086] PARDEDE A, ADFA M, KUSNANDA A J, et al. Chemical constituents of Coreopsis lanceolata Stems and their antitermitic activity against the Subterranean Termite Coptotermes curvignathus[J]. J Econ Entomol, 2018, 111 (2).

[1087] WU J H, CHANG Y F, TUNG Y T, et al. Two novel 15(10→1) abeomuurolane sesquiterpenes from Cosmos sulphureus[J]. Helvetica Chimica Acta, 2010, 93.

[1088] WANG Q X, YANG Z F, DU S Z, et al. Constituents of Cosmos bipinnatus[J]. Chemistry of Natural Compounds, 2019, 55 (3).

[1089] RESPATIE D W, YUDONO P, PURWANTORO A, et al, The potential of Cosmos sulphureus Cav. Extracts as a natural herbicides[C]. International Conference on Science and Applied Science (Icsas) 2019.

[1090] HOSTETTMANN K, SUTARJADI N F, DYATMIKO W, et al. Phenylpropane derivatives from roots of Cosmos caudatus[J]. Phytochemistry, 1995, 39 (2).

[1091] SALEEM M, ALI H A, AKHTAR M F, et al. Chemical characterisation and hepatoprotective potential of Cosmos sulphureus Cav. and Cosmos bipinnatus Cav[J]. Nat Prod Res, 2019, 33 (6).

[1092] MATA R, RIVERO-CRUZ I, RIVERO-CRUZ B, et al. Sesquiterpene lactones and phenylpropanoids from Cosmos pringlei[J]. Journal of Natural Products, 2002, 65 (7).

[1093] SOHN S H, YUN B S, KIM S Y, et al. Anti-inflammatory activity of the active components from the roots of Cosmos bipinnatus in lipopolysaccharide-stimulated RAW 264.7 macrophages[J]. Nat Prod Res, 2013, 27 (11).

[1094] OLAJUYIGBE O, ASHAFA A. Chemical composition and antibacterial activity of essential oil of Cosmos bipinnatus Cav. leaves from South Africa[J]. Iranian Journal of Pharmaceutical Research, 2014, 13 (4).

[1095] LAM J, CHRISTENSEN L P, THOMASEN T. Polyacetylenes from Dahlia species[J]. Phytochemistry, 1991, 30 (2).

[1096] LAM J, KAUFMANN F. Polyacetylenic C14-epoxide and C14-tetrahydropyranyl compounds from Dahlia scapigera[J]. Phytochemistry, 1971, 10 (8).

[1097] 程敏, 胡正海. 墨旱莲的生物学和化学成分研究进展[J]. 中草药, 2010, 41 (12).

[1098] RYU S, SHIN J S, JUNG J Y, et al. Echinocystic acid isolated from Eclipta prostrata suppresses lipopolysaccharide-induced iNOS, TNF-alpha, and IL-6 expressions via NF-kappaB inactivation in RAW 264.7 macrophages[J]. Planta Med, 2013, 79 (12).

[1099] DENG Y T, KANG W B, ZHAO J N, et al. Osteoprotective effect of echinocystic acid, a triterpone component from Eclipta prostrata, in ovariectomy-induced Osteoporotic rats[J]. PloS One, 2015, 10 (8).

[1100] KUMAR D, GAONKAR R H, GHOSH R, et al. Bio-assay guided isolation of α-glucosidase inhibitory constituents from Eclipta alba[J]. Natural Product Communications, 2012, 7 (8).

[1101] KHANNA V G, KANNABIRAN K, GETTI G. Leishmanicidal activity of saponins isolated from the leaves of Eclipta prostrata and Gymnema sylvestre[J]. Indian Journal of Pharmacology, 2009, 41 (1).

[1102] MICHELS M G, BERTOLINI L C, ESTEVES A F, et al. Anticoccidial effects of coumestans from Eclipta alba for sustainable control of Eimeria tenella parasitosis in poultry production[J]. Vet Parasitol, 2011, 177 (1-2).

[1103] DIOGO L C, FERNANDES R S, MARCUSSI S, et al. Inhibition of snake venoms and phospholipases A2 by extracts from native and genetically modified Eclipta alba: isolation of active coumestans[J]. Basic Clin Pharmacol Toxicol, 2009, 104 (4).

[1104] WAGNER H, GEYER B, KISO Y, et al. Coumestans as the main active principles of the liver drugs Eclipta alba and Wedelia calendulacea[J]. Planta Med, 1986, 52 (5).

[1105] TEWTRAKUL S, SUBHADHIRASAKUL S, CHEENPRACHA S, et al. HIV-1 protease and HIV-1 integrase inhibitory substances from Eclipta prostrata[J]. Phytother Res, 2007, 21 (11).

[1106] MANVAR D, MISHRA M, KUMAR S, et al. Identification and evaluation of anti hepatitis C virus phytochemicals from Eclipta alba[J]. J Ethnopharmacol, 2012, 144 (3).

[1107] LIU Y Q, ZHAN L B, LIU T, et al. Inhibitory effect of Ecliptae herba extract and its component wedelolactone on pre-osteoclastic proliferation and differentiation[J]. J Ethnopharmacol, 2014, 157.

[1108] SAWANT M, ISAAC J C, NARAYANAN S. Analgesic studies on total alkaloids and alcohol extracts of Eclipta alba (Linn.) Hassk[J]. Phytother Res, 2004, 18 (2).

[1109] OGUNBINU A O, FLAMINI G, CIONI P L, et al. Essential oil constituents of Eclipta prostrata (L.) L. and Vernonia amygdalina Delile[J]. Natural Product Communications, 2009, 4 (3).

[1110] TEWTRAKUL S, SUBHADHIRASAKUL S, TANSAKUL P, et al. Antiinflammatory constituents from Eclipta prostrata using RAW264.7 macrophage cells[J]. Phytother Res, 2011, 25 (9).

[1111] LEE M K, HA N R, YANG H, et al. Stimulatory constituents of Eclipta prostrata on mouse osteoblast differentiation[J]. Phytother Res, 2009, 23 (1).

[1112] TAMBE R, PATIL A, JAIN P, et al. Assessment of luteolin isolated from Eclipta alba leaves in animal models of epilepsy[J]. Pharm Biol, 2017, 55 (1).

[1113] LEE J S, AHN J H, CHO Y J, et al. alpha-Terthienylmethanol, isolated from Eclipta prostrata, induces apoptosis by generating reactive oxygen species via NADPH oxidase in human endometrial cancer cells[J]. J Ethnopharmacol, 2015, 169.

[1114] KIM H Y, KIM H M, RYU B, et al. Constituents of the aerial parts of Eclipta prostrata and their cytotoxicity on human ovarian cancer cells in vitro[J]. Arch Pharm Res, 2015, 38 (11).

[1115] TABATA A, TANIGUCHI M, SHIBANO M. Ecliptamines A-D, four new guanidine alkaloids from Eclipta prostrata L.[J]. Phytochemistry Letters, 2015, 11.

[1116] BARDÓN A, CARDONA L, CARTAGENA E. Melampolides from Enydra anagallis[J]. Phytochemistry, 2001, 57 (1).

[1117] KOLEY T K, KHAN Z, OULKAR D, et al. Coupling the high-resolution LC-MS characterisation of the phenolic compounds with the antimicrobial and antibiofilm properties of helencha (Enydra fluctuans Lour.)[J]. J Food Sci Technol, 2021, 58 (12).

[1118] BAZYLKO A, BORUC K, BORZYM J, et al. Aqueous and ethanolic extracts of Galinsoga parviflora and Galinsoga ciliata. Investigations of caffeic acid derivatives and flavonoids by HPTLC and HPLC-DAD-MS methods[J]. Phytochemistry Letters, 2015, 11.

[1119] PARZONKO A, KISS A K. Caffeic acid derivatives isolated from Galinsoga parviflora herb protected human dermal fibroblasts from UVA-radiation[J]. Phytomedicine, 2019, 57.

[1120] BAZYLKO A, STOLARCZYK M, DERWINSKA M, et al. Determination of antioxidant activity of extracts and fractions obtained from Galinsoga parviflora and Galinsoga quadriradiata, and a qualitative study of the most active fractions using TLC and HPLC methods[J]. Nat Prod Res, 2012, 26 (17).

[1121] DUDEK M K, DUDKOWSKI Ł, BAZYLKO A, et al. Caffeic acid derivatives isolated from the aerial parts of Galinsoga parviflora and their effect on inhibiting oxidative burst in human neutrophils[J]. Phytochemistry Letters, 2016, 16.

[1122] FERHEEN S, AFZA N, MALIK A, et al. Galinsosides A and B, bioactive flavanone glucosides from Galinsoga parviflora[J]. J Enzyme Inhib Med Chem, 2009, 24 (5).

[1123] MOSTAFA I, EL-AZIZ E A, HAFEZ S, et al. Chemical constituents and biological activities of Galinsoga parvifl ora Cav. (Asteraceae) from Egypt[J]. Zeitschrift für Naturforschung — Section C Journal of Biosciences, 2013, 68 (7-8).

[1124] ASOKAN S M, WANG R Y, HUNG T H, et al. Hepato-protective effects of Glossogyne tenuifolia in Streptozotocin-nicotinamide-induced diabetic rats on high fat diet[J]. BMC Complement Altern Med, 2019, 19 (1).

[1125] YANG J X, HONG G B. Optimized extraction for active compounds in Glossogyne tenuifolia using response surface methodology[J]. Journal of Food Measurement and Characterization, 2018, 13 (1).

[1126] WU M J, WANG L, DING H Y, et al. Glossogyne tenuifolia acts to inhibit inflammatory mediator production in a macrophage cell line by Downregulating LPS-induced NF-kappa B[J]. Journal of Biomedical Science, 2004, 11 (2).

[1127] HOUNG J Y, TAI T S, HSU S C, et al. Glossogyne tenuifolia (Hsiang-ju) extract suppresses T cell activation by inhibiting activation of c-Jun N-terminal kinase[J]. Chin Med, 2017, 12.

[1128] WANG S W, KUO H C, HSU H F, et al. Inhibitory activity on RANKL-mediated osteoclastogenesis of Glossogyne tenuifolia extract[J]. Journal of Functional Foods, 2014, 6.

[1129] CHYAU C C, TSAI S Y, YANG J H, et al. The essential oil of Glossogyne tenuifolia[J]. Food

Chemistry, 2007, 100 (2).

[1130] YANG T S, CHAO L K, LIU T T. Antimicrobial activity of the essential oil of Glossogyne tenuifolia against selected pathogens[J]. J Sci Food Agric, 2014, 94 (14).

[1131] HSU H F, HOUNG J Y, KUO C F, et al. Glossogin, a novel phenylpropanoid from Glossogyne tenuifolia, induced apoptosis in A549 lung cancer cells[J]. Food Chem Toxicol, 2008, 46 (12).

[1132] GUO S, GE Y, NA JOM K. A review of phytochemistry, metabolite changes, and medicinal uses of the common sunflower seed and sprouts (Helianthus annuus L.)[J]. Chem Cent J, 2017, 11 (1).

[1133] 李玲玉, 孙晓晶, 郭富金, 等. 菊芋的化学成分、生物活性及其利用研究进展[J]. 食品研究与开发, 2019, 40 (16).

[1134] MACI'ASA F A, TORRES A N, GALINDO J L G, et al. Bioactive terpenoids from sunflower leaves cv. Peredovick[J]. Phytochemistry, 2002, 61.

[1135] SPRING O, ALBERTA K, GRADMANNB W. Annuithrin, a new biologically active germacranolide from Helianthus annuus[J]. Phytochemistry, 1981, 20 (8).

[1136] WATANABE K, OHNO N, MABRY T J. Three sesquiterpene lactones from Helianthus niveus subsp[J]. Phytochemistry, 1986, 25 (1).

[1137] GERSHENZON J, MABRY T J, KORPA J D, et al. Germacranolides from Helianthus californicus[J]. Phytochemistry, 1984, 23 (11).

[1138] MELEK F R, AHM A A, GERSHENZON J, et al. 1, 2-Secogermacranolides from Helianthus giganteus and H. hirsutus[J]. Phytochemistry, 1984, 23 (11).

[1139] STEWART E, MABRY T J. Further sesquiterpene lactones from Helianthus maximiliani[J]. Phytochemistry, 1985, 24 (11).

[1140] MERAGELMAN K M, ESPINAR L A, SOSA V E. New sesquiterpene lactones and other constituents from Helianthus petiolaris[J]. J Nat Prod, 1998, 61 (1).

[1141] GERSHENZON J, MABRY T J. Sesquiterpene lactones from a texas population of Helianthus maximiliani[J]. Phytochemistry, 1984, 23 (9).

[1142] GAO F, WANG H, MABRY T J. Sesquiterpene lactones and flavonoids from Helianthus species[J]. Journal of Natural Products, 1987, 50 (1).

[1143] HERZ W, KUMAR N. Sesquiterpene lactones from Helianthus grosseserratus[J]. Phytochemistry, 1981, 20 (1).

[1144] RIBEIRO C M R, SOUZA T S G D, ALMEIDA K C D, et al. Heliannuol: distribution, biological activities, 1H and 13C-NMR spectral data[J]. Mini-Reviews in Organic Chemistry, 2020, 17.

[1145] MACIAS F A, MOLINILLO J M G, VARELA R M, et al. Structural elucidation and chemistry of a novel family of bioactive sesquiterpenes: Heliannuols[J]. J Org Chem, 1994, 59 (26).

[1146] SPRING O, PFANNSTIEL J, KLAIBER I, et al. The nonvolatile metabolome of sunflower linear glandular trichomes[J]. Phytochemistry, 2015, 119.

[1147] MACIAS F A, GALINDO J L G, VARELA R M, et al. Heliespirones B and C: two new plant heliespiranes with a novel spiro heterocyclic sesquiterpene skeleton[J]. Organic Letters, 2006, 8 (20).

[1148] HERZ W, KULANTHAIVEL P. Ent-kauranes and trachylobanes from Helianthus radula[J]. Phytochemistry, 1983, 22 (11).

[1149] KASPRZYK Z, JANISZOWSKA W. Triterpenic alcohols from the shoots of Helianthus annuus[J]. Phytochemistry, 1971, 10 (8).

[1150] 陈启建, 欧阳明安, 谢联辉, 等. 银胶菊（Parthenium Hysterophorus）抗 TMV 活性成分的分离及活性测定[J]. 激光生物学报, 2008, 17 (4).

[1151] MALDONADO E, MENDOZ G O, CÁRDENAS J, et al. Sesquiterpene lactones from Parthenium tomentosum[J]. Phytochemistry, 1985, 24 (12).

[1152] ORTEGA A, MALDONADO E. Pseudoguaianolides from Parthenium fruticosum[J]. Phytochemistry, 1986, 25 (3).

[1153] DEHGHANIZADEH M, MENDOZA MORENO P, SPROUL E, et al. Guayule (Parthenium argentatum) resin: a review of chemistry, extraction techniques, and applications[J]. Industrial Crops and Products, 2021, 165.

[1154] RODRIGUEZ E, REYNOLDS G W, THOMPSON J A. Potent contact allergen in the rubber plant guayule (Parthenium argentatum)[J]. Science, 1981, 211 (4489).

[1155] ROZALÉN J, GARCÍA-MARTÍNEZ M M, CARRIÓN M E, et al. Guayulin content in guayule (Parthenium argentatum Gray) along the growth cycle[J]. Industrial Crops and Products, 2021, 170.

[1156] XU Y M, MADASU C, LIU M X, et al. Cycloartane- and lanostane-type triterpenoids from the resin of Parthenium argentatum AZ-2, a byproduct of guayule rubber production[J]. ACS Omega, 2021, 6 (23).

[1157] 朱信强, 王国亮, 王金凤, 等. 银胶菊叶精油化学成分的研究[J]. 植物学报, 1989, 31 (11).

[1158] MICHAEL B R, GEDARA S R, AMER M M, et al. A new highly oxygenated pseudoguaianolide with 5-LOX inhibitory activity from Rudbeckia hirta L. flowers[J]. Nat Prod Res, 2013, 27 (24).

[1159] FUKUSHI Y, YAJIMA C, MIZUTANI J. Prelacinan-7-ol, a novel sesquiterpene from Rudbeckia laciniata[J]. Tetrahedron Letters, 1994, 35 (47).

[1160] FUKUSHI Y, YAJIMA C, MIZUTANI J, et al. Tricyclic sesquiterpenes from Rudbeckia laciniata[J]. Phytochemistry, 1998, 49 (2).

[1161] CANTRELL C L, ABATE L, FRONCZEK F R, et al. Antimycobacterial eudesmanolides from Inula helenium and Rudbeckia subtomentosa[J]. Planta Medica, 1999, 65 (4).

[1162] VASQUEZ M, QUIJANO L, FRONCZEK F R, et al. Sesquiterpene lactones and lignanes from Rudbeckia species[J]. Phytochemistry, 1990, 29 (2).

[1163] HERZ W, KULANTHAIVEL P. Trihydroxy-C18-acids and a labdane from Rudbeckia fulgida[J]. Phytochemistry, 1985, 24 (1).

[1164] CAPEK P, SUTOVSKA M, BARBORIKOVA J, et al. Structural characterization and anti-asthmatic effect of alpha-l-arabino(4-O-methyl-alpha-d-glucurono)-beta-d-xylan from the roots of Rudbeckia fulgida[J]. Int J Biol Macromol, 2020, 165 (Pt A).

[1165] 王亮, 汪涛, 郭巧生, 等. 昆仑雪菊与杭菊、贡菊主要活性成分比较[J]. 中国中药杂志, 2013, 38 (20).

[1166] GANZINGER D, OESTERREICHER U, PAILER M. Triterpenester aus Sanvitalia procumbens Lam. [J]. Monatshefte für Chemie, 1981, 112 (4).

[1167] 黎维平, 张平, 殷根深. 虾须草属位于紫菀族的新证据[J]. 植物分类学报, 2008, 46 (4).

[1168] MENG L, HUANG Y R, LIANG S, et al. Chemical constituents from the aerial part of Sheareria nana S. Moore[J]. Biochemical Systematics and Ecology, 2018, 76.

[1169] TANG Z, SHEN J, ZHANG F, et al. Sulfated neo-clerodane diterpenoids and triterpenoid saponins from Sheareria nana S. Moore[J]. Fitoterapia, 2018, 124.

[1170] WU Q Y, LIU J A Novel clerodane-type diterpenoid from Sheareria nana[J]. Chemistry of Natural Compounds, 2018, 54 (1).

[1171] XU X, ZHANG P, YANG G, et al. A novel clerodane-type diterpenoid glycoside from Sheareria nana[J]. Chemistry of Natural Compounds, 2019, 55 (5).

[1172] TANG Z, XIA Z. A new diterpenoid against endometrial cancer from Sheareria nana[J]. Chemistry of Natural Compounds, 2021, 57 (4).

[1173] MENG L, SHEN M, LI H, et al. A novel chromene-type compound from the aerial part of Sheareria nana[J]. Chemistry of Natural Compounds, 2019, 55 (6).

[1174] 范帅帅, 高乐, 田伟, 等. 豨莶草化学成分和药理作用及质量标志物(Q-Marker)的预测分析[J].

中草药, 2021, 52 (23).

[1175] WANG Q, LIANG Y Y, LI K W, et al. Herba Siegesbeckiae: a review on its traditional uses, chemical constituents, pharmacological activities and clinical studies[J]. J Ethnopharmacol, 2021, 275.

[1176] WANG R, CHEN W, SHI Y. New ent-kaurane and ent-pimarane diterpenoids from Siegesbeckia pubescens[J]. Journal of Natural Products, 2010, 73 (1).

[1177] WANG F, CHENG X, LI Y, et al. ent-Pimarane diterpenoids from Siegesbeckia orientalis and structure revision of a related compound[J]. Journal of Natural Products, 2009, 72 (11).

[1178] WANG R, LIU Y Q, HA W, et al. In vitro anti-inflammatory effects of diterpenoids and sesquiterpenoids from traditional Chinese medicine Siegesbeckia pubescens[J]. Bioorg Med Chem Lett, 2014, 24 (16).

[1179] WANG R, LIU L L, SHI Y P. Pubescone, a novel 11(7→6)abeo-14-norcarabrane sesquiterpenoid from Siegesbeckia pubescens[J]. Helvetica Chimica Acta, 2010, 93 (10).

[1180] JANG H, LEE J W, KIM J G, et al. Nitric oxide inhibitory constituents from Siegesbeckia pubescens[J]. Bioorg Chem, 2018, 80.

[1181] LV D, GUO K W, XU C, et al. Essential oil from Siegesbeckia pubescens induces apoptosis through the mitochondrial pathway in human HepG2 cells[J]. J Huazhong Univ Sci Technolog Med Sci, 2017, 37 (1).

[1182] SAKUDA Y. The constituents of essential oil from Siegesbeckia pubescens Makino[J]. Yukagaku, 1989, 36 (9).

[1183] WU C, ZHANG Q, YANG F, et al. New oxylipins from Siegesbeckia glabrescens as potential antibacterial agents[J]. Fitoterapia, 2020, 145.

[1184] LIU J, CHEN R, NIE Y, et al. A new carbamate with cytotoxic activity from the aerial parts of Siegesbeckia pubecens[J]. Chinese Journal of Natural Medicines, 2012, 10 (1).

[1185] 吴昭全, 邓旭, 曾光尧, 等. 桂圆菊的化学成分及药理作用研究进展[J]. 中南药学, 2017, 15 (9).

[1186] NAKATANI N, NAGASHIMA M. Pungent alkamides from Spilanthes acmella L. var. oleracea Clarke[J]. Biosci Biotechnol Biochem, 1992, 56 (5).

[1187] STASHENKO E E, PUERTAS M A, COMBARIZA M Y. Volatile secondary metabolites from Spilanthes americana obtained by simultaneous steam distillation-solvent extraction and supercritical fluid extraction[J]. Journal of Chromatography A, 1996, 752 (1).

[1188] JIROVETZ L, BUCHBAUER G, WOBUS A, et al. Essential oil analysis of Spilanthes acmella Murr. fresh plants from Southern India[J]. Journal of Essential Oil Research, 2005, 17 (4).

[1189] JAYARAJ P, MATHEW B, MANI C, et al. Isolation of chemical constituents from Spilanthes calva DC: toxicity, anthelmintic efficacy and in silico studies[J]. Biomedicine & Preventive Nutrition, 2014, 4 (3).

[1190] BOHLMANN F, JAKUPOVI J, HARTONO L, et al. A further steiractinolide derivative from Spilanthes leiocarpa[J]. Phytochemistry, 1985, 24 (5).

[1191] 杨培明, 罗思齐, 李惠庭. 金腰箭化学成分的研究[J]. 中国医药工业杂志, 1994, 25 (6).

[1192] ZHELEVA-DIMITROVA D, SINAN K I, ETIENNE O K, et al. Chemical composition and biological properties of Synedrella nodiflora (L.) Gaertn: a comparative investigation of different extraction methods[J]. Process Biochemistry, 2020, 96.

[1193] KEREBBA N, OYEDEJI A O, BYAMUKAMA R, et al. Pesticidal activity of Tithonia diversifolia (Hemsl.) A. Gray and Tephrosia vogelii (Hook f.); phytochemical isolation and characterization: a review[J]. South African Journal of Botany, 2019, 121.

[1194] MABOU TAGNE A, MARINO F, COSENTINO M. Tithonia diversifolia (Hemsl.) A. Gray as a medicinal plant: a comprehensive review of its ethnopharmacology, phytochemistry, pharmacotoxicology and clinical relevance[J]. J Ethnopharmacol, 2018, 220.

[1195] KUO Y, CHEN C. Diversifolol, a novel rearranged eudesmane sesquiterpene from the leaves of Tithonia diversifolia[J]. Chemical & pharmaceutical bulletin, 1997, 45 (7).

[1196] MIRANDA M A, VARELA R M, TORRES A, et al. Phytotoxins from Tithonia diversifolia[J]. J Nat Prod, 2015, 78 (5).

[1197] BORDOLOI M, BARUA N, GHOSH A. An artemisinic acid analogue from Tithonia diversifolia[J]. Phytochemistry, 1996, 41 (2).

[1198] KUO Y, LIN B. A new dinorxanthane and chromone from the root of Tithonia diversifolia[J]. Chem Pharm Bull, 1999, 47 (3).

[1199] SOUSA I P, CHAGAS-PAULA D A, TIOSSI R F J, et al. Essential oils from Tithonia diversifolia display potent anti-oedematogenic effects and inhibit acid production by cariogenic bacteria[J]. Journal of Essential Oil Research, 2018, 31 (1).

[1200] ORSOMANDO G, AGOSTINELLI S, BRAMUCCI M, et al. Mexican sunflower (Tithonia diversifolia, Asteraceae) volatile oil as a selective inhibitor of Staphylococcus aureus nicotinate mononucleotide adenylyltransferase (NadD)[J]. Industrial Crops and Products, 2016, 85.

[1201] ZHAO G J, XI Z X, CHEN W S, et al. Chemical constituents from Tithonia diversifolia and their chemotaxonomic significance[J]. Biochemical Systematics and Ecology, 2012, 44.

[1202] CCANA-CCAPATINTA G V, SAMPAIO B L, DOS SANTOS F M, et al. Absolute configuration assignment of caffeic acid ester derivatives from Tithonia diversifolia by vibrational circular dichroism: the pitfalls of deuteration[J]. Tetrahedron: Asymmetry, 2017, 28 (12).

[1203] PANTOJA PULIDO K D, COLMENARES DULCEY A J, ISAZA MARTINEZ J H. New caffeic acid derivative from Tithonia diversifolia (Hemsl.) A. Gray butanolic extract and its antioxidant activity[J]. Food Chem Toxicol, 2017, 109 (Pt 2).

[1204] ZHAI H L, ZHAO G J, YANG G J, et al. A new chromene glycoside from Tithonia diversifolia[J]. Chemistry of Natural Compounds, 2010, 46 (2).

[1205] BOUBERTE M, KROHN K, HUSSAIN H, et al. Tithoniaquinone A and tithoniamide B: a new anthraquinone and a new ceramide from leaves of Tithonia diversifolia[J]. Zeitschrift für Naturforschung B, 2005, 1 (1).

[1206] YEMELE BOUBERTE M, KROHN K, HUSSAIN H, et al. Tithoniamarin and tithoniamide: a structurally unique isocoumarin dimer and a new ceramide from Tithonia diversifolia[J]. Nat Prod Res, 2006, 20 (9).

[1207] CHAGAS-PAULA D A, OLIVEIRA R B, ROCHA B A, et al. Ethnobotany, chemistry, and biological activities of the genus Tithonia (Asteraceae)[J]. Chemistry & Biodiversity, 2012, 9 (2).

[1208] ALI M, RAVINDER E, RAMACHANDRAM R. A new flavonoid from the aerial parts of Tridax procumbens[J]. Fitoterapia, 2001, 72.

[1209] CHEN W H, MA X M, WU Q X, et al. Chemical-constituent diversity of Tridax procumbens[J]. Canadian Journal of Chemistry, 2008, 86 (9).

[1210] JINDAL A, KUMAR P. Antimicrobial flavonoids from Tridax procumbens[J]. Natural Product Research, 2012, 26 (22).

[1211] AL MAMUN M A, HOSEN M J, ISLAM K, et al. Tridax procumbens flavonoids promote osteoblast differentiation and bone formation[J]. Biol Res, 2015, 48.

[1212] YADAVA R N, SAURABH K. A new flavone glycoside: 5, 7, 4'-trihydroxy-6, 3'- dimethoxy flavone 5-O-alpha-L-rhamnopyranoside from the leaves of Tridax procumbens Linn[J]. J Asian Nat Prod Res, 1998, 1 (2).

[1213] ALI M S, JAHANGIR M. A bis-bithiophene from Tridax Procumbens L. (Asteraceae)[J]. Natural

Product Letters, 2002, 16 (4).

[1214] JOSHI R K, BADAKAR V. Chemical composition and in vitro antimicrobial activity of the essential oil of the flowers of Tridax procumbens[J]. Natural Product Communications, 2012, 7 (7).

[1215] KOUL S, PANDURANGAN A, KHOSA R. Wedelia chinenis (Asteraceae): an overview[J]. Asian Pacific Journal of Tropical Biomedicine, 2012.

[1216] AZIZAN K A, ABDUL GHANI N H, NAWAWI M F. Discrimination and prediction of the chemical composition and the phytotoxic activity of Wedelia trilobata essential oil (EO) using metabolomics and chemometrics[J]. Plant Biosystems — An International Journal Dealing with all Aspects of Plant Biology, 2020.

[1217] VERMA N, KHOSA R L. Chemistry and biology of genus Wedelia Jacq.: a review[J]. Indian Journal of Natural Products and Resources, 2015, 6 (2).

[1218] PHAN DUC T, NGUYEN THIEN T V, JOSSANG A, et al. New wedelolides, (9R)-eudesman-9, 12-olide δ-lactones, from Wedelia trilobata[J]. Phytochemistry Letters, 2016, 17.

[1219] GOVINDACHARI T R, PREMILA M S. The benzofuran norwedelic acid from Wedelia calendulaceae[J]. Phytochemistry, 1985, 24 (12).

[1220] XIA Z, XU T Q, ZHANG H X, et al. Bioactive sulfur-containing compounds from Xanthium sibiricum, including a revision of the structure of xanthiazinone[J]. Phytochemistry, 2020, 173.

[1221] SHI Y, LIU Y, LI Y, et al. Chiral resolution and absolute configuration of a pair of rare racemic spirodienone sesquineolignans from Xanthium sibiricum[J]. Org Lett, 2014, 16 (20).

[1222] HERZ W, GOVINDAN S V. An elemanolide from Zinnia grandiflora[J]. Phytochemistry, 1982, 21 (3).

[1223] BASHYAL B P, MCLAUGHLIN S P, GUNATILAKA A A L. Zinagrandinolides A-C, cytotoxic delta-elemanolide-type sesquiterpene lactones from Zinnia grandiflora[J]. Journal of Natural Products, 2006, 69 (12).

[1224] SHULHA O, ZIDORN C. Sesquiterpene lactones and their precursors as chemosystematic markers in the tribe Cichorieae of the Asteraceae revisited: an update (2008—2017)[J]. Phytochemistry, 2019, 163.

[1225] 赵东保, 杨玉霞, 刘绣华, 等. 粉苞苣化学成分研究[J]. 中国中药杂志, 2005, 30 (8).

[1226] ZIDORN C, SPITALER R, ELLMERER E P, et al. On the occurrence of the guaianolide glucoside ixerin F in Chondrilla juncea and its chemosystematic significance[J]. Biochemical Systematics and Ecology, 2006, 34 (12).

[1227] TERENCIO M C, GINER R M, SANZ M J, et al. On the occurrence of caffeoyltartronic acid and other phenolics in Chondrilla juncea[J]. Zeitschrift für Naturforschung. C: A Journal of Biosciences, 1993, 48 (5-6).

[1228] 赵东保, 邓雁如, 汪汉卿. 粉苞苣挥发油化学成分的 GC-MS 测定分析[J]. 化学研究, 2003, 14 (3).

[1229] APPENDINO G, TETTAMANZI P, GARIBOLDIA P. Sesquiterpene lactones and furanocoumarins from Cicerbita alpina[J]. Phytochemistry, 1991, 30 (4).

[1230] FUSANI P, ZIDORN C. Phenolics and a sesquiterpene lactone in the edible shoots of Cicerbita alpina (L.) Wallroth[J]. Journal of Food Composition and Analysis, 2010, 23(6).

[1231] 凡杭, 陈剑, 梁呈元, 等. 菊苣化学成分及其药理作用研究进展[J]. 中草药, 2016, 47(4).

[1232] 胡超, 白史且, 游明鸿, 等. 菊苣多糖的研究进展[J]. 草业与畜牧, 2013, 34 (2).

[1233] KISIEL W, MICHALSKA K, SZNELER E. Norisoprenoids from aerial parts of Cichorium pumilum[J]. Biochemical Systematics and Ecology, 2004, 32 (3).

[1234] KISIEL W, ZIELINSKA K. Guaianolides from Cichorium intybus and structure revision of Cichorium sesquiterpene lactones[J]. Phytochemistry, 2001, 57 (4).

[1235] WU H, SU Z, XIN X, et al. Two new sesquiterpene lactones and a triterpene glycoside from Cichorium glandulosum[J]. Helvetica Chimica Acta, 2010, 93 (3).

[1236] TAKEDA Y, MASUDA T, MORIKAWA H, et al. Lanceocrepidiasides A-F, glucosides of guaiane-type sesquiterpene from Crepidiastrum lanceolatum[J]. Phytochemistry, 2005, 66 (6).

[1237] ADEGAWA S, MIYASE T, UENO A, et al. Sesquiterpene glycosides from Crepidiastrum keiskeanum Nakai[J]. Chem Pharm Bull, 1985, 33 (11).

[1238] LEE H J, CHA K H, KIM C Y, et al. Bioavailability of hydroxycinnamic acids from Crepidiastrum denticulatum using simulated digestion and Caco-2 intestinal cells[J]. J Agric Food Chem, 2014, 62 (23).

[1239] PENG Y, SUN Q, PARK Y. The bioactive effects of chicoric acid as a functional food ingredient[J]. J Med Food, 2019, 22 (7).

[1240] AHN H R, LEE H J, KIM K A, et al. Hydroxycinnamic acids in Crepidiastrum denticulatum protect oxidative stress-induced retinal damage[J]. J Agric Food Chem, 2014, 62 (6).

[1241] 李媛媛, 彭照琪, 贺石麟, 等. 还阳参化学成分研究[J]. 中国中药杂志, 2015, 40 (19).

[1242] 赵爱华, 彭小燕, 唐传劲, 等. 芜菁还阳参中倍半萜类成分的分离和鉴定[J]. 药学学报, 2000, 35 (6).

[1243] 钟海军, 罗士德, 王惠英, 等. 万丈深的化学成分[J]. 云南植物研究, 1999, 21(4).

[1244] MICHALSKA K, KISIEL W, ZIDORN C. Sesquiterpene lactones from Crepis aurea (Asteraceae, Cichorieae)[J]. Biochemical Systematics and Ecology, 2013, 46.

[1245] KISIEL W, KOHLMÜNZER S. A sesquiterpene lactone glycoside from Crepis tectorum[J]. Phytochemistry, 1989, 28 (9).

[1246] BARDA C, CIRIC A, SOKOVIĆ M, et al. Phytochemical investigation of Crepis incana Sm. (Asteraceae) endemic to Southern Greece[J]. Biochemical Systematics and Ecology, 2018, 80.

[1247] ROSSI C, EVIDENTEB A, MENGHINIA A. A nor-sesquiterpene-γ-lactone found in Crepis pygmaea[J]. Phytochemistry, 1985, 24 (3).

[1248] CASINOVI C G, FARDELLA G, ROSSI C. 4, 5-Dihydro-11-nor-11-hydroxy-delta 7, 11-santonin, a new NOR-sesquiterpene-gamma-lactone found in Crepis pygmaea[J]. Planta Medica, 1982, 44 (3).

[1249] SPENCER G F, PLATTNER R D, MILLER R W. (−)-(S, S)-12-hydroxy-13-octadec-cis-9-enolide, a 14-membered lactone from Crepis conyzaefolia seed oil[J]. Phytochemistry, 1977, 16 (6).

[1250] 王泽, 姚政, 王怡, 等. 草甸还阳参和叶状柄垂头菊挥发性化学成分及其抑菌活性[J]. 西北民族大学学报 (自然科学版), 2020, 41 (4).

[1251] KRZACZEK T, GAWROŃSKA-GRZYWACZ M. Flavonoids and coumarins from Hieracium pilosella L. (Asteraceae)[J]. Acta Societatis Botanicorum Poloniae, 2011, 78(3).

[1252] WILLER J, ZIDORN C, JUAN-VICEDO J. Ethnopharmacology, phytochemistry, and bioactivities of Hieracium L. and Pilosella Hill (Cichorieae, Asteraceae) species[J]. J Ethnopharmacol, 2021, 281.

[1253] GAWROŃSKA-GRZYWACZ M, KRZACZEK T, NOWAK R, et al. Biological activity of new flavonoid from Hieracium pilosella L.[J]. Open Life Sciences, 2011, 6 (3).

[1254] MILUTINOVIC V, NIKETIC M, USJAK L, et al. Methanol extracts of 28 *Hieracium* species from the Balkan peninsula — comparative LC-MS analysis, chemosystematic evaluation of their flavonoid and phenolic acid profiles and antioxidant potentials[J]. Phytochem Anal, 2018, 29 (1).

[1255] KRZACZEK T, GAWROŃSKA-GRZYWACZ M. Sterol composition from inflorescences of Hieracium pilosella L.[J]. Acta Societatis Botanicorum Poloniae, 2011, 75 (1).

[1256] HASBUN C, CALVO M A, POVEDA L J, et al. Molecular structure of irazunolide, a new eudesmanolide from Hieracium irazuensis[J]. Journal of Natural Products, 1982, 45 (6).

[1257] ZIDORN C, ELLMERER-MULLER E P, STUPPNER H. A germacranolide and three hydroxybenzyl alcohol derivatives from Hieracium murorum and Crepis bocconi[J]. Phytochem Anal, 2001, 12 (4).

[1258] MILUTINOVIC V, NIKETIC M, KRUNIC A, et al. Sesquiterpene lactones from the methanol extracts of twenty-eight Hieracium species from the Balkan Peninsula and their chemosystematic significance[J]. Phytochemistry, 2018, 154.

[1259] ABU-IZNEID T, RAUF A, SALEEM M, et al. Urease inhibitory potential of extracts and active phytochemicals of Hypochaeris radicata (Asteraceae)[J]. Nat Prod Res, 2020, 34 (4).

[1260] BOHLMANN F, SINGH P. Naturally occurring terpene derivatives. Part 432. A guaian-5, 12-olide from Hypochoeris cretensis[J]. Phytochemistry, 1982, 21 (8).

[1261] ZIDORN C, ELLMERER E P, SCHWINGSHACKL E, et al. An unusual sesquiterpenoid from Hypochaeris achyrophorus (Asteraceae)[J]. Nat Prod Res, 2007, 21 (13).

[1262] JAMUNA S, KARTHIKA K, PAULSAMY S, et al. Confertin and scopoletin from leaf and root extracts of Hypochaeris radicata have anti-inflammatory and antioxidant activities[J]. Industrial Crops and Products, 2015, 70.

[1263] SOUILAH N, ULLAH Z, BENDIF H, et al. Phenolic compounds from an Algerian Endemic species of Hypochaeris laevigata var. hipponensis and investigation of antioxidant activities[J]. Plants (Basel), 2020, 9 (4).

[1264] SHULHA O, CICEK S S, WANGENSTEEN H, et al. Lignans and sesquiterpene lactones from Hypochaeris radicata subsp. Neapolitana (Asteraceae, Cichorieae)[J]. Phytochemistry, 2019, 165.

[1265] 柳军玺, 魏小宁, 鲁润华, 等. 藏药窄叶小苦荬的化学成分研究[J]. 中草药, 2006, 37 (3).

[1266] PARK S, NHIEM N X, PARK J H, et al. Isolation of amylase regulators from the leaves of Ixeridium dentatum[J]. Nat Prod Res, 2021, 35 (5).

[1267] 马雪梅, 马文兵. 中华小苦荬萜类化学成分的研究[J]. 天然产物研究与开发, 2011, 23 (3).

[1268] MA X, LIU Y, SHI Y. Phenolic derivatives and free-radical-scavenging activity from Ixeridium gracile (DC.) SHIH[J]. Chemistry & Biodiversity, 2007, 4 (9).

[1269] 封锡志, 徐绥绪, 马双刚. 苦碟子中的新倍半萜内酯[J]. 中国药物化学杂志, 1999, 9 (4).

[1270] 姜瑞芝, 陈英红, 罗浩铭, 等. 抱茎苦荬菜水溶性成分的分离与结构鉴定[J]. 天然产物研究与开发, 2010, 22 (3).

[1271] 希古日干, 哈力嘎, 白淑珍, 等. 山苦荬化学成分及药理研究进展[J]. 天然产物研究与开发, 2020, 32 (7).

[1272] 王金兰, 王丹, 李军, 等. 中华苦荬菜中的新三萜[J]. 中草药, 2015, 46 (22).

[1273] ZHANG Y C, HE C N, CHEW E H. Studies on the chemical constituents and biological activities of Ixeris[J]. Chemistry & Biodiversity, 2013, 10 (8).

[1274] WANG Q, DAI N, HAN N, et al. A new sesquiterpene from Ixeris chinensis[J]. Nat Prod Res, 2014, 28 (19).

[1275] CHA M R, CHOI Y H, CHOI C W, et al. New guaiane sesquiterpene lactones from Ixeris dentata[J]. Planta Medica, 2011, 77 (4).

[1276] LEE H Y, LEE G H, KIM H K, et al. Ixeris dentata-induced regulation of amylase synthesis and secretion in glucose-treated human salivary gland cells[J]. Food Chem Toxicol, 2013, 62.

[1277] HAN Y F, GAO K, JIA Z J. Two new norsesquiterpenes from Ixeris polycephala[J]. Chinese Chemical Letters, 2006, 17 (7).

[1278] FENG X, DONG M, GAO Z, et al. Three new triterpenoid saponins from Ixeris sonchifolia and their cytotoxic activity[J]. Planta Medica, 2003, 69 (11).

[1279] SHIOJIMA K, SUZUKI H, KODERA N, et al. Composite constituent: novel triterpenoid, ixerenol, from aerial parts of Ixeris chinensis[J]. Chem. Pharm. Bull, 1995, 43 (1).

[1280] KARKI S, PARK H J, NUGROHO A, et al. Quantification of major compounds from Ixeris dentata,

Ixeris dentata var. albiflora, and Ixeris sonchifolia and their comparative anti-inflammatory activity in lipopolysaccharide-stimulated RAW 264.7 cells[J]. J Med Food, 2015, 18 (1).

[1281] SHAH W A, DAR M Y, QURISHI M A. Novel nor and seco triterpenoids from Koelpinia linearis[J]. Chemistry of Natural Compounds, 2005, 40 (1).

[1282] KOUL S, RAZDAN T K, ANDOTRA C S, et al. Koelpinin-A, B and C — three triterpenoids from Koelpinia linearis[J]. Phytochemistry, 2000, 53 (2).

[1283] RAZDAN T, KACHROO P, QURISHI M, et al. Unusual homologous long-chain alkanoic acid esters of lupeol from Koelpinia linearis[J]. Phytochemistry, 1996, 41 (5).

[1284] DZHUMYRKO S F. Coumarins of Koelpinia linearis[J]. Khimiya Prirodnykh Soedinenii, 1976, (4).

[1285] 白意晓, 谭静, 王翔, 等. 莴苣属化学成分及药理活性研究进展[J]. 新乡医学院学报, 2013, 30 (2).

[1286] 庞克坚, 魏沣, 唐萍, 等. 莴苣化学成分及药理作用研究进展[J]. 中南民族大学学报 (自然科学版), 2021, 40 (4).

[1287] WESOŁOWSKA A, NIKIFORUK A, MICHALSKA K, et al. Analgesic and sedative activities of lactucin and some lactucin-like guaianolides in mice[J]. Journal of Ethnopharmacology, 2006, 107 (2).

[1288] 任玉琳, 周亚伟, 叶蕴华. 莴苣属植物化学成分和生物活性的研究[J]. 药学学报, 2004, 39 (11).

[1289] MAHMOU Z F, KASSEM F F, ABDEL-SALAM N A, et al. Sesquiterpene lactones from Lactuca sativa[J]. Phytochemistry, 1986, 25 (3).

[1290] YADAVA R N, JHARBADE J. A new bioactive triterpenoid saponin from the seeds of Lactuca scariola Linn[J]. Nat Prod Res, 2007, 21 (6).

[1291] KIM D K. Antioxidative components from the aerial Parts of Lactuca scariola L.[J]. Archives of Pharmacal Research, 2001, 24 (5).

[1292] CHOI C I, EOM H J, KIM K H. Antioxidant and α-glucosidase inhibitory phenolic constituents of Lactuca indica L.[J]. Russian Journal of Bioorganic Chemistry, 2016, 42 (3).

[1293] MICHALSKA K, STOJAKOWSKA A, KISIEL W. Phenolic constituents of Lactuca tenerrima[J]. Biochemical Systematics and Ecology, 2012, 42.

[1294] MICHALSKA K, KISIEL W. Chemical constituents from Lactuca inermis, a wild African species[J]. Biochemical Systematics and Ecology, 2014, 55.

[1295] FONTANEL D, DEBOUZY J, GUEIFFIER A, et al. Sesquiterpene lactone glycosides from Lapsana communis L. subsp. Communis[J]. Phytochemistry, 1999, 51 (8).

[1296] 张颖, 张赟赟, 巫凯, 等. 广西特色药材光茎栓果菊中脂溶性成分的 GC-MS 分析[J]. 中南药学, 2021, 19 (5).

[1297] BITAM F, LETIZIA CIAVATTA M, MANZO E, et al. Chemical characterisation of the terpenoid constituents of the Algerian plant Launaea arborescens[J]. Phytochemistry, 2008, 69 (17).

[1298] ZELLAGUI A, GHERRAF N, LADJEL S, et al. Chemical composition and antibacterial activity of the essential oils from Launaea resedifolia L.[J]. Organic and Medicinal Chemistry Letters, 2012, 2 (1).

[1299] CHERITI A, SAAD A, BELBOUKHARI N, et al. Chemical composition of the essential oil of Launaea arboresens from Algerian Sahara[J]. Chemistry of Natural Compounds, 2007, 42 (3).

[1300] ELSHAMY A I, ABD-ELGAWAD A M, EL-AMIER Y A, et al. Interspecific variation, antioxidant and allelopathic activity of the essential oil from three Launaea species growing naturally in heterogeneous habitats in Egypt[J]. Flavour and Fragrance Journal, 2019, 34 (5).

[1301] SALEEM M, PARVEEN S, RIAZ N, et al. New bioactive natural products from Launaea nudicaulis[J]. Phytochemistry Letters, 2012, 5 (4).

[1302] MANSOUR R M A, AHMEDB A A, SALEH N A M. Flavone glycosides of some Launaea species[J]. Phytochemistry, 1983, 22 (11).

[1303] EL-SHARKAWY E R, MAHMOUD K. Cytotoxity of two new coumarin derivatives isolated from Launaea mucronata[J]. Nat Prod Res, 2016, 30 (4).

[1304] ABDALLAH H, FARAG M, OSMAN S, et al. Isolation of major phenolics from Launaea spinosa and their protective effect on HepG2 cells damaged with t-BHP[J]. Pharm Biol, 2016, 54 (3).

[1305] EMAD F, KHALAFALAH A K, EL SAYED M A, et al. Three new polyacetylene glycosides (PAGs) from the aerial part of Launaea capitata (Asteraceae) with anti-biofilm activity against Staphylococcus aureus[J]. Fitoterapia, 2020, 143.

[1306] RIAZ N, PARVEEN S, SALEEM M, et al. Lipoxygenase inhibitory sphingolipids from Launaea nudicaulis[J]. J Asian Nat Prod Res, 2012, 14 (6).

[1307] 钱春香, 孙丽娜, 薛璇玑, 等. 乳苣全草石油醚部位化学成分的研究[J]. 中草药, 2017, 48 (7).

[1308] 任玉琳, 周亚伟, 叶蕴华. 蒙山莴苣脂肪酸及其他挥发性成分 GC-MS 的研究[J]. 北京大学学报(自然科学版), 2003, 39 (2).

[1309] WANG X X, LIN C J, JIA Z J. Triterpenoids and sesquiterpenes from Mulgedium tataricum[J]. Planta Medica, 2006, 72 (08).

[1310] REN Y, ZHOU Y, CHEN X, et al. Discovery, structural determination and anticancer activities of lactucin-like guaianolides[J]. Letters in Drug Design & Discovery, 2005, 2 (6).

[1311] 叶晓霞, 王明奎, 黄可新, 等. 细梗紫菊中的化学成分[J]. 中草药, 2001, 32 (11).

[1312] YE X X, CHEN J S, WANG M K, et al. A new sesquiterpene lactones glucoside from Notoseris psilolepis[J]. Chinese Chemical Letters, 2000, 11 (11).

[1313] 徐国熙. 尖裂黄瓜菜化学成分的研究[J]. 中草药, 2011, 42 (6).

[1314] SHEN T, WENG C W, XIE W D, et al. A new guaiane sesquiterpene from Paraixeris pinnatipartita[J]. Journal of Chemical Research, 2009, (10).

[1315] 赵一之, 朱宗元. 内蒙古菊科一新记录属 —— 假小喙菊属[J]. 内蒙古大学学报 (自然科学版), 2003, 34 (1).

[1316] 叶方, 杨凌霄, 黄良永, 等. 毛连菜属植物的研究进展[J]. 医药导报, 2018, 37 (11).

[1317] ZIDORN C. Sesquiterpenoids as chemosystematic markers in the subtribe Hypochaeridinae (Lactuceae, Asteraceae)[J]. Biochemical Systematics and Ecology, 2006, 34 (2).

[1318] MICHALSKA K, SZNELER E, KISIEL W. Sesquiterpenoids of Picris koreana and their chemotaxonomic significance[J]. Biochemical Systematics and Ecology, 2007, 35 (7).

[1319] UCHIYAM T, NISHIMUR K, MIYASE T, et al. Terpenoid glycosides from Picris hieracioides[J]. Phytochemistry, 1990, 29 (9).

[1320] MASUDA K, LIN T, SUZUKI H, et al. Composite constituents: forty-two triterpenoids including eight novel compounds isolated from Picris hieracioides subsp. Japonica[J]. Chemical and Pharmaceutical Bulletin, 1995, 43 (10).

[1321] BRUNO M, HERZA W. Eudesmanolides from Picris aculeata[J]. Phytochemistry, 1988, 27 (4).

[1322] 陶鑫, 许枬, 王秀兰, 等. 兴安毛连菜中有机酸化学成分及其抗氧化活性的研究[J]. 中草药, 2016, 47 (4).

[1323] SIVAGNANAM I, KALAIVANAN P, RAJAMANICKAM M. Anti-diabetic activity of oncocalyxone A isolated from Prenanthes sarmentosus[J]. International Journal of Pharmacy and Pharmaceutical Sciences, 2013, 5 (4).

[1324] ILAYARAJA S, PRABAKARAN K, MANIVANNAN R. Evaluation of anti-bacterial, analgesic and anti-inflammatory activities of oncocalyxone A isolated from Prenanthes sarmentosus[J]. Journal of Applied Pharmaceutical Science, 2014, 4 (10).

[1325] ZHANG Y H, CHEN Y S, LIN X Y, et al. A new inositol derivative from Prenanthes macrophylla[J]. J Asian Nat Prod Res, 2012, 14 (2).

[1326] MIYASE T, YAMADA M, FUKUSHIMA S. Studies on sesquiterpene glycosides from Prenanthes acerifolia Benth[J]. Chem Pharm Bull, 1987, 35 (5).

[1327] 张永红, 张婉春, 李鹏, 等. 大叶福王草的脂溶性化学成分[J]. 福建医科大学学报, 2006, 40 (4).

[1328] 詹合琴, 郭兰青, 崔建敏, 等. 高翅果菊化学成分及 lactuside B 的抗脑缺血活性研究[J]. 中草药, 2010, 41 (5).

[1329] BAI Y X, TAN J, YAN F L, et al. A new guaianolide from the roots of Pterocypsela elata[J]. Chinese Chemical Letters, 2013, 24 (1).

[1330] BAI Y X, LIANG H J, YAN F L, et al. A new guaianolide and other constituents from Pterocypsela elata[J]. Journal of Chemical Research, 2013, 37 (9).

[1331] 董丽, 孙祥德, 郭兰青, 等. 多裂翅果菊的挥发油成分[J]. 广西植物, 2004, 24 (1).

[1332] 田建斌, 赵利清. 关于雀苣（菊科）在中国的分布问题[J]. 植物研究, 2021, 41 (5).

[1333] JARADAT N, ALMASRI M, ZAID A N, et al. Pharmacological and phytochemical screening of Palestinian traditional medicinal plants Erodium laciniatum and Lactuca orientalis[J]. Journal of Complementary and Integrative Medicine, 2018, 15 (1).

[1334] STOJAKOWSKA A, MICHALSKA K, KŁECZEK N, et al. Phenolics and terpenoids from a wild edible plant Lactuca orientalis (Boiss.) Boiss.: a preliminary study[J]. Journal of Food Composition and Analysis, 2018, 69.

[1335] 沈德新. 鸦葱属的药用价值[J]. 中国医药导报, 2020, 17 (18).

[1336] GRANICA S, ZIDORN C. Phenolic compounds from aerial parts as chemosystematic markers in the Scorzonerinae (Asteraceae)[J]. Biochemical Systematics and Ecology, 2015, 58.

[1337] YANG Y J, LIU X, WU H R, et al. Radical scavenging activity and cytotoxicity of active quinic acid derivatives from Scorzonera divaricata roots[J]. Food Chemistry, 2013, 138 (2-3).

[1338] TSEVEGSUREN N, EDRADA R, LIN W, et al. Biologically active natural products from Mongolian medicinal plants Scorzonera divaricata and Scorzonera pseudodivaricata[J]. Journal of Natural Products, 2007, 70 (6).

[1339] ZIDORN C, ELLMERER-MÜLLER E P, STUPPNER H. Tyrolobibenzyls — novel secondary metabolites from Scorzonera humilis[J]. Helvetica Chimica Acta, 2000, 83 (11).

[1340] WU Q X, HE X F, JIANG C X, et al. Two novel bioactive sulfated guaiane sesquiterpenoid salt alkaloids from the aerial parts of Scorzonera divaricata[J]. Fitoterapia, 2018, 124.

[1341] YANG Y J, YAO J, JIN X J, et al. Sesquiterpenoids and tirucallane triterpenoids from the roots of Scorzonera divaricata[J]. Phytochemistry, 2016, 124.

[1342] 霍碧姗, 秦民坚. 苦苣菜属植物化学成分与药理作用[J]. 国外医药 (植物药分册), 2008, 23 (5).

[1343] MAHMOUD Z, EL-MASRY S, AMER M, et al. Two eudesmanolides from Sonchus macrocarpus[J]. Phytochemistry, 1983, 22 (5).

[1344] MAHMOUD Z, EL-MASRY S, AMER M, et al. Sesquiterpene lactones from Sonchus macrocarpus[J]. Phytochemistry, 1984, 23 (5).

[1345] SHIMIZU S, MIYASE T, UENOA A, et al. Sesquiterpene lactone glycosides and ionone derivative glycosides from Sonchus asper[J]. Phytochemistry, 1989, 28 (12).

[1346] MENG J, ZHU Q, TAN R. New antimicrobial mono- and sesquiterpenes from Soroseris hookeriana subsp. Erysimoides.[J]. Planta Medica, 2000, 66 (6).

[1347] 吕建炜, 张承忠. 金沙绢毛菊化学成分的研究[J]. 中成药, 2011, 33 (1).

[1348] 赵磊, 张艳, 李冲, 等. 金沙绢毛菊的化学成分研究[J]. 时珍国医国药, 2010, 21 (3).

[1349] 吕建炜, 赵磊. 金沙绢毛菊低极性成分分析[J]. 甘肃中医学院学报, 2010, 27 (5).

[1350] 谢沈阳, 杨晓源, 丁章贵, 等. 蒲公英的化学成份及其药理作用[J]. 天然产物研究与开发, 2012, 24 (S1).

[1351] JIAN Q, JICHUAN Z, SHIQIAO L, et al. Research advances and perspectives on rubber-producing Taraxacum[J]. Chinese Bulletin of Botany, 2015, 50 (1).

[1352] SCHUTZ K, CARLE R, SCHIEBER A. Taraxacum — a review on its phytochemical and pharmacological profile[J]. J Ethnopharmacol, 2006, 107 (3).

[1353] WARASHINA T, UMEHARA K, MIYASE T. Constituents from the roots of Taraxacum platycarpum and their effect on proliferation of human skin fibroblasts[J]. Chem Pharm Bull, 2012, 60 (2).

[1354] KASHIWADA Y, TAKANAKA K, TSUKADA H, et al. Sesquiterpene glucosides from anti-leukotriene B4 release fraction of Taraxacum officinale[J]. J Asian Nat Prod Res, 2001, 3 (3).

[1355] CHOI J H, SHIN K M, KIM N Y, et al. Taraxinic acid, a hydrolysate of sesquiterpene lactone glycoside from the Taraxacum coreanum NAKAI, induces the differentiation of human acute promyelocytic leukemia HL-60 cells[J]. Biol Pharm Bull, 2002, 25 (11).

[1356] HÄNSEL R, KARTARAHARDJA M, HUANG J T, et al. Sesquiterpenlacton-β-D-glucopyranoside sowie ein neues eudesmanolid aus Taraxacum officinale[J]. Phytochemistry, 1980, 19 (5).

[1357] CHEN J, WU W, ZHANG M, et al. Taraxasterol suppresses inflammation in IL-1beta-induced rheumatoid arthritis fibroblast-like synoviocytes and rheumatoid arthritis progression in mice[J]. Int Immunopharmacol, 2019, 70.

[1358] SAN Z, FU Y, LI W, et al. Protective effect of taraxasterol on acute lung injury induced by lipopolysaccharide in mice[J]. Int Immunopharmacol, 2014, 19 (2).

[1359] XUESHIBOJIE L, DUO Y, TIEJUN W. Taraxasterol inhibits cigarette smoke-induced lung inflammation by inhibiting reactive oxygen species-induced TLR4 trafficking to lipid rafts[J]. Eur J Pharmacol, 2016, 789.

[1360] SCHUTZ K, KAMMERER D R, CARLE R, et al. Characterization of phenolic acids and flavonoids in dandelion (Taraxacum officinale WEB. Ex WIGG.) root and herb by high-performance liquid chromatography/electrospray ionization mass spectrometry[J]. Rapid Commun Mass Spectrom, 2005, 19 (2).

[1361] JIANG X, SHI S, ZHANG Y, et al. Activity-guided isolation and purification of three flavonoid glycosides from Neo-taraxacum siphonanthum by high-speed counter-current chromatography[J]. Separation Science and Technology, 2010, 45 (6).

[1362] RAUWALD H W, HUANG J T. Taraxacoside, a type of acylated γ-butyrolactone glycoside from Taraxacum officinale[J]. Phytochemistry, 1985, 24 (7).

[1363] ASTAFIEVA A A, ROGOZHIN E A, ANDREEV Y A, et al. A novel cysteine-rich antifungal peptide ToAMP4 from Taraxacum officinale Wigg. flowers[J]. Plant Physiol Biochem, 2013, 70.

[1364] ASTAFIEVA A A, ENYENIHI A A, ROGOZHIN E A, et al. Novel proline-hydroxyproline glycopeptides from the dandelion (Taraxacum officinale Wigg.) flowers: de novo sequencing and biological activity[J]. Plant Sci, 2015, 238.

[1365] 王化远, 杨培全, 邹肇娥, 等. 民族药菊参化学成分研究[J]. 华西药学杂志, 1991, 6 (4).

[1366] ERTAS A, GOREN A C, BOGA M, et al. Essential oil compositions and anticholinesterase activities of two edible plants Tragopogon latifolius var. angustifolius and Lycopsis orientalis[J]. Nat Prod Res, 2014, 28 (17).

[1367] FORMISANO C, RIGANO D, SENATORE F, et al. Volatile constituents of the aerial parts of white salsify (Tragopogon porrifolius L, Asteraceae)[J]. Nat Prod Res, 2010, 24 (7).

[1368] FARZAEI M H, RAHIMI R, ATTAR F, et al. Chemical composition, antioxidant and antimicrobial activity of essential oil and extracts of Tragopogon graminifolius, a medicinal herb from Iran[J]. Natural Product Communications, 2014, 9 (1).

[1369] MIYAS T, KOHSAKA H, UENO A. Tragopogonosides A-I, oleanane saponins from Tragopogon

416

pratensis[J]. Phytochemistry, 1992, 31 (6).

[1370] BAYRAMI Z, HAJIAGHAEE R, KHALIGHI-SIGAROODI F, et al. Bio-guided fractionation and isolation of active component from Tragopogon graminifolius based on its wound healing property[J]. J Ethnopharmacol, 2018, 226.

[1371] GRANICA S, PIWOWARSKI J P, RANDAZZO A, et al. Novel stilbenoids, including cannabispiradienone glycosides, from Tragopogon tommasinii (Asteraceae, Cichorieae) and their potential anti-inflammatory activity[J]. Phytochemistry, 2015, 117.

[1372] ZIDORN C, PETERSEN B O, SAREEDENCHAI V, et al. Tragoponol, a dimeric dihydroisocoumarin from Tragopogon porrifolius L.[J]. Tetrahedron Letters, 2010, 51 (10).

[1373] 谢青兰, 管棣, 张媛媛, 等. 黄鹤菜化学成分的研究[J]. 时珍国医国药, 2006, 17 (12).

[1374] 阿出川滋, 宫濑敏男, 福岛清吾. Sesquiterpene glycosides from Youngia denticulata (Houtt.) Kitam[J]. Chemical & Pharmaceutical Bulletin, 1986, 34 (9).

[1375] KIM M, PARK Y G, LEE H J, et al. Youngiasides A and C isolated from Youngia denticulatum inhibit UVB-induced MMP expression and promote type I procollagen production via repression of MAPK/AP-1/NF-kappaB and activation of AMPK/Nrf2 in HaCaT cells and human dermal fibroblasts[J]. J Agric Food Chem, 2015, 63 (22).

[1376] YAE E, YAHARA S, HIDE I, et al. Studies on the constituents of whole plants of Youngia japonica[J]. Chemical & Pharmaceutical Bulletin, 2009, 57 (7).

[1377] CHEN W, LIU Q, WANG J, et al. New guaiane, megastigmane and eudesmane-type sesquiterpenoids and anti-inflammatory constituents from Youngia japonica[J]. Planta Med, 2006, 72 (2).

[1378] DAT N T, CAI X F, RHO M C, et al. The inhibition of diacylglycerol acyltransferase by terpenoids from Youngia koidzumiana[J]. Arch Pharm Res, 2005, 28 (2).

[1379] HWANG T Y, HUH C K. Isolation and identification of antimicrobial substances from Korean Lettuce (Youngia sonchifolia M.)[J]. Food Sci Biotechnol, 2018, 27 (3).

[1380] OOI L S, WANG H, HE Z, et al. Antiviral activities of purified compounds from Youngia japonica (L.) DC (Asteraceae, Compositae)[J]. J Ethnopharmacol, 2006, 106 (2).

[1381] LIU X C, LIU Q, CHEN X B, et al. Larvicidal activity of the essential oil of Youngia japonica aerial parts and its constituents against Aedes albopictus[J]. Z Naturforsch C J Biosci, 2015, 70 (1-2).

附录

附录 A　选择的化合物的名称及骨架类型检索表

表 A1　倍半萜化合物

化合物编号	化合物英文名称	名称	骨架类型	亚型
99-1	(−)-1S,9S-9-hydroxy-2,2,5,9-tetramethylbicyclo[6.3.0]undeca-4,7-dien-6-one		2,2,5,9-tetramethylbicyclo[6.3.0]-undecane	
53-9	achicretin 1		achicretin	
142-4	balsamiferine A		balsamiferine	
20	clementein		C_{17} 型	C_{17} 型（C_{15}/C_2 型）
128-3	14-angeloyloxydeltonorcacalol		cacalol-type	
169-2	4α-cinnamoyloxy-2,3-dehydrocarotol		cacalol-type	
169-3	4α-cinnamoyloxycarotol		cacalol-type	
125-11	cacalol		cacalol-type	
88-1	callistephus A		callistephane	
98-1	1β-methoxycaryol-9-one		caryolane	
147-1	cuauhtemone		cuauhtemone	
147-2	cuauhtemone 的 2,3-epoxy-2-methylbutanoate derivative		cuauhtemone	
153-3	3-O-(3′-acetoxy-2′-hydroxy-2′-methylbutyryl)cuauthemone		cuauthemone	
114-5	11-hydroxy-α-cubebene		cubebene	
114-4	11-hydroxy-β-cubebene		cubebene	
205-2	8α-hydroxyhypoglabric acid		cubebene	
114-3	cubebene		cubebene	
51-11	epicubebol glycoside		cubebol	4-epi-cubebol 型
50-10	atractylmacrol A		cyperane	
142-5	ferutinin		ferutinin	
142-6	tagitinin A		furanoheliangolide	
177-30	glandulone A		glandulone	
177-31	glandulone B		glandulone	
177-32	glandulone C		glandulone	
177-33	glandulone D		glandulone	
177-34	glandulone E		glandulone	
177-35	glandulone F		glandulone	
177-14	heliannuol A		heliannuols	

化合物编号	化合物英文名称	名称	骨架类型	亚型
177-15	heliannuol B		heliannuols	
177-16	heliannuol C		heliannuols	
177-17	heliannuol D		heliannuols	
177-18	heliannuol E		heliannuols	
177-19	heliannuol F		heliannuols	
177-20	heliannuol G		heliannuols	
177-21	heliannuol H		heliannuols	
177-22	heliannuol I		heliannuols	
177-23	heliannuol J		heliannuols	
177-24	heliannuol K		heliannuols	
177-25	heliannuol L		heliannuols	
177-26	heliannuol M		heliannuols	
177-36	heliespirone A		heliespirane	
177-37	heliespirone B		heliespirane	
177-38	heliespirone C		heliespirane	
94-3	15-methoxyisodauc-3-ene-1b,5a-diol		isodaucane	
131-15	isodauc-7(14)-en-6α,10β-diol		isodaucane	
100-4	kalimeristone A		kalimeristone	降倍半萜
53-8	α-longipin-2-en-1-one		longipinane	
60-23	2α,9α-dihydroxymuurol-3(4)-en-12-oic acid		muurolane	
118-2	crellisin 1		oplopane	oplopanol
118-3	crellisin 2		oplopane	oplopanol
60-24	gmelinin A		oplopane	
60-25	gmelinin B		oplopane	
97-6	oplopanone-8-O-β-D-glucopyranoside		oplopane	
128-1	pararunine A		oplopane	
130-8	petasipaline A		oplopane	
136-5	tephroside A		oplopane	
136-6	tephroside B		oplopane	
137-1	tussilagone	款冬酮	oplopane	
94-2	(7R*)-oppsit-4(15)-ene-1b,7-diol		oppositane	
131-16	(7S*)-opposit-4(15)-en-1β,7-diol		oppositane	
53-11	acrifolide		perhydroindene	4-methyl-7-isopropyl-9-ethyl-perhydroindene骨架
53-12	chlorochrymorin		perhydroindene	4-methyl-7-isopropyl-10-ethyl-perhydroindene骨架
154-3	longifodiol		triquinane	重排的 triquinane 降倍半萜

化合物编号	化合物英文名称	名称	骨架类型	亚型
154-4	longifolactone		triquinane	重排的 triquinane 降倍半萜
131-17	loliolide		β-紫罗兰酮型	四萜胡萝卜素的 降碳产物
50-9	(3S,4R,5R,7R)-3,11-dihydroxy-11, 12-dihydronootkatone-11-O-β-D- glucopyranoside		艾里莫酚烷	
131-24	10αH-furanoeremophil-1-one		艾里莫酚烷	呋喃艾里莫酚烷
126-4	1β,10β-环氧-6β-8,9-开环-艾里莫 酚-7(11)-烯-8(12)-内酯		艾里莫酚烷	开环的艾里莫酚烷 eremophilane
126-2	1β,7-dihydroxy-3β- acetoxynoreremophil-6(7),9(10)- dien-8-one		艾里莫酚烷	
134-3	3α-hydroxy-7β-eremophila-9,11 (E)-dien-8-one-12-O-β-D- glucopyranosyl-(1→6)-O-β-D- glucopyranoside		艾里莫酚烷	
126-3	8α-hydroxy-3-oxoeremophil-1(2), 7(11),9(10)-trien-8β(12)- olide		艾里莫酚烷	
29-6	dehydrofukinone		艾里莫酚烷	
125-9	eremofarfugin F		艾里莫酚烷	
125-10	eremofarfugin G		艾里莫酚烷	
125-8	eremopetasitenin B4		艾里莫酚烷	
130-5	furanopetasin		艾里莫酚烷	
125-3	ligularol		艾里莫酚烷	呋喃艾里莫酚烷型
125-4	ligularone		艾里莫酚烷	呋喃艾里莫酚烷型
130-4	petasin		艾里莫酚烷	
108-7	wrightol		艾里莫酚烷	
118-5	(4S,5R,7S)-12-hydroxyeremophila- 9,11(13)-dien-8-one		艾莫里酚烷	艾莫里酚烷 8-酮型
118-7	3-acylfuranoeremophilan-9-one		艾莫里酚烷	艾莫里酚烷呋喃型
118-6	(7(11)E)-12-hydroxyeremophila- 7(11),9-dien-8-one		艾莫里酚烷	艾莫里酚烷 8-酮型
123-2	6b,8b,10b-trihydroxyeremophil- 7(11)-en-12,8-olide		艾莫里酚烷	艾莫里酚烷呋喃型
132-2	eremophila-9,11-dien-8-one		艾莫里酚烷	
59-1	8-deoxycumambrin		艾莫里酚烷-吲哚 聚合物	
128-5	parasubindole A		艾莫里酚烷-吲哚 聚合物	艾莫里酚烷-吲哚 聚合物
128-6	parasubindole F		艾莫里酚烷-吲哚 聚合物	艾莫里酚烷-吲哚 聚合物
157-3	(1S,2R,4aR,8aR)-[1-(acetyloxy)- 1,2,3,4,4a,5,6,8a-octahydro-1,4a- dimethyl-7-(1-hydroxy-1- methylethyl)-6-oxo-2-naphthalenyl]- 2,3-dimethyl-oxiranecarboxylic acid ester		桉烷	

化合物编号	化合物英文名称	名称	骨架类型	亚型
153-4	pterodondiol		桉烷	
96-7	(−)-frullanolide		桉烷	
97-5	1(R),4β-dihydroxy-trans-eudesm-6-ene-1-O-β-D-glucopyranoside		桉烷	
197-4	1,2-4,5-tetrahydro-11-nor-11-hydroxy-$\Delta^{7,11}$-santonin		桉烷	
115-5	1,2-epoxymiscandenin		桉烷	miscandenin 型桉烷
160-4	11,13-dihydro-3-O-(β-digitoxopyranose)-7α-hydroxyeudesman-6,12-olide		桉烷	
224-1	11β,13-dihydrosonchucarpolide		桉烷	
44-7	13-sulfo-dihydroreynosin		桉烷	磺酸基倍半萜内酯
44-6	13-sulfo-dihydrosantamarine		桉烷	磺酸基倍半萜内酯
207-1	14-noreudesma-3-hydroxy-3-en-2,9-dione		桉烷	
53-16	1β-hydroxy-11-epi-colartrin		桉烷	
57-2	1β-hydroxyl-2-noreudesm-4(15)-en-5α,6β,7α,11αH-12,6-olide		桉烷	降一个碳的桉烷型
99-2	1β-hydroxy-α-cyperone	1β-羟基-α-莎草酮	桉烷	
179-5	3-oxoalloalantolactone		桉烷	
157-2	3α-(2,3-epoxy-2-methylbutyryloxy)-4α-formoxy-11-hydroxy-6,7-dehydroeudesman-8-one		桉烷	
185-4	3β-acetoxy-8β-isobutyryloxyreynosin		桉烷	
197-5	4,5-dihydro-11-nor-11-hydroxy-$\Delta^{7,11}$-santonin		桉烷	
229-6	4α,15,11β,13-tetrahydroridentin B 和 taraxacolid-[l'-O-β-D-glucopyranosid]		桉烷	
94-5	6b,14-epoxyeudesm-4(15)-en-1b-ol		桉烷	
113-6	6α-angeloyloxy-eudesm-4(15)-ene		桉烷	
160-5	7-hydroxyfrullanolide		桉烷	
84-2	7α-hydroperoxy-3,11-eudesmadiene		桉烷	
16-3	8α-hydroxy-11β,13-dihydro-onopordaldehyde		桉烷	
73-1	8α-hydroxybalchanin		桉烷	
82-1	alatoside F		桉烷	
179-4	alloalantolactone		桉烷	
29-7	arctiol		桉烷	
67-3	artesin	草蒿素	桉烷	
85-1	asterothamnone A		桉烷	

化合物编号	化合物英文名称	名称	骨架类型	亚型
85-2	asterothamnone B		桉烷	
85-3	asterothamnone C		桉烷	
85-4	asterothamnone D		桉烷	
50-4	atractylenolidee II		桉烷	
50-5	atractylenolide III		桉烷	
50-3	atractylenolide I		桉烷	
50-1	atractylone	苍术酮	桉烷	
142-2	balsamiferine D		桉烷	
67-2	crossostephin		桉烷	
157-1	cuauhtemone		桉烷	cuauhtemone 型
171-6	dihydrocallitrisin		桉烷	
92-3	eudesm-11-ene-4a,7b,9b-triol		桉烷	
145-4	granilin	大叶土木香内酯	桉烷	
204-4	irazunolide		桉烷	
171-7	isohelenin		桉烷	
159-5	ivalin		桉烷	
177-12	ivasperin		桉烷	
100-1	kalshinoid A		桉烷	含氮桉烷
195-3	magnolialide		桉烷	桉烷具 C4/C5 双键及 C-1 位羟基结构
75-3	matricolone		桉烷	
115-6	mikacynanchifolide		桉烷	miscandenin 型桉烷
115-4	miscandenin		桉烷	miscandenin 型桉烷
153-2	pterodontic acid		桉烷	
52-16	reynosin		桉烷	
23-6	rhaponticol		桉烷	
125-5	rumicifoline A		桉烷	C_{14} 降桉烷倍半萜
91-2	santamarine		桉烷	
44-2	saussureal		桉烷	A 环缩环重构的桉烷
157-8	selin-11-en-4α-ol		桉烷	
67-4	tanacetin	艾菊素	桉烷	
84-1	teucdiol B		桉烷	
187-2	wedelolide G		桉烷	桉烷型-δ-内酯
187-3	wedelolide H		桉烷	桉烷型-δ-内酯
44-1	α-costol		桉烷	
51-10	β-eudesmol-11-O-β-D-fucopyranoside		桉烷	
68-3	未命名		桉烷	A 环缩环的桉烷型
151-4	helenalanprolineA		桉烷-氨基酸加成物	

化合物编号	化合物英文名称	名称	骨架类型	亚型
151-1	spiroalanfurantone A		桉烷倍半萜-呋喃二聚体	
59-2	*α*-tetrahydrosantonin		桉烷倍半萜-呋喃二聚体	
59-3	novanin		桉烷-吡咯里西啶生物碱二聚体	
151-2	spiroalanpyrroid A		桉烷-吡咯里西啶生物碱二聚体	
151-3	spiroalanpyrroid B		桉烷-吡咯里西啶生物碱二聚体	
44-5	saussureamines A		倍半萜-氨基酸加成物	
163-4	aestivalin		倍半萜-单萜二聚体	
125-12	(5*S*)-5,6,7,7*α*,7*β*,12*β*-hexahydro-3,4,5,11,12*β*-pentamethyl-10-[(3*E*)-pent-3-en-1-yl]-furo[3″,2″:6′,7′]-naphtho [1′,8′: 4,5,6] pyrano [3,2-b] benzofuran-9-ol		倍半萜二聚体	
159-9	anabsinthin		倍半萜二聚体	
165-3	autumnalodilactone A		倍半萜二聚体	桉烷-桉烷二聚体
165-4	autumnalodilactone B		倍半萜二聚体	桉烷-榄烷二聚体
165-5	autumnalodilactone C		倍半萜二聚体	桉烷-榄烷二聚体
159-8	gnapholide		倍半萜二聚体	
52-17	latifolanone A		倍半萜二聚体	
219-1	picrioside A		倍半萜二聚体	以酯链相连的倍半萜二聚体
219-2	picrioside B		倍半萜二聚体	以酯链相连的倍半萜二聚体
177-39	helikaurolide A		倍半萜-二萜二聚体	
177-40	helikaurolide B		倍半萜-二萜二聚体	
177-41	helikaurolide C		倍半萜-二萜二聚体	
177-42	helikaurolide D		倍半萜-二萜二聚体	
145-8	faberidilactone A		倍半萜内酯二聚体	
145-9	faberidilactone B		倍半萜内酯二聚体	
4-8	(−)-Gochnatiolide B		倍半萜内酯二聚体	
114-8	(+)-7,7′-bis[(5*R*,7*R*,9*R*,10*S*)-2-oxocadinan-3,6(11)-dien-12,7-olide]		倍半萜内酯二聚体	
54-5	8*α*-hydroxyxeranthemolide		倍半萜内酯二聚体	
60-28	absinthin		倍半萜内酯二聚体	
53-20	achicollinolide		倍半萜内酯二聚体	
53-21	achillinin B		倍半萜内酯二聚体	
53-22	achillinin C		倍半萜内酯二聚体	
43	artemilinin A		倍半萜内酯二聚体	以酯键连接的伪 SLDs
27	artemyriantholide C		倍半萜内酯二聚体	起源于 DA[4+2]反应
50-12	biatractylenolide		倍半萜内酯二聚体	

化合物编号	化合物英文名称	名称	骨架类型	亚型
50-13	Biatractylenolide Ⅱ		倍半萜内酯二聚体	
50-14	Biepiasterolide		倍半萜内酯二聚体	
35	biliguhodgsonolide		倍半萜内酯二聚体	起源于[2+2]反应
30	carabrodilactone A		倍半萜内酯二聚体	起源于Michael（迈克尔）加成反应
31	carabrodilactone B		倍半萜内酯二聚体	起源于Michael（迈克尔）加成反应
32	carabrodilactone C		倍半萜内酯二聚体	起源于Michael（迈克尔）加成反应
33	carabrodilactone D		倍半萜内酯二聚体	起源于Michael（迈克尔）加成反应
34	carabrodilactone E		倍半萜内酯二聚体	起源于Michael（迈克尔）加成反应
26	Decathielcanolide		倍半萜内酯二聚体	起源于DA[4+2]反应
36	dicarabrone A		倍半萜内酯二聚体	起源于[3+2]反应
37	dicarabrone B		倍半萜内酯二聚体	起源于[3+2]反应
114-7	diguaiaperfolin		倍半萜内酯二聚体	
28	dischkuhriolin		倍半萜内酯二聚体	起源于DA[4+2]反应
53-18	distansolide A		倍半萜内酯二聚体	
53-19	distansolide B		倍半萜内酯二聚体	
38	eremodimer A		倍半萜内酯二聚体	起源于自由基反应
39	eremodimer B		倍半萜内酯二聚体	起源于自由基反应
40	eremodimer C		倍半萜内酯二聚体	起源于自由基反应
2-7	gochnatiolide A		倍半萜内酯二聚体	
2-8	gochnatiolide B		倍半萜内酯二聚体	
2-9	gochnatiolide C		倍半萜内酯二聚体	
56-3	handelin		倍半萜内酯二聚体	
15	japonicone E		倍半萜内酯二聚体	含过氧键
16	japonicone T		倍半萜内酯二聚体	含过氧键
44	lactucains A		倍半萜内酯二聚体	以醚键连接的伪SLDs
45	lactucains B		倍半萜内酯二聚体	以醚键连接的伪SLDs
44-4	lappadilactone		倍半萜内酯二聚体	
165-2	mexicanin F		倍半萜内酯二聚体	降伪愈创木烷型倍半萜内酯二聚体
115-12	mikagoyanolide		倍半萜内酯二聚体	
29	neojaponicone A		倍半萜内酯二聚体	起源于DA[4+2]反应
41	onopordopicrin-valine 二聚体		倍半萜内酯二聚体	氮原子连接的伪SLDs
25	rudbeckiolid		倍半萜内酯二聚体	起源于DA[4+2]反应
9-4	vernodalidimer A		倍半萜内酯二聚体	
9-5	vernodalidimer B		倍半萜内酯二聚体	
42	vlasoulamine A		倍半萜内酯二聚体	氮原子连接的伪SLDs
37-4	vlasoulide A		倍半萜内酯二聚体	C_{17}/C_{15}倍半萜内酯二聚体

化合物编号	化合物英文名称	名称	骨架类型	亚型
37-5	vlasoulide B		倍半萜内酯二聚体	C$_{17}$/C$_{15}$倍半萜内酯二聚体
54-6	xyxeranthemolide		倍半萜内酯二聚体	
68-4	未命名		倍半萜内酯二聚体	愈创木烷-愈创木烷
37-6	vlasoulamine A		倍半萜内酯二聚体生物碱	[3.2.2]cyclazine 型
50	ainsliatetramer A		倍半萜内酯三聚体	倍半萜内酯四聚体
47	ainsliatrimer A		倍半萜内酯三聚体	倍半萜内酯三聚体
2-10	ainsliatrimer A		倍半萜内酯三聚体	
48	ainsliatrimer B		倍半萜内酯三聚体	倍半萜内酯三聚体
2-11	ainsliatrimer B		倍半萜内酯三聚体	
49	iunulajaponicolide A		倍半萜内酯三聚体	倍半萜内酯三聚体
46	lactucains C		倍半萜内酯三聚体	以醚键连接的伪 SLDs
51	ainsliatetramer B		倍半萜内酯四聚体	倍半萜内酯四聚体
53-27	drimachone		倍半萜-香豆素醚二聚体	倍半萜-香豆素醚二聚体
53-26	drimartol B		倍半萜-香豆素醚二聚体	倍半萜-香豆素醚二聚体
60-41	epoxyfarnochrol		倍半萜-香豆素醚二聚体	开链金合欢烯倍半萜香豆素醚
60-40	farnochrol		倍半萜-香豆素醚二聚体	开链金合欢烯倍半萜香豆素醚
53-23	secodrial		倍半萜-香豆素醚二聚体	倍半萜-香豆素醚二聚体
53-24	secodriol		倍半萜-香豆素醚二聚体	倍半萜-香豆素醚二聚体
53-25	tripartol		倍半萜-香豆素醚二聚体	倍半萜-香豆素醚二聚体
60-39	tripartol		倍半萜-香豆素醚二聚体	双环倍半萜香豆素醚
123-3	farfugin A		苯基呋喃型	
60-4	rupestine A		吡啶愈创木烷生物碱	
60-5	rupestine B		吡啶愈创木烷生物碱	
60-6	rupestine C		吡啶愈创木烷生物碱	
60-7	rupestine D		吡啶愈创木烷生物碱	
60-8	rupestine E		吡啶愈创木烷生物碱	
60-9	rupestine F		吡啶愈创木烷生物碱	
60-10	rupestine G		吡啶愈创木烷生物碱	
60-11	rupestine H		吡啶愈创木烷生物碱	
60-12	rupestine I		吡啶愈创木烷生物碱	
60-13	rupestine J		吡啶愈创木烷生物碱	
60-14	rupestine K		吡啶愈创木烷生物碱	
60-15	rupestine L		吡啶愈创木烷生物碱	
60-16	rupestine M		吡啶愈创木烷生物碱	

化合物编号	化合物英文名称	名称	骨架类型	亚型
21	rupestine A		吡啶愈创木烷生物碱	
22	rupestine B		吡啶愈创木烷生物碱	
23	rupestine C		吡啶愈创木烷生物碱	
24	rupestine D		吡啶愈创木烷生物碱	
60-30	4-epimer-seco-tanapartholide A		不规则倍半萜	
54-4	6,7*E*-dehydro-5,6-dihydroan-thecotuloide		不规则倍半萜	
54-3	6,7*Z*-dehydro-5,6-dihydroanthecotuloide		不规则倍半萜	
13	anthecotuloide		不规则倍半萜	
60-29	seco-tanapartholide A		不规则倍半萜	
53-13	tanaphallin		不规则倍半萜	
90-6	10-sesquigeranic acid		不规则倍半萜直链型	
90-7	13-hydroxy-l0-sesquigeranic-1,12-olide		不规则倍半萜直链型	
178-1	acetylivalbatine		苍耳烷	
185-8	diversifolide		苍耳烷	
178-2	ivalbatine		苍耳烷	
188-1	xanthatin		苍耳烷	
15-12	onopordopicrin-valine dimer		刺蓟苦素-缬氨酸的二聚体	
53-14	vomifoliol		单环倍半萜	降碳单环倍半萜
114-6	(+)-(5*R*,7*S*,9*R*,10*S*)-2-oxocadinan-3,6(11)-dien-12,7-olide		杜松烷	呋喃杜松烷型
94-4	10b-hydroxycadin-4-en-15-al		杜松烷	
99-3	10*α*-hydroxycadin-4-en-15-al		杜松烷	
185-6	2-formyl-4-hydroxy-4*α*-methyl-3-(3-oxobutyl) cyclohexaneacetic acid		杜松烷	开环杜松烷
2-3	4-acrylic-6-methyl-*α*-tetralone		杜松烷	
185-7	5-acetoxy-4,5-dihydro-4,10-dihydroxy-5-acetoxyartemisinate		杜松烷	
12-3	5*β*-(2-methylacryloyloxy) spicatocadinanolide		杜松烷	
2-2	ainsliaea acid B		杜松烷	
14	artemisinin	青蒿素	杜松烷	含过氧键
60-26	artemisinin	青蒿素	杜松烷	
171-4	cosmosaldehyde		杜松烷	杜松烷衍生的 15(10→1) abeomuurolane 型
171-3	cosmosoic acid		杜松烷	杜松烷衍生的 15(10→1) abeomuurolane 型
115-9	micornion A		杜松烷	呋喃杜松烷
115-10	micornion B		杜松烷	呋喃杜松烷

化合物编号	化合物英文名称	名称	骨架类型	亚型
115-11	micornion C		杜松烷	呋喃杜松烷
130-6	(3R*,3'R*,3a'S*,5'R*,7'S*,7a'R*)-1',3',3a',4',5',6',7',7a'-octahydro-3'-hydroxy-4,7',7a'-trimethyl-2-oxospiro[furan-3,2'-inden]-5'-yl(2Z)-2-methylbut-2-enoate		蜂斗菜烷	蜂斗菜烷内酯 bakkenolide
118-8	11(12)-epoxide bakkane		蜂斗菜烷	
126-1	1β,10β-epoxy-3α-angeloyloxy-9β-acetoxy-8α,11β-dihydroxybakkenolid		蜂斗菜烷	蜂斗菜烷内酯 bakkenolide
123-4	bakkenolide D		蜂斗菜烷	
125-6	ligulactone A		蜂斗菜烷	蜂斗菜烷内酯 bakkenolide
125-7	ligulactone B		蜂斗菜烷	蜂斗菜烷内酯 bakkenolide
130-7	petatewalide B		蜂斗菜烷	蜂斗菜烷内酯 bakkenolide
100-3	1-patchoulene-4α,7α-diol		广藿香烷	
50-11	1-patchoulene-4α,7α-diol		广藿香烷	
108-8	(+)-和(−)-germacrene D		吉马烷	
115-3	hydroxymikaperiplocolide B		吉马烷	mikanolide 型吉马烷
197-3	taraxinic acid		吉马烷	
155-2	vicolide A		吉马烷	
155-3	vicolide B		吉马烷	
155-4	vicolide C		吉马烷	
155-5	vicolide D		吉马烷	
80-7	(−)-parthenolide	小白菊内酯	吉马烷	
145-7	(2R,4S,5R,6S,8R,9S,2''S)-8-angeloyloxy-4,9-dihydroxy-2,9-epoxy-5-(2-methylbutanoyloxy)germacran-6,12-olide		吉马烷	2,9-半缩醛醚环结构的吉马烷
177-5	(6R*)-(3E,8E)-2-oxo-1,2-secogermcra-l(10),3(4),8(9)-trien-12,6-ohde		吉马烷	吉马烷 1,2-开环的吉马烷型
10-4	1(10),E,4Z,11(13)-germacratrien-12,6-olide-15-oic acid		吉马烷	正常吉马烷
145-1	11(13)-dehydroivaxillin	11(13)-去氢腋生依瓦菊素	吉马烷	
66-3	13-acetoxy-8α-dehydro-11,13-dihydroanhydro-verlotorin		吉马烷	
229-4	14-O-β-D-glucosyl-11,13-dihydro-taraxinic acid		吉马烷	
229-5	14-O-β-D-glucosyl-taraxinic acid		吉马烷	
166-3	15-acetoxy-8β-[(2-methylbutyryloxy)]-14-oxo-4,5-cis-acanthospermolide		吉马烷	吉马烷 acanthospermolide 型

化合物编号	化合物英文名称	名称	骨架类型	亚型
115-8	2α-acetoxy-15-(2-methylbutyryl)-miguanin		吉马烷	9-酮型吉马烷
115-7	2α-acetoxy-15-isovaleryl-miguanin		吉马烷	9-酮型吉马烷
177-3	3-acetylchamissonin		吉马烷	吉马烷 tifruticin-type
7-2	3-epipertilide		吉马烷	吉马烷 pertilide 亚型
212-2	3β,14-dihydroxycostunolide-3-O-β-glycopyranoside		吉马烷	正常吉马烷
53-17	3β-[2-methylbutyroyloxy]-9β-hydroxy-germacra-1(10),4-dienolide		吉马烷	
209-5	3β-14-dihydroxy-11β,13-dihydrocostunolide		吉马烷	正常吉马烷
209-4	3β-hydroxy-11β,13-dihydroacanthospermolide		吉马烷	吉马烷 melampolide 型
213-1	4E,10E-3β,11β-dihydroxygermacra-4(5),10(1)-dien-12,6α- olide		吉马烷	
213-2	4E-1β-hydroperoxy-3β,11β-dihydroxygermacra-4(5),10(14)-dien-12,6α-olide		吉马烷	
177-7	4,15-anhydrohelivypolide		吉马烷	吉马烷 5,10-环醚型
66-5	8α,13-diacetoxy-1α-hydroxygermacro-4E,7(11),9Z-trien 6α,12-olide		吉马烷	
66-4	8α,13-diacetoxy-7,11-dehydro-11,13-dihydroanhydroverlotorin		吉马烷	
166-1	8β-hydroxy-9α-(2-methylbutyryloxy)-14-oxo-acanthospermolide		吉马烷	吉马烷 melampolides 型
177-4	8β-angeloyloxyternifolin		吉马烷	吉马烷分子内无环内双键的大环型
91-3	9β-acetoxycostunolide		吉马烷	
166-2	acanthospermal B		吉马烷	吉马烷 melampolides 型
166-4	acanthostral		吉马烷	吉马烷 acanthospermolide 型
53-6	achillolide A		吉马烷	
6-1	ainsliaside B		吉马烷	吉马烷 melampolide 亚型
39-1	albicolide		吉马烷	
177-2	annuithrin		吉马烷	吉马烷 furanoheliangolide
15-10	centaureolide A		吉马烷	
15-11	centaureolide B		吉马烷	
10-2	centratherin		吉马烷	furanoheliangolide 型
145-5	cernuumolide A		吉马烷	
145-6	cernuumolide E		吉马烷	2,9-半缩醛醚环结构的吉马烷

化合物编号	化合物英文名称	名称	骨架类型	亚型
37-2	costunolide		吉马烷	
11-2	deoxyelephantopin		吉马烷	elephantopus 型
115-1	deoxymikanolide		吉马烷	mikanolide 型吉马烷
4-7	desacyldeoxyelephantopin 2-methylbutyrate		吉马烷	elephantopus-type 吉马烷
12-1	diacetyl piptocarphol		吉马烷	hirsutinolide 型吉马烷
75-4	dihydroridentin		吉马烷	
4-6	espadalide		吉马烷	
7-3	glucopertate		吉马烷	吉马烷 pertilide 亚型
7-4	glucosyl 3α-hydroxypertate		吉马烷	吉马烷 pertilide 亚型
10-1	goyazensolide		吉马烷	furanoheliangolide 型
56-2	hanphyllin		吉马烷	
9-1	hirsutolide		吉马烷	hirsutinolide 型
115-2	hydroxymikaperiplocolide A		吉马烷	mikanolide 型吉马烷
11-3	isodeoxyelephantopin		吉马烷	elephantopus 型
11-6	isoscabertopin		吉马烷	elephantopus 型吉马烷
171-5	isovaleroyloxycostunolide		吉马烷	
39-2	jurineolide		吉马烷	
206-2	lactuside A		吉马烷	
215-3	lactuside B		吉马烷	吉马烷 melampolide 型
221-1	lactuside B	莴苣苷 B	吉马烷	吉马烷 melampolide 型
177-1	leptocarpin		吉马烷	吉马烷 1,10-环氧-4-顺-烯型
10-3	lychnophorolide		吉马烷	furanoheliangolide 型
29-8	onopordopicrin	刺蓟苦素	吉马烷	
42-5	onopornoid D		吉马烷	
39-3	pectorolide		吉马烷	
7-1	pertilide		吉马烷	吉马烷 pertilide 亚型
12-2	piptocarphins A		吉马烷	hirsutinolide 型吉马烷
11-5	scabertopin		吉马烷	elephantopus 型吉马烷
11-1	scabertopinolide A		吉马烷	elephantopus 型
11-4	scabertopinolide G		吉马烷	elephantopus 型
182-7	siegesbeckialide A		吉马烷	吉马烷 melampolides
229-3	sonchuside A		吉马烷	
185-1	tagitinin C		吉马烷	吉马烷
185-2	tagitinin F-3-O-methyl ether		吉马烷	吉马烷 furanoheliangolide 型
179-7	tamaulipin A angelate		吉马烷	
54-2	tanachin		吉马烷	
54-1	tatridin		吉马烷	
140-3	urospermal A		吉马烷	melampolides 型

化合物编号	化合物英文名称	名称	骨架类型	亚型
174-1	uvedalin		吉马烷	吉马烷 melampolide 型
9-6	vercinolide A		吉马烷	vercinolide 型吉马烷
9-7	vernolide A		吉马烷	hirsutinolide 型吉马烷
9-2	vernolides E		吉马烷	hirsutinolide 型吉马烷
9-3	vernolides F		吉马烷	hirsutinolide 型吉马烷
177-6	文献未命名		吉马烷	吉马烷 melampolide 型
37-1	4,8-dioxo-6β-methoxy-7α,11-epoxy carabrane		卡拉布烷	
145-2	carabrone	天名精内酯酮	卡拉布烷	
22-7	carabrone	天名精内酯酮	卡拉布烷	
100-2	pubescone		卡拉布烷	降卡拉布烷 11(7→6)abeo-14-norcarabrane
182-6	pubescone		卡拉布烷	卡拉布烷 11(7→6)abeo-14-norcarabrane
15-8	14-O-acetylathoin		榄烷	
15-9	14-O-acetylathoin-12-oate		榄烷	
2-1	ainsliaea acid A		榄烷	
15-7	athoin		榄烷	
179-6	igalan		榄烷	
42-2	onopornoid A		榄烷	
42-3	onopornoid B		榄烷	
42-4	onopornoid C		榄烷	
189-2	zinagrandinolide A		榄烷	榄烷型-δ-内酯结构
189-3	zinagrandinolide B		榄烷	榄烷型-δ-内酯结构
189-4	zinagrandinolide C		榄烷	榄烷型-δ-内酯结构
51-9	α-elemol-11-O-β-D-fucopyranoside		榄烷	
55-4	farnesene	金合欢烯	链状倍半萜	
75-6	(−)-α-bisabolol		没药烷	
55-1	(−)- ar-curcumene		没药烷	没药烷芳香化
154-2	(1R*,5S*,6S*)-5-(acetyloxy)-6-[3-(acetyloxy)-1,5-dimethylhex-4-enyl]-3-methylcyclohex-2-en-4-on-1-yl(2Z)-2-methyl-but-2-enoate		没药烷	
33-2	(1R,6S,7R)-bisabola-2,10E-dien-1,12-diol		没药烷	
125-1	(8β,10α)-8-(angeloyloxy)-5,10-epoxybisabola-1,3,5,7(14)-tetraene-2,4,11-triol		没药烷	
125-2	(8β,10α)-8-(angeloyloxy)-5,10-epoxythiazolo[5,4-a]bisabola-1,3,5,7(14)-tetraene-4,11-diol		没药烷	

化合物编号	化合物英文名称	名称	骨架类型	亚型
118-1	1β,8-diangeloyloxy-2β-acetoxy-4α-chloro-11-methoxy-3β,10-dihydroxybisabola,7(14)-ene		没药烷	
170-11	5-O-methylperezone		没药烷	没药烷 perezone 型
137-2	8-angeloylxy-3,4-epoxy-bisabola-7(14),10-dien-2-one		没药烷	
55-2	bisabolen-l,4-endoperoxide		没药烷	具过氧键的没药烷型
170-12	coreosenarione		没药烷	没药烷 pipitzol-like 的 cedrane 型
177-27	helibisabonol A		没药烷	芳香化的没药烷型倍半萜
177-28	helibisabonol B		没药烷	芳香化的没药烷型倍半萜
177-29	helibisabonol C		没药烷	芳香化的没药烷型倍半萜
128-2	pararunine C		没药烷	
170-10	perezone		没药烷	没药烷 perezone 型
53-28	santolinoidol		没药烷	
223-12	scorzodivaricin A		没药烷	没药烷 bisabolane 型
55-3	α-bisabolol		没药烷	
3-6	(1R*,2S*,5R*,8S*)-4,4,8-trimethyltricyclo[6.3.1.0^{2,5}]dodecan-1-ol		三环类	
32-1	(1R,2R,5S,8S,9R)-1-hydroxyl-9-acetylcaryolane		三环类	三环 caryolane-type
32-2	(1S,2R,5S,8R,9R)-1-hydroxyl-9-acetylcaryolane		三环类	三环 caryolane-type
3-7	(3S*,3aS*,6R*,7R*,9aS*)-decahydro-1,1,7-trimethyl-3a,7-methano-3aH-cyclopentacyclooctene-3,6-diol		三环类	
154-1	[(1S,2Z,3aS,5aS,6R,8aR)-1,3a,4,5,5a,6,7,8-octahydro-1,3a,6-trimethylcyclopenta[c]pentalen-2-yl]methyl acetate		三环类	silphiperfolene-type 三环
157-6	14-hydroxymodhephene		三环类	三环 modhephene 型
52-12	7-epi-silphiperfol-5-ene		三环类	三环 silphiperfolane 型
132-1	9α-hydroxy-1β-methoxycaryolanol		三环类	石竹烷型三环
138-2	adenocaulone		三环类	distortional 型三环-α,β-不饱和酮
92-5	britanlin		三环类	三环类 isocomene 型
68-2	caryolane 1,9-β-diol		三环类	三环 caryolane 型
68-1	clovanediol		三环类	三环 clovane 型
92-1	dichrocephone A		三环类	三环类 modhephane 型
92-2	dichrocephone B		三环类	三环类 modhephane 型
179-2	lacinan-8-ol		三环类	

化合物 编号	化合物英文名称	名称	骨架类型	亚型
52-13	modhephene		三环类	三环 modhephane 型
130-9	pethybrene		三环类	
179-1	prelacinan-7-ol		三环类	
52-11	presilphiperfol-7(8)-ene		三环类	三环 presilphiperfolane 型
159-4	pulicaral		三环类	三环类 modhephene 型
2-4	yunnanol A		三环类	isodaucane 型三环
52-14	α-isocomene		三环类	三环 isocomane 型
159-3	(−)-methyl pulicaroate		蛇麻烷	蛇麻烯 humulene 型
159-2	(+)-asteriscunolide A		蛇麻烷	蛇麻烯 humulene 型
169-1	rudbeckianone		蛇麻烷	
142-3	(4R,5R)-4,5-dihydroxycaryophyll-8(13)-ene		石竹烷	
159-1	(1S,5Z,9R)-12,14-dihydroxy-caryophylla-2(15),5-dien-7-one		石竹烷	
52-15	caryophyllene epoxide		石竹烷	
74-1	10β-hydroxycaryophyllene		石竹烷	
178-5	guayulin A		双环吉马烷	
178-6	guayulin B		双环吉马烷	
163-2	4,5-seco-neopulchell-5-ene-2-O-acetate		伪愈创木烷	开环的伪愈创木烷
140-2	6α-[hydroxymethyloyloxy]-6-desacyloxy-linearifolin angelate		伪愈创木烷	hearifolin B 型
140-1	9β-isobutyryloxyhelenalin-[4-hydroxymethacrylate]		伪愈创木烷	helenalin 型
205-4	confertin		伪愈创木烷	
92-4	dichrocepholide A		伪愈创木烷	
118-4	graveolide		伪愈创木烷	
163-1	helenalin		伪愈创木烷	
178-3	incanine		伪愈创木烷	
165-1	mexicanin E		伪愈创木烷	降伪愈创木烷型
178-4	parthoxetine		伪愈创木烷	
163-3	pulchello		伪愈创木烷	伪愈创木烷 pseudotwistane 型
179-3	rudbeckolide		伪愈创木烷	
167-1	arrivacins A		伪愈创木烷-生物碱加成物	
167-2	arrivacins B		伪愈创木烷-生物碱加成物	
163-5	pulchellidine		伪愈创木烷-生物碱加成物	
157-4	godotol A		未命名的不常见骨架	
157-5	godotol B		未命名的不常见骨架	
5-3	8β,9-dihydro-onoseriolide		乌药烷	

化合物编号	化合物英文名称	名称	骨架类型	亚型
4-1	decorones A		乌药烷	
4-2	decorones B		乌药烷	
4-3	decorones C		乌药烷	
4-4	decorones D		乌药烷	
50-8	(7R)-3,4-dehydrohi-nesolone-11-O-β-D-glucopyranoside		香根螺烷	
14-5	hinesol	茅术醇	香根螺烷	
14-6	hinesol β-fucopyranoside		香根螺烷	
14-7	hinesol 的一对 1-羟基差向异构化的烯丙基化衍生物		香根螺烷	
14-8	hinesol 的一对 1-羟基差向异构化的烯丙基化衍生物		香根螺烷	
98-2	(−)-spathulenol	(−)-桉油烯醇	香木兰烷	
93-6	4α,10β-aromadendranediol		香木兰烷	
94-1	4β,10β,15-trihydroxy-aromadendrane-10,15-acetonide		香木兰烷	
93-5	5β-H-aromadendrane		香木兰烷	
178-7	guayulin C		香木兰烷	
178-8	guayulin D		香木兰烷	
55-5	spathulenol		香木兰烷	
51-8	viridiflorol-10-O-β-quinovopyranoside-2′-O-(3′-methyl-2′-pentenoate)		香木兰烷	
221-2	(4S)-11-methoxycarbonyl-guaiane-1(10),5(6),7(11),8(9)-tetraen-6,12-olide		愈创木烷	愈创木烷高芳香化
75-5	2α-hydroxyarborescin		愈创木烷	
209-2	lactucopicrin		愈创木烷	愈创木烷 lactucin 型
211-4	lapsanoside C		愈创木烷	
222-3	leucodin		愈创木烷	愈创木烷 lactucin-type
82-2	(+)-ludartin		愈创木烷	
224-2	10β-hydroxycichopumilode		愈创木烷	
25-2	11,13-dihydrodesacylcynaropicrin		愈创木烷	
213-6	11,13β-dihydrolactucin		愈创木烷	愈创木烷 lactucin 型
213-5	11,13β-dihydrolactucopicrin		愈创木烷	愈创木烷 lactucin 型
177-9	11α,13-dihydroxydehidrocostuslactone		愈创木烷	愈创木烷无分子环内双键的 costus 型
216-2	11β,13-dihydro-3-epizaluzanin C		愈创木烷	
209-3	11β,13-dihydrolactucin		愈创木烷	愈创木烷 lactucin 型
22-6	17-O-(p-hydroxyphenyl-ethanol)-centaurepensin		愈创木烷	
57-9	2,12′-bis-hamazulenyl		愈创木烷	薁二聚体
216-1	3α,9α-dihydroxy-11βH-guai-4(15),10(1)-dien-12,6β-lactone		愈创木烷	

化合物编号	化合物英文名称	名称	骨架类型	亚型
231-6	3β-(β-D-glucopyranosyloxy)-4(15),10(14),11(13)-guaiatrien-12,6-olide		愈创木烷	
231-5	3β-(β-D-glucopyranosyloxy)-8α-(4-hydroxyphenyl)acetoxy-4(15),10(14),11(13)-guaiatrien-12,6-olide		愈创木烷	
225-2	3β,8β-dihydroxy-11αH-guaia-4(15),10(14)-diene-12,6α-olide		愈创木烷	
26-4	3β,8α-dihydroxy-13-pyrrolidine-4(15),10(14)-(1αH,5αH,6βH,11βH)-guaiadien-12,6-olide		愈创木烷	
145-3	4-epi-isoinuviscolide		愈创木烷	
155-1	4α,5α-epoxy-10α,14H-1-epi-inuviscolide		愈创木烷	
93-4	4α-hydroxy-10α-methoxy-1β-H,5β-H-guaian-6-ene		愈创木烷	
22-8	4α-hydroxy-10β-hydroperoxyguaia-1,11(13)-dien-12,8β-olide		愈创木烷	
42-1	4β,14-dihydro-3-dehydrozaluzanin C		愈创木烷	
91-1	6-α-hydroxy-4(14),10(15)-guaianolide		愈创木烷	
212-3	8-deoxy-15-(3′-hydroxy-2′-methyl-propanoyl)-lactucin-3′-sulfate		愈创木烷	
39-5	8-desacylrepin		愈创木烷	
197-1	8-epi-deacylcynaropicrin		愈创木烷	
207-4	8-epidesacylcynaropicrin-3-O-β-glucopyranoside		愈创木烷	愈创木烷 costus lactone-type
194-1	8-O-acetyl-15-β-D-glucopyranosyllactucin		愈创木烷	愈创木烷 lactucin 型
195-2	8-O-methylsenecioylaustricin		愈创木烷	愈创木烷 lactucin 型
221-3	8-α-acetoxy-15β-O-β-D-glucopyranosyl-guaia-1(10),3(4)-diene-2-one-6,12-olide		愈创木烷	愈创木烷 lactucin-type
38-3	8α-acetoxyzaluzanin C		愈创木烷	
53-15	8α-angeloxy-2β,10β-dihydroxy-4β-methoxymethyl-2,4-epoxy-6βH,7αH,11β-1(5)-guaien-12,6α-olide		愈创木烷	2,3-开环的愈创木烷半缩醛
177-8	8β-angeloyloxycumambranolide		愈创木烷	愈创木烷含一个环内双键的 10α-hydroxy-Δ3,4-guaian-12,6-olides 型
207-2	8β-hydroxy-4β,15-dihydrozaluzanin C		愈创木烷	愈创木烷 costus lactone-type
185-3	8β-isobutyryloxycumambranolide		愈创木烷	
53-10	achicretin 2		愈创木烷	
23-2	acroptilin		愈创木烷	

434

化合物编号	化合物英文名称	名称	骨架类型	亚型
26-2	acroptilin		愈创木烷	
33-1	aguerin A		愈创木烷	
35-2	aguerin B		愈创木烷	
38-2	aguerin B		愈创木烷	
2-6	ainsliadimer B		愈创木烷	
33-3	aitchisonolide		愈创木烷	
13-3	amberbin A		愈创木烷	
13-2	amberbin B		愈创木烷	愈创木烷型
13-4	amberbin C		愈创木烷	
13-1	amberin		愈创木烷	
50-6	atractyloside A		愈创木烷	
50-7	atractyloside B		愈创木烷	
142-1	blumeaene A		愈创木烷	
23-1	centaurepensin		愈创木烷	
75-7	chamazulene	1,4-二甲基-7-乙基薁	愈创木烷	薁类化合物(愈创木烷)
23-5	chlorojanerin		愈创木烷	
56-1	chrysartemin B		愈创木烷	
211-1	crepiside E		愈创木烷	
16-2	cynaropicrin		愈创木烷	
25-1	cynaropicrin		愈创木烷	
44-8	cynaropicrin		愈创木烷	
229-1	deacetylmatricarin 8-*O*-β-D-glucopyranoside		愈创木烷	愈创木烷 lactucin-lactone-type
37-3	dehydrocostus lactone		愈创木烷	
2-5	dehydrozaluzanin C		愈创木烷	
185-5	diversifolol		愈创木烷	桉烷骨架重排的未内酯化的桉烷型
17	eupachlorin		愈创木烷	氯化的愈创木烷
18	eupachlorin acetate		愈创木烷	氯化的愈创木烷
19	eupachloroxin		愈创木烷	氯化的愈创木烷
7-5	glucozaluzanin C		愈创木烷	
231-4	grosheimin		愈创木烷	
35-1	grosheimin		愈创木烷	
16-1	grosshemin		愈创木烷	
38-1	hemistepsin		愈创木烷	
205-1	hypocretenolide		愈创木烷	愈创木烷 12(5)-内酯结构的 hypocretenolide 型
207-3	integrifolin		愈创木烷	愈创木烷 costus lactone-type
155-6	inuviscolide		愈创木烷	

化合物编号	化合物英文名称	名称	骨架类型	亚型
206-1	isoleucilactucin		愈创木烷	愈创木烷 lactucin 型
229-2	ixerin D		愈创木烷	愈创木烷 costus lactone-type
192-1	ixerin F		愈创木烷	
215-1	jacquilenin		愈创木烷	愈创木烷 lactucin 型
39-4	janerin		愈创木烷	
159-6	lacitemzine		愈创木烷	重排的愈创木烷
195-1	lactucin		愈创木烷	愈创木烷 lactucin 型
209-1	lactucin		愈创木烷	愈创木烷 lactucin 型
213-3	lactucin-8-*O*-*p*-methoxyphenyl acetate		愈创木烷	愈创木烷 lactucin 型
213-4	lactucopicrin		愈创木烷	愈创木烷 lactucin 型
196-1	lanceocrepidiaside A		愈创木烷	
196-2	lanceocrepidiaside B		愈创木烷	
44-3	lappalone		愈创木烷	
211-2	lapsanoside A		愈创木烷	
211-3	lapsanoside B		愈创木烷	
177-11	malaphyllidin		愈创木烷	愈创木烷高不饱和度的愈创木烷型
215-4	notoserolide C		愈创木烷	愈创木烷 lactucin 型
212-1	nudicholoid		愈创木烷	愈创木烷 lactucin 型
26-3	picrolide A		愈创木烷	
220-3	prenanthelide A		愈创木烷	
220-4	prenantheside A		愈创木烷	
220-5	prenantheside B		愈创木烷	
220-6	prenantheside C		愈创木烷	
159-7	pulicazine		愈创木烷	重排的愈创木烷
26-1	repin		愈创木烷	
23-3	rhaposerine		愈创木烷	
23-4	rhaserolide		愈创木烷	
223-7	scorzonerin		愈创木烷	愈创木烷 lactucin-type
215-2	scorzoside		愈创木烷	愈创木烷 lactucin 型
182-5	siegesorienolide A		愈创木烷	
223-11	sulfoscorzonin B		愈创木烷	硫酸酯化的吡啶愈创木烷型内盐生物碱化合物
223-8	sulfoscorzonin C		愈创木烷	硫酸酯化的吡咯烷愈创木烷型内盐生物碱化合物
223-9	sulfoscorzonin D		愈创木烷	硫酸酯化的吡咯烷愈创木烷型内盐生物碱化合物
223-10	sulfoscorzonin E		愈创木烷	硫酸酯化的吡咯烷愈创木烷型内盐生物碱化合物

化合物编号	化合物英文名称	名称	骨架类型	亚型
197-2	tectoroside		愈创木烷	
231-1	youngiaside A		愈创木烷	
231-2	youngiaside B		愈创木烷	
231-3	youngiaside C		愈创木烷	
60-27	α-santonin	α-山道年	愈创木烷	
177-10	文献未命名		愈创木烷	愈创木烷 lactucin-like 型（双子内有两个环内双键）
205-3	文献未命名		愈创木烷	
44-11	involucratin	大苞雪莲碱	愈创木烷-氨基酸的加成物	
204-5	calophyllamine A		愈创木烷-脯氨酸加成物	
48-3	6,7E-dehydrovernopolyanlyanthofuran		直链型	呋喃型链状
48-1	7-hydroxy-vernopolyanlyanthofuran		直链型	呋喃型链状
113-5	nerolidol	橙花叔醇	直链型	
48-2	vernopolyanlyanthofuran		直链型	呋喃型链状

表 A2 二萜化合物

化合物编号	化合物英文名称	名称	骨架类型	亚型
177-39	helikaurolide A		倍半萜-二萜二聚体	
177-40	helikaurolide B		倍半萜-二萜二聚体	
177-41	helikaurolide C		倍半萜-二萜二聚体	
177-42	helikaurolide D		倍半萜-二萜二聚体	
90-5	12-hydroxystrictic acid		二萜	A/B 环开环的克罗登烷型
104-3	8-acetoxyisochiliolide lactone		二萜	A 环重排的克罗烷型
151-6	ferruginol		二萜	C 环芳香化的松香烷
187-1	beyer-15-en-19-oic acid		二萜	ent-beyerenes 型
94-6	ent-manool-13-O-α-L-4-acetylarabinopyra4β,10β,15-trihydroxy-aromadendrane-10,15-acetonide noside		二萜	ent-manool
54	ent-8S,12S-epoxy-7R,16-dihydroxyhalima-5(10),13-dien-15,16-olide		二萜	halimane 型
23-7	diosbulbin-B		二萜	halimane 型
60	strobol A		二萜	Strobane 烷型
61	strobol B		二萜	Strobane 烷型
53	ent-12R,16-dihydroxylabda-7,13-dien-15,16-olide		二萜	半日花烷（labdane）型

化合物编号	化合物英文名称	名称	骨架类型	亚型
117-3	8α,19-dihydroxylabd-13E-en-15-oic acid		二萜	半日花烷 labdane
117-4	13,14,15,16-tetranorlabdane-8α,12,14-triol		二萜	半日花烷 labdane
117-5	crassoside A		二萜	半日花烷 labdane
142-8	austroinulin		二萜	半日花烷 labdane
94-7	erigerol		二萜	半日花烷 labdane
96-6	8,15-dihydroxy-13E-labdane		二萜	半日花烷 labdane
99-6	labda-12,14-dien-6β,7α,8β,17-etraol		二萜	半日花烷 labdane
84-7	(13R)-labda-7,14-diene 13-O-β-D-(4'-O-acetyl) fucopyranoside		二萜	半日花烷型
113-7	15,16-dihydroxy-ent-labda-7,13-diene-15-oic acid lacton		二萜	半日花烷型 labdane
90-3	13,17-dihydroxy-labda-8,l4-diene-17-O-xylopyranoside		二萜	半日花烷型 labdane
90-4	conycephaloide		二萜	半日花烷型 labdane
60-42	12-epi-eupalmerone		二萜	单环二萜
150-3	(−)-kaur-l6-ene-3α,l9-diol		二萜	对映贝壳杉烷
182-2	ent-18-acetoxy-17-hydroxy-16βH-kauran-19-oic acid		二萜	对映贝壳杉烷
62	stevioside	甜菊苷	二萜	对映贝壳杉烷 ent-kaurane 型
4-5	decorene A		二萜	对映贝壳杉烷 ent-kaurane 型
5-1	noueloside F		二萜	对映贝壳杉烷 ent-kaurane 型
5-2	ent-11α-hydroxy-15-oxokaur-16-en-19-oic acid		二萜	对映贝壳杉烷 ent-kaurane 型
9-11	16α,17-acetonide-3α- hydroxykauran		二萜	对映贝壳杉烷 ent-kaurane 型
112-2	ent-11α-hydroxy-15-oxo-kaur-16-en-19-oic acid		二萜	对映贝壳杉烷型
115-13	ent-kaura-9(11),16-dien-19-oic acid		二萜	对映贝壳杉烷型
120-3	doronicoside D		二萜	对映贝壳杉烷型
149-3	sylviside		二萜	对映贝壳杉烷型
154-5	leontopodiosides F		二萜	对映贝壳杉烷型
159-11	pulicarside		二萜	对映贝壳杉烷型
159-12	ent-16,17-dihydroxy-(−)-kauran-19-oic acid		二萜	对映贝壳杉烷型
188-4	atractyloside		二萜	对映贝壳杉烷型
188-5	carboxyatractyloside		二萜	对映贝壳杉烷型
149-4	ent-pimar-15-ene-3α,8α-diol		二萜	对映海松烷
182-1	ent-3α,7β,15,16-tetrahydroxypimar-8(14)-ene		二萜	对映海松烷
182-3	ent-14β,16-epoxy-8-pimarene-2α,15α,19-triol		二萜	对映海松烷
182-4	kirenol		二萜	对映海松烷
99-5	8-epirhynchosperin A		二萜	对映克罗登烷

化合物编号	化合物英文名称	名称	骨架类型	亚型
117-6	ent-2β,18,19-trihydroxycleroda-3,13-dien-16,15-olide		二萜	对映-克罗烷 ent-clerodane
107-1	rhynchosperin A		二萜	对映克罗烷 ent-clerodane 型
107-2	rhynchosperin B		二萜	对映克罗烷 ent-clerodane 型
107-3	rhynchosperin C		二萜	对映克罗烷 ent-clerodane 型
107-4	rhynchospermoside A		二萜	对映克罗烷 ent-clerodane 型
107-5	rhynchospermoside B		二萜	对映克罗烷 ent-clerodane 型
108-2	solidagocanins B		二萜	对映克罗烷 ent-clerodane 型
108-3	solidagocanins A		二萜	对映克罗烷 ent-clerodane 型
93-1	4,4,8,11β-tetramethyl-2,3,4,4α,5,6,6α,7,-10α,11,11α,11β-dodecahydro-1H,9H-6α:7,10α:11-diepoxyphenanthro[3,2-b]furan-9-one		二萜	对映松香烷 ent-abietane 型
95-1	5S,8R,9R,10R,12S-15,16-epoxy-3,13(16),14-neoclerodatrien-17,12:18,19-diolide		二萜	呋喃克罗登烷型
96-1	ent-l5,16-epoxy-1,3,13(16),14-clerodatraen- 18-oic acid		二萜	呋喃克罗登烷型
96-2	gramaderin A		二萜	呋喃克罗登烷型
96-3	gramaderin C		二萜	呋喃克罗登烷型
96-4	gramaderin B		二萜	呋喃克罗登烷型
96-5	gramaderin D		二萜	呋喃克罗登烷型
98-4	(5R,6S,8aS)-5-[2-(3-furyl) ethyl-5,6,8α-trimethyl-4α,5,6,7,8,8α-hexahydro-1-naphthalenecarboxylic acid]		二萜	呋喃克罗登烷型
58	19-hydroxy-15-devinyl-ent-pimar-8,11,13-triene-2,7-dione		二萜	海松烷 pimarane 型
113-8	开环的对映贝壳杉烷型 scco-kaurene 二萜		二萜	开环的对映贝壳杉烷 scco-kaurene 型
92-6	dichrocephnoid A		二萜	克罗登烷 clerodane 型
84-8	18,19-dihydroxy-5α,10β-neo-cleroda-3,13 (14)-dien-16,15-olide		二萜	克罗登烷型
55	kingidiol		二萜	克罗烷（clerodane）型
56	conyzic acid		二萜	克罗烷（clerodane）型
104-1	6β-(2-methylbut-2(Z)-enoyl)-3α,4α,15,16-bis-epoxy-8β,10βH-ent-cleroda-13(16),14-dien-20,12-olide		二萜	克罗烷型
181-1	18,19-dihydroxy-5α,10β-neo-cleroda-3,13(14) dien-16,15-butenolide (soulidiol)		二萜	克罗烷型
181-5	shearerin A		二萜	克罗烷型
181-6	shearerinside A		二萜	克罗烷型
181-7	15,16,17-trihydroxyneo-clerodan-3,13-(Z)-dien-4-formyl		二萜	克罗烷型

化合物编号	化合物英文名称	名称	骨架类型	亚型
64-3	phytol		二萜	链状
140-4	1,2-dihydroxy-11,15-epoxyphyt-3(20)-ene		二萜	链状二萜
166-5	acanthoaustralide-1-*O*-acetate		二萜	链状内酯
59	3β,19-diacetoxy-jesromotetrol		二萜	玫瑰烷 rosane 型
150-4	(+)-stach-15-ene-3α,19-diol		二萜	四环 stachene 型
57	18-hydroxyabieta-7,13(14)-diene		二萜	松香烷 abietane 型
151-5	acetoxyroyleanone		二萜	松香烷 royleanones
112-1	ent-1β-hydroxyabieta-8,15(17)-dien-11α,13α- olide-19-oic acid		二萜	松香烷型 abietane
115-14	17-hydroxyjolkinolide A		二萜	松香烷型 abietane
52	tomexanthin		二萜	无环链状
90-2	(*E,E*)-inconyzic A acid		二萜	无环直链型
181-2	sheareria A		二萜	新克罗烷型
181-3	sheareria B		二萜	新克罗烷型
181-4	sheareria C		二萜	新克罗烷型
108-1	tricyclosolidagolacton		二萜	新颖骨架的三环二萜
63	methyl-9,11-dehydrotrachylobanoate		二萜	映绰奇烷 trachylobane 型
104-2	microglossic acid		二萜	直链型
99-4	heteroplexisolide A		二萜	直链型
84-6	lingulatusin		二萜	直线型
159-13	15β,15′β-oxybis (ent-kaur-16-en-19-oic acid)		二萜二聚体	
85-7	nephthenol 15-*O*-β-D-quinovoside		二萜苷化合物	cembrane 烷型
64	artekorine		二萜生物碱	牛扁碱型
65	6-ketoartekorine		二萜生物碱	牛扁碱型
57-1	lappaconitine		二萜生物碱	牛扁碱型
60-17	artekorine		二萜生物碱	牛扁碱型
60-18	6-ketoartekorine		二萜生物碱	牛扁碱型
60-19	lappaconitine		二萜生物碱	牛扁碱型
84-13	indaconitine	印乌头碱	二萜生物碱	牛扁碱型
66	dehydroabietylamine		二萜生物碱	松香烷型

表 A3　三萜化合物

化合物编号	化合物英文名称	名称	骨架类型	亚型
130-12	bauer-7-ene-3b,16a- diol		三萜	bauerane 型
7-7	(24*S*) 3β 甲氧基-24-甲基羊毛甾烷-9(11),25-二烯		三萜	C$_{31}$ 的四环三萜羊毛甾烷
7-6	*O*-methyl pertyol		三萜	C$_{33}$ 的四环三萜羊毛甾烷
207-8	ixerenol		三萜	ixerane 型

化合物编号	化合物英文名称	名称	骨架类型	亚型
229-8	faradiol		三萜	ψ-蒲公英甾醇 ψ-taraxasterol 型
178-10	16-deoxyargentatin A		三萜	环阿屯型
178-9	argentatin A		三萜	环阿屯型
13-5	(22R)-cycloart-20,25-dien-2α,3β,22α-triol		三萜	环阿屯型 cycloartane
69	officinatrione		三萜	开环羽扇豆烷型
94-8	friedelin		三萜	木栓烷
229-7	arnidiol		三萜	蒲公英甾醇 taraxasterol
68	scaberoside B₇		三萜	齐墩果酸型
67	tragopogonsaponin A		三萜	齐墩果烷型
114-17	eupatoric acid		三萜	齐墩果烷型
173-1	echinocystic acid		三萜	齐墩果烷型
173-2	eclalbasaponin II		三萜	齐墩果烷型
173-3	eclalbasaponin VI		三萜	齐墩果烷型
108-10	virgaureasaponin 2		三萜	齐墩果烷型 oleanane 皂苷
108-9	virgaureasaponin 1		三萜	齐墩果烷型 oleanane 皂苷
223-14	20(R)-3β,21-dihydroxy-24(31)-methylene-dammarane		三萜	四环达玛烷
223-13	scorzodivaricin B		三萜	四环甘遂烷 tirucallane
208-1	C:D seco (8→14) urso-8(26),12(13)-dien-3β-ol		三萜	乌苏烷 C/D 环开环与降碳
208-2	C:D seco (8→14) urso-8(26),13(14)-dien-3β-ol		三萜	乌苏烷 C/D 环开环与降碳
208-3	C:D seco (8→14),27 nor-urso-12-ene-3β-20α-diol		三萜	乌苏烷 C/D 环开环与降碳
213-9	ursane-20-ene-3β,22α-diol		三萜	乌苏烷型
219-10	gammacer-16-en-3α-ol		三萜	五环锯齿石松烷 gammacerane 型
219-11	gammacer-16-en-3-one		三萜	五环锯齿石松烷 gammacerane 型
219-8	gammacer-16-en-3β-yl acetate		三萜	五环锯齿石松烷 gammacerane 型
219-9	gammacer-16-en-3β-ol		三萜	五环锯齿石松烷 gammacerane 型
219-12	pichierenyl acetate		三萜	五环毛连菜烷型 pichierane
219-13	pichierenone		三萜	五环毛连菜烷型 pichierane
219-14	isopichierenyl acetate		三萜	五环毛连菜烷型 pichierane
219-15	isopichierenol		三萜	五环毛连菜烷型 pichierane
219-16	seertenyl acetate		三萜	五环毛连菜烷型 pichierane
213-7	lanost-9(11),23Z(24)-diene-3β,25-diol		三萜	羊毛甾烷型三萜
213-8	lanost-9(11),25-diene-3β,24β-diol		三萜	羊毛甾烷型三萜
155-7	epilupeol	羽扇豆醇	三萜	羽扇豆烷
155-8	epilupeol 的乙酸酯		三萜	羽扇豆烷
229-10	文献未命名		三萜	羽扇豆烷型 seco-lupane 的 D/E 开环
229-9	officinatrione		三萜	羽扇豆烷型 seco-lupane 的 D/E 开环

续表

化合物编号	化合物英文名称	名称	骨架类型	亚型
70	shionone	紫菀酮	三萜	紫菀酮型
173-4	dasyscyphin C		三萜	
207-5	ixeris saponin A		三萜	
207-6	ixeris saponin B		三萜	
207-7	ixeris saponin C		三萜	
51-6	faradiol myristic ester		三萜	
51-7	faradiol palmitic ester		三萜	
84-5	shionone	紫菀酮 shionone	三萜苷元	紫菀酮型
2-12	25,26,27-trinorcucurbita-5-ene-3β,24-diol		三萜化合物	三降 cucurbitane 型
2-13	24,25,26,27-tetranorcucurbita-5-ene-3β,23-diol		三萜化合物	四降 cucurbitane 型
86-1	perennisaponin A		三萜皂苷	齐墩果烷
85-8	medicoside H		三萜皂苷	齐墩果烷型
90-1	conyzasaponins A		三萜皂苷	齐墩果烷型
35-3	cynarasaponin A		三萜皂苷	
35-4	cynarasaponin B		三萜皂苷	
84-3	asterbatanoside D		三萜皂苷	
84-4	asterbatanoside E		三萜皂苷	

表 A4 单萜化合物

化合物编号	化合物英文名称	名称	骨架类型	亚型
163-4	aestivalin		倍半萜-单萜二聚体	
114-14	(1α,6α,7α)-8-hydroxy-2-carene-10-oic acid		单萜	carene-type
114-15	(1α,6α)-10-hydroxy-3-carene-2-one		单萜	carene-type
114-16	(−)-isochaminic acid		单萜	carene-type
153-1	2,5-dimethoxy-p-cymene		单萜	百里香酚
2	9-acetoxy-7-isobutyryloxy-8,10-dihydro-8,10-epoxythymol-angelate		单萜	百里香酚 thymol
3	Z-3-Chloro-2-(2-hydroxy-4-methyl-5-methoxyphenyl)-prop-2-en-1-yl-acetate		单萜	百里香酚 thymol
4	2-acetyl-7-tigloyloxy-isothymol		单萜	百里香酚 thymol
5	eupafortin A		单萜	百里香酚 thymol 单萜骨架重排产物
6	eupafortin B		单萜	百里香酚 thymol 单萜骨架重排产物
114-1	eupafortin A		单萜	百里香酚型
114-2	eupafortin B		单萜	百里香酚型
120-4	thymyl angelate		单萜	百里香酚型

化合物编号	化合物英文名称	名称	骨架类型	亚型
120-5	10-isobutyryloxy-8,9-epoxythymyl angelate		单萜	百里香酚型
142-7	carvotanacetone	艾菊酮	单萜	薄荷烷
231-9	menthol		单萜	薄荷烷
60-35	7-hydroxyterpineol		单萜	薄荷烷型
10	3-hydroxy-2,2,6-trimethyl-6-vinyl-tetrahydropyran		单萜	吡喃单萜
11	3-hydroxy-2,2,6-trimethyl-6-vinyl-tetrahydropyran 的酰化产物		单萜	吡喃单萜
12	3-hydroxy-2,2,6-trimethyl-7-vinyl-tetrahydropyran 的氧化产物		单萜	吡喃单萜
57-3	3-hydroxy-2,2,6-trimethyl-6-vinyl-tetrahydropyran		单萜	吡喃型单萜
57-4	3-hydroxy-2,2,6-trimethyl-7-vinyl-tetrahydropyran 的酰化衍生物		单萜	吡喃型单萜
57-5	3-hydroxy-2,2,6-trimethyl-8-vinyl-tetrahydropyran 的氧化衍生物		单萜	吡喃型单萜
60-36	2,2-dimethyl-6-isopropenyl-2H-pyran		单萜	吡喃型单萜
60-37	2,3-dimethyl-6-isopropyl-4H-pyran		单萜	吡喃型单萜
1	artemisia ketone	蒿酮	单萜	不规则单萜-蒿烷型
60-31	chrysanthemol		单萜	不规则单萜菊烷型 chrysanthemane 型
60-32	chrysanthemol 的氧化衍生物		单萜	不规则单萜菊烷型 chrysanthemane 型
80-1	pyrethrin I		单萜	不规则单萜菊烷型 chrysanthemane 型
80-2	pyrethrin II		单萜	不规则单萜菊烷型 chrysanthemane 型
80-3	cinerin I		单萜	不规则单萜菊烷型 chrysanthemane 型
80-4	cinerin II		单萜	不规则单萜菊烷型 chrysanthemane 型
80-5	jasmolin I		单萜	不规则单萜菊烷型 chrysanthemane 型
80-6	jasmolin II		单萜	不规则单萜菊烷型 chrysanthemane 型
53-1	6-oxo-8-hydroxy-santolina-1,4-diene		单萜	不规则单萜香棉菊烷 santolinane
53-2	4,5,8-trihydroxy-santolin-1-ene		单萜	不规则单萜香棉菊烷 santolinane
53-3	5,8-epoxy-4,6-dihydroxy-santolin-1-ene		单萜	不规则单萜香棉菊烷 santolinane
53-4			单萜	不规则单萜香棉菊烷 santolinane
53-5	peroxyachipendole		单萜	不规则单萜香棉菊烷 santolinane
60-33	methyl santolinat		单萜	不规则单萜香棉菊烷 santolinane 型

化合物编号	化合物英文名称	名称	骨架类型	亚型
60-34	santolina triene		单萜	不规则单萜香棉菊烷 santolinane 型
75-1	chamolol		单萜	不规则单萜香棉菊烷 santolinane 型
75-2	chamolol 的四乙酰化合物		单萜	不规则单萜香棉菊烷 santolinane 型
91-4	lyratol		单萜	不规则单萜香棉菊烷 santolinane 型
77-1	1,8-cineole		单萜	单环
84-12	8-*epi*-mussaenoside		单萜	环烯醚萜
9	gentiopicroside	龙胆苦苷	单萜	环烯醚萜单萜苷
60-38	1,5-octadien-3-hydroxy-3-methyl-7-one		单萜	降一个碳的单萜化合物
7	camphor	樟脑	单萜	莰烷型
8	l-(−)-borneol	左旋龙脑（冰片）	单萜	莰烷型
225-1	(1*R*,4*R*,5*R*)-5-benzoyloxybornan-2-one-5-*O*-β-D-glucopyronoside		单萜	莰烷型
160-1	3,5-diangeloyloxy-7-hydroxycarvotacetone		单萜	香芹酮衍生物 carvotacetones
160-2	3-angeloyloxy-5-[2″*S*,3″*R*-dihydroxy-2″-methyl-butanoyloxy]-7-hydroxycarvotacetone		单萜	香芹酮衍生物 carvotacetones
160-3	3-acetoxy-5,7-dihydroxycarvotacetone		单萜	香芹酮衍生物 carvotacetones
131-22	senarguine A		单萜	
172-8	cosmene	波斯菊萜	单萜	
84-10	shionoside A		单萜	
84-11	shionoside B		单萜	
84-9	6,7-dthydroxy-6,7-dihydro-*cis*-ocimene		单萜	
64-4	8-hydroxylinalol 8-*O*-β-D-glucopyranoside		单萜苷	链状
93-2	(3*S*)-3-*O*-(39,49-Diangeloyl-β-D-glucopyranosyloxy)-7-hydroperoxy-3,7-dimethylocta- 1,5-diene		单萜苷	
93-3	(3*S*)-3-*O*-(39,49-Diangeloyl-β-D-glucopyranosyloxy)-6-hydroperoxy-3,7-dimethylocta-1,7-diene		单萜苷	

表 A5 生物碱化合物

化合物编号	化合物英文名称	名称	骨架类型	亚型
21	rupestine A		倍半萜生物碱	吡啶愈创木烷型
22	rupestine B		倍半萜生物碱	吡啶愈创木烷型
23	rupestine C		倍半萜生物碱	吡啶愈创木烷型
24	rupestine D		倍半萜生物碱	吡啶愈创木烷型
60-10	rupestine G		倍半萜生物碱	吡啶愈创木烷型
60-11	rupestine H		倍半萜生物碱	吡啶愈创木烷型
60-12	rupestine I		倍半萜生物碱	吡啶愈创木烷型
60-13	rupestine J		倍半萜生物碱	吡啶愈创木烷型
60-14	rupestine K		倍半萜生物碱	吡啶愈创木烷型
60-15	rupestine L		倍半萜生物碱	吡啶愈创木烷型
60-16	rupestine M		倍半萜生物碱	吡啶愈创木烷型
60-4	rupestine A		倍半萜生物碱	吡啶愈创木烷型
60-5	rupestine B		倍半萜生物碱	吡啶愈创木烷型
60-6	rupestine C		倍半萜生物碱	吡啶愈创木烷型
60-7	rupestine D		倍半萜生物碱	吡啶愈创木烷型
60-8	rupestine E		倍半萜生物碱	吡啶愈创木烷型
60-9	rupestine F		倍半萜生物碱	吡啶愈创木烷型
64	artekorine		二萜生物碱	牛扁碱型
65	6-ketoartekorine		二萜生物碱	牛扁碱型
57-1	lappaconitine		二萜生物碱	牛扁碱型
60-17	artekorine		二萜生物碱	牛扁碱型
60-18	6-ketoartekorine		二萜生物碱	牛扁碱型
60-19	lappaconitine		二萜生物碱	牛扁碱型
84-13	indaconitine	印乌头碱	二萜生物碱	牛扁碱型
66	dehydroabietylamine		二萜生物碱	松香烷型
14-4	dehydroabietylamine		二萜生物碱	松香烷型
169	subfraction Ⅰ		环肽生物碱	
170	subfractions Ⅱ		环肽生物碱	
60-21	ficine	榕碱	黄酮生物碱	
60-22	isoficin	异榕碱	黄酮生物碱	
66-1	cotuzine A		生物碱	3-benzazocine 骨架的生物碱
66-2	cotuzine B		生物碱	4-benzazocine 骨架的生物碱
85	*N*-[2-(5-hydroxy-1*H*-indol-3-yl) ethyl] ferulamide		生物碱	5-羟色胺衍生物
14-1	*N*-[2-(5-hydroxy-1*H*-indol-3-yl) ethyl] ferulamide		生物碱	5-羟色胺衍生物

化合物 编号	化合物英文名称	名称	骨架类型	亚型
14-2	N-[2-[3'-[2-(p-coumaramido) ethyl]-5,5'-dihydroxy-4,4'-bi-1H- indol-3-yl]ethyl]-ferulamide		生物碱	5-羟色胺衍生物
15-3	moschamindole		生物碱	5-羟色胺衍生物
15-4	moschamindolol		生物碱	5-羟色胺衍生物
15-6	schischkiniin		生物碱	5-羟色胺衍生物
75	erucifoline		生物碱	吡咯里西啶类生物碱 Pyrrolizidine alkaloids
76	echinatine		生物碱	吡咯里西啶类生物碱 Pyrrolizidine alkaloids
32-4	O-acetyljacoline 和 heliotridane		生物碱	吡咯里西啶类生物碱 Pyrrolizidine alkaloids
32-5	1-N-(p-coumaroyl)pipecolic acid		生物碱	吡咯里西啶类生物碱 Pyrrolizidine alkaloids
113-3	lycopsamine		生物碱	吡咯里西啶生物碱
113-4	echinatine		生物碱	吡咯里西啶生物碱
114-10	isotussilagin		生物碱	吡咯里西啶生物碱
114-11	supinine		生物碱	吡咯里西啶生物碱
114-12	rinderine		生物碱	吡咯里西啶生物碱
114-13	O-7-acetylrinderine		生物碱	吡咯里西啶生物碱
114-9	tussilagin		生物碱	吡咯里西啶生物碱
125-13	1-[(β-D-glucopyranosyloxy) methyl]-5,6-dihydropyrrolizin-7- one		生物碱	吡咯里西啶生物碱
125-14	1-formyl-5,6-dihydropyrrolizin- 7-one		生物碱	吡咯里西啶生物碱
125-15	12-O-acetylyamataimine		生物碱	吡咯里西啶生物碱
128-7	yamataimine		生物碱	吡咯里西啶生物碱
128-8	integerrimine		生物碱	吡咯里西啶生物碱
134-1	syneilesine		生物碱	吡咯里西啶生物碱
134-2	acetylsyneilesine		生物碱	吡咯里西啶生物碱
136-1	otosenine		生物碱	吡咯里西啶生物碱
136-2	hydroxysenkirkine		生物碱	吡咯里西啶生物碱
136-3	O-7-angeloylheliotridine		生物碱	吡咯里西啶生物碱
136-4	thesinine-4'-O-α-L-rhamnoside		生物碱	吡咯里西啶生物碱
60-20	usaramine		生物碱	吡咯里西啶生物碱
121-4	emiline		生物碱	吡咯里西啶生物碱 bicyclo- [2.2.2]-oct-5-one ring 和 1 个 pyrrolidine 结构
131-12	callosine		生物碱	吡咯里西啶生物碱 C-3 位具烷基 取代的 PAs
131-4	monocrotaline-type		生物碱	吡咯里西啶生物碱 monocrotaline-type

化合物编号	化合物英文名称	名称	骨架类型	亚型
121-2	doronine		生物碱	吡咯里西啶生物碱 otonecine 型
121-3	emiline		生物碱	吡咯里西啶生物碱 otonecine 型
130-1	petasitenine (fukinotoxine)		生物碱	吡咯里西啶生物碱 otonecine 型
130-2	neopetasitenine		生物碱	吡咯里西啶生物碱 otonecine 型
130-3	secopetasitenine		生物碱	吡咯里西啶生物碱 otonecine 型
131-7	otonecine		生物碱	吡咯里西啶生物碱 otonecine 型
131-6	platynecine		生物碱	吡咯里西啶生物碱 platynecine 型
124-1	seneciphylline		生物碱	吡咯里西啶生物碱 retronecine 型
124-2	seneciphylline 的 NO 化物		生物碱	吡咯里西啶生物碱 retronecine 型
131-5	retronecine		生物碱	吡咯里西啶生物碱 retronecine 型
131-2	rosmarinine group		生物碱	吡咯里西啶生物碱 rosmarinine group
117-1	jacobine 1		生物碱	吡咯里西啶生物碱 senecionine 型
117-2	jacoline 2		生物碱	吡咯里西啶生物碱 senecionine 型
120-1	senkirkine		生物碱	吡咯里西啶生物碱 senecionine 型
120-2	senecionine		生物碱	吡咯里西啶生物碱 senecionine 型
121-1	senecionine-NO		生物碱	吡咯里西啶生物碱 senecionine 型
123-1	petasitenine		生物碱	吡咯里西啶生物碱 senecionine 型
131-1	senecivernine group		生物碱	吡咯里西啶生物碱 senecivernine group
131-3	triangularine group		生物碱	吡咯里西啶生物碱 triangularine group
131-10	seneciojanine C		生物碱	吡咯里西啶生物碱 α,β-不饱和羰基的 PAs
131-11	seneciojanine D		生物碱	吡咯里西啶生物碱 α,β-不饱和羰基的 PAs
131-8	seneciojanine A		生物碱	吡咯里西啶生物碱 α,β-不饱和羰基的 PAs
131-9	seneciojanine B		生物碱	吡咯里西啶生物碱 α,β-不饱和羰基的 PAs
64-2	pterolactam		生物碱	吡咯杂环化合物
173-12	plantagoguanidinic acid		生物碱	胍基生物碱
77	ficine	榕碱	生物碱	黄酮生物碱 flavoalkaloid
78	isoficin	异榕碱	生物碱	黄酮生物碱 flavoalkaloid
79	echinorine		生物碱	喹啉生物碱
108-5	dictamnine-7-β-D-mannopyranoside		生物碱	喹啉生物碱
108-6	8-methoxydictamnine-7-β-D-mannopyranoside		生物碱	喹啉生物碱
52-1	echinorine		生物碱	喹啉生物碱
52-2	echinoramine I		生物碱	喹啉生物碱

化合物编号	化合物英文名称	名称	骨架类型	亚型
52-3	echinopsine		生物碱	喹啉生物碱
52-4	echinopsidine		生物碱	喹啉生物碱
52-5	echinozolinone		生物碱	喹啉生物碱
52-6	1-methyl-4-methoxy-8-(β-D-glucopyranosyloxy)-2(1H)-quinolinone		生物碱	喹啉生物碱
52-7	4-methoxy-8-(β-D-glucopyranosyloxy)-2(1H)-quinolinone		生物碱	喹啉生物碱
188-2	(+)-xanthiazinone B		生物碱	噻嗪类
188-3	(−)-xanthiazinone B		生物碱	噻嗪类
31-1	acanthoine		生物碱	亚胺甲基生物碱
31-2	acanthoidine		生物碱	亚胺甲基生物碱
86	safflospermidine A		生物碱	亚精胺衍生物 spermidine derivatives
14-3	safflospermidine B		生物碱	亚精胺衍生物 spermidine derivatives
80	crispine A		生物碱	异喹啉生物碱
81	crispine B		生物碱	异喹啉生物碱
82	crispine C		生物碱	异喹啉生物碱
83	crispine D		生物碱	异喹啉生物碱
84	crispine E		生物碱	异喹啉生物碱
31-3	crispine A		生物碱	异喹啉生物碱
31-4	crispine B		生物碱	异喹啉生物碱
31-5	crispine C		生物碱	异喹啉生物碱
31-6	crispine D		生物碱	异喹啉生物碱
31-7	crispine E		生物碱	异喹啉生物碱
100-6	kalshiliod A		生物碱	吲哚生物碱
137-3	吲哚生物碱 1		生物碱	吲哚生物碱
137-4	吲哚生物碱 2		生物碱	吲哚生物碱
137-5	吲哚生物碱 3		生物碱	吲哚生物碱
137-6	吲哚生物碱 4		生物碱	吲哚生物碱
183-5	[4-(benzylamino)-7H-cyclopenta[d]pyrimidin-7-yl]-5-(hydroxymethyl)tetrahydrofuran-3,4-diol		生物碱	
183-6	8-hydroxy-1,1-dimethyl-3-oxo-1,3,4,5-tetrahydro-2,4-benzoxipine-5-carboxylic acid		生物碱	
183-7	7-(dimethylamino)-4-methyl-2-H-chrome-en-2-one		生物碱	
183-8	4-methyl-1-propyl-1H pyrrollo[2,3-c] pyridine-5,7(4H 6H)-dione		生物碱	
183-9	3,4-dihydro [1,4] oxazino [4,3,b] [1,2] benxoxazol-1(10b H)-one		生物碱	
185-9	harman-3-carboxylic acid		生物碱	

表 A6　香豆素化合物

化合物编号	化合物英文名称	名称	骨架类型	亚型
53-23	secodrial		倍半萜-香豆素[a]醚二聚体	倍半萜-香豆素醚二聚体
53-24	secodriol		倍半萜-香豆醚[a]二聚体	倍半萜-香豆素醚二聚体
53-25	tripartol		倍半萜-香豆素[a]醚二聚体	倍半萜-香豆素醚二聚体
53-26	drimartol B		倍半萜-香豆素[a]醚二聚体	倍半萜-香豆素醚二聚体
53-27	drimachone		倍半萜-香豆素[a]醚二聚体	倍半萜-香豆素醚二聚体
60-40	farnochrol		倍半萜-香豆素[a]醚二聚体	开链金合欢烯倍半萜香豆素醚
60-41	epoxyfarnochrol		倍半萜-香豆素[a]醚二聚体	开链金合欢烯倍半萜香豆素醚
60-39	tripartol		倍半萜-香豆素[a]醚二聚体	双环倍半萜香豆素醚
187-4	norwedelic acid		苯基呋喃香豆素[a]	苯基呋喃香豆型
173-5	wedelolactone	蟛蜞菊内酯	苯基呋喃香豆素[a]	苯基呋喃香豆型
173-6	demethylwedelolactone	去甲基蟛蜞菊内酯	苯基呋喃香豆素[a]	苯基呋喃香豆素型
154-6	obliquin		香豆素[a]	obliquin 型
154-7	5-hydroxyobliquin		香豆素[a]	obliquin 型
150-2	5-methoxyobliquin		香豆素[a]	obliquin 衍生物
128-4	pararubcoumarin A		香豆素[a]	单萜醚化香豆素
194-2	imperatorin		香豆素[a]	呋喃香豆素
194-3	isoimperatorin		香豆素[a]	呋喃香豆素
2-14	ainsliaeasin C		香豆素[a]	呋喃香豆素
3-3	8-methoxysmyrindiol		香豆素[a]	呋喃香豆素
44-10	isopimpinellin		香豆素[a]	呋喃香豆素
98	8-methoxypsoralen	8-甲氧基补骨脂素	香豆素[a]	呋喃香豆素
99	(±)-Qinghaocoumarin A		香豆素[a]	
101	scopofarnol		香豆素[a]	香豆素-倍半萜醚二聚体
102	scopodrimol		香豆素[a]	香豆素-倍半萜醚二聚体
103	portlandin		香豆素[a]	香豆素-倍半萜醚二聚体
104	farnochrol		香豆素[a]	香豆素-倍半萜醚二聚体
105	tripartol		香豆素[a]	香豆素-倍半萜醚二聚体
100	qinghaocoumarin B		香豆素[a]	香豆素-倍半萜醚聚合物
67-1	biscopoletin	二聚东莨菪素	香豆素[a]	香豆素二聚体
158-1	prenyletin (6-hydroxy-7-isoprenyloxycoumarin)		香豆素[a]	

化合物编号	化合物英文名称	名称	骨架类型	亚型
158-2	prenyletin-6-methylether (6-methoxy-7-isoprenyloxycoumarin)		香豆素 [a]	
158-3	ayapin (6,7-methylenedioxycoumarin)		香豆素 [a]	
204-2	esculetin 7-O-glucopyranoside (cichoriin)		香豆素 [a]	
204-3	umbelliferone 7-O-glucopyranoside (skimmin)		香豆素 [a]	
205-5	scopoletin		香豆素 [a]	
209-6	scopoletin		香豆素 [a]	
209-7	scopolin		香豆素 [a]	
209-8	isofraxoside		香豆素 [a]	
212-4	6-isobutyl coumarin		香豆素 [a]	
212-5	6- isobutyl-7-methyl-coumarin		香豆素 [a]	
44-9	osthol		香豆素 [a]	
3-5	gerberinside	大丁苷	香豆素 [b]	5-甲基-4-羟基香豆素
31-8	6-(3,3-dimethylallyloxy)-7-methoxycoumarm		香豆素 [b]	5-甲基-4-羟基-香豆素-半萜二聚体
31-9	7-(3,3-dimethylallyloxy)-6-methoxycoumarm		香豆素 [b]	5-甲基-4-羟基-香豆素-半萜二聚体
2-15	ainsliaeasin A1		香豆素 [b]	5-甲基-4-羟基-香豆素-单萜二聚体
2-16	ainsliaeasin A2		香豆素 [b]	5-甲基-4-羟基-香豆素-单萜二聚体
2-17	ainsliaeasin B1		香豆素 [b]	5-甲基-4-羟基-香豆素-单萜二聚体
2-18	ainsliaeasin B2		香豆素 [b]	5-甲基-4-羟基-香豆素-单萜二聚体
3-1	dibothrioclinin I		香豆素 [b]	5-甲基-4-羟基-香豆素-单萜二聚体
3-2	Dibothrioclinin II		香豆素 [b]	5-甲基-4-羟基-香豆素-单萜二聚体
3-4	gerdelavin A		香豆素 [b]	5-甲基-4-羟基-香豆素-单萜二聚体
8-1	spiro-ethuliacoumarin		香豆素 [b]	5-甲基-4-羟基-香豆素-单萜二聚体
8-2	cyclohoehnelia coumarin		香豆素 [b]	5-甲基-4-羟基-香豆素-单萜二聚体
8-3	ethuliacoumarin A		香豆素 [b]	5-甲基-4-羟基-香豆素-单萜二聚体
8-4	isoethuliacoumarin A		香豆素 [b]	5-甲基-4-羟基-香豆素-单萜二聚体
107	dibothrioclinin I		香豆素 [b]	5-甲基-4-羟基-香豆素-单萜二聚体
106	piloselloidal		香豆素 [b]	5-甲基-4-羟基-香豆素-单萜二聚体

450

续表

化合物编号	化合物英文名称	名称	骨架类型	亚型
75-8	herniarin		香豆素二聚体	
60-2	artemicapillasin A		香豆素类似物	
60-3	artemicapillasin B		香豆素类似物	
185-11	tithoniamarin		异香豆素	异香豆素二聚体

注：a 起源于桂皮酸途径；b 起源于乙酸-丙二酸途径。

表 A7 甾体化合物

化合物编号	化合物英文名称	名称	骨架类型	亚型
71	20,22-didehydrotaxisterone		甾体	植物蜕皮激素
72	1-hydroxy-20,22-didehydrotaxisterone		甾体	植物蜕皮激素
73	trichoside A		甾体	withanolides 型甾体化合物
74	trichoside B		甾体	withanolides 型甾体化合物
22-1	11α-hydroxyposterone		甾体	植物蜕皮激素
22-2	5β,25-dihydroxy-dacryhainansterone		甾体	植物蜕皮激素
22-3	hydroxyecdysone		甾体	植物蜕皮激素
22-4	25S-inocosterone		甾体	植物蜕皮激素
22-5	α-ecdysone		甾体	植物蜕皮激素
25-3	eburneolin A		甾体	甾体
25-4	eburneolin B		甾体	甾体
25-5	trichoside A		甾体	甾体
25-6	trichoside B		甾体	甾体
9-10	vernoamyoside E		甾体皂苷	甾体
9-8	vernoamyoside A		甾体皂苷	甾体
9-9	vernoramyoside D		甾体皂苷	甾体

表 A8 聚炔化合物

化合物编号	化合物英文名称	名称	骨架类型	亚型
172-4	phenylacetylenes		聚炔	苯基聚炔
183-1	spilanthol		聚炔	不饱和烷基酰胺
183-2	(2E)-N-(2-methylbutyl)-2-undecene-8,10-diynamide		聚炔	不饱和烷基酰胺
183-3	(2E,7Z)-N-isobutyl-2,7-tridecadiene-10,12-diynamide		聚炔	不饱和烷基酰胺
183-4	(7Z)-N-isobutyl-7-tridecene-10,12-diynamide		聚炔	不饱和烷基酰胺

化合物编号	化合物英文名称	名称	骨架类型	亚型
59-5	frutescinol acetate		聚炔	芳香聚炔化合物
59-4	3′-demethyl frutescinol		聚炔	聚炔
151-7	聚炔亚砜型化合物 11		聚炔	聚炔亚砜型化合物
151-8	聚炔亚砜型化合物 12		聚炔	聚炔亚砜型化合物
75-10	*trans*-en-yn dicycloether		聚炔	螺缩醛聚炔化合物
75-9	*cis*- en-yn dicycloether		聚炔	螺缩醛聚炔化合物
82-3	*Z*-2-(2′,4′-hexadiynyllidene)-1,6-dioxaspiro-[4,5]-dec-3-ene		聚炔	螺缩醛聚炔化合物
157-7	[2-(prop-1-ynyl)-5(5,6-dihydroxyhexa-1,3-diynyl)-thiophene]		聚炔	噻吩聚炔
172-7	thiophenes	噻吩聚炔	聚炔	噻吩聚炔
52-10	*α*-tertthienyl		聚炔	噻吩聚炔
52-8	echinobithiophene A		聚炔	噻吩聚炔
52-9	echinoynethiophene A		聚炔	噻吩聚炔
55-6	methyl-*trans*-5-(2-thienyl)pent-4-yn-2-enoate		聚炔	噻吩聚炔
75-11	(2*E*,4*E*)-6-(2-thienyl)-2,4-hexadien-isobutylamide		聚炔	噻吩酰胺化合物
172-5	polyacetylenic epoxide	三元环氧聚炔	聚炔	三元环氧聚炔
186-2	tridbisbithiophene		聚炔	双噻吩聚炔
172-6	tetrahydropyranylacetylenes	四氢吡喃聚炔	聚炔	四氢吡喃聚炔
29-9	oleamide		聚炔	烷基酰胺类 Alkamides
149-1	*cis*-5-chlor-2-[octatriin-(2,4,6)-yliden-(1)]-5.6-dihydro-2*H*-pyran		聚炔	烯醇醚聚炔
149-2	*trans*-5-chlor-2-[octatriin-(2,4,6)-yliden-(1)]-5.6-dihydro-2*H*-pyran		聚炔	烯醇醚聚炔
139-2	*cis*-5-chloromethyl-2-[octatriin-(2,4,6)-yliden-(1)]-2,5-dihydro-furan		聚炔	烯醇醚聚炔化合物
139-3	*trans*-5-chloromethyl-2-[octatriin-(2,4,6)-yliden-(1)]-2,5-dihydro-furan		聚炔	烯醇醚聚炔化合物
139-4	*cis*-5-chlor-2-[octatriin-(2,4,6)-yliden-(1)]-2,5-dihydro-2*H*-pyran		聚炔	烯醇醚聚炔化合物
139-5	*trans*-5-chlor-2-[octatriin-(2,4,6)-yliden-(1)]-2,5-dihydro-2*H*-pyran		聚炔	烯醇醚聚炔化合物
172-1	ene-diyn-diene chromophores	烯-二炔-二烯为发色团的聚炔	聚炔	烯-二炔-二烯
172-2	ene-triyn-diene chromophores	烯-三炔-二烯为发色团的聚炔	聚炔	烯-三炔-二烯
172-3	ene-tetrayn-ene chromophores	烯-四炔-烯为发色团的聚炔	聚炔	烯-四炔-烯

化合物编号	化合物英文名称	名称	骨架类型	亚型
170-13	coreoside E		聚炔	
170-14	coreoside A		聚炔	
170-15	1-phenylhepta-1,3,5-triyne		聚炔	
170-16	5-phenyl-2-(1′-propynyl)- thiophene		聚炔	
173-11	α-terthienylmethanol		聚炔	
186-1	(3S)-16,17-didehydrofalcarinol		聚炔	
212-6	trideca-12-ene-4,6-diyne-2,8,9,10, 11-pentaol		聚炔	
212-7	bidensyneoside E		聚炔	
212-8	bidensyneoside F		聚炔	
231-8	2-nonynoic acid		聚炔	
49-1	carlina oxide		聚炔	
50-15	atractylodin	苍术素	聚炔	
50-2	14-acetoxy-12-senecioyloxytetradeca-2E,8E,10E-452rine-4,6-diyn-1-ol		聚炔	
60-1	1-(2′-methoxy phenyl)-1.4-hexadiyne		聚炔	
81-1	matricaria ester		聚炔	
89-1	E-dehydromatricarianol acetate		聚炔化合物	C_{10} 聚炔酯
89-2	calotinone		聚炔化合物	C_{17} 聚炔酮
87	chaetantherol		聚炔化合物	噻吩聚炔
88	α-Terthienyl（α-T）		聚炔化合物	噻吩聚炔
89	5-(3-buten-1-ynyl)-2,2-bithienyl（BBT）		聚炔化合物	噻吩聚炔
90	ecadienoic isobutylamid		聚炔化合物	烯型烷基酰胺
91	piperidide		聚炔化合物	烯型烷基酰胺
92	deca-2E,4E-dienoic tyramide		聚炔化合物	烯型烷基酰胺
93	deca-2E,4E-dienoic tyramide 的 O-methylated derivative		聚炔化合物	烯型烷基酰胺
108-12	2,8-cis-cis-matriaria ester		聚炔化合物	
108-13	matricaria-γ-lactone Ⅱ		聚炔化合物	
108-14	matricaria-γ-lactone Ⅲ		聚炔化合物	
138-1	1-O-feruloyl-tetradeca-4E,6E,12E-triene-8,10-diyne		聚炔化合物	
97-3	gymnasterkoreayne G		聚炔化合物	
97-4	gymnasterkoreayne E		聚炔化合物	
48-5	xanthopappin C		聚炔类	噻吩聚炔二聚体
48-4	xanthopappin B		聚炔类	噻吩聚炔类

表 A9　其他类型化合物

化合物编号	化合物英文名称	名称	骨架类型	亚型
32-3	*α*-tocospiro C		*α*-生育酚型	*α*-tocopheroid 型化合物
138-3	adenocaulolide		*δ*己内酯葡萄糖苷	
131-25	jacaranone	蓝花楹酮	半醌醇 semiquinol 型	
171-2	1',2'-epoxy-4-*O*-isobutyryl-3'-*O*-(2-methylbutyryl)-*Z*-coniferyl alcohol		苯丙素	coniferyl alcohol 型
171-1	1'-acetoxy-4-*O*-isobutyryleugenol		苯丙素	hydroxyeugenol 型
176-1	Glossogin (10-acetoxy-4-*O*-isovalyryleugenol)		苯丙素	hydroxyeugenol 型
140-5	*trans*-7,8-epoxyanol-[3-methylialetate]		苯丙素	对丙烯酚衍生物（anol dertvatives）
92-7	dichrocephol A		苯丙素	芥子醇类衍生物
231-10	*α*-asarone		苯丙素	
94	caffeic acid	咖啡酸	苯丙素类	
95	chlorogenic acids	绿原酸	苯丙素类	
96	chicoric acid	菊苣酸	苯丙素类	
97	leontopodic acid		苯丙素类	
206-3	2,3-di-*O*-(4-hydroxyphenylacetyl)glucopyranoside		苯丙素类衍生物	
54-7	rosemarinic acid		苯丙酸酯类	
110-1	ripolinolate A		苯丙酸酯类化合物	
187-4	norwedelic acid		苯基呋喃香豆素 coumaranocoumarin	
3-8	2-[(2*S**,3*S**)-6-acetyl-2,3-dihydro-3,5-dihydroxy-1-benzofuran-2-yl] prop-2-enyl 3-methylbutanoate		苯基呋喃衍生物	
182-8	benzyl 2-hydroxy-6-*O*-*β*-D-glucopyranosylbenzoate		苯甲酸酯衍生物	
182-9	benzyl 2-methoxy-6-*O*-*β*-D-glucopyranosylbenzoate		苯甲酸酯衍生物	
57-11	4-acetonyl-3, 5-dimethoxy-*p*-quinol		苯醌	
220-1	oncocalyxone A		苯醌	
181-8	shearene A		苯骈吡喃（色烯）化合物	
122	precocene I		苯骈吡喃衍生物	
123	precocene II		苯骈吡喃衍生物	
88-2	callistephus B		苯骈呋喃	
97-1	gymnastone		苯骈呋喃化合物	
97-2	viscidone		苯骈呋喃化合物	
156-1	2-(1'-carbomethoxyvinyl)-3*α*-acetoxy-5-(1'-angoyloxyethyl)-2,3- dihydrobenrofuran		苯骈呋喃衍生物	leysseral 衍生物
124	euparin	泽兰素	苯骈呋喃衍生物	

化合物编号	化合物英文名称	名称	骨架类型	亚型
104-4	methyl 2-(5-acetyl-2,3-dihydrobenzofuran-2-yl) propenoate		苯骈呋喃衍生物	
113-2	4-acetoxymethyl-7-acetyl-4-[2′-6(6′-acetyl-5′-hydroxy-benzo[b]furanyl)]-6-hydroxy-1-methylene-1,2,3,4-tetrahydrodibenzo[b,d] furan		苯骈呋喃衍生物	
130-10	petalbin		苯骈呋喃衍生物	
130-11	petalbone		苯骈呋喃衍生物	
131-18	3,7-dimethoxy-2-isopropyl-5-acetylbenzofuran		苯骈呋喃衍生物	
131-19	3,7-dimethoxy-2,5-diacetylbenzofuran		苯骈呋喃衍生物	
131-20	7-methoxy-2α-isopropyl-3-one-5-acetylbenzofuran		苯骈呋喃衍生物	
131-21	7-methoxy-2α-isopropyl-2β-hydroxy-3-keto-acetylbenzofurane		苯骈呋喃衍生物	
139-1	4,6-dihydroxy-14,14-dimethyltremeton		苯骈呋喃衍生物	
85-5	(2S,3R)-6-acetyl-5-hydroxy-2-(1-acetoxy-2-propenyl)-3-methoxy-2,3-dihydrobenzofuran		苯骈呋喃衍生物	
85-6	viscidone		苯骈呋喃衍生物	
98-3	6-acetyl-5-hydroxy-2α-isopropenyl-3β-methoxy-2,3-dihydrobenzofuran		苯骈呋喃衍生物	
99-7	2, 3-cis-6-acetyl-5-hydroxy-2-(hydroxymethylvinyl)-2,3-dihydrobenzofuran-3-ol angelate		苯骈呋喃衍生物	
113-1	6-acetyl-5-hydroxy-2-isopropenyl-benzo[b]furan		苯骈呋喃衍生物二聚体	
154-8	pungenin		苯乙酮苷类	
150-5	4-hydroxy-3-(3-methyl-2-butenyl)acetophenone		苯乙酮类化合物	
150-6	3-(3-methyl-2-butenyl)acetophenone-4-O-β-glucopyranoside		苯乙酮类化合物	
94-13	erigeronone B		吡喃酮	吡喃酮-苯丙羧二聚体
94-12	erigeronone A		吡喃酮	吡喃酮与黄酮二聚体
94-11	erigeroside		吡喃酮	
122-1	4(O)-[3,3-dimethylallyl]-syringaalkoholangelicat		丁香酚衍生物	
185-10	tithoniquinone A		蒽醌	
39-6	physcion	大黄素甲醚	蒽醌	
223-5	(±)-scorzophthalide		二苯乙烯型	苯酞型
223-1	tyrolobibenzyl A		二苯乙烯型	苯乙基-苯基呋喃
223-2	tyrolobibenzyl B		二苯乙烯型	苯乙基-苯基呋喃

化合物编号	化合物英文名称	名称	骨架类型	亚型
223-3	tyrolobibenzyl C		二苯乙烯型	苯乙基-苯基呋喃
223-6	scorzoerzincanin		二苯乙烯型	二苯乙烯 stilbene 型
230-3	tagoponol		二苯乙烯型	二氢异香豆素二聚体
223-4	(±)-scorzotomentosin		二苯乙烯型	二氢异香豆素型
230-1	3-O-β-glucopyranosyl demethoxy cannabispiradienone		二苯乙烯型	螺环 cannabispiradienone 型
230-2	3-caffeoyl-(9→5)-β-apiosyl-(1→6)-β-glucopyranosyl oxydemethoxy cannabispiradienone		二苯乙烯型	螺环 cannabispiradienone 型
125	tyrolobibenzyl D		二苯乙烯型化合物	苯基呋喃型 tyrolobibenzyls
149-5	gnaphalide A		二苯乙烯型化合物	苯酞 phthalide 型化合物
149-6	gnaphalide B		二苯乙烯型化合物	苯酞 phthalide 型化合物
149-7	gnaphalide C		二苯乙烯型化合物	苯酞 phthalide 型化合物
128	(±)-scorzophthalide		二苯乙烯型化合物	苯酞型 phthalides
127	scorzoerzincanin		二苯乙烯型化合物	二苯乙基型 bibenzyls
126	iso-scorzopygmaecoside		二苯乙烯型化合物	二氢异香豆素化合物
154-9	calocephalactone		二苯乙烯型衍生物	苯酞 Phthalide 型
117-7	biafraecoumarin A		二苯乙烯型衍生物	二氢异香豆素
117-8	biafraecoumarin B		二苯乙烯型衍生物	二氢异香豆素
117-9	biafraecoumarin C		二苯乙烯型衍生物	二氢异香豆素
108-11	acylphloroglucinol		酚类	
159-10	2-isopropyl-4-methylphenol		酚类	
156-4	1-O-β-D-glucopyranosyl-1,4-dihydroxy-2-((E)2-oxo-3-butenyl) benzene		酚酸类	2-烷基取代的对苯二酚衍生物 2-alkylhydroquinone
156-5	1-O-β-D-glucopyranosyl-1,4-dihydroxy-2-(3′,3′-dimethyl-allyl) benzene		酚酸类	2-烷基取代的对苯二酚衍生物 2-alkylhydroquinone
64-1	methyl trans-ferulate		呋喃杂环化合物	
165	PLP-1 (cyclo-AIIPGLID)		环蛋白	PawL 基因编码的 PLPs 环肽
166	PLP-2 (cyclo-DLFVPPID)		环蛋白	PawL 基因编码的 PLPs 环肽
167	SFTI-1		环蛋白	PawS 基因编码的 PDPs 环肽
168	SFT-L1		环蛋白	PawS 基因编码的 PDPs 环肽
169	subfraction I		环肽生物碱	

化合物编号	化合物英文名称	名称	骨架类型	亚型
170	subfractions Ⅱ		环肽生物碱	
94-15	erigerenone A		环戊酮衍生物	
94-17	erigerenone C		环戊酮衍生物	
94-16	erigerenone B		环辛酮衍生物	
220-2	4-hydroxyphenylacetyl-3-D-chiro-inositol ester		环己六醇衍生物	
38-4	6″-O-(2‴-methyl-butyryl) isoswertisin		黄酮	C-苷黄酮
111	2',4',6'-trihydroxy-3'-C-prenyl chalcone		黄酮	查耳酮
112	3,2'-dihydroxy-4,3'-dimethoxychalcone-4'-glucoside		黄酮	查耳酮
168-1	okanin		黄酮	查耳酮
170-1	marein		黄酮	查耳酮
170-2	okanin		黄酮	查耳酮
170-5	4-methoxylanceoletin		黄酮	查耳酮
104-5	6″-acetylnzaritimein		黄酮	橙酮 aurone
104-6	4″,6″-diacetylmaritimein		黄酮	橙酮 aurone
113	(2R,3R)-7,5'-dimethoxy-3,5,2'-trihydrooxyflavanone		黄酮	二氢黄酮
170-3	(2R,3R)-taxifolin 7-O-β-D-glucopyranoside		黄酮	二氢黄酮
170-4	eriodictyol 7-O-β-D glucopyranoside		黄酮	二氢黄酮
170-6	coretincone		黄酮	二氢黄酮
116	erlangidin-5-O-(4″-(E-caffeoyl)-6″-(malonyl)-β-glucopyranoside)-3'-O-(6‴-(3″-(β-glucopyranosyl)-E-caffeoyl)-β-glucopyranoside)		黄酮	花色素
15-1	cyanidin 3-O-(6-O-succinylglucoside)-5-O-glucoside		黄酮	花色素
164-1	patuletin	万寿菊素	黄酮	黄酮醇
170-7	taxifolin		黄酮	黄酮醇
117	silybin A		黄酮	黄酮木脂素
118	silybin B		黄酮	黄酮木脂素
119	isosilybin A		黄酮	黄酮木脂素
120	isosilybin B		黄酮	黄酮木脂素
132-3	4α,5-dimethoxy-8-formyl-7-hydroxy-6-methylflavan		黄酮	黄烷
206-4	2α,3α-epoxy-5,7,3',4'-tetrahydroxyflavan-(4β→8)-epicatechin		黄酮	黄烷二聚体
121	hydroxysafflor yellow A		黄酮	醌式查耳酮
14-11	hydroxysafflor yellow A (HSYA)		黄酮	醌式查耳酮
14-12	hydroxysafflor yellow A-4'-O-β-D-glucopyranoside		黄酮	醌式查耳酮

化合物编号	化合物英文名称	名称	骨架类型	亚型
14-13	3′-hydroxyhydroxysafflor yellow A		黄酮	醌式查耳酮
170-8	sikokianin D		黄酮	双黄酮
170-9	sikokianin E		黄酮	双黄酮
88-3	(Z)-4′,4,10-trihydroxy-siamaurone		黄酮	异橙酮
88-4	(E)-4′,4,10- trihydroxy-siamaurone		黄酮	异橙酮
114	tectoridin	鸢尾苷	黄酮	异黄酮
115	santal		黄酮	异黄酮
173-10	3′-O-methylorobol		黄酮	异黄酮
173-7	orobol		黄酮	异黄酮
173-9	3′-hydroxybiochanin A		黄酮	异黄酮
15-2	apigenin-7-O-glucuronide-4′-O-(6-O-malonylglucoside)		黄酮	
173-8	diosmetin		黄酮	
175-3	galinsoside A		黄酮	
175-4	galinsoside B		黄酮	
204-1	isoetin 4'-O-glucuronide		黄酮	
46-1	taxifolin		黄酮	
46-2	dihydrokaempferol		黄酮	
46-3	quercetin		黄酮	
53-7	3,5,4′-trihydroxy-6,7,3′-trimethoxyflavone		黄酮	
57-7	santin		黄酮	
57-8	axillarin		黄酮	
94-10	erigeroflavanone		黄酮	
94-9	scrtellarin	野黄芩苷，灯盏乙素	黄酮	
168-3	5-O-methylhoslundin		黄酮-吡酮聚合物	
68-5	linarin	蒙花苷	黄酮化合物	
115-15	calcium mikanin-3-O-sulfate		黄酮硫酸盐	
115-16	potassium eupalitin-3-O-sulfate		黄酮硫酸盐	
25-7	trichonoide A		黄酮醚二聚体	黄酮醚二聚体
46-10	silychristin A		黄酮木脂素	黄酮木脂素
46-11	silychristin B		黄酮木脂素	黄酮木脂素
46-12	silyamandin		黄酮木脂素	黄酮木脂素
46-13	silydlanin		黄酮木脂素	黄酮木脂素
46-14	desilydianin		黄酮木脂素	黄酮木脂素
46-15	2,3-dehydrosilybin		黄酮木脂素	黄酮木脂素
46-4	silybin A		黄酮木脂素	黄酮木脂素

化合物编号	化合物英文名称	名称	骨架类型	亚型
46-5	silybin B		黄酮木脂素	黄酮木脂素
46-6	isosilybin A		黄酮木脂素	黄酮木脂素
46-7	isosilybin B		黄酮木脂素	黄酮木脂素
46-8	isosilychristin		黄酮木脂素	黄酮木脂素
46-9	dehydrosilychristin		黄酮木脂素	黄酮木脂素
60-21	ficine	榕碱	黄酮生物碱	
60-22	isoficin	异榕碱	黄酮生物碱	
150-1	trans-(2R,3R)-5,7-dihydroxy-2,3-dimethyl-4- chromanone		间苯三酚衍生物	
140	inulin	菊糖	菊糖	菊糖型 inulin
175-1	2,3,5(2,4,5)-tricaffeoylaltraric acid		咖啡酸葡萄糖酸衍生物	
175-2	2,4(3,5)-dicaffeoylglucaric acid		咖啡酸葡萄糖酸衍生物	
149-8	gnaphaloside C		咖啡酰基黄酮苷	
156-2	3,5- dicaffeoylquinic acid		咖啡酰基奎宁酸衍生物	
156-3	3,5-dicaffeoylquinic acid methyl ester		咖啡酰基奎宁酸衍生物	
153-5	isochlorogenic acid A		咖啡酰奎宁酸衍生物	
14-9	(−)-methyl dihydrophaseate		四萜（类胡萝卜素降解产物）	β-紫罗兰酮型下的 phaseate 型
14-10	(−)-(9E)-methyl dihydrophaseate		四萜（类胡萝卜素降解产物）	β-紫罗兰酮型下的 phaseate 型
108	lappaol A		木脂素	倍半木脂素
109	lappaol C		木脂素	倍半木脂素
29-3	lappaol A		木脂素	倍半木脂素
110	lappaol H		木脂素	二木脂素
29-4	lappaol F		木脂素	二木脂素
188-6	(+)-sibiricumin A		木脂素	螺二烯酮倍半新木脂素
189-1	(−)-sibiricumin A		木脂素	螺二烯酮倍半新木脂素
29-5	(7S,8R)-4,7,9,9′-tetrahydroxy-3,3′-dimethoxy-8-O-4′-neolignan-9′-O-β-D-apiofuranosyl-(1→6)-O-β-D- glucopyranoside		木脂素	新木脂素
154-10	leoligin		木脂素	
29-1	arctigenin		木脂素	
29-2	arctiin		木脂素	

化合物编号	化合物英文名称	名称	骨架类型	亚型
37-7	forsythialanside B		木脂素	
57-10	ajaniquinone		萘醌	蒇类化合物
99-8	6-methoxy-4-methyl-3,4-dihydro-2*H*-naphthalen-1-one	6-甲氧基-4-甲基-3,4-二氢-2*H*-1-萘酮	萘醌	
137-7	(±)-6-methoxy-2,2-dimethylchroman-4-ol		色烷衍生物	
105-1	myriachromene		色烯化合物	
105-2	2,2-dimethyl-6,7-methylenedioxy-2*H*-chromene		色烯化合物	
212-9	nudicaulin A		神经鞘脂类	
131-23	senarguine B		四氢萘并呋喃化合物	
57-6	ajanoside		糖苷化合物	
168-2	3-penten-2-one		戊烯酮化合物	
94-14	methyl rel-(1*R*,2*S*,3*S*,5*R*)-3-(*trans*-caffeoyloxy)-7-[(*trans*-caffeoyloxy)methyl]-2-hydroxy-6,8-dioxabicyclo[3.2.1] octane-5-carboxylate		辛酮糖酸衍生物	
42-7	3-hydroxymethyl-5-(3-hydroxypropyl)-7-methoxy-2-[3-methoxy-4-[1-(3,4-dimethoxybenzyl)-2-hydroxyethyl]phenyl]-2,3-dihydrobenzofuran		新倍半木脂素	
222-1	(+)-4-*O*- methyl dihydrodehydrodiconiferyl alcohol		新木脂素	
222-2	(−)-dihydrodehydrodiconiferyl alcohol		新木脂素	
37-8	dolomiside A		新木脂素	
42-6	nitidanin-diisovalerianate		新木脂素	
25-8	trichonoide B		以黄酮为取代基的糖苷化合物	
154-11	leontopodiol A		异苯基呋喃酮	
154-12	leontopodiol B		异苯基呋喃酮	
185-11	tithoniamarin		异香豆素	异香豆素二聚体
129	5-hydroxymethyl-2-furancarboxaldehyde		杂环化合物	呋喃甲醛衍生物
130	5-methoxymethyl-2-furan-carboxaldehyde		杂环化合物	呋喃甲醛衍生物
131	cirsiumaldehyde		杂环化合物	呋喃甲醛衍生物
132	cirsiumoside		杂环化合物	呋喃甲醛衍生物
131-13	millingtojanine A		杂环化合物	含氮杂环化合物
131-14	millingtojanine B		杂环化合物	含氮杂环化合物
134	sibiricumthionol		杂环化合物	噻吩衍生物
135	(+)-xanthienopyran		杂环化合物	噻吩衍生物

化合物编号	化合物英文名称	名称	骨架类型	亚型
136	(−)-xanthienopyran		杂环化合物	噻吩衍生物
133	xanthiazone		杂环化合物	噻嗪二酮化合物
85-10	18: $1\Delta^3$ t		脂肪酸	Δ3 反式脂肪酸
85-11	18: $3\Delta^3$ t,9c,12c		脂肪酸	Δ3 反式脂肪酸
85-9	16: $1\Delta^3$ t		脂肪酸	Δ3 反式脂肪酸
137	linoleic acid	亚油酸	脂肪酸	
138	oleic acid	油酸	脂肪酸	
139	vernolic acid		脂肪酸	
51-1	calendic acid		脂肪酸	
182-10	siegesbeckin A		脂肪酸类	
141	astin A		紫菀氯化环五肽 astins 类	氯化环五肽
142	astin B		紫菀氯化环五肽 astins 类	氯化环五肽
143	astin C		紫菀氯化环五肽 astins 类	氯化环五肽
144	astin D		紫菀氯化环五肽 astins 类	氯化环五肽
145	astin E		紫菀氯化环五肽 astins 类	氯化环五肽
146	astin F		紫菀氯化环五肽 astins 类	氯化环五肽
147	astin G		紫菀氯化环五肽 astins 类	氯化环五肽
148	astin H		紫菀氯化环五肽 astins 类	氯化环五肽
149	astin I		紫菀氯化环五肽 astins 类	氯化环五肽
150	astin K		紫菀氯化环五肽 astins 类	氯化环五肽
151	astin L		紫菀氯化环五肽 astins 类	氯化环五肽
152	astin M		紫菀氯化环五肽 astins 类	氯化环五肽
153	astin N		紫菀氯化环五肽 astins 类	氯化环五肽
154	astin O		紫菀氯化环五肽 astins 类	氯化环五肽
155	astin P		紫菀氯化环五肽 astins 类	氯化环五肽
156	aster J		紫菀氯化环五肽 astins 类	氯化环五肽

化合物编号	化合物英文名称	名称	骨架类型	亚型
157	asterinin A		紫菀氯化环五肽 astins 类	氯化环五肽
158	asterinin B		紫菀氯化环五肽 astins 类	氯化环五肽
159	asterinin C		紫菀氯化环五肽 astins 类	氯化环五肽
160	asterinin D		紫菀氯化环五肽 astins 类	氯化环五肽
161	asterinin E		紫菀氯化环五肽 astins 类	氯化环五肽
162	asterinin F		紫菀氯化环五肽 astins 类	氯化环五肽
163	tataricin A		紫菀氯化环五肽 astins 类	氯化环五肽
164	tataricin B		紫菀氯化环五肽 astins 类	氯化环五肽

附录B　部分菊科植物彩图

蒲公英 *Taraxacum mongolicum*

大丁草 *Gerbera anandria*

全叶苦苣菜 *Sonchus transcaspicus*

毛大丁草 *Gerbera piloselloides*

腺梗豨莶 *Sigesbeckia pubescens*

马兰 *Aster indicus*

一点红 *Emilia sonchifolia*

野茼蒿 *Crassocephalum crepidioides*

鳢肠 *Eclipta prostrata*

苍耳 *Xanthium strumarium*

466

黄花蒿 *Artemisia annua*

细穗兔儿风 *Ainsliaea spicata*

银胶菊 *Parthenium hysterophorus*

菊三七 *Gynura japonica*

牛蒡 *Arctium lappa*

菊芋 *Helianthus tuberosus*

一年蓬 *Erigeron annuus*

华火绒草 *Leontopodium sinense*　　　　　枦菊木 *Nouelia insignis*

松毛火绒草 *Leontopodium andersonii*

千里光*Senecio scandens*

紫菀 *Aster tataricus*

山尖子 *Parasenecio hastatus*

尼泊尔香青 *Anaphalis nepalensis*

鼠曲草 *Pseudognaphalium affine*

蓟 *Cirsium japonicu*